Jean-Joseph-Etienne Lenoir, 1822–1900

Nikolaus Aug. Otto, 1832–1891

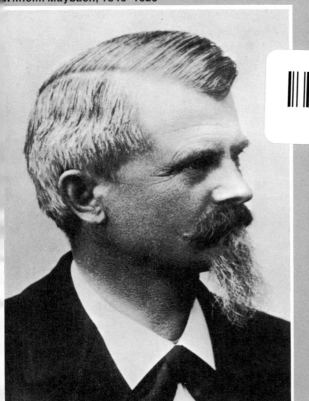
Wilhelm Maybach, 1846–1929

Rudolf Diesel, 1858–1913

MOTOREN

HELMUT HÜTTEN

MOTOREN

Technik · Praxis · Geschichte

8., völlig überarbeitete Auflage

MOTORBUCH VERLAG STUTTGART

Umschlagillustrationen: Ernst Witschetzky, 2 Werkfotos, 1 Verfasser-Grafik
Einband und Umschlagkonzeption: Siegfried Horn

ISBN 3-87943-326-7

8., völlig überarbeitete Auflage 1988
Copyright © by Motorbuch Verlag, Postfach 10 37 43, 7000 Stuttgart 1.
Ein Unternehmen der Paul Pietsch Verlagsgruppe GmbH & Co. KG.
Sämtliche Rechte der Verbreitung – in jeglicher Form und Technik – sind vorbehalten.
Satz und Druck: Druckhaus Schwaben GmbH, 7100 Heilbronn.
Bindung: Verlagsbuchbinderei Karl Dieringer, 7016 Gerlingen.
Printed in Germany.

Inhalt

Zur Einleitung   8

I. Steckbrief und Ahnenpaß unserer Motoren   10
Gasdrücke, Temperaturen und der Beginn des technischen Zeitalters – Ottos vier Takte und ihre Umwelt – Die Schritte zum Fahrzeugmotor – Rudolf Diesels große Probleme

II. Die Ventilsteuerung als Visitenkarte   25
Auch ohv ist kopfgesteuert – ohc-Motoren etabliert – »Doppelnocker«, Vierventiler und »Desmodromik« – Die große Epoche der Königswellen – Ideen- und Markenblüte im »Mittelalter«

III. Die Atmung der Motoren:
    Gasströme in Schwingrohren, Wirbel in Quetschköpfen   38
Verbrennungsdrücke und Massenkräfte – Die »verschobenen« Steuerzeiten – Was ist Überschneidung? – Verdichtungsverhältnis und Klopffestigkeit – Badewannen- und Keilköpfe

IV. Von Robert Mayers Energiesatz bis zum Kraftstoffverbrauch   46
Eine bedenkliche Bilanz – Erfreuliche Nutzdrücke, aber lästige Höchstdrücke – Besser an Literleistung als am Hubraum sparen? – Die Kolbengeschwindigkeit – Kürzeren Hub oder mehr Zylinder? – Hubraum und »Kistenmaß«, Zylinderzahl und -anordnung – Von Preisen und Leistungsgewichten

V. Hundert Jahre Fahrzeugmotoren in Schlaglichtern, Kurven und Zahlen   59
Lang- und Kurzhub, von Anfang an – Historische Namen und Daten – Fruchtbarer Boden: Böhmen und Belgien – Frühe Rennen und »Formeln« – Die alten Klubs und der dritte Grand Prix – Bilanz von 25 Jahren – Fords Fließbänder und historische Rekorde – Das Mittelalter im Resümee – Die dritte Motorengeneration in Zahlen und Kurven

VI. Prominente Bauteile und verwickelte Probleme   90
Stabile und steife Kurbelwellen – Licht und Schatten von Boxermotoren – V-Motoren, in fast allen Epochen attraktiv – Moderne Gleitlager, je dünner, desto besser – Regelkolben und raffinierte Konturen – Die lebenswichtige Abdichtung (nach oben und unten) – Runde, formtreue Zylinder – Veilchen, die im Verborgenen glühen (Legierungen vom Jet) – Leichtester Lauf durch rollende Reibung – Nie stärker als das schwächste Glied!

VII. Gas und Abgas, Kraftzentrale und Katalysator   123
»Echte« Vergaser historisch – Siegfried Marcus' Leistungen und Legende – Spritzdüsenvergaser von 1893, die Endlösung – Die kritische Gemischbildung und Verteilung – Literleistung und Vergaseranzahl – Die bedeutsame Luftzahl und das Leistungskennfeld – Das aufschlußreiche Verbrauchskennfeld – Moderne Vergaser und ein anschaulicher Vergleich – Hauptdüsen und was dazu gehört – Der empfindliche Leerlauf und Übergang – Beschleunigungspumpen und Vollastanreicherung – Starthilfe von Hand oder automatisch – Register- und Gleichdruckvergaser – Worauf es beim Abgas ankommt – Drastische Abgasgesetze in fast allen Industrieländern

VIII. Von Klingeln und Klopfen, Dampfblasen und Eiskrusten   156
Ordentliche und klopfende Verbrennungen – Glühzündungen, Nachlaufen und spezielle USA-Phänomene – Vorgeschichte im Zeitraffer: was Ricardo und Kettering fanden – C-H-Chemie aus der Klippschule – Das ominöse Blei – Prüfmotor und Praxis, ROZ, MOZ und SOZ – Wann wird Klopfen akut? – Unerwünschte Vergasung – Das mißliebige Gegenteil: Vergaservereisung

IX. Die dramatische Dieselgeschichte   175
Schwerer Start über hohe Hürden – Die drei ersten LKW-Diesel – Die Gemischbildung im Diesel, näher beleuchtet – »Luftlose« Einspritzung, zuerst auf dem Wasser – Orkane in Vor-, Wirbel- und Wälzkammern – Von Luftzahlen und Dieselqualm – Der kritische Kreis: Rauch, Laufruhe, Verbrauch – Das MAN-M-Verfahren – Moderne Allesfresser: Vielstoffdiesel und FM-Zwitter – Von Kaltstarts mit Kunstgriffen und der großen Dieselkonjunktur

X. Der »6. Grad« im Motorenbau: Einspritzanlagen   206
Von Einspritzmengen und Diesel-Verbauchszahlen – Bosch und die Dieselentwicklung – Langs Luftspeicher in Acro- und Lanova-Motoren – Regler als eingebaute Schaltzentrale – Einspritzdüsen im Dutzend – Von anderen System und Deckel-Pumpen – Benzineinspritzung, reich an Aufwand und Ertrag – Dieseleinspritzung bahnbrechend für deutsche Flugmotoren – Den 3000 Flugmotoren-PS folgten 30 im Zweitakt-Twin – »SE«, »Injection«, »PI«, »TI« fest etabliert – »Jetronik«, schon Generationen – Was der Computer erfährt und auswertet – Die »K-Jetronic« kam als Knüller ohne Knall – Scharfer Wettbewerb fördert den Fortschritt

XI. Aufladung früher und heute   236
Nur noch ein Rückblick: die klassischen Kompressormotoren – Mehrleistung durch »Innenkühlung« mit Alkohol – Dieselaufladung als Vorreiter – Der späte Triumph des Alfred Büchi – Aspekte zum Sport und »Auto 2000« – Comprex und neue mechanische Lader

XII. Notwendiges Übel: Luft- oder Wasserkühlung   256
Was Wilhelm Maybach ausnahmsweise mißlang, und die fundamentalen Folgen – Fahrtwind- und Zwangskühlung – Vom Wärmeübergang und seinen Folgen – Umlauftempo statt -menge – Geschlossene und plombierte Kühlsysteme – Fast Frischzellen-Therapie: Thermostaten – Ökonomische und »denkende« Ventilatoren – Veränderte und hinkende Vergleiche

XIII. Das Lebenselixier der Motoren – Öl   272
Druckumlauf dominiert – Der Blutkreislauf und die Nieren des Motors – Was Ölfilme ertragen – Vom Ölverbrauch und Nockenverschleiß – Zunehmender Trend zu Ölkühlern und Mehrbereichölen – Scherstabilität, jahrelang Tabu – Von API-Klassen, synthetischen und »Leichtlauf«-Ölen und neuem »Schwarzschlamm«

XIV. Die Zündung als gelöstes »Problem der Probleme«   288
Auch Daimlers patentierter Motor lief nicht! – Werner Siemens: Telegrafen, Dynamos und E-Motoren – So oder so: Zündung mit großem Aufwand – Glänzender Start zum teuren Umweg: Hochspannungsmagnet – Sintermagnete als Heinzelmännchen – Die klassische Batteriezündung – Zündverteiler, ein Etagenhaus – Die lustige Zündkerzen-Story vom wichtigen Wärmewert – Was ein Kerzengesicht verrät – Elektronik überwindet wunde Punkte – Was steckt hinter TSZ, HKZ, Diode, Transistor, Thyristor? – Elektronik auf dem Wege – Motronics und Digifanten, Zentralcomputer als Ziel

XV. Zweitakter (nur im PKW gestorben) und die Auto-Union-Story — 316
(Wo) sind zwei Takte zu wenig? – Zylinderspülung als A und O, Doppelkolben und U-Zylinder – Von Scott, Nasenkolben und Grade-Zweitaktern – Rasmussens DKW kamen und siegten – Horch, von zwei Zylindern bis zu zwölf, und Audi – Wanderer, vom Motorrad und »Puppchen« zum »4. Ring« – Von Opel und einer kühnen Prognose, Raketenfahrten und Motorrädern – Die Schnürle-Umkehrspülung bei DKW und auf der ganzen Welt – Die glanzvollen Silberpfeile aus Zwickau und Untertürkheim – Gasschwingungen als Schlüssel zu dreistelligen Literleistungen – Neue 4-, 5- und 6-Kanal-Zweitakter: kein Geheimnis – Einlaß durch Drehschieber oder Membranen – Selbst Auslaßsteuerung blieb nicht heikel – Zweitakter erneut in PKW?

XVI. Von Schwing- und Drehschiebern zu Wankelmotoren — 352
Frühe angelsächsische Invasion: Knight, Burt und McCollum – DVL-Drehschieber bei NSU und DB, aber was nützen Erfindungen heute? – Wankel-Lizenzen für die ganze Welt – »Rattermarken« und »Mövenschwingen«, Ferrotic auf Nikasil – Vom Ro 80, reineren Abgasen, Rolls Royce und Rückschlägen

XVII. Wie schützt man Motoren vor Seuchen und Infarkten — 370
Rasch und richtig einfahren! – Wärmeschocks immer kritisch – Was ist normaler Verschleiß? – Feinstfilter lebenswichtig – Höchste Alarmstufe: fehlende Kühlung oder Schmierung – Kühlerfrostschutz pausenlos verwenden! – Überdruckventile, die Herzklappen des Ölkreislaufs – Kaum katastrophal, aber lästig – Sporadische Schwachstellen und Auspuffanlagen: reparieren oder tauschen?

XVIII. Sparplänen aus allen Richtungen folgten neue Feudalantriebe — 387
Fahrwiderstände aufgereiht – Verdichtung und Verbrauch konkret – »Magerkonzepte« und Zylinderabschaltung – Hubräume und Zylinderzahlen umstritten – Von Spargängen bis zu Verkehrsproblemen – Fahrer behalten die ersten und letzten Entscheidungen – Forschungswagen präsentiert, »High-Tech«-Antriebe in Serien

XIX. Riesenschub von Jets und Raketen für die Luft- und Weltraumfahrt — 400
Zum Vergleich: Turbinen allgemein (und der verkannte Drehstrom) – Gasturbinen, nur in der Praxis jung – Von Jet-Wirkung und Schubkräften – Zweistrom- und Propeller-TL – Gasturbinen verlangen den höchsten Stand der Technik – Von frühen Zukunftsromanen und friedlichen Filmraketen zur V-2 – 1000 km/h mit »heißem« Walter-Triebwerk im »Kraftei« – 3400 Tonnen Schub, »gebündelt« und mit Stufen für die Mondflüge – Von »exotischen« Brennstoffen, kommenden Weltraumantrieben und »Ferak«

XX. Werkstoffe im sinnvollen Wandel, neue Antriebe frühestens übermorgen — 434
Die faszinierende Alternative: Energiedirektumwandlung – Von Energiequellen und -mengen – Wilhelm Maybachs Kombination in modernen Kraftwerken – Gasturbinen auf Rädern oder Schiffsspanten – Das gescheiterte Comeback des mobilen Dampfantriebs – Stirlingmotoren, fast so alt wie »Steamer« – Elektroantriebe (ohne Fahrleitungen) – Zwei uralte Themen zuletzt: Gasbetrieb und »Schichtladung« – Alternative Kraftstoffe und latente Energiemengen – Kommen (mehr) Kunststoffe und Keramik? – Keine Revolution, als Fazit der kommenden Konzepte

Vergleiche und Motorendaten in Stichworten — 472

Bildnachweis — 476

Stichwort-Verzeichnis — 477

*Die Gefahr halber Wahrheiten besteht darin,
daß meistens die falsche Hälfte Glauben findet.
Thornton Wilder, 1897–1975
amerikanischer Dramatiker*

Zur Einleitung

Bücher über Automobile sind kaum noch zu zählen. Dagegen ist die Literatur über Motoren spärlicher und sogar lückenhaft. Wenn aber das tiefere Verständnis fehlt, bleiben wichtige Ratschläge oder Richtlinien leere Worte, werden Fehlgriffe folgenschwer. Denn sie können den besten Motor vor der Zeit in Schrott verwandeln.
Zwar sind Fachausdrücke vom Bau und Einzelheiten vom sachgerechten Betrieb in weiten Verbraucherkreisen geläufig, zwar verwerten Millionen Dieter Korps bewährte Anleitungen. Aber oft fehlt der Blick für die Zusammenhänge, um Ursachen und Wirkungen deutlich zu unterscheiden. Auch Fachzeitschriften mit aktueller Technik, anspruchsvollere Tests und kritische Vergleiche erfordern Kenntnisse, die das Niveau volkstümlicher Vorstellungen übersteigen. Das nötige »Gewußtwie« will die neue Motorenkunde anschaulich vermitteln.
Einen frühen Impuls zu ihrer Entstehung gab der Bestseller »Du und der Motor«, den in den 30er Jahren der damalige »Motor- und Sport«-Chefredakteur amüsant schrieb und der Verfasser der »Motoren« nach dem Krieg mehrmals überarbeitete. Doch inzwischen schritt die technische Entwicklung rascher und weiter voran als je zuvor. Schließlich sollte das Rüstzeug des passionierten Ingenieurs einige Thesen ins rechte Licht rücken. Zwischen dem Debüt von »Du und der Motor« und der vorliegenden Neuauflage von »Motoren« liegen fast genau 50 Jahre – just die Hälfte der hundertjährigen Geschichte des Motorrads und Automobils, die an vielen Stellen und in mannigfaltigen Formen ihren Niederschlag fand. Sie veranlaßte auch in diesem Sachbuch allerhand Ergänzungen im Text, neue Illustrationen, aufschlußreiche Grafiken und Zahlentafeln.
Das Auto gehört als fragwürdiges Statussymbol einer Epoche an, deren Tage nach mancher Ansicht gezählt sind. Andrerseits bedeutet es uns, vor allem natürlich den Millionen Mitbürgern, die direkt oder mittelbar von seinem Bau und Betrieb leben, mehr als ein reiner Gebrauchsartikel, mehr als etwa ein Telefon oder Radio, ein Fernseher, Waschautomat oder ein Kühlschrank. Als verläßliches und erschwingliches Verkehrsmittel brachte das Auto persönliche Bewegungsfreiheit, setzte neue Maßstäbe für Entfernungen, Räume und Zeiten, schlug breite Brücken zwischen Ländern und Völkern, veränderte Werktage wie Wochenenden, Arbeits- und Freizeiten. Und auf jeden Fall müssen wir mit ihm, wie mit der gesamten Technik – so oder so – weiterhin leben.
Nach dem nordamerikanischen Beispiel verlief die Motorisierung auch bei uns nach Plan und Prognose, auch zu höheren Motor- und Fahrleistungen, bis die latente Energiekrise akut, das Benzin teurer und die Kosten für den Bau und Betrieb der Fahrzeuge merklich höher wurden. »Die Zeit des Überflusses und der Vergeudung ist endgültig vorbei«, konstatierte der Schweizer Bundespräsident bei der Eröffnung des Genfer Autosalons 1974. Seither gewann die Ökonomie ständig an Gewicht. Aber zur gleichen Zeit setzte die nötige Umweltfreundlichkeit, die Verminderung von Geräuschen und Schadstoffen, neue Maßstäbe, zuerst in Los Ange-

les und den USA, inzwischen in fast allen Industrieländern. Auch diesem ebenso zeitgerechten wie diffizilen Thema zollen die jüngsten »Motoren« in leichtverständlicher Darstellung ihren Tribut. Denn manchem Vorhaben oder anstehenden Entscheidungen dienen solides Wissen und eigenes Urteilsvermögen besser als die im Alltag verbreiteten Schlagworte, hinter denen sich Sinn oder Unsinn verbirgt.

Die eben zitierten anderen Errungenschaften der Zivilisation benötigen als gemeinsame Voraussetzung Energie, die wiederum von Motoren, oder allgemein von Kraftmaschinen, »verstromt« wird. Ihre Betrachtung führt unverzüglich ins Kreuzfeuer der aktuellen Energiewirtschaft, während Fahrzeuge und Individualverkehr den Schwerpunkt einer umstrittenen Verkehrspolitik bilden. Häufig ist sogar die bekannte Verketzerung des Automobils eine Verdammung seiner Antriebsmaschine — des Anno 1976 hundert Jahre alten Ottomotors.

Wieder ein Jahrhundert vorher hatten Dampfmaschinen erstmalig die unbelebten Kräfte der Natur erschlossen und den Grundstein des technischen Zeitalters gelegt, für Dampfschiffe, Eisenbahnen und — die Industrie (deren lateinischer Name schlicht »Fleiß« bedeutet). Sie veranlaßten ihrerseits die Kohleförderung in großem Stil, wie später die Fahrzeugmotoren flüssige Kraftstoffe aus Erdöl verlangten. Aber aus den angetriebenen Arbeitsmaschinen, z. B. aus den mechanisierten Webstühlen in England, erwuchsen gesellschaftliche und soziale Probleme, deren Bewältigung alle technischen Aufgaben für Generationen in den Schatten stellte. Jetzt haben uns die Fahrzeugantriebe in ein ähnliches Dilemma geführt, das die Technik allein nicht meistern kann. Aber die fälligen Entscheidungen betreffen uns alle nachhaltig und beanspruchen, noch mehr als individuelle Entschlüsse, einen klaren Blick für künftige Möglichkeiten statt Illusionen, für lohnende Wege statt hoffnungsloser Sackgassen. Es gilt, Ökonomie und Ökologie, Energieeinsparung und Umweltschutz, in ein erträgliches und vernünftiges Verhältnis zu bringen.

Auch zu diesen Fragen wollen die »Motoren« Hilfestellung leisten, obwohl die vielfältigen Antriebe mehr darstellen als alternative Kraftquellen zu den klassischen Fahrzeugmotoren: winzige »Selbstzünder« und millionenpferdige Weltraumraketen, Dampf- und Stirlingmotoren, Wasser-, Dampf- und Gasturbinen, Brennstoffzellen- und Batterieantriebe. Diese Abrundung ist ein gewisses Gegengewicht zur Spezialisierung, die zwangsläufig immer weiter fortschreitet; sogar und gerade Fachleute wissen immer mehr von weniger und weniger, sie können kaum noch verfolgen, was in ihrem weiteren Umkreis vorgeht.

So umfassen die »Motoren« einen Stoff, der so vielfältig ist, wie der Titel allgemein, ja sogar mehrdeutig. Dabei erfüllt der immer wieder eingeblendete Rückblick einen doppelten Zweck: er schildert die zahlreichen Erfindungen, die in ihrer Summe alle modernen Maschinen prägen, inmitten ihrer Epoche und enthüllt die Probleme an ihrer Wurzel, wo man sei leichter begreift als die Analyse einer hochentwickelten Mechanik.

An weitaus erster Stelle jedoch soll das Buch dem Leser gleichzeitig Information und Unterhaltung bieten, eine gute Portion Freude an faszinierender Technik. Wer in den weitgespannten Themen zuviel Neues auf einmal vorfindet, wird die Aufteilung in 20 Kapitel begrüßen, die durchweg in sich abgeschlossen sind.

H. H.

Steckbrief und Ahnenpaß unserer Motoren

Als Kraftquelle für 370 Millionen Automobile – ungeachtet ihrer Vorläufer und Ahnen, für 112 Millionen Nutzfahrzeuge, 75 Millionen Krafträder, für ortsfeste Aggregate, Diesellokomotiven, Schiffe und Flugzeuge wurden Verbrennungsmotoren die bekanntesten und verbreitetsten Wärmekraftmaschinen. (Zahlen aus dem Jahr »100« des Motorrad- und Autobaus: 1885/86.)

Kraftmaschinen, als Motoren im weitesten Sinn des Wortes, verwandeln irgendwelche Energie in mechanische Arbeit: oberschlächtige Wasserräder unter dem Mühlenbach arbeiten mit dem Gewicht der gefüllten Schaufeln, Wasserturbinen und Windmotoren verwerten die Kraft des strömenden Mediums. Elektromotoren, von denen man etliche auch in jedem Auto findet, beziehen ihre Impulse von elektrischen Spannungen und Strömen. Dampfmaschinen formen den Druck und die Ausdehnungskraft von Wasserdampf in Arbeit um und stehen dem Verbrennungsmotor besonders nah; denn sie zählen, wie er, zu den Wärme- und Kolbenkraftmaschinen und waren in mancher Beziehung seine Vorläufer und Wegbereiter.

Den entscheidenden Unterschied liefert die Umwandlung der chemisch gebundenen Energie in Wärme – bei der Dampfmaschine außerhalb ihres Arbeitsraums, in einem besonderen Kessel – beim Verbrennungsmotor an Ort und Stelle, nämlich in einem vom Zylinder, Zylinderkopf und Kolben umgebenen Verbrennungsraum.

Dem Sammelbegriff »Kraftmaschinen« steht die vielfältige Gruppe von »Arbeitsmaschinen« gegenüber, die stets mit mechanischer Energie irgendwelche Arbeiten verrichten, zum Beispiel als Land-, Bau- oder Werkzeugmaschinen, als Hebezeuge oder Förderbänder, als Gebläse oder Kompressoren, Getriebe und Antriebsaggregate in allen möglichen Formen. Nie tragen sie die Bezeichnung »Motor«, die vom lateinischen motus (Bewegung, Triebkraft) stammt, zwar vereinzelt im 18. Jahrhundert auftauchte, aber erst in der Bismarckzeit geläufig wurde.

Das Gegenstück zu den »Kolbenmaschinen« bilden Turbo- oder Strömungsmaschinen, die keine hin- und hergehenden, sondern nur rotierende Teile besitzen, mit großen Vorzügen, aber auch gewissen Nachteilen. In Wankelmotoren nehmen kreiselnde (dreieckige) Kolben mit den Bewegungsverhältnissen eine Zwischenstellung ein – es gibt keine auf- und ab- oder hin- und hergehenden Bauteile. Doch verrichten sie ihre Arbeit, anders als Turbinen, in einem exakt begrenzten Viertaktspiel, wie herkömmliche Hubkolbenmotoren.

Die ganze Vorgeschichte der Verbrennungsmotoren liegt im Ausland – in Italien, England, Frankreich, USA.
Prof. Friedr. Sass, 1883–1968

GASDRÜCKE, TEMPERATUREN UND DER BEGINN DES TECHNISCHEN ZEITALTERS

Frühe Experimente mit Gasdrücken stellte der holländische Physiker Christiaan Huygens an – genau genommen, für friedliche Zwecke, denn die Waffentechnik benutzte Schießpulver schon lange vor 1670. Huygens entzündete Pulver in einem senkrecht stehenden Zylinder mit einer Lunte und trieb damit einen Kolben nach oben. Dort entwichen die verbrannten Gase und der Rest entspannte sich, wonach die Schwerkraft und der atmosphärische Luftdruck den Kolben nach unten drückten und über Seile und Umlenkrollen eine »Nutzlast« hoben. Allerdings gelang es noch nicht, Detonationen zu einem wiederholbaren Arbeitsspiel auszubauen, das ursprüngliche Ziel zu erreichen und Wasser aus der Seine in die Gärten von Versailles zu pumpen, für die Wasserspiele des Sonnenkönigs. Das war Ludwig XIV. auf der Höhe des Absolutismus — »L'état c'est moi, der Staat, das bin ich« — schrieb man ihm zu. Inmitten einer Kultur, die nach 30 Kriegsjahren in Europa aufblühte, befahl er neue Eroberungsfeldzüge und verfolgte die protestantischen Hugenotten. Viele flohen ins Ausland, vor allem nach Brandenburg und dem jungen, gerade vom »Großen Kurfürst« gegründeten Preußen...

Die Kräfte des natürlichen Atmosphärendrucks hatten um 1650 Evangelista Torricelli und Otto von Guericke erkannt. Der Magdeburger Bürgermeister und Philosoph demonstriert sie auf dem Reichstag zu Regensburg mit den leergepumpten »Magdeburger Halbkugeln«. Zwei veritable Pferdegespanne konnten den Druckunterschied nicht überwinden und die großen Halbkugeln wieder trennen. Auch heute bekundet jede simple Luftpumpe ein Naturgesetz, dem in Motoren (und bei vielen anderen technischen Beispielen) eminente Bedeutung zukommt: beim Verdichten von Luft oder Gas steigt nicht nur der Druck, sondern auch die Temperatur. Ebenso vermehrt jede Temperatursteigerung — in einem gleichbleibenden Raum — auch den Druck! Umgekehrt fällt die Temperatur, wenn ein Gasdruck rasch herabgesetzt wird, wie im Verlauf des motorischen Arbeitstakts oder beim Ausströmen verdichteter Luft, etwa aus einem prallen Reifen... oder einem Preßlufthammer.

Ein Schüler von Huygens, der Franzose Papin, sorgte für weitere Schritte auf dem Weg zur Verbrennungsmaschine. Er und andere Naturwissenschaftler gewannen neue Erkenntnisse zur Verwertung von Dampfdrücken und zur Entwicklung von Dampfmaschinen, bis endlich der Schotte James Watt um 1770 die für die Praxis wesentlichen Lösungen fand. Fortan dienten Dampfmaschinen in Wagen, Schiffen und Lokomotiven dem Verkehr und als Kraftquelle für viele Zwecke in Fabriken, die in der Alten und Neuen Welt das technische Zeitalter einleiteten.

Der Urahn unserer Automobile, ein Dampfwagen des französischen Offiziers Nicolas-Joseph Cugnot, blieb eine praktische Bewährung schuldig — Anno 1770, als Beethoven geboren und Goethe volljährig wurde, während ein Knäblein namens Napoleon Bonaparte auf Korsika die ersten Gehversuche anstellte... Tatsächlich lenkte der Engländer Richard Trevithick erst 1803 einen riesigen, fauchenden und polternden Dampfwagen durch London.

Nun kamen die technischen Neuerungen immer rascher. Der Amerikaner Oliver Evans baute mit höheren Arbeitsdrücken die Maschinen für die gleiche Leistung kleiner — ein seither unverändert gültiges Prinzip! — und die ersten brauchbaren Dampfwagen und Lokomotiven. Das erste Dampfschiff, ein Raddampfer von Robert Fulton, befuhr 1807 den Hudson bei New York. George Stephenson startete

1830 — endlich mit stabilen Schienen — eine Eisenbahn von Liverpool nach Manchester und, fünf Jahre danach, die Linie von Nürnberg nach Fürth. Erstmalig in ihrer 500 000jährigen Geschichte konnten sich Menschen rascher fortbewegen, als sie zu laufen oder zu reiten vermochten. Mit der »Laufmaschine«, die der junge badische Forstmeister Freiherr von Drais 1817 erfand, schaffte man dies schwerlich; dazu mußte erst ein Mechaniker namens Fischer, 35 Jahre später, Tretkurbeln am größeren Vorderrad anbringen.

Schienen lösten den 2000 Jahre alten Straßenverkehr mehr und mehr ab — mit dem bemerkenswerten Umstand, daß man erstmalig den Betrieb von Fahrzeugen und »Fahrbahnen« gemeinsam plante und durchführte. Die 50 Jahre später aufkommenden Motorfahrzeuge mußten dagegen auf uralten, öffentlichen Straßen verkehren und vielerorts größte Widerstände überwinden — bis zum Bau angemessener Autobahnen! Der Schweizer Arzt Guglielminetti, später Goudron (frz. = Teer) genannt, veranlaßte 1902 in Monaco die ersten geteerten Straßen.

William Murdock, ein Mitarbeiter von James Watt, vervollkommnete die Beleuchtung mit »Gas«, das er aus Steinkohle gewann. Das Wort selbst geht vermutlich auf Paracelsus zurück, der als Philosoph und Arzt im frühen 16. Jahrhundert eine neue Heilkunde begründete, von der Luft aber meinte, sie sei »nichts als ein Chaos«. Hundert Jahre später übernahm ein holländischer Chemiker das Wort und kürzte es in »Gas«, allerdings für einen Stoff, der bei der Verbrennung von Holz oder beim Gären entstand — Kohlensäure. — Die Franzosen feiern Philippe Lebon als den Erfinder des Leuchtgases — und eines ihm patentierten Gasmotors, der schon mit elektrischer Zündung arbeiten sollte. Doch starb Lebon zu jung, um seinen Motor zu vollenden.

Fortan lagen Gasmotoren förmlich in der Luft. Namentlich in England, dessen Industrie eindeutig führte, und in Amerika entstanden zahlreiche Ideen, Patente und Versuche. Von den Bewohnern unseres Kontinents verdienen Isaac de Rivaz und später Eugenio Barsanti Erwähnung. Ihre Leistungen kommen im Zusammenhang mit der problematischen Zündung zur Sprache; denn ihre Motoren verwerteten das Prinzip der Volta'schen Pistole — einer schlanken Flasche mit zwei eingeschmolzenen Elektroden, an denen ein Funke überspringt, wenn man an sie ein elektrisches Element anschließt. Jetzt treibt das in die Flasche gefüllte Gemisch aus Gas und Luft den Pfropfen mit lautem Knall aus dem Flaschenhals. (1777)

Die meisten Maschinen erinnerten mit ihrer Wirkungsweise an das Experiment von Huygens; es ging darum, ein ununterbrochenes Arbeitsspiel zu erzielen, das verbrauchte Gas im Arbeitszylinder durch frisches zu ersetzen. Doch die Ergebnisse blieben enttäuschend, so daß noch im Oktober 1824 das Londoner »Journal of Arts & Sciences« jegliche Explosionsmaschinen als absurd kritisierte.

Nachhaltigen Erfolg hatte erst 1860 der in Paris lebende Belgier Jean-Joseph Etienne Lenoir, als Mechaniker und Ingenieur ein ausgesprochener Autodidakt. Seine mit Leuchtgas betriebenen Motoren ähnelten in ihrer Form und Arbeitsweise — mit einem liegenden und doppelt-wirkenden Zylinder — den weitverbreiteten Dampfmaschinen. Nur wurde der Kolben nicht von einströmendem Dampf getrieben, sondern, über die zweite

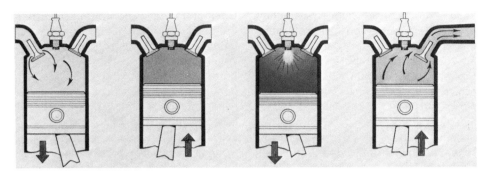

I.1 N. A. Ottos Viertakt-Arbeitsspiel »beendete die Zeit der Vorläufer und begründete die Motorentechnik der Welt« (gemäß der Inschrift im Deutschen Museum zu München). Das Schema zeigt von links nach rechts: ANSAUGEN bei geöffnetem Einlaßventil – VERDICHTEN bei geschlossenen Ventilen – VERBRENNEN (nach der Zündung, die bereits vor dem Abwärtshub erfolgte!) – AUSSTRÖMEN bei offenem Auslaßventil. Die Entfernung der verbrannten Gase und die Füllung des Zylinders mit frischen faßt der Begriff »Gaswechsel« zusammen.

Hälfte seines Arbeitswegs, von einem Gas-Luft-Gemisch, das er auf der ersten Hälfte angesaugt hatte. Dann verschloß der Steuerschieber den Einlaßkanal, ein Funkeninduktor entzündete das Gas, das verbrannte und solange expandierte, bis es durch einen sich öffnenden Auslaßschieber den Zylinder verlassen konnte.

Etliche hundert Lenoir-Motoren fanden guten Absatz, doch scheiterte der Versuch, mit einer (bis zu 3 PS starken) Maschine ein Fahrzeug anzutreiben, nicht allein am hohen Gasverbrauch von drei Kubikmetern für jede PS-Stunde... – Auch den ersten, wenig später von Nikolaus August Otto entwickelten Motoren blieb ein solcher Erfolg versagt, obwohl diese »atmosphärischen Gasmotoren« bedeutend besser und sparsamer als alle Vorläufer arbeiteten und der von Otto und Eugen Langen gegründeten »Gasmotorenfabrik Deutz & Co« auf der Pariser Weltausstellung von 1867 eine Goldmedaille, einen englischen Lizenznehmer und viele Aufträge brachten.

Die Motoren besaßen ein großes Schwungrad über dem stehenden Zylinder, aber weder eine Kurbelwelle noch Pleuel; vielmehr trug der Kolben eine lange Zahnstange, die in ein Zahnrad eingriff, das mit einem Freilauf am Schwungrad saß. Wie bei Huygens und Barsanti schleuderte das verbrennende Gasgemisch den Kolben nach oben, bevor der Luftdruck und die Schwerkraft ihn, erst jetzt mit einer Leistungsabgabe ans Schwungrad, zurücktrieben. Die Neuerung bestand im Gaswechsel »unten«: das verbrannte Gas entwich durch einen Auslaßschieber, bevor der Kolben ein wenig angehoben wurde, um eine frische Ladung aus Gas und Luft anzusaugen.

OTTOS VIER TAKTE UND IHRE UMWELT

Den großen Durchbruch vermittelte nicht dieser zwei PS starke, geräuschvoll arbeitende atmosphärische Gasmotor, sondern das Viertaktprinzip, als

Versuchsmotor 1876   3 PS 180 U/min

I.2 Ottos Versuchsviertakter von 1876. Auf der Kurbelwelle sitzt ein gewaltiges Schwungrad; gegenüber zweigt die neben dem Zylinder laufende Steuerwelle ab – eigentlich schon eine »Königswelle«. Sie bewegt mit einer kleinen Kurbel den Flachschieber im Zylinderdeckel, wobei zwei einstellbare Federn die Dichtflächen aufeinanderpressen. Das nach unten ragende Rohr führt die Luft zu, während Gas einmal von oben in die Schiebermulde und zweitens zur Zündflamme geleitet wird.
Schon den zweiten, von Wilhelm Maybach in verkaufbare Form umkonstruierten Viertaktmotor konnte die Deutzer Firma verkaufen. Binnen 10 Jahren entstanden in Deutz über 6000 Viertaktmotoren und binnen 100 Jahren weltweit über 500 Millionen Ottomotoren mit insgesamt etwa 25 Milliarden PS (bzw. über 18 Mrd. kW).

ganz neues Arbeitsverfahren. Mit ihm begann endgültig das Zeitalter des Verbrennungsmotors.
Die Idee eines Viertaktmotors (mit elektrischer Zündung) beschäftigte den aus Holzhausen im Taunus stammenden gelernten Handlungsreisenden seit 1861 – gleichzeitig, aber unabhängig von demselben Gedanken und Patent des französischen Eisenbahningenieurs Beau de Rochas. Während der jedoch niemals einen Motor nach seinen Vorstellungen baute, präsentierte der beharrliche Rheinhesse, nach manchen Ablenkungen, 1876 den »neuen, geräuschlosen Ottomotor«, der nur noch einen Bruchteil der vordem nötigen Gasmenge verbrauchte – knapp 0,7 Kubikmeter für eine PS-Stunde.
Das grundlegende Viertakt-Arbeitsspiel erstreckt sich über zwei volle Umdrehungen der Kurbelwelle, die dem Kolben dabei vier Hübe erteilen. Ein »Hub« ist nämlich der Weg des Kolbens zwischen der höchsten und der niedrigsten Stellung. Ursprünglich galt diese von »Heben« abgeleitete Bezeichnung sicher nur für den Aufwärtsgang des Kolbens. Außerdem be-

I.3 Der verbreitete wassergekühlte, kopfgesteuerte Otto-Viertakter im Aufriß: Der »Schnitt« führt mitten durch einen Ansaugkanal, während der »dahinter« liegende Auslaßkanal im Auspuffkrümmer mündet. Die Ein- und Auslaßkanäle liegen hier auf derselben Motorseite. Der Verbrennungsraum besitzt einen »Badewannen«-Querschnitt. Die einzelnen Bestandteile und Baugruppen kommen ausführlich zur Sprache: der Kurbeltrieb, bestehend aus der Kurbelwelle, den Pleueln und Kolben, hier in der höchsten Stellung (dem oberen »Totpunkt«); links die mit halber Kurbelwellendrehzahl laufende Nockenwelle, die über Stößel, Stoßstangen und Kipphebel (bei diesem ohv-Motor) die Ventile gegen den Druck ihrer Federn öffnet und (in diesem Beispiel) zusätzlich über Schraubenräder den Zündverteiler und die Ölpumpe antreibt. Letztere liegt in der Ölwanne, die das Motorgehäuse unten verschließt, während oben starke Schrauben den Zylinderkopf aufpressen.

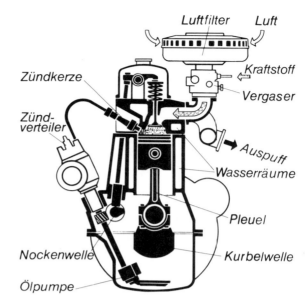

trifft die Betrachtung – wie viele weitere – einen vertikalen Zylinder, während sich bei dessen horizontaler Lage sinngemäß die »äußeren« und »inneren« Kolbenstellungen bei den einzelnen Hüben ergeben. Weil der Kolben hier seine Bewegungsrichtung umkehrt und seine Geschwindigkeit momentan den Wert Null annimmt, spricht man vom oberen und unteren Totpunkt bzw. vom äußeren und inneren.

Im ersten der vier Takte, bei abwärtsgehendem Kolben, strömt das brennbare Kraftstoff-Luft-Gemisch durch das geöffnete Einlaßventil in den Zylinder. Hier wird es im zweiten Takt, wo der Kolben bei geschlossenen Ventilen wieder nach oben gleitet, kräftig verdichtet. Nun leitet ein elektrischer Funken an der »Zündkerze« den dritten Takt ein: die Verbrennung mit starker Temperatur- und Drucksteigerung. Sie treibt den Kolben vehement nach unten, bis das Auslaßventil öffnet, um – im letzten Takt – das verbrannte Gas auspuffen und ausströmen zu lassen.

Seit Ottos erstem Entwurf und Versuch bis zur brauchbaren Maschine waren also 15 Jahre verstrichen – übrigens dieselben, in denen der Hamburger Komponist Johannes Brahms an der ersten seiner vier Symphonien arbeitete – (»Eine Symphonie zu schreiben – nach Beethoven, das ist kein Spaß«!). Richard Wagner brauchte auf sein großes, im August 1876 eingeweihtes Bayreuther Festspielhaus nur fünf Jahre zu warten. Leo N. Tolstoi vollendete »Anna Karenina« nach drei. Zufällig – oder nicht – umfaßten die Jahre 1861 und 1876 die Entstehung des Telefons, mit den ersten gelungenen Experimenten des hessischen Lehrers Philipp Reis in

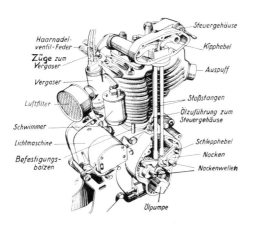

I.4 Ein luftgekühlter, klassischer und kopfgesteuerter Einzylinder-Viertakter aus einem sportlichen Motorrad der 30er Jahre (vgl. dazu B. II.11), mit offenen Haarnadelventilfedern als besonderem Merkmal. Die Ventile hängen V-förmig zueinander geneigt im Zylinderkopf, den vier lange Stehbolzen zusammen mit dem Zylinder auf das leichtmetallene Kurbelgehäuse spannen. Der Motor arbeitet mit einer »Trockensumpfschmierung«, kenntlich am Zu- und Rücklaufanschluß hinter der (doppelten) Ölpumpe. Die Lichtmaschine, kombiniert mit dem Unterbrecher der Batteriezündung, wird links von einer zusätzlichen leichten Rollenkette angetrieben. Der fehlende Steuergehäusedeckel und das abgenommene Stößelstangenschutzrohr verdeutlichen den gesamten »Ventiltrieb«.

Friedrichsdorf und dem praxisgerechten elektromagnetischen Apparat des Schotten Alexander Bell in Amerika. Die erste fernmündliche Information von Reis an seinen Assistenten lautete: »Das Pferd frißt keinen Gurkensalat.« Die Köln–Düsseldorfer Rheinschiffer begingen schon ihre 25-Jahr-Feier, das (noch britische, erst 1890 gegen Sansibar eingetauschte) Seebad Helgoland wurde »50«. Es gab seit 1867 Alfred Nobels Dynamit, den ersten »Kapital«-Band von Karl Marx und Joseph Moniers Stahlbeton, nachdem der Pariser Gärtner schon im Revolutionsjahr 1848 Drähte in den Mörtel seiner Blumenkästen einbettete. Dagegen datierte der erste deutsche Fußballverein, obwohl dieser Sport in England und Italien seit Jahrhunderten populär war, erst ab 1878 in Hannover, der deutsche Fußballbund in Leipzig erst drei Jahre nach dem Debüt des Dieselmotors.

Und wie stark hatten sich in dieser Epoche der Industrialisierung die Lebensverhältnisse, aber auch Europas Landkarten verändert?! Zwei Jahre, nachdem Bismarck die preußische Regierung übernahm, eine zielstrebige Politik und überlegene Diplomatie entfaltete, zogen Preußen und Österreich gegen Dänemark in den Krieg und holten die Herzogtümer Schleswig, Holstein und Lauenburg in den gemeinsamen Besitz zurück. Nach weiteren zwei Jahren festigte der Ausgang des deutschen Bruderkriegs die preußische Position und Ausdehnung, die vom Rheinland bis Ostpreußen reichte. Und 1870 kam es, mit den Gegnern von gestern als Verbündeten und wieder mit dem geachteten Strategen und Schriftsteller von Moltke, zum letzten der Bismarck'schen Kriege, dem deutsch-französischen. Frankreichs zweites Kaiserreich zerbrach, nachdem das zweite deutsche in Versailles begann. Fünf Milliarden Franken als Kriegsentschädigung schmerzten den westlichen Nachbarn wenig und förderten bei uns die kurze Scheinblüte der Gründerjahre, doch veranlaßte der Verlust von Elsaß-Lothringen gegen die Bedenken des eisernen Kanzlers eine tragische Erbfeindschaft.

Das deutsche Viertakter-Grundpatent erlosch schon nach 10 Jahren – zufällig im Geburtsjahr des Automobils 1886 – nach erbittert geführten und dramatisch verlaufenen Prozessen – nicht etwa durch die umstrittene Priorität des aus

Tirol stammenden, in München lebenden Uhrmachers Christian Reithmann, sondern durch den lithografierten Patentanspruch des französischen Eisenbahningenieurs.

Die höchstgerichtliche Entscheidung enttäuschte den Rheinländer schwer. Er fühlte sich – mit Recht – als der James Watt seines Jahrhunderts und hatte dessen Relief an der Fassade seines Wohnhauses am Kölner Heumarkt anbringen lassen.

Freilich gab das annullierte Patent dem deutschen und internationalen Motorenbau kräftige Impulse. Der Ottomotor war da!

Er wurde zwar nur vorübergehend ein verbreitetes Hilfsmittel für das Gewerbe und Handwerk, wie es sein Erfinder wünschte und bezweckte, aber als Schnelläufer der universelle Fahrzeugantrieb. Ottos Ziel erreichten dafür die von Rudolf Diesel geschaffenen Maschinen. Sie arbeiten ebenfalls im Viertakt – und sogar Zweitakter verwerten (namenswidrig) dessen Vorzüge!

Die entscheidende Neuerung des Viertaktverfahrens gegenüber den früheren »atmosphärischen« Maschinen war die kräftige Verdichtung des Gemischs vor seiner Entzündung und Druckentfaltung. Obwohl das Arbeitsspiel damit zwei vollständige Umdrehungen der Kurbelwelle und vier Kolbenhübe beansprucht, obwohl das Ansaugen, Verdichten und Auspuffen, also drei der vier Takte, sogar noch einen Teil der im dritten Takt geleisteten Arbeit für sich abzweigen, bringt der Ottomotor eine klar überlegene Bilanz oder – in der Sprache der Technik – einen besseren »Wirkungsgrad«.

Andererseits erklärt der Umstand, daß der Viertaktzyklus nicht mit dem Arbeitstakt beginnt, sondern mit zwei vorbereitenden Phasen, einen für die Praxis, auch heute noch, lästigen

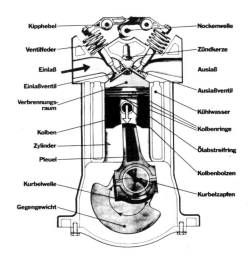

I.5 Querschnitt durch einen wassergekühlten Otto-Viertakter mit einer obenliegenden Nockenwelle und V-förmig hängenden Ventilen, die natürlich unter einem (hier fehlenden) Zylinderkopfdeckel vollgekapselt und reichlich geschmiert arbeiten. Wesentliche Bauteile sind markiert.

Nachteil der Verbrennungsmotoren: sie »laufen« nicht an, wie etwa Dampfmaschinen, Wasserturbinen oder Elektromotoren, sondern sie »springen« nur dann an, wenn man ihnen die leistungszehrenden Vorbereitungen, das Ansaugen und Verdichten, abnimmt. Man muß sie von Hand oder mit einem besonderen Anlasser flott ankurbeln...

Flott – war früher ein ebenso unbestimmter und relativer Begriff wie heute. Die erste elektrische Straßenbahn, 1881 von Werner Siemens in Berlin-Lichterfelde in Betrieb gesetzt, beeindruckte die Zeitgenossen mit ihrem »Höllentempo«, obgleich die Dampflokomotiven der Eisenbahnen in

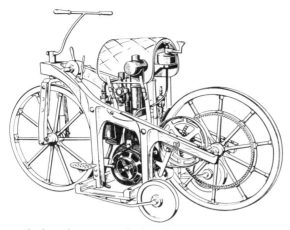

I.6 Den 90 kg schweren »Petroleum-Reitwagen« von 1885 bewegte meistens außer Wilhelm Maybach Daimlers 16jähriger Sohn Paul – je nach der Montage des Antriebsriemens rund sechs oder zwölf km/h schnell. Er war nicht als Vorläufer einer Serie geplant, sondern als ein Demonstrationsobjekt für die neuen (relativ) leichten und kleinen Motoren. Die vom stehenden (rippenlosen) Zylinder erwärmte Luft strömte durch einen großen Oberflächenvergaser (= Benzintank) zum automatischen Ansaugventil, das Abgas schon durch einen Schalldämpfer ins Freie. (Weitere Einzelheiten erscheinen in späteren Kapiteln.) Abgesehen von den seitlichen Stützrädern erinnert das Fahrgestell lebhaft an das »Laufrad« des badischen Forstmeisters und Freiherrn Carl-Friedrich von Drais Anno 1817.

Der Einzylinder mit automatischem Einlaß (= »Schnüffelventil«) und gesteuertem stehenden Auslaßventil maß 58 × 100 mm (Bohrung × Hub), 264 cm^3 und entfaltete bei einer Verdichtung von ca. 2,5 : 1 gut 0,5 PS (0,37 kW) bei einer Drehzahl von 700/min.

Der übers Jahr in die »Kutsche« gesetzte, ebenfalls mit Glührohrzündung arbeitende, sehr ähnliche Einzylinder maß 70 × 120 mm, 460 cm^3 für 1,1 PS (0,8 kW) bei 650/min. Er wog mit 90 kg soviel wie der ganze »Reitwagen«.

ihrer frühen Hochkonjunktur auf vielen Strecken schon über 100 km/h erreichten. Zwar lagen die Reisetempi niedriger, doch waren die Verkehrsbedingungen etwas völlig Neues, unvergleichbar mit der Postkutschenära. Schon vor »Lenoir« produzierte der Nordamerikaner G. M. Pullman luxuriöse Schlaf- und Durchgangswaggons, die ab 1869 den 5000 Kilometer breiten Kontinent durchquerten – der letzte Nagel, mit dem man feierlich die von Osten und Westen gleichzeitig gelegten Schienenstränge verband, bestand aus purem kalifornischem Gold.

Von der aufblühenden Seefahrt und verstärkten Kolonialisierung kündeten betriebsame Häfen und neue Wasserwege. Der französische Edelmann de Lesseps, vordem Konsul in Kairo, eröffnete 1869 seinen in zehn Jahren gebauten Suezkanal, aber Giuseppe Verdis dazu komponierte Oper »Aida« wurde erst zwei Jahre später fertig und debütierte, mit 80 000 Goldmark honoriert, zusammen mit dem italienischen Opernhaus in Ägyptens Residenz.

Den Fortschritt der Technik und Industrie, den lebhaften Verkehr zu Land und Wasser hatten die beachtlich entwickelten Dampfmaschinen ermöglicht. Aber die schweren und großen Dampfwagen, die vor allem in England, Frankreich und Amerika entstanden, kamen für eine nachhaltige Verbreitung zu spät und wurden bald von den Benzinmotoren verdrängt.

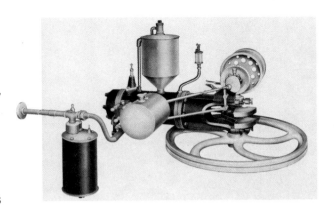

I.7 Carl Benz legte in seinem »Patent-Motorwagen« von 1886 den Zylinder und das Schwungrad horizontal, weil er befürchtete (unnötig, wie sich ergab), Kreiselkräfte könnten die Lenkung erschweren. Stichworte sind Verdampfungskühlung, Summerzündung, »brandsicherer« Vergaser, Einlaß durch Schieber, Auslaß durch Ventil gesteuert. 91,4 × 150 mm, 0,98 l, 0,9 PS (0,65 kW) bei 400/min.

Motoren bilden eine Grundlage unserer Zivilisation. Sie könnten eine Kultur tragen, wenn die Menschen gescheiter wären.

Wa. Ostwald, 1886–1958

DIE SCHRITTE ZUM FAHRZEUGMOTOR

Die ersten Deutzer Ottomotoren arbeiteten mit 100 bis 200 U/min (Kurbelwellenumdrehungen pro Minute). Sie wogen für eine Leistung von 1 PS mit ihren Hilfsaggregaten über 800 Kilo – und die dreipferdigen fast das Doppelte, was sie zum Fahrzeugantrieb buchstäblich untragbar machte. Gottlieb Daimler, Wilhelm Maybach und Carl Benz mußten also einen beträchtlich schneller laufenden, kleineren und leichteren Motor entwickeln, mit einer geeigneten Zündanlage und Kühlung, vor allem aber mit einem brauchbaren Vergaser; denn der Motor sollte nicht Gas aus großen Behältern, sondern einen viel energiereicheren flüssigen Kraftstoff verarbeiten.

Keiner kannte die Probleme des Otto-Motors besser als Gottlieb Daimler und Wilhelm Maybach; denn der vielgereiste und studierte Daimler wurde schon 1872, mit 38 Jahren, technischer Direktor der Gasmotorenfabrik Deutz, wohin er bald den 12 Jahre jüngeren schwäbischen Landsmann engagierte, um das Konstruktionsbüro zu leiten. Somit erlebten sie das Werden des Viertaktmotors von Grund auf – und außerdem, nach seiner mehr als 600-jährigen Bauzeit, die Vollendung des Kölner Doms – bevor sie nach Cannstatt umsiedelten, um selbständig den schnellaufenden Fahrzeugantrieb zu entwickeln...

Die Fahrgestelle für die »Stahlradwagen« von 1889, mit dem ersten (V-)Zweizylindermotor, ließen sie übrigens in Neckarsulm bauen, bei den nachmaligen NSU-Werken, wo drei (Menschen- und Motor-)Generationen später Felix Wankels Kreiskolbenmotor entstand.

Daimler-Motoren waren schon im (abgebildeten) »Reitwagen« eingebaut, danach in Motorbooten, Draisinen, Straßenbahnen und sogar in einem Luftschiff des Leipziger Buchhändlers und (später tödlich verunglückten) Flugpioniers Dr. Karl Wölfert; sie trieben Feuerspritzen, Pumpen und Sägen; doch für einen lukrativen Automobilbau

I.8 Echte »Motorräder« – auch der Name wurde patentiert (vgl. S. 63) – entstanden ab 1894 nach gründlichen Versuchen bei Hildebrand und Wolfmüller. Nur Sattel und Vorderpartie verrieten die Abstammung vom neuen »Nieder-Fahrrad«, während ein kräftiges Rohrfachwerk (mit freiem Durchstieg) zwei tief und nebeneinander liegende Zylinder trug, denen Kühlwasser aus dem hohlen Hinterschutzblech zufloß. Die überlangen Pleuel endeten an Kurbeln direkt auf der Hinterachse – wie bei etlichen zeitgenössischen ausländischen Konstruktionen – und »in klarer Verkennung des Prinzips, daß der Ottomotor als berufener Schnelläufer die Daimler'sche Übersetzung benötigt« (Chr. Christophe). Immerhin waren Alois Wolfmüllers Hinterräder merklich kleiner als die vorderen, außerdem mit eigens von Veith gebauten »Pneumatics« bestückt.

Damit die (um 360° versetzten) Kolben nicht im hinteren Totpunkt vor der Verdichtung stehen blieben, sondern zum Starten stets »vorn«, lief von jedem Hubzapfen ein starker Gummistrang zum Zylinderblock. Als Ergänzung der Schnüffelventile steuerte rechts eine einzelne lange Stoßstange über eine raffinierte (vom vorangegangenen Verbrennungsdruck ausgelöste) Mechanik abwechselnd beide Auslaßventile! Der 1,5-l-Hubraum (dank 90 x 117 mm für Bohrung x Hub) mobilisierte 2 bis 3 PS für »30 bis 40 km/h auf normalen Straßen und bis zu 60 für Versuche sehr kühner Fahrer«.

Von H. & W. beeinflußt baute der englische Colonel Holden (der 1906/07 die Brooklandsbahn entwarf) um die Jahrhundertwende einige Motorräder mit einem Vierzylinder-Tandemmotor (mit je zwei fluchtenden Zylindern hintereinander).

war der Cannstätter Betrieb noch nicht eingerichtet. Nachdem Wilhelm Maybach den ersten, tadellos laufenden »Stahlradwagen« auf der Pariser Weltausstellung 1889 persönlich vorführte – vor allem einem leitenden Peugeot-Ingenieur und Emile Levassor – importierten deren Firmen die Daimler-Motoren und entwickelten dazu passende Wagen: bei Panhard & Levassor, die bereits Otto-Motoren in Lizenz gebaut hatten, ab 1891 mit dem richtungweisenden Fronteinbau.

Diese Weltausstellung begann auf den Tag genau 100 Jahre nach der großen französischen Revolution vom 14. Juli, begleitet von der »Moulin rouge«-Eröffnung und überragt von Gustave Eiffels 300 Meter hohem Stahlfachwerkturm, den 250 Monteure binnen zwei Jahren errichtet hatten. Exakt 1789 Stufen führen vom Fundament bis zur Spitze . . .

Völlig unabhängig von Deutz, Daimler und Maybach arbeitete Carl Benz in dieser Zeit an seinem dreirädrigen »Velociped«. Er verwendete dafür nicht seine soliden und anerkannt sparsamen, aber schweren Zweitakter, sondern ebenfalls einen Viertakt-Einzylinder, der ein Auslaßventil und, ebenfalls gesteuert, einen Einlaßschieber, schon eine elektrische Zündung und eine Kurbelwelle mit Gegengewichten besaß. Die erste »Fernfahrt« unternahmen

I.9 An diesem De-Dion-Bouton-Einzylinder ist ein »früher« Magnetzünder (mit schwingendem statt rotierendem Anker und »Abreißmechanik«) herausgezeichnet, noch groß und schwer. Die Motoren und Dreiräder des Marquis Albert de Dion und seines Technikers Georges Bouton gaben der Entwicklung einen kräftigen Impuls. Die Einzylinder wuchsen ab 1895 schrittweise von 140 auf 960 cm^3 und erreichten mit Batteriezündung schon 8 bis 10 PS (6–7 kW) bei Drehzahlen bis zu 1800/min. Sie wurden in viele Länder exportiert oder dort nachgebaut – mit oder ohne Lizenz.
Die Exilrussen Michel und Eugene Werner setzten, ebenfalls in Paris, einen von H. Labitte konstruierten kleinen Einzylinder über vordere Fahrradräder – zuerst horizontal, dann vertikal. Der 1901 vor das Tretlager versetzte Motor vermied viele Nachteile und Risiken. Bald ermöglichten zahlreiche Einbaumotoren aus Frankreich, Belgien (und Aachen) die Motorisierung vieler Drei-, Vier- und Zweiräder.

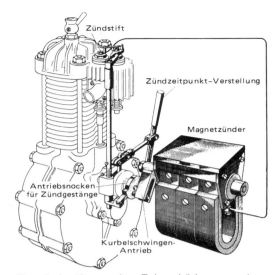

im August des »Dreikaiserjahrs« heimlich seine Söhne Eugen und Richard mit ihrer unternehmungsfreudigen Mutter Berta. Sie starteten in aller Frühe in Mannheim und erreichten, spät am Abend, deren Heimatstadt Pforzheim, weil Steigungen und Gefälle noch große Schwierigkeiten bereiteten. Sie mußten Kühlwasser auffüllen, Benzin (aus Apotheken) beschaffen, Kette und Riemen nachspannen, die Leder der Bremsklötze erneuern und zuweilen kräftig schieben, wonach der ebenso überraschte wie erfreute Vater eine zusätzliche Getriebestufe einbaute.
Aber auch Benz »lebte« noch jahrelang von seinen Motoren, bis Ende 1894 die ersten »Serienwagen« entstanden, 125 Stück binnen zwölf Monaten, von denen je ein Drittel in Deutschland und Frankreich liefen, und zwar immer noch auf dünnen Vollgummireifen, obwohl der schottische Tierarzt J. B. Dunlop Anno 1888 den Lufreifen erfunden hatte – genau genommen, zum zweiten Mal, nachdem Thomsons Rad von 1845 nicht einmal an Pferdewagen funktionierte und völlig in Vergessenheit geriet. Die ersten Automobile krankten also nicht nur an den Schwächen und Mängeln der ersten jungen Ottomotoren.

Das ist alles, was wir tun können: immer wieder von neuem anfangen, immer wieder und wieder.
Thornton Wilder, 1897–1975
amerikanischer Dramatiker

R. DIESELS GROSSE PROBLEME

Auf noch weit größere Schwierigkeiten stießen die Dieselmotoren sowie ihr Einbau in Landfahrzeuge, von den inzwischen aufgekommenen Flugzeugen ganz zu schweigen. Rudolf Diesel wollte reine Luft im Zylinder so stark verdichten, daß die damit erzeugte Temperatur den Zündpunkt des Kraftstoffs weit überstiege. Doch statt der zuerst geplanten 250 Atmosphären (at, seit 1977 einheitlich »bar« genannt) — und der damit verbundenen Festigkeitsprobleme! — reichten Anfang 1897, beim ersten betriebsfähigen Motor, auch 30, um den Kraftstoff zu entzünden und eine Energieverwertung zu erzielen, die alle anderen Wärmekraftmaschinen in den Schatten stellte. Spätestens seit diesen zielstrebig und zäh errungenen Erfolgen konnte der Motorenhistoriker und (KHD-)Ingenieur Dr. Gustav Goldbeck resümieren: »Die modernen Erfindungen sind Früchte von ernsthaft nachdenkenden Männern, die weder aus dem Handwerk kamen noch das Experimentieren als noble Passion betrieben wie mancher Gelehrte in der Barockzeit. So entstand unsere Technik aus ganz anderen Lebens- und Denkweisen. Der Erfinder des mechanischen Spinnrads war ein Barbier, der des mechanischen Webstuhls ein Pfarrer. Und Werner Siemens begann seine Experimente als preußischer Premierleutnant auf der Festung Magdeburg...

Neben den Forschungsdrang trat der unternehmerische Geist unruhiger Köpfe, denen ausgetretene Berufspfade nicht mehr genügten, die nach anderen Taten drängten. Wenn das Haus Krupp mit stolzer Tradition auf das kleine Stammhaus hinweist, das wie die Wohnung eines märkischen Schmieds neben den Farbikhallen stand, so müssen wir uns daran erinnern, daß es sich um die zweite Entwicklungsstufe handelte. Friedrich Krupp hatte als wohlhabender Kaufmann begonnen, mit zwei Alchimisten dunklen Charakters Gußstahl zu machen, und dabei sein beträchtliches Vermögen verloren. Nun erst bezog er jenes »Stammhaus«, das ursprünglich für den Aufseher seiner Fabrik bestimmt war.«

Vielfältige Erfindungen bestätigen Goldbecks These für diese Dekade:

1883 zum Beispiel das Maschinengewehr des amerikanischen (später in England geadelten) Ingenieurs Hiram Maxim,

1885/88 der Film von H. Goodwin und George Eastman als photografischer Schichtträger, auch das Gasglühlicht des Kärntner Barons Carl Auer von Welsbach,

1886 die schräggewalzten Röhren der Brüder Mannesmann,

1887 der elektrische Schmelzofen von Héroult und der Drehstrom gleich von mehreren Erfindern, die Schallplatte des aus Hannover ausgewanderten Emil Berliner, mit der Thomas Alva Edisons Phonograph zum »Grammophon« avancierte,

1888 Doehrings Spannbeton und, vor allem, die fundamentalen elektromagnetischen Wellen des Hamburgers Heinrich Hertz,

1889 Dampfturbinen und Drehstrommotoren, auf die wir zurückkommen.

Während der langen, dramatischen Entwicklung seines Motors führte Diesel entgegen seinem ursprünglichen Plan eine wirksame Zylinderkühlung ein — und, statt Kohlenstaub oder Gas, als Energiequelle ebenfalls flüssigen Kraftstoff, den Druckluft mit etwa 70 bar einblies und zerstäubte. Doch gerade der dafür benötigte Kompressor machte den »klassischen« Dieselmotor für den Fahrzeugbetrieb zu aufwendig und zu teuer. Es verstrichen fast drei Jahrzehnte, bis Kraftstoffeinspritzpumpen und -düsen, namentlich von Bosch, kleineren und schneller laufenden Dieselmotoren Eingang in den Lastwagenbau verschafften.

Gegenüber dem fremdgezündeten Ottomotor besteht das entscheidende Diesel-Merkmal in der »Selbstzündung«, die natürlich die gesamte Zündanlage entbehrlich macht. Verdichtungsverhältnisse von 16 : 1 bis 22 : 1 — ehedem viermal höher als in Ottomotoren, heute immerhin noch doppelt so groß — bewirken (in betriebswarmen Zylindern) Verdichtungsdrücke zwischen 30 und 60 bar und Verdichtungstemperaturen von 600 bis 900° C, zumal eine »Innenkühlung« durch verdampfenden Kraftstoff nicht stattfindet. Wenn jetzt eine Einspritzdüse feinste Tröpfchen in diese hocherhitzte Luft sprüht, erfolgt eine Zündung fast spontan.

Die Einschränkung »fast« berücksichtigt den unvermeidlichen, wenn auch meistens minimalen »Zündverzug«, den die Vermischung, Vergasung und eigentliche Entflammung verursachen. Kaum eine tausendstel Sekunde ... doch letzten Endes der Grund dafür, daß die Drehzahlsteigerung bei kleinen, schnellaufenden Dieseln auf größere Probleme stößt als bei Ottomotoren. Auch die nötigen Abmessungen und Gewichte der umlaufenden und hin- und herschwingenden Motorbauteile sind mit dem erstrebten »Leichtbau« und spritzigen Temperament schwer zu vereinbaren.

Ein weiterer prinzipieller Unterschied zwischen dem Otto- und Dieselverfahren besteht in der Dosierung der Leistung, kurz Regelung genannt. Während Ottomotoren stets ein ganz bestimmtes Mischungsverhältnis von Kraftstoff und Verbrennungsluft benötigen und bei »Halbgas« (Teillast) oder im Leerlauf von beiden entsprechend weniger verarbeiten, kommen die Zündungen im Diesel grundsätzlich nur bei kräftiger Füllung der Zylinder zustande. Also wird nur die Kraftstoffmenge gedrosselt, das Mischungsverhältnis dadurch (Kraftstoff-)ärmer. Man spricht deshalb bei Dieselmotoren von einer

I.10 Der erste betriebsfähige Dieselmotor ähnelte mit seinem Aufbau und der Kreuzkopfführung im Kurbeltrieb noch stark den verbreiteten Dampfmaschinen (s. B. IX.1). Mit 250 mm Zylinderbohrung, 400 mm Kolbenhub, also 19,6 l Hubraum entstanden 20 PS bei 172 U/min. Den Viertaktzyklus ermöglichte eine lange (hier verdeckte) Steuerwelle (wie schon bei Ottos Motor, (Bild I.2), aber zu hängenden, über Nocken gesteuerten Ventilen. Das große Gewicht — etwa 5 Tonnen — war für eine ortsfeste Maschine ohne Bedeutung, dagegen der bescheidene Kraftstoffverbrauch richtungweisend.

Qualitätsregelung, bei Ottomotoren hingegen von Quantitäts- oder Mengenregelung.

Eine dritte Eigenart, die jahrzehntelang als typisch für Dieselmotoren galt, nämlich die »innere Gemischbildung«, hat ihre Monopolstellung verloren. Zwar änderte sich auf dem Dieselgebiet nichts, weil die Vermischung von Kraftstoff und Verbrennungsluft stets im Zylinder erfolgt, doch ist die »äußere Gemischbildung« für Ottomotoren nicht mehr einheitlich und charakteristisch, seitdem die Benzineinspritzung mehr und mehr an die Stelle der herkömmlichen Vergaser tritt, wie zuerst bei Flugmotoren, dann bei vielen Renn- und Sportwagen und schließlich auch unter den Motorhauben von Gebrauchsfahrzeugen. Bei den meisten Otto-Einspritzern gelangt allerdings der Kraftstoff nicht direkt in die Zylinder, sondern in die Ansaugrohre . . . und läßt dann die innere und äußere Gemischbildung schwer gegeneinander abgrenzen.

Während übrigens der Begriff Dieselmotor stets feststand, führte den Ottomotor erst 1936 der VDI ein (S. 178). In einer Festrede 1976 konstatierte Robert von Eberan: »In 100 Jahren hat der Ottomotor eine fast unbegrenzte Entwicklungsfähigkeit bewiesen. Trotz anderer grandioser Errungenschaften ist als Fahrzeugantrieb kein brauchbarer Ersatz in Sicht. Die grundlegende Entwicklung kann als weitgehend abgeschlossen gelten. Für noch bessere Lebensdauer und Wirtschaftlichkeit, vor allem für saubere Abgase gehen die Arbeiten weiter. Allerdings müssen wir sie uns etwas kosten lassen.« Dazu ergänzte Hans Scherenberg (Daimler-Benz): »In den ersten 50 Ottomotor-Jahren wurden Fortschritte erzielt, die Meilensteinen gleichkamen und vorwiegend einzelnen Konstrukteuren zuzuschreiben sind. Sie waren, in den zweiten 50 Jahren mühsamer, nur in Zusammenarbeit vieler anonymer Ingenieure möglich. Weitere Forschung am ›Hundertjährigen‹ bleibt aus vielen Gründen unerläßlich.«

Nach diesem Vorgriff zurück zu den Pionieren: alle fälligen Aufgaben (abgesehen von der Zündung), vom Spritzdüsenvergaser (nach primitiven Oberflächen-, Bürsten- und Schwimmervergasern), mit Drosselklappen- statt Aussetzerregelung, mit einer angemessenen Mechanik, Schmierung und Kühlung (vom »Rohrkasten« über »Röhrchen-« zum »Bienenwabenkühler«) – nachdem die frühe Verdampfungskühlung zehnmal mehr Wasser verbrauchte als der Motor Benzin – alle diese Aufgaben löste bis zum ersten »Mercedes«, 1901, Wilhelm Maybach vorbildlich, so daß die im Automobilbau führenden Franzosen ihn als »roi des constructeurs« bezeichneten.

Frankreich wurde das klassische Land des Automobils und Rennsports, zu Anfang mit Daimler-Motoren. Schon vor 1900 gab es ein gutes Dutzend Produzenten. Im hochindustrialisierten England verhinderte der »red flag act« einen frühen Start . . . bis zum November 1986 (s. S. 61). Selbst Carl Benz hatte (vom Amtmann Bierbaum) hören müssen, »Fahren mit elementarer Kraft sei nach einem Landtagsbeschluß in Baden verboten«. Die Verhältnisse in den großen USA wiederum kommen in einem späteren Kapitel zu Sprache.

Selbst erstklassige Fachleute stehen dem technischen Fortschritt manchmal im Weg, weil sie die Schwierigkeiten am deutlichsten erkennen und zuweilen überbewerten. (Wie zum Beispiel Eugen Langen gegenüber dem Dieselmotor.)
Wilhelm Ostwald, 1853—1932

Die Ventilsteuerung als Visitenkarte

Moderne Viertaktmotoren (außer Wankel-, früher auch Schiebermotoren) arbeiten mit Ventilen, die V-förmig oder parallel, schräg oder senkrecht im Zylinderkopf hängen. Unten- oder obenliegende Nocken öffnen sie mit etlichen Übertragungsorganen, bevor kräftige Federn sie wieder schließen. Die zahlreichen Spielarten dieser Steuerungen, daneben die alten seiten- oder wechselgesteuerten Konstruktionen, erfordern einen angemessenen Kommentar, weil sie den Charakter und die Eigenschaften jedes Motors stark beeinflussen.

Denn mit geeigneten Verbrennungsräumen allein ist es nicht getan. Sie sind zwar, als moderne »Quetschköpfe«, mit badewannen- oder keilförmigen Profilen, eine wichtige Voraussetzung für gute Leistung und Wirtschaftlichkeit — oder als Halbkugelköpfe typisch für Hochleistungsmotoren. Doch der Arbeitsraum ist damit noch unvollständig, wie ein Zimmer ohne Türen. Es fehlen die Ein- und Ausgänge für das Arbeitsmedium, das Kraftstoffluftgemisch. Und so bilden die Ventile und ihre Steuerung ein Kernproblem der Motorenentwicklung, eng verknüpft mit der Lage der Ansaug- und Auspuffkanäle und der Stellung der Zündkerzen.

Unten- oder seitengesteuerte Motoren — zwei Worte für denselben Begriff — dominierten jahrzehntelang und behaupteten sich vereinzelt bis in die fünfziger Jahre, wo Hubraumleistungen bis 30 PS/l genügten. Kleine, stationäre sv-Motoren gibt es sogar noch heute. Ihre Nachteile und Mängel waren längst erkannt und gemildert: Ricardo und andere Ingenieure verlegten, etwa seit 1925, den Hauptteil des Brennraums direkt über die Ventile und ließen den Kolben bis auf einen engen Spalt an den Zylinderdeckel heranfahren. Die gründlich erforschte Stellung der Zündkerze und weitere Kunstgriffe sorgten für (relativ) kurze Flammenwege und bessere Kühlungsverhältnisse der unliebsam großen Wandflächen. Gleichzeitig verriet der Name »Wirbelkopf« die erhöhte Klopffestigkeit und die dadurch ermöglichte höhere Verdichtung.

Tatsächlich standen manche seitengesteuerte Motoren ihren zeitgenössischen ohv-Konkurrenten weder mit Leistungsausbeute noch Klopffestigkeit nach — solange nicht eine rein geometrische Grenze, etwa bei 7 : 1, eine weitere Verkleinerung der Kompressionsräume verhinderte. In Dieselmotoren gibt es, selbstverständlich, für hängende Ventile keinen Ersatz. Aber auch bei Ottomotoren wurden die Füllungsverhältnisse immer kritischer, weil das Frischgas seinen Bestimmungsort nur durch winklige, widerstandsreiche Ansaugwege findet. Es sei denn, ein Kompressor vermehrte die Zylinderladung kräftig, wie zum Beispiel in kleinen NSU-Sportwagen der zwanziger Jahre.

Eine verbreitete Variante des sv-Motors in der frühen Motorengeschichte war der gestreckte »T«-förmige Verbrennungsraum, in dem die Ventile symmetrisch zu beiden Seiten des Zylinders standen, verbrennungstechnisch natürlich sehr schlecht. Nur das anschauliche Schema geisterte noch jahrzehntelang durch die meisten Motorenbücher. Auch den Aufwand vermehrten zwei separate Nockenwellen beträchtlich, obwohl sie noch heute bei etlichen englischen (ohv-!) Kraftradzweizylindern aufkreuzen. Einen besonderen Grund hatten die »T«-Zylinder der ersten Zeppelinmotoren (von Wilhelm Maybachs Sohn Karl): hier sollte der Bordmechaniker im Notfall unterwegs(!) Ventile und sogar einen Kolben auswechseln können, während die anderen Motoren für ununterbrochene Fahrt sorgten.

Im übrigen sprach für die stehenden Ventile, außer dem erfreulich kurzen, leichten Antrieb, ein starkes Argument, solange die Bruchsicherheit mit modernen Maßstäben keinen Vergleich aushielt: jedes hängende Ventil, das (durchweg am Übergang vom Schaft zur »Tulpe«) abreißt, durchschlägt sofort den Kolbenboden und zerstört oft auch den Zylinder — oder sogar das Motorgehäuse. Das ist heute zwar nicht anders, aber sehr selten geworden...

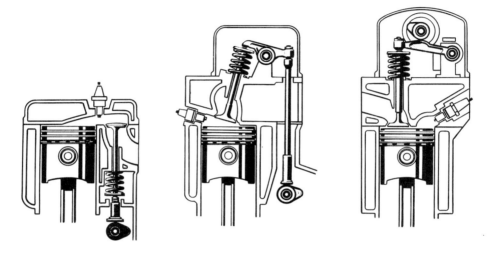

II.1−3 Die klassischen Ventilsteuerungen sv − ohv − ohc, erstere seit 1962 nur noch in ortsfesten und einfachen Bootsmotoren anzutreffen. (Die uralten, im Text beschriebenen »T-Köpfe« fehlen.) − Auch dieser ohc-Motor besitzt parallel hängende Ventile, hier mit (einarmigen) Schwinghebeln geöffnet. Das Ventilspiel wird hier überall mit Gewindeschrauben eingestellt. Man kann sie mit Schwinghebeln auf verstellbaren Kugelköpfen, bei mehreren Kraftradmotoren auch mit exzentrischen und verdrehbaren Kipphebelachsen, einsparen.
Die Abkürzungen stammen aus dem Englischen: side valve, over head valve, over head camshaft (Nockenwelle über Kopf). Kipp- oder Schwinghebel müssen möglichst rechtwinklig auf den Ventilschaft wirken, um Seitenkräfte und Verschleiß einzuschränken!

AUCH OHV IST KOPFGESTEUERT!

Zylinderköpfe mit hängenden Ventilen erlauben bedeutend günstigere Kanäle, besonders in Verbindung mit den modernen Flach-, Schräg- oder Fallstromvergasern... oder ohne Vergaser, wenn Einspritzdüsen den Kraftstoff in die Ansaugkanäle sprühen. Tatsächlich verschwanden, selbst in preiswerten Gebrauchswagen, die letzten sv-Motoren 1962.

»Kopfgesteuert« sind übrigens (neben ohc-) eindeutig alle ohv-Motoren, und zwar wegen der Anordnung von Ventilen und Kanälen im Zylinderkopf (genau genommen oberhalb der vom Kolben durchlaufenen Zone). Andernfalls entbehrte auch die Bezeichnung »wechselgesteuert« ihrer logischen Grundlage. Das waren früher manche Motoren mit hängenden Einlaß- und stehenden Auslaßventilen, für die in England die anschauliche Bezeichnung »i. o. e.« entstand (inlet over exhaust — Einlaß über Auslaß).

Ausnahmsweise gab es auch die umgekehrte Lösung (z. B. bei Moto Guzzi-Kraftradmotoren), doch buchte die Bauart »i. o. e.« nicht nur die besseren

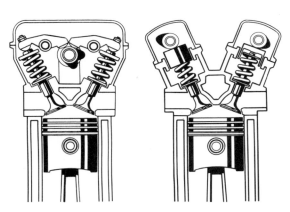 

II.4–6 Ventilsteuerungen für V-förmig hängende Ventile, links mit 1 Nockenwelle und (zweiarmigen) Kipphebeln, in der Mitte als Doppelnockenwellen-Motor mit Topf- oder Tassenstößeln, bei denen meistens ausgewählte Beilagplatten das Ventilspiel regulieren. Dasselbe Profil besitzen moderne Vierventil-Zylinder mit »Giebeldach«-Brennräumen und dem zusätzlichen Vorzug zentral stehender Zündkerzen.
Rechts im Schema eine desmodromische Steuerung (Mercedes-Benz-Rennmotor 1954) ohne Ventilfedern. Neben dem (normalen) Öffnungsnocken rotiert ein Komplementär- oder Schließnocken, der das Ventil mit einem Winkelhebel zurückholt. Die ersten Desmodromik-Versuche, gewiß von Schiebersteuerungen beeinflußt, erfolgten vier Jahrzehnte vor dem Mercedes-Benz-Rennmotor, u. a. bei Peugeot und Delage, später in England (Mangoletsi) und wieder in Frankreich, aber auch bei Richard Küchen, der eine »Kulissenführung« für die Kipphebel direkt auf das obere Königswellenende setzte. Später wurden daraus, wie auch bei etlichen englischen Motoren (ausnahmslos Einzylindern) »Königswellen-Hubscheiben« für normale, federgesteuerte Ventile.

Füllungsverhältnisse für sich, sondern auch die historische Entwicklung: ursprünglich besaßen die Einlaßventile nämlich gar keine mechanische Steuerung, sondern öffneten automatisch, durch den Unterdruck über dem abwärtsgleitenden Kolben, als »Schnüffelventile« . . .

Nun bereitet der Ventilmechanismus dem Konstrukteur umso größere Sorgen, je schneller der Motor laufen soll und je schwerer die hin- und hergehenden Massen ausfallen, angefangen bei den Ventilen selbst, die auf der Auslaßseite rotglühend ihren harten Dienst verrichten. Trotz der erstrebten Sicherheit und Lebensdauer jedes vermeidbare Gramm an schwingenden Teilen einzusparen, ist daher ein wichtiges Gebot. Ihm dienen, jeweils nach den vertretbaren Herstellungskosten, bei Motoren mit V-förmig hängenden Ventilen Nockenwellen, die mitten über dem Zylinderkopf sitzen, oder zwei Nockenwellen, je eine über den Einlaß- und Auslaßventilen.

Die Zeichnungen erläutern die verschiedenen Ventiltriebe deutlicher als viele Worte: ohc-Motoren sparen Stößel und Stoßstangen ein. Sie benötigen lediglich Schwinghebel, um die Verbindung zwischen den Nocken und Ventilen herzustellen. Mit zwei obenliegenden Nockenwellen verbleiben nur noch leichte »Topfstößel«, die meistens die Ventilfedern umschließen. Soll eine einzelne obenliegende Nockenwelle V-förmig-hängende Ventile steuern, so übernehmen, wie bei ohv-Motoren, zweiarmige »Kipphebel« die Aufgabe der einarmigen Schwinghebel. Gelegentlich arbeitet auch eine einzelne Nockenwelle über Topfstößel direkt auf die Ventile; dann müssen diese allerdings alle in einer Reihe liegen, während Schwinghebel mit unterschiedlicher Länge es erlauben, die Ein- und Auslaßventile zu staffeln, d. h. gegeneinander zu versetzen. Man kann mit dieser Anordnung günstige Brennraumformen erhalten, auch größere Ventile darin unterbringen.

OHC-MOTOREN ETABLIERT

Die Abbildungen zeigen, wie der Arbeitsweg vom Nocken zum Ventil von Stufe zu Stufe kürzer und — ebenso wichtig — steifer ausfällt. Die leichteren schwingenden Massen ermöglichen schwächere Ventilfedern, also verminderte Kräfte und Beanspruchungen — oder umgekehrt, mit gleichstarken Federn, höhere Spitzendrehzahlen oder »schärfere«, steilere Nocken.

Doch der zweite Blick enthüllt den Preis der verkürzten Ventilantriebe: da es auch in der Technik nichts umsonst gibt, wie jede Münze ihren Revers trägt, kostet der kurze Weg vom Nocken zum Ventil mehr Bauhöhe, mehr Gewicht und Raum. Das gilt auch für den längeren Weg von der Kurbel- zur Nockenwelle, obgleich es sich bei den Übertragungsorganen — im Gegensatz zu hin- und herschwingenden Stößeln, Stoßstangen und Kipphebeln — um gleichmäßig umlaufende Teile handelt, die hohen Drehzahlen wenig im Weg stehen.

Als einfachster Antrieb für obenliegende Nockenwellen bietet sich eine Steuerkette an, wenngleich sie wegen der Wärmedehnung des Motors und wegen ihrer eigenen, durch Verschleiß verursachten »Längung« solide Führungen und Spannvorrichtungen benötigt. Schon wesentlich größeren Aufwand verursachen Zahnradsätze zwischen Kurbel- und Nockenwellen. Sie

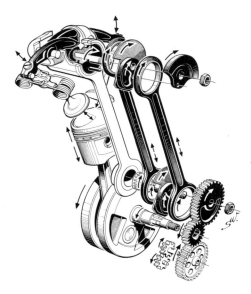

II.7 Schubstangenantrieb zur obenliegenden Nockenwelle: NSU-Motorrad-Einzylinder, auch in dem »Prinz«-Twin verwendet. Die (weiße) Abstandstange steht fest, während die beiden (wie bei Dampflokomotiven um 90 Grad versetzten) Schubstangen auf Exzentern gleiten, oben durch ein besonderes Schwungsegment ausgewuchtet. Bemerkenswert die Haarnadelventilfedern, die (früher einmal) ungekapselt vorzeitiges Ausglühen und Erlahmen vermieden, die schwingenden Massen erleichtern und besonders kurze Ventile ermöglichen.
Neben Haarnadel- und Schraubenfedern holen auch Blattfedern (z. B. bei Maybach-Motoren) oder Drehstabfedern (bei Panhard-Boxern und einem Honda-Twin) die Ventile auf ihren Sitz zurück.

arbeiten zwar zuverlässig und (fast ohne Ausnahmen) verschleißfrei, aber vielfach geräuschvoll — was man beides von den Novotexträdern auf vielen untenliegenden Nockenwellen nicht sagen konnte.
Den teuersten Antrieb »nach oben« verkörpert die klassische Königswelle. Sie erfordert vier Kegel- oder Schraubenräder mit hochgradiger Präzision — also großen technischen Aufwand. Ihn, aber auch eine Steuerkette, umgingen einige Konstrukteure mit einem Schubstangenantrieb — zuletzt der ideenreiche Albert Roder bei NSU, wo man die Kosten von Königswellen aus eigener Erfahrung kannte (B. II.7, 11). Übrigens war der prächtige »Max«-Motor nur ein Beispiel von vielen aus Roders langer Laufbahn.
Schließlich vermittelten die neuzeitlichen Kunststoffe eine bemerkenswerte Variante von Steuerketten, indem ein Zahnriemen mit eingebetteten Stahldrähten die Vorzüge von Keilriemen mit der exakten Steuerung von Rollenketten vereinigt. Nach einer tiefschürfenden Entwicklung bei Ford in Köln, die jahrelang »auf Eis« lag, präsentierte Glas — Dingolfing, seit 1966 ein BMW-Werk, die ersten Serienmotoren mit diesem Nockenwellenantrieb. Andere und größte Marken folgten bald nach. Freilich müssen Zahnriemen »trocken« laufen, und deshalb vor dem Motorgehäuse mit einer zusätzlichen (Nocken-)Wellendichtung.

Gebildet ist, wer Parallelen sieht,
wo andere völlig Neues erblicken.
Anton Graff, Maler, 1736–1813

»DOPPELNOCKER«, VIERVENTILER UND »DESMODROMIK«

Mit den leichten, eleganten Zahnriemen fanden obenliegende Nockenwellen zunehmend Eingang in preiswerten Gebrauchsmotoren, zuweilen sogar zwei Stück, wie bislang nur in exklusiven Sport- und Rennmotoren. Den »Doppelnockenwellenmotor« verkürzte der Fachjargon zum Doppelnockenmotor.
Die weitaus meisten Viertakter arbei-

II.8 Zwei Zylinderköpfe für einen gleichen (bzw. »frisierten«) Block: BMW-3-l-Sechszylinder, unten der serienmäßige »Zweiventiler« (vgl. B. VI.22 u. VIII.8) mit gegeneinander versetzten Ventilen, oben der für Rennen entwickelte Vierventiler mit zwei Nockenwellen und zentral stehenden Zündkerzen. Der Sechszylinder gewann mit der verdoppelten Ventilzahl (und 3,5 l Hubraum) 44 kW, 324 statt 280 kW (440 statt 380 PS). Später standen für den exklusiven Sportwagen »M 1« zwei Versionen zur Verfügung: für die Straße 204 kW (277 PS) bei 6500/min, für Rennen 345 kW (470 PS) bei 9000/min und mit Turboladung weit über 600 kW (800 PS).
Gleichviele, aber winzige Ventile erhielt 1965 ein Honda-Rennmotor mit nur 250 cm^3 Hubraum – und 12 Jahre später die CBX-Serie mit 1050 cm^3 und 77 kW (105 PS) bei 9000/min (in Deutschland nach einer »freiwilligen« Vereinbarung der Importeure auf 100 PS [77 kW] gedrosselt) als Vorreiter einer breiten japanischen Phalanx.

ten mit zwei Ventilen je Zylinder. Man hat jedoch für größte »Atmungsquerschnitte« und höchste Leistungen immer wieder Motoren mit verdoppelten Ein- und Auslaßventilen entwickelt. Namentlich in großen Zylindern ergeben sich damit geringere thermische und mechanische Beanspruchungen, direkt vergleichbar dem Trend zu vielen kleinen Zylindern statt wenigen großen. Ein Vierzylinder-Rennmotor von Peugeot besaß (um 1920) sogar je drei Einlaß- und zwei Auslaßventile, nachdem die riesigen Zylinder von Rennwagen vor dem ersten Weltkrieg gelegentlich bis zu sechs Ventile pro Zylinder enthielten, wie heute wieder aufgegriffen (s. II.10).
Jedenfalls fand die vierventilige Bauart bei Diesel-, Hochleistungs- und Flugmotoren in jeder Epoche namhafte Verfechter. Auch für drei Ventile pro Zylinder gibt es Beispiele genug, entweder mit verdoppelten Einlaßventilen im Interesse großer »Zeitquerschnitte« oder mit zwei relativ kleinen Auslaßventilen zu deren thermischer Entlastung. Die maximale, d. h. gerade noch erträgliche Belastung einer Maschine hängt ja nicht von der Zahl der bewegten Bauteile ab, sondern, wie bei einer Kette, stets vom »schwächsten Glied« – und das waren und sind oft die Auslaßventile!
Das Stichwort »Zeitquerschnitte« bezieht sich auf die Größe und Öffnungsdauer eines Ventils. Ein noch so großer Ansaugspalt nützt wenig, wenn er nicht lang genug offensteht. Ebenso verfehlt ein weit abhebendes Ventil seinen Zweck, wenn es zu klein ist. Satte Zylinderfüllung – als Quelle hoher Motorleistung – verlangt große Ventile, die rasch und weit öffnen und ebenso schnell schließen. Erträgliche Beanspruchungen jedoch sind gleichbedeutend mit (relativ) sanften Bewegungsänderungen. Um die Kräfte noch

zu beherrschen, muß man die »Erhebungskurven« der Nocken und Ventile flacher gestalten; man muß sie »strecken«, große Nocken- und Ventilhübe auf entsprechend weite Kurbelwellenwinkel verteilen (Abb. III.2).

Freilich sind große Winkel für die Überschneidung der Ein- und Auslaßsteuerzeiten, für Einlaß-Nachschließen und Auslaß-Voröffnen kein erfreuliches Merkmal hochtouriger Motoren, sondern ein notwendiges Übel. Der saubere Motorlauf im unteren Drehzahlbereich leidet darunter, der ruhige Leerlauf und auch das Anzugsvermögen. Deshalb bereitet die Ventilsteuerung für einen Serienmotor, der hohe Ansprüche erfüllen soll, kaum geringere Sorgen als bei Rennmotoren.

Kein Wunder, daß man immer wieder versuchte, die hektisch hämmernden Hubventile auch in Viertaktern einzusparen und durch rotierende Steuerorgane zu ersetzen — zum Beispiel durch Drehschieber, auf die wir im Zusammenhang mit Wankelmotoren zurückkommen. Aber wenn es darauf ankam, konnte das von Natur aus so unbefriedigende Ventil seine Position behaupten, nicht zuletzt, weil es während der hohen Verbrennungsdrücke fest auf seinem Sitz ruht ... und weil man es jahrzehntelang intensiv entwickelte.

Ähnlich verhält es sich mit den Ventilfedern. Sie belasten leider den gesamten Ventiltrieb stets mit ihrer vollen Spannung, die ihrerseits auf die Höchstdrehzahl bemessen und bei geringeren Drehzahlen gar nicht erforderlich ist. Tatsächlich ersetzte man auch die Ventilfedern mehrfach (und schon früh) in der Motorengeschichte durch Konstruktionen, welche die Ventile zwangsläufig auf ihren Sitz zurückholen — »desmodromisch« lautet das griechische, international geläu-

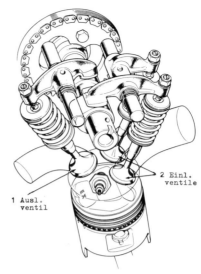

II.9 Der gigantische japanische Motorradproduzent Honda erscheint, wie mit Vierventilern, auch mit der Dreiventil-Variante: statt eines (relativ sehr großen und schweren) Einlaßventils hängen zwei nebeneinander. Diese Lösung war keineswegs neu, sondern in vielen Bugatti-Motoren anzutreffen, ferner in Junkers-Flugmotoren, in Einzylindern von Richard Küchen, in seltenen Rennmotoren von Tatra und FN, Ferrari und Maserati. Umgekehrt sollten verdoppelte kleine Auslaßventile gegenüber einem großen Einlaßkanal deren kritische Beanspruchungen mildern, z. B. bei Duesenberg in den USA, Rennmotoren von AJS-London und Alex von Falkenhausen, München.

fige Kunstwort. Mit einem derartigen, meistens recht verwickelten Mechanismus arbeiten die Ventile nicht mehr »kraftschlüssig«, wie in herkömmlichen Ventiltrieben, sondern »formschlüssig«. Hier erzeugt allein die Kraft der Ventilfedern den festen Kontakt an allen Trennstellen, vergleichbar der (Trägheits-)Kraft, die unangekuppelte Eisenbahnwagen nur zusammenhält, solange

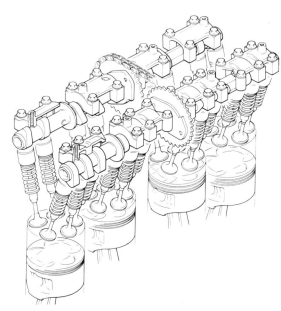

II.10 Im Rahmen der Auto Union-Rennmotoren-Entwicklung untersuchte R. von Eberan (vor 1939) »die Grenzen des Gaswechselvorgangs durch die Ventilsteuerung«, wobei sich theoretisch sieben, praktisch fünf Ventile pro Zylinder als optimal ergaben. Genau dies Lösung verwertete Yamaha 1985 für kleine Hochleistungsvierzylinder (ab 750 cm^3). Die mittleren hängen leicht gespreizt unter der Einlaßnockenwelle, wie in neuen Formel-1-Rennmotoren. Zur gleichen Zeit experimentierte Maserati mit Sechsventil-Zylindern (3 + 3). In sensationelle Viertakt-Rennvierzylinder installierte Honda (ab 1977, wenngleich gegen Rennzweitakter erfolglos), je acht Ventile über stark O-förmigen Kolben, die je zwei Pleuel führen. Frühe Maybach-Luftschiffmotoren wiederum besaßen vorübergehend je drei Auslaß- und zwei (größere) Einlaßventile.

die Rangierlok schiebt. Dort wirkt der Formschluß wie eine feste Kupplung, gleichermaßen bei Schub und Zug.

Allerdings errangen praktische Erfolge mit desmodromisch gesteuerten Ventilen nur wenige Rennmotoren in den fünfziger Jahren, allen voran die Mercedes-Benz-Achtzylinder von 1954/55 (Abb. 24). Hier wirkten auf jedes einzelne Ventil zwei Nocken, neben dem normalen »Öffnungsnocken« ein »Gegen- oder Schließnocken«, der mit einem ausgeklügelten Winkelhebel am Ventilschaft angriff. Für den Ausgleich der Wärmedehnung sorgte ein bestimmtes Ventilspiel — und für dichten Sitz der Ventile der kräftige Gasdruck im Zylinder. Doch profitierte — verständlicherweise — kein Serienmotor von den guten Erfahrungen mit den erfolgreichen Rennmaschinen — im Gegensatz zur kleinen italienischen Motorradfabrik Ducati. Indessen scheint nicht nur der Produktionspreis prohibitiv. Auch die Empfindlichkeit wächst; denn Konstrukteur Taglioni antwortete auf die Frage nach den Folgen eines Fremdkörpers, etwa als winziges Steinchen oder Ölkohlebröckchen auf dem Ventilsitz, kurz und lakonisch: »Finito« ...

Gebildet ist, wer weiß, wo er findet,
was er nicht weiß.
   Georg Simmel, Philosoph, 1858–1918

DIE GROSSE EPOCHE DER KÖNIGSWELLEN

Kurbelwellen, Exzenterscheiben mit Schubstangen, Nocken mit Stoßstangen ... das sind keine Errungenschaften der Verbrennungsmotoren, sondern uralte (auch Dampf-) Maschinenelemente, die umlaufende Bewegungen in hin- und hergehende verwandeln — oder umgekehrt. Sogar die Königswelle, deren Name vermutlich aus dem Mühlenbau stammt, gab es schon an einer großen Gasmaschine mit »stehender Steuerwelle«, die der namhafte russische Konstrukteur Boris Loutzky in der Maschinenbaugesellschaft Nürnberg baute — schon vor deren Vereinigung mit der Maschinenfabrik Augsburg, die im Dieselkapitel breiten Raum einnimmt.

Wilhelm Maybach griff 1906 auf eine obenliegende Nockenwelle mit Königswellenantrieb zurück, für einen Sechszylinder-Rennmotor, der 120 PS bei 1500 U/min entfaltete — ausnahmsweise ein Kurzhuber mit 140 x 120 mm, also 10,5 l Hubraum. Seine (letzte) Konstruktion war, wieder einmal, richtungweisend für viele Nachfolger, namentlich für die Mercedes-Flugmotoren, obwohl Paul Daimler, von Austro-Daimler zurückgerufen, den Sechszylinder zunächst durch einen wechselgesteuerten (!) Vierzylinder ersetzte.

Bei den damaligen Tourenwagenmotoren war die Ventilanordnung ebensowenig ausschlaggebend und entschieden. Es gab bereits etliche in- und ausländische Königswellenmotoren, und 1910 Porsches siegreichen 5,4 l-»Prinz-Heinrich«-Vierzylinder, der 86 PS bei 1900 U/min leistete. Aber drei Jahre später gewann August Horch die letzte »Alpenfahrt« mit einem wechselgesteuerten 3,6 l-Audi, dessen Vierzylinder kaum die halbe PS-Zahl hergab. — Die scharfe Zäsur, für Rennmotoren, brachte erst die 4,5 l-Formel von 1914, mit der die Drehzahlen sich fast verdoppelten und die Literleistungen noch stärker anstiegen. Fortan beherrschten Königswellen den Hochleistungsmotorenbau, bis Zahnradsätze oder preiswerte Steuerketten an ihre Stelle traten.

Eine Auswahl prominenter Konstruktionen der zwanziger Jahre kommt mit der »Kompressorepoche« zur Sprache, die Paul Daimler einleitete, bevor er selbst (ähnlich mit der Geschäftsleitung zerstritten wie 1906 Maybach) Untertürkheim verließ und wiederum Ferdinand Porsche seine Arbeit fortführte. Paul Daimler ging dann zu Horch nach Zwickau, worauf wir im Zusammenhang mit der sächsischen Industrie zurückkommen. Insgesamt brachten die hektisch wechselnden Konjunktur- und Krisenjahre nach dem ersten Weltkrieg eine Unmenge von Automarken und Motorenkonstruktionen mit sich, deren meiste aber bald wieder verschwanden. Von rund 70 Autofabriken in Deutschland überlebten (vorerst) zwei Dutzend, während die USA-Chronik über 2500 verschiedene Marken registrierte.

Da ein Zusammenhang zwischen konstruktiver Brillanz und wirtschaftlichem Erfolg damals vielleicht noch fragwürdiger war als heute, traten manche Marken und Motoren von der Bühne ab, die mindestens eine kurze Erinnerung verdienen. Durchweg finden wir, wie bei Benz und Daimler, dieselben Konstrukteure wie in der Vorkriegszeit wieder, allen voran Paul Henze, der zuerst für den neuen Steiger-Automobilbau in Burgrieden bei Ulm einen ausgezeichneten 2,6 l-Königswellen-Vierzylinder zeichnete. Er leistete 50 PS schon bei 2500 U/min, allerdings als extremer Langhuber mit 72 x 160 mm. Auf 3 l Hubraum aufgebohrt und frisiert, erreichten die Motoren gute 80 PS, doch verhinderten ungenügende Bremsen bei der Targa Florio Plätze im Vorderfeld, die auf anderen Rennstrecken an der Tagesordnung waren.

Mit noch größerem technischen Aufwand schuf Henze, ungeachtet der explodierenden Inflation, bei Simson-Supra in Suhl die erstklassigen »S-

Modelle« — mit einer Y-förmig gegabelten Königswelle, zwei obenliegenden Nockenwellen und vier großen Ventilen in jedem Zylinder. Der 128 mm lange Hub, bei 70 mm Bohrung und knapp 2 l Hubraum, sowie 4000 minütliche Umdrehungen der in drei Rollenlagern laufenden Chromnickelstahl-Kurbelwelle ergaben bereits die beachtliche Kolbengeschwindigkeit von 17 Metern pro Sekunde. Henzes Königswellen rotierten übrigens vorn am Motor, zwar im Aufbau einfach und elegant, aber schwingungstechnisch nicht so gut wie bei den erfolgreichen Mercedes-Modellen oder bei August Horchs Audi-»6«, Paul Daimlers Horch-Reihen-»8« und anderen Motoren, deren Königswellen hinten, neben dem Schwungrad rotierten.

Eine Lösung, die bei modernen Rennmotoren wiederkehrte, entwarf Dr. Georg Bergmann in den Inflationsjahren für die »Dinos«-Vierzylinder mit einer Königswelle, die zwischen dem zweiten und dritten Zylinder, also in Motormitte lag. Die Marke Dinos war ein Nachfolger von LuC (Loeb und Co., Berlin) — und der aufwendige Motor ein guter Ersatz eines vorangegangenen Schiebermotors nach einer Daimler-Knight-Lizenz, auf deren Eigenart wir noch zurückkommen.

Frühere ohc-Motoren hatte Bergmann für FADAG und SZAWE konstruiert (die Fahrzeugfabrik Düsseldorf AG bzw. Szabo und Wechselmann in Berlin, deren ausgefallene Karosserien vom Künstler und Erfinder Ernst Neumann-Neander stammten). Viele Königswellenmotoren entstanden in Frankreich, England, Italien und Amerika — Bugatti-Molsheim lag ja seit 1918 auch in Frankreich...

Minimal in der Stückzahl, aber stark und erfolgreich war der kleine »Sascha«, den Porsche noch bei Austro-Daimler

II.11 Bei Renn- und Sportmotorrädern hielten sich die klassischen Königswellen am längsten (hier NSU-Typ Bullus, 1930/34). Ein schlanker, nach unten ragender Zapfen treibt die Ölpumpen der Trockensumpfschmierung an. Später wurde das verchromte Außenrohr »Talmi« und verbarg Stößelstangen. Der »Doppelport«-Auspuff, damals Mode, ließ später zuweilen (am Einzylindermotor) das Auspuffgeräusch besser dämpfen. — Ein Königswellen-Vierzylinder erscheint mit Abb. V.7.

baute, jedoch mit dem Auftrag des Grafen Alex Kolowrat, eines böhmischen Film- und Industriemagnaten. Sascha, wie seine Freunde ihn nannten, war schon vor dem Krieg am Volant und Motorradlenker aktiv und von Porsches Projekt begeistert.

Der kleine Hochleistungsvierzylinder erhielt einen Leichtmetallblock, mit Stahlbüchsen als Zylinder, und Doppelzündung, trotz der bescheidenen Bohrung von 68,3 mm; dazu zwei obenliegende Nockenwellen mit dem

Königswellenantrieb, den auch die großen ADM-Modelle besaßen. Kolowrat steuerte den ersten von vier »Sascha«, die 1922 die Targa Florio mit glänzendem Erfolg bestritten – allesamt in der 1,1 l-Klasse; später kamen 1,5 l-Motoren hinzu. Von den übrigen Sascha-Fahrern sei Alfred Neubauer zitiert, den Porsche bald nach Untertürkheim holte, wo er als Mercedes-Benz-Rennleiter in drei Epochen zu einer legendären Figur wuchs.

Fortan freilich verdrängten Zahnradantriebe die Königswellen mehr und mehr. Etliche flache Zwischenräder sind eben bedeutend einfacher als Kegel- oder Schraubenräder, vor allem für den Antrieb von zwei obenliegenden Nockenwellen wie bei Alfa-Romeo oder Maserati – oder gar für vier über V-Motoren wie bei einem Delage, der mit zwölf Zylindern einen Markstein für Drehzahlen und Literleistungen setzte. Als kleiner Reihensechszylinder und förmlich »halber« Delage entstand ein Amilcar-Doppelnockenmotor, der seinem ständigen Rivalen Salmson endgültig das Wasser abgrub. Beide gingen übrigens auf einen englischen Cycle-Car zurück, eine »Fahrmaschine«, die ebenso primitiv wie effektvoll die »Voiturette«-Tradition der Vorkriegsjahre fortführte, lange Jahre mit den V-Zweizylinder-JAP, ausgeprägten Kraftradmotoren . . .

Das Stichwort Krafträder gebietet es, die Königswellenepoche mit der Erinnerung an exzellente Sportmotoren abzuschließen, die damals den Stand der Motorradtechnik – und ein unverkennbares Image – prägten. Vor einzelnen Twin wie von Peugeot oder einem seltenen V-Vierzylinder von Matchless rangierten weltbekannte Einzylinder von Moto-Guzzi, NSU, Motosacoche, Velocette oder – der berühmteste von allen – Norton.

Es gibt nichts, was man nicht noch besser machen könnte. Henry Ford, 1863–1947

IDEEN- UND MARKENBLÜTE IM »MITTELALTER«

Im weiten Feld der Gebrauchsmotoren blieben obenliegende Nocken- oder Königswellen in den Jahren zwischen den Weltkriegen ein entbehrliches und, kostenmäßig betrachtet, fragwürdiges Requisit. Viele prominente Konstrukteure pflegten auch in Europa ohne gravierende Nachteile den preiswerten sv- oder ohv-Ventiltrieb, z. B. altbekannte Namen wie NAG mit dem Konstrukteur Christian Riecken, oder Selve, wo Karl Slevogt, von Apollo aus, die Nachfolge des verunglückten Ernst Lehmann antrat. Daneben finden wir viele kurzlebige Marken mit kleinen oder mittelgroßen Wagen – etliche gehörten direkt oder indirekt zur Hugo Stinnes-Dynastie und überdauerten den Tod des Konzernchefs, 1924, nicht lang.

Bekanntere Vertreter dieser Epoche blieben Brennabor, Hansa, Stoewer oder die sächsischen Werke, die 1932 die Auto Union bildeten. Oder Gustav Röhr, der sein eigenes Werk bei Darmstadt bald verließ, bei Adler (unter anderem) die Frontantriebsmodelle einführte, aber Daimler-Benz-Direktor war, als er 1937, kaum 42 Jahre alt, auf der Fahrt zum Nürburgring an einer Lungenentzündung starb. Schon neun Jahre vorher hatte Porsche bei Daimler-Benz, neben den repräsentablen Kompressor-Königswellen-Modellen, die dringend gewünschten kleineren Typen und sv-Motoren entwickelt. Mit dem Auslauf der SS-, SSK- und SSKL-Motoren verschwanden die

Königswellen endgültig aus dem Programm; nicht aber die Kompressoren, die fortan neue ohv-Achtzylinder fütterten. Zur gleichen Zeit besaßen die legendären »Silberpfeile«, die Rennwagen von 1934 bis 1939, Zahnräder zu den obenliegenden Nockenwellen – im Gegensatz zu Porsches Auto Union-Rennern, die mit einer Königswelle und (zuerst) einer einzigen obenliegenden Nockenwelle alle 32 Ventile für 16 Zylinder steuerten: die »innen« in beiden Achtzylinderblöcken hängenden Einlaßventile über kurze, normale Schlepphebel, die weit außen hängenden Auslaßventile über »horizontale« Stoßstangen (Abb. XV.15) ... bis der V-12-Nachfolger 1937 drei obenliegende Nockenwellen erhielt.

Mit ähnlichen, horizontal von der Einlaß- zur Auslaßseite führenden Stoßstangen fand die Sechszylindergeneration bei BMW 1938 einen vielbeachteten Höhepunkt: ohne die untenliegende Nockenwelle zu verlassen, ermöglichte dieser Kunstgriff die V-förmig hängenden Ventile, mit denen der langhubige 2 l-3 Vergaser-Motor 80 PS bei bescheidenen 4500 U/min entfaltete. – Genau zehn Jahre vorher hatte das erfolgreiche Münchener Motorrad- und (wieder) Flugmotorenwerk sein Debut als Automobilproduzent inszeniert, indem es kurzerhand die uralte Fahrzeugfabrik Eisenach – Dixi – erwarb, die damals – wie noch andere berühmte Marken – zum Schapiro-Konzern gehörte, »der sich im fernen Berlin gegen den Ruf wehrte, ein Kriegsgewinnler zu sein«.

Außer dem Werk übernahm BMW die Lizenz des putzigen »Austin-Seven«, mit der Dixi in aller Eile am aufblühenden Kleinwagenmarkt partizipieren sollte, in lebhafter Konkurrenz zum weiterentwickelten Opel-»Laubfrosch«, der ursprünglich eine Citroen-Kopie war ... zu Brennabor-Vierzylindertypen oder zum biederen kleinen Hanomag, den sein Vorgänger technisch weit überragte: das originelle, kaum drei Jahre lang gebaute »Kommißbrot« von Carl Pollich und Fidelis Böhler, mit einer selbsttragenden Pon-

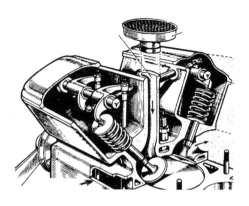

II.12 Der Leichtmetallkopf mobilisierte die Leistung des BMW-»328«: Fiedlers Kunstgriff führte von der untenliegenden Nockenwelle zu den V-förmig hängenden raum. Ein zusätzlicher Kipphebel »verlängerte« die vertikale Auslaß-Stoßstange (kleiner Pfeil unten) mit einer horizontalen zur anderen Seite! Drei Vergaser thronten über »Fallstromeinlaßkanälen«, die später bei etlichen Renn- und Serienmotoren wiederkehrten. 80 PS (59 kW) bei 4500/min kletterten, hochfrisiert unter Mitwirkung des bekannten Tuners und früheren deutschen Motorradmeisters Ernst Loof, bis zu 135 PS (99 kW) bei 5500/min, z. B. in den »Mille miglia«-Siegern 1940. Als beachtliche Bestätigung für Fiedlers kinematischen Kunstgriff erschien 1980 ein Alfa Romeo-V-Sechszylinder, der mit nur einer Nockenwelle über jeder Zylinderreihe V-förmig angeordnete Ventile steuert: die innen hängenden Einlaßventile über Tassenstößel direkt – deshalb genügt ein einzelner Zahnriemen für beide Nockenwellen – aber die außen hängenden (kleineren und leichteren) Auslaßventile über Stößel, sehr kurze Stoßstangen und Kipphebel.

tonkarosse und einem 500 ccm großen wassergekühlten ohv-Einzylinder, der als echter »Mittelmotor« zwischen den beiden Sitzen und der Hinterachse stand, aber ohne Differential nur das rechte Hinterrad antrieb. Die ersten DKW-Wagen, mit ihren Zweitaktern in einem späteren Kapitel kommentiert, kamen 1928, als Hans Grade — und viele anderen — schon aufgegeben hatten. Trotz eindeutiger Vorzüge fanden »Fahrmaschinen« immer nur Fans, aber keinen Markt. Der von Dante Giacosa (1934) konzipierte Fiat-Topolino, ein raffiniert kleines, aber »echtes« Auto, und seine ebenso erfolgreichen Nachfolger bestätigten es endgültig. Der wassergekühlte, langhubige sv-Vierzylinder leistete 1936 mit 570 cm^3 Hubraum 13 PS (10 kW) bei 4000/min — vergleichsweise der ohv-Twin von 1972 mit 4 % mehr Hubraum 23 PS (17 kW) bei 4800/min.

BMW-Eisenach verließ den »Dixi« 1932 zu Gunsten eines eigenen, kopfgesteuerten Vierzylinders, dem bald kleine, leichte Sechszylinder folgten, mit 1,2 — 1,5 — 1,9 und zuletzt 2 l Hubraum für den zitierten »328«-Dreivergasermotor. Dieses Konzept stammte von Fritz Fiedler, der vorher bei Horch in Zwickau die großen Acht- und Zwölfzylindermodelle entwickelt hatte — zusammen mit dem jungen Rudolf Schleicher, einem »alten« BMW-Mann.

Das vielfältige konstruktive Repertoire verdankte Fiedler nicht zuletzt seiner früheren Arbeit bei Stoewer in Stettin und bei D-Rad in Spandau, wo ebenfalls ein ehemaliger angesehener BMW-Ingenieur wirkte: Martin Stolle, der gleich nach der Inflation in München, von Stinnes finanziert, einen sportlichen Wagen baute, in dem entweder ein Königswellen-Vierzylinder oder ein schiebergesteuerter Viertakter saß! Auch die Victoria-Motorräder stammten zum Teil von Stolle.

Der frühen Periode der Pioniere war die Aera der »Konstrukteure« gefolgt. Die Patentämter registrierten Ideen, die oft erst nach Jahrzehnten praktische Bedeutung erlangten — viele gar nicht. Bis auf die erst langsam kommenden Fahrzeug-Diesel, zu schweigen von Gasturbinen oder Wankelmotoren, waren die wesentlichen Formen und Möglichkeiten der Fahrzeugantriebe in dieser Periode erkannt und mehr oder weniger erprobt. Fortan bestimmten verfeinerte Konstruktionen, bessere Werkstoffe und Bearbeitungsverfahren, auch zweckvoll entwickelte Schmier- und Kraftstoffe den Fortschritt. Er betraf den Leichtbau, die Betriebssicherheit, Haltbarkeit und Wirtschaftlichkeit — noch nicht die Umweltfreundlichkeit, zu der die Verbreitung der Kraftfahrzeuge — abgesehen vielleicht von den USA — noch keinen zwingenden Anlaß lieferte.

Die Atmung der Motoren: Gasströme in Schwingrohren, Wirbel in Quetschköpfen

Die Lebensmittel für den Motor, die ihm Leistung und Temperament verleihen, sind gleichermaßen Kraftstoff und Luft, genau genommen der Sauerstoffanteil in der Luft. Um seine Aufgabe gut zu erfüllen, muß der Motor beide Stoffe in der richtigen Menge fressen und — zur Vervollständigung des Bilds — gründlich verdauen. In der Technik heißen Kraftstoff und Luft »Arbeitsmedien« und im Alltag schlicht »Gas«. Ob ein Motor, gleich welcher Größe, viel oder wenig Kraft abgibt, ob er eine hohe oder geringe Leistung liefert, hängt in erster Linie von der angesaugten Gasmenge ab! Um sie — also die kW- oder PS-Zahlen — zu vermehren, gibt es grundsätzlich zwei Möglichkeiten: bei jedem einzelnen Arbeitsspiel mehr Gas in die Zylinder zu befördern, also deren »Füllung« zu verbessern, oder den Motor rascher laufen zu lassen, mehr Arbeitsspiele in jeder Minute abzuwickeln, mit anderen Worten, die Drehzahl zu erhöhen. Beide Möglichkeiten werden später noch ausführlich erläutert.

Dies ist der rote Faden in der gesamten Motorenentwicklung, sei es bei einer einzelnen Konstruktion oder in der hundertjährigen Geschichte seit Lenoir und Otto . . . Doch leider stoßen diese simplen Rezepte in der Praxis, in jeder Epoche und bei jedem Stand der Technik, auf handfeste Probleme. Zum Beispiel in Gestalt der begrenzten Festigkeit der Werkstoffe und Bauteile bei hohen Temperaturen — oder durch die Auswirkungen der naturgesetzlichen Massenträgheit.

Alles Energie-geladene beunruhigt. Es erklärt die oft fatale Wirkung großer Männer und großer Kunstwerke.
Henry Moore
engl. Bildhauer, 1898–1986

VERBRENNUNGSDRÜCKE UND MASSENKRÄFTE

Während der Verbrennung erreicht der Gasdruck in modernen Ottomotoren Höchstwerte von 40, 50, ja 60 bar, d. h. 50 Kilo auf jeden Quadratzentimeter der Kolbenbodenfläche. Nun ergibt sich für einen Kolbendurchmesser von 88 mm eine Fläche von gut 60 cm^2 und folglich eine Gesamtbelastung von mehr als 3000 Kilogramm oder 3 Tonnen, die das Pleuel (größtenteils) an den Hubzapfen der Kurbelwelle weiterleitet.

Dennoch sind die »Massenkräfte«, die am Pleuellager wirken, bei hohen Drehzahlen noch größer als die Spitzendrücke der Verbrennung! Erreichen doch brave und anspruchslose Alltagsmotoren längst Kurbelwellendrehzahlen über 5000 pro Minute, gleichbedeutend mit 10 000 Hüben für jeden einzelnen Kolben, bei denen er jedesmal seine Richtung umkehrt, seine Geschwindigkeit von Null auf einen beträchtlichen Wert steigert und wieder bis zum Stillstand im Totpunkt abbremst.

Freilich besitzen nicht nur Motorbauteile ihre Masse und Trägheit, sondern auch Luft und »Gas«. Man spürt es deutlich, wenn die Luft in heftige Bewegung gerät, als Wind und Sturm, oder umgekehrt, wenn man bei hohem

Tempo die Hand aus dem Wagenfenster streckt, geschweige denn auf einem Fahrrad oder Motorrad dagegen ankämpft.

Die scheinbar so geringe Masse von Luft und Gas entfaltet im Motor buchstäblich »schwerwiegende« Kräfte, weil die Strömungsgeschwindigkeiten jeden Orkan weit übertreffen: bei 5000 Kurbelwellenumläufen pro Minute saugt jeder einzelne Viertakt-Zylinder halb so oft an, fast 42mal in jeder Sekunde. Ein einzelner Kolbenhub dauert dabei 0,006 Sekunden, und in diesem Bruchteil einer Blitzlichtzeit erreicht der Gasstrom Geschwindigkeiten um 100 Meter pro Sekunde ... 360 km/h. Der Unterdruck, den der abwärtsgehende Kolben erzeugt, muß jedesmal die Trägheit der Gassäule aufs neue überwinden und das (nahezu) ruhende Gas so stark beschleunigen.

DIE »VERSCHOBENEN« STEUERZEITEN

Diese Verhältnisse erklären, warum Kolbenhübe und Arbeitstakte in hochtourigen Motoren nicht mehr identisch sind, sondern gegeneinander verschoben. Da weder die Ventile ruckartig, d. h. zeitlos, öffnen oder schließen können noch die Gassäulen schlagartig strömen oder stoppen, beginnt der Hub des Einlaßventils schon eine bestimmte Zeit, bevor der Kolben den oberen Totpunkt erreicht. Nun überträgt man diese Zeitspanne in eine leicht meßbare, drehzahlunabhängige Wegstrecke, nämlich in Millimeter Kolbenhub oder — noch exakter und verbreiteter — in den Kreisabschnitt, den die Kurbelwelle zurücklegt. Ein Einlaßventil öffnet zum Beispiel 20 Grad (Kurbelwellenwinkel) vor dem oberen Totpunkt (OT). Den engen Zusammenhang von Kurbelwinkel und Kolbenhub mit dem zeitlichen Ablauf des motorischen Arbeitsspiels beweist nicht zuletzt der Brauch, von »Ventilzeiten« oder »Steuerzeiten« zu sprechen ... statt von Steuerwinkeln oder Ventil-(öffnungs-)winkeln.

Noch wichtiger als die »Voröffnung« des Einlaßventils vor dem OT ist sein Nachschließ-Winkel nach dem unteren

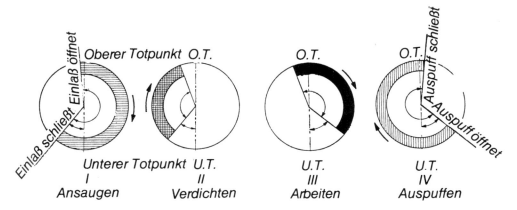

III.1 Steuer- oder Ventilzeiten, auf dem (imaginären) Kurbelkreis abgewickelt. Beim Verdichten und Arbeiten sind beide Ventile geschlossen, wobei die Zündung (vor dem OT) den Arbeitstakt einleitet. Der Winkel zwischen Einlaßöffnung und Auspuffschluß kennzeichnet die »Überschneidung«. Sie, aber auch Einlaß-Nachschließen und Auslaß-Voröffnen werden in der Regel umso größer, je höhere Drehzahlen der Motor erreicht.

Totpunkt (UT); denn das Trägheitsgesetz gilt ja nicht nur für ruhende Massen, sondern weit stärker noch, in Form von Wucht, für rasch bewegte Motorteile und Gasmengen! Das zunächst so lästige Beharrungsvermögen der Gassäule im Ansaugrohr kommt am Hubende vorteilhaft zur Geltung. Luft oder Gase strömen weiter in den Zylinder, obwohl der Kolben den Umkehrpunkt längst passiert und seine Saugwirkung beendet hat.

Hohe Gasgeschwindigkeiten und rasch, aber gleichmäßig wechselnde »Vorgänge« erzeugen Schwingungen. Das Gas strömt nicht gleichmäßig und zügig in den Ansaugrohren, sondern es pulsiert wie die Luft in Orgelpfeifen. Naturgemäß kommt die beste Wirkung, eine intensive »Nachladung« des Zylinders bei wieder aufwärts gleitendem Kolben, immer dann zustande, wenn diese Schwingungen auf die Steuerzeiten der Ventile, aber ebenso auf den Zylinderinhalt, die Motordrehzahl und auf die Abmessungen der Ansaugrohre abgestimmt sind, wenn die verschiedenen Ursachen, welche Schwingungen auslösen und beeinflussen, miteinander harmonieren... wie die Längen, Durchmesser und Wandstärken von Orgelpfeifen.

Weil hochtourige Motoren zum kräftigen »Atmen« große Ventile benötigen, entsprechend weite Vergaser und Einlaßquerschnitte, mußte die Länge der Ansaugrohre meistens mitwachsen. So entstand die Bezeichnung »Schwingrohre« mit dem Blick auf die zusätzliche Aufgabe gegenüber den herkömmlichen »Ansaugstutzen«. Allerdings liefern solche Einlaßsysteme die beste Wirkung, einen ausgeprägten »Rammeffekt«, nur in einem bestimmten, verhältnismäßig schmalen Drehzahlbereich. Sogar bei Überdruck im Ansaugsystem, z. B. bei Turboladung, kommen diese Schwingungen zur Geltung.

Schwächen schaden uns nicht mehr, sobald wir sie erkennen.
Georg C. Lichtenberg, Physiker, 1742–1799

WAS IST ÜBERSCHNEIDUNG?

Die Steuerzeiten des Auslaßventils sind auch deutlich verschoben: damit der Kolben gleich nach dem Arbeitstakt auf einen möglichst niedrigen Gegendruck stößt und im unteren Totpunkt nicht gebremst wird, öffnet das Auslaßventil schon beträchtlich früher. Dem Ausschieben der verbrannten Gase geht ein Auspuffen voraus, wobei die Steuerwinkel von Einlaß-Nachschließen und Auslaß-Voröffnen in der Praxis ähnlich oder sogar identisch sind.

Dasselbe gilt für den Auslaßschluß nach dem OT und die Einlaßöffnung vor dem OT, wo demnach beide Ventile (noch bzw. schon) etwas offenstehen und den Fachausdruck »Überschneidung« erklären. Im Idealfall sorgt das Beharrungsvermögen der ausströmenden heißen Gase nicht nur für eine restlose Entleerung des Zylinders — also auch des über dem Hubraum verbleibenden Verdichtungsraums — sondern es erzeugt, früher als der umkehrende Kolben, eine direkte Ansaugwirkung, die dem Frischgas für das nächste Arbeitsspiel einen kräftigen Impuls gibt.

Überschneidung und Steuerwinkel für Ein- und Auslaßventile wachsen in der Regel mit dem Drehzahlbereich der Motoren; man braucht für hohe Drehzahlen größere »Öffnungswinkel« als für niedrige und mittlere, zumal die Beschleunigung und Beanspruchung der Ventile und ihres gesamten Antriebs mit steigenden Drehzahlen irgendwann eine kritische Grenze erreicht ... denn die auftretenden Kräfte wachsen mit dem Quadrat der Drehzahlen, so daß zum Beispiel eine Drehzahlsteigerung von 100 auf 120 % die Beanspruchung von 100 auf 144 % vermehrt.

Für die Entfernung der verbrannten Gase aus dem Zylinder und seine darauf folgende Frischgasfüllung entstand der anschauliche Begriff »Gaswechsel«, direkt vergleichbar dem motorischen Atmen, von dem sich namentlich in Amerika und England das »Atmungsvermögen« ableitete. Um hohe Leistung zu mobilisieren, muß der Konstrukteur zum Hubraum und zu den vorgesehenen Drehzahlen die Form und Weite der Ein- und Auslaßkanäle, die Größe der Ventile und schließlich deren Steuerzeiten sorgfältig berechnen und mit ausgiebigen praktischen Versuchen aufeinander abstimmen.

Nun kommt es bei der Ventilsteuerung nicht allein auf die Steuerzeiten an, die jeweils den Beginn und das Ende der Öffnung bestimmen, sondern ebenso auf den Ventilhub und die Form der »Erhebungskurve«, mit anderen Worten, wieweit und wie rasch die Ventile öffnen. Alle diese Fragen beantwortet das Profil des Nockens, das folglich die Motorcharakteristik stark beeinflußt. Übrigens wurde oft genug in der Geschichte des Motorenbaus mit variablen Nocken experimentiert, deren Hub sich jeweils mit steigenden und fallenden Motordrehzahlen veränderte; naturgemäß käme damit eine vorteilhafte, füllige Leistungs- und Drehmomentkurve zustande, doch die ohnehin hochbelastete Mechanik gelangte vor unlösbare Probleme und verhinderte bisher nachhaltigen Erfolg.

Zum Damokles-Schwert, das heute über den Fahrzeugmotoren der hochzivilisierten Länder hängt — je dichter

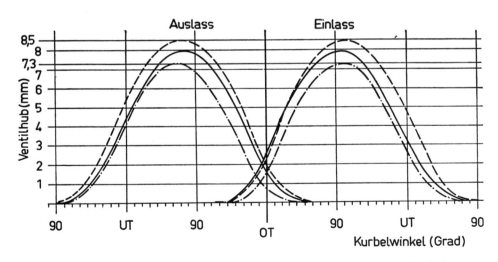

III.2 Drei »Paar« Ventilerhebungskurven mit dem Ventilhub über dem Kurbelwinkel. Sie gehören zum gleichen (kleinen) Motor – einmal in der Standard-Ausführung, dann zur Sportversion und mit dem größten Ventilhub, steilstem Anheben und Schließen, zu einem Wettbewerbsmotor. Durchweg sind die Einlaßventile nicht nur größer als die Auslaßventile, sondern öffnen auch weiter – im Gegensatz zu diesem Beispiel.

der Verkehr, desto deutlicher die Bedrohung — wurde die Entgiftung der Auspuffgase. Sie betrifft das Konzept jedes einzelnen Typs buchstäblich bis in seine innersten Organe, also auch die Ventilsteuerung und namentlich die Überschneidung. Wenn nämlich Aus- und Einlaßventile gleichzeitig offenstehen und die Auslaßströmung dem Frischgas sogar einen Impuls erteilt, läßt sich naturgemäß schwer vermeiden, daß eine geringe Frischgasmenge unverbrannt in den Auspuff entweicht und die unerwünschten Bestandteile im Abgas vermehrt. Folglich muß, um Motoren möglichst »sauber« zu machen, die Überschneidung der Ventilzeiten erheblich kleiner ausfallen als es für intensiven Gaswechsel, speziell im oberen Drehzahl- und Leistungsbereich, geboten und gebräuchlich ist.

Was bei den Steuerzeiten und Erhebungskurven der Ventile bis heute ein frommer Wunsch der Konstrukteure blieb, bereitet beim nächsten Thema des motorischen Arbeitsspiels keine grundsätzlichen Sorgen mehr. Der Zündzeitpunkt, als wichtiger Bestandteil des Steuerdiagramms, übt zwar auf den Gaswechsel keinen direkten Einfluß aus, dafür jedoch einen um so größeren auf die Energieumsetzung im Motor, auf den Ablauf der Verbrennung.

Würde die Zündung exakt im oberen Totpunkt erfolgen, so käme die Verbrennung mit der vollen Druckentfaltung zu spät — der Kolben hätte schon einen gewissen Arbeitsweg zurückgelegt und den Raum für die Verbrennung zweckwidrig vergrößert. Ein Teil des Arbeitsdrucks ginge ungenützt verloren und zudem mit einer höheren Temperatur der Auspuffgase Hand in Hand. Deren Wärme ist doppelt problematisch: einmal durch die Aufheizung der Auslaßventile bis zur Rotglut; zum anderen wegen der unnötig vermehrten Energiemenge, die durch den Auspuff verlorengeht. Tatsächlich erfolgt deshalb die Zündung bei höheren Drehzahlen ca. 30 bis 40 Grad Kurbelwinkel vor dem OT; bei mittleren und niedrigen Drehzahlen ist die »Vorzündung« kleiner. Hinzukommt meistens noch eine Abhängigkeit von der Belastung, bei hoher Füllung (Vollgas) ist sie kleiner und bei Teillast (wenig Gas) wiederum größer...

VERDICHTUNGSVERHÄLTNIS UND KLOPFFESTIGKEIT

Welche Leistung ein Motor entfaltet, wieviel von der Kraftstoffenergie als Nutzarbeit zur Kurbelwelle und Kupplung gelangt — notabene auf dem Umweg über hohe Temperaturen und Drücke — hängt also in erster Linie von der verarbeiteten Gasmenge ab, von der gründlichen Füllung der Zylinder mit Frischgas und von hohen Motordrehzahlen. Hinzukommt, als zweiter Faktor, eine ergiebige Verbrennung, ein vorteilhafter »Druckverlauf«... und schließlich in der gesamten Mechanik möglichst geringe Reibung, technisch ausgedrückt ein guter (mechanischer) Wirkungsgrad.

Großen Einfluß auf den Ablauf der Verbrennung gewinnt, wenn auch nicht allein, das Verdichtungsverhältnis, das seit N. A. Otto von 2,5–3 : 1 auf das mehr als dreifache angestiegen ist. Dies vor allem, seit Ricardo und andere große Ingenieure im »Mittelalter« des Motorenbaus, wie man die zwanziger Jahre bezeichnen kann, die grundlegenden Erkenntnisse über die motorische Verbrennung sammelten. In modernen Sport- und Hochleistungsmotoren sind zweistellige Verdichtungsverhältnisse die Regel.

Sie verursachen entsprechend hohe Drücke und Temperaturen des Gasgemischs schon vor der Zündung. »Verdichtungsdrücke« von 12 bis 18 bar bei Temperaturen von 400 bis 600° C. Nach der Zündung und Entflammung steigen sie weiter, um das drei- bis vierfache, auf die erwähnten 50 bis 60 bar bei Temperaturen über 2000° C. Dennoch verlaufen normale Verbrennungen raums und gegen den Kolbenboden schleudert. Darunter leidet die nutzbare Motorleistung, während die Druck- und Wärmebelastung aller betroffenen Bauteile stark steigt.

In jedem Motor setzt die Klopffestigkeit dem Verdichtungsverhältnis eine unüberschreitbare Schranke. Klopfen und »Klingeln« betreffen stets das Zusammenwirken von Motor und Kraftstoff. Da jedoch ein späteres Kapitel die Kraftstofffragen behandelt, interessiert uns hier allein die »motoreigene« Klopffestigkeit, die von zahl-

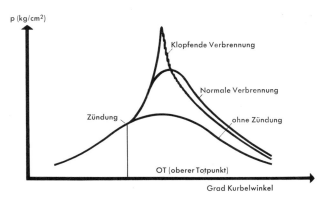

III.3 Der Druck im Zylinder, über dem Kurbelwinkel gemessen und aufgezeichnet, ist ein sog. Indikatordiagramm. (Hier ohne den Druckverlauf beim Ansaugen und Auspuffen!) Beim Klopfen entsteht eine hohe Druckspitze, aber insgesamt keine höhere Leistung.

zügig – und sogar relativ langsam, weit entfernt von einer »Detonation« geschweige denn »Explosion«. Folglich war die früher verbreitete Bezeichnung »Explosionsmotor« – gottlob – falsch. Die Verbrennungsgeschwindigkeiten liegen, mit 20 bis 40 m/sec, weit unter den Gasgeschwindigkeiten in Einlaß- oder gar Auslaßkanälen.

Anders beim »Klopfen«, das die normale, vom Zündfunken eingeleitete Verbrennung als eine Detonation überlagert. Gasmengen, die von der fortschreitenden Flamme noch nicht erfaßt sind, werden zusätzlich stark verdichtet und aufgeheizt . . . bis eine Selbstentzündung erfolgt, die ihrerseits heftige und hörbare Druckwellen gegen die Wände des Verbrennungs-

reichen Faktoren abhängt:
von der tatsächlichen Füllung und Verdichtung (also von viel oder wenig »Gas«),
von den gesamten Temperatur- und Kühlungsverhältnissen,
von der Zusammensetzung und Verteilung des Gasgemischs,
von der Vorzündung und der Anordnung der Zündkerze im Brennraum,
ganz besonders aber von dessen Profil und Form.

Auch der Motorzustand und die unvermeidlichen Rückstände im Verbrennungsraum spielen eine beachtliche Rolle.

Sehr klopfanfällig waren die gestreckten und zerklüfteten Brennräume der

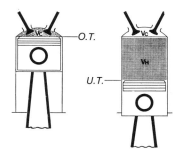

III.4 Der Verdichtungsraum (V_C) bleibt übrig, wenn der Kolben im OT steht. In der UT-Stellung kommt der Hubraum (V_H) hinzu. Bei einem Verdichtungsverhältnis von 8:1 enthält der Verdichtungsraum ein Siebtel des Hubraums, weil die Summe beider Räume das Ausgangsvolumen bildet.

$$\text{Verdichtungsverhältnis} = \frac{V_H + V_C}{V_C} = \frac{7 + 1}{1}$$

ehemals vorherrschenden seitengesteuerten Motoren wegen der langen Flammenwege und der ausgeprägten »Heizkammer« über den Ventilen (Abb. II.1). Ein Gegenstück zu ihnen bildet der in Hochleistungsmotoren dominierende halbkugelige Verbrennunsgraum direkt über dem Zylinder. Er verlangt allerdings einen aufwendigen, teuren Ventiltrieb (Abb. II.4, 5). Außerdem wird der Motor größer und schwerer, manchmal auch etwas unelastischer. Er wirkt bei niedrigen und mittleren Drehzahlen ein wenig »müde«, vor allem dann, wenn auch Vergaser, Kanäle und Ventile auf hohe Drehzahlen und Spitzenleistungen zugeschnitten sind.

Die wertvollen Vorzüge guter Alltagsmotoren, hohe Elastizität und kräftiger Durchzug bei niedrigen Drehzahlen, leichtes Anspringen unter allen Umständen und runder Leerlauf, Sparsamkeit, Laufruhe und lange Lebensdauer... sie verlangen vom Konstrukteur immer Kompromisse anstelle extremer Lösungen, mögen sie im Einzelnen noch so attraktiv sein.

BADEWANNEN- UND KEILKÖPFE

Solide Gebrauchsmotoren benötigen weder Ventilzeiten und Nockenformen, die (nur) zu höchsten Drehzahlen »passen«, noch die glatten und halbkugeligen Brennräume von Rennmotoren. Schon bei geringen Konzessionen an äußerste Leistung bieten sich andere Brennraumformen mit beachtlichen Eigenschaften an, nämlich die modernen »Quetschköpfe«, welche die alten Ricardo-Richtlinien auf kopfgesteuerte Motoren übertragen.

Die beiden Grundformen sind wannen- oder keilförmige Verbrennungsräume mit dem einheitlichen Merkmal des zusammengeballten Verdichtungsraums um die Zündkerze herum, die ihrerseits nah am heißen Auslaßventil sitzen soll. Diese Anordnung liefert kurze »Flammenwege« und vermeidet spätentflammte, klopfanfällige Restgasmengen in Ecken und Winkeln, die weit von der Kerze entfernt liegen. Statt dessen soll die heißeste Zone im Brennraum, vor dem Auslaßventil, möglichst früh brennen.

Die restlichen Flächen des Zylinderkopfs liegen, am eigentlichen Brennraum nicht beteiligt, dem Kolbenboden gegenüber — bei seiner Totpunktstellung mit einem oft nur millimeterweiten Spalt und einer wichtigen Aufgabe: sie quetschen das frische Gas am Ende der Verdichtung rigoros aus dem Spalt hinaus und entfachen kräftige Wirbel, welche die Mischung verbessern und die nachfolgende Verbrennung beschleunigen. Sogar die scharfen Kanten am Rand der Quetschflächen, die Quetschkanten, sind dabei erwünscht. Ohne starke Turbulenz (Wirbelung) der verdichteten und entzündeten Gase wäre die Verbrennung in hochtourigen Motoren viel zu langsam, der »Druckanstieg« zu flach und die benötigte Vorzündung zu groß. Selbst der Umstand, daß die Verbrennungsgeschwindigkeit mit zunehmenden Verdichtungsverhältnissen ebenfalls ansteigt, ändert daran (zu) wenig.

Wirksame Quetschflächen bilden also eine wichtige Voraussetzung für hohe Verdichtungsverhältnisse und – trotzdem – weiche, klopffreie Verbrennungen. Erst die Bekämpfung von schädlichen Stoffen im Abgas enthüllte auch hier einen Pferdefuß; denn die ausgeprägte Kühlwirkung der Quetschflächen bremst die Verbrennung und erzeugt, mehr als kompakte Räume, Zwischenprodukte in Gestalt von unverbrannten Kohlenwasserstoffen und Kohlenmonoxid, wie es unser Kraftstoffkapitel näher erläutert. Dieses Dilemma zwingt dazu, die Quetschflächen wieder einzuschränken – oder sogar die an sich so nützlichen hohen Verdichtungsverhältnisse!

Übrigens soll die Turbulenz der Gase sich nicht auf die Verdichtung und Verbrennung beschränken, sondern schon während des Ansaugvorgangs beginnen. Dazu münden die Einlaßkanäle nicht in der Mitte der Brennräume und Zylinder, sondern zur Seite versetzt und erteilen dem einströmenden Gas einen deutlichen Drall. Manchmal erzeugt auch die Form der Ansaugkrümmer bereits diesen Drall zwecks besserer Wirbelung und Gemischbildung. Freilich darf der »Otto«-Konstrukteur nicht des Guten zuviel tun, weil sonst die Verbrennungsgeschwindigkeiten und Druckanstiege zu hoch werden und rauhen Motorlauf bewirken, schon ehe der Motor klopft. Bester Wirkungsgrad und höchste Leistungsausbeute verlangen eine Steigerung des Arbeits-

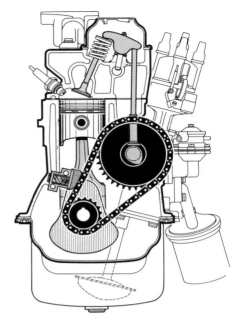

III.5 Querschnitt durch einen kleinen ohv-Vierzylinder. Man erkennt den keilförmigen Brennraum, in dem die Ventile parallel, aber schräg hängen; rechts fährt der Kolbenboden an die Quetschfläche heran. Die Einlaßkanäle vom (nicht eingezeichneten) Fallstromvergaser verlaufen teilweise senkrecht, als »Fallkanäle«. Nockenwellenantrieb mit Steuerkette, die ein federndes Gleitstück spannt (längere Ketten benötigen zusätzliche Führungen). Rechts sitzen Zündverteiler, Kraftstoffpumpe und Ölfilter, wartungsfreundlich beisammen.
Einen Wannenbrennraum zeigt Bild I.3, einen der spät, aber stark aufgekommenen »Heron«-Zylinderköpfen Bild VIII.7.

drucks von 2 bis 4 bar pro Grad Kurbelwellenwinkel. Motoren mit besonders weicher Verbrennung erreichen Werte bis zu 1,5 herunter, Rennmotoren andererseits 3 bis 5 – und Diesel noch mehr, vor allem, wenn sie als »Vielstoffmotoren« träg zündendes Benzin verarbeiten müssen.

Im modernen Leben ist die Technik der einzige Bereich geblieben, in dem noch nie die absurde Vorstellung aufkam, das (überall anderswo angepriesene) Über-Bord-Werfen von Tradition sei ein Weg zum Fortschritt. Pascual Jordan, 1902–1980

Von Robert Mayers Energiesatz bis zum Kraftstoffverbrauch

Auf einer Seereise nach Batavia hörte Robert Mayer zufällig von einem Steuermann, sturmgepeitschtes Wasser sei wärmer als ruhiges. Dann fand er als junger Kolonialarzt, daß menschliches Venenblut in den Tropen deutlich heller bleibt als in unseren Breitengraden. Später, wieder in seiner Heimatstadt Heilbronn, brachte er diese und andere naturgesetzliche Phänomene auf einen gemeinsamen Nenner in Gestalt des fundamentalen Energiesatzes: Energie kann weder vernichtet werden noch verloren gehen. Sie verwandelt sich nur in andere Formen, Wärme zum Beispiel in mechanische Arbeit — und umgekehrt Arbeit in Wärme.

Diese Erkenntnis zerstörte endgültig den uralten Menschheitstraum vom perpetuum mobile. Die Erwärmung des Meerwassers beruht auf der »Fallarbeit« der Brecher und die schwächere Verfärbung des Bluts auf dem geringeren Wärmeverlust im Körper. Er bewirkt nämlich eine geringere Oxydation, d. h. Sauerstoffaufnahme, die ihrerseits die dunklere Färbung verursacht.

Robert Mayer fand nicht nur die generelle Gleichwertigkeit von Wärme und Arbeit, sondern 1842 schon ziemlich genau den in Zahlen gefaßten Zusammenhang. Eine Wärmeeinheit oder Kilokalorie, wie sie auch als Maßstab für die menschliche Ernährung große Bedeutung erlangte, entspricht einer Arbeit von 427 mkp (Meter-Kilopond). Das sind 427 Kilo x 1 m gehoben — oder 1 kp x 427 m — oder 70 kp x 6,10 m. Gleichzeitig ist eine Kilokalorie die Menge, die 1 Kilo (15° C warmes) Wasser um 1° C erwärmt.

Mit einer ähnlichen grundlegenden Erkenntnis hatte bereits der Pariser Chemiker A. L. Lavoisier einen Grundpfeiler für die moderne Chemie errichtet. Er entdeckte unter anderem, daß jede Verbrennung mit einer Sauerstoffaufnahme identisch ist, daß Wasser aus Wasserstoff und Sauerstoff besteht und daß man mit einer »Elementaranalyse« den Kohlenstoff- und Wasserstoffgehalt von organischen Verbindungen ermitteln kann. Vor allem aber fand er das Gesetz von der Erhaltung der »Masse«. Leider blieb Lavoisiers Wirkungsbereich nicht auf wissenschaftliche Arbeiten beschränkt, sondern wurde mit Politik und dem Privileg eines Steuerpächters verbunden, weshalb den erst 50jährigen ein Tribunal der hochbrandenden französischen Revolution 1794 anklagen und hinrichten ließ.

EINE BEDENKLICHE BILANZ

In jedem Kilogramm Benzin schlummern über 10 000 Kilokalorien (— oder in jedem Liter 7200 bis 7600, entsprechend dem spezifischen Gewicht). Auf »Arbeit« umgerechnet, sind dies in jedem Kilo Kraftstoff demnach 4 270 000 mkp (427 x 10 000) ... entsprechend 15,8 PS-Stunden (da 1 PS = 75 mkp pro Sekunde, also 1 PS-Stunde 75 x 3600 = 270 000 mkp) *).

Leider ist dieser stolze Wert mit dem Nachteil verknüpft, daß eine verlustlose Umwandlung der chemischen Energie in Arbeit ebensowenig zu verwirklichen ist wie die meisten anderen »Ideale«. Tatsächlich verbrauchen gute Diesel um das Zweieinhalbfache und Ottomotoren über das Dreifache der Kraftstoffmenge, die ein idealer Energieumsatz benötigen würde. Die Maschinen erreichen, mit anderen Worten, einen »Wirkungsgrad« von bestenfalls 40 bzw. 33 %. Allein Großdiesel verwerten ihr Futter noch etwas besser.

Das ist aber kein Grund zur Geringschätzung, denn sie stehen damit an der Spitze aller Wärmekraftmaschinen, weil die Energieverluste der anderen noch größer sind. Nur ohne den Umweg über eine Verbrennung liegen die Verhältnisse weitaus günstiger: etwa bei Wasserkraftmaschinen, die Energie rein mechanisch umwandeln, oder bei Elektromotoren, die Energie in bereits veredelter Form beziehen. Freilich tritt da der schlechte Wirkungsgrad schon im vorangegangenen Stadium in Erscheinung — es sei denn, der elektrische Strom stammt wiederum aus Wasserkraftwerken ...

Im weiteren Verlauf seiner Forschungen ermittelte Robert Mayer diesen Wirkungsgrad der damaligen (Dampf-) Maschinen und Lokomotiven schon mit beachtlicher Genauigkeit. Er berechnete sogar den Nutzeffekt der tierischen und menschlichen »Muskelmaschinen« mit dem Ergebnis, sie läge zwischen einem Siebtel und einem Drittel, wobei die moderne Physiologie zum besseren Wert tendiert, die Muskelmaschine also im Bereich guter Verbrennungsmotoren liegt. Eine einfache Kalkulation belegt es: ein (kräftiger) Mensch, der täglich 1 PS-Stunde zu leisten vermag, nämlich 10 Stunden lang $^1/_{10}$ PS, benötigt an Nahrung 4000 Kilokalorien. Wenn man jedoch berücksichtigt, daß der Körper allein zu seiner Erhaltung 1800 kcal braucht, fast die Hälfte der für Schwerarbeit ausreichenden Energie, so verwandelt der Muskelmotor eigentlich 2200 kcal in

---

*) DIN-PS (gemäß der Deutschen Industrie-Norm) leistete ein Motor mit gesamtem Zubehör (Ventilator, Wasserpumpe bzw. Kühlgebläse, Ölpumpe und Lichtmaschine), ferner mit Luftfilter und Schalldämpfer. – Vgl. dazu wesentliche SI-Einheiten unter Bild IV.1.
SAE Horse Power (Society of Automotive Engineers, USA) kommen mit fremdangetriebenem Zubehör und ohne Filterung und Dämpfung zustande. SAE-PS liegen daher (wie auch SAE-Drehmomente) um 10 bis 20 % über den DIN-PS-Zahlen.
Italienische CUNA-PS (Commissione Unificatione Normalizzazione Autoveicoli) liegen insofern in der Mitte zwischen SAE und DIN, als der Motor ohne Filter und Dämpfer atmet, aber sein Zubehör antreibt.
BHP (brit. horse power) unterscheiden sich von DIN-PS – als net bhp – oder SAE-HP – im Fall gross bhp – nur durch die Umrechnungsfaktoren von Kilopond und Pound bzw. Meter und Zoll: 1 bhp entspricht nicht 75, sondern 76,1 mkp/sec.
»Steuer-PS« waren in jedem Land verschiedene fiskalische Formeln, ganz unabhängig von der Motorleistung! Bei der alten deutschen Formel entsprach 1 Steuer-PS 262 Viertakt- und 175 Zweitakt-(!) Kubikzentimeter Hubraum. Das französische CV (cheval vapeur) bedeutet einen Hubraum von ca. 190 ccm.

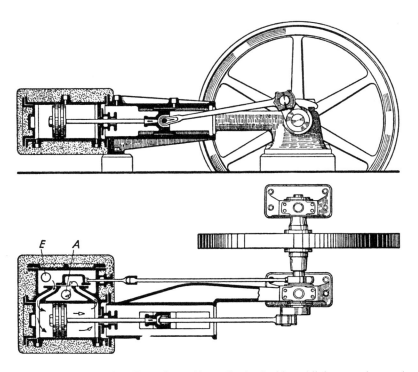

IV.1 Das Schemabild der alten Dampfmaschine wäre im Archiv geblieben – solange sie stündlich an jedem Bahnsteig vorfuhr; aber Dampflokomotiven erreichten, außerhalb von Museen, Seltenheitswert!
Eine Parallele zu den frühesten (und größten) Dieselmaschinen bietet die Kreuzkopfführung zwischen Pleuel- und Kolbenstange. Da letztere exakt führt und Seitenkräfte ausschließt, darf der Kolben selbst sehr kurz ausfallen. Er arbeitet doppeltwirkend, da der Schieber den Frischdampf aus dem Schieberkasten zur richtigen Zeit auf die linke oder rechte Kolbenseite leitet, während der entspannte Abdampf A durch die Schieberhöhlung entweicht – entweder ins Freie (mit besonders schlechtem Wirkungsgrad) oder in einen Kondensator, der ihn verflüssigt, wonach die Speisepumpe das Wasser erneut in den Kessel fördert. Die Schieberstange gleitet, zwischen dem Schwungrad und der mächtigen Kurbel, auf einem Exzenter. Riesige (fast ausgestorbene) Großgasmotoren, meist in Tandembauweise, erhielten statt der Schieber Hubventile (und natürlich eine Zündanlage)!

Die seit 1978 gesetzlichen SI-Einheiten (Système Internationale d'Unités) betreffen u. a.:
K r a f t (Abkürzung »F«) in Newton. $1 N = 1 kgm/s^2 = 0,1$ kg.
   Demnach 1 kg entsprechend 10 N, genauer 9,81 N.
D r e h m o m e n t (»M«) in Newton-Meter. 10 Nm = 1 kgm.
D r u c k (»p«) in Pascal. $1 Pa = 1 N/m^2 \cdot 100\,000 Pa = 10 N/cm^2 = 1$ bar.
L e i s t u n g (»P«) in Watt bzw. Kilo-Watt (kW). 1 kW = 1,36 PS, 1 PS = 0,735 kW.
   Kilowatt-Werte sind also um 26,5 % kleiner als PS-Zahlen, der Verbrauch in
   g/kWh (Gramm je Kilowattstunden) um 36 % größer als in g/PSh.
J o u l e und Kilo-Joule (»dschul« gesprochen) ersetzen Kalorien: 1 J = 0,24 cal,
   1 kJ = 0,24 kcal oder 1 cal = 4,2 J.

eine PS-Stunde. Der hohe »Grundumsatz« von 1800 kcal entspricht natürlich einem aufwendigen, »schnellen« Leerlauf.

Wir verdanken Walter Ostwald, der noch im Diesel-Kapitel zu Wort kommt, den bemerkenswerten Vergleich, wie ähnlich Menschen, Tiere und Motoren arbeiten: »Beide atmen Luftsauerstoff ein, Kohlensäure und Wasserdampf aus. Kohlensäure und Wasserdampf entstehen durch Verbrennung von Nahrungsmitteln oder Kraftstoffen mit Luftsauerstoff. Nahrungsmittel und Kraftstoffe enthalten als wesentliche Bestandteile Kohlenstoff und Wasserstoff, die der Sauerstoff zu Kohlensäure und Wasser entwertet ... Nur findet die Verbrennung (Oxydation) in unseren Motoren bei sehr hohen Temperaturen statt, im tierischen Körper dagegen unsichtbar bei nur 36° C oder weniger ... ohne die Zwischenbildung fühlbarer Wärme und deshalb ohne den großen Zwangsverlust nach dem thermodynamischen Grundgesetz.«

Das thermodynamische Grundgesetz, genauer gesagt sein 2. Hauptsatz, beziffert den unvermeidlichen Energieverlust in Abhängigkeit von den auftretenden Temperaturspannen: je größer die Temperaturunterschiede im Arbeitsprozeß, umso besser die Energieverwertung, der Wirkungsgrad! Hohe Nutzeffekte verlangen extreme, unrealistische Temperaturen ... Im übrigen bildet den direkten Gegensatz zu Menschen, Tieren und Motoren die Pflanzenwelt, die Kohlensäure aufnimmt und Sauerstoff abgibt, die also nicht oxydiert, sondern »reduziert« ... doch sei die Verwandtschaft von Technik und Natur hier nicht diskutiert, sondern nur angedeutet.

Unsere Zeichnung markiert die Wärmebilanz eines guten Ottomotors, und zwar unter günstigen Bedingungen, etwa bei ziemlich hoher Belastung, doch keineswegs bei »Vollgas«, das meistens mit benzinreichem Gemisch zustandekommt. Andererseits verschieben etliche gleichbleibende Verlustquellen den Wirkungsgrad bei Teillast zur schlechten Seite, im »Leerlauf« bis zum Nullpunkt, weil ja keine Nutzarbeit

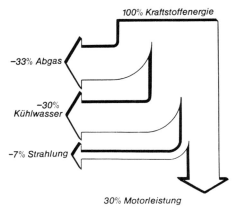

IV.2 Energiebilanz eines Ottomotors bei recht günstigen Bedingungen. Die Reibungsverluste, 5 bis 6% der Kraftstoffenergie und 15 bis 20% der Nutzleistung verteilen sich auf Kühlung und Strahlung. Hinzu kommen geringe Verluste durch Ventilator, Wasserpumpe, Lichtmaschine. Bei Dieselmotoren sind die Reibungsverluste etwas höher, aber die Kühl- und Abgasverluste geringer.

entsteht. Auch hohe Drehzahlen sind grundsätzlich von Übel, weil dabei die Reibungsverluste im Motor stark anwachsen. Daß die Reibungsarbeit in der dargestellten Wärmebilanz fehlt, liegt einfach daran, daß sie — wiederum nach dem Energiesatz — als Wärme innerhalb von Kühlung und Strahlung »verschwindet«, teils vom Kühlsystem aufgenommen, teils von den übrigen Motorflächen abgestrahlt. Die von der Reibung und anderen Verlusten im Motor aufgezehrte Leistung ist stark von der Drehzahl und Belastung abhängig und schwer mit einem Richtwert zu erfassen. Die Größenordnung beträgt 20 bis 40% der Nutzleistung, wobei Kolben, Kolbenringe und Pleuel den Löwenanteil verursachen. Als nächste Verlustquellen rangieren die Kurbelwelle mit ihren Lagern und Dichtringen, Wasserpumpe, Ventilator und Lichtmaschine...

ERFREULICHE NUTZDRÜCKE, ABER LÄSTIGE HÖCHSTDRÜCKE

Um den Weg der Leistung zu verfolgen, beginnen wir mit dem Gasdruck während der Verbrennung, der beispielsweise mit 50 bar auf den Kolben wirkt. Allerdings herrscht dieser unangenehme Spitzendruck (gemäß Diagramm Abb. 9) nur über einen sehr kurzen Kolbenweg bzw. Kurbelwinkel, um mit der Ausdehnung der brennenden Gase — umgekehrt zur vorangegangenen Verdichtung — auf einen Bruchteil abzufallen. So verbleibt als echter Impuls des ganzen Arbeitstaktes ein bedeutend schwächerer »indizierter« Mitteldruck, den man mit moderner Meßtechnik bestimmen kann. Das Indikatordiagramm liefert wertvolle Aufschlüsse über den Ablauf der Verbrennung und die im Motor auftretenden Beanspruchungen. Über die tatsächliche Leistung, die ans Schwungrad und an die Kupplung gelangt, sagt der indizierte Mitteldruck nur wenig aus, weil er den Leistungsbedarf für die übrigen drei Takte des Arbeitsspiels und die diversen Pump- und Reibungsverluste nicht berücksichtigt. Diesen Mangel beseitigt der für die Praxis wichtigere effektive Mittel- oder Nutzdruck, obgleich man ihn nicht, von der Verbrennung ausgehend, exakt berechnen kann, sondern »rückwärts« aus der Leistung ermittelt, die der Motor auf einem Prüfstand abgibt. Wenn zum Beispiel ein 2-Liter-Viertakter 88 kW bei 5500/min entfaltet, so beträgt der effektive Mitteldruck 9,6 bar — notabene ein sehr guter Wert für einen Gebrauchsmotor, zumal der höchste Mitteldruck stets bei niedrigeren Drehzahlen zustandekommt als bei dieser (zur Höchstleistung zugehörigen) »Nenndrehzahl«.

Motoren, die den besten Mitteldruck bei besonders niedrigen Drehzahlen erreichen, sind wegen ihrer ausgeprägten Elastizität hoch geschätzt. Während nämlich die kW-Zahlen nur indirekte Rückschlüsse auf die Zugkraft erlauben, sind Mitteldrücke und Drehmomente eng miteinander verknüpft. Im übrigen besagt der Drehmomentgipfel eines Motors, daß bei eben dieser Drehzahl die beste Füllung und wirksamste Verbrennung vorliegen.

Erfahrung ist der beste Lehrmeister.
Nur das Schulgeld ist teuer.
    Thomas Carlyle,
    schott. Schriftsteller, 1795–1881

BESSER AN LITERLEISTUNG ALS AM HUBRAUM SPAREN?

Nun können verschiedene Motoren bei gleicher Höchstleistung stark voneinander abweichende Charaktere besitzen, sprich Leistungs- und Drehmomentkurven: während 90 kW einmal den Gipfel einer recht steilen Leistungskurve darstellen, namentlich für einen hochtourigen Motor, offeriert der an kW-Zahl gleichstarke Konkurrent eine »satte« Leistungskurve. Nach dem Stand der Technik und allen Regeln des Motorenbaus bieten sich dazu größere Hubräume und (meistens) ge-

IV.3 Leistungskurven von zwei verschiedenen Motoren (P1 und P2), ferner die zugehörigen Drehmomentkurven (M1 und M2) berühren zwei wesentliche Themen: über dem Drehzahlband von 0 bis 7000/min stehen auf der linken Ordinate die alten PS den neuen kW gegenüber, auf der rechten – unten die alten mkg den neuen Nm (Newton-meter), letztere um 2 % abgerundet. – Daneben erkennt man, daß beide Motoren mit 120 PS bzw. 88 kW dieselbe Spitzenleistung entfalten, aber einmal als »Drosselmotor« mit 3 l Hubraum, einmal mit nur 2 l.

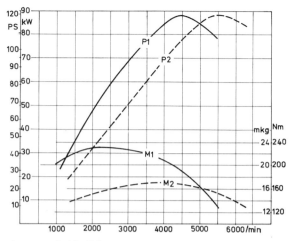

Die höheren Drehzahlen des kleineren kompensiert in Fahrzeugen das Übersetzungsverhältnis. Aber die abfallende Drehmomentkurve des großen bedeutet »Elastizität«. Sie ist mit Zahlen zu belegen: das maximale Drehmoment des großen Motors beträgt 226 Nm bei 2200 U/min; sein Drehmoment bei der Nenndrehzahl von 4500 (für 120 PS) ist auf 191 abgefallen. Das ergibt eine Drehzahlelastizität von 4500 : 2200 = 2,05, eine Drehmomentelastizität von 226 : 191 = 1,2, eine Gesamtelastizität von 2,05 x 1,2 = 2,46. Für den kleineren, schneller laufenden Motor lauten diese Werte 170/4000 und 156/5500, die Elastizitätswerte folglich 1,4 x 1,1 = ca. 1,5.

ringere Drehzahlen an, allerdings zu Lasten der in Deutschland und einigen anderen Staaten jahrzehntelang üblichen Besteuerung.

Auch »außen« kostet zusätzlicher Hubraum in der Regel etwas mehr Platz und Gewicht, folglich einen längeren, schwereren und zwangsläufig teureren Wagen. Die höheren Ansprüche, die der gleichstarke kleinere Motor an sein Material und die Bearbeitungsgüte stellt, verteuern seine Herstellung durchweg erst oberhalb bestimmter Grenzen, wenn man etwa besonders aufwendige Ventilsteuerungen, Einlaßsysteme mit zwei und mehr Vergasern — oder Einspritzpumpen und -düsen, wenn man kostspielige Spezialwerkstoffe, geschmiedete statt gegossene Kolben, Hochleistungsventile und -federn oder ähnliche Errungenschaften von Rennmotoren benötigt.

Für das Verhältnis zwischen Motorgröße und Leistung hat sich als Maßstab die »Literleistung« eingebürgert, die kW-Zahl auf 1 Liter Hubraum bezogen. Unser 90 kW-Motor besitzt demnach mit 2 l Hubraum eine spezifische Leistung von 45 kW/l. Ein Hubraum von 3 l für dieselbe Nennleistung bedeutete genau 30 kW/l – und heute schon einen »Drosselmotor«, wogegen 1,5 l Hubraum und 90 kW einen reinrassigen Hochleistungsmotor kennzeichnen, allerdings keinen Rennmotor; denn seit 1970 laufen Grand-Prix-Wagen mit mehr als 120 kW/l.

Diese Ausbeute nimmt sich neben Literleistungen der Rennmotorräder sogar bescheiden aus, ganz zu schweigen von den Wirkungen früherer Kompressoren oder heutiger Turbolader. Diese Aggregate schieben das Frischgas mit Überdruck in die Zylinder und bewirken damit Füllungen, die ein freiansaugender Motor selbst bei geschicktester Ausnützung von schwingenden Gassäulen und »Rammeffekten« nicht erreicht.

Wenn der höhere Mitteldruck als Weg zur Leistungssteigerung ausscheidet (oder bereits ausgeschöpft ist), bieten sich als Alternative höhere Drehzahlen an. Naturgemäß wachsen mit ihnen die Beanspruchungen für viele Motorbauteile drastisch, doch bekundet deren einwandfreie Beherrschung den ständigen Fortschritt der Technik — mit allem, was dazu gehört.

Indessen sind Drehzahlen von 6000 U/min in großen und kleinen Motoren zweierlei: dort sind sämtliche hin- und hergehenden Massen bedeutend schwerer, zusätzlich auf höhere Geschwindigkeiten zu beschleunigen und entsprechend schärfer abzubremsen. Bei rein rotierenden Bauteilen, wie in Turbinen, verursachen Fliehkräfte zwar hohe Beanspruchungen, doch werfen im Hubkolbenmotor die hin- und hergehenden Massen größere Probleme auf... und selbst den gleichförmigen Lauf der Kurbelwellen müssen schwere Schwungräder und Gegengewichte sowie die Aufteilung des Hubraums in mehrere Zylinder erst künstlich erzwingen. Schließlich braucht der Motor, um »rund« zu laufen und geschmeidig zu arbeiten, eine gewisse Mindestdrehzahl.

Fast alle deutschen PKW-Serienmotoren zeigten seit den späten 60er Jahren die an sich gesunde, vernünftige Tendenz zu höheren Leistungen durch größere Hubräume. Erst die (seit 1973) angestiegenen Haltungs- und Betriebskosten stoppten diese Entwicklung und werden fortan optimale Wirtschaftlichkeit betonen, die stets von sparsamen Motoren und ökonomischen Fahrzeuggewichten bis zu verlustarmen Antrieben und strömungsgünstigen Karosserien reicht.

Die Vorurteile eines Professors nennt man Theorie. »Mark Twain«, 1835–1910
amer. Schriftsteller S. L. Clemens

DIE KOLBENGESCHWINDIGKEIT

Der »Kurbeltrieb« — so heißt die aus der Kurbelwelle, den Pleuelstangen und den Kolben bestehende Baugruppe — veranlaßt verwickelte Kolbenbewegungen. Der Zylinder führt zwar den Kolben auf einer geraden Bahn, doch pendelt die Geschwindigkeit zwischen Null und einem Höchstwert, der keineswegs in der Mitte des Kolbenhubs zustandekommt, sondern ein Stück darüber, in der oberen Hälfte. Daher sind auch die Beschleunigungswerte und Massenkräfte im Bereich des oberen Totpunkts noch größer als unten, mag die Kurbelwelle noch so gleichmäßig rotieren.

Die ständig wechselnden Geschwindigkeiten und Kräfte müssen bei der Gestaltung von Kurbelwellen, ja bei der Entscheidung für die Zahl und Anordnung der Zylinder, also der Motorbauart, mit allen Folgen berücksichtigt sein, doch genügt uns — vorerst — die Erinnerung, daß jeder Kolben bei jeder Kurbelwellenumdrehung seinen Hub zweimal absolviert, zweimal von Null auf eine hohe Geschwindigkeit beschleunigt und wieder abgebremst wird.

Da in unserem 2 l-Vierzylinder (mit 89 mm Bohrung) der Hub 80 mm beträgt, legen die Kolben bei jeder Kurbelwellenumdrehung 160 mm oder 0,16 m zurück. Für 5500 Umdrehungen summiert sich dieser Weg schon auf 880 Meter, und wenn der Motor sie binnen einer Minute abwickelt, ergibt sich eine »mittlere Kolbengeschwindigkeit« von 880 Metern pro Minute — oder 53 km/h — oder 14,6 Meter pro Sekunde.

Diese »m/s« sind ein wichtiger Kennwert. Er liefert einen zuverlässigen Maßstab für die im Motor wirkenden Massenkräfte, er deutet auf die damit verbundenen Beanspruchungen und erlaubt, ähnlich dem erzeugten Mitteldruck, einen Vergleich mit anderen Motoren, fast unabhängig von der Bauart, Größe und Zylinderzahl. Die vom Kolben erreichte maximale Geschwindigkeit liegt, wenn die Pleuelstange doppelt so lang ist wie der Hub, um 62 % über der »mittleren«; bei einem kürzeren Pleuel wäre es noch etwas mehr. Allerdings lassen sich Lang- und Kurzhuber nur mit Einschränkungen vergleichen, weil größere Kolben und stärkere Pleuel auch höhere Massenkräfte verursachen. Sogar das (noch zur Sprache kommende) Kurbelverhältnis spielt eine Rolle: es kann die bei Vergleichen entscheidende »geometrische Ähnlichkeit« stören.

IV.4 Beide Zylinder haben 0,5 l Hubraum, links jedoch als ausgeprägter Langhuber (mit 78 mm Bohrung × 102 mm Hub, Hubverhältnis 1,3), rechts als Kurzhuber (mit 92 mm Bohrung × 75 mm Hub, Hubverhältnis 0,82). Die Bauhöhe des Kurzhubers vermindert sich in der Praxis meistens noch deutlicher, weil seine Pleuel, im Gegensatz zur Zeichnung, kürzer ausfallen!

KÜRZEREN HUB ODER MEHR ZYLINDER?

Zwei verschiedene Rezepte ermöglichen höhere Drehzahlen ohne höhere Kolbengeschwindigkeiten: man kann für einen gegebenen Hubraum die einzelnen Zylinder des Motors verkleinern und ihre Zahl entsprechend vermehren, etwa einen Vierzylinder durch einen Sechszylinder ersetzen. Bei unserem 2 l-Motor treten dann sechs 330 cm^3 große Zylinder an die Stelle der vier 500 cm^3-Vorgänger. Die Bohrungen schrumpfen von 89 auf 80 mm und der Kolbenhub von 80 auf 72. Ohne die zitierte Kolbengeschwindigkeit von 14,6 m/sec zu übersteigen, dürfte die Nenndrehzahl von 5500 auf 6100/min klettern, zumal die Kolben, Pleuel, Ventile usw. .... merklich kleiner und leichter ausfielen. (Bis zur letzten Konsequenz wollen wir den Vergleich freilich nicht ziehen, weil eine allzu einfache Rechnung den Umstand unterschlägt, daß zur gleichen Kolbengeschwindigkeit bei kleinerem Hub größere Kolbenbeschleunigungen gehören – und diese sind letzten Endes entscheidend!)
Den zweiten Weg zu höheren Drehzahlen bei gleicher Kolbengeschwindigkeit eröffnen größere Kolben und Zylinderdurchmesser, gleichzeitig aber kürzerer Hub. Die Zahl der Zylinder bleibt unverändert. Damit verschiebt sich das wichtige Verhältnis vom Hub zur Bohrung, kurz das »Hubverhältnis«. Bei unserem Vierzylinder allerdings erübrigt sich dieser Schritt, weil er mit 80 : 89 mm, also einem Hubverhältnis von 0,90 ... bereits (maßvoll) getan ist.
Extreme Hubverhältnisse unter 0,65 tauchten zwar vereinzelt seit den sech-

ziger Jahren auf, ohne nennenswerte Nachteile zu enthüllen, doch findet man sie häufiger in Rennmotoren für fünfstellige Spitzendrehzahlen. Hier dienen sie, außer erträglichen Kolbengeschwindigkeiten, den Konturen der Verbrennungsräume, damit möglichst große Ventile und Kanäle Platz finden. Anfangs gab es, jahrzehntelang, Motoren mit weit mehr Hub als Bohrung, Werte von 2 : 1, 3 : 1, ja 4 : 1 ... Dann waren Langhuber von 1,3 bis 1,5 an der Tagesordnung. Heute hingegen erweisen sich Kurzhubwerte um 0,9 als ein guter Kompromiß für Otto-Gebrauchsmotoren. Dagegen dominiert bei Dieseln langer Hub.

Beide Motorenkonzepte, der Sechszylinder wie der Kurzhuber in diesem Beispiel, ernten übrigens den Beifall der Karosseriegestalter. Hochbauende Motoren stören deren Bestrebungen mehr denn je, zumal die modernen Ventilsteuerungen in dieser Beziehung buchstäblich »erhebliche« Erschwernisse verursachen, wie ein folgendes Kapitel demonstriert. Allerdings tritt der eingesparten Höhe des Motors in beiden Fällen eine vermehrte Länge gegenüber – und oft auch etwas mehr Gewicht. Im Innern ergeben sich, trotz gleichem Hubraum, für die Verbrennungsräume und Kolbenböden größere Wandflächen. Von ihnen wiederum leitet die lebenswichtige Kühlung mehr Wärmeenergie ab, die letzten Endes an der Motorleistung zehrt – oder zusätzlichen Kraftstoff kostet.

Mit der Zahl der Kolben, Lager und Ventile wachsen auch die Reibungsverluste im Motor, und zwar im gesamten Last- und Drehzahlbereich, auch oder gerade dann, wenn geruhsame Fahrt nur einen Bruchteil der vollen Leistung verlangt. Doch offenbart den größten Nachteil des weichlaufenden Sechszylinders die Kostenkalkulation: die zusätzlichen Zylinder verteuern die Produktion spürbar – und später auch die Wartungsarbeiten und Reparaturen.

Es ist besser, hohe Grundsätze zu haben, die man verfolgt, als höhere, die man mißachtet. Albert Schweitzer, 1875–1965

HUBRAUM UND »KISTENMASS«, ZYLINDERZAHL UND -ANORDNUNG

Ohne Zweifel wäre es fast überall logischer, die Leistung eines Motors nach seinen äußeren Abmessungen, dem sogenannten Kistenmaß, und dem Materialaufwand — Gewicht — statt nach seinem Hubraum zu bewerten! So, wie es bei Nutzfahrzeugantrieben, ortsfesten oder Schiffsmaschinen — und erst recht in der Luftfahrt tatsächlich geschieht und niemand nach dem Hubraum fragt. Auch der aktuelle Vergleich von Hubkolben- mit Wankelmotoren oder Gasturbinen betont die Problematik der Hubraumbewertung. (Wir kommen im Zusammenhang mit den »anderen Antrieben« auf konkrete Zahlen zurück.)

Wie sich außen die Unterteilung eines kleinen Motors — auch die größten PKW-Motoren sind in der gesamten Skala »klein« — auf sechs statt vier Zylinder auswirkt, ist einfach zu beantworten, weil zu jedem Zylinder (im Längs- wie im Querschnitt) zwei Wände und ein ausreichender Durchgang für Kühlwasser — und noch mehr für Kühlluft – gehören.

Je zwei Zylinder ohne trennende Kühlwasserkanäle zu gießen – »siamesisch« – oder gar alle, erschien noch in den 70er Jahren als ein mehr oder minder brauchbarer Kompromiß. Doch setzten die aktuelle Gewichts- und Raumökonomie (zumal bei »quergestellten« Motoren), moderne Gießverfahren und die Dimensionierung mit »finiten Elementen« und Computern neue Maßstäbe, dezimierten die Nachteile und erhoben den Kompromiß zum »Stand der Technik«.

Legen wir jetzt die vier 89 mm weiten Zylinderbohrungen unseres 2 l-Motors zugrunde und geben, von Bohrung zu Bohrung sowie außen, je 16 mm zu, so wird der Block (ohne den Nockenwellenantrieb) 44 cm lang. Der Sechszylinder hingegen mißt mit 72er Bohrungen 11 cm mehr. An Bauhöhe spart der Sechszylinder etwa 4 cm.

Diese Perspektiven ändern sich erheblich, wenn man an Stelle der herkömmlichen europäischen Verhältnisse Hubräume von drei bis sieben Litern betrachtet. Was dazumal mit niedrigen Verdichtungen, Spitzendrücken und Drehzahlen »ging«, verbietet der moderne Stand der Technik: für einen PKW-Hubraum von 3 l reichen vier Zylinder nicht aus, während die »Schallmauer« für sechs Zylinder bei etwa 4 l liegt. Freilich gibt es Ausnahmen zu dieser Regel, doch erklärt sie die lange Dominanz der V 8-Motoren in den USA.

Neben dem Hubraum beeinflußt das Hubverhältnis die Außenabmessungen. Langer Kolbenhub führt zwangsläufig zu einem hohen Motor, zumal Kurbelwellenkröpfungen und Pleuellängen im gleichen Maßstab wachsen. Andererseits wird ein Reihenmotor mit großen Zylinderbohrungen, bei gegebenem Hubraum also ein Kurzhuber, merklich länger als der langhubige Konkurrent. So bekundet eine einfache Kalkulation, daß der Motorblock eines 3 l-Sechszylinders mit ausgeprägt kurzem Hub (70 mm bei 95 mm Bohrung) etwa 9 cm länger ausfällt als bei einem gleichgroßen Langhuber (100 mm Hub bei 80er Bohrungen), der seinerseits in der Bauhöhe den Kurzhuber – hier zufällig um denselben Betrag – überragt.

Noch deutlicher summieren sich Kurbelradien, Kolbenhübe und Pleuellängen naturgemäß mit gegenüberliegenden Zylindern, bei Boxermotoren. Kein Wunder, daß man bei ihnen »Kurzhub« seit jeher groß schreibt, abgesehen von einigen älteren Kraftradmotoren, die ohnehin mäßige Hubräume und dank stehender Ventile kurze Zylinder besaßen.

Zusätzliche Bedeutung gewinnen viele kleine Zylinder statt weniger großer, wenn es um maximale Leistungen in einer bestimmten Hubraumgrenze geht, bei Renn- und Rennsportmotoren. Da man – stets dem Stand der Technik entsprechend – mit kürzerem Hub und, mehr noch, mit kleineren Einzelzylindern höhere Spitzendrehzahlen erreicht, versprechen vier Zylinder mehr Leistung als zwei, sechs mehr als vier ... zwölf mehr als acht und sechzehn mehr als zwölf. Die Unterschiede sind allerdings in der Rennmotorenpraxis durchweg geringer als in der Theorie. Das liegt nicht allein an den höheren Reibungsverlusten der größeren Zylinder- und Lageranzahl, sondern an vielen Einflüssen bei jeder einzelnen Konstruktion. Außerdem liefert der Konkurrent mit weniger, aber größeren Zylindern in der Regel höhere Drehmomente bei mittleren Drehzahlen, oft einen besseren Drehmomentverlauf, der ein scheinbares Handicap in der Spitze glatt kompensiert.

Die Auswahl von Motorbauart und Zylinderzahl umfaßt also verwickelte konstruktive (und kalkulatorische) Probleme, teilweise auch gegensätzliche Faktoren: die Anordnung der Ventile, die Lage und den Antrieb der Nocken-

wellen, die Art der Kühlung, die Gestaltung der Ansaug- und Auspuffanlagen, die Zahl und Bauart der Vergaser... solange nicht eine aufwendige Einspritzanlage an deren Stelle tritt. Auch die »Zündfolge« spielt eine Rolle, d. h. die Reihenfolge der einzelnen Arbeitstakte von Zylinder zu Zylinder.
Naturgemäß arbeitet ein Motor umso

in der überdimensionale Motorhauben vor extrem niedrigen Windschutzscheiben ein Status-Symbol formten. Aber noch fragwürdiger als die Längen- und Raum-Ökonomie waren die Kurbelwellen dieser äußerlich so eleganten Motoren. Auch mit einem Schwingungsdämpfer blieb ihr »Eigenleben« meistens kritisch — und wäre es, trotz bedeutend stärkerer Abmessungen, auch

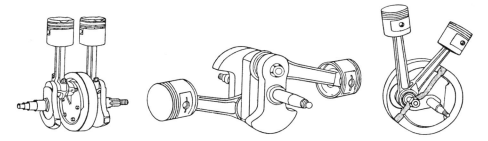

IV.5–7 Kurbelwellen-Grundformen für Reihen-, Boxer- und V-Motoren, schematisch am Beispiel von Zweizylindern (Twin) dargestellt; die Motorbauform bestimmt aber nicht nur die äußeren Abmessungen, sondern beeinflußt stark die Auswuchtung, Zündfolge und Gemischverteilung (letzteres, falls ein Vergaser mehrere Zylinder versorgt)!

weicher und gleichmäßiger, je stärker der Gesamthubraum unterteilt ist. Während ein hämmernder Einzylinder nur mit schweren Schwungmassen und bei höheren Drehzahlen »rund« laufen kann, weil ein einsamer Arbeitstakt auf zwei volle Kurbelwellenumläufe entfällt, liefert ein Vierzylinderviertakter bereits bei jeder halben Umdrehung einen Impuls, der seinerseits bedeutend schwächer ist. Umso attraktiver macht die »ausgebügelte« Zugkraft Motoren mit sechs oder acht Zylindern. Daß Zweitakter mit der halben Zylinderzahl (fast) denselben Effekt erzielen, hat ihnen im Automobilbau nur zeitweilig geholfen.
Freilich repräsentierten innerhalb der zweiten Motorengeneration einige berühmte Reihen-Achtzylinder eine kurzlebige Gattung, als Kinder einer Zeit,

heute noch. Deshalb bilden sechs Zylinder in einer Reihe längst einen Grenzwert. Nur bei langsam- oder mittelschnell-laufenden großen Dieseln liegen die Verhältnisse anders.
Um den Raumbedarf und (meist auch) das Gewicht eines Motors zu vermindern, bietet sich die gabel- oder V-förmige Zylinderanordnung an. Jedoch entstehen mit nur vier Zylindern — von zweien zu schweigen — Nachteile bei der Zündfolge und Auswuchtung, die noch zur Sprache kommen. Mit sechs Zylindern sind die Vor- und Nachteile von Reihen- und V-Motoren »offen« — kaum aber mit acht.
Zwar nicht kompakter, aber ebenso kurz und, vor allem, sehr flach werden Motoren, deren Zylinder oder Zylinderreihen direkt gegenüber liegen, statt V-förmig auf dem Gehäuse zu stehen.

Doch enthüllt der Aufbau des Kurbeltriebs einen bedeutungsvollen Unterschied, indem die beiden Pleuel, die zu gegenüberliegenden Zylindern gehören, nicht an einem gemeinsamen Hubzapfen angreifen, sondern an zwei um 180 Grad, also um einen halben Kurbelkreis, versetzten. Folglich laufen die beiden (annähernd) fluchtenden Kolben symmetrisch, gleichzeitig nach innen oder außen, getreu dem anschaulichen Begriff »Boxermotor«.

VON PREISEN UND LEISTUNGSGEWICHTEN

Den Zusammenhang zwischen Motorleistungen und Herstellungskosten oder, nonchalant, Kaufpreisen spiegelt gelegentlich die Relation »DM pro PS« wider. Nun lassen sich Motoren allein schlechter erfassen als die dazu gehörenden Fahrzeuge, weil erstere recht unterschiedlich kalkuliert sein können — soweit man die Preise überhaupt erfährt. (Aus Ersatzteilen montiert, kostet bekanntlich jeder Wagen, jedes Aggregat förmlich fantastische Summen, und selbst die Preise für Austauschteile erlauben wenig Rückschlüsse.) Vergleicht man deshalb die Fahrzeugpreise, so liefert die Rubrik »DM pro PS bzw. pro kW« eine Reihenfolge, bei der durchweg die Mittelklasse am günstigsten liegt.

Die angemessene Bedeutung des Gewichts kommt mit dem Begriff »Leistungsgewicht« zum Ausdruck. Die verfügbaren PS-Zahlen bilden mit dem Eigengewicht — ganz allgemein — oder Fahrzeug-Gewicht eine Relation, die das Beschleunigungs- und Bergsteigevermögen, kurzum das Temperament, ziemlich zuverlässig charakterisiert. Daß etliche Versuche, das Leistungsgewicht als Maßstab und Kriterium im Tourenwagensport einzuführen, keinen nachhaltigen Erfolg brachten, besagt in diesem Zusammenhang wenig. Vielmehr muß man voraussetzen, daß der Stand der Technik bei den Motorgewichten ähnliche Verhältnisse veranlaßt wie bei den ganzen Fahrzeugen oder daß, zumindest, ein günstiger Fahrzeugwert auch auf einen ökonomisch konstruierten Motor deutet. Größere Unterschiede gibt es bei Nutzfahrzeugen, wo man jedoch mit dem umgekehrten Maßstab »PS bzw. kW pro Tonne« (Gesamtgewicht) rechnet.

Die aktuelle Vorschrift von mindestens 8 PS pro Tonne verlangt für einen 38 Tonnen-Lastzug demnach 304 PS, als Motor folglich einen beachtlichen Brummer. Daß dem Beschleunigen und Bergsteigen dennoch enge Grenzen gezogen bleiben, zeigt der Vergleich mit einem nur 50 PS (37 kW) starken, 1100 kg schweren PKW. Dessen Leistungsgewicht von 22 kg/PS (30 kg/kW) entsprechen über 45 PS pro Tonne (33 kW/t) – 5,7mal mehr als das LKW-Minimum.

Sportwagen – und starke Motorräder! – erzeugen imposante Relationen, sprich sprühendes Temperament. Da die heutige Verkehrsdichte dies immer stärker betont – und die Höchstgeschwindigkeit weniger (selbst wo sie nicht limitiert ist), verdienen Leistungsgewichte mehr Beachtung als PS- und kW-Zahlen.

Schließlich entstehen verzerrte Bilder beim Vergleich verschiedener Gewichtsklassen: das »Leergewicht« betrifft normgerecht »betriebsfertige« (also vollgetankte!), aber unbesetzte und unbeladene Fahrzeuge; manchmal wird es mit dem »Trockengewicht« verwechselt. Gerade bei kleinen und leichten Fahrzeugen spielt aber die Nutzlast eine buchstäblich schwerwiegende Rolle. Vier Personen z. B. belasten einen Kleinwagen – sein Leistungsgewicht und Temperament – erheblich stärker als einen »Straßenkreuzer«, während zwei Fahrer auf einem Kleinkraftrad dessen Leergewicht weit übertreffen und den aufschlußreichen Kennwert »kg pro kW« rund verdreifachen!

Das beförderte Gesamtgewicht und die in einer bestimmten Zeit (folglich mit einer bestimmten Durchschnittsgeschwindigkeit) zurückgelegte Strecke bestimmen die »Transportleistung«. Welche Motorleistung man tatsächlich dafür eingesetzt hat und wie der Motor die aufgewandte Energie, den verbrauchten Kraftstoff, verwertete – das ist genau genommen der Gesamtwirkungsgrad. Ihn kann der Fahrer in der Praxis erheblich beeinflussen – oft mehr als der Motorenkonstrukteur; denn der Stand der Technik und der lebhafte Wettbewerb verbieten hier gravierende Unterschiede. Weil aber zahlreiche Faktoren am Ergebnis mitwirken, vor allem die gute Gemischbildung und Verteilung, stellen wir konkrete Beispiele und Zahlen bis zum Vergaserkapitel zurück. Bei verwickelten technischen Zusammenhängen einzelne Ursachen und einzelne Folgen willkürlich herauszugreifen, ist ein bedenklicher Brauch ... und letzten Endes wohl der Grund dafür, daß einem Dilettanten und Pseudoexperten lapidare Antworten leichtfallen, wo Hochschulprofessoren zaudern und einsichtig abwägen!

Das Stichwort »Professoren« veranlaßt eine Rückblende auf den Anfang dieses Kapitels, auf Robert Mayer: er hatte als Studiosus in Tübingen die alten, unbefriedigenden Lehrpläne und Schulweisheiten kritisiert und das Korps Guestphalia gegründet – »Freiheit, Ehre, Vaterland«. Das war ebenso verboten wie, bald nach 1815, die vom gleichen Geist beseelten Burschenschaften und ihre Farben Schwarz-Rot-Gold. Später geriet Mayer ohne eignes Zutun in die revolutionären Wirren von 1848 – und mußte noch lange und dramatisch ringen, sogar mit Joule und Helmholtz (vgl. S. 290 und S. 384), ehe seine Entdeckungen anerkannt wurden und er (1867) den Adelstitel erhielt.

Aber es gab in dieser wie in jeder Epoche auch erfreuliche Ereignisse und Neuerungen. Die junge Technik bewirkte vielerorts einen wirtschaftlichen Aufschwung und höheren Lebensstandard, mit der Gasbeleuchtung, manchen Maschinen, dem neuen Nachrichtenwesen, verstärktem Land- und Seeverkehr. Fast jedes Jahr brachte bedeutende Debüts: 1835 schaffte die Lokomotive »Adler« sechs Kilometer von Nürnberg nach Fürth in 15 Minuten. Technisch beachtlich (humanitär bedenklich) waren die Revolver des Amerikaners Samuel Colt und die Hinterladergewehre von Joh. Nik. Dreyse in Sömmerda (nach einem unbefriedigenden französischen Vorbild) – das kombinierte Öffnen und Spannen erfand Paul Mauser in Oberndorf erst im Reichsgründungsjahr 1871).

Samuel Morse kam 1837 zum Telegraphen, Justus von Liebig zur künstlichen Düngung, Charles Goodyear vulkanisierte 1839 Kautschuk.

In der Kunstgeschichte erlebte die Romantik ihre Blüte, und das Jahr 1842 brachte, außer dem Energiesatz, erstmalig den Begriff »Literaturwissenschaft« und in Wien die »Philharmoniker«. Der Königsberger Musikant Otto Nikolai, der Shakespeares »Lustige Weiber von Windsor« mit herzerfrischendem Schwung vertonte, und Nikolaus Niembsch, genannt Lenau, zählten zu den Initiatoren.

Wilhelm Maybach ist der eigentliche Schöpfer des raschlaufenden Verbrennungsmotors. Alle konstruktiven Einzelheiten, die die Entwicklung förderten, stammen von ihm, dem »roi des constructeurs«. Gottlieb Daimler bleibt das große Verdienst, als erster erkannt zu haben, daß der Verbrennungsmotor ein Schnelläufer werden kann (d. h. klein und leicht). Er verfolgte dieses Ziel mit größter Zähigkeit und ermöglichte Maybach seine wunderbaren schöpferischen Leistungen.   Friedr. Sass, 1883—1968

Hundert Jahre Fahrzeugmotoren in Schlaglichtern, Kurven und Zahlen

Der luftgekühlte Einzylinder von Gottlieb Daimler und Wilhelm Maybach zum Antrieb des »Petroleum-Reitwagens« (siehe Abb. I.6) entfaltete etwa 0,5 PS bei 700 U/min mit einem Hubraum von 260 cm^3 (58 mm Bohrung x 100 mm Hub). Ein Jahr später leistete der 90 kg schwere wassergekühlte Motor für die »Kutsche« 1,1 PS bei 650 U/min mit einem Hubraum von 460 cm^3 (70 mm Ø x 120 mm). Das waren damals beachtliche Drehzahlen! Betrachtete doch Carl Benz die Maschine in seinem »Patent-Motorwagen« mit $^2/_3$ PS bei 250 U/min schon als einen Schnelläufer! Freilich hatte Benz die deklarierte Leistung und Drehzahl handfest untertrieben; denn zu seinem 75jährigen Jubiläum lieferte der historische Motor auf einem Prüfstand 0,88 PS (0,65 kW) bei 400/min.

Die Bezeichnung »Petroleum-Reitwagen« erfordert übrigens den kurzen Kommentar, daß es sich in Wirklichkeit um Benzin handelte; doch wollte Daimler in der Öffentlichkeit (und bei der Polizei) keine Bedenken gegen einen explosions- und feuergefährlichen Betriebsstoff provozieren. Das ging soweit, daß er bei der Erprobung des ersten Motorboots dessen Bordwände mit Porzellanisolatoren und Kupferdrähten »garnierte«, um einen Elektroantrieb vorzutäuschen!

LANG- UND KURZHUB, VON ANFANG AN!

Bemerkenswert bei den Benz-Motoren war die rasche Verminderung der Hubverhältnisse, indem der Ausgangswert von 1,65 schon 1892 auf genau 1,0 schrumpfte, nämlich auf 100 x 100 mm für Hub und Bohrung eines 780 cm^3 großen Zylinders. Vergleichsweise erhielt der Untertürkheimer V-8 von 1963 für denselben Zylinderinhalt 103 mm Bohrung und 95 mm Hub. Dazwischen lag, typisch für den »mittelalterlichen« Motorenbau, der »Große Mercedes« von 1931, mit 95 x 135 mm für seine acht noch größeren Zylinder.

Wichtige Etappen waren bei Benz 1889 (automatische) Einlaßventile anstelle der Einlaßschieber, der auf 2 l verdoppelte Hubraum (130 × 150 mm) für 3 PS

V.1 Der richtungweisende Mercedes-Vierzylinder von 1901. Je zwei zusammengegossene Zylinder und -köpfe stehen auf einem Leichtmetallgehäuse, mit je einem Spritzdüsenvergaser und »Drosselregelung« anstelle der vorangegangenen Aussetzerregelung. Offen laufende Nockenwellen beiderseits steuern stehende, gegenübergesetzte Ventile und formten einen »T-Kopf«, der in Lehrbüchern noch jahrzehntelang auftauchte (mechanisch günstig, aber für die Verbrennung schlecht, vgl. Abb. II.1).

Die Auslaßnockenwelle treibt den Ventilator indirekt, in der Mitte sind der Magnetzünder und eine Kühlwasserpumpe angebracht, hinten eine Zahnradölpumpe. Der Magnetzünder arbeitete noch mit Niederspannung und »Abreißmechanik«, wie in einem späteren Kapitel beschrieben. Gegenüber den folgenden Hochspannungszündern galt die »Abreißzündung« als weniger empfindlich gegen Verrußen und Verölen – und behauptete sich teilweise erstaunlich lang (vgl. V.3). – Mercedes-Daten in Zahlentafel V.15.

(2,2 kW) bei 600/min – zusammen mit den »SI-Einheiten« (s. S. 48) wurden die »U/min« zu »1/min« –. Für die ersten verkäuflichen und vierrädrigen (!) »Victoria«-Wagen wurden es 1893 schon 2,75 l (150 × 165 mm) für 5 PS (3,7 kW) bei 700/min. Zum reihenmäßigen Bau von »Velos« verwendete Benz ab 1894 wieder leichtere, schwächere Motoren, ab 1897 neue Parallel-Zweizylinder und, vor allem, Boxermotoren, die er »Kontramotor« nannte, mit 1,7 l-5 PS und mit 2,7 l-9 PS (6,6 kW). Davon verkaufte er bis zur Jahrhundertwende um 2000 Stück, mehrheitlich ins Ausland.

Im Gegensatz zu Benz veranlaßte Maybach eine Tendenz zu langem Hub. Ihr gaben unrealistische, einer gesunden Entwicklung abträgliche Steuerformeln, zeitweilig sogar ähnliche Rennformeln, kräftigen Auftrieb. Zwar erhielten die Nachfolger des Kutschenmotors, zunächst mit zwei V-förmig stehenden, dann parallelen Zylindern, keine größeren Hubverhältnisse. Auch für den ersten »Mercedes«, mit einem 6 l-Vierzylinder für 35 PS bei 1000 U/min, wählte Maybach im Jahr 1900 »solide« Zylinderabmessungen (116 × 140 mm). Doch entstanden zahlreiche, von der Cannstätter Entwicklung beeinflußte Motoren mit extremen Hubverhältnissen, namentlich in Frankreich.

Den Gipfel im wahrsten Sinn des Wortes bildeten Peugeot-Zweizylinder-Maschinen mit nur 80 mm Bohrung, aber 280 mm Hub, regelrechte Monstren, die sogar in den damaligen hohen Rennwagen die Augenlinie der schräg dahinter sitzenden Fahrer deutlich überragten. Schließlich gehören ja dazu Pleuelstangen von mindestens 50 cm Länge, von der Lagermitte bis zum Kolbenbolzen gemessen.

In dieser heroischen Epoche des Automobilismus ergab sich das Kuriosum, daß die Tourenwagenmotoren mit ihren Drehzahlen und Literleistungen die für Rennen entwickelten Exemplare klar übertrafen, weil man deren PS-Zahlen »mit roher Gewalt« suchte, mit drastisch vergrößerten Hubräumen anstelle höherer Drehzahlen. Noch 1910 stieß der englische Konstrukteur Laurence Pomeroy auf ebensoviel Skepsis wie Zustimmung, als er erklärte, der hochtourige Motor befände sich erst am Anfang seiner Entwicklung, und er sähe keinen Grund, Drehzahlen von 3000 nicht schon in nächster Zukunft zu erreichen: »Motordrehzahlen wiegen und kosten nichts!«
Selbstverständlich müssen wir aus der heutigen Sicht ergänzen, daß auch diese These nur bis zu einer ganz bestimmten, vom jeweiligen Stand der Technik diktierten Grenze gilt. Darüber hinaus kosten auch Drehzahlen unausweichlich ihren Tribut – nicht zuletzt mit höheren Reibungsverlusten.

Wer hohe Türme bauen will,
muß lange beim Fundament verweilen.
Anton Bruckner, 1824–1896.

HISTORISCHE NAMEN UND DATEN

Immerhin zeichnete sich die Ära kleiner Schnelläufer bereits ab.
In Cannstatt hatte Gottlieb Daimlers Sohn Paul, parallel zur »Mercedes«-Entwicklung, einen Kleinwagen mit einem 1,4 l-Zweizylindermotor konstruiert, der später unter seiner Leitung in Österreich produziert wurde. Eine Renault-»Voiturette«, die ursprünglich gemäß ihrer Rennformel nur 250 kg wiegen durfte, erreichte mit einem 1 l-Einzylinder schon 60 km/h. Isotta-Fraschini brachte 1908 gar einen 1,2 l-Vierzylinder (62 x 100 mm), dessen Entwurf man gelegentlich dem blutjungen Ettore Bugatti zuschrieb. Er arbeitete in diesem Jahr bereits bei der Gasmotorenfabrik Deutz, der Wirkungsstätte vieler bedeutender Pioniere, und baute seinen Typ »13«, als Grundstein für den eigenen Betrieb im elsässischen Molsheim (1910) und für seinen legendären Ruf – wie eine Generation später Enzo Ferrari in Modena und Maranello.
Die erste Dekade im neuen Jahrhundert brachte der Automobil- und Motorentechnik einen kometenhaften Aufstieg. Am Ende konkurrierten mit den Wagen von Benz und Daimler zahlreiche Marken im In- und Ausland, wie Adler, Dürkopp, Stoewer, Hansa, Horch, NAG, Gaggenau, Presto, Apollo, Audi, Brennabor... um einige bekannte Namen in Erinnerung zu rufen. Opel baute in Rüsselsheim zuerst eine Konstruktion von Lutzmann, später französische Darracq. Wartburg in Eisenach löste 1903 mit dem Dixi den vorangegangenen Decauville ab.
Im gleichen Jahr präsentierte der tüchtige Joseph Vollmer, vielseitig wie die meisten Pioniere, militärischen und zivilen Interessenten den ersten Lastzug, hergestellt von NAG, der neugegründeten Automobilabteilung der AEG in Oberschöneweide. Sein 50pferdiger Ottomotor arbeitete mit Magnetzündung und einem Vergaser, der wahlweise Benzin oder Spiritus schluckte, also bereits einen »Vielstoffbetrieb« ermöglichte, wie er 50 Jahre später wiederkehren sollte — wenn auch dann in zeitgemäßer Form und für eine noch längere »Speisekarte«...
Ferner verzeichnet die Chronik 1903 die Gründung der »ältesten und größten Spezialfabrik für schwere Nutzfahr-

zeuge« durch Heinrich Büssing. Der strebsame Sohn des kinderreichen Schmieds von Nordsteimke hatte nach früher Wanderschaft und einem harten Studium am Braunschweiger Polytechnikum schon 1871 Fahrräder konstruiert und dann eine kleine Werkstatt zum Bau von Eisenbahnsignalen eröffnet, die sich dank eigner Patenten — zuletzt über 90 — rasch entwickelte. Damit glich dieses Ausgangsgebiet dem Werdegang des Hannoveraner Motorenbauers Ernst Körting, der im Dieselmotorenkapitel auftauchen wird. Erst 1900, auf einer Automobilausstellung in Dresden, kaufte sich Büssing, inzwischen als 56jähriger erfolgreicher Unternehmer, einen Daimler-Wagen, der ihn zur Entwicklung von Lastwagen und Omnibussen anregte. Nach ausgedehnten Versuchen bahnte sich schon 1904 ein Export nach London an, und zwei Jahre später bezog die Allgemeine Berliner Omnibus-AG die ersten »Doppeldecker«. — Ebenso beachtlich waren die von Büssing konstruierten sparsamen und wirtschaftlichen Ottomotoren: die ersten, quer im Fahrzeugbug eingebaut (!), besaßen zwar nur zwei Zylinder und einen Hubraum von 2,25 l für 9 PS bei 850 U/min, aber über den hängenden Ventilen bereits eine obenliegende, mit einer Königswelle angetriebene Nockenwelle!

Freilich waren fruchtbare Entwicklungsjahre und hohe Produktionszahlen zweierlei. Darin sah sich Deutschland bald von seinem Nachbarn und, erst recht, von den USA überholt — trotz Otto, Benz, Daimler, Maybach oder Robert Bosch. Zum Beispiel entstanden in Deutschland 1905 ingesamt 5151 Automobile... und 1910 genau 13 113 Stück. Diese Zahlen verdanken wir dem Statistischen Reichsamt, das die neue Industrie seit eben dem Jahr

V.2 Werner 1903-Motorrad-Einzylinder. Gesteuertes Auslaßventil, automatisches Einlaßventil, Hochspannungsmagnetzündung, Alu-Gehäuse (Vergaser ist nicht original), das Ganze schon seit Ende 1901 vom Lenkkopf herab vor das Tretlager versetzt, wie schon 1899 bei Laurin & Klement in Jungbunzlau.
Einbaumotoren aus Frankreich (de Dion, Werner, Buchet, Peugeot), aus Belgien (Minerva, FN, Kelecom), aus Aachen (Cudell und Fafnir), London (JAP = J. A. Prestwich) und aus der Schweiz (Zedel, Moto Rêve) ermöglichten in ganz Europa neue Motorradfabriken zu Dutzenden. Freilich verschwanden viele schon 1907, bei der ersten Motorradkrise.

1905 mit erfaßte. Vermutlich erkannte dadurch der Staat die neue, schier unerschöpfliche Einnahmequelle, die er sogleich in Gestalt der »Reichsstempelsteuer« anzapfte. Der überhaupt erste behördliche Eingriff erfolgte schon fünf Jahre früher, als »Polizeiverordnung über den Verkehr mit Kraftfahrzeugen«.
Allerdings waren Kraftfahrzeuge im konservativen, eisenbahn- und pferdefreundlichen England noch drastischer

behindert, weil ein Gesetz verlangte, daß 50 Meter vor jedem selbstangetriebenen Fahrzeug ein Mann mit einer roten Fahne ging, nachts mit einer Laterne. Hinzukam die Höchstgeschwindigkeit von 4 Meilen pro Stunde (6,4 km/h), innerorts nur von zwei – und dies bis zur »Emanzipationsfahrt«, die im November 1896 von London nach Brighton führte. Gottlieb Daimler nahm mit seinem bedeutenden englischen Geschäftsfreund Frederick R. Simms, auf den die »Daimler Motor Company« zurückgeht, persönlich daran teil.

Naturgemäß umfaßte der »Verkehr mit Kraftfahrzeugen« nicht nur Automobile, sondern auch Fahrzeuge mit zwei und drei Rädern. Das waren, abgesehen von Daimlers »Petroleum-Reitwagen« oder dem Dreirad von Benz, die ersten, als »Motorrad« bezeichneten, erstaunlich zweckvoll konstruierten »Hildebrand & Wolfmüller«-Maschinen (vgl. B I.8), von denen die Münchener Fabrik von 1894 bis 1898 über 800 Stück produzierte – trotz eines empfindlichen Rückschlags in Frankreich. Gleich nach der Jahrhundertwende befaßten sich bekannte Fahrradfabriken mit dem neuen Vehikel, voran NSU und Wanderer, denen bald Mars, Brennabor, Hercules, Fafnir, Magnet und andere folgten, Panther in England, etliche Firmen in Frankreich, FN in Belgien.

Der Automobilbau in Frankreich florierte dank Peugeot, Panhard-Levassor, de Dion-Bouton, Renault, Sizaire-Naudin, Delage, Chenard-Walcker, Mors, Mathis... um die wichtigsten zu nennen. Es gab in England Napier, Wolseley, Lanchester, Lagonda, Vauxhall und, seit 1906, Rolls-Royce.

Bevor große Dieselmaschinen dem Schweizer Adolph Saurer Weltruf verschafften, produzierte er Personen- und Nutzfahrzeuge. Sein Landsmann Martin Fischer eilte, zuerst als Konstrukteur der Turicum-Wagen, dann in eigener Firma, mit vielen Neuerungen der technischen Entwicklung weit voraus. Auch die Marken Berna, Orion oder Martini hatten dies- und jenseits der eidgenössischen Grenzen einen guten Klang. In der Genfer Wasserturbinenfabrik Piccard & Pictet entstanden ab 1906 die berühmten Pic-Pic, und die Brüder Dufaux bauten Renn- und Gebrauchswagen, bevor sie sich auf die Motosacoche-Motorräder und MAG-Einbaumotoren spezialisierten.

Kurz vor der Jahrhundertwende gründete Giovanni Agnelli seine Fabbrica Italiana Automobili Torino (FIAT), deren vielfältigen Produkten auf fast allen europäischen Märkten — und in etlichen Epochen auch im Rennsport — eine Favoritenrolle bevorstand. Isotta-Fraschini, Itala und anderen blieb solcher Erfolg versagt, wogegen Lancia und Alfa-Romeo erst später kamen.

FRUCHTBARER BODEN: BÖHMEN UND BELGIEN

Keinesfalls zu unterschätzen war die Industrie in der k. u. k. Monarchie, etwa Puch oder Gräf & Stift (mit den ersten Frontantrieben), und besonders die Fabrik im böhmischen Nesselsdorf, die nachmaligen Tatra-Werke, mit ihrem genialen Konstrukteur Hans Ledwinka. Daneben gab es schon R. A. F. sowie Laurin & Klement, die später zu Skoda kamen, oder die Austro-Daimler-Gesellschaft in Wiener Neustadt, wo seit 1906 ein junger technischer Direktor namens Ferdinand Porsche wirkte. Die Arbeiten, die er damals schon hinter sich hatte, bilden eine treffliche Pointe zu den modernen Bestrebungen um unschädliche (besser noch, gänzlich fehlende) Abgase.

Porsche war nämlich 1894 in die »Vereinigte Elektrizitäts-Actiengesellschaft Egger« eingetreten und binnen vier Jahren vom Volontär zum Versuchsleiter avanciert. Unter anderem lieferte Egger die batteriegespeisten Motoren für die (vorn angetriebenen und hinten gelenkten) Elektromobile der Firma Lohner, die in 75 Jahren 20 000 Equipagen und Pferdewagen produziert hatte. Zu dem neu aufgenommenen Automobilbau konnten Benz und Daimler infolge vertraglicher Bindungen weder ihre bewährten Motoren noch Lizenzen beisteuern; auch mußte Rudolf Diesel, auf einen geeigneten Antrieb angesprochen, Ludwig Lohner auf eine ferne Zukunft vertrösten. Trotz allem entstanden einige Benzinwagen, aber offenbar mit unbefriedigender Wirkung; denn Lohner hielt fortan den Elektrowagen, zumindest im Stadtverkehr, für aussichtsreicher, und zwar wegen der Laufruhe, der einfacheren Bedienung, des fortfallenden Anwerfens von Hand sowie der fehlenden Auspuffgase.

Porsche, den Lohner für die weitere Elektrowagenentwicklung engagierte, nahm den Antrieb der bemannten amerikanischen und der ferngesteuerten russischen Mondautos um 70 Jahre vorweg, verlegte die Elektromotoren direkt in die Radnaben, sparte damit die gesamte Übertragung ein — und dehnte dieses System später (bei Austro-Daimler) auf große Nutzfahrzeuge aus, bis zu schwersten militärischen Einheiten. Freilich konnten Batterien deren Strombedarf nicht mehr decken, so daß Porsche einen großen Generator einbaute, den wiederum — ein Benzinmotor trieb . . .

Benz, Daimler, Horch, Dürkopp, Opel, Stoewer und Maybach, Panhard, Peugeot, Renault und Mathis, Olds, Ford, Chevrolet und Duesenberg, Bugattti, Ferrari . . . viele andere Namen . . . auch Borgward und Porsche gingen in die Motoren- und Automobilgeschichte nicht nur als Konstrukteure ein, sondern als die Urheber gleichnamiger Marken. Zahlreiche andere, keineswegs zweitrangige Ingenieure — oder Firmengründer wie Fiat-Agnelli, NSU-Schmidt, Adler-Kleyer, Brennabor-Reichstein, DKW-Rasmussen . . . — wurden und blieben nur einem relativ kleinen Kreis bekannt. Nicht zuletzt das Land Böhmen und Mähren wäre, anderenfalls, als die Heimat bedeutender Automobilbauer geläufiger.

Da finden wir neben Ferdinand Porsche, dessen Wiege 1875 in Maffersdorf bei Reichenberg stand, den fünf Jahre älteren Hans Nibel, der 1904 bei Benz in Mannheim eintrat, schon 1908 Chefkonstrukteur wurde und 20 Jahre später, als erster »Benz«-Mann nach der Fusion mit Daimler, in Untertürkheim denselben Posten von Porsche übernahm. Zu seinen spektakulären Leistungen zählten zweifellos die Rennwagen, der bullige, 200pferdige »Blitzen-Benz« (B VI.20), ein sensationeller Heckmotor-Stromlinien-Benz von 1922 und die legendären Silberpfeile von 1934; aber seine neuen Fahrgestelle mit Schwingachsen oder seine Schnellganggetriebe gaben der Entwicklung noch größere Impulse.

Erfunden hatte die Schwingachsen allerdings schon 1904 Edmund Rumpler bei Adler in Frankfurt, bevor er seine Flugzeug- und Flugmotorenfabrik gründete und erst nach dem Krieg zum Fahrzeugbau zurückkehrte — übrigens auch zum »Tropfenwagen« und zur Idee des Stromlinien-Benz. Auch Rumpler stammte aus Böhmen, wenngleich in Wien geboren, ein Jahr vor Ledwinka und in nächster Nähe von dessen Geburtsort Klosterneuburg. Ledwinka überlebte alle seine Kollegen und Landsleute; denn Nibels Herz versagte schon 1934, Rumpler starb 1940 bei Wismar, Porsche 1951 in seiner Stuttgarter Wahlheimat, während Ledwinka fast 90 war, als er 1967 in München verschied.

Auf andere Weise befruchtete die längst vergessene, dazumal bedeutende belgische Automobilindustrie die technische Entwicklung. Der intensive Export, der den kleinen eigenen Markt ergänzen mußte, führte bald zu engen Beziehungen nach Deutschland und England, in deren Folge hervorragende deutsche Ingenieure die Konstruktionsbüros, zum Teil ganze Betriebe leiteten. Da landete Christian Riecken von der jungen NAG bei Minerva, da ging der Daimler-Ingenieur Pfänder zu Pipe, während Paul Henze, nach kurzem Engagement bei Cudell in Aachen — einem de Dion-Lizenznehmer (wie ursprünglich Adler) — die Wagen des 1905 gegründeten Imperia-Werks konstruierte. Dessen Produktion währte übrigens am längsten, nämlich bis zum Auslauf von Adlers Trumpf-Junior-Lizenz 1939.

Die eindeutig größte Rolle spielte indessen der junge Thüringer Ernst Lehmann bei der großen und sportbeflissenen Marke »L'Auto Metallurgique«, dem kurz vor der Jahrhundertwende errichteten Zweigwerk einer Lokomotiven- und Waggonfabrik. Auf Betreiben der Aachener Brüder Aschoff, die als begeisterte Herrenfahrer und gewandte Kaufleute die deutsche Vertretung übernommen hatten, bildete Metallurgique 1909 eine Produktionsgemeinschaft mit den Berliner Bergmann-Werken (und der englischen Karosseriefabrik Vandenplas). Seine Elektrizitätsgesellschaft hatte Siegmund Bergmann schon 1893 gegründet, nach dem Studium und einer Praktikantenzeit bei Edison in den USA. Der Bau von großen, teuren Wagen florierte in Belgien und Berlin bis zum Kriegsausbruch, doch scheiterte er in den zwanziger Jahren, so daß Bergmann ab 1922 nur noch Elektrofahrzeuge produzierte und Metallurgique, förmlich nach verpaßtem Anschluß, später in den Besitz von Minerva überging. Übrigens spielte die belgische Industrie, lange vor Automobilen und Motorrädern, schon beim Eisenbahnbau eine führende Rolle.

Ernst Lehmann selbst verschlug der Kriegsausbruch zur Zeppelinwerft nach Friedrichshafen und später in die befreundeten Hamelner Selve-Werke. Er verunglückte 1924 bei einer Trainingsfahrt für das Teutoburger Wald-Rennen tödlich; denn er fuhr, wie viele frühe Konstrukteure, wie etwa Porsche, Horch, Henze, Riecken, Stoewer, Slevogt oder manche Motorrad-Pioniere, seine Fahrzeuge in Wettbewerben selbst, mit großem Einsatz.

Schon vor Aschoff hatte ein rennsportfreudiger Geschäftsfreund und weitblickender Generalvertreter dem Automobilbau einen historischen Impuls erteilt: der aus Mähren stammende, aber in Leipzig geborene Emil Jellinek, der zuerst in Wien und später in Nizza als erfolgreicher Kaufmann lebte. Er drängte Daimler schon 1897, stärkere und schnellere Wagen zu bauen — für Rennen, die er unter dem Pseudonym Mercedes fuhr, dem Vornamen seiner ältesten Tochter. Schließlich bestellte er zum Alleinvertrieb in vielen Ländern drei Dutzend Wagen der neuesten Bauart mit der Markenbezeichnung »Mercedes«. Sie ließen endgültig alle Kutschen-Relikte hinter sich, mit Frontmotor, Heckantrieb und allen Erfahrungen, die Wilhelm Maybach gesammelt

V.3 Wesentliche Bauteile eines »mittelgroßen« Opel-Vierzylinders von 1906, der mit 4,75 l Hubraum (112 mm ⌀ × 120 Hub), etwa 35 PS bei 1500 U/min bei der Herkomer-Fahrt den 4. Platz belegte. Links die dreifach gelagerte Kurbelwelle, deren Hubzapfen durchbohrt waren und Öl aus aufgesetzten »Fangtaschen« bezogen (ähnlich den Schleuderringen, die BMW für die Ein- und Zweizylinder bis 1969 verwendete). Neben der aus der modernen Perspektive bedenklich schlanken, an Dampfmaschinen erinnernden Kurbelwelle liegt die Nockenwelle (falsch herum). Gleich hinter dem Antriebszahnrad ein Schraubenrad für eine querliegende Hilfswelle zum Magnetzünder an der einen und zur Zahnradwasserpumpe (oben) an der anderen Seite. Eine kleine Kolbenölpumpe, hinten am Motor angeflanscht, wurde im Notfall von einer Handpumpe an der Spritzwand ergänzt. Der Magnetzünder erzeugte noch keine Hochspannung (s. S. 294), so daß jede seitlich sitzende Kerze ein Abreißgestänge benötigte, das vom dritten, schmalen Nocken (zwischen den Ventilsteuernocken) nach oben führte. Zwei Zylinderblöcke (einer abgebildet) waren paarweise gegossen, das Motorgehäuse aus Aluminiumlegierung. Eine zweite Kerzenreihe, von oben eingeschraubt, bezog Strom von einer »Akkumulatorenzündung«, vom Fahrer umschaltbar. Weiter findet man den Zündverstellhebel, eine Pleuelstange, das gegabelte Ansaugrohr über dem tiefliegenden, zerlegten Steigstromvergaser, 1 Ventil, 1 Stößel, der dem Nocken mit einer drehbaren Rolle folgt, wie noch jahrzehntelang (nicht nur bei Flugmotoren), und 1 Ventilfeder. — Nach der zeitgenössischen Beschreibung »befinden sich die Ventile nicht rechts und links, sondern alle auf einer Seite, damit sie von einer gemeinsamen Steuerwelle betätigt werden und schädlichen Raum beseitigen«.

Übrigens entstand dieser Motor noch unter einer Darracq-Lizenz, vor dem ersten echten Opel (vgl. S. 61). Mit diesem wurde Heinrich von Opel, statt Fritz, Dritter bei der Herkomer-Fahrt 1907 (Dresden – Lindau – München). Gewonnen hatte sie vor einem Metallurgique ein Benz, wie schon 1905.

hatte. Eine Konstruktion, mit der sein Können einen glänzenden Höhepunkt erreichte und ihn, nach französischem Urteil, zum König der Konstrukteure machte. Die Probefahrten stiegen im Herbst 1900, kurz vor den ersten großen Erfolgen, aber ein halbes Jahr nach Gottlieb Daimlers Tod.

*Man kann niemanden überholen,
wenn man in seine Fußstapfen tritt.*
François Truffaut, Regisseur, *1932

FRÜHE RENNEN UND »FORMELN«

Die beachtliche Entwicklungsstufe vieler Vorkriegsmotoren beruhte nicht allein auf dem Wettbewerb, den der aufblühende internationale Markt entfachte, sondern ebenso auf dem Ehrgeiz, mit dem immer mehr Fabriken Rennen und Langstreckenfahrten beschickten. Die Chronik verzeichnet als erste Veranstaltung einen Wettbewerb, den die Pariser Zeitung »Petit Journal« im Sommer 1894 für »Wagen ohne Pferde« ausschrieb — im selben Jahr, wo de Coubertin, nach genau 1500jähriger Pause, die olympischen Spiele zu neuem Leben erweckte, aber auch ein Fehlurteil die berüchtigte Dreyfußaffäre auslöste.

Nicht weniger als 102 Wagen traten an, mit Preßluft-, Dampf-, Gas-, Elektro- und Benzinmotoren, wobei es neben der Zeit, d. h. Geschwindigkeit, mit der sie die 126 km lange Strecke Paris—Rouen bewältigten, auch auf die Sicherheit, Bequemlichkeit und Wirtschaftlichkeit ankam — schon damals kein leichtes Reglement. Zwar stampfte der schwere Dampfwagen des Grafen de Dion als erster durchs Ziel, doch wurde der 1. Preis gemeinsam den leichten Peugeot- und Panhard-Wagen mit ihren Daimler-Motoren zugesprochen, die einen Durchschnitt von 20,5 km/h geschafft hatten.

Das erste richtige Rennen folgte ein Jahr danach, über die lange Distanz Paris—Bordeaux—Paris, die der Sieger Emile Levassor in knapp 49 Stunden absolvierte. Auch sein Panhard-Levassor war nicht der schnellste Wagen, aber mit 23 km/h Gesamtschnitt der zuverlässigste — die schnelleren fielen aus. — Fortan wurden diese Rennen »von Stadt zu Stadt« immer zahlreicher, länger und härter — als erstes in Deutschland »Berlin — Potsdam — Berlin« 1898 — bis 1903 die von 227 Startern bestrittene Fernfahrt Paris—Madrid in Bordeaux abgebrochen wurde, weil es unter den Fahrern, mitfahrenden Mechanikern und Zuschauern viele Verletzte und schon zehn Tote gab, darunter Marcel Renault, dessen Bruder Louis den 2. Platz erkämpft hatte. Nun erlaubten die französischen Behörden nur noch Rennen auf ausgewählten Rundstrecken.

Abgesehen vom Begriff »pferdelos«, stammt die erste Rennformel wieder aus dem Bereich der Presse, indem Gordon Bennett, amerikanischer Zeitungskönig und »New York Herald«-Besitzer, für die unter seinem Namen ausgeschriebenen Rennen hohe Preise stiftete — wie vorher für Ballonwettbewerbe. Die mindestens 400 und höchstens 1000 kg schweren Wagen mußten, mit zwei Personen besetzt, eine Strecke von 550 bis 650 Kilometer bewältigen, alljährlich im Land des Vorjahressiegers. Das vierte Gordon Bennett-Rennen, als Beispiel zitiert, fand 1903 in Irland statt. Camille Jenatzy gewann es mit fast 90 km/h Durchschnittstempo auf einem Mercedes, dessen 8,5 l großer Vierzylinder mit wechselgesteuerten Ventilen (Einlaß hängend,

Motor-/ Fahrzeugtyp	Otto station.	»Doktor- wagen« 4/8 PS	»Laub- frosch« 4/14 PS	»Kadett«			Porsche 911-Turbo
Baujahr	1876	1910	1925	1937	1962	1975	1976
Leistung PS (kW)	3 (2,2)	8 (6)	14 (10)	23 (17)	40 (29)	60 (44)	260 (191)
Höchstgeschw. km/h	—	55	75	96	120	145	250
Bohrung x Hub (mm)	161 x 300	64 x 85	60 x 90	68 x 75	72 x 61	79 x 61	95 x 70
Hubraum (l)	6,1	1,1	1,02	1,03	1,0	1,2	3,0
Nenndrehzahl (1/min)	180	1600	2200	3500	5000	5400	5500
Verdichtungsverh.	2,7	3,5	5	6	7,8	9,0	6,5 + Lad.
Steuerung	Schieber	sv	sv	sv	ohv	ohv	ohc
Hubverhältnis	1,86	1,32	1,5	1,11	0,85	0,77	0,74
Hubraumleistung PS/l (kW/l)	0,5 (0,36)	7 (5)	14 (10)	23 (17)	40 (29)	50 (37)	87 (64)
Kolbengeschwindig- keit (m/s)	1,8	4,5	6,6	8,8	10,1	11,0	12,9
mittlerer Arbeits- (Nutz-)druck (bar)	1,6	4,1	5,6	5,8	7,1	8,1	14,0
Leistungsgewicht (kg/PS – ca. Werte)	500	15	7	4	3	2	0,65

V.4 Den mit V.3 dargestellten Opel-Darracq-Vierzylinder ergänzen hier mit technischen Daten und Kennwerten der erste voll betriebsfähige Viertakter von 1876 (s. Abb. I.2) und ein bemerkenswerter Nachfolger aus dem Jubiläumsjahr 1976, dazwischen fünf kleine Vierzylinder aus den Rüsselsheimer bzw. Bochumer Opelwerken.
Der erstmalig als preiswerter Kleinwagen propagierte »Doktorwagen« war mit seinen Abmessungen und dem (relativ) kurzen Hub für seine Epoche nicht typisch. Die erste PS-Zahl bezog sich auf seine »Steuer-PS« (s. S. 47).
Ein besonderes Merkmal des Porsche-Sportmotors ist seine Abgas-Turboladung, die noch ausführlich erläutert wird. Sie verursacht, hier sogar mit ausgesprochen mäßigen Drehzahlen und Kolbengeschwindigkeiten, mit nur je zwei Ventilen und bescheidenem Oktanzahlbedarf (Normalbenzin!) beachtliche Nutzdrücke und Drehmomente.

Auslaß stehend) rund 60 PS bei 1100 U/min entfaltete.
Bei den letzten der sechs Gordon Bennett-Rennen mißfiel der Industrie, die sich in Europa zunehmend etablierte, daß jedes Land nur drei Wagen nennen durfte — ein Mangel, den die vom wohlhabenden deutsch-englischen Maler Hubert von Herkomer gesponserten Fahrten (1905–1907) beseitigten.
Ihnen folgten die Prinz-Heinrich-Fahrten, in deren letzter Ferdinand Porsche persönlich mit seinem Austro-Daimler-Team siegte (1910), sowie die Alpenfahrten, die mit August Horchs großem Audi-Erfolg endeten. Die Statistik des Patentamts registrierte übrigens Prinz Heinrich als den Erfinder von Scheibenwischern!
Eine Grand Prix-Formel verfaßte zum ersten Mal 1906 der ACF (Autoclub von Frankreich), der in dieser Epoche die größten Rennen aufzog und Frankreich zum Mutterland des Automobilsports machte. Vergleichsweise veranstaltete der englische Autocycle-Club (d. h. Motorradclub) die größten und schwersten Motorradrennen seit 1907 in Gestalt der »TT« (Tourist Trophy). Weil aber in England Rennen auf

V.5 Dieser luftgekühlte, wechselgesteuerte V-Achtzylinder-Flugmotor mit 60 PS (44 kW) erscheint in der Renault-Geschichte 1908. Vergleichsweise zitiert die Historie der deutschen Flugmotoren (von K. von Gersdorf und K. Grasmann) einen zeitgenössischen Körting-V-Achtzylinder (9,6 l Hubraum, 55 PS bzw. 40 kW bei 1500/min, schon mit 2 : 1-Untersetzung gleichzeitig für Propeller und Nockenwelle), »dessen patentierte Konstruktion Renault später erfolgreich aufnahm«. Renault wurde bis 1930 weltgrößter Flugmotorenhersteller.

Louis Renaults Autos waren 1908 schon zehn Jahre alt. Denn der erst 21jährige verkaufte am Heiligabend 1898 nach einer Probefahrt einem begeisterten Bekannten (für 40 Louisdor) seinen von drei auf vier Räder umgebauten, 300 kg schweren de Dion-Wagen, den außerdem keine Ketten oder Riemen antrieben, sondern ein Dreiganggetriebe mit direktem dritten Gang und einem Kegelradpaar zur Hinterachse. Knapp 2 PS bei 1500/min reichten für 35 km/h und brachten »noch in derselben Nacht« zwölf Aufträge. Nach zwei Monaten war die »Société Renault Frères« gegründet (mit den Brüdern Marcel und Fernand). Sie nahm mit Leistungen und Stückzahlen einen steilen Aufschwung, nicht zuletzt mit Rennerfolgen:

1900 gewinnen Louis und Marcel, noch mit einem dreieinhalbpferdigen de Dion-Einzylinder, mehrere Rennen in der Voiturette-Klasse, u. a. Paris–Bordeaux,

1901 siegt Louis in seiner Klasse (als Achter in der Gesamtwertung) bei Paris–Berlin (mit Stationen in Aachen und Hannover),

1902 erringt Marcel gegen weit stärkere Konkurrenten den Gesamtsieg bei Paris–Wien – schon mit eigenem Vierzylindermotor (30 PS bei 2000/min) unter der fortan charakteristischen »Alligatorhaube« mit seitlich dahinterstehenden Kühlern bei ca. 600 kg Leergewicht. Doch verunglückte er **1903**, schon mit Geschwindigkeiten über 120 km/h, bei Paris–Madrid, tödlich . . .

öffentlichen Straßen schon damals verboten waren, ging man auf die Insel Man in der irischen See, wo es außer schwanzlosen Katzen ein eigenes »Recht« gibt.

Die erste Rennformel begrenzte das Wagengewicht auf maximal 1007 kg, wobei die auffälligen 7 kg speziell einen Zündmagneten betrafen. Schon im folgenden Jahr trat an die Stelle der Gewichtsbeschränkung eine Verbrauchsformel: höchstens 30 Liter Kraftstoff standen pro 100 Kilometer zur Verfügung – und zwei Jahre später für einige Rennen nur 20. Doch war die Formel weder populär noch nachhaltig. So interessant nämlich ein Verbrauchslimit vom technischen Aspekt ist, so erfreulich eine direkte Entwicklung zu sparsamen Motoren und Fahrzeugen – sportlich und spektakulär enden solche Rennen oft unbefriedigend, wenn klar Führende kurz vor dem Ziel liegen bleiben.

Übrigens gewann den ersten Grand Prix der Ungar Ferenc Szisz auf Renault, bei Le Mans mit 101,6 km/h Schnitt.

DIE ALTEN KLUBS UND DER DRITTE GRAND PRIX

Der 1895 gegründete ACF war der älteste und bedeutendste Automobilclub, aber längst nicht mehr der einzige. Auch in Deutschland entstanden mehrere Organisationen, zuerst in einer lockeren Form der »MMV«, der Mitteleuropäische Motorwagenverein, mit vorwiegend industriellen Interessen und dem Ziel, den neuen Kraftfahrzeugbetrieb zu fördern. Als ein echter Industrieverband folgte 1901, in Eisenach gegründet, der »VDMI«, der Verein deutscher Motorfahrzeug-Industrieller. Er nannte sich ab 1923 »RDA«, Reichsverband der Automobilindustrie, und ab 1948 »VDA«, Verband der Automobilindustrie.

Unabhängig von der Industrie schlossen sich Enthusiasten im Jahr 1899 in einem runden Dutzend regionaler Klubs zusammen, vor allem in Berlin mit zahlreichen prominenten Persönlichkeiten zum Deutschen Automobilclub, um den Sport auch in Deutschland voranzutreiben. Dies gelang hervorragend mit dem 5. Gordon Bennett-Rennen, das nach dem Mercedes-Erfolg in Irland bestimmungsgemäß 1904 in Deutschland stieg, im Taunus rund um Bad Homburg. Hier landeten hinter dem Franzosen Théry auf Brasier zwei Mercedes auf den Plätzen, der DAC wurde nach der guten Organisation in den bereits bestehenden internationalen Dachverband »AIACR« (Association Internationale des Automobile Clubs Reconnues) aufgenommen und, nachdem der deutsche Kaiser die Ehrenmitgliedschaft akzeptierte, in den »KAC« (Kaiserlichen Automobilclub) umgetauft. Aus der AIACR ging nach dem zweiten Weltkrieg die FIA hervor (Fédération Internationale de l'Automobile).

Unterdessen hatten begeisterte Motorradfahrer 1903 in Stuttgart den »DMV«, die deutsche Motorradfahrer-Vereinigung, gegründet. Zwar verweigerte der DAC zunächst dem DMV einen Anschluß als Untergruppe des Gesamtclubs, doch bewirkten die Aktivität und eine rund fünfstellige Mitgliederzahl des DMV 1906 einen Kartellvertrag, der dem KAC die nationale Sporthoheit zusicherte, dem DMV aber neben den Motorrädern die Zuständigkeit für Kraftwagen »bis zum Katalogpreis von 3500,— Mark«. Nach weiteren fünf Jahren waren drei Viertel der DMV-Mitglieder Kleinwagenbesitzer und veranlaßten die Umbenennung der inzwischen nach München umgezogenen Vereinigung in den »ADAC«, Allgemeinen Deutschen Automobil-Club. Unnötig zu betonen, daß nach dem ersten Weltkrieg aus dem »Kaiserlichen« der AvD (Automobilclub von Deutschland) hervorging...

Die Automobilsport-Gremien einigten sich 1908 auf die sogenannte »Ostender Formel« — weil man gerade in dem attraktiven belgischen Seebad konferiert hatte. Sie begrenzte außer dem Wagengewicht die Kolbenbodenfläche auf 755 cm^2, d. h. für einen Vierzylindermotor auf eine maximale Bohrung von 155 mm, für sechs Zylinder nur 126 mm, wieder als typische Begünstigung von Langhubmotoren. Doch überwogen diesmal offensichtlich andere Motive, die nachhaltige Auswirkungen verhinderten.

V.6 F. Nazzaro im Fiat Rekordwagen S. 76, 1911, mit ohv-Vierzylinder 190 × 250 mm, 28,4 l, 290 PS (213 kW) bei 1900/min. – Der 33jährige vormalige Kavallerieoffizier Giovanni Agnelli gründete 1899 die F.I.A.T.-AG, wobei er zum schnellen Start die Automobilfabrik Ceirano mitsamt ihrem Konstrukteur Aristide Faccioli (und die zwei 18jährigen Volontärfahrer Vincenzo Lancia und Felice Nazzaro) übernahm. Der Kauf von Konkurrenten und fremden Firmen blieb charakteristisch für FIAT (seit 1908 ohne »Punkte«) und den späteren Konzern.
1899: die ersten Wagen mobilisierte ein liegender Zweizylinder, 65 × 99 mm, 680 cm³, 4,5 PS (3,3 kW) bei 400/min mit Spulenzündung, Oberflächenvergaser und Pumpenkühlung, Dreiganggetriebe (ohne Rückwärtsgang), Kettenantrieb,
1901: der »Twin« wird vertikal gestellt und nach vorn gerückt, auch größer, 83 × 100 mm, 1080 cm³, Spritzvergaser, Niederspannungsmagnet, 10 PS (7,4 kW) bei 800/min, zuletzt mit Bienenwabenkühler statt Rohren,
1902: erster Vierzylinder 100 × 120 mm, 3,77 l, 12 PS (9 kW) bei 850/min,
1905: nach der Übernahme der Fa. Ansaldi folgt der Typ »Brevetti« mit 4 × 90 × 120 mm, 3,05 l, Verdichtung (immer noch) 4 : 1, 2 Nockenwellen unter »T«-Kopf, 20 PS (15 kW) bei 1400/min.
Für die seit 1900 häufig bestrittenen nationalen Rennen baute F.I.A.T. seit 1902 große Vierzylinder, 130 × 120 mm, 6,4 l, 30 PS vei 1200/min, 1903 mit 150 × 150 mm, 10,6 l, 60 PS (44 kW) bei 1200/min, 1904 mit 165 × 165 mm, 14,1 l, 75 PS (55 kW) bei 1200/min. Drei Wagen traten beim deutschen Gordon-Bennett-Rennen an, Lancia wurde Achter, Cagno Zehnter. 1905 kam der Typ »100 PS Gordon Bennett« mit 180 × 160 mm, 16,3 l, jetzt mit V-förmig hängenden Ventilen, weniger »Mercedes-ähnlich«. Lancia führte (in den Argonnen), bis ein großer Vogel, vermutlich ein Adler, seinen Kühler beschädigte und Théry auf Brasier gewann, wie im Vorjahr im Taunus. Doch belegten Nazzaro und Cagno beachtliche Plätze.
Beim ersten französischen Grand Prix, 1906 bei Le Mans, landete Nazzaro auf dem 2. Platz, um 1907 den im Text erwähnten »hat trick« zu schaffen, und zwar mit drei verschiedenen Motorkonzepten. Im Juli 1908 stieg auf der Brooklandsbahn ein merkwürdiges Duell, zu dem S. F. Edge mit seinem Napier-Sechszylinder-Boliden und dem Fahrer Frank Newman ein halbes Jahr vorher herausgefordert und FIAT angenommen hatte, »Samson« gegen »Mephistofeles« über drei Runden. Zunächst führte der Napier, der schon im Training 200 km/h erzielte – Nazzaro nur 190. Der aber holte mit dem neuen S.B. 4 stark auf, fuhr 195 statt 182 km/h, bevor eine gebrochene Kurbelwelle des Napier das Match beendete. Der S.B. 4 besaß 190 × 160 mm, 18,1 l für 175 PS (128 kW) bei 1200/min. Der abgebildete, nur für Rekorde zweimal gebaute, erstmalig mit Heckverkleidung ausgestattete S. 76 erhielt den größten FIAT-Rennmotor aller Zeiten (außer Flugmotoren), zudem eine obenliegende Nockenwelle und Dreifachzündung mit Niederspannungsmagneten. FIAT deklarierte 220 km/h, doch wurden aus den USA noch weit höhere Tempi berichtet. (Vgl. B VI.20).

Noch dominierten die französischen Marken, von denen allerdings bis heute nur zwei überlebten — Peugeot und Renault. Fremde Namen waren selten — Fiat und Daimler. In welch kurzer Zeit Fiat damals neue Motoren baute, zeigt deren Teilnahme an der Targa Florio 1907 mit Zylinderabmessungen 125 x 130 mm (Limit 125 mm Bohrung!), kurz darauf am Kaiserpreis-Rennen mit Zylindern 140 x 130 mm (maximal 8 l Hubraum, Mindestgewicht 1175 kg) und am französischen Grand Prix mit Zylindern 180 x 160 mm (für maximal 30 l Benzin je 100 km!); Felice Nazzaro gewann alle drei Rennen.

Einen Welterfolg für Daimler errang Christian Lautenschlager beim französischen Grand Prix 1908 auf einem Rundkurs bei Dieppe ... in einer politischen Atmosphäre, die schon bedrohlich gärte. Alle Großmächte erstrebten Kolonialismus und Imperialismus, die europäische Gemeinsamkeit, die etwa das Vorgehen gegen den rigorosen chinesischen »Boxerbund« Anno 1900 noch vortäuschte — »the Germans to the front« — schwand dahin. Rußland, verärgert über den nicht-erneuerten »Rückversicherungsvertrag« nach Bismarcks Demission, schürte auf dem brodelnden Balkan den Panslawismus gegen Habsburg und die Türken, England bildete mit dem revanchebeflissenen Frankreich die »Entente cordiale«, ein herzliches Einverständnis, überall entstanden in der Wirtschaft und Industrie große Konzerne und Rüstungsbetriebe ...

Lautenschlager fuhr in Dieppe einen Gesamtschnitt von 111 km/h — notabene auf Holzrädern und mit Reifen, die noch viele Jahre lang die Achillesferse aller Automobile bedeuteten. Otto Salzer drehte die schnellste Runde mit 126,5 km/h — und die Spitzentempi überschritten schon 150! Dazu leistete der Vierzylinder nach der Ostender Formel mit 13,6 l Hubraum über 130 PS bei 1400 U/min. Konstruiert hatte ihn Paul Daimler, der Sohn des Pioniers und Nachfolger Wilhelm Maybachs.

Wir sollten die Vergangenheit als Sprungbrett verwerten, nicht als Sofa.
Harold Macmillan (1894–1986)

BILANZ VON 25 JAHREN

Die Ära der »Saurier-Rennwagen«, der großen und dabei relativ leichten Wagen mit überdimensionalen Maschinen, war endgültig vorbei, als Louis Delage mit viermal vier Ventilen erschien, die horizontal im Zylinderkopf gegenüber lagen, als der Schweizer Konstrukteur Ernest Henry, zusammen mit den technisch hochbegabten Rennfahrern Boillot, Goux und Zuccarelli, einen Vierzylinder-Peugeot mit zwei obenliegenden Nockenwellen über 16 V-förmig hängenden Ventilen entwarf, und vor allem, als auch Daimler auf eine obenliegende Nockenwelle und vier Ventile je Zylinder überging, mit richtungweisenden Einzelheiten für die immer stärker gefragten Flugmotoren. Auch einem Konstrukteur dieses Motors, dem jungen Diplomingenieur Max Friz, waren weitere große Erfolge vorbestimmt. Er übersiedelte nämlich im Januar 17 in etliche Holzschuppen am Münchener Stadtrand, die man von außen kaum als »Rapp-Motorenwerke« erkannte.

Doch drei Monate später hießen sie »Bayerische Motorenwerke« und fusionierten bald mit der »Bayerischen Flugzeugwerke AG«, die vordem »Gustav Otto Flugmaschinenfabrik« hieß, gegründet von N. A. Ottos einzigem Sohn, der ihn (bis zu seinem Freitod 1926) überlebte. Hier entwickelte Friz fort-

V.7 Der Dreifachsieger-Motor im »größten Grand Prix«, am 4. 7. 1914 bei Lyon. Dieser Mercedes wurde richtungsweisend für die Flugmotoren kommender Jahre, mit einer Königswelle vor dem Schwungrad und einer obenliegenden Nockenwelle für vier Ventile pro Zylinder. Einzeln aufgesetzte Zylinder aus Stahl mit aufgeschweißtem Wassermantel. Leichtmetallkolben und Alu-Gehäuse mit 5 Kurbelwellenlagern. Vorn unten die Schleuderpumpe der Wasserkühlung. Lautenschlager, Wagner und Salzer hießen 1914 die siegreichen Mercedes-Fahrer.

schrittliche Flugmotoren — und nach dem Krieg »die deutsche Schule« im Motorradbau.

Der 4,5 l-Mercedes-Rennmotor von 1914, wieder ein Langhuber mit 93 x 165 mm für Bohrung und Hub, entfaltete 115 PS bei 3200 U/min. Sie reichten für Geschwindigkeiten bis zu 190 km/h — dies zwar im Gefälle, aber auf welchen Straßen! — und für einen sensationellen Dreifachsieg im »größten Grand Prix aller Zeiten«, dem französischen am 4. Juli 1914 auf einem Rundkurs bei Lyon — sechs Tage nach der Ermordung des Habsburger Thronfolgers in Serajewo und vier Wochen vor dem Ausbruch des Weltkriegs...

Bei den Gebrauchsmotoren kletterten die Drehzahlen in der »klassischen Epoche« der Automobilgeschichte, von 1890 bis 1914, auf rund 2000 U/min und die Literleistungen von 5 PS auf den dreifachen Wert. Auch die mittleren Nutzdrücke und Kolbengeschwindigkeiten stiegen an, wenngleich in einem geringeren Ausmaß, weil die Hubverhältnisse und effektiven Kolbenhübe kleiner wurden. Die für den Ottomotor erforderlichen Hilfsaggregate nahmen einen beachtlichen Aufschwung, die Vergaser und Zündanlagen, Öl- und Wasserpumpen.

Sogar Experimente mit Einspritzung des Kraftstoffs, mit zwangsgesteuerten (desmodromischen) Ventilen und Kompressormotoren lagen vor, allerdings mit wenig Erfolg. Weder die V-förmig stehenden, schon von Daimler verwendeten Zylinder noch die gegenüberliegenden, von Benz eingeführten, erhielten in diesen Jahren nennenswerte Nachfolger. Reihenmotoren waren die Regel. Ihr Einbau, längs im Wagenbug, mit dem Antrieb über eine Kardanwelle, statt mit einer schweren Kette zu jedem Hinterrad, hing eng mit der Form und Anordnung der Motoren zusammen.

Die Kriegsjahre bedeuteten für den Automobilbau zwar eine große Zäsur,

V.8 NSU-Wettbewerbstyp 1909, 82 × 88 mm, 470 cm³, ca. 4 PS. Zum Einlaßventil (vorher automatisch) führte ausnahmsweise eine schwere Zugstange. Der Hochspannungszündmagnet, ursprünglich (störungsanfällig) vor dem Kurbelgehäuse angeordnet, steht hinter dem Zylinder (Die Fußraste vorn ist nicht original). Die »Pedaliervorrichtung« dient dem Anlassen, kaum noch als Trethilfe, zumal es bei NSU bereits die »Kuppke-Kupplung« gab: eine konstante Übersetzung samt Zweigang-Planetengetriebe in der vorderen Riemenscheibe.

nicht aber für die Motorenentwicklung; denn der von Jahr zu Jahr intensiver betriebene Flugmotorenbau kehrte die ursprünglichen Verhältnisse um. Die zunächst dem Landfahrzeug entlehnten Maschinen emanzipierten und vermittelten wertvolle Errungenschaften, vor allem mit geringeren Abmessungen und Gewichten. Das in Flugmotoren investierte Kapital und Gedankengut machte sich mehr als bezahlt und lieferte das Rüstzeug für eine vielfältige konstruktive Blüte in den zwanziger Jahren. Sie gipfelte in bemerkenswerten deutschen, französischen, italienischen, englischen und — amerikanischen Rennmotoren für das anerkannt Goldene Zeitalter im Motorsport. Manche Konstruktion wurde Vorbild und Markstein auf dem Weg zum leistungsfähigen, leichten und kompakten »Gebrauchswagen« — eine Bezeichnung, die langsam auch in Europa Berechtigung gewann.

Während die Ottomotoren in Land- und Luftfahrzeugen konkurrenzlos wurden, verdrängten die jüngeren und größeren Dieselmaschinen die lange bewährten, aber unwirtschaftlichen Dampfmaschinen in Kraftwerken und Fabriken, dazu langsam, doch sicher auf und unter Wasser, als Schiffs- und U-Boot-Antriebe. Wie für die Gasmotorenfabrik Deutz im Jahr 1888, so erloschen für Diesel und die Verfechter seines Motors wesentliche Patente 1908: schlecht für die Patentinhaber, aber fruchtbar für die internationale technische Entwicklung!

**FORDS FLIESSBÄNDER
UND HISTORISCHE REKORDE**

In Amerika fanden Kraftfahrzeuge und Benzinmotoren erst verhältnismäßig spät Anklang und Verbreitung. Der mitteleuropäische Vorsprung war nicht zu verkennen. Das lag teilweise an der dünnen Besiedlung des riesigen Landes, in dem die Landwirtschaft noch dominierte, an den weiten Entfernungen zwischen größeren Städten, zwischen denen es wenige und schlechte Straßen gab, und — an den Dampfmaschinen und Elektromotoren, die man auch zum Fahrzeugantrieb bevorzugte. Im Jahr 1900 entstanden 4200 Automobile – rund 8000 Stück liefen bereits, seit Duryea 1893 und Haynes wenig später zu produzieren begannen. Doch waren es keine 1000 mit Verbrennungsmotoren, während Dampf und Elektrizität je 40 % erreichten.

Überdies hemmte ein berüchtigtes Patent die amerikanische Automobilentwicklung. Da hatte ein cleverer Patentanwalt namens George Baldwin Selden schon 1879 ein ganz allgemeines Patent auf eine »Road Engine«, Straßenmaschine, angemeldet und seine Erteilung durch ständige Abänderungen bis 1895 verzögert. Danach wäre es bis 1912 gültig geblieben, hätte Henry Ford nicht den »Selden-Patent-Ring« nach einem langen Prozeß gesprengt.

Unter diesen Verhältnissen litt nicht zuletzt die Einführung von Daimler-Motoren und -wagen sowie ihr Lizenzbau durch William Steinway (bzw. durch eine von ihm beauftragte Maschinenfabrik – Motorboote hingegen baute Steinway auf einer eigenen Werft). Seine Piano- und Flügelfabrik war schon groß und weltbekannt. Williams Vater Heinrich Steinweg hatte in Seesen am Harz zwanzig Jahre lang Klaviere gebaut, bevor er 1850 mit seiner großen Familie auswanderte – die »deutsche Linie«, vom Braunschweiger Klavierbauer Friedrich Grotrian übernommen, hieß fortan Grotrian-Steinweg...

Steinway, in dessen New Yorker Fabrik ein Bruder von Wilhelm Maybach arbeitete, besuchte den ihm bereits bekannten Daimler in Cannstatt im Sommer 1888 und gründete nach wenigen Wochen die »Daimler-Motor-Company, New York«. Es gab eine ganze Reihe erfolgversprechender Ansätze,

V.9 Ein großer NSU-Konkurrent (von 1902–1929) war Wanderer in Chemnitz bzw. Schönau. Hier ein 400 cm^3-Zweizylinder von 1910, noch mit automatischen Einlaßventilen, ab 1913 mit größeren sv-Motoren. Auspuffklappen waren verbreitet.
In Deutschland gab es vor der ersten Motorradkrise (1906) drei Dutzend Firmen, meist »Konfektionäre«. Etliche ergriffen den Automobilbau, kehrten aber später zu Motorrädern zurück (Hercules, Triumph, Victoria und Cito nach dem ersten, Adler und Dürkopp nach dem Zweiten Weltkrieg). Zunächst führten USA-Marken (Harley-Davidson, Indian u. a.), dann klar die vielen britischen, nicht zuletzt dank dem »Lehrmeister TT«.

doch starb William Steinway Ende 1896, was der Motorenvertrieb nicht verkraftete – im Gegensatz zu vergleichbaren Unternehmen, etwa zur englischen Daimler-Motor-Co. oder zu »Austro-Daimler« in Österreich. Allerdings stammt diese Bezeichnung aus der Porsche-Ära. Vorher wurde die »Österreichische Daimler-Motoren-Commanditgesellschaft Bierenz, Fischer & Co«, als Paul Daimler 1902 die technische Leitung übernahm, zur »Österreichischen Daimler-Motoren Gesellschaft« (verkürzt) ... 1928 zur »Austro-Daimler-Puch-AG« und nach wei-

teren sieben Jahren zur »Steyr-Daimler-Puch-AG« fusioniert.
Die im Fall Daimler und Steinway gescheiterte Kombination von wertvollen Musikinstrumenten und attraktiven Motoren erlebte in unseren Tagen, wenngleich unter völlig anderen Umständen, eine Neuauflage: die japanische, auf 1887 zurückgehende Klavier- und Musikinstrumentenfabrik Yamaha nahm den Motorradbau auf und erntet mit Hochleistungszweitaktern beachtliche Erfolge in allen Erdteilen. Außerdem sammeln die Maschinen mit den drei gekreuzten Stimmgabeln als Wappenzeichen seit 1964 Weltmeistertitel bei Straßenrennen ... und Exportrekorde in USA, wo europäische und japanische Marken den traditionellen »Harley-Davidson« mehr und mehr den Rang ablaufen. »Indian« und die anderen heimischen Marken sind indes lang vergessen. Doch eilen wir der amerikanischen Entwicklung um Generationen voraus!
Ein erster Durchbruch gelang R. E. Olds, nachdem seine gutgehende Fabrik für Industrie- und Marinemotoren in Detroit 1901 abbrannte und allein ein kleiner Versuchswagen mit einem Einzylindermotor gerettet wurde. Nun organisierte Olds die Herstellung aller Einzelteile in zahlreichen umliegenden Werkstätten und montierte sie auf einem — zunächst primitiven — Fließband. Einer der vielen Zulieferer, die sich selbständig machten und eigene Automobile bauten, war David D. Buick. Das Fließband zur kostensparenden Massenfabrikation stammte von W. C. Durant, der damit als junger Mann monatlich 1000 zweirädrige Pferdekarren zusammensetzte und seine erste Million »gemacht« hatte. Anno 1904 sanierte er die Automobilfabrik Buick — sie war nach vier Jahren die größte der Welt. Dann gründete Durant, um Halbzeug, Aggregate und Zubehör noch reibungsloser heranzuschaffen, die »General Motors« — und 1913 dazu eine neue Firma, die einen vom Schweizer Ingenieur und Rennfahrer Louis Chevrolet konstruierten Wagen in großen Serien herstellen sollte. Mit ihren Stückzahlen hatte die USA-Automobilproduktion 1902 die belgische und italienische überholt, 1903 die englische und deutsche, 1905 auch die französische ...
Vor allem jedoch war Henry Ford in die Erfolgsstraße eingekurvt. Abgesehen vom Ergebnis widerlegt schon sein Werdegang die (nach seinem Tod) erhobenen Zweifel an seinen technischen Fähigkeiten. Als Sohn eines aus Irland eingewanderten Farmers, 1863 mitten im blutigen Unabhängigkeitskrieg zwischen den Süd- und Nordstaaten geboren, engagierte er sich von jung an nur für die Technik. Er absolvierte eine gediegene Mechanikerausbildung und arbeitete jahrelang bei zwei weltbekannten Firmen: Westinghouse und Edison. Zwar wurden die Druckluftbremsen von George Westinghouse in Europa — namentlich im Eisenbahnbetrieb — bekannter als seine elektrotechnischen Erzeugnisse oder die Dampfmaschinen und Motoren, mit denen Henry Ford beschäftigt war. Doch in der Beleuchtungsfabrik von Thomas Alva Edison, der bereits die Kohlenfadenlampe, Mikro- und Grammophone erfunden hatte, avancierte Ford in zwei Jahren zum Chefmechaniker.
Nebenbei bastelte er einzelne Automobile, verließ Edison's Firma 1899 und gründete nacheinander drei Automobilfabriken, mit wechselnden Erfolgen; denn durchweg gerieten die Wagen unter dem Einfluß der Partner und Geldgeber — genau wie bei Olds — zu groß und zu teuer. Das änderte sich

erst drastisch mit dem legendären »T-Modell« von 1908.

Übrigens war von Fords vielzitierter Abneigung gegen Rennen und Rekorde damals noch keine Rede. Nachdem er schon zu Anfang einen Rennwagen (mit einem Zweizylinder-Boxermotor!) gebaut und erfolgreich gefahren hatte, konstruierte er 1903 einen neuen mit der Typenbezeichnung »999«, ohne jede Karosserie und mit einer breiten Lenkstange anstelle des Volants, aber mit einem mächtigen 16 l-Vierzylindermotor, der etwa 75 PS leistete. »Ein Rennsieg oder Rekord«, so schrieb er später, »war damals die beste Reklame. Deshalb möbelte ich den ›Arrow‹, einen Zwillingsbruder unseres alten ›A-Modells‹, auf — genauer gesagt, baute ich einen ganz neuen Wagen und lenkte ihn 8 Tage vor der New Yorker Automobilausstellung über die abgesteckte Meile auf dem zugefrorenen St. Clair-See bei New Baltimore... Der Wagen stieß, sprang und schleuderte wild, doch gelang es, mit der richtigen Seite nach oben und auf der vorgezeichneten Strecke zu bleiben...«

Der Weltrekord mit 147 km/h wurde allerdings in Europa nicht anerkannt, zumal der Millionär und »Eisenbahnkönig« W. K. Vanderbilt jr. noch im gleichen Januar 1904 über 148 km/h fuhr — in Daytona auf einem Mercedes. Schon im März erzielte L. Rigolly auf einem französischen Gobron-Brillié in Nizza 152 und im Mai Baron de Caters in Ostende, wieder auf einem Mercedes, 156,5. Mercedes, Mors und Darracq waren die schärfsten Rivalen, seit die Elektrowagen ihren letzten Weltrekord schafften und Camille Jenatzy 1899, als »roter Teufel«, seine zigarrenförmige »La jamais Contente« auf 105 km/h trieb. Lediglich Dampfwagen mischten noch zweimal mit: Serpollet auf eignem Gefährt 1902 in Nizza (mit 121 km/h) und Fred Marriott auf einem amerikanischen Stanley, der 1906 in Daytona als erster die 200 km/h-Grenze knapp erreichte.

Nachdem die Statistik für dieses Jahrzehnt zwei Dutzend offizielle und inoffizielle Weltrekorde registrierte, setzte Benz, Mannheim, einen Meilenstein. Statt weiter Grand Prix-Rennen zu bestreiten, vergrößerte Hans Nibel den Rennmotor nach der »Ostender Formel« von 15 auf 21,5 l Hubraum, mit 185 statt 155 mm Bohrung bei 200 mm Hub, und erzielte 200 PS bei 1600 U/min (B. VI.20). Damit entstand in einer glatten und stromförmigen Karosserie der »Blitzen-Benz«, mit dem V. Hémery und Barney Oldfield, Henry Fords alter Teamgefährte, mehrfach über 200 km/h markierten. Bob Burman fuhr in Daytona im April 1911 sogar 228 km/h — einen Rekord, der 13 Jahre bestand, wenngleich auch er in Europa keine Anerkennung fand, weil er nicht (wie seit 1910 vorgeschrieben) aus beiden Fahrtrichtungen gemittelt war...

Fords »T«-Modell erhielt spontan den Spitznamen »Tin-Lizzy«, zu deutsch »Blech-Liesel«, gleichermaßen humor- wie liebevoll. Zweifellos war das Konzept für einen einfachen und robusten Gebrauchswagen genial. Er sollte äußerst preiswert sein, aber nicht auf Kosten der Qualität — im Gegenteil, die weitgehende und (in den USA!) erstmalige Verwendung von Chrom-Vanadium-Stählen vereinigte geringes Eigengewicht mit hoher Haltbarkeit. Der seitengesteuerte 3 l-Vierzylinder leistete 20 PS bei 1450 U/min, entsprechend einer Kolbengeschwindigkeit von knapp 5 m/s, verbrauchte jedoch mit der Verdichtung von 4:1 ziemlich viel Benzin — mindestens 360 Gramm pro PS-Stunde.

Die gegossene Kurbelwelle lief in drei Hauptlagern. Sowohl die Thermosiphonkühlung als auch die Tauchschmierung arbeiteten ohne Pumpen; ein großer, flacher Wechselstromgenerator, mit je 16 Magneten und Spulen im Schwungrad der Kurbelwelle angeordnet, speiste die »Summerzündung« über vier Funkeninduktoren ...

Die enorme Nachfrage veranlaßte den Bau eines neuen Werks, wo 1913 eine Fließbandfertigung anlief, die alle bisherigen Produktionsverfahren weit in den Schatten stellte. Henry Ford — und damit das Automobil schlechthin — eroberte die Welt und machte Detroit zur Autometropole. Die Jahresproduktion, 1910 knapp 19 000 Wagen, stieg bis 1925 auf 2 Millionen, während die Preise von 950 auf 265 Dollar fielen. Dabei zahlte Ford hohe Löhne, zum Beispiel 1914 fünf Dollar für acht Stunden statt der Hälfte für neun Stunden; dies und weitere sozialpolitische Grundsätze stempelten Henry Ford schließlich zum erfolgreichsten Wirtschaftsführer unseres Jahrhunderts. Den Namen eines Präsidenten behielten die großen und luxuriösen Wagen, deren illiquid gewordene Fabrik Ford 1922 ersteigerte und mitsamt ihren Gründern Henry M. Leland und Sohn Wilfried in seinen Konzern aufnahm, nicht ohne humanitäre Beziehung; denn in Henry Fords Geburtsjahr unterzeichnete Abraham Lincoln, nach dem gewonnenen Sezessionskrieg — zwei Jahre vor seiner Ermordung, die Sklavenbefreiung.

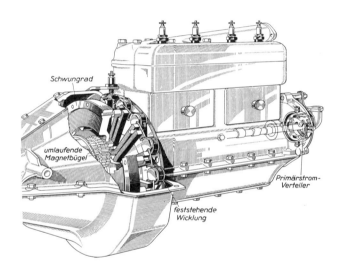

V.10 Die Summerzündung des legendären Ford »T«-Modells bezog ihren Strom von einem riesigen Wechselstromgenerator im Schwungrad, der auch Lichtstrom erzeugte. Ein Vorläufer des (gleichfalls millionenfach) verbreiteten Schwungradmagnetzünders. Der Verteiler für den Primärstrom saß vorn auf der tiefliegenden Nockenwelle und der abnehmbare Zylinderkopf (für einen Serienmotor erstmalig) auf einer zwischengefügten Dichtung.

Nach dem Produktionsgipfel 1925 fiel der Absatz des inzwischen völlig veralteten »T«-Modells immer steiler ab, und Ford verpaßte den Anschluß im wahrsten Sinn des Wortes. Er mußte die Fabrikation im Mai 1927 — und damit ganze Werke — stillegen, weil der neue Typ noch monatelange Vorbereitungen beanspruchte. Mehr als 15 Millionen Tin-Lizzies waren in 19 Jahren entstanden, mit nur geringen Veränderungen — ein Rekord, den im Februar 1972 die VW-Käfer übertrafen.

*Erfindungen beruhen auf sehr wenig
Inspiration, aber auf sehr viel Transpiration.*
  *Thomas A. Edison,
  US-Ingenieur, 1847–1931*

DAS MITTELALTER IM RESÜMEE

Zu Beginn der dreißiger Jahre standen in Europa Viertakter mit stehenden und hängenden Ventilen in einem scharfen Wettbewerb, doch zeichneten sich die ohv-Motoren kaum durch Mehrleistung und keineswegs durch höhere Verdichtungsverhältnisse aus. Mit 5,0 bis 5,5 : 1 erreichte der Querschnitt des Typenprogramms knapp 20 PS/l (15 kW/l) bei 2900/min – zwei Werte, die gerade um 50 % höher lagen als 1914. In den USA dominierten bereits große Hubräume in sv-Motoren, die deutlich zum V-Achtzylinder tendierten. Da sie schon in großen Serien von den Fließbändern liefen, drückten konkurrenzlose Preise schwer auf die Exportmärkte. In den USA gab es 1930 bereits 26 Millionen Automobile, in England knapp 1,4 Millionen, in Frankreich 1,3, in Deutschland 0,6 und Italien 0,23 Millionen. Die deutsche Gesamtproduktion sank 1931 von 93 000 auf 76 000. Da überlebten in der oberen Klasse nur Daimler-Benz, Horch und Maybach.

Wilhelm Maybach hatte das nach ihm benannte Motorenwerk zusammen mit dem Grafen Zeppelin zwei Jahre nach seiner Trennung von der Daimler-Motorengesellschaft gegründet, aber wegen einer »Konkurrenzklausel« seinem tüchtigen Sohn Karl die technische Leitung übertragen. Bald bezog Maybach ein neues Werk gleich neben der Zeppelinwerft in Friedrichshafen und entwickelte Motoren mit immer höheren Leistungen, auch für die wachsende Flugzeugproduktion. Ähnlich BMW auf dem Kraftradsektor wollte Maybach nach dem Friedensschluß nur Motoren bauen; da jedoch deren Absatz, außer einer kleinen Serie für holländische »Spyker«-Wagen, auf Schwierigkeiten stieß, entstand schon 1921 der erste eigene Wagen – natürlich ein großer, überaus solider und aufwendiger Sechszylinder, ein schwäbischer Rolls Royce, den seit 1930 die exklusiven »Zeppelin«-Zwölfzylinder ergänzten. Diese besaßen eine »normale« ohv-Ventilsteuerung, von der zentral, im V-Winkel liegenden Nockenwelle aus. Die Ventile der Reihen-Sechszylinder hingegen steckten absolut waagerecht im hohen Brennraum, an jeder Seite eins, betätigt von je einer untenliegenden Nockenwelle auf jeder Motorseite. Riesige vertikale Kipphebel schwenkten um ihren Drehpunkt in halber Höhe des Zylinderblocks. »Oben«, dem Kolbenboden gegenüber, saßen lediglich die zwei Kerzen der Doppelzündung.

Freilich wußten alle Beteiligten lange vor 1933, daß die dringend fällige breite Motorisierung nur mit äußerst wirtschaftlichen Fahrzeugen und Motoren anzukurbeln war. Namentlich Ferdinand Porsche, der nach einem kurzen Engagement bei Steyr seit 1930 ein eigenes Konstruktionsbüro in Stuttgart betrieb, entwarf eine ganze Reihe von »Volksauto«-Konzepten. Wie unvoreingenommen der versierte, inzwischen 55jährige Motorenmann – das war er zweifellos an erster Stelle – nach geeigneten »Kraftquellen« suchte, liefert Stoff für eine lange Geschichte. Daß ein neuer Rennmotor für die Grand Prix-Formel sechzehn V-

V.11 Zündapp – Nürnberg ergänzte 1933 eine zwölfjährige Zweitakterentwicklung durch (zunächst seitengesteuerte) Zwei- und Vierzylinderboxer mit 400 und 500 bzw. 600 und 800 cm^3 Hubraum. In den Ricardo-Brennräumen unter den flachen Zylinderdeckeln münden die Ventile etwas schräggestellt, aber die beeinträchtigte Kühlung der hinteren Zylinder kam u. a. im handfesten Kraftstoffkonsum zum Ausdruck. Zur Nockenwelle führt eine kurze Kette, dann ein Zahnradpaar weiter zur Lichtmaschine, die mit dem einzelnen Vergaser unter einem Deckel liegt. Ein zweiter Zahnradsatz treibt die Ölpumpe, während der vordere Deckel den Verteiler und die Zündspule verschalt. Die glatte »Architektur« war Richard

Küchens Visitenkarte, der exakt 20 Jahre später gleichzeitig Victorias »Bergmeister«-V-Twin, Hoffmanns »Gouverneur«-Boxer und Tornax-Optis »Parallel-Twin« entwarf. Bei Zündapp errangen inzwischen starke ohv-Boxer mit zwei Zylindern und 600 cm^3 – »grüne Elefanten« getauft – großen Ruf.

Motor-/ Fahrzeugtyp	FN	FN	Wind- hoff	Zündapp K 800	Ariel Sq. Four	Honda Gold Wing
Baujahr	1905	1914	1928	1934	1950	1976
Bauart	Reihe	Reihe	Reihe	Boxer	2 × 2 parall.	Boxer
Leistung PS (kW)	3,5 (2,6)	13 (9,5)	28 (20)	22 (16)	38 (28)	82 (20)
Geschw. km/h	65	100	130	125	155	190
Bohr. × Hub (mm)	45 × 57	52 × 88	63 × 60	62 × 66	65 × 75	72 × 61,4
Hubraum (cm^3)	360	750	750	800	1000	1000
Drehzahl (1/min)	2500	2800	4500	4300	5500	7500
Verdichtung	3,5	3,5	6,0	5,8	5,8	10
Steuerung	Einl. autom.	i.o.e.	ohc	sv	ohv	ohc
Hubverhältnis	1,27	1,70	0,95	1,06	1,15	0,85
Hubraumleistung PS/l (kW/l)	10 (7)	17 (13)	37 (27)	28 (20)	38 (28)	82 (60)
Kolbengeschw. (m/s)	4,8	8,1	9,0	9,5	13,8	15,3
mittlerer Arbeitsdruck (bar)	3,5	5,5	7,1	5,7	6,1	9,7

V.12 Als Gegenstück zur Tafel V.4 erscheinen hier aus einer 70jährigen Entwicklung sechs Kraftmotoren, die allerdings als Vierzylinder aus den zeitgenössischen Modellpaletten herausragen; überdies hinkt der entstandene Vergleich (wie mancher) vom Konzept der verschiedenen Typen her, obwohl alle (und sogar Hondas wassergekühlte »Gold Wing«) auf komfortables Reisen abzielten – und nicht auf sportgerechte Leistungen.
Die Berliner Windhoff besaß übrigens Ölkühlung – wie etliche zeitgenössiche Ein- und Zweizylinder von Granville Bradshaw und (60 Jahre) später Zylinderköpfe von Suzuki-Supersportmotoren. Der Windhoff-Vierzylinder stand nicht in oder unter einem Rahmen, sondern trug selbst den Bug und das Heck des Motorrads.

Zylinder erhielt, mit 4,4 l Hubraum und Kompressor – für den ersten 300pferdigen Auto-Union-»P«-Rennwagen – stand auf einem anderen Blatt. Er wurde übrigens schon, wie der große Rivale in Untertürkheim, Ende 1932 in Angriff genommen, in Porsches eigens eingetragener »Hochleistungsfahrzeugbau GmbH« ...

Mit dem aufwendigen Königswellen-Rennmotor hatten die Volksauto-Geschwister nur eins gemeinsam – den Einbau als Heck- oder Mittelmotor. Da gab es einen echten 5-Zylinder-Sternmotor für drei Zündapp-Prototypen, wobei zwei der fünf Zylinder und die Wasserkühlung auf eine dringende Forderung des Zündapp-Gründers und -Inhabers, des Geheimrat Neumeyer, zurückgingen. Da gab es ferner Versuchsmotoren mit Schiebersteuerung und sogar einen Doppelkolben-Zweitakt-Twin, mit dem Porsche jahrelang experimentierte, obgleich der Vierzylinder-Boxer inzwischen ein fortgeschrittenes Stadium erreicht hatte – zuerst mit 1,5 l Hubraum in (ebenfalls drei) NSU-Prototypen, dann im hochpolitisch dekretierten VW- oder KdF-Wagen. Die ersten drei, wieder von den Porsche-Leuten selbst gebauten, liefen Ende 1936 ihre Erprobung rund um die Uhr, wonach Daimler-Benz im Auftrag des RDA (s. S. 70) die zehnfache Zahl als »VW 30-Serie« in Untertürkheim produzierte, mit 1 l Hubraum und 23,5 PS (17 kW) bei 3000/min.

Ende der 30er Jahre leisteten 12 sv-Viertakter im Mittel 24 PS/l bei 3800/min und einer durchschnittlichen Verdichtung von 6,4 : 1, während 15 ohv-Modelle mit 3400/min und 6,3 : 1 auf 25 PS/l kamen. Lediglich die relativ kleinen Zweitakter lagen etwas darüber – und die Motorradantriebe um 50 bis 90 %, vor allem dank wesentlich höherer Drehzahlen.

Die Dieselmotoren hatten ein beachtliches Niveau erreicht: zu Land, zu Wasser und sogar mit dem Junkers-Diesel in der Luft. Seit Bosch, Deckel und ausländische Spezialfirmen Einspritzpumpen und Düsen als serienmäßiges Zubehör produzierten, stiegen die Stück- und PS-Zahlen der Dieselnutzfahrzeuge steil an, am meisten in Amerika. Daimler-Benz und Hanomag gelang 1936 der große Wurf, je einen kleinen Diesel PKW-brauchbar zu zähmen, während ähnliche Einspritzpumpen in deutschen Flugmotoren die hochentwickelten, dennoch unerwünschten Vergaser ersetzten.

DIE DRITTE MOTORENGENERATION IN ZAHLEN UND KURVEN

Ab 1950 stiegen die Motorleistungen, wie unsere Kurven illustrieren, steiler aufwärts als in allen anderen Epochen. Obwohl Pomeroys These – »Drehzahlen wiegen und kosten nichts« – stets nur innerhalb bestimmter Grenzen zutrifft, gemäß dem Stand der Technik, haben hochtourige Hochleistungsmotoren den Alltag erobert. Gemessen an ihrer Leistung wurden sie immer kleiner und leichter, mit der einzigen Einschränkung, daß hängende Ventile und besonders obenliegende Nockenwellen mehr Bauhöhe beanspruchen als die alten seitengesteuerten Zylinder, deren Nachteile jedoch immer krasser überwogen. Und zwar schon vor dem Erscheinen des Wankelmotors, der mit der »Leistungsdichte« einen neuen Maßstab einführte.

Tatsächlich steigerte sich der lebhafte internationale Wettbewerb seit den fünfziger Jahren zu einem echten »PS-Rennen«, wenngleich die Automobil-

Jahr	Marke/Typ	V_h (cm³)	Zylinder	Steuerung	D × s (mm)	P/n (kW/min)	P_1 (kW/l)	m (kg)
1885	Daimler	264	1 vl	ai/se	58 × 100	0,37/700	1,4	90
1894	Hild. & Wolfm.	1500	2 Rhl	ai/se	90 × 117	1,8/600	1,2	85
1900	Werner	217	1 vl	ai/se	62 × 72	0,55/1200	2,5	25
1903	Puch	254	1 vl	i.o.e.	68 × 70	1,5/1500	6	50
1905	FN	360	4 Rvq	ai/se	45 × 57	2,6/2500	7	85
1907	Peugeot	671	2 vl	ai/se	75 × 76	4,5/2300	7	70
1910	NSU	400	2 vl	i.o.e.	58 × 75	3,5/2200	9	75
1913	Norton	500	1 vl	sv	79 × 100	8,5/3800	17	80
1915	Wanderer	616	2 vl	sv	70 × 80	8,5/3000	14	100
1922	Megola	640	5 St	sv	52 × 60	8/3800	12,5	125
1924	Victoria	500	2 Bl	ohv	70 × 64	8,5/3600	17	130
1925	BMW-R 37	500	2 Bq	ohv	68 × 68	12/4000	24	135
1927	NSU-Sport	250	1 vl	ohv	63 × 80	7/4500	30	115
1933	NSU-OSL	500	1 vl	ohv	80 × 99	16/4800	32	170
1934	Puch–S 4	250	1 vq	2T-DK	2 × 45 × 78	7,7/4300	31	140
1935	Victoria	350	1 gl	sv	75 × 79	10/4600	29	160
1936	BMW-R 5	500	2 Bq	ohv	68 × 68	18/5500	35	165
1938	TEC-Sp. Tw.	500	2 Rvl	ohv	63 × 80	20/6000	40	175
1939	DKW-RT	125	1 gl	2T	52 × 58	3,5/4800	24	73
1949	NSU-Fox	100	1 gl	ohv	50 × 50	4,5/6300	44	80
1950	Zündapp-KS	600	2 Bq	ohv	75 × 67,6	21/4700	35	224
1952	NSU-Max	250	1 gl	ohc	69 × 66	13/6700	50	155
1954	Adler-S	250	2 Rgl	2T	54 × 54	13/6000	53	148
1955	Horex-Resid.	350	1 vl	ohv	77 × 75	17,5/6250	50	168
1958	Maico-SS	175	1 vl	2T	61 × 59,5	11/6000	63	135
1962	Honda-CB	250	2 Rgl	ohc	54 × 54	18/8600	74	165
1965	Honda-CB	450	2 Rgl	2 ohc	70 × 58	32/8500	70	180
1969	Honda-CB	750	4 Rgl	ohc	61 × 63	49/8000	65	218
1969	BSA/TEC	750	3 Rvl	ohv	67 × 70	43/7300	57	200
1970	Kawasaki	500	3 Rgl	2T	60 × 58,5	40/7400	80	175
1973	Kawasaki-»Z«	900	4 Rgl	2 ohc	66 × 66	60/8500	67	250
1974	BMW-R 90 S	900	2 Bq	ohv	90 × 70,6	49/7000	55	215
1976	Honda Gold W.	1000	4 Bq	ohc	72 × 61,4	60/7500	60	290
1978	Honda-CBX	1050	6 Rgl	2 ohc, 4V	64,5 × 53,4	77/9000	75	270
1979	M. Guzzi-LM	850	2 Vq	ohv	83 × 78	54/7700	64	240
1980	Yamaha-RD	250	2 Rgl	2T	54 × 54	28/8500	112	160
1983	Suzuki-GSX	572	4 Rgl	2 ohc, 4V	66 × 50,6	47/10000	82	213
1984	Kawasaki-»R«	910	4 Rgl	2 ohc, 4V	72,5 × 55	85/9500	93	235
1985	Yamaha-FZ	750	4 Rgl	2 ohc, 5V	68 × 51,6	74/10500	99	233
1985	BMW-K 75	750	3 Rhq	2 ohc	67 × 70	55/8500	74	228

V.13 40 ausgewählte Motorräder aus 100 Jahren mit Motordaten und Leistungen: hinter dem Hubraum stehen Zylinderzahl und -anordnung. R = Reihenmotor, V = Gabelmotor, B = Boxer, St = Sternmotor der Megola; v = vertikal stehend, h = horizontal liegend, g = geneigt eingebaut; l = längslaufend (wie Laufräder, d. h. Kurbelwelle liegt quer), q = querlaufend (meistens vor Kardanantrieb).
Unter Steuerung erscheinen ai = automatische Einlaßventile, se = stehende Auslaßventile, i.o.e. = wechselgesteuert; ferner sv, ohv, ohc, 2 ohc = Doppelnocken, 4V = Vierventilzylinder; 2T = Zweitakter, DK = Doppelkolben in U-Zylinder. Es folgen Bohrung × Hub, Höchstleistung bei Nenndrehzahl und Literleistung P_1 in kW pro Liter Hubraum. (PS/l sind 36 % höher). Statt weiterer Kennwerte zur Abrundung das jeweilige Fahrzeug-Leergewicht (fahrfertig mit vollen Tanks). Die Beispiele von 1894, 1976, 1980, 1984 und 1985 sind flüssigkeitsgekühlt, alle anderen mit Fahrtwind, da gebläsegekühlte Motoren (Roller und Kleinkrafträder) fehlen. Der Peugeot-Zweizylinder von 1907 errang in einer Norton den ersten »TT«-Sieg in der Mehrzylinderklasse. TEC bedeutet Triumph Engin., Coventry (zur Unterscheidung von TWN = Triumph-Werke Nürnberg).

---

werbung gute Beschleunigung stärker betont als eine hohe Spitzengeschwindigkeit — und bei den Motoren, statt der PS-Zahlen, mehr und mehr das Drehmoment, das früher in Prospekten nie und in technischen Daten selten erschien (man mußte es allenfalls aus dem maximalen mittleren Arbeitsdruck errechnen). Ohne Zweifel haben diesmal auch die amerikanischen Verhältnisse die Entwicklung in Europa stark beeinflußt — und diese wiederum den stürmisch aufgekommenen Motoren- und Fahrzeugbau in Japan. In den USA behielten die großen, weich und ursprünglich langsam laufenden Maschinen zwar ihre Zylinderzahlen und Hubräume, doch keineswegs geringe Literleistungen und Drehzahlen.

Vor allem verlangen diese hubraumstarken Motoren einen Hinweis darauf, daß Literleistungen und verfügbare Antriebskräfte zweierlei sind (vgl. S. 51): erst die Hubräume entscheiden über das praktische Ergebnis. Sie stiegen in der deutschen PKW-Palette von 1,65 l (1950) rasch auf fast 2 l (1956), bevor zahlreiche damalige Kleinwagen den Mittelwert unter den von 1950 drückten. Erst 1969 erklomm er wieder 1,9 l, dann binnen 5 Jahren 2,2 l. 1980 veranlaßte der ökonomische Zwang eine Tendenzwende — sicher auf längere Sicht.

Den Auftakt für die amerikanische Entwicklung gaben ab 1946 umfassende Versuche mit hochverdichteten neuen Cadillac- und Oldsmobile-Motoren unter der Regie von Charles F. Kettering, der seit 1916 die General Motors-Forschung mit großem Geschick und Erfolg leitete. Daß ein Motor, auch und gerade mit hoher Verdichtung, nicht klingeln und klopfen darf, ist klar; die entscheidenden Voraussetzungen und wichtigen Einzelheiten beleuchtet später ein besonderes Kapitel.

Jahr	Marke/Typ	V_h (l)	Zylinder	Steuerung	D × s (mm)	Verd.-verh.	P/n (kW/min)	P_1 (kW/l)
1886	Benz-3rad	0,98	1 l	Sch/Av	91,4 × 150	—	0,65/400	0,7
1889	Daimler	0,57	2 V (17°)	ai/sv	60 × 100	2,5	1,2/900	2,1
1901	1. »Mercedes«	5,9	4 R	sv (T)	116 × 140	3,5	26/1000	4,4
1904	Horch	2,4	4 R	i.o.e.	80 × 120	3,8	15/1300	6,3
1907	Renault	1,2	2 R	sv	80 × 120	4	7,4/1800	6,2
1907	Rolls-Royce	7,04	6 R	sv	114 × 114	3,2	35/1200	5,0
1908	Ford-»T«	2,88	4 R	sv	96,3 × 101,6	4,5	15/1400	5
1910	Benz (Pr-H.)	7,3	4 R	ohv, 4V	115 × 175	4,7	74/2050	10,4
1910	Austro-Daimler	5,4	4 R	ohc	105 × 156	4,5	66/2000	12
1911	Bugatti-»13«	1,4	4 R	ohc	66 × 100	—	18,4/3000	13,3
1913	Audi	3,6	4 R	i.o.e.	90 × 140	4	30/2000	8,2
1920	Citroen	1,45	4 R	sv	68 × 100	4,5	15/2200	10
1922	Tatra-»11«	1,06	2 Bo	ohv	82 × 100	4,5	10/2400	10
1923	Lancia-Lambda	2,12	4 V (14°)	ohc	75 × 120	4,8	36/3250	17
1924	Simson-Supra	2,0	4 R	2 ohc, 4V	70 × 128	6,5	44/4000	22
1926	Horch	3,4	8 R	2 ohc	67,5 × 118	5,4	48/3400	14
1927	Bentley	4,4	4 R	ohc, 4V	100 × 140	5	74/3500	17
1931	Maybach	8,0	12 V	ohv	92 × 100	6,3	147/3200	18,5
1931	DKW	0,6	2 R	2T	74 × 68	5,5	11/3000	18,4
1932	FIAT-508	1,0	4 R	sv	65 × 75	5,8	15/3400	16
1932	NAG	4,5	8 V	ohv	85 × 100	5,5	74/3200	16,4
1936	Wanderer	2,24	6 R	ohv	71 × 95	6,4	37/3500	16,5
1936	FIAT-Topol.	0,57	4 R	sv	52 × 67	6,5	10/4000	17,5
1938	Opel-Olymp.	1,48	4 R	ohv	80 × 74	6,0	27/3200	18
1938	Cadillac	7,1	16 V	sv	82 × 83	—	136/3600	19,3
1948	Lagonda	2,6	6 R	2 ohc	78 × 90	6,5	77/5000	30
1950	Jaguar	3,4	6 R	2 ohc	83 × 106	8	118/5200	34,4
1954	Merc.-Benz-SL	3,0	6 R	ohc	85 × 88	8,5	158/5800	53
1954	Borgward	1,5	4 R	ohv	75 × 84,5	7	44/4700	30
1955	DKW	1,0	3 R	2T	74 × 76	8	37/4500	37
1956	Alfa-Romeo	1,3	4 R	2 ohc	74 × 75	8,5	59/6000	46
1962	BMW	1,5	4 R	ohc	82 × 71	8,8	59/5700	39
1963	Hillman	0,88	4 R	ohv	68 × 60,4	10	29/4800	33
1964	Porsche	2,0	6 Bo	ohc	80 × 66	9,0	96/6200	48
1966	FIAT-Dino	2,0	6 V (65°)	4 ohc	86 × 57	9,0	118/7200	59
1975	Ferrari	4,9	12 Bo	4 ohc	82 × 78	9,2	250/6200	51
1977	BMW	2,0	6 R	ohc	80 × 66	9,2	90/6000	45
1977	Peugeot	1,3	4 R	ohc	78 × 67,5	8,8	44/5750	34
1984	Toyota	1,6	4 R	2 ohc, 4V	81 × 77	10	91/6600	57
1986	VW-GTI	1,78	4 R	2 ohc, 4V	81 × 86,4	10,1	102/6300	57

V.14 40 ausgewählte PKW-Ottomotoren (ohne Aufladung) aus 100 Jahren mit Motordaten und Leistungen. Hinter dem Hubraum stehen Zylinderzahl und -anordnung; R = Reihenmotor, V = Gabel- und Bo = Boxermotor, z. T. mit ungewöhnlichen Gabelwinkeln. Es folgen Steuerung, mit 4 V für je 4 Ventile, Bohrungen × Hub, Verdichtungsverhältnisse, Leistungen bei Nenndrehzahlen und Literleistungen.

Einige Beispiele erfordern einen Kommentar: der horizontal liegende Benz-Einzylinder besaß einen Einlaßschieber und ein gesteuertes Auslaßventil, beide direkt neben dem Brennraum, genau genommen also »ohv«. Daimlers erster Zweizylinder besaß automatische Einlaß- und gesteuerte Auslaßventile (zusätzlich trugen noch die Kolbenböden ein weiteres automatisches Ventil, weil das geschlossene Kurbelgehäuse als – schlechte – Ladepumpe wirkte, als eine Spielart der Viertakter-Aufladung, die seither immer wieder aufgegriffen wurde – bislang ohne Erfolg).

Die Renault-Zweizylinder erlangten militärischen Ruhm: 1914 als »Marne-Taxis« eingesetzt, um die zusammenbrechende Front zu stützen. Der sensationelle vierventilige Benz von 1910 war ein »Prinz Heinrich«-Fahrt-Wettbewerber, wie der folgende Austro-Daimler von Porsche. Der Typ »13« des legendären Ettore Bugatti war eine kleine Version vorangegangener Deutz-Motoren – mit Königswelle und bananenförmigen Stößeln, der Audi-1913 August Horchs »Alpensieger«.

Der Citroen-1920 leitete den Großserienbau ein, wie der ihm nachgebaute Opel-»Laubfrosch«. Der Tatra stammte von H. Ledwinka, der Simson-Supra von Paul Henze (wie vorher die berühmten Steiger aus Burgrieden bei Ulm); dem aufwendigen Motor folgten einfachere Vier- und Sechszylinder (ein ohc, je zwei Ventile). Horchs Achtzylinder (von Paul Daimler) zielte nur auf Laufkultur, nicht auf Leistung (wie etwa Bentley, auch Maybach).

Er kommt später noch zur Sprache – wie die DKW-Zweitakter, hier als einzige Vertreter ihrer Gattung. Der Twin von 1931, schon quer eingebaut, arbeitete noch mit Querspülung, ab 1933 mit Umkehrspülung mit 13 kW (18 PS) für 0,6 l und mit 15 kW (20 PS) für 0,7 l. – Opel brachte 1938 den ersten Großserien-Kurzhuber, während Cadillac den 10 Jahre alten V-16 radikal änderte – mit 135 statt 45 Grad Gabelwinkel und sv statt ohv.

Der 3-l-Mercedes-Benz 1954 stammt aus dem »SL«-Sportmodell (Werknummer M 198), der Tourenmotor im »300 S« (M 188) entfaltete mit Verdichtung 7,8 bei 5000/min 110 kW (150 PS), mit drei Fallstromvergasern statt Einspritzung, außerdem mit einer »zahmeren« Nockenwelle. Noch darunter rangierten »M 186«, 6,4 verdichtet und 85 kW (115 PS) stark bzw. »M 186 I« mit 7,4 : 1 und 92 kW (125 PS) bei 4500/min. FIATs V-6 war fast identisch mit Ferraris »Dino«. – Wieweit die ausgewählten Vertreter von den zeitgenössischen Mittelwerten abwichen, bekunden die folgenden Kurvenzüge.

Dem Borgward-Vierzylinder aus der »Isabella« gingen die langhubigen »Hansa 1500« voraus (72 × 92 mm), 1949 mit 38 kW (52 PS) bei 4000/min, ab 1950 auch als »1500 S« mit 49 kW (66 PS) bei 4400/min. Die »Isabella TS« leistete 1956, 8,2 : 1 verdichtet, mit etwas größeren Ventilen und besseren Kurbeltrieblagern, auch größerem Stufenvergaser 55 kW (75 PS) bei 5200/min.

Der Alfa-Romeo-Vierzylinder stammt aus der »Giulietta-ti«-Serie und bildete die Basis für viele folgende größere und stärkere Geschwister, ebenso wie der 1,5-l-BMW.

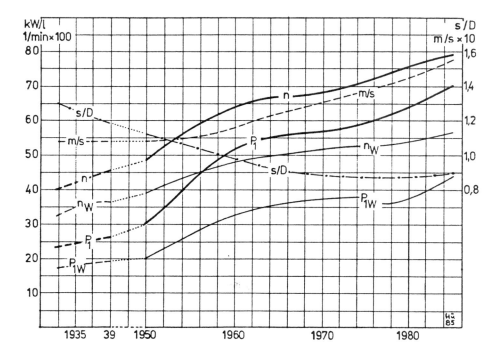

V.15 Diese Grafik umfaßt zwar nur die Zweiradmotoren der »zweiten 50 Jahre«, liefert aber aufschlußreiche Mittelwerte für den deutschen Markt – daher bis 1960 vorwiegend heimische Modelle. Die starken Kurven zeigen den Anstieg der durchschnittlichen Nenndrehzahl »n« und der zugehörigen Literleistungen »P_1«. Im direkten Vergleich dazu die entsprechenden Werte der PKW mit Ottomotoren »n_w« und »P_{1w}« – erheblich niedriger infolge der durchweg größeren »Einzelzylinder« und der geringeren Drehzahlen.
Für die Zweiradmotoren sind ferner die mittleren Kolbengeschwindigkeiten bei Nenndrehzahl (in m/s) eingetragen sowie die damit zusammenhängenden Hub : Bohrungs-Verhältnisse (s/D). Für das Jahr 1985 lassen sich die Werte für Vier- und Zweitakter näher aufschlüsseln: es betrugen
- die durchschnittlichen Zylindergrößen 265 cm^3 (4T) und 130 cm^3 (2T)
- die Hubverhältnisse 0,80 (4T) und 0,95 (2T), da Kurzhub bei Zweitaktern allgemein ungünstig wirkt.
- Die Literleistungen betrugen 65 kW/l bzw. 88 PS/l bei 8300/min und 17,2 m/s (4T) gegen 80 kW/l bzw. 109 PS/l bei 7300/min und 12,5 m/s (2T).
- Die Daten der ersten 50 Jahre sind schwierig und wenig zuverlässig zu ermitteln, zumal viele Motoren nach »steuer-« oder »Hubraum-PS« deklariert waren, die maximalen Drehmomente gar nicht.

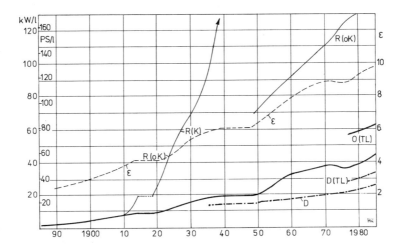

V.16 Die Literleistungen der deutschen PKW-Motoren über 100 Jahre. Stark ausgezogen = freiansaugende Ottomotoren. Drei »Einbuchtungen« sind Auswirkungen der Kriegsjahre und des heimischen Benzinbleigesetzes (mit verminderten Kraftstoff-Oktanzahlen und motorischen Verdichtungsverhältnissen). Die zugehörigen Verdichtungsverhältnisse (griechisch epsilon) sind gestrichelt markiert. Strichpunktiert sind Dieselmotoren (ab 1936 Mercedes-Benz und Hanomag, wonach ab 1953 den Hanomag-Platz Borgward besetzte – in Italien FIAT). Die kurze Kurve »D(TL)« betrifft turbogeladene Dieselmotoren, die noch kürzere »O(TL)« turbogeladene Ottomotoren.
Dünn eingezeichnete Kurvenzüge stammen von Rennmotoren ohne Auflading: »R(oK)« oder mit Kompressoren »R(K)«. Turbogeladene moderne Rennmotoren liegen oberhalb dieser Skala.
Stichproben zeigten für ausländische Motoren und die jüngste Epoche keine nennenswerten Abweichungen von den deutschen Durchschnitten, doch betreffen alle die Typenzahlen, nicht deren Verbreitung auf dem Markt.

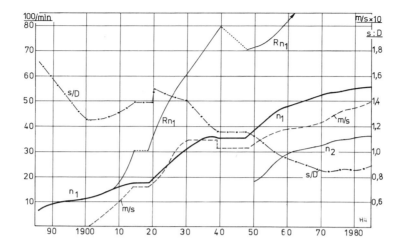

V.17 Die zu den Literleistungen der PKW-Ottomotoren gehörenden Nenndrehzahlen »n_1« stehen im Mittelpunkt. Dünn ausgezogen sind daneben die Drehzahlen »n_2« für den Drehmomentgipfel, d. h. das jeweilige maximale Drehmoment (wie allgemein erst seit 1950 deklariert und bewertet!).

Mehr oder weniger abweichend von den Drehzahlen verliefen die Kolbengeschwindigkeiten »m/s« (gestrichelt). Denn dabei kommt nicht nur die Zylindergröße (mit dem Hub) zum Ausdruck, sondern auch das deutlich verminderte Hubverhältnis »s/D« (strichpunktiert). Die vorherrschenden Drehzahlen der Rennmotoren aus der vorigen Grafik sind dünn eingezeichnet (ohne Kriegsjahre und stark von den geltenden Rennformeln bedingt).

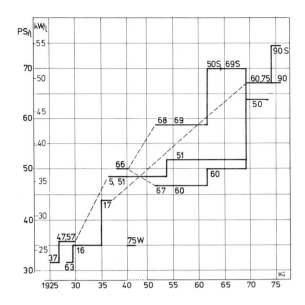

V.18 Ein praktisches Beispiel von einem prominenten Motorradhersteller, die Entwicklung der kopfgesteuerten BMW-Boxer, von denen Einzelheiten auch im nächsten Kapitel erscheinen, über 50 Jahre: die 500er Motoren R 37, R 47, R 57, R 5, R 51, R 50 S und R 50 – die 750er mit R 63, R 16, R 17, R 75-W (für das schwere, geländegängige Wehrmachtgespann, das Kraftstoff mit Oktanzahl 74 verarbeitete) und R 75, die 600er R 66, R 68, R 69 und R 69 S, R 60 . . . und ab 1974 die R 90 und R 90 S. »Bei den Serienmotoren wurden nie extreme Leistungen angestrebt« (BMW). Schräge Linien bedeuten »keine Produktion«. Die nachfolgenden R 100 und R 80-Modelle lieferten höhere Leistungen, aber keine höheren Hubraumleistungen; allein die R 65 kam (1980) auf 57 kW/l (77 PS/l). Überdies erschweren, mindestens seit den 50er Jahren, große Einzelhubräume die Leistungsausbeute! Vergleichsweise erzielten die Rennmotoren 80 bis 95 kW/l (110 – 130 PS/l).

Für Rennen wurden übrigens die vom jungen (von der Hochschule gekommenen) Rudolf Schleicher konstruierten kopfgesteuerten R 37-Motoren schon 1924 eingesetzt – und erklären damit die erzielten Leistungen. Denn die R 32, im Oktober 1923 auf dem Pariser »Salon« als Visitenkarte des tüchtigen Flugmotorenkonstrukteurs Max Friz vorgestellt, leistete nur 6,3 kW (8,5 PS) bei 3300/min, 5 : 1 verdichtet. Vor weiteren sv-Modellen gab es von 1925–27 die ersten 250er Einzylinder (schon mit ohv-Alu-Kopf und Zylinder!). Doch entstanden Nachfolger für diese R 39 erst mit der R 2 (1931–36), den Typen R 4 und R 3 (1932–37), einer R 35 (1937–40), R 20 und R 23 (1937–40) und den Nachkriegs-Einzylindern R 24, R 25 (mit etlichen Baureihen), R 26 und R 27, die 1966 ausliefen, da für ihre Klasse zu aufwendig und teuer.

Als sv-Boxer folgten 1926 R 42, 1928 R 52, dazu mit 750 cm^3 R 62, ab 1929 R 11, ab 1935 R 12, ab 1936 R 6 (1938 mit Hinterradfederung R 61), als R 12-Nachfolger die R 71 mit dem letzten BMW-sv-Motor, der »quadratisch« blieb (78 × 78 mm), während die großen ohv-Boxer (mit 83 × 68 mm) ausgeprägte Kurzhuber waren, und dies zu einer Zeit, wo der Begriff (laut Dieter Korp) leicht mit dem Namen eines waschechten Bajuvaren zu verwechseln war.

Technik heißen die Mittel, mit denen wir uns Naturkräfte dienstbar machen, um schwere körperliche Arbeit zu vermeiden oder den Kulturzustand zu verbessern, um das physische Leben zu erleichtern und Zeit für das geistige zu gewinnen.

Georg Ising, 1881–1967

Der weitverbreitete Begriff »Technologie« ist meistens ein Mißverständnis. Technologie ist keine Steigerung oder Präzisierung, sondern die Kunde von Technik (ursprünglich für Herstellungs- und Verarbeitungskunde).

d. Verf.

Prominente Bauteile und verwickelte Probleme

Mit wenigen Ausnahmen sind pulsierende Vorgänge oder ausgeprägte Schwingungen einem Maschinenbauer unsympathisch. Im Gegensatz zu gleichförmigen Bewegungen entstehen dabei unerwünschte Beschleunigungen und Kräfte, die unter ungünstigen Umständen in einen Ruck oder Stoß ausarten. »Wucht« oder lebendige Energie ist zwar beim sinnvollen Einsatz eines Fallhammers oder ähnlicher Werkzeuge nützlich, doch zeigen verheerende Unfälle auf allen Gebieten der Technik und des Alltags, wie wenig mit dem Trägheitsgesetz zu spaßen ist.

Die meisten Organe eines Motors, ja die meisten Körper im weitesten Sinn des Wortes, sind schwingungsfähig und besitzen eine sogenannte Eigenschwingungszahl: wie die Unruh in einer Taschenuhr, das Pendel des Metronoms, eine Stimmgabel oder die Luftsäule in einer Orgelpfeife, wie die Holzbohle über einer Baugrube oder die Brücke aus Stahl und Beton . . . und wenn periodisch ausgeübte Impulse gerade mit der Eigenschwingungszahl des belasteten Systems zusammentreffen, schaukeln sich Wirkungen gefährlich auf. Die Brücke, die eine Belastungsprobe durch viele Lokomotiven einwandfrei erträgt, gerät unter dem Marschtritt einer Kolonne leicht in Resonanz und zerstörende Erschütterungen.

STABILE UND STEIFE KURBELWELLEN

Das gegen Schwingungen anfälligste Organ des Motors ist im allgemeinen die Kurbelwelle. Mit Recht als das Rückgrat der Maschine bezeichnet, übt sie zwar auf die Leistung keinen direkten Einfluß aus, wie etwa der Zylinderkopf oder die Ventilsteuerung, doch muß sie im Verein mit Pleueln und Kolben so verlustarm wie möglich und »kerngesund« arbeiten. Tatsächlich gilt die Überholung des Zylinderkopfs, sogar ein Ersatz etlicher Ventile, selten als eine schwerwiegende Reparatur – die Neulagerung der Kurbelwelle hingegen bedeutet meistens eine Generalüberholung.

Um gute Tragfähigkeit und lange Lebensdauer der Haupt- und Pleuellager zu erzielen, müssen Kurbelwellen, aber auch Motorgehäuse und Lagerböcke hochgradig »stabil« sein: nicht nur fest, sondern steif und immun gegen Dreh- und Biegeschwingungen, denn jede Vibration verursacht nicht nur einen vermeidbaren Kraft- und Leistungsverlust, sondern auch zusätzliche Beanspruchungen für den Motor, Antrieb und seine Umgebung – im Land-, Luft- oder Wasserfahrzeug und auch auf einem Beton-Fundament.

Nun sind Hubkolbenmotoren – leider –

keine Turbinen oder Elektromotoren. Ihr Arbeitsspiel liefert ständig kräftige Impulse für vielfältige Schwingungen. Stark wechselnde Gasdrücke wirken auf die Kolben, die ihrerseits einen eigentümlichen Bewegungsablauf vollbringen. Dabei entstehen Massenkräfte, die bei hohen Drehzahlen die Gaskräfte noch übersteigen. Die Praxis hat das oft genug bewiesen, indem Lagerschäden oder Pleuel- und

entgegen dem Antriebsdrehsinn abstützt und ausweicht, soweit es seine Befestigung zuläßt. Mit den heutigen weichen Gummilagern wird es bei raschem Beschleunigen oder Drosseln besonders spürbar.

Noch deutlicher tritt das Rückdrehmoment bei »querlaufenden« starken Zweiradmotoren in Erscheinung (d. h. mit längsliegenden Kurbelwellen). Hier liefert jeder forsche Drehzahlwechsel –

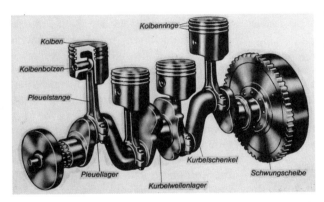

VI.1 Der vollständige Kurbeltrieb eines Otto-Vierzylinders mit dreifach gelagerter Kurbelwelle und zwei Ausgleichgewichten neben dem mittleren Hauptlager. (Besser und heute üblich sind bei Reihenvierzylindern fünf Hauptlager sowie vier oder acht Gegengewichte!) Hinten die angeflanschte Schwungscheibe mit Anlasserzahnkranz und Kupplungstrommel; vorn ein Duplexkettenrad und noch davor ein Drehschwingungsdämpfer (die übliche Keilriemenscheibe fehlt im Bild).

Kurbelwellenbrüche in Motoren auftraten, die fremdangetrieben oder »geschoben«, mit abgestellter Zündung oder Einspritzung, auf Überdrehzahlen kamen.

Außerdem sind die Gaskräfte harmloser, weil sie sich nicht frei entfalten, sondern innerhalb des Motors förmlich einen Ring schließen: derselbe Druck, der den Kolben nach unten treibt, wirkt in umgekehrter Richtung auf den Zylinderkopf, und die Gaskräfte heben sich letzten Endes auf. Erst das »Reaktionsmoment« des gesamten Motors tritt mehr oder minder sichtbar in Erscheinung, indem er sich

auf- wie abwärts – einen Impuls, ein Kippmoment um die Fahrzeuglängsachse, freilich erst aktuell beim jüngsten Leistungsniveau. Honda (bei Gold Wing-Boxern und CX-Gabelmotoren) wie BMW (bei K 100 und K 75-Modellen) fanden wirksame Gegenmittel in Form von »rückwärtslaufenden« Kupplungen oder Lichtmaschinen.

Wir unterscheiden beim Kurbeltrieb rotierende Massen sowie hin- und hergehende. Erstere unterliegen enormen Zentrifugalkräften, wie gelegentlich explodierte Turbinenrotoren deutlich machen – oder Luftschrauben, bei deren Beschädigung ein schwerer

Flugmotor ruckartig aus seiner Aufhängung bricht. Schon schlecht ausgewuchtete Räder und Reifen stören an schnellen Fahrzeugen stark, bekunden aber auch das wirksame Gegenmittel in Form von Ausgleichgewichten. Die rotierenden Massen des Kurbeltriebs, zu denen die Hubzapfen und der größere Teil der Pleuel zählen, sind ähnlich ausgewuchtet — und zwar möglichst an Ort und Stelle, gleich neben jedem einzelnen Hubzapfen. Je mehr Ausgleichsgewichte eine Kurbelwelle besitzt, umso besser und runder wird ihr Lauf, allerdings auch umso teurer ihre Herstellung.

Die hin- und hergehenden Massen des Kurbeltriebs, die Kolben und Pleuelköpfe, sind leider nicht so einfach und vollständig zu kompensieren wie die umlaufenden, vor allem in Motoren mit nur wenigen Zylindern — am krassesten einem einzelnen. Zwar könnte man die Gegengewichte so schwer machen, daß sie die im oberen Totpunkt auftretenden Massenkräfte ebenfalls ausgleichen. Da indes die Beschleunigung im unteren Totpunkt kleiner ist als oben, verbietet sich diese Lösung. Mehr noch: es entständen damit neue gleichgroße Zentrifugalkräfte in der Hubmitte, die sich (bei aufrechtstehenden Motoren) horizontal und mit unverminderter Stärke austoben würden. Deshalb schließt der Konstrukteur wieder einen Kompromiß und kompensiert die hin- und hergehenden Massen nur mit einem Prozentsatz, der von der Aufhängung des Motors und vielen weiteren Umständen abhängt. Er verteilt damit die »freien« Massenkräfte einigermaßen gleichmäßig auf den gesamten Kurbelkreis.

Schwere Schwungmassen, die zunächst das unausgeglichene Arbeitsspiel der vier Takte ausbügeln, mildern zusätzlich die lästigen Trägheitskräfte bei Motoren mit wenigen Zylindern. Größere Zylinderzahlen ergeben günstigere Verhältnisse und bessere Auswuchtmöglichkeiten. In einem Reihen-Vierzylinder erreichen stets alle Kolben ihre Umkehrpunkte zur gleichen Zeit, jeweils zwei oben und zwei unten. Da aber im unteren Totpunkt geringere Massenkräfte auftreten, verbleibt eine gewisse Differenz, eine zusätzliche Massenkraft, die man als zweitrangig oder »sekundär« bezeichnet. Sie ist wesentlich kleiner als die primäre Unwucht in Ein- oder Zweizylindermaschinen, wenn man davon ausgeht, daß im »Parallel-Zweizylinder« beide Kolben nebeneinander laufen, da ja ein halbes Viertakt-Spiel einer Kurbelwellenumdrehung (360 Grad) entspricht.

In einem Zweitakt-Zweizylinder kommt eine gleichmäßige Aufteilung der Arbeitsspiele zustande, wenn die Hubzapfen nicht fluchten, sondern um 180 Grad gegeneinander versetzt sind. Nun erreichen beide Kolben jeweils verschiedene Umkehrpunkte und kompensieren die wichtigsten Massenkräfte. (Bei sehr hochtourigen Viertaktzweizylindern hat sich diese Bauart ebenfalls bewährt, obwohl die Zündfolge zwangsläufig ungleichmäßig wird. Aber hier sind die Massenkräfte und ihr Ausgleich eben wichtiger als Zündfolge und Zugkraftverteilung!) — Allerdings entsteht neben den sekundären Massenkräften ein neuer Schönheitsfehler in Gestalt eines »Kippmoments«, weil die entgegengerichteten Kräfte an beiden Hubzapfen im Abstand der Zylinderachsen angreifen, d. h. mit einem ausgeprägten Hebelarm. Um völlig frei von Massenkräften und solchen Kippmomenten zu laufen, braucht ein Reihenmotor sechs Zylinder.

Die unterschiedlichen Kolbenbeschleunigungen in beiden Umkehrpunkten, folglich die sekundären Massenkräfte, beruhen, technisch ausgedrückt, auf der begrenzten Pleuellänge. Auf einen Filmstreifen projiziert, erzeugt der umlaufende Kurbelzapfen eine streng symmetrische Schwingung — die bekannte Sinuslinie. Ebenso harmonisch verliefe das Auf und Ab der Kolben mit »unendlich-langen« Pleuelstangen. Um jedoch einen Motor kompakt und leicht zu halten, können Pleuel nicht kurz genug sein.

Andererseits bewirken kurze Pleuel stärkere Winkelausschläge beim Umlauf, d. h. größere Neigungen zur Zylinderachse und damit stärkere Seitendrücke zwischen den Kolben und Zylinderwänden. Selbst der Bewegungsablauf im Pleuellager wird gestört. Als Fazit muß der Konstrukteur auch für das »Kurbelverhältnis« (= Pleuellänge: Kurbelradius) einen brauchbaren Kompromiß finden ... Per saldo wurden längere Pleuel aktuell.

LICHT UND SCHATTEN VON BOXERMOTOREN

Boxermotoren besitzen die beste Auswuchtung: schon mit zwei Zylindern,

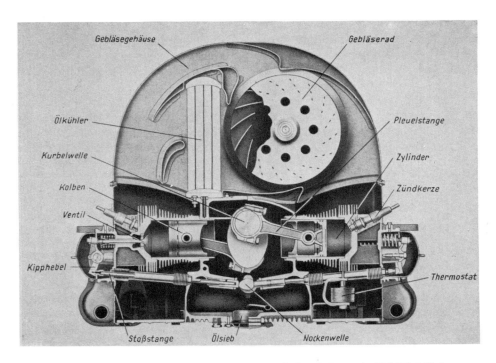

VI.2 Der verbreitetste Boxermotor im (etwas vereinfachten) Querschnitt (VW). Mit den Kolben gerade in der Hubmitte sind die Pleuel voll ausgeschwenkt und machen die Seitenkräfte auf der Zylinderwand verständlich. Da der Motor im Uhrzeigersinn rotiert, schiebt der linke Kolben das Altgas in den Auspuff, während der rechte verdichtet. Die »Druckseiten« der Zylinder, gemäß den hohen Verbrennungsdrücken, liegen also rechts oben und links unten.

mit um 180 Grad versetzten Hubzapfen und gegenläufigen Kolben, entstehen weder primäre noch sekundäre Massenkräfte, sondern lediglich ein schwaches Kippmoment (weil die beiden Zylinder etwas gegeneinander versetzt liegen). Verdoppelt man Boxer-Twin zu Vierzylindern, so verschwindet der Wuchtmangel noch weiter — man kann diese Motoren bei korrekter Zünd- und Vergasereinstellung buchstäblich auf einem Küchenstuhl laufen lassen. Sechs- oder Achtzylinder-Boxer beanspruchen unter diesen Umständen gar keinen Kommentar.

Diesen Boxer-Glanzpunkt verdunkelt unverzüglich ein Schatten, wenn man Motorkonturen betrachtet. Ganz davon abgesehen, daß der um Herstellungskosten besorgte Kalkulator lieber einen einzelnen Zylinderblock sieht als zwei — und ebensolche Zylinderköpfe, daß ferner der Ventilmechanismus für zwei Seiten einen zusätzlichen Aufwand beansprucht, kann die Zündfolge wenig befriedigen. Mit »1 — 4 — 3 — 2« (ebenso mit der ungebräuchlichen Alternative »1 — 2 — 3 — 4«) arbeiten stets zwei benachbarte Zylinder mit einem Abstand von einer halben bzw. anderthalben Kurbelwellenumdrehung (180 bzw. 540 Grad). Sie zünden damit, und vor allem, sie saugen damit an. Ein einzelner Vergaser für beide Motorseiten sitzt auf einem gegabelten, sehr langen Ansaugkrümmer, der gute Füllung und gleichmäßige Gemischverteilung beträchtlich erschwert.

Boxer brauchen deshalb schon für mittelmäßige Leistungen zwei Vergaser, worauf Reihen- oder V-Motoren erst mit einem ausgeprägt sportlichen Charakter reflektieren. Natürlich übt bei ihnen die Zündfolge — und damit die Kurbelwellenform — auf die Ge-

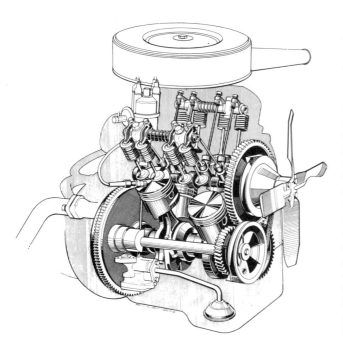

VI.3 Verglichen mit 8-, 6-, 12- und auch 2-Zylindern findet man V-Vierzylinder im Motorenbau relativ selten. Bei ohv-Motoren liegt die Nockenwelle stets in der »Gabelmitte«. Da bei diesem Ford-Motor jedes Pleuel auf einem eigenen ungleichmäßig versetzten Hubzapfen läuft, entsteht eine gleichmäßige Zündfolge. Zur Verbesserung der kritischen Auswuchtung besitzt der Vierzylinder zwei gegenläufige Ausgleichsmassen, eine in der Kurbelwelle eingegossen, die zweite auf einer entgegengesetzt rotierenden Ausgleichswelle (vorn im Phantombild), die außerdem die Riemenscheibe trägt.

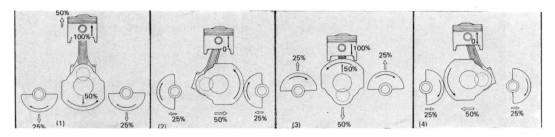

VI.4 Einen ähnlichen Massenausgleich wie in Abb. VI.3, sogar mit zwei (kettengetriebenen) Schwunggewichten, setzte Yamaha 1973 in einen Motorrad-Parallelzweizylinder. Der große heimische Konkurrent Honda griff diese Lösung auf, als er die ursprünglich »gegenläufigen« Twin (mit 180 statt 360 Grad Kurbelversatz) in echte verwandelte. Gemäß der Zeichnung rotieren beide kettengetriebenen Ausgleichsmassen entgegen der Kurbelwelle und kompensieren je 25 % der hin- und hergehenden Gewichte. Den Ausgleich der restlichen 50 % besorgt die Kurbelwelle selbst. Während ein größerer Auswuchtanteil der Kurbelwelle allein die freien Massenkräfte in waagerechter Ebene vermehren würde, entsteht so ein (fast) perfekter Ausgleich in allen Ebenen. »Fast« – weil die Massenkräfte zweiter Ordnung unberührt bleiben. Sie entstehen durch die »endliche« Pleuellänge, die am oberen Totpunkt größere Beschleunigungen bewirkt als am unteren. – Daihatsu setzte sogar, um die Kippmomente zu kompensieren, eine gegenläufige 1 : 1-Ausgleichswelle neben die Kurbelwelle eines quergestellten 1-l-ohc-Dreizylinder – wie BMW beim K-75-Dreizylinder.
Honda zitierte die (leicht überprüfbare) Größenordnung dieser Massenkräfte: für einen 200 cm^3 Zylinder bzw. -kolben mit 400 kg bei 6000/min und etwa 1000 kg bei 10 000/min. Einmal mehr verwirklichte damit der japanische Motorenbau, was seit Lanchesters Erfindung, 70 Jahre vorher, als untragbarer Aufwand galt! Daneben installierte Mitsubishi (1977) eine echte Lanchester-Dämpfung: zwei gegenläufige und mit doppelter Kurbelwellendrehzahl rotierende Ausgleichswellen, die im Vierzylinder die sekundären Massenkräfte kompensieren. Porsche wählte 1981 denselben Kunstgriff, inzwischen Lancia, Volvo – und Kawasaki für einen Supersport-Vierzylinder (GPZ 900 R).

mischverteilung ebenfalls einen starken Einfluß aus, worauf wir noch zurückkommen. Bei aufwendigen Hochleistungsmotoren, deren einzelne Zylinder ohnehin separate Vergaser oder gar Einspritzung besitzen, ist die Gemischverteilung kein Kriterium mehr — zu Gunsten der Boxermotoren-Bilanz.

V-MOTOREN – IN FAST ALLEN EPOCHEN ATTRAKTIV

Zwischen lang-bauenden Reihenmotoren und breit-ausladenden Boxern beziehen V-Motoren in mancher Beziehung eine attraktive Mittelstellung. Ihr Massenausgleich ist nicht so vollkommen wie bei gegenüberliegenden Zylindern, doch besser als bei Reihenmotoren mit zwei oder vier Zylindern, weil die Kolben nicht gleichzeitig ihre Totlagen erreichen. Freilich bieten diese Voraussetzung nur solche V-Motoren, bei denen die beiden Pleuel eines gabelförmig stehenden Zylinderpaares an einem gemeinsamen Hubzapfen angreifen. Damit ergibt sich allerdings eine ungleichmäßige Zündfolge; bei einem Zylinder um den »Gabelwinkel« zu früh, beim zweiten entsprechend zu spät. Auch mit vier Zylindern kommt keine gleichmäßige

VI.5 Bekannte Vorläufer der BMW-Boxermotoren waren englische Douglas (ab 1905) und Gr. Bradshaws ABC (1914/1919). Der ersten von Max Friz konzipierten R 32 (1923, sv, mit Gleitlagerpleuel) vor Wellenantrieb folgten 1925 die von Rudolf Schleicher konstruierte R 37 mit vollgekapselten (!) ohv-Köpfen, dann etliche 500er und 750er Modelle (schon mit Wälzlagerpleueln). Einen Meilenstein setzte Schleichers R 5 1936: mit »Tunnelgehäuse« statt horizontaler Teilung (wie bei Zündapp-Boxern), zwei Nockenwellen zwecks kurzer Stößelstangen, Haarnadelventilfedern (vgl. II.7), zwei Vergasern, Viergang-Fußschaltung (mit Hilfsschalthebel), Telegabel-Fahrwerk.

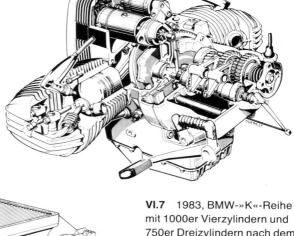

VI.6 Nach einer 20jährigen Schritt-für-Schritt-Entwicklung (wieder Schraubenventilfedern, zentrale Nockenwelle, teilweise Biegeschwingungsdämpfer auf Kurbelwelle vorn) startete 1969 die moderne Boxer-Generation: R 75 mit Kurzhub, steifer einteiliger Gleitlager-Kurbelwelle (mit Pleueln der PKW-Motoren, kräftigem Ölumlauf mit Rotorpumpe), Alu-Zylinder, Nockenwelle unten, kleinerer Ventilwinkel, E-Anlasser, fünf Getriebegänge . . . im völlig neuen Fahrgestell.

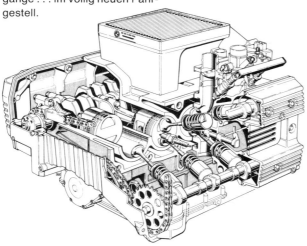

VI.7 1983, BMW-»K«-Reihe mit 1000er Vierzylindern und 750er Dreizylindern nach dem »Compact Drive System«-Patent von Josef Fritzenwenger. Der flüssigkeitsgekühlte liegende Leichtmetallmotor besitzt zwei kettengetriebene Nockenwellen über Tassenstößeln, elektronische Benzineinspritzung und eine gegenläufige Kupplungswelle, die beim Dreizylinder Ausgleichgewichte (gegen Massenmomente) trägt. Zusammengegossene Zylinder mit »Galnikal-Schicht« (»open deck«).

Zündfolge zustande, sondern erst mit sechs, wenn der Gabelwinkel der Zylinderreihen (720 : 6 =) 120 Grad beträgt. Bei einem V-8 schrumpft er demgemäß auf 90 Grad.

Nun verursacht der 90 Grad-Winkel der V-8-Motoren kaum unerwünschte, sperrige Konturen, erst recht nicht die 60 Grad der exklusiven Zwölfzylinder. Doch stören größere Gabelwinkel und breitere Motoren zumindest zwischen Vorderrädern, von denen man für kleine Wendekreise weiten Einschlag verlangt. Folglich bieten sich kleine V-Winkel auch für Motoren mit nur vier oder sechs Zylindern an. Soll dennoch die Zündfolge gleichmäßig aufgeteilt sein — eine offenbar vordringliche Eigenschaft — so muß man die traditionelle Kurbelwelle des V-Motors verlassen und jedem Pleuel einen »eigenen« Hubzapfen zuordnen, der mit seiner Winkelstellung die Gabelung der beiden Zylinderreihen ausgleicht.

Ob solche Motoren jetzt noch »echte« V-Motoren sind — oder nur Motoren mit gegabelten Zylinderreihen, ist letzten Endes eine theoretische, für die Praxis müßige Frage. Weit interessanter ist bei den Vierzylindern die durch eine zusätzliche Welle vervollkommnete Auswuchtung: sie läuft direkt neben der Kurbelwelle, ein wenig nach oben versetzt, mit gleicher Drehzahl, aber umgekehrtem Drehsinn, und erzeugt mit exzentrisch angebrachten Gewichten ein »Massenmoment«, das dem der Kurbelwelle entgegenwirkt. Abweichend von den verbreiteten V-Vierzylindern von Ford rotiert sie in einem kleinen russischen Motor sogar innerhalb der hohlen Nockenwelle (natürlich mit den Gewichten an beiden Enden, noch vor und hinter den äußeren Nockenwellenlagern und dem Antrieb).

MODERNE GLEITLAGER, JE DÜNNER — DESTO BESSER

Bei der Entwicklung solider Serienmotoren zu Drehzahlen über 6000/min — in Motorrädern über 10 000/min! — durften Kurbelwellen, Pleuel und Lager in keiner Beziehung zu kurz kommen. Notabene begannen etliche japanische superstarke Motorrad-Vierzylinder mit rollengelagerten Pleueln, um regelmäßig bald »ruhigere« Gleitlager zu erhalten. Immer strengere Geräuschgrenzen kommen damit zum Ausdruck, bei PKW-Antrieben allgemein als Laufkultur, ebenso für längste Lebensdauer.

Inmitten der vielfältigen konstruktiven und fabrikatorischen Verfeinerungen verraten die »technischen Daten« von Motoren als charakteristisches Merkmal die Anzahl der Kurbelwellenlager. Immer mehr Modelle erhalten eine »Voll-Lagerung«, d. h. je ein Hauptlager neben jeder einzelnen Kröpfung der Kurbelwelle, ein Reihenvierzylinder also fünf und ein Sechszylinder sieben, wie früher nur in wenigen Sport- und Luxuswagen — oder bei Dieselmotoren.

Eine wichtige Voraussetzung für die vermehrte Lagerzahl liefert der Trend zum kurzen Hub, weil häufig erst die gleichzeitig vergrößerten Bohrungen und entsprechend längeren Motorengehäuse den nötigen Platz für die zusätzlichen Lager (und Kurbelwellenschenkel) schaffen. Aber auch die Lager selbst kamen der Entwicklung freundlich entgegen: während ihre Durchmesser, also auch die Wellen- und Hubzapfen, kräftig wuchsen, wurde die Breite moderner Gleitlager ständig geringer. Längst staunen wir darüber, daß es noch in den dreißiger Jahren etliche (wenngleich kleine)

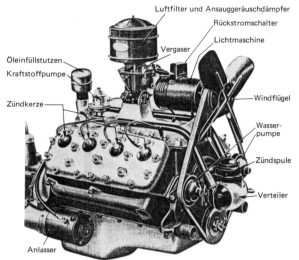

VI.8 Nach frühen V-Achtzylindern für Rennen und Rekorde (Darracq in Paris, Winton, Franklin und Marmon in USA), auch für Flugzeuge (FIAT und Renault, vgl. V.5) bauten Laurin & Klement 1907 (wenige) und de Dion-Bouton ab 1910 solche PKW-Motoren (6 l, sv). Größere Verbreitung erlangten ab 1914 Cadillac-V 8, denen bald zahlreiche Konkurrenten folgten.
Den ersten deutschen V-8 konstruierte Carl Slevogt 1921 bei Apollo in Apolda, doch ging er nicht in Serie. Paul Henzes Berliner NAG »218« (s. V.15) konnte den Niedergang des angesehenen Werks nicht verhindern, zumal für die Krisenjahre zu groß und zu teuer, im Gegensatz zum abgebildeten (»billigen«) Ford-V 8, der 1932 als Antwort auf Chevrolets ohv-Sechszylinder entstand (3,6 l, in Köln ab 1935 mit Leichtmetallköpfen und Registervergaser für 63 kW bzw. 85 PS bei 3800/min statt 48 kW bzw. 65 PS bei 3400/min).
Doch die große Aera dieser Motoren begann nach dem 2. Weltkrieg in den USA. Bei uns gab es einen BMW-Leichtmetallmotor (1955 bis 1965, 2,6 bis 3,2 l, 100 bis 160 PS bzw. 74 bis 118 kW). Später folgten moderne Konstruktionen bei Daimler-Benz, Porsche, Ferrari.
Auch V-Sechszylinder kamen in Italien und Japan zu einer Blüte, bei VW zur Entwicklung.

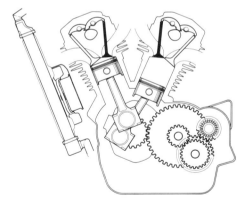

VI.9 V-Motoren, mehrheitlich als Längsläufer, spielten auch in der internationalen Motorrad-Historie eine Rolle – ab 1938 durch vordringende Parallel-Twin abgeschwächt, aber von den »Japanern« seit 1978 als Alternative zu ihren Reihenvierzylindern aufgegriffen, als Beispiel Honda.
Der abgebildete (trotz Kühlrippen flüssigkeitsgekühlte) VT-Typ (500 bis 750 cm^3) enthüllt eine besondere Finesse: mit V-Motoren-untypischen zwei Hubzapfen. Während solche Lösungen bei V 6-PKW-Motoren gleichmäßige Zündfolge bezwecken (bei anderen als 60°-Gabelwinkeln), dient die Spreizung hier dem besseren Massenausgleich: 76° = 180° minus dem doppelten Zylinderwinkel. Mit einem gemeinsamen Hubzapfen bieten 90°-Gabelwinkel die weitaus beste Auswuchtung, z. B. bei Ducati oder Honda-V 4 . . .
Schwarz angelegt sind übrigens die Einlaßventile, kleiner, aber doppelt (fluchtend), als »Dreiventiler« wie in vielen japanischen PKW, hier sogar mit Doppelzündung verbunden.

Vierzylindermotoren gab, deren Kurbelwellen in nur zwei Hauptlagern liefen — tatsächlich bogen sie sich zuweilen erschreckend durch. Umgekehrt erlauben die großzügigen Querschnitte neuzeitlicher Kurbelwellen oft, sie aus hochentwickeltem Gußeisen herzustellen, aus dem sogenannten Sphäroguß; er gestattet gegenüber geschmiedeten Wellen zweckmäßige Formen und eine bedeutend einfachere, kürzere Bearbeitung.

Neben dieser Schlankheitskur erlebten die Lager eine innere Verwandlung — von einem dicken Ausguß weichen Lagermetalls, das geschickte Mechaniker nach dem Vorbohren Stück um Stück mühsam einschaben mußten, zu den heutigen dünnwandigen, »kalibrierten« und einbaufertigen

VI.10 Modernes Dreistofflager, hier ausnahmsweise nicht als Halbschalen, sondern ungeteilt, wie es die Montage (leider) selten erlaubt.

Lagerschalen. Die Entwicklung begann in den Anfangsjahren des Motorenbaus mit der »Bronzezeit«, mit Rotguß, Messing und etlichen Bronzesorten. Ihnen folgte dann für lange Zeit das Weißmetall, dessen weiche Grundmasse aus Zinn besteht; hinzulegiertes Kupfer, Blei- oder Nickelanteile brachten die gewünschten Verbesserungen, auch etwas Antimon, das ja ebenso dem Letternmaterial gute Festigkeit und Härte verleiht. — Weißmetall ist wegen seiner ausgezeichneten Laufeigenschaften auch heute noch beliebt und verbreitet, solange die Temperaturen, Gleitgeschwindigkeiten und Drücke nicht zu hoch werden.

Da Zinn teuer ist (und in Deutschland zeitweilig sehr knapp war), entstanden zinnarme Bleilegierungen, die schließlich brauchbare Ergebnisse vermittelten, namentlich »Gittermetall«, in dem Blei eine gitterartige Struktur mit Grafitnestern bildet. — Als typischer »Heimstoff-Ersatz« galten zunächst auch Leichtmetallegierungen für Lager. Wie aber bei technischen Problemen nicht selten, überwand intensive Forschung viele Handicaps und züchtete den Ersatz zu einem vollwertigen Konkurrenten ... bis auf die notwendige hohe Härte der Lagerzapfen, auf die Weißmetallager nicht angewiesen sind.

Den nächsten, ohne Zweifel größeren Fortschritt brachte Bleibronze, die etwa zu zwei Dritteln aus Kupfer, zu einem knappen Drittel aus Blei und aus etwas Zinn und Antimon besteht. Sie verbindet hohe Festigkeit mit ausreichenden Notlaufeigenschaften (durch das bei einem kurzen Trockenlauf »ausschwitzende«, schmierende Blei) und mit vorzüglicher Wärmeableitung, Eigenschaften, die den Begriff Thermodur prägten — auch wieder ein halb-griechisches, halb-lateinisches Wort, wie Automobil. Bleibronzelager verlangen ebenfalls gehärtete Zapfen, exakte Montage und wegen der geringen Fähigkeit, Fremdkörper einzubetten, sauberes und reichlich umlaufendes Öl. Die hohe Tragfähigkeit benötigten Dieselmotoren viel früher als die fremdgezündete Konkurrenz. — Noch größere Vorzüge, allerdings auch noch größere Probleme offenbarten die für amerikanische Kolbenflugmotoren entwickelten Silberlager, bei denen der Materialpreis nicht einmal an erster Stelle rangierte.

Die heute vorherrschenden »Vielstofflager« mit stählernen Stützschalen beruhen auf der Erkenntnis, daß kein einzelnes Lagermetall, keine einzelne Schicht bei hohen Ansprüchen alle Aufgaben erfüllen kann, sondern nur die zweckvolle Verteilung der verschiedenen Aufgaben. Außerdem gewinnen die Lager an Tragfähigkeit und Lebensdauer, wenn man die einzelnen Schichten möglichst dünn macht. Das vermindert die Ermüdungsgefahr hochbelasteter Zonen, das Brechen und Ausbröckeln. Deshalb sind die Stahlstützschalen heute selten stärker als 2 mm; darauf liegt eine Bleibronzeschicht von wenigen Zehntel Millimetern, vergossen oder galvanisch aufgetragen, während ein durch »Maßgalvanik« erzeugter Ein- und Notlaufüberzug aus Indium, Kadmium oder Weißmetall wenige Hundertstel mißt. Anders als bei den Silberlagern ist ein Diffundieren (Unterwandern) von Zinn in Blei bei Vielstofflagern unerwünscht und häufig durch einen zusätzlichen »Nickeldamm« von einem Tausendstel Millimeter Stärke wirksam unterbunden.

Moderne Vielstofflager erreichen bei richtiger Behandlung und angemessenen Betriebsbedingungen unvergleichliche Laufzeiten. Mißerfolge, die früher zuweilen auf konstruktive Mängel zurückgingen, entstehen allenfalls bei Herstellungsfehlern, falscher Passung oder Montage, worauf also der Kunde keinen Einfluß hat, oder bei Schmierungsmängeln, etwa durch ungeeignete Ölsorten, stark verschmutzte oder verdünnte Ölfüllungen, gelegentlich auch durch rücksichtslos bediente Gaspedale oder Schalthebel, wie noch erläutert wird. Die Reibungswerte bei hohen Drehzahlen und Öltemperaturen fallen gegenüber Kugel- und Rollenlagern kaum ins Gewicht. Allein der »Anlaufwiderstand« ist bei Gleitlagern merklich größer und, eben, der ausreichende Ölnachschub wichtiger...

Ich denke nie an die Zukunft.
Sie kommt früh genug.
Albert Einstein, Physiker, 1879–1955

REGELKOLBEN UND RAFFINIERTE KONTUREN

Auf die doppelte – und in Zweitaktern sogar dreifache – Aufgabe der Kolben deuten, sicher nicht zufällig, zwei Vergleichswerte, die das technische Niveau des gesamten Motors kennzeichnen. Neben der mittleren Kolbengeschwindigkeit, dem aufschlußreichen Maßstab für die mechanische Beanspruchung, betrachtet man die Wärmebelastung des Kolbens, indem man PS-(kW)-Zahlen auf die Kolbenbodenfläche bezieht. (Sie wird als »eben« angenommen, d. h. als Kreisquerschnitt des Zylinders). Allerdings liefern größere Kolbenböden, zum Beispiel in Kurzhubmotoren, kleinere spezifische Werte und verlangen bei einem Vergleich entsprechende Vorbehalte. Um Trugschlüsse zu vermeiden, kann man nur Motoren ähnlicher Bauart und Größe gegenüberstellen.

In der Praxis sind einwandfrei arbeitende Kolben und Kolbenringe, mit einer guten Abdichtung nach »oben«, gegen die Gasdrücke, und nach »unten«, gegen das Schmieröl, der entscheidende Maßstab für den Zustand und die Lebensdauer der meisten Motoren. Zudem vermehrt jedes »Plus« von Leistung, Laufkultur und Wirtschaftlichkeit die Anforderungen an das Organ der Maschine, das der ganzen Gattung – Kolbenkraftmaschinen – den Namen gab.

An jedem Arbeitstag benötigt der weltweite Motorenbau eine Millionenzahl kompletter Kolben. Schon in den zwanziger Jahren übernahmen

Spezialisten die Entwicklung und Herstellung von Kolben und Ringen. Zumal Normung und Typenbeschränkung hier unbekannte Begriffe bleiben und gleichhohe Ansprüche an Präzision — außerhalb der optischen und feinmechanischen Industrie — nur noch bei Kugel- und Rollenlagern, Einspritzpumpen und -düsen bestehen! Daher prägte der Kolbenbau einen eignen, bedeutenden Industriezweig, ähnlich anderen Bauelementen für Maschinen und Motoren. Wälzlager, Gleitlager, Ketten und Zahnräder zählen dazu, ferner die »elektrischen« Bauteile, Vergaser oder Einspritzanlagen, Ventile, Federn, Stößel, Dichtungen und Schrauben...

Buchstäblich schwer wog in der Kolbenentwicklung die Werkstofffrage, wobei Gußeisen, Aluminium und die noch leichtere Magnesiumlegierung »Elektron« zeitweilig scharf konkurrierten. Die ersten Leichtmetallkolben registriert die Chronik in einem Selve-Motor, den eine Prüfungskommission 1913 vom »Kaiserpreis für Flugmotoren« zurückwies. Vermeintlich waren »seine Leichtmetallkolben mit ihrem etwa 600° C hohen Schmelzpunkt den weit höheren Verbrennungstemperaturen keineswegs gewachsen«. Ein Jahr später gewannen drei Mercedes-Rennwagen den denkwürdigen französischen Grand-Prix mit ebensolchen Kolben.

Hellmuth Hirth goß seine ersten Leichtmetallkolben 1917, als der Weltkrieg nach dem Eintritt der USA an allen europäischen Fronten, mit Schiffen und U-Booten auf dem halben Erdball und in der Luft, das letzte, dramatische Stadium erreichte. Hirths Kolben hielten zwar nur 30 Stunden, doch dann waren die betreffenden Flugmotoren sowieso reif für eine Grundüberholung. Heute erreichen Lkw-Dieselkolben 300 000 Kilometer und mehr, wo-

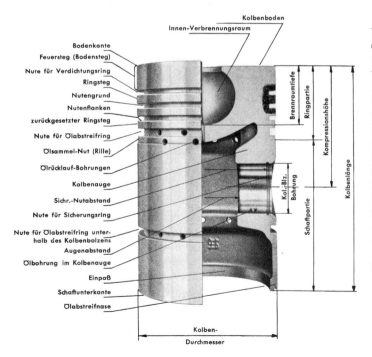

VI.11 Am Beispiel eines Dieselkolbens, dessen kugelförmiger Brennraum im tiefen Kolbenboden liegt, sind die zahlreichen Begriffe aufgeführt, die einen modernen Kolben kennzeichnen. Das dunkle Profil rund um die obersten Ringnuten zeigt einen eingegossenen (oder sogar eingepreßten!) »Ringträger« aus hochverschleißfestem Material, der außerdem die (kritische) Temperatur am obersten Kolbenring senkt.

bei jeder Kolben im Zylinder etwa die gleiche Laufstrecke wie das Fahrzeug zurücklegt. Das sind im großen Durchschnitt 6000 Betriebsstunden... und ein Drittel davon — oder die Hälfte der Strecke — für Pkw-Kolben kein schlechter Wert. Aber beide nur Bruchteile der Laufzeiten von Großmotoren, die von Lokomotivantrieben bis zu Schiffsmaschinen reichen. Da sie jedoch mit viel geringeren Drehzahlen arbeiten, ergibt sich eine gewisse Angleichung der Kolbenhübe und Verschleißverhältnisse.

Der »Kampf um Kolben« dauerte bis in die fünfziger Jahre, in denen Chevrolet und Ford als letzte ihre Kolben aus Spezialgußeisen aufgaben. Sie blieben führend mit ihrer Lebensdauer und Laufruhe, mit den besten Gleiteigenschaften und geringsten Laufspielen, während für die Leichtmetalle das niedrige Gewicht und die gute Wärmeleitung sprechen. Freilich war, bereits vor dem Grauguß, das Elektronmetall als leichtester Kolbenwerkstoff im Rennen ausgeschieden, obwohl die ersten Runden verheißungsvoll verliefen. Bei einem »Kolbenwettbewerb«, den 1921 das Reichsverkehrsministerium ausschrieb, landeten Aluminiumkolben auf dem zweiten und dritten, Magnesiumkolben (von der »Chemischen Fabrik Griesheim-Elektron«, der nachmaligen IG-Farbenindustrie) auf dem ersten und vierten Platz. In Rennmotoren der zwanziger Jahre oft erfolgreich, liefen sie auch in Mercedes-Benz »SS«-Kompressormodellen, bis 1930 Alukolben an ihre Stelle traten. Und zwar aus demselben Grund, der alle Elektronkolben scheitern ließ, ungenügende Verschleißfestigkeit.

Die starke Position der Graugußkolben in Amerika schloß nicht aus, daß Chrysler schon 1926 Nelson-Bohnalite-Kolben montierte und, zusammen mit europäischen Lizenznehmern, eine neue Epoche im Kolbenbau einleitete. Die Wirkung der Nelson-Kolben beruht auf eingegossenen Platten oder Streifen aus »Invar-Stahl«, einer Legierung mit hohem Nickelgehalt und sehr geringer Temperaturdehnung. Das eingegossene Korsett hält die große Wärmedehnung des Leichtmetalls im Zaum und erlaubt beträchtlich engere Laufspiele.

Viele weitere Schritte führten seither zu neuartigen und immer wirkungsvolleren »Regelorganen«, beispielsweise nach dem Bimetallprinzip: zwei miteinander verbundene Metallstreifen unterschiedlicher Wärmedehnung krümmen sich bei ansteigenden Temperaturen und lenken die Dehnung des Kolbenschaftes vorwiegend in die Richtung des Kolbenbolzens, während das Laufspiel in der Querrichtung gleichmäßig klein bleibt. Darauf kommt es ja an, weil das schrägstehende Pleuel den Kolben einseitig an die Zylinderwand drückt, in den Totlagen dann Kraftrichtung und Anlage wechselt und dadurch — bei zu großem Spiel — das häßliche Kolbenkippen veranlaßt. Übrigens hat sich das Bimetallprinzip auch manche andere Anwendung erobert, besonders in der Elektro- und Meßtechnik, zur Vorwärmung der Ansaugluft und zur Dosierung automatischer Kaltstarthilfen.

Der langjährige Wettbewerb zwischen kupferhaltigen Aluminiumlegierungen, darunter der amerikanische »Y«-Guß, und solchen auf Siliziumbasis endete durchweg zugunsten des jüngeren Typs. Silizium vermittelt weniger Temperaturdehnung und geringere Anfälligkeit gegen mechanischen und korrosiven Verschleiß. Der besseren Wärmeleitung und »Warmfestigkeit« der kupferhaltigen Legierungen begegnete

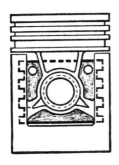 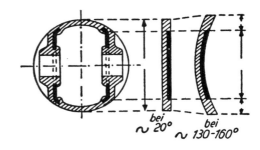

VI.12 Zwei Kolben, die Geschichte machten, links Nelson-Bohnalite mit einer eingegossenen Invarplatte an jeder Kolbenseite, die das (nur noch von Rippen getragene) Kolbenbolzenauge einschließt; rechts quer im Bolzenauge geschnitten der preiswertere Autothermik-Kolben mit »Bimetallstreifen«, die das Mittelstück biegen statt längen.
Auf dieser Basis entstanden zahlreiche weitere »Regelkolben« zwecks geringer Wärmedehnung und Laufspiele, guter Laufruhe und Lebensdauer.

schließlich die intensive Entwicklung der Gegenspieler.
Zu den Bauarten mit geregelter Wärmedehnung zählen, neben den Vertretern mit Invarstreifen oder Bimetalleinlagen, auch die vielfältigen Schlitzmantelkolben. Ausgeprägte Querschlitze, meistens in Verbindung mit der breiten Nut für den (untersten) Ölabstreifkolbenring, hemmen den Wärmefluß vom heißen Kolbenboden zum Kolbenschaft — oder Längsschlitze machen letzteren elastisch, um die Gefahr des »Fressens« zu bannen. So entstehen »Schaftlappen«, welche federn und enge Passungen für ruhigen Lauf ermöglichen. Doch eignen sich diese Kolben schlecht für große mechanische Belastungen, weil zwangsläufig ihre Festigkeit leidet, die Schaftlappen auf die Dauer erlahmen, dann schlecht tragen und ihren Zweck verfehlen.
Dafür steuern die Wandstärken und Formen der Kolben, eine Wissenschaft für sich, den großen Temperaturunterschied zwischen dem Kolbenboden, der Ringzone, den Kolbenbolzenaugen und dem Schaft. Aus der simplen Kegelform mit großem Laufspiel oben, an der heißen Seite, und möglichst geringem unten... und aus der einfachen Ovalität, mit kleinem Spiel in der kippanfälligen Druckrichtung und größerem Spiel quer dazu... entstanden komplizierte »Schliffbilder«. Sie sind das Ergebnis umfangreicher Versuche mit jedem neuen oder weiterentwickelten Motor. Die optimalen Formen von Kolben — und ihre Oberflächenbeschaffenheit — sind besonders wichtig, weil sie in aller Regel langsamer einlaufen und weniger verschleißen als ihre beträchtlich härteren »Reibungspartner«, die gußeisernen Zylinderwände und Kolbenringe.
Allerdings gibt es Ausnahmen, vor allem in hochbeanspruchten oder schnellaufenden Dieselmotoren, bei denen die Ringnuten einer kritischen Abnutzung unterliegen. Hier helfen Ringträgerkolben, mit eingegossenen Verstärkungen aus verschleißfestem Stahl oder Grauguß für die obersten Ringe. Ein besonderes, aber gelöstes Problem präsentieren Ringträger in geschmiedeten statt gegossenen Kolben. Denn für höchste Belastungen,

wiederum in Sport- und Dieselmaschinen, bietet das dichtere Gefüge von geschmiedeten bzw. gepreßten Leichtmetallen immer noch eine wertvolle Reserve an Festigkeit und Zuverlässigkeit. Die (etwas) schlechteren Laufeigenschaften verbessert häufig eine Oberflächenschutzschicht aus Blei, Zinn, Grafit oder Phosphaten, die auch bei Gußkolben ausgeprägte Not- und Einlaufeigenschaften vermittelt. Dagegen verwertet man das früher verbreitete Eloxieren (elektrisch oxydieren), das eine sehr harte Oberfläche erzeugt, heute eher für Kolbenböden als für Schäfte. Die erhoffte Verbesserung von Freßsicherheit und Verschleiß blieb aus oder verkehrte sich sogar ins Gegenteil.

Im Prinzip gehen Ringträgerkolben auf die 20er Jahre zurück, als Alukolben mit Graugußschäften (oder starken Ringen). Großdiesel erhielten später Guß- oder Stahlkolbenböden — »gebaute« Kolben, meist mit Kühlkanälen für Wasser oder Öl.

Mit Chevrolets »Vega«-Vierzylinder gingen erstmalig »unbewehrte« Alu-Zylinder in Großserie — mit einer speziellen Oberflächenbehandlung und mit Kolben, die eine hauchdünne Eisen- oder Weichchromschicht tragen. Die V-Achtzylinder von Porsche (nach deren Boxermotoren) und von Daimler-Benz wurden prominente deutsche Beispiele. Auf Laufbahnen aus Nikasil (Mahle) oder Galnikal (BMW) kommen wir gleich beim Thema »Zylinder« und später bei Wankelmotoren zurück . . . lauter beachtliche Lösungen, die schwer erkämpft wurden.

Wieder eine andere Errungenschaft kam Rennmotoren der fünfziger Jahre zugute: nach einer Entwicklung der Schweizer Aluminiumindustrie gelang es, Leichtmetallpulver zu »sintern«, d. h. zu rösten und zusammenzubakken, natürlich mit enormen Drücken.

Die Festigkeit dieser Sintal-Kolben, vor allem bei höchsten Temperaturen, übertraf auch herkömmliche Schmiedekolben noch beträchtlich — allerdings auch der Preis, der bislang eine Anwendung in Serienmotoren ausschließt.

»Das ist der ganze Jammer: die Dummen sind so sicher und die Gescheiten so voller Zweifel.« Bertrand Russel, engl. Philosoph, 1872–1970
(Er hatte gewiß Goethe gelesen: »Mit dem Wissen wächst der Zweifel«)

DIE LEBENSWICHTIGE ABDICHTUNG (NACH OBEN UND UNTEN)

Genau so lang wie ein moderner Kolbenkatalog, und nicht minder vielfältig, ist eine Liste der verschiedenen Kolbenringtypen. Ehedem erschöpfte sich das Gespräch eines Motorenkonstrukteurs mit dem Kolbenspezialisten in der Einigung über die Anzahl der Kompressions- und Ölabstreifringe sowie über ihre Anordnung zwischen Oberkante und Kolbenbolzen. Gelegentlich saß auch ein zweiter Ölabstreifer noch unterhalb des Kolbenbolzens. Doch wuchsen die Probleme mit der Leistung und Lebensdauer, die man heute von jedem Motor verlangt. Als einfacher und deutlicher Maßstab für die Dichtwirkung der Kolbenringe dient der Ölverbrauch eines Motors, obgleich nennenswerte Ölmengen auch entlang den Ventilschäften in die Verbrennungsräume und Auspuffstutzen gelangen können.

Es geht ja nicht nur um die Abdichtung »von unten nach oben«, sondern ebenso um die Abdichtung »von oben nach unten«, gegen durchblasende

Verbrennungsgase, die Fachleute abfällig als »Blow-by« titulieren. Abgenutzte, festgebackene oder gebrochene Kolbenringe lassen die Flammen so stark durchpfeifen, daß eine Schweißbrennerwirkung entsteht. Die Temperaturen von Kolben und Ringen steigen progressiv, zerstören den Schmierfilm und die Wärmeableitung zur (relativ) kühlen Zylinderwand ... bis zum bitteren Ende, einem schweren Kolbenfresser. Tatsächlich müssen die Ringe einen erheblichen, oft den größten Teil der Kolbenwärme ableiten — was natürlich dagegen spricht, ihre Anzahl pro Kolben und ihre tragende Breite allzusehr zu vermindern, etwa im Hinblick auf den großen Reibungsanteil bei den »mechanischen Verlusten« des Motors.

Schmale Kolbenringe dichten bei gleicher Spannung und Anpressung besser als breite. Ferner belastet ihr geringeres Gewicht bei jedem Druck- und Richtungswechsel die eignen Flanken und die Nuten im Kolben weniger. Deshalb arbeiten moderne Ottomotoren vorzugsweise mit »Ringhöhen« von nur 1,5 bis 2,5 mm. Lediglich die besonders profilierten Ölabstreifringe, grundsätzlich zu unterst angeordnet, bleiben doppelt so hoch. Längst ist die von den Bezeichnungen »Verdichtungs- oder Ölabstreifringe« diktierte Arbeitsteilung überholt, indem auch die erste Gruppe am sparsamen Ölhaushalt mitwirkt, vor allem die Fasen- oder Nasenringe.

Andere, vom einfachen Rechteckprofil abweichende Konturen sind die Minutenringe, Trapezringe und Winkelringe. Erstere besitzen eine um »Winkelminuten« konische Gleitfläche (60 min. = 1 Winkelgrad), die zunächst eine schmale, gut dichtende und rasch einlaufende Anlage verursacht, um mit fortschreitendem Einlauf breiter und verschleißfest zu tragen. Trapezringe, ein- oder doppelseitig, vermindern die Gefahr des Festbrennens drastisch, stellen aber hohe Ansprüche an die Haltbarkeit der Kolbenringnuten und an ihre eignen Flanken.

Winkelringe bilden am Nutengrund einen »Atmungsraum« für den Gasdruck, der die Anpreßkraft und Dichtwirkung vermehrt. Besonders stark ausgeprägte »L«-Profile entstanden in den sechziger Jahren für Renn- und Hochleistungszweitakter, um — unmittelbar an der oberen Kolbenkante! — die Schlitze besonders exakt zu steuern, zuweilen auch einen zweiten Ring einzusparen, da Zweitakter ohnehin keinen Ölabstreifer benötigen. Obwohl diese L-Ringe der Verbrennung unmittelbar ausgesetzt sind, beobachtet man das berüchtigte Festbrennen und Stecken selten.

In modernen Motoren, besonders für hohe Dauerleistungen und am meisten in Diesel, muß jeder einzelne Ring zuverlässig und lebenslang für das Wohlergehen seines Trägers, des Kolbens, sorgen. Er kann das nur dank

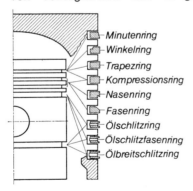

VI.13 Das äußere Kolbenprofil ist natürlich nur ein Symbol, weil selbst hochaufgeladene Diesel-Langsamläufer (mit 1 Meter Kolbendurchmesser) heute höchstens 6 Ringe tragen, Ottokolben durchweg die Hälfte. Es ist aber zu sehen, welche Ringtypen an welche Stelle gehören.

eigner hoher Qualität — und mit der richtigen Passung in der Ringnut. Zuviel Spiel schadet ebenso wie zuwenig, weil der Ring ins »Flattern« gerät, schlecht abdichtet, stärker verschleißt, zuviel Öl nach oben »pumpt« oder gar bricht.

Die gute Verschleißfestigkeit verchromter Zylinderlaufbahnen kann man zu einem Teil auf herkömmliche Grauguß-zylinder übertragen, indem man den Reibungspartner, den Kolbenring, mit der harten Chromschicht ausstattet. Das gilt besonders für den obersten Ring, der mechanisch, thermisch und chemisch (durch Korrosion) am höchsten beansprucht und überdies am schlechtesten geschmiert wird. Weil nicht nur die Chromringe selbst beträchtlich länger leben, sondern auch die darunter liegenden Ringe und die Zylinder, findet man sie heute in fast jedem Motor, zumal Aufwand und Erfolg in einem guten Verhältnis stehen. Lediglich der Einlaufvorgang wird verzögert und die Gefahr von Freßstellen an den Ringen, die berüchtigte »Brandspurbildung«, gelegentlich vermehrt, so daß neben die verchromten Ringe — oder an ihre Stelle — solche mit eingespritzten Ferrox- oder Molybdän-streifen oder Chromringe mit einer Bronzefüllung getreten sind.

Eine weitere Kolbenring-Spezialität sind »Reparatursätze« (z. B. »Paßform-Ringe«), die auch in verschlissenen, d. h. unrunden, konisch und zu weit gewordenen Zylindern den Ölverbrauch vermindern und die gesunkene Leistung wieder anheben. Dabei werden die Ölabstreifringe, die zu unterst sitzen, manchmal auch noch ein Nasenring, von dahinter liegenden Expanderfedern an die Zylinderlaufbahn gedrückt und folgen dank ihrer Elastizität auch ungleichmäßigen Konturen. Bei vielen Motorentypen findet man solche federgestützten Ölabstreifer bereits serienmäßig.

Der Einbau von Reparatur-Kolbenringsätzen ist allerdings heute nur bei bestimmten Voraussetzungen wirtschaftlich und ratsam: einmal müssen die übrigen Verschleißteile des Motors — Lager, Kolbenbolzen, Ventile, deren Führungen, Nocken und Schlepphebel oder Stößel, Öl- und Wasserpumpen, vor allem Kolben selbst — noch eine nennenswerte Lebensdauer-Reserve besitzen. Zum anderen dürfen die Montagestunden für die Zwischenüberholung nur einen vertretbaren Anteil der Löhne für eine Grundüberholung kosten.

In ähnlicher Form gewinnen Austauschaggregate oder komplette Austauschmotoren um so größere Bedeu-

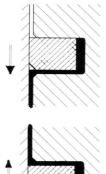

VI.14 Im Viertaktmotor, mit hohen »Gasdrücken« nur bei jeder zweiten Umdrehung, wechseln Kolbenringflanken ihre Anlage in den Nuten und erzeugen mit unzulässigem Spiel regelrechtes Pumpen! Beim Abwärtsgang fließt das Öl in die Nut und wird beim Aufwärtsgang nach oben gedrückt.

tung, je mehr sich das Verhältnis zwischen Löhnen und Ersatzteilkosten verschiebt. Mit anderen Worten, wenn ein Satz Reparaturringe wesentlich billiger ist als Austauschzylinder mit neuen Kolben — etwa bei luftgekühlten »Einzelzylindern« oder wassergekühlten »nassen Laufbüchsen« — so mag das für Bastler und »Do it yourself«-Montage attraktiv sein. Wo aber die Lohnkosten weit über den Ersatzteilpreisen liegen, verschiebt sich das Bild zu Gunsten der Austauschteile!

RUNDE, FORMTREUE ZYLINDER!

Nun verdienen die Zylinder als Partner der Kolben und Ringe mehr — und früher — Beachtung als bei einer fälligen Instandsetzung. Betreffen doch alle Fragen der Reibung, Temperaturdehnung, Wärmeableitung und Haltbarkeit stets das Zusammenspiel von Kolben und Zylindern! Selbst die besten Kolben und Ringe versagen, wenn ihre Partner sich ungleichmäßig dehnen oder verziehen; und tatsächlich sind viele Kolbenklemmer, genauer betrachtet, »Zylinderklemmer«.

Verzogene Zylinder sind (mechanisch) verspannt oder zu ungleichmäßig erwärmt. Die größten Temperaturunterschiede entstehen zwischen der Luv- und Leeseite, zwischen dem Kopf- und Fußende von luftgekühlten Graugußzylindern. Sie erreichen eine Größenordnung von 60 bis 80° C. Leichtmetallzylinder mit ihrer guten Wärmeleitung reduzieren diese unerfreulichen Werte um mehr als die Hälfte. Da jedoch Leichtmetallkolben in ebensolchen Zylindern trotz vieler Versuche und Experimente sehr unbefriedigend »laufen«, andererseits die Paarung Stahl- oder Graugußkolben in Alu-Zylindern überhaupt nicht in Betracht kommt, benötigen Alu-Zylinder eine besondere Laufschicht. Sie wird entweder als Büchse eingepreßt, eingegossen (z. B. Biral), aufgespritzt (z. B. Ferral-Zylinder) oder als Chromschicht galvanisch aufgetragen. »Nikasil«, eine typische Wankel-Errungenschaft, stellen wir hier zurück...

Wegen der unterschiedlichen Wärmedehnung von Eisen und Leichtmetall bringen die Laufbüchsen unverzüglich neue Probleme mit sich. Dünne Wände und (ihrerseits notwendige) hohe Schrumpfmaße verursachen eine bedenkliche Einbeulgefahr, während dickwandige Büchsen den erwünschten Wärmefluß und Gewichtsvorteil beeinträchtigen. Erst 1970 brachte ein neuer General Motors-Typ die schon angedeutete vielbeachtete Alternative, nicht die Zylinderbohrungen des Leichtmetallblocks, sondern die viel kürzeren Kolbenschäfte mit einer hauchdünnen Eisenschicht auszustatten. Neben sie wiederum trat, als Alternative, eine Chromschicht.

Als hochwertige, aber teure Sonderbauart bietet sich das aus den USA stammende Al-Fin-Verfahren an, bei dem die Stahl- oder Gußkörper zuerst eine besondere Bindeschicht erhalten, bevor man das Leichtmetall herumgießt. Diese allgemeine Formulierung soll berücksichtigen, daß man außer Zylindern Bremstrommeln und weitere Bauteile auf diese Art mit Leichtmetall umgießt. Die Alfinierung verhindert die sonst unvermeidlichen Oxydschichten und verbessert dadurch die Haftung und den Wärmefluß. Andererseits wurden Laufbüchsen aus Sonderguß mit großer Wärmedehnung entwickelt, die mit geringen, ungefährlichen Schrumpfmaßen auskommen. Aus »Schleuderguß« sind die Büchsen fast ohne Ausnahme, weil die hohen Fliehkräfte beim Vergießen des schweren Materials das Gefüge verdichten und den Verschleiß vermindern. Chromschichten verursachen andere Sorgen; sie sind extrem hart und verschleißfest, aber teuer und diffizil in der Produktion. Außerdem bedarf es besonderer

Kunstgriffe, um poröse oder angerauhte Oberflächen zu erzeugen, an denen der Schmierfilm ausreichend haftet.

In wassergekühlten Zylinderblöcken spielen »nasse« Laufbüchsen eine bedeutende Rolle, namentlich in Sport- und Rennmotoren, aber auch in etlichen französischen Großserienmodellen: wesentlich dickwandiger als die »trockenen« Büchsen sitzen sie nur an einem Ende fest im Motorblock, der jetzt nicht viel mehr ist als ein steifer Wasserkasten. Wenn die Büchsen am oberen Flansch fest eingespannt sind, stecken sie unten mit einem »mittleren Schiebesitz«. Andere Konstruktionen spannen, umgekehrt, die nassen Büchsen an ihrem unteren Ende fest ein und fixieren sie oben lediglich mit der Zylinderkopfdichtung. Indes werden deren Arbeitsbedingungen damit

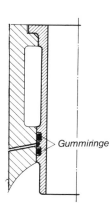

VI.15 Starkwandige »nasse« Zylinderlaufbüchse, oben mit Festsitz, unten mit »Schiebesitz«, mit zwei Gummiringen (»O«-Ringen) abgedichtet. Eine leere Nute dazwischen steht vor der Leckbohrung, die der Kontrolle dient.

nicht gerade erleichtert. Elegante Lösungen mit Schiebesitz unten enthalten drei Rillen in den Büchsen, aber nur je zwei Gummidichtringe: einen unten zum Ölraum hin, den anderen oben an der Wasserseite, während vom mittleren Ringraum eine kleine Leckbohrung nach außen führt, die etwaige Wasser- oder Öltropfen unschädlich und sichtbar macht.

Obwohl die starken Schleudergußbüchsen (fast) immun sind gegen Wärmespannungen und Verzug, außerdem bei Reparaturen mitsamt ihren Kolben relativ einfach auszutauschen, erschöpfen sich ihre Nachteile nicht in der aufwendigeren Herstellung des Motors. Zylinderblöcke sollen nämlich genau so steif und formtreu sein wie Kurbelwellen und -gehäuse, als eine Regel, die gegen jede vermeidbare Unterteilung, gegen jede unnötige Trennfuge spricht. Moderne Gießverfahren und die überlegene Festigkeit von sparsam, aber richtig dimensionierten Zylinderblöcken, nicht zuletzt die leichter zu beherrschenden Probleme der Zylinderkopfdichtung ... haben in Amerika und Europa manchen Konstrukteur bewogen, zur alten, einfachen Bauweise zurückzukehren.

Die Bezeichnung »Leichtmetallmotor« kennzeichnet Konstruktionen, bei denen außer dem Zylinderkopf und Kurbelgehäuse auch die Zylinder bzw. deren Blöcke aus Leichtmetall bestehen. Abgesehen von reinrassigen Rennmotoren ist jedoch ihre Zahl in den sechziger Jahren geringer statt größer geworden — sicher nicht aus Preisgründen allein. Gleichzeitig erschienen sogar von den größten Autokonzernen neue Modelle, an deren Zylinderköpfen nach wie vor ein Magnet haftet. Sie sind, selbstverständlich, wassergekühlt, aber auf längere Sicht kaum zukunftsträchtig.

VEILCHEN, DIE IM VERBORGENEN GLÜHEN (LEGIERUNGEN VOM JET)

Damit der Motor kräftig »atmen« kann, müssen die Kanäle recht weit und die Ventile entsprechend groß sein, dazu noch möglichst rasch öffnen. Bei jedem einzelnen Ventilhub treten enorme Beschleunigungen auf — und wieder Verzögerungen beziehungsweise Rückstellkräfte dank der starken Ventilfedern, als beachtliche mechanische Probleme.

Eine Beschleunigung ist der Geschwindigkeitszuwachs in einer bestimmten Zeit, etwa in jeder Sekunde, und für unser Vorstellungsvermögen längst nicht so geläufig wie gleichförmige Geschwindigkeiten. Doch bietet die Natur einen Vergleichsmaßstab in Gestalt der »Erdbeschleunigung«, die beim freien Fall eines Körpers zustandekommt, wenn kein Luftwiderstand bremsend wirkt. Sie beträgt, in der Mechanik schlicht »g« bezeichnet, knapp 10 m/sec^2 (genau 9,81)... Nun: in den Ventilsteuerungen von Rennmotoren gelten maximale Beschleunigungen von 1500 »g« und Verzögerungen von 350 bis 400 »g« als noch erträgliche Grenzwerte. Wenn man bei einer Vollbremsung unter günstigsten Umständen die Verzögerung »g« erzielt, muß man das volle Körpergewicht abstützen, bei 1000 »g« wird jedes Gramm zu einem Kilo... Die Beschleunigungen, Verzögerungen und Kräfte in modernen Großserien-Ventiltrieben liegen immerhin halb so hoch wie in Rennmodellen.

Wenn Federn die Massenträgheit nicht mehr ordentlich bremsen, endet der Kraftschluß im Ventiltrieb; Ventile, Kipphebel, Stoßstangen und Stößel folgen nicht mehr dem Nockenprofil, sondern heben ab; die Ventile öffnen zu weit oder schlagen hart auf den Sitz zurück, von dem sie häufig noch einmal zurückspringen. Sie beginnen zu »flattern« — meistens mit hörbarem hellem Rasseln oder Scheppern. Das ist ein Alarmsignal ersten Ranges für einen stark »übertourten« (sprich überdrehten) Motor. Daß in einem ohv-Motor eventuell die Stoßstangen herausfallen, wäre das geringste Übel; tatsächlich können die Ventile mit dem Kolbenboden kollidieren oder bei V-förmiger Anordnung gegeneinanderschlagen — mit buchstäblich verheerenden Folgen.

Zu den mechanischen Beanspruchungen der Ventile kommen die Temperaturen, mit denen Auslaßventile ihren harten Dienst verrichten. Sie erreichen bei hoher Belastung, etwa auf Autobahnen und Schnellstraßen, zwischen 700 und 850° C, also Rotglut, wobei normale Stähle weich wie Butter wären. Damit erklärt sich die größere Schadensanfälligkeit der Auslaßventile, obgleich sie aus wesentlich teurerem Material bestehen und durchweg einen um 15 bis 20% kleineren Tellerdurchmesser besitzen als die Einlaßventile. Letztere schleusen kühles Frischgas mit verhältnismäßig geringem Unterdruck in die Zylinder, während die verbrannten Gase mit hohem Überdruck auspuffen, sobald das Auslaßventil anhebt. Ähnlich verhalten sich die Strömungsgeschwindigkeiten: gegenüber der Ansaugseite mit dem breiten Bereich von 10 bis 80, allenfalls 100 Meter pro Sekunde beginnt das Auspuffen mit Überschallgeschwindigkeit!

Unterschiedliche Ventilgrößen für Ein- und Auslaß sind in Gebrauchsmotoren eine Errungenschaft der späten dreißiger Jahre; unterschiedliche Werkstoffe, der Wärmebelastung entsprechend, gab es schon früher, so daß die Montage der Ventile Aufmerksamkeit verlangte, um eine fatale Verwechslung zu vermeiden. Heute finden wir gleiche Ventilstähle für Ein- und Auslaß schon aus ökonomischen Gründen nur in wenigen schwach beanspruchten Motoren, mit Chrom, Silizium und, für den nächsthöheren Streß-Bereich, zusätzlich mit Molybdän und Vanadium legiert. Stark vereinfacht, ist der »Speiseplan« für Einlaßventile damit bereits abgerundet. Immerhin bieten diese Stähle eine Zugfestigkeit über 100 Kilo pro Quadratmillimeter Querschnitt, Zunderbeständigkeit, gute Gleit- und Verschleißeigenschaften. Allein: bei 500 °C beträgt die Festigkeit kaum mehr die Hälfte und bei 700° C nur noch 15 bis 20 % des Kaltwerts, für hochbeanspruchte Auslaßventile viel zu wenig.

Auf der Stufenleiter von »Warmfestigkeit« (und Preis!) folgt nun die Gruppe der austenitischen Stähle (mit einem speziellen kristallinen Gefüge), die außer dem üblichen Kohlenstoff hohe Prozentsätze Chrom und Nickel besitzen, so daß sie — als ebenso interessantes wie belangloses Merkmal — auf einen Magneten nicht ansprechen.

Die nächste Verteuerung und Verbesserung vermittelt bezüglich Warmfestigkeit und Korrosionsbeständigkeit ein zusätzlicher Mangan-Gehalt, während die besten Ventilwerkstoffe (fast) gar kein Eisen mehr enthalten, sondern überwiegend Nickel oder Chrom-Nickel-Kobalt mit geringeren Anteilen von Aluminium und Titan oder Molybdän, Wolfram und Niob. Diese exotischen Mischungen stammen, namentlich als »Nimonic«-Gattung, direkt aus dem Flugturbinenbau, wo die Turbinenschaufeln enormen Fliehkräften standhalten müssen — dabei noch heißer als extrem beanspruchte Auslaßventile!

Exakt berechnet liegen die mechanischen Beanspruchungen der Ventile sogar bei hohen Drehzahlen um das Zehnfache unter der Warmfestigkeit guter Ventilwerkstoffe, so daß der stets fatale Bruch eines Ventils eigentlich schwer zu erklären ist. Also müssen in der Praxis Erschwernisse eintreten, die selbst große Sicherheitsspannen gelegentlich erschöpfen: da sind zunächst die Eigenschwingungen und das Nachschlagen der Ventile bei höchsten Drehzahlen, dazu Biegebeanspruchungen durch Wärmeverzug im Zylinderkopf, oder verschlissene Ventilführungen, die ihre Aufgabe mangelhaft erfüllen und das Ventil »verkanten«. Hinzu kommen Korrosionsschäden, die von der Oberfläche ausgehen und starke Kerbwirkung verursachen, und schließlich entspricht die »Ermüdung« der hellrot glühenden Auslaßventile nicht der bekannten Wöhler-Kurve.

Der niedersächsische Ingenieur August Wöhler — nicht zu verwechseln mit dem zwanzig Jahre älteren, aus Frankfurt stammenden Chemiker Friedrich Wöhler, dem erstmalig die Herstellung von reinem Aluminium gelang — entwickelte um 1860 zahlreiche Verfahren und Geräte der Werkstoffprüfung. Besonders der stark aufkommende Eisenbahnbau benötigte exakte Kenntnisse der Beanspruchungen, welche die verschiedenen Stahlsorten aushielten. Nun ergab sich ein großer, oft verhängnisvoller Unterschied zwischen ruhenden (statischen) und stark wechselnden, schwingenden Belastungen, die im Maschinen- und Fahrzeugbau vorherrschen. Die Schwingungs- oder Dauerfestigkeit sinkt mit der Zahl der »Lastwechsel« immer weiter ab, und zwar nach einer von Wöhler ermittelten Gesetzmäßigkeit. Er fand außerdem, daß sich die Dauerfestigkeit vieler Werkstoffe nach einigen Millionen Lastwechseln »stabilisiert« und danach nicht weiter abfällt. Leider zählen Leichtmetalle, Kupferlegierungen und auch hochfeste Ventilwerkstoffe nicht zu dieser Gruppe. Folglich muß man ihre Ermüdung bei wichtigen Entscheidungen bis zu 100 Millionen Lastwechseln überprüfen.

Hundert Millionen Lastwechsel sind weder in der Natur noch im Motorenbau eine utopische Zahl. Schon unsere Pulsschläge, etwa 67 in der Minute, summieren sich auf 100 000 täglich und 100 Millionen in 33 Monaten. Typisch amerikanische Automobilmotoren absolvieren vergleichsweise knapp 1600 Kurbelwellenumdrehungen auf jeden Kilometer Fahrstrecke, die Triebwerke der hubraumschwachen europäischen Kleinwagen bis zu 2500. Unterstellt man jetzt als Durchschnitt 2000 Umdrehungen pro Kilometer, so ergeben sich 100 Millionen Umläufe nach ca. 50 000 km Laufstrecke — und 100 Millionen Ventilhübe nach 100 000 km, einem ebenso beachtlichen wie realistischen Motorleben ...

»Heißkorrodierte« Ventilteller und verbrannte Ventilsitze traten besonders verbreitet auf, als man den Kraftstoffen zur Erhöhung ihrer Klopffestigkeit das wirkungsvolle Bleitetraethyl zusetzte — zuerst für Flugmotoren, dann in Amerika, zuletzt in Deutschland. Doch fand man rasch ein gutes Rezept dagegen, indem man die schmale Sitzfläche der Ventile mit aufgeschweißtem Stellit oder einer (nicht ganz so teuren) Hartmetallegierung panzert. Gerade die hochwertigen austenitischen Ventilwerkstoffe, von Natur aus leider nicht härtbar, benötigen und erhalten gepanzerte Sitzflächen.

Sie präsentieren sogar noch einen weiteren Nachteil mit unbefriedigenden Gleit- und Verschleißeigenschaften in der Ventilführung, was veranlaßte, Ventile aus zwei verschiedenen Werkstoffen »ganz einfach« zusammenzuschweißen. Allerdings liegt die Schweißnaht nicht immer oberhalb des kritischen »Ventilkopfs« — das ist der Teller mitsamt dem Übergang in den Schaft — sondern manchmal erst ganz oben, unter dem profilierten Einstich,

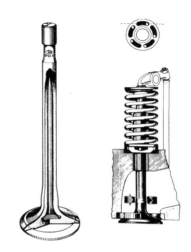

VI.16 Die Natriumfüllung in einem Hohlventil senkt die Spitzentemperatur der Tellermitte um rund 100° C. Rechts eine Ventildrehvorrichtung mit winzigen federbelasteten Kugeln auf schrägen Kreisabschnitten, die das Ventil bei jedem Hub ein wenig drehen. Bei hochtourigen Motoren unten, sonst am oberen Federteller eingefügt.

den einzelnen oder benachbarten Nuten, worin die Keilhälften (offiziell Ventilkegelstücke) passen, die das Ventil mit dem Federteller verbinden. Damit ergibt sich zwangsläufig der schwächste Querschnitt, doch brechen Ventile hier viel seltener als in der glühenden Kopfpartie. Den Verschleiß und die Freßgefahr austenitischer Ventilschäfte vermeiden hartverchromte Gleitstellen.

Daß dickere Ventilschäfte die Gefahr von Ventilbrüchen viel weniger abwenden, als man gemeinhin annimmt, ist eine verhältnismäßig junge Erkenntnis. Tatsächlich wachsen die leidigen Massenkräfte fast im gleichen Maßstab mit dem vergrößerten Querschnitt, wodurch — ohne stärkere Ventilfedern — die Neigung zum Nachschlagen schon bei geringeren Drehzahlen einsetzt als vordem. Wirkungsvoller, allerdings auch kostspieliger, bekämpft die kritischen, hohen Temperaturen eine elegante, schon in den zwanziger Jahren eingeführte Kühlung des Ventiltellers in Gestalt einer gebohrten (oder geschmiedeten) Aushöhlung des Schafts bzw. des ganzen Ventils, die man zu etwa zwei Dritteln mit metallischem Natrium füllt. Das schmilzt bei 97° C und schwingt dann bei jedem Ventilhub hin und her wie in einem Cocktailshaker. Der Wärmetransport, früher auch mit Quecksilberfüllung, vermindert die Spitzentemperatur am Ventilkopf, zumal in austenitischen Ventilen, deren Wärmeleitfähigkeit (ebenfalls) auf der Minusseite rangiert. Auch setzt das kühlere Ventil die Neigung zu klopfenden Verbrennungen oder Glühzündungen meßbar herab. Doch scheitert der Einbau von Hohlventilen manchmal an den Kosten.

So oft auch die Ventile in der Motorengeschichte mit den ständig steigenden Drehzahlen und Leistungen an kritische Grenzen gelangten und neuralgische Organe darstellten — noch immer wurden die Probleme gelöst und die nötigen Verbesserungen erzielt. Zu den konstruktiven Maßnahmen zählen besondere Einrichtungen, welche die Ventile, in erster Linie wiederum die auslaßseitigen, im Betrieb rotieren lassen. Vom Ventilfederteller aus erteilen sie bei jedem Hub einen winzigen Impuls zur Drehung und fördern dadurch den dichten Sitz.

Wieder eine andere, in amerikanischen Motoren vorherrschende, aber auch in Europa eingeführte Errungenschaft sind »hydraulische Stößel«: sie bestehen aus kleinen Zylindern und Kolben, die der Öldruck des Motors (vor einem Rückschlagventil) so weit auseinanderdrückt, daß kein Ventilspiel übrigbleibt, der Ventiltrieb (sobald sich nach dem Start der Öldruck einstellt) entsprechend leise und langfristig wartungsfrei arbeitet. Vereinzelt findet man diese Hydraulik auch an (unbewegten, kugeligen) Drehpunkten von Schwinghebeln.

Vertrauen ist gut, Kontrolle besser!
Lenin, 1870—1924

LEICHTESTER LAUF DURCH ROLLENDE REIBUNG

Das Maschinenelement »Wälzlager« — als Sammelbegriff für Kugellager, Rollenlager und, mit einer leichten Einschränkung, auch Nadellager — ist ein Kind des zwanzigsten Jahrhunderts. Zwar hatten schon große Forscher und Ingenieure wie Leonardo da Vinci (um 1500) und Leibniz (um 1700) die »rollende Reibung« erkannt und treffend beschrieben, die alten Ägypter und Babylonier gewaltige Steinquader auf hölzernen Walzen fortbewegt, russische Baumeister im 18. Jahrhundert Bronzekugeln in ebensolchen Führungsbahnen zum Transport eines riesigen Granitblocks für ein Denkmal benutzt, zwar wurden mehrfach im 19. Jahrhundert Kugellager für die verschiedensten Zwecke entworfen und eingesetzt, doch insgesamt blieb die »punktförmige Lagerung« suspekt.

Noch hundert Jahre lang, nachdem James Watt den Grundstein für das technische Zeitalter legte, glaubte man nicht an eine zuverlässige Wirkung oder an Vorteile gegenüber den altbekannten Gleitlagern aus Weißmetall oder Bronze.

Freilich verlangt das Verständnis von Wälzlagern eine völlige Abkehr von den Grundregeln der Statik und Mechanik! Danach beruht nämlich die Tragfähigkeit jeder ruhenden oder bewegten Lagerung auf einem fundamentalen Gesetz der Festigkeitslehre: die Beanspruchung ergibt sich aus dem Verhältnis der wirkenden Kraft zur tragenden Fläche. Große Kräfte müssen also auf großen Flächen lasten. Weil aber die Flächengröße sowohl beim »Punkt« — die Kugel auf ihrer Laufbahn — wie auch bei einer »Linie« — eine Rolle auf gerader oder gebogener Fläche — theoretisch Null ist, führt schon die geringste Belastung zu einer unendlich-großen Beanspruchung, die selbst härteste Stähle nicht aushalten.

Dann betrieb Richard Stribeck als Direktor der »Centralstelle für wissenschaftlich-technische Untersuchungen« in Neubabelsberg um die Jahrhundertwende eine Grundlagenforschung, gestützt auf neue Erkenntnisse und verheißungsvolle praktische Erfahrungen. Da hatte zum Beispiel Heinrich Hertz mathematische Abhandlungen über die Vorgänge bei der Berührung fester Körper verfaßt, die für den Maschinenbau ebenso wertvoll waren wie seine elektromagnetischen Wellen für die Radiotechnik; außerdem führte er einen brauchbaren Maßstab für die Härte der Werkstoffe ein. Da gab es den schwäbischen Handwerker Ernst Sachs, der Fahrradnaben mit Stahlkugeln und einstellbaren Konen erdachte, angeblich im Krankenbett, auf das ihn ein schwerer Sturz bei einem Radrennen geworfen hatte. Bekannte und erfolgreiche Gegner, gegen die er oft antrat, waren die »fünf Rüsselsheimer« (Opel-Brüder). Daraus wurde dann die Torpedo-Freilaufnabe, lange bevor Sachs als Großindustrieller kleine Zweitaktmotoren aufgriff, um den geplagten Radfahrern das Treten nicht nur zu erleichtern, sondern ganz zu ersparen.

Schließlich existierte, kaum einen Steinwurf von Sachs entfernt, schon die Firma Kugelfischer, 1883 gegründet vom Sohn des Mechanikers und Fahrradpioniers Philip Moritz Fischer, der um 1850 die Draissche »Laufmaschine« mit Tretkurbeln am (größeren) Vorderrad

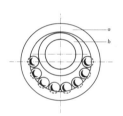

VI.17 Wie kommen die Kugeln in ein Hochschulterlager?! — Einseitig im Außenring a eingelegt lassen sie dem Innenlaufring Platz. Dann werden sie verteilt und mit dem »Käfig« auf Abstand gehalten!

entscheidend verbessert hatte. Kugelfischer — heute mit dem Zusatz »Georg Schäfer« — bildete bald eine der beiden Säulen, auf denen die deutsche Wälzlagerproduktion ruht. Beide stehen in der Kugellagerstadt Schweinfurt.

Die Lagerfabrikation von Fichtel & Sachs ging später mit fünf weiteren Pionierfirmen in der weltweiten SKF-Gesellschaft auf — den Vereinigten, später den Schweinfurter Kugellagerfabriken mit ihrer schwedischen Mutter Svenska Kullagerfabriken. Eine der früheren Firmen, die DWF (Deutsche Waffen- und Munitions-Fabriken Berlin—Karlsruhe) ließ sich 1903 ein modernes »Columbus-Ei« patentieren, den Montagekunstgriff, mit dem man die Kugeln in die Lagerringe befördert.

Nach dem ersten Weltkrieg erhielten diese verbreiteten, da axial und radial belastbaren Lager die Bezeichnung Radiaxlager, doch bald einigte man sich auf »Hochschulterlager« und zuletzt auf »Rillenkugellager«. Ebenso alt sind Laufringe mit einer seitlichen Einfüllöffnung, die naturgemäß eine größere Zahl von Kugeln, aber axial nur mäßige Kräfte aufnehmen können, obwohl die Einfüllöffnungen nicht ganz bis zum Grund der Rillen reichen.

Die hohe Tragfähigkeit von Kugeln und Rollen beruht auf der »Abplattung« der Auflagestellen, wie sie tausendmal stärker zwischen Reifen und Fahrbahn auftritt. Die umlaufenden Wälzkörper verursachen Deformierungen, die ähnlich dem Walken von Reifen eine »Formänderungsarbeit« darstellen. Im Gegensatz zum starren Straßenpflaster unterliegen aber die Laufringe der gleichen »rollenden Reibung« wie die Kugeln oder Rollen selbst. Da die Laufringe und Wälzkörper exakt aufeinander abrollen — zumindest unter Last —, entsteht Gleitreibung nur beim (leichten) Anlaufen der Kugeln oder Rollen in ihrem Käfig beziehungsweise als die (stärkere) Berührung der Wälzkörper aneinander im käfiglosen Lager. Die optimale Gleichmäßigkeit, auf die es bei der Herstellung ankommt, war bei den Rollenlagern, mehr noch als bei Kugellagern, das Ziel eines langen, dornenreichen Wegs. Die nötigen Präzisionsmaschinen und Werkzeuge stellten alle vorhandenen in den Schatten. Das erkannte besonders Albert Hirth, Hellmuths Vater, der 1904 die Norma-Compagnie in Stuttgart gründete, das nach ihm benannte Minimeter und andere hervorragende Meßwerkzeuge entwickelte. Auch die Norma landete später in den VKF, doch blieb in Zuffenhausen die AHAG, deren Rollenlager-Kurbelwellen in Flug- und Rennmotoren großen Ruf erlangten.

Die geringe Reibung, die weit unter den Werten der besten Gleitlager liegt, macht Wälzlager für viele Aufgaben unersetzlich. Sie sind in mancher — wenn auch nicht jeder — Beziehung unempfindlich, wartungsgenügsam und preiswert. Oft reicht die einmalige Fettfüllung beim Einbau ihr Leben lang. Zwar haben sie in der jüngsten Entwicklung ihr Reservat als Kurbelwellenlager zu einem großen Teil verloren — abgesehen von kleinen, mischungsgeschmierten Zweitaktern, an manchen anderen Stellen jedoch ihre Position behauptet, ganz zu schweigen von elektrischen Aggregaten und anderem Zubehör, vom gesamten Antrieb zwischen der Kupplung und den Radnaben. Der traditionelle Zusammenhang mit hohen Drehzahlen hat sich sogar gewandelt, gerade der geringe »Anlaufwiderstand« ist oft wichtig, während ein Gleitlager »klebt«, bis eine Druckschmierung und ausreichende Drehzahlen einen tragenden Schmierfilm aufgebaut haben.

Freilich sind stillstehende Wälzlager gegen Belastungen anfälliger als rotierende. So entstand zum Beispiel das »Schienenstoß-Phänomen«, als eines der großen US-Automobilwerke einen hohen Prozentsatz reklamierter Kegelrollenlager aus Laufrädern erhielt und sich schließlich herausstellte, daß die beschädigten Lager stets aus Wagen stammten, die mit der Eisenbahn verfrachtet worden waren, während alle auf Lastwagen transportierten oder per eigene Achse überführten Fahrzeuge einwandfreie Lager behielten. Ein weiteres Beispiel stammt aus der Luftfahrt: bei der Untersuchung von Tragflächenschwingungen müssen die

teuren Turbinen-Triebwerke (langsam) rotieren.
Prinzipiell beeinflussen die ertragenen Umdrehungen bei jedem Wälzlager die statistische Lebensdauer. Im normalen Betrieb muß jede Abplattung der Wälzlager und jede Verformung der Laufbahnen im »elastischen Bereich« des Materials bleiben und millionen-, ja milliardenmal vor sich gehen, ehe die Oberfläche »ermüdet« und auszubröckeln beginnt. Diese Ermüdung, und nicht etwa ein Verschleiß durch Abnützung, beendet das reguläre Leben eines Wälzlagers. Nur starke Überlastungen, vor allem Stöße, erzeugen bleibende Eindrücke und eine nachfolgende rasche Zerstörung. Ein Nachteil von Kugel- und Rollenlagern ist der Raum, den sie beanspruchen, auf ihren Durchmesser bezogen. Meistens muß der Konstrukteur hier sparen, weil größere Lager nicht nur selbst schwerer und teurer ausfielen, sondern ihren ganzen Komplex, eine ganze »Kette« beeinflussen würden — wie es in ähnlicher Form bei den meisten Schrauben der Fall ist. Eine dickere Ausführung verlangt einen breiteren Flansch, der wiederum größere Wandstärken und Flächen, was das ganze Aggregat größer und schwerer macht. Lediglich die Nadellager — mit langen, aber sehr schlanken »Rollen« — machen darin eine Ausnahme und finden einen wachsenden Anwendungsbereich.

Vorzeitige Schäden an Wälzlagern, die sich in der Regel mit Laufgeräuschen ankündigen, beruhen selten auf Material- oder Herstellungsmängeln, um so häufiger jedoch auf einem Montagefehler oder unzuträglichen Betriebsbedingungen. Peinliche Sauberkeit ist das höchste Gebot, denn auf Schmutz in jeder Form reagieren Wälzlager allergisch. Ebenso verheerend wie Metallabrieb oder (noch härtere)

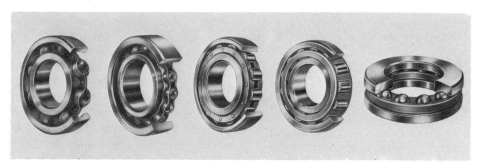

VI.18 Verbreitete Wälzlager aus einem riesigen Sortiment: links ein Rillen- oder Hochschulterlager für hohe radiale, aber nur geringe axiale Kräfte. Daneben ein (einseitiges) Schulterkugellager, seitlich auseinanderzunehmen, mit genau eingestelltem Seitenspiel durch Beilagscheiben als Kurbelwellenlager in kleinen Zweitaktern anzutreffen. In der Mitte das tragfähige, aber auf besonders gutes Fluchten angewiesene Rollenlager (hier mit losem Außenring). Daneben ein Kegelrollenlager, das kaum in Motoren, aber in Rad- und Antriebslagerungen vorherrscht, natürlich eine exakte Spieleinstellung verlangt. Rechts ein Axial- oder Längslager, das keine radialen Kräfte aufnimmt. Als Kupplungsdrucklager meistens mit einer Blechbüchse umgeben. Eine bedeutende Rolle, vor allem in hochtourigen kleinen Zweitaktmotoren, spielen neben Kugel- und Rollenlagern die raumsparenden Nadellager (s. S. 116). Wenig eignen sich Kugeln zur Aufnahme der Stöße im Lenkkopf (Steuerkopf) von Motorradgabeln; hier verhalten sich Kegelrollen weit besser, wie als Radlager.

VI.19 Modernes Nadellager für extreme Drehzahlen in mischungsgeschmierten (in Japan: vorwiegend pumpengeschmierten) Zweitaktern. Nicht abgebildet ist ein ähnliches kleineres Lager im oberen Pleuelauge.

Die raumsparenden Nadellager sind bedeutend jünger als Kugel- oder Rollenlager – 1922 patentiert, manchmal als Zwischenstufe von Gleit- und Wälzlagern bezeichnet. Dünne, lange Wälzkörper sollen sich unter Last exakt abwälzen und Gleitreibung vermeiden; nach der Lastzone verlieren die Nadeln (teilweise) ihre Eigendrehung und laufen wie eine »schwimmende Büchse« um. Entscheidend für die Zuverlässigkeit ist die genaue Winkligkeit – die Nadeln dürfen sich keinesfalls schränken; dazu die Käfigführung! Wenn ein kleiner Hochleistungsmotor 8000 U/min absolviert, rotieren 2,5 mm starke Nadeln **auf einem 25 mm-Hubzapfen zwar nicht mit 80 000 U/min, aber immerhin mit ca. 34 000 (denn die Nadeln machen, wie auch Kugeln und Rollen) nur den halben Weg des Innenrings.**

Staubpartikel im Schmierstoff wirken Korrosionen, die zum Beispiel anfangs der fünfziger Jahre bei den Kurbelwellenlagern von Zweitaktmotoren einen erschreckenden Umfang annahmen.

Bei der Montage soll man Wälzlager mit Glacéhandschuhen anfassen, einmal wegen der Schmutzgefahr, zum anderen, weil ein einziger falscher Hammerschlag ihnen einen »Knacks« gibt, als Keimzelle zum Ausbröckeln der Laufbahnen oder zum Platzen der Kugeln. Unrunde Wellen, verspannte oder ovale Lagersitze zerstören die Lager, jeder Fremdkörper zwischen einem Lagersitz und Laufring reicht mit seiner »Einstrahltiefe« bis zur Laufbahn der Kugeln oder Rollen. Auch die Hoffnung, ein Einlaufen könnte solche Ungenauigkeiten ausbügeln, etwa wie bei Weißmetallagern, ist bei den glasharten Wälzkörpern und Laufringen eine Illusion. Weder Kugeln oder Rollen noch Ringe laufen ein, sondern allenfalls – und unwesentlich – die Käfige. Folglich darf man Wälzlager von Anfang an voll belasten.

An die Schmierung stellen Wälzlager geringe Ansprüche; allein sehr hochtourige Lager verlangen zur Kühlung der Wälzkörper und Käfige eine bestimmte Ölmenge. Bei Fettfüllungen ist es umgekehrt – zuviel heizt die Lager unnötig auf. Zwar gibt es Wälzlager aus rostfreien Stählen, namentlich für die chemische Industrie, doch kaum für Kraftfahrzeuge wegen der verminderten Tragfähigkeit. Hier dominieren schwach legierte Chromstähle mit etwas Silizium und Mangan, mit geringsten Verunreinigungen und größter Gleichmäßigkeit.

Millionen Wälzlager braucht jedes Industrieland an jedem Arbeitstag – stets war der Automobilbau der größte Kunde. Daher muß eine rationelle Massenproduktion die hohe Präzision begleiten, wobei internationale Normen weitgehende Austauschbarkeit und entsprechend enge Toleranzen vorschreiben. Rund 50 Kontrollen durchlaufen dazu die Kugeln oder Rollen, Laufringe und Käfige für jedes Lager. Sicher nicht die wichtigste, aber die interessanteste ist die Elastizitäts- und Klangprobe: in abgewandelter Form sahen und hörten viele Besucher von Ausstellungen die »Kugel-Springbahn«. Kugel nach Kugel sprang da auf eine Reihe von harten Platten, jede mit demselben Klang, hell und glockenrein, und mit millimetergenauem Rückprall. Das war, außer dem hübschen Spiel, die Demonstration der hervorragenden Gleichmäßigkeit, Härte und Elastizität.

Wenn Klügere immer nachgäben, würden bald Idioten die Welt regieren. (Türkisch)

NIE STÄRKER ALS DAS SCHWÄCHSTE GLIED!

Verglichen mit Kugellagern sind Ketten uralte Bauelemente für Maschinen aller Art. Auch im Alltag erscheinen sie als Gebrauchsgegenstände in mannigfaltiger Form, zur Befestigung oder Sicherung, als Dekoration oder Schmuckstück. Ihr »verbindliches« Wesen veranlaßt häufig übertragene Bedeutung, in der Mathematik und Chemie — sogar als Kettenreaktion, bei der Jagd, in der Weberei und Fliegerei. Man spricht von einer unglücklichen Verkettung, von einer zwingenden Beweiskette und anderen Symbolen, man zitiert richtig und gern, daß keine Kette stärker ist als ihr schwächstes Glied.

Als Maschinenelement steht die Kette zwischen dem Zahnrad, dessen »Formschluß« stets eine schlupflose Übertragung sichert, und einem Seil oder Treibriemen, mit dem die Kette eine freizügige Gestaltung teilt. Nun tritt an die Stelle der Seile aus Draht, pflanzlichen oder künstlichen Fasern, die es vorwiegend in der Fördertechnik gibt, bei unseren Motoren der moderne Keilriemen. Auf »Kraftschluß« angewiesen, kann er ohne Spannung weder Kräfte aufnehmen noch Bewegungen übertragen. Auch Ketten benötigen eine gewisse Spannung, weil die Verzahnung am Kettenrand sonst keine »Selbstsperrung« bietet. Außerdem ermöglicht der Kettentrieb, wie Zahnräder und Riemenscheiben, beliebige Übersetzungen: man kann Drehzahlen und Kräfte verändern, wie die Wege und Kräfte, die Drehwinkel und Drehmomente an einem Hebelarm (worauf vergleichsweise die Funktion aller Schaltgetriebe und festen Übersetzungen beruht).

In der Automobilgeschichte spielten Antriebsketten früh eine große Rolle, im Motorenbau erst viel später. Die »Kettenepoche« löste den Riemenantrieb ab, den die Motorleistungen bald überforderten. Eigentlich hatte schon der erste Benz-Wagen beides: die hinter dem liegenden Zylinder vertikal stehende Kurbelwelle trug unten ein riesiges Schwungrad und oben einen Kegelrad-Winkelantrieb zu einer breiten Riemenscheibe. Von ihr aus führte ein Flachriemen nach vorn, zu einer Vorgelegewelle, welche die großen Hinterräder über je eine Kette bewegte. Zwanzig Jahre später hatte sich die Kardanwelle (bis zur Hinterachse) durchgesetzt. Allein die Lastwagen brauchten rund doppelt solang — freilich schloß diese Zeitspanne die Kriegsjahre ein...

Daß auch etliche Sport- und Rennwagen nachhinkten — nicht nur der berühmte »Blitzen-Benz«, der den Weltrekord über 13 Jahre hielt — hing damit zusammen, daß der Kettenantrieb eine viel leichtere Hinterachse ermöglichte, vergleichbar den klassischen und modernen de Dion-Achsen. So motivierte auch Porsche den Kettenantrieb seines »Prinz Heinrich-Austro Daimler« von 1910 mit der deutlich besseren Straßenlage!

Später, als die Weltrekordjagd förmlich ein Duell wurde zwischen Henry Segrave und Malcolm Campbell, ihren Sunbeam- und Napier-Boliden, verursachte eine Hinterradkette einen tragischen Unfall. Da hatte der Londoner Ingenieur Parry Thomas aus dem Nachlaß des Grafen Zborowski, der in Monza tödlich verunglückte, dessen berühmte »Chitty-Bang-Bang II« gekauft, ein Ungeheuer mit einem 400 PS starken Zwölfzylinder-Flugmotor aus einem Liberty-Bomber. (In »Chitty-Bang-Bang I« donnerte ein 23 l-Maybach-Luftschiffmotor, dessen 300 PS in einem Mercedes-Fahrgestell von 1907 für fast 200 km/h reichten.) Für einen Weltrekordangriff frisierte Thomas den Motor wirkungsvoll — auf glaubhafte 600 PS; denn er erzielte im Mittel über 272 km/h. Doch 1927 fuhr Campbell 6 km/h schneller, und Thomas war wieder am Zug, als am Strand von Pendine, am Bristol-Kanal, in voller Fahrt ein Hinterrad abbrach und die wegfliegende Antriebskette den Fahrer tötete, schon bevor sich der Wagen überschlug. »Babs«, der im Sand begrabene Rekordwagen, wurde 1972 exhumiert und restauriert.

Abgesehen von der Materialfrage bedeuteten große »ungeführte« Längen der schwingenden und peitschenden

VI.20 Der gewaltige Vierzylinder (21,5 l Hubraum) des legendären »Blitzen-Benz« (ab 1908, s. S. 64). Die ohv-Ventile waren 100 mm groß, aber die Schäfte der Einlaßventile kürzer, so daß deren Kipphebel eine »Etage« tiefer standen. — Der Zusammenhang mit diesem Kapitel erscheint nur im Schatten am Boden: das große Kettenrad des Hinterradantriebs.

Ketten-Trums einen schweren Nachteil der historischen Antriebe — besonders, wenn eine Federung den Abstand der Kettenradachsen dauernd etwas verändert (wie übrigens heute noch bei den Antrieben vieler Motorräder und Roller). Eben dieses Peitschen und die Fliehkräfte setzen den Ketten mehr zu als die Zugkräfte, die sie übertragen müssen. Besteht doch eine $^3/_8$ Zoll-Duplexkette aus über 900 Einzelteilen pro Meter Länge! Die noch immer vorherrschenden Zollmaße bekunden, selbst wenn »krumme« Millimeterzahlen sie verdecken, den englischen Ursprung der Kettenindustrie — und lange Zeit auch ihren Vorsprung, seit Morse und Renold...

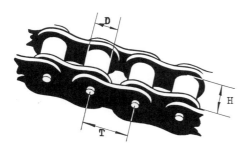

VI.21 Teilung T, Rollendurchmesser D (bei Hülsenketten, ohne Rollen, der Hülsendurchmesser) und innere Weite H (Rollenhöhe) müssen zu den Kettenrädern passen. Die Laschen der Innenglieder sind durch eingepreßte Hülsen fixiert, die Außenlaschen mit den Stiften vernietet. — Die Abmessungen entsprechen Zollmaßen, auch in Millimeter »übersetzt«. Nur die Rollen- und Hülsendurchmesser sind runde mm-Werte. Eine Kette 12,7 x 7,75 entspricht $^1/_2$ x $^5/_{16}$ Zoll.

Exakte Führung und Spannung müssen folglich das Wohlbefinden und lange Leben von Ketten gewährleisten, zumal bei den hohen Drehzahlen und Umlaufgeschwindigkeiten in neuzeitlichen Nockenwellenantrieben — oder zwischen Kupplungen und Getrieben; denn bei quergestellten (Front- oder Mittel-)Motoren empfiehlt sich neuerdings eine Kettenübertragung wie traditionell in den Motorgetriebeblöcken von Krafträdern. Wo Ketten große PS-Zahlen übertragen, wird Kühlung so wichtig wie Schmierung; doch dreht es sich bei Steuerketten durchweg um nur wenige PS, bei bester Schmierung, oft durch eine besondere Düse nahe dem vorderen Kurbelwellenlager. Kettenschlösser, mit denen man Fahrradketten sehr einfach montiert oder öffnet, die man bei Motorrädern schon sorgsam behandeln soll, werden bei Kurbelwellendrehzahlen kritisch — man verzichtet darauf und nietet die Kette »endlos« zusammen.

Für die Festigkeit ist die Stärke der Laschenstifte maßgebend, für den Verschleiß dagegen die Größe der tragenden »Gelenkfläche«. Folglich bestehen auch hier widerspruchsvolle Forderungen. Zwei Ketten nebeneinander laufen zu lassen und sie dann als »Duplexkette« mit durchgehenden Stiften auszustatten, bietet sich ebenso an wie die Verdoppelung von Keilriemen, Kugellagern oder Rädern, als Zwillingsräder. — Alle Ketten, die über Leitschienen oder Spannschuhe laufen, benötigen Laschen mit geraden Flanken, da sie natürlich weit bessere Gleiteigenschaften besitzen. Das Extrem zur anderen Richtung sind ja Kettensägen oder Kettenfräsen, bei denen die Laschen in hochgestellten Schneiden auslaufen. Andererseits spricht für die »taillierten« Laschen bei ungeführten Ketten nicht allein das gefällige Äußere, sondern technisch das geringere Gewicht.

Rollenketten in Motoren und Antrieben sind — zwischen Zahnrädern und den jungen Zahnriemen — ein hochentwickeltes Zubehör. Die alten Gliederketten lernt der Kraftfahrer nur in abgewandelter Form als — Schneeketten kennen, Hakenketten oder einfache Gelenkketten ohne Hülsen und Rollen, die (erst) 1850 von dem französischen Ingenieur Galle entwickelt und auch nach ihm benannt wurden, überhaupt nicht. Im amerikanischen Motorenbau dominierten jahrzehntelang »Zahnketten« — ohne Rollen, aber mit vielen Laschen nebeneinander, die mit ihrem einseitig ausgebildeten Profil in die Kettenradzähne hineingriffen. Sie arbeiten besonders ruhig und verschleißfest, als »geräuschlose Ketten«. Trotz der ungünstigen zusätzlichen Biegebeanspruchungen und erheblich höheren Gewichte kamen Motorenbauer in kritischen Fällen auf sie zurück, z. B. Dieter König für seinen siegreichen Zweitakt-Vierzylinderboxer in Renngespannen und, ebenso als Primärantrieb, die »Japaner« bei verschiedenen Serienmotorrädern.

Allerdings sind auch Rollenketten ziemlich schwer und schneiden, etwa im Vergleich zu Zahnriemen, nicht viel besser ab als ein aufwendiger Zahnradsatz. Zwar gibt es für die chemische Industrie und andere Sondergebiete wunderschöne Leichtmetallketten, doch nicht für den rauhen und anspruchsvollen Betrieb in Motoren. Schon die Herstellung der einzelnen Kettenelemente stellt an den Werkstoff hohe Anforderungen; denn die Einzelteile werden weder gefräst noch »gedreht«, sondern völlig »spanlos« produziert: die abgesetzten, hinterher vernieteten Enden der Stifte gerollt — wie die Gewinde der meisten Schrauben, die

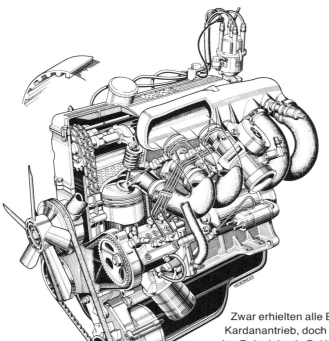

VI.22 Der BMW-Einspritzmotor birgt am Bug eine bemerkenswerte Kombination: im Leichtmetall-Spritzgußgehäuse eine geführte und gespannte Duplexkette zwischen Kurbel- und Nockenwelle; davor gekapselt, aber trocken, der Zahnriemen zur Einspritzpumpe (oben links separat) — und ganz vorn der Keilriemen für Drehstromlichtmaschine, Wasserpumpe und Ventilator. Die großen gekrümmten »Schwingrohre« und die Einspritzanlage tauchen in anderen Kapiteln auf.

Zwar erhielten alle BMW-Motorräder Wellen- bzw. Kardanantrieb, doch häufig Steuerketten: neben den Beispielen in B. V.5—7 sämtliche Einzylinder, auch R 11, 12, 16, 17; von 1951 bis 1969 besaßen die Boxer Zahnräder (auf der Nockenwelle aus Dural).

VI.23 Zündapp KS 600/601, der legendäre »grüne Elefant« mit vier Duplexketten im Schaltgetriebe anstelle von Zahnrädern (vor einem Kardanantrieb). Zur Schalterleichterung federnde Schaltgabeln. Die Vorgänger, eine breite »K«-Reihe von 200 bis 800 cm^3 (vgl. V.11), hatte Richard Küchen 1932 konstruiert. Die Ketten sollten leiser laufen als Räder und Stöße besser dämpfen auf Kosten von schweren umlaufenden Massen und etwas höherer Reibung. Nach knapp 20 Jahren kam Küchen auf Kettengetriebe zurück – bei Hoffmanns »Gouverneur«-Boxer und Victorias 350er »Bergmeister«-V-Motor.

Das Krisenjahr 1932 brachte im heimischen Fahrzeugbau viel Bewegung: bei Zündapp entstanden außer der »K«-Reihe Porsches »Volksauto«-Prototypen, bei Adler gummigelagerte Vierzylinder (für den Heckantrieb-»Primus«und den von Gustav Röhr konstruierten Frontantrieb-»Trumpf«), bei Hanomag neue Kleinwagen und bei BMW eigne ohv-Motoren nach der Austin-Lizenz, bei Maybach ein Stromlinienwagen, bei DKW die Schnürle-Spülung – und die Auto-Union in Sachsen, bei NSU neue ohv-Motorräder und der Zusammenschluß mit D-Rad, bei Horex beachtliche Zweizylinder von Hermann Reeb, bei Sachs aus dem 74er 100 cm^3-Motor. Es gab neue Zündkerzen (mit Sinterkorund bei Siemens & Halske, mit Pyranit bei Bosch), Sekurit-Glas aus Aachen und Simmerringe von Freudenberg, neue Rennwagenkonstruktionen bei Porsche und Daimler-Benz (s. S. 339).

Allerdings gab es auch Konkurse bei Apollo und Selve, Vergleiche bei Stoewer und NSU-Heilbronn, Kurzarbeit nicht allein bei Daimler-Benz . . .

Hülsen und sogar die Rollen aus Flachstahl geformt; letztere zuerst zu einem kleinen Topf tiefgezogen, dessen Boden die letzte Presse ausstanzt. Die enorme Materialverformung fördert, wie bei Schraubengewinden, die Struktur des Werkstoffs. Denn Pressen und Schmieden erzeugt einen ausgeprägten »Faserverlauf« zu Gunsten der Festigkeit.

Steuerketten, zum Antrieb der Nokkenwellen in vielen modernen Motoren, zählen wie Kolben, Kolbenringe, Ventile und Führungen zu den Verschleißteilen. Doch halten sie, wie diese, in der Regel ein Motorleben lang — was andererseits nicht besagt, daß man sie etwa bei einer ohnehin fälligen Demontage eines Motors nach 40 000 oder mehr Kilometern wieder einbaut, statt sie zu erneuern. In Dieselmaschinen, von LKW-Größe aufwärts, stößt man auf Steuerketten höchst selten, z. B. in riesigen dänischen Burmeister & Wain-Zweitaktschiffsdieseln (vgl. B. IX.2).

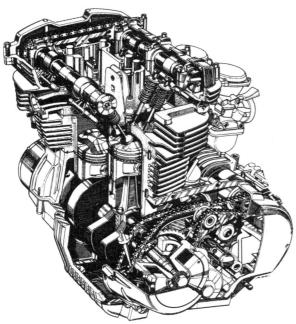

VI.24 Moderne Zweiradmotoren enthalten Ketten für etliche Aufgaben: als Beispiel im Yamaha-Twin XS 500, 1976. Zwar führt rechts, nicht erkennbar, ein Zahnradsatz zur Kupplung, doch darüber eine Duplexkette zu den Nockenwellen. Die (dreifach gelagerte) Kurbelwelle trägt die Pleuel (ebenfalls mit Gleitlagern) um 180° versetzt (vgl. VI.4). Gegen störende Massenmomente treibt die Kurbelwelle links über die innere Kette (mit geraden Laschen) eine gegenläufige Ausgleichswelle. Eine dritte Kette (mit taillierten Laschen) geht über ein Führungsgrad mit Anlasserfreilauf zum E-Starter. Obwohl der Twin schon acht Ventile besaß, verhinderte fehlende Reife einen großen Erfolg. Ansonsten erlangten (Zwei- und) Viertakt-Twin nach der japanischen Vierzylinderflut (Honda, Kawasaki, Suzuki, Yamaha) große Verbreitung, bei Yamaha auch große Dreizylinder. Die sichtbaren Graugußbüchsen in Alu-Zylindern dominieren, da reparaturfreundlich. Kurzhub 73 × 59,6 mm, 8,5 : 1 verdichtet, 36 kW (49 PS) bei 8500/min.

VI.25 In diesem Hochleistungs-Vierzylinder treibt eine gespannte Zahnkette die Nockenwelle: Kawasaki GPZ 900 R, 1984 (Daten in V.13). Ansonsten führt die verzahnte Hubscheibe zur Kupplung und zusätzlich für doppelte Kurbelwellendrehzahl zur Auswuchtwelle, ausnahmsweise nur eine einzelne (vgl. VI.4).
Gegenüber dem 11 Jahre älteren luftgekühlten Vorläufer sind Motorbreite (eigentlich »Länge«) von 57 auf 45 cm vermindert, die Höhe um 2,5 cm, das Gewicht von 85 auf 80 kg, das Hubverhältnis um 24 %; dabei stiegen die Verdichtung um 30 %, die maximalen Nutzdrücke um 25 %, die Leistung um 40 %. Gegabelte Schwinghebel betätigen die doppelten

Ventile – inzwischen mehrfach durch einzelne (leichtere) Schwinghebel ersetzt (z. T. mit einer Ventilspiel-Hydraulik auf der »Festseite«). Große Gleichdruckvergaser (wie im oberen Bild).

Von nun an werden wir nur noch organischen Übergang und geordnete Weiterentwicklung haben. So dachten auch die Gaswerke, bis Edison am nächsten Tag die Glühlampe erfand. Arthur Healey

Gas und Abgas, Kraftzentrale und Katalysator

»Gas« ist im motorisierten Alltag ungemein populär. Man gibt Gas, läßt es stehen — oder nimmt es zurück, man dreht auf — oder zu (am Drehgasgriff von Motorrädern, Rollern und Mopeds). Oft spricht man sogar vom Gaspedal, wenn es einen Dieselmotor oder Benzineinspritzer regelt. Unterdessen führt der Vergaser selbst seinen Namen längst zu Unrecht, denn er dosiert, mischt und vernebelt (nur noch).

»ECHTE« VERGASER — HISTORISCH

Wir erinnern uns an die Vorläufer der Verbrennungsmotoren, zum Beispiel an Huygens, der mit Schießpulver Druck erzeugte, um nutzbare Kräfte zu gewinnen — also mit einem für Motoren völlig ungeeigneten »Kraftstoff«.
Dann machten Dampfmaschinen die Brennstofffrage (fast) unproblematisch, weil die »äußere Verbrennung« den Dampf als Zwischenträger zur eigentlichen Kraftentfaltung verwendet. Holz, Kohle, Koks oder Öl eignen sich zum Verfeuern. Nicht aber für die »innere Verbrennung« in einem Motor, dessen Kolben, Zylinder und Ventile nur mit guter Abdichtung und Schmierung, geringer Reibung und Abnützung leben können.

Das um 1800 eingeführte Leuchtgas erfüllt alle diese Voraussetzungen, zumal weder feste noch flüssige Stoffe unmittelbar verbrennen, sondern erst die von ihnen gebildeten Gase. In der Tat tauchten Ideen für Gasmotoren, die mit Dampfmaschinen konkurrieren und auch Fahrzeuge antreiben sollten, seit Watt und Murdock immer häufiger auf, in England und Amerika, in Frankreich, Italien und Rußland. Ein bemerkenswertes Zeugnis dafür liefert ein Prospekt für Lenoirs Motor, der als erster industriell produziert wurde . . .,
»der den patentierten Kolben von Street anwendet,
der direkt und doppelt wirkt wie die Maschine von Lebon,
der gezündet wird wie die Maschine von Rivaz,
der einen wassergekühlten Zylinder besitzt wie bei Samuel Brown,
der flüssige Kohlenwasserstoffe verarbeiten kann, wie Erskine Hazard es vorschlug . . .
doch dessen ungeachtet das Gas und die Luft durch die Bewegung des Kolbens selbst ansaugt, und ohne vorherige Vermischung, die immer gefährlich ist und besondere Pumpen erfordert. Dies gibt der Lenoir-Maschine ein Anrecht auf das Patent!«
Mit dem englischen Farbenfabrikanten Robert Street, der 1794 verdampftes Terpentin oder Teeröl verbrennen und Kolben für Maschinen, Pumpen oder Motoren antreiben wollte, be-

ginnt die Vergaser-Historie. Sein Landsmann Hazard verfolgte das Prinzip weiter, doch dreißig Jahre später, wie Samuel Morey in Amerika. Man stößt sogleich auf neue Namen, auf den Ingenieur William Barnett aus Brighton, den Italiener Luigi de Christoforis und den amerikanischen Arzt Alfred Drake...

Aber alle Erfindungen reichten nicht aus. Die Motoren waren zu groß, zu schwer, zu sensibel im Betrieb und letztlich zu schwach, besonders für einen Fahrzeugantrieb. Auch die »atmosphärischen Motoren« von Lenoir und Otto änderten an dieser Situation nichts, obwohl die Gasmotorenfabrik Deutz ab 1867 mehr als 2600 Motoren herstellte und Lizenzen nach England und Frankreich vergab. Selbst flüssige Kraftstoffe und entsprechende Patente halfen wenig, solange es keine brauchbaren Motoren gab. Als Ottos Viertakter jedoch Fahrzeuge antreiben mußten, kamen allein flüssige Kraftstoffe in Betracht.

Eine wesentliche Voraussetzung für den Erfolg waren bedeutsame Erkenntnisse auf dem chemischen Gebiet, etwa die Entdeckung des Benzols im Jahre 1824 durch den vielseitigen Physiker Michael Faraday, dessen Leistungen in der Elektrotechnik noch zur Sprache kommen. Dem Berliner Chemieprofessor Eilhard Mitscherlich gelang 1833 die thermische Spaltung der Benzoesäure, die es — abseits technischer Prozesse — im wohlriechenden Harz der Benzoebäume auf den Sunda-Inseln gibt. Mitscherlich nannte den leichten Kohlenwasserstoff »Benzin«, doch der berühmte Kollege Justus Liebig änderte bei der Veröffentlichung in seinen »Chemischen Annalen« den Namen eigenmächtig in »Benzol«... wonach sich beide Begriffe einbürgerten, bevor August Kékûlé, ein aus Darmstadt stammender junger Chemieprofessor, 1865 in Gent die Formel und ringförmige Struktur des »richtigen« Benzols fand (B. VIII.3).

Nicht zu verwechseln mit dem eben genannten Alfred Drake ist der »Colonel« Edwin L. Drake; er war nie Offizier, aber Zugführer, bis er im Auftrag einer Geldgebergruppe im pennsylvanischen Titusville die ersten erfolgreichen Bohrungen nach Erdöl niederbrachte, nach dem Vorbild von Salzbohrungen. Er legte damit das Fundament für eine weltweite Industrie und den wichtigsten Pfeiler unserer Energieversorgung. Das erste Faß mit amerikanischem Erdöl traf 1861 in Le Havre ein, und wenige Monate später lief ein französischer Betrieb an, der nach einem von B. Mille entwickelten Verfahren, unter anderem, Gas produzierte. Daß die in der Chronik als »Vergaser« bezeichnete Apparatur von der bald üblichen Rohöldestillation wesentlich abwich, ist kaum anzunehmen.

Einen der zahlreichen atmosphärischen Motoren vor Ottos Viertakter baute der Wiener Julius Hock 1873. Er lief mit Benzin, erhielt aber die Bezeichnung »Petroleummotor«, was dann einem langjährigen, zuweilen geschürten Mißverständnis Vorschub leistete (s. S. 59).

Die historischen Vergaser funktionierten alle nach dem gleichen Prinzip — als Oberflächenvergaser. Die vom Motor angesaugte, vereinzelt auch mit besonderen Pumpen in den Zylinder beförderte Luft strömte durch ein voluminöses Gefäß, das eine bestimmte Benzinmenge enthielt. Verschiedene Patente, darunter Schwimmer und Ventile für den Zulauf des Kraftstoffs, beschrieben die Niveauregelung. Nun entstand eine Mischung aus Luft und

Benzindampf, wobei der Fahrer die Gemischbildung durch etliche Manipulationen beeinflußen mußte. Naturgemäß verlangte ein brauchbares Kraftstoff-Luftgemisch zunächst eine dosierte Luftmenge, die durch den Vergaser strömte, zweitens die hinterher beigemischte Zusatzluft und drittens eine Aufheizung des Vergasers durch Auspuffgase, um die starke Abkühlung beim Verdampfen auszugleichen und das Ausmaß der Verdampfung zu steuern. Daß dazu allerhand Kenntnisse und Routine gehörten, versteht sich! Überdies begrenzten Oberflächenvergaser die Gasmenge — und folglich die Motorleistung auf sehr geringe PS-Zahlen.

SIEGFRIED MARCUS' LEISTUNGEN UND LEGENDE

Auch Siegfried Marcus arbeitete mit Oberflächenvergasern, aber nicht für »atmosphärische« Motoren, die in ihre letzte Epoche eintraten, sondern zunächst für Beleuchtungs- und Heizzwecke. Vor allem wollte er damit Thermoelemente erwärmen, die er für eine brauchbare Elektrizitätsquelle hielt. Als gebürtiger Mecklenburger war Marcus, nach einer Mechanikerlehre im aufblühenden Berliner Siemens & Halske-Werk, in erster Linie Elektrotechniker, als er sich, zweiundzwanzigjährig, nach Wien begab und dort Telegraphen und magnetelektrische Zündapparate für militärische Zwecke entwickelte, die im In- und Ausland guten Absatz fanden.

Erst später baute Marcus einen eignen Motor und montierte ihn im Verlauf seiner Versuche auf einen Handwagen, dessen Hinterräder gleichzeitig als Schwungräder des Motors dienten. Der Lenker des Wagens mußte allerdings neben ihm gehen. Sein richtiges Automobil stellte Marcus frühestens 1888 fertig, mit einem recht kompakten Viertaktmotor, der zwei beachtliche Aggregate besaß: eine elektrische Zündung und einen »Bürstenvergaser«. Das war ein Oberflächenvergaser, bei dem ein rundum mit Bürsten bespicktes Rad unten in den Benzinstand eintauchte und den Luftstrom mit Tröpfchen versetzte.

In die Öffentlichkeit gelangte der Wagen erst anläßlich der Wiener Automobilausstellung 1898, als der 67jährige Erfinder nach längerem Leiden auf dem Sterbebett lag. Vermutlich trifft ihn selbst die geringste Schuld an dem auf 1875 zurückdatierten Baujahr — etwa die Zeit, wo er mit dem motorisierten Handwagen experimentierte, von dem nur Zeichnungen übrig blieben. Für die Pariser Weltausstellung im runden Jahr 1900 meldete Österreich zwei Automobile an, den Lohner-Porsche mit batteriegespeisten Elektromotoren in den gelenkten Vorderrädern — und den »Marcus von 1875«. Doch blieb dessen Stand leer und die Porsche-Konstruktion der alleinige Repräsentant der k. u. k. Monarchie... Erst 1928, zu Marcus' 30. Todestag, und 1932, bei der Enthüllung eines Marcus-Denkmals in Wien, sollte der »Wiener Mechaniker« in allem Ernst das Benzinautomobil erfunden haben.

Dieses Denkmal, dazu eine umstrittene Biographie und erfolgreiche Demonstrationsfahrten des restaurierten Marcus-Wagens verursachten eine verbreitete Legende. Sorgfältiger Quellenforschung hielt sie jedoch nicht stand. Der Marcus-Wagen ist nicht, wie man lange glaubte, »das älteste erhalten gebliebene Automobil überhaupt, aber der erste in Österreich gebaute Kraftwagen... die Leistung eines besonders talentierten, geistvollen Mannes«, wie der Historiker Dr. Goldbeck zusammenfaßt. Tatsächlich waren die echten Konkurrenten für die jungen Automobile die in England und Frankreich beachtlich entwickelten Dampfwagen.

Einen Irrtum zu erkennen, bedeutet, daß man heute klüger ist als gestern.
J. C. Lavater,
Pfarrer und Philosoph, 1741–1801

SPRITZDÜSENVERGASER VON 1893 – DIE ENDLÖSUNG

Die Mängel und Grenzen der Oberflächenvergaser störten umso stärker, je mehr »Gas« die Motoren benötigten, weil sie größer wurden und rascher laufen sollten, um höhere Leistungen zu liefern. Manche Experimente in dieser Richtung, zum Beispiel die Ausstattung der Vergaser mit Dochten, verliefen im Sand. Da bot zweifellos der Bürstenvergaser von Siegfried Marcus bessere Voraussetzungen, weil die Luft hier auch Benzintröpfchen und -nebel mitnahm, welche nicht mehr auf eine vollständige »Vergasung« angewiesen waren.

Diesen Verzicht auf echte Vergasung verfolgte Wilhelm Maybach konsequent und ließ 1893 seinen »Spritzdüsenvergaser« patentieren. Wieder einmal wurde seine Lösung vorbildlich, als Grundlage der modernen Vergasertechnik: mit der bekannten Schwimmerkammer und dem gleichmäßigen Kraftstoffstand darin steht eine Düse in Verbindung, die von unten in das Ansaugrohr hineinragt. Sie wirkt wie eine Blumen- oder Parfümspritze, wenn Luft rasch über sie hinwegströmt. Gegenüber einer Vergasung oder Verdunstung erfaßt die Zerstäubung alle Bestandteile der flüssigen Kraftstoffe, die ja aus sehr unterschiedlichen Kohlenwasserstoffen bestehen und deshalb einen breiten Siedebereich aufweisen. Damit entfällt die Gefahr, daß sich mehr und

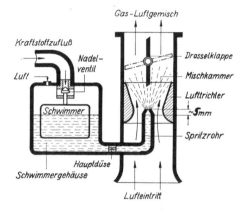

VII.1 Spritzdüsenvergaser (in der klassischen Steigstromausführung) im Schema. Der Schwimmer regelt den Kraftstoffstand einige Millimeter unter der Spritzdüse. Wenn Vergaser, etwa an Motorrädern, Mopeds, Rasenmähern, stark geneigt werden, fließt auch bei stehendem Motor Kraftstoff aus und füllt u. U. das Kurbelgehäuse!

mehr schwere, hochsiedende Benzinreste ansammeln, die Funktion des Vergasers stören und außerdem Rückstände bilden.

Schließlich ergänzt den Spritzdüsenvergaser eine schwenkbare Drosselklappe zwischen der Mischkammer, in der die Düse mündet, und dem zum Motor führenden Ansaugrohr. Je nach der Stellung dieser Drosselklappe erhält der Motor mehr oder weniger Gasgemisch, um stärker oder schwächer, schneller oder langsamer zu arbeiten. Auch an dieser Art der Leistungsregelung von Ottomotoren hat sich seither nichts geändert. Sie ist einfach und zuverlässig, verglichen mit den alten Verfahren der primitiven »Aussetzerzündung« oder der angehobenen Auslaßventile, welche die Verdichtung, ganz oder teilweise, verhinderten und die Frischgasfüllung verminderten. Für gute und gleichmäßige Gemischbildung im Vergaser wirkt die Drosselklappe freilich fatal, weil in der Düsen- und Mischkammerzone enorm schwankende Unterdrücke und Strömungsgeschwindigkeiten zustandekommen, wenn der Motor jeweils schnell oder langsam läuft, mit viel »Gas« oder mit einem Bruchteil davon im Leerlauf.

Ein Lufttrichter umgibt die Düsenmündung in der Mischkammer, meistens als auswechselbarer Einsatz. Mit sanften Übergängen verengt er den Ansaugquerschnitt und zwingt die Luft, entsprechend schneller durchzuströmen. Das wiederum bedeutet vermehrten Unterdruck und Kraftstoffaustritt. Mit seinem Querschnitt bildet ein Lufttrichter das aus der Physik bekannte Venturi-Rohr und macht die von Bernoulli gefundenen Strömungsgesetze deutlich: der Staudruck, den eine Strömung ausübt, geht stets dem »statischen Druck«, der quer zur Strömungsrichtung wirkt, verloren. Mit steigendem Staudruck, wachsender Luftgeschwindigkeit fällt der statische Druck, oder umgekehrt, wächst der Unterdruck, der den Kraftstoff aus der Düse treten läßt. Dieselbe Differenz zwischen dem Staudruck und quer dazu wirkenden Unterdruck trägt übrigens Flugzeuge durch die Atmosphäre — das Tragflächenprofil ähnelt oben einem Venturirohr, die Luft muß schneller strömen als entlang der Unterseite und erzeugt — schon ohne jeden »Anstellwinkel« — kräftigen Auftrieb.

DIE KRITISCHE GEMISCHBILDUNG UND VERTEILUNG

Wir blenden zurück auf die motorische »Atmung«, die verwickelten Strömungs- und Schwingungsverhältnisse, die Wirkung der naturgesetzlichen Trägheit selbst von Gas und Luft. Aus den zunächst so unliebsamen Erscheinungen macht der Konstrukteur buchstäblich das Beste, und gewinnt als nützlichen Effekt kräftige Füllung der Zylinder — mindestens in einem bestimmten Drehzahlbereich.

Nun kommt die Gemischbildung hinzu, die tatsächliche Verdampfung des flüssigen Kraftstoffs — seit Zerstäuber an die Stelle der echten Vergaser traten. Weil jede Flüssigkeit zum Verdunsten erhebliche Wärmemengen benötigt und von ihrer nächsten Umgebung aufnimmt, bilden Vergaser und Ansaugrohre eine regelrechte »Kältemaschine«, praktisch mit Temperaturen bis zu 15 und 18 Celsiusgraden unterhalb der Außenluft (theoretisch noch sehr viel mehr!), solange man die Luft oder das Ansaugsystem selbst nicht hinreichend aufheizt. Die Kälte hemmt nicht nur die Verdunstung des Kraftstoffs, sondern verursacht noch eine Kondensation, ein Wiederverflüssigen und Absetzen bereits verdampfter Bestandteile. Nur der im Ansaugrohr herrschende Unterdruck mildert diese Gefahr zu einem Teil. Damit erklären sich die besonderen Probleme brauchbarer Gemischbildung bei

Frost, namentlich für guten Kaltstart. Zu ihm zählt, notabene, nach dem ordentlichen Anspringen auch das gute Benehmen des Motors, die »Gasannahme«, in den ersten Minuten.

Zur Erwärmung der Ansaugluft empfehlen sich heiße Auspuffgase, die nach einem Kaltstart schneller zur Verfügung stehen als erwärmtes Kühlmittel. Wo Ansaug- und Auspuffkrümmer (noch) auf derselben Motorseite liegen, sind viele Kombinationen möglich. Aber auch an »Querstromköpfen« beziehen viele Vergaser vom Auspuff erwärmte Luft, zuweilen thermostatisch gesteuert, gelegentlich auch umschaltbar von Sommer- auf Winterbetrieb. Die erhitzte Luft ist nämlich, wieder einmal, ein Kompromiß: dünner und leichter als kalte, vermindert sie trotz gleichem Volumen das Gewicht der Frischgasfüllung und, weil es gerade darauf ankommt, die Leistung des Motors.

Anstelle der Luftvorwärmung, oder zusätzlich, besitzen viele Ansaugrohre wassergekühlter Motoren eine Warmwasserheizung, vornehmlich einen »hot spot« in Form einer kleinen Heizplatte an einer Gabelung oder Umlenkung. Das fördert gleichermaßen die Verdampfung und die richtige Verteilung: denn das lebhafte Spiel im Ansaugrohr geht weiter, flüssige Kraftstoffteilchen verhalten sich infolge ihrer größeren Dichte und Trägheit ganz anders als Luft oder (halbfertiges) Gas — obwohl sie ständig wärmer, kleiner und leichter werden. Jede Biegung oder Verzweigung in einem Ansaugkrümmer beeinflußt das Mischungsverhältnis, ganz zu schweigen von den erwähnten Gasschwingungen, die ihrerseits benachbarte oder gegenüberliegende Zylinder unterschiedlich füllen. Zu den quantitativen Abweichungen treten qualitative, das heißt ärmere oder reichere Mischungen von Luft und Kraftstoff in den einzelnen Zylindern.

Diese Gemischverteilung spielte schon länger eine große Rolle, weil sie die Leistung, Laufkultur und Wirtschaftlichkeit eines jeden Motors stark beeinflußt — doch die neuen, aktuellen Forderungen nach unschädlichen Auspuffgasen haben alle früheren Maßstäbe weit in den Schatten gestellt. In durchaus bewährten Vierzylindermotoren fand man vor den einzelnen Einlaßventilen Gemische,

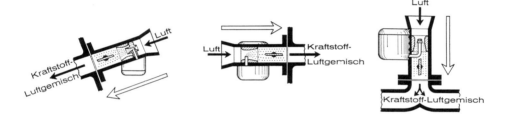

VII.2 Schrägstrom-, Flachstrom- und Fallstromvergaser.

die bis zu plus und minus 25 % von dem Verhältnis abwichen, das der (einzige) Vergaser lieferte. Weiter zeigten diese Untersuchungen, daß der Ottokraftstoff nicht nur in zwei, sondern in drei verschiedenen Formen in die Zylinder gelangt: erstens als bereits verdampfter Anteil; zweitens in Gestalt flüssiger Tröpfchen, deren Durchmesser sich zwischen einem Zwanzigstel und einem halben Millimeter bewegt — abhängig von der Vergaserbauart und der (relativen) Luftgeschwindigkeit; und drittens als ausgeprägter Kraftstoffilm, der entlang den Saugrohrwänden zu den Einlaßventilen fließt. Naturgemäß unterliegt dieser Film einer besonderen Trägheit, die bei wechselndem Unterdruck unliebsame Folgen entfaltet, namentlich bei plötzlichem Drosseln oder Gasgeben.

Mit zunehmender Gemischerwärmung schreitet die Vergasung freundlich voran. Der Aufprall von Tröpfchen auf das Einlaßventil tut ein Übriges, bevor die Wirbelung im Zylinder und die bei der Verdichtung steil ansteigende Temperatur die »Gemischaufbereitung« vervollständigen. Letztlich profitiert auch der heiße Kolbenboden von der Wärmeaufnahme des vergasenden Kraftstoffs. Man spricht direkt von einer »Innenkühlung«, die speziell mit einem kraftstoffreichen Gemisch zur Geltung kommt. Auch bedarf der große Temperaturunterschied zwischen Ein- und Auslaßventilen bei diesen Verhältnissen keiner weiteren Begründung.

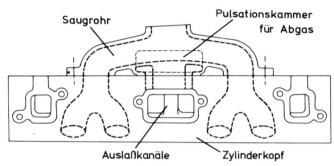

VII.3 Starke und rasche Aufheizung der Ansaugkrümmer vermindert die Nachteile der Warmlaufphase – den stark erhöhten (bis zu doppelten) Verbrauch und die besonders schlechte Abgasqualität, hier im Schema an einem 1,2-l-Opel-Vierzylinder.

Gelegentlich (und schon seit den späten 50er Jahren) findet man im Auspuffsystem Stauklappen, nach Temperatur und Last gesteuert, z. B. bei BMW-V 8. Doch erschweren die herrschenden Temperaturen solche Mechanismen – wie auch bei den »Auspuffbremsen« mancher LKW-Diesel. Spezialschmiermittel helfen.

LITERLEISTUNG UND VERGASERANZAHL

Wo ein einzelner Vergaser durch verzweigte, winkelige Ansaugkrümmer mehrere Zylinder speist, pendelt der Gasstrom dauernd hin und her. Manchmal greifen die einzelnen Zweige der Krümmer in eigentümlichen Formen durcheinander — als Ergebnis von aufwendigen Versuchen zwecks bestmöglicher Füllung und Gemischverteilung. Noch ausgeprägter findet man dies auf der Auslaßseite, wo bei Hochleistungsmotoren die einzelnen Auspuffrohre ein regelrechtes »Schlangennest« bilden. Das liegt letzten Endes daran, daß die Zylinder nicht in der Reihenfolge arbeiten und zünden, in der sie auf dem Kurbelgehäuse stehen, sondern in einem davon abweichenden Rhythmus, den die Zündfolge wiedergibt. Man erzielt damit einen »runderen« Motorlauf entsprechend der Kurbelwellenform und, eben, der besseren Gemischverteilung (Abb. IV.5–7).

Bei irgendeiner Literleistung stoßen allerdings Einvergasermotoren auf ihre Grenzen, besonders bei den weit auseinander liegenden Zylinderköpfen von Boxermotoren. Dieses Dilemma umgehen zwei oder noch mehr Vergaser — am besten für jeden Zylinder ein eigner. Das Problem der Gemischverteilung und Füllung ist damit zwar konstruktiv gelöst, andererseits freilich verlagert: auf die bedeutend diffizilere Einstellung und Wartung. Auch die Mehrkosten sind nicht zu unterschätzen, wenngleich sie bislang immer noch merklich günstiger ausfallen als für elektronische oder mechanische Einspritzanlagen.

In der Praxis findet man an Vierzylinder-Reihenmotoren, statt vier einzelner, zwei Doppelvergaser. So ergeben sich getrennte, voneinander unabhängige »Luftwege«, doch eine einfachere Kraftstoffversorgung, indem je eine gemeinsame Schwimmerkammer, in der Mitte angeordnet, zwei Düsensysteme speist. Über drei benachbarten Zylindern, etwa bei Boxer- oder V-Motoren, sitzen gelegentlich Dreifachvergaser, in manchen amerikanischen V-Achtzylindern kompakte Vierfachvergaser im Karree. Dabei handelt es sich stets um die Fallstrombauart, während sportliche Reihenmotoren meistens Flach- oder Schrägstromvergaser tragen.

VII.4 Zur schnellen Erwärmung der Frischgase nach einem Kaltstart eignen sich elektrische Heizelemente, besonders als (daumennagelgroße) »PTC«-Platten (mit positivem Temperatur-Koeffizient, der den elektrischen Widerstand ab etwa 160°C sprunghaft erhöht und den Stromverbrauch von z. B. 600 Watt auf ein knappes Drittel drosselt). Gelegentlich liegen diese Heizelemente unter kleinen Mulden am Saugrohrboden (Mercedes-Benz u. a.). Eine vorbestimmte Kühlwassertemperatur schaltet die Heizung automatisch aus. Audi-Konstrukteure entwickelten (auch für VW) eine noch stärker wirksame Heizung, indem vier PTC-Elemente insgesamt 45 Stacheln tragen, 2 cm hoch aus Aluminium, die sogleich den Spitznamen »Igel« veranlaßten. Man erkennt ihn hier im aufgeschnittenen Krümmer unter dem Fallstromvergaser und dem wärmehemmenden Distanzrohr.

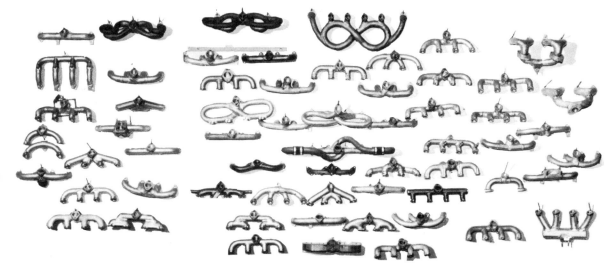

VII.5 Um 4 Zylinder mit einem Vergaser gut und gleichmäßig zu füllen, wurde experimentiert – als Fleißaufgabe für eine Versuchswerkstatt, die hier eine Sammlung präsentiert wie Rotwildjäger ihre Trophäen. Die Verhältnisse in Auspuffanlagen erläutern Abb. XVII.10–12.

Wer jede Entscheidung zu schwer nimmt, kommt zu keiner.
Har. Macmillan, brit. Politiker, 1894–1986

DIE BEDEUTSAME LUFTZAHL UND DAS LEISTUNGSKENNFELD

Die heutigen Kraftstoffe bestehen ausnahmslos aus den Elementen Kohlenstoff und Wasserstoff, wobei in »Benzin« bis zu hundert und mehr verschiedene Verbindungen vorkommen. Dennoch läßt sich die Luftmenge für eine »vollständige« Verbrennung exakt berechnen.

Genau genommen handelt es sich um die Sauerstoffmenge, die in der Luft mit reichlich 23 Gewichtsprozenten vorliegt (der bekanntere Wert von 21 % bezieht sich auf den Volumenanteil), während der Luftstickstoff mit rund 77 % an der Verbrennung so gut wie gar nicht teilnimmt. Die naheliegende Idee, die Leistung eines Motors zu vervierfachen, indem man ihn mit reinem Sauerstoff statt mit Luft füttert, erweist sich allerdings als ein Gedankenexperiment; ein praktischer Versuch würde den Motor buchstäblich im Handumdrehen zerstören – und eventuell seine Umgebung dazu. Nur »Sauerstoffspritzen« verwendete man früher gelegentlich für Rekorde oder kurze Rennen . . .

Theoretisch erfordert die Verbrennung von 1 kg Kraftstoff mindestens 14 kg Luft. Bei Luftüberschuß verbrennt zwar der Kraftstoff mit größerer Wahrscheinlichkeit, doch »verschenkt« der Motor gewissermaßen eine Luftmenge, die er fleißig durchpumpt, ohne Kraft und Leistung zu gewinnen. Mit Luftmangel hingegen bleiben teure Kraftstoffteile übrig, die unvollständig oder gar nicht an der Energieumwandlung teilnehmen. Die richtige Luftmenge (in der Fachliteratur als »stöchiometrisch« bezeichnet) könnte man durchaus als ein Mischungsverhältnis angeben — etwa als 14,5 : 1 — doch hat sich dafür der kurze Begriff »Luftzahl« eingebürgert. Folglich bedeuten Luftzahlen über 1,0 kraftstoffarme Gemische (Luftüberschuß) und solche unter 1,0 reiche Gemische (Luftmangel).

Das Vorstellungsvermögen über die Luftmengen, die der Motor verarbeitet, gewinnt ohne Zweifel, wenn man neben Gewichtsverhältnissen die entsprechenden Raummengen betrachtet. Da Luft pro Kubikmeter 1,29 kg wiegt und Fahrbenzin (aufgerundet) 0,75 kg pro Liter, gehören zu 1 Liter Kraftstoff knapp 8,5 Kubikmeter Luft. Der »Normzustand« der Luft liefert allerdings ein recht hohes spezifisches Gewicht, weil höhere Temperaturen als 0° C und geringerer Luftdruck als 760 mm QS (Quecksilbersäule) beide das Füllungsgewicht vermindern. Schon in München beträgt der Luftdruck nur noch 715 mm QS, also 6 % weniger als in Küstenregionen, während eine Erwärmung um 20° C fast denselben Gewichtsverlust verursacht. Beide Erscheinungen beeinflussen das Mischungsverhältnis in der Praxis beträchtlich — und die Motorleistung oft noch stärker!

Der tatsächliche Leistungsabfall mit zunehmender Meereshöhe oder Außentemperatur hängt allerdings vom »Ausgangszustand« ab: wenn ein Vergaser arm eingestellt ist, veranlaßt eine verminderte Luftmenge eine Anreicherung, welche ihrerseits die Leistung fördert. War hingegen mit hohem Luftdruck oder tiefer Temperatur die Luftzahl bereits optimal, dann ist mit einer spürbaren Leistungseinbuße zu rechnen.

Den Einfluß der Luftzahl auf die Motorleistung einerseits und den Kraftstoffverbauch andererseits zeigt das B. VII.6. Die beste Leistung entsteht mit Luftzahlen um 0,9, also mit reichem Gemisch; den geringsten Kraftstoffverbrauch vermitteln dagegen Luftzahlen um 1,10, also arme Mischungen.

Bei übertriebener Anreicherung oder Abmagerung verschlechtern sich alle Verhältnisse drastisch, um bei Luftzahlen von etwa 0,5 (Überfettung) und 1,4 (Kraftstoffmangel) die »Zündgrenzen« zu erreichen, so daß ein Motor schlicht stehen bleibt oder alle Startversuche ignoriert.

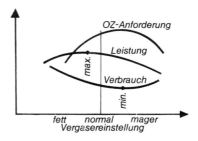

VII.6 Die normale Vergasereinstellung entspricht der Luftzahl 1, die »fette« einer kleineren und die »magere« einer größeren Luftzahl. Die Oktanzahlanforderung ist ein Vorgriff auf das nächste Kapitel.

Zum Leidwesen der Vergaserkonstrukteure beleuchten unsere bisherigen Erörterungen nur einen einzelnen von vielen Ansprüchen, die ein Fahrzeugmotor stellt. Wir befinden uns sozusagen am Anfang eines längeren Rundgangs und kennen erst eine einzige Ecke eines stark verschachtelten Gebäudes: den Vollgas- oder Vollastbereich! Auch die verbreiteten Leistungs- oder Drehmomentkurven kennzeichnen diesen Zustand, besser gesagt, eine »Betriebslinie«, bei der zu jeder Motordrehzahl ganz bestimmte Leistungen oder Drehmomente gehören. Für besondere Aufgaben mancher stationärer Motoren, die immer mit gleicher Drehzahl und Belastung arbeiten, kann man vergleichsweise sogar von einem »Betriebspunkt« sprechen. Häufiger sind indessen Maschinen, die eine bestimmte Drehzahl einhalten müssen, unabhängig von schwankender Belastung. Daneben gibt es schließlich Betriebskennlinien, wo zu jeder Drehzahl eine definierte Belastung gehört, zum Beispiel bei Schiffsmaschinen und Schiffsschrauben...

gen Geschwindigkeiten ziemlich flach an — bei geringer Motorbelastung, um dann steiler und steiler zu verlaufen, weil der Luftwiderstand mit dem Quadrat der Geschwindigkeit wächst und die zu seiner Überwindung erforderlichen PS-Zahlen mit der dritten Potenz. Das Ende der Fahrwiderstandslinie ist nichts anderes als der Schnittpunkt mit der Leistungskurve des Motors, die Höchstgeschwindigkeit.

Das breite Feld zwischen der Fahrwiderstandslinie, dem Leistungsbedarf, und der bei jeder Motordrehzahl

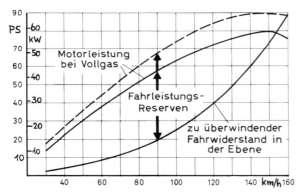

VII.7 Gewicht, Größe, Form und Rollwiderstand bestimmen den Fahrwiderstand für jedes Fahrzeug. Darüber verläuft, abhängig von der Gesamtübersetzung, die Leistungskurve des Motors. Das Feld dazwischen umreißt die Reserven zum Beschleunigen und Bergsteigen. Mit 90 statt 80 PS im gleichen Wagen steigt die Höchstgeschwindigkeit nur um 5 bis 6 km/h oder 3 bis 4 %, aber die

Fahrleistungsreserve viel deutlicher! Die Fahrwiderstandslinie verschiebt sich – ungünstig, nach oben – an Steigungen oder bei Gegenwind, auch mit größerem Rollwiderstand (höherem Gewicht, schleifenden Bremsen, Gelände- oder Winterreifen und ungenügendem Reifendruck). Umgekehrt sinkt der Fahrwiderstand im Gefälle, mit Schiebewind und leichter rollenden Reifen (Gürtelreifen, hohem Druck). Motorradfahrer erzielen mit »Rennhaltung«, d. h. langliegend statt aufrechtsitzend, etwa 10 % höhere Tempi oder 5 % Minderverbrauch. Jedes Zurückschalten verschiebt die Leistungskurve nach links, vermehrt folglich – auf Kosten der Geschwindigkeit – die Fahrleistungsreserve.

Etliche interessante Linien oder Kurven charakterisieren auch Landfahrzeuge und ihre Motoren, außer der Vollastkurve etwa der bestmögliche Beschleunigungsverlauf (mit oder ohne Gangschaltungen), oder die Fahrwiderstandskurve mit den PS-Zahlen, die für bestimmte gleichmäßige Tempi auf ebener Strecke nötig sind. Diese Kurve steigt bei niedri-

verfügbaren effektiven Leistung kennzeichnet die Reserve, die der Fahrer in jedem Getriebegang mobilisieren kann, zum Beschleunigen oder Überwinden von Steigungen, auch stärkerem Gegenwind. Technisch handelt es sich um den »Teillastbereich« zwischen Leerlauf und Vollast, in der Tat ein ausgedehntes »Betriebsfeld«, mit dem die Gemischbildung fertig werden muß. Damit nicht genug, spielen auch Fahrzustände eine Rolle, die noch unterhalb des Leerlaufs oder der Fahrwiderstandskurve liegen — mit Schiebewind, bei Gefällen oder wenn der Motor »geschoben« wird und bremst. Speziell für die Entgiftung der Auspuffgase erwuchs daraus ein zusätzliches Problem.

Die Luftzahl 1, das theoretisch richtige Mischungsverhältnis, ist allenfalls ein Richtwert, aber kaum das erstrebenswerte Ideal. Schon der Unterschied zwischen höchster Leistung, die man mit einer angereicherten Mischung erkauft, und möglichst niedrigem Kraftstoffverbrauch im breiten Teillastgebiet — mit angemessenem Luftüberschuß — bringt das erste Dilemma. Bei sehr geringer Belastung, wenn die Drosselklappe nur einen Spalt breit offen (und das Gaspedal fast in Ruhestellung) steht, arbeitet der Motor mit schlechter Füllung und entsprechend schwacher Verdichtung. Damit kommen nur träge Verbrennungen zustande — der Wirkungsgrad der Energieumwandlung sinkt. Der befriedigende Motorlauf verlangt wieder einen Kompromiß in Form einer angereicherten Mischung. Extrem treten diese Verhältnisse dann im Leerlauf zutage, der die niedrigsten Luftzahlen beansprucht, mit 0,7 und noch darunter.

Beschleunigung und Kaltstart bereiten neue Komplikationen. Bei plötzlichem »Gasgeben« verursacht die geöffnete Drosselklappe einen raschen Abbau des Unterdrucks in den Ansaugrohren, der Motor saugt kräftig an. Doch nur die Luft kommt rasch genug mit, während der zugehörige Kraftstoff zurückbleibt und das Gemisch rigoros abmagert. Der Motor würde stottern und sich verschlucken, wenn nicht eine besondere Beschleunigungspumpe im Vergaser eine dosierte Kraftstoffmenge einspritzte. Ähnlich tritt eine Starteinrichtung in Aktion, wenn der kalte Motor zum Anspringen eine extrem reiche Mischung braucht. Für das breite Betriebsfeld, das jeder Fahrzeugmotor beherrschen muß, kann man die stark schwankenden Luftzahlen, abhängig von Drehzahlen und Leistungen (bzw. von den verfügbaren Arbeitsdrücken, was auf dasselbe hinausläuft), aufzeichnen und verfolgen. Bekannter und verbreiteter sind jedoch Verbrauchskennfelder. Sie zeigen den spezifischen Kraftstoffverbrauch, d. h. den Verbrauch für 1 PSh (PS-Stunde) oder 1 kWh.

Beiläufig erinnern wir uns in diesem Zusammenhang an Robert Mayer, das Verhältnis zwischen Wärme und Arbeit, an die rund 10 000 Kilokalorien, die in 1000 Gramm Benzin schlummern, und an die PS-Stunden zu 270 000 Meterkilopond. Demnach entspricht der (ausgezeichnete) spezifische Kraftstoffverbrauch von 200 Gramm pro PS-Stunde einem Gesamtwirkungsgrad des Motors von 31,6 % (da 1 kcal = 427 mkp, 2000 kcal aus 200 Gramm Benzin = 854 000 mkp, 270 000 : 854 000 = 0,316). Vergleichsweise sinkt der Wirkungsgrad mit 300 Gramm pro PS-Stunde auf 21 %, mit 400 auf nur 15,8 %, doch steigt er mit 123 Gramm pro PS-Stunde — dem Bestwert moderner Dieselmaschinen — auf über 50 %.

Umgekehrt betrachtet bedeutet 1 PS-Stunde (270 000 : 427 =) 632,5 kcal — und 1 Kilowattstunde (kWh) 860 kcal, denn die Berechnung mit den neuen Einheiten kWh und Joule (statt cal) bringt andere Zahlenwerte, aber natürlich dasselbe Ergebnis.

Grau, teurer Freund, ist alle Theorie (und grün des Lebens goldner Baum). Goethe

DAS AUFSCHLUSSREICHE VERBRAUCHSKENNFELD

Verbrauchskurven, die von Prüfständen stammen und noch zur Sprache kommen, beziffern in der Regel die spezifischen Werte (in Gramm pro kWh bzw. g/PSh) für die höchsten Motorleistungen im gesamten Drehzahlbereich. Über das weite Feld unterhalb der Vollastkurve sagen sie nichts aus. Rückschlüsse auf die Straßenpraxis bleiben folglich beschränkt – in erster Linie auf den engen Bereich der Spitzengeschwindigkeit (zumal volle Belastung beim Beschleunigen viele Voraussetzungen verändert!).

Wesentlich andere Verhältnisse gelten für Verbrauchskurven, die – für ein Fahrzeug, nicht den Motor allein – mit jeweils konstanter Geschwindigkeit entstehen, Punkt für Punkt. Sie ähneln stark einer Fahrwiderstandskurve (wie in B. VII.7), steigen zunächst flach und dann immer steiler an, naturgemäß mit erheblichen Unterschieden zwischen kleinen und großen, leichten und schweren, aerodynamisch guten und schlechten Fahrzeugen.

Untersucht man jedoch den Kraftstoffverbrauch, der bei allen möglichen Drehzahlen nicht bei Vollast, sondern bei den verschiedensten Belastungen und Leistungen anfällt – im breiten Band zwischen Leerlauf und Vollast – so ergibt sich für die weitaus meisten Motoren, namentlich Otto-Viertakter, ein typisches Kennfeld, das einer Landkarte mit ihren Höhenlinien und einer ausgeprägten Mulde ähnelt.

Um dieses Verbrauchskennfeld und möglichst günstige Daten kümmern sich längst nicht mehr die Motoren- und Fahrzeughersteller allein, sondern auch die Lieferanten von Vergasern, Einspritz- und Zündanlagen, Auspuff- und Kühlsystemen.

Die besten spezifischen Verbrauchswerte, herunter bis zu 240 g/kWh (ca. 180 g/PSh), liegen durchweg weit oberhalb der Fahrwiderstandslinie, mit dem Schwerpunkt bei niedrigen Drehzahlen, aber hohen Mitteldrücken (ihrerseits entsprechend hohen Drehmomenten und Zugkräften). Zusätzliche Fahrwiderstände, längeres Beschleunigen im großen Gang – länger, damit die Beschleunigungspumpe keinen Strich durch die Rechnung macht! – Steigungen, die noch kein Zurückschalten verlangen, oder Anhängerbetrieb ... machen sich dank diesem Verbrauchskennfeld weniger bemerkbar als etwa eine Kalkulation mit den benötigten kW- oder PS-Stunden.

Die üblichen Verbauchskurven (vgl. B. X.1 erklären den Tribut, den hohe Geschwindigkeiten kosten. Das Kennfeld zeigt außer den verwickelten Zusammenhängen, daß hohe Drehzahlen durchweg teurer sind als höhere Mitteldrücke. Mit anderen Worten: Lieber mehr Gas geben als zurückschalten – solange es möglich ist.

Diese Verhältnisse begründen, warum – entgegen herkömmlichen und verbreiteten Meinungen – eine gleichmäßige Fahrt mit konstantem Tempo keineswegs den geringsten Verbrauch verursacht. Besser wäre, wenngleich im Alltagsverkehr kaum zu verwirklichen, ein »Sägezahnrhythmus« mit zügigem Beschleunigen und langem Ausrollen (optimal bei abgestelltem Motor), womit grundsätzlich »Sparrekorde« erzielt werden, egal ob mit Serien- oder Spezialfahrzeugen.

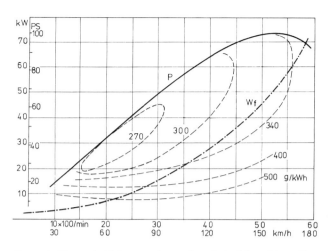

VII.8 Das abgebildete (geringfügig vereinfachte und schematisierte) Verbrauchskennfeld betrifft einen Otto-Viertakter, der 74 kW (100 PS) bei 5300/min entfaltet – und einen (etwa 1200 kg schweren) Wagen, der 175 km/h erreicht (natürlich von der Stoppuhr bestätigt, während Tachometer fast immer etliche Prozent mehr vortäuschen). Mit der vorliegenden Gesamtübersetzung wird dabei die Nenndrehzahl (Höchstleistungsdrehzahl) hier zufällig um knapp 10 % überschritten, wie bislang vorherrschend; doch brachten »Spar- und Ökonomie-Gänge« eine klare Trendwende.

Überdies stammt das Beispiel mit den Zahlenwerten aus den späten 70er Jahren. Eine Dekade später bekunden die besten Verbrauchswerte einen ca. 10prozentigen Gewinn, von dem wiederum ein Lambda-geregelter Katalysator, der magere Gemische ausschließt, ein wenig kompensiert. Allerdings veranlassen zahlreiche Karosserien, erheblich strömungsgünstiger geworden, eine niedrigere Fahrwiderstandskurve W_f und damit einen geringeren Leistungsbedarf, vor allem bei höheren Geschwindigkeiten – natürlich auch eine höhere Spitze.

Der tatsächliche Verbrauch läßt sich aus dem Kennfeld recht genau ablesen, z. B. für die Höchstgeschwindigkeit (in der Ebene, bei Windstille), dem Schnittpunkt der Leistungskurve P mit dem Fahrwiderstand W_f. Hier leistet der Motor 70 kW (95 PS) und verbraucht spezifisch ca. 360 g/kWh, folglich 25 kg pro Stunde oder – bei einem Kraftstoffgewicht von 740 Gramm je Liter – 34 l/h, demnach 34 l für 175 km und 19,4 l/100 km. »Vollgas« kostet stets »TEE-Zuschlag«, während ein geringer Verzicht stark zu Buch schlägt! Dies und weiter charakteristische Werte, dem Kennfeld entnommen, zeigt die folgende Tabelle:

Tab. VII.9

km/h	kW	(PS)	g/kWh	Kg/h	l/h	l/100 km
167	60	(82)	340	20,4	28,6	16,5
120	27,5	(37)	330	9,1	12,3	10,3
90	15	(20)	380	5,7	7,7	8,6
60	7	(9,5)	510	3,6	4,8	8,0

MODERNE VERGASER UND EIN ANSCHAULICHER VERGLEICH

Einen Motor, der ständig mit derselben Drehzahl und Belastung arbeitet, dessen Betriebsfeld buchstäblich zu einem »Punkt« zusammenschrumpft, könnte ein primitiver Spritzdüsenvergaser einwandfrei versorgen. Es dürften allerdings auch keine stärkeren Temperatur- und Luftdruckschwankungen auftreten... Doch die anspruchsvollen, modernen Fahrzeugmotoren stempeln die Gemischbildung, eben die Vergasertechnik, zu einer hochkarätigen Wissenschaft. Tatsächlich stiegen die Anforderungen mit jeder neuen Motorengeneration, und als ein beachtlicher Erfolg (mit einer beträchtlichen, noch angemessenen Komplikation) erreicht schien, verbreitete sich von Los Angeles und den USA aus die »Abgaswelle« und setzte einen revolutionären Maßstab.

Um hohe Leistung und Laufkultur, geringen Kraftstoffverbrauch und vor allem diesen Beitrag für unschädliche Auspuffgase zu vermitteln, wurden Vergaser komplizierte Geräte, deren letzte Feinheiten nur noch wenige Spezialisten übersehen — und korrigieren können. Ein Vergleich stempelt die einfachen Vergaser von früher zu einer russischen Dorfrechenmaschine mit verschiebbaren bunten Kugeln, die jüngsten Bauarten hingegen zu einem Elektronengehirn. Zwar prägte dieses Bild (nach dem Motto »übertreiben macht anschaulich«) ein englischer Experte beim Resümee von zwei konkurrierenden Rennmotoren, doch gilt es für die Vergaserentwicklung wie kaum ein anderes Gebiet.

»Elektronische« Einspritzanlagen, denen dieselbe Aufgabe obliegt, machen es deutlich.

Selbst simple Schwimmer in ihren Kammern, die bei allen Betriebsverhältnissen den richtigen Kraftstoffstand gewährleisten — 5 bis 8 mm unterhalb der Kraftstoffmündung in der Mischkammer — warfen ihre Probleme auf. Nicht etwa, weil sie seit den 50er Jahren oft aus Nylon statt Messingblech bestehen oder weil die Schwimmernadel oben, in ihrem Sitz, oder unten, auf dem Schwenkhebel, zuverlässig und hochgradig verschleißfest arbeiten muß. Die untere Auflage bildet bei fortschreitendem Verschleiß das berühmte »Küllchen«,

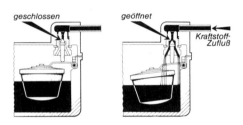

VII.10 Schwimmer und Schwimmernadelventil (links geschlossen, rechts offen) in der verbreiteten Ausführung.

das man in der Praxis vermutlich ebenso oft mißachtet wie überschätzt. Aber der Schwimmer soll immun sein gegen Fliehkräfte und Einwirkungen des Benzinstrahls, um nicht zu pendeln oder zu schwingen.

Auch widerspricht die Lage der Schwimmerkammern manchmal dem Richtsatz, sie vor der Mischkammer und nicht seitlich — versetzt anzuordnen. Die Trägheit der Flüssigkeit soll nämlich an Steigungen und beim Beschleunigen eine Anreicherung bewirken, im Gefälle und beim Bremsen jedoch eine Abmagerung. Etwas kritisch wird die Dosierung dann höchstens bei extrem umgekehrten Verhältnissen, etwa bei Rückwärtsfahrt aus Tiefgaragen. Die Konsequenz, eben rückwärts hinein und vorwärts herauszufahren, ist nicht jedermanns Sache und außerdem bei Frontantrieben ungünstig.

*Um an die Quelle zu kommen,
muß man gegen den Strom schwimmen.*
   St. J. Lec, poln. Schriftsteller, 1909–1966

HAUPTDÜSEN UND WAS DAZU GEHÖRT

Jede Spritzdüse birgt vom Prinzip her den Nachteil, bei hohen Luftgeschwindigkeiten (also bei hohen Drehzahlen und Belastungen) das Kraftstoffluftgemisch zunehmend zu überfetten. Die Abhilfe erfand François Baverey schon 1906, indem er »hinter« die Düse seines Zenith-Vergasers eine Ausgleichsdüse setzte, die mit steigendem Luftdurchfluß immer weniger Kraftstoff liefert. Von den verschiedenen Möglichkeiten für einen solchen Ausgleich verdient allein die Luftkorrekturdüse Interesse, weil sie in Solex-, Zenith- und Webervergasern vorkommt, also in Deutschland und auf dem europäischen Kontinent dominiert.

Die Luftkorrekturdüse bildet den oberen Abschluß eines senkrechten Kanals oder Röhrchens zwischen der Hauptdüse und dem Kraftstoffaustritt im Luftstrom. Das zunächst unterhalb der Korrekturdüse stehende Benzin wird beim Gasgeben schnell abgesaugt und durch nachströmende Luft ersetzt, die jetzt nicht nur abmagert, sondern die Flüssigkeit im »Mischrohr« an mehreren Querbohrungen vorverschäumt. Folglich wirken die Düsengrößen entgegengesetzt: größere Hauptdüsen reichern an, größere Luftkorrekturdüsen magern ab (und zwar nach einer ganz bestimmten Gesetzmäßigkeit). Auch das Mischrohr selbst ist ein Einstellorgan mit unterschiedlichen Ausführungen und Anordnungen.

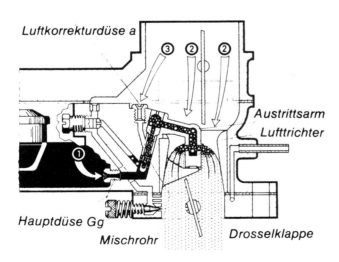

VII.11 Hauptdüsensystem in einem Fallstromvergaser. Kraftstoff (1) von der Hauptdüse und Ausgleichsluft (3) treffen im Mischrohr zusammen und sprühen vorgemischt in die »Hauptluft« (2).

DER EMPFINDLICHE LEERLAUF UND ÜBERGANG

Da diesseits der (nahezu) geschlossenen Drosselklappe, für ruhigen Leer- oder »Standlauf« des Motors, so gut wie gar kein Unterdruck herrscht, liefert die Hauptdüse durch das Mischrohr auch keinen Kraftstoff mehr. Als Abhilfe besitzt jeder Vergaser ein besonderes Leerlaufsystem, dessen Kanäle in nächster Nähe der geschlossenen Drosselklappe münden, wo die Luft durch den verbleibenden schmalen Spalt mit hoher Geschwindigkeit und starker Saugwirkung durchpfeift. Natürlich ist die Leerlaufdüse bedeutend kleiner als die Hauptdüse, weil die Zylinder nur einen Bruchteil der vollen Füllung erhalten und die Benzinmenge für jeden einzelnen Hub zwischen 5 und 10 Kubikmillimetern beträgt (je nach dem Hubraum).

Wie zur Hauptdüse, so gelangt auch zur Leerlaufdüse eine bestimmte Menge »Vorluft«. Sie bildet eine Kraftstoff-Luft-Mischung nach Maßgabe der Leerlaufluftdüse, die ihrerseits entweder austauschbar und eingeschraubt oder als kalibrierte Bohrung ausgebildet ist. Der Übergang vom Leerlauf- zum Hauptdüsensystem erfolgt beim langsamen Öffnen der Drosselklappe keineswegs schlagartig, sondern zügig und mit Überdeckung. Deshalb beeinflußt die Leerlaufeinstellung den gesamten Kraftstoffverbrauch erheblich — nicht nur in der Summe, sondern bis zu mittleren Geschwindigkeiten.

Es gibt außerdem Vergaser mit einem »unabhängigen« Leerlaufsystem, wo die Leerlaufdüse ihren Kraftstoff direkt aus der Schwimmerkammer bezieht, statt ihn hinter der Hauptdüse abzuzweigen. Damit steuert die Leerlaufdüse auch bei Vollast ihren Kraftstoffanteil bei — und beeinflußt mit ihrer Größe den Gesamtverbrauch noch stärker. In »abhängigen« Leerlaufkanälen hingegen findet bei weitgeöffneter Drosselklappe eine umgekehrte Strömung statt: Luft fließt »rückwärts« und ergänzt die Zuteilung der Luftkorrekturdüse!

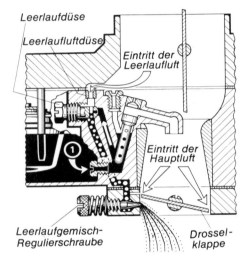

VII.12 Leerlaufsystem desselben Vergasers wie zuvor. Es bezieht durch die Hauptdüse Kraftstoff und durch die Leerlaufluftdüse Luft; die Mischung erfolgt gleich an der Leerlaufdüse, wobei die abgebildeten Kanäle natürlich in verschiedenen Ebenen liegen (sich also nicht etwa kreuzen).
Oberhalb der Leerlaufgemischregulierschraube eine Bypass-Bohrung; sie spendet Kraftstoffluftgemisch, sowie die Drosselklappe minimal öffnet.

Freilich erfüllt der herkömmliche Übergang vom Leerlauf- zum Hauptsystem längst nicht mehr die hohen Ansprüche moderner Motoren mit weiten Ansaugrohren und Vergaserquerschnitten. Es gäbe da unliebsame »Löcher«, wenn nicht oberhalb der Leerlaufkanalmündung eine weitere Bohrung – oder gar zwei – vorgemischten Kraftstoff lieferten. Und gerade in dem kritischen Moment, wo die Drosselklappe etwas weiter offen steht. Als Übergangs- oder »By-pass«-system bürgerte sich diese Errungenschaft im Vergaserbau ein. Umgekehrte Strömungen – auch hier – führen zu einem verwickelten Zusammenwirken und verlangen viel Mühe bei der Vergaserbestückung für jeden einzelnen Motortyp, um »lochfreie« Übergänge beim Öffnen und Schließen der Drossel zu erzielen, ohne Rucken oder »Nachschießen« beim Gaswegnehmen. Die Zeiten, da die Vergasergröße für den Konstrukteur die wichtigste Frage darstellte, sind lange vergessen...

Jede Bypass-Bohrung reichert also das Gemisch an, wenn die Drosselklappe vor ihr steht oder an ihr vorbeischwenkt. Mit zwei übereinander mündenden Bohrungen wiederholt sich das Spiel, es gibt dann zwei Anfettungsperioden. An den winzigen Bohrungen und ihrer Lage läßt sich naturgemäß nachträglich nichts ändern – es sei denn, man korrigiert mit viel Erfahrung und Fingerspitzengefühl die Kante oder die Rundung der Drosselklappe. Hingegen kann man die Leerlaufdüse durch eine kleinere oder größere ersetzen und, mit einem Schraubenzieher, die Leerlaufgemisch-Regulierschraube verstellen. Öffnen reichert an, Schließen magert ab, doch beansprucht jede Verstellung allerhand Überblick, Übung und (Abgas-) Meßinstrumente!

Für Motoren, die beim Abstellen der Zündung zum »Nachlaufen« neigen, empfiehlt sich eine radikale Lösung: an die Stelle der Leerlaufkraftstoffdüse tritt ein (gleichgroßes) »Abschaltventil«, das beim Ausschalten der Zündung schließt und jeden Kraftstoffnachschub unterbindet. Hingegen hört man beim Einschalten der Zündung u. U. ein feines »Klick«.

Neue Sparmethoden mit »Schubabschaltung« oder elektronischen Steuerungen erscheinen in einem späteren Kapitel.

BESCHLEUNIGUNGSPUMPEN UND VOLLASTANREICHERUNG

Einen verhältnismäßig langsam laufenden Motor zügig zu beschleunigen, verlangte früher Finger- oder Fußspitzengefühl. Öffnete man nämlich die Drosselklappe zu weit und zu rasch, so verschluckte sich der Motor und spuckte in den Vergaser zurück, weil er viel zu wenig Kraftstoff bekam. Heute, mit erheblich weiteren Saugrohren, träte die Abmagerung noch störender in Erscheinung, wenn nicht eine Beschleunigungspumpe beim Gasgeben – unabhängig vom Unterdruck – eine zusätzliche Kraftstoffmenge zwischen 0,5 und 2 Kubikzentimetern in die Mischkammer einspritzte. Bei den meisten Motoren sind es 1 bis 1,5 cm³.

Die Pumpe arbeitet (mit wenigen Ausnahmen) als Membrane, die mit Federkraft und Rückschlagventilen Benzin aus der Schwimmerkammer ansaugt und mit einem Hebel und Gestänge an der Drosselklappe hängt. Um die Menge und Dauer der Einspritzung zu regulieren, läßt sich das Gestänge und damit der Membranhub verändern, gelegentlich auch eine besondere Pumpendüse oder das kalibrierte Einspritzröhrchen, das eine Düse ersetzt.

Eine weitere Aufgabe übernimmt die Beschleunigerpumpe in manchen Vergasern, indem sie das Gemisch bei Vollast anreichert. Theoretisch könnte man dazu auch die Wirkung der Luftkorrekturdüse begrenzen — aber nur für den Vollastbereich — weil sie die zunehmende Anreicherung unterbindet. In der Praxis funktioniert die Vollastanreicherung indessen unabhängig von der Ausgleichsluft im Hauptdüsensystem. Der voll geöffneten Drosselklappe entspricht die ebenfalls voll eingedrückte Membrane der Beschleunigungspumpe, die mit einem kleinen zentralen Stift das Kugelventil mechanisch öffnet, das sonst der Pumpendruck anhebt. Jetzt saugt die starke Luftströmung zusätzlichen Kraftstoff aus dem Einspritzröhrchen, unabhängig vom Hauptdüsensystem.

Ein einfacheres Verfahren zur Vollastanreicherung verzichtet auf den Weg durch die Beschleunigerpumpe und speist ein Anreicherungsrohr direkt aus einer (kalibrierten) Steigleitung in der Schwimmerkammer. Bei wieder anderen Anreicherungssystemen öffnet starker Unterdruck pneumatisch ein Anreicherungsventil, das parallel zur Hauptdüse liegt und die ins Mischrohr kommende Kraftstoffmenge vermehrt. Schließlich spielen die Schwingungen der Ansaugluftsäule eine Rolle, da sie generell eine Anfettung verursachen. Überdies ermöglicht jede Vollastanreicherung, den breiten Teillastbereich entsprechend abzumagern und den Durchschnittsverbrauch herabzusetzen.

Die Kurzbezeichnung »Pumpe reich«, die man in Vergaserbeschreibungen gelegentlich findet, betrifft stets eine Beschleunigungspumpe mit Vollastanreicherung. »Pumpe neutral« fettet sinngemäß nicht an, während »Pumpe arm« umgekehrt auf eine Vollastabmagerung hindeutet. Das Pumpenventil steht dabei im Teillastbereich offen, nicht aber bei Vollast, naturgemäß als Bestandteil einer ganz anderen Grundeinstellung dieser Vergasermodelle und durchweg für Motoren mit nur einem oder zwei Zylindern.

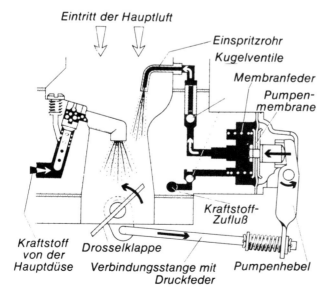

VII.13 Der Hebel der Beschleunigungspumpe ist (einstellbar!) mit der Drosselklappe gekuppelt; bei deren Öffnung drückt die Pumpenmembrane durch Kanäle, über ein Rückschlagventil und durch das kleine Einspritzrohr unvermischten Kraftstoff in die Mischkammer.

*Erfahrung ist die einzige Schule,
in der auch Dummköpfe etwas lernen können.*
  *Benjamin Franklin,
  amerik. Staatsmann und Physiker,
  Erfinder des Blitzableiters, 1706–1790*

STARTHILFE VON HAND ODER AUTOMATISCH?

Abgesehen von sehr tiefen Kaltstarttemperaturen könnte man bei vielen Motoren auf eine Starteinrichtung verzichten. Die richtig bediente Beschleunigungspumpe würde genügen, weil ja jeder Tritt aufs Gaspedal Benzin kubikzentimeterweise ins Ansaugrohr befördert. Freilich kann wiederholtes Pumpen schon zuviel des Guten sein und den Motor »versaufen« lassen. Andererseits stirbt er nach dem Anspringen leicht wieder ab, wenn man dem Kraftstoffluß nicht nachhilft – durch neues »Pumpen«...

Einen ähnlichen Effekt vermittelt eine Kaltstarthilfe, die alten Automobilisten fast so geläufig war, wie sie es heute Motorradfahrern noch ist: der »Tupfer« auf der Schwimmerkammer, der auf den Schwimmer drückt, dadurch den Benzinstand anhebt und den Vergaser »überflutet«. Auch hier verlangt die Dosierung einige Vorsicht oder Erfahrung. Um nicht jedesmal die Motorhaube öffnen zu müssen, gab es sogar fernbediente Tupfer.

Letzten Endes begegnen alle Starthilfen dem schwachen Unterdruck, den der langsam durchgedrehte Motor entfaltet. Er setzt weder das Leerlauf- noch das Hauptdüsensystem in Funktion, es sei denn, man verlegt die Drosselklappe vom Mischkammerende in den Vergasereinlauf, so daß der spärliche Unterdruck ungeschmälert auf das Düsensystem wirkt. Man braucht, mit anderen Worten, eine zweite Drosselklappe, als (Vordrossel oder) »Starterklappe«, die den Luftzutritt weitgehend absperrt, während die Hauptdrossel etwas offen steht. Dazu diente jahrzehntelang der »Choke«-Zug, der eben den Luftweg schließt, oder, wörtlich übersetzt, »erstickt«. In der jüngeren Entwicklung hat jedoch die »Startautomatik« den vom Fahrer bedienten Choke-Zug stark zurückgedrängt.

Die Welle, auf der die Starterklappe sitzt, endet in einer Bimetallfeder im Innern einer kleinen Dose und schließt die Klappe bei kaltem Motor von selbst. Erst die fortschreitende Erwärmung spult die Feder auf und öffnet die Starterklappe. Für die Aufheizung sorgt entweder ein abgezweigter Kühlwasserkanal, eine Zuleitung vom Auspuffkrümmer oder ein elektrischer Strom, der gleichzeitig mit der Zündung eingeschaltet wird und, vornehmlich, als Zeitfaktor wirkt. Damit die Startautomatik auch bei strengem Frost zuverlässig arbeitet, nimmt man generell eine beträchtlich erhöhte Leerlaufdrehzahl in Kauf, die bei ausgeprägtem Kurzstreckenbetrieb den Kraftstoffverbrauch spürbar vermehrt. Das ist ein einfaches Rechenexempel: Legt man für jeden Kaltstart eine zusätzliche Benzinmenge von – beispielsweise – 100 Kubikzentimetern zugrunde und eine durchschnittliche Fahrstrecke von nur 4 Kilometern, so steigt der Verbrauch bereits um 2,5 l/100 km, ungeachtet des Mehrverbrauchs durch »Stop and Go-Betrieb«, mit häufigem Bremsen und Beschleunigen oder Fahren in niedrigen Getriebegängen!

Routinierte Fahrer, aber nur die, können mit einer von Hand und ökonomisch bedienten Starthilfe sicher sparsamer fahren als mit einer hochwirksamen Startautomatik. Doch gehören dazu günstige Voraussetzungen und Aufmerksamkeit, die sich von dem ohnehin turbulenten Verkehr immer schlechter abzweigen läßt.

Anstelle der Starterklappe besitzen einige Vergasertypen einen kleinen Hilfsvergaser mit einer Starterluft- und -Kraftstoffdüse und besonderen

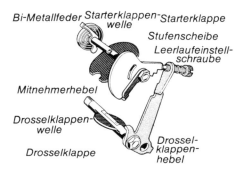

VII.14 Verbreitete Startautomatik mit Bimetallfeder, die – wie ein handbetätigter Choke-Zug – die Starterklappe schließt und gleichzeitig die Drosselklappe etwas öffnet. Infolge der treppenförmigen Absätze der Stufenscheibe schließt die Drosselklappe beim Warmlaufen in Etappen, bis sie die Endstellung erreicht.

Kanälen, in denen reiches Gemisch entsteht und »hinter« die geschlossene Drosselklappe fließt. Bei steigendem Unterdruck im Ansaugrohr tritt automatisch »Bremsluft« hinzu, um ein Überfetten und »Versaufen« des Motors zu verhindern. Zum gleichen Zweck sind die Starterklappen übrigens außermittig und federnd gelagert; starker Unterdruck öffnet sie etwas oder versetzt sie in Flatterschwingungen.

Neuerungen, die Benzin sparen und Abgase entgiften sollen, erscheinen mit B. VII.20.

REGISTER- UND GLEICHDRUCK-VERGASER

Die ständig angestiegenen Literleistungen der Motoren, mit höheren Drehzahlen und besserer Zylinderfüllung, haben das Betriebskennfeld der Vergaser entsprechend vergrößert und weite Ansaugrohre und Vergaserdurchmesser mit sich gebracht. Umgekehrt wurden dadurch die Strömungsgeschwindigkeiten und Unterdrücke bei niedrigen Drehzahlen und Belastungen immer kleiner — zum Schaden der guten Gemischbildung, eines ruhigen, »stabilen« Leerlaufs und einwandfreier, zügiger Übergänge ohne »Löcher« und Rucke. Zum Glück läßt sich dieses Dilemma mit Stufen- oder Registervergasern elegant umgehen.

Man muß schon genau hinsehen, um einen Registervergaser äußerlich von einem normalen Doppelvergaser zu unterscheiden. Am deutlichsten zeigt es das Ansaugrohr: während jede Hälfte eines Doppelvergasers ein eig-

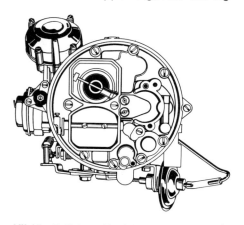

VII.15 Fallstrom-Registervergaser von oben (Luftfilter abgenommen). Die offene Stufe ist die zweite, die geschlossene Starterklappe verdeckt die erste.

nes Ansaugsystem speist, münden die zwei Mischkammern eines Registervergasers wieder in einem gemeinsamen Ansaugrohr. Der Gesamtquerschnitt ist überdies ungleich aufgeteilt, in einen kleinen und mittleren Durchmesser. Der erste arbeitet bei niedrigen Drehzahlen oder bei Teillast allein, während der große Querschnitt, der gar keine Leerlaufeinrichtung braucht und besitzt, erst für hohe Drehzahlen und Füllungen in Aktion tritt. Gelegentlich sind die beiden Drosselklappen mechanisch so gekuppelt, daß sie nacheinander öffnen. Bei den meisten Registervergasern schaltet jedoch der Unterdruck über eine Membrandose die zweite Stufe automatisch zu, nach dem Bedarf des Motors und unabhängig vom Gaspedal. Naturgemäß kann man Registervergaser, etwa für einen größeren Sechszylinder, genau so »verdoppeln« wie andere Modelle...

In einem Registervergaser spielt der Unterdruck also eine doppelte Rolle: er beeinflußt die Kraftstoffmenge, die aus dem Düsensystem austritt — wie in jedem herkömmlichen Drosselklappenvergaser — und steuert auch das Öffnen und Schließen der zweiten Stufe, also den Luftquerschnitt im oberen Drehzahl- und Leistungsbereich. Verfolgt man dieses Prinzip konsequent, so kommt man zum altbewährten »Schiebervergaser« des Motorradbaus und — zum modernen Gleichdruckvergaser, der zwar eine vom Gaspedal gelenkte Drosselklappe besitzt, zusätzlich aber einen Gasschieber (wie Motorradvergaser). Nur wird dieser Schieber, ähnlich der zweiten Stufe von Registervergasern, vom Unterdruck, der an der Düsenmündung herrscht, automatisch geöffnet oder geschlossen, d. h. angehoben oder gesenkt. Der Unterdruck gelangt nämlich in eine große runde

VII.16 Vergaserbauarten im Schema: links der herkömmliche Drosselklappenvergaser mit einem durch Korrekturluft geregelten Kraftstoffaustritt, in der Mitte der an stationären und Kraftradmotoren vorherrschende Schiebervergaser mit einer Düsennadel in der Nadeldüse, rechts der Gleichdruckvergaser mit einer Drosselklappe und dem zusätzlichen, vom Unterdruck gesteuerten Schieber, ebenfalls mit einer konischen Düsennadel.

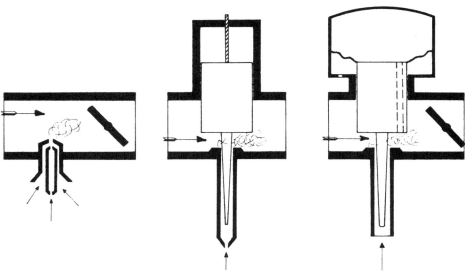

Kammer über dem Schieber, die unten von einer Membrane abgeschlossen wird. Bei stehendem Motor, fehlendem oder geringem Unterdruck drückt (außer der Schwerkraft) eine lange, weiche Feder den Schieber nach unten.

Zusammen mit dem annähernd konstanten Unterdruck in der Mischkammer haben die Gleichdruck-Vergaser vom Motorradvergaser — allerdings auch von amerikanischen Vergaserbauarten — die »Düsennadel« als Dosiereinrichtung übernommen. Die im Schieber befestigte, hochpräzise Düsennadel gleitet in der zugehörigen Nadeldüse auf und ab und öffnet dabei dank ihrer konischen Form einen größeren oder kleineren Querschnitt, womit sie das Mischungsverhältnis sehr fein reguliert. Der gleichmäßige Unterdruck an der Düsenmündung vermittelt vorzügliche Übergänge und macht Beschleunigungspumpen entbehrlich. Freilich ist daran ein besonderer Kunstgriff beteiligt, der das Öffnen des Schiebers etwas dämpft und verzögert: der Schieber trägt in der Mitte ein Führungsrohr, in das von oben ein kleiner Kolben hineinragt. Da das Rohrinnere mit Öl gefüllt ist, wirkt der Kolben als Teleskopstoßdämpfer.

Grundsätzlich benötigen Gleichdruckvergaser auch kein besonderes Leerlaufsystem, da der fast ganz geschlossene Schieber genug Unterdruck beim Anlassen verursacht. Lediglich die scharfen Abgasbestimmungen veranlaßten separate Hilfsvergaser für das Leerlaufgemisch, für eine noch genauere Dosierung. Die an deutschen Motoren verwendeten Strombergvergaser (zum Beispiel Typ 175 CDS) waren übrigens nur für den europäischen Kontinent neu; etliche japanische Bauarten nach demselben Prinzip gab es schon jahrelang — und deren Vorbild in Gestalt des englischen SU (Skinner United) seit Jahrzehnten, speziell für Hochleistungsmotoren mit weiten Ansaugwegen.

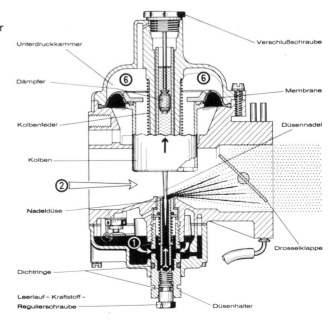

VII.17 Gleichdruckvergaser (Stromberg 175 CDS) bei Teillast. Wieder bedeutet 1 den Kraftstoffzufluß, 2 die Hauptluft, 6 den Unterdruck, der den Schieber anhebt oder sinken läßt.
Aus der Nadeldüse strömt übrigens, wie aus vergleichbaren Mischrohren, der Kraftstoff bereits mit »Vorluft« gemischt, als »Kraftstoffemulsion«. Gleichdruckvergaser für Motorräder dämpfen die Kolbenbewegungen durchweg allein mit Luft und einer kalibrierten Ausgleichbohrung, ohne das abgebildete Ölpolster.

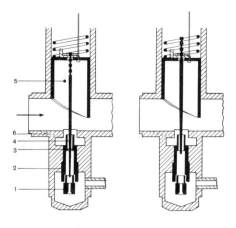

VII.18 Der mit dem Drehgasgriff bediente Schiebervergaser ist der klassische Gaslieferant in Krafträdern und ähnelt im Prinzip dem vorteilhaften Gleichdruckvergaser. Eine Einstellmöglichkeit bietet, neben der Hauptdüse 1, in der Nadeldüse 3 die zugehörige Düsennadel 4. Sie hängt links in der obersten Kerbe tief im Gasschieber 5 (»arm«), rechts hoch in der untersten Kerbe (»reich«).
Der Düsenstock 2, meistens einteilig mit der Nadeldüse, trägt unten die Hauptdüse. »Vorluft« strömt durch den Kanal 6. Der Schwimmer im Gehäuse, Leerlaufdüse, Leerlaufgemischschraube, Kaltstarteinrichtung und ggf. Beschleunigungspumpe fehlen in diesem Schema. Bemerkenswert ist jedoch die Abschrägung (oder eine vergleichbare »Ausnehmung«) vorn am Gasschieber, die »groß« den Unterdruck am Kraftstoffaustritt stärker herabsetzt (»arm«), »klein« entsprechend weniger (»reich«).

Man muß Tatsachen kennen, bevor man sie verdrehen kann. Mark Twain, 1835—1910

WORAUF ES BEIM ABGAS ANKOMMT

Die schädlichen Abgase der Verbrennungsmotoren wurden das aktuellste Thema der siebziger Jahre und ihre Bekämpfung das größte und schwierigste Projekt der weltweiten Entwicklung. Kohlenwasserstoffe, als Sammelbegriffe für alle Otto- und Dieselkraftstoffe, ebenso für Heizöle und »Jet«-Betriebsstoffe, würden bei einer einwandfreien, vollständigen Verbrennung restlos in unschädliches Kohlendioxid und Wasser verwandelt. Dabei fällt letzteres mit rund einem Liter pro Liter Kraftstoff an, d. h. gewichtsmäßig betrachtet mit etwa 25 % mehr.
Eine praktische Verwertung dieses Verbrennungswassers war für den Luftschiffverkehr schon beschlossen, damit das Wasser in stark gekühlten Auspuffanlagen kondensierte, um den verbrauchten Kraftstoff aufzuwiegen. Man hätte dadurch das Abblasen von kostspieligem Helium eingespart, das nach dem tragischen Explosionsunfall und Totalverlust von LZ 129 »Hindenburg«, bei der Landung in Lakehurst im Mai 1937, endgültig das gefährliche Wasserstoffgas ersetzen sollte. Wasserstoff war gegenüber Helium billig genug, um es bei vermindertem Kraftstoffgewicht abzublasen.
Solange Auspuffrohre und Schalldämpfer nach dem Anlassen und Abfahren noch kalt sind, erkennt man das Wasser an weißen Dampfwolken, die dem Auspuff entweichen. Die korrosive Wirkung dieser speziellen »sauren« Feuchtigkeit begründet die mangelhafte Haltbarkeit der meisten Anlagen. Sie leiden im Kurzstreckenbetrieb mehr als bei ausgedehnten Fahrten und versagen folglich eher nach Betriebszeiten als nach Laufstrecken.
Leider sind und bleiben »vollständige Verbrennungen« in Diesel- und besonders in allen Ottomotoren ein Wunschtraum, weil das Kraftstoffluftgemisch nicht einmal in einem einzelnen Zylinder wirklich homogen ist, ge-

schweige denn in mehreren, und weil jeder motorische Verbrennungsraum irgendwelche Störungen verursacht, zumal mit den sonst so vorteilhaften »Quetschflächen«, die einfach zu kalt bleiben. Ähnlich verhalten sich aus diesem Blickwinkel die meisten Zylinderwände.

Folglich entstehen außer Kohlendioxid und Wasser (CO_2 bzw. H_2O) die heftig diskutierten Schadstoffe, Kohlenmonoxid (CO), unverbrannte oder teilverbrannte Kohlenwasserstoffe (CH), Stickstoffoxide, kurz Stickoxide genannt (NO_x), Aldehyde (d. h. Verbindungen mit der Gruppe CHO) und Bleiverbindungen aus den Anti-Klopfmitteln. Kohlenmonoxid ist zwar farb- und geruchlos, doch deuten oft unangenehm riechende Begleitstoffe die große Gefahr an. Denn schon eine Konzentration von einem Hundertstel Volumenprozent kann schwere Vergiftungen auslösen, weil CO sich etwa 250mal fester an den roten Blutfarbstoff Hämoglobin bindet als Sauerstoff. Der Sauerstoffmangel bewirkt zunächst Müdigkeit und Schwindelgefühle, Kopfschmerzen, Atemnot und Herzklopfen und schließlich einen Erstickungstod. Diese Symptome zu kennen, ist sehr wichtig, falls Auspuffgase aus einer defekten oder veränderten Auspuffanlage ins Wageninnere gelangen, wo häufig Unterdruck herrscht! Die entsprechenden Gefahren (und Verbote!) in Garagen und Werkstätten beanspruchen keinen Kommentar (vgl. S. 384).

Auch Stickoxide sind außerordentlich giftig und sollen als maximale Arbeitsplatzkonzentration (MAK-Wert) unter 5 ppm liegen, also unter 5 Teilen pro Million (1 ppm = 0,0001 %). Nun bereiten motorische Verbrennungen mit fehlender oder minimaler Stickoxidbildung besondere Probleme, weil die meisten Stickoxide, temperaturbedingt, gerade bei ergiebigen und wirkungsvollen Verbrennungen entstehen, vor allem bei Luftzahlen (Mischungsverhältnissen), die günstige, geringe CO- und HC-Werte erzeugen. Folglich verlangt die Beschränkung von Stickoxiden aufwendige, ökonomisch bald fragwürdige Maßnahmen, z. B. die Rückführung von Auspuffgasmengen ins Ansaugsystem.

Neben dem Abgaskomplex wurde die Rückführung der Kurbelgehäuseentlüftung in das Ansaugsystem üblich und obligatorisch. Direkt in die Atmosphäre entweichend würden sie die schädlichen Emissionen vermehren. Als dritte Luftverpestungsquelle schalten die USA schließlich die Abdampfung aus den Fahrzeugtanks und Vergasern aus, die bei einem bestimmten Test unter 6 Gramm bleiben müssen. Dazu münden Entlüftungsleitungen entweder im Kurbelgehäuse oder in einem besonderen Aktivkohlefilter, den der Motor beim erneuten Start leersaugt.

Tatsächlich bringen die ersten Schritte auf dem Weg zum »sauberen Auspuff« doppelten Gewinn: sie vermindern die schädlichen Emissionen und gleichzeitig den Kraftstoffverbrauch, wobei das Fahrverhalten (mit dem internationalen Schlagwort »Driveability«), wenn überhaupt, nur wenig leidet. Es dreht sich um bessere Gemischbildung, gleichmäßige Verteilung und gute Verbrennung. Doch birgt jede nachträgliche, unerprobte Abmagerung, etwa mit den umstrittenen Zusatzgeräten, die Gefahr von lästigen Störungen und Nebenwirkungen ohne merklichen Gewinn im Abgastest.

Vorteilhaft und ergiebig wirkt hingegen (bei manchen Fahrprogrammen) eine »Schubabschaltung«, die später zur Sprache kommt.

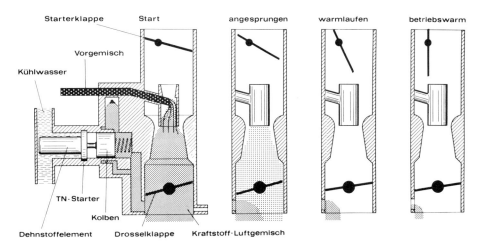

VII.19 Die diffizile Abgasentgiftung (und Benzineinsparung) beim Kaltstart, Warm- und Leerlauf führte u. a. zur TN-Startautomatik (=thermischer Nebenanschluß), einem Zusatzvergaser im Vergaser, der die Stufenscheibe (Abb. VII.14) ersetzt. Ein Dehnstoffelement (Thermostat) schaltet ihn mit steigender Kühlwassertemperatur wieder ab.
Beim Kaltstart ist die Starterklappe zu, die Drosselklappe ein wenig, der TN-Starter ganz geöffnet. Nach dem Anspringen wirkt ein »Pulldown«, eine (nicht eingezeichnete) Unterdruckdose, um eine unnötige Gemischanreicherung zu vermeiden. Sie öffnet die Starterklappe mehr, die Drosselklappe noch weniger. Beim Warmlaufen tritt eine Bimetallfeder in Aktion, von der steigenden Wassertemperatur und einer zusätzlichen Heizspirale gesteuert; sie öffnet die Starterklappe immer weiter. – Schließlich sorgt ein vom Unterdruck bedienter Drehzahlregler für einen jederzeit gleichschnellen Leerlauf.

Die USA sind das Land der unbegrenzten Möglichkeiten, Europa muß wach bleiben! (resümierte der deutsche Wirtschaftspolitiker L. M. Goldberger 1902 – 11 Jahre vor der Fließbandfertigung von Fords Tin Lizzy)

DRASTISCHE ABGASGESETZE IN FAST ALLEN INDUSTRIELÄNDERN

Den weltweiten Feldzug gegen Luftverschmutzung starteten um 1960 kalifornische Behörden, um die »Smogbildung« in Los Angeles zu bekämpfen. Völlig einmalig auf der ganzen Welt, kommt hier die höchste Fahrzeugdichte mit besonderen geografischen und klimatischen Bedingungen zusammen. Mit CH und NO, Windstille und strahlender Sonne entstehen »fotochemische« Reaktionen und als deren Ergebnis »heißer Smog«. Der schon vorher berüchtigte »kalte«, aber inzwischen beseitigte Londoner Smog — eine Wortbildung aus smoke und fog (Rauch und Nebel) — war im Gegensatz dazu stark schwefelhaltig und giftig. Für die enorme Verbesserung der Londoner Luft sorgten, bei zunehmender Fahrzeugdichte, die auf etwa 20 % reduzierten Rauchmengen aus Industrie und Haushalten. Einige vertriebene Vogelarten kehrten zu ihren alten Nistplätzen zurück.

Also beruht die Luftverpestung nur zu einem Bruchteil auf den Fahrzeugabgasen und hauptsächlich auf Schadstoffen aus Fabriken und Kraftwerken, ganz abgesehen von der in Europa

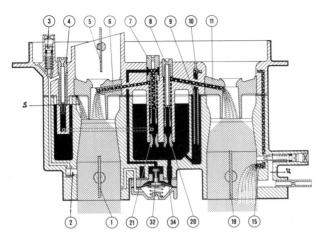

① Drosselklappe 1. Stufe
② Leerlauf- und Übergangsschlitz (Bypass)
③ Einstellschraube für Leerlaufluftkorrektur
④ kombin. Leerlaufkraftstoffluftdüse
⑤ Starterklappe
⑥ Vorzerstäuber 1. Stufe
⑦ Luftkorrekturdüse und Mischrohr 1. Stufe
⑧ dasselbe 2. Stufe
⑨ Steigrohr und ⑩ Belüftung für Übergangskraftstoff 2. Stufe
⑪ Vorzerstäuber 2. Stufe
⑮ Übergangsschlitz (Bypass) 2. Stufe
⑲ Drosselklappe 2. Stufe
⑳ ㉑ Hauptdüsen für 2. und 1. Stufe
㉜ Anreicherungsventil
㉞ Membrane für ㉜
S Strahl vom (unsichtbaren) Spritzrohr der Beschleunigungspumpe
U Umgehungskanal mit Einstellkonus

VII.20 Das Schnittbild zeigt einen Vertreter der Vergasergeneration für die 80er Jahre (Pierburg-Registervergaser 2 E 2). Sie entstand als »Abgas- und Sparvergaser« unter dem Zwang der strengen Emissionsbegrenzung und neuen Ökonomie.
Das Schema zeigt »Vollast«, alle Drosselklappen voll auf und Kraftstoff (-Emulsion) aus beiden Hauptsystemen, der Teil- und Vollastanreicherung, dem Spritzrohr der Beschleunigungseinrichtung in der 1. Stufe und dem (unabhängigen) Übergangssystem der 2. Stufe. Nicht abgebildet sind hier die Schwimmerkammer mit dem Zu- und Rücklauf (!) des Kraftstoffs, deren Belüftung zur (»sauberen«) Luftfilterseite, die Beschleunigungspumpe und eine ausgeklügelte Kaltstart- und Warmlaufeinrichtung, u. a. mit automatischer elektrischer und Abgasbeheizung, ferner mit einer Druckdose, die zusätzlich im Schiebebetrieb die Drosselklappe der 1. Stufe völlig schließt (»Schubabschaltung«).
Neben den funktionellen Fortschritt traten besondere Ansprüche an geringes Gewicht, von Leichtmetallen und Kunststoffen befriedigt, an niedrige Bauhöhe gerade bei Fallstromvergasern, an einfache Montage, vielseitige Verwendbarkeit (Baukastenprinzip) und an Anschlußmöglichkeiten für elektronische Regelkreise. Diese können manche kompliziert gewordene Mechanik wieder vereinfachen, aber beim Ausfall der Elektronik, anders als Einspritzsysteme, die Weiterfahrt zur Garage oder Werkstatt ermöglichen.
Mit solchen elektronisch geregelten Vergasern bestückte General Motors schon 1981 über 4 Millionen PKW-Motoren. Die von verschiedenen Sensoren einschließlich einer Lambda-Sonde beeinflußte Elektronik (»CCC« = Computer Command Control Exhaust Emission System) machte die eigene Tochter Delco-Electronics (vgl. S. 160) zum weltgrößten Hersteller von Regelcomputern und ermöglichte der GM-Division »Rochester-Vergaser« trotz der strengen Abgasbestimmungen das Überleben – natürlich in Verbindung mit Dreiweg- oder Doppelbettkatalysatoren und Fahrzeugmehrkosten von 300 bis 400 Dollar, davon etwa 250 für den Computer allein. –
Neben der Aufteilung der Gasströme (Registervergaser) wächst die Anwendung des Gleichdruckprinzips, nachdem unterdruckgesteuerte Drosseln raumsparend in Fallstromvergasern Platz fanden: als exzentrisch gelagerte Klappe oder gar Flachschieber (Pierburg), als gebogener Schieber an einem Hebel schwingend (Ford-»VV« = variable Venturi) oder als einseitig gelagerte Klappe (Opel-Varajet), ähnlich dem Luftmengenmesser von Einspritzanlagen. Dabei kombinieren Pierburg und Opel eine gleichdruckgesteuerte 2. Stufe mit einer herkömmlichen 1. Stufe, die eine bessere Leerlaufregelung erlaubt.
Ein bemerkenswertes Symptom (von vielen) bei dieser Entwicklung ist die »Starterklappe«, die – exakt gesteuert – zur »Vordrossel« avanciert und damit einen Schritt zum Gleichdruckvergaser markiert.

bedeutend bedenklicheren Wasserverschmutzung. Außerdem erzeugt die Natur selbst von den schädlichen Bestandteilen der Motorenabgase mindestens 40mal mehr, und zwar nicht nur als Gase und Feststoffe vulkanischen Ursprungs. Lediglich die Verteilung zeigt kritische Schwerpunkte auf: eben in den hochindustrialisierten Ländern, speziell in Los Angeles.

Nun beschlossen die kalifornischen und (wenig später) amerikanischen Behörden eine Begrenzung der schädlichen Emissionen mit immer geringeren Grenzwerten, um schon 1974 die Verhältnisse von 1940 zu erreichen, obwohl die Fahrzeugzahl so stark zunahm. Die nochmals verschärften Bedingungen für 1976 schraubten die Werte weiter zurück, die CH- Emissionen zum Beispiel unter das Niveau von 1920.

Zunächst stellt die Herabsetzung von Stickoxiden den Motorenbau vor die schwersten Probleme; denn der NO-Gehalt im Abgas erreicht leider die höchsten Werte, wenn mit heißen und vollständigen Verbrennungen die CO- und CH-Werte am kleinsten ausfallen. Herabgesetzté Spitzentemperaturen bei der Verbrennung bedeuten aber nichts anderes als verminderte Spitzendrücke, Nutzdrücke und Wirkungsgrade, also weniger Leistung trotz höherem Verbrauch. Die bis etwa 1973 praktizierten Maßnahmen, mit denen die Wagen den »California-Test« erfüllen, reichten danach nicht mehr aus; die Motoren und nötige zusätzliche Aggregate wurden in der Anschaffung und Unterhaltung erheblich teurer.

Maßnahmen auf der »Einlaßseite«, also bessere Gemischbildung und -verteilung, genügten schon 1966 nicht, um den Testzyklus mit Erfolg zu bestehen. Deshalb erhielten viele amerikanische (und deutsche Export-) Motoren eine mit einem Keilriemen angetriebene Pumpe, die Luft in die Auspuffanlage fördert, und zwar in die nächste Nähe jedes einzelnen Auslaßventils. Damit entsteht — leider erst im warmgefahrenen Motor — eine Nachverbrennung, welche die CO- und CH-Anteile kräftig herabsetzt.

Alternativ oder zusätzlich bekamen die Vergaser neue Einrichtungen für den Leerlauf und »Schiebebetrieb«, um sowohl die Anreicherung bei plötzlichem Drosseln der Leistung wie auch das Aussetzen der Verbrennung infolge Luftmangel zu verhindern. Ein unterdruckabhängiger »Dashpot« (zu deutsch Drosselklappenschließdämpfer) hält die Drosselklappen etwas offen, solange die Motordrehzahl nennenswert über dem Leerlaufwert liegt. An Mehrvergasermotoren ermöglicht ein einzelner separater Hilfsvergaser eine exakte Dosierung bei geringer Last. Den Zündzeitpunkt verschiebt man reichlich in Richtung »spät«, damit die Drosselklappen weiter offenstehen können, also ein beträchtlicher »Gasdurchsatz« stattfindet, ohne die Leerlaufdrehzahl und Leistung anzuheben.

Die verschärften Stufen der Abgasgesetze erforderten in vielen Fällen Einspritzanlagen anstelle der preiswerten Vergaser, Transistor- oder Thyristorzündungen statt der herkömmlichen Systeme und Veränderungen am Motor selbst: ausgeklügelte Brennräume und verminderte Verdichtungsverhältnisse (für bleifreie Kraftstoffe in den USA mit nur 91 ROZ), Nockenwellen mit kürzerer Überschneidung der Aus- und Einlaßsteuerzeiten. Als unerfreuliche Begleiter traten Leistungseinbußen und höhere Verbrauchswerte auf den Plan. Verschärfte Grenzwerte, auch für Stickoxide, beanspruchten bei Vergasermo-

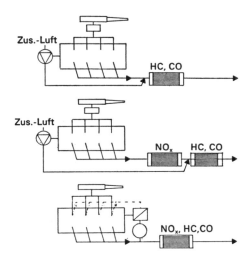

VII.21 Je nach dem (verlangten oder »freiwillig« geleisteten) Grad der Abgasentgiftung stehen drei Katalysatoren zur Wahl: oben der Einbett-Oxidationskatalysator, in dem CO und HC oxidiert werden (CO und HC mit O_2 werden CO_2 und H_2O, d. h. unschädliches Kohlendioxid und Wasser). Dabei muß Zusatz- oder Sekundärluft den nötigen Sauerstoff liefern. Stickoxide bleiben unbeeinflußt. (USA und Japan 1975/76.)
In der Mitte ein Doppelbett-Katalysator, in dessen erstem Bett vorwiegend Stickoxide reduziert werden (NO_1, NO_2... werden zu N, inaktivem Stickstoff), wobei naturgemäß Sauerstoffüberschuß schadet. Erst im zweiten Bett und mit Zusatzluft erfolgt die Oxidation von CO und HC. Das Verfahren erlaubt Luftzahlen (= Mischungsverhältnisse), die vom stöchiometrischen Wert 1,0 abweichen.
Unten der Einbett-Dreiwege-Katalysator, der alle drei Schadstoffe umsetzt mit Wirkungen bis zu 90% und mehr (statt nur ca. 50%). Dazu muß das Mischungsverhältnis extrem eng um Lambda = 1 liegen (mit Abweichungen von wenigen Promille!). Die Sauerstoffsonde steuert, elektronisch verstärkt, die Gemischbildung der Einspritzanlage oder im speziellen Vergaser, wie es die gestrichelten Linien andeuten. Bleifreien Kraftstoff verlangen sämtliche Katalysatoren, auch Lambda-Sonden.

toren 1973, bei Einspritzern spätestens 1974 zusätzliche Maßnahmen »hinter« dem Motor – im Auspuffsystem. Die dosierte Rückführung von Abgasen zur Ansaugseite beschränkt die »arbeitsfähige« Luftmenge und senkt kritische Temperaturspitzen, aber gleichzeitig die Leistungen und Wirkungsgrade der Motoren. Dabei eilte Kalifornien den übrigen 49 Bundesstaaten immer um eine gute Elle voraus.

Nach weiteren zwei Jahren umfaßte das Repertoire der (in den USA heimischen oder importierten) Automarken thermische Reaktoren im Auspuffkrümmer zu einer Nachverbrennung mit eingeblasener Frischluft mit dem Nebeneffekt von merklichem Mehrverbrauch und einer erheblichen Aufheizung der Motorräume und Abgaswege. Damit umgekehrt die Abgase möglichst heiß in den Reaktor gelangen – und der möglichst bald nach jedem Kaltstart »anspringt«, erhalten die Auslaßstutzen im Zylinderkopf isolierende doppelte Wandungen, »Portliner« getauft.

Doch war der »Katalysator-Zug« längst in voller Fahrt. Katalysatoren (aus dem griechischen »Katalysis« = Auflösung) besitzen die Eigenart, chemische Vorgänge einzuleiten oder zu beschleunigen, oft erst zu ermöglichen, ohne selbst daran teilzunehmen und sich zu verändern. (Sie tauchen bei der Herstellung von Ottokraftstoffen erneut auf.)
Der Sprachgebrauch bezeichnet als (Abgas-)Katalysator zwar das komplette Bauteil im Auspuffsystem, doch wirkt chemisch allein die hauchdünne Edelmetallschicht (aus Platin, Rhodium, in den USA auch Palladium) und deutet mit einem Bedarf von 2 bis 4 Gramm (für

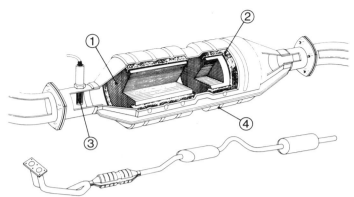

VII.22 Über der Anordnung des Katalysators im Auspuffstrang (vor einem Vor- und Nachschalldämpfer) das aufgeschnittene Bauteil: Als Träger für die Edelmetallschicht dient ein Keramik-»Monolith« (= einteiliger Block) aus hochtemperaturbeständigem Magnesium-Aluminium-Silikat; je nach Größe durchziehen ihn 6000 bis 10 000 Kanäle, ferner vergrößert eine Zwischenschicht (»Wash-Coat«) die Oberfläche um ein Vielfaches – insgesamt bis zur Größe eines ausgewachsenen Fußballfelds und mehr. In der Edelstahlschale hält den Monolith ein Drahtgestrick, um Vibrationen zu dämpfen und Wärmedehnungen auszugleichen. Ein zusätzlicher Wärmeschutz vermindert die Abstrahlung.

Keramik-Monolithen dominierten in Europa von Anfang an, ersetzten aber in den USA »Schüttgut- oder Granulat-Katalysatoren« erst in den 80er Jahren. Die kompakteren, aber noch teureren Metall-Monolithen warfen jahrelang eigene Probleme auf, wurden vornehmlich als (kleinere, zusätzliche) »Start-Katalysatoren« eingesetzt. Anscheinend steigen ihre Chancen: sie erlauben »Mikro-Kats«, erzeugen geringeren Auspuffgegendruck – er ist generell höher als bei Schalldämpfern – ohne sehr reichliche Dimensionierung (die eigene Probleme aufwirft). Das Anspringverhalten ist dank geringerer Wärmekapazität günstiger, die Betriebstemperatur schneller erreicht, aber die Überhitzungsgefahr geringer. Allgemein enthüllt die Anordnung des Katalysators – gleich hinter dem Motor oder in größerem Abstand – einen Zielkonflikt zwischen raschem Anspringen (bei ca. 300 °C) und hoher Wärmebelastung. Jedenfalls ist und bleibt die Entwicklung im Fluß.

mittlere Motorvolumen) bereits den hohen Aufwand und Preis an. In diesem Zusammenhang spielt die Wiedergewinnung (das »Recycling«) in den USA und Japan bereits eine beträchtliche Rolle, während sie in Europa in den 80er Jahren in den Anfängen steckt.

In den USA verlangten die in Stufen verschärften Abgasgesetze etwa ab 1977 den Einsatz der »lambda-geregelten« Katalysatoren. Schon 1981 z. B. betrugen die Grenzwerte 2,1 g/km CO, 0,26 g/km HC und 0,6 g/km NOx – ohne Rücksicht auf Motorvolumen oder Fahrzeuggewicht, aber mit einer verlangten Wirkung von mindestens 50 000 Meilen (80 000 km). Vorher wurden die Grenzwerte mehrfach gemildert, der Fahrplan verschoben, nachdem die Ölpreiskrise von 1973/74 die Einsparung von Energie zum überragenden Gebot stempelte. Nach einem Programm von Präsident Carter sollte der durchschnittliche Kraftstoffverbrauch – je Automarke! – von 13,1 l/100 km (1978, 18 Meilen je US-Gallone) . . . bis auf 8,6 l/100 km sinken (1985, 27 m/gl) – oder zusätzliche Steuern kosten. Die Leute sollten endlich vom gewohnten Straßenkreuzer in ein sparsames Mobil umsteigen!

Allerdings wird der »Flotten- und Markenverbrauch« nicht echt auf der Straße gemessen, sondern nach einem EPA-Testzyklus (Environmental Protection

VII.23 Die etwa zündkerzengroße, von Bosch und Bendix gemeinsam entwickelte Lambda- oder Sauerstoffsonde wird ins Auspuffrohr geschraubt. Ein Keramikkörper (Zirkondioxid) mit dünnen, gasdurchlässigen Platin-Außen- und -Innenschichten reagiert oberhalb ca. 250 °C auf Sauerstoffionen, vergleicht die Auspuffwerte mit denen der Außenluft und zeigt bei der Luftzahl 1 einen steilen Spannungssprung. Daher entsteht das schmale »Lambda-Fenster«. Die Millivoltwerte gelangen, ausreichend verstärkt, zum Regler der Einspritzung oder Vergaser. Um das Anspringen zu beschleunigen, werden die Sonden anspruchsvoller Anlagen elektrisch beheizt. Notabene sind auch Sonden auf unverbleite Kraftstoffe angewiesen.

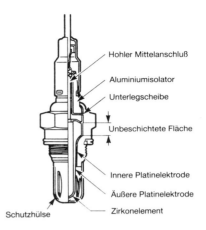

Agency). In der Alten Welt entspricht ihm ein »Europa-Test«, in Japan wieder ein anderer. Die Methoden zur Erfassung der einzelnen Schadstoffe sind inzwischen angeglichen – egal, ob die Daten in Gramm pro Test, in g/Meile oder in g/km erscheinen. Doch lastet man dem bisherigen Europa-Test die viel zu niedrigen Geschwindigkeiten an, die den realen Stickoxidgehalt verschleiern. Er soll daher modifiziert werden. Die Amerikaner hingegen fahren »FTP 75« (Federal Test Procedure) mit Spitzen über 91 km/h, die im Alltagsverkehr verboten sind. Das gesamte Abgas (vom Rollenprüfstand) wird in riesigen Kunststoffbeuteln gesammelt und weitgehend automatisch auf die drei Schadstoffkomponenten analysiert.

Auch die Reagan-Administration stellte geplante Verschärfungen der Abgasgesetze zurück oder lockerte sie, um der kränkelnden Automobilindustrie eine Sanierung zu erleichtern, den Weg zu sparsameren Modellen zu ebnen. Insgesamt führt jedoch schon seit Jahren in den USA und Japan kein Weg am geregelten Dreiweg-Katalysator vorbei. Ferner müssen die aus dem gesamten Kraftstoffsystem verdunstenden Anteile in den erwähnten Aktivkohlefilter gelangen, den der Motor beim folgenden Start leersaugt.

Nun fanden die scharfen Grenzwerte auch in Europa Anklang (nicht erst im Zeichen des »Waldsterbens« unter Mitwirkung von »saurem Regen«): in Schweden, der Schweiz und Österreich, wobei Schweden eine Sonderstellung einnimmt, weil es dort (mit Volvo und Saab) eine bedeutende Automobilindustrie gibt, während in Österreich »nur« Aggregate und Sondermodelle entstehen. (Etliche Jahre lang tolerierten Schweden und die Schweiz ungereinigte Motoren unter 800 cm^3, so daß z. B. VW den »Polo« dorthin mit nur 771 cm^3-Motoren lieferte). Vor besondere Probleme stellt die Schweiz übrigens den Import von motorisierten Zweirädern: nachdem Steyr-Daimler-Puch (kurz vor dem Verkauf der gesamten Grazer Zweiradfertigung an Piaggio-Vespa) ein »Maxi«-Moped mit minimierten Abgaswerten und einem zusätzlichen Katalysator entwickelte, gilt es in der Schweiz als »Stand der Technik«, gut für entsprechende Vorschriften. Starke

Motorräder wiederum sollen Geräuschgrenzen einhalten, die »das letzte Halali« bedeuten...

Die in der EG zugelassenen Abgas-Grenzwerte (gemäß Reglement 15.01–05 der ECE, Economic Commission for Europe) waren zunächst nach neun Klassen abgestuft, dann nach sieben und schließlich mit den Hubräumen über 2 l, von 1,4 bis 2 l sowie unter 1,4 l. Von der Bundesrepublik Deutschland in den 80er Jahren geforderte schärfere Grenzwerte stießen auf heftigen Widerspruch von Großbritannien, Frankreich und Italien. Letztere sehen vor allem bei kleineren Modellen – in Deutschland mit 38% vertreten, dort noch weit stärker – absatz- und exporthemmende Bremsen. Daher brachte die »Euronorm« bisher mit Terminen und Grenzwerten nur Kompromisse – mit erlaubten größten Schadstoffquoten gerade bis 1,4 l, mit etwas geringeren bis 2 l und allein über 2 l mit Anforderungen, die einen geregelten Abgaskatalysator erzwingen. (Das langjährige Verhandeln und Feilschen um Grenzwerte eignet sich kaum als Thema für ein Sachbuch im Gegensatz zu regelmäßig erscheinenden Zeitschriften.)

Für den heimischen Markt indessen wurden strengere Abgasbestimmungen resolut vorgezogen und seit 1985 durch Steuererleichterungen bzw. befristete Befreiungen der Industrie und Kundschaft schmackhaft gemacht. Abgesehen von der größten Hubraumklasse (mit geregelten Katalysatoren) sollten neue Fahrzeuge (und solche ab 1980 durch »Nachrüstung«) »bedingt schadstoffarm« werden mit den Stufen A, B (zeitweilig) und C: durch motorinterne Maßnahmen, ferner Abgasrückführung (AGR), auch mit den erwähnten Drosselklappendämpfern oder ungeregelten Katalysatoren. Für die Polo-Klasse entwickelte VW einen (ungeregelten) »Mikro-Kat« mit einem »Trägerkörper« aus 0,04 mm dünnen Metallbändern und dem Durchmesser eines mittleren Auspuffrohrs zu einem entsprechend geringen Preis.

Daß Katalysatoren ausnahmslos bleifreien Kraftstoff verlangen, um nicht »vergiftet« zu werden, schränkt die Umrüstbarkeit älterer Motoren ein, wenn deren Auslaßventile und Ventilsitze auf die Schmierfähigkeit von Bleiverbindungen angewiesen sind. Die etwas geringeren Oktanzahlen (gemäß dem nächsten Kapitel) sind in aller Regel durch eine Zündpunktverstellung auszugleichen – hochmoderne Klopfsensoren bewirken dasselbe automatisch. Überdies kommt bei der Klopfanfälligkeit oft die Meereshöhe ins Spiel (vgl. VIII.10): was in Hamburg und Hannover, Köln und Düsseldorf klingelt, kann durchaus in Ulm und Aalen oder gar in München und Oberbayern klopffrei arbeiten.

Der Leistungsverlust im Katalysatorbetrieb beruht anteilig auf verminderten Verdichtungsverhältnissen, vor allem bei Motoren für unverbleites Normalbenzin (mit nur 91 ROZ, wie in den USA). Bei direkten Vergleichen mehrerer Modelle mit und ohne ungeregelte Kats ergaben sich Einbußen in der Größenordnung von 4 bis 6%, mehr noch bei den Beschleunigungszeiten als bei der Höchstgeschwindigkeit. Bei der lambda-geregelten Abgasreinigung bekunden ausgeprägte Hochleistungsmotoren Einbußen bis zu 10%, während völlig neue, von vornherein auf Katalysatorbetrieb entwickelte Modelle (wohl mit Absicht der Hersteller) nur geringe oder gar keine Unterschiede der Katalogdaten zur Schau stellen.

Ähnliche Verhältnisse betreffen den Kraftstoffverbrauch, mindestens bei ungeregelten Katalysatoren. Theoretisch leidet die Ausbeute mit Lambda-Sonden schon deshalb, weil der ergiebige »Magerbetrieb« im breiten Teillastbereich (mit Luftzahlen von 1,1 und mehr) ersatzlos entfällt. Lediglich bei Vollast wird die Lambda-Regelung bewußt überspielt – allerdings zur »reichen« Seite hin, um nicht noch mehr Spitzenleistung zu kosten. Als dieser Umstand Auto-Gegnern bekannt und in der Boulevardpresse hochgespielt wurde, erklärte der VDA (S. 70) nach einer neutralen Untersuchung der Verhältnisse: »Die Vorwürfe, die Automobilindustrie manipuliere die Gemischbildung bei geregelten Katalysatoren, sind unberechtigt. Die weltweit auch an geregelten Katalysatoren angewandte Vollastanreicherung senkt vermehrt die mit den Waldschäden in Zusammenhang gebrachten Stickoxidemissionen. Die gleichzeitige Erhöhung der HC- und CO-Emissionen ist umweltpolitisch unbedenklich, die jeweils wirkende Zeitspanne statistisch zu vernachlässigen.«

Natürlich beanspruchte die Übernahme der in Amerika und Japan jahrelang und millionenfach bewährten Katalysatoren für europäische Fahrzeuge und Verkehrsverhältnisse, namentlich auf deutschen Autobahnen, ausreichende Reserven für höhere Temperaturen, verbessertes »Anspringen«, auch etwas breitere »Lambda-Fenster«. Ob der Motorenbau mittelfristig wirksame Alternativen zum Katalysatorbetrieb findet, muß die Zukunft erweisen.

Eine aktuelle, schon jahrelang verfolgte Möglichkeit liefert (vor allem bei Ford und Toyota) das Stichwort »Magerkonzept«, das mit kraftstoffarmen Gemischen – verständlich ohne Lambda-Regelung – die Ökonomie verbessern und die Abgas-Schadstoffe herabsetzen soll. Mageres Gemisch vermindert die CO- und NOx-Werte, während dem HC-Ausstoß ein Oxydationskatalysator begegnet. Wieweit sich bei guter »Driveability« (ohne »Löcher« und Ruckeln) Abmagerungen verwirklichen, die Luftzahlen (über 1,2 bis 1,3) heraufsetzen lassen, das bestimmen gründlich erforschte Brennraumformen, ein ausgeprägter Drall der einströmenden Frischgase, u. a. durch doppelte Saugrohre, mit deren größeren erst bei hohen Drehzahlen geöffnet, mit einer sinnvollen Einspritzung und aufwendigen, zuverlässigen Entflammung, sprich »Super-Zündung« – insgesamt mit keinesfalls billigen Maßnahmen.

Katalysatoren wirken unbestreitbar segensreich. Nach dem temperaturbedingten »Anspringen« entlassen sie schon ungeregelt gesäuberte Abgase und geregelt nahezu saubere – doch zuweilen keine wohlriechenden. Zwar begrenzt das Gesetz den Schwefelgehalt in Ottokraftstoffen auf 0,1 Gewichtsprozent, zwar liegt der tatsächliche Promille-Satz noch erheblich niedriger (bis zu 20- und 30mal), doch macht sich gelegentlich der entstehende Schwefelwasserstoff (H_2S) trotz seiner minimalen (gesundheitlich völlig unbedenklichen) Konzentration bemerkbar, eben als Geruch nach faulen Eiern ähnlich manchen heilsamen und hochgeschätzten Thermalquellen. Der chemische Mechanismus funktioniert mit dem Umweg über Metallsulfite und -sulfate bei wechselnden Motorbelastungen und Luftzahlen, von Startphasen und Vollastanreicherung abgesehen, am ehesten in ungeregelten Katalysatoren.

Einige Automobilfirmen untersuchen auch zu dieser Randerscheinung bestehende Abhilfemöglichkeiten (durch variierte Katalysatoren), doch reichen andere den schwarzen Peter an die Kraftstofflieferanten: neue Katalysatoren und Regelsysteme würden unvertretbar teuer. Doch erklären die Angesprochenen dasselbe von einer weiteren Entschwefelung, die auch die Klopffestigkeit erneut verschlechtern würde.

Ich verteidige das Automobil nicht allein als FIAT-Präsident – das Auto verteidigt sich selbst. Doch sollte man nicht übersehen: jeder will sein eigenes Auto, aber nur wenige sind bereit, Nachteile zu akzeptieren, die durch die Autos der anderen entstehen.
Giovanni Agnelli im Dezember 1974

Von Klingeln und Klopfen, Dampfblasen und Eiskrusten

Obwohl das Wort »Klingeln« kaum in der Literatur oder in Lexiken auftaucht, sagt es Nichtfachleuten mehr als der Begriff »Klopfen«. Der Sprachgebrauch freilich versteht Klingeln vielfach als leichte, harmlose Klopferscheinung im Motor — gegenüber metallischem Hämmern als Zeichen für schwer gestörte, schädliche Verbrennungen. Die englische Sprache enthüllt ähnliche Verhältnisse, mit »Pinking« neben dem fachgerechten »Knock«, gewissermaßen schon als Lautmalerei, die das temperamentvolle Französisch mit »Cliquetis« noch übertrifft. Der Fachausdruck, der aus dem Latein stammt und englisch, französisch wie deutsch »Detonation« lautet, trifft — gottlob — ebensowenig zu wie die uralte Bezeichnung »Explosionsmotoren« für unsere Kraftquellen.

Um indessen nicht päpstlicher zu sein als anerkannte in- und ausländische Experten, wollen wir die Detonation — vorerst — übernehmen.

ORDENTLICHE UND KLOPFENDE VERBRENNUNGEN

Beim planmäßigen Ablauf der motorischen Verbrennung entflammt der Zündfunke an der Kerze das hochverdichtete Gemisch, wonach sich die Flammenfront ziemlich gleichmäßig nach allen Seiten ausbreitet. Sie erreicht dabei eine Geschwindigkeit von 15 bis 30 Meter pro Sekunde (anschaulicher, etwa 50 bis 100 km/h), je nach den Temperaturen und Drücken, nicht zuletzt dank der konstruktiv erzwungenen starken Wirbelung der Gase. Denn unverdichtetes und ruhiges Gas, etwa in einer »Verbrennungsbombe« im Labor, würde nur mit einem Zehntel dieser Geschwindigkeit abbrennen — viel zu langsam für einen modernen Motor!

Um die letzte, von der Zündkerze am weitesten entfernte Zone im Brennraum zu erfassen, muß die Flamme — im großen Durchschnitt — 5 cm durchlaufen. Das würde mit — wieder angenommen — nur 10 m/sec Verbrennungsgeschwindigkeit $1/200$ oder 0,005 Sekunden beanspruchen — viel zu lang für hohe Drehzahlen. Denn bei 6000 U/min (gleich 100 U/sec) dauert eine vollständige Umdrehung nur 0,01 Sekunde oder 10 Millisekunden — ein einzelner Hub also 5 ms.

Für gute Leistung und runden Lauf darf die Verbrennung nur 1 ms beanspruchen — bei sehr kleinen Hubräumen noch weniger, aber da sind auch die Flammenwege noch kürzer. Auf Kurbelwellenwinkel übertragen, ergeben sich 40 Grad. Andererseits schaden zu rasche Verbrennungen, weil der Motor damit rauh und hart arbeitet, selbst wenn er nicht klopft. Es gibt dafür als exakten Maßstab den Druckanstieg, d. h. die Steigerung des Gasdrucks pro Grad Kurbelwinkel. Er beträgt in modernen Otto-Viertaktern 2 bis 4 bar je Grad Kurbelwinkel. Nur für Rennmotoren sind höhere Werte akzeptabel, ja erwünscht, für Diesel unvermeidlich.

Im Verlauf der Verbrennung, entsprechend den Temperaturen und Drücken, ändert sich die Geschwindigkeit. Zunächst steigt sie in jedem Fall an, um wieder abzufallen, wenn der Kolben den Brennraum vergrößert und dadurch die Drücke und Temperaturen sinken. Beide hängen ja eng miteinander zusammen, wie als praktisches Beispiel die Fahrradluftpumpe illustriert.

Beim Klopfen überlagert eine Detonation die normale, vom Zündfunken eingeleitete und zügig verlaufende Verbrennung. Gasmengen, die von der fortschreitenden Flamme noch nicht erfaßt sind — zuweilen als »Endgas« bezeichnet — entzünden sich durch die zusätzliche starke Verdichtung und Erhitzung von selbst, prallen mit der regulären Flammenfront zusammen und schleudern dabei heftige Druckwellen gegen die Brennraumwände und den Kolbenboden. Man kann sie messen und in vielen Schattierungen hören, eben vom feinen Klingeln bis zum harten Hämmern. Zylinderinhalt und Brennraumformen spielen dabei eine Rolle; kleine Zweitakter offenbaren manchmal ein ausgeprägtes Knistern.

Sehr anschaulich, wenngleich wissenschaftlich fragwürdig, erklärt eine offene Tür die Wirkung von klopfenden Verbrennungen: sie gibt leichtem, anhaltendem Druck von zwei Fingern nach und fliegt sicher — und sogar laut — zu; ein kurzer trockener Faustschlag hingegen läßt sie in ihren Fugen und Angeln erzittern, ohne einen nennenswerten Schließweg zu bewirken. Per saldo verlaufen klopfende Verbrennungen zehnmal schneller als normale, aber Detonationen mit mindestens 2000 m/sec — 100- bis 300mal schneller!

Unbestreitbar strapaziert längeres Klopfen den Motor. Überhöhte Spitzendrücke und steile Druckanstiege belasten die Kolben und Ringe, Kolbenbolzen, die Kurbelwelle und ihre Lager (B. III.3). Zuweilen ist die Zylinderkopfdichtung gefährdet. Kolben, Kerzen und Ventile überhitzen, in extremen Fällen bis zum »Fressen« bzw. Verbrennen. Doch ein leichtes, kurzzeitiges Klingeln, beim Beschleunigen aus niedrigen Drehzahlen, ist durchweg harmlos. Es kommt thermisch wie mechanisch in exakten Messungen kaum zum Ausdruck, wie neuere Prüfstandversuche zeigten.

GLÜHZÜNDUNGEN, NACHLAUFEN UND SPEZIELLE USA-PHÄNOMENE

Das klassische Klopfen ist die häufigste und bekannteste Form von anormalen Verbrennungen, aber nicht die einzige. Selbstzündungen und Glühzündungen, Nachlaufen oder »Dieseln«, Rumpeln und regelloses Klopfen sind weitere Zeugen einer gestörten Harmonie zwischen dem Motor und seinem Kraftstoff. Überhitzte Zündkerzensteine, kirschrot leuchtende Auslaßventilteller und andere Glühstellen im Brennraum, namentlich die unvermeidbaren Rückstände, zünden das Gasgemisch schon vor dem überspringenden Funken, egal ob die darauf folgende Verbrennung nun hörbar klopft oder nicht. In krassen Fällen kann man die Zündung in voller Fahrt abschalten, ohne daß der Motor darauf reagiert. Alte Zweitaktfahrer kennen »Dieseln« am besten, weil es manche Maschinen (besonders in den dreißiger Jahren) mit einer ganz bestimmten Drehzahl und Teillast auf Anhieb produzierten. Es beruhte auf dem Zusammenwirken von thermischen Verhältnissen mit Spülungseigenarten...

Von Selbstzündungen spricht man, wenn zum Beispiel ein überhitzter Zündkerzenisolator, gleichzeitig oder sogar nach dem elektrischen Funken, als zweite Zündquelle wirkt. Sie stört, solange sie kein Klopfen auslöst, den Verbrennungsablauf ebensowenig wie die Motorleistung. Doch ist dieser Zustand durchweg labil; die Selbstzündung verschiebt sich progressiv in Richtung »früh« und wird damit zur »Glühzündung«. Jetzt fällt die Motorleistung stark ab, während die Temperaturen steigen. Erfolgt die Glühzündung, bevor das Einlaßventil schließt, so schlägt die Flamme in die Ansaugleitung zurück und »patscht« im Vergaser. Einzylindermotoren sind durch Glühzündungen weniger gefährdet als einzelne Zylinder zwischen drei oder fünf »gesunden«, die den überhitzten Kolben regelrecht mitreißen, bis er frißt.

Glühzündungen verursachen im Motor kaum höhere Drücke, aber eine weit stärkere Wärmebelastung. Da längeres Klopfen leicht zu Glühzündungen führt, schadet es doppelt! Die Neigung verschiedener Kraftstoffkomponenten und Kraftstoffe zum Klopfen und Glühzünden enthüllt mitunter auffällige Gegensätze, indem Benzol und besonders die hochklopffesten Alkohole in den klassischen (heute nicht mehr zugelassenen) Rennmixturen Probleme bereiteten. Daß Glühzündungen dennoch in Alkohol-Rennmotoren nicht so häufig und folgenschwer auftraten wie in Kolbenflugmotoren, lag am unvermeidlichen, oft künstlich vermehrten Wassergehalt der Alkohole, der Glühzündungen entgegenwirkt.

Das typische Nachlaufen beim Abstellen der Zündung am Fahrtende ist, verglichen mit Klopfen und Glühzünden, nur ein lästiger Schönheitsfehler; es tritt bei manchen Motoren nach scharfen Autobahn- und Schnellfahrten auf, bei anderen noch eher im dichten Stadtverkehr mit vielen Ampelstops. Abgesehen von Zündkerzen mit höherem Wärmewert bringen Superkraftstoffe, obwohl ansonsten in den betreffenden Modellen entbehrlich, manchmal Besserung — aber nicht immer. Radikale Abhilfe dieses Schönheitsfehlers vermitteln die zitierten »Leerlauf-Abschaltventile« (anstelle der Leerlaufdüsen, s. S. 140).

In den großvolumigen amerikanischen V 8-Motoren brachten Verdichtungsverhältnisse von 10 : 1 merkwürdige Mehrfachzündungen mit sich, die außer dem eigentlichen Klopfgeräusch zum Rumpeln (rumble) der Kurbelwellen und Motorgehäuse führen, oder zu ganz unregelmäßigem, starkem Klingeln — »wild ping« genannt. Phosphorhaltige Kraftstoffadditive bekämpfen die ursächlichen Oberflächenzündungen am wirksamsten, sogenannte Rückstandumwandler, welche die Glühfähigkeit der Rückstände herabsetzen. In europäischen Motoren, die kaum zum Rumpeln neigen, vermindern dieselben Phosphorzusätze die elektrische Leitfähigkeit der Zündkerzenisolatoren, genauer gesagt, der darauf niedergeschlagenen bleihaltigen Schichten. Mit verminderten Bleigehalten verloren sie natürlich an Bedeutung.

*Wer sichere Schritte tun will,
muß sie langsam gehen.* Goethe

VORGESCHICHTE IM ZEITRAFFER: WAS RICARDO UND KETTERING FANDEN

Unregelmäßige Zündungen und klopfende Verbrennungen sind so alt wie unsere Motoren selbst. Schon die Pioniere kämpften vergeblich mit den mysteriösen Störungen, die dann einen fatalen Umfang in den Flug- und Tankmotoren des ersten Weltkriegs erreichten. Man wußte eben noch zu wenig von der motorischen Verbrennung und ihren Gesetzmäßigkeiten. Nur einzelne Ingenieure und Wissenschaftler hatten sich gründlich mit diesen unzugänglichen Problemen beschäftigt, namentlich Professor Bertram Hopkinson in Cambridge. Er baute 1906 einen Indikator mit einem Spiegel, der im Zylinderkopf eingeschraubt den Druckverlauf bei der Verbrennung anzeigte. Demnach trat das Klopfen, dessen Beginn die ersten Spiegel meistens zerstörte, als Detonationswelle am Ende der Verbrennung auf, mit einer klaren Abhängigkeit vom verwendeten Kraftstoff.

Hopkinson übernahm aber bald andere Aufgaben und schenkte einen seiner Indikatoren zum Abschied dem jungen Assistenten und Graduierten Harry R. Ricardo, der 1912 ein eignes bescheidenes Labor eröffnen konnte, die Verbrennungsstudien fortsetzte und erstaunliche Unterschiede mit einzelnen Benzinsorten fand. Vor allem verhielt sich das wasserklare englische Fliegerbenzin aus amerikanischem Rohöl bedeutend schlechter als das dunkle, aromatenreiche Borneo-Benzin, das man jahrelang, als vermeintlich »schmutzig« und ungeeignet, direkt im Dschungel verbrannt hatte. Um die von ihm selbst entwickelten, ebenso leistungsfähigen wie klopfanfälligen Tankmotoren vor Schäden zu bewahren, beantragte er, dem Benzin Benzol beizumischen — oder das verrufene Borneo-Benzin. Ein Shell-Direktor vertraute, als einziger, diesem Rat, ließ die Benzinfackeln löschen und eine wertvolle Kraftstoffkomponente, mitten im Krieg, nach England verschiffen.

Ricardos »Engine Patents-Company« erhielt fundierte Forschungsaufträge und nach dem Waffenstillstand zwei tüchtige junge Wissenschaftler zur Assistenz. In Zylinderköpfen eingesetzte Glasfenster erlaubten es, die Flammenausbreitung zu verfolgen und Klopferscheinungen auch optisch wahrzunehmen. Da man ihren engen Zusammenhang mit wachsender Motorbelastung und Verdichtung kannte, baute Ricardo einen besonderen Prüfmotor (den Typ »E 35«), dessen Zylinder man bei laufender Maschine heben und senken konnte, um das Verdichtungsverhältnis zu verändern. Der große Hubraum und konstruktive Aufwand, mit einer Königswelle und fünf Ventilen, sollte möglichst viele störende Einflüsse ausschalten (vgl. VIII.6).

Zahllose Versuchsreihen mit allen möglichen Kraftstoffen und Komponenten vermittelten zum ersten Mal einen soliden Überblick. Ursprünglich sollte das höchste, gerade noch klopffreie Verdichtungsverhältnis als Maßstab für jeden Kraftstoff dienen, doch ging man bald auf eine bessere, vom Motor völlig unabhängige »Toluol-Zahl« über. Toluol, ein dem Benzol verwandter, reiner, d. h. exakt definierter Kohlenwasserstoff, hatte sich nämlich als sehr klopffest erwiesen, während Normalheptan am frühesten und stärksten klopfte. Doch die Toluolzahl als Kennwert gaben die Briten einige Jahre später wieder auf, zugunsten einer von Amerika dringend gewünschten »Oktanzahl«...

Die beachtlichen Resultate einer ähnlichen Entwicklung verdankte der amerikanische Motorenbau vorrangig den schlechten und überempfindlichen Augen von Charles Franklin Kettering. Denn der hätte anderenfalls, als zwanzigjähriger Volksschullehrer 1896 in Ohio, alte Sprachen statt Elektrotechnik studiert und noch mehr Bücher gelesen als zwischendurch immer wieder praktiziert. Was er auch anfaßte, er fand förmlich auf Anhieb neue und frappante Lösungen, von denen einige in unserer elektrotechnischen Chronik auftauchen werden. Immerhin blieben ihm, bald nach der Gründung seiner DELCO (Dayton Engineering Laboratories Company) Schwierigkeiten und Ärger mit kleinen Verbrennungsmotoren nicht erspart. Außer elektrischem Autozubehör produzierte er nämlich in den Vorkriegsjahren kleine Benzinmotor-Stromaggregate, die eine riesige Nachfrage auslösten.

Um aber Benzinsteuern zu sparen und die Versicherungen für die mit Strom versorgten Häuser zu verbilligen, verlangten viele Kunden Petroleum- statt Benzinbetrieb, was die kleinen Motoren schwer verkrafteten. Sie hämmerten, überhitzten — und blieben manchmal stehen, mit einem Loch im Kolbenboden. Völlig zu Unrecht schoben Konkurrenten wie Kunden die Schuld auf Ketterings neues Zündsystem, die von ihm erfundene Batteriezündung, die den teuren Zündmagnet einsparte und den Start der Motoren erleichterte. So wurde also aus dem Petroleumbetrieb nichts Rechtes, während die elektrischen Anlasser, denen sogar der berühmte Thomas A. Edison auf der SAE-Tagung von 1912 höchstes Lob zollte, die Motorentechnik nur am Rand berührten.

Mehr und mehr bedrängten Henry Fords neue Fließbänder (für das »T«-Modell) die anderen Automobilbauer und viele Zubehörfirmen. Da griff W. C. Durant zum zweiten Mal ein (s. S. 76), holte sich mit Hilfe des DuPont-Konzerns »seine« General Motors aus dem Besitz etlicher Bankiers zurück und fügte weitere, teils kranke, teils gesunde Firmen ein — darunter Ketterings DELCO. Aus der GM-Company wurde die Corporation. Als die USA schließlich in den »europäischen Krieg« eintraten, wurde »Ket« General Motors-Entwicklungschef und sollte, möglichst in Monaten, einen Flugmotor konstruieren und serienreif entwickeln, und zwar »den stärksten, leichtesten und zuverlässigsten der Welt, den die Automobilfabriken sofort produzieren könnten«. In der Tat hatte Amerikas Luftfahrt mit dem Automobilbau nicht Schritt gehalten, war sogar stark hinter die kriegführenden Europäer zurückgefallen, trotz Wright, Curtiss und anderen Pionieren. Beim Kriegseintritt im April 1917 besaß der »Aviation Service« 55 Aeroplane, aber nur 35 Piloten (vergleichsweise am Tag von »Pearl Harbour«, im Dezember 1941, 10 300 Flugzeuge und im Juli 44 über 79 900).

Die Prüfstandläufe von Ketterings Flugmotor krankten an ähnlichen Kolben- und Kurbeltriebschäden wie die kleinen DELCO-Aggregatmotoren, wenn sie Petroleum verarbeiten mußten — an »fuel knock«, Kraftstoffklopfen. So kamen die V-Zwölfzylinder »Liberty 420« für den ersten Weltkrieg zu spät, nicht aber, nur in Details modernisiert, für die amerikanischen und britischen Tanks im zweiten Weltkrieg. Die tragisch verlaufene Verwendung eines einzelnen Liberty-Motors haben wir mit den Weltrekordversuchen von Parry Thomas vorweggenommen (S. 118). Glücklicher endete das Debut der Sikorsky »S 29 A« mit zwei Liberty-Motoren aus Militärbeständen, womit der Flugzeugkonstrukteur aus Kiew in den USA an seine erfolgreichen viermotorigen russischen Bomber anknüpfen wollte. Als seine Helfer fungierten vorwiegend ebenfalls emigrierte Landsleute — und als Vizepräsident seiner kleinen Gesellschaft der Komponist und Pianist Sergej Rachmaninow (für kurze Zeit). Übrigens war die »S 29 A« ein ziemlich »normales« Flugzeug und Flugboot-Vorläufer; denn ein Hubschrauberexperiment, mit dem der zwanzigjährige Igor Iwanowitsch 1909 gescheitert war, gelang erst 1939 und verschaffte Sikorsky nach großen Erfolgen den Spitznamen »Mister Helicopter«...

Doch zurück zu Kettering, der schon

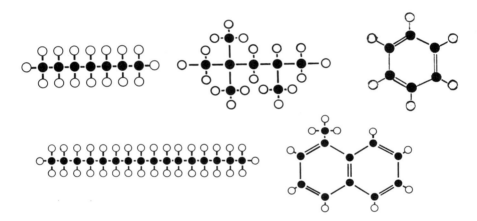

VIII.1—5 Charakteristische Kohlenwasserstoffe als Beispiel (schwarz = Kohlenstoffatom, C; weiß = Wasserstoffatom, H) links oben Normal-Heptan C_7H_{16}, »gesättigt« (da höchstmögliche Zahl von H-Atomen) und »geradkettig«. Sehr klopffreudig, Oktanzahl 0! (Eichkraftstoff zur Oktanzahlbestimmung).
Oben-Mitte iso-Oktan C_8H_{18}, gesättigt, aber stark verzweigt und kompakt, daher sehr klopffest, Oktanzahl 100! (Eichkraftstoff zur OZ-Bestimmung).
Oben rechts das ringförmige Benzolmolekül C_6H_6, ungesättigt, daher die »Doppelbindungen« zwischen C-Atomen, die stets vierwertig (4 »Arme«). Oktanzahl über 100. Zahlreiche Verwandte (Homologen) aus der Steinkohle- wie Erdölverarbeitung.
Unten links Cetan $C_{16}H_{34}$, sehr zündwillig (Cetanzahl 100, Eichkraftstoff zur Cetanzahlbestimmung!) und extrem klopffreudig.
Unten rechts alpha-Methyl-Naphthalin $C_{11}H_{10}$ (Cetanzahl 0, Eichkraftstoff).

Drei charakteristische Daten in der o. a. Folge sind:

spez. Gewicht:	0,684	0,692	0,879	0,774	1,04 (in kg/l bei 15 °C)
Schmelzpunkt (in °C)	−91	−107	+5	+18	−22
Siedepunkt (in °C)	99	100	80	287	243

1918 Ricardos Berichte über die großen Unterschiede mit verschiedenen Kraftstoffen kannte. Er ließ reihenweise Kontrollversuche fahren und chemische Analysen zusammenstellen, mit denselben Resultaten. Doch brauchte er seine ganze, vielgerühmte Überredungsgabe, um die skeptischen Kollegen und Mitarbeiter zu einer jahrelangen Suche nach Chemikalien zu bewegen, die das Klopfen bei hoher Verdichtung unter Kontrolle brachten.

Endlich, im Dezember 1921, meldete Thomas Midgley (der zehn Jahre später die geeigneten Kühlstoffe für die »Frigidaire«-Produktion fand) den großen Erfolg: Bleitetraethyl, dem Benzin in winzigen Mengen zugemischt, verminderte die Klopfneigung drastisch. Nach Ketterings eignen Worten die erregendste Meldung in sechzig bewegten Berufsjahren, davon runde vierzig für die General Motors-Forschung, mit glänzenden Erfolgen und wenigen Rückschlägen. Seine letzten Arbeiten wurden auch die bekanntesten, mindestens in Deutschland: die seit 1946 mit neuen Oldsmobile- und Cadillac-Motoren durchgeführten Hochverdichtungsversuche, ausgelöst durch die sehr klopffesten Flugkraftstoffe, die der Krieg in immer größeren Mengen benötigt hatte. Sie mußten doch ebenso dem Automobilmotor neue Möglichkeiten eröffnen, für höhere Leistungen und erheblich geringeren Kraftstoffverbrauch?!

Großangelegte Vergleichsläufe umfaßten Verdichtungsverhältnisse von 6,2 bis 12,5 : 1, mit vielversprechenden Ergebnissen. Natürlich erreichten die Serienmotoren erst nach und nach die höchsten Werte – nämlich mit einer von Grund auf neuen Konstruktion.

Wenn du etwas genauso machst wie seit zehn Jahren schon, sind die Chancen groß, daß du es falsch machst.
Ch. Kettering, 1876–1958

C-H-CHEMIE AUS DER KLIPPSCHULE

Gewiß waren Ricardo und Kettering nicht die einzigen Ingenieure, die das Klopfen als eine Barriere für die Motorenentwicklung erkannten, doch beeinflußten ihre Ergebnisse die Praxis ohne Zweifel am stärksten. Fortan mußte der Kraftstoff nicht nur »leicht« sein, um gut zu vergasen, sondern auch klopffest genug, um höhere Verdichtungsverhältnisse zu ertragen (als damals 4 bis 4,5 : 1). Daß man beim Motor selbst viel tun kann und muß, bewies Ricardo bald mit seinem »Wirbelkopf« (ähnlich dem sv-Motor in B. II.1). Außerdem brauchte man einen Maßstab für die Klopffestigkeit – wie die Toluolzahl.

Unser Benzin, besser gesagt Ottokraftstoff, besteht aus Dutzenden, ja hundert verschiedenen C-H-Verbindungen entsprechend dem breiten Siedebereich von 30 bis 200° C. (Ein einheitlicher Stoff hat bekanntlich keinen solchen Siedebereich, sondern einen Siedepunkt, wie Wasser, unter normalem Luftdruck, bei 100° C!) Die ungewöhnliche Vielfalt dieser Verbindungen kommt dadurch zustande, daß die Moleküle (in der üblichen bildlichen Vorstellung der Chemie) »gesättigt« oder ungesättigt, außerdem geradkettig oder ringförmig, klein oder groß, kurz oder lang, vor allem aber mannigfach verzweigt sein können, dazu noch symmetrisch oder unsymmetrisch. Diese Verzweigungsmöglichkeiten von Molekülen mit gleichvielen Kohlenstoff- (C) und Wasserstoff- (H) Atomen wachsen bei großen Molekülen ins

Unermeßliche. Schmierölmoleküle zum Beispiel enthalten 20 bis 40 C-Atome — weit mehr als Kraftstoffmoleküle. Nun ergeben sich bereits für C_{25}-Moleküle über 36 Millionen »Isomerie«-Möglichkeiten, für C_{40} aber über 60 Billionen! — Die bekannteste dieser Verzweigungen verwandelt »gerades« Oktan in verzweigtes Iso-Oktan, wobei außer den veränderten chemischen Daten die Klopffestigkeit erstaunlich ansteigt. Kürzere, kompakte Moleküle sind, ebenso wie ringförmige (Benzol), bedeutend unempfindlicher gegenüber den Vorgängen vor und bei der Verbrennung, die zum Klingeln führen.

Zunächst schneidet die Destillation aus den (ihrerseits sehr unterschiedlichen) Rohölen die dem Motor bekömmlichen Kohlenwasserstoffe heraus, eben im Siedebereich zwischen 30 und 200° C — für Dieselkraftstoffe vergleichsweise den Bereich zwischen 170 und 370° C, schon merklich größere Moleküle mit ganz anderen Eigenschaften...

Die Klopffestigkeit von Destillaten ist jedoch für moderne Motoren völlig undiskutabel, abgesehen von der schlechten Mengenausbeute. Großchemische Verfahren zur Umwandlung der C-H-Moleküle brachten die Lösung des Problems, zum Beispiel (thermisches oder katalytisches) Kracken, d. h. Zerbrechen und Verkleinern von großen, schweren und hochsiedenden Molekülen; oder Isomerisieren, das klopffreudige gerade in klopffeste verzweigte verwandelt; oder Polymerisieren, das wiederum kurze, teilweise noch gasförmige, ebenfalls sehr klopffeste Moleküle zu größeren zusammenschließt; vor allem Reformieren, schlicht Umwandeln der Strukturen. Das bekannteste Verfahren, mit Platin als Katalysator, liefert Platformat (Platin-Reformat).

Doch diese Möglichkeiten konnten die Forscher zu Anfang der 20er Jahre bestenfalls ahnen. Um so größeren Respekt schulden wir Midgley für die »Erfindung« des vielgeschmähten Bleitetraethyls, das der Leistungssteigerung der Motoren förmlich als Sprungbrett diente. Es eroberte sich, als »Klopfbremse«, rasch die Kraftstoffmärkte der zivilisierten Welt — doch Deutschland erst spät; denn es gab bei uns eine beachtliche Alternative in Gestalt von Benzol, das — damals mit Qualität und Mengen attraktiv — den Superkraftstoffen reichlich zugemischt wurde. Deutsche Motorenkonstrukteure (und Autofahrer) gerieten noch nicht ins Hintertreffen.

Erst 1938, nachdem die Benzinmenge viel größere Bedeutung erlangte als die Qualität, wurde »OZ 74«, oft auf dem Motorblock eingeschlagen, von Staats wegen eingeführt. Bald gab es für den zivilen Verkehr (wenig) »rote Winkel« und Klingelwasser... bis die Oktanzahlen, ab 1950, binnen zwanzig Jahren auf ein sehr hohes Niveau kletterten, in Deutschland auf 93 für Normalbenzin und 99 für Super. Seit 1972 und 1976 bescherte uns dann das »Benzinbleigesetz« geringe Restriktionen.

Die ich rief, die Geister, werd' ich nun nicht los! Goethe (»*Zauberlehrling*«)

DAS OMINÖSE BLEI

Theoretisch kann die moderne Kraftstoffchemie Komponenten erzeugen, die höchste motorische Ansprüche erfüllen — ohne »Blei«. Doch handelt es sich immer wieder um ein Mengen- und Preisproblem (allein eine neue Raffinerie kostet inzwischen hunderte Millionen D-Mark!). Früher, mit viel geringeren technischen Möglichkeiten, war die Verbleiung unersetzlich, und zwar wegen ihrer intensiven Wirkung: schon 0,4 bis 0,5 Gramm pro Liter erhöhen die Klopffestigkeit des Benzins bei »bleiempfindlichen« Sorten um 8 oder 10 Oktanzahlen.

Natürlich wird dem Kraftstoff das »Blei« in flüssigem Zustand beigemischt, eben als Bleitetraethyl, abgekürzt TEL (L = lead, engl. Blei) mit der chemischen Formel $Pb(C_2H_5)_4$. Das ist ein sogenanntes Bleialkyl, eine spezifisch schwere (1,6), organische (= Kohlenstoff enthaltende) Verbindung. Damit die Verbrennung keine schädlichen Rückstände bildet, setzt man Bromide und Chloride zu, die mit dem Blei einen gasförmigen Zustand behalten und (größtenteils) durch den Auspuff verschwinden. In dessen Endrohr erkennt man die hellgrauen bis weißen Reste bei »sauberer«, nicht überfetteter Kraftstoff-Luft-Mischung — sonst überdeckt schwarzer Ruß alles andere... Das ganze, aus TEL und »Spülmittel« zusammengesetzte Additiv nennt man Blei-Fluid.

In den sechziger Jahren trat neben das TEL noch Bleitetramethyl ($Pb(CH_3)_4$) als neue Alternative. Sie verhält sich in manchen Kraftstofftypen infolge des niedrigeren Siedepunkts (110° C gegenüber knapp 200 für TEL) günstiger, namentlich bei schlechter Gemischverteilung in Mehrzylindermotoren. Seither beziffert man, als einheitlichen Maßstab, bei Kraftstoffen nicht mehr den TEL- oder TML-Gehalt, sondern das Bleigewicht (umgerechnet) in Gramm pro Liter.

Zu Anfang war »Blei« für die meisten Motoren keineswegs leichtverdaulich; speziell die Auslaßventile, teilweise auch Zündkerzenelektroden, mußte man mit geeigneten Legierungen immun gegen Bleikorrosionen machen, nach dem Vorbild von Flugmotoren. Auch sind die Bleialkyle unverdünnt sehr giftig, so daß ihr Weg ausnahmslos in den riesigen Mischanlagen der Kraftstoffhersteller endet.

Wie schädlich oder gefährlich andererseits das mit den Auspuffgasen emittierte Blei wirkt, darüber gehen die Meinungen sehr weit auseinander. Ein Kraftstoffexperte resümierte während der Bleibenzin-Debatte, »daß die wissenschaflichen Arbeiten, die eine Gesundheitsgefährdung durch den Bleigehalt in der Atemluft bestreiten, zahlenmäßig weit überwiegen. Bei den nicht-fundierten Aussagen zu diesem Thema ist das Verhältnis allerdings umgekehrt...!«

Tatsächlich hat sich der »Bleipegel«, als Gleichgewichtszustand in der USA-Bevölkerung, von 1940 bis 1970 nicht erhöht. Daß den größten Teil der Bleiaufnahme im menschlichen Körper die Nahrungsmittel verursachen, kann man aus dem ungewöhnlich hohen Bleipegel der Eingeborenen von Neuguinea ableiten. – Auch die Abgaskontrollen zählen Blei nicht zu erfaßten Schadstoffen. Doch erschwert das Blei – bislang – deren Bekämpfung, weil es die Katalysatoren »vergiftet«, die CO und CH innerhalb der Auspuffanlagen beseitigen sollen.

Die Frage nach anderen »Klopfbremsen« ist rasch beantwortet: da fanden Müller-Cunradi und Wilke bei der BASF (der Badischen Anilin- und Sodafabrik) schon 1923 das Eisencarbonyl als wirksames Additiv. Es erzeugt jedoch bei der Verbrennung pulverförmiges, schmirgelndes und verschleißförderndes Eisenoxyd und konnte sich daher nicht durchsetzen. Von über zweihunderttausend weiteren Chemikalien, die man seither erprobte, erwies sich keine einzige als brauchbar (oder erschwinglich)!

Genau zehn Jahre vorher – 1913 – war in Ludwigshafen nach langjährigem Ringen der Chemiker und späteren Nobelpreisträger Fritz Haber und Carl Bosch die großartige Ammoniaksynthese angelaufen (NH_3, aus Luftsauerstoff). Der Kunstdünger brachte Brot für Abermillionen hungernder Menschen – sehr bald aber auch, als einen Januskopf vieler Errungenschaften, riesige Sprengstoffmengen. Ob freilich, ohne sie, der erste Weltkrieg nur vier Monate statt vier Jahre gedauert hätte, ist fraglich ...

Als Klopfbremse ist Monomethylanilin nachzutragen, weil man es, im Gegensatz zu Blei-Fluid, im Chemikalienhandel kaufen und dem Kraftstoff zusetzen kann. MMA ist eine hellgelbe, knapp wasserschwere, (stickstoffhaltige!) Anilinverbindung, zum Beispiel von Bayer hergestellt (zu ca. 20,– DM pro Liter). Die Wirkung erreicht zwar nur einen Bruchteil von Blei, doch kann man größere Mengen beimischen. So erhöht 1 % die Research-Oktanzahl mancher – nicht aller – Kraftstoffe um ca. 2 Einheiten, die doppelte Menge bringt 3–4; 3 % helfen noch etwas mehr, aber auf Kosten verschlechterter Abgase sowie stark verschmutzter Einlaßkanäle und Ventile, zumal bei längerem Betrieb. Daher bleibt MMA für Auslandsfahrten und Sonderfälle ein Notbehelf.

Die Wirkungsweise der Klopfbremsen, das WIE und WARUM bei minimalen Mengen, ist sehr verwickelt: man muß die motorische Verbrennung, als eine überaus rasche Oxydation, genau unter die Lupe (und Zeitlupe) nehmen, die Veränderung der einzelnen Moleküle verfolgen, ihren Zerfall schon vor der eigentlichen Verbrennung. Das sind Vorreaktionen, bei denen unstabile Zwischenprodukte entstehen. Sie lösen bei kritischen Temperaturen und Drücken die Selbstzündung aus, in Form einer Kettenreaktion. Nun verbindet sich das atomare Blei spontan mit diesen Zwischenprodukten, verhindert oder unterbricht die drohende Kettenreaktion nach dem Prinzip von kleinen Ursachen und großen Wirkungen.

PRÜFMOTOR UND PRAXIS – ROZ, MOZ UND SOZ

Kaum ein Begriff wird im Benzin-Alltag so häufig mißverstanden wie die Oktanzahl. Um sie zu messen, entstanden etliche Jahre nach Ricardos »E 35« zwei neue Einzylinder in prinzipiell ähnlicher Form:
der CFR-Motor, benannt nach dem Cooperative Fuel Research Committee, einem Unterausschuß für Kraftstofforschung im amerikanischen Automobilingenieurverband (SAE) ... und der deutsche BASF-Prüfmotor, noch bekannter als »IG-Motor« nach dem IG-Farben-Chemiekonzern, dem BASF damals angehörte.

Beide Motoren erreichen die Klopfgrenze, während man den kompletten Zylinder bei laufender Maschine »herunterkurbelt«, also das Verdichtungsverhältnis stufenlos erhöht. Nun vergleicht man den zu prüfenden Kraftstoff mit »Referenz-Mischungen« aus normal-Heptan und Iso-Oktan. Dem »geradkettigen«, klopffreudigen Heptan gab man, willkürlich, die »Oktan-

zahl 0«, dem klopffesten Iso-Oktan den Klopfwert 100.
Ein Kraftstoff mit einer Oktanzahl von 90 beispielsweise enthält keineswegs 90% Iso-Oktan und als Rest 10% Heptan, sondern er klopft lediglich unter denselben Bedingungen wie eine solche Mischung! Anderenfalls müßte ja ein Superbenzin mit der Oktanzahl (OZ) 100 aus purem Iso-Oktan bestehen... pro Liter nur 692 Gramm wiegen und (zufällig, aber auch ungeeignet) bei 100° C sieden. Hätte man 1930 die imposante Motoren- und Kraftstoffentwicklung vorausgesehen, so wäre vielleicht eine andere »Meßlatte« entstanden und hätte die technischen Klimmzüge vermieden, mit denen man Klopfwerte oberhalb von 100 OZ mißt (für hochverbleite Fliegerbenzine schon in den 30er Jahren!). Denn es gibt etliche Kohlenwasserstoffe, die Iso-Oktan weit überragen. Statt jeden zu prüfenden Kraftstoff erneut »einzugabeln«, könnte man durchaus das Verdichtungsverhältnis nennen, bei dem der Prüfmotor zu klopfen beginnt. Doch hatte Ricardo schon die der Oktanzahl vorangegangene Toluolzahl eingeführt, um alle motorseitigen Einflüsse, als einen ständigen Unsicherheitsfaktor, völlig auszuschalten.
Nun erhebt sich zwangsläufig die Frage nach dem Wert der gemessenen Oktanzahlen für die Praxis, mit anderen Worten: entsprechen moderne Ottomotoren mit ihrer Reaktion auf Kraftstoffunterschiede (noch) den Klopfmeß-Prüfmotoren? — Die wenig ermutigende Antwort darauf erteilen bereits unterschiedliche Meßverfahren für die Oktanzahlbestimmung: die »Research-Methode« (mit 600 U/min, ohne Gemischvorwärmung) und die »Motor-Methode« (mit 900 U/min und 150° C warmem Gemisch). Man erhält damit die Research-Oktanzahl (ROZ) und die Motor-Oktanzahl (MOZ). Letztere liegt infolge der schärferen Prüfung durchweg deutlich unter der ROZ, je nach der Zusammensetzung und den Eigenarten der einzelnen Kraftstoffe. Allein Heptan und Iso-Oktan bleiben von dieser Differenz verschont, weil sie ja die »Meßlatte« liefern.
Die Differenz ROZ minus MOZ bezeichnet man als »Sensitivity« eines Kraftstoffs, zu deutsch Empfindlichkeit gegenüber thermischen Beanspruchungen. Sie fällt für aromaten- und

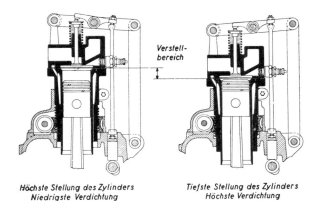

Höchste Stellung des Zylinders
Niedrigste Verdichtung

Tiefste Stellung des Zylinders
Höchste Verdichtung

VIII.6 Zur OZ-Bestimmung wird das Verdichtungsverhältnis des Prüfmotors stufenlos erhöht, da sich der Zylinder in einem großen Gewinde »herunterkurbeln« läßt. Ventilbetätigung (und Ventilspiel) werden durch Kipphebellagerung auf einem mitschwenkenden Hebel nicht beeinflußt. Dennoch ist die Steuerung des CFR-Motors erheblich einfacher als bei Ricardos E 35.

olefinreiche, ausgesprochen klopffeste Sorten am größten aus. Doch hilft auch das uns nicht viel weiter, wenn es um das Verhalten in Alltagsmotoren geht.

Entscheidend für alle Kraftstoffe, Motoren (und sogar Fahrzeuge!) ist die SOZ, die »Straßenoktanzahl«. Sie ist weder für den Motor noch für den Kraftstoff typisch, sondern das individuelle Bindeglied zwischen beiden. Zu ihrer aufwendigen Ermittlung braucht man wieder etliche Iso-Oktan-Heptan-Mischungen, um mit Beschleunigungsfahrten Punkt für Punkt eine Eichkurve herzustellen, die den Einfluß der Vorzündung auf den OZ-Bedarf im breiten, für den Motor praktikablen Drehzahlbereich festlegt. Natürlich sind die Einzelheiten dieser Methode (mit dem internationalen Code »abgewandelte Uniontown-Methode«) ebenfalls genau vorgeschrieben. Die serienmäßige Zündeinstellung läßt dann den echten OZ-Bedarf ablesen — wiederum für den jeweiligen Zustand des untersuchten Motors.

Zahlreiche Versuche, in Computer gespeiste Meßreihen und Kalkulationen, die einen Zusammenhang zwischen ROZ, MOZ und SOZ aufdecken sollten, brachten nur Teilerfolge. Es gibt eben zuviele Einflüsse, die ein so komplexer Saft wie ein moderner Kraftstoff ausübt, zuviele Umstände, die den OZ-Bedarf eines Motors verändern. Vor allem besteht ein deutlicher Unterschied zwischen dem (bekannteren) Beschleunigungsklopfen, bei relativ niedrigen Drehzahlen, und dem Hochgeschwindigkeitsklopfen — »High Speed Knock« — das bedeutend gefährlicher ist, (nicht nur) weil selbst routinierte Motorenkenner es wegen des stets hohen Geräuschpegels vom Motor und Fahrzeug kaum

VIII.7 Eine besondere Variante von »Badewannen«-Brennräumen bilden die (im Ausland so bezeichneten) Heron-Zylinderköpfe, die, unten völlig flach, den Brennraum in den scharf profilierten hohlen Kolbenboden verlegen. Abgesehen von den Quetschflächen rundherum, leiten gekrümmte Ansaugrohre und Einlaßkanäle eine starke Gaswirbelung ein (wie in manchen Dieselmotoren). Diese Motoren (Audi, Alfasud, div. englische) arbeiten sehr klopffest, außerdem mit geringer Rückstandbildung und daher mit geringem OZ-Bedarf-Anstieg! Die neueren Audi- und VW-Motoren behielten »flache« Köpfe, aber über Kolbenböden mit flachen Mulden und größerem (»sicherem«) Abstand zu den Ventilen.

hören. Wenn überhaupt (rechtzeitig), so erkennt man es am Kühlwasserthermometer.

Immerhin »bewerten« die meisten Viertaktmotoren Kraftstoffe mit einer brauchbaren Übereinstimmung, zumindest mit ausgeprägter Ähnlichkeit, zur ROZ — beim Beschleunigungsklopfen. Für das Hochgeschwindigkeitsklopfen ist hingegen die MOZ der bessere Maßstab, wenngleich keineswegs der alleinige! Übrigens fallen die meisten Zweitakter weit aus dem Rahmen, indem sie, auch bei hohen Verdichtungsverhältnissen, nicht etwa mit Normalbenzin »auskommen«, sondern besser und klopffreier damit arbeiten als mit Superbenzin. Doch würde die Hypothese — mehr gibt es ohnehin nicht — zur Erklärung dieser Verhältnisse hier zu weit führen...

Propheten brauchen eine starke Stimme und ein schwaches Gedächtnis.
John Osborne,
engl. Schauspieler, *1929

WANN WIRD KLOPFEN AKUT?

Subjektiv verständlich spricht ein Motorenmann, »seinem« Produkt in der Regel besonders zugetan, von klopfendem Kraftstoff oder »Klingelwasser«... und übersieht dabei nonchalant, daß ein Kraftstoff-Luftgemisch nur bei hohen Drücken und Temperaturen klopfen kann, eben nach der hohen Verdichtung in seinem Motor. Hingegen diskutieren Kraftstoffexperten, im Zweifelsfall, von klopfenden Motoren. — Tatsächlich müssen beide, der Motor und sein Kraftstoff, gut miteinander auskommen, um die verlangte Leistung zu liefern. Nüchtern gesagt, die Oktanzahl des Kraftstoffs muß über dem Oktanzahlbedarf des Motors liegen.

Die »motorseitigen« Eigenschaften und Einflußgrößen, die Klopfen provozieren, kamen schon im Abschnitt »Verdichtungsverhältnis und Klopffestigkeit« zur Sprache (S. 43), das dominierende Verdichtungsverhältnis, allerdings in Verbindung mit gutem Füllungsgrad der Zylinder — mit »Leerlaufgas« bleiben auch extreme Werte harmlos... das Brennraumprofil, dessen kompakte Form die Flammenwege verkürzen soll... die Quetschkanten, die als Blasebalg wirken, und die Gaswirbelung durch drallerteilende Einlaßkanäle und aus der Zylindermitte versetzte Ventile... und die richtige Anordnung der Zündkerze... nicht zuletzt tadellose Zünd- und Vergasereinstellung sowie fehlerfreie Kühlung...

Je rascher die ordentliche Verbrennung erfolgt, umso geringer werden die Chancen für eine (sekundäre) Selbstzündung. Damit ist erklärlich — und nicht etwa paradox, daß Motoren mit steilem Druckanstieg zwar härter laufen, aber mit geringerer Klopfneigung. Umgekehrt vertragen sie höhere Verdichtungsverhältnisse!

Der Ventilantrieb, ob ohc oder ohv, spielt keine Rolle. Sogar mit parallelen Ventilen in »Keilköpfen« oder »Badewannen« verträgt unser Normalbenzin oft 8 : 1 und in kleinen Zylindern noch mehr. Dabei spielt die Drehmomentkurve eine Rolle, die Zylinderfüllung im breiten Drehzahlbereich; denn die Klopfneigung ist, von wenigen Ausnahmen abgesehen, bei der Drehzahl des maximalen Drehmoments am größten — genau genommen, etwas unterhalb dieser Drehzahl, weil der Zeitfaktor, die absolute Verbrennungsdauer, hineinspielt.

Tadellose Kühlungsverhältnisse vermindern die Klopfgefahr, ferner einwandfreie Gemischbildung bei allen Drehzahlen und Belastungen — und die gleichmäßige Verteilung, wenn ein Vergaser mehrere Zylinder versorgt. Man unterscheidet dabei rein quantitative Füllungsunterschiede — ein Zylinder schnappt schlicht seinem Nachbarn weg, was dem eigentlich zustände — daneben aber einen doppelten Qualitätsunterschied. Das Gemisch für benachbarte Zylinder kann nicht nur ärmer oder reicher »ausfallen«, sondern mehr oder weniger Blei enthalten (entsprechend dessen Siedelage — daher oft die bessere Wirkung von TML gegenüber TEL!).

Neben solchen konstruktiven Motormerkmalen, an denen man nachträglich wenig ändern kann, rangieren die von der Einstellung und vom Zustand abhängigen Einflüsse. »Arme« Gemische (bzw. Vergasereinstellungen) fördern fast immer das Klopfen. Aber noch wichtiger ist der richtige Zündzeitpunkt: jede unnötige Frühzündung ist Gift für den Motor. Nach dem Querschnitt vieler Messungen verlangen zum Beispiel 5 Grad Frühzündung jeweils 3 zusätzliche Oktanzahlen. Sie liefern aber bestenfalls ein knappes Prozent Mehrleistung, auf der Straße gar nicht spürbar.

Ein neuer oder gründlich »entkohlter« (von Rückständen befreiter) Verbrennungsraum arbeitet klopffester als mit Ablagerungen von etlichen tausend Kilometern Laufstrecke. Es gibt da Unterschiede von 5 bis 8 Oktanzahlen, so daß saubere Motoren häufig mit Normalbenzin auskommen und erst später Super benötigen, ob es nun vorgeschrieben ist oder nicht. Die Rückstände im Zylinderkopf und auf dem Kolbenboden schaden auf mehrfache Art: einmal verkleinern sie den Verdichtungsraum, erhöhen also das effektive Verdichtungsverhältnis. Mehr noch stören sie den Wärmeabfluß — der Motor arbeitet heißer. Schließlich beeinträchtigen sie den Verbrennungsablauf durch eine gewisse katalytische Wirkung, die freilich nicht so schwer wiegt, wie man früher vielfach vermutete.

Nun wachsen die Rückstände im Brennraum nicht gleichmäßig mit der Laufstrecke, sondern stark von den Betriebsbedingungen abhängig. Auch ist der nach einiger Zeit erreichte »Gleichgewichtszustand« keineswegs stabil, weil die Ablagerungen bei jeder längeren, scharfen Fahrt abbrennen und durch den Auspuff verschwinden. Hernach läuft ein Motor nicht nur schneller — weil sich der

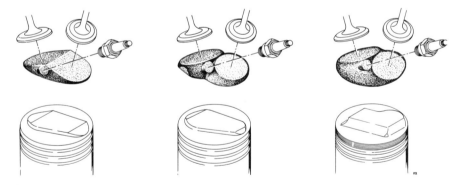

VIII.8 Eine bemerkenswerte Entwicklung moderner Verbrennungsräume: in V-Form hängende Ventile für gute Füllung bei hohen Drehzahlen; ferner sind die Ventile zueinander und im Zylinder seitlich versetzt, um dem Frischgasstrom einen Drall zu erteilen (und ungekröpfte Kipphebel zu ermöglichen). Der Kolbenboden erzeugt eine Quetschfläche und eine »Wirbelwanne« (vgl. Abb. II.8).
Die mittlere Version verbessert die Strömungsverhältnisse um die Ventilteller mit kugelförmigen Konturen und erhöht die Leistung (»Kugelwirbelwanne«). — Den nächsten Schritt bildete die »Drei-Kugel-Wirbelwanne«, besonders klopffest und dazu »abgasgünstig«, mit geringerem Verbrennungsgeräusch und Aufheizen der Zündkerze. (BMW).

Einlaufzustand verbessert, alle Gleitflächen erneut geglättet und angepaßt haben — sondern auch weicher und weniger klopfanfällig.
Leider treten zwischen dem konstruktiv festgelegten und dem zustandbedingten »Oktanzahlanspruch« noch die Fertigungstoleranzen in Erscheinung. Verdichtungsverhältnisse können vom Katalogwert bis zu 0,3 Einheiten abweichen, nach oben und unten. Selbst bei ausgefrästen Zylinderköpfen summieren sich unter Umständen die Toleranzen von Zylinderblöcken bzw. Zylindern, Lagerbohrungen, Pleuellängen, Kolbenhöhen, Ventiltellern und ihren Sitzen.
Ferner schwanken die Durchflußmengen von Düsen und anderen Mischeinrichtungen im Vergaser, sogar bei hoher Präzision, um 2 bis 3%; um sie weiter einzuschränken, erfordern die neuen »Abgasvergaser« zusätzlichen Aufwand bei ihrer Herstellung. Der Streubereich von Zündverteilern und ihren Verstellkurven erreicht seinerseits 2 bis 3 Grad Kurbelwellenwinkel. Darum sollte in Zweifelsfällen der Zündpunkt für jeden einzelnen Zylinder überprüft werden, wenngleich bei solcher Arbeit nur äußerste Sorgfalt, viel Erfahrung und entsprechende Meßgeräte einen Erfolg versprechen.
Das Stichwort »Abgas« blendet auf das »Benzinbleigesetz« zurück; im Sommer 1971 durchgepaukt, beschränkt es den maximalen Bleigehalt auf 0,4 Gramm pro Liter Kraftstoff. Damit fielen die Klopfwerte für Super um etwa 1 und für Normal 1—2 Oktanzahlen ab. Nachdem der Termin kaum Spielraum für gründliche Erprobungen ließ, verbreitete sich einiger Pessimismus und prophezeite schwere Schäden, namentlich für prominente Hochleistungsmotoren, als Folgen von Hochgeschwindigkeitsklopfen. Gottlob blieben sie praktisch aus...
Eine zweite Stufe des Benzinbleigesetzes limitiert ab Januar 1976 den Bleigehalt auf nur 0,15 Gramm pro Liter. Jedoch konnten in der Zwischenzeit die Raffinerien neue Anlagen für die Kraftstoffveredlung erhalten, noch mehr hochklopffeste Komponenten erzeugen und damit eine weitere OZ-Verminderung vermeiden. Die im EWG-Rahmen erhoffte bessere Übereinstimmung und Angleichung mit den Nachbarn blieb allerdings aus.
Besitzern besonders klopfanfälliger Serienmotoren mag es zum Trost gereichen, daß diese Exemplare durchweg auch die beste Leistung und den geringsten Kraftstoffverbrauch bieten!

Intelligenz ist die Fähigkeit,
seine Umwelt zu akzeptieren.
Will. Faulkner, US-Erzähler
Nobelpreisträger, 1897–1962

KLOPFFREI, AUCH IM AUSLAND!

Naturgemäß muß man alle Zusammenhänge kennen und auswerten, wenn ein Motor den geringstmöglichen Oktanzahlanspruch stellen, also möglichst wenig klingeln soll. Die wirksamste Maßnahme, ein herabgesetztes Verdichtungsverhältnis, benötigt allerdings — anders als bei Zweitaktern oder den alten sv-Motoren — allerhand Montagestunden. Gegen eine zweite, zusätzliche Zylinderkopfdichtung, als einfachste Lösung, bestehen bei den meisten modernen Motoren ernsthafte Einwände, ebenso gegen den Einbau einer entsprechenden (weichen) Kupfer- oder Aluminiumplatte. Und zwar nicht nur als Ketten- oder Zahnriemenproblem, weil sich

der Abstand zur obenliegenden Nokkenwelle verändert!
Einwandfrei, aber eben nicht billig, helfen neue Kolben mit kürzerer »Kompressionshöhe«, die es für viele hochverdichtete Motoren auf Wunsch gibt. Die unvermeidliche Leistungseinbuße fällt wenig ins Gewicht, zumal klopfende Motoren nur in seltenen Ausnahmefällen normale Leistung liefern.

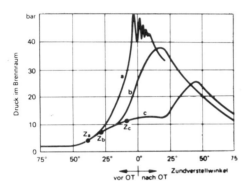

VIII.9 Druckverlauf der Verbrennung, wie III.3, aber in Abhängigkeit vom Zündzeitpunkt: Z_a – a = zu frühe Zündung, bremst den Motorlauf (Druckspitze vor OT) und klopft; Z_b – b richtig, Z_c – c Zündung zu spät, Minderleistung.

Meistens genügt es, den großen Einfluß der Vorzündung auszunutzen, wobei man zuerst die serienmäßige Einstellung und die einwandfreie Funktion der automatischen Zündverstellung kontrolliert. Nach dem zitierten Zusammenhang zwischen Vorzündung, Oktanzahlbedarf und Leistung vermindert im kritischen Bereich jedes einzelne, später eingestellte »Grad« den OZ-Anspruch um fast 1 Einheit, die Leistung hingegen kaum. Erst bei Beträgen von 4 Grad und mehr empfiehlt sich Vorsicht. Doch halten die Autofirmen ihre Werkstätten durch Rundschreiben informiert.

Kritisch sind längere Fahrten in Ländern, wo die Oktanzahlen weit unter den heimischen liegen, für Motoren, die »100 % Super« benötigen. Manche lassen sich mit korrigierter Zünd- und Vergasereinstellung vorweg auf unser Normalbenzin einregulieren, bei anderen braucht man für abenteuerliche Routen und Ziele reduzierte Verdichtung — oder ein anderes Fahrzeug. Größere Mengen von hochoktanigem Super (oder Motorenbenzol) mitzunehmen, scheitert rasch an der Raum- und Nutzlastkapazität; da helfen schon eher die erwähnten 2 Prozent Monomethylanilin — aber nicht mehr und länger, als notwendig.

Das beste und billigste Rezept gegen Klingeln, »Knock« oder »Cliquetis« verlangt weder eine Zentiliter-Mensur noch Schraubenschlüssel oder andere Werkzeuge. Vielmehr genügt ein gutes Ohr für den Motor, gefühlvoll dosiertes »Gas« und ein rechtzeitig bedienter Schalthebel, damit die Maschine nicht »zieht«, sondern munter dreht. Sie soll ihre Leistung nicht mit gequälten Nutzdrücken liefern, sondern mit reichlichem, rundem Rotieren – d. h. im Zweifelsfall etwas mehr Kraftstoff schlucken als einen teuren Schaden erleiden!

UNERWÜNSCHTE VERGASUNG

In größeren Meereshöhen läßt die Klopfneigung merklich nach, weil die dünnere Luft die Zylinderfüllung und den Verdichtungsdruck reduziert, also den Elan des Motors ohnehin dämpft. Dafür drohen, besonders bei hohen

Außen- und Motortemperaturen, verdrießliche Dampfblasen in Kraftstoffpumpen, -leitungen und Vergasern. Sie entstehen aus den leichtsiedenden Bestandteilen des Benzins und können infolge ihrer Elastizität den Kraftstoffnachschub unterbinden. Oft genug mußte man früher zur Abhilfe die stark erwärmte Benzinpumpe und Leitungen nahe am heißen Motorgehäuse mit nassen Tüchern abkühlen, um diese Panne zu beseitigen. Zuweilen, wenn auch seltener als beim Wiederanlassen, bremsen Dampfblasen in Fahrt, beim Beschleunigen oder Ziehen.

In modernen Fahrzeugen haben die Konstrukteure (meistens) angemessen vorgesorgt, den Benzintank vor unnötiger Erwärmung geschützt, die Leitungen in kühlen Zonen verlegt, die Pumpe mit einer wärmeisolierenden Platte angeflanscht, notfalls auch gegen den warmen Kühlluftstrom abgeschirmt. Manche Vergaser besitzen, wie alle Einspritzpumpen, einen Benzinkreislauf, zum Tank zurück, so daß der Kraftstoff sogar dann intensiv fließt (und kühlt), wenn der Motor bei niedrigen Belastungen und Drehzahlen wenig braucht. Immerhin kann es nicht schaden, bei Fahrpausen auf Paßstraßen — ausnahmsweise — die Motorhaube zu öffnen, damit die heiße Luft abzieht.

Noch eine andere Erscheinung kann bei solchen Umständen das Wiederanspringen eines heißen Motors erschweren und verzögern, jedoch nicht durch mangelnden Nachschub von Kraftstoff, wie bei Dampfblasen, sondern durch eine starke Überfettung des Gemischs. Im Vergaser, speziell bei Fallstromanordnung, verdampt Benzin und ergießt sich ins Ansaugsystem. Der Motor springt damit genau so schlecht an wie bei Kraftstoffmangel und muß zunächst einmal kräftig durchdrehen, um das reiche Gemisch zu verdünnen. Man gibt also »Vollgas« — aber nur einmal und lang genug, weil ja bei jedem Tritt aufs Gaspedal die Beschleunigungspumpe weiteren Kraftstoff einspritzt.

Durchweg erfolgt die stärkste Aufheizung des Motorraums erst nach dem Abstellen, wenn Ventilatoren oder Kühlgebläse keine Luft mehr umwälzen, aber Zylinder und Köpfe die angesammelte Wärme intensiv abstrahlen. In allen Fällen, wo der Leerlauf noch gut funktioniert und nicht spürbar »stottert«, läßt man den Motor eine Weile weiterlaufen — wie es sich generell empfiehlt, einen heißen Motor nicht aus vollem Lauf direkt abzustellen, sondern seine lokalen Temperaturspitzen mit einer viertel oder halben Minute geringer Belastung abzubauen. Ein Hitzeschock, den »Wärmenester« sonst auslösen können, wird zwar selten sofort kritisch, doch birgt er ein unnötiges Risiko. Am ehesten erhalten Auslaßventile einen Knacks, der an ihrem Dichtvermögen zehrt ...

Die Schweizer »Touring-Hilfe« versuchte, die im Gebirge besonders aktuellen Dampfblasen-Molesten zu analysieren und führte im (sehr kalten!) Sommer 1966 von 84 Fällen 18 auf »unzweckmäßige Konstruktion des Kraftstoffsystems« zurück, 20 auf schlechten Zustand der Kraftstoffpumpe, 39 auf »falsche Fahrweise« — dabei dürfte »schaltfaules Fahren« an erster Stelle stehen — und 7 auf »zu leichtflüchtigen Kraftstoff«, was aber der Berichterstatter sofort — und zu Recht — mit einem Fragezeichen versah. Er wußte nämlich, daß alle namhaften Kraftstoffirmen in unseren Breiten während der Wintermonate leichterflüchtige Kraftstoffe verzapfen als im Sommer — und umgekehrt. Da-

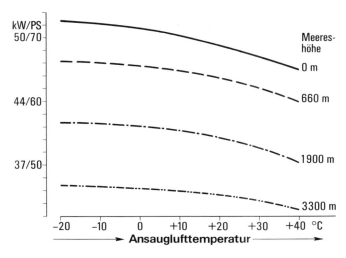

VIII.10 Höchste Leistung entwickeln Motoren mit kalter, dichter Luft (in Meereshöhe). Der Verlust mit zunehmender Höhe und Temperatur erscheint hier für einen 51 kW-(70 PS-) Motor.
Entsprechend der Leistung sinkt auch der »Oktanzahlbedarf« mit der Meereshöhe. Der Dichte-Verlust durch höhere Temperaturen allerdings wirkt sich oft entgegengesetzt aus, wie in aufgeladenen Motoren eine Ladeluftkühlung enthüllt.

her ist allenfalls ein aus dem Winter übriggebliebener Kraftstoff für hohe Außentemperaturen zu leichtflüchtig – falls nicht seine leichtesten Bestandteile bei längerem Lagern ohnehin abgedampft sind.

Die kurzfristige Entfernung der leichtesten Benzinanteile gehörte übrigens zum Repertoir routinierter Renndienste. Da wurde einfach der Kraftstoff, möglichst in praller Sonne, etliche Male in offene Eimer umgeschüttet, bevor man Rennmaschinen auftankte, die an heißen Sommertagen unter Dampfblasen litten. Für den Alltag oder Gebirgsfahrten lautet indessen die Quintessenz, den Inhalt von Reservekanistern nach längstens drei Monaten zu erneuern.

Wissenschaftliche Schweizer Untersuchungen bestätigten, daß der Motorraum einiger Fahrzeugtypen im Leerlauf am stärksten aufheizt, daß er jedoch in den meisten Fällen die höchste Temperatur erst nach dem Abstellen des Motors erreicht: bei Paßfahrten maß man die Luft vereinzelt mit über 100° C! Kraftstoffpumpen kamen bei abgestelltem Motor bis auf 75° C, während die Vergaser (-Schwimmerkammern) noch etwas wärmer wurden. Übrigens hatte sich im großen Fahrzeugquerschnitt die Dampfblasenanfälligkeit innerhalb von 20 Jahren damals kaum verändert – nur litten jedesmal andere Marken und Modelle daran!

DAS MISSLIEBIGE GEGENTEIL: VERGASERVEREISUNG

Obwohl die eigentliche Vergasung des Kraftstoffs im Vergaser erst beginnt, entzieht sie der Verbrennungsluft und allen von ihr bestrichenen Wänden beträchtliche Wärmemengen, welche die erwähnte drastische Abkühlung verursachen. Sie wird »handgreiflich«, wenn man einen nassen Finger in den Wind streckt, und mit Benzin oder anderen leichtflüchtigen Flüssigkeiten, statt Wasser, noch eindrucksvoller... Bei normaler, erst recht bei hoher Luftfeuchtigkeit wird deren »Taupunkt« während der Abkühlung unterschritten, so daß ein Teil des Wassers kondensiert und beim

Unterschreiten des Gefrierpunkts Eis bildet. Der Reif außen am Vergasergehäuse deutet dabei die Verhältnisse im Inneren nur schwach an. Das Eis baut sich an der Drosselklappe auf, am Mischrohr und im Leerlaufgemischkanal, so daß der Motor, stark überfettet, stottert oder schlicht stehenbleibt. Gottlob bewirkt die Vergaservereisung, besser gesagt, bewirkte sie nur in vereinzelten Fällen eine Abmagerung bei hoher Drehzahl und Belastung, was — scheinbar paradox — den Motor überhitzte und schwere Schäden verursachte.

Die Vereisung, die sporadisch grassierte, ist heute kein Problem mehr, sondern allenfalls ein Schönheitsfehler in den ersten Minuten nach einem Kaltstart: wenn der Vergaser stark unterkühlt wird, die Vergaserbeheizung (durch Kühlwasser) oder die Vorwärmung der Ansaugluft (direkt oder indirekt durch Auspuffgase) noch zu schwach wirkt. Vor allem jedoch enthalten die namhaften Kraftstoffe (mindestens in den Winter- und Übergangsmonaten) Zusätze gegen die Vergaservereisung, entweder auf Alkoholbasis oder als oberflächenaktive Stoffe. Erstere sind gleichermaßen kraftstoff- wie wasserlöslich und erniedrigen den Gefrierpunkt, d. h. sie verbinden sich mit dem Kondenswasser und verhindern die störende Eisbildung. Die oberflächen-aktiven Zusätze überziehen alle Wände und Vergaserbauteile mit einem wasserabweisenden Film, auf dem sich Eis nicht festsetzen kann.

Übrigens ergeben sich die kritischen Verhältnisse für eine Eisbildung keineswegs bei mäßigem oder strengem Frost, weil hier die absolute Luftfeuchtigkeit (ungeachtet der möglichen »relativen Luftfeuchte«) nur noch sehr gering ist. Vielmehr entsteht die größte Anfälligkeit bei einigen Celsiusgraden über Null, mit einem Streubereich von minus 2 bis zu plus 10 Grad, wenn die relative Luftfeuchte über 70 % beträgt.

Für die Gemischbildung in Ottomotoren traten neben die Vergaser Benzineinspritzanlagen in verschiedenen Formen. Ihre Vorzüge sichern ihnen wachsende Bedeutung und eine größere Verbreitung, als die Stückzahlen in den ersten zwanzig Jahren widerspiegelten. Denn noch 1970 arbeiteten über 99% der weltweit produzierten Ottomotoren mit Vergasern, wenngleich der Rest immerhin eine sechsstellige Anzahl bedeutete.
Die elektronische Einspritzung wurde schnell attraktiv. Im Juli 1972 baute Bosch die einmillionste »Jetronic«, bevor die erheblich einfachere, mechanische »K-Jetronic« wieder einen neuen Weg wies und mit ihrer Verbreitung alle früheren Verfahren überflügelte. Schon 1976 registierte Bosch insgesamt 4 Millionen Aggregate. Im Jahr 1980 betrug die Einspritzer-Quote in Deutschland über 20 %. Sie wurde inzwischen stark begünstigt durch den Einsatz lambda-geregelter Katalysatoren. Da aber die Entwicklung brauchbarer Einspritzpumpen und -düsen eng mit der Dieselgeschichte zusammenhängt, verschieben wir die Otto-Einspritzung hinter dieses Kapitel.

Jahre lehren viele Dinge, die man von Tagen nicht lernen kann.
Ralph W. Emerson,
amerik. Philosoph, 1803–1882

Die dramatische Dieselgeschichte

Anders als die Autodidakten Lenoir und Otto waren die Pioniere der schnellaufenden Fahrzeugmotoren, Daimler, Maybach und Benz, »gelernte« Ingenieure. Ihre vielfältigen Erfindungen beruhten gleichermaßen auf einer soliden Theorie wie auf umfangreichen praktischen Erfahrungen. Doch der ausgesprochene Gegenpol zu Otto wurde in mancher Beziehung Rudolf Diesel, der in Paris geborene Sohn Augsburger Vorfahren. Die aufblühende Technik faszinierte ihn schon im Kindesalter. Er sah die ersten Gasmotoren, Dampfwagen und sogar dampfgetriebene Luftschiffe — die »Warmluftballons« der Brüder Montgolfier waren schon 1783 in Versailles aufgestiegen. Der junge Diesel bewunderte im Conservatoire Nationale, dem ältesten technischen Museum der Welt, die vielen Errungenschaften, die vom Beginn eines neuen Zeitalters kündeten.

Als Frankreich im Juli 1870, zuletzt von der »Emser Depesche« provoziert, Preußen den Krieg erklärte, der sofort ein deutsch-französischer wurde, übersiedelte die Familie Diesel nach London. Dort studierte der zwölfjährige Rudolf im Science-Museum die Dampfmaschinen von Watt und die Lokomotiven von Stephenson und Trevithick, bevor er, noch im gleichen Jahr, zu Verwandten nach Augsburg kam. — Der Belgier J. J. Etienne Lenoir, damals 48 Jahre alt, blieb dagegen in Paris und ließ sich in seiner Wahlheimat naturalisieren. Später erhielt er das Kreuz der Ehrenlegion, aber nicht für den von ihm erfundenen Gasmotor, sondern für seine telegrafen-technischen Leistungen!

Offenbar haben zwei Dinge Diesels Ziel und Weg stark beeinflußt: das Kompressionsfeuerzeug, das er in der Augsburger Industrieschule kennenlernte, und dann die rein theoretische Darstellung einer Wärmekraftmaschine von Sadi Carnot. Das pneumatische Feuerzeug, das der Südfranzose Joseph Mollet 1802 erfand, besteht aus einem starken Glaszylinder mit einem Kolben, der Luft so rasch und stark verdichtet, daß eingeschlossene Zunderteilchen zu glimmen beginnen und Feuer spenden.

Das umständliche Verfahren, Feuer als Funken von einem geschlagenen Stein auf Zunder oder Feuerschwamm zu lenken, rief in dieser Zeit (wo auch das Tabakrauchen um sich griff) viele Erfinder auf den Plan. Die ersten Zündhölzer, mit einem Kopf aus Schwefel oder chlorsaurem Kalium, tauchte man in ein kleines Glas mit Schwefelsäure... Die durch Reibungswärme zündenden Schwefelhölzer schreibt die Chronik nicht nur 1827 dem Engländer John Walker zu, sondern schon zwanzig Jahre vorher dem englischen General William Congreve, der außerdem Brandraketen entwickelte, sie 1807 bei der Beschießung von Kopenhagen und 1813 in der Völkerschlacht von Leipzig einsetzte. Das erst 1906 entstandene Reibradfeuerzeug verdanken wir dem Wiener Chemiker Carl von Auer, der bereits den ökonomischen Glühstrumpf für Gaslichter, Osmium-Glühlampen und weitere Neuheiten erfunden hatte.

Sadi Carnot, der den Studenten Diesel so stark beschäftigte, war Pionieroffizier und Naturwissenschaftler. Sein Vater, der die Massenheere der französischen Revolution geschaffen hatte, starb in Magdeburg in der Verbannung; noch bekannter wurde sein Neffe, der als professioneller Ingenieur 1871 die Verteidigung der Normandie leitete und 1894, als Staatspräsident, von einem italienischen Anarchisten erstochen wurde. Sadi Carnot, der Ältere, aber früh verstorbene, konzipierte einen »Kreisprozeß«, der einen weit höheren Wirkungsgrad liefern müßte als alle Dampfmaschinen... »Der Wunsch, den Carnotschen Idealprozeß zu verwirklichen, beherrschte fortan mein Dasein — so berichtete Rudolf Diesel selbst. Das war noch keine Erfindung, nicht einmal die Idee dazu. Aber der Gedanke verfolgte mich unausgesetzt«.

Zu dieser Zeit studierte der hochbegabte junge Mann mit Stipendien am Münchener Polytechnikum, der späteren Technischen Hochschule, hauptsächlich bei Carl von Linde, der als Dreißigjähriger eine Professur erhielt, vier Jahre später — 1876 — die Ammoniak-Kältemaschine erfand und kurz darauf seine Eismaschinen AG gründete. Seinen tüchtigsten Schüler, der alle Prüfungen mit Auszeichnung absolvierte, schickte er als Direktor in seine Pariser Zweigfabrik — und so kam Rudolf Diesel nach genau 10 Jahren in die französische Metropole zurück. Er versuchte neben seinem Dienst vergeblich, den schlechten Wirkungsgrad der Dampfmaschinen durch die Verwendung von hochgespanntem Ammoniakgas zu verbessern. Endgültig verließ er den Ammoniakmotor — und Paris erst 1890, um in Berlin einen ganz neuen Motor zu konzipieren. Die Verbrennung sollte im Zylinder selbst statt auf dem Rost eines Dampfkessels stattfinden, doch im Gegensatz zu Lenoir, Otto, Benz und Daimler mit so hohen Drücken und Temperaturen, daß sich eine besondere Zündanlage erübrigte.

Ich bitte darum, bei der Dieselentwicklung meinen Namen nur zusammen mit dem meines Freundes und Mitarbeiters Lauster zu nennen — und umgekehrt. Ich gehöre nicht zu denen, die sich mit fremden Federn schmücken, sondern wollte stets den richtigen Mann an den richtigen Platz stellen. **Heinrich von Buz, 1833–1918**

SCHWERER START ÜBER HOHE HÜRDEN

Carl Benz hatte die Zündung als »das Problem der Probleme« erkannt und in seinen Lebenserinnerungen bezeichnet: »Bleibt der Funken aus, dann helfen die geistreichsten Konstruktionen nichts... Heute, wo es Spezialfabriken gibt, kann man sich kaum eine Vorstellung machen, welche ungeheuren Schwierigkeiten zu überwinden waren... und nicht umsonst hatte Daimler von Anfang an Glührohrzündung angewandt«.

Aber auch der Dieselprozeß war längst nicht so einfach, wie es der Rückblick vortäuschen mag. Noch 1890 gab es nicht mehr als »Grundgedanken, das Ammoniak (chem. NH_3) durch ein wirkliches Gas zu ersetzen, nämlich hochverdichtete, hocherhitzte Luft, darin allmählich fein verteilten Brennstoff einzuführen und mit der Verbrennung die Gase so expandieren zu lassen, daß möglichst viel Wärme in Arbeit übergeht.« Das war

übrigens schon eine Abkehr vom ursprünglichen Carnot-Prozeß.
Drei Jahre danach erregte Diesel in der Fachwelt viel Aufsehen mit seinem Buch »Theorie und Konstruktion eines rationellen Wärmemotors zum Ersatz der Dampfmaschinen und der heute bekannten Verbrennungsmotoren« — und mit dem nach langen, zermürbenden Verhandlungen erteilten Hauptpatent. Demnach verdichtet seine neue Verbrennungskraftmaschine »reine Luft... so stark, daß die hierdurch entstandene Temperatur weit über der Entzündungstemperatur des benutzten Brennstoffs liegt. Vom toten Punkt ab findet die Brennstoffzufuhr so allmählich statt, daß die Verbrennung... ohne wesentliche Druck- und Temperaturerhöhung erfolgt. Nach dem Abschluß der Brennstoffzufuhr findet dann die weitere Expansion der Gase im Cylinder statt.«
Auch darin besteht ein grundsätzlicher Unterschied zum Ottomotor: die Verdichtung eines »fertigen«, brennbaren Gasgemischs muß maßvoll begrenzt bleiben, um schädliche Selbstzündungen auszuschließen. Nach der Zündung jedoch steigert die Verbrennung die Temperaturen und Drücke auf das Drei- bis Vierfache... theoretisch in sehr kurzer Zeit und ohne wesentliche Vergrößerung des Verbrennungsraums, zumal der Kolben in Totpunktnähe relativ langsam gleitet. Folglich spricht man in der Otto-Theorie von einer »Gleichraumverbrennung«.
Diesel hingegen erstrebte viel höhere Verdichtungsverhältnisse. Er dachte zu Anfang sogar an 250 Atmosphären, aber das redeten ihm die routinierten Maschinenbauer in Augsburg rasch aus. Dann rechnete er mit etwa 90 — und indizierte später, am ersten betriebsfähigen Motor um 35. Weil aber der Kraftstoff langsam zugeführt wird und verbrennt, braucht der Spitzendruck nicht höher zu steigen als der Verdichtungsenddruck. Er bleibt dafür über einen recht großen Kolbenweg und Kurbelwinkel annähernd gleichmäßig erhalten. Somit arbeitet ein Dieselmotor mit einer »Gleichdruckverbrennung«, wie ja auch in Dampfmaschinen, solange Dampf in die Zylinder strömt, konstanter Druck wirkt. Freilich entsprechen die tatsächlichen Verhältnisse weder in einem Ottomotor noch in einem Diesel ihren »idealen Prozessen«, sondern sie liegen zwischen beiden Extremen, der eine näher zur Gleichraum-, der andere zur Gleichdruckverbrennung. Per saldo sind die Drücke in Dieselmotoren beträchtlich höher als in Ottomotoren. Sie erklären, abgesehen von den durchweg größeren Hubräumen und Abmessungen, die viel schwereren Bauteile und Motorgewichte.
Die eben zitierten Maschinenbauer in Augsburg — das waren die Ingenieure und Meister der damaligen »Maschinenfabrik Augsburg AG«, reich an Erfahrungen und Erfolgen mit Dampfmaschinen, Wasserturbinen, Druckereimaschinen und — den Linde'schen Kältemaschinen, die den guten Kontakt zu Rudolf Diesel begründeten. Dem Erfinder war nämlich von Anfang an klar — genau wie 60 Jahre später dem »Dichtungsspezialisten« Felix Wankel — daß nur ein großes, kapitalkräftiges Werk seinen aufwendigen Motor bauen und entwickeln könnte. Er hatte außer der Augsburger Fabrik Krupp in Essen — mit einem Hinweis auf den zu erwartenden großen Stahlbedarf — und die Gasmotorenfabrik Deutz angesprochen, aber zunächst nur von Krupp einen Vertrag erhalten, weil Eugen Langen in Deutz die Ver-

wirklichung des Dieselpatents für utopisch hielt.

Tatsächlich übertrafen die Schwierigkeiten und Rückschläge jahrelang die schlimmsten Befürchtungen. Die Versuche mit den beiden ersten Maschinen verliefen trotz aller Anstrengungen negativ. Diesel konzipierte ein neues Patent und der junge Konstrukteur Imanuel Lauster — 35 Jahre später MAN-Generaldirektor — zeichnete eine neue Maschine, die endlich, im Februar 1897, befriedigend lief.

Den Münchner Professor Schröter versetzten die offiziellen Abnahmeläufe in eine »fast unwissenschaftliche« Begeisterung, weil der Wirkungsgrad des Motors (B. I.10), gemessen mit 26%, alle anderen Wärmekraftmaschinen weit in den Schatten stellte. Auf der Hauptversammlung des Vereins deutscher Ingenieure (VDI, seit 1856) in Kassel erläuterte der Erfinder seine Theorie und Konstruktion — eine Ehrung, die erst 1960 eine Parallele fand (S. 362).

Doch Diesels Erfolg war keineswegs gesichert. Der erste verkaufte Motor versagte und wandelte Begeisterung in neue Zweifel. Viele Lizenznehmer im In- und Ausland reklamierten, Konkurrenten fochten die Patente an und Diesel erlitt 1899 einen schweren Zusammenbruch. Zum Glück bewies der respektable Heinrich Buz als Direktor der Augsburger Fabrik, die sich gerade mit der alten »Maschinenbaugesellschaft Nürnberg AG« verbunden hatte, ungewöhnlichen Weitblick. Der »Bismarck des deutschen Maschinenbaus« lenkte den 2000 Mann starken Betrieb durch die grassierende Wirtschaftskrise und hielt, ungeachtet aller Kritiken und Anfeindungen, am Dieselmotor fest. Diese zielstrebig verfolgte Politik machte die M.A.N., wie Prof. Matschoß später resümierte, zur Hohen Schule des Dieselmotors.

Soweit allerdings war es noch lange nicht. Eine Patentlösung, wie die gerade vom Schweden Faaler erfundene Büroklammer, gab es nicht. Auch die Töpfer in Gräfenroda bei Erfurt formten freudig und erfolgreich 1897 die ersten Gartenzwerge . . .

Das Problem blieb die Einführung des Brennstoffs in die hochverdichtete heiße Luft. Die heute millionenfach bewährten Einspritzpumpen und -düsen waren beim damaligen Stand der Technik nicht entfernt herzustellen. Es fehlten die Werkstoffe, Bearbeitungsmöglichkeiten und Erfahrungen. »Die Konstruktion einer Pumpe für so geringe Fördermengen, so hohe Drücke in so kurzen Zeiten bietet unüberwindliche Schwierigkeiten.« . . . So schrieb Diesel in einem Versuchsbericht und wählte als Ausweg die »Lufteinblasung«: ein Kompressor, am Motor angeflanscht, erzeugte mindestens 60 bar Luftdruck und wirkte auf ein gesteuertes Einspritzventil in jedem Zylinder. Vorgelagert war diesem Ventil die von einer zusätzlichen Niederdruckpumpe geförderte Kraftstoffmenge. Aber die erhebliche Komplikation, mit Raum- und Leistungsbedarf, hohen Gewichten und Kosten, dazu die mangelnde Eignung für höhere Drehzahlen beschränkten die Brauchbarkeit der Motoren. Die Zerstäuber versagten oft schon nach kurzer Zeit und die in einer einzigen Stufe hochverdichtete Luft entzündete mit ihrer Hitze das Schmieröl, das wiederum den Zerstäuber verkokte.

Die Lufteinblasung war im Prinzip nicht neu, sondern schon dem Amerikaner George Brayton 1872 patentiert. Dessen Motor arbeitete mit Benzin und Flammenzündung (die noch zur Sprache kommt), vor allem aber mit Luft, die ein besonderer Pumpenzylin-

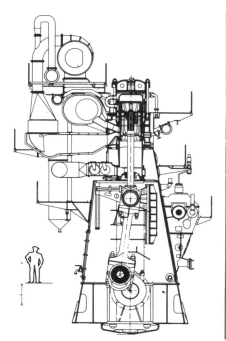 

IX.1, 2 Dieser Schiffs-Diesel links im Aufriß, rechts beim Prüflauf 1970, repräsentiert die größten und stärksten Kolbenmaschinen: Bohrung 105 cm, Hub 180 cm, Nenndrehzahl 106 U/min für 4000 PS je Zylinder, mit 8 also 32.000, mit (max) 12 Zylindern 48.000 PS. MAN-KSZ 105/180, einfachwirkender abgasturbogeladener Zweitakter mit MAN-Umkehrspülung. Die Frischluft strömt, schon verdichtet, zuerst in den Raum unter dem Kolben. Zusätzlich ist der Kolbenboden wassergekühlt. Der Kraftstoff (billigste »Bunkersorten«, nur vorgewärmt fließend) jagt in diese Verbrennungsräume mit 700 bis 900 bar. Zylinderschmierung mit Frischöl vom Triebwerk völlig getrennt.

Da die Aufladung die benötigten und erträglichen Leistungen liefert, starben die früher verbreiteten »doppelt-wirkenden« Zweitaktmaschinen aus – bei Viertaktern gab es ohnehin zuviel Komplikationen. Wohl findet man neben der Umkehrspülung gemischte Spülungen, mit Einlaßschlitzen unten und hängenden großen Auslaßventilen, z. B. bei den weltbekannten Burmeister & Wain-Dieseln. Sie fusionierten 1980 mit MAN, um dem wachsenden Wettbewerb aus »Billiglohn-Ländern« zu begegnen, mit dem Schwerpunkt der Zweitakter-Entwicklung in Kopenhagen, der für Viertakter in Augsburg.

Übrigens stammten die ersten Schiffsdiesel, 1903, von einem französischen Lizenznehmer: von Dyckhoff in Bar-le-Duc.

der verdichtete und in den Arbeitszylinder hinüberschob. »Als ich die Luftpumpe anbringen mußte, glaubte ich alles verloren, denn die Maschine wurde zu kompliziert und zu teuer« schrieb Diesel, resignierte nachhaltig und betrachtete jahrelang eine direkte Kraftstoffeinspritzung als unerreichbar. Er warnte vor der Aufgabe des Luftkompressors — »und schwamm damit – so sein 1970 verstorbener Sohn Eugen – unbewußt gegen den Strom der

Dieselentwicklung... Indessen konnte damals niemand wissen, was heute in jedem Motorenbuch steht.«

Auch ein Vergleich mit dem Glühkopfmotor hinkt und vermittelte damals kaum Lehren. Denn der Engländer Herbert Akroyd-Stuart hatte schon 1890 einen Motor erfunden, der mit billigem, schwerflüchtigem Kraftstoff lief. Er besaß eine vom Zylinderraum abgetrennte Verbrennungskammer mit einem ungekühlten Einsatz, der ständig glühte. In ihm verdampfte der (mit geringem Druck) während des Ansaughubs eingespritzte Kraftstoff, bevor die neue, nur schwach verdichtete Luftladung ihn entzündete.

Robuste, anspruchslose Glühkopfmotoren hielten sich jahrzehntelang gut, namentlich in Fischerbooten und landwirtschaftlichen Schleppern — am bekanntesten als der »Lanz-Bulldog«. Oft als Semi- oder Halbdiesel bezeichnet, waren sie allenfalls Vorläufer, erreichten keinen höheren Wirkungsgrad als Ottomotoren und benötigten zum Anspringen den vorgeheizten Glühkopf. Das geschah ursprünglich mit einer Lötlampe, erst zuletzt elektrisch. Lediglich der abgeteilte Verbrennungsraum von Akroyd-Stuart sollte im Dieselmotorenbau noch große Bedeutung erlangen.

DIE DREI ERSTEN LKW-DIESEL

Erst zehn Jahre, nachdem er Ludwig Lohner vertrösten mußte (S. 63), griff Rudolf Diesel die Idee des Fahrzeugmotors wieder auf. Er hatte seine Erfinderrechte in eine Holdinggesellschaft eingebracht und die Lizenznehmer stemmten sich gegen den Fahrzeugmotor — und manche andere Neuerung, sogar die MAN 1905 gegen ein Grundpatent der direkten Kraftstoffeinspritzung mit mehreren hundert Atmosphären! Erst der Ablauf der alten Hauptpatente gab dem Erfinder wieder freie Hand; er konstruierte einen »Kleinmotor« und danach einen Fahrzeugmotor.

Diesel wandte sich diesmal in die Schweiz, wo die mit ihm befreundeten Firmen Saurer in Arbon und Sulzer in Winterthur schon den Grundstein für eine weltberühmte Fahrzeug- und Schiffsmotorisierung gelegt hatten (obwohl die kleine Schweiz ein reines Binnenland ist!). Die Züricher Automobilfabrik Safir, ein Lizenznehmer von Saurer, entwickelte nach Diesels Plänen aus einem Otto-Vierzylinder, der mit 5,7 l Hubraum 42 PS leistete, eine Dieselmaschine und erzielte auch die vorausberechneten 30 PS bei 800 U/min. Doch scheiterte die praktische Verwendung an übermäßiger Rauchentwicklung und unbefriedigender Teillastregelung... während schon tausende große Schiffs- und Stationärdiesel einwandfrei arbeiteten.

Überdies geriet Safir in Konkurs und in den Besitz der benachbarten Maschinenfabrik St. Georgen. Zwei Jahre darauf liquidierte diese ebenfalls, galt aber — irrtümlich — lange Zeit als Erbauerin des ersten Fahrzeugdiesels. Denn der Motor selbst zählt zu den Glanzstücken des Deutschen Museums auf der Münchner Isar-Insel, obwohl er nie in einem Wagen eingebaut war.

Indessen steht der erste echte Lastwagendiesel in nächster Nähe, gleichfalls im Deutschen Museum: ein MAN, der 40 PS bei 900 U/min leistete und gegenüber dem vergleichbaren Benzinmotor fast 80 % der Kraftstoffkosten einsparte. Das war allerdings erst anläßlich der Berliner Automobilausstellung 1924, während die Serienherstellung gerade anlief. Wenngleich der Motor infolge der »direkten« Kraftstoffeinspritzung ziemlich rauh arbeitete, erfüllte er endlich Rudolf Diesels Wunschtraum. Natürlich versuchte man auch in Augsburg und Nürnberg schon in den Vorkriegsjahren immer wieder, die Luftpumpe für die Einspritzung einzusparen. Doch waren die Rückschläge und, mehr noch, eine rund zehnjährige Entwicklungspause auf dem Gebiet kleiner, schneller laufender Maschinen für fast alle Dieselfirmen symptomatisch, weil die (Kriegs-) Marine allerorts die Vorzüge der neuen Motoren erkannte und die Herstellungskapazität voll beanspruchte.

Ob nun der Nürnberger Wagen mit dem Augsburger Motor wirklich der erste — oder der zweite Diesel-Lastwagen war, ist kaum zu entscheiden; denn die Prüfstand- und Fahrversuche bei Benz in Mannheim und Gaggenau — die dortige »Süddeutsche Automobilfabrik« (SAF) gehörte Benz seit 1910 — liefen in denselben Monaten, ja Wochen. Zwar arbeitete auch der Benz-Diesel mit Kraftstoffeinspritzung ohne Druckluft, aber in »Vorkammern«.

*Wir leben alle unter einem Himmel,
haben aber nicht alle den gleichen Horizont.*
Konrad Adenauer, 1876–1967

DIE GEMISCHBILDUNG IM DIESEL — NÄHER BELEUCHTET

Gegenüber ihren schwerwiegenden Nachteilen besaß die klassische Lufteinblasung der frühen Dieselmaschinen einen großen Vorzug: sie bewirkte eine ausgezeichnete Zerkleinerung und Verteilung der Kraftstofftröpfchen. Darauf kommt es in einem Diesel weit stärker an als in einem Ottomotor, wo für die Gemischbildung fast zwei volle Hübe zur Verfügung stehen. Im Diesel dagegen soll der eingespritzte Kraftstoff eigentlich »sofort« zünden und verbrennen, denn der in der Praxis unvermeidliche »Zündverzug« von — angenommen — nur einer tausendstel Sekunde entspricht bei 3000 Kurbelwellenumdrehungen pro Minute bereits einem Drehwinkel von 18 Grad. Da aber, nach dem Zündverzug, zuerst eine sehr kleine Kraftstoffmenge zünden soll, um einen plötzlichen, harten Druckanstieg zu vermeiden, darf man weder zu rasch noch zu früh einspritzen.

Einspritzdüsen mit sehr feinen Bohrungen zerstäuben den Kraftstoff zu Tröpfchen, die 1 bis 20 »my« groß sind. (1 my = 1 Mikrometer, d. h. ein tausendstel Millimeter und ein Maßstab, der sich im modernen Motorenbau immer breitere Anwendung erobert — namentlich für die Beurteilung der Oberflächengüte, aber auch für feinste Passungen und Laufspiele.) — Man kann den durchschnittlichen, mittleren Tropfendurchmesser mit 10 my = $^{1}/_{100}$ mm veranschlagen. Damit entsteht gegenüber einem einzelnen »großen« Tropfen eine 200- bis 500fache Oberflächenvergrößerung — zugunsten rascher Verdampfung und gründlicher Vermischung. So ergibt eine Einspritzmenge von 70 Kubikmillimetern, etwa für einen gängigen LKW-Zylinder, bis zu 100 Millionen Einzeltröpfchen, aneinandergereiht 1000 Meter lang! Doch jedes dieser 10 my großen Tröpfchen enthält an die 8 Billionen Moleküle — oder 8000 Milliarden — und die müssen, für eine ideale Verbrennung Stück um Stück,

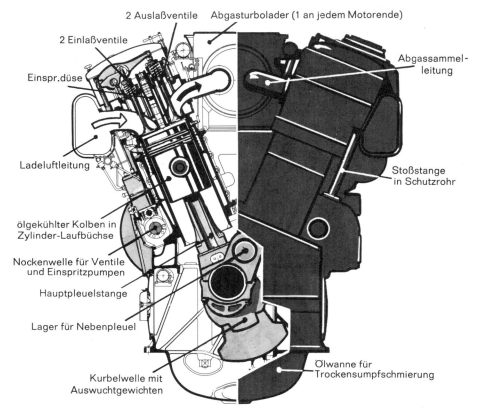

IX.3 »Mittelschnellaufende« hochaufgeladene Viertaktdiesel markieren den letzten Stand der Technik, ersetzen z. T. die riesigen Langsamläufer, da sie auch zu zweit oder viert viel Raum einsparen ... und konkurrieren hart mit den Dampfturbinen, wobei die Bilanz der Vor- und Nachteile oft ausgewogen erschien – bis in die 80er Jahre.

Hier ein moderner MAN-V-Motor, 10 bis 18 Zylinder, als Reihenmotoren alternativ 6 bis 9. Jeder Zylinder mit 520 mm Bohrung und 550 mm Hub (also 117 l Hubraum) leistet mit kräftiger Abgasturboladung 1000 PS bei 430 U/min. Die mit Zahnrädern angetriebenen Nockenwellen steuern über Stoßstangen und gegabelte Kipphebel je zwei Ein- und Auslaßventile, ferner eine einzelne Einspritzpumpe an jedem Zylinder (und bei Bedarf ein Druckluft-Anlaßventil). Es gibt sämtliche Nocken doppelt, da diese Motoren – »umsteuerbar« – auch rückwärts laufen müssen! Ventildrehvorrichtungen wie an neuesten Schnelläufern, ölgekühlte Kolbenböden und Zylinderschmierung mit (stets) frischem Öl ...

Der 18 Zylinder-V-Motor – 10,30 m lang, 3,70 m breit und 4,40 m hoch – wiegt knapp 170 000 Kilogramm, etwa ein Drittel eines gleichstarken Langsamläufers (wie B. IX.2).

In breite Öffentlichkeit gelangten neun Neunzylinder-Reihenmotoren (ähnlichen Aufbaus) von MAN-B & W des Typs L 58/64, die 1986 beim Umbau der »Queen Elisabeth II« in der Bremerhafener Lloyd-Werft zwei veraltete, störungsanfällige Dampfturbinen ersetzten. Mit einem Verbrauch bis zu 123 g/PSh (167 g/kWh) halbieren sie die enormen Bunkerkosten. Jeder (elastisch gelagerte) Motor treibt einen E-Generator, alle für zwei riesige E-Motoren an den Wellen der Verstellschrauben. Geschwindigkeit bis zu 32,5 kn (62 km/h).

Im Telegrammstil: 580 mm Bohrung, 640 mm Hub, 9 × 169 l, 11 925 kW (16 200 PS) bei 428/min. Kolbengeschwindigkeit 9,1 m/s, Verdichtungsdruck 110 bar, Einspritzdruck 1300 bar, Verbrennungsdruck 145 bar, Mitteldruck 21 bar. Abmessungen 12,9 × 4,95 × 2,30 m. Gewicht 205 Tonnen.

Ansonsten spart man beim verbreiteten Dampfturbinenersatz oft an Leistung, weil mit 50% (Leistung und Verbrauch) die Geschwindigkeit nur um 20% sinkt.

»ihre« Sauerstoffatome in der hochverdichteten Luft finden! Vielleicht läßt das ominöse Schlagwort vom Öl als dem »Blut der Wirtschaft und Zivilisation« medizinisch oder biologisch interessierte Leser bei diesen Zahlen an die vier bis fünf Millionen roten Blutkörperchen in jedem Kubikmillimeter Blut denken. Kurzum, die mikrokosmischen Dimensionen beanspruchen unsere Fantasie nicht weniger als die makrokosmischen, als Weltallzahlen...

Auf der »Luftseite« (und bei allen Gasen) handelt es sich um ähnliche, unvorstellbare Zahlen- und Größenverhältnisse. Denn was sagt uns schon die lakonische Feststellung, daß 1 Kubikzentimeter Gas (bei Atmosphärendruck und Raumtemperatur) über $2,5 \times 10^{19}$ Moleküle enthält (sprich 2,5 mal zehn-hoch neunzehn)?!

Vielleicht macht eine Umrechnung die Verhältnisse etwas anschaulicher: 1 Kubikzentimer = 1000 Kubikmilimeter, von denen jedes einzelne noch 10^{16} Moleküle enthält. Da weiter 1 my = $^1/_{1000}$ Millimeter, beinhaltet 1 Kubikmillimeter genau 1000 x 1000 x 1000 »Kubik-my«, also eine Milliarde. Nun enthält jedes einzelne »Kubik-my« (nur noch) $2,5 \times 10^7$ Moleküle — und das sind schlicht 25 Millionen, von denen, als Sauerstoffanteil in der Luft, jedes fünfte für die Verbrennung wesentlich ist.

Und dennoch ist ein gasgefüllter Raum, genau genommen, zum größten Teil leer, weil die einzelnen Atome, die man sich gemeinhin als Kugeln vorstellt, im Verhältnis zu ihrer Größe unheimlich weit voneinander entfernt sind. Zum Beispiel besitzt im Modell eines Wasserstoffatoms bei einem Maßstab von 1 : 1 Billion (10^{12}) sowohl der Atomkern wie auch sein (in diesem Fall einziges) Elektron einen Durchmesser von 3 cm. Das Elektron umkreist den Kern in einem Abstand von 2,5 Kilometern. Nun würde bei atmosphärischem Druck und diesem Maßstab das Nachbar-Atom runde 10 000 km entfernt fliegen — einen Erddurchmesser fast.

Daher gehören zu Gasen bei normalem Druck relativ riesige Volumen, die sich leicht komprimieren lassen. Gase besitzen weder feste Volumen noch Formen, Flüssigkeiten vergleichsweise feste Volumen, ohne feste Formen, während feste Körper sich durch beides auszeichnen. Doch wollen wir mit dieser ebenso simplen wie fundamentalen Feststellung unseren kurzen Ausflug in die Welt der Atome beenden und zur motorischen Gemischbildung zurückkehren.

Die Tröpfchen noch feiner zu zerstäuben, wäre sinnlos, weil sie dann ihre Durchschlagskraft trotz 200 oder bis zu 1200 bar Einspritzdruck (letztere bei Großmotoren) einbüßten und den Brennraum ungenügend erfaßten. Wenn es noch einer Begründung bedarf, warum Rudolf Diesel und seine Zeitgenossen an der direkten Kraftstoffeinspritzung scheiterten, dann sind es diese fantastischen Verhältnisse. In der Tat gab es schon Millionen Diesel-PS, als der große europäische Ingenieur in einer Herbstnacht 1913 den Tod im Ärmelkanal suchte und fand. Angriffe von Konkurrenten und Gegnern, Rückschläge bei der technischen Weiterentwicklung und — wieder einmal — finanzielle Nöte nahmen ihm den Lebensmut, obwohl finanzstarke Firmen und Freunde im In- und Ausland ihm zweifellos geholfen hätten und obwohl sich an mehreren Stellen Lösungen für die allein zukunftsträchtige direkte Einspritzung abzeichneten.

Eine beachtliche Zwischenlösung war der (nach seinem Konstrukteur benannte) »Vogelmotor« für den ersten Lokomotiv-Diesel bei MAN-Nürnberg 1908: ein hochverdichteter 13-l-Vierzylinder (160 × 160 mm) für 37 kW (50 PS) bei 800/min. Im oberen Totpunkt leitete ein Rückschlagventil Luft aus dem Arbeitszylinder in einen Druckbehälter, aus dem bei abwärtsgehendem Kolben der Kraftstoff durch eine Nadeldüse eingeblasen wurde. Doch blieb das Verfahren, unausgereift, 1911 auf der Strecke.

Einen großen Fortschritt in der »Mechanik« der Dieselmaschinen praktizierten amerikanische Lizenznehmer, »Deutz« und Lauster schon um die Jahrhundertwende, indem sie die dampfmaschinenartigen Kreuzköpfe einsparten und »Tauchkolbenmotoren« einführten. Nur die größten Dieselmotoren arbeiten seither — und heute noch — mit der Kreuzkopfführung, die das Pleuel mit einer gesonderten Kolbenstange verbindet, den Kolben von Seitendrücken entlastet und »doppeltwirkende« Maschinen ermöglicht, aber viel Bauhöhe und Gewicht kostet (B. I.10, IX.1).

Die intensive Industrialisierung in der Alten und Neuen Welt, der aufblühende Schiffs-, Schienen- und Straßenverkehr, die Elektrotechnik, die rasche Übermittlung und Verbreitung von Nachrichten... verlangten neue Motoren und Antriebe in immer größerer Zahl.

»LUFTLOSE« EINSPRITZUNG — ZUERST AUF DEM WASSER

Die Kraftstoffeinspritzung ohne Lufteinblasung, und zwar patentgemäß mit Überdrücken zwischen 140 und 420 bar, geht trotz vieler früherer Vorschläge auf James McKechnie zurück. Er meldete als technischer Leiter der englischen Vickers-Werke — und als Lizenzgeber für Deutz — sein britisches Patent 1910 an und konnte U-Boot-Diesel ab 1914 damit ausrüsten. Erstmalig arbeiteten die Düsen »hydraulisch« gesteuert, indem sie bei einem bestimmten Pumpendruck öffneten, den Kraftstoff gründlich zerstäubten und nicht mehr verschmutzten.

Der schwedische Ingenieur Jonas Hesselman konstruierte, ebenfalls für U-Boot-Maschinen, Mehrlochdüsen und erzielte außerdem eine starke Turbulenz der Verbrennungsluft, indem er die Einlaßventile teilweise »abschirmte«; auf einem bestimmten Sektor ihres Umfangs trugen sie angeschmiedete »Stehkragen«, die der einströmenden Luft einen kräftigen Drall erteilten. Offenbar ging Hesselman schon von der Idee aus, die im modernen Dieselbau dominiert: wenn man den Kraftstoff nicht in dem erwünschten Ausmaß zur Luft bringen kann, treibt man, umgekehrt und wirksamer, die Luft zum Kraftstoff!

Ein ähnliches Prinzip übertrug Hesselman später auf die Gemischbildung und Turbulenz in Ottomotoren, die mit Petroleum klopffest arbeiten sollten. Wieder eine andere, schon 1910 von den Benz-Werken in Lizenz genommene Erfindung ermöglichte eine »Umsteuerung«, d. h. den Rückwärtslauf von Schiffsdieselmaschinen. Das waren Zweitakter mit (doppelt-wirkenden) Spülpumpenzylindern, die zum Anlassen und Umsteuern kurzzeitig als Druckluftmotoren arbeiteten, wie vielfach noch heute. Mit einem dieser großen Vierzylinder-Zweitakter, System Benz-Hesselman, lief das Motorschiff »Fram« 1911 in Roald Amund-

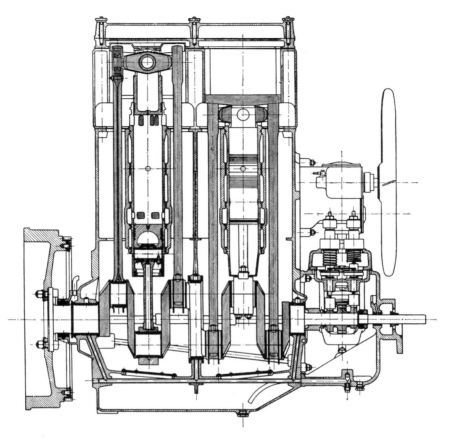

IX.4 »Gegenkolbenmotoren«, bis in die 70er Jahre im Ausland produziert (Doxford), gehen auf Junkers und Oechelhäuser zurück. Hier ein Nutzfahrzeug-Dieselzweitakter, bei dem lange Pleuelstangen – vor und hinter dem »normalen« Pleuel – den oberen Kolben an einem Joch führen. Gleich darüber verdichtet eine große »Stufe« des Kolbens in einem weiten Zylinder Luft, die in die Arbeits-Zylinder oben durch Spülschlitze strömt (ausgeprägte Gleichstromspülung).

Die nach gleichem Prinzip wirkenden Jumo-Dieselflugmotoren besaßen statt des eigentümlichen Kurbeltriebs zwei Kurbelwellen – eine oben, eine unten – mit einem Zahnradsatz verbunden, außerdem Abgasturbolader an Stelle der Kolbenpumpen.

Wenn man die langen, schlanken Zylinder eines Gegenkolbenmotors »um- und zusammenbiegt«, entstehen »U-Zylinder«, in denen »Doppelkolben« ohne eine aufwendige Umkehrmechanik von einer einzelnen Kurbelwelle, oft sogar von einem einzigen Hubzapfen aus geführt werden (vgl. XV.3). Die enge Verwandtschaft zwischen Doppel- und Gegenkolbenmotoren kam deutlich bei der letzten Entwicklung der aufgeladenen Rennzweitakter von DKW-Zschopau zum Ausdruck.

Offenbar wirkte in den Gegenkolben-Zweitaktdieseln auch das große Hubverhältnis vorteilhaft, denn neueste Zweitaktdiesel von MAN-B & W (gemäß IX.1) erhielten Hubverhältnisse bis zu 3,8-»Ultralanghuber«, die im Verbrauch die Rekordwerte der Viertakter (B. IX.3) egalisieren und künftig mit einem TC-(= Turbo-Compound-)Verfahren 120 g/PSh (170 g/kWh) noch unterschreiten. Luftüberschuß der Turbolader wird in einer Gasturbine verwertet.

sens Antarktisexpedition, monatelang störungsfrei. (Als Fridtjof Nansen 1893 bis 1896 durchs Nordmeer driftete, besaß die »Fram« noch keinen Motor).

Insgesamt ähnelte die frühe Dieselentwicklung den Gas- und Großgasmaschinen. Man erzielte höhere Leistungen durch wachsende Hubräume und Abmessungen, dazu bessere Wirtschaftlichkeit und Lebensdauer dank metallurgischer und konstruktiver Reife. »Verbrennungskraftmaschinen« wurden an den aufblühenden technischen Hochschulen gelehrt, wo Konstrukteure wie Hugo Junkers theoretische Grundlagen und praktische Erfahrungen in idealer Form kombinierten.

In einer Dessauer Maschinenfabrik, unter der Leitung des angesehenen Wilhelm von Oechelhäuser, hatte Junkers schon 1893, mit 34 Jahren, große Zweitakt - Gegenkolben - Gasmotoren gebaut. Sie besaßen, anders als seine späteren Diesel-Flugmotoren, eine Kurbelwelle mit drei Kröpfungen für jeden Doppelzylinder. Den »oberen« Kolben führten lange Stangen zu beiden Seiten jedes Zylinders, die zusätzlich eine (große) Luft- und (kleine) Gaspumpe betätigten. Die Dieselmotoren entwickelte er, rund 20 Jahre später, in seiner Aachener Forschungsanstalt, schon mit »luftloser« Einspritzung. Gleichzeitig erforschte er Tragflügelprofile in einem Windkanal — als Grundlage für die revolutionären Ganzmetall-Flugzeuge...

Zwei weitere Namen für viele, die sich um den Motorenbau und die Dieselentwicklung verdient machten: Körting und Güldner. Der Hannoveraner Ernst Körting errang als studierter Eisenbahningenieur zunächst schöne Erfolge in Italien, Österreich und der Schweiz, bevor er 1871 mit seinem Bruder Berthold und zwei Gehilfen die Produktion von Injektoren für Lokomotiven, Exhaustern, Wasserstrahlpumpen und Heizungsaggregaten aufnahm. Zehn Jahre später beschäftigte Körting 1300 Leute, vor allem aber den tüchtigen Konstrukteur Ernst Lieckfeld. Er kam von »der Hanomag«, wo er zahlreiche Neuerungen für die Gasmotoren eingeführt hatte, die dem abrupt zurückgegangenen Lokomotivbau und der drückenden Arbeitslosigkeit begegneten. Diese Hanomag-Gasmotoren waren lauter Zweitakter mit getrennten Ladepumpen- und Arbeitszylindern, also mit einem hohen technischen Aufwand, der das bis 1886 geltende Viertaktpatent von Otto umging.

Nach manchem geschäftlichen Auf und Ab, dem die (übliche) Umwandlung von Körtings Betrieb in eine Aktiengesellschaft folgte, und nach etlichen Experimenten kamen auch Dieselmotoren ins Programm, gleich nach dem Ablauf der Patente. Vorher entstanden die ersten U-Boot-Maschinen noch als Petroleum-Motoren, große Zweitakt-Sechszylinder mit 200 PS bei 500 U/min, bei denen die Kreuzkopfführung als Kolbenpumpe für die Spülluft ausgebildet war. Mit dem für diese Zeit guten Leistungsgewicht von 17,7 kg pro PS krankten die Motoren lediglich an hohem Kraftstoffverbrauch, weil die Spülkolben und folglich die Luftmengen zu klein waren. Immerhin baute Körting hundert solcher Motoren, bevor U-Boot-Diesel sie ersetzten, 1912 als Zweitakter, aber noch vor dem Kriegsausbruch als Viertakter. Die ersten zwei Motoren gelangten in zwei deutsche U-Boote, obwohl die russische Marine sie bestellt und bereits »abgenommen« hatte. Genau so erging es sechs 1100 PS-Zweitakt-Dieseln der Krupp'schen Germania-Werft in Kiel, die in U 63 bis U 65 Platz fanden statt in russischen Schiffen.

Der Westfale Hugo Güldner hatte sich als Ingenieur und Schriftleiter einer technischen Zeitschrift, vor allem mit einem Buch über die Konstruktion von Motoren einen Namen gemacht, bevor und während er seine »Wanderjahre« durch mehrere bekannte Motorenfirmen absolvierte. Noch größeren Erfolg — und seine eigne Motoren-GmbH erlangte er 1904 in München. Daß der Wissenschaftler und Industrielle C. von Linde sich als Mitgründer engagierte, war mehr als ein Omen; denn nach Jahrzehnten zählten die Güldner-Werke zum Linde-Konzern. Stark expandiert und schon 1907 nach Aschaffenburg verlegt, produzierten sie neben den Gas- und Benzinmotoren eine Baukastenreihe von »Rohölmaschinen« — alias Dieseln. Sparsam und solide verrichteten viele ihren Dienst als stationäre Kraftquellen 50 Jahre lang!

Ein weiterer Ingenieur, der in der Dieselhistorie mindestens eine kurze Erwähnung verdient, war der Sachse Rudolf Pawlikowski. Er assistierte, schon während seines Studiums, Oskar von Miller beim Bau der ersten Hochspannungsleitung, auf die wir im Zusammenhang mit Wasserturbinen zurückkommen. Bald darauf leitete er das große Münchner Konstruktionsbüro des zehn Jahre älteren Rudolf Diesel, eröffnete aber schon 1901 ein eignes Ingenieurbüro und errang beachtliche Erfolge im Dampfkesselbau und mit chemischen Anlagen. Schließlich gründete er in Görlitz eine eigene Fabrik, in der er, als sein Lebenswerk, einen Dieselmotor entwickelte, der statt flüssiger Kraftstoffe feinstgemahlenen Kohlenstaub verarbeitete.

Obwohl der erste Motor nach einer fünfjährigen Bauzeit 1916 lief und bis zum Tod des Pioniers 1942 mit großen Anstrengungen verbessert wurde — wie ähnliche Versuchsmotoren in England — verursachten die unvermeidlichen Ascherückstände der Kohle zu hohen Zylinder- und Kolbenringverschleiß — und zuletzt die Einstellung der Versuche. Der Gedanke, zwecks höchster Wirtschaftlichkeit Kohlenstaub einzusetzen, stammte freilich nicht von Pawlikowski, sondern von Rudolf Diesel.

Luftschlösser zu bauen, kostet nichts.
Aber ihre Zerstörung ist oft teuer.
　　　　Francois Mauriac,
　　　　franz. Schriftsteller, 1885–1970

ORKANE IN VOR-, WIRBEL- UND WÄLZKAMMERN

Während man Ottomotoren erst verhältnismäßig spät auf die Eigenarten der Verbrennung erforschte — um das gefährliche Klopfen zu ergründen — verlangten Dieselmaschinen von Anfang an allerhand Kenntnisse (oder Vorstellungen) von der Gemischbildung und vom Druckverlauf. Nun rief der notwendige Verzicht auf hochverdichtete Druckluft, die bislang den Kraftstoff einblies, vermischte und verteilte, viele Firmen und Erfinder auf den Plan. Je tiefer man in die Historie einzudringen versucht, umso schwerer fällt es, das Hauptverdienst um den schnell-laufenden Fahrzeugdiesel einem einzelnen Mann oder Werk zuzuschreiben!

Doch steht unbestritten ein Name in der vordersten Reihe: Prosper L'Orange, der 1876 in Beirut als Sohn eines deutschen Chefarztes geborene Hugenotten-Urenkel, der als Zwölfjähriger (wie Diesel) nach Deutschland kam. Nach seinem Studium in Charlottenburg avancierte er in der »Gasmotorenfabrik Deutz« rasch zum Versuchsleiter und widmete sich vornehmlich der Entwicklung eines kleinen Dieselmotors. Er ging davon aus, es müßte irgendwie gelingen, im Verbrennungsraum eine kräftige Strömung anzufachen, welche die Drucklufteinblasung ersetzte und den eingespritzten Kraftstoff gut zerstäubte. Diese Überlegung und ermutigende Vorversuche führten 1908 zum ersten Patent. Aber kaum zwei Monate nach der Anmeldung ging L'Orange als Versuchsleiter zu Benz & Cie nach Mannheim und meldete schon nach einem halben Jahr ein neues Patent an.

Ein vom Arbeitszylinder durch eine enge Bohrung abgeteilter Raum — bei Deutz als »Nachkammer«, fortan jedoch »Vorkammer« bezeichnet — nimmt etwa ein Viertel der komprimierten Verbrennungsluft auf. Der in die Vorkammer eingespritzte Kraftstoff verlangt keine extrem feine Verteilung, so daß eine (relativ!) einfache »Einlochdüse« genügt, außerdem ein verhältnismäßig geringer Einspritzdruck. Die heftige Drucksteigerung in der Vorkammer stiftet nämlich keinen Schaden, sondern jagt den teilverbrannten Kraftstoff mit ungeheurer Geschwindigkeit in den Hauptverbrennungsraum, wo die gewünschte Verteilung und Vermischung zustandekommt. Nach kurzer Zeit lief der Benz-Vorkammermotor erfolgversprechend auf dem Prüfstand — nur die »offene« Düse bereitete Ärger, indem sie schlecht auf unterschiedliche Belastung reagierte und rasch verkokte.

An sich gab es solche »unterteilten« Verbrennungsräume schon vorher, zum Beispiel in den zitierten Glühkopfmotoren von Akroyd-Stuart. Doch arbeiteten sie nie mit der für Diesel typischen Verdichtungszündung — im Gegensatz zu den Viertaktmotoren des Holländers Jan Brons. Dessen deutsches Patent von 1904 schützte eine »Zündkapsel« — das war ein »Zerstäuberraum«, wohin der abwärtsgehende Kolben den Kraftstoff ansaugte (später übrigens eine Vormischung von Kraftstoff und Luft). Die Deutzer Gasmotorenfabrik erwarb die Brons-Patente für 35 000 Gulden und produzierte (bis 1922!) hunderte Maschinen. Von einem Dieselmotor und seinen Entwicklungsmöglichkeiten unterschied sie die »ungesteuerte« Zündung, die nur in einem schmalen Drehzahl- und Lastbereich brauchbar funktionierte.

Leider konnte sich L'Orange bei Benz den Kinderkrankheiten seiner Vorkammern nicht intensiv genug widmen. Der »stationäre Motorenbau« befand sich nämlich seit der Jahrhundertwende in einer schweren Krise, die der junge Ingenieur und Manager mit einer neuen Baureihe wirtschaftlicher kleiner (Otto-) Motoren überwand. Der Lohn dafür, die Ernennung zum Vorstandsmitglied, verhinderte freilich nicht seine Einberufung zum Kriegsdienst, gleich 1914, wonach das Werk das grundlegende Vorkammerpatent verfallen ließ. Erst 1919 konnte L'Orange wieder da anknüpfen, wo er 1911 stehengeblieben war.

Inzwischen gab es nicht nur von McKechnie die Hochdruckeinspritzung mit geschlossenen Düsen, sondern auch patentierte Vorkammern des schwedischen Ingenieurs Harry Leissner, die zwar gekühlte Außenwände besaßen, aber zur besseren Verdampfung des Kraftstoffs einen rohrförmigen Zündeinsatz. Weil dessen (stählernes) Ende chronisch verbrannte, erfand L'Orange einen besonderen

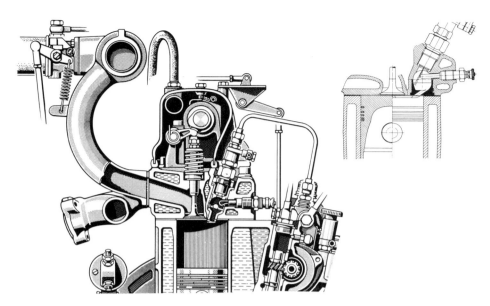

IX.5, 6 Links eine moderne Vorkammer (Mercedes-Benz), in der die Einspritzdüse auf einen »Kugelstift« spritzt, der mit seiner hohen Temperatur den Zündverzug verkürzt und die Laufruhe verbessert. Seitlich die Glühspirale zum Vorglühen beim Kaltstart. —
Bemerkenswert lange »Schwingrohre« zwischen dem Klappenstutzen (oben links) und dem Einlaßventil des ohc-Motors. —
Rechts die Ricardo-»Comet V«-Wirbelkammer im Opel PKW-Diesel. Der Einschußkanal trifft auf dem Kolbenboden eine 8-förmige Mulde. Da die Glühkerze einen robusten Stift besitzt, dient sie gleichzeitig als »Heißstelle«. Das besonders wärmefeste Unterteil der Wirbelkammer ist im Zylinderkopf eingesetzt. (Der Kolben ist links geschnitten, rechts in der Ansicht gezeichnet).

»Trichter« als Vorkammermündung und endgültige Lösung für kleine Schnelläufer. Anno 1923 kamen die ersten Dieseltraktoren damit auf den Markt — und ein Jahr später der erwähnte Lastwagen. Den Bau schwerer Dieselmotoren hatte Benz & Cie 1922 an die neugegründeten Motorenwerke Mannheim (MWM) abgetreten — und dazu auch Prosper L'Orange, der die technische Leitung übernahm, bis er sich nach drei weiteren Jahren selbständig machte, um in Stuttgart Einspritzanlagen zu entwickeln und zu produzieren. Den entscheidenden Einfluß von hochwertigen Einspritzpumpen und -düsen hatten die kleinen Schnelläufer überall in den Mittelpunkt gestellt.

Die relativ sanfte Drucksteigerung und den weichen Motorlauf erkaufen Vorkammer-Diesel mit enormen Luftgeschwindigkeiten in den engen Bohrungen zwischen dem Haupt- und Nebenbrennraum. Der unterschiedliche Druckverlauf in den Arbeitszylindern und Vorkammern — schon bei der Verdichtung und verstärkt nach der Entzündung — verursacht bei hohen Drehzahlen Gasgeschwindigkeiten bis zu 500 und 600 Meter pro Sekunde — oder um 2000 km/h.
Das kostet natürlich Energie, also Wärme und Leistung, und zwar 10 bis

15 % gegenüber Motoren mit direkter Einspritzung, in denen die Luft mit höchstens 60 m/sec in die üblichen, meistens im Kolbenboden befindlichen »Verbrennungsmulden« verdrängt wird. Sie liefern daher grundsätzlich die höchsten Wirkungsgrade in Gestalt der niedrigsten Verbrauchswerte. Immerhin bedeuten 60 m/sec dasselbe wie 216 km/h, doppelt soviel, wie die Beaufortsche Windstärkenskala für Orkane mit schwersten Zerstörungen ausweist.

Die scharf abgeschnürten, mit dem Hauptverbrennungsraum nur durch enge Bohrungen verbundenen Vorkammern repräsentieren die krasseste Form des »unterteilten« Brennraums. Allerdings nehmen sie nur einen Bruchteil der Zylinderfüllung auf — im Gegensatz zu »Wirbelkammern« oder »Wälzkammern«, in die weit mehr, manchmal der größte Teil der Luftmenge einströmt. Der weite, wenig bremsende Verbindungskanal mündet tangential — seitlich außen — und erteilt der Luft eine kräftige kreisende Bewegung, so daß möglichst viele dorthin eingespritzte Kraftstofftröpfchen »ihren« Sauerstoff treffen. Dabei entstehen Luft- und Gasgeschwindigkeiten bis zu 250 m/sec.

VON LUFTZAHLEN UND DIESELQUALM

Ottomotoren zünden nur zuverlässig und arbeiten einwandrei, wenn zur Verbrennungsluft stets die »richtige«, wohldosierte Kraftstoffmenge hinzukommt — oder umgekehrt zum Kraftstoff die passende Luftmenge. Dagegen laufen Dieselmotoren grundsätzlich mit voller Füllung, in der auch geringste Kraftstoffmengen ordentlich verbrennen. Nur wenige Typen, in Lastwagen und namentlich in Personenwagen, machen eine Ausnahme von dieser Regel, indem sie überhaupt eine Drosselklappe besitzen und bei geringer Belastung zugunsten der Laufkultur weniger (überflüssige) Luft ansaugen und durchpumpen.

Tatsächlich müssen die Luftzahlen in Ottomotoren den schmalen Bereich zwischen 0,8 (Luftmangel = reiches Gemisch) und 1,2 (Luftüberschuß = armes Gemisch) einhalten. In Dieseln erreichen sie Werte von 4 und noch darüber, gleichzusetzen mit einer hohen Kraftstoffausnutzung, also geringem Verbrauch, für den zusätzlich das hohe Verdichtungsverhältnis sorgt. Andererseits stoßen die Diesel-Luftzahlen an ihrer unteren Grenze auf Schranken, die kaum zu beseitigen und nur schwer herabzusetzen sind. Die herkömmlichen Direkteinspritzer benötigen Luftzahlen von 1,4 und darüber, während Vorkammermotoren auf 1,2 kommen.

Wiederum liegen Wirbel- oder Wälzkammermotoren mit kleinstmöglichen Luftzahlen von 1,3 bis 1,6 in der Mitte zwischen Direkteinspritzern und Vorkammermaschinen. Allerdings gilt der Bestwert von 1,4 für Direkteinspritzer nur dann, wenn die Verbrennungsluft im Zylinder dank »Schirmventilen« intensiv kreiselt — etwa mit der sechsfachen Kurbelwellendrehzahl! Natürlich schränken solche Schirmventile den guten Füllungsgrad ein, weshalb man sie mehr und mehr durch schraubenförmig gewundene Ansaugkrümmer und Einlaßkanäle ersetzt, die der Luft den nötigen Drall erteilen. Sie bremsen zwar weniger, erreichen aber den strömungsgünstigen Effekt von geraden, weiten Ansaugleitungen auf keinen Fall.

Freilich kostet der Verzicht auf den kräftigen Luftdrall noch mehr Leistung, weil Direkteinspritzer dann keine geringeren Luftzahlen als 1,7 oder 1,8 »vertragen«, ohne übermäßige Rußmengen zu bilden. So ist die Rußfreiheit — oder umgekehrt die Abgasschwärzung — für jeden Dieselmotor das Kriterium, das seine Leistung begrenzt, durchaus vergleichbar dem Klopfen in Ottomotoren.

Ruß besteht aus feinstem Kohlenstoff in fester Form, den allem Anschein nach die dieselmotorische Verbrennung unvermeidbar verursacht. Nur schwankt das Ausmaß von »unsichtbar« bis zu unerträglichem Qualm. Man kann es mit etlichen Verfahren exakt messen, am bekanntesten als »Schwärzungszahl« nach Bosch, mit Werten von 1 bis 3 für den guten, unsichtbaren Bereich und mit 7 bis 10 Einheiten für starke und stärkste Rußbildung. (Mit gleichartigen einfachen Verfahren regulieren Heizungsmonteure die Luftdosierung, den Brennstoffpumpendruck und die Flammenausbildung der Heizölbrenner auf ruß- und ölfreies Rauchgas.)

Die Größe der einzelnen Rußpartikel bewegt sich zwischen 0,01 und 0,05 »my«, d. h. einem und fünf Hunderttausendstel-Millimeter, so daß Billiarden und Trillionen zusammenkommen müssen, um als schwarze Wolke zu erscheinen. Indessen erklären sich solche unvorstellbaren Zahlen, wenn wir uns an die Billionen Moleküle erinnern, die jedes einzelne, nur 10 »my« große Kraftstofftröpfchen enthält. Es gelangt kalt in die hochverdichtete heiße Luft und kann sich erst entzünden, wenn es sich erwärmt und fortschreitend verdampft. In diesem Prozeß, wo an seiner Oberfläche zunächst einmal die Luftzahl »Null« existiert, unterliegt es verwickelten chemischen Reaktionen, in deren Verlauf ein Teil der Moleküle aufkrackt — d. h. regelrecht zerbricht — und den Kohlenstoff in Ruß verwandelt, bevor der Luftsauerstoff die erstrebte vollständige Verbrennung erzielt (zu Kohlendioxid und Wasser, die den Motor gas- bzw. dampfförmig verlassen).

Einen anschaulichen Vergleich zu der Rußbildung liefert jede sauerstoffarm eingestellte Feuerzeug- oder Schweißflamme. Sie beweist ferner, daß der Ruß nicht nur aus der flüssigen Kraftstoffphase entsteht, weil im Schweißbrenner Azetylen und Sauerstoff als reine Gase vorliegen. Nun verlangt die herkömmliche Gemischbildung im Dieselzylinder eine insgesamt geeignete Mischung (als »Makromischung«), dazu erschwerend das »richtige« Mischungsverhältnis an jeder einzelnen Stelle im Verbrennungsraum, sozusagen für jedes einzelne Kraftstoffmolekül (Mikromischung).

Zwar sind die einmal gebildeten Rußteilchen im weiteren Verlauf der Verbrennung und Kraftentfaltung nicht völlig untätig und nutzlos, aber sie reagieren sehr träge, zumal wenn die höchsten Temperaturen und Drücke schon überschritten sind, also bei zunehmendem Kolbenweg. Das gilt verstärkt — und in der Praxis vorherrschend, wenn irgendwelche Mängel im hochbelasteten Einspritzsystem auftreten, an der Pumpe oder den Düsen, oder wenn mechanische Fehler die ordentliche Verdichtung beeinträchtigen: undichte Kolben oder Ringe, durchblasende Ventile oder schon ungepflegte Luftfilter, welche die Füllung drosseln.

Wenn nämlich nur 1 Prozent der Vollast-Kraftstoffmenge den Auspuff als Ruß verläßt, ist die Abgasschwärzung unerträglich. Vergleichsweise kommt eine sichtbare Rußbildung in Ottomotoren allenfalls zustande, wenn eine übermäßig anreichernde Beschleunigungspumpe wenige Arbeitsspiele überfüttert oder — bemerkenswert — wenn bestimmte Motoren stark klopfen. Noch interessanter jedoch war die Abgastrübung, die bei der Entwicklung eines modernen Rennmotors oberhalb von 10 000 U/min einsetzte und wieder verschwand, nachdem man den Abstand der Einspritzdüsen vor den Einlaßventilen vergrößerte, für die Gemischbildung also etwas mehr Ansaugweg schuf, sprich Raum und Zeit!

Neben dem schwarzen, stets für übermäßige oder mangelhafte Einspritzung typischen Rauch produzieren manche Diesel gleich nach dem Anlassen oder bei geringer Belastung weißen oder blauen Rauch, dessen Erklärung beträchtlich schwieriger ist. Der blaue Rauch soll entstehen, wenn zwar eine Zündung erfolgt, dann aber infolge unzureichender Temperatur, etwa durch zu starke Abkühlung bei fortschreitendem Kolbenweg und Druckabfall, nicht die gesamte Füllung erfaßt. Den weißen Rauch schließlich erzeugen Startbedingungen mit gänzlich ungenügenden Temperaturen, wenn erst gar keine Zündung zustandekommt. Man darf ihn nicht mit dem simplen weißen »Wasserdampf« verwechseln, der aus einem kalten Otto-Auspuff entweicht, weil das Verbrennungswasser, vom Kraftstoff Liter um Liter erzeugt, den »Taupunkt« unterschreitet und zu Tröpfchen kondensiert. Daß die Auspuffanlage in diesem Stadium am meisten unter Rostangriffen leidet, liegt auf der Hand; allerdings geht es ihr hinterher, nach der Abkühlung, kaum besser.

Vernünftige Menschen passen sich der Welt an, unvernünftige versuchen ständig, die Welt sich selbst anzupassen. Daher entspringt jeder Fortschritt den unvernünftigen.
G. B. Shaw, 1856–1950

DER KRITISCHE KREIS: RAUCH — LAUFRUHE — VERBRAUCH

Wir sind mit dem Rauchproblem wieder einmal bei der verwickelten Gemischbildung im Dieselmotor angelangt und verstehen, daß der Zündverzug — die Zeit zwischen Einspritzbeginn und effektiver Zündung — auch gute Seiten entfaltet. Ohne ihn wäre die Gemischbildung aus purem Zeitmangel noch schlechter, ja unmöglich. Allerdings belastet auch das andere Extrem, zu großer Zündverzug, den Motor selbst und seine Umwelt beträchtlich. Die schlagartige Entzündung einer zu großen Kraftstoffmenge verursacht starkes Klopfen, den sogenannten Dieselschlag.

Die geregelte, klopffreie und darüber hinaus »weiche« Verbrennung bekundet das gute Zusammenspiel zwischen Motor und Kraftstoff, im Diesel wie im Ottomotor. Allerdings verhalten sich die positiven und negativen Einflüsse gegensätzlich. Ottokraftstoff muß ausreichend klopffest, Dieselkraftstoff hingegen zündwillig sein. Man könnte die Zündwilligkeit durchaus mit (niedrigen!) Oktanzahlen ausdrücken und reglementieren, doch hat sich als Maßstab für die Praxis die Cetanzahl eingebürgert, die ein Prüfmotor mit Vergleichsmischungen aus zündwilligem Cetan (CaZ 100) und zündträgem alpha-Methylnaphthalin (CaZ 0) liefert (B. VIII.5). Die Cetan-

und Oktanskalen stehen sich leicht verschoben gegenüber, jedenfalls im Bereich zwischen OZ 80 = CaZ 20 und OZ 0 = CaZ 60. Moderne Diesel-Schnelläufer beanspruchen Cetanzahlen zwischen 45 und 55, so daß höhere Werte gleichermaßen unrealistisch wie zwecklos wären.

Die Klopfneigung in Otto- und Dieselmotoren betrifft nicht nur die Ansprüche an ihre Kraftstoffe, sondern viele konstruktiven und betrieblichen Verhältnisse. Was die Otto-Verbrennung belastet — hohe Verdichtung, Füllung, Temperatur, aber niedrige Drehzahlen — fördert förmlich das Wohlbefinden der Diesel. Dafür treten dann im Leerlauf, also ohne Belastung, klopfende und »nagelnde« Geräusche auf, zwangsläufig verbunden mit hohen mechanischen Beanspruchungen, namentlich in kalten Maschinen, gleich nach dem Anlassen. Die übermäßige Wärme- und Druckentfaltung folgt unmittelbar dem ungebührlichen Zündverzug und eröffnet damit die Verbrennung. Das Otto-Klopfen, als Selbstzündung von »Restgas«, tritt dagegen erst am Ende der (fremdgezündeten) Verbrennung auf.

In den Vor- und Wirbelkammern der renommierten PKW-Diesel, wo es nicht nur beim Kaltstart und Anwärmen auf optimale Laufruhe ankommt, fanden außer den Glühkerzen zusätzliche »Heißstellen« Eingang. Entweder als hocherhitzte Kugelstifte im Bereich des Einspritzstrahls oder als Stabglühkerzen mit entsprechender Länge (B. IX.6); offenliegende Drahtwendeln wären für solche enormen Beanspruchungen zu empfindlich. Zusammen mit einer relativ späten Einspritzung ergibt sich ein sanfter Druckanstieg, der die Ganghärte — ganz allgemein — noch stärker beeinflußt als der effektive Höchstdruck bei der Verbrennung. Allerdings verursacht diese Tendenz sowohl einen gewissen Mehrverbrauch als auch eine stärkere Ruß- und Rauchbildung bei hoher Belastung, unabhängig davon, daß alle unterteilten Verbrennungsräume im Vergleich mit einer direkten Einspritzung etwas unwirtschaftlicher arbeiten, Nutzleistung verzehren und mehr Kühlung beanspruchen. Dafür ermöglichen sie bessere Füllungsgrade und weitaus höhere Drehzahlen.

Denn die Faktoren Kraftstoffverbrauch, Abgasschwärzung und Laufruhe bilden in jedem Dieselmotor ein Dreiecksverhältnis: Zwar kann der Konstrukteur je nach Bedarf und Ziel eine einzelne Ecke verschieben, doch kaum, ohne eine zweite — oder beide anderen — in einer ungewünschten Weise zu verändern. Das beginnt mit der Auswahl des Verbrennungsverfahrens, mit direkter oder indirekter Einspritzung, und betrifft sodann einflußreiche Kompromisse in mancher Beziehung. Zum Beispiel bei der Form und Aufteilung der Verbrennungsräume, die bei direkter Einspritzung meistens und großenteils im Kolbenboden liegen. Dann folgt die erwähnte Gestaltung der Ansaugwege entweder für beste Füllung oder für starken Drall. Dann die zweckvolle Höhe des Verdichtungsverhältnisses mit allen Vor- und Nachteilen ...

Die Zylinderabmessungen mit Hub, Bohrung und Hubverhältnis spielen eine eigene Rolle, weil große Zylinder und Hubverhältnisse — anders als in Ottomotoren — Vorteile vermitteln. Sowohl in einem großen wie auch in einem langhubigen Zylinder ergeben sich, im Verhältnis zum Inhalt, günstige, kleine Wandflächen für den Verbrennungsraum. Wenn man bei einzelnen Dieselschnelläufern dennoch den Hub verkürzt — oder für vermehrten Hubraum allein die Bohrungen erweitert, dann mit dem Ziel mäßiger Kolbengeschwindigkeiten trotz höherer Drehzahlen.

Schließlich unterliegt die Ventilsteuerung von Dieselviertaktern ihren besonderen Gesetzen. Wegen der hohen Verdichtungsverhältnisse hängen zwei, gelegentlich auch vier Ventile pro Zylinder parallel im flachen Kopf, an den die Kolben millimeternah heranfahren — bis auf das sogenannte Spaltmaß. Für eine nennenswerte Überschneidung der Steuerzeiten finden die Ventile gar keinen Platz; denn Rezesse im Kolbenboden wären ebenso ungünstig wie zurückverlegte Ventilsitze.

Die eminente Bedeutung des Einspritzsystems, das älteste aller Dieselprobleme, gipfelt in der Anordnung und Charakteristik der Einspritzdüsen, mit dem Beginn, Verlauf und Ende der Kraftstoffzufuhr; der enge Zusammenhang zwischen Einspritzung, Gemischbildung und Verbrennung steht außer Frage — bis auf die Einschränkung im nächsten Abschnitt.

Doch ungeachtet der tiefgründigen Problematik übertrifft der moderne Dieselmotor seine fremdgezündete Konkurrenz im Verbrennungsablauf klar: »Vergleicht man nur einmal eine ganze Serie von hintereinander aufgenommenen Diesel-Diagrammen (die eben den Verbrennungsverlauf offenbaren) mit solchen von Ottomotoren, so fällt die absolut gleichmäßige Struktur der Dieseldiagramme auf. Immer bei vollgeöffneter Drossel, bei zwangsweise pro Zylinder dosierter und zeitlich genau begrenzter Einspritzmenge, ohne den Schwankungen eines mechanisch gesteuerten Zündfunkens zu unterliegen — weil nämlich keiner da ist — hat der eingespritzte Kraftstoff nur auf die Luft-Temperatur zu warten, die ihn aufbereitet und dann entzündet.«

»Welch ein primitiver Verbrennungsablauf findet dagegen im Ottomotor statt! Hier haben wir einmal viel, einmal wenig Verbrennungsluft, große und kleine Einströmgeschwindigkeiten, die Entstehung einer gleichmäßigen Kraftstoff-Luftmischung rein vom Zufall abhängig. Wir finden schwache und starke Zündfunken, noch dazu zeitlich unexakt. Es ist eigentlich erstaunlich, daß so ein Motor überhaupt befriedigend läuft!« Heinz Hoffmann, der diesen Vergleich (Ende 1957) anstellte, war dafür ohne Zweifel kompetent — als langjähriger Chef des gesamten Daimler-Benz-Motorenversuchs, in dem, damals noch ziemlich selten in der internationalen Praxis, nebeneinander Otto- und Dieselmotoren heranreifen.

Doch zurück zu den ersten LKW-Dieselmotoren von 1923 (S. 180), denen ein echter Serienbau erst nach fünf Jahren folgte, nachdem Bosch die Produktion von Einspritzpumpen und -düsen aufnahm: ab 1927 entstanden binnen drei Jahren (insgesamt) 10 000 Pumpen, 1934 — 100 000, 1938 — 300 000 und 1950 eine Million, wie man in der Biographie »Robert Bosch, Leben und Leistung« aus der Feder des Journalisten und späteren Bundespräsidenten Prof. Theodor Heuss nachliest. (Übrigens enthielt das Handbuch des RDA [s. S. 70] für 1928 nur ein einziges Diesel-Fahrzeug — den MWM-Schlepper »Motorpferd« mit einem 4,4-l-Zweizylinder [125 × 180 mm] für 18 PS [13 kW] bei 750/min). Andere in- und ausländische Einspritzpumpen erscheinen im nächsten Kapitel.

Nachdem die unvermeidlichen Kinderkrankheiten der neuen Motoren ausge-

IX.7 Die ersten Benz-Fahrzeugdiesel (mit Vorkammern und jahrelang eigener Einspritzanlage, Einspritzpumpe mit verstellbarem Hub) gelangten 1922 in Schlepper, dienten später ortsfesten Antrieben. Die Zweizylinder besaßen 5,8 l Hubraum (135 × 200 mm) für 30 PS (22 kW) bei 800/min. Der erste Motorpflug wurde im Juni 1922 bei einer Messe in Königsberg für 165 Millionen Mark verkauft.
Die unmittelbar folgenden LKW-Vierzylinder leisteten (mit 8,9 l, 125 × 180 mm) 50 PS (37 kW) bei 1000/min.

merzt waren, erlebten Nutzfahrzeug-Diesel mit dem Beginn der 30er Jahre eine erste Blüte – bei Büssing, Deutz, Henschel, Junkers, Krupp, MAN, Mercedes-Benz und MWM – in England bei Gardner, Perkins und Leyland, teils als Direkteinspritzer, teils mit Ricardos Wirbelkammern, wie auch bei Berliet in Frankreich, bei FIAT (mit Direkteinspritzung) und OM (mit Saurer-Patenten) in Italien, bei Scania (ab 1936 mit Vorkammern) in Schweden und sogar, ungeachtet der billigen Kraftstoffe, bei Cummins und Mack in den USA.

Mit den verschiedenen Gemischbildungsverfahren, Direkteinspritzern oder Motoren mit Vor-, Wirbel- und Wälzkammern oder auch mit den noch zu erläuternden Luftspeichern, versuchte man fortan, die Nachteile eines jeden Systems zu vermindern, ohne seine speziellen Vorzüge zu verlieren. Jedes »Lager« erzielte bemerkenswerte Fortschritte – kein Wunder, daß den alten, wieder aktuellen Wunsch von Ludwig Lohner nach einem Dieselmotor für Personenwagen, trotz der Skepsis vieler Fachleute, 1936 gleich zwei Marken erfüllten: Daimler-Benz und Hanomag, nachdem neun Jahre vorher bei Bosch der Versuch, einen 2,1-l-Stoewer-Vierzylinder auf Dieselbetrieb umzubauen, erfolglos verlief. Nun arbeiteten beide Vierzylinder mit Vorkammern, der »260 D« mit 2,54 l Hubraum (90 × 100 mm) für 33 kW (45 PS) bei 3000/min, der Hanomag mit 1,9 l (80 × 95 mm) für 26 kW (35 PS) bei derselben Drehzahl. Noch im gleichen Jahr kam aus Hannover ein 3-l-37 kW-Sechszylinder (50 PS) hinzu, doch blieben die Stückzahlen gering, während die Untertürkheimer Diesel trotz ihres recht rauhen Laufs gefragt waren, vor allem als Taxen wegen ihrer langen Lebensdauer. Peugeot offerierte 1938 einen Diesel im »Kastenwagen«.

Ab 1949 ersetzte ein Mercedes-Benz 170 D den größeren Vorläufer, als Fundament für viele stärkere Nachfolger, während bei Hanomag ein neuer PKW-Bau (mit einem interessanten Dreizylinder-Zweitakter) scheiterte – und mit neuen Diesel-PKW Borgward die Vakanz füllte, dazu FIAT und bald danach Peugeot, weitere englische und französische Marken – erst ab 1976, aber mit größten Serien, VW.

*Wer stark ist, kann sich erlauben,
leise zu sprechen.*
*Theod. Roosevelt,
US-Präsident, 1858–1919*

DAS MAN-M-VERFAHREN

Unverändert kollidieren die drei kritischen Faktoren Rauch, Laufruhe und Verbrauch miteinander, auch mit den Kugelbrennräumen im Kolbenboden, die sich bei in- und ausländischen Direkteinspritzern durchsetzten — bei der MAN seit 1937 als »G«-Motoren (G = Globus). Schnellere, bessere Gemischbildung verursachte einen steilen Druckanstieg, also stärkere Geräusche und mechanische Beanspruchungen. Umgekehrt begünstigte ein kürzerer Zündverzug zwar die Laufruhe und den Verbrauch, aber mit vermehrter Rußbildung. Der Luftdrall im Zylinder war auf die rundum verteilten Einspritzstrahlen der Vier- oder Fünflochdüsen soweit abgestimmt, daß stärkere Luftbewegungen keinen Gewinn mehr brachten, sondern ähnliche Nachteile wie ungenügende Strömungen.

Diese Lehren veranlaßten die revolutionäre Folgerung, auf die Verteilung des Kraftstoffs in der Verbrennungsluft weitgehend zu verzichten und zur Gemischbildung den umgekehrten Weg einzuschlagen, »die Luft zum Kraftstoff« zu bringen. So wenig sich die MAN-»M«-Motoren (von 1954) äußerlich von ihren Vorgängern unterschieden, so drastisch war die Wandlung der motorischen Verbrennung in der offenen Kolbenkugel, die jetzt nicht mehr exzentrisch, sondern genau in der Mitte liegt, wie die Bezeichnung »M« für Mittenkugel bekundet. Zufällig — oder nicht — beginnt der Name des Erfinders mit dem gleichen Buchstaben: Dr. Meurer, der schon Dieselspezialist war, als er mit 30 Jahren zur MAN stieß, kurz nach der Erfindung der »G«-Motoren.

»Das schlichte Geheimnis des M-Motors beruht auf erweiterten und neuen Kenntnissen der Gemischbildung und Verbrennung und auf Untersuchungen über die künstliche Erzeugung von starken Luftströmungen durch Siegfried Meurer, einen engen Mitarbeiter und Nachfolger des 1951 verstorbenen Paul Wiebicke (der sich 25 Jahre lang um die MAN-Entwicklung große Verdienste erwarb). Man suchte und fand Möglichkeiten, mit geringem Verlust an Zylinderfüllung durch passende Form und Anordnung der Ansaugkanäle und andere Maßnahmen die Ladeluft in rasches Kreisen zu versetzen, so daß sie im topfartig vertieften Kolbenboden mit ihrem Glutwirbel die etwa sechsfache Motordrehzahl erreicht.«

»Nun kommt aber das Entscheidende: der Kraftstoff wird beim M-Motor nicht etwa in diesen Glutwirbel eingespritzt, dort zerteilt und verteilt. Ganz im Gegenteil, ein Schmierölstrahl spritzt den Kolbenboden von unten an und kühlt die Wände des Verbrennungsraums, in dem der Glutwirbel kreist, auf 340 Grad herunter. Dann jagt eine besonders gekühlte Einspritzdüse zwei grobe Kraftstoff-Strahlen auf kürzestem Weg unter 175 bar auf die senkrechten Wandungen des Kolbentopfes. Der Kraftstoff bildet dort einen (bei Vollast) 0,014 mm starken Film. Nur etwa 5 % der Kraftstoffladung verspritzen dabei in die Luft und verfallen natürlich sofort der Selbstzündung. Damit ist der Feuerkreisel gezündet. Der glühende, brennende Wirbel rast an dem allmählich verdamp-

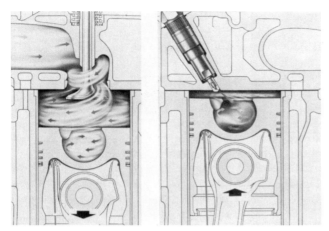

IX.8 Zwei Phasen des MAN-M-Verfahrens: links der Ansaugvorgang, bei dem die Drallkanäle eine starke gesteuerte Turbulenz erzeugen, rechts Einspritzung. Der Kraftstoff bildet auf der Wand des Kugelbrennraums einen Film, den der kreisende Glutwirbel schichtweise abträgt und verbrennt. Ölstrahlen kühlen den Kolbenboden von unten. Der Kolben trägt zuoberst einen Doppeltrapezring und läuft in einer »trockenen« Zylinderbüchse.

fenden Kraftstoff-Film vorbei und brennt ihn schichtweise sauber ab . . .«
»Daß die für die Zündung abgesplitterten 5% Kraftstoff bei ihrem Verbrennen im Glutwirbel das sonst bei Dieselmotoren auftretende Leerlaufklopfen, das »Nageln«, nicht hervorrufen können — dieses also wegfällt — leuchtet ein. Aber der neuartige Verbrennungsablauf hat noch andere Folgen: das Verbrennungsgeräusch verschwindet praktisch vollkommen, so daß Zahnrad- und Ventilgeräusche vordringlich werden. Zudem verhält sich der Motor geradezu dampfmaschinenähnlich . . . und arbeitet mit ungewöhnlich günstigem Verbrauch . . .«
Diese treffende Beschreibung stammt von Walter Ostwald, dem 1958 verstorbenen Sohn des Chemie-Nobelpreisträgers Wilhelm Ostwald; »Wa. O.« kam von der Chemie zum Verbrennungsmotor und — Fachjournalismus, entwickelte das Benzol an maßgeblicher Stelle zu einer wertvollen Kraftstoffkomponente und erkannte wie kaum ein zweiter die vielfältigen Wechselwirkungen zwischen Motoren und Kraftstoffen.
Die folgende Entwicklung der M-Motoren zielte zwecks höherer Leistungen auf vermehrten Luftdurchsatz (auch ohne Aufladung). Dazu züchtete man die Drallkanäle auf höheren Liefergrad, vor allem mit abgestimmten Längen (also Eigenschwingungen der Gassäulen), und faßte sie in zwei Gruppen für je drei Zylinder zusammen. Das Ergebnis bildeten 1962 die HM (Hochleistungs-M-) Motoren, die ohne höhere Spitzendrücke (als 80 bis 90 bar) auf Mitteldrücke von 10 bar und Verbrauchswerte bis zu 215 g/kWh kamen.
Nach weiteren zehn Jahren erhielten die M-Motoren, abgesehen von der üblichen Entwicklung und Ausreifung, in den Brennräumen eine treppenförmige Stufe mit scharfen Kanten, von denen sich der Kraftstoffilm leichter löst und besser vermischt. Der Motor erzeugt damit höhere Leistung, weniger Rauch und bessere Abgase.
Schließlich erschien zur Frankfurter Ausstellung 1981 ein von MAN entwickelter Vierzylinder mit direkter Einspritzung in Mittenkugeln nach einem neuen CDI-Verfahren (Controlled Direct Injection) sogar in einem prominenten Personenwagen: freilich keinem Serienmodell, sondern einem For-

schungswagen, an dem (neben den »Auto 2000«-Entwürfen von Audi, VW und Daimler-Benz) eine Gemeinschaft von vier deutschen Hochschulinstituten arbeitet. Das »Fundament« des 2,5-l-Citroën-Diesels trägt hier, statt der serienmäßigen ohv-Steuerung, einen Leichtmetallkopf mit obenliegender, von Zahnriemen in zwei Stufen getriebener Nockenwelle und soll mit Turboaufladung 72 kW (98 PS) bei 4300/min entfalten. Der Motorraum ist zur Geräuschdämpfung als Wärme- und Schallkapsel ausgebildet, die sich unten rund um den zentralen Auspuffstrang fortsetzt, wie zwei Jahre später im Mercedes 190 D serienmäßig.

DIE MODERNEN ALLESFRESSER: VIELSTOFFDIESEL UND FM-ZWITTER

Die erwähnte »Kraftstoffgleichgültigkeit« wurde in den fünfziger Jahren ein ebenso aktuelles wie umstrittenes Thema. Sie war seit den Anfängen des Motorenbaus der ureigene Vorzug der Glühkopfmotoren, doch kam jetzt als Basis für einen »Vielstoffmotor« nichts anderes als ein Diesel in Betracht, obwohl es technisch und ökonomisch a priori ein Widersinn ist, Motoren mit hochentwickelten, teuren Ottokraftstoffen zu betreiben, die mit einfachem, billigerem Dieselkraftstoff erheblich besser arbeiten*). So entstand dann auch der vielzitierte Vergleich, ein mit Hochoktanbenzin laufender Diesel sei einem Raucher ähnlich, der eine echte Havanna zerbröselt und damit seine Pfeife stopft.

*) Hier sind natürlich echte Kraftstoffkosten gemeint, nicht die durch hohe Steuern vermehrten und verzerrten!

Motoren nicht nur mit herkömmlichem, für sie geeignetem Kraftstoff zu füttern, sondern mit einer Speisekarte, die vom Gasöl über Kerosin (Leucht- und Motorenpetroleum, Düsentreibstoffe), verbleiten und unverbleiten Ottokraftstoff bis zu hochoktanigem Superbenzin und sogar Alkoholmischungen reicht — und auf der »schweren« Seite noch bis zu dünnflüssigem Schmieröl ... das war naturgemäß eine Forderung der militärischen Planung in West und Ost, Nord und Süd, die man danach auf allgemeine, auch zivile Krisenverhältnisse erweiterte. Das Resultat stellte vielen Dieselfirmen ein Zeugnis aus, dessen Glanz allenfalls darunter litt, daß die breite Öffentlichkeit an diesen großen Aufgaben und Erfolgen — verständlicherweise — wenig Anteil nahm.

Zwar könnte man mit einiger Wahrscheinlichkeit (und großem Aufwand) auch Ottomotoren auf Vielstoffbetrieb züchten — aber kaum mit der unübertrefflichen Sparsamkeit des Dieselmotors. Kompensiert doch der geringe Verbrauch sogar sein erheblich höheres Gewicht, wenn die Transportaufgaben große Reichweiten und Kraftstofftanks verlangen! Nicht zu übersehen, kommen Diesel dank der besseren Wärmebilanz mit einem kleineren Kühlsystem aus als gleichstarke Ottomotoren.

Mit der besonderen Eignung für Vielstoffbetrieb hob sich der MAN-M-Motor von Anfang an vorteilhaft von den damaligen Direkteinspritzern ab, so daß die gesamte heimische Konkurrenz noch lange bei ihren unterteilten Verbrennungsräumen blieb: Daimler-Benz bei der traditionellen Vorkammer, Klöckner-Humboldt-Deutz, wie die älteste Motorenfabrik der Welt inzwischen heißt, bei einer Wirbelkammer, und MWM, als vierte, bei einer

Vorkammer-Ausführung, die mit dem Hauptbrennraum durch einen relativ weiten Kanal in Verbindung steht und den Namen »Gleichdruck-Vorkammer« erhielt. Die Drosselverluste und die Aufheizung des Zylinderkopfs sind geringer.

Ohne ausgeprägte Vielstoffeignung ergab sich ein anderes Bild: Nachdem MAN mit dem M-Verfahren eine neue Direkteinspritz-Ära einleitete, mußte die Konkurrenz Paroli bieten, stieß aber bei der Leistungssteigerung offenbar an die Grenzen der »Kammermotoren«. Deren höhere Verbrauchswerte und die stärkere Wärmebelastung der Zylinderköpfe, Kolben und Kolbenringe stellten die unbestreitbaren Vorzüge in den Schatten. Auch dominierte im ausländischen Motorenbau schon seit Jahrzehnten die Direkteinspritzung, auch wenn man etliche Ricardo-Wirbelkammern in England und (als »Comet V«) im Opel-PKW-Diesel von 1972 sowie ein paar britische und amerikanische Luftspeichermotoren angemessen registrierte.

So brachten in den sechziger Jahren alle großen deutschen Dieselhersteller neue Direkteinspritzer auf den Markt, nach langen Versuchen, die den harten Gang und schlechteren Start bekämpften. Zwei Umstände machten sich dabei bezahlt: die wichtigen Erkenntnisse aus dem Vielstoffbetrieb und die auf breiter Front vordringende Dieselaufladung.

Insgesamt war der Weg zum Vielstoffbetrieb weit und dornenreich — und wird es gewiß bleiben. Schon die Selbstentzündungstemperatur, für Dieselkraftstoff etwa 350° C, aber für Markenbenzin um 550, läßt die großen Probleme bei der Umstellung ahnen. Überall mußte die Entwicklung den harten Motorlauf bekämpfen, den träg zündende Kraftstoffe verursachen. Noch höhere Verdichtungsverhältnisse, Temperaturen und Spitzendrücke, stärkere und neuartige chemische Angriffe verlangten nach »exotischen«, teuren Werkstoffen, die den Lieferanten von Auslaßventilen für Rennmotoren oder von Gasturbinenschaufeln eher geläufig waren als den Dieselkonstrukteuren. Einspritzpumpen erforderten, um anstandslos Benzin statt Gasöl zu fördern, die Druckschmierung der jüngeren Otto-Einspritzpumpen — und auch der Kaltstart zusätzlichen technischen Aufwand.

Doch trotz aller Mühen und Versuche stieß die hohe Klopffestigkeit von Superbenzin hart auf die Grenzen des Vielstoffbetriebs, etwa bei Verdichtungsverhältnissen bis zu 25 : 1 und mit extremen Verbrennungsdrücken. Aber könnte man nicht, um einen Motor völlig unabhängig vom Klopf- und Zündverhalten des Kraftstoffs zu machen, auf die Selbstzündung verzichten und eine Fremdzündung vorsehen, wie es im Prinzip schon Rudolf Diesel — damals erfolglos — versuchte?! — Nun, die MAN hat es gemacht und die fremdgezündete »FM«-Maschine 1965 aus der Taufe gehoben. In die Kolbenkammer hinein, eben die »Mittenkugel«, gegenüber der Einspritzdüse, ragt eine Spezialzündkerze. Zu ihr leitet eine Nut eine kleine Menge vom aufgespritzten Kraftstofffilm. An der Kerze gezündet, entflammt sie dann das übrige an der Wand konzentrierte Gemisch.

»Wir konnten das Verdichtungsverhältnis auf 14 : 1 bis 17 : 1 herabsetzen, wie gerade noch erforderlich, um den höchsten thermischen Wirkungsgrad zu erreichen«, so berichtete Dr. Meurer. »Der FM-Motor läuft ebensogut mit Gasöl wie mit Benzin. Wichtig

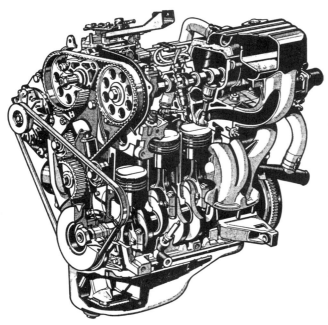

IX.9 Der kleinste Dieselmotor (als Fahrzeugantrieb und Gegenstück zum größten Schiffsdiesel in B. IX.2) ging 1981 als FIAT »127 D« in Serie und bekundet die (neben VW) engste Verwandschaft mit einem vorhandenen Ottomotor. (Er stammt aus dem brasilianischen Tochterwerk Fiat-Automoveis, das den 1,05-l-127 mit längerem Hub [71,5 statt 58 mm] bei unveränderter Bohrung 76 mm und 1301 cm^3 Hubraum ausstattet.)
Sogar die Ventile hängen nicht vertikal, sondern im Winkel von 12 Grad im Leichtmetallzylinderkopf, den zusätzliche Stehbolzen auf den Motorblock aus legiertem Gußeisen spannen. Er wurde durch Rippen verstärkt, die Pleuel verkürzt, aber die Kolben verlängert, die fünffach gelagerte Kurbelwelle mit einem Drehschwingungsdämpfer und schwereren Schwungrad ausgestattet, womit das Gewicht um 19 kg (auf 113) anstieg, zumal auch Anlasser, Lichtmaschine und Batterie schwerer, Öl- und Kühlwassermenge größer ausfallen. Der Wagen selbst wiegt 100 kg mehr – dank Dämmstoffen, Verstärkungen und 10 cm längerer Karosserie.
Ein Zahnriemen läuft über die Nockenwelle, eine Bosch-Verteiler-Einspritzpumpe (B. X.6), eine Hilfswelle für den Ölpumpenantrieb und Spannräder, während der Keilriemen davor zur Wasserpumpe und Drehstromlichtmaschine geht. Die patentierte Zweistufen-Vorkammer aus wärmefestem Stahl arbeitet mit erheblich geringerer Turbulenz als Ricardo-Wirbelkammern, wonach die Flamme durch einen exzentrischen Kanal in den Hauptbrennraum schießt und erst dort starke Wirbelung auslöst, zugunsten von Leistung, Laufruhe und Abgasqualität. Der Motor steht mit 33 kW (45 PS) bzw. einer Hubraumleistung von 25,5 kW/l (34,6 PS/l) und der ebenfalls beachtlichen Nenndrehzahl von 5000/min zu Buch.
Dieselbe Leistung (bei 4900/min) entfaltet ab 1986 der mit 1,27 l (75 × 72 mm) noch etwas kleinere VW-Diesel im Polo. Mit nur 986 cm^3 (76 × 73 mm) traten Daihatsu-Diesel und Turbodiesel an, aber in nur drei statt vier Zylindern. In ähnlicher Form sind in aktuellen europäischen »Forschungsmotoren« eher die Zylinderzahlen als die Einzelhubräume reduziert.

ist neben dem Vielstoffcharakter die Tatsache, daß die Abgase unvergleichlich weniger giftige Bestandteile enthalten ... Schließlich sind dem FM-Verfahren hinsichtlich der Drehzahlen – und damit auch hinsichtlich der spezifischen Leistungen und Gewichte – nicht mehr die für den Dieselmotor geltenden Grenzen gesetzt. Schon die ersten Ergebnisse ließen erkennen, daß eine wesentliche Milderung der kritischen Abgassituation möglich ist, ohne auf die positiven Eigenschaften der bisherigen Motorenarten verzichten zu müssen.«

Außerdem erforschte und praktizierte man, bei der MAN und anderen Firmen, eine neuartige »Abgasrückführung«: ein Teil der Auspuffgase, je nach Motorbelastung mehr oder weniger, je nach den Umständen auch heiß oder abgekühlt, strömt in die Einlaßkanäle zurück. Entweder wird die Verbrennungsluft zur Verarbeitung von leichten und zündunwilligen (klopffesten) Kraftstoffen aufgeheizt — der Zündverzug kürzer und der Druckanstieg milder oder, nicht minder wichtig, die »Abgasqualität« besser.

Glück ist meistens ein Sammelbegriff für Können und Wissen, Fleiß und Ausdauer.
CH. F. Kettering, 1876–1958

VON KALTSTARTS MIT KUNSTGRIFFEN UND DER GROSSEN DIESELKONJUNKTUR

Der prominente süddeutsche Versuchsleiter, der in seinen Wagen zum gewohnten Skiurlaub einen zweite große Batterie einbauen ließ – zweckmäßig noch hinter der Antriebsachse, die für die Traktion auf Schnee und Eis ohnehin recht schwach belastet war – begegnete damit extremen klimatischen Verhältnissen in Graubünden. Denn starke »Benziner« kranken selten an einem unterdimensionierten Sammler oder Bordnetz.

Dagegen erscheint der zuverlässige Start von Dieselmotoren bei strengem Frost schon als ein Kraftakt, weil eiskalte Zylinder trotz der hohen (das flotte Durchdrehen erschwerenden) Verdichtungsverhältnisse die nötigen Zündtemperaturen in Frage stellen. Die meisten Dieselwagen erhalten deshalb, nicht nur für »kalte« Länder, stärkere Batterien als ihre fremdgezündeten Geschwister.

Überdies bereiten Vor- und Wirbelkammern eher Kaltstartprobleme als Direkteinspritzer mit erheblich kleineren Wandflächen. Die zwangsläufig größeren kühlen die Füllung stärker ab und erschweren die ersten Zündungen. Deshalb besitzen alle Vor- und Wirbelkammern als Anlaßhilfe eine Glühkerze.

Beim »Vorglühen« erreichen die Heizelemente bis zu rund 1000 Grad Celcius und garantieren einen spontanen Start (in jedem gesunden Motor). Ungenügende Vorwärmung ist Sparsamkeit und Eile am falschen Platz: man provoziert damit heftiges Nageln, am Ende sogar ein »angeknacktes« Pleuellager oder gebrochene Kolbenringe!

Die erforderliche Glühdauer ist eine »Generationenfrage«. Ältere Glühkerzen veranlaßten noch eine »Diesel-Gedenkminute«, nämlich 40 bis 60 Sekunden je nach Motor- und Außentemperatur. Zusammen mit dem Diesel-Golf (1976) erschien, auch für die Konkurrenten, die zweite Generation, die in knapp 20 Sekunden wirkte, bis – nach nur weiteren drei Jahren – ein neuer Typ von Stabglühkerzen seine schwere Arbeit in 7 bis 10 Sekunden verrichtet, notabene mit hochentwickelten Werkstoffen und geeigneten Schaltrelais zur Beherrschung von Strömen bis zu 150 Ampere, möglichst auch mit Signalen für den Ausfall einzelner Glühkerzen, deren Lebensdauer (von mindestens 15 000 Starts) zunächst etwas kritisch wurde ...

Nun finden solche Glühkerzen keinen Platz in Brennräumen, die in der Kolbenkrone liegen. Man braucht also ab minus 10, spätestens minus 15 Grad andere Kaltstarthilfen. Den ganzen Motor mit einem besonderen Vorwärmgerät aufzuheizen, funktioniert zuverlässig, wo die Verhältnisse und die nötige Ausrüstung es erlauben – oder wo sibirische Kälte es erzwingt. Einen geeigneten Anlaßkraftstoff, vorzugsweise mit Ätheranteilen, in die Ansaugrohre einzuspritzen, hat sich ebenfalls bewährt – am elegantesten mit einer fest eingebauten Anlage, die man vom Armaturenbrett aus in Betrieb setzt.

Eine weitere Kaltstarthilfe für Dieselmotoren mit direkter Einspritzung arbeitet mit einer »Flammglühkerze« im Ansaugrohr jeder Zylinderreihe. Vor dem Anlassen fließt eine geringe Brennstoffmenge aus einer Düse auf die Glühkerze, verdampft, zündet und brennt dort solange, bis der Motor ordentlich läuft und die »Hilfsverbrennung« ausgeschaltet wird. Mit dem mehr oder minder schnellen Anspringen ist es noch nicht getan – der Motor muß danach, oder auch nach langem Leerlauf, rasch volle (oder mindestens gute) Leistung entfalten. Das dauert mit zündträgen Kraftstoffen bedeutend länger als mit Gasöl, und so wurde diese Zeitspanne auch ein Maßstab für die Vielstofftauglichkeit von Dieselmotoren.

Daß leichtere und leichter siedende Kraftstoffe bedeutend tiefere Temperaturen ertragen, in der Praxis überhaupt keine Paraffine ausscheiden und damit die Filter verstopfen können – wie Gasöl, steht auf einem anderen Blatt. (Nach deutschen Normen muß Dieselkraftstoff im Winter mindestens bis $-12°$ C filtrierbar sein, im Sommer jedoch nur bis zu $0°$ C!). Der Zusatz von 50 % Petroleum, durchweg die erlaubte Höchstmenge, verbessert das Fließverhalten bis ca. $-28°$ (mit 30 % bis ca. $-22°$). Etwas weniger Erfolg bringen 30 (20) % Normalbenzin, aber mit deutlichen Nachteilen hinsichtlich Zündwilligkeit, Motorlauf, Minderleistung und Mehrverbrauch. (Außerdem fallen solche Mischungen in die Gefahrklasse A I statt A III).

Diesen Behelf erspart ab 1987 eine neue Generation von »Super-Dieselkraftstoff« (im Ausland zuweilen als »arctic« bezeichnet). Entsprechend raffiniert und entparaffiniert, auch mit fließverbessernden Additiven ausgestattet (chemischen Zusätzen vergleichbar denen in Ottokraftstoffen und, vor allem, in HD-Ölen), fließen sie bis -20 °C und noch darunter.

Neben der Chemie hilft Physik: da beziehen Dieselfahrzeuge eine Heizung des Kraftstoffs gleich neben dem Tank, da liefern Bosch und Zubehörfirmen »Dieselheizer« mit dem Kraftstoffilter kombiniert.

M-Motoren benutzen als bemerkenswerte Kaltstarthilfe – neben beträchtlich vergrößerten Einspritzmengen – »Drallbremsen«, welche die in den Zylinder strömende Luft umlenken und dem Kraftstoffstrahl entgegenrichten. Das M-Prinzip mit der ausgeprägten »Wandverteilung« des verdampfenden Kraftstoff-Films wird dadurch mehr oder weniger unwirksam zugunsten der herkömmlichen »Luftverteilung« und unmittelbaren Zerstäubung. Falls Schirmventile den Luftdrall verursachen, müssen sie für den Kaltstart um 180 Grad gedreht werden; kommt jedoch die Luftdrehung in Drallkanälen zustande, so wird sie in schwenkbaren Klappen, die ähnlich Drosselklappen kurz vor den Einlaßventilen sitzen, »ausgebügelt«.

Wieder ein anderes Kaltstartgerät speist einen kleinen Brenner für das Ansaugsystem mit Gasöl und Druckluft, die ja in jedem Lastwagen für die Servo-Bremsanlage zur Verfügung steht. Der Brenner erhitzt vornehmlich

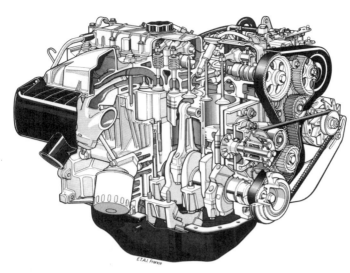

IX.10 Nachdem Renault sein ursprüngliches (in Frankreich traditionelles) Sparkonzept auf hochverdichtete Superbenzin-Motoren konzentrierte, ergänzten Selbstzünder die Motorenpalette erst 1980 mit einem 2,1-l-Leichtmetall-Diesel auf der Basis eines 2-l-Ottomotors. Dabei verschoben sich die Hauptabmessungen von 88 Ø x 82 mm auf 86 Ø x 89 mm, also zu einem leichten Langhubwert, nicht zuletzt, um der Zylinderkopfdichtung über den »nassen« Laufbüchsen trotz vermehrter Befestigungsbolzen eine breitere Auflage zu bieten.

Die fünffach gelagerte Kurbelwelle aus Kugelgrafitguß erhielt acht statt vier Gegengewichte, die Pleuel ein stärkeres Profil, der Leichtmetallkopf senkrecht und parallel hängende Ventile (statt V-förmig angeordneten unter spiegelbildlich schwingenden Kipphebeln). Dafür wurde der Zahnriementrieb verwickelter; er umfaßt neben der Nockenwelle, einer Hilfswelle für den Ölpumpenantrieb und Spannrollen die Bosch-Verteilereinspritzpumpe. Eine Kontrollampe meldet die ausreichende Wirkung der Schnellglühkerzen, die in Ricardo-Comet-Wirbelkammern münden (B. IX.6). Zur Lichtmaschine und Wasserpumpe führt vorn der übliche Keilriemen mit dem modernen »aufgelösten« Innenprofil.

Der 150 kg schwere Diesel (gegenüber 119 des Ottomotors) entfaltet 49 kW (67 PS) bei 4500/min und 127 Nm Drehmoment schon bei 2250/min. Für das Renault-Flaggschiff des Typs »30« erhielt er einen Turbolader mit (erstmalig bei PKW-Diesel) Ladeluftkühlung, geschmiedeter Kurbelwelle, ölgekühlten Kolben, einen Ölkühler und größeren Wasserkühler, gut für 63,5 kW (86 PS) bei 4250/min.

Seither entstanden turbogeladene PKW-Diesel weltweit zu Dutzenden, teilweise mit Ladeluftkühlung, die sich auch bei den stärksten LKW-Dieseln einbürgert (bei denen es zur Turboladung längst keine Alternative gibt).

Während die größten europäischen PKW-Diesel 3 l Hubraum besitzen, Toyota 3,4 l, baute General Motors (für fünf Marken) V-Achtzylinder mit 5,7 l (104 × 86 mm), 78 kW (106 PS) bei 3200/min (für Exportmodelle auch mit 90 kW bzw. 122 PS bei 3600/min) ... über 100 kg schwerer als gleichgroße Ottomotoren. Doch enttäuschten sie viele Kunden und schadeten nachhaltig dem Ruf der PKW-Diesel.

die Luftfilterpatrone (natürlich aus Metallgeflecht), die dann ihrerseits die Ansaugluft ausreichend erwärmt.

Dem erschwerten Start bei starkem Frost steht aber die fehlende Kraftstoffkondensation und Ölverdünnung vorteilhaft gegenüber und trägt anteilig zur hohen Lebenserwartung der Selbstzündergilde bei. Als weitere Stichworte sind die thermisch geringer belasteten Auslaßventile und Auspuffanlagen, die fehlende, zuweilen empfindliche Zündanlage und die von Einspritzpumpen verhinderten Überdrehzahlen aufzulisten – vor allem aber die gegenüber Ottomotoren erheblich geringeren Drehzahlen.

Indessen haben die sprunghaft angestiegenen Kraftstoffkosten und der Zwang zur Ökonomie den herkömmlichen Vergleich zu einem müßigen Unterfangen gestempelt und die Quote der PKW-Diesel rapide vergrößert.

Nun entstanden allein im Jahr 1980 in der westlichen Welt fast 6 Millionen Dieselmotoren, davon ein knappes Viertel als Pkw-Antriebe – und ein rundes Drittel mit Bosch-Ausrüstungen. In Deutschland kletterten die Produktionszahlen (denen die Bestandprozente natürlich stark hinterherhinken) von 2,5 auf 20 und mehr %.

Um die gerühmte Sparsamkeit der kleinen Dieselschnelläufer weiter zu verbessern – um glatte 10 % per saldo – arbeiten die namhaften Marken an der Direkteinspritzung als Ersatz für die »Kammermotoren«. Doch läßt die Serienreife anscheinend noch einige Jahre auf sich warten, weil die Laufruhe und das Abgasverhalten große Probleme bereiten.

Ansonsten ließen die Abgasgesetze Dieselmotoren lange Zeit ungeschoren. Das EG-Reglement bewertet bisher sämtliche Selbstzünder-Hubräume wie die mittlere PKW-Klasse von 1,4 bis 2 l, deren Grenzwerte leicht zu unterschreiten sind. Verglichen mit Katalysator-bestückten (!) Benzinern erzeugen Diesel weniger CO, etwas mehr HC, aber größere Stickoxidmengen, besonders bei direkter Einspritzung.

Dagegen bilden die emittierten Rußpartikel das Hauptproblem – schon weit unterhalb des sichtbaren Bereichs, der bei etwa 0,15 Gramm je Kubikmeter beginnt. Sie wirken – nach ihrerseits freilich umstrittenen Tierversuchen – krebsfördernd, eventuell »mutagen« (d. h. Erbanlagen verändernd), hemmen auch bei Pflanzen die segensreiche Sauerstoffproduktion.

Die amerikanischen Abgasgesetze, besonders wieder die kalifornischen, errichten den größeren PKW-Dieseln hohe Hürden: mit Partikelwerten von 0,2 Gramm pro Meile (in Kalifornien für 1989 sogar geplant 0,08). Die NOx-Werte kann eine Abgasrückführung (AGR, wie bei Ottomotoren) reduzieren – aber wohldosiert, damit nicht CO-, HC- und Rußmengen übermäßig ansteigen. Denn deren gegenseitige Anhängigkeit zeichnet wieder einmal einen Zielkonflikt. Katalysatoren können allenfalls Kohlenwasserstoffe mindern, nicht aber wegen des unumgänglichen Sauerstoff-Überschusses Stickoxide.

Zu den motorinternen Maßnahmen zählen die Formen der Brennräume und Vor- bzw. Wirbelkammern, höhere Einspritzdrücke und spezielle Düsenarten, der Verlauf der Einspritzung und besonders deren Beginn. Schon eine Verschiebung von plus/minus einem einzigen Kurbelwellengrad wirkt sich drastisch aus ... und gerade die steuert die elektronische Dieselregelung (EDR), zusammen mit der Leerlaufdrehzahl und Abgasrückführung. (Sie ging bei BMW in Serie, vorher bei USA-Exporten von Mercedes-Benz- und Peugeot-Turbodieseln).

Dabei werden zahlreiche Einflußgrößen erfaßt, z. B. durch Luftmengenmesser, Thermometer oder die Bewegungen der Düsennadeln (!) mit eingebauten Sensoren. Experten beziffern die Rußminderung durch EDR mit 15 bis 20 %, durch AGR mit 5 bis 10 %, durch Aufladung mit 10 % und durch Ladeluftkühlung mit weiteren 5 %. Auch spezielle Kraftstoffe stehen auf der Wunschliste der Motorenbauer – teilweise verwirklicht mit den erwähnten kältefesten »Super-Diesel-Sorten«.

Doch für die höchsten Barrieren und große PKW-Diesel führt, vergleichbar dem lambdageregelten Katalysator für stärkere Ottomotoren, kein Weg an Rußfiltern vorbei. Gleich hinter dem Motor eingefügt, gegebenenfalls noch vor dem Turbolader, enthalten sie einen Keramik-Monolithen, dessen wechselweise geschlossene Kanäle das Abgas durch die Poren zwingen. Das setzt natürlich, wie bei Katalysatoren, von vornherein recht saubere Abgase voraus, um nicht rasch zu verstopfen und den Motor förmlich zu strangulieren.

Das Dilemma besteht im regelmäßigen »Abbrennen« (einer thermischen Oxidation) der angesammelten Partikel, um eine höhere Lebensdauer (als etwa 10 000 km) zu gewährleisten. Die nötigen Temperaturen über 450 °C entstehen nämlich in der Dieselpraxis nur bei hohen Belastungen, müssen also künstlich erzeugt werden. Zur Senkung der Temperaturspanne um etwa 100° erprobt Mercedes-Benz (für Kalifornien-Exporte) mit Silizium und Vanadium beschichtete Keramikkörper, während VW mit einer minimalen Mangan-Einspritzung (aus einem kleinen Zusatztank) experimentiert. Schließlich offeriert Bosch elektrostatische Rußabscheider – mit großem Aufwand und der problematischen Rußrückführung in die Brennräume.

Die künftigen Grenzwerte für Dieselabgase in Deutschland und der EG befinden sich (auch 1988) noch mitten in der Diskussion. Doch die Konzentration der verschiedenen Vorschläge auf PKW-Diesel kommentierte ein großes Auto-Magazin unter dem Motto »immer auf die Kleinen« – mit dem Blick auf die dreimal höheren Emissionen der Nutzfahrzeuge und die rund hundertmal größeren der Kraftwerke und Industrieanlagen. Dort allerdings werden sie durch hohe Schornsteine abgeleitet und verteilt.

Die Diesel-Geschichte ist alles andere als abgeschlossen. Die Entwicklung schreitet, wie die des älteren Ottomotors, unaufhaltsam und aussichtsreich voran. Dem Kreis der »Kammermotoren« bleiben die Luftspeicher nachzutragen, was zusammen mit dem Namen Franz Lang und der Einspritzpumpenentwicklung geschehen soll.

Der »6. Grad« im Motorenbau: Einspritzanlagen

Die Diesel-Historie betont hinreichend die Bedeutung brauchbarer Einspritzpumpen und -düsen. Des Erfinders Kämpfe, häufige Resignation und vorzeitiger Tod beruhten nicht allein auf finanziellen Problemen oder Patentstreitigkeiten. Weder die Benzineinspritzung, die an frühen Flugmotoren (mit sehr geringen Einspritzdrücken) leidlich funktionierte, noch McKechnies Patente (S. 184) zerstreuten seine Zweifel. Überdies hatte ihn das schwache Echo auf seine hochpolitische Abhandlung »Solidarismus«, womit er das wachsende Sozialproblem lösen wollte, schwer enttäuscht. Der gleichaltrige Heinrich Zille (1858–1929) zeichnete es auf seine Art – erlebte aber den Siegeszug der kleinen schnellaufenden Dieselmotoren. Eine Parallele zu diesen beiden Zeitgenossen bilden der früh (an einem Leberleiden und Herzversagen) gestorbene N. A. Otto und der gleichaltrige Niedersachse Wilhelm Busch (1832 bis 1908) mit seinen ebenso humorvollen wie bitteren Lebensweisheiten.

VON EINSPRITZMENGEN UND DIESEL-VERBRAUCHSZAHLEN

Neue Erkenntnisse über die Gemischbildung und Verbrennung sowie fortgeschrittene Bearbeitungsverfahren wiesen der Dieseleinspritzung den Weg. Abgesehen von höheren Drehzahlen ging es um die präzise Dosierung des Kraftstoffs für jeden einzelnen Zylinder, für jede einzelne Verbrennung. Zwar waren die Einzelhubräume noch nicht so klein wie bei Personenwagen-Dieseln, doch für die damaligen Verhältnisse eine neue Größenordnung; denn die technische Entwicklung verlief, anders als bei den Ottomotoren, von großen, dampfmaschinen-ähnlichen Dimensionen zu immer kleineren und rascher laufenden Dieselmotoren.

Welche Kraftstoffmenge eine einzelne Verbrennung benötigt, kann man von zwei Seiten aus betrachten: entweder von der Zylinderfüllung her, die eine bestimmte Arbeit (oder Leistung) liefern soll, oder – einfacher – anhand des tatsächlichen Kraftstoffverbrauchs. So konsumiert ein Diesel-PKW mit z. B. 2 bis 2,5 Liter Hubraum, wenn er gleichmäßig mit 80 km/h dahinrollt, knapp 6 Liter Kraftstoff pro 100 Kilometer, also knapp 4,8 Liter pro Stunde. Folglich entfallen auf jeden seiner vier Zylinder stündlich 1200 cm^3. Da die zugehörige Drehzahl 2800/min beträgt, verarbeiten 1400 Arbeitsspiele ein Sechzigstel, d. h. 20 cm^3 – und jede einzelne Verbrennung gut 14 Kubikmillimeter. Ein Tropfen dieser Größe besäße 3 mm Durchmesser; aber es handelt sich ja um Millionen minimaler Tröpfchen, obwohl die Düsen in Vor- und Wirbelkammern den Kraftstoff lange nicht so fein zerteilen müssen wie etwa bei einer direkten Einspritzung.

Die Einspritzmenge von 14 mm^3 ist zufällig dreimal größer als die geringste, für den Leerlauf erforderliche, aber sie ist auch fast dreimal kleiner als die Vollastmenge, zumal der Motor für das gleichmäßige Rollen mit 80 km/h kaum 12 kW, also nur einen Bruchteil seiner vollen Zugkraft oder gar seiner Höchstleistung hergeben muß. Zum Beschleunigen oder Bergsteigen kann man bei denselben 2800 Touren schon weitere 20 kW mobilisieren, während die Höchstleistung dieses 40-kW-Motors bei einer gut 50% höheren Drehzahl zustandekommt (vgl. Abb. IV.3, VII.8).

Per saldo demonstriert der PKW-Diesel seine gerühmte Sparsamkeit nicht bei hohen Geschwindigkeiten, sondern im unteren und mittleren Bereich: bei 80 km/h beispielsweise verbraucht er 300 Gramm pro kW-Stunde, während der direkt vergleichbare Ottomotor etwa 25% mehr Kraftstoff benötigt, genau genommen 360 Gramm für seine kW-Stunde. Auf Liter umgerechnet wird der Unterschied noch größer, weil Dieselkraftstoff um 10% mehr wiegt als Superbenzin. Bei Preisvergleichen stören die von Land zu Land stark schwankenden fiskalischen Belastungen — andernfalls schneiden Diesel, wie früher bei uns, noch günstiger ab.

Oberhalb von 120 km/h und der dazu nötigen 30 kW nähern sich die Diesel- und Ottoverbrauchswerte bemerkenswert, weil verschiedene Umstände zusammentreffen: zunächst die (zu) kleinen Hubräume der Personenwagen-Diesel, von denen man in erster Linie beste Laufruhe und Leistung verlangt und deshalb bei »Kammermotoren« blieb. Ferner der etwas schlechtere mechanische Wirkungsgrad infolge der hohen Verdichtungs- und Verbrennungsdrücke. Sie verursachen größere Reibungsverluste als in Ottomotoren, die ihrerseits ökonomischer arbeiten denn jemals zuvor.

Hochverdichtete moderne Otto-Viertakter erreichen heute als Paradewert für den spezifischen Kraftstoffverbrauch 270 Gramm pro kW-Stunde, allerdings nur unter besonderen Bedin-

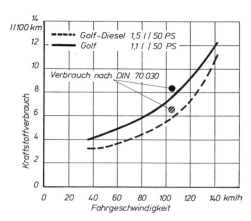

X.1 Verbrauchskurven zweier gleichstarker VW-Golf mit 1,1-l-Otto- und 1,5-l-Dieselmotor. (Das Mehrgewicht von 10 kg für den Dieselmotor und 25 kg für den Wagen ist bei gleichmäßiger Fahrt unbedeutend. Seit 1980 besitzt dieser VW-Diesel 1,59 l statt 1,47 l Hubraum).

Der eingetragene, veraltete und unrealistische »Normverbrauch« (bei 75% der Höchstgeschwindigkeit, aber maximal 110 km/h, gemessen und 10% der Meßmenge zugeschlagen) ist inzwischen ersetzt. Die neue Norm DIN 70030 (wie die europäische) mittelt drei Meßwerte: bei gleichmäßiger Fahrt mit je 90 und 120 km/h sowie bei einem »Stadtzyklus« unter genau definierten Bedingungen. Jeder Zyklus, nur in den unteren drei Getriebegängen absolviert, dauert 195 Sekunden und wird 11mal gefahren, 5mal zum Anwärmen und 6mal zum Messen.

gungen. Realistische Verbrauchskurven bewegen sich zwischen 250 und etwa 400 g/kWh, während die Dieseldaten 240 bis 320 betragen. Die größeren Direkteinspritzer arbeiten in einem breiten Band unterhalb von 240 g/kWh und kommen bestenfalls bis auf 200 herunter, was bereits dem hervorragenden Gesamtwirkungsgrad von 43% entspricht.

Nur langsamlaufende, hochaufgeladene Großdiesel schneiden mit 170 g/kWh noch besser ab, dazu mit billigstem »Bunkerkraftstoff«, den kein Schnelläufer verdauen könnte!

Die Einspritzmengen dieser mächtigen Maschinen für hochaufgeladene 1560 Liter Hubraum in jedem 735 kW-Zylinder (Abb. IX.2) bilden das Gegenstück zur PKW-Leerlaufdosis. Sie sind rasch kalkuliert, denn 735 kW-Stunden – die Arbeit eines Zylinders in 60 Minuten – erfordern 150 Kilo oder ca. 155 Liter Kraftstoff, folglich 106 Umdrehungen in 1 Minute 2,5 kg und jedes Arbeitsspiel 26 Kubikzentimeter. Diese Menge erzeugt bei 1 Umdrehung fast ein achtel kW-Stunde, der Achtzylinder (mit der achtfachen Kraftstoffmenge natürlich) 0,9 kWh – allerdings dauert jede Umdrehung über 0,58 Sekunden, das fünfzigfache eines normalen Fahrzeugmotorentrabs.

Technische Angleichungen – auch international gesehen – zeugen nicht etwa von Phantasielosigkeit der Konstrukteure, sondern ganz einfach davon, daß Dinge, die als optimal erkannt sind, Allgemeingut werden und ohne funktionelle Einbußen nicht fehlen können. Prof. Fr. Nallinger, 1960

BOSCH UND DIE DIESELENTWICKLUNG

Einen gewichtigen Schritt zur Kraftstoffeinspritzung – und damit zu kleinen, schnellaufenden Dieselmotoren – veranlaßte Robert Bosch Ende 1922, ungeachtet der grassierenden Inflation. Er war mit dem drei Jahre älteren Rudolf Diesel schon im Sommer 1894 zusammengetroffen, aber nicht etwa, um die kritische Einspritzung oder Einblasung des Kraftstoffs voranzutreiben, sondern um das – bereits erwähnte, erfolglose – Experiment mit Fremdzündung zu bewerkstelligen. Bosch hatte nämlich den ersten (Niederspannungs-) Magnetzünder schon 1887 gebaut, ein Jahr nach der Eröffnung seiner Stuttgarter Werkstätte – damals als rein zufällige Ergänzung des Betriebs, der »Telephone, Haustelegraphen, Blitzableiter und feinmechanische Arbeiten« offerierte.

Die Herstellung von zuverlässigen und langlebigen Kraftstoffeinspritzanlagen beansprucht eine Präzision, die alle anderen Bearbeitungsverfahren im Motorenbau weit übertrifft. Sie bedeutete für die fabrikatorischen Möglichkeiten der zwanziger Jahre einen ganz neuen Maßstab, den in unserer Überschrift ein Vergleich aus dem Sport kennzeichnet: der Begriff vom »6. Grad«. Mit ihm spezifizieren Bergsteiger kurz und lakonisch die größten, schier unüberwindlichen Schwierigkeiten. Auch Ski-Artisten haben inzwischen diese Darstellung aufgegriffen, die im Alpinismus zufällig zur gleichen Zeit entstand wie die serienmäßigen Dieseleinspritzpumpen.

Vielleicht beruhen historische Parallelen zwischen der technischen Entwicklung und dem Alpinismus weniger auf Zufällen als auf dem gemeinsamen Motiv, in neue, unbekannte Gebiete vorzudringen, die Höhen und Tiefen dieser Welt zu erkunden. So schlug die Geburtsstunde des Alpinismus Anno 1786. James Watt baute gerade die ersten brauchbaren Dampfmaschinen, als dem französischen Kristallsucher Jacques Balmat die Erstbesteigung des Montblanc gelang – für die kostbare Prämie von 20 Louisdor, ausgesetzt von dem jungen Forscher de Saussure, der sogleich eine Expedition zum Gipfel leitete, als Ansporn für viele Nachfolger.

Während acht Jahrzehnte später die ersten Gas- und »Petroleummotoren« entstanden, erlebte der Alpinismus frühe Höhepunkte, mit der neuen »Bergführerzeit« und der Gründung nationaler Alpenvereine, nicht zuletzt mit dem dramatischen »Kampf ums Matterhorn«, den der Engländer Whymper von Zermatt aus vor dem Italiener Carrel aus Breuil im Juli 1865 nur um Stunden gewann...

Der Skilauf-Pionier Mathias Zdarsky bezog 1895 aus Norwegen ein Paar der dort schon verbreiteten, drei Meter langen und pro Stück fast 5 Kilo schweren »Bretter«. Bei seinen Versuchen in Lilienfeld (südlich von St. Pölten) erntete er nur Spott und Ablehnung – »fürs Gebirge ein völliger Unsinn« – und fand für ein Buch über Stemmmbogentechnik erst in Hamburg einen Verleger. Auf olympische Ehren mußten die Skisportler bis 1924 warten.

Als kleine, schnellaufende Dieselmotoren »in der Luft lagen« und Einspritzpumpen einen neuen Fabrikationszweig bilden sollten, besaß Bosch bereits weltweiten Ruf dank der hohen Präzision seiner Produkte. Das betraf, neben der umfangreichen Elektrik, auch die »Bosch-Öler«, Schmierölpumpen mit exakt dosierbarer Förderung zu verschiedenen Lager- und Schmierstellen. Aber mit ihren Arbeitsbedingungen verhielten sich Kraftstoffeinspritzpumpen zu einer Schmierpumpe wie ein Fernschreibpult zu den Telegraphen, mit denen Samuel Morse 1843 die ersten bezahlten Telegramme zwischen Washington und Baltimore übermittelte.

Zudem wollten die Bosch-Leute von Anfang an mehr erreichen, als die damaligen Motoren überhaupt hergaben. So erwies es sich als Fehlschlag, für die ersten Versuche Otto-Motoren auf Dieselbetrieb umzustellen – ihre Bauteile versagten unter den viel höheren Belastungen.

Dann kam der erste Benz-Diesel-Lastwagen, der eine eigene Einspritzausrüstung besaß – wie sein Nürnberger Konkurrent. Sie funktionierte einwandfrei, bis die besseren Boschpumpen nach drei weiteren Jahren intensiver Entwicklung in den Serienbau gingen. Die Stuttgarter hatten ihre Pumpen und Düsen inzwischen an etlichen LKW-Dieseln gründlich erprobt und sogar ein paar PKW-Motoren auf Dieselbetrieb umgebaut, zuerst einen Stoewer, dann einen Buick, einen Mercedes und weitere in- und ausländische Typen. Daß die Motoren diesmal hielten, lag nicht nur an der vervollkommneten Einspritzung, sondern ebenso am Verbrennungsverfahren – mit »Luftspeichern«.

Jede technische Entwicklung beginnt mit einer Periode des Tastens und Versuchens und mit vielfältigen Lösungen. Doch bald verschwinden die meisten Bauarten zugunsten von einer oder zwei überlebenden. Bei dieser Auswahl wiegen Zufälle und Begleitumstände oft schwerer als der technische Wert und akute Bedarf.
Sir H. R. Ricardo, 1885–1974

LANGS LUFTSPEICHER IN ACRO- UND LANOVA-MOTOREN

Franz Lang hatte den Dieselmotor von der Pike auf erlebt und studiert, nämlich als junger Mechaniker bei den ersten Augsburger Maschinen. Je größer und zahlreicher diese wurden, umso mehr faszinierten ihn kleine und kleinste Motoren, und so bastelte er in jeder freien Minute daran. Für ein englisches Preisausschreiben baute er 1911 einen nur 100 ccm großen Zweitakt-Diesel mit direkter Einspritzung. Die englische Sprache war ihm vertraut, seit Rudolf Diesel ihn zu den amerikanischen Lizenznehmern sandte, um mit seinem erwiesenen

Geschick und Fingerspitzengefühl die Anlaufpannen an Ort und Stelle zu beheben. Offenbar gewannen die in den USA gesammelten Erfahrungen und Beziehungen besonderes Gewicht, als Lang sich 1922 selbständig machte und in München die Süddeutsche Motoren-AG gründete.

Dank der profunden Kenntnis der Diesel-Probleme beschränkte Lang seine zielstrebige Arbeit nicht auf ein brauchbares Einspritzsystem, sondern er komponierte gleich einen geeigneten Motor dazu, der eine gute Gemischbildung und weiche Verbrennung ermöglichte, als Alternative zum Vorkammerverfahren.

mindestens ein Teil der Tröpfchen noch in den Luftspeicher gelangt und dort eine weiche Zündung sowie eine »hin- und herpendelnde« Verbrennung auslöst. Wie andere Kammermotoren und im Gegensatz zu Direkteinspritzern, so arbeiten die Luftspeichertypen ohne künstlich erzeugten Drall der Verbrennungsluft und eignen sich daher für kleine Zylinder und hohe Drehzahlen. Maschinen mit genau dieser Charakteristik brauchte Bosch, nicht etwa, um sie in großem Stil zu produzieren und eine Motorenfabrik zu eröffnen, sondern um praxisgerechte Prüfmotoren zu bekommen. Sie sollten gleichzeitig

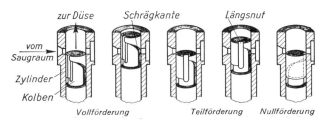

X.2 Die schräge Steuerkante am Einspritzpumpenkolben diktiert die Kraftstoffmenge bei jedem Hub. Dazu werden alle Kolben gleichmäßig verdreht. Wenn die Längsnut vor einem Kanal steht, wird nichts gefördert, mit kurzem Kolbenmantel wenig, mit langem viel.

Der zu diesem Zweck scharf unterteilte Brennraum prägt einen ausgesprochenen »Kammermotor« — mit dem wesentlichen Unterschied, daß der Kraftstoff nicht in die Vorkammer (oder in die später entworfenen Wirbelkammern) eingespritzt wird, sondern in den Hauptverbrennungsraum. Die Bezeichnung »Luftspeicher« stammt nicht einmal von Lang selbst, sondern von Professor Richard Stribeck, der als Freund des Hauses Bosch alle Eigenheiten des Motors mit wissenschaftlicher Akribie untersuchte (vgl. S. 113)...

Allerdings spritzt die Düse den Kraftstoff durch den Hauptbrennraum gegen den Luftspeichereingang, so daß

den Trend zum kleinen Schnelläufer stärken und prospektive Kunden für Einspritzpumpen und Düsen gewinnen. Die Süddeutsche Motorenfabrik besaß per saldo alles: Motoren, Pumpen, Düsen, insgesamt an die 180 Patente.

Franz Lang, inzwischen Oberingenieur, war der technische Kopf, doch gehörten die Patente einer im Schweizerischen Küßnacht etablierten Vertretung der American Crude Oil Corporation — wörtlich der amerikanischen Rohöl-Gesellschaft. Natürlich war damit, wie häufig im Sprachgebrauch, kein Rohöl gemeint, sondern Dieselöl. Nach schleppenden Verhandlungen war es im Frühjahr 1925 soweit: Bosch übernahm von Acro Musterstücke, alle Patente und das Recht, die Luftspeichermotoren an in- und ausländische Kunden weiter zu vergeben. Um die eignen Versuche zu fördern und die Serienproduktion vorzubereiten, engagierte Bosch auch den Erfinder.

Für die endgültige Form der Einspritzpumpen kombinierte man die Acro-Lang-Ausführung und alle Erfahrungen mit den eignen Prototypen. Erstere besaß zur Förderung des Kraftstoffs und zur Regelung der Einspritzmenge noch getrennte Pumpen- und Steuerkolben, von separaten Nocken betätigt. Mit der geistreichen Lösung der schrägen Steuerkante, welche die Einspritzdauer und -menge verändert, erfüllte das »Pumpenelement« beide Aufgaben gleichzeitig.

Doch Lang, der Pionier und rastlose Erfinder, blieb in Stuttgart nicht lang. Er kehrte nach München zurück und entwickelte, wieder selbständig, eine neue Luftspeicher-Bauart. Sie fand mit der Bezeichnung »Lanova« (zusammengezogen aus Lang und nova = neu) prominente Lizenznehmer wie Henschel und Güldner, französische und amerikanische Motorenwerke. Freilich ist die Frage nach der größeren Errungenschaft kaum zu beantworten: sicher wäre der internationale Dieselmotorenbau mit Vor-, Wirbel- und Wälzkammern ausgekommen, also ohne Langs Luftspeicher, und ebenso gewiß hätte Bosch ohne die Acro-Patente brauchbare Einspritzpumpen und -düsen zustandegebracht, wenn auch entsprechend später und mit mehr eignem »Lehrgeld«. Doch ist die Frage mehr als müßig — wie bei jeder fälligen Erfindung, bei jedem zeitgerechten Fortschritt; sie kann Langs Leistungen und Verdienste nicht schmälern.

REGLER ALS EINGEBAUTE SCHALTZENTRALE

Beachtliche Mengen Dieseleinspritzpumpen entsprechen heute noch mit ihrem Aufbau und vielen Einzelheiten der Konstruktion, mit der Bosch die Serienproduktion begann. Zu jedem Motorzylinder gehört ein eignes Pumpenelement, wobei die nötige Anzahl in einem kompakten, schlanken Gehäuse eine »Reihenpumpe« bildet. Die Pumpenkolben funktionieren wie Ein- und Auslaßventile: für den Druckhub von einer Nockenwelle angehoben, von kräftigen Federn beim Saughub zurückgeführt. Die Nockenform ist übrigens nicht nur wegen der mechanischen Beanspruchungen, Haltbarkeit und Laufruhe wichtig, sondern mehr noch durch ihren direkten Einfluß auf den Ablauf der Einspritzung. Obwohl deren Gesamtdauer bei hohen Drehzahlen kaum 2 Millisekunden beträgt, muß die Kraftstoffzufuhr von der Düse in den Zylinder einer bestimmten Gesetzmäßigkeit folgen, dem Ergebnis umfangreicher Berechnungen und Prüfstandversuche.

Gerade im Leerlauf, wo jede Verbrennung nur wenige Kubikmillimeter Kraftstoff verarbeitet, würden unterschiedliche Einspritzmengen in den einzelnen Zylindern einen holperigen, rauhen Motorlauf verursachen. Feinste Dosierung und höchste Gleichmäßigkeit beggnen dieser Gefahr; jede Pumpe, jedes Element wird deshalb auf einem Pumpenprüfstand eingestellt und angeglichen. Die geistreiche Mengenregelung durch die Verdrehung der Pumpenkolben mit ihrer schrägen Steuerkante (Abb. X.2) traf zunächst auf viel Skepsis, weil sie extreme Ansprüche an die Abdichtung stellt. Vergleichsweise arbeiteten die meisten »frühen« Einspritzpumpen mit variablem Kolbenhub, der seinerseits beträchtliche mechanische Probleme aufwarf. Aber Bosch löste diese Aufgabe mit neuen feinmechanischen Maßstäben, mit optimaler Oberflächengüte und Haltbarkeit, mit Passungen und Herstellungstoleranzen im

Kraftstoffmengen. Diesen Schönheitsfehler beseitigt ein Leerlaufregler der Einspritzpumpe. Schwere Fliehgewichte drücken auf verhältnismäßig schwache Federn und verschieben gleichzeitig die Regelstange soweit, daß der Motor mit einer eingestellten Drehzahl weiterläuft.

Dieselben Fliehgewichte schwingen

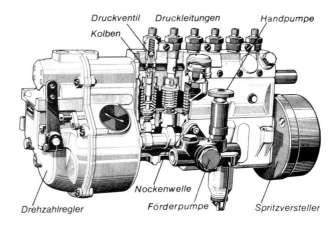

X.3 Einspritzpumpe teilweise aufgeschnitten. An der linken Seite ist der große Drehzahlregler angeflanscht, rechts am »Eingang« der Nockenwelle der mitlaufende Spritzversteller. Darüber endet die Verstellstange, die mit einem präzisen Mechanismus alle Pumpenkolben gleichmäßig verdreht. Die Kraftstofförderpumpe (mit einem Handstempel zum »Vorpumpen«) wird von einem zusätzlichen Nocken angetrieben.

my-Bereich. Dazu mußte – und muß – man jedes einzelne Pumpenelement sorgfältig auswählen und »einläppen«. Hier endet die Austauschbarkeit von einzelnen Bauteilen und verlangt bei Bedarf den Ersatz beider Partner. Aber mit der präzisen Einstellung der Pumpenkolben zur gemeinsamen Regelstange – entweder durch die herkömmliche Verzahnung der Stange und der »Regelhülsen«, die den Kolben führen und verdrehen, oder mit kleinen, in Kulissen gleitenden Hebeln – ist es nicht getan! Denn Diesel besitzen im Gegensatz zu den meisten Ottomotoren einen ausgesprochen labilen Leerlauf, an erster Stelle infolge ihrer Qualitätsregelung, der hohen Luftfüllung auch für geringste

bei hohen Motor- und Pumpendrehzahlen weiter aus und treffen auf kürzere, stärkere Federn. Nun bewirkt der Regler das Gegenteil, drosselt die Einspritzung und schützt den Motor vor kritischen Überdrehzahlen. (Erstaunlicherweise sind solche »Sicherungen« an Ottomotoren sehr selten: erst Ende der sechziger Jahre erhielten etliche Rennmotoren, dann Porsche- und BMW-Serienmodelle automatische Drehzahlbegrenzer mit einem Kurzschlußschalter für die Zündung.) Da diese Regler nur die niedrigsten und höchsten Motordrehzahlen beeinflussen, bezeichnet man sie als »Endregler«. Eine andere Gruppe, die Verstellregler, bewirkt in Lokomotiven, Schiffen, Schleppern und weite-

ren Antrieben bestimmte, auch mittlere Drehzahlen unabhängig von schwankenden Belastungen.
An den kleinen hochtourigen PKW-Dieseln offenbaren Fliehkraftregler lästige Nachteile durch ihre beträchtlichen Gewichte und Baukosten sowie eine fragwürdige Charakteristik. Gerade für die empfindliche Leerlaufregelung, bei niedrigen Drehzahlen, wirken die geringsten Fliehkräfte, obwohl die spontane Verstellung der Regelstange mit allen Hülsen und Kolben noch höhere Kräfte erfordert als bei raschem Lauf. Da aber gerade diese PKW-Diesel, ausnahmsweise, die bereits erwähnte Drosselklappe besitzen und für niedrige Belastung entsprechend weniger Luft ansaugen, ergeben sich große Druckunterschiede in den Ansaugrohren und am »Klappenstutzen« — wie bei Ottomotoren. (Die Schwankungen der Drücke und Strömungsgeschwindigkeiten treten in den eingefügten Venturirohren, genau wie im Lufttrichter eines Vergasers, noch stärker in Erscheinung!) Nichts lag also näher als die Verstellung von Regelstangen und Einspritzmengen durch den Unterdruck im Ansaugsystem, mit anderen Worten durch einen leichten, kräftigen und billigen pneumatischen Regler, der dazu noch im gesamten Last- und Drehzahlbereich arbeitet — wie ein Verstellregler — und nicht nur oben und unten ...
Mit dem »Fahrpedal«, das bei Diesel- und Einspritzmotoren das populärere »Gaspedal« ersetzt, oder mit dem »Fahrschalter«, der den Platz des Zünd- und Anlaßschalters einnimmt, wird die Einspritzmenge nur noch beim Anlassen und Abstellen des Motors direkt gesteuert. Zum Anspringen dient grundsätzlich die maximale Einspritzmenge, zum Abstellen die »Null-Förderung«, noch neben dem Leerlaufbereich. —
Bei manchen, namentlich kleinen und hochtourigen Dieselmotoren bringt eine mit steigenden Drehzahlen vorverlegte Einspritzung einen besseren Motorlauf und Leistungsgewinn — genau wie der Zündzeitpunkt in Ottomotoren, den die Zündverteiler automatisch in Richtung »früh« verstellen. Dasselbe bewirken Spritzversteller auf der Nockenwelle von Einspritzpumpen. Auch die Wirkungsweise mit Fliehgewichten und Hebeln in Kurvenbahnen ähnelt der Fliehkraftverstellung im Verteiler, doch müssen größere Gewichte und Übersetzungsverhältnisse weit höhere Antriebskräfte liefern. Zum Glück sind die benötigten Verstellwinkel kleiner als bei der Otto-Fremdzündung, durchweg nur 3 bis 8 Grad Wellenwinkel.
Mit Reglern und Spritzverstellern sind aber die Möglichkeiten für beste Einspritzung im breitesten Last- und Drehzahlbereich keineswegs erschöpft, weil man die winzigen Druckventile zwischen den Pumpenelementen und den zur Düse führenden Hochdruckleitungen auf eine ganz erstaunliche Fähigkeit und Wirkung züchtete, wie gleich zur Sprache kommt.

EINSPRITZDÜSEN IM DUTZEND

Düsen beanspruchen dieselbe Präzision wie Einspritzpumpen — und noch mehr, weil ihre stärkere Erwärmung die Laufspiele und Schmierungsverhältnisse gefährdet. Wie erinnerlich hatten offene Düsen, verlockend dank ihrem einfachen Aufbau, immer wieder Fehlschläge verursacht. Dabei machten nur wenige Motorentypen eine Ausnahme, zum Beispiel die Junkers-Doppelkolben-Zweitaktdiesel.

Sie arbeiten, wie alle Direkteinspritzer, mit Einspritzdrücken bis 500 bar, während die »Kammer-Motoren« mit (relativ) geringen Werten von 80 bis 140 bar auskommen. Bosch produzierte von Anfang an die von Franz Lang und Acro eingeführten geschlossenen Düsen, genauer gesagt Düsen mit einem hydraulisch gesteuerten Nadelventil. Die federbelastete Düsennadel besitzt unten einen kegel-

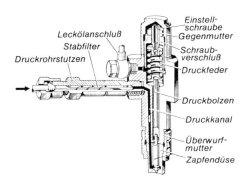

X.4 Die eigentliche Düse (hier Zapfendüse) bildet nur den kleinsten, aber wichtigsten Teil im Düsenhalter. Dessen komplizierter Aufbau läßt (schwach) ahnen, wieviel gelöste Probleme und gesammelte Erfahrungen er in sich birgt . . . vergleichbar einem »Herzschrittmacher« für den Motor.

förmigen Absatz, auf den der Kraftstoffdruck einwirkt und die Düsennadel minimal anhebt. Das Ganze sitzt im sogenannten Düsenhalter, angeflanscht oder (wie eine Zündkerze) eingeschraubt im Zylinderkopf.

Zapfendüsen und Lochdüsen bilden die beiden Hauptgruppen, deren Anwendung eng mit der Motorbauart zusammenhängt. Erstere enden, wie der Name sagt, in einem kleinen Zapfen, der in die Düsenbohrung hineinragt. Seine Bewegung in der Austrittsöffnung verhindert weitgehend die berüchtigte Verkokung. Der ringförmige Spalt bei angehobener Düsennadel erzeugt einen kegelförmigen Einspritzstrahl mit sehr feinen Tröpfchen außen, die den Zündverzug kurz halten, und etwas gröberen innen, die mit ihrer größeren Durchschlagskraft längere Wege in der hochverdichteten Luft erreichen. Außerdem bewirkt der Zapfen, daß Einspritzung, Gemischbildung und Verbrennung mit einer besonders geringen Kraftstoffmenge beginnen, bevor die Hauptmenge folgt. Das erleichtert sanften Druckanstieg und weichen Motorlauf — umsomehr, als Zapfendüsen allgemein für »Kammermotoren« infrage kommen.

Herkömmliche Direkteinspritzer verlangen eine stärker verteilte Einspritzung, damit der Kraftstoff möglichst viel Luft »findet« und durchdringt. Einfache Lochdüsen (als Alternative für Zapfendüsen verbreitet) erfüllen diese Aufgabe naturgemäß nicht, sondern allein Mehrlochdüsen mit 3, 4, 5 und (für große Zylinder) noch mehr Bohrungen, jede einzelne ein Fünftel oder ein Viertel Millimeter weit. Der Verkokung müssen hohe Einspritzdrücke und ausreichende Kühlung vorbeugen. In MAN-M- und HM-Motoren lenken Zweilochdüsen die Strahlen in besondere Richtungen und Winkel.

Neben den hauptsächlichen Düsentypen gibt es bei Bosch und der internationalen Konkurrenz zahlreiche Sonderbauarten für die individuellen Ansprüche vieler Motoren. Obgleich der Kraftstoff in einem »Druckkanal« bis zur Düsenmündung gelangt, entstehen Leckverluste zwischen der Führung und dem Schaft der Düsennadel; daher besitzen alle Diesel-Düsen eine Leckölleitung, die zurück zum Kraftstofftank führt, wie auch der reichliche Überschuß in den Einspritzpumpen.

Selbst nebensächliche Bestandteile von Einspritzanlagen verlangen viel Aufmerksamkeit und »Gewußt-wie«; denn eigentlich gibt es gar keine unwichtigen Teile! Etwa die Hochdruckleitungen von der Pumpe zu den Düsen, die dickwandig und stark sind, um die unvermeidlichen Schwingungen zu bändigen, außerdem exakt abgestimmt mit lichten Weiten und Längen, um störende Folgen der pulsierenden Drücke zu vermeiden. Daß alle einzelnen Leitungen dieselbe Länge besitzen, ohne Rücksicht auf den Abstand von der Pumpe zu den Düsen und Zylindern, versteht sich von selbst!

Wieder eine andere, besondere Rolle spielt das »Druckventil«, als oberer Abschluß für jedes Pumpenelement. Hier darf kein Jota Kraftstoff zurückströmen und das folgende Ansaugvolumen schmälern. Zusätzlich soll das Druckventil die Kraftstoffleitung »entlasten«, damit die Düsennadel blitzschnell schließt, ohne jegliches »Nachtropfen«. Man erreicht das mit zwei Dichtstellen am Druckventil, und einem winzigen Tauchkolben dazwischen. Um dessen Volumen kann sich die lange Kraftstoffsäule entspannen oder gar zurückfedern; denn bei 200 oder 300 bar beginnen bereits Verdichtungsphänomene in Flüssigkeiten, die an sich als inkompressibel gelten, oder Dehnungen von Stahlröhrchen, deren Wände doppelt so dick sind wie ihr Innendurchmesser. Das mögen unvorstellbar kleine Beträge und Mengen sein — doch eine Kraftstoffdosis von der Größe eines Stecknadelkopfes verlangt solche Maßstäbe!

Schließlich erlaubt die raffinierte Gestaltung der Druckventile eine Beeinflussung der Pumpencharakteristik insgesamt. Da der Pumpenkolben gleichzeitig fördert und steuert (nebenbei: wie jeder Arbeitskolben in kleinen Zweitaktmotoren), handelt es sich um eine echte »Schiebersteuerung«, deren Fördermenge mit wachsender Drehzahl zunimmt... Die von der Einspritzpumpe gespeisten Motoren arbeiten dagegen mit fallendem Füllungsgrad, weil ja die Strömungswiderstände größer werden.

Damit ist ein neues Dilemma entstanden: Man kann die maximale Kraftstoffmenge für höchste Motordrehzahlen einstellen — dann bekommt der Motor, wenn er langsamer läuft, weniger Kraftstoff, als er rauchfrei und mit

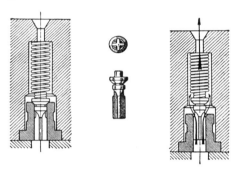

X.5 Das raffinierte Druckventil oben an jedem Pumpenelement. Links geschlossen, rechts geöffnet, in der Mitte der Ventilkörper mit einem zylindrisch dichtenden Tauchkölbchen unter der kegeligen Dichtfläche. Die kreuzförmige Verlängerung übernimmt die exakte Führung.

besserer Zugkraft verarbeiten könnte. Vermehrt man jedoch »unten« die Einspritzmenge, so erhält er bei hohen Drehzahlen zuviel und raucht unerträglich. Jetzt gestattet ein bewährter Kunstgriff bei den Druckventilen, die Fördercharakteristik der Pumpen »umzubiegen«. Die Ventilkörper öffnen dann mit steigenden Drehzahlen weiter, wonach der größere Hub die Einspritzleitung entsprechend stärker entlastet!

Fortschritt bedeutet, bekannte alte Sorgen gegen neue unbekannte, oft größere einzutauschen.

J. Ortega y Gasset,
spanischer Philosoph, 1883–1955

VON ANDEREN SYSTEMEN UND DECKEL-PUMPEN

Dank ihrem hochwertigen Konzept und der sorgfältigen Entwicklung kamen die Einspritzpumpen zu einem guten Start und widerlegten bald alle Unkenrufe. Der grundsätzliche Aufbau beanspruchte für Jahrzehnte keine Korrektur, so daß jedes Bauteil hohe Reife erlangte und jede Neuerung harte Prüfungen durchlief, bevor sie Eingang in die Serie fand. So blieb der wesentliche, wenn nicht sogar einzige Nachteil dieser Kolbenpumpen der hohe Bauaufwand und Preis, zumal jeder Motorzylinder ein eignes Pumpenelement benötigt.

Deshalb entstand neben den »Reihenpumpen« eine neue Kategorie als »Verteilerpumpen«. In ihnen speist ein einzelner Kolben alle (2–8) Motorzylinder, wozu er natürlich bei jeder Umdrehung der Pumpenantriebswelle ebenso viele Hübe absolviert! Ferner muß der Pumpenkolben selbst — oder eine diesem Zweck dienende Führungshülse — rotieren und den Kraftstoff der Reihe nach zu den verschiedenen Leitungen und Düsen liefern, eben — »verteilen«. Zum Antrieb des Pumpenkolbens, den eine einzelne starke Feder zurückholt, dient in der Bosch-Verteilerpumpe keine Nockenwelle der üblichen Art, sondern eine Hubscheibe mit »Stirnnocken«. Eine kreisrunde Scheibe bildet die Nullage oder Ausgangsbasis, und die Erhebungen liegen in der Richtung der rotierenden Antriebswelle, wie bei einem Berg- und Talkarussell.

Allerdings offerierte Bosch Verteilereinspritzpumpen erst in den sechziger Jahren, nachdem diese ökonomische, leichte und kompakte Alternative zu Reihenpumpen im Ausland schon länger bekannt und in großem Umfang im Einsatz war; zum Beispiel bei der (unabhängig gewordenen) amerikanischen Bosch-Gesellschaft oder als amerikanische Roosa-Master-Einspritzpumpe. Deren Verbreitung förderten etliche Lizenznehmer, allen voran die englische CAV-Gruppe. (Die Abkürzung steht für Charles Anthony Vandervell, nicht zu verwechseln mit dem weltbekannten Gleitlager-Produzenten). Die Roosa-Master-Pumpe arbeitet mit wieder einem anderen Mechanismus: eine rotierende Nabe besitzt eine Querbohrung als gemeinsamen radialen Zylinder für zwei Pumpenkolben, die sich zu- und auseinander bewegen — wie die Arbeitskolben in Boxermotoren, noch treffender wie die Gegenkolben in einem Junkers-Zweitaktdiesel. Vom trommelförmigen Pumpengehäuse ragen gegenüberliegende Nocken nach innen und pressen die Kolben zusammen. Letztere gleiten nicht direkt auf den Nocken, sondern tragen kleine Laufrollen, um die Seiten- und Führungskräfte zu vermindern. Solche Zwischenrollen sind zwar in Schnelläufer-Ventilsteuerungen, zwischen Nocken und Schwinghebeln, recht selten (geworden), doch in Einspritzpumpen die Regel.

Aber wie es kein Licht ohne Schatten gibt, kosten auch die Vorzüge der Roosa-Master-Bauart ihren Preis, indem die Präzision bei der Dosierung,

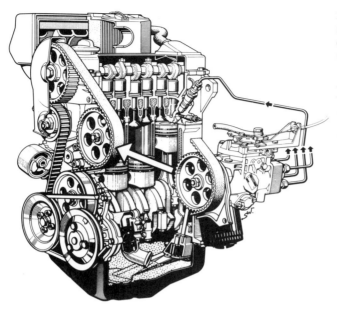

X.6 Hier ist die Verteiler-Einspritzpumpe des VW Golf-Diesels zur deutlichen Markierung von ihrem Stammplatz abgerückt; ein Zahnriemen treibt sie gemeinsam mit der obenliegenden Nockenwelle an. In der Wirbelkammer (rechts geschnitten), die 50 % des Verdichtungsraums enthält, mündet von schräg-oben die Einspritzdüse, horizontal darunter der Glühstift.
Der Vierzylinder mit der kräftigen, fünfmal gelagerten Kurbelwelle bot eine gute Diesel-Basis: der 1,5-l-Motor, »überquadratisch« gemäß 76,5 mm x 80 mm für Bohrung und Hub, erreicht beachtliche 5000/min, also 13,3 m/s Kolbengeschwindigkeit, und leistet (wie die 1,1-l-Otto-Version) 37 kW (50 PS).
Seit 1980 besitzen diese VW-Diesel 86,4 mm Hub, 1,59 l Hubraum, und 40 kW (54 PS) bei 4800/min. Mit sechs statt vier solcher Zylinder arbeiten sie in Transportern aus dem Werk Hannover (55 kW bzw. 75 PS bei 4500/min) und mit 60 kW (82 PS) bei 4800 in Volvo-Limousinen.

die Gleichmäßigkeit aller Einspritzmengen die Ergebnisse von »Vielstempelpumpen« schwerlich erreicht. Die Mengendosierung beruht nämlich auf dem Kraftstoffdruck, der die Pumpenkammer zwischen den beiden Kölbchen wieder füllt. Hoher »Vordruck« für volle Einspritzmenge treibt die Kolben ganz auseinander, bis die Rollen auf dem Nockengrundkreis anliegen; bei vermindertem Vordruck kommt es nicht soweit, so daß die Kolben mit kürzerem Hub arbeiten!
Variabler Vordruck regelt auch die Einspritzmenge bei einem weiteren, verbreiteten Einspritzverfahren: für Cummins-Dieselmotoren, die auch Krupp zuletzt in Lizenz baute, als Nachfolger der eignen Zweitaktdiesel (die wiederum ursprünglich Junkers-Gegenkolben, danach kopfgesteuerte Auslaßventile besaßen — in jedem Fall mit großen Rootsgebläsen und Einlaßschlitzen im Zylinder für die Spülung und Ladung). Statt mit der üblichen hydraulischen Steuerung, eben durch den hohen Einspritzdruck, arbeiten die Cummins-Düsennadeln mechanisch gesteuert, mit zusätzlichen, »dritten« Nocken, Stoßstangen und Kipphebeln für jeden der vierventiligen Zylinder! Der mittlere Kipphebel drückt auf die Düsennadel, wobei der Kraftstoff zunächst einströmt und dann in den Verbrennungsraum eingespritzt wird. Der Kraftstoff-Vordruck

schwankt, von Reglern in der Kraftstoffpumpe gesteuert, zwischen 2 und 12 bar etwa.

Das ist nichts anderes als die Kombination der Einspritzpumpe mit der Düse — eine »Pumpendüse«, die natürlich für jeden Zylinder wieder ein eignes, hochentwickeltes Bauteil darstellt. Man findet diese »fremdangetriebenen« Elemente nicht nur an manchen General Motors-Dieseln, sondern an größeren, mittelschnellaufenden Maschinen von Maybach und anderen Produzenten. Prosper L'Orange und sein Sohn Rudolf widmeten dieser Entwicklung im eignen Stuttgarter Betrieb ihre letzten Arbeiten. Der manchmal lästige Einfluß langer Hochdruckleitungen entfällt völlig, doch ist die Einstellung und Abstimmung von Motoren mit vielen Zylindern nicht einfach.

Wir haben damit einige repräsentative Einspritzsysteme registriert, aber längst nicht alle deutschen und ausländischen Fabrikate; denn es gibt innerhalb der einzelnen Gruppen noch zahlreiche Varianten, mit kleineren oder größeren Unterschieden. Sie betreffen zum Beispiel besondere Ansaugventile anstelle der Ansaugbohrungen im Pumpenzylinder, womit die Förderung gleich bei der Umkehr des Kolbens im unteren Totpunkt beginnt... oder »Speicherpumpen«, in denen der Kraftstoff vor dem eigentlichen Förderbeginn einen federbelasteten Speicherkolben anhebt.

Den scharfen Wettbewerb der Systeme bekundet bereits der Umstand, daß nicht nur Bosch, als Pionier der »luftlosen« Einspritzung, Reihen- und Verteilerpumpen nebeneinander produziert, sondern ebenso die amerikanische Bosch-Gesellschaft, die englischen Firmen CAV und Simms oder die Schweizer Scintilla-Gruppe.

Eine besondere Würdigung gebührt dem Münchener Deckel-Werk, das in der Feinmechanik und namentlich mit Compurverschlüssen für Fotoapparate großen Ruf erlangte, doch nicht minder als Lieferant von Einspritzpumpen, Düsen und Compur-Brennstoffpumpen seit den frühen zwanziger Jahren. Deren Entwicklung wurde nämlich von Franz Lang und der Süddeutschen Motoren-AG veranlaßt, bevor Bosch die Acro-Patente übernahm. Inzwischen ging die Einspritzpumpen-Abteilung von Deckel in den Besitz von Kugelfischer-Georg Schäfer über, wobei der Fortschritt nicht zu kurz kam. Im Gegenteil, neben die Dieselausrüstung trat unverzüglich die aktuelle Benzineinspritzung. Übrigens erhielten die Deckel-Kraftstofförderpumpen dieselbe Markenbezeichnung wie die Fotoverschlüsse – Compur.

Seit den 80er Jahren drängt die emporblühende Elektronik auch auf das Gebiet der Dieseleinspritzung. Neben der geplanten Umstellung von PKW-Kammermotoren auf Direkteinspritzer, die den Verbrauch weiter senken, neben der Aufladung, die den Leistungsrückstand zum Ottomotor vermindert, kann die elektronische Regelung die Laufkultur und Abgasqualität deutlich verbessern, wie bereits am Ende des vorigen Kapitels erläutert.

Die Einspritzpumpen selbst werden voraussichtlich wenig verändert. Denn Drücke von drei bis fünf bar – wie bei der heutigen (indirekten) Benzineinspritzung – und solche von 500 bis 1000 bar – für Dieseldirekteinspritzer – sind schwer zu vergleichen. So bieten sich für die Steuerung eine Elektronik, für die Regelung selbst elektrische »Stellwerke« an.

Fortschritt ist eine wunderbare, unendliche Kette. Wer heute glaubt, etwas völlig Neues verwirklicht zu haben, tut mir leid. Denn so neu ist in Wirklichkeit nichts (mehr).
Dante Giacosa, Fiat-Entwicklungschef
1946-1970

BENZINEINSPRITZUNG – REICH AN AUFWAND UND ERTRAG

Für Benzinmotoren war über Jahrzehnte die »äußere Gemischbildung« typisch, so daß beim Aufkommen der modernen »Einspritzer« sogar Zweifel entstanden, ob man sie überhaupt noch als Ottomotoren bezeichnen könnte. Natürlich ist diese Frage gegenstandslos, da Ottos entscheidende Erfindung nicht diese oder jene Gemischbildung betraf, sondern das Viertaktverfahren, die Verdichtung der Gase vor der Fremdzündung. Daß eine spontane Entflammung nur mit dem richtigen Mischungsverhältnis stattfindet und die Zündgrenzen dabei wenig Spielraum lassen, begründet die »Quantitätsregelung«, mit gleichzeitiger und gleichmäßiger Drosselung der Luft- und Kraftstoffmenge. Wie moderne Vergaser die einflußreiche Dosierung bewerkstelligen, bildete ein umfangreiches Kapitel. Somit spielt die Mengenregelung bei der Otto-Einspritzung eine noch wichtigere Rolle als im Dieselbetrieb. Dafür sind die Einspritzzeiten (und Drücke) nicht kritisch, gelegentlich sogar unwichtig.

Die Motorenchronik verzeichnet Anno 1893 Maybachs Spritzdüsenvergaser, als großen Schritt auf dem Weg zu höheren Drehzahlen und Motorleistungen, wie die meisten seiner Konstruktionen und Patente. Doch die Idee, ohne einen besonderen Vergaser auszukommen — oder ihn zu umgehen — und Benzin, Petroleum oder Spiritus flüssig in die Ansaugrohre einzuspritzen, mußte spätestens heranreifen, als Rudolf Diesel die enormen Schwierigkeiten gemeistert hatte, Kraftstoff in die hochverdichtete Luft seiner großen Zylinder zu befördern. In der Tat entstand die erste Benzineinspritzung schon vor der Jahrhundertwende in der Deutzer Gasmotorenfabrik. Freilich handelte es sich um langsamlaufende stationäre Motoren, gemäß dem Lebenswerk des N. A. Otto, der seine Motoren kaum als zukunftsträchtigen Fahrzeugantrieb betrachtete — wie Daimler, Maybach und Benz.

Noch erstaunlicher ist eigentlich, daß Eugen Langen die neue Fahrzeugentwicklung nur beobachtete; denn er war, im Gegensatz zum gleichaltrigen, stillen, empfindsamen und nach den verdrießlichen Patentstreiten sogar verbitterten Otto, ein tatkräftiger und weltgewandter Mann, nach heutigen Begriffen ein ausgeprägter Managertyp. Er kam aus der Zuckerfabrikation und behielt dort zeitlebens eine leitende Stellung; er führte in der deutschen Stahlindustrie das nach dem jungen englischen Metallurgen benannte Thomas-Verfahren ein, das dem Roheisen den schädlichen Phosphor entzieht; er förderte finanziell (aber zunächst erfolglos) die Gebrüder Mannesmann beim Bau ihrer Röhrenwalzwerke, nahm 1894 eine Lizenz auf Lavals Dampfturbine (S. 404) und veranlaßte, nach dem Vorbild kleiner Hängebahnen in seiner Elsdorfer Zuckerfabrik, die Elberfeld-Barmener »Schwebebahn«. Auch sie hieße besser Hängebahn, zumal aus moderner Sicht gegenüber Magnetkissen-Ent-

219

wicklungen. Diese Verkehrsmittel in großem Stil einzuführen (etwa in Hamburg, Berlin und sogar den USA), mißlang dem tüchtigen Ingenieur. Nur eine kleinere Hängebahn entstand noch zwischen Dresden-Loschwitz und der Rochwitzer Heide. Sie und die Wuppertaler wurden erst 1901 fertig, sechs Jahre nach Langens Tod.

Doch zurück zur Benzineinspritzung, zu deren nächster Station an den Benzinmotoren der Flugpioniere, gleichzeitig in der Neuen und Alten Welt. Da hatten die Fahrradmechaniker Wilbur und Orville Wright im US-Staat Ohio alles studiert, was damals von Flugversuchen bekannt wurde. Sie hatten jahrelang »Gleiter« und »Drachen« gebastelt und unverzüglich erprobt — außerdem erforscht, warum Otto Lilienthal im Sommer 1896 in Berlin-Lichterfelde tödlich abgestürzt war, und daraufhin die Querruder an den Tragflächen erfunden. Weil alle vorhandenen Motoren für ihr großes Ziel viel zu schwer waren, bauten sie kurzerhand einen eigenen Vierzylinder, der nur 75 Kilo wog, schließlich 12 PS bei 1200 U/min leistete und zwei gegenläufige Propeller über verstärkte Fahrradketten antrieb. Der historische Flug gelang, nach manchen Pannen und Rückschlägen, an einem kalten Dezembertag 1903 bei Kitty Hawk an der Küste von Nordkarolina. Ein Helfer fotografierte sogar den Start zu dem 12 Sekunden langen und kaum 40 Meter weiten Flug; doch wuchsen die Zeiten und Strecken noch am gleichen Tag auf das Fünffache. Der Bann war gebrochen, die Wright-Brüder und eine wachsende Zahl von Enthusiasten demonstrierten Motorflüge drüben und in Europa.

Bald setzte die Londoner Zeitung »Daily Mail« 25 000 Goldfranken als Prämie für die erste Überquerung des Ärmelkanals aus — natürlich mit einem motorgetriebenen Aeroplan; denn mit einem Ballon hatten Blanchard und Jeffris den Kanal schon fast 120 Jahre vorher überquert. Im Juli 1909 spitzten sich die Versuche zu einem Wettrennen zweier Flieger zu: Louis Blériot gewann es mit einem selbstgebauten Eindecker und einem Anzani-Motor des Pariser Mechanikers Buchet, dessen drei W-förmig stehende Zylinder etwa 25 PS mobilisierten. Ein besorgter Helfer fragte Blériot vor dem Start in der Morgendämmerung, was wohl passierte, wenn der Motor stehenbliebe, worauf er lächelnd antwortete, eben das hätten schon viele Aviateure erleben müssen, doch sei es tröstlich: »Obengeblieben ist noch keiner . . .«. Diese triviale Feststellung galt für 52 weitere Jahre, aber nicht mehr für Gagarin, Glenn und die folgenden Kosmo- oder Astronauten!

Sechs Tage vor Blériots großem Erfolg war sein Rivale Hubert Latham mit einer Antoinette-Maschine gestartet und gescheitert, weil der Vergaser im kalten Frühnebel vereiste und den Motor stillsetzte. Latham stürzte nach drei Kilometern ab und saß auf dem halbversunkenen Aeroplan, bis ihn nach langer Suche ein Kriegsschiff auffischte. Damit kam — unter anderem — der Fehlschlag zum Ausdruck, den die Experimente mit Benzineinspritzung bei Wright, Antoinette und Hans Grade zeitigten. Außer der fatalen Vereisungsgefahr sollten sie die aktuellen Vergaserbrände und die störenden Einflüsse bei Kurven, Steigen und Sinken vermeiden.

Nicht zufällig begann deshalb die Benzineinspritzung 25 Jahre später wieder bei Flugmotoren, zumal deren Entwicklungs- und Herstellungskosten eine erheblich geringere Rolle spielten als bei Fahrzeugmotoren.

Frühe Experimente bei Bosch und im Vergaserbau von Pallas durch Fritz Egersdörfer, kurz vor dem ersten Weltkrieg, brachten auch keinen durchschlagenden Erfolg, obwohl der Kraftstoff mit niedrigen Drücken in die Ansaugleitungen eingespritzt wurde. (Eine Ausnahme machte dabei ein französischer Gobron-Brillié-Doppelkolben-Rennmotor mit direkter Einspritzung, aber gleichem Mißerfolg).

DIESELEINSPRITZUNG BAHNBRECHEND FÜR DEUTSCHE FLUGMOTOREN

Ungezählte Patentschriften bekunden die möglichen und unmöglichen Vorschläge und Versuche im internationalen Motorenbau, welche die Nachteile der Vergaser durch Kraftstoffeinspritzung ausschalten sollten. Zwischen Vergasern und der direkten Einspritzung in die Arbeitszylinder entstanden manche Zwischenlösungen. Die üblichen Beschleunigerpumpen in den Vergasern zählen genau genommen schon dazu, weil ihre Förderung und Dosierung unabhängig von der Verbrennungsluft erfolgt, also unabhängig vom ureigenen Prinzip der Vergaser. Eine amerikanische Entwicklung führte in den zwanziger Jahren nicht zu der ursprünglich anvisierten Einspritzung, sondern zum Stromberg-»Einspritzvergaser« für Flugmotoren, der ohne Schwimmerkammer und folglich ohne Schwer- und Fliehkrafteinflüsse arbeitete.

Die systematische Entwicklung der Benzineinspritzung begann, zusammen mit Bosch, 1930 bei der DVL (der 1912 gegründeten deutschen Versuchsanstalt für Luftfahrt). Während ein DKW-Zweitakter (noch) keine befriedigenden Ergebnisse brachte, reagierte der Einzylinder-Prototyp eines BMW-Flugmotors rasch mit höherer Leistung und geringerem Verbrauch. Die DVL und staatliche Stellen schalteten alle Flugmotorenhersteller ein — Daimler-Benz, Junkers, BMW, Hirth, Siemens und Argus — außerdem die prominenten Lieferanten von Einspritzpumpen und -düsen — neben Bosch die Firmen Deckel, München und L'Orange, Stuttgart, während Junkers in Dessau eigne Einspritzanlagen verwendete. Schon 1937 startete der Serienbau der starken Einspritz-Flugmotoren, deren PS-Zahlen und Gipfelhöhen dank vermehrter Überladung steil anstiegen. Sie ermöglichten, zusammen mit aerodynamischen Fortschritten, im März 1939 den absoluten Geschwindigkeitsrekord für Kolbenmotoren, den Flugkapitän Dieterle in einer Heinkel »112« auf 747 km/h schraubte. Genau vier Wochen später erreichte sein Kollege Wendel 755 km/h in einer Messerschmitt 209, einer stark modifizierten Me 109.

Auf die besondere Kühlung dieser Maschinen kommen wir noch zurück, aber den Beitrag der Motorentechnik zu diesen Flügen erfuhr die Öffentlichkeit erst spät: die DB-Einspritzmotoren entfalteten für die Rekorde über 2000 kW (2700 PS) statt 1000 kW (1350 PS), wie damals serienmäßig, allerdings nur minutenlang, dann waren sie »verbraucht«. Wichtig war in jedem Fall die reichliche Einspritzung von Methanol vor den Lader, was die Temperatur der Lade- und Verbrennungsluft stark senkt, dadurch höhere Füllung und gleichzeitig eine intensive »Innenkühlung« bringt — zugunsten erträglicher Wärmebelastung der Motoren, wie jahrzehntelang bei

X.7 Der DB 601 donnerte 1939 für die letzten Kolbenflugtriebwerk-Weltrekorde. Zwölf A-förmig hängende Zylinder (150 mm Bohrung, 160 Hub, Gesamthubraum 34 l), in jedem vier über Schwinghebel direkt gesteuerte Ventile. Hinten rechts der große schlanke Schleuderlader, (noch) mechanisch angetrieben. Doppelzündung — bei Flugmotoren obligatorisch. Die gesamten Hilfsgeräte sitzen am Triebwerkheck, vorn allein der starke Zahnradsatz, der die Luftschraube mit verminderter Drehzahl antreibt. Man erkennt unter den armierten Ölschläuchen die voluminöse Ladeluftleitung. Blechdeckel verschließen die weiten Auspuffstutzen, zwecks Konservierung.
Die Leistung der letzten Baureihen (DB 603 mit 162 ⌀ × 180 mm, 44,5 l) stieg auf 1470 kW (2000 PS) bei 2700/min, in »A-A-Doppelmotoren« auf 2570 kW (3500 PS), mit Leistungsgewichten unter 0,7 kg/kW (0,5 kg/PS, vgl. auch S. 340).

Rennen und Rekordfahrten mit Alkoholkraftstoffen.
In den Kriegsjahren entstanden noch weit stärkere Flugmotoren, mit größeren Hubräumen, höheren Drehzahlen und Ladedrücken, besserer Höhencharakteristik, erstaunlichem Kraftstoffverbrauch und Leistungsgewicht.

Die Benzineinspritzung war maßgeblich daran beteiligt. Die Pumpen entsprachen weitgehend den bewährten Dieselpumpen, von denen die Entwicklung ausging. Wider Erwarten erwies sich schon im frühen Versuchsstadium ein Ölzusatz zum Kraftstoff als entbehrlich; selbst mit Benzin oder Benzolgemischen gab es keine Schmierungsmängel. Dennoch führte Bosch sofort einen Ringkanal an jedem Pumpenstempel als »Leckölsperre« ein. Drucköl vom Motorkreislauf füllt ihn, schmiert den Pumpenzylinder und verhindert das Eindringen von Leckkraftstoff ins Pumpengehäuse. Die schlanken Reiheneinspritzpumpen hingen mitten im Gabelwinkel der flüssigkeitsgekühlten Zwölfzylinder und die Düsen saßen nicht weit davon, an der Innenseite der Zylinderköpfe, besser gesagt der Verbrennungsräume; denn die sechs mit Stahlbüchsen ausgestatteten Zylinder jeder Reihe und die bei Junkers drei-, bei DB vierventiligen Köpfe bildeten ein einziges Leichtmetallgußstück aus Silumin-Gamma. Auch das Motorgehäuse bestand aus dieser berühmten Legierung.

Die nach unten hängenden Zylinder verbieten sinngemäß die Bezeichnung »V-Motor«, während der korrekte Ausdruck »A-Motor« wenig populär wurde. Vier echte V-Motoren schoben dagegen die letzten Zeppeline: 16 Zylinder-Dieselmaschinen von Daimler-Benz in der klassischen Mercedes-Bauweise, d. h. mit geschweißten, stählernen Einzelzylindern. Das gegenüber den Benzinflugmotoren weit höhere Gewicht für 88 l Hubraum und 1320 PS spielte eine geringere Rolle als in Flugzeugen — die Kraftstoffeinsparung bei jeder Atlantiküberquerung kompensierte nahezu den Unterschied, abgesehen von der überlegenen Wirtschaftlichkeit, Lebensdauer und Feuersicherheit. Nach der »Hindenburg«-Katastrophe (s. S. 146) und der späteren Baueinstellung des Schwesterschiffs fanden diese Motoren eine neue Verwendung — in Schnellbooten.

DEN 3000 FLUGMOTOREN-PS FOLGTEN 30 IM ZWEITAKT-TWIN

Die 5- bis 10-prozentige Mehrleistung eines konsequent entwickelten »Einspritzers« beruht auf besonders weiten, strömungsgünstigen Ansaugwegen, die auch den Gasschwingungen und der dadurch begünstigten Zylinderfüllung am besten entsprechen. Ferner auf der absolut gleichmäßigen Kraftstoffverteilung und dem höheren Verdichtungsverhältnis, das sich mit unverändertem »Oktanzahlbedarf« anbietet. Zugleich ergibt sich ein Minderverbrauch in derselben Größenordnung. Daß mit direkter Einspritzung (in die Verbrennungsräume) keine Vergaservereisung droht und, umgekehrt, weder Dampfblasenbildung im Kraftstoffsystem noch eine Überfettung in den Ansaugkanälen, wenn ein Motor heiß abgestellt wird, sind weitere wichtige Pluspunkte.

Während die Brandgefahr auf der Erde weniger wiegt als in der Luft, bewahrt die Unabhängigkeit von starken Fliehkräften bei schnellem Kurven und von Trägheitseinflüssen bei scharfem Beschleunigen oder Bremsen vor Auswirkungen, die (mindestens) lästig sind. Schließlich begrüßen Konstrukteure und Karosserie-Designer den geringeren Raumbedarf und die »Freizügigkeit« von Einspritzpumpen gegenüber Vergasern, namentlich Mehrfach- oder Fallstromvergasern. Anders als früher, sollen ja Motorhauben möglichst kurz und niedrig sein!

Besonders attraktiv war die Benzineinspritzung für Zweitaktmotoren; ihr einfacher Aufbau — als Thema eines späteren Kapitels — und die damit

X.8 In diesem Kapitel nur zum Vergleich: das ist nicht der letzte Luftschiffmotor, der sowohl »LOF 6« wie auch »DB 602« hieß, sondern sein Urenkel, mit 20 statt 16 Zylindern, mit 220 statt 175 mm-Bohrungen (bei unverändertem Hub 230 mm) 2200 kW (3000 PS) bei 1720/min statt 970 (1320) bei 1600 und mit einem von 3,3 auf 2 kg/kW (2,4 auf 1,5 kg/PS) verbesserten Leistungsgewicht – hervorragend für große und »schnellaufende« Diesel! Mit zahlreichen konstruktiven Finessen bestechen die großen Konkurrenten aus Friedrichshafen: Maybach-Maschinen für Lokomotiven mit Laufstrecken über 1 Mio. Kilometer, für Marine-Einsatz mit noch höheren Leistungen – im Fachjargon als »Renndiesel«. (Über den Zusammenschluß von Daimler-Benz mit Maybach und dann mit MAN zur MTU berichtet ein späteres Kapitel.)

verbundene »Spülung« verursachen leider erhebliche Frischgasverluste. Diese Gasmengen durch reine und wohlfeile Luft zu ersetzen und den wertvollen Kraftstoff erst einzuspritzen, wenn der Kolben den Auslaßkanal verschlossen hat, das beseitigt den Zweitaktnachteil, der (mindestens ökonomisch!) am meisten stört.

Gutbrod, ein Newcomer im Automobilbau, mit kleinen Wagen, aber großem konstruktiven Elan, knüpfte 1949 an der Entwicklung an, die Bosch mit DKW-»Meisterklassen« vor dem Krieg und mit recht positiven Ergebnissen durchgeführt hatte ... zeitweilig auch die Pinneberger Ilo-Werke mit stationären Zweitaktmotoren. Freilich tauchten dabei neue Schwierigkeiten auf: die Einspritzpumpen mußten gegenüber den Flugmotoren rund zehnmal geringere Kraftstoffmengen liefern, aber mit der vierfachen Drehzahl arbeiten, weil die kleinen Maschinen doppelt so rasch liefen und als Zweitakter bei jeder Kurbelwellenumdrehung einen Arbeitstakt absolvierten. Statt steiler Nocken, die für Dieselmotoren die wichtige »Einspritzcharakteristik« vermitteln, sorgen kreisrunde Exzenter für ein weiches Auf und Ab der Pumpenkolben. Auch erwies sich die zunächst verwendete Querspülung mit »Nasenkolben« bei Gutbrod — und bald bei Goliath in Bremen — als ungeeignet im Vergleich zur »Schnürle«-Umkehrspülung.

Ferner stellte die Regelung der Einspritzmenge ganz andere Ansprüche und eine zusätzliche Ölpumpe mußte die Aufgabe der einfachen Mischungsschmierung übernehmen. Als Bestandteil der Einspritzpumpe förderte sie das Öl fein dosiert in den Ansaugkanal, bei Gutbrod zusätzlich in die Kurbelwellenlager. — Diesen Aufwand belohnte, technisch betrachtet, ein glänzender Erfolg: zwar stieg die Leistung nur um die üblichen 10 oder 12 %, doch sank der Kraftstoffverbrauch in einem weiten Bereich auf Rekordwerte um 220 Gramm pro PS-Stunde (= 300 g/kWh)!

**»SE«, »INJECTION«, »PI«, »TI«
FEST ETABLIERT**

Eine so große Verbrauchseinsparung wie bei Zweitaktern kam für die a priori sparsameren Viertaktmotoren nicht in Betracht, und Daimler-Benz stellte sogar die Benzineinspritzung nach kurzen Experimenten, 1947 an den (seitengesteuerten!) »170«-Modellen, für runde fünf Jahre zurück. Dann aber ging es weniger um ökonomische Ziele als um höhere PS-Zahlen für den erregenden »300 SL«. Der Einspritzmengenregelung dienten Ansaugdruckfühler im »Klappenstutzen«, wie bei den kleinen Zweitaktern. Nur saß der Klappenstutzen, der die sonst im Vergaser befindliche Drosselklappe ersetzt, weit vorn unter der Motorhaube, am Eingang zu einer voluminösen Druckkammer, von der aus lange Ansaugstutzen — als »Schwingrohre« (vgl. Abb. X.9) — zu den Einlaßventilen führten. Weitere Impulse für den Mengenregler liefern Temperaturgeber, weil ja erst Luftdruck und Temperatur die wirkliche »Dichte« bestimmen, ferner eine Barometerdose für den abnehmenden Luftdruck mit zunehmender Meereshöhe, schließlich die Motortemperatur für eine Kaltstart- und Warmlaufanreicherung.

Daß die letzten Mercedes-Benz-»Silberpfeile«, die erfolgreichen 2,5 l-Formelrennwagen von 1954/55, und die sehr ähnlichen 3 l-Motoren der Rennsport-»SLR« mit direkter Einspritzung arbeiteten, lag unter diesen Umständen auf der Hand. Besonders bemerkenswert war die Lage der Einspritzdüsen — nicht etwa im Zylinderkopf, wie bei Borgward-Rennmotoren oder BMW-Rennmaschinen, sondern im Zylinder selbst. Sie spritzten direkt gegen die Auslaßventile, was diese kühlte und den Kraftstoff rascher vergaste, und wurden von den Kolben und Kolbenringen »überfahren«, folglich vor den höchsten Temperaturen und Drücken geschützt.

Eine echte Überraschung hingegen bedeutete die erste Saugrohreinspritzung für den Mercedes-Benz »300 Automatik« und, nicht viel später, die »220 SE«-Einspritzanlage: für 6 Zylinder erhielt die Pumpe nur noch zwei (der teuren) »Elemente«. Nun speiste jeder Pumpenzylinder einen »Zuteilblock« — mit anderen Worten einen Verteiler, der je drei Düsen versorgte, aber nicht »kontinuierlich«, wie bei etlichen ausländischen Einspritzsystemen, sondern »intermittierend«, entsprechend den Förderhüben der Pumpe. Dabei erhielt jede einzelne die einzelnen Zylinder, über dem Kurbelwellenwinkel oder den vier Takten aufgeteilt, präsentieren ein Puzzle-Spiel, ebenso jedoch die Erkenntnis, daß der Einspritzzeitpunkt in gut gegeneinander »abgeschotteten« Ansaugrohren keine Rolle spielt; denn die gute Gemischaufbereitung ist über jeden Zweifel erhaben. Zu erwähnen wäre noch die wichtige »Nullförde-

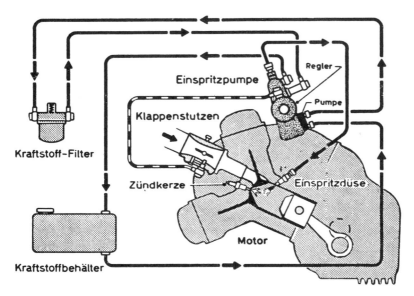

X.9 Das Kraftstoffsystem mit dem Kreislauf »Tank – Förderpumpe – Filter – Einspritzpumpe – (Rest) zum Tank zurück« ist für jeden Einspritzer typisch, aber der Motor, den das Schemabild andeutet, ein seltenes Exemplar: der letzte Mercedes-Benz-Rennmotor 1954/55 »M 196«. Ein schräg eingebauter Reihenachtzylinder mit »Mittelabtrieb« zur Kupplung, zu den obenliegenden Nockenwellen für die desmodromisch gesteuerten Ventile und allen Hilfsgeräten. Die Lage der Einspritzdüsen wie im Text beschrieben. Nur der Klappenstutzen saß in Wirklichkeit nicht am gezeichneten Platz, sondern am Vorderende einer langen Ansaugkammer, von der 8 Schwingrohre zu den »Fallkanälen« führten. (Vgl. Abb. III.5, II.6, 12).

Düse pro Arbeitsspiel nicht eine einzelne Ladung, sondern zwei halbe (weil die Einspritzpumpe zwar mit Nockenwellendrehzahl lief, aber »Doppelnocken« für zwei Stempelhübe pro Umlauf sorgten).
Die verschiedenen Einspritzzeiten für rung« beim »geschobenen«, d. h. bremsenden Motor. Sie vermindert den Verbrauch und die schädlichen Bestandteile in den Auspuffgasen (bei Zweitaktern zusätzlich das lästige Stoßen und Rucken), erfordert aber einen besonderen Fliehkraftregler,

der sich bei niedrigen Drehzahlen einschaltet, damit der Motor nicht abstirbt, sondern einen zuverlässigen Leerlauf behält.

Auch der Einspritzpumpenbau von Deckel-München, der die großen (natürlich luftgekühlten) »Doppelstern«-Flugmotoren von BMW ausstaffiert hatte, inzwischen Kugelfischer-Georg Schäfer, widmete den PKW-Motoren eine eigne Entwicklung, und so bemerkten aufmerksame Beobachter schon vor dem Serienanlauf des Peugeot 404-»Injection« die Münchner Einspritzanlagen in Porsche-Versuchswagen — wie etliche Jahre später in BMW-Prototypen, den Vorläufern der »tii«-Modelle. Die Schäfer-Benzineinspritzung arbeitet, anders als bei den Dieselpumpen, mit veränderlichem Hub der Pumpenkolben. Letztere folgen den Nocken, die sie anheben, nur für die volle Einspritzmenge bis zur Ausgangsbasis, dem unteren Totpunkt. Für kleinere Mengen begrenzen Schwinghebel, ihrerseits von einem »Raumnocken« gesteuert, den Hub. Dieser konische und ausgeprägt unsymmetrische Körper ist das Herz der Mengenregelung. Die verschiedenen Impulse drehen ihn nicht nur, sondern verschieben ihn zusätzlich in Achsrichtung. Der Werkstattjargon nennt ihn respektlos, aber anschaulich, »Kartoffel«, vor allem, seit er als Regelelement in neueren Bosch-Einspritzpumpen auftauchte (hier indessen in Verbindung mit der herkömmlichen Dosierung durch schräge Steuerkanten an den Pumpenstempeln).

Natürlich entstanden Einspritzanlagen auch im ausländischen Motorenbau, in Europa und Amerika. Viele Variationen zielten auf einfachere und billigere Verfahren, als es die Vielstempelpumpen unvermeidlich sind. Die englische Lucas-Anlage, die auch auf Flugmotoren zurückgeht, besitzt zum Beispiel eine einzelne zentrale Pumpe, die den Kraftstoff mit etwa 7 bar Druck zu einem Verteiler- und Dosieraggregat fördert, als typische Verteilerpumpe. Sie bewährte sich schon in den Jaguar-Prototypen, die von 1955 bis 1957 die schweren 24 Stunden-Rennen von Le Mans überlegen gewannen.

In den Serienbau kam die Lucas-Einspritzung allerdings nicht bei Jaguar, sondern später bei Triumph für die sportlichen »PI«-Modelle (Petrol Injection) — da man bei den exklusiven Maserati mit dem 4 l-Sechszylinder kaum von einem Serienbau sprechen kann.

Internationale Bedeutung erlangte Lucas mit der Einspritzanlage an Rennmotoren, gleichermaßen an den dominierenden Ford-Cosworth-Achtzylindern wie an den italienischen und französischen Zwölfzylinder-Rivalen. — Im rotierenden kleinen Verteiler-Zylinder sind rundherum Zu- und Abflußbohrungen angebracht; ein winziger Kolben darin arbeitet als »Schwingschiffchen«: der mit 7 bar Druck zufließende Kraftstoff drückt ihn abwechselnd nach links oder rechts, wo jeweils eine Leitung freigelegt wird, die in der richtigen Reihenfolge zu den Einspritzdüsen führt. Dabei übernimmt ein veränderlicher Anschlag für das »Schwingschiffchen« die Mengendosierung.

Fuscaldo experimentierte für italienische Caproni-Flugmotoren schon lange vor dem zweiten Weltkrieg mit elektromagnetisch betätigten Einspritzdüsen und einem System, für das sich sogar der mächtige General Motors-Konzern in den fünfziger Jahren interessierte. Doch verlegten sich die Amerikaner bald auf das »Ramjet«-Verfahren des heimischen Verga-

227

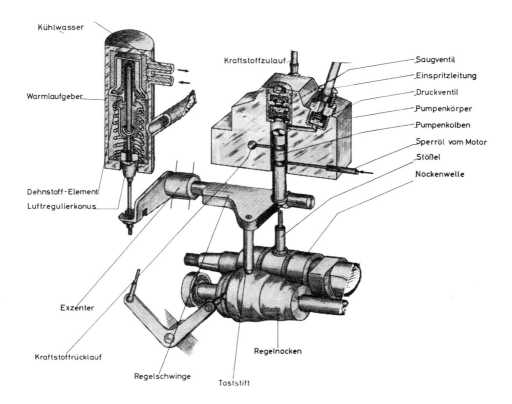

X.10 Das Kernstück der ausgeklügelten Mengenregelung in der Kugelfischer-Schäfer-»Injektion« ist der Regelnocken (»die Kartoffel«). Die Konturen sind auf die Motorcharakteristik abgestimmt. Er liegt in Kugellagern parallel der Nockenwelle, wird in Achsrichtung von einem rechtwinkligen Hebel verschoben, der direkt mit der Luftdrosselklappe gekuppelt ist, und zusätzlich vom Drehzahlgeber gedreht. Auf seiner Oberfläche gleitet ein Taststift, der die Regelschwinge hebt oder senkt. Diese wiederum begrenzt den wirksamen Hub des Pumpenkolbens; denn nur der Stößel folgt dem Nockenprofil ganz — der Pumpenstempel sitzt schon vor dem »unteren Totpunkt« auf der Regelschwinge auf (ihr rechter Teil ist in der Zeichnung weggeschnitten).
Den Förderhub vergrößert zusätzlich die exzentrische Lagerung der Regelschwinge; der vom Kühlwasser durchflossene Warmlaufgeber enthält nämlich einen Thermostat (das Dehnstoffelement), senkt die Schwinge ab und leitet Zusatzluft für erhöhte Warmlaufdrehzahl ins Ansaugsystem.
Zum Kaltstart selbst spritzt ein (nicht abgebildetes) Magnetventil Zusatzkraftstoff direkt in den Sammelbehälter zwischen dem Klappenstutzen und den Ansaugrohren.

ser-Lieferanten Rochester, das mit einer »kontinuierlichen« Einspritzung entsprechend einfacher arbeitete. Indessen saßen wenig später wieder die herkömmlichen Doppel- und Vierfachvergaser zwischen den Zylinderreihen der bulligen V-Achtzylinder.
Bendix und Chrysler entwickelten zur gleichen Zeit ein voll-elektronisches Einspritzsystem, dessen Wirkungs-

weise und Einzelheiten keine Wiedergabe erfordern, weil sie sich von den neuen deutschen Anlagen naturgemäß wenig unterscheiden. Ähnliches gilt für weitere, in den 70er Jahren aufgetauchte Einspritzverfahren (wie Hilborn oder Schebler in den USA oder Tecalemit-Jackson in England).

»JETRONIK« – SCHON GENERATIONEN

Den großen Vorzügen der mechanischen Kraftstoffeinspritzung steht als schwerwiegender Nachteil, fast allein, der hohe technische Aufwand gegenüber. Einspritzpumpen, namentlich Reihenpumpen mit einem kompletten »Element« für jeden Motorzylinder, sind naturgemäß teuer – selbst wenn man von Mehrvergaseranlagen ausgeht – und die Aufpreise für die Einspritzmotoren vierstellig.

Hier hilft die moderne Elektronik. Zwar erfordert der komplizierte Aufbau einer elektronischen Einspritzanlage eine große Menge Einzelteile, doch lassen sie sich vergleichsweise preiswert und oft einheitlich für verschiedene Motoren herstellen. Die »Jetronic« getaufte Bosch-Anlage fand nach ihrem Debüt – 1967 im VW 1600 – rasch Eingang bei weiteren Vier-, Sechs- und Achtzylindermotoren. Mit dem Ziel einer einfachen Mengenregelung erzeugt eine elektrische Pumpe den Kraftstoffdruck von 2 bar im gesamten Einspritzsystem. Dabei sorgt ein Druckregler für tadellose Gleichmäßigkeit. Vom reichlich geförderten Kraftstoff fließt der Überschuß ständig in den Tank zurück, wie auch bei mechanischen Diesel- und Ottoeinspritzanlagen. Dadurch bleibt der Kraftstoff kühl und immun gegen Dampfblasenbildung. Auch die Feinstfilterung des Kraftstoffs ist für sämtliche Einspritzsysteme lebenswichtig – Schmutzpartikel, welche die Leerlaufdüsen in Vergasern (mit 0,3 bis 0,5 mm Durchmesser) anstandslos passieren, können die Funktion und Lebensdauer von Einspritzdüsen und -pumpen echt gefährden!

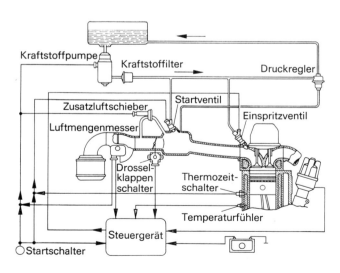

X.11 Der »D-Jetronic« folgte (1975) die »L«-Version, die als wichtigstes Signal anstelle des Drucks im Ansaugsystem die Luftmenge mißt – nach demselben Prinzip wie bei der (kontinuierlich einspritzenden) K-Jetronic. Nur besitzt der Luftmengenmesser keine (annähernd) horizontale Stauscheibe, sondern eine federbelastete vertikale Stauklappe. Eine L-Jetronic ist den einzelnen Motoren besser anzupassen, dazu billiger herzustellen.

Mit dem konstanten Kraftstoffdruck hängt die Einspritzmenge jeder Düse direkt von der Einspritzdauer ab: öffnen die Düsen lange, etwa 10 Millisekunden, so gelangt viel Kraftstoff ins Ansaugrohr (meistens direkt auf das Einlaßventil); bei kurzer Öffnungszeit, etwa 2 ms, entsprechend wenig. Da die Düsen nicht vom Kraftstoffdruck selbständig (»hydraulisch«) angehoben werden — mit einem Hub von 0,15 mm! — bezeichnet man sie als »Einspritzventil«. Wir erinnern uns beiläufig an das elektrisch ein- und ausgeschaltete »Leerlaufabschaltventil« anstelle der herkömmlichen Leerlaufdüse in manchen Vergasern.

Den Impuls für die Einspritzdauer, also die Mengenregelung, und für den Einspritzzeitpunkt jeder Düse liefert das »Gehirn« der elektronischen Einspritzanlage, das Steuergerät; ein in gedruckter Schaltungstechnik (rüttelsicher) aufgebauter kleiner Computer mit 250 bis 400 Bauteilen, darunter je 30 Transistoren und Kondensatoren — doppelt so viele wie in einem Kofferradio — sowie 40 Dioden (sie kommen bei der Zündelektronik näher zur Sprache . . .).

Den Einspritzzeitpunkt diktieren zusätzliche Kontakte im Zündverteiler, und zwar gruppenweise. Zwei Zylinder und bei Sechszylindermotoren drei, die hintereinander zünden, erhalten ihren Kraftstoff gleichzeitig. Daß die Gemischbildung darunter leidet, enthüllten rund 20 Jahre lang nur Rennmotoren mit gerade meßbarem Leistungsverlust. Erst die strengen Abgasgesetze der 80er Jahre stellten bei »intermittierenden« Anlagen die Gruppeneinspritzung zur Disposition, freilich mit hohem Aufwand (und Preis) für die Alternative.

Nicht die Atombombe ist das entscheidende technische Ereignis unserer Epoche, sondern die Konstruktion der großen mathematischen Maschinen, die man gelegentlich, vielleicht mit einiger Übertreibung, auch Denkmaschinen genannt hat . . . Tiefer als bisher ist damit die Technik in unser soziales und geistiges Leben eingebrochen. Wir können durchaus von einer neuen Stufe der Technischen Welt oder der Technischen Zivilisation sprechen.
Prof. Max Bense, 1952

Naturwissenschaften und Technik stellen Probleme, die man heute mit Computern löst, d. h. mit programmgesteuerten elektronischen Rechenmaschinen, »Denkmaschinen« oder »Elektronengehirnen«. Für die modernen Mittel der Kommunikation, für vielfältigste Steuer- und Regelvorgänge prägte der amerikanische Mathematiker Norbert Wiener 1948 den Begriff Kybernetik (nach dem griechischen Wort »Lotse«). Einen »Roboter« dagegen erfand der tschechische Schriftsteller Karel Capek 1920 in einem utopischen Roman.

WAS DER COMPUTER ERFÄHRT UND AUSWERTET

Die wichtigste Information über die Kraftstoffmenge, die jedes Arbeitsspiel bei jedem Betriebszustand benötigt, bezieht das Steuergerät von einem Druckfühler, nach dem die D-Jetronic auch benannt wurde. Er mißt den Unterdruck im Ansaugrohr — und damit direkt die Zylinderfüllung, für die der Computer die richtige Kraftstoffmenge dosiert. Da der absolute Luftdruck wirkt — und nicht ein relativer, wie vergleichsweise in Vergasern — erübrigen sich Korrekturen für unterschiedliche Witterung und Meereshöhen, ja sogar für verschmutzte Luftfilter! Diese Einflüsse vermindern zwar die Füllung und Leistung, aber ohne die sonst drohende zusätzliche Gemischüberfettung.

Die rund acht Jahre jüngere L-Jetronic enthält anstelle der Druckmessung einen Luftmengenmesser mit einer Stauklappe, wie sie sich bei der (inzwischen erschienenen) K-Jetronic bewährt hatte. Eine weitere Vereinfachung bekundet die Parallelschaltung sämtlicher Einspritzventile: sie öffnen und schließen gleichzeitig, und zwar zweimal bei jedem einzelnen Umlauf der Zündverteilerwelle. Der Einspritzdruck wurde auf durchweg 2,5 bar erhöht.

Um die unterschiedliche Zylinderfüllung bei niedrigen, mittleren und hohen Drehzahlen zu berücksichtigen – sie entspricht annähernd dem Verlauf der Drehmomentkurve – speisen die Kontakte im Verteiler auch die Motordrehzahl in den Computer ein. Genau genommen, erfährt er nur den zeitlichen Abstand der Impulse, doch das genügt ihm völlig. Das Signal »Vollast«, das ihm ein mit dem Druckgeber kombinierter Schalter gibt, veranlaßt ihn, das Gemisch anzureichern, wie es jeder Motor für Extra-Leistung verdient.

Sodann steckt im Wassermantel ein Temperaturfühler, der eine Kaltstart- und Warmlaufanreicherung steuert, und zwar auf zwei verschiedenen Wegen: die besondere Kraftstoffdosis für den Kaltstart liefern nicht die Einspritzdüsen vor jedem Zylinder, sondern ein einzelnes Kaltstartventil gleich hinter der Drosselklappe. Bei tiefen Außentemperaturen sprüht es zusätzlichen Kraftstoff in das Ansaugsammelrohr, was der bei Kälte so schlechten Vergasung entgegenkommt. Die Warmlaufanreicherung, gleichfalls temperaturgesteuert, vermehrt noch die Einspritzmenge für jeden Zylinder. Außerdem wird der Leerlauf beschleunigt, indem hinter der Drosselklappe ein Zusatzluftschieber öffnet und den Motor stärker füttert. Bei fortschreitender Erwärmung, etwa bis zu 70 Grad Kühlwassertemperatur, schließt der Luftschieber wieder und normalisiert die Gas-Zufuhr.

Vom »Gaspedal« unmittelbar über einen Schleppschalter gesteuert, arbeitet die Beschleunigungsanreicherung – wie es auch die Beschleunigungspumpe im Vergaser tut. Bei geschlossener Drosselklappe hingegen, wenn der Motor nur rollen oder bremsen soll, erhält er – sparsam und abgasfreundlich – überhaupt keinen Kraftstoff. Freilich geht das nicht ohne weiteres – wie zu jeder Öse ein Haken gehört: unterhalb einer bestimmten Drehzahl, etwa 1200 U/min, setzt die Kraftstoffversorgung wieder ein, damit der Motor beim Auskuppeln oder Schalten seinen zuverlässigen Leerlauf behält. (Diese Schubabschaltung wurde, vor allem in den ersten Jahren, nicht von allen Motorenherstellern praktiziert.)

Das Steuergerät summiert alle »Regelimpulse« zuverlässig und verarbeitet sie – abgesehen vom separaten Kaltstartventil – zur Einspritzdauer für jede Düse – und damit zur passenden Einspritzmenge. Die Zahl der regulierenden Faktoren ist noch nicht begrenzt; denn der Sammelstecker für das Steuergerät enthält vorsorglich 25 Anschlüsse. Vier davon dienen allerdings der Verbindung mit dem elektrischen Bordnetz, mit Batterie, Anlasser, Zündung und Masse. Daß die Elektronik und Einspritzmenge unabhängig von der schwankenden Bordnetzspannung arbeitet, ist die erste von zahlreichen Vorkehrungen, welche die Anlage »narrensicher« machen sollen. Übrigens beträgt der Stromverbrauch, drehzahl- und leistungsabhängig, bis zu 60 Watt; doch gibt es die Anlage ohnehin nur für Motoren mit leistungsfähigen Drehstromgeneratoren.

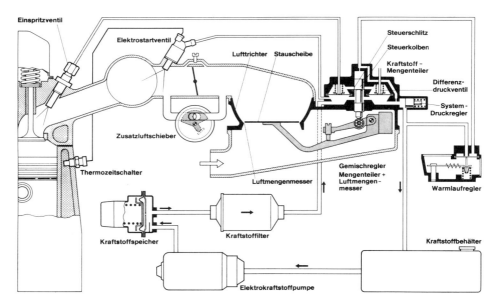

X.12 In ihrem Aufbau ähnelt die kontinuierliche Einspritzanlage – »K-Jetronic« – dem elektronisch geregelten Schwestertyp. Der Luftmengenmessung dient von Anfang an die abgebildete Stauscheibe, deren »bremsenden« Einfluß auf die Füllung und Höchstleistung Bosch mit maximal 1,5% beziffert. Die Düsennadeln der Einspritzventile geraten schon bei kleinen Kraftstoffmengen in hochfrequente Schwingungen – zum »Schnarren«, das die Gemischbildung begünstigt. Noch merklich besser wurde sie mit einer »Luftumfassung« des Einspritzstrahls (mit Hilfe des Saugrohrunterdrucks bewerkstelligt).

Noch wichtiger als die »Absicherung« der elektrischen Vorgänge ist naturgemäß die Beherrschung des Kraftstoffkreislaufs unter allen, auch außergewöhnlichen Bedingungen. Sollte zum Beispiel ein Einspritzventil nicht dicht schließen (oder gar festhängen), so könnte bei eingeschalteter Zündung, aber stehendem Motor die Kraftstoffpumpe den betreffenden Zylinder gefährlich überfüttern. Tatsächlich schaltet die Pumpe stets nach etwa einer Sekunde ab – als »Vollaufsicherung«. Andererseits sorgen Rückschlagventile im Kraftstoffsystem für ausreichenden Druck – als »Vorratsdrucksicherung«. Sollte indessen der Kraftstoffdruckregler ausfallen, tritt ein Überdruckventil in Aktion und begrenzt den Einspritzdruck auf die verlangten 2 bar.... An Motoren, die bei einem Kaltstart anfällig gegen »Versaufen« sind – deren Zündkerzen also leicht naß werden, ersetzt ein »Thermozeitschalter« den normalen Thermoschalter und beschränkt die Wirkung des Kaltstartventils.

DIE »K-JETRONIC« (KAM ALS KNÜLLER OHNE KNALL)

Daß die großen Vergaserhersteller im In- und Ausland sich intensiv mit den verschiedensten Einspritzverfahren beschäftigen, zeigte spätestens Ende 1972 die von Solex entwickelte (relativ) einfache, da kontinuierlich arbeitende Zenith-Einspritzung. Nachdem

Gebrauchsmotoren immer weniger Nachteile offenbaren, wenn Zylinder bzw. abgeschottete Einlaßkanäle ihre Kraftstoffzuteilung »zur Unzeit« erhalten, lagen die viel einfacheren, robusteren kontinuierlichen Verfahren förmlich in der (Ansaug-) Luft... bis das Frühjahr 1973 offenbar den endgültigen Durchbruch brachte, allerdings als Knüller ohne Knall; denn als die Fachpresse über die neue Bosch-Errungenschaft berichtete, befanden sich die Export-Porsche mit der »K-Jetronic« längst im Verkehr.

Anstelle von Elektronik enthüllt die Anlage eine frappierend einfache und logische Funktion: im weiten gemeinsamen Ansaugweg befindet sich ein konisch erweiterter Lufttrichter, in dem an einem leichten Hebel eine Stauscheibe schwebt. Bei leerlaufendem (oder ausgeschalteten) Motor steht sie ganz unten, am engsten Querschnitt mit dem schmalsten Ringspalt rundherum. Sowie die normale Drosselklappe aber dem Motor kräftiger zu atmen erlaubt, hebt der Luftstrom die Stauscheibe und öffnet sich einen breiteren Ring, wobei der Hub — und die zugehörige Hebelstellung — dank der individuellen Größe und Kontur des Lufttrichters mit der Motorcharakteristik harmoniert.

Nach demselben Prinzip sortieren hochempfindliche pneumatische Meßgeräte (Solex-Prüfer) enge Toleranzen und Laufspiele von Wellen und Lagern in mancher Serienproduktion; auch Synchrotestgeräte demonstrieren damit geringste Druckdifferenzen vor den Drosselklappen von Mehrvergaseranlagen. Da schwebt eine leichte Kugel in einem (hier indessen nur minimal-) konischen Glasrohr entsprechend der durchfließenden Luftmenge höher oder niedriger.

Die Stauscheibe der K-Jetronic wird aber, anders als im Schaubild, nicht von der Schwerkraft nach unten gedrückt, sondern (lagen-unabhängig!) vom Kraftstoffdruck auf dem Steuerkolben. Der wiederum gibt mit seiner Stellung im »Zylinder« Schlitze frei, die zu den Einspritzdüsen mehr oder weniger Kraftstoff fließen lassen, da dieser konstant unter 5 bar Druck steht. Die Mengenteilerhülse (der »Schlitzträger«) enthält für alle Motorzylinder eigne Schlitze (und Differenzdruckventile), also 4, 6 usw...

Offenbar beruht das gerühmte Resultat dieser Anlage auf der guten Abstimmung des Lufttrichters zur unterschiedlichen Zylinderfüllung und auf der hochpräzisen Wirkung der Steuerschlitze. Denn der ganze Rest ist — mindestens für Bosch — konstruktive Routine, die Differenzdruckventile, die den Druckabfall vom Durchsatz unabhängig machen, die Einspritzdüsen,

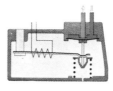

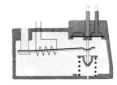

X.13 Der Warmlaufregler der K-Jetronic steuert die Kraftstoffmenge bei Kaltstart, Warmlauf und Vollast mit einer Bimetallfeder: oben im Schema bei kaltem, unten bei warmem Motor.

die bei 3 bar öffnen und den Kraftstoff fein zerstäuben, der Warmlaufregler, der den Kraftstoffdruck für den betriebswarmen Motor auf 3,7 bar (herunter) regelt, das zusätzliche Kaltstartventil hinter der normalen Drosselklappe, der mit einer Bimetallfeder gesteuerte Zusatzluftschieber, der

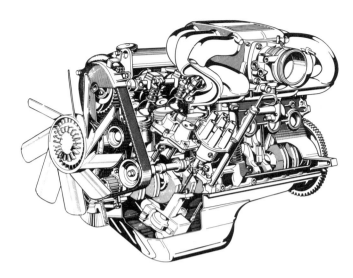

X.14 Der »kleine« BMW-Sechszylinder erscheint an dieser Stelle wegen seiner Schwingrohre im Ansaugsystem. Für alle Zylinder gleichlang (45 cm ab zentralem Sammelrohr) bringen sie gute Füllung in einem breiten Drehzahlbereich. Die Einspritzventile, am zweiten Zylinder eingezeichnet (hier K-Jetronic, ab 2,5 l L-Jetronic mit Schubabschaltung bzw. Motronic) zielen direkt auf die Ventilteller.

Mit gleichen 80-mm-Kolben erzeugen 66 bzw. 77 mm Hub 1,99 und 2,32 l Hubraum und 45 kW/l (ca. 62 PS/l) Ausbeute. Der 9,8 : 1 verdichtete 2-l-Einspritzer (im »520 i«) bringt 90 kW (122 PS) bei 5800/min. Die besten Verbrauchswerte betragen mit einem Doppelregistervergaser 300 g/kWh, mit Einspritzung noch 10 % weniger. Die Sphärogußkurbelwelle mit 12 Gegengewichten und einem Drehschwingungsdämpfer läuft, wie die Nockenwelle, in sieben Lagern. Dem Antrieb der Nockenwelle (s. B. VI.22) dient hier ein Zahnriemen, der über eine Spannrolle und eine Hilfswelle für den Verteiler- und Ölpumpenantrieb läuft. Die V-förmig unter 44° hängenden Ventile arbeiten mit ausgeprägt kurzen Steuerzeiten (260°). Der Viskolüfter (wie in einem späteren Kapitel beschrieben) gehört nur zum »520«, in den kleineren zweitürigen Karosserien arbeitet ein thermostatisch geregelter Elektro-Ventilator.

dem kalten Motor mehr Luft spendiert und die Leerlaufdrehzahl anhebt, und schließlich der Kreislauf des gutgefilterten Kraftstoffs.

Außer der flexiblen Anpassung an verschiedene Motoren besticht das »Schwebekörperprinzip« durch seine Reaktion auf die echte Luftmenge, nämlich auf das Luftgewicht, unabhängig von schwankenden Temperaturen und barometrischen Drücken. Davon profitiert nicht zuletzt die Abgasqualität. Außerdem benötigt die K-Jetronic keinen Antrieb am Motor, weil die kräftige Kraftstoffpumpe mit einem »durchgespülten«, d. h. gut gekühlten Elektromotor kombiniert ist. Daß die kontinuierliche Einspritzung eine kürzere Überschneidung der Ein- und Auslaßsteuerzeiten beansprucht, zeigte sich erstmalig bei Porsche – und seither überall im Rahmen der Maßnahmen zur Abgasentgiftung.

SCHARFER WETTBEWERB FÖRDERT DEN FORTSCHRITT

Der aktuellen Frage nach dem weiteren Verlauf des »Kampfs unter der Motorhaube«, den die scharfe Konkurrenz der diversen Einspritzsysteme mit den Vergasern entfacht hat, verleiht die K-Jetronic einen neuen Aspekt. Mit fast allen Einspritzanlagen liefern Motoren höhere Leistungen oder »sauberere« Abgase – oder beides gleichzeitig. Sicher müssen die Erwartungen realistisch bleiben und Illusionen ausschließen: die extremen amerikanischen Abgasvorschriften sind mit Maßnahmen der Gemischbildung allein auf keinen Fall zu erfüllen. Einspritzungen bringen viele Fortschritte, aber keinen »Totalerfolg« (vgl. S. 148, f.).

Statt der Luftmengenmessung mit der Stauscheibe verwendet eine (zunächst für USA-Exportmotoren weiterentwickelte) »LH«-Jetronic eine noch genauere Luftmassenmessung durch einen 0,07 mm starken, auf rund 100 Grad Celsius erwärmten Hitzdraht aus Platin. Damit ihn die vorbeistreichende Ansaugluft nicht stärker oder schwächer abkühlt, schwankt der Heizstrom und bildet, in jeder Millisekunde »abgefragt«, einen zuverlässigen Maßstab für die (physikalisch exakt definierte) Luftmasse.

Eine zentrale Regelelektronik, »Motronic« getauft, die neben der Einspritzung die Zündung steuert und, bei Bedarf darüber hinaus, Zylinderabschaltungen, notwendige Abgasrückführung und sinnvolle Getriebesteuerung umfassen kann, stellen wir zum Zündungskapitel zurück.

Andererseits erlaubte die elektronische Einspritzung, als »LE-Jetronic«, trotz der inzwischen serienmäßigen Schubabschaltung eine vereinfachte Steuerung dank veränderter Stauklappen und Einspritzventile. Und auch die K-Jetronic erhielt eine zusätzliche »KE«-Generation, bei der eine Elektronik den abgebildeten Warmlaufregler ersetzt. Überdies offeriert Bosch für die vorhandenen K-Anlagen eine nachträglich anzubauende Schubabschaltung: ein Schalter an der Drosselklappe öffnet im Schiebebetrieb (oberhalb einer vorgegebenen, vom Relais registrierten Drehzahl) ein Luftventil, so daß die Stauscheibe des Luftmengenmessers in die Nullage gelangt und die Kraftstoffzufuhr unterbricht. (Die Einsparungen im Test einer Fachzeitschrift betrugen beim »Stadtfahrzyklus« auf dem Prüfstand knapp 5%, unterwegs zwischen Null und 8%.)

Dennoch scheint die Zuversicht der Vergaserhersteller mit dem Blick auf kleine und preiswerte Großserienmotoren noch für lange Zeit berechtigt, zumal die Entscheidung für Vergaser oder Einspritzanlagen nicht allein beim Konstrukteur liegt, sondern letzten Endes beim Kunden, der die gebotene Technik mit einem Aufpreis honoriert – oder nicht. Die jüngsten elektronisch gesteuerten Vergaser für höchste Ansprüche an saubere Abgase und Ökonomie verlangen ebenfalls ihren Preis, der die ehedem krassen Unterschiede »von unten« abbaut – wie vereinfachte Einspritzsysteme »von oben«.

Das letzte gilt vornehmlich für die Zentraleinspritzung mit einem einzigen Einspritzventil (englisch SPI = single point injection, bei Bosch »Monotronic«). Damit obliegt die Kraftstoffverteilung auf die einzelnen Zylinder wieder dem Ansaugkrümmer wie bei einzelnen Vergasern. Doch ihnen gegenüber bewirkt die Zentraleinspritzung eine feinere Zerstäubung (trotz des Systemdrucks von nur 1 bar, aber mit der unter B. X.12 erwähnten »Luftumfassung«).

Die Zentraleinspritzung geht zurück auf einen Ford-V-8 von 1979, dem Chrysler und General Motors mit eigenen Varianten folgten. Vor allem liefern Sensoren Steuerimpulse je nach Luftmenge, Saugrohrdruck, Drosselklappenstellung, vor allem von einer Lambdasonde aus.

*Die Erinnerung ist das einzige Paradies,
aus dem wir nicht vertrieben werden können.*
»Jean Paul« (Richter),
Schriftsteller 1763–1825

Aufladung früher und heute

Die faszinierende Ära der pfeifenden oder heulenden Kompressoren in Renn- oder Sportwagen, gelegentlich auch in extravaganten Tourenmodellen, begann kurz nach dem ersten Weltkrieg in Untertürkheim. Die ersten Motoren liefen 1921, fünf Jahre vor Daimlers Fusion mit dem alten Rivalen Benz-Mannheim, übrigens als Serienmodelle mit entsprechend mäßigen Drehzahlen und Leistungen. Der 1,5 l Vierzylinder, damals mit 6 PS »versteuert«, entfaltete 25 PS ohne und 40 PS mit eingeschaltetem Kompressor. Er stand deshalb als »6/25/40« im Katalog; ein 2,6 l-Vierzylinder mit 10/40/65 PS folgte. Der erste Rennmotor mobilisierte mit 2 l Hubraum, zehn Monate später, bereits beachtliche 120 PS (88 kW).

Natürlich gab es für die »Überladung« einen langen, bunten Auftakt, da auch den frühesten Motorenbauern nicht verborgen blieb, wie die Motorleistung mit der »verarbeiteten Gasmenge« anstieg. Waren doch die erwähnten Spülpumpen der alten Diesel- und noch älteren Gasmotoren nichts anderes als Kolbenkompressoren! Da hatte der Hannoveraner Konrad Angele schon 1878 ein Patent erhalten, wonach die Unterseite eines üblichen Arbeitskolbens als Luft- oder Gaspumpe wirkte. Kein Geringerer als Wilhelm Maybach griff diese Idee auf und baute damit zuerst einen kleinen, leichten Viertaktzylinder, dem seine eigenwillige Form den Spitznamen »Standuhr« eintrug. Und die historischen Einzylinder im ersten Motorrad und Wagen arbeiteten genauso, ja selbst der erste Zweizylinder mit seinem engen V-Winkel (B. XIV.1).

Im Kolbenboden saß, zusätzlich zum (automatischen) Einlaßventil im Zylinder, ein zentrales Ventil, das von feststehenden Zapfen kurz über dem unteren Totpunkt angehoben, d. h. geöffnet wurde. Nun strömte die im (bewußt enggehaltenen) Kurbelgehäuse vorverdichtete Luft nach oben, in den Arbeitszylinder. Naturgemäß war die Wärmebelastung dieses Ventils kritisch – und damit die Zuverlässigkeit. Vor allem jedoch veranlaßte der unbefriedigende Wirkungsgrad der »Kurbelhauspumpe«, das an sich verlockende Prinzip aufzugeben. Dennoch hielt es weder Rudolf Diesel noch spätere Konstrukteure – oft in Abständen von Jahrzehnten – davon ab, erneute Versuche anzustellen.

**NUR NOCH EIN RÜCKBLICK:
DIE KLASSISCHEN KOMPRESSOR-MOTOREN**

Ladepumpen in Hubkolbenbauart erlangten nennenswerte Bedeutung in den 20er und 30er Jahren, sowohl an großen Dieseln, u. a. der Bauart Junkers (B. IX.4), als auch an etlichen Motorradzweitaktern, zuletzt den DKW-Doppelkolben-Rennmaschinen. Sogar bei einem serienmäßigen Tourenwagen griff DKW auf solche Ladepumpen zurück, doch mit bescheidenem Erfolg; denn der übermäßige Kraftstoffverbrauch überschattete alle Vorzüge des interessanten V-Motors im Typ »Sonderklasse«. Neben den beiden Arbeitszylindern enthielt jeder Block einen größeren, doppeltwirkenden Ladepumpenkolben, der also bei jedem Hub (nach oben oder unten) förderte. Natürlich waren die Pumpenzylinder auch unten geschlossen, mit einer zylindrischen Führung für die »Kolbenstange«, an der ganz unten,

oder Schleudergebläse bedeutend besser. Das sind mehrere Worte für denselben Begriff, den ein Kühlgebläse für VW- oder andere luftgekühlte Zylinder am einfachsten demonstriert. Schon Louis Renault ahnte die Zusammenhänge und nahm 1902 ein Patent darauf, als er den Grundstein für ein Automobil-Imperium legte. Doch er verwertete dieses Patent nicht — im Gegensatz zu vielen anderen, etwa zu seinem Kardanwellenantrieb oder Druckgasanlasser (mit dem später manche Großmotoren ar-

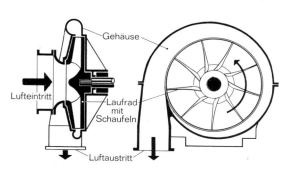

XI.1 Das Prinzip der Schleudergebläse, auch Radialverdichter genannt, beruht auf Zentrifugalkraft; rasches Rotieren treibt die Luft mit und nach außen. Das verbreitetste Schleudergebläse sorgt für die VW-Motorkühlung (s. B. VI.2). (Nicht eingezeichnet sind feststehende Leitschaufeln, als Leitrad, das die Luftgeschwindigkeit zugunsten des Drucks vermindert und den Wirkungsgrad verbessert.)

im Kurbelgehäuse, ein kurzes Pleuel angriff. Im Gegensatz zum herkömmlichen Dreikanalzweitakter, in einem späteren Kapitel, fehlte notabene die Kurbelkammerspülung und folglich die Mischungsschmierung. Die »Sonderklasse« tankte reines Benzin, ihr Kurbelgehäuse enthielt 3,5 l Öl!
Die kleinen, mit Keilriemen angetriebenen Hubkolbenkompressoren an modernen Personen- oder Nutzfahrzeugmotoren verdichten Luft für Lastzugbremsen (auf etwa 7 bar) oder Freon-Gas (auf doppelten Druck) für Kühl- und Klimaanlagen. Relativ kleine Gasmengen, aber hohe Drücke bestimmen den Aufgabenbereich von Hubkolbenverdichtern. Um jedoch große Luft- oder Gasmengen zu liefern, eignen sich Ventilatoren, Zentrifugal-

beiten sollten), oder zu seinen Ölstoßdämpfern und dem »Taxameter«.
Ernsthafte Versuche mit Kolbenverdichtern an großen Zweitaktern unternahm dagegen Prof. Junkers in Aachen, bevor Arnold Zoller 1911 einen aufgeladenen Flugmotor zum Patent anmeldete, dessen Schleudergebläse er kurz darauf durch seinen Rotationskompressor ersetzte. Inzwischen hatten die Amerikaner Nichols und Chadwick einen Schleuderlader in ihren Rennwagen eingebaut, um die enttäuschende Motorleistung anzuheben. Trotz einiger Erfolge blieb der Versuch eine Episode, wie noch andere Experimente hüben und drüben, zumal für bedeutende Rennen Kompressoren ausdrücklich verboten waren.

Die Aufladung wurde aktuell und kriegswichtig, als Kampfflugzeuge und Jagdeinsitzer in den letzten Kriegsjahren immer größere Höhen erklimmen sollten. Das gelang aber erst, nachdem man die mit der Höhe abnehmende Luftdichte ausgleichen und die Motorleistung um rund 50 % steigern konnte — eben »durch das Beipressen von Ladeluft«, wie Paul Daimler es beschrieb. Der Sohn des Pioniers hatte ja 1907 Wilhelm Maybachs Nachfolge als Chefkonstrukteur in Untertürkheim angetreten und bei Austro-Daimler in Wiener Neustadt dem jungen Ferdinand Porsche Platz gemacht. Ein weit fortgeschrittenes »Riesenflugzeug« besaß zwei Sechszylindermotoren hintereinander an jeder Tragfläche (der vordere mit einem Zug-, der hintere mit einem Druckpropeller) und im Rumpf einen fünften Motor, der nur ein großes Gebläse antrieb, das alle vier Außenmotoren mit Ladeluft versorgte!

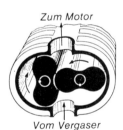

XI.2 Rootsgebläse arbeiten mit Drehkolben, die — in der Fachsprache — ein »Lemniskatenprofil« besitzen.

Für die Fahrzeugmotoren der frühen zwanziger Jahre erprobte Paul Daimler etliche Kompressorbauarten und entschied sich, ein für allemal, für Roots-Gebläse — aber nicht benannt nach einem englischen Schmied, dem angeblich das Treten des Blasebalgs zu lästig war, sondern nach zwei Brüdern, die 1865 in Indiana mit solchen Pumpen Wasser förderten. So kann man Rootsgebläse mit Zahnradpumpen vergleichen, die zum Beispiel einen kräftigen Ölstrom liefern. Nur ist die Anzahl der »Zähne« in Roots-Kompressoren auf zwei, gelegentlich auf drei Paar beschränkt.

Mit einem Profil, das schokoladenen »Katzenzungen« ähnelt, gleiten sie aneinander und im ovalen Gehäuse ab, wobei eine feine Passung jeden metallischen Kontakt vermeidet; denn für das exakte Abrollen und den Antrieb sorgt ein außen angebrachtes Zahnradpaar. Bei niedrigen Drehzahlen entstehen beträchtliche Spaltverluste und vermindern den — ohnehin mäßigen — Wirkungsgrad; aber dafür arbeiten diese Kompressoren unproblematisch, ohne Schmierung, Wartung und Verschleiß — in späteren Jahren auch an manchen Dieselmotoren . . .

In dieselbe Sammelgruppe von »Drehkolbenkompressoren« fallen die Bauarten mit einem einzelnen »Kolben« oder Rotor, als runder Körper in einem gleichfalls runden Gehäuse. Weil aber der Rotor, außermittig gelagert, einen sichelförmigen Arbeitsraum bildet und radial angeordnete Trennplatten trägt, entstehen einzelne Zellen, deren Inhalt von der Ansaugseite zur Druckseite immer kleiner wird. Nach den Erfindern und Konstrukteuren sprach man auch von Wittig- und Zoller-Verdichtern, die im In- und Ausland in vielen Variationen entstanden, allen voran für einen Fiat-Rennwagen 1923. Obwohl diese Verdichter eine bessere Charakteristik als Rootsgebläse besitzen — weil sie echt verdichten und nicht »verdrängen« — hielten sie sich zur Versorgung hochtouriger Motoren nur an den Rennmaschinen von BMW, NSU und Moto Guzzi — hier allerdings vorzüglich . . . bis die Motorradrennformeln in den fünfziger Jahren auch bei uns alle Kompressoren verbannten.

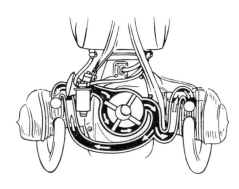

XI.3 Rotationskolbenverdichter als Zoller-, Wittig- oder Vielzellengebläse enthalten (gegenüber Rootsgebläsen, die eigentlich »Verdränger« sind) ein »eingebautes Verdichtungsverhältnis«. Das Schema stammt von der Anordnung der berühmten Kompressor-BMW. Links oben ist der Vergaser angeflanscht; die langen Druckrohre (zu den Einlaßkanälen »hinten«) dienen als Ausgleich für die pulsierende Entnahme. Tatsächlich besaß der Verdichter acht Flügel und Führungsringe zur Aufnahme der hohen Fliehkräfte.

MEHRLEISTUNG DURCH »INNENKÜHLUNG« MIT ALKOHOL

Im Automobilsport vollzog sich eine ähnliche Entwicklung in einigen »Stufen«. Nachdem die berühmten »Silberpfeile« von Daimler-Benz und der Auto-Union ihre Konkurrenten mit den anderen (international festgelegten) Rennfarben förmlich deklassierten, von kompressorlosen Motoren ganz zu schweigen, sollte 1938 ein Hubraum-Handicap die Chancen der »Saugmotoren« verbessern. Mit 4,5 Litern starteten sie gegen 3 l-Kompressormaschinen ... weiterhin hoffnungslos, wie sich sofort zeigte; denn die Gebläse förderten inzwischen nicht mehr mit 0,5 bis 0,8 bar Ladedruck, sondern mit 2 und mehr, für Leistungen über 150 PS/l (110 kW/l). Dazu dienten »zweistufige« Rootsgebläse, zwischen und hinter denen das vorverdichtete Gemisch merklich abgekühlt wurde – sonst wäre es viel zu warm in die Motoren gekommen.

Überdies erlaubte die »freie Kraftstoffwahl« die Verwendung hochgradiger Alkoholgemische mit hervorragender Klopffestigkeit und ausgeprägter »Innenkühlung« durch die hohe Verdampfungswärme. Das allerdings kostete mindestens doppelten Kraftstoffkonsum, weil der »Heizwert« (Energiegehalt) von Aethanol – und erst recht von Methanol – bedeutend geringer ist als von Benzin und Benzol. Last, not least kann man Alkohol-Luftgemische stark anreichern, also mit ausgeprägtem »Luftmangel« fahren, weil Alkohole, anders als reine Kohlenwasserstoffe, bereits Sauerstoff in ihren Molekülen enthalten und entsprechend wenig Verbrennungsluft benötigen.

Den Gipfel ihrer Entwicklung erreichten Kompressor-Rennmotoren um 1950 – nicht nur in den BMW- und NSU-Maschinen, sondern ebenso bei Alfa-Romeo, Ferrari, einem englischen BRM-Rennwagen und einem von Porsche entwickelten Cisitalia. Allerdings blieben dem technisch aufwendigen BRM, mit 16 Zylindern und einem Schleuderlader, große Rennerfolge verwehrt, während der Cisitalia weder in Italien, wo er entstand, noch in Südamerika, wo er schließlich landete, jemals zu einem Start kam. Alle diese Motoren besaßen nur noch 1,5 l Hubraum, wogegen die kompressorlose Konkurrenz unverändert mit 4,5 l antrat!

Zuletzt zeigte diese Rennformel, daß ein Hubraumverhältnis von 1 : 3 doch die Saugmotoren begünstigte – wenn sie nur den letzten Stand der Technik

XI.4 Ein großer, vertikal am Vorderende des Achtzylinders stehender Rootskompressor förderte reine Luft in die langgestreckte Vorratskammer und die »Druckvergaser«. Lauter Leichtmetallteile mit vielen Kühlrippen, weil sich die Luft beim Verdichten unliebsam erwärmt. Über jedem Doppelvergaser schon gleichlange, gegabelte Einlaßkrümmer. Dieser Mercedes-Benz-Rennmotor (1936, 4,75 l, rund 500 PS, 360 kW bei 5800/min) besaß am Schwungradende einen Zahnradsatz zu den beiden obenliegenden Nockenwellen über 32 Ventilen. Zwischen Leichtmetallgehäuse und -kopf acht einzelne, »geschweißte« Stahlzylinder (86 mm Bohrung, 102 mm Hub).

demonstrierten. Die FIA hatte bereits vor dieser Erkenntnis für die Grand-Prix-Formel ab 1954 Saugmotoren auf 2,5 l Hubraum und Kompressormaschinen auf 750 cm^3 limitiert, womit letztere ihre Chancen verloren. Zumal Daimler-Benz, getreu der uralten Rennsport-Tradition, wieder einmal antrat und die Weltmeistertitel auf Anhieb errang.

Theoretisch konnte man die (damals) nötigen 300 PS auch mit einem nur 750 cm^3 großen Kompressormotor erzielen, aber nur mit ungünstigem Drehmomentverlauf und erheblich höherem Kraftstoffverbrauch. Der Antrieb des Kompressors — oder der Kompressoren — hätte nämlich schon 100 PS von der Kurbelwelle abgezweigt, auf Kosten der thermischen und mechanischen Belastung des Motors und ... eben des Kraftstoffverbrauchs. Zwar wirkt ein Teil der Kompressorantriebsleistung insofern wieder positiv, als die Kolben im Einlaßtakt unter Überdruck abwärts gleiten und Nutzarbeit liefern — statt beim Ansaugen Leistung zu verzehren. Trotzdem ergab die Bilanz ein klares Votum gegen Kompressorbetrieb. Die späteren Formeln haben daran umso weniger geändert, als Alkoholmischungen seit 1958 auch für Automobilrennen nicht mehr zugelassen sind, sondern allein »handelsübliche« Kraftstoffe.

Naturgemäß verschlingen nicht nur die Rootsgebläse Antriebsleistungen, sondern auch die Schleuderlader, solange sie nicht mit Abgasturbinen zusammenarbeiten — (fast ganz) mit bei 1 : 8 — und das bedeuteten an dem Düsenberg-Achtzylinder, der im Frühjahr 1924 das harte Indianapolis-Rennen gewann, rund 40 000 U/min. Der zweistufige BRM-Lader rotierte, eine Generation später, nur mit der vierfachen Kurbelwellendrehzahl, die

XI.5 Die klassischen Mercedes-Benz »S« und »SS« entstanden kurz nach der Fusion von Daimler und Benz (1926) als Ferdinand Porsches damalige Favoriten. Die imposante Architektur, klare Konturen und Flächen, fand man auch bei Paul Daimlers Horch-Reihenachtzylindern, bei Bugatti, den von Marc Birkigt konstruierten Hispano-Suiza u. a. m. Die auffälligen Auspuffrohre traten nicht (allein) aus stilistischen Motiven sogleich ins Freie, sondern sollten, wie bei Duesenbergs Achtzylindern, den engen Raum unter der langen Motorhaube weniger aufheizen. Die mächtigen, bei Mercedes schon damals traditionsreichen Sechszylinder besaßen 7,1 l Hubraum (vgl. S. 59), 100 mm Bohrung und 150 mm Hub, gut für 120/180 PS (88/132 kW), dann 140/200 PS (103/147 kW) bei 3200/min. In Hans Nibels »SSK« (1931) und »SSKL« (1932, nur 6 Stück) erreichten sie bis zu 170/300 PS (125/220 kW) bei 3500/min. Der Kompressor, für kurze Zeit zuschaltbar, liegt vorn unten, eine Königswelle führt hinten im Leichtmetallblock (mit »nassen« Büchsen und vier Kurbelwellenlagern) zur Nockenwelle, doch hängen die (nur 12) Ventile parallel (also mit erheblich einfacherem Aufbau gegenüber dem Rennmotor im vorigen Bild.).

Energie, die sonst verloren geht. Während Wittig- und Zoller-Verdichter nicht wesentlich rascher rotierten als die Motoren, manchmal direkt auf dem Kurbelwellenende saßen, arbeiteten Rootsgebläse mit 1,5- bis 2,5-facher Motordrehzahl. Mechanisch angetriebene Schleuderlader — bei Nichols und Chadwick mit einem breiten Flachriemen, später mit Wellen und Zahnrädern — erreichten zwar nicht die 80 000 bis 150 000 U/min moderner, kleiner Abgasturbinen, weil ihre Schaufelräder viel größer waren, doch lagen die Übersetzungsverhältnisse aber ihrerseits inzwischen 11 000 betrug.

Die Kompressoren der Mercedes-Tourenmodelle liefen nur mit, wenn der Fahrer das Gaspedal kräftig durchtrat und damit eine besondere Kupplung einschaltete — vergleichbar etwa dem »Kick-down«, das in vielen Automatik-Getrieben einen kleineren Gang einlegt. Übrigens waren diese Wagen mit dem Dreizackstern die ersten und die letzten käuflichen Kompressortypen. Der nachträgliche Anbau von Rootsgebläsen an Serienmotoren, den Spezialfirmen vor und nach dem zweiten Weltkrieg offerierten, erwies sich als bedenklich. Gründliche Versuche der Motorenhersteller zeigten immer wieder, daß fast jede wirksame Auflading die Triebwerke überforderte. Defekte und Brüche waren durchweg eine Zeitfrage, so attraktiv

XI.6 Echte Gegenstücke zu den (meistens) weißen Untertürkheimer »Elefanten« waren zeitgenössische grüne Vier- und Sechszylinder des großen britischen Konstrukteurs Walter Owen Bentley. Ettore Bugatti, den fünf Le-Mans-Siege dieser Konkurrenz ärgerten, taufte sie »die schnellsten Lastwagen der Welt«. Entweder eine Königswelle oder drei versetzte Schubstangen (vgl. B. II.7) trieben die einzelne obenliegende Nockenwelle über den Vierventil-Brennräumen.
Einige prominente und vermögende Rennfahrer – »W. O.« selbst erst später – investierten vor der Kurbelwelle und noch vor dem Kühler einen mächtigen Rootskompressor, der die Leistung des 4,4-l-Vierzylinders (100 x 140 mm Bohrung x Hub) von 100 auf 180 PS bei 3500/min steigerte, dabei aber die gerühmte Zuverlässigkeit schmälerte.

ein Kompressoranbau auch scheint – oft ohne jeden Eingriff, ja ohne Demontage eines Motors!
Deutsche Automarken, die dem Mercedes-Beispiel folgten und Kompressor-Serien-Modelle produzierten, hatten die zwanziger Jahre nicht überlebt – abgesehen von einem Wanderer-Sechszylinder, den Porsche konstruierte und 1935 mit einem Rootsgebläse ausstattete. Auch in ausländischen Sportmodellen hielten sich Kompressoren länger, etwa bei Bugatti, Delage, kleinen Amilcar und Salmson, bei Alfa-Romeo und Maserati, englischen Sunbeam und MG.
Sie alle waren, mindestens zeitweilig, auch im Motorsport aktiv – von den deutschen nächst Mercedes-Benz am erfolgreichsten NSU. Doch rufen in der Automobilgeschichte zwei andere Marken eine besondere Erinnerung wach, weil mit deren sportgerechten Roadstern zwei illustre Rennfahrerkarrieren begannen: mit einem Bielefelder Dürkopp (dessen Kompressorversion allerdings nicht mehr zum Einsatz kam) die des studierten Landwirts Hans Stuck (senior, 1900–1978). Er gewann zuerst eine private Wettfahrt, indem er die Serpentinen bei Wolfratshausen mit seinem leichten und wendigen Wagen schneller rückwärts heraufffuhr als seine »Konkurrenten« mit viel größeren vorwärts. Allerdings verfügte Stuck über einen eigens umgebauten Antrieb mit nur einem Vorwärtsgang, aber vier Rückwärtsgängen! Bald darauf avancierte er mit Austro-Daimler zum anerkannten »Bergkönig«, fuhr dann die schweren Mercedes-Benz-Sportwagen, die Auto Union-Rennwagen ... und errang noch 1960, mit einem kleinen BMW-Coupé, die deutsche Bergmeisterschaft.
Schon früher als Stuck startete auf einem Aachener Kompressor-Fafnir ein junger Rheinländer, den viele Experten nicht nur als den besten Mercedes-Fahrer der Kompressorepoche betrachten, sondern als den größten Fahrer aller Zeiten: Rudolf Carac-

ciola, den ruhigen, fast zurückhaltenden Hoteliersohn aus Remagen und rechtmäßigen Herzog von Roccarainola. Doch war die direkte Abstammung von einem neapolitanischen Vorfahren, der im dreißigjährigen Krieg die Festung Ehrenbreitstein kommandierte und fortan am Rhein blieb, sein Geheimnis. Es wurde erst gelüftet, als er 1959 an einem Leberleiden starb — 6 Jahre nach einem seiner schärfsten Rivalen, dem kleinen, drahtigen »Campionissimo« aus Mantua, Tazio Nuvolari.

Fafnir war eine der vielen Marken, die damals untergingen, wie Aga, Apollo, Fadag, Grade und Steiger 1926 oder Dürkopp und Ley im darauf folgenden Jahr... obwohl die weltweite Krise eigentlich erst im Oktober 28 begann, mit dem berüchtigten »schwarzen Freitag« der New Yorker Börse.

DIESELAUFLADUNG ALS VORREITER

Unverändert dreht sich die Dieselentwicklung, besonders im Bereich (relativ) kleiner, schnellaufender Motoren um den kritischen Kreis »Rauch — Laufruhe — Verbrauch«. Das zeigte sich, als Baumaschinen- und Fahrzeugantriebe immer höhere Leistungen verlangten, mehr PS und Schubkraft — genau wie die PKW-Ottomotoren, die Düsentriebwerke in der Luftfahrt oder die großen, mit Dampfturbinen konkurrierenden Schiffsmaschinen. Überall ging es — und geht es weiter — um kürzere Fahrzeiten und beschleunigte Transporte, möglichst ohne höhere Motorengewichte, mit gleichem oder noch geringerem Kraftstoffverbrauch, dazu ohne Einbuße an Zuverlässigkeit und Lebensdauer. Denn der Wettbewerb und behördlich vorgeschriebene Leistungsgewichte (S. 57) drückten von Jahr zu Jahr stärker.

Wir erinnern uns, wieder einmal, an die Grundregel aller Verbrennungsmotoren: Leistung ergibt sich, in erster Linie, aus den »durchgesetzten« Luft- und Kraftstoffmengen. Um sie zu vermehren, braucht man größere Hubräume oder einen besseren Füllungsgrad der Zylinder — oder mehr Arbeitsspiele in der Zeiteinheit, mit anderen Worten, höhere Drehzahlen. Nun setzen aber Massenkräfte und mechanische Beanspruchungen den Höchstdrehzahlen verhältnismäßig enge Grenzen, die der fortschreitende Stand der Technik nur langsam anhebt. Folglich verspricht bessere Füllung und Kraftentfaltung bei jeder einzelnen Verbrennung mehr Gewinn als höhere Drehzahlen.

Das gilt besonders für Dieselmotoren. Sie besitzen nämlich, zum ersten durchweg stärkere und schwerere Bauteile als Ottomotoren. Zweitens spielt die zur guten Gemischbildung benötigte Zeit eine entscheidende Rolle. Und drittens leidet die Füllung in den modernen Direkteinspritzern durch die konstruktiven Maßnahmen, die der einströmenden Luft den gewünschten Drall erteilen. Deshalb reagieren Dieselmotoren besonders positiv auf bessere Füllung, zumal die Spitzendrücke und mechanischen Belastungen durch sinnvoll bemessene Verdichtungsverhältnisse und einen günstigen Verbrennungsablauf viel weniger ansteigen als bei der Auflladung von Ottomotoren. Im Gegenteil, die höheren Verdichtungsdrücke und Temperaturen verkürzen den Zündverzug, verursachen einen langsameren Druckanstieg und verminderte Rußbildung.

Wenn trotzdem die Auflladung von

Dieselmotoren in großem Stil erst begann, als die Kompressorepoche bei Renn- und Sportmotoren (auf vier und zwei Rädern) zuende ging, so lag das teilweise an der damaligen Jugend der schnellaufenden Diesel mit »luftloser Einspritzung«, teilweise auch an mechanischen und thermischen Beanspruchungen. Sie stellten schwere Aufgaben und erforderten neuzeitliche Werkstoffe, zum Beispiel für die hochbelasteten Lager und Kolben. Doch die zunehmende Beherrschung dieser Probleme brachte der Dieselaufladung eine ständig wachsende Bedeutung.

Ein (Versuchs-)Ingenieur wird in seinem Leben nur einmal fertig — wenn er stirbt.
Henry Ford, 1863—1947

DER SPÄTE TRIUMPH DES ALFRED BÜCHI

Nachdem Roots-Gebläse an etlichen europäischen und, mehr noch, amerikanischen Dieseln Platz fanden, griff eine weltweite Entwicklung auf die ältesten Patente zurück: der Schweizer Ingenieur Alfred Büchi hatte sie schon 1905 angemeldet und in den letzten Vorkriegsjahren bei Sulzer in Winterthur mit einem Versuch demonstriert. Abgesehen von einem 300 PS-Re-

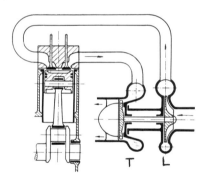 

XI.7, 8 Links die Abgasturboladung im Schema. Das Abgas strömt in die Turbine, der mit ihr direkt gekuppelte Lader fördert Frischluft in den Motorzylinder. Von »Vergaseranordnung« ist kaum die Rede — auch aufgeladene Ottomotoren arbeiten mit Einspritzung. Rechts ein Turbolader aufgeschnitten. Das Abgas tritt (im Foto »von unten«) in den rechteckigen Flansch ein, jagt radial nach innen auf die hochwarmfesten Turbinenschaufeln und verläßt das Gehäuse in Achsrichtung nach links. Die Luft nimmt im Lader den umgekehrten Weg und passiert außerhalb des leichtmetallenen Rotors (hier) noch ein feststehendes Leitrad (Eberspächer/Garrett-Air Research).
Das wichtige Bypass-Ventil fehlt im Schema. Dafür fiel vor Fahrzeugmotoren das Leitrad fort — aus Kostengründen und zur einfacheren Abstimmung auf jeden Motor. Indessen wurde eine »variable Geometrie« für Turbinen und Lader in den 80er Jahren aktuell, um mittelfristig die ererbten Nachteile der Turbolader zu mildern: die steile Drehmomentkennung und das verzögerte Ansprechen beim Vergleich mit anderen Ladern und Saugmotoren. Natürlich tritt neben die technischen Probleme der hohe (teure) Aufwand.

XI.9 Die moderne Turboladung veranlaßte den stärksten »straßentauglichen« Rennmotor aller Zeiten – den Porsche-»917/30«-Zwölfzylinder. Er ist gemäß seinem Kurbeltrieb (wie auch Ferrari-Grand-Prix- und neuere Serienzwölfzylinder) kein echter Boxer, sondern ein 180°-V-Motor, mit einem Zahnradsatz zu vier ohc in der Motormitte. Die Aufladung kompensierte außerdem das für einen modernen Rennmotor entstandene Handicap von nur zwei Ventilen je Zylinder (deren Verdoppelung die wirksame Führung der Kühlluft beeinträchtigt, wenngleich Honda und MV-Agusta dieses Problem in den – wesentlich kleineren! – Zylindern ihrer Kraftradrennmotoren meisterten). Die Abgas-Sammelrohre unter den Zylinderreihen speisen je eine Turbine, auf deren Welle direkt ein Schleuderlader sitzt. Er drückt die Verbrennungsluft in die langen und zylindrischen Einlaßkammern. Hochentwickelte Umgehungsventile vor den Turbinen ließen das Abgas zur Leistungsregelung teilweise direkt ins Freie strömen und beseitigten weitgehend die turbinen-typische Verzögerung beim Gasgeben und Drosseln (wie auch bei etlichen Porsche-Sechszylinder-Sportwagen und dem serienmäßigen »Turbo«, bei einem Renault-Sport- und -Formel-2-Sechszylinder-V-Motor, oder einem Serien-Saab von 1977). Oben in der Motormitte das große (wieder horizontal angebrachte) Kühlluftgebläse, davor und dahinter je ein 12-Zylinder-Verteiler für die HKZ-Doppelzündung, vorn links die Zwölfstempelpumpe der Bosch-Benzineinspritzung. Ungeachtet der grundsätzlichen Ökonomie der Abgasladung beanspruchten 1000 und mehr PS im Renneinsatz 80 bis 100 Liter Kraftstoff/100 km – rund das Doppelte der (allerdings nur halb so starken) 3-l-Formel-1-Maschinen dieser Jahre. Lediglich die alten, mit Alkohol gefütterten Kompressormotoren verbrauchten noch mehr!

nault-Flugmotor, der 1917 einen Abgasturbolader des Pariser Professor Rateau in der richtungsweisenden modernen Anordnung besaß, mußte er auf den praktischen Erfolg noch länger als zehn Jahre warten. Die ersten MAN-Diesel mit einer Büchi-Abgasturbo-Aufladung liefen nämlich 1925 in zwei Schiffen der Hamburger und Stettiner »Vulkanwerften« vom Stapel, wonach der Erfinder mit Brown-Boveri und der Schweizerischen Lokomotiv- und Maschinenfabrik ein »Büchi-Syndikat« gründete, endlich die verbreitete Skepsis überwand und neuen Patenten in Europa und Übersee zur Anerkennung verhalf.

Alfred Büchi wollte zu Anfang mit der Dieselaufladung kaum höhere Leistungen gewinnen, sondern die großen Energiemengen verwerten, die ungenutzt als heiße Abgase in die Atmosphäre puffen. Sie sollten eine Gasturbine antreiben und die Kraftstoffenergie besser ausschöpfen. Tatsächlich war das Lade-Aggregat für den ersten Sulzer-Versuch sogar ein unabhängig (d. h. fremd) angetriebener Kolbenkompressor, gekuppelt mit der damals üblichen Luftpumpe für die Kraftstoffeinblasung. Doch besteht die logische Ergänzung für eine Gasturbine in ihrer direkten »Umkehrung«, in einem Kreisel- oder Schleuderlader. Beide, Abgasturbine und Schleuderlader, sitzen auf einer gemeinsamen Welle und rotieren (heute) mit 50 000 bis 200 000 1/min, allerdings mit einem Durchmesser von nur wenigen Zentimetern.

Das Büchi-Syndikat entfachte keine Revolution, sondern gewann in Europa und Amerika Lizenznehmer nach jahrelangen Verhandlungen, bevor sich der Erfinder, inzwischen 62 Jahre alt, selbständig machte. Werkstoffe, die den enormen Fliehkräften und Temperaturen an den Turbinenschaufeln standhielten, bildeten förmlich eine Schallmauer — bis die Erfahrungen und Errungenschaften mit Flugturbinen vorlagen, wie seit den fünfziger Jahren. Aber auch die Dieselmotoren selbst ertrugen die höheren Drücke und Temperaturen nicht ohne empfindliche Rückschläge: mit überlasteten Kolben, festbrennenden Kolbenringen, mit Freßerscheinungen an den Kolbenringen — als »Brandspuren«, die dann auf Kolben und Zylinder übergreifen, vor allem jedoch mit durchblasenden Zylinderkopfdichtungen.

Nachdem wir die Zünddrücke und Gaskräfte für den üblichen Ottomotor eines Mittelklasse-Personenwagens schon im Zusammenhang mit dem Arbeitsspiel veranschlagten, ergeben sich für Diesel erheblich höhere Zahlen: Spitzendrücke von 100 bar bedeuten für einen (nur) 125 mm weiten Zylinder Gaskräfte von mehr als 12 Tonnen, die ihrerseits für eine zuverläs-

XI.10 Noch zukunftsträchtiger als für Ottomotoren erweist sich die Turboladung für kleine Diesel – (alle PKW-Diesel sind »klein«). Während Daimler-Benz den 3-l-Fünfzylinder damit aufwertete, präsentierte VW dem US-Verkehrsminister im Sommer 1977 den 1,5-l-Diesel-Golf (dort »Rabbit« getauft). Dessen Abgasladung steigert die Leistung von 37 kW (50 PS) auf 53 kW (72 PS) bei 5000/min – und das Drehmoment noch kräftiger. Sie bietet dazu beachtliche Sparsamkeit und hervorragende Abgaswerte. Weil Turbinen die Druckwellen im Auslaßsystem energisch ausbügeln, vereinfachen sie die Schalldämpfung! Ganz allgemein gewinnt die Geräuschdämpfung im Rahmen der »Umweltfreundlichkeit« in allen hochzivilisierten Ländern eine der Abgasentgiftung vergleichbare Bedeutung, wozu auf der Fahrzeugseite noch wachsende Anforderungen an die passive Sicherheit (der Insassen und »Außenstehenden«) kommen.
Der Auspuffkrümmer und das Turbinengehäuse bestehen aus (dunklem) Sondergußeisen, das Ladergehäuse und die Einlaßrohre aus Leichtmetall. Am offenen Flansch fehlt die Auspuffleitung, während in der Mitte eine starke Ölleitung für die Schmierung und Kühlung der Lager sorgt.

sige Abdichtung dreimal größere Schraubenkräfte verlangen! Kein Wunder, daß diese Verhältnisse die historische, aber bei Flugmotoren zu allen Zeiten bevorzugte Bauweise mit ungeteilten Zylindern und Köpfen wieder aktuell machten ... weil eine eingesparte Dichtung stets die beste ist.

Freilich gilt für Abgasturbolader dasselbe wie etwa für ein zusätzliches Zündsystem — trotz der errungenen Zuverlässigkeit verlieren sie ihren Sinn, wenn neue »Saugmotoren« auf die gleiche Leistung kommen. Gerade das aber gelang der MAN, dem eifrigsten deutschen Verfechter der Abgasturbo-Auflagerung, mit dem »HM«-Verfahren (s. S. 198).

So erlitt der Trend zum aufgeladenen Fahrzeug-Diesel vorübergehend eine Unterbrechung, zumal die vielfältige Konkurrenz damals kein klares Bild lieferte, wenigstens in Deutschland. Im Ausland, vor allem in Schweden mit seiner langen Dieseltradition, fiel der Punktsieg der aufgeladenen Motoren deutlicher aus, wenngleich noch nicht so klar wie bei größeren und größten, mittelschnell und langsamlaufenden Maschinen für Lokomotiven, Schiffe und stationäre Anlagen. In diesem Bereich hatte die Auflagerung längst einen K.O.-Sieg errungen, als Dr. Büchi 1959 starb; da diskutiert man lediglich um Hoch- oder Höchstaufladung mit all ihren unerläßlichen Voraussetzungen und Folgen.

Bei Fahrzeugantrieben, die mit stark schwankenden Drehzahlen und Belastungen arbeiten müssen, stört grundsätzlich die »steile« Charakteristik von Turbinen und Schleuderladern, die bei steigenden Drehzahlen stark und progressiv wachsenden Ladedrücke und Fördermengen. Diesem Nachteil begegnen MAN (nach bewährtem »HM«-Muster) und andere Motorenmarken mit einer »kombinierten Auflagerung«: hinter dem Turbolader und dem wichtigen Ladeluftkühler wirkt ein System von abgestimmten Resonanzrohren, das die Füllung und Leistung bei niedrigen Drehzahlen vermehrt und kräftigen Anzug fördert. Bei hohen Drehzahlen erzeugen die Resonanzrohre (und -behälter) einen umgekehrten Effekt und drosseln den übermäßigen, unerwünschten Anstieg des Ladedrucks.

Daß auch Ottomotoren von dieser kombinierten Auflagerung profitieren, zeigte eine Entwicklung von (BMW-)Alpina, freilich im Zusammenhang mit weiteren Maßnahmen, die turbogeladene Ottomotoren für hohe PKW-Ansprüche benötigen.

Es ist schwieriger, ein Vorurteil zu zertrümmern als ein Atom.
Albert Einstein, 1879–1955

ASPEKTE ZUM SPORT UND »AUTO 2000«

Um bei diesem Stand der Technik einen Kreislauf zu schließen — falls man nicht, hier und fast überall, treffender von einer »Spirale« spricht — tauchten die Abgasturbolader an Ottomotoren auf, rund zehn Jahre nach dem Verschwinden der Kompressor-Rennwagen (bei Alfa Romeo, Ferrari, BRM, 1951).

Zwei Serienmodelle von Chevrolet und Oldsmobile erschienen 1962, verschwanden aber bald wieder aus dem Typenprogramm. Dann sah man Turbolader in den PS-strotzenden Indianapolis-Rennwagen und wenig später auf europäischen Rennstrecken in einzelnen Alfa-Romeo-, BMW- und anderen »Spezial-Tourenwagen«. Mi-

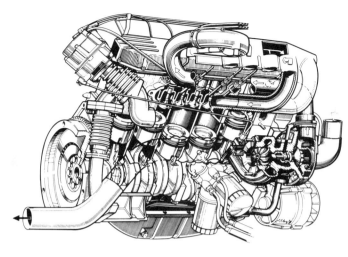

XI.11 Audi entwickelte aus dem ersten fremdgezündeten PKW-Fünfzylinder (1976) eine ganze »Baukastenreihe« von Otto- und Dieselmotoren mit 1,92 und 2,14 l Hubraum, alle mit gleichen 79,5 mm Bohrungen, aber Hüben von 77,4 oder 86,4 mm. Der grundsätzliche Aufbau entspricht weitgehend den Vierzylindern (Abb. XI.10), die ebenfalls das Team unter Franz Hauk konstruierte.

Der perspektivische Schnitt zeigt die Turbolader-Version. Vom hochbeanspruchten Auslaßkrümmer erscheint nur das hintere Ende – der Krümmer muß Rotglut zuverlässig ertragen und darf keinesfalls verzundern. Im stark verrippten Gehäuse oben links arbeitet das »Abblaseventil« zur Begrenzung des Ladedrucks; das große Gehäuse darüber enthält die Einstellung und Regelfeder, nicht zu verwechseln mit dem zufällig dahinterstehenden Zündverteiler. Der »Bypass« führt, ebenfalls verrippt, nach unten ins weite Hauptabgasrohr, das von der Turbinenmitte kommt.

Der freiansaugende Fünfzylinder entfaltet in der stärksten 2,14-l-Baureihe, 9,3 : 1 verdichtet, 100 kW (136 PS) bei 5700/min und als bestes Drehmoment 185 Nm bei 4200.

Drei von der Turboladung mobilisierte Leistungsstufen lauteten (1983)

	für 200 T	Quattro	Quattro-Rallye
Verdichtung	7,4	7,0	6,3
kW (PS) bei 1/min	125 (170)/5300	147 (200)/5500	über 250 (340)/6500
Drehmoment Nm bei 1/min	265/3300	285/3500	420/3500
max. Ladedruck (bar)	0,8	0,9	–

Den höheren Beanspruchungen begegnen verstärkte und durch „Spritzöl" von unten gekühlte Kolbenböden, stärkere Kolbenbolzen und Natrium-gekühlte Ventile (bis zu 147 kW nur für die Auslaßseite). Das Motorgewicht stieg mit der Turboladung nur von 175 auf 186 kg, allerdings ohne die Ladeluftkühlung der Quattro-Motoren. Deren vollelektronische Zündung „überschlägt" bei Überlast und Überdrehzahlen jeden zweiten Funken. Der Rallye-Motor erhielt übrigens eine Trockensumpfschmierung. Allgemein erweist sich der (relativ) weiche Leistungseinsatz der Turboladung als „frontantriebsfreundlich".

chael May, ein Motoreningenieur mit eignen umfangreichen Erfahrungen aus dem Renn- und Versuchsbetrieb großer Marken, offerierte Abgasturbolader zum nachträglichen Einbau. Somit sind die technischen Probleme

XI.12 Bald nach ihrem Debüt (1977) zeigten sich die turbogeladenen Formel-1-Rennmotoren ihren Rivalen mit doppeltem Hubraum in der Spitzenleistung überlegen. Hier steht ihr Vorkämpfer, der 1,5-l-V 6-Renault auf einem Ausstellungstablett: hinter jeder Zylinderreihe arbeitet ein eigener „KKK"-Turbolader (1980 zum Preis von ca. 1500,– DM), dahinter das Abblaseventil mit zweitem, dünnerem Auspuffrohr, ganz vorn die Drosselklappe im zentralen Ladereinlauf und die voluminöse Druckleitung zum rechten Ladeluftkühler. Am Motorbug offenlaufende Zahnriemen zu insgesamt 4 Nockenwellen über 24 Ventilen und extrem kurzhubigen Zylindern (86 × 43 mm). Die kaum 180 kg schwere Maschine entfaltete zu Anfang etwa 400 kW (545 PS) bei 11 000/min. Wie danach die Leistungen der Formel-1-Motoren in die Höhe schnellten, erscheint gleich im Text. Doch gingen die Weltmeistertitel an BMW-, Porsche- und Honda-(Motoren).

heute zu beherrschen... und Porsche konnte mit guten Aussichten den »917«-Rennsportmotor mit zwei Turboladern ausstatten, statt den Weltmeistertyp wegen des geänderten Reglements ins Museum stellen zu müssen.

Die »917« dominierten 1972 auf Anhieb bei den CanAm-Rennen (in Kanada und USA) und der europäischen »Interserie«, weil die Turbolader bald die Leistung glatt verdoppelten und das große Hubraumdefizit der 4,5–5 und 5,4-l-Zwölfzylinder gegenüber der etablierten McLaren-Konkurrenz mit hochfrisierten Chevrolet-V-8 spielend überbrückten: zuletzt (1973) mit 800 kW (1100 PS) bei 7800/min – und auf dem Prüfstand mit noch 30 % mehr, allerdings, nur für ganz kurze Zeit.

Schon ein Jahr später offerierte BMW den beliebten 2-l-Vierzylinder als serienmäßigen Turbo für 170 statt 130 PS (125 statt 95 kW) bei gleichen 5800/min, doch war ihm keine lange Produktionsdauer beschieden. –

Die besonderen Probleme, die jede Aufladung an Fahrzeug-Ottomotoren aufwirft, hatte der englische Motorenpabst Ricardo schon vor Jahrzehnten erkannt: »Hier spricht wenig für die Aufladung, weil hohes Drehmoment bei niedrigen Drehzahlen sehr ungünstige Klopfverhältnisse verursacht und Kraftstoffe mit extremer Klopffestigkeit verlangt, weil Gewicht und Raum viel weniger beschränkt sind als etwa in Flugzeugen und weil es noch keine Rotationsgebläse gibt, die schon bei niedrigen Drehzahlen hohen Ladedruck liefern. Bei Dieselmotoren liegen die Verhältnisse anders: die Aufladung verringert den Zündverzug, der Motor läuft ruhiger, die Spanne zwischen den Verdichtungs- und Spitzendrücken wird sogar kleiner...«

XI.13 ATL auch in Motorrädern: Nach etlichen Versuchen professioneller Tuner mit Turboladung für extreme Leistungen, auch einer von BMW für die traditionellen Boxermodelle veranlaßten „Studie" („bb-Futuro"), ging ein Honda-Prototyp vom Herbst 1980 binnen Jahresfrist in Serie. Der wassergekühlte, achtventilige 500 cm³-Zweizylinder leistet 60 kW (82 PS) bei 8000/min und einem Ladedruck von 1,2 bar zur Grundverdichtung 7,2. Die Saugmotor-Ausgangswerte betragen 37 kW (50 PS) bei 9000/min, 10 : 1 trotz Normalbenzin.

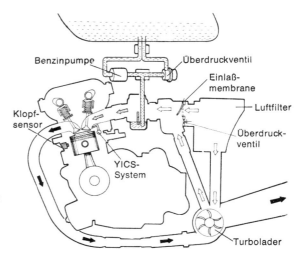

Kurzfristig nachzuziehen, war für die heiße heimische Konkurrenz (Yamaha, Suzuki, Kawasaki), eine Prestigefrage, doch mischte sich auch Morini-Bologna, mit kleiner Produktion, aber großem Ruf, in den Turbo-Club. Das Schema zeigt Yamahas Turbolösung auf der Basis eines 650 cm³-Reihenvierzylinders, der mit 52 kW (71 PS) bei 9400/min zu Buch stand. Das wenig verminderte geometrische Verdichtungsverhältnis (8,5 statt 9,2, ebenfalls für Normalbenzin) soll bei maßvollem Ladedruck für Kraftstoffökonomie sorgen. Vier »Druckvergaser« zwischen Lader und Motor (vgl. B. XI.4) ersetzen die vollelektronische, von Sensoren und einem Computer gesteuerte Einspritzung der Konkurrenz. Zu hoher Ladedruck wird zusätzlich auf der „Luftseite" abgebaut, andererseits aber der Turbolader, der mit 38 mm Durchmesser über 200.000/min erreicht, zur besseren „Gasannahme" bei niedrigen Drehzahlen durch Einlaßmembranen umgangen. 66 kW (90 PS) bei 9000/min und 79 Nm bei 7500/min. Ein Klopfsensor steuert, zusammen mit Ladedruck- und Drehzahlsignalen, die Vorzündung. Das YICS (Yamaha Induction Control System) betrifft Ausgleichkanäle zwischen den vier Zylindern, die schräg vor den Einlaßventilen münden, der Ladung einen Drall erteilen und den Verbrauch senken sollen, wie bei Yamaha-Saugmotoren (ebenfalls nur zeitweilig).

Das Auspuffschema ist extrem vereinfacht: vier Rohre laufen vor dem Turbolader zusammen, wobei der ladedruckgesteuerte „Bypass" zum rechten, der zentrale Turbinenaustritt zum linken Schalldämpfer führt.

Ob die Turboladung an starken Zweiradmotoren, die ohnehin imposante Literleistung und Leistungsgewichte bieten, gute Aussichten besitzt und noch bessere Gewichtsverhältnisse oder (allfällige) geringere Verbrauchswerte verspricht, erscheint zweifelhaft – auch und gerade nach den ersten vorliegenden Fahrberichten und Messungen. In jedem Fall erreicht hier die unvermeidliche Komplikation und Verteuerung ein bedenkliches Ausmaß. Bei echtem Bedarf die Hubräume zu vergrößern, wäre besser und billiger – predigte der Verfasser von Anfang an – wie sich zeigte, mit Recht.

Natürlich verschiebt der Stand der Technik das Gewicht mancher Argumente, doch bleibt, als erstes, das Dilemma der erträglichen Verdichtungsverhältnisse. Infolge der erhöhten Ladedrücke (und -temperaturen) müssen die »geometrischen« Verdichtungsverhältnisse im Zylinder verringert werden – und beeinträchtigen bei den vorherrschenden niedrigen Belastungen den

Wirkungsgrad der Motoren. Aber Zylinder oder Kolben mit variabler Verdichtung blieben bisher trotz vieler Versuche (u. a. bei VW) ein Wunschtraum der Konstrukteure.

Hinzu kommen die erheblich stärker schwankenden Abgasmengen zum Antrieb der Laderturbinen. Während Diesel grundsätzlich die volle Luftfüllung verarbeiten, selbst bei geringer Teillast, beziehen die fremdgezündeten Zylinder für geringe Kraftstoffmengen auch nur einen Bruchteil der vollen Luftfüllung. Folglich entsprechen die Abgasmengen nicht allein dem Drehzahlverhältnis – z. B. von 800 : 4500/min – sondern Gesamtunterschieden von 1 : 30 bis 1 : 40.

Turbinen und Schleuderlader laufen deshalb bei geringer oder fehlender Last, mehr noch bei niedrigen Motordrehzahlen, zu langsam und »beantworten« ein Kommando vom Gaspedal mit einer störenden Verzögerung, im Prinzip wie Gasturbinen – bei ohnehin starken Motoren weniger als bei kleinen. Umgekehrt übersteigen die Fördermengen und Ladedrücke bei Vollast und hohen Drehzahlen die der Mechanik und Wärmebeanspruchung gesetzten Grenzen.

Immer kleinere Durchmesser (und Trägheitsmomente), ausgeklügelte Schaufelprofile der Turbinen und Lader begegnen diesem Nachteil. Vor allem jedoch leitet ein Umgehungsventil – »Bypass«, wie an Porsches Zwölfzylindern – ladedruckgesteuert überschüssige Abgasmengen direkt ins angeschlossene Auspuffsystem. Eine sorgfältig abgestimmte Einstellung von Zündung und Einspritzung soll die Klopfgefahr bannen, im zunehmend praktizierten Idealfall ein »Klopfsensor« am Motor mit zusätzlicher Ladedruckdrosselung.

Die zweite Generation turbogeladener Ottomotoren entstand in den späten 70er Jahren, wieder bei Porsche und den engagierten Kontrahenten im Rallye- und Rennsport, BMW, Ford und Lancia. Hier zeigte sich das von der internationalen Sportbehörde festgelegte Hubraumhandicap von 1 : 1,4 als unrealistisch, nämlich als deutlich zu klein. Während z. B. die 2-l-Saugmotoren in der kleinen »Division« (wie Formel-2-Triebwerke) wenig oberhalb 220 kW (300 PS) auf handfeste Grenzen stießen, waren 300 kW (410 PS) für die aufgeblasenen, knapp 1430 cm^3 großen Rivalen nur eine Zwischenstation, notabene mit Vierventilzylinderköpfen, die sogar bei Porsche, anders als die Zylinder, eine Wasserkühlung erhielten.

Auch bei den Formel-1-Grand-Prix-Maschinen brachte die Saison 1977 eine Wende, als Renault mit einem turbogeladenen Sechszylinder (gemäß dem Handikap von 1 : 2 hier 1,5 l groß) gegen den seit 10 Jahren dominierenden Ford-Cosworth-3-l-Achtzylinder antrat. Nach der Überwindung der üblichen Anlaufschwierigkeiten, sprich Motorschäden, übertrafen auch hier die Neulinge die hubraumstarke Konkurrenz, so daß sich alle anderen Motorenhersteller seither auf Turbolader konzentrierten. (Daß sie trotzdem Weltmeistertitel jahrelang verfehlten, lag an vielen und verwickelten, den Rahmen unserer Betrachtung übersteigenden Gründen.) Erst 1983 war der Bann endgültig gebrochen, liefen die letzten Saugmotoren den Turbos hoffnungslos hinterher. Nun liest sich die Weltmeisterstatistik im Telegrammstil:

1983: BMW (im Brabham, mit Nelson Piquet),

1984: Porsche (im McLaren, mit Nikki Lauda),

1985 und 86: Porsche (McLaren mit Alain Prost),

1987: Honda (im Williams, mit N. Piquet).
Das waren ein Reihenvierzylinder und danach zwei V-Sechszylinder. Alle erreichten 1986 astronomische 900 bis 1000 PS (660 bis 740 kW) und mindestens 20 % mehr im Training für »Qualifikationen«, im Kampf um die besten Startplätze. Die Sportbehörde hatte, als Gegenmaßnahme, den Kraftstoffvorrat auf 220 Liter begrenzt (pro Rennen), 1987 auf 195 l – und den erlaubten Ladedruck auf 4 bar, der jedoch nur die »Qualifikationsspitzen« kappte. Für 1988 betrugen die Limits 150 l und 2,5 bar, die jetzt den Verlauf mancher Rennen dramatisch bestimmten und neuen 3,5 l-Saugmotoren gewisse Chancen eröffneten . . . bevor die zehnjährige Aera der kraftstrotzenden Turbos 1989 der Vergangenheit angehört.
Bemerkenswert erscheint indessen der Umstand, daß die turbogeladenen Rennmotoren eine alte und durchaus begründete Regel ablösen können: die überlegene Leistung aus vielen kleinen Zylindern gegenüber wenigen großen. Sie zeigte sich in der Rennhistorie umso deutlicher, je enger die jeweiligen »Formeln« den Gesamthubraum begrenzten. Nachdem Renault und Ferrari mit nur sechs aufgeladenen Zylindern von insgesamt 1,5 l klare Siege errangen, zählte der BMW mit nur vier Zylindern schon vor seinem Debüt (1982) zum Kreis der favorisierten Motoren.
Nun lieferte das Stichwort »Zylinderzahl« ein wesentliches Motiv für die Auflandung vorhandener Serienmotoren in Gebrauchsfahrzeugen: es betraf Vierzylinder (bei SAAB und Renault), Fünfzylinder (bei Audi, abgesehen vom Mercedes-Diesel) und Sechszylinder (bei Porsche und BMW), als bevorzugte Alternative für einen sonst benötigten neuen, größeren und schwereren Motor. Verglichen mit wettbewerbsfähi-

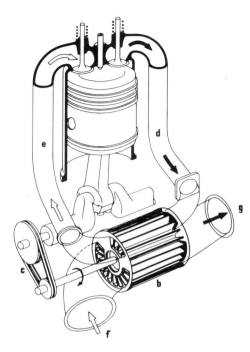

XI.14 Besonders Brown Boveri (BBC) entwickelte das (in der Schweiz schon 1940 patentierte) „Comprex"-Aufladeverfahren (compression-expansion): In ein walzenförmiges Zellenrad (b im Schemabild) mit zahlreichen axialen Kammern strömen die pulsierenden Auspuffgase d und verdichten die in der kalten Kammerseite befindliche Ansaugluft f. Das Zellenrad rotiert und wird von sinnvoll bemessenen Gehäusesegmenten abwechselnd geöffnet und verschlossen. Die Auspuffstöße verdichten die Frischluft und fluten in den Auspuff g zurück, während die Ladung e in die Arbeitszylinder gelangt. Der Rotorantrieb mit dem Keilriemen c verzehrt nur minimale Leistung, wird aber durch schroffe Drehzahlwechsel beansprucht.
Die bei etlichen Dieseln bewährte Comprexaufladung steigert den Druck schon bei niedrigen Drehzahlen- und bedeutend rascher bei Lastwechseln. Frühe Vergleichsversuche an Ferrari-Rennmotoren endeten zugunsten der ATL. Nach Kleinserien in Opel-»Senator« (1985) und VW-»Passat« kündigte Mazda 1987 eine echte Serienfertigung an (nicht an den Wankel-Serien).

XI.15 Als Alternative zum turbogeladenen Dreizylinder-Diesel erhielt das VW-Forschungsauto „2000" einen leistungsfähigen, komfortablen Otto-Vierzylinder. Für die geplanten 55 kW (75 PS) reichte zwar ein vorhandener 1,5-l-Serienmotor, doch bevorzugte das Team unter Prof. Fiala und Dr. Seiffert eine ökonomischere Lösung mit nur 1,05 l Hubraum. Die elektronisch geregelte Einspritzung und „adaptive Klopfgrenzregelung" interessieren hier nur am Rand – gegenüber der überraschenden Aufladung durch ein Rootsgebläse (B. XI.2). Dessen mechanischer Antrieb birgt zwei, im Prinzip seit langem bekannte Kunstgriffe: erst kräftiges Gasgeben schaltet den Kompressor hinzu – wie bei den großen Mercedes-Benz-Modellen 50 Jahre vorher (S. 241), doch dient dazu heute eine elektromagnetische Kupplung (wie bei etlichen Ventilatorantrieben, die im nächsten Kapitel erscheinen).
Sodann sorgt eine variable stufenlose Übersetzung des Keilriemens, ähnlich der Antriebsautomatik von DKW-Motorrollern 1953 oder der holländischen, später von Volvo übernommenen DAF-Wagen, für weitgehend konstante Drehzahlen und Ladedrücke. (Noch einen Schritt weiter geht, schon 1925 vorgeschlagen, die »Differentialaufladung«, bei der ein Verteilergetriebe im »Antriebsstrang« den Kompressor für das gewünschte Drehmoment variabel antreibt. Namentlich Berliet, Volvo und Perkins untersuchten inzwischen das Prinzip, um optimale Elastizität zu erzielen und Getriebeschaltungen einzusparen – schließlich sogar mit einer Kombination von Abgasturboladern und Rootsgebläsen.)
Unser Foto oben zeigt vorn auf der Kurbelwellenriemenscheibe den Fliehgewichtsmechanismus und rechts oben das Gegenstück auf der Gebläsewelle. Daß Zoller- oder »Vielzellenverdichter«, wie von BMW, NSU und zuletzt auch DKW verwendet (B. XI.3) mit erheblich besserem Wirkungsgrad arbeiten, nicht zuletzt bei DKW und der Auto-Union-Rennabteilung bestätigt, wußten natürlich die Wolfsburger Ingenieure genau. Doch scheiterte deren Optimierung vorerst an Zeitdruck.
Bei einer Konferenz über „Aufladetechnik" (in Flensburg, Mai 1981) fanden Turbolader, Druckwellenlader (Comprex) und klassische Kompressoren unterschiedliche, sogar gegensätzliche Bewertungen. Selbst die Turboladerhersteller betrachten z. B. die Regelung über Abschaltventile als Übergangslösung vor zukünftigen Turbinen und Ladern mit »variabler Geometrie«. Und die grundsätzlichen Vorzüge der Aufladung wurden nur für Dieselmotoren einheitlich akzeptiert. In jüngeren Bilanzen führen Turbolader mit Leistung, Geräuschverhalten, »Reife« und Anbaumöglichkeit, der Comprex deutlich mit Zugkraft bei niedrigen Drehzahlen, mechanische Lader mit raschem Ansprechen (wie Comprex) und geringsten Mehrkosten.

gen Rallye- und Rennmotoren bleibt der Leistungsgewinn mit ca. 30% »zivil«, wie das zugehörige Fahrzeug, doch erreicht der Drehmomentzuwachs beachtliche 50%.

Während die zunehmende Turboladung von serienmäßigen Dieselmotoren an erster Stelle die Frage der Herstellungskosten provoziert (nachdem die Dieselvarianten schon von Haus

aus teurer sind), erscheint die Zukunft der turbogeladenen Benziner langfristig weniger gesichert. Zwar füllen die Serienmodelle längst veritable Tabellen (nachdem es 1974 allein den Porsche 911-Turbo gab), zwar beseitigen vermehrte Schmierung und Kühlung der Turbolader (auch nach dem Abstellen des Motors) anfängliche Anfälligkeiten... bringt Ladeluftkühlung zusätzlichen Gewinn, erlauben sogar schließbare Bypaßventile einen kurzzeitigen »Overboost« (und erinnern damit an frühe Mercedes-Kompressoren mit ihrer erlaubten Einschaltung bis zu 15 Sekunden!), doch plädieren manche Konstrukteure anstelle der Aufladung für Vierventilmotoren, wenngleich sie die reine Spitzenleistung weniger fördern als die Turboladung.

Gewiß schließen sich diese Alternativen nicht gegenseitig aus (wie als erster ein Saab-Vierzylinder bekundete), doch entstanden mit großen Hubräumen neue Acht- und Zwölfzylinder (s. B. XVIII.8.), während vor kleinen Hubräumen der klassische mechanische Lader fröhliche Urständ feiert (z. B. bei VW) – natürlich angemessen modernisiert, eventuell mit variabler Übersetzung angetrieben und nur bei Bedarf engagiert. Was schließlich den Gesamtwirkungsgrad und Kraftstoffverbauch betrifft – damit kommen viele, teilweise widersprüchliche Faktoren ins Spiel, die ein eigenes Kapitel beanspruchen, aber eine kurze, knappe Bilanz verbieten.

Gewiß nicht verbindlich, aber aufschlußreich erschienen in diesem Zusammenhang die (ersten oder Zwischen-) Ergebnisse des Projekts »Auto 2000«, ausgeschrieben und subventioniert 1978 vom Bonner Forschungsministerium, aufgegriffen und vorgestellt im Herbst 1981 von Audi, Daimler-Benz, VW und einer Hochschulgruppe, deren »Uni-Car« schon zur Sprache kam (S. 198). Allerdings litt jedes Projekt schon zu Beginn an starkem Zeitdruck und später infolge der verschlechterten Wirtschaftslage an gekürzten Etatmitteln.

Das Forschungsauto von Audi offenbarte dabei im wesentlichen bekannte, aber optimierte Maßnahmen – mit einem 1,6-l-Otto-Vierzylinder, der aber im Gegensatz zum vorhandenen und jahrelang bewährten Typ seine 81 kW (110 PS) mit einem Abgasturbolader zwischen Vergaser (!) und Motor, dazu mit einem Klopfsensor und vollelektronischer Kennfeldzündung liefert, um mit ausgeprägtem »Magerbetrieb« (also hohen Luftzahlen) geringste Verbrauchs- und Schadstoffwerte zu erzielen, zweifellos mit einem recht niedrigen Ladedruck.

Daimler-Benz verlegte sich auf drei verschiedene Motorenkonzepte: einen 3,3-l-V-Sechszylinder-Diesel mit zwei Turboladern im »Registerbetrieb«, einen 3,8-l-V-Achtzylinder-Ottomotor mit »Zylinderabschaltung« und, als Option für die fernere Zukunft, auf eine Gasturbine (beide in einem späteren Kapitel).

Der »VW 2000« erschien (wie alle anderen, mit optimiertem Antrieb, Fahrgestell und »c_w-Wert«) als »Sparkönig« mit einem 1,2-l-Diesel-Direkteinspritzer, dessen drei Zylinder weitgehend dieselben Bauteile wie die vorhandenen Serienvierzylinder besaßen und mit einem Turbolader 33 kW (45 PS) schon bei 4000/min entfalteten. Doch erfuhr man dazu, daß die Entscheidung für den Turbolader aus Zeitdruck erfolgte, während man das Comprex-Verfahren samt Ladeluftkühlung an einem Wirbelkammerdiesel untersuchte.

Als »leistungsfähige Motorisierung« wählte die Wolfsburger Forschung den abgebildeten Otto-Vierzylinder, dessen mechanisch angetriebener Kompressor (trotz einer vorangegangenen ähnli-

XI.16 Spirallader nach einem US-Patent von 1903, jüngst in Japan für Auto-Klimaanlagen entwickelt, vereinen die robuste Mechanik von Rootsladern mit der vorteilhaften Charakteristik von echten Verdichtern, dazu guten Wirkungsgrad und geringes Geräusch. Sie debütierten bei VW als »G-Lader« an einem 1,3-l-Benziner für eine kleine Polo-Serie. Größere Versionen und Serien starten 1988.
Jede Gehäusehälfte aus Alu-Druckguß enthält eine G-förmige Spirale. Darin eingefügte Gegenstücke sitzen beiderseits auf einer Rotorplatte (unten links), die auf zwei Exzenterwellen eine kreiselnde Bewegung ausführt. Dabei entstehen Kammern wie in einem Flügelzellenlader. Die Luft oder das Gas tritt oben-außen ein, wird kontinuierlich nach innen befördert und verläßt verdichtet den Lader innen. Ein kurzer Zahnriemen kuppelt beide Exzenterwellen, während den Antrieb ein doppelter Keilriemen übernimmt. Der Rotor erreicht rund 10 000/min, doch gleiten die langen Dichtleisten nur mit 5 m/s, praktisch verschleißfrei. Der ca. 6 kg schwere Lader steigert die Motorleistung von 55 auf 85 kW (von 75 auf 115 PS, bei größeren Motoren entsprechend mehr). Der Antrieb »kostet« maximal 7 kW (10 PS) abzüglich der positiven Arbeit beim Einlaßtakt. Die Erwärmung der Luft um ca. 100 °C vermindert ein Ladeluftkühler auf gut die Hälfte.

chen Demonstration bei Fiat in Turin) eine echte Überraschung bedeutete. Sie bestätigte einmal mehr, daß der fortgeschrittene Stand der Technik, veränderte Voraussetzungen und Prioritäten überkommene, scheinbar gesicherte Erkenntnisse zuweilen in Vorurteile verwandeln.
Fiat beließ es indessen nicht bei einer Demonstration, und Kompressorfreunde brauchten nicht auf ein »Auto 2000« zu warten. Denn die 2-l-Lancia-Typen »Trevi« und »Rallye« erschienen auf dem Turiner Salon 1982 wahlweise mit Rootsgebläsen.
Als Vorzüge der mechanischen Aufladung gelten gute Elastizität, spontanes Ansprechen und – bei richtiger Abstimmung – günstiger Kraftstoffverbrauch. Wie namhafte amerikanische Ingenieure neigt der Renault-Versuch zur Auffassung, Turbolader eigneten sich (an Ottomotoren) in erster Linie für hohe Spitzenleistung, mechanische dagegen für die eben genannten Ziele.
Den bekanntesten Turbolader-Vertretern (Garrett in USA, Kühnle, Kopp und Kausch im Pfälzer Frankenthal, Warner Ishi in Japan) stehen die Produzenten mechanischer Verdichter Gewehr bei Fuß gegenüber (Bendix, Eaton, Schwitzer, General Motors in den USA, Fiat, die Wankel-Gruppe und sogar BBC in Europa). Es zeichnet sich, ähnlich dem Wettlauf zwischen Vergasern und Einspritzsystemen, bei der Aufladung ein »Kampf unter der Motorhaube« ab.

Die Wahrheit ist nie rein und klar — und selten simpel. Oscar Wilde, 1854–1900
englischer Schriftsteller

Notwendiges Übel: Luft- oder Wasserkühlung

Schon die Wärmebilanz unserer Motoren bekundet die große Bedeutung der Kühlung (B. IV.2): bestenfalls den dritten Teil der Kraftstoffenergie verwandelt ein Ottomotor in Nutzleistung, ein weiteres Drittel verschwindet durch den Auspuff, das restliche erwärmt die Atmosphäre — direkt über die Kühlrippen der Zylinder oder mittelbar über einen Wasserkühler. Folglich fungiert als Kühlmittel, letzten Endes, in jedem Fall Luft. Diese Feststellung erspart uns die undankbare Aufgabe, zwischen der eigentlichen Kühlung und der Wärmeabstrahlung einen Trennungsstrich zu ziehen; denn auch die erhitzten Flächen des Motors, glatt, profiliert oder gar verrippt, das Kurbelgehäuse mit der Ölwanne, der Zylinderblock, das Steuergehäuse und diverse Deckel ... strahlen Wärme (und Geräusche) ab.

Abgesehen von der Wagenheizung bei unfreundlichen Außentemperaturen beseitigt die Motorkühlung nicht nur wertvolle Wärme ohne Nutzen, sondern ihr Abtransport kostet paradoxerweise noch zusätzliche Leistung! Wenn der Gebläseantrieb von luftgekühlten Motoren das am deutlichsten demonstriert, ist damit nicht erwiesen, daß eine Wasserkühlung unter allen Umständen mit geringeren Verlusten arbeitet. Sie insgesamt zu begrenzen und möglichst wenig Energie zu verheizen, ist ein wichtiges Ziel bei der Entwicklung von sparsamen und langlebigen Motoren.

WAS WILHELM MAYBACH AUSNAHMSWEISE MISSLANG — UND DIE FUNDAMENTALEN FAKTEN

Ungenügende Kühlung schmälerte schon die Erfolge der Pioniere. Rudolf Diesels Motor sollte ursprünglich zwecks bester Ökonomie ohne Kühlung bzw. Wasserkühlung arbeiten — was sich bald als unmöglich zeigte. Etwa zur gleichen Zeit — 1894 — benötigte der Freiherr von Liebieg für seine 920-km-Fahrt von Reichenberg zur Mosel 140 Liter Benzin, aber zehnmal mehr Wasser für die Verdampfungskühlung seines einzylindrigen »Victoria«-Benz. Geringe Wärmeverluste und zuverlässiger Motorbetrieb bildeten bereits einen Zielkonflikt — wie hernach häufig, nicht zuletzt beim modernen Ökonomietrend.

Dann ließ Alfred Büchi 1905 Gasturbinen patentieren, die ihre Antriebsenergie von heißen Dieselauspuffgasen bezogen. Die noch heißeren Abgase von Ottomotoren erlaubten, damals und noch für lange Zeit, keine Verwertung in Turbinen. Doch könnte man mit ihnen und gleichzeitig mit dem Kühlwasser Dampf erzeugen und damit, gewissermaßen kostenlos, eine kleine Dampfmaschine betreiben ... so sagte sich Wilhelm Maybach schon drei Jahre vor Büchi.

Allein die praktische Erprobung dieses Patents endete mit einem ausgesprochenen Fiasko. Sowie man die Dampfmaschine dem bereits arbeitenden 13 PS-Motor zuschaltete, fiel die

Leistung deutlich ab statt zu steigen. »Offenbar erzeugten der Wärmeaustauscher zu hohen Gegendruck, der Dampfkühler zu wenig Vakuum und der Dampfmotor mehr Eigenreibung als Nutzleistung!« Ob Maybach diese Zusammenhänge, als er den Versuch aufgab, schon so klar erkannte wie Professor Friedrich Sass Jahrzehnte später, ist nicht überliefert. Aber das Kühlungsproblem hatte er, wie Benz, längst gelöst: zuerst mit einer Verdampfungskühlung für die Zylinderköpfe, bald danach mit zusätzlichen Wassermänteln um die Zylinder selbst. Anno 1890 setzte er vor den Motor eines Schienenfahrzeugs einen Wasserkasten mit durchgehenden Luftrohren und einem Ventilator dahinter, der die Kühlung unabhängig von der Fahrgeschwindigkeit vermehrte. Bei Automobilmotoren leitete Maybach das heiße Wasser innen in den großen Schwungradkranz, wo es herumgeschleudert, abgekühlt, wieder aufgefangen und in den Wasserbehälter zurückgefördert wurde.

Es war eine wirksame, aber kurze Übergangslösung; denn schon vor dem ersten »Mercedes« entstand — wieder aus der Rohrkasten- und Windflügel-Kombination, die auf ein Patent des Franzosen Menier und einen Peugeot-Wagen zurückgeht — der »Röhrchenkühler« in der richtungweisenden Form. Noch besser, ja absolut modern wurde der »Bienenwabenkühler« mit eckigen Röhren, geringerem Wasserinhalt, aber bedeutend größeren Kühlflächen, auf die es ankommt. Mit der »Schwungradkühlung«, die bis zu 4 PS verkraftete, betrug der Wasserbedarf 2 bis 3 Liter pro PS und Stunde — vorher mit Verdampfungskühlung siebenmal mehr! Die nahezu verlustfreien Röhrenkühler bildeten die Basis für beträchtlich stärkere Motoren und längere Fahrstrecken — vergleichbar dem Spritzdüsenvergaser auf dem Gebiet der Gemischbildung. Dagegen enthüllt ein Rückblick auf den „Reitwagen" von 1885 (B. I.6) einen rippenlosen Zylinder, der lediglich die Luft für den Oberflächenvergaser erwärmte.

Steigende Motorleistungen verlangen nicht nur gute mechanische Voraussetzungen in Form von stärkeren Kurbelwellen, Pleueln, Kolben, Zylindern und Motorgehäusen, sondern auch ausreichende Kühlung, um mehr Wärme abzuleiten und jede, oft lokal begrenzte Überhitzung zu vermeiden. Die durchschnittliche, auf das gesamte Arbeitsspiel bezogene Gastemperatur liegt in Viertakt-Ottomotoren bei 750° C und in Dieselmotoren bei etwa 600°, mit Spitzenwerten bei der Verbrennung bis 2500 bzw. 2000°. Die höchsten Temperaturen wirken zwar nur sehr kurze Zeit, wonach jede frische Ladung eine intensive Kühlwirkung ausübt, doch würden bei fehlender Kühlung die Brennraum- und Zylinderwände rasch in Rotglut versetzt. Das beherrscht man bei Auslaßventilen, seit einiger Zeit auch bei Gasturbinenschaufeln, aber keinesfalls bei Kolben und Zylindern.

Ob mit Luft oder Wasser, in jedem Fall muß die Kühlung alle Wärmemengen beseitigen und Temperaturen verhindern, die Schaden stiften oder gar den Motor gefährden. Eine leichte Überhitzung beeinträchtigt vielleicht nur den verschleißarmen Lauf des Motors oder seine Leistung (weil stark aufgeheizte Frischgase die Zylinderfüllung vermindern). Die Ursachen sind oft geringfügig, vom Fahrer nicht bemerkt oder von der Werkstatt im harmlosen Anfangsstadium übersehen: eine kleine Leckstelle im Kühlwasserkreislauf, ein zu lockerer Keilriemen, ein »verrutschter« Zündzeitpunkt, eine ungeeignete oder defekte Zündkerze... vergessene oder falsch nachgezogene Zylinderkopfbolzen, eine deshalb durchblasende Kopfdichtung... oder ein Thermostat, der auf eine Überlastung hinterhältig reagiert. Leider bleiben Kühlungsmängel in der Praxis selten harmlos, da sie durchweg progressiv verlaufen und, besonders im Flüssigkeitskreislauf, bald Folgeschäden provozieren, die den Motorlauf drastisch bremsen. Die wirkenden Wärmemengen erklären den Zusammenhang: schon für z. B. 55 kW muß das Kühlsystem stündlich rund 200.000 Kilojoule abführen. Sie können ohne Weiteres ein ausgewachsenes Wohnhaus vor winterlicher Kälte bewahren (mit 1000 umbauten Kubikmetern, gemäß 200 kJ je Stunde und m^3). Vergleicht man nun die dazu dienenden Oberflächen der wärmespendenden Heizkörper mit dem Kühlkreislauf unter der Motorhaube, so gebührt der auf engstem Raum konzentrierten Kühlleistung kein geringer Respekt!

Das ist eines der tragischen Mißverständnisse unserer Zeit: zu glauben, wenn etwas ohne jeden Zweifel als falsch erwiesen ist, müsse das Gegenteil richtig sein.
Salvador de Madariaga,
spanischer Schriftsteller, 1886–1978

FAHRTWIND- UND ZWANGSKÜHLUNG

Die geringsten Kühlungssorgen bedrücken, wie es zunächst scheint, einen Motorradkonstrukteur. Die vorherrschenden kleinen Zylinder begünstigen das bedeutsame Verhältnis zwischen den Verbrennungsraumwänden und den äußeren Kühlflächen. Die Zylinder stehen oder liegen einzeln, gegenüber oder nebeneinander, frei im anströmenden Fahrtwind. Man kann meistens auf besondere Kühlgebläse und Luftleitbleche verzichten; denn eine »Zwangskühlung« absorbiert stets einen unerwünschten, wenn auch kleinen Teil der Motorleistung.

Freilich zeigen bestimmte Betriebsbedingungen und Anforderungen, etwa ausgeprägte Paßstraßeneignung oder Geländegängigkeit, die Achillesferse der Fahrtwindkühlung, besonders bei Fahrzeugen mit einem mittelmäßigen oder schlechten Leistungsgewicht. Da produzierte zum Beispiel eine Nürnberger Fabrik in den fünfziger Jahren nebeneinander flinke 200 cm^3-Motorräder und Roller, deren Zweitakter sich allein durch die Gebläsekühlung der Roller unterschieden. Bei Vergleichsfahrten auf der Großglocknerstraße fuhr das (auch etwas leichtere) Motorrad auf den ersten zwei, drei Kilometern dem karossierten Gefährt auf und davon. Dann aber verminderte sich der Abstand, der gebläsegekühlte Roller überholte den immer wärmer und müder werdenden Stallgefährten und gewann auf den letzten Etappen großen Vorsprung. Die allein dem Fahrtwind überlassene Kühlung kommt also selbst bei Motorrädern zuweilen in kritische Bereiche, so daß manche Mopeds und Kleinkrafträder Kühlgebläse und Luftleitbleche erhielten. Damit bestimmt die Motordrehzahl, nicht das Fahrtempo, die Menge und Strömungsgeschwindigkeit der Kühlluft.

Unter der Motorhaube von Automobilen benötigen luftgekühlte Zylinder, zumal im Wagenheck angeordnet, (fast ohne Ausnahme) Gebläse und Kühlluftführungen. Es bedurfte sogar gründlicher Entwicklungen, um ausreichende Wirkung von Gebläsen zu erzielen, die mit geringen Abmessungen und (den relativ niedrigen) Motordrehzahlen auskommen (s. B. XI.1). Nur unter dieser Voraussetzung können nämlich die Schleuderräder direkt auf der Kurbelwelle stecken, einen besonderen Antrieb einsparen und lästige Geräusche bei hohen Drehzahlen vermeiden. Meistens strömt die Luft mit geringem Überdruck um die Zylinder und Köpfe, doch gab es gelegentlich Ausführungen, bei denen das Gebläse die erwärmte Luft absaugt, zum Beispiel bei Tatra. In der Gesamtbilanz halten sich die Vor- und Nachteile beider Systeme die Waage.

VOM WÄRMEÜBERGANG UND SEINEN FOLGEN

Selbst kräftige Luftströme und hohe Temperaturunterschiede würden mit der überschüssigen Wärme nicht fertig, wenn die Außenwände der heißen Motorteile nicht beträchtlich größer wären als die inneren, den brennenden Gasen zugekehrten. Der Wärmeübergang von Metall an Luft ist nämlich sehr schlecht, nur etwa ein zwanzigstel wie von Metall an Wasser... oder gar an Dampf. Auf das Volumen bezogen statt aufs Gewicht, führt 1 l Wasser (bei gleicher Temperaturspanne) soviel Wärme ab wie 3000 l Luft! — Diesen Mangel kompensieren Kühlrippen, indem sie die Wandflächen der »Luftseite« auf das 12- bis 25fache vermehren, bei Hochleistungs- und Rennmotoren noch drastischer. Da die Gesamtwärme zu rund drei Vierteln in den Zylinderköpfen anfällt, tragen sie die höchsten und dichtesten Kühlrippen... wenigstens bei allen Viertaktern.

In Zweitaktern liegen die Verhältnisse anders: hier stempelt die Auslaßzone den Zylinder zum Hauptleidtragenden. Aus dem gleichen Grund sollen, vor allem bei luftgekühlten Motoren, die Auslaßkanäle so kurz wie möglich sein — genaugenommen die Abstände von den Ventilen oder Schlitzen bis zum Flansch der Auspuffkrümmer.

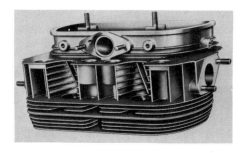

XII.1 Schon bei einem ausgeprägten Drosselmotor wie dem VW 1200 führen hohe und dichte Rippen die Kühlluft unter den Leitblechen – dennoch nur »Unterholz« im Vergleich zum Rippenwald eines Hochleistungsmotors. Der in der Mitte mündende Ansaugkanal zeigt am eingebauten Boxer-Zylinderkopf natürlich nach oben — die Auslaßkanäle nach vorn und hinten. Aus der offenen Ventilkammer ragen die Bolzen zur Befestigung der Kipphebelachse.

Wenn nämlich letztere dunkelrot glühen, gefährden sie vielleicht die Haltbarkeit der Auspuffanlage, aber nicht den Wärmehaushalt und die Vollgasfestigkeit des Motors! Wo längere Auslaßstutzen schwer zu vermeiden sind, kann man die Wärmeaufnahme durch Blechrohre begrenzen, die mit einem isolierenden Luftspalt in den Kanälen stecken (vgl. »Portliner« auf S. 151). Der schlechte Wärmeübergang von Metall an Luft verschont auch wassergekühlte Motoren nicht. Das Wasser verlegt, als Wärmezwischenträger, das nötige Oberflächenverhältnis lediglich vom Motor zum Kühler. Da aber der Temperaturunterschied zwischen Wasser und Luft im Kühler viel kleiner ist als zwischen verrippten Zylindern und der umströmenden Luft, brauchen Kühler noch viel größere Flächen! Nur sind sie einfacher und billiger herzustellen.

Auf Luft als endgültiges Kühlmittel verzichten naturgemäß (nicht alle, doch) **viele Schiffsmaschinen und Bootsmotoren**. Freilich ist eine Ersparnis fragwürdig, weil ein »geschlossener Kühlkreislauf« für lange, störungsfreie Laufzeiten am ehesten sorgt. Er enthält, anstelle der Wasser-Luft-Kühler für Landfahrzeuge, Wasser-Wasser-Kühler, wobei das »offen« durchfließende, »echte« Kühlwasser keine hohen und bedenklichen Temperaturen erreicht — wie im Motor selbst. Kleinere Motoren, etwa Außenborder, beziehen die unmittelbare Wasserkühlung auch nicht umsonst; die fast ausnahmslos verlangte »Salzwasserverträglichkeit« erfordert ausgewählte Werkstoffe, die teurer und manchmal schwerer zu bearbeiten sind.

Wer frischen Wind erwartet, darf nicht verschnupft sein, wenn er kommt.
Helmut Qualtinger,
Wiener Kabarettist, 1928–1986

UMLAUFTEMPO STATT -MENGE

Für den notwendigen Kreislauf bietet sich, wie in einer herkömmlichen Warmwasserheizung, der naturgesetzliche Zusammenhang zwischen Temperatur und Dichte an. Warmes Wasser ist leichter als kaltes und steigt deshalb im Motor nach oben — und von dort weiter zum oberen Kühleranschluß, der entsprechend höher liegt. Das abkühlende Wasser sinkt nach unten (Abb. XV.10).

Diese Wärmeumlauf- oder »Thermosiphonkühlung« war bei älteren und kleineren Motoren wegen ihrer bestehenden Einfachheit beliebt und verbreitet. Allein die angestiegenen PS-Zahlen kehrten ihren Nachteil immer stärker hervor, den zu langsamen Umlauf des Kühlwassers. Er beansprucht große Wassermäntel im Motor, dickere Schläuche und, vor allem, gewichtige Kühler, deren Höhe den Motor störend überragt.

Somit erlangte die Pumpen-Umlaufkühlung eine Monopolstellung. Die dabei benutzten kleinen und einfachen Schleuderpumpen funktionieren heute zuverlässig und anspruchslos; unrühmliche Ausnahmen betreffen stets die Abdichtung zwischen dem Flügelrad und den (nach außen belüfteten) Kugellagern. Das kleine Pumpenrad treibt das Wasser durch die Fliehkraft- und Schleuderwirkung, ähnlich den Gebläsen für Kühlluft oder Zentrifugalverdichtern zur Aufladung von Arbeitszylindern. Spezialdichtringe oder Kugellager, die gelegentlich Sorgen bereiten, künden einen Schaden meistens im Anfangsstadium durch Geräuschbildung an. Bleibt allerdings ein solches Alarmsignal unbemerkt, so können die Folgen schwer wiegen. Und das gilt (mindestens) genauso für einen platzenden Kühlschlauch oder andere Leckstellen!

Die kleinen Pumpen erzeugen einen viel rascheren Umlauf des Kühlmittels als die geringen Gewichtsunterschiede in Thermosiphonanlagen. Je schneller indessen das Wasser zirkuliert, umso kleiner können die nötigen

Mengen und Kühler werden, so daß moderne Motoren trotz ihrer hohen kW-Zahlen mit weniger Kühlwasser arbeiten als ehedem Kleinwagen, die noch nicht einmal eine Heizung besaßen. Damals floß das Wasser vielleicht mit 80°C in den Kühler, um ihn unten mit 60 zu verlassen; die »mittlere« Temperatur von nur 70° C schmälerte die Temperaturspanne zum Luftstrom und dessen Wirkung.

Für einen Pumpenumlauf genügt eine viel geringere Abkühlung, womit nicht nur der Kühler heißer und besser funktioniert, sondern auch die Temperaturen innerhalb des Motors weniger voneinander abweichen. Um nämlich die veranschlagten 200.000 Kilojoule (für 55 kW) abzuführen, braucht man mit einer Abkühlung des Wassers um 10° C einen Durchfluß von etwa 5000 Litern, bei einem Inhalt von 7 l also gut 700 Umläufe pro Stunde, alle 5,1 Sekunden einen. Mit nochmals verdoppelter Umlaufgeschwindigkeit reicht für dieselbe Wärmeabfuhr schon eine Abkühlung des Wassers um 5° C.

Nun fielen diese Erfolge den Konstrukteuren nicht als reife Frucht in den Schoß, denn die kräftige Strö-

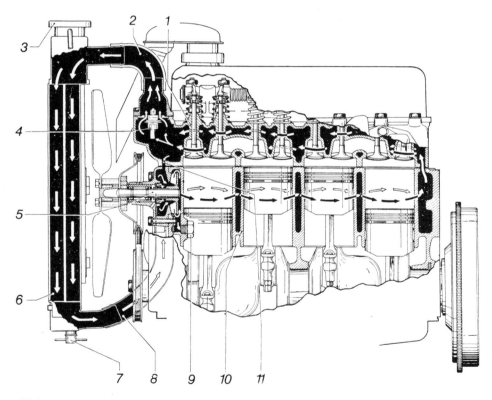

XII.2 Die wesentlichen Teile einer modernen Pumpenkühlung sind numeriert. 1 – Kühlwasserdurchgänge im Zylinderkopf, 2 – oberer Kühlschlauch, 3 – Kühlerverschluß, 4 – Thermostat, 5 – Wasserpumpe, 6 – Kühler, 7 – Wasserablaßstopfen am Kühler, 8 – unterer Kühlschlauch, 9 – Wasserablaß am Motorblock, 10 – Wasserkanäle im Zylinderblock – 11 Rücklaufbohrung zur Wasserpumpe (Ford).

mung bedingt (dynamische) Wasserdrücke um 1,5 bar, entsprechende Pumpenantriebsleistungen und Vorkehrungen für eine gründliche Trennung von unvermeidlichen Luftblasen aus dem Kühlwasser. Dazu dient ein ausreichender Wasserkasten oben im Kühler, mit einem Luftpolster, das die Wärmedehnung der Kühlflüssigkeit ausgleicht und Luftblasen auffängt. — Im übrigen hat der hohe Wasserdruck seine gute Seite: das Wasser kann sich nicht, in aller Ruhe, einen bequemen Weg suchen; es muß vielmehr die sorgfältig ausgewählten Querschnitte füllen und die heißesten Zonen im Motor intensiv bespülen, oft zwischen eingegossenen Leitrippen oder »Kühlhütchen«.

GESCHLOSSENE UND PLOMBIERTE KÜHLSYSTEME

Die Umstellung von »offenen« auf geschlossene Kreisläufe erlaubte eine weitere Verminderung der Wassermengen. Ein einfaches, am Kühlerverschluß angebrachtes Überdruckventil gibt den Weg zur Überlaufleitung, nach außen, erst frei, wenn ein Innendruck von 0,5 bis 1 bar erreicht ist. Damit siedet das Wasser nicht mehr bei 100° C, sondern erst bei 110 bis 120°. Noch wichtiger als die eingesparte Wassermenge und Kühlergröße ist die gewonnene Sicherheitsspanne im Hochgebirge, wo bei langen Steigungen die große Wärmebelastung des Motors mit der sinkenden Siedegrenze zusammentrifft. Bekanntlich kocht Wasser schon 1000 Meter über dem Meer mit 96° C — und auf der Großglocknerstraße oder ähnlichen Pässen bei 92° C. Kein Wunder, daß die alten offenen Kühlkreisläufe sogar gesunde Motoren in »Dampfmaschinen« verwandelten, wenn man das Gaspedal und den Schalthebel ungeschickt bediente!

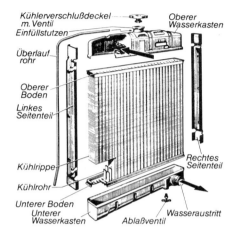

XII.3 Ein moderner Rippenrohrkühler in seine Bestandteile zerlegt und teilweise geschnitten. Der meistens am Motor sitzende zweite Ablaßstopfen muß zum Wechseln der Kühlflüssigkeit — und erst recht bei drohenden Frostschäden! — gleichfalls geöffnet werden.

Vom geschlossenen Kreislauf ging es weiter zum »plombierten Kühler«, dessen Überlauf nicht im Freien mündet, sondern in einem Ausgleichgefäß. Es enthält unter dem notwendigen Luftpolster eine kleine Wasserreserve, besser gesagt Frostschutzmischung, die über das ganze Jahr wartungsfrei ihren Dienst verrichtet ... sofern zwei wichtige Voraussetzungen vorliegen: einmal die dauerhafte Abdichtung der gesamten Anlage, zweitens eine geeignete Frostschutzsorte, die mit dem »richtigen« Wasser eine stabile Mischung bildet, nicht schäumt, die Kühlschläuche schont und die verschiedenen Metalle im Kühlkreislauf vor Korrosion schützt.

Ein weiterer Vorzug »plombierter Kühler« besteht in der Verlegung des Kühlverschlusses zum Ausgleich- und Vorratsbehälter. Die dadurch verminderte Höhe des Kühlers kommt dem aktuellen Wunsch nach niedrigen Motorhauben und »Gürtellinien« freundlich entgegen. Den letzten Schritt in dieser Richtung vermitteln Querstromkühler, die – vergleichbar den Flachstromvergasern – das durchfließende Medium horizontal statt vertikal führen.

Trotz dieser Errungenschaften reicht der Fahrtwind nicht aus, um bei allen Betriebsbedingungen die anfallenden Wärmemengen aufzunehmen – zumal wenn die Kühler neben den Motoren im Wagenheck stehen. Zähe Steigungen oder hektisch wechselnder Großstadtverkehr, zu schweigen von Anhängerbetrieb, erfordern vermehrten Luftdurchsatz. Natürlich braucht man dazu kein großes Kühlgebläse, wie für luftgekühlte Motoren, sondern einen einfachen »Ventilator«, der dicht hinter dem Kühler rotiert (prinzipiell und ausnahmsweise auch davor). Von der Kurbelwelle, oft zusammen mit der Lichtmaschine, mit einem Keilriemen angetrieben, sitzt er meistens auf dem vorderen Ende der Wasserpumpenwelle.

Ungeachtet ihrer simplen Form und Wirkung bergen auch diese Ventilatoren ihre Probleme. Einmal müssen sie bei tropischer Hitze, hoher Motorbelastung und niedriger Geschwindigkeit die schädliche Wärme restlos abführen, zum anderen sollen sie bei hohen Drehzahlen wenig Antriebsleistung verzehren und möglichst leise laufen (wie die Gebläse der luftgekühlten Konkurrenz). Moderne Lüfter erkennt man auch am Material – Kunststoffe wie Polyamide verdrängten mehr und mehr die alten Windflügel aus Leichtmetall oder gar Blech. Symmetrie ist hier zwar schön, aber unzweckmäßig: Unterschiedliche Abstände der Flügel versetzen die Luft nicht so leicht in pfeifende Schwingungen.

XII.4–6 Links die Thermostatwirkung im Schema, rechts derselbe Regler aufgeschnitten zur Ansicht. Dazu noch in der rechten unteren Ecke die Dehnstoffpatrone vergrößert, die eine Wachsfüllung (grau), einen Gummikörper (schwarz) und den Steuerstift mit dem Einstellgewinde enthält.

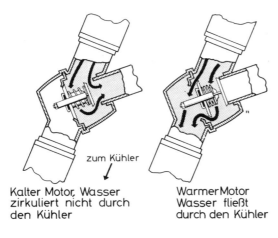

zum Kühler

Kalter Motor, Wasser zirkuliert nicht durch den Kühler

Warmer Motor Wasser fließt durch den Kühler

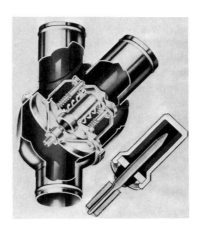

*Wir brauchen die Utopie.
Ohne sie würde die Welt sich nicht ändern.*
Thornton Wilder,
US-Dramatiker, 1897–1975

FAST FRISCHZELLEN-THERAPIE — THERMOSTATEN

Bei allen Neuerungen blieb ein ökonomischer Wärmehaushalt als lohnendes Ziel. Um keinen Kraftstoff zu vergeuden und angenehm zu arbeiten, muß der Motor rasch seine gesunde Betriebstemperatur erreichen. Er soll sie auch bei niedriger Belastung und Drehzahl und selbst bei längeren Talfahrten einhalten — nicht zuletzt, um genug Wärme für die Wagenheizung zu liefern. Daß jedes »zuviel« bei der Kühlung Verschwendung bedeutet und außerdem schadet, wußte man seit langer Zeit und knüpfte als versierter Fahrer im Winter eine Haube vor den Kühler, die man je nach Fahrweise und angezeigter Wassertemperatur weniger oder weiter öffnete. Teurere Wagen besaßen zum gleichen Zweck eine vom Armaturenbrett her verstellbare Kühlerjalousie.

Inzwischen sorgt für die Temperaturregelung, vollautomatisch, ein im Wasserkreislauf eingebauter Thermostat, ein Ventil, das den Weg vom Motor zum Kühler (bis auf eine kleine Bohrung zum Druck- und Niveauausgleich) versperrt und erst freigibt, wenn das Wasser eine bestimmte Temperatur erreicht hat. Doch waren solche einfach-wirkende Thermostaten oder »Drosselregler« nur eine Übergangslösung zum doppelt-wirkenden oder »Kurzschluß-Thermostat«. Äußerlich am dritten Anschluß zu erkennen — wobei indessen einer im Zylinderkopf liegen kann — leitet er kaltes Kühlwasser direkt zur Wasserpumpe zurück. Folglich zirkuliert das Wasser in der Anwärmperiode nur im Motor selbst — und im Heizungskreislauf, falls er (am Armaturenbrett) eingeschaltet ist.

Die verkürzte Kaltlauf- und Anwärmperiode bekommt jedem Motor vorzüglich. Zwar vermeiden materialschonende Fahrer die schnelle Entfaltung der vollen Leistung, weil etliche Organe, vor allem das Motoröl, die gesunde Betriebstemperatur später erreichen als das Kühlmittel und folglich die optimalen Passungen und Schmierungsverhältnisse ebenfalls der Wassertemperatur nachhinken. Doch verbessern andere Vorzüge die Bilanz beträchtlich; der eingesparte Kraftstoff macht sich zuerst bemerkbar; noch schwerer wiegt der verminderte Verschleiß, weil jeder Kaltstart sonst mehr Lebensdauer kostet als viele »heiße« Betriebsstunden — die häufig kolportierten Zahlenwerte schwanken allerdings stark.

»Kalte«, unvollständige Verbrennungen erzeugen säuren-bildende Produkte. Sie verursachen korrosiven Verschleiß, obgleich moderne HD-Öle die chemischen Reaktionen dezimieren. Nicht verhindern können sie jedoch, daß Kraftstoff an kalten Zylinderwänden kondensiert, den Schmierfilm abwäscht, in den Ölsumpf gelangt und den Schmierstoff verdünnt; daß ferner Verbrennungswasser — Liter um Liter mit dem Kraftstoff — flüssig anfällt und zusätzlich das Öl infiziert, statt als Dampf durch den Auspuff zu entweichen!

Meistens liegt die (eingeprägte) Regeltemperatur von Thermostaten zwischen 75 und 80 °C, doch gab es für manche Motoren Sommer- und Winterausführungen mit Unterschieden von 5 bis 10 Grad — nicht allein wegen der intensiveren Wagenheizung.

An luftgekühlten Motoren drosseln Thermostaten die Kühlluftmenge. Bei den VW-»Käfern« zum Beispiel sitzen sie unter dem rechten vorderen Zylinder und reagieren auf die »Abluft« — erst wenn sie warm genug vom Zylinder strömt, öffnet ein Gestänge den Drosselring am Gebläseeintritt und verstärkt den Kühlluftnachschub. Natürlich muß jeder Thermostat, egal ob für Luft- oder Wasserkühlung, nicht nur bei der vorbestimmten Regeltemperatur öffnen und schließen, sondern darüber hinaus einen bestimmten Öffnungsverlauf entfalten. Mit anderen Worten, auf jeden Motortyp individuell abgestimmt sein. Die Hersteller dieser hochbelasteten Artikel reagieren daher fast allergisch auf die simple Bezeichnung »Thermostat«, die von modernen »Kühlstoffreglern« weit überholt sei (B. XII. 4—6).

Um die Ventilplatte oder, bei Kurzschlußreglern, beide Ventilplatten zu verstellen, dienten ehedem Wellrohrgehäuse. Alkoholmischungen im Innern sieden bei 80° C und dehnen das Wellrohr aus. Allein die modernen Überdruckkühlkreisläufe benötigen Regler, die unabhängig vom Wasserdruck steuern, wie die inzwischen dominierenden »Dehnstoffregler«: eingeschlossenes Wachs schmilzt und drückt den darüber liegenden Gummi mitsamt einem Steuerstift nach außen — und zwar kräftig, weil die Innendrücke über 100 bar erreichen. (Erst wenn sich, etwa durch Störungen, der zitierte dynamische Wasserdruck einmal verdoppelt, steigen die Wachsdrücke unerträglich und deformieren das Reglergehäuse auf ein Schrottmaß!) — Eine einfache Probe, ob ein Thermostat im Wasserbad auf dem Küchenherd deutlich »anspricht«, liefert einen groben Befund, doch kaum zuverlässigen Aufschluß.

Hochentwickelte Regler, im Wasserkreislauf stets Kurzschlußregler, sollen nie schlagartig öffnen oder schließen, sondern bei allen Übergangstemperaturen kühlere und wärmere Medien mischen, in krassen Fällen auch kalte und heiße. Kalte Kühlflüssigkeit, die in den betriebswarmen Motorblock einströmt, kann dem »beaufschlagten« Zylinder einen drastischen Kälteschock erteilen. Er reagiert darauf mit einer Verformung, die — in gottlob seltenen Extremfällen — einen Kolbenfresser verursacht. Den besten Schutz vor solcher Unbill bietet die Verlegung des Reglers von der »warmen« auf die »kalte« Seite, vom Motoraustritt zum Motoreingang. Sie ist allerdings von BMW mit einem Patent abgesichert und daher noch nicht stark verbreitet.

ÖKONOMISCHE UND »DENKENDE« VENTILATOREN

Einen weiteren, eleganten Beitrag zum wirtschaftlichen Wärmehaushalt erlaubt die »Luftseite« wassergekühlter Motoren, indem man die Kühlleistung, statt sie nachträglich zu drosseln, erst gar nicht erzeugt. Dazu erhielt der Ventilator, erstmalig bei Peugeot 1960, anstelle seiner festen Verbindung zur Keilriemenscheibe eine elektromagnetische Kupplung. Ein Temperaturschalter, am Zylinderkopf angebracht, schaltet sie bei etwa 84° C ein, beim Abkühlen jedoch erst bei 75° C wieder aus. Die relativ große Spanne soll zu häufiges Ein- und Ausschalten verhindern.

Später griffen Fiat und weitere Firmen auf das gleiche Prinzip zurück, während die Kühlerfabrik Behr in Stuttgart-Feuerbach für prominente PKW- und LKW-Motoren den »Visko-Lüfter« (System Schwitzer) entwickelte. Zur Übertragung des Antriebsdrehmoments dient zähes und gegen Temperaturunterschiede weitgehend unempfindliches Silikonöl. In der einfachen PKW-Ausführung arbeitet die Kupp-

XII.7 Der aufwendige Viskolüfter schlüpft nicht nur automatisch bei hohen Drehzahlen, sondern steuert mit einer Bimetallfeder (vorn in der Nabe) über ein Ventil den Zufluß von temperaturunempfindlichem Silikonöl, das die Antriebsscheibe mit dem Gehäuse hydraulisch verbindet. Bei tiefen Temperaturen fließt das Öl in den Vorratsraum zurück und bleibt dort (vgl. B. X.14).

lung drehmomentabhängig, als sogenannte Schlupfkupplung. Der Lüfter rutscht, da sein Kraftbedarf steil ansteigt, oberhalb einer vorbestimmten Drehzahl (verschleißfrei) durch, spart dabei Antriebsleistung und Lautstärke. Große LKW-Lüfter enthalten zusätzlich Bimetallstreifen, die auf die Warmluft hinter dem Kühler reagieren. Sie steuern die Ölmenge, die ständig von einem kleinen Vorratsraum zum ringförmigen »Arbeitsraum« innerhalb der Lüfternabe (und wieder zurück) fließt. Folglich rotiert der Ventilator bei hohen Temperaturen schnell, mit minimalem Schlupf, bei geringeren langsamer, mit mehr Schlupf.

Wieder ein anderer Lüfterantrieb, speziell bei etlichen Mercedes-Benz-Typen, besitzt eine regelrechte Strömungskupplung. Ein Temperaturregler füllt sie mit mehr oder weniger Drucköl vom Motor, damit der Ventilator nicht schneller läuft, als es die Kühlflüssigkeit verlangt.

Mit dem gleichen Ziel entstand, namentlich in England, eine ganze Reihe solcher »denkender Ventilatoren«, mit Wirkungen nach verschiedenen Prinzipien: etwa mit Windflügeln, deren Anstellwinkel und Luftfördermenge sich automatisch verändern. Die Lüfter völlig unabhängig von der Motordrehzahl, nur noch nach den herrschenden Temperaturen mit einem eignen Elektromotor anzutreiben, gewinnt zunehmende Verbreitung, als einfaches und elegantes, wenngleich nicht ganz billiges Verfahren. Doch kann man den Kühler damit beliebig weit vom Motor wegrücken und raumsparend anordnen, zumal die Lüfter ebensogut vor wie hinter dem Kühler funktionieren.

Zunehmendes Alter macht weitsichtig — manche früher, andere später.
K. A. Schenzinger, 1886–1962

VERÄNDERTE UND HINKENDE VERGLEICHE

Die modernen Kühlsysteme haben die ursprünglichen Eigenarten der Luft- und Wasserkühlung stark beeinflußt, ihre überkommenen Vor- und Nachteile überschattet oder sogar verschoben. Die Binsenweisheit, daß Luft weder gefriert noch kocht, war sicher werbewirksam, solange die Statistik jede fünfte Panne der Wasserkühlung zuschrieb. Doch sank diese Schadensquote schon vor der Einführung von »versiegelten« Kühlsystemen unter

5 %. (Das ist eine wenig aufregende Größenordnung, solange ein Schaden nicht gerade den eignen Wagen betrifft!) Ferner hat die Flüssigkeitskühlung ihre »Reichweite« nach beiden Seiten hin ausgedehnt, zu tiefen wie zu hohen Temperaturen, und damit einen Vorsprung der »trockenen« Konkurrenz verringert. Nur bei extremen Klimaverhältnissen dominiert auch heute noch deren Unempfindlichkeit.

Per saldo endet ein weiterer Vergleich unentschieden, nachdem ein anfänglicher Nachteil der Luftkühlung immer mehr verschwand. Man konnte nämlich die höhere Leistungsaufnahme der Kühlgebläse herabsetzen und fast den von Wasserpumpen und Ventilatoren verursachten Verlusten angleichen. Sie liegen jetzt ziemlich einheitlich zwischen 5 und 7 % der maximalen Motorleistung (— bei hohen Drehzahlen mit Teillast natürlich entsprechend höher). Ganz allgemein erfordert die Umströmung von Zylindern und Köpfen durch enge Kühlrippen einen höheren Förderdruck, der Durchsatz im Kühler hingegen eine größere Luftmenge. Übrigens beeinflußt die »innere« Luftströmung, durch den Kühler bzw. Motor und den Motorraum, bei hohen Geschwindigkeiten die gesamte »Aerodynamik« von Fahr- (und Flug-)zeugen; wie man diesen Nachteil ausnahmsweise in einen Gewinn ummünzt, enthüllen gleich ein paar Sonderfälle . . .

Seit jeher buchen wassergekühlte Motoren bessere Laufruhe für sich. Sie besitzen nicht nur den dämpfenden Wassermantel und die »zweite« Wand, sondern durchweg einen kompakteren, steiferen Aufbau — ohne einzelne oder paarweise angeordnete Zylinder und Köpfe. Dazu erlaubt die insgesamt gleichmäßigere Erwärmung etwas engere Laufspiele. Freilich betrifft mancher direkte Vergleich Motoren und Fahrzeuge unterschiedlicher Zielsetzung, Größe und Preisklasse — und zeichnet damit ein schiefes Bild. Nicht immer vibriert und schwirrt ein Rippenwald von luftgekühlten Zylindern, doch schüren Leichtmetallkurbelgehäuse und einzeln angeordnete Zylinder Schwingungen und Resonanzen.

Diese Bauweise, zusammen mit den bei Luftkühlung unerläßlichen Leichtmetallzylinderköpfen, erklärt das geringere Gewicht mancher Motoren gegenüber gleichstarken wassergekühlten Konkurrenten — und nicht etwa der eingesparte Kühler selbst und 6 bis 20 Liter Wasser. Insgesamt bleiben jedoch die Unterschiede fragwürdig, wie auch mit Raumbedarf oder Herstellungskosten: hier recht verwickelte Gußteile für Zylinder und Köpfe, eine größere Zahl von Bauteilen, ein voluminöses Gebläse und Luftleitbleche — dort ein ziemlich teurer Kühler, ferner Ventilator, Wasserpumpe und Kühlschläuche.

Einzelzylinder gelten vielfach als »reparaturfreundlich« — wie »nasse« Laufbüchsen in wassergekühlten Motoren. Da allerdings die Arbeitslöhne gegenüber Ersatzteilpreisen immer schwerer wiegen und eine Kolbenmontage, gemessen an einem Austauschmotor, laufend teurer wird, verliert dieser Vorzug seinen früheren Wert. Erst bei großen und größten Maschinen ändern sich die Verhältnisse wieder, zumal im Dieselbau Zylinderbohrungen von 140 mm als obere Grenze für Luftkühlung gelten. Auch die thermisch vorteilhafte Bauweise mit vier Ventilen pro Zylinder und zentral angeordneter Einspritzdüse ist in luftgekühlten Direkteinspritzern schwer zu verwirklichen.

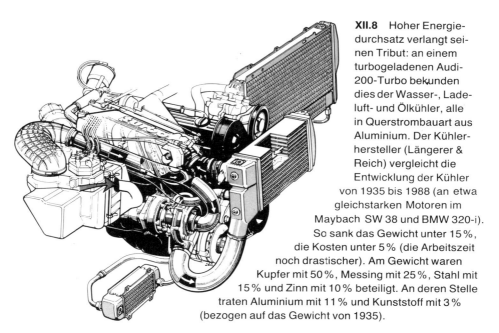

XII.8 Hoher Energiedurchsatz verlangt seinen Tribut: an einem turbogeladenen Audi-200-Turbo bekunden dies der Wasser-, Ladeluft- und Ölkühler, alle in Querstrombauart aus Aluminium. Der Kühlerhersteller (Längerer & Reich) vergleicht die Entwicklung der Kühler von 1935 bis 1988 (an etwa gleichstarken Motoren im Maybach SW 38 und BMW 320-i). So sank das Gewicht unter 15%, die Kosten unter 5% (die Arbeitszeit noch drastischer). Am Gewicht waren Kupfer mit 50%, Messing mit 25%, Stahl mit 15% und Zinn mit 10% beteiligt. An deren Stelle traten Aluminium mit 11% und Kunststoff mit 3% (bezogen auf das Gewicht von 1935).

Am stärksten haben die Maßnahmen zur Temperaturregelung die Bilanz von Luft- und Wasserkühlung verändert. Die rasche Erwärmung eines Motors nach dem Start ist kein Privileg der Luftkühlung mehr, im Gegenteil, seit Thermostaten den Wasserumlauf drastischer drosseln als den Luftstrom vom Gebläse, wurde die Wagenheizung zu einem echten Problem der Luftkühlung, besonders bei Heckmotoren. Auch unterwegs hängt die Heizwirkung zu stark von den Leistungen ab, die man gerade mobilisiert. Man spürt es bei Frost, auf glatten und verschneiten Straßen am deutlichsten, solange man nicht eine Zusatzheizung einschalten kann. Wenig verändert haben sich dagegen die Verhältnisse am Fahrtende oder bei Pausen, wo die luftgekühlten Zylinder rascher ab- und auskühlen als glatte, kompakte Blöcke.

Daß Luftkühlung für Sport- und Rennzwecke ein Leistungshandicap darstellt, hat die lange Erfolgskette von Porsche widerlegt. Auf einem anderen Blatt steht indessen die Frage, ob nicht die Entwicklung luftgekühlter Rennmotoren doch schwieriger ist und der technische Aufwand für dreistellige Literleistungen mit Wasserkühlung geringer?! Denn der bessere Wärmeübergang erleichtert ohne Zweifel die Beseitigung von kritischen »Wärmenestern« und die Angleichung der Temperaturen sowohl zwischen einzelnen Zylindern und Köpfen wie auch an ihren verschiedenen Zonen. Im Alltag beeinträchtigen solche kritische Zonen unter ungünstigen Umständen sogar die größere prinzipielle Unempfindlichkeit von luftgekühlten Motoren — es gibt eher einen Kolbenfresser auf der Autobahn.

Dank der geringeren Temperaturspitzen vertragen wassergekühlte Verbrennungsräume in der Regel ein höheres Verdichtungsverhältnis, bevor sie zu klopfen beginnen. Auch das Motorenöl bleibt kälter als in luftgekühlten Motoren, die (mit wenigen

Ausnahmen) einen besonderen Ölkühler erfordern. Dessen Verbreitung wächst zwar auch an flüssigkeitsgekühlten Modellen, aber als eindeutiges Indiz für hohe und autobahnfeste Literleistungen.

Die »innere« Aerodynamik, die Strömung der Luft durch den Kühler und Motorraum, kann den Fahrwiderstand erheblich vergrößern – zum Beispiel bei Rennsportwagen mehr PS kosten, als ein Kühlgebläse. (Zumal die inneren Strömungsverluste, anders als der Gebläseantrieb, durch den gesamten Antrieb »laufen« und von den Reifen auf die Fahrbahn gebracht werden müssen!) Doch ging Porsche, wo man das exakt berechnete, im Versuch noch einen Schritt weiter und ersetzte das Kühlgebläse durch eine »Jet-Kühlung«: man verwertete den Auspuffstrom als Strahlpumpe, die das Kühlgebläse völlig einsparte, übrigens nach einem uralten amerikanischen Patent, das immer wieder Experimente veranlaßte. Für die Praxis, namentlich im Alltag, verblieben bislang ungelöste Probleme, vor allem mit der Schalldämpfung ...

Sogar die letzten (luftgekühlten) Doppelstern-Flugmotoren erhielten ein besonderes Kühlgebläse; dessen Antriebsleistung wurde nämlich durch die bessere Verschalung des Triebwerks einwandfrei wiedergewonnen, abgesehen von der intensiveren Kühlung beim Start und Steigflug! Aber auch Wasserkühler können durchaus positiv wirken, wenn man sie sorgfältig profiliert und verkleidet: weil die erwärmte Luft ein größeres Volumen annimmt, kann sie in geeigneten Düsen einen Vortrieb erzeugen, der den Einströmwiderstand vorn übertrifft ... allerdings erst bei höheren (für Kolbenmotoren sogar sehr hohen) Fluggeschwindigkeiten.

In der Praxis jedoch ersetzte man die üblichen Kühler sogar für die Weltrekorde mit Kolbenflugmotoren durch eine »Kondensationskühlung« an den Wänden der Tragflächen und des Flugzeugrumpfs, bei Seeflugzeugen vereinzelt sogar noch an den beiden

XII.9 Selbst für Motor- und Kleinkrafträder wurde die Wasserkühlung wieder attraktiv: sie verbessert die kritische Temperaturverteilung am Zylinder (vorn-hinten, oben-unten), besonders bei Zweitaktern mit ihren sehr groß gewordenen Schlitzen, und vermindert den Geräuschpegel merklich. Für Rennzweitakter ist sie kaum entbehrlich. – Dieser Leichtmetalldruckgußzylinder enthält sogar zwei konzentrische Kammern; zwischen der Innenwand mit einer hartverchromten Laufbahn und einer kreisrunden Zwischenwand zirkuliert die Kühlflüssigkeit, während der viereckige Außenmantel dank innerer Stützrippen tadellose Formtreue erzeugt – wiederum zugunsten der Schwingungsfreiheit und Schalldämpfung – und mit den zusätzlichen äußeren (und geschwärzten) Kühlrippen die Wärmeabfuhr fördert. Schließlich wirkt der Motor hinter dem schlanken Kühler (Umlaufmenge unter 1.4 l) wesentlich wuchtiger (175 cm^3 Hubraum, 13 kW bzw. 17 PS). Die traditionsreiche, auf dem Seitendeckel erkennbare Marke (vgl. B. V.11) übersiedelte 1958 aus der Motorrad-Hochburg Nürnberg in ihr Münchener Werk und wurde 1984 mit allen Produktionseinrichtungen nach China verkauft, wo leichte Motorräder in Großserien entstehen sollen.

Schwimmern und ihren Verstrebungen. Wasserpumpen hielten die Kühlräume im Motor auf Überdruck, so daß die Wassertemperatur über den normalen Siedepunkt stieg. Durch Ventile oder Drosseln in den erwähnten Kühlräumen entspannt, bildete das Wasser sofort Dampf, der an der Beplankung stark abkühlte, wieder kondensierte und zu den Kühlpumpen zurückgelangte.

Eingeführt hatte diese Kondensations-Oberflächenkühlung schon 1926 Mario Castoldi, der technische Direktor der Macchi-Flugzeugfabrik, für ein Rennflugzeug, das endlich die englischen und amerikanischen Konkurrenten bei den traditionellen Schneiderpokal-Rennen überrunden sollte. Dieser wertvolle Wanderpreis war endgültig für das Land bestimmt, das dreimal hintereinander ein großes Rennen für Seeflugzeuge gewann. Der deutschklingende Name gehörte dem flugbegeisterten jungen Jacques Schneider aus der gleichnamigen französischen Rüstungsdynastie in Le Creusot, der Industriestadt im Burgundischen Bergland, inmitten von Weinbergen, Kohlen- und Erzgruben. Als weltbekannte Waffenschmiede war Schneider-Creusot älter als Krupp in Essen und viel älter als die Vickers-Gruppe in England. Das erste Schneiderpokalrennen, 1913 in Monaco, wurde mit einem 160 PS Gnôme et Rhône-Umlaufmotor und mit 96,5 km/h gewonnen. Zufällig hatte zur gleichen Zeit der junge Oberelsässer Theologe, Arzt und spätere Friedensnobelpreisträger Albert Schweitzer mit Orgelkonzerten sein Startkapital gesammelt und die humanitäre Mission in Lambarene begonnen ...

Das zwölfte Rennen, im September 1931 über der Insel Wight vor der britischen Südküste, war das letzte, weil England den Schneiderpokal endgültig gewann, mit einem 2600pferdigen Rolls-Royce-Rennmotor und 625 km/h. Das »Supermarine«-Wasserflugzeug war unverkennbar ein früher Prototyp des berühmten »Spitfire« Jägers.

Doch die Italiener, die mehrere Male durch verpaßte Fertigstellungstermine und tödliche Trainingsunfälle am Gardasee knapp verloren hatten, arbeiteten im Gegensatz zu den Engländern verbissen weiter, errangen zwei Jahre später den Blériot-Pokal und im Oktober 1934, mit Francesco Agello am Steuerknüppel, einen neuen Weltrekord mit 709 km/h — den kein Seeflugzeug (mit nicht-einziehbaren Schwimmern) überbot. Für neue absolute Rekorde reichten allerdings schon geringere Motorleistungen (S. 221), da Landflugzeuge inzwischen einziehbare Fahrgestelle erhalten hatten. Agello verfügte nämlich über einen 24 Zylinder-Doppelmotor aus zwei hintereinander gesetzten FIAT V-12, die Isotta-Fraschini, ebenfalls mit der Kondensationskühlung, auf zusammen 2300 kW (3100 PS) frisierte.

Für Flugmotoren, deren Wasserkühlung ja mit zunehmender Höhe stets an der sinkenden Siedetemperatur leidet, entstand als weitere Spezialität die »Heißkühlung«. Hier wirkt als Kühlflüssigkeit reines Glykol, das (bei normalem Luftdruck) erst um 195° C kocht und Betriebstemperaturen bis zu 140° C erlaubt. Die große Temperaturspanne zur kalten Höhenluft fördert die Kühlwirkung zugunsten kleiner Aggregate und Umlaufmengen. Ganz wirkt sich dieser Vorzug freilich nicht aus, da Glykol eine bedeutend geringere »spezifische Wärme« als Wasser besitzt, bei gleichen Temperaturen also weniger Wärmeenergie transportiert. Da es außerdem schon bei 15° Frost erstarrt und weitere

XII.10 Der Suzuki-1,36-I-V-Motor mit 94 × 98 mm im »Intruder«-Chopper überbietet noch den größten zeitgenössischen Harley-Davidson-Zweizylinder (1,34 l mit 88,8 × 108 mm), besitzt zudem je eine obenliegende kettengetriebene Nockenwelle über doppelten Einlaß- und einzelnen Auslaßventilen. Zum gleichen 45°-Gabelwinkel der Zylinder treten um 45° versetzte Hubzapfen (vgl. B. VI.9).

Doch interessiert in diesem Kapitel die zusätzliche Ölkühlung (auch reichere Vergasereinstellung!) des hinteren Zylinders, obwohl dieser Motor nicht auf hohe Leistung ausgelegt ist (mit 52 kW bzw. 71 PS bei 4800/min, nur vier Getriebegängen). Öl ist von Natur aus ein schlechter Wärmeleiter. Indessen veranlaßten die Nachteile der herkömmlichen Luftkühlung sowohl ölgekühlte Zweiradmotoren (in und unter Taf. V.12) als auch Versuche mit einem »luft-ölgekühlten« ohc-Vierzylinder des vormaligen Horch-Konstrukteurs Werner K. Strobel 1945 bei BMW. Bei Suzuki kühlt das Öl die Zylinderköpfe, wie zwecks geringerem Gewicht bei supersportlichen Reihenvierzylindern, während deren direkte Konkurrenten (von Honda, Yamaha, Kawasaki gemäß B. VI.25) Flüssigkeitskühlung besitzen. Der große Ölkühler rechts bildet den Auftakt zum folgenden Kapitel.

Schönheitsfehler offenbart (auf die wir in einem späteren Kapitel zurückkommen), dominieren als Frostschutz für Fahrzeuge Mischungen aus Glykol und Wasser, die erheblich tiefer gefrieren als reines Glykol. Auf ähnliche Erscheinungen stößt man bekanntlich in der Metallurgie, beim Verhalten von Stählen mit verschiedenen Kohlenstoffgehalten — oder bei Lötzinn, das früher fließt als seine Hauptbestandteile Blei und Zinn . . .

Natürlich versuchte man nicht nur »in der Luft«, Rekordmotoren ohne Kühlleistungsverluste zu betreiben. Etliche Automobilweltrekorde über kurze Distanzen kamen mit einem »Wärme-Akku« zustande, einem größeren, mit Eis gefüllten Behälter anstelle des normalen Kühlers. Das Auftauen, Erhitzen und Verdampfen des Inhalts dauerte kaum zwei Minuten, wenn Hunderte kW wirkten – aber das war eben lange genug und ersparte bis zu 50 kW »Kühlerluftwiderstand«, zum Beispiel bei den Mercedes-Benz- und Auto-Union-Rekorden im Januar 1938, die für Bernd Rosemeyer so verhängnisvoll verliefen.

Laien verwechseln Chemiker manchmal mit Alchimisten und trauen ihnen Zauberkunststücke zu. Sie verstehen schwer, daß die Chemie sich (wie jede Wissenschaft) vor den Naturgesetzen beugen muß ...
Sogar Schmierungsfachleute haben zuweilen noch Illusionen und träumen von unerreichbaren Möglichkeiten.
Prof. T. Salomon, 1966

Das Lebenselexier der Motoren – ÖL

Der Sammelbegriff »Schmiermittel«, der auf das Öl oder Fett in simplen Geräten zutrifft, bedeutet für die einwandfreie Versorgung moderner Motoren eine arge Untertreibung. (Das gilt auch für manche andere Aggregate, zum Beispiel Automatikgetriebe oder Hypoidachsen). Hier ist die Schmierwirkung nämlich nur eine einzelne Eigenschaft eines Produkts, dessen Fähigkeiten mit vielfältigen und wachsenden Aufgaben Schritt halten mußten. Tatsächlich avancierte das Motorenöl vom herkömmlichen Betriebsstoff zu einem »Bauelement«, das den glatten Lauf und die lange Lebensdauer beträchtlich beeinflußt. Der alte Spruch vom »guten« Schmieren verlangt deshalb die Abwandlung: »Wer richtig schmeert, gut fährt«.

Immerhin bleibt die Verminderung von Reibung und Verschleiß die wichtigste Aufgabe. Eine volkswirtschaftliche Betrachtung bezifferte den Wert der Gesamtenergie, die in der Bundesrepublik Jahr für Jahr durch Reibung verloren geht, auf mindestens fünf Milliarden Mark – daß Energie gemäß Robert Mayer stets nur verwandelt wird, zum Beispiel in Wärme, nützt in diesem Zusammenhang niemandem, der die Kosten für die unerwünschte Verwandlung tragen muß! Doch so wichtig Milliarden für die Volkswirtschaft sein mögen: den Besitzer eines Motors bekümmern wenige Öltropfen sicher noch stärker, wenn sie an einer entscheidenden Stelle fehlen. Allerdings sind die Zeiten, in denen Maschinisten oder Führer eines »Motorwagens« direkt und dauernd für die (einigermaßen) ausreichende Schmierung sorgen mußten, lang vergessen. Denn um 1910 verschwanden die letzten Modelle, bei denen das Öl von einer Handpumpe an der Spritzwand ins Motorgehäuse oder zu den Lagern gelangte. Zusätzlicher Injektionen bedurfte es bei hoher Belastung noch um 1925, namentlich an Motorrädern.

DRUCKUMLAUF DOMINIERT

Inzwischen führte ein weiter Weg über viele Stationen zur Druckumlaufschmierung, die heute im Motorenbau vorherrscht. Da gab es die Epoche der Tauchschmierung, bei der die Pleuelfüße, mit kleinen, nach unten ragenden Schöpflöffeln, in den Ölspiegel oder einen besonderen Napf eintauchten, das Öl zum Lager leiteten und im ganzen Motor herumschleuderten. Vereinzelt dienten auch Schwungscheiben dem Transport und der Verteilung des Schmierstoffs in Fangtaschen und Kanäle.

Bei der Frischölschmierung, dem nächsten Stadium, fördert eine kleine, von der Kurbelwelle stark untersetzt angetriebene, daher langsam laufende Ölpumpe den Schmierstoff genau dosiert zu den wichtigsten Gleitstellen im Motor, die ihn dann als »Spritzöl« entließen und verteilten. In Kraftrad- und kleineren Flugmotoren hat man dieses System häufig und recht lange verwendet, zumal es »lagenunabhängig« funktioniert — eine zum Kunstflug unerläßliche Eigenschaft. Daß stets frisches und kühles Öl an die bevorzugten Schmierstellen gelangte, war nicht zu unterschätzen, bevor es alterungsbeständige, korrosionshemmende und dispergierende (d. h. Schmutz-tragende) HD-Öle sowie segensreiche Ölfilter gab.

Doch mit den ständig angestiegenen mechanischen und thermischen Beanspruchungen, den unvermeidlichen Begleitern höherer Drehzahlen und Leistungen, wird ein kräftiger Ölstrom viel besser fertig als vorsichtig dosierte Tropfen, die außerdem bald verlorengehen. Das reichlich umgepumpte und herumspritzende Öl muß natürlich im Motor bleiben — oder in einen besonderen Vorratsbehälter zurückfließen. Damit ergab sich die Aufgabe, das Motorinnere gründlicher abzudichten, nicht zuletzt an den rotierenden Kurbelwellenenden. Auch mußte man den Ölverlust an den Kolbenringen wirksamer begrenzen. Auf die Ventilführungen (und auf die Kipphebel kopfgesteuerter Motoren) dehnte man den Ölkreislauf erst danach aus, wie ja auch die Ventilfedern erst spät unter dichten Deckeln verschwanden.

Der Ölvorrat befindet sich, mit wenigen Ausnahmen, in der Ölwanne, dem tiefen und abnehmbaren unteren Deckel des Kurbelgehäuses, aus Blech oder Leichtmetallguß. Dort bildet die Ölmenge, mit dem Peilstab überwacht, den »Sumpf«. Gleich über seiner tiefsten Stelle sitzt die Ölpumpe oder eine zu ihr führende Leitung mit einer Saugglocke und einem Sieb, das gröbere Fremdkörper zurückhält.

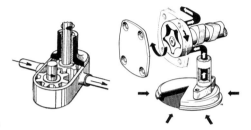

XIII.1, 2 Zur Förderung großer Ölmengen errangen einfache und robuste Zahnradpumpen eine Monopolstellung (links), bis mit Rotorpumpen (rechts) überlegene Konkurrenten auftauchten. Sie sind eine Variante von »innenverzahnten« Pumpen, die ihrerseits in der neuen Audi-VW-Vierzylindergeneration direkt auf der Kurbelwelle sitzen und einen eigenen Antrieb einsparen, wie vorher verbreitet in hydrostatischen Anlagen. Das Öl wird stets angesaugt, wo die Zähne »auseinanderlaufen«, dann in den leeren Zahnlücken zur Druckseite befördert, wo die Zähne »ineinanderlaufen« (s. B. XIII.8).

Das »Innenrad« der Rotorpumpe besitzt hier vier »Zähne«, das exzentrisch umlaufende äußere fünf Zahnlücken. Sie erzeugen ebenfalls eine Saug- und Druckzone. Die Rotorpumpe steckt, auf der Zeichnung erkennbar, direkt auf der (tiefliegenden) Nockenwelle eines Boxermotors. Rotorpumpen sind übrigens Rotationskolbenmaschinen, von deren zahllosen Variationen und Möglichkeiten eine ganz besondere zu einem echten Viertaktverfahren führte — zum Wankelmotor.

Die Pumpe drückt das Öl durch eine Sammelleitung den ganzen Block entlang, mit Abzweigungen zu allen Kurbelwellenlagern. Von jedem Hauptlager gelangt das Öl durch Bohrungen innerhalb der Zapfen und Kurbelwangen zu den noch höher belasteten Pleuellagern. Eine zusätzliche Abzweigung leitet das Öl zu allen Lagern der Nockenwelle und bei ohv-Motoren mit einer Steigleitung in die Lagerstellen der schwingenden Kipphebel. Schließlich findet man in vielen Motoren eine Düse, die einen feinen Ölstrahl auf die Zahn- oder Kettenräder zwischen der Kurbel- und Nockenwelle richtet. Diese oder andere Antriebe innerhalb des Motors benötigen an sich weder eine Druckleitung noch große Ölmengen, aber die hochfrequenten, störenden Zahnradgeräusche erhalten an Ort und Stelle (außerhalb des isolierenden Kühlwassermantels!) ein dämpfendes Polster.

Auch Gleitstellen, die der Ölstrom nicht direkt erreicht, kommen kaum zu kurz; aus jedem Lager schleudern wahre Fontänen heraus, die mehr als einen »Ölnebel« bilden, nämlich dichte Wolken. Sie stempeln die wirkungsvolle Abdichtung zur Hauptsorge, namentlich an Kolbenringen und Ventilführungen. Der intensive Ölumlauf und die Verwirbelung bei sehr hohen Drehzahlen provozieren zuweilen ein ausgeprägtes, der Druckschmierung naturgemäß sehr abträgliches Schäumen des Ölvorrats. Mit ihm wird der verhältnismäßig kleine und schwach gekühlte »Sumpf« schlechter fertig als ein großer separater Öltank, der außerdem die Bauhöhe des Motors beachtlich reduziert. So entstand mit einem Vorratsbehälter, Leitungen und einer besonderen Rückförderpumpe — etwa doppelt so groß wie die Druckpumpe — die »Trockensumpfschmierung«, deren Name das besondere Kennzeichen beschreibt. Man findet sie bei allen Renn- und vielen Sportmotoren (zum Beispiel bei Porsche), bei großen Dieselmaschinen und Viertaktmotorrädern und, wegen der »Lagenunabhängigkeit«, bei Viertaktflugmotoren.

DER BLUTKREISLAUF UND DIE NIEREN DES MOTORS

Die höheren Motorleistungen erforderten überall stärkere und weiter verzweigte Ölkreisläufe. Propagierte Ricardo noch in den zwanziger Jahren einen Umlauf von drei Litern Öl pro PS-Stunde — für 60 PS-Motoren also drei Liter in jeder Minute, so zirkuliert inzwischen ein Vielfaches davon. Man bewertet allgemein und anschaulich die »Umwälzzahl« für den jeweiligen Ölinhalt eines Motors, und zwar bei der zur Höchstleistung gehörenden Nenndrehzahl. Mit einem Ölvorrat von vier Litern und 180 Litern stündlichem Umlauf betrug sie bei dem zitierten 60 PS-Typ genau 45.

Moderne Schnelläufer arbeiten mit Umwälzzahlen um 300, gelegentlich sogar mit 400, wobei allerdings die nur wenig (oder gar nicht) vergrößerten Ölmengen zu berücksichtigen sind. Die Relation von Leistung und Ölmenge macht es deutlich, etwa beim »Käfer«-Triebwerk, das mit 54 PS noch die gleichen 2,5 l Öl enthält wie sein Vorgänger mit nur 25 PS. Rund 22 PS (statt früher 10) »belasten« jeden Liter Öl... bei maximaler Füllung; mit weniger oder gar dem Minimum-Niveau am Peilstab klettern diese Werte sowie die Umwälzzahlen noch erheblich.

Umwälzzahlen von 100, ein Standardwert in den fünfziger Jahren, veranlaßten den bemerkenswerten Ver-

gleich mit dem menschlichen Blutkreislauf, der mit fünf bis sechs Litern Blut bei starken physischen Beanspruchungen diese Höhe erreicht.
Schmutz und Fremdkörper schmälern die segensreiche Wirkung eines Ölstroms oder verwandeln sie gar ins Gegenteil. Deshalb enthalten moderne Schmiersysteme hochwirksame Filter, die feste Stoffe, schmirgelnde Schmutz- und Abriebteilchen auffangen, besitzen manche Filter einen zusätzlichen Magneten — oder auch die Ölablaßschrauben einen kleinen Magnetstopfen. (Letztere eignen sich besonders für Schalt- und Achsgetriebe, also Aggregate, in denen ein Ölumlauf ohne Pumpen und Leitungen zustandekommt, daher auch ohne die üblichen Einbaumöglichkeiten von Filtern!) Insgesamt leisten die hochentwickelten Filter für Luft, Öl und

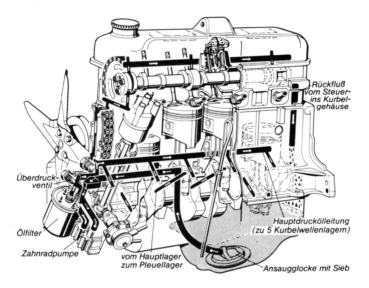

XIII.3 Der weitverzweigte Schmierkreislauf in einem modernen ohc-Motor. Das Überdruckventil liegt hier hinter dem Ölfilter. Beide sowie Kraftstoffpumpe (direkt oberhalb der Ölpumpe) und Verteiler sind wartungsfreundlich am Vorderende des Motors zusammengefaßt (Opel).

Kraftstoff, als Nieren im technischen Organismus, einen beträchtlichen Beitrag zur Lebenserwartung der Motoren.

gen. Als »Hauptstromfilter« sitzen sie gleich hinter der Pumpe, vor den empfindlichen Lagern. Zwar vermitteln »Nebenstromfilter« eine noch bessere Reinigung, weil sie ständig nur einen abgezweigten Bruchteil des Ölstroms — ca. 10 % — aufnehmen und entsprechend langsam verarbeiten; doch schützen sie die Schmierstellen nicht unmittelbar. Deshalb entstanden Filtertypen, die beide Verfahren kombinieren, einmal den Hauptstrom filtern und daneben einen Teilstrom, feinstgefiltert, in die Ölwanne zurückleiten.
Um Eisenabrieb oder Stahlspäne zu

Eine weitere Möglichkeit, feste Fremdstoffe zu beseitigen, bieten Zentrifugen oder Ölschleudern. Manche Motoren demonstrierten diesen Effekt höchst unerwünscht, indem sich größere Hohlräume in Hubzapfen oder in Ölschleuderringen, die das Öl gelegentlich zu den Pleuellagern leiten, fatal zusetzten und die Schmierung stoppten. Seither vermeidet man peinlich jeden öldurchflossenen Hohlraum in Kurbelwellen, verwertet aber die Zentrifugenwirkung, wo sie nicht schaden kann: bei etlichen Dieselmotoren in zugängigen, wartungsfreundlichen Patronen oder, speziell bei einigen Fiat- und Simca-Modellen, innerhalb der leichtmetallenen, daher auch gut kühlenden Kurbelwellen-Riemenscheibe. Schon bei Leerlaufdrehzahl reicht die Wirkung aus, um Fremdkörper vom zentralen Kurbelwellen-Eingang fernzuhalten. Nun gelangt das Öl aus Bohrungen inmitten der ganzen Kurbelwelle »von innen« zu den Lagerstellen, die jetzt keine rundumlaufenden Nuten benötigen, also schmäler ausfallen — oder mehr tragen können.

Das Öl zentral an einem oder beiden Enden in die Kurbelwelle einzuspeisen, gewann in Rennmotoren Bedeutung. Die Fliehkräfte bei extremen Drehzahlen (etwa ab 9000 U/min) verlangen sonst nämlich einen zu hohen Öldruck, damit der Schmierstoff am Hauptlager »nach innen« und weiter zu den Pleuellagern gelangt. Ein Steyr-ohc-Sechszylinder, von Hans Ledwinka konstruiert, besaß schon 1921 derartig versorgte Pleuelgleitlager (freilich in Verbindung mit riesigen Kugellagern für die Kurbelwelle); dann folgten, trotz ihrer geringen Drehzahlen, Rolls Royce-Flugmotoren, später etliche Ferrari-Zwölfzylinder, Porsche-Rennmotoren und zahlreiche Motorradviertakter.

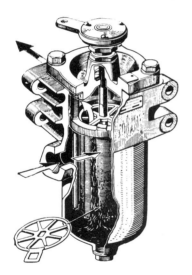 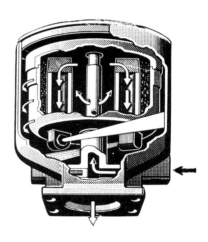

XIII.4, 5 Links ein Spaltfilter, bei dem Öl durch aufgereihte Stahllamellen oder einen aufgewickelten Draht strömt. Fremdkörper lagern sich auf den schmalen Spalten ab und werden von einem eingebauten »Kamm« abgestreift. Den Einsatz dreht ein Handrad oder eine Freilaufstange (Ratsche), die manchmal zum Kupplungspedal oder Schalthebel führt. Spaltfilter findet man bei LKW-Dieseln oder Flugtriebwerken.
Rechts eine Freistrahlzentrifuge. Das Öl strömt durch die hohle Achse in einen Rotor, den es durch eine Düse verläßt. Dabei entsteht ein Rückstoß, der den Rotor auf hohe Drehzahlen bringt und spezifisch schwere Schmutzteilchen der Fliehkraft aussetzt. Sie bilden an der Außenwand eine feste Schicht. Ähnliche Wirkungen erzeugen runde Ölkammern am äußeren Kurbelwellenende. Weitere moderne Filter zeigt B. XVII.3, f.

Ein Tropfen Öl bewirkt zuweilen mehr als ein Vorschlaghammer!

von einem uralten Meister

WAS ÖLFILME ERTRAGEN

Der Idealzustand »vollflüssiger« Reibung und Schmierung herrscht in richtig gestalteten Gleitlagern: Zapfen und Lagerschalen berühren sich lediglich im Stillstand, während der Umlauf einen tragfähigen Schmierkeil bildet, der sich ringförmig schließt und die Gleitflächen völlig voneinander trennt. Sie sind elektrisch einwandfrei »isoliert« und beweisen die Schmierungstheorie.

Leider ist dieser Schmierzustand an vielen anderen Gleitstellen nur unvollkommen zu verwirklichen; namentlich die Kolbenringe und Ventilführungen arbeiten unter »Mischreibung« oder nur »Grenzschmierung«, mit anderen Worten irgendwie zwischen flüssiger und trockener Reibung. Die Extreme bilden Reibungs- und Verschleißwerte im Verhältnis von 1 : 200 und mehr, ganz zu schweigen von der akuten »Freßgefahr«. Denn selbst feinstbearbeitete, gehonte, geschliffene oder geläppte sowie gut »eingelaufene« metallische Flächen bestehen, wie Mikroskope oder moderne Meßinstrumente enthüllen, aus bizarren Spitzen, Graten und Tälern. Fehlende Schmierung und Trockenlauf lassen sie mit dem Reibungspartner verzahnen, sich verhaken und regelrecht verschweißen, mit buchstäblich verheerenden Folgen.

Untersucht man die vollflüssige Schmierung näher, tritt ein ausgeprägter (dreidimensionaler) »Druckberg« in Erscheinung, etwas schräg und der wirkenden Last entgegengerichtet; denn der Lagerzapfen rotiert niemals exakt in der Mitte, sondern bei noch so feinen Laufspielen und »Passungen« immer exzentrisch. Da ferner das Öl an beiden Seiten des Lagers ungehemmt herausfließt, kann dort kein echter Druck entstehen. Umso höher wächst der Spitzendruck in der Lagermitte — tatsächlich weit über die errechnete (spezifische) Lagerbelastung hinaus, mit einer Größenordnung von 1000 Kilopond pro Quadratzentimeter. Die Kenntnis dieser Schmierungsgesetze ist kaum jünger als die Geschichte unserer Motoren; dennoch dauerte es recht lang, bis man die Folgerungen daraus zog und alle Schmiernuten und Ölbohrungen, soweit wie eben möglich, auf die »drucklosen« Zonen im Lager beschränkte — oder ganz darauf verzichtete.

Der von der Pumpe erzeugte, im Kreislauf herrschende Öldruck ist gegenüber den hundertmal höheren hydrodynamischen Drücken belanglos. Er beeinflußt jedoch den Nachschub und die Umlaufgeschwindigkeit des Öls, zumal er außer den Lagern der Kurbel- und Nockenwelle weitere Schmierstellen, mit manchmal anderer Durchflußcharakteristik versorgt. Auch extreme Drehzahlen verschieben, wie eben zitiert, die Verhältnisse. Im Übrigen ist gute Schmierung für die Haltbarkeit von Lagern nur eine von vielen Voraussetzungen: richtige Abmessungen, Werkstoffe und eine tadellose »Geometrie« sind ebenso wichtig. Beschädigte oder — anders, als bei Zylinderwänden — rauhe Gleitflächen verursachen katastrophalen Verschleiß; schon geringe Fluchtfehler bewirken die berüchtigte »Kantenpressung«. Sie stört die Schmierung empfindlich.

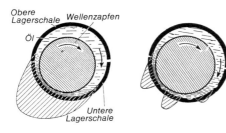

XIII.6 Der Schmierkeil bildet in einem richtig gestalteten Gleitlager einen »Öldruckberg«. Die schraffierte Fläche dient als Maßstab (für die Lagermitte, da an den Rändern das Öl herausfließt und der »Berg« abflacht). Rechts ein Lager mit veralteten Nuten, zwischen denen der Schmierfilm nur geringe Tragfähigkeit erreichen kann.

Die kritische Verschleißphase — bei jedem Kaltstart — kann auch der stärkste Öldruck kaum einschränken. Da ist vorher, beim Abstellen des heißen Motors, der dünnflüssige Schmierstoff bis auf einen hauchdünnen Film von allen Gleitstellen in die Ölwanne abgetropft, und nun braucht das kalte, zähfließende Öl viele, viele Sekunden, bis es nach dem Anspringen wieder die letzten Schmierstellen erreicht, etwa Kipphebellager oder obenliegende Nockenwellen. Aber auch manche Kolbenschäfte sind anfällig gegen ominöse »Kaltstarttreibstellen«.

Der Ölnachschub muß flott funktionieren. Bei Frost fließen sogar Winter- und Mehrbereichöle zäh, wie ausgesprochene Sommeröle noch bei Raumtemperatur. Folglich sind letztere bei Kälte doppelt bedenklich, selbst wenn ein Motor, dank guter Batterie und »Elektrik«, munter durchdreht und spontan anspringt! Denn was die Ölpumpe fördert, fließt beim Kaltstart größtenteils direkt in den Sumpf zurück: durch ein Überdruckventil, das hinter der Pumpe sitzt, um ihren Antrieb vor kritischer Überlastung zu schützen. Wenn Filter die Nieren im Kreislauf darstellen, kann man diese Ventile mit Herzklappen vergleichen. Es gibt fatale Folgen, falls sie versagen (vgl. S. 379).

Zusätzlich enthalten auch Hauptstromfilter solche Überdruckventile. Sie leiten das Öl notfalls unmittelbar in den Kreislauf — zwar ungefiltert, doch besser als gar kein Öl. Verstopfte Nebenstromfilter bedeuten keine akute Gefahr, sondern eine schleichende Schwächung der Schmierung. Man erkennt sie manchmal an der geringeren Erwärmung des Filters, falls er separat im Motorraum hängt.

VOM ÖLVERBRAUCH — UND NOCKENVERSCHLEISS

Zu neuen Aufgaben erwarten die Kolben und Kolbenringe das aus den Kurbelwellenlagern herausspritzende, umherwirbelnde Öl. Doch gelangt gerade zur obersten Zone der Zylinderlaufbahnen, wo die höchsten Verbrennungsdrücke und Temperaturen wirken, wo zusätzlich korrosive Angriffe drohen, nur wenig Öl. Kolbenringe und scharfkantige Ölabstreifer lassen nur minimale Mengen in die Verbrennungsräume (und Auspuffrohre) kommen. Nachweislich herrscht im oberen Drittel des Kolbenwegs, vor allem in der strapazierten Totpunktnähe, nur »Mischreibung«.

Eine Rückrechnung vom Ölverbrauch demonstriert die ungünstigen Verhältnisse: wenn ein mittlerer PKW-Motor auf 1000 km nur ein viertel Liter Öl verbraucht — längst kein Ausnahmefall mehr, sondern der statistische Durchschnitt — so entspricht das einem Kubikzentimeter auf vier Kilometer.

Sollte der Motor, beiläufig, durch eine Undichtigkeit nur einen halben Kubikzentimeter auf einem Kilometer Strecke verlieren, ergibt sich scheinbar schon der dreifache Ölverbrauch. Da aber jeder Kilometer (im größten Getriebegang) an die 2000 Kurbelwellenumläufe erfordert, wobei die Kolben eines Vierzylinders insgesamt 8000mal im oberen Totpunkt umkehren, verbleibt für jede Umdrehung pro Zylinder exakt $1/32$ Kubikmillimeter.

In Wirklichkeit ist diese Menge für den Gesamtölverbrauch von 0,25 l auf 1000 km noch zu groß, weil auch durch die Ventilführungen Öl fließt und die Kurbelhausentlüftung (mindestens) einen feinen Ölnebel mitnimmt. Freilich kommt beides den Zylindern wieder zugute... Die Kolbenringe jedoch lassen in unserem Beispiel nicht $1/32$ mm³ Öl durch, sondern nur $1/50$ ... oder 0,02. Das sind knapp 0,00002 Gramm.

Unsere Kalkulation ist damit nicht zuende; denn die ermittelte Ölmenge muß noch gleichmäßig verteilt werden, obwohl dies auf die Praxis höchstens angenähert zutrifft. Nun ist die von jedem Kolbenring bestrichene Zylinderwand in einem 1,7 l-Vierzylinder rund 200 Quadratzentimeter groß. Die Ölmenge von 0,02 mm³ darauf verteilt, entspricht zufällig genau einem Kubikmillimeter auf einen ganzen Quadratmeter Fläche! Und das wiederum ermöglicht eine Ölfilmdicke von 0,001 »my« oder einem Millionstel Millimeter — eine Distanz, die bereits 10 aneinandergereihte Moleküle überbrücken würden!

Vergleichsweise beträgt die Ölfilmstärke bei vollflüssiger Reibung, etwa in den Kurbelwellenhaupt- und -pleuellagern, bis zu 1,5 bzw. 1 my — errechnet und gemessen. Zwar enthält unsere Kalkulation keinen Rechenfehler, aber eine falsche Voraussetzung: wenn überhaupt, ist nur ein kleiner Teil der Zylinderwand »trocken«, weil die Verbrennungen die (relativ) kühlen Flächen gar nicht erreichen. Das Öl füllt — vielleicht etwas »angebrannt« — nicht nur die Poren und Täler der Oberfläche aus, sondern bedeckt auch tragende Stellen... und der Ölnachschub bei jedem Kolbenhub erreicht nicht einmal 1 % des tatsächlichen Schmierfilms!

Das ist eine beruhigende Feststellung, zumal der Ölfilm auch die Feinabdichtung an den Kolbenringen erzeugen muß, örtliche Temperaturspitzen herunterkühlt und die Kolbenringnuten sauber spült. Ruß und andere Verbrennungsprodukte würden sonst »Lack« und Kohle bilden, das Spiel der enggepaßten Ringe beschränken und sie bald blockieren. Ausgeprägte Alterungsbeständigkeit und Dispergierfähigkeit (die das Zusammenballen von Schmutzmolekülen verhindert) wurden wichtige Merkmale der modernen HD-Öle (heavy duty, hohe Beanspruchung, hier ausschließlich auf das Öl bezogen, nicht auf die versorgten Motoren!).

Wieder andere Probleme, nämlich mit anormalem Nocken- und Stößelverschleiß, entstanden im weltweiten Motorenbau, als in den fünfziger Jahren die Literleistungen üppig ins Kraut schossen. Die kräftige »Atmung« verlangte größere, schwerere Ventile, die rascher, weiter und gegen stärkere Ventilfedern öffneten. Ausgesuchte Werkstoffe für Nocken und Stößel (bzw. Schwinghebel), beste Materialvergütung und Oberflächenbehandlung, konstruktive Kunstgriffe, zum Beispiel durch minimal konische Nocken und ballige Stößelprofile, die intensives Rotieren der Stößel verursachen... ferner mit Computern ermittelte »Ventilerhebungskurven« (B. III.2), der Trend zu obenliegenden Nockenwellen, die schwingende Massen einsparen ... das waren lauter Maßnahmen, die das Kernproblem milderten, aber nicht beseitigten. Denn die Flächenpressungen erreichen an den kritischen Stellen an die 10 000 Kilopond pro Quadratzentimeter und überfordern einen normalen Schmierfilm.

Der in den Vorkriegsjahren aufgekommene Hypoid-Achsantrieb (mit tiefergelegter Kardanwelle, aus der Achsmitte nach unten verschobenem Antriebsritzel, deshalb einem hohen »Gleitanteil« im Zahneingriff ...) verlangte einen völlig neuen Öltyp mit EP-Eigenschaften (EP = extreme pressure, Höchstdruck). Die enorme Pressung an den Gleitflächen erzeugt örtlich eine starke Erwärmung, einen Temperaturblitz für mikroskopische Oberflächenschichten. Damit können die Hochdruckzusätze des Öls chemisch reagieren, das Metall polieren und mit einer Schutzschicht überziehen, die jegliches Fressen verhindert. Nun tritt chemischer Verschleiß, von praktisch unmeßbaren Molekülschichten, an die Stelle des kritischen und nicht zu beherrschenden mechanischen.

Für Motorenöle, die jetzt einen ähnlichen Effekt erzeugen sollen, kommen die meisten, in Hypoidölen bewährten Hochdruckzusätze nicht in Betracht. Phosphor-, Chlor- oder Bleiverbindungen brächten in Verbrennungsmotoren undiskutable Nachteile mit sich ... im Gegensatz zu den (vielfältigen) Zinkdithiophosphaten. Auch die Schraubenräder zum Antrieb von Zündverteilern, besser gesagt zum Antrieb von Ölpumpen, die auf derselben Welle sitzen und viel höhere Kräfte benötigen, sind gelegentlich auf Hochdruckeigenschaften angewiesen. Das zeigten spezielle Tests, bei denen falsche Material- und Ölpaarungen verheerenden Verschleiß nicht nach Tagen oder Stunden, sondern innerhalb von dreißig Minuten verursachten!

So wurden ausgeprägte Hochdruckeigenschaften zu einem weiteren Merkmal der HD-Motorenöle. Umgekehrt ist die Verflechtung des Begriffs »HD-Öle« mit »Hochdruckeigenschaften« gänzlich unbegründet — obgleich man in der Praxis immer noch darauf stößt, zuweilen mit dem Hinweis auf die hohen Lagerdrücke in Dieselmotoren, die als erste HD-Öle beanspruchten. Tatsächlich liegt die Flächenpressung zwischen Nocken und Stößeln oder an Schraubenrädern um 20- bis 50mal höher!

ZUNEHMENDER TREND ZU ÖLKÜHLERN UND MEHRBEREICHÖLEN

Im Prinzip muß ein Schmiermittel um so dünnflüssiger sein, je glatter die gleitenden Flächen, je feiner die Laufspiele und Passungen und je höher die Drehzahlen (Gleitgeschwindigkeiten) werden. Außerdem zirkuliert dünnes Öl rascher, kühlt besser und verkokt weniger. Andererseits brachten die letzten Jahre die unverkennbare Tendenz zu (wieder) höherviskosen Sorten. In unseren Breiten verdrängte SAE 30 für die Sommermonate SAE 20, und Mehrbereichöle, die SAE 40 einschließen, dominieren auch bei wassergekühlten Motoren.

Frühere Viskositätsangaben in Engler-Graden — nach dem Karlsruher Professor und Begründer der deut-

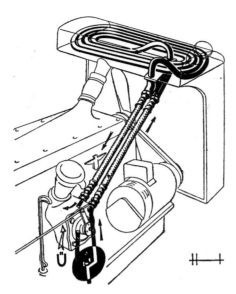

XIII.7 Der »Autobahn-Adler« besaß zwar noch 1938 einen seitengesteuerten 2,5-l-Sechszylinder (71 × 105 mm, 80 PS bzw. 59 kW bei 3300/min), aber einen Öl-Wasser-Wärmetauscher im oberen Kühlerkasten. Die Leitungen sind am erkennbaren Spaltfilter angeschlossen, das vom Kupplungspedal aus bestätigt wird (»Ü«).

schen Mineralölchemie Karl Engler, als Auslaufzeit im Vergleich zu Wasser — gingen überwiegend von der Öltemperatur 50° C aus. Sie ist für Laborteste und allgemeine Vergleiche, vielleicht noch für alle möglichen Maschinen interessant, aber keinesfalls für unsere Motoren. Dagegen bewertet die Gesellschaft der amerikanischen Automobilingenieure (SAE = Society of Automotive Engineers) die für Winterbetrieb geeigneten Motorenöle bei 0° Fahrenheit (— 17,8° C) und die zähflüssigeren Sorten bei 210° F (98,9° C), also recht praxisnah... was sicher zur weltweiten Verbreitung der SAE-Viskositätsklassen beitrug.
Da aber die Motorenentwicklung nicht stehen blieb, kletterten die Öltemperaturen immer weiter — und erheblich über 100° C hinaus. Sommerliche Außentemperaturen, die zu einem großen Teil in die Öltemperaturen »eingehen«, und hohe Dauerdrehzahlen, wie auf Autobahnen, machen Werte von 130° C und mehr, gemessen im Ölsumpf, gang und gäbe. Dann steigt die Temperatur im Kreislauf weiter an — schon in den Kurbelwellenhauptlagern um etwa 10 Grad — und weitere 10 bis 15 Grad in den Pleuellagern. Ausgeprägte örtliche Spitzen kommen zwar kaum an wassergekühlten Zylinderwänden zustande, eher schon an luftgekühlten, gewiß aber an den oberen Kolbenringen und ihren Nuten... Hier mißt man bei verschiedenen Motoren 240 bis 280° C, von den Ventilen und ihren Führungen ganz zu schweigen.
Folglich mußte das Öl immer mehr zur Wärmeverteilung und -ableitung beisteuern, mindestens 8 % der gesamten Kühlwärme aufnehmen (in flüssigkeitsgekühlten Motoren), manchmal 12 % und noch mehr (bei luftgekühlten). Da wird die Wärmeabstrahlung von Ölwanne, Motorgehäuse, Filter und Leitungen knapp und knapper. Ölkühler, zunächst ein typisches Zubehör an luftgekühlten Maschinen, finden auch neben Wasserkühlern wachsende Verbreitung.
Hingegen haben die früher geschätzten »Wärmetauscher«, meistens als Kühlschlangen direkt im Wasserkreislauf, dem Motorblock einbezogen oder angeflanscht, in PKW an Bedeutung verloren. Sie verzögern nicht nur die erwünschte rasche Erwärmung des Wasserkreislaufs, sondern arbeiten danach, infolge der angestiegenen Kühlmitteltemperaturen, mit zu kleinem Temperaturgefälle und Wirkungsgrad. Den Umweg des Öls

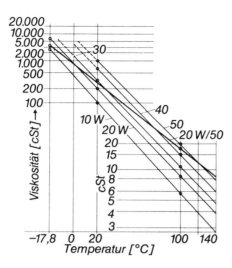

XIII.8 Im Temperatur-Viskositätsschaubild – nur die interessanten Bereiche sind herausgegriffen – erscheinen 5 Einbereichöle und das Mehrbereichöl 20 W/50. Die geraden Linien entstehen mit dem besonderen (logarithmischen) Maßstab, sonst wären die Kurven stark gekrümmte Hyperbeln.

durch den Luft-Ölkühler steuert durchweg ein eigner Thermostat – oder ein Überdruckventil, das dem kalten, zähflüssigen Öl eine Kurzschlußleitung vor dem Kühler öffnet.
Nachdem die Verbreitung von Ölkühlern in leistungsfähigen Wagen und an starken Motorrädern schon im vorigen Kapitel deutlich wurde, enthüllt der Rückblick frühe Ölkühler 1928 an Reihenachtzylindern von Röhr (Oberramstadt), Mannesmann (Remscheid) und Stoewer (Stettin). Stoewer stockte den Hubraum schrittweise auf: von bescheidenen 2 l (60 × 88 mm, 45 PS bzw. 33 kW bei 3500/min auf 4 und 4,9 l (immer noch sv, 80 × 122 mm, 100 PS bzw. 74 kW bei 3300/min). Bald folgten, außer Lastwagen-Motoren, große luftgekühlte Tatra-V-Achtzylinder (sogar mit je zwei Ölkühlern), der abgebildete Adler-»Autobahntyp« und, wiederum luftgekühlt die VW-Prototypen, damals noch KdF-Wagen genannt.

Die Viskosität des Öls hängt, naturbedingt, stark von seiner Temperatur ab. Und mittlere Temperaturen sind, wie erwähnt, von geringstem Interesse – im Gegensatz zu den Extremwerten oben und unten, heiß und kalt. Man sieht es an den Temperatur-Viskositätskurven (B. XIII.8) für die einzelnen SAE-Klassen, zum Beispiel bei 140° C. Zwar weiß niemand genau, welche Ölviskosität für welchen Motor eine kritische Grenze darstellt, weil zuviele Einflüsse eine breite Streuung verursachen. Doch vermittelt in diesem kritischen Temperaturbereich jedes einzelne »Centistokes« – nach dem irischen Physiker G. G. Stokes – eine wertvolle Schmierungsreserve. Weil Einbereichöle SAE 40 nur für Sonderfälle taugen (und SAE 50 im Alltag überhaupt nicht), sprechen für Mehrbereichöle starke Argumente.

Manche Leute sprechen aus Erfahrung, andere aus Erfahrung nicht.
Winston Churchill, 1874–1965

SCHERSTABILITÄT – JAHRELANG TABU

Ein und dasselbe Öl kann mehrere SAE-Bereiche nur deshalb überdecken, weil die W- (= Winter) Viskositäten für 0° Fahrenheit (rund – 18° C) gelten, die anderen aber für 210° F (99° C). Einbereichöle fallen zum Beispiel bei Kälte in die Klasse SAE 20 W, bei Wärme in SAE 20 – woher die bekannte Doppelbezeichnung 20W/20 stammt. Sie trifft keineswegs für

XIII.9 Unten ist die direkt auf dem Kurbelwellenzapfen sitzende Sichel-Ölpumpe der kleinen modernen Audi- und VW-Vierzylinder herausgezeichnet. Sie fördert bis zu 1800 Liter je Stunde, bis 3 l Vorrat also mit der Umwälzzahl 600! Die Filterpatrone (auf der Motorrückseite) ist nicht zu sehen. Die Pumpenbauart ist keine Frage der Motorgröße – auch der Jaguar-V-12 (5,4 l Hubraum, 213 kW bzw. 290 PS) besitzt eine Sichelpumpe.

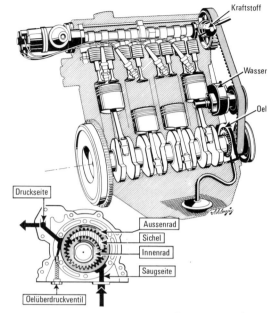

Das Hauptbild zeigt außer dem Kurbeltrieb und der ohc-Ventilsteuerung den äußerst ökonomischen, nämlich eingesparten Antrieb der übrigen Aggregate: die Nockenwelle treibt den Zündverteiler direkt und die Kraftstoffpumpe mit dem üblichen Exzenter (-nocken), während die außermittig gelagerte Wasserpumpe zugleich als Spanner für den Zahnriemen dient. Gewichte, verschleißende und wartungsbedürftige Organe sind auf ein Minimum beschränkt. Einen Nachteil der Sichelpumpen, teilweise auch der Rotorpumpen, prägen die gegenüber Zahnradpumpen größeren Antriebskräfte. Dies wurde deutlich, seit man Motoren auf optimale Wirkungsgrade züchtet, d. h. auf geringste Verluste aller Art.

jedes 20er Öl zu, denn mit einem mittelmäßigen oder schlechten »Viskositätsindex« würde das Öl oben oder unten nicht »passen«. Der VI ist also ein Kennzeichen für den Verlauf der Viskosität über der Temperatur, nur ein hoher VI erzeugt eine flache Viskositätskurve, den Mehrbereichscharakter.

Da man leider kein dickflüssiges Mineralöl bei Kälte dünner machen kann, bleibt nur der umgekehrte Weg gangbar, dünnflüssige Öle bei hohen Temperaturen einzudicken, den temperaturbedingten Viskositätsabfall zu bremsen. Dies tun VI-verbessernde Additive mit riesigen Molekülen, die bei Kälte wenig wirken, mit steigender Temperatur aber die molekulare Öl-bewegung – eben das typische Phänomen der Wärme – einschränken und das Öl dadurch (relativ) zähflüssig erhalten.

Nun hatten die Ölexperten die Wahl, wirkungsvolle VI-Verbesserer gering zu dosieren oder schwächere Additive in größerer Menge einzusetzen, wobei für die erste Lösung auch technische Gründe sprachen. Doch offenbarte die erste Generation von Mehrbereichölen einen Pferdefuß in Gestalt mangelnder Scherstabilität. Manche Beanspruchungen im Motor zerkleinerten die langen Molekülketten der Additive regelrecht, mit dem Erfolg, daß ihr Effekt sich verminderte und ein SAE 10W/30-Öl nach einiger Laufzeit nur noch ein SAE 10 W/20 war. Kam dazu noch eine winterlich-starke Kraftstoffkondensation, sprich weitere Ölverdünnung, so wurde das Öl entsprechend schwächer. Diese bedenkliche Erscheinung traf gelegentlich mit neuen Motorenmodellen oder einer anfälligen Schmierstelle zusammen, wobei es gewiß Pannen gab, die der neue Öltyp nicht verhindert hatte, allerdings weit mehr Fälle, die man dem Schmierstoff zu Unrecht anlastete. Daß die Verhältnisse sich, 10 Jahre nach den ersten Mehrbereichölen, erfreulich gewandelt hatten, bewies die Werbung der Ölfirmen, mit der besonderen Betonung der Scherfestigkeit.

Man kann aus B. XIII.8, außer den Viskositätskurven, ein paar interessante Einzelwerte herauslesen: Annähernd die gleiche Viskosität besitzen SAE 50-Öle bei rund 140° C, 40er bei 125, SAE 20 bei 100 und 10er bei nur 90° C. Folglich geht es bei Schmierungsfragen nicht um Temperaturen, sondern um die jeweils vorliegenden Viskositäten. Am anderen Ende der Thermometerskala bedroht den Motor zu zähes Öl: sicher sind die Gefahren nicht so dramatisch wie ein Kolbenfresser oder Lagerschaden in voller Fahrt, doch darum häufiger und nicht zu unterschätzen, wie die stark verzögerte Schmierung nach einem krassen Kaltstart ahnen läßt. Schon bei +15° C fließt ein SAE 30 kaum besser als ein 20 W-Öl an der Frostgrenze (und ein SAE 10 W bei −10° C). Kein Wunder, daß ein 40er (oder gar SAE 50) sogar an einem Sommermorgen Schaden stiften kann!

Für materialschonende Fahrer ergibt sich sogar mit Winter- oder Mehrbereichöl das Fazit, einen kalten Motor nicht mit viel Gas zu füttern, oder noch schlimmer, auf hohe Drehzahlen zu treiben. Dies um so weniger, als auch der gute Einlaufzustand — er kommt noch zur Sprache — von der Betriebswärme abhängt. Um letztere genau zu übersehen, müßte man die Wasser- und Öltemperaturen gleichzeitig ablesen (können). Hohe Belastung, z. B. bei Bergfahrten, zeigt sich fast allein am Wasserthermometer — natürlich werden die Kolben, Zylinder und Köpfe luftgekühlter Motoren nicht minder erhitzt. Die Öltemperatur dagegen reagiert stärker auf hohe Drehzahlen, kaum abhängig von der Belastung. In schleichenden oder stehenden Kolonnen bekommen die Motoren heiße Köpfe und »kalte Füße«; das Öl bleibt lauwarm, während der Kühlwasserzeiger im roten Feld steht. Das Gegenteil wiederum konstatiert man, wenn ein Wagen mit kaltem Motor auf einer Paßhöhe losfährt und kilometerlang in einem niedrigen Getriebegang talwärts rollt . . .

Kein Mehrbereichöl benötigen die riesigen stationären oder Schiffsmaschinen, die tagaus, tagein mit konstanter Last und (relativ niedriger) Öltemperatur laufen und zum Anlassen — wie auch manche Lokomotivdiesel — mit dem Kühlkreislauf künstlich vorgeheizt werden. Die größten, als Kreuzkopf-Zweitakter, besitzen stets zwei verschiedene Schmiersysteme, eine Umlaufschmierung für das Triebwerk mit »normalem« Motorenöl und zusätzlich dosierte Frischölschmierung mit besonderem »Zylinderöl« für die Kolben. Im Kreislauf fließen viele Tonnen Öl, zuweilen 1 Liter pro PS. Extrem geringe Umwälzzahlen (5 bis 15 l pro PS-Stunde) vermitteln lange Verweilzeit des Öls im Behälter, in dem sich Abrieb und Wasser absetzen und die Filter entlasten. Dafür erträgt die riesige Füllung mehr Arbeitsstunden als das Öl in kleinen Schnelläufern Kilometer — zehntausende! An die »Zylinderöle« der »Langsamläufer« stellen die Bunkerkraftstoffe mit meist hohem Schwefelgehalt und Verkokungsrückstand besondere Ansprüche. Nur stark legierte, hochalkalische Sorten können sie erfüllen. Die neuesten »Mittelschnelläufer« (B. IX.3), ohne Kreuzköpfe und Kolbenstangen, arbeiten ebenfalls mit einer eigenen Zylinderschmierung, aber mit demselben (mittelalkalischen) Öl wie das Triebwerk und die Steuerung. Bemerkenswert ist jedoch, daß die dosierte Zylinderschmierung nicht vom Umlauföl abgezweigt, sondern als reines Frischöl gefördert wird! (Ohne übrigens einen höheren Ölverbrauch als 1 Gramm je PSh zu verursachen).

Trotz aller Erfolge der modernen Ölchemie — offenbar löst ein Frischöl seine vielfältigen Aufgaben am besten, mindestens jedoch am sichersten. Und damit schließt sich der Kreis zu den (durchweg diskreten) Empfehlungen von namhaften amerikanischen und deutschen Autoherstellern, das Motorenöl doch wieder etwas häufiger und früher zu wechseln, als es wartungsfreundliche Werbeargumente vielerorts vorsahen. »Die (von 10 000 oder noch mehr km) halbierte Öllaufzeit kommt der Motorlebensdauer zugute.« Dies gilt doppelt, wenn das Öl viele Kurzstrecken und Kaltstarts ertragen muß!

Erneut verschärfte Betriebsbedingungen für das Öl – sie kommen gleich zur Sprache – ergeben sich gerade in den modernsten und sparsamsten Motoren.

Mit Vegetariern muß man diskutieren, sobald sie eine Wurstfabrik geerbt haben.
Danny Kaye, US-Komiker, 1913–1987

VON API-KLASSEN, SYNTHETISCHEN UND »LEICHTLAUF«-ÖLEN UND NEUEM »SCHWARZSCHLAMM«

Nachdem die Probleme von Mehrbereichmotorenölen, namentlich mit der weiten Spanne SAE 10 W/50, in der Praxis als längst gelöst und schon vergessen erschienen, zündeten VW und Audi Anno 1975 mit der »Sperre« von 10 W/50 förmlich eine Bombe mittleren Kalibers. Es waren (speziell mit dieser Sorte) starke Rückstände und Schäden an Ventilen aufgetreten, deren Ursachen und Mechanismen man entweder dem (zwangsläufig sehr dünnflüssigen) »Grundöl« oder den starkwirkenden VI-Verbesserern zur Last legte.

Unabhängig von der eindeutigen Analyse der chemischen und physischen Zusammenhänge reagierten die maßgeblichen Ölfirmen spontan: sie verminderten wieder die Viskositätsspannen auf 10 W/40 oder 20 W/50 und brachten die bislang unbekannte Viskositätsspanne 15 W/50 auf den Markt.

Nun setzte das wachsende Umwelt- und Energiebewußtsein nicht nur dem Fahrzeug- und Motorenbau neue Maßstäbe. Nächst der Abgasentgiftung sollen die kostbaren Kraftstoffe länger reichen, auch die Ölfüllungen noch länger vorhalten. Doch die Wünsche nach minimalen Betriebskosten und maximalen Motorlaufstrecken programmieren für das Öl den nächsten Konflikt, weil verminderte Reibung sehr dünnflüssige Schmiermittel verlangt, geringster Verschleiß und Ölverbrauch aber, mindestens stellenweise, höhere Viskositäten. Die Additive-Technik allein stieß offenbar auf Grenzen und stellte die »Grundöle« ins Kreuzfeuer.

Wir erinnern uns in diesem Zusammenhang an die ungeheure Vielfalt und die »Isomerie«-Möglichkeiten von Kohlenwasserstoffen, aus denen auch Mineralöle bestehen (S. 162, f.). Als herkömmliche Grundöle dienen die (nach ihrer chemischen und physikalischen Behandlung benannten) Solvent-Raffinate. Neben sie traten, zunächst von den Ansprüchen der Luftfahrt-Düsentriebwerke veranlaßt – sie kommen noch ausführlich zur Sprache – vielfältige synthetische Schmiermittel, inzwischen auch als Motorenöle für den Fahrzeugsektor.

Von den theoretisch zahlreichen Syntheseprodukten wurden für Fahrzeugmotoren nur Ester und Polyolefine erprobt. Ester sind Verbindungen von Säuren mit Alkoholen; Polyolefine bestehen ebenfalls aus Kohlenwasserstoffen, die man aufwendig »isoliert« und wieder ausgewählt zusammenfügt. Trotz der verwandten Komponenten ist die Struktur gegenüber Raffinaten viel einheitlicher, das Kälte- und Viskositätsverhalten ausgezeichnet, die Verdampfung und Oxydationsneigung gering. Andererseits benötigen auch teil- und vollsynthetische Motorenöle Alterungsschutzstoffe, Schmutzträger und Hochdruckzusätze – aber keine VI-Verbesserer. Sie gefährden u. U. Dichtungen – und mit ihrem Preis die Bilanz von Kosten und Nutzen.

Schließlich ergab sich ein weiterer Weg, denn schon 1965 bestritt der Pariser Professor T. Salomon die Meinung, die Mineralölraffinate seien optimal entwickelt und allein mit Syntheseölen zu übertreffen. Vielmehr bestünde die alternative Lösung im »Hydrocracken«, einem gezielten und sinnvoll gesteuerten Aufspalten der Moleküle in einer Wasserstoffatmosphäre – zu »Superraffinaten«, deren entscheidende Eigenschaften den synthetischen Grundölen ähneln.

Freilich beanspruchte der Weg von gelungenen Laborversuchen bis zur großtechnischen Herstellung viel Zeit und Aufwand, bis in die späten siebziger Jahre. Seither bieten beide neue Öltypen gegenüber den herkömmlichen »Weitbereichölen« handfeste Vorzüge, vor allem den aktuellen »Leichtlauf« bereits bei mittleren und niedrigen Temperaturen.

Die Spanne SAE 10 W/30 überdeckt ohne VI-Verbesserer, also völlig scherstabil, die Ansprüche der Motoren in unserem Klima für alle Jahreszeiten, **zumal die Grundöle (ohne hochmolekulare Additive) »dicker« ausfallen.** Die Kraftstoffeinsparung hängt naturgemäß stark von den Betriebsbedingungen ab

---

Fachchinesisch auf Öldosen: Spezifikationen
Neben den SAE-Klassen für Viskositäten sollen Qualitätsöle Angaben über erfüllte Spezifikationen enthalten. Die international gültigen Anforderungen des Amerikanischen Petroleum-Instituts (API) bezeichnen hochwertige Motorenöle mit Buchstaben-Klassen, z. B. SD, SE, SF – in aller Regel gemäß steigenden Ansprüchen der Ottomotoren; sie lauten derzeit für Diesel »CC«. Die MIL-Spezifikationen (wie MIL L 46 152) stammen von der US-Army, die jüngeren CCMC-Richtlinien vom europäischen Comité des Constructeurs du Marché Commun zusammen mit dem Coordinating European Counsil (CEC). Die Zulassungen setzen, wie die »Freigaben« namhafter Motorenhersteller, umfangreiche Prüfstandläufe voraus, zum Teil unter schwersten Bedingungen. Die modernen »Leichtlauföle« erfüllen mindestens die Spezifikation API-SE.

und beträgt im Mittel vieler Vergleichsversuche 2 bis 3%. Der höhere Preis macht sich nach etlichen tausend Kilometern bezahlt, abgesehen vom besseren Motorzustand. Nur bei extrem niedrigen Viskositäten (wie 5 W/20) ist Vorsicht geboten: die »Freigabe« der Motorenhersteller sollte darüber entscheiden. In allen Zweifelsfällen unterrichten die Fahrzeugfirmen ihre Werkstätten darüber – zur Weitergabe an besorgte oder verunsicherte Kunden.

Schließlich brachten die 80er Jahre einen weiteren Anreiz zur Verwendung der besten, leider auch teuersten Motorenöle: die Vermeidung von sogenanntem Schwarz- oder Nitratschlamm, notabene zu einer Zeit, in der man verschmutzte und verschlammte Motoren seit Jahrzehnten, nämlich seit der Einführung der HD-Öle, nur noch in seltenen Ausnahmefällen vorfand. Zudem ergab sich die neue Seuche in keinem der zahlreichen, teilweise harten amerikanischen oder europäischen Öltests, sondern bei bestimmten Betriebsbedingungen im Alltag – nach großen Öl- und Motorlaufstrecken, vor allem in modernen Konstruktionen, die in breiten Bereichen mageres Gemisch verarbeiten (d. h. mit Luftzahlen von 1,1 und darüber). Dabei entstehen viel Stickoxide, die wiederum bei bestimmten Verhältnissen im Öl landen und Schlammkeime bilden, die dann weiter polymerisieren (wachsen). Die heutigen, ständig zurückgegangenen Ölverbrauchsmengen und folglich fehlende »Auffrischungen« kommen hinzu.

Mit Glück, Aufmerksamkeit und einer Taschenlampe entdeckt man Schwarzschlamm in einem frühen Stadium durch den Öleinfüllstutzen in der Ventilkammer und begegnet dem weiteren Prozeß mit einem oder zwei Filter- und Ölwechseln – eben mit einem »Leichtlauföl«. Von hunderten Ölsorten, die in den Daimler-Benz-»Betriebsstoffvorschriften« freigegeben waren, erwies sich nur ein Bruchteil als »schwarzschlamm-immun«, genau wie bei anderen großen Motorenherstellern.

Ohne Gegenmaßnahmen schreitet das Unheil fort – bis zu einem kapitalen Motorschaden. Es betrifft an erster Stelle den Ventiltrieb oder das oberste »Stockwerk« der Maschine. Etwa zwanzig Jahre vorher gab es bei einem »Glykoleinbruch« ähnliche Verklebungen (ohne den typischen Schwarzschlamm) bis zum Blockieren von abgestellten (!) Motoren. Damals waren fast ausnahmslos Kurbeltriebe betroffen, mit Kolben, Kurbelwellen- und Pleuellagern.

Für viele Automobilisten bedeuten Elektrizität und Verzweiflung das gleiche.
Baudry de Saunier,
franz. Fachjournalist um 1910

Die Zündung als gelöstes »Problem der Probleme«

Als Carl Benz vor dem in seinen Lebenserinnerungen beschriebenen »Problem der Probleme« stand (S. 176), ging es keineswegs um eine neue Lösung, sondern allein um eine brauchbare. Von verschiedenen theoretischen Möglichkeiten hatte schon Isaac de Rivaz »für die Zündung eines Verbrennungsmotors zum Antrieb eines Fahrzeugs« nicht weniger als vier aufgezählt: man könnte Pulver auf einen rotglühenden Zylinderboden fallen lassen oder Sauerstoff verdichten, wie im Kompressionsfeuerzeug, man könnte spontan reagierenden Phosphor zusammen mit Wasserstoff verwerten — am besten aber einen elektrischen Funken erzeugen, wie Volta in seiner »Pistole« (S. 12).

Besonders der zweite Vorschlag erlaubt es, den Zeitpunkt des Rivaz-Patents einzukreisen... und in der Tat, man schrieb das Jahr 1807, als der 55jährige Schweizer Ingenieur es beantragte, aber sogleich zugab, er selbst hätte nicht die Absicht, seine Ideen zu verwirklichen. (Wir erinnern uns an die spätere Parallele beim Viertaktmotor, den Beau de Rochas exakt beschrieb, N. A. Otto jedoch baute!) De Rivaz war in Paris geboren und zeitweilig sogar Offizier unter Napoleon, der hernach ein europäisches Land nach dem anderen eroberte — bis er 1812 nach Moskau kam und ein eisiger Winter die weltgeschichtliche Wende bewirkte — wie ein weiteres Mal nach genau 130 Jahren...

AUCH DAIMLERS PATENTIERTER MOTOR LIEF NICHT!

Für den ersten brauchbaren Viertaktmotor, der 3 PS bei 180 U/min erreichte, vertraute Otto auf seine »Flammenzündung«. Da ohnehin Gas als Energiequelle diente, brannte außen neben dem Verbrennungsraum ständig eine Gasflamme, die mit einem Schiebersystem durch mehrere Hohlräume ins Innere geschleust wurde. Der Mechanismus war recht kompliziert, da die Schieber, wie bei Dampfmaschinen, auch den Ein- und Auslaßvorgang steuerten.

Die mangelnde Eignung der Flammenzündung für höhere Drehzahlen kannte natürlich niemand besser als der langjährige technische Direktor der Deutzer Gasmotorenfabrik, Gottlieb Daimler, und sein Chefkonstrukteur Wilhelm Maybach. Im eignen Cannstätter Betrieb entwickelten sie deshalb eine ungesteuerte Zündung mit einem Glührohr, das im Zylinder eingeschraubt und von einem Benzinbrenner in Glut versetzt wurde. Die Gasfüllung strömte bei der Verdichtung ins innen offene Glührohr und entzündete sich, wobei die Verschiebung des Brenners, jeweils weiter nach innen oder nach außen, eine gewisse Veränderung des Zündzeitpunkts mit sich brachte. Eine »gesteuerte« Glührohrzündung hatte der Aachener Ingenieur Leo Funk bereits vorher erfunden und »Deutz« offeriert; aber die trägen Schieber verhinderten höhere Drehzahlen ebenso wie die Flammenzündung.

Offenbar wollte Daimler mit seinem Patentanspruch verschleiern, worauf es (ihm) in Wirklichkeit ankam: denn an der ersten Stelle stand ein Motor, der weder erprobt war noch überhaupt laufen konnte — oder sollte! Es handelte sich schlicht um einen Viertaktmotor, der »fertiges« Kraftstoff-Luftgemisch verdichtete und dennoch mit Selbstzündung arbeitete. Der Patentanspruch für das offene, ungesteuerte Glührohr folgte an zweiter Stelle.

Der guten Ordnung halber ist hier zu ergänzen, daß solche gemischverdichtenden Selbstzündermotoren inzwischen weit verbreitet sind — in Gestalt der winzigen Zweitakter für Flug- und Fahrzeugmodelle oder ähnliche Zwecke. Man bezeichnet sie, solange sie keine Fremdzündung, also keine Zündkerze besitzen, landläufig als Miniaturdiesel, doch ist diese Definition mit Recht umstritten. Man braucht nicht einmal auf Rudolf Diesels eigne — zugegeben, etwas verwirrende — These zurückzugehen, die Selbstzündung sei durchaus kein entscheidendes Merkmal seines Verfahrens.

Auch »gefühlsmäßig« kollidieren minütliche Drehzahlen von 20 000 bis 30 000 und entsprechende Literleistungen mit einem Dieselprozeß. Übrigens steht der Weltrekord für Modellrennwägelchen mit 10 cm^3 über 260 km/h, der deutsche mit 5 cm^3 (und ca. 3,5 PS) über 230 km/h! Die kleinste Wettbewerbsklasse reicht bis 1,5 cm^3 Hubraum.

Natürlich arbeiten die kleinen Modellmotörchen mit Kraftstoffen, die besonders leicht selbstzünden (vornehmlich Mischungen aus Petroleum, Aether und Öl, für Höchstleistung viel Nitromethan, wie für USA-Dragster). Mit dem — sehr großen — Hubraum von 18 cm^3 entwickelten und produ-

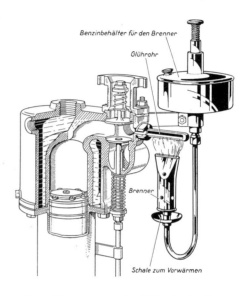

XIV.1 Die erstaunliche Glührohrzündung an den ersten »Schnelläufern« von Daimler und Maybach. Man erkennt außerdem das automatische Einlaßventil (»Schnüffelventil«), das gesteuerte Auslaßventil, darunter stehend, und die Ventilplatte auf dem Kolbenboden, die aber bald verschwand (s. S. 236).

zierten die Bielefelder Lohmann-Werke um 1950 unter dem Konstrukteur Tegen einen solchen Fahrradhilfsmotor, der 0,8 PS bei 6000 U/min entfaltete und bis zu 9000 Touren (entsprechend etwa 37 km/h) drehte. Allein der beharrliche Versuch, das Prinzip auf 125 cm^3 Hubraum auszudehnen, verlief im Sand. Die Zylinderbüchse des Fahrradmotors wurde, fernbedient vom Lenker aus, mit einer Kurvenscheibe verdreht und verschoben, so daß die Verdichtung stufenlos zwischen 8,5 : 1 und 125 : 1 (!) variierte — hoch für relativ leichtes Anspringen, dann immer weniger für ruhigen und weichen Gang...

Im Rückblick ist der Erfolg der Glührohrzündung mit ihrer regen- und windempfindlichen, nicht ungefährlichen offenen Flamme erstaunlich. Sie brannte ja nicht nur zum Anlassen, wie an Glühkopfmotoren, sondern ständig! Dennoch griff Daimler erst 1897, zwölf Jahre nach dem »Petroleum-Reitwagen«, zur Magnetzündung, die sich inzwischen im In- und Ausland bewährt hatte.

WERNER SIEMENS: TELEGRAFEN, DYNAMOS UND E-MOTOREN

Die unsichtbare und geheimnisvolle Elektrizität mit ihren vielfältigen (sicht- und fühlbaren) Wirkungen hatte die Naturwissenschaftler in allen Ländern seit Generationen beschäftigt. Die Urheber mancher Entdeckung begegnen uns in Gestalt der physikalischen Begriffe und Einheiten tagtäglich: der Italiener Volta zum Beispiel, auf den die elektrischen Spannungen hinweisen; die Franzosen Ampère für Stromstärken — und Coulomb für elektrische Ladungen; der Engländer James P. Joule, der schon als junger Mann Brauereibesitzer und Privatgelehrter war und als Einheit der Energie und Wärmemenge weiterlebt (Watt x sec). Oder der schottische Dampfmaschinenbauer James Watt selbst, nach dem man elektrische Leistungen beziffert — und seit 1977 sogar jeweils 1,36 Otto- und Diesel-Pferdestärken. Der Däne Oerstedt entdeckte 1820 die magnetischen Wirkungen von elektrischen Strömen und Georg Simon Ohm definierte kurz danach die elektrischen Widerstände.

Das internationale Konzert der technischen Entwicklung erreichte zwei strahlende Höhepunkte mit dem naturwissenschaftlichen Genie Michael Faraday und dem preußischen Offizier Werner Siemens. Der junge Engländer wurde nach einer Buchbinderlehre ein Schüler von Humphry Davy, der insbesondere die Arbeiten von Galvani und Volta fortführte und zur elektrolytischen Zerlegung geeigneter Stoffe kam, zu Natrium, Magnesium und anderen Alkalimetallen, der aber auch die Sicherheitsgrubenlampe erfand. Nach zehn Jahren war Faraday selbst Mitglied der Royal Society, bald Labordirektor und Professor. Er entdeckte neben zahlreichen anderen Neuerungen die Induktion und erläuterte ihre Wirkung mit Hilfe der (vorgestellten) magnetischen »Feldlinien«, die jeden von einem elektrischen Strom durchflossenen Leiter (Draht) umgeben.

Bewegt man — umgekehrt — einen Draht in einem magnetischen Feld, so verursacht dieselbe Induktion an den Drahtenden eine elektrische Spannung. Je mehr Feldlinien — nach Anzahl und Geschwindigkeit — geschnitten werden, umso größer die elektrische Spannung und, bei einem geschlossenen Kreislauf, der elektrische Strom! Das ist die Grundlage aller elektrischen Maschinen, der Generatoren, die mit mechanischer Arbeit Strom erzeugen, und der Motoren, die umgekehrt wirken. Ferner ist die Induktion Bindeglied und Triebfeder in jedem Transformator, nicht zuletzt in jeder Zündspule.

Doch die Stromerzeuger, die nach diesen Erkenntnissen bald entstan-

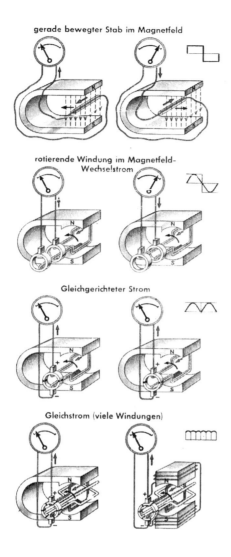

gerade bewegter Stab im Magnetfeld

rotierende Windung im Magnetfeld-Wechselstrom

Gleichgerichteter Strom

Gleichstrom (viele Windungen)

XIV.2–5 Induktion als Grundlage der Wechselstromerzeugung (auch in Zündmagneten) und die Gleichrichtung. Bewegt man einen elektrischen »Leiter« quer durch ein Magnetfeld, so entsteht eine Spannung und bei geschlossenem Kreislauf ein Strom (oberste Reihe). Der Strom ist auf dem Hinweg »positiv«, zurück »negativ« — das Symbol oben rechts zeigt es.
In der zweiten Reihe rotiert eine Drahtschleife im Magnetfeld und erzeugt einen Wechselstrom — mit einem positiven und negativen An- und Abstieg, weil in der Mittelstellung keine Feldlinien geschnitten werden.
Nimmt man den entstehenden Strom mit »Bürsten« an zwei voneinander isolierten Ringhälften ab, so wird auch der vorher negative Bogen positiv — als pulsierender Gleichstrom.
Mit mehreren gleichmäßig verteilten Drahtschleifen, die an einem »Kollektor« enden, verbleiben nur noch die Kuppen der ursprünglichen Bögen. Der Strom wird immer gleichmäßiger!

den, lieferten zu geringe Leistungen, um ihre Aufgaben befriedigend und wirtschaftlich zu erfüllen. Was noch fehlte, als echte Basis für eine weltweite Elektroindustrie, blieb einem jungen Mann vorbehalten, den erst ein langer Umweg zum ersehnten Studium führte. Als das vierte von 14 Kindern eines unbemittelten Domänenpächters 1816 bei Hannover geboren, aber in Mecklenburg aufgewachsen, marschierte er (buchstäblich) nach Berlin — und weiter, weil die Studienplätze im preußischen Ingenieurkorps überfüllt waren, zur Artillerie nach Magdeburg. Dort war Oberst von Scharnhorst, ein Sohn des »Volk in Waffen«-Generals, sein erster Kommandeur. Mit 22 wurde Werner Siemens Leutnant, mit 24 landete er, dank seiner auffallenden technischen Begabung, endlich in Berlin. Hier studierte er weiter, in jeder freien Minute, sorgte aber auch, nach dem frühen Tod der Eltern, für seine jüngeren Geschwister, hauptsächlich durch die geschickte Auswertung der verschiedensten Erfindungen.
Die Telegraphie, als neue Nachrichtenübermittlung im Heer, beim Fiskus und für die Eisenbahnen, stellte der jungen Elektrotechnik die dringendsten Aufgaben. Siemens löste eine nach der anderen, wobei ihm bald der

Feinmechaniker Johann Georg Halske, ein gebürtiger Hamburger, Hilfe leistete. Gemeinsam gründeten sie 1847 eine Telegraphenfabrik. Zwei Jahre später nahm Siemens seinen Abschied in Ehren. Die Revolutionen, wieder einmal in Frankreich eingeleitet, hatten in Preußen, trotz Marx und Engels, noch weniger verändert als in den anderen deutschen Staaten und europäischen Ländern. Die nationale Einheit Deutschlands scheiterte einmal mehr am Widerstand der Fürsten und an der Rivalität zwischen Preußen und Österreich. Es blieb fast alles beim Alten — wenn man vom »deutschen Zollverein« absah, den Friedrich List schon 1833 schuf, oder von den Anfängen der Industrie: von Krupp, Borsig und weiteren, bald bekannten Namen, oder von Carl Zeiss, der gleichaltrig mit Siemens, 1846 in Jena die erste Werkstätte eröffnete.

Die enorme Bedeutung rasch übermittelter Nachrichten erkannte auch der aus Kassel stammende Berliner Buchdrucker Paul Julius Reuter. Er organisierte 1849, neun Jahre nach den ersten Briefmarken in England, sechs Jahre nach Morses erstem Telegrafen in Amerika dank Siemens' Anregung, mit Hilfe eines Aachener Brieftaubenzüchters eine »fliegende« Nachrichtenübermittlung von Brüssel ins Rheinland — und konnte mit seinen Erfolgen und Gewinnen ein bald weltumspannendes Telegrafenbüro in London einrichten. Übrigens war auch Ernst Litfaß, der 1855 in Berlin seine erste Säule aufstellte, ein Buchdrucker...

Siemens baute für die Telegraphie Apparate, Stationen und ganze Anlagen, immer bessere Geräte und längere Leitungen, Berlin — Frankfurt, Berlin — Köln — Brüssel, Berlin — Wien. Später folgten Leitungen in Rußland, das gerade gegen Frankreich und England den Krimkrieg verlor. Dann für England, wo der Bruder Wilhelm eine Siemens-Kabelfabrik leitete, durchs Mittelmeer nach Indien, durch den Atlantik nach Nordamerika. Dafür gründete sein aus Sachsen stammender Vetter Georg die Indo-Europäische Telegraphengesellschaft — und im Geburtsjahr des Reichs die »Deutsche Bank«, die gewaltige Auslandsprojekte finanzierte. Die »Reichsbank« entstand erst im Jahr des Ottomotors.

Inzwischen hatte Werner Siemens den »Doppel-T-Anker« erfunden (B. XIV.6), der stärkeren und billigeren Strom erzeugte als alle früheren magnetelektrischen Apparate oder galvanischen Elemente. Doch seine wichtigste Erfindung folgte 1866 — die Dynamomaschine. Mit ihr überwand Siemens die Schallmauer der elektrischen Maschinen, nämlich die begrenzte Stärke der »fremderregten« oder Dauermagnete, indem er den vom Anker erzeugten Strom unmittelbar durch die Magnetspulen leitete. Jetzt schaukeln sich die Ankerströme und die »Erregung« der Magnete regelrecht auf und vervielfachen die Leistung.

Im gleichen Jahr 1866 stieg die erste offizielle Schachweltmeisterschaft. Wilhelm Steinitz aus Prag erklärte selbstsicher, er hätte die besten Chancen, weil er als einziger nicht gegen Steinitz antreten müßte, — und gewann...

Mit »dem Dynamo« begann die neue Starkstromtechnik, für elektrische Straßenbeleuchtungen, für Kraftwerke und Fernleitungen, für Motoren in Grubenlokomotiven, Straßen- und Hochbahnen. Die erste U-Bahn rollte 1896 in Budapest, aber da war Siemens, seit dem Dreikaiserjahr 1888 Werner von Siemens, schon vier Jahre tot.

Für die steigenden Leistungen der

Generatoren und Motoren entstanden als neue Ankerformen die Trommel- und Ringanker; aber der Doppel-T-Anker behielt seine Bedeutung in Meßinstrumenten und im Fernsprechwesen, besonders in Zündmagneten und — als Bosch-Markenzeichen!

Besser ein kleines Licht anzünden als über die Dunkelheit zu fluchen.
Konfuzius, um 500 v. Chr.

SO ODER SO:
ZÜNDUNG MIT GROSSEM AUFWAND

Den Verbrennungsmotoren halfen Doppel-T-Anker und Dynamomaschinen zunächst wenig. Zwar beantwortete Werner Siemens eine direkte Anfrage der Gasmotorenfabrik Deutz 1877 zuversichtlich, doch verliefen praktische Versuche mit seinem (magnetelektrischen) »Gasanzünder« unbefriedigend. Erst sechs Jahre später sah Otto zufällig, wie Deutzer Pioniere einen entfernten Sprengsatz, statt mit der üblichen Zündschnur, mit einem Kurbelinduktor und elektrischen Kabel entzündeten. Die sofort durchgeführte Probe mit einem geliehenen Gerät führte zur einwandfreien Entzündung eines Benzinluftgemischs, woraufhin Otto die »Abschnapp-Abreiß-Zündung« baute.

Ein Abschnapp-Mechanismus bot sich an, weil die ortsfesten Motoren damals nur 120 bis 150 Umdrehungen pro Minute absolvierten. Damit ein Doppel-T-Anker im Bereich der höchsten magnetischen Spannung die erwünschte schnelle und pendelnde Drehbewegung ausführte, wurde er mit einer Verbindungsstange von der Steuerwelle aus gegen eine Feder gespannt. Bei der richtigen Winkelstellung ausgelöst, schnellte der Anker in die Ausgangslage zurück und leitete einen Stromstoß zum »Zündflansch« im Zylinder. Freilich bildete dieser erst einen Abreißfunken, wenn gleichzeitig im Innern ein Kontakt öffnete und den Strom unterbrach.

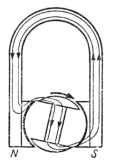

XIV.6 Der Doppel-T-Anker zwischen den Polschuhen des Hufeisenmagneten (schematisch ohne »Wicklung«). Links reißen die (nach unten gerichteten) Feldlinien gerade ab, sofort danach, rechts, hat der Richtungswechsel stattgefunden.

Nach diesem Abschnapp- und Abreißprinzip, mit pendelndem Doppel-T-Anker, arbeiteten die Niederspannungs-Magnetzünder, die Robert Bosch in den neunziger Jahren baute. Die Tauglichkeit für höhere Drehzahlen gewann beträchtlich, als man den schweren, trägen Anker stillsetzte und lediglich eine leichte »Kraftlinien-Leithülse« konzentrisch zwischen dem Anker und den Magnetpolen schwingen ließ, ferner den Abschnapp-Federmechanismus durch eine Exzenter-getriebene »Kurbelschwinge« (formschlüssig) ersetzte und den Zündhebel vom Zündstift im Zylinder, von einem Nocken gesteuert, ruckartig wegschlug. Zuletzt erfolgte noch die Umstellung von pendelnden auf rotierende Anker beziehungsweise Leithül-

sen. Doch stand der Hochspannungsmagnet schon auf dem Reißbrett...
Weit höhere Spannungen und ihre besondere Eignung für Zündfunken waren nämlich längst bekannt. Schon Lenoir hatte deshalb einen Funkeninduktor für die Zündung seiner Gasmotoren eingesetzt — vor allem aber Carl Benz für eine weiterentwickelte Ausführung, zusammen mit beachtlich brauchbaren eignen Zündkerzen.

Der Funkeninduktor verwertet direkt die von Faraday erkannten Induktionsgesetze, als einfacher, zuverlässiger Spannungswandler, d. h. Transformator. Eine besonders geeignete Bauart erfand der aus Hannover stammende, in Paris lebende Mechaniker Daniel Ruhmkorff unter Verwendung des »Wagnerschen Hammers«, einer Magnetspule, die ihren »eignen« Schaltkontakt anzieht und damit den Strom unterbricht. Sogleich federt der Kontakthebel zurück und schließt den Stromkreis wieder. Die Magnetspule zieht an... und unterbricht... ein Spiel, das die Schwachstromklingel an der Haustür 40 bis 50mal in jeder Sekunde demonstriert — oder mit etwa 6mal höherer Frequenz jedes Bosch-Horn.

Nun besitzt der Ruhmkorff'sche Funkeninduktor nicht nur eine einzelne (Primär-) Wicklung, sondern gleich eine zweite mit viel mehr Drahtwindungen, genau wie eine Zündspule; denn die Anzahl der Windungen bestimmt das »Übersetzungsverhältnis« der primären und »sekundären« Spannungen. (Natürlich zu Lasten der Stromstärken, weil ja keine Energie hinzukommen kann.) Übrigens ermöglichten die 50 000 Volt eines Ruhmkorff-Induktors 1895 den Betrieb der Kathodenstrahlröhren, mit denen Wilhelm Röntgen seine »X-Strahlen« fand, die den menschlichen Körper und bald »feste« Werkstoffe durchsichtig machten...

Da die Kontakte im Funkeninduktor ausgeprägt summen, taufte man dieses Zündsystem »Summerzündung«. Obwohl Benz, anders als Lenoir, den Zündstrom auf bestimmte Zeiten und Kurbelwellenwinkel begrenzte und bald den Primärkreislauf statt der Hochspannungsseite unterbrach, war der Stromverbrauch hoch und lästig. Etwa alle zehn Kilometer Fahrstrecke mußte er neue 4 Volt-Chromsäure-Elemente anschließen. Aufladbare Akkumulatoren, die es an sich schon gab, waren offenbar noch umständlicher.

Die Summerzündung wie auch das Abschnapp-Prinzip behielten ihre Bedeutung für Sonderfälle, nachdem moderne Zündsysteme schon lang in Gebrauch waren — als Anlaßhilfen für Groß- und Flugmotoren. Die Verteilung der vielen Zündfunken von einer besonderen Summerspule zum jeweils »richtigen« Zylinder obliegt dem regulären Verteilerläufer im Magnet. Der Abschnappmechanismus dagegen hält den rotierenden Anker zurück und spannt eine Feder, die ihn im richtigen Augenblick vorwärtsschnellt und einen starken Funken verursacht, bis der Motor anspringt und ein Fliehgewicht den Schnapper ausschaltet.

Übrigens lief auch das Ford »T-Modell« mit einer Summerzündung, die ein großer, im Kurbelwellenschwungrad angeordneter Wechselstromgenerator speiste. Andererseits behauptete sich die Niederspannungsmagnetzündung noch etliche Jahre nach der Einführung von Hochspannungsmagneten, sogar bei den erwähnten Gordon-Bennett-Rennen. Sie besaßen zwar gleichmäßig rotierende Leithülsen, aber immer noch das komplizierte Abreißgestänge zum Zündstift in jedem Zylinder (B. V.3).

Das Leben besteht hauptsächlich aus Umwegen.   *Frank Thiess, 1890—1977*

GLÄNZENDER START ZUM TEUREN UMWEG: HOCHSPANNUNGSMAGNET

Zur Jahrhundertwende hatte Robert Bosch, knapp 40jährig, die erste Etappe seines Wegs vom Werkstätteninhaber zum bedeutenden Großindustriellen hinter sich. Als Besitzer der neuen »Elektrotechnischen Fabrik Robert Bosch« — Konstrukteur oder Erfinder war er nach seinen eigenen Worten nie — engagierte er den frischgebackenen Ingenieur Gottlob Honold. Dessen Leistungen und Begabung waren noch seit seiner Lehrzeit in der Boschwerkstätte in lebhafter Erinnerung. Den gezielten Auftrag, einen Hochspannungszündmagnet zu entwickeln, erfüllte Honold mit Hilfe einer wissenschaftlichen Grundlagenforschung binnen anderthalb Jahren. Die einwandfreie und fabrikationsgerechte Ausführung war bahnbrechend.

Ein Doppel-T-Anker erhielt, wie Funkeninduktoren und später Zündspulen, zwei Wicklungen, die Primärwicklung und die Sekundär- oder Hochspannungswicklung. Außerdem brachte Honold den Unterbrecher und zugehörigen Kondensator sowie den Verteiler kompakt im Gerät unter, dessen äußere Konturen die Hufeisenmagnetstäbe prägten. Der rotierende Anker erzeugt zunächst einen verhältnismäßig starken Strom niedriger Spannung. Wird der Stromkreis dann vom Unterbrecher geöffnet, so bricht das Magnetfeld zusammen und induziert in der Sekundärwicklung eine Hochspannung, welche die Funkenstrecke zwischen den Zündkerzenelektroden durchschlägt, das an sich isolierende Gas dadurch leitend macht und schließlich den nötigen Lichtbogen (Funken) bildet. Diese Aufzählung deutet beiläufig an, daß der Funkenüberschlag — im Prinzip ein Blitz in Miniaturausgabe — genau ergründet, wie eben Honold es tat, lange nicht so simpel funktioniert wie vergleichsweise ein Abreißfunken von Niederspannungszündungen — oder an vielen Schaltern und Steckern im Alltag!

Noch länger als solche theoretischen Grundlagen beschäftigten fabrikatorische Probleme Honold, seine Mitarbeiter oder Konkurrenten und — nach seinem frühen Tod, 1923 durch eine verschleppte Blinddarmentzündung — seine Nachfolger. Da mußte man zunächst die Leute suchen und geduldig erziehen, die nicht nur 140 Primärwindungen von 0,7 mm starkem Kupferdraht, sondern dazu 8500 Sekundärwindungen mit 0,1 mm Drahtstärke ohne viel Ausschuß auf den kleinen Anker wickelten. Da mußte man für eine tadellose Isolation der Windungen erst die richtige Chinaseide und den brauchbaren Isolierlack finden, um die berüchtigten Durchschläge zuverlässig zu unterbinden. Da bereiteten, last, not least, dauerhafte Kontakte (aus Platin-Iridium), geeignete Unterbrecher und Kondensatoren keine geringen Schwierigkeiten.

Bosch löste alle Probleme und verschickte bis zum Kriegsausbruch rund zwei Millionen Magnetzünder in alle Welt, obwohl ein Patent darauf genauso wenig bestand wie vordem für den Siemens'schen Doppel-T-Anker (in Preußen). Wie nämlich das Otto-Patent an der spät aufgefundenen Beschreibung des Viertaktverfahrens von Beau de Rochas scheiterte, so verlor Bosch bald den Schutz für Honolds Zündmagnete, als Konkurrenten ein längst abgelaufenes und vergessenes Patent ausgruben, das ein junger belgischer Physiker namens Paul Winand ersonnen hatte — bei »Deutz« 1887, also zu einer Zeit, wo die Herstellung eines solchen Apparats, mindestens für praktische Anwendungen, jenseits aller fabrikatorischen Möglichkeiten lag. Etwas besser, wenngleich nicht nachhaltig genug, erging es dem französischen Elektromechaniker Boudeville und dem Stuttgarter Schwachstromtechniker Ernst Eisemann, mit dessem stattlichem Betrieb Bosch 1937 fusionierte.

Der Hochspannungszündmagnet wurde ein Motorenzubehör, das die technische Entwicklung ungemein vorantrieb, auch bei den jungen Flugmotoren. Die Monopolstellung der schwäbischen Fabrik riß bei Kriegsbeginn namentlich in England eine kritische Versorgungslücke auf, die knapp überwunden wurde. Der größte, fast einzige Nachteil der Magnetzündung besteht in ihrem hohen technischen Aufwand, folglich Preis. Er verteuert naturgemäß jeden Motor — und dies ohne zwingenden Grund, seitdem Lichtmaschinen und elektrische Anlasser, zusammen mit einer Batterie, ein brauchbares Bordnetz bildeten.

Wir erinnern uns an Charles Franklin Kettering (S. 160), der sein Elektrotechnikstudium wegen eines Augenleidens mehrfach zugunsten praktischer Tätigkeit unterbrach und erst 1909 seine Firma DELCO gründete. Deren Stromaggregate besaßen batteriegezündete Benzinmotoren, obwohl im gleichen Jahr die amerikanischen Automobile erstmalig in großem Stil mit Hochspannungsmagnetzündern arbeiteten. Dieser Umstand spricht gegen etliche schon vorhandene Zündapparate, die mit Namen wie Remy und, 1905 als erste marktgängige Batteriezündungen, Atwater Kent verbunden sind. Aber spätestens 1916 hatte sich die Batteriezündung in den USA endgültig durchgesetzt.

Und schon zwei Jahre vorher starteten 90 % der US-Automodelle mit einem elektrischen Anlasser! Den ersten lieferte Kettering an Cadillac, dessen Inhaber H. Leland danach verlangte. Ein tödlicher Unfall eines befreundeten Kunden, den die zurückschlagende Andrehkurbel unglücklich am Kopf traf, bekümmerte ihn stark. Als Kettering seinen Anlasser den SAE-Mitgliedern erläuterte, konstatierte der große Edison, der Elektromotor dieses jungen Mannes hätte alle Regeln und Lehrsätze über den Haufen geworfen und schon deshalb sei ein durchschlagender Erfolg kein Wunder mehr. — Im übrigen hatte Kettering schon 1905 ähnliche Prinzipien mißachtet, als er die »National«-Registrierkassen — in der noch heute gültigen Art — elektrifizierte. Theoretisch war der Motor viel zu klein, doch Kettering erkannte, daß man elektrische Organe für ganz kurze Arbeitszeiten und Schaltvorgänge enorm überlasten könnte...

Allerdings spiegelten sich in der späten Umstellung auf Batteriezündungen in Europa nicht nur die Kriegsverhältnisse und Inflationsjahre wider, sondern auch das traditionelle Bosch-Postulat nach maximaler Qualität, das der patriarchalische, bärtige Bosch mit dem Satz umriß »Lieber Geld verlieren als Vertrauen!«. — Nur für Sonderfälle, etwa Flug- und Rennmotoren, behielten fortan Magnetzünder große Bedeutung, vorzugsweise mit feststehenden Wicklungen (Ankern) und umlaufenden Magneten aus Kobaltstahl und ab 1935 mit dem noch besseren, von Professor Mishima erfundenen Alni-Stahl (Aluminium-

Nickel). Dieser Fortschritt reduzierte das reine Magnetgewicht gegenüber herkömmlichem Wolfram- oder Chromstahl auf ein Siebentel.

Auch einen Sonderfall, aber mit seiner Millionenzahl nicht zu übersehen, markieren Schwungradmagnete von Zwei-

lädt. Das Ganze kompakt und geschützt im glockenförmigen Schwungrad am Kurbelwellenende.

SINTERMAGNETE ALS HEINZELMÄNNCHEN

In diesen modernen Schwunglichtmagnetzündern erzeugen vier rotierende, im Schwungradkranz angeordnete Oxydmagnete das Kraftfeld. Sie sind zwar im Querschnitt etwas größer als gleichstarke Alni- oder Alnico-Magnete (Alni-Kobalt), auch spröde und extrem hart, aber kürzer, bedeutend leichter und billiger — nach einem hochinteressanten Werdegang. Sie bestehen überwiegend aus Eisenoxydpulver, wie ansonsten der unerfreuliche Rost, und etwa 15 % Bariumoxyd — auch andere Oxyde kommen in Betracht. Eine Vorglühung vermittelt die chemische Reaktion zwischen Eisenoxyd und Bariumkarbonat und verwandelt völlig unmagnetische Komponenten zum wertvollen Magnetstoff. Er wird getrocknet, in die gewünschte Form gepreßt und »gesintert«, d. h. bei etwa 1200° C regelrecht gebacken.

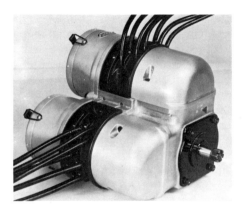

XIV.7 Zugleich Gipfel und Endstation einer 50jährigen Entwicklung:
Der Zwillingsmagnetzünder der letzten Mercedes-Benz-Rennmotoren (vgl. B. X.9) ähnelte Flugmotorenaggregaten mit einem gemeinsamen Rotor als Magnetteil und zwei unabhängigen feststehenden Spulensystemen. Seine Leistung jedoch übertraf die Maßstäbe der relativ langsamlaufenden Großmotoren weit — die 16 Zündkerzen benötigten bei 9000/min des »M 196« zusammen 1200 Funken in jeder Sekunde.

taktmotoren, heute offiziell »Schwunglichtmagnetzünder« bezeichnet: eine Kombination von Hochspannungszündmagnet (wenngleich wieder einige Ausführungen separate, außenliegende Zündspulen verwenden), Wechselstrom-Lichtanker für »Verbraucher«, die keinen Gleichstrom benötigen ... und einer zusätzlichen Wechselstromspule, die über einen Trockengleichrichter eine Batterie auf-

Die Oxyd- oder Ferrit-Magnete eroberten sich rasch den Alltag, als Krupp und Philips — nach unabhängig voneinander betriebenen Entwicklungen! — Ende 1952 die schwarzen, keramischen Ferrite auf den Markt brachten. Die daraus gezüchteten Magnete entfalten Haftkräfte bis zum Tausendfachen ihres Eigengewichts, seither für neue technische Lösungen auf vielen Gebieten. Im Haushalt begegnen sie uns zum Beispiel als Kühlschrankverschlüsse, Seifenhalter und manche Annehmlichkeiten mehr.

Zu einem gigantischen Projekt entwickelten sich (seit 1971, nachdem »Luftkissen« als Alternative ausschieden) die »Transrapid-Züge«. Sie verwerten aber nicht die magnetische Abstoßung (durch gleichnamige Pole), sondern die Anziehung durch gewaltige Magnete unterhalb der Ankerschienen, elektronisch auf Abstand geregelt. Dabei sorgen neuartige »Linearmotoren« für den nötigen Vortrieb.

Zurück zum bescheidenen Individualverkehr: für Kleinwagen, Boote, anspruchsvollere Motorräder und Roller entstanden aufwendigere Schwungradaggregate mit der Bezeichnung »Schwunglichtanlaßbatteriezünder« oder »Start-Zünd-Generator«. Sie liefern unterwegs den Zünd- und Lichtstrom, speisen die Batterie und arbeiten zum Start als elektrische Anlasser, neuerdings Starter genannt. Natürlich bedarf es dazu verschiedener Wicklungen und Stromkreise sowie angemessener Gleichstrom-Watt-Zahlen, weil Starter dank ihrer Wirkungsweise (als Hauptstrommotoren) und Versorgung (von der Batterie) stets Gleichstrom benötigen. Sogar in Lokomotiven werfen manche Generatoren, als Starter geschaltet, deren tausendpferdige Dieselmaschinen an.

DIE KLASSISCHE BATTERIEZÜNDUNG

Im deutschen Automobilbau trat die Batteriezündung in den späten zwanziger Jahren ihren Siegeszug an, durch Zufall etwa gleichzeitig mit der Einführung von Dieseleinspritzpumpen und Dieselfahrzeugen. Da inzwischen jeder Wagen ein Bordnetz besaß, mit einer Lichtmaschine als eignem »E-Werk« und einer Batterie, brauchte man den Zündstrom nicht extra zu erzeugen, sondern konnte das Zündsystem merklich vereinfachen und verbilligen.

Nur scheinbar enthält die Batteriezündung mehr Bauteile als ein Magnetzünder, der alle Elemente kompakt zusammenfaßt. Doch ist die räumliche Trennung, sieht man einmal von schadhaften Kabeln und Verbindungen ab, schwerlich ein Nachteil — vor allem, wenn der Ersatz irgendeines Bestandteils fällig wird! Das Schema und Schaltbild (B.XIV.8) macht den einfachen Aufbau einer Batteriezündung deutlicher als die üblichen Stromlaufpläne in Betriebsanleitungen — für das umfangreiche Bordnetz mit hunderten Metern Kabel unterschiedlicher Stärke und Farbe oder vielen verwirrend bezifferten Klemmen. Sowie der Unterbrecher öffnet, endet der Strom durch die Primärwicklung der Zündspule abrupt, das aufgespeicherte Magnetfeld bricht schlagartig zusammen und »induziert« dabei stattliche Spannungen — in beiden (!) Wicklungen. Die Hochspannung von der Sekundärwicklung saust über den Verteiler jedesmal zur richtigen Zündkerze und schlägt zwischen deren Elektroden als Funken über. Genau genommen beruhen diese Funken, wie schon bei der Hochspannungsmagnetzündung erwähnt, auf einem ziemlich komplizierten Vorgang.

Die Zündspule, das Herz der Anlage, trägt in der Mitte einen Eisenstab aus einzelnen Lamellen zusammengesetzt (um unerwünschte Wirbelströme zu unterbinden). Die Primärwicklung, mit 100 bis 200 Windungen von ca. 0,7 mm starkem Kupferdraht, liegt weit außen, dicht unter den Mantelleitblechen, um die reichlich anfallende Wärme über das — aus einem Stück gezogene — Stahlgehäuse gut abzuleiten. Die Hochspannungswicklung

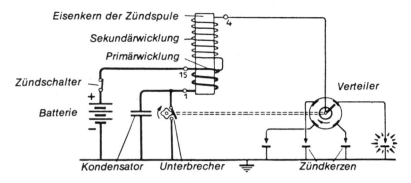

XIV.8 Das Schaltbild einer Batteriezündung für einen Vierzylindermotor. Die gestrichelte Doppellinie zwischen dem Verteiler und Unterbrecher deutet die gemeinsame Antriebswelle an. Der Primärstrom (dicke Linien) fließt von der Batterie über den Zündschalter durch die Primärwicklung der Zündspule zum Unterbrecherkontakt. Die Hochspannung geht von der Sekundärwicklung über den Verteiler zur »richtigen« Zündkerze. »Zurück« fließen alle Ströme durch »Masse« — alle leitenden Teile von Motor und Fahrzeug. Der Zündschalter ist (fast ausnahmslos) mit dem Anlaßschalter und dem (vorgeschriebenen) Lenkschloß kombiniert.

aus 0,1 mm starkem Draht mit hundertmal mehr Windungen — entsprechend dem »Übersetzungsverhältnis« der Spannungen — liegt dazwischen, zumal deren Stromstärke, umgekehrt zur Spannung, sehr schwach ausfällt und wenig Wärme entwickelt.

Das zusammenbrechende Magnetfeld erzeugt sogar in der Primärwicklung eine Induktionsspannung zwischen 300 und 400 Volt, unabhängig von der Batteriespannung im Primärstromkreis! Dieser Induktionsstoß erscheint am Unterbrecher als »Rückzündung« und provoziert schädliche Abreißfunken. Natürlich empfängt auch der parallelgeschaltete Kondensator diesen Stromstoß — bereitwillig, doch leider nicht vollständig bei allen Drehzahlen (und wieder einmal: mit verwickelten Schwingungsverhältnissen, hier »Schwingkreisen«). Am meisten »feuern« und leiden die Kontakte bei niedrigen Drehzahlen, weil sie (für diese elektrischen Verhältnisse) zu langsam abheben. Daher verbrauchen Schnell- und Langstreckenfahrer, ausnahmsweise, weniger Kontakte als die zu viel Stadtfahrten verurteilten... Kleiner Kontaktabstand verschlimmert diese Verhältnisse noch.

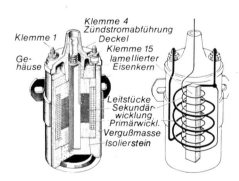

XIV.9 Die Zündspule im Schnittbild und Schema. Die Klemme 1 (im Schnittbild links, im Schema rechts!) ist der gemeinsame Anschluß für Primär- und Sekundärwicklung. Die Vergußmasse kann auch eine Isolierfüllung ersetzen (Trafo-Öl).

*Das Genie ist ein Blitz,
dessen Donner Jahrhunderte währt.*
*Knut Hamsun,
norwegischer Erzähler, 1859–1952*

ZÜNDVERTEILER — EIN ETAGENHAUS

»Ohne den richtigen Kondensator funken nur die Kontakte, nicht die Kerzen!« — erklärt der Meister seinen Zöglingen anschaulich. Die kleine, unscheinbare Patrone ist nämlich nichts anderes als ein Gleichstrom-Speicher, der Ladungen aufnimmt und bei nächster Gelegenheit wieder abgibt — eben wenn die Kontakte wieder schließen. Die großen, von Rundfunkgeräten bekannten Drehkondensatoren wären für Zündsysteme zu schwer und zu schwach. Tatsächlich werden hauchdünne Folien oder Metallschichten, die man auf Isolierstreifen aus Spezialpapier aufdampft, von letzterem jeweils gut isoliert, mit einer relativ riesigen Oberfläche patronenförmig zusammengerollt und gekapselt. Dabei muß ihre Kapazität, das Speichervermögen, genau zu jedem Primärstromkreis passen. Entstörkondensatoren, zum einwandfreien Rundfunkempfang etwa zehnmal größer, passen hier nicht.

Trotz Kondensator und ausgewähltem Kontaktmaterial — meistens aus Wolfram, in besonderen Fällen aus Platin oder unterschiedlichen Werkstoffen — tritt bei manchen, namentlich niedrigen Drehzahlen eine gewisse Funkenbildung auf. Deshalb benötigen die Unterbrecherkontakte regelmäßige Kontrolle und rechtzeitige Erneuerung... obwohl zwei Abnutzungserscheinungen sich zum Teil kompensieren: der Verschleiß am kleinen Gleitstück des Unterbrecherhebels verkleinert die Kontaktöffnung und verschiebt den Zündpunkt in Richtung »später«. Der Kontaktabbrand dagegen wirkt umgekehrt.

Jedenfalls verraten verschlissene oder mit Kratern und Höckern verunstaltete Kontakte Sparsamkeit am falschen Platz — ähnlich rissigen, spröden Zündkabeln oder, erst recht, überalterten und verrotteten Zündkerzen!

Der Zündverteiler beherbergt in mehreren Etagen alle bewegten Teile einer Batteriezündung. Da rotiert »im Keller« der Fliehkraftversteller, der den Zündzeitpunkt bei steigenden Drehzahlen vorverlegt; dann überwinden nämlich flache, einseitig gelagerte Fliehgewichte die Spannung von genau dimensionierten Rückzugfedern und bewirken über einen geeigneten Mechanismus, daß das obere, abgeteilte Ende der Antriebswelle mitsamt den Unterbrechernocken »voreilt«. Diese automatische Fliehkraftverstellung führte Bosch schon 1910 bei bestimmten Zündmagneten ein, um die Handverstellung, vom Lenkrad aus, zu erübrigen. Natürlich fanden bei der spät praktizierten Batteriezündung, speziell den Verteilern, viele »Magnet-Erfahrungen« einen vorteilhaften Niederschlag.

Dennoch hielt sich bei Sport- und Hochleistungsmotoren eine zusätzliche Handverstellung des Zündzeitpunkts beachtlich lang, ja sie tauchte schließlich unter dem Namen »Oktanzahlkompensator« vereinzelt wieder auf, um die unterschiedliche Klopffestigkeit von Kraftstoffen — nicht zuletzt bei Auslandsfahrten — auszugleichen.

Im nächsten Stockwerk des Verteilers hämmert der eigentliche Unterbrecher, mit Nocken, Kontakthebel, Kontaktamboß und Schließfeder... das Ganze auf einer Grundplatte, die (seit 1936) mit einer kleinen Stange an

XIV.10–12 Zündverteiler mit Fliehkraft- und Unterdruckverstellung, einmal aufgeschnitten, einmal zerlegt gezeichnet. Die Fliehgewichte erteilen der Nockenwelle bei bestimmten Drehzahlen eine Voreilung gegenüber der unteren Antriebswelle, während die Unterdruckverstellung die Unterbrecherplatte mit dem darauf sitzenden Hebel verdreht. Bei neueren Modellen findet man Klappöler anstelle der Fettbüchse. Oben rechts die Unterbrecherkontakte (am Hebel und Amboß) allein. Auf den Nocken läuft ein Kunststoffgleitstück. Der wichtige »Schließwinkel« ist herausgezeichnet. Großer Kontaktabstand verkleinert ihn, geringer Abstand vergrößert ihn!

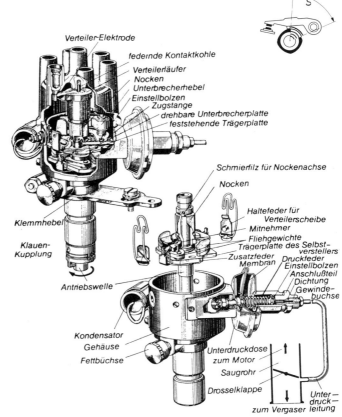

einer Unterdruckdose hängt. Diese dreht bei hoher Zylinderfüllung in Richtung »spät«, aber bei schwacher Füllung, geringer Last und Leerlauf — mit hohem Unterdruck — auf mehr Vorzündung, weil das Gemisch langsamer verbrennt. Die pneumatische Verbindung zum Ansaugsystem hinter der Drosselklappe obliegt durchweg einem dünnen Schlauch. Der von den Kontakten gesteuerte Strom fließt, wie das Schema deutlich zeigt, zur Zündspule — ungeachtet des parallel geschalteten, außen am Verteiler angeschraubten Kondensators, der ja erst beim Induktionsstoß seinen Dienst antritt.

Das oberste Stockwerk ist die sogenannte Verteilerkappe, mit dem Mechanismus, der dem ganzen Aggregat seinen Namen gab. Noch über dem Unterbrechernocken rotiert der Verteilerläufer, einfach auf der Welle aufgesteckt, vereinzelt aber — Vorsicht! — mit einer quersitzenden Schraube gesichert. Oben in der Mitte empfängt er von einer kleinen federnden Schleifkohle den Hochspannungsstrom der Zündspule und verteilt ihn beim Umlauf (über einen unbedeutenden, etwa 0,5 mm weiten Spalt) an die verschiedenen Kontakte — »Festelektroden« —, die unter den kaminförmigen Erkern mit den einzelnen Zündkabeln stecken. Deren Anzahl und Reihenfolge entspricht natürlich der Zylinderzahl und Zündfolge des Motors (– hier zwei oder mehrere Kabel zu vertauschen, ist ein beliebter Test für angehende Autoelektriker oder professionelle Pannensucher, denen der knallende und patschende Motor beim vergeblichen Startversuch kein Rätsel aufgeben darf!).

Die neuesten Verteiler besitzen zwischen dem eigentlichen Verteiler- und Unterbrecherraum einen kleinen Deckel aus Blech oder Kunststoff, der Staub und Kohleabrieb vom Unterbrecher und, umgekehrt, Kondenswasser vom Hochspannungsraum fernhält. Man kann ihn übrigens nachträglich einbauen, um eine eventuelle Anfälligkeit des Verteilers gegen feuchtes und winterliches Klima und damit verbundene Startschwierigkeiten zu bekämpfen. Da sich neuere Verteilerkappen auch in Material und Oberflächengüte von ihren Vorgängern vorteilhaft unterscheiden, kann deren Ersatz wie ein kleines Wunder wirken.

Als schnellster und billigster »Test« empfiehlt sich im Ernstfall, die ganze »Hochspannungsseite« zu reinigen und zu trocknen: die Kerzensteine (Isolatoren) außen, die Kerzenstecker und Zündkabel, den Zündspulendeckel und die Verteilerkappe (notfalls auch innen). Als nächster Schritt folgt der Ersatz von alten und fragwürdigen Teilen sowie der zitierte Einbau der »Kondenssperre« im Verteiler – und als letzte Rettung der Einbau von Gummi-Schutzhauben auf Verteilern und Zündspulen. Ganz luftdicht darf man den Verteilerraum allerdings nicht abschließen, weil unvermeidliche Licht- und Glimmbögen aggressives (und giftiges) Ozon und Stickoxid erzeugen, die mit der Belüftung entweichen sollen!

DIE LUSTIGE ZÜNDKERZEN-STORY VOM WICHTIGEN WÄRMEWERT

Die Zündkerzen, die am höchsten beanspruchten Elemente der Zündanlage, müssen außer den elektrischen hohe thermische und sogar mechanische Spannungen ertragen. Ihre einwandfreie Funktion ist doppelt wichtig, da falsche oder fehlerhafte Kerzen das Wohlbefinden des Motors, namentlich der Kolben, fatal stören können. So zählen gute und »richtige« Kerzen zu den wichtigen Voraussetzungen für die Vollasttauglichkeit eines Motors. Deren Verlust gleicht insofern einem Krebsschaden, als man ihn oft erst bemerkt, wenn es zu spät und eine kostspielige Reparatur fällig ist. Im übrigen kommt noch zur Sprache, warum eine (länger) aussetzende Kerze ihren Zylinder ebenso gefährdet wie eine überhitzte, glühzündende. Beides, einmal begonnen, bildet bald den berüchtigten circulus vitiosus, einen teuflischen Kreis.

Die schädlichen Extreme »Überhitzung« und »Verschmutzung« umgrenzen das Kernproblem der geeigneten Zündkerzen. Es kommt zwar bei den vielen Typen, die sich äußerlich ähneln wie ein Ei dem anderen, auf die richtigen Durchmesser und Längen der Gewinde an, auf die Form, Anordnung und den Abstand der Elektroden, vor allem aber auf den passenden Wärmewert.

Alle Zündkerzen sollen im Betrieb praktisch gleichwarm, d. h. in derselben Temperaturspanne arbeiten, mit mindestens 500° C, optimal sogar 800, an der Isolatorspitze. So ergibt sich die nötige »Selbstreinigung«, die fast alle Verschmutzungen wegbrennt,

Nebenschlüsse für die Funken verhindert oder ausmerzt. Wärmer als 850°, äußerst 900, soll dagegen kein Isolatorfuß werden, weil dann bereits »Selbstzündungen« (im OT-Bereich) beginnen, denen rasch die kritischen Glühzündungen folgen. Erstere, relativ harmlos, äußern sich darin, daß der Motor beim plötzlichen Ausschalten der Zündung nicht schlagartig »abstirbt«; letztere verschieben sich progressiv in die Verdichtung und sogar in den Ansaugvorgang, wo sie das »Zurückpatschen« der Verbrennung in den Vergaser auslösen (vgl. S. 157, f.).

Nun unterscheiden sich Ottomotoren mit ihrer Bauart und Konstruktion, Größe und Verdichtung, mit Belastung und Kühlung, Drehzahlen und Betriebsverhältnissen sehr stark voneinander. Eine »Einheitskerze« würde in einem braven Tourenmotor hoffnungslos verschmutzen, aber in einer Hochleistungsmaschine bald glühen, ja verschmoren. Unterschiedliche Motoren brauchen also unterschiedliche Zündkerzen, damit dieselben Isolatortemperaturen zustande kommen. Deshalb müssen die Kerzen bei hoher Beanspruchung viel mehr Wärme ableiten — oder erst gar nicht aufnehmen! — bei niedriger thermischer Belastung jedoch relativ stark aufgeheizt werden. Nur scheinbar klingt paradox: kühle Motoren brauchen »heiße« Kerzen, aber heiße Motoren »kalte«.

Das war nicht immer so. Wenngleich

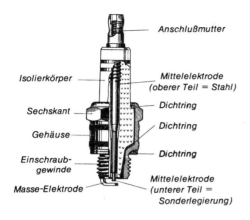
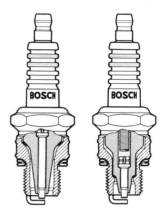

XIV.13, 14 Die meisten Kerzen besitzen 14 mm-Gewinde, bei (nicht zu kleinen) Zweitaktern auch 18 mm, bei Platzmangel gelegentlich 12- oder 10 mm. Daneben gibt es lange und kurze Gewinde, die ebenso zum Motor passen müssen, wie die verschiedenen Elektrodenformen, Elektrodenabstände und, vor allem, der wichtige Wärmewert (vgl. auch Bildunterschrift XVII.9). Die beiden rechten Kerzen zeigen einen wesentlichen (aber nicht einzigen) Wärmewert-Unterschied: die linke als »heiße« Kerze für kalte Motoren, viel »Atmungsraum«, große Wärmeaufnahme, wenig Wärmeableitung – niedriger Wärmewert. Rechts wenig Wärmeaufnahme, viel Wärmeableitung – hoher Wärmewert!
Die Werkstoffe der Mittelelektroden reichen heute von Nickellegierungen (mit Mangan, Silizium, Chrom), teilweise mit einem Kupferkern zwecks besserer Wärmeableitung, über Silber bis zu Platinmetallen – mit kleinen Durchmessern, die ihrerseits den Isolator schonen, vor allem die erträglichen Temperaturspannen verbreitern.

die frühen, von Hochspannungsmagneten »gefütterten« Zündkerzen eine vordem unbekannte Standfestigkeit aufweisen mußten, waren doch die motorischen Unterschiede gering. Bosch verteilte die Zündkerzen anfangs als Werbeartikel, um die Einführung der Magnetzündung zu fördern. Den »Wärmewert« freilich, als Maßstab für die Wärmeaufnahme und das thermische Gleichgewicht, führten die Stuttgarter erst 1927 ein, nach einer neuerlichen Entwicklung und Typenbereinigung. Er war usprünglich eine reine Zeitangabe, als die Zahl von Sekunden, nach der die betreffende Kerze in einem bestimmten Prüfmotor die ersten Glühzündungen verursachte. Mit den damals vorherrschenden Wärmewerten von 95 oder nur 45, gelegentlich 10, erhitzte also der Prüfmotor die Zündkerzen enorm!

Es handelte sich in der Tat um eine ausgefallene Konstruktion, nämlich um einen der wenigen wassergekühlten Hirth-Doppelkolben-Zweitakter für Motorräder, der normale Zündkerzen, im herzerfrischenden Berliner Jargon, aus der hohlen Hand fraß. Mit Spülung, Drehzahl und Leistung ihrer Zeit um viele Jahre voraus, errangen diese Maschinen bei einem frühen Avus-Rennen einen beachtlichen Doppelsieg, gingen aber nie in Serie. Beiläufig hatte die Berliner »Automobil-Verkehrs- und Übungsstraße«, schon vor ihrer Fertigstellung zur ersten Nachkriegs-Automobilausstellung im Herbst 1921, eine lange Geschichte: die Idee ging auf das Kaiserpreisrennen, 1907 im Taunus, zurück; die Planung mit einer GmbH auf 1909, der Baubeginn auf 1913 – und seine Wiederaufnahme 1921. Das erste Tourenwagen-Rennen auf den 10 Kilometer langen Geraden gewann noch im selben Jahr ein 10/30er Benz...

Die größten Schwierigkeiten liegen da, wo wir sie nicht suchen.   *Goethe*

WAS EIN KERZENGESICHT VERRÄT

Natürlich war die Wärmewertprüfung im Hirth-Motor nur ein Anfang und Übergang zu besseren Methoden – heute mit einer modernen »Ionenstrom-Messung«. Wie man das Temperaturniveau der Zündkerzen einem Motor anpaßt, ist im Prinzip recht einfach: um in einem kühlen Motor sich genügend zu erwärmen, erhalten »heiße« Kerzen, mit niedrigen Wärmewerten, einen weiten »Atmungsraum« und große Oberflächen am Isolatorfuß und Kerzengehäuse. Von der Verbrennung intensiv umspült, nehmen sie reichlich Wärme auf und erschweren »Nebenschlüsse« durch lange Kriechwege. Bei »kalten« Kerzen hingegen, mit hohen Wärmewerten, werden die Gasräume eng und enger, die aufgeheizten Flächen – aber auch die Kriechwege – wesentlich kleiner.

Zusätzlich verbessern Mittelelektroden aus Silber oder mit einem Kupferkern die Wärmeabfuhr; denn Kupfer und Silber leiten Wärme mindestens viermal besser als Nickel oder Chromnickel! Dabei geht es, neben der Wärmeableitung und noch vor den problematischen Selbstzündungen, um die Lebensdauer der Elektroden, weil zusammen mit den Temperaturen der »Abbrand« und die chemischen Angriffe unerfreulich wachsen – manchmal tun dies sogar die Mittelelektroden selbst und sprengen dann den Isolatorfuß.

Alle modernen Kerzensteine, für normale Zündspannungen zwischen 5000 und 10 000 Volt, in Sonderfällen bis 20 000 und noch mehr, bestehen zu 95° aus Aluminiumoxyd, einem keramischen Werkstoff, der beim Brennen um ein glattes Fünftel schwindet. Vergleichsweise betragen die Schwindmaße für Metalle nur ein halbes bis zwei Prozent. Im Modellbau für Gußteile oder beim Formen und Gießen selbst gibt es dafür »rote Zollstöcke«, die das betreffende Schwindmaß berücksichtigen. Folglich korrespondieren für z. B. 56 mm lange Kerzensteine vor dem Brennen 7 cm.

Besondere Vorzüge bieten die teuren Zündkerzen mit Elektroden (-enden) aus Platin oder dem eng verwandten, noch schwereren, härteren und selteneren Iridium. (Seine in vielen Farben schillernden Salze gaben ihm den Namen nach der geflügelten Göttin der altgriechischen Regenbogen. Seine Verwendung als wertvolle Füllfederspitze haben unsere Kugelschreiber geschmälert...) Mit Platinmetallen dürfen die Elektroden sehr dünn ausfallen. Sie entziehen den (3000 bis 6000° C heißen) Zündfunken wenig Wärme und erlauben einen auffallend geringen Elektrodenabstand. Trotzdem werden sie, zugunsten der zuverlässigen Entflammung, vom Gas gut umspült. Man spricht direkt von der »Gemischzugängigkeit« der verschiedenen Elektrodentypen.

Notabene hängt die zum Funkenüberschlag nötige Spannung nicht allein vom Abstand der Elektroden ab, sondern auch von deren Material, Form, Oberfläche und Temperatur. An heißen Isolatorspitzen werden die Funkenstrecken ionisiert, die Gase in ihrem Molekülaufbau verändert und elektrisch leitfähiger. Bei der Gasfüllung selbst spielen die Verdichtungsdrücke, Mischungsverhältnisse und – wiederum – Temperaturen eine große Rolle. Ausgeprägte »Reservespannun-

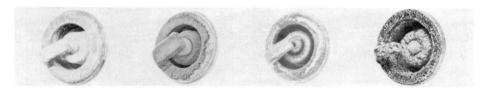

XIV.15–18 Vier markante »Kerzengesichter«. Von links nach rechts:
1 Eine gewisse Rückstandschicht am Gewindeende und auf der Masseelektrode ist normal und unvermeidbar. Isolatorfuß graugelb bis braun – Motor in Ordnung – Wärmewert richtig.
2 Samtartiger, stumpfschwarzer Rußbelag – Gemisch zu fett – Luftmangel – Elektrodenabstand zu groß – Wärmewert (für Motor oder Betriebsbedingungen) zu hoch.
3 Belag von feuchter Ölkohle und Ruß – zuviel Öl im Verbrennungsraum – verschlissene Zylinder und Kolbenringe (letztere auch gebrochen). Oder Einlaßventilführung und deren Öldichtung defekt.
4 »Schmelzperlen« auf dem Isolatorfuß, »angefressene« Elektroden – Gemisch zu mager – Zündkerze überhitzt, undicht oder locker – Wärmewert zu niedrig.
Hohe Wärmewerte erhielten niedrige Kennziffern! Die deutsche und anschauliche Staffelung wurde 1980 internationalem Brauch angepaßt, obwohl die Kennbuchstaben der einzelnen Marken – »Nummernsalat« – eher verwirren als harmonieren. Den gängigen Werten von 145 bis 225 entsprechen (bei Bosch und Beru) jetzt die Kennziffern 8 bis 5. (Auch ersetzen konische Gewinde gelegentlich die Flachdichtung).
Platinkerzen senkten den Verbrauch von elf (ADAC-)Testwagen nicht, stabilisierten aber den Leerlauf nach dem Start. Mit darauf abgestimmter »Anfettung« (vom Werk her) kann also der Verbrauch sinken.

gen« begünstigen den Motorlauf, aber auch die Kerzenlebensdauer! Sie entstehen aus der Bilanz vom Spannungsangebot, das die Zündspule bereithält, und dem echten, stark schwankenden Spannungsbedarf.

Dünne Elektroden, scharfe Kanten und kleine Abstände vermitteln sichere, »heißere« Funken, verschlechtern jedoch die Gemischzugänglichkeit und das gründliche Durchzünden der Gase, besonders bei Leerlauf und geringer Belastung. Eine direkte Überbrückung der Elektroden, die natürlich jeden Zylinder schlagartig lahmlegt, war zeitweilig eine verbreitete Zweitakterseuche. — Große Funkenstrecken und abgerundete Elektrodenprofile erhöhen den Spannungsbedarf und provozieren Zündaussetzer bei hoher Drehzahl und Vollast. Wieder sind, wenigstens mit herkömmlichen Zündspulen, brauchbare Kompromisse vonnöten.

Aus dem vielzitierten »Gesicht« gebrauchter Zündkerzen kann der geübte Blick viel herauslesen — nur nicht, ob die Kerze in Zweifelsfällen noch funkt. Vergaser- und Zündungsspezialisten benötigen vor Rennen und Rekordfahrten das Bild der (aus Vollgas abgestellten!) Kerzen genauso wie den kritischen Trainingsbericht des Fahrers. Andererseits zeigt das ehedem beliebte Kerzenprüfgerät vom Funken und Funktionieren im Motor herzlich wenig, weil wichtige Einflüsse fehlen, die unterschiedliche Gasmischung, Temperatur und Turbulenz. — Das in vielen Prüfgeräten mögliche Sandstrahlen des Kerzeninneren beseitigt auch Rückstände, die im Motor — selbst mit ausreichenden Temperaturen — nicht wegbrennen. Dennoch sollte man zu dieser Prozedur nicht häufig greifen, weil sie die Kerzensteine unerwünscht aufrauht!

ELEKTRONIK ÜBERWINDET WUNDE PUNKTE

Die neuralgischen Stellen der an sich so bewährten, herkömmlichen Batteriezündungen kamen bereits zum Ausdruck, vielleicht ein wenig zwischen den Zeilen; den ersten und wichtigsten Engpaß auf dem Weg zu höheren Zündleistungen präsentiert der mechanische Unterbrecher. Man braucht nicht gleich extreme Beispiele anzuführen, die in früheren Jahren großen Aufwand beanspruchten, etwa einen BRM-Kompressormotor (S. 241), der vier Verteiler mit zusammen acht Unterbrechern besaß, um seine 16 Zylinder bei maximal 11 000 U/min mit fast 1500 Funken in jeder Sekunde zu versorgen. Vergleichsweise benötigt ein Zwölfzylinder-Formel 1-Motor der siebziger Jahre für 13 000 Touren immerhin 78 000 Funken pro Minute, also 1300 in jeder Sekunde...

Ein einzelner, in bestem Zustand befindlicher(!) Unterbrecher liefert höchstens 18 000 Funken pro Minute, bevor er zu »prellen« beginnt, d. h. beim Kontaktschließen durch seine lebendige Energie — gleichbedeutend mit »Trägheit« — und durch die elastischen Verformungen der ganzen Mechanik vom »Unterbrecheramboß« zurückprallt. Das dezimiert die ohnehin minimalen Schließzeiten (und bringt die elektrischen Schwingungsverhältnisse völlig durcheinander); denn die Schließdauer der Kontakte wird schon vor dem »Prellen« kritisch-kurz: das Magnetfeld in der Zündspule erreicht nicht mehr die nötige Stärke, folglich ebensowenig der Induktionsstoß und Zündstrom.

Als Zwischenlösung entstanden Hochleistungszündspulen, die etwa 4,5 Ampere (statt 3,5 A) aufnehmen — und damit die für Unterbrecherkontakte erträgliche elektrische Grenze erreichen. (4,5 A x 14 Volt, von der ladenden Lichtmaschine, bedeuten beiläufig 63 Watt). Die normale kritische Funkenzahl von 12 000 pro Minute steigt mit HL-Spulen auf runde 18 000, den Bedarf eines Viertakt-Sechszylinders bei 6000 U/min. Die erwähnten Doppelunterbrecher bringen ein weiteres Polster, aber keine Verdoppelung.

Über den zuweilen verlockenden Ersatz normaler Zündspulen durch HL-Typen sollte jedoch in jedem Fall ein Spezialist entscheiden, weil sie, nicht immer »ruhestromsicher«, sich übermäßig erwärmen und sogar platzen können. Vielfach besitzen sie deshalb einen »Vorwiderstand«, der die anfallende Wärme aufteilt und vermindert, aber speziell zum Anlassen des Motors überbrückt wird, als sogenannte Startanhebung. Man erkennt solche (Bosch-)Spulen an ihrer Farbe: den blauen Typ K für 6 und 12 Volt ohne Vorwiderstand, den roten Typ KW für 12 Volt mit Vorwiderstand und Startanhebung, schließlich die schwarzen KW-Spulen für 24 Volt, wie in Nutzfahrzeugen üblich, mit Vorwiderstand.

Auch die »Schaltleistung« der Unterbrecherkontakte erreicht mit Stromstärken von 5 Ampère ihre Grenze. Zwar löscht (oder vermindert) der Kondensator den Lichtbogen beim Öffnen, doch wächst der Abbrand unweigerlich. Er verändert den Zündzeitpunkt und beansprucht lästig oft einen Ersatz der Kontakte, während die Erhöhung oder Verdoppelung der Bordnetzspannung — wie bei Militär- oder Nutzfahrzeugen — die Batterie und weitere Bauteile verteuern würde. —

Dieses Dilemma überwand die junge, zur rechten Zeit betriebsreif gewordene Elektronik, an erster Stelle mit Transistoren. Gerade in den fünfziger Jahren verlief die stürmische Motorenentwicklung etwa parallel zum Vordringen der »Halbleiter-Bauelemente«. Elektrisch stehen sie in der Mitte zwischen Metallen, die Strom bekanntlich sehr gut leiten, und Isolatoren wie Porzellan. Nun ändert sich der elektrische Widerstand der Halbleiter, umgekehrt ihre Stromdurchlässigkeit, mit veränderten Temperaturen oder mit einem »Steuerstrom«, vergleichbar den elektromagnetisch geschlossenen Kontakten eines einfachen Relais. Noch rascher, als es derzeit bei Transistoren für Zündanlagen der Fall ist, eroberten Halbleiter-Dioden die Großserien-Autoelektrik: als sechs kleine und preiswerte Gleichrichter für die (drei) Wechselstromphasen aus den Drehstromgeneratoren, die den herkömmlichen Gleichstrom-Lichtmaschinen den Rang abgelaufen haben. Mit konventionellen Gleichrichtern war diese Umstellung unmöglich. Auch die elektronischen Benzineinspritzanlagen zählen zu den direkten Auswirkungen.

WAS STECKT HINTER TSZ, HKZ, DIODE, TRANSISTOR, THYRISTOR?

Den ersten Schritt, zum vollelektronischen System sozusagen einen halben, bildet die Transistor-Spulenzündung (TSZ), die ihre Impulse von herkömmlichen mechanischen Unterbrecherkontakten bezieht. Diese schalten aber nicht mehr den Primärstrom, sondern nur noch einen schwachen »Steuerstrom« zum Transistor, einem Halbleiter-Bauelement, das sich seit seiner Erfindung 1948 zum bedeutendsten Verstärker in der Elektronik entwickelte. (Die drei Amerikaner Bardeen, Brattain und Schockley erhielten dafür gemeinsam den Nobelpreis für Physik, 1956). Die Bezeichnung transfer-resistor, Übertragungswiderstand, wurde einfach zusammengezogen, wie bei vielen Kunst- und Kurzworten.

Der Transistor arbeitet als elektrischer Schalter, trägheitslos, wartungs- und verschleißfrei. Gegenüber mechanischen Unterbrechern verkraftet er ohne weiteres die doppelte Stromstärke, also über 8 Ampère, und erlaubt kürzere Schließzeiten im Primärstromkreis, damit wiederum etwas höhere Funkenzahlen. Außerdem ist das »Zündspannungsangebot« größer, der Funken stärker, vor allem bei sehr niedrigen und sehr hohen Drehzahlen... alles, wohlgemerkt, mit besonderen TSZ-Zündspulen.

Die Achillesferse von Transistoren ist ihre Empfindlichkeit gegen elektrische und thermische Überlastung. Zum Schutz vor zu hohen Spannungen und zuviel Wärme benötigen die Steuer- und Primärstromkreise ebenso winzige wie wirksame Widerstände, einen Kondensator sowie Dioden und Z-Dioden (nach ihrem Erfinder Dr. Zener); das Ganze als »Schaltgerät« schmutz-, rost- und rüttelsicher in einem Leichtmetallkästchen vergossen. Es soll, trotz seiner beachtlichen Kühlrippen, an keinem warmen Platz, sondern auf einer gut wärmeableitenden Fläche sitzen.

Für die Unterbrecherkontakte, die nur noch den schwachen Steuerstrom schalten und keine Magnetspule versorgen, die heftige Induktionsströme zurückschickt, ist ein Kondensator entbehrlich. Man könnte sogar den Steuerstrom noch erheblich schwächer wählen, wenn darunter nicht die »Selbstreinigung« der Kontakte leiden würde. Sie brauchen also dazu eine gewisse Stromstärke — wie Zündkerzen zur Selbstreinigung eine ausreichende Betriebstemperatur.

An Motoren, für die 21 000 Funken pro Minute nicht ausreichen oder wo Kontrollen und eine gelegentliche Erneuerung der Unterbrecherkontakte mehr stören als die höheren Kosten für eine »volltransistorierte« Zündanlage, ersetzt man die Kontaktsteuerung durch andere Impulse zum Transistor. Dazu dienen »Hallgeber« (vgl. B. XIV.21) oder Induktionsgeber. Sie verändern einen magnetischen Fluß, indem beispielsweise besondere Stahlplättchen oder sternförmige Profile — mit einem Zacken für jeden Motorzylinder — dicht an einem feststehenden Magnetpol vorbeilaufen. Dabei entsteht in der zugehörigen Magnetspule eine Spannung, die den Transistor »kontaktlos« steuert.

Die Impulsgeber sitzen nicht immer im Verteilergehäuse, sondern rotieren an Rennmotoren — auch an etlichen Motorrad-Hochleistungs-Zweitaktern — als »Leitstücke« direkt auf dem Kurbelwellenschwungrad. Vollelektronische Transistorzündungen erreichen bis zu 40 000 Zündfunken in der Minute, wartungs- und verschleißfrei, aber nicht eben billig.

Die Hochspannungs-Kondensator-Zündung (HKZ), als zweites elektronisches Zündsystem, verwertet ein grundverschiedenes Prinzip. Der Zündstrom entsteht hier nicht durch Induktion (wie in herkömmlichen oder transistorierten Spulenzündungen), wo ein Magnetfeld, zunächst aufgebaut, rasch zusammenbricht... sondern im elektrischen Feld eines Speicherkondensators, wie es der Name zum Ausdruck bringt. Zwar kommen die Spannungen und Ströme, vom Kondensator aus, ebenfalls zu einer Spule, die sie auf über 25 000 Volt transformiert; doch handelt es sich jetzt um eine reine Übertragung, ohne vorangegangene Speicherung. Die Spule ist folglich zu ihrer neuen Bezeichnung »Zündtransformator« eher degradiert als avanciert!

Auch den Thyristor macht schon der geringste Steuerstrom leitend. Von Dioden und Transistoren unterscheidet ihn die Fähigkeit, auf ein Kommando hin nicht »irgendeinen« Arbeitsstrom durchzulassen, sondern

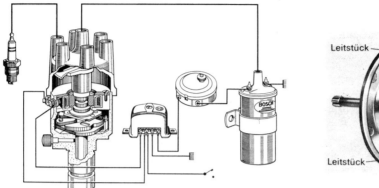

XIV.19, 20 Eine volltransistorierte Spulenzündung besteht aus dem Verteiler, dem Leistungstransistor und der Zündspule hinter einem Vorwiderstand. Statt des herkömmlichen Unterbrechers enthält der Verteiler einen (Induktions- oder) Magnetgeber, einen Läufer mit soviel »Zähnen« wie Motorzylinder. Beim Vorbeilaufen an den feststehenden Statorzähnen wird der Fluß des permanenten rotierenden Magneten verändert und ein Impuls erzeugt. Zündpunktverstellung (noch) wie üblich.
Rechts der Magnetimpulsgeber am Schwungrad eines Rennmotors (oder eines hochtourigen Zweitakt-Zweizylinders etlicher Serienmotorräder oder eines Außenbordmotors).

Eine elektronische Schaltung vervielfacht die Batteriespannung – bis zu 450 Volt Gleichstrom – und lädt damit den Kondensator auf, buchstäblich blitzschnell. Unterdessen sperrt ein Thyristor die Entladung, bis er einen Steuerimpuls erhält – wiederum mit den berühmten zwei Möglichkeiten: entweder von einem mechanischen Schalter, wie es der brave Unterbrecher ist, oder kontaktlos. Freilich kann man kaum noch von einem »Unterbrecherkontakt« sprechen, da der HKZ-Steuerstrom nicht beim Abheben (Öffnen) der Kontakte entsteht, sondern umgekehrt beim Beginn (Schließen) des Stromflusses.

einen vom Steuerstrom genau dosierten. Fachleute bezeichnen ihn deshalb als »steuerbare Diode« (auf Siliziumbasis). Noch zehn Jahre jünger als Transistoren, ersetzt er die »Thyratron-Gleichrichterröhre«, die ihm von ihrem Namen (= Stromtor) die erste Silbe gab, während der Rest vom Transistor stammt. Vielfach kursiert die HKZ auch als Thyristor-Zündung gemäß der entscheidenden Rolle, die dieses Halbleiterelement in ihr spielt.
Eine kontaktlose Thyristorsteuerung galt zeitweilig als das Non-plus-ultra der Zündsysteme, das beste und leistungsfähigste, aber auch das teuerste. Als Alternative zum magnetischen Impulsgeber sind optische Si-

gnale nachzutragen: Strahlen von einer Lichtquelle, die abgedeckt werden oder exakt freigelegt auf eine Photozelle treffen und den Impuls auslösen. Wir begegnen ähnlichen Lichtschranken im Alltag an Fahrstuhltüren oder gewissen Örtlichkeiten moderner Gaststätten zum automatischen Einschalten der Wasserspülung...

Neben der Batterie als Stromquelle gibt es, besonders für kleine, hochtourige Zweitaktmotoren in Booten und Motorrädern, Schneemobilen, Rasenmähern und Baumsägen, die MHKZ, bei der ein (Schwungrad-)Magnet den Kondensator auflädt.

Die ganz spezielle Wirkung der HKZ besteht im Charakter ihrer Zündfunken: sie sind ungemein energiereich, aber ebenso kurzlebig. Die Zündspannung steigt zehnmal rascher an als in normalen oder transistorierten Spulenzündungen (SZ und TSZ). Damit überschießt sie alle »Nebenschlüsse« im Sekundärstromkreis, namentlich leitende Isolatorfüße von verschmutzten Zündkerzen — die ansonsten längst versagten! Der HKZ-Funke hat förmlich keine Zeit mehr, einen anderen als den vorgeschriebenen Weg zu nehmen.

Mit üblichen Zündspannungen (um 10 000 Volt) und bei niedrigen Motordrehzahlen (Funkenzahlen pro Minute) beträgt die Brenndauer der SZ- und TSZ-Funken etwa 1,5 Millisekunden (0,0015 sec). HKZ-Funken hingegen dauern nur 50 bis 300 Mikrosekunden, also zwischen einem Dreißigstel und einem Fünftel der ersten (relativ!) langen Zeit. Natürlich entzünden so starke und brisante Lichtbögen auch Gasgemische, die auf normale Funken nicht mehr reagieren — etwa infolge mangelhafter Mischung von Kraftstoff und Luft. Freilich kann

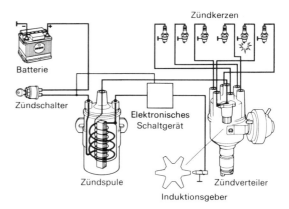

XIV.21 Neue Motoren, strenge Abgasgesetze, erwünschte Kraftstoffeinsparung und Verschleißfreiheit setzen der klassischen Batteriezündung Schranken, bedingen mehr und mehr die elektronischen Zündsysteme. Hier zur Ergänzung v. XIV.19 das vollständige Schema der kontaktlos angesteuerten Transistorzündung für einen Sechszylinder.

Neben dem Induktionsgeber mit »Zacken« am Stator und Rotor entwickelte Bosch für TSZ-Nachrüstsätze Verteiler mit sog. Hallgeber. Er hat nichts mit Akustik zu tun, sondern mit dem Hall-Effekt, den der amerikanische Physiker Edwin Herbert Hall (1855–1938) schon 1879 entdeckte: ein Magnetfeld erzeugt nicht nur in einem quer hindurch bewegten Leiter eine elektrische Spannung (wie B. XIV.2, f.), sondern in einem bereits bewegten und stromdurchflossenen Leiter eine zusätzliche Spannung — quer zu beiden, eben die Hallspannung. Dieses Phänomen kombinierte Bosch mit der heutigen Halbleiter- und Verstärkungstechnik. Ein topfförmiger Rotor, zum nachträglichen Einbau in herkömmliche Zündverteiler geeignet, enthält Schlitze entsprechend der Zylinderzahl, während darunter eine »Magnetschranke« an die Stelle der Kontakte tritt.

die HKZ-Wirkung auch ins Gegenteil umschlagen. So berichtete seinerzeit Porsche ungeschminkt, daß die kurze Brenndauer trotz der hohen Funkenintensität bei niedriger Belastung, aber hohen Drehzahlen — also mit wenig »Gas« — Zündaussetzer verursachen kann ...

Wir lieben Leute, die frisch heraussagen, was sie denken — falls sie daselbe denken wie wir.   Mark Twain, 1835—1910

ELEKTRONIK AUF DEM WEG

Abgesehen vom Renn- und Versuchsbetrieb der Industrie sammelten zunächst Enthusiasten und Bastler positive Ergebnisse mit HKZ- und TSZ-Anlagen. Berichte über besseren Kaltstart, besonders an frostigen und feuchten Tagen, über beseitigte Zündaussetzer, besseren Rundlauf und Anzug, und sogar über registrierte Kraftstoffersparnisse ... gab es in großer Zahl. Eine zweite Frage freilich blieb dabei häufig offen: wieweit die Mängel — und nicht das Prinzip — der ersetzten normalen Spulenzündung das Bild trübten, ob nicht eine beträchtlich billigere Beseitigung von klimatischen Störungen spürbaren Erfolg gebracht hätte: tadellose Hochspannungsleitungen, Isolierteile, Schutzhauben für Spulen und Verteiler und die geschilderten Kondenssperren im Verteiler?! Unterdessen reagierten die Motorenhersteller, mit dem Blick auf die höheren Kosten und sogar auf frühe Vergleichsversuche, jahrelang mit Zurückhaltung. Einige Firmen spendierten eine TSZ zunächst Einspritzmotoren oder Exportfahrzeugen für die USA. Aber dann geriet die klassische Zündung — drüben schon 1976 vollständig verdrängt — auch in Europa auf den Rückzug.

Bosch bewertet die Zündsysteme — SZ — TSZ und HKZ — nach sechs Gesichtspunkten:
- nach der Hochspannung und Zündenergie je nach Funkenzahl, also Motordrehzahl (x Zylinderzahl);
- nach der jeweiligen Leistungsaufnahme;
- nach der Brenndauer der Zündfunken;
- der unterschiedlichen Wirkung von Nebenschlüssen;
- nach der Lebensdauer von Verschleißteilen;
- nach dem Wartungsaufwand.

Das Hochspannungsangebot (B. XIV. 22, f.) wirft in jedem aktuellen Fall die Frage auf, ob für die verlangten (sehr hohen?) Funkenzahlen eine normale, preiswerte SZ — ohne doppelte Unterbrecher, Spulen, usw. — noch in Betracht kommt. Das mit wachsender Drehzahl ständig abfallende Zündangebot erreicht durchweg bei 18 000 Funken pro Minute die kritische Grenze — ohne Hochleistungsspule oft schon bei 12 000. Zuweilen enthüllt die SZ einen Pferdefuß auch bei sehr niedrigen Funkenzahlen, nämlich bei Bedingungen, wo man in der Praxis besonders kräftige Funken braucht: zum Anlassen bei tiefen Temperaturen, mit »schlechtem« Gasgemisch und strapazierter Batterie. Auch hier sammeln TSZ und HKZ Pluspunkte.

Mit der Leistungsaufnahme, in Watt-Zahlen ausgedrückt, schöpfen TSZ naturgemäß aus dem Vollen; denn Transistoren erzeugen, wie alle Halbleiterelemente, keine Energie, sondern steuern sie nur. Liefern muß sie beim Start die Batterie, ansonsten der Bordgenerator.

Spulenzündungen nehmen die meisten Watt bei den niedrigsten Drehzahlen auf, zudem nur 16 bis 20 Watt, die bei hohen Drehzahlen glatt auf die Hälfte abfallen — transistoriert da-

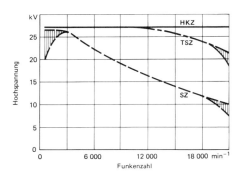
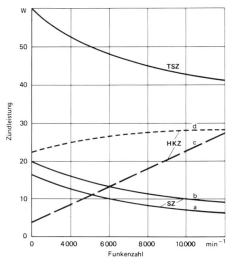

XIV.22, 23 Links das »Hochspannungsangebot« von SZ, TSZ und HKZ (Kilovolt in Abhängigkeit von der verlangten minütlichen Funkenzahl).
Rechts die Leistungsaufnahme (in Watt) dieser Zündsysteme, mit Standard-Zündspule a, mit Hochleistungsspule b, mit Einzelimpulsaufladung c, mit Vielimpulsaufladung d.

gegen drei- bis viermal mehr, nämlich 60 bis 40 Watt. Dagegen verbraucht die HKZ mit steigenden Funken- und Drehzahlen mehr Strom, doch merklich weniger als die TSZ — von reichlich 20 auf knapp 30 Watt. Der großen Funkenstärke steht eben die kurze Brenndauer gegenüber.

Die »Schalterlebensdauer« und Wartungsansprüche liegen auf einer gemeinsamen Ebene: mechanische Unterbrecherkontakte »halten« gemäß Zylinderzahl und Drehzahlniveau nur 15 000 bis 30 000 Kilometer, für beide elektronischen Zündsysteme aber mindestens dreimal solange — und das ist im Zeichen gleichbleibend »guter« Abgase, also Umwelt- und Wartungsfreundlichkeit, der entscheidende Faktor geworden.

Als letzter »mechanischer« Komplex zwischen dem Kurbeltrieb und der Kerze bleibt der Antrieb des Zündverteilers übrig — und die Anpassung des Zündpunkts an die Betriebsbedingungen und den Verbrennungsablauf. Die Kombination des drehzahlabhängigen Fliehkraftreglers mit einer Unterdruckdose — gelegentlich mit zwei, um den Zündpunkt bei leerlaufendem oder geschobenem Motor zusätzlich auf »spät« zu verschieben (vgl. S. 150) — entwickelte sich daher zum Ärgernis der Elektroniker und Thermodynamiker.

Eine bemerkenswerte Maßnahme, in erster Linie zur drastischen Senkung der CO-Emissionen im Leerlauf, bedeutete in diesem Zusammenhang die erstmalig für die VW-Transporter 1979 eingeführte digitale Leerlauf-Stabilisierung (DLS). (»Digital« oder ziffernmäßig arbeitende Rechengeräte stehen im Gegensatz zu Analogrechnern, die nur stetig-veränderte Vorgänge erfassen.) Die DLS mißt exakt die Leerlaufdrehzahl und regelt sie sofort auf ihren Sollwert, der niedrig liegt und mit »magerem« Gemisch zustandekommt. Die Einflüsse von Motor- und Außentemperatur, dazu unterschiedliche Belastungen (durch elektrische Verbraucher oder Automatikgetriebe z. B.) werden kompensiert — bei der DLS allerdings »nur« durch eine größere oder kleinere

XIV.24, 25 Der optimale Zündpunkt hängt für jeden Motor und Betriebszustand von zahlreichen, verwickelten Einflußgrößen ab, von Drehzahl und Füllung, Temperatur und Kraftstoff-Luft-Verhältnis ... und der Brennraumform. Geringer Vorzündungsbedarf spricht für dessen Güte!
Das Diagramm zeigt den Zündwinkel (Vorzündung) über der Drehzahl. Um die höchste Leistung zu liefern, müßte die Vorzündung der gestrichelten Kurve »a« entsprechen; der Motor würde aber damit bis zu ca. 2220/min klopfen. Das Feld »b«

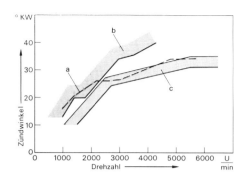

mit der stark ausgezogenen Grenzkurve markiert nämlich den Klopfbereich (bei normalen Motortemperaturen, klimatischen und Mischungsverhältnissen). Das Feld »c« zeigt das Toleranzband des Zündverteilers mit der Abhängigkeit von Fliehkraft- und Unterdruckverstellung. Der kritische Bereich liegt bei diesem Beispiel — und vorherrschend in der Praxis — immer noch bei 2000/min, während das besonders gefährliche »Hochgeschwindigkeitsklopfen« hier nicht droht. Der direkte Einfluß der Vorzündung auf die Zusammensetzung der Abgase (gemäß dem Verbrennungsablauf) kommt hier nicht zum Ausdruck. Er begründet aber, ebenso wie ein optimierter Kraftstoffverbrauch, den Weg zu computergesteuerten Zündanlagen.
Die einfache, zweidimensionale Darstellung von Zündverstellkurven ist inzwischen unzulänglich und überholt. Da die echte Basis aus Drehzahl und Belastung entsteht, werden die Zündwinkel als dritte Dimension (perspektivisch gesehen) aufgezeichnet und bilden mit Hügeln und schroffen Spitzen ein zünftiges Hochgebirgsrelief wie im unteren Bild. Links steht das optimale elektronische Zündkennfeld neben dem unzulänglichen mechanischen System.

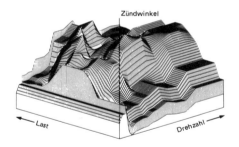
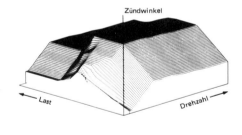

Vorzündung. Dazu ist der »Stabilisator« zwischen den mit einem Hallgeber arbeitenden Verteiler und das Steuergerät der TSZ geschaltet.
In weit größerem Stil entstand eine neue Generation als reine Computerzündung, die mit einem winzigen Digitalrechner neben der Drehzahl, Last und Temperatur (fast) beliebig viele weitere Parameter berücksichtigt, um für jede einzelne Verbrennung den optimalen Zündpunkt, dazu lebenslängliche Wartungsfreiheit und Konstanz, zu diktieren. Einen aktuellen Anstoß lieferte der junge Physiker Dr. Gunter Hartig, doch gab er seine Neuerungen Bosch in Lizenz. Diese Zündung gehört dann zu einer »Zentralelektronik«, wie man sie etwa in modernen Rechenanlagen findet, und hängt eng mit der

Technologie der Großschaltkreise oder LSI-Verfahren zusammen (Large Scale Integration). Man kann damit »mehrere tausend Transistoren auf einem einzigen Halbleiterplättchen von wenigen Quadratmillimetern Fläche unterbringen«, raumsparend, kostengünstig und zuverlässig.

Erst wenn den mechanischen Hochspannungsverteiler »statische«, elektronisch angesteuerte Elemente ersetzen, avanciert die elektronische Zündung (bei Bosch und allgemein EZ) zur vollelektronischen Zündung (VZ). Sie wird besonders attraktiv in Verbindung mit weiteren elektronischen Steuer- und Regelfunktionen.

Die Verteilung von Hochspannung erspart völlig eine von Saab entwickelte und 1985 präsentierte vollelektronische HKZ (»SDI« = Saab Direct Ignition), weil vier einzelne Zündtransformatoren direkt über den Zündkerzen stecken – in einer gemeinsamen, zwischen den Nockenwellengehäuse eingefügten Metallkassette. Sie vermittelt gleichzeitig eine wirksame Abschirmung von Radio- und Funkstörungen sowie einen Sicherheitsfaktor gegen unbeabsichtigtes Berühren von Hochspannungsteilen, das bei sämtlichen elektronischen Zündanlagen wegen der hohen Energie gefährlich ist!

**MOTRONICS UND DIGIFANTEN –
ZENTRALCOMPUTER ALS ZIEL**

Einen markanten Schritt zum sparsamen und umweltfreundlichen Ottomotor vermittelte (erstmalig im BMW 732 i, 1979) der von Bosch entwickelte und »Motronic« getaufte Mikrocomputer. Er steuert die Gemischbildung der L-Jetronic und die Zündung nach einem erheblich besseren System, als es »lineare« Fliehkraft- und Unterdruckverstellkurven ermöglichen. Einspritzmengen und Zündpunkte werden von Sensoren nach Drosselklappenstellung und Drehzahlen, Außen- und Motortemperatur, Ansaugluftmenge und einem Startsignal, vor allem natürlich von einer Lambdasonde, dem Steuergerät zugeleitet und optimal verarbeitet.

Allein die Zündverstellkurve entsteht mit vorgegebenen 16 x 16 »Stützstellen« für Last und Drehzahl, die vierfaches Interpolieren auf 64 x 64, also über 4000, vermehrt. Ähnliches gilt für das weite Kennfeld der Gemischbildung, wobei sich Schubabschaltung (bis zu 1200/min herunter) fast von selbst versteht.

Die Anpassung der Motronic an einen bestimmten Motor erfordert Prüfstandversuche über Wochen und Monate – anders als der simple Anbau mancher Aggregate, eher schon vergleichbar einer Vergaserabstimmung, die so gegensätzliche Ansprüche wie Verbrauch, Abgasqualität und Fahrverhalten optimieren soll.

Die Motronic ist zusammen mit der L-Jetronic sicher das modernste System zur Regelung von Ottomotoren, zumal Mitte der 80er Jahre eine neue Generation folgte. Mit angemessenem Aufwand gelangte VWs »Digifant« in Vertreter der Mittelklasse (die dadurch vielleicht preiswerter wurde, aber sicher nicht billiger, ganz abgesehen vom Katalysator). Ähnliche Lösungen in den USA und Japan, auch in Verbindung mit Vergasern, ergänzen dieses Randthema der Motorentechnik.

Ein ausgeklügeltes Motorenmanagement in Grand Prix- und Rennsportwagen zielt sicher (noch) nicht auf Abgasqualität, doch umsomehr auf optimale Leistung bei vorgegebenem Höchstverbrauch – oder umgekehrt auf minimalen Verbrauch bei der verlangten Leistung.

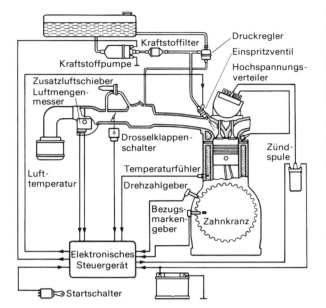

VIX.26 Motronic-Schema: der Drehzahlsensor zählt die Zähne des Anlasserzahnkranzes (oder einer Geberscheibe), der Bezugsmarkengeber, ein gleichartiger induktiver Sensor, liefert die Winkelstellung der Kurbelwelle (z. B. OT). Der Verteiler benötigt weder Fliehgewichte und Unterdruckdosen noch Hall- oder Induktionsgeber, ist also zur namensgerechten Funktion degradiert.
Bei VW veranlaßte die Kombination der kennfeldgesteuerten Zündung »Dignition« mit der ebenso gesteuerten elektronischen Einspritzung »Digijet« den lustigen Namen »Digifant« (nachdem im Computerjargon die besten Großrechner als »weiße Elefanten« kursieren). Ihrem Einsatz in Transporter- und Caravelle-Typen ab 1985 folgten nach zwei Jahren die (zweiventilen) Spitzenmodelle von Golf und Jetta. Auch hier bezieht der Computer zahlreiche Sensorensignale, u. a. von der Lambda-Sonde und Klopffühlern, auch hier enthalten die Kennfelder 16 × 16 Stützpunkte.

Es verhindert meistens, aber nicht immer, das unbefriedigende Ergebnis, daß ein klar führender Konkurrent kurz vor dem Ziel durch Kraftstoffmangel ausfällt. Die zukünftige Zentralelektronik wird nicht nur das »Gehirn« für den Motor, sondern für das gesamte Fahrzeug. Sie übernimmt die Getriebesteuerung, Geschwindigkeitsregelung und den Blockierschutz der Räder, überwacht dazu sämtliche Organe exakt, von Drehzahlen, Drücken und allen möglichen Temperaturen . . . bis zu den Glühlampen (und sich selbst).

Wer seiner Zeit weit voraus ist, bleibt oft jahrelang außer Hörweite.
Prof. Robert Jungk, 1913–1981

Zweitakter (nur im PKW gestorben) und die Auto-Union-Story

Als Zweitakter 80 von 100 Motorrädern und dazu jeden sechsten Wagen mobilisierten — in Deutschland vor und nach dem zweiten Weltkrieg, beruhte die Entscheidung vieler Fahrer nicht auf nüchternen Erwägungen, sondern auf einem wahren Enthusiasmus. Zwei- oder Viertakt, das war keine landläufige Frage, sondern fast eine Weltanschauung.
Dabei sprachen für den Zweitakter beachtliche Vorzüge, und auf manchem Anwendungsgebiet ist es heute nicht anders:

● der einmalig einfache Aufbau mit nur drei bewegten Teilen pro Zylinder — oder fünfen für zwei, nämlich Kolben, Pleuel und Kurbelwelle, was sich (zuweilen) bei der Anschaffung, aber noch mehr bei der Wartung und Instandsetzung auszahlt...

● die gegenüber Viertaktern doppelte »Zündfolge«, die zuletzt das Schlagwort »3 = 6« veranlaßte, weil ein Zweitakt-Dreizylinder genausoviel Arbeitstakte produziert wie ein Viertakt-Sechszylinder — und damit einen hohen »Gleichförmigkeitsgrad«, den man allerdings nicht mit dem unbefriedigenden Rundlauf ohne Belastung und im Stand verwechseln darf...

● die kompakte Motorform mit geringen Abmessungen und meistens auch Gewichten...

● im Zusammenhang damit günstige Schwingungsverhältnisse, vergleichsweise nur schwache Vibrationen...

● nicht zuletzt überlegene Kaltstarteigenschaften, dank der vorherrschenden Mischungsschmierung...

● und das alles zu einer Zeit, in der die Zweitakter-Unarten bei Motorrädern und Kleinwagen wenig ins Gewicht fielen, während es mit der Zuverlässigkeit und Haltbarkeit der Ventilsteuerung in manchem Viertakter haperte.

(WO) SIND ZWEI TAKTE ZU WENIG?

Die Antwort auf diese zweideutige Frage erfordert einen kurzen Rückblick auf das fundamentale Viertaktverfahren, das zwei Kurbelwellenumdrehungen für ein Arbeitsspiel benötigt. Wenn Zweitakter es dagegen bei jeder einzelnen Umdrehung bewältigen, müssen wir das »WIE« ein wenig sezieren. Denn die Annahme, diese Motoren kämen mit zwei statt vier Takten aus, wie ihr Name es vortäuscht, ist natürlich falsch. Sie traf nicht einmal bei den ältesten Gasmotoren zu, die den Viertaktern vorangingen, ganz davon abgesehen, daß es »vor« Otto und Beau de Rochas auch den Begriff Zweitakt nicht gab.
Wir erinnern uns an Lenoirs Gasmotor von 1860, der mit Aufbau und Wirkungsweise den Dampfmaschinen stark ähnelte — mit Schiebern zur Ein- und Auslaßsteuerung und sogar

einem doppeltwirkenden Kolben. Er saugte, jeweils während der ersten Hubhälfte, ein Gas-Luft-Gemisch an, das dann, bei geschlossenem Einlaßkanal, elektrisch gezündet wurde und bestenfalls einen Druckgipfel von 5 bar entfaltete. Der rückwärtsgehende Kolben schob das verbrannte Gas durch den Auslaßkanal ins Freie, während sich das Arbeitsspiel auf der anderen Kolbenseite wiederholte. So entstanden, wie in üblichen Dampfmaschinen, bei jeder Umdrehung zwei Arbeitstakte. Unter der (falschen) Voraussetzung, ein »Takt« entspräche einem Kolbenhub, handelte es sich bei diesen doppeltwirkenden Maschinen um »Eintakter«!

Tatsächlich absolvierte der Lenoir-Motor je einen halben Ansaug- und Arbeitshub sowie einen vollen Auspuffhub, nach einer Definition von Dr. Venediger, als »Zweihub-Dreitakt-Motor (ohne Verdichtung)«. Den großen Fortschritt in Gestalt der zusätzlichen Verdichtung vermittelte dann das Viertaktverfahren, freilich auf Kosten einer zusätzlichen Kurbelwellenumdrehung ohne Leistungsabgabe. Doch übertraf der Gewinn diesen Verlust bei weitem. Übrigens wurden mehrfach in der Motorengeschichte auch Sechstakter entworfen und patentiert: entweder mit verdoppeltem Gaswechsel (Ansaugen und Ausschieben) oder mit verdoppeltem Verdichten und Verbrennen, namentlich als Dieselmotoren...

Gewissermaßen »umgekehrt« wie Lenoirs Motor arbeiteten die Zweitakter von Carl Benz, weil und während die Viertakter gerade Patentschutz genossen: der Arbeitstakt erstreckte sich über einen ganzen Hub, so daß für den Auspuffvorgang, die neue Ladung und die Verdichtung insgesamt nur der zweite Hub übrigblieb. Das ging natürlich nur mit Luft- und Gaspumpen, wie bei späteren Schiffsmotoren, die wir bereits als die Vorläufer früher Diesel kennen lernten... Nach anfänglichen Schwierigkeiten und Enttäuschungen lief der Motor in der Sylvesternacht 1879 zum ersten Mal einwandfrei, bei einem Versuch, den die junge, tapfere Frau Berta veranlaßt hatte. Ergriffen lauschte das junge Paar der neuen »Musik«, bis die Neujahrsglocken darin einstimmten. Rasch wurde der Motor ein großer Verkaufserfolg.

Um wenigstens die aufwendige Luftpumpe einzusparen, baute Benz bald (mit einem neuen kaufmännischen Partner und Betrieb) einen erheblich verbesserten Zweitaktmotor. Einfache und zuverlässige Ventile ersetzten die empfindlichen »Schieber«, während der Arbeitskolben mit seiner »Rückseite« reine Luft ansaugte und verdichtete, wie es schon Konrad Angele ersonnen hatte (S. 236). Nur pumpte der Zweitaktkolben die Luft in einen ziemlich großen Druckbehälter, der seinerseits den Arbeitszylinder speiste. Auch diese anerkannt soliden Gasmotoren verkauften sich gut und ermöglichten Benz die kostspielige Beschäftigung mit seiner Lieblingsidee, dem »Motorwagen«, den die Presse — wenngleich voll Respekt — als (dreirädriges) Velociped beschrieb.

Für das Fahrzeug jedoch griff Benz, wie zur selben Zeit der ihm persönlich unbekannte Gottlieb Daimler, auf einen Viertaktmotor zurück, »der erheblich unkomplizierter als die damaligen Zweitakter war, mindestens doppelt so schnell liefe und entsprechend leichter würde« (vgl. S. 19).

Noch vor Benz widmete Julius Söhnlein sich kleinen, selbstkonstruierten Zweitaktmotoren, der älteste Sohn des Zigarrenfabrikanten, der 1864 die bekannte Sektkellerei gegründet hatte. Auch ein »Geißbockwagen«, in den der 17jährige Wiesbadener Realgymnasiast diesen Motor einbauen ließ, soll gelaufen... und das erste Automobil gewesen sein. Freilich muß man dabei den eigenen (sehr späten) Darstellungen des Erfinders folgen, die in mehrfacher Beziehung einen Vergleich mit der Markus-Legende herausfordern (S. 125). Historisch sind indessen mehrere Söhnlein-Patente und Kurbelkammer-gespülte Zweitakter aus den frühen 90er Jahren. Sie besaßen zur Füllung und Entleerung des Zylinders keine Ventile mehr, sondern Schlitze, die der Arbeitskolben bei seinem Auf und Ab freilegte und wieder verschloß. Gleichzeitig diente das bereits bekannte gasdichte Kurbelgehäuse als »Ladepumpe« — wie es 1878 der Engländer Dugald Clerk einführte, der unbedingt zu den Zweitakt-Pionieren zählt.

Jedenfalls war der einfache, gleichermaßen klassische wie moderne Zweitaktmotor, im Prinzip vor der Jahrhundertwende fertig: der aufwärtsgehende Kolben erzeugt im (engen) Kurbelhaus einen Unterdruck und öffnet dann einen Schlitz bzw. Kanal, durch den Kraftstoff-Luftgemisch einströmt. Vom wieder abwärtsgehenden Kolben »vorverdichtet«, gelangt es durch einen Überströmkanal, direkt neben der Zylinderlaufbahn, und den zugehörigen Überströmschlitz in den Arbeitszylinder — während der Kolben sich weit unten befindet.

»Oben« verdichtet dann der aufwärtsgehende Kolben, wie in einem Viertakter, die Füllung erneut. Sie wird gezündet, verbrennt und arbeitet... bis der Kolben, wieder unten, einen

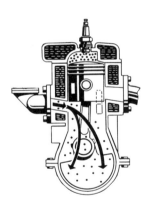 

XV.1 Das Frischgas strömt (vom Vergaser) durch den Ansaugkrümmer und den offenen Einlaßschlitz ins Kurbelgehäuse. »Oben« hat der Kolben die vorangegangene Füllung komprimiert.
Das Schema des wassergekühlten Zweitakters mit einem unsymmetrischen, »eingeschnürten« Verbrennungsraum — mit Quetschflächen wie an vielen Viertaktern — deutet auf die letzten PKW-Motoren, die bei uns verschwunden sind (DKW, Saab), aber nicht in der DDR (Trabant, Wartburg) und in japanischen Kleinwagen (Suzuki, Mitsubishi).

XV.2 Wenn der Kolben in der unteren Zylinderzone den Auslaßschlitz freigibt, puffen die verbrannten Gase aus. Minimal später werden die Überströmschlitze geöffnet und lassen die im Kurbelgehäuse vorverdichteten Frischgase einströmen.

Auslaßkanal (oder mehrere) öffnet und das Altgas vehement auspufft — zumal gleich nach begonnener Druckentspannung die nächste frische Füllung vom Überströmschlitz aus nachdrückt. Folglich umfaßt die Zweitaktarbeitsweise nicht weniger, sondern mehr einzelne »Vorgänge« (Takte) als die Viertaktkonkurrenz: Ansaugen (ins Kurbelhaus) — Vorverdichten (ebendort) — Überströmen (in den Arbeitszylinder) — Verdichten — Arbeiten — Auspuffen.

Allerdings verrichtet der Kolben mit seiner Unter- und Oberseite jeweils zwei Operationen zur gleichen Zeit, während das Überströmen und Auspuffen nur noch einen Teil vom Gesamthub andauern, dazu noch überwiegend gleichzeitig... lauter Umstände, die schon ahnen lassen, warum Zweitakter trotz der doppelten Zündfolge kaum eine doppelte Viertakterleistung entfalten.

Beide schaden sich selbst: der zuviel verspricht und der zuviel erwartet.
Gotth. E. Lessing, 1729—1781

ZYLINDERSPÜLUNG ALS A UND O, DOPPELKOLBEN UND U-ZYLINDER

Für den Weg — genauer: Umweg durchs Kurbelgehäuse — den das Gas in diesen kleinen Zweitaktern nehmen muß, besitzt jeder Zylinder drei Kanäle: zu unterst den Einlaßkanal, den nur der Kolbenschaft bestreicht, aber nicht seine obere Partie mit den Kolbenringen — darüber die Überström- und Auslaßkanäle. Man spricht bei dieser Anordnung von »Dreikanalzweitaktern«, sogar dann, wenn Kanäle und Schlitze paarweise vorliegen.

Die »Steuerung« der Schlitze, ihre Freilegung und Verdeckung, belastet den Zweitaktkolben mit einer zusätzlichen Aufgabe: er erträgt beim Verdichten und Verbrennen die üblichen Gasdrücke, als Kräfte, die er vom Pleuel empfängt und abwärts verstärkt zurückgibt — nicht zu vergessen die Seitendrücke, die er dabei auf die vordere und hintere Zylinderwand ausübt — und er ersetzt gleichzeitig, eben als Steuerorgan, die Ventile der Viertakter. Aber die Zylinder sind noch schlechter dran. Sie unterliegen einer erheblich höheren Wärmebelastung gegenüber Viertaktern (zugunsten des Zylinderkopfs, s. S. 259) und bergen durch die Schlitze und Kanäle besondere Probleme. Sie sollen nämlich bei allen vorkommenden Temperaturen exakt rund bleiben. Man kann es schlicht »gesund« nennen.

Doch zurück zum Arbeitsablauf. Da stehen also die Auslaß- und Überströmschlitze gleichzeitig offen, wenn der Kolben sich in UT-Nähe befindet. Die Auslaßschlitze bleiben sogar viel länger offen,

● weil erstens der Abgasweg natürlich früher geöffnet werden muß als die Verbindung zum Kurbelhaus, das ja nur schwach aufgepumpt ist...

● weil zweitens alle »Steuerwege« des Kolbens, und damit die Steuerzeiten, symmetrisch zu den Totpunkten liegen. Die Kolbenwege und die zugehörigen Kurbelwellenwinkel sind also vor und nach den Totpunkten gleichgroß.

● Eine gewisse Einschränkung dieser »Symmetrie« vermittelt der konstruktive Kunstgriff, die Zylinder über der Kurbelwelle zu »desaxieren«, d. h. sie seitlich zu versetzen. Damit verschieben sich die Totpunkte etwas und auch die Kolbenwege im Verhältnis zu Kurbelwinkeln. Außerdem verringern sich die Seitendrücke des Kolbens auf die Zylinderwand während der Verbrennung, so daß desaxierte Zylinder auch bei Viertaktern Eingang fanden. Schließlich bleiben desaxierte Kolbenbolzen dem Kolbenkapitel nachzutragen, die das unschöne »Kolbenkippen« im oberen Totpunkt (beim Anlagewechsel an den Zylinderwänden) merklich dämpfen...

Um dennoch das verbrannte Gas möglichst vollständig zu entfernen, aber von der frischen Füllung möglichst wenig durch die noch offenen Auslaßschlitze zu verlieren, verlangt der Frischgasstrom im Zylinder viel Aufmerksamkeit. Er soll den Zylinder gründlich spülen und füllen, das alte Gas beseitigen, aber keinen direkten Weg ins Auspuffrohr und Freie finden. Bei diesem Kernproblem rangieren die Überströmkanäle an erster Stelle, mit ihrer Größe und Gestalt, mit dem Profil der Schlitze und ihrer Anordnung am Zylinderumfang. Daher nennt man sie meistens — und mit Recht — »Spülkanäle«, vor allem natürlich bei Motoren, in denen Gas oder Luft gar nicht (aus einer pumpenden Kurbelkammer) »überströmt« (Abb. 92). Denn die Zylinder von großen Dieselzweitaktern beziehen ihre Luftladung, wie die historischen Zweitaktgasmotoren, von separaten Verdichtern, von Gebläsen oder Kompressoren, die entweder rein mechanisch mit der Kurbelwelle oder mit einer Abgasturbine gekuppelt sind, wie das Kompressorkapitel erläuterte.

Für manche Zweitaktdiesel — ab LKW-Größe, noch mehr für große Mittelschnell- oder Langsamläufer — entstanden »gemischte« Steuerungen, mit Schlitzen für die Spülkanäle (unten) und mit Auslaßventilen im Zylinderkopf — oder umgekehrt mit Einlaßventilen und Auslaßschlitzen. Diese gemischten Steuerungen — oder zwei gegenläufige Kolben in einem »Doppelzylinder« (B. IX.4) — bewirken die vorteilhafte Gleichstromspülung«. Die Gas- oder Luftfüllung strömt stets in ein und derselben Richtung. Ohne Kurven, Wendungen oder Wirbel — notabene unerwünschten, im Gegensatz zu beabsichtigten — entsteht eine bessere Trennung von frischem und verbranntem Gas.

Freilich ist der technische Aufwand in diesen Motoren nicht gering, Ventilsteuerungen kosten allerhand »Mechanik«, und gegenläufige Kolben noch mehr, nämlich zwei Kurbelgehäuse, zwei Kurbelwellen und etliche Zahnräder dazwischen — oder lange, schwere Pleuelstangen und Führungen für die »oberen« Kolben. Meistens stört auch die beträchtliche Bauhöhe. Andererseits ergibt sich die neue Möglichkeit, die Stellung der Kolbenpaare etwas gegeneinander zu verschieben, statt sie exakt spiegelbildlich laufen zu lassen. Damit fallen die nachteiligen symmetrischen Steuerzeiten fort, der Auslaßkolben kann seine Schlitze nicht nur früher öffnen, sondern auch früher verschließen, während die Einlaßkanäle noch offenstehen. Das wiederum gestattet eine echte, wenn auch geringfügige Aufladung.

Mit Gleichstromspülung erreichten die Junkers-Dieselflugmotoren beachtliche Literleistungen und Leistungsgewichte... just als die ohrenbetäubenden DKW im internationalen Motorradsport ihre große Rolle spielten. Auch sie besaßen seit 1933, außer besonderen Ladepumpen, zwei Kolben in einem Zylinder. Sie liefen jedoch nicht zu- und auseinander, sondern (annähernd) parallel auf und ab; denn der Zylinder war — wie schon bei früheren Beispielen, zumal bei Garelli und Puch — U-förmig »zusammengebogen«. Die Ladepumpe drückte das

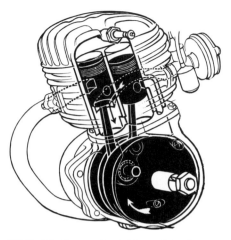

XV.3 Die Grazer Puch-Motorräder besaßen über Jahrzehnte Doppelkolbenzweitakter mit »U«-Zylindern, obwohl Luftkühlung die Wärmebelastung der Trennwand ziemlich kritisch macht. Der (vordere) Auslaßkolben steuert gleichzeitig den seitlich einmündenden Ansaugkanal, der hintere Kolben die Spülschlitze. Die »Nebenpleuelstange« ist in einem angeschmiedeten Auge des Hauptpleuels gelagert. Damit der Auslaßkolben »voreilt«, lief die Kurbelwelle »rückwärts«.

Die angesehenen Nürnberger Triumph-Werke — 1953 feierten sie »50 Jahre Motorradbau« — produzierten Doppelkolbenzweitakter mit neben- statt hintereinander laufenden Kolben, zunächst sogar mit einem Drehschiebereinlaß sowie zwei gegeneinander versetzten Hubzapfen und zwei Pleueln, später mit einem »Gabelpleuel« (ähnlich Garelli).

Frischgas in die Spülbohrung, d. h. die eine Zylinderseite, in der es nach oben strömte. Danach ging es in der Auslaßbohrung wieder nach unten. Der zwangsläufig gestreckte, flache Brennraum war natürlich alles andere als ideal. Doch die Drehzahlen lagen kaum halb so hoch wie in modernen Hochleistungszweitaktern, während DKW die Kolben- und Klopfprobleme mit Wasserkühlung meisterte.

VON SCOTT, NASENKOLBEN UND GRADE-ZWEITAKTERN

Die systematische Erforschung von Zweitaktspülungen begann, etwa bei MAN, Sulzer oder in der Krupp'schen Germania-Werft, um 1910 und verlief fortan ziemlich stetig. Selbst die Einführung der MAN-Umkehrspülung, mit einer ganzen Reihe Spülkanäle direkt unter den Auslaßschlitzen, bedeutete keine so drastische Veränderung wie ein paar Jahre später die Schnürle-Spülung im Fahrzeugbau. Hier wiederum waren Otto-Zweitakter vor 1920 allenfalls von wenigen englischen Motorrädern bekannt, zum Beispiel von Levis oder den legendären Scott-Zweizylindern.

Der vielzitierte »Güldner« — zu seiner Zeit ein Standardwerk über Motoren — widmete 1922, in seiner dritten Auflage, den Zweitaktern keine fünf von fast 800 Buchseiten. Scott, das war ein Name in der schottischen und norwegischen Literatur, in der britischen Baukunst oder Musik. Oder der bedauernswerte Südpolforscher Robert F. Scott, der mit seinen Leuten auf dem Rückweg ums Leben kam, nachdem sie ihr Ziel in zwei strapaziösen Jahren erreicht hatten, vier Wochen später als Roald Amundsen mit seiner vom Benz-Hesselman-Zweitaktdiesel geschobenen »Fram« (S. 184).

Im gleichen Jahr 1912 gewann eine Zweizylinder-Scott das schwere TT-Motorradrennen auf der Insel Man (S. 67). Für die gute Leistung und Ausdauer sorgten enge, kräftig pumpende Kurbelgehäuse und, von Anfang an, Wasserkühlung. Die schlanken Pleuel waren »fliegend« gelagert, weil jeder Hubzapfen, wie in manchen kleinen und kleinsten Zweitaktern, einseitig auf einer einzelnen Kurbelscheibe steckte (sozusagen auf einer halben Kurbelwelle). Als Spülung diente die universelle Querspülung mit einem »Nasenkolben«: ein hochprofilierter Ablenker auf dem Kolbenboden richtet das an der hinteren Zylinderwand eintretende Frischgas steil nach oben, damit es nicht in den direkt gegenüberliegenden Auspuffschlitz entweicht (B. XV.8). Natürlich erfüllen die »Nasen« ihre Aufgabe bei stark unterschiedlichen Drehzahlen und Belastungen recht unvollkommen. Außerdem bedeuten die zusätzlichen Kolbengewichte und größeren wärmeaufnehmenden Kolbenbodenflächen lästige Mängel. Dagegen lassen sich die Kanäle und Schlitze sehr vorteilhaft anordnen, nur an zwei Zylinderseiten, meistens vorn und hinten. Besonders Motoren mit mehreren Zylindern nebeneinander profitieren davon. Sie fallen schmal, kompakt und leicht aus... und diktierten die Konzepte und Konturen von Millionen amerikanischer Outboarder bis in unsere Tage. Die Vergaser sitzen bei ihnen gleich am Kurbelgehäuse, vor Membranventilen, die bald zur Sprache kommen.

Die eben vermerkte Einschränkung, daß es frühe Ottozweitakter »fast« nur im englischen Motorradbau gab, schulden wir mit viel Respekt dem in Pommern geborenen und später bei Borkheide in der Mark Brandenburg lebenden Flugpionier und Ingenieur Hans Grade. Er gewann im Herbst 1909, als Dreißigjähriger, den mit 40 000 Reichsmark dotierten »Lanzpreis der Lüfte« für den ersten Streckenflug (über mindestens 2000 Meter) eines deutschen Fliegers mit einem deutschen Flugzeug. Übrigens gelang erst der zweite Flug, nachdem der erste, vier Wochen vorher, mit einer Bruchlandung endete, weil ein Propellerblatt kurz vor dem Ziel wegflog.

Ein ähnliches Preisgeld wie Grade, nämlich 10 000 Dollar als Stiftung der New Yorker Zeitschrift »World«, kassierte ein gutes halbes Jahr später der amerikanische Flieger und Flugzeugbauer Glenn H. Curtiss für einen Flug von Albany nach New York — immerhin schon 220 Kilometer in 152 Minuten. Die große Zeit der Curtiss-Wright-Flugmotorenfabriken drohte mit dem sterbenden starken Kolbenflugtriebwerk zu enden, als in Neckarsulm, streng geheim, die ersten dreieckigen Wankelkolben rotierten. Daher wird der Name Curtiss-Wright im nächsten Kapitel erneut auftauchen.

In Deutschland erhielt Grade den Flugschein Nr. 2. Der erste gehörte dem Westfalen August Euler, den seit seinem 85. Geburtstag, 1953, das Bundesverdienstkreuz auszeichnete (noch vier Jahre lang). Er hatte in Frankfurt/Main die ersten deutschen Flugzeuge gebaut, aber (noch) nicht konstruiert, wie 25 folgende Modelle; denn er nahm, um Zeit zu gewinnen, eine Voisin-Lizenz — natürlich aus Frankreich, wo Wilbur Wrights Demonstrationsflüge und Blériots Kanalüberquerung (s. S. 220) der Fliegerei mächtigen Auftrieb erteilt hatten. Daraus erwuchs jahrelang, wie bei den Automobilrennen, ein klarer Vorsprung.

Daß er noch vor dem ersten Weltkrieg eingeholt wurde, veranlaßten Leute wie Euler, Grade oder Ernst Heinkel, aber auch Edmund Rumpler und Hellmuth Hirth. Der Wiener Konstrukteur, seit 1903 bei Adler in Frankfurt, gründete schon 1908 die Rumpler-Flugzeugfabrik in Berlin — wie Euler in Frankfurt — und baute bald, mit der Lizenz-»Taube« seines Landsmanns

Ignaz Etrich, das beste Flugzeug dieser Zeit — und später schwere Kampfflugzeuge mit eignen Motoren. Nach dem Krieg verlegte er sich auf revolutionäre Wagen, mit einer aerodynamisch gestalteten »Tropfenform«, Schwingachsen und einem Siemens-Halske-Heck-Motor, bei dem in »W«-Form dreimal zwei wassergekühlte Zylinder hintereinander standen — kurz und kompakt (vgl. S. 63). Der junge Mann aus Heilbronn, ein Sohn des Wälzlager- und Präzisionsmaschinenfabrikanten Albert Hirth, hatte bereits seine Lehre in den Staaten absolviert, zuletzt sogar — wie eine knappe Generation vorher Henry Ford und Siegmund Bergmann — in einem Betrieb von Thomas Alva Edison, der inzwischen ein lukratives Patent auf ein Betongußverfahren erhalten hatte. Heimgekehrt verfolgte Hirth die Probeflüge der ersten Zeppeline mit ebensoviel Interesse wie Skepsis, nicht etwa wegen des tragischen Zeppelinunglücks im August 1908 bei Echterdingen, sondern weil er den Motorflug für aussichtsreicher hielt. Bald »landete« Hirth bei Rumpler.

Der raschen Entwicklung von Luftschiffen und Flugzeugen, aber auch von Fahrzeugen und Motoren dienten damals vielfältige Erfindungen und Errungenschaften, zum Beispiel bessere und neuartige Werkstoffe, legierte Stähle mit verdoppelter Festigkeit und Härte — und Leichtmetalle. Aluminium, ursprünglich so teuer wie Gold, wurde dank rapide sinkenden Preisen für elektrischen Strom erschwinglich und interessant. Da gerade kam Dr. Alfred Wilm nach unermüdlichen Versuchen zum Duralumin, einer Legierung mit ungeahnter Härte und Stärke (lateinisch dur heißt hart, wie die Klangfarbe in der Musik). Dr. Pistor in Frankfurt-Griesheim fand auf der Basis von Magnesium das noch leichtere Elektronmetall. Die spezifischen Gewichte von Elektron, Duralumin und Stahl liegen bei 1,8, 2,8 und 7,8, also im Verhältnis von 1 : 1,5 : 4,3. Freilich ergeben fertige Bauteile geringere Unterschiede, denn es kommt stets auf die Relation von Festigkeit und Gewicht an!

Vergleichsweise bieten die sehr teuren Titan-Teile in modernen Rennmotoren (Pleuel, Schrauben u. a.) und an ihren Chassis die Festigkeit legierter Stähle mit 4,5 g/cm^3.

Eine weitere Neuerung, die der Forschung auf fast allen Gebieten half, war der Kinematograph, die emanzipierte Laterna magica. Damit erhielt die Nachrichtenübermittlung ein völlig neues Niveau; man sah nicht nur die »lebenden Bilder« bedeutender Ereignisse — zu den ersten, die von Amerika nach Europa kamen, zählte die Erdbebenkatastrophe, die 1906 San Franzisko zerstörte — sondern auch die neuen Zeitlupen-Streifen, Bilder vom Vogelflug, von denen sich mancher Flugpionier noch mehr versprach, als er tatsächlich davon gewann.

Es ging also auf allen Gebieten der Technik mächtig voran, doch im deutschen Flugzeug- und Flugmotorenbau ließ der große Aufschwung bis 1913 auf sich warten. Er brachte innerhalb von Monaten zahlreiche internationale Rekordflüge, kostete aber auch eine hohe zweistellige Zahl von tödlichen Abstürzen. Kehren wir daher auf festen Boden zurück, speziell zu den Zweitaktmotoren, die Hans Grade schon als Student, seit 1903 an der Technischen Hochschule in Charlottenburg, bastelte und in Motorräder einbaute. Drei Jahre später leitete er eine kleine Magdeburger Maschinenfabrik, die Motoren reparierte und

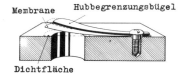

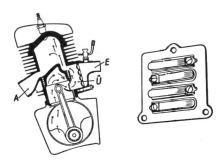

XV.4–7 Als Yamaha 1973 in großem Stil Membranventile zur Einlaßsteuerung einführte, waren sie seit Hans Grade genau 70 Jahre alt! Oben die Wirkungsweise im Schema, in der Mitte ein DKW-Einzylinder von 1931 (noch mit Nasenkolben), in dessen Einlaß- und Überströmkammer vier Membranzungen auf einer Platte lagen. Auch die großen Glühkopf-Zweitakt-Einzylinder von Lanz und ausländischen Konkurrenten besaßen Einlaßmembranen.
Die Deckel auf den großen kurzhubigen Ladepumpenzylindern der Doppelkolbenrennmotoren trugen neun solcher Membranen. Eine doppelte besaßen am Kurbelgehäuse Fahrradhilfsmotoren von Lutz, einfache später Mopedantriebe von Sachs und Solo. Unten die moderne japanische Version mit einem giebeldachförmigen Träger, von dessen Kanälen sich die Membranen abspreizen – als rein »pneumatische« Steuerung, die die Füllung und Leistung in einen breiteren Drehzahlbereich ausbügelt. (Vgl. dazu XV.21).

Zweitakter produzierte – »Serienmotoren« für den benachbarten (kurzlebigen) Burckhardtia-Motorradbau, Rennmotoren für eigne Zementbahnmaschinen, die schon über 100 km/h erreichten und Grade wie einem Stallgefährten Rennsiege reihenweise eintrugen.
Sämtliche Grade-Zweitakter besaßen automatische Ansaugventile, von den frühen Motorrädern über die Flugmotoren bis zu den von 1921 bis 1927 produzierten Kleinwagen – genau genommen waren es völlig unorthodoxe Fahrmaschinen ähnlich den Neumann-Neander'schen 12 Jahre später. Uralte Viertakter bezogen ihre Zylinderfüllung durch ähnliche »Schnüffelventile«, wie heute noch alle Hubkolbenkompressoren, z. B. zur Druckluftzeugung. Später gab es viele Zweitakter mit solchen Ventilen in ihren Ansaugwegen. Sie waren aber nicht mehr rund, wie bei Grade (mit kurzen Schäften geführt und schwachen Rückholfedern versehen), sondern plattenförmig, als extrem leichte Membranzungen aus kostspieligem Uhrfederstahl, die gleichzeitig federn und abdichten. Prominente Verfechter dieser Einlaßsteuerung erscheinen nebenan.
Hans Grade setzte solche Ventile als Außendeckel auf den Überströmkanal – eine Lösung, die 1972 frappant ähnlich an Yamaha-Renn- und Serienzweitaktern wiederkehrte. Sogar die Drosselklappe verlegte Grade direkt vor den Spülschlitz: wenn das pumpende Kurbelgehäuse weniger Gemisch in den Zylinder schob, konnte es für das folgende Arbeitsspiel auch weniger ansaugen. Zudem sparte Grade lange Zeit den – zumal im Flugzeug – empfindlichen Vergaser ein, dank einer regelbaren Kraftstoffnadeldüse gleich an besagten An-

saugventilen. Sie »Einspritzdüsen« zu nennen, verbietet allein der Umstand, daß Wirkung und Dosierung unmittelbar von der strömenden Luft abhingen.

Von geschätzten 3 PS im 270 cm³-Motorrad, mit dem der Student den Kurfürstendamm verunsicherte, kletterte die Leistung der Rennmotoren auf mindestens 8 PS, allerdings mit 470 cm³ Hubraum. Sechs V-förmig angeordnete Zylinder des ersten Flugmotors sollten 36 PS entfalten; tatsächlich jedoch schaffte Grade sein Debut in der Luft mit einem 2 l-Vierzylinder und 24 PS. Er hatte von seiner ersten Konstruktion zwei Zylinder »amputiert« — zur gleichen Zeit, als er vom Dreidecker-Aeroplan zwei Tragflächenpaare einsparte und, wie Etrich, den Eindecker bevorzugte. (Auf einem anderen Blatt steht, daß Dreidecker später wiederkehrten, als die berühmte, damals noch in Schwerin gebaute Fokker Dr-1. Mit ihr und einem 110 PS »Oberursel«-Umlaufmotor wurde Manfred von Richthofen, »der rote Kampfflieger«, 1917/18 der erfolgreichste deutsche Jagdflieger, bevor er selbst fiel. Von einem neuen, weit überlegenen Flugmotor — dem von Max Friz konstruierten BMW-Sechszylinder (S. 71) — erhielt das Geschwader kaum noch zwei Dutzend).

RASMUSSENS DKW KAMEN UND SIEGTEN

In den Inflationsjahren entstanden vielerorts kleine Motorradzweitakter, fast wie Pilze über Nacht aus dem Boden geschossen. Zwar gab es interessante Ausnahmen, doch arbeiteten die meisten, über kurz oder lang, mit der einfachen Dreikanalbauart und einer Querspülung über die Kolbennase. »In der irrigen Auffassung, diese kleinen schlitzgesteuerten Zweitakter stellten die einfachste Aufgabe dar, die der Motorenbau überhaupt zu vergeben habe, überschwemmten sie den aufnahmefähigen Markt. Rein empirisch entwickelt oder vielfach verständnislos fremden Vorbildern nachgebaut, konnten sie mit den hochentwickelten Viertaktern keineswegs Schritt halten... und führten in weiten Kreisen zu dem Urteil, die bescheidene Leistung, hoher Kraftstoffverbrauch und große Lautstärke wären für Fahrzeugzweitakter ebenso charakteristisch wie der einfache Aufbau, niedrige Pflegebedarf und Preis«.

Dieses Fazit hätte der Autor und Zweitaktexperte Dr. Venediger leicht mit einer beträchtlichen Zahl kurzlebiger Marken belegen können, zumal er auf derselben Seite (in einem Fachbuch über Zweitakt-Spülungen) ein gutes Dutzend größerer Zweitaktproduzenten nominierte. Doch hob er keinen Namen lobend oder abwertend hervor, obgleich das Werk dazu zählte, das binnen weniger Jahre Weltruf erlangte und für ihn selbst eine wichtige Position bereithielt: DKW.

Die wechselvollen Anfangsjahre des sächsischen Werks kommen schon mit der zweimal abgewandelten Bedeutung der drei Buchstaben zum Ausdruck. Da hatte der Däne Jörgen Skafte Rasmussen nach dem Besuch der Ingenieurschule Mittweida eine kleine Armaturenfabrik in Chemnitz, heute Karl-Marx-Stadt, eröffnet und bald in die nahe Kleinstadt Zschopau verlegt. Dort experimentierte er in den Kriegsjahren mit Dampfkraftwagen, notabene militärisch gefördert, wäh-

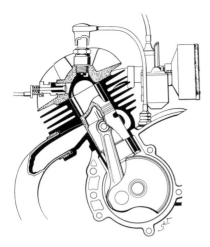

XV.8 Auf deutschen Straßen fand man einen der letzten »Nasenkolben« im NSU-Mofa »Quick«. Dem Ablenkerprofil auf dem Kolbenboden entsprach bereits eine Einschnürung des Zylinderkopfinneren, so daß ein recht kompakter Verbrennungsraum entstand — wie ihn 10 Jahre später amerikanische Outboard-Hersteller als besonders fortschrittlich propagierten. Der Einlaßkanal mündet natürlich nicht so hoch, wie es die Stellung des Vergasers vielleicht andeutet — dazwischen befindet sich ein Schwanenhals-Ansaugrohr. Der Zündkerze gegenüber sitzt im Zylinderkopf ein Dekompressionsventil, vom Lenker aus zum Anspringen, evtl. auch zum Stillsetzen des Motors bedient.

rend die Alliierten »auf einer Woge von Öl« zum Sieg »schwammen«. Hernach blieb von Rasmussens Versuchen nichts übrig als die geschützte Markenbezeichnung DKW, für die er 1919 mit »des Knaben Wunsch« eine neue »Anwendung« fand. Ein Spielzeugmotor sollte den bereits beliebten Modelldampfmaschinen Konkurrenz machen, vom Dampfkraftwagen aus als eine glatte Kehrtschwenkung.
Der kleine Motor, dessen senkrecht stehender, mit vertikalen Kühlrippen ausgestatteter Zylinder kaum über das große Schwungrad hinausragte, entfaltete mit 18 cm^3 Hubraum fast ein Viertel PS — damals eine beachtliche Leistung. Aber noch erstaunlicher waren zu dieser Zeit die Zündung mit einem eignen Schwungradmagnet und die Einlaßsteuerung, direkt ins Kurbelgehäuse, durch eine Kurbelscheibe, die mit einem Schlitz als Drehschieber wirkte — wie heute in Vespa-Rollern und ähnlichen hochmodernen Zweitaktern. Darüber hinaus enthielt »des Knaben Wunsch« einen automatischen Drehzahlbegrenzer, indem ein federbelasteter Schieber, infolge der Fliehkraft bei der vorgesehenen Höchstdrehzahl, den Einlaßschlitz in der Kurbelwelle versperrte. Auch dieser Kunstgriff tauchte nach 30 Jahren erneut auf, aber nicht durch Zufall in holländischen Berini-Motoren, sondern als legitimes Erbe sozusagen; denn die Konstrukteure waren ehemalige, nach dem zweiten Weltkrieg in alle Winde zerstreute DKW-Ingenieure.
Den Spielzeug-Zweitakter freilich hatte weder Rasmussen noch überhaupt ein DKW-Mann konstruiert, sondern Hugo Ruppe, der prominenteste aus der Ruppe-Fahrzeug- und Motoren-Dynastie. Wir können sie nicht zitieren, ohne ein Schlaglicht auf ihre technische und historische Bedeutung zu werfen. Eine Parallele zu Rasmussens Weg zeichneten nämlich Dampfwagenexperimente vor, die Hugos Vater Berthold in der landwirtschaftlichen Maschinenfabrik zu Apolda betrieb — bis zum behördlichen Verbot der Versuchsfahrten im Jahr 1869. Bei der gründlich gewandelten Situation nach der Jahrhundertwende und einem kurzen Intermezzo mit »Apoldania«-Motorrädern entwickelten die Ruppe-Söhne den Piccolo-Kleinwagen, ein solides Verkaufsobjekt.

XV.9 Der erste Sachsmotor entstand 1930 (übrigens vier Jahre nach dem ersten Fahrradmotor von ILO, Pinneberg, mit 61 cm^3). Der Geheimrat reiste persönlich nach Zschopau, um Rasmussen die neue Konkurrenz anzukündigen! Mit 74 cm^3 bot der Sachs 0,9 kW (1,25 PS) bei 3000/min, mit horizontalen Kühlrippen am schräg nach vorn geneigten Zylinder. Das Schnittmodell ist der berühmte Nachfolger: 48 x 54 mm, 98 cm^3, 1,7 kW (2,3 PS) bei 3200/min. Konstruiert hatte die Sachsmotoren Gustav Steinlein, der von Victoria-Nürnberg kam und schon 1926 über dem längseingebauten 500er ohv-Boxer einen Kompressor installierte, gut für den deutschen Klassen-Rekord 164 km/h unter Adolf Brudes in Freiburg . . .

Der Sachsmotor löste 1936 den amüsanten »Zwergenkrieg« aus, als zwei Mädchen namens Lenz über ihre Alpenfahrt berichteten, damit heftige Zweifel im Publikum – und das Werk veranlaßten, vier Maschinen offiziell kontrolliert über zahlreiche Pässe zu schicken – mit erstaunlichem Tempo, aber (untertriebenen) 3,2 PS (2,4 kW), u. a. dank der Gegenstromspülung, die erst nach dem Krieg in Serie ging, und 2 x 2 Getriebegängen. Im Herbst fuhren dann »Motorrad«-Chefredakteur Gustav Mueller, C. Christophe und Heinz Hahmeyer mit 100er Serienmaschinen (Sachs, DKW, NSU) über die Pässe und verzeichneten einen hohen »Punktsieg« (gemäß dem Mittreten an steilsten Stellen).
Verbreitet warb für diese 100er Kategorie das Motto »1 Pfennig pro Kilometer«.
Dem Vorkriegs-Mofa folgten 1953 Moped, 1960 Mokick und 1965 »Mofa 25« (km/h), allesamt mit 50 cm^3. Sachs und seine Tochter Hercules brachten 1985 (u. a. gegen den »Helmzwang«) ein neues »Leicht-Mofa« für maximal 20 km/h mit nur 30 cm^3, 0,5 kW (0,7 PS) und 65 dB (A) Geräusch! Der Name »Saxonette« und der Anbau eng am Hinterrad erinnern an einen Vorläufer (mit 60 cm^3) von 1938, der nach dem Krieg nicht wieder auflebte, da damals »zu teuer«. Hilfsmotoren neben dem Hinterrad schrieben eine lange Geschichte: von Opel, einem DKW-Prototyp, Victoria, BSA, Cyclemaster (nach einer deutschen Konstruktion, dann wieder bei Rabeneick-Brackwede).

Doch 1908 machte sich der inzwischen dreißigjährige Hugo selbständig, mit seiner Markranstädter Automobilfabrik (MAF) bei Leipzig. Die fortschrittlichen Wagen besaßen Luftkühlung, wie schon der Piccolo, und wechselgesteuerte Ventile. Die Hubräume wuchsen von 5 auf 8 Steuer-PS (1,2 bis gut 2 l), die Zylinderzahl zuletzt von vier auf sechs. Ein 3,4 l – Vierzylinder für einen 2 Tonnen-LKW erhielt hängende Ventile und eine Königswelle zum Antrieb der obenliegenden Nockenwelle. Als dann die Inflationsjahre der MAF schwer zusetzten, kehrte sie in den Schoß der Familie zurück — übernommen vom Thüringer Werk, das nach Hugos Ausscheiden eine »AG« wurde, den tüchtigen Konstrukteur Karl Slevogt für sich gewann und statt Piccolo- dann Apollo-Wagen produzierte (vgl. S. 35).

Nun erschöpfte sich Hugo Ruppes konstruktive Kapazität nicht in der Automobilfabrikation, zumal ihn seit den Kriegsjahren kleine Zweitakter zunehmend faszinierten. Und so entstanden, nach »des Knaben Wunsch«, hochinteressante Motoren, zum Beispiel die »Bekamo«-Zweitakter (Berliner Kleinmotoren- bzw. Kraftfahrzeug AG) mit einem zusätzlichen Ladepumpenzylinder am Kurbelgehäuse und teilweise mit Wasserkühlung — wie beides bald bei DKW-Rennmaschinen. Nach einer kommerziellen Krise und Betriebsverlagerung in die Tschechoslowakei kehrte Ruppe 1928 nach Berlin zurück, um Fahrradhilfsmotoren zu bauen. Allein ein dauerhafter Erfolg, wie etwa zwei Jahre später bei Fichtel und Sachs, war ihm leider nicht vergönnt...

Ganz zu schweigen von DKW in Zschopau, wo ein steiler Aufstieg binnen sieben Jahren zur größten Motorradproduktion der Welt geführt hatte. Das begann mit einem auf 100 cm^3 vergrößerten 1 PS-Motor, der — nach einem (vorerst) mißlungenen Kleinstwagenexperiment — direkt und flach über dem Hinterrad eines Fahrrads Platz fand. Versuchsfahrer, von seinem Durchzug auf den kurvigen Erzgebirgsstraßen beeindruckt, reimten spontan, »DKW, Das kleine Wunnder, läuft bergauf wie andere runnder« — als dritte und letzte Deutung der eingebürgerten Buchstaben. Natürlich zeigte sich bald, wie später und überall, daß auch der kleinste (Einzylinder-) Motor den Rahmen und die Räder eines normalen Fahrrads überlastet. Und so wurde, wie kurz darauf bei BMW und Maybach, aus dem Motorenbau eine Fahrzeugproduktion.

Für die rasche technische Entwicklung und die steil ansteigende Produktion sorgten gute Gründe und kräftige Impulse. Rasmussen fand tüchtige Techniker, allen voran den jungen Hermann Weber, einen glänzenden Ingenieur (und Rennfahrer), der 1948 beim Aufbau der russischen Motorradindustrie starb. Rasmussen fand ebenso dynamische Kaufleute und Manager, die eine schlagkräftige Organisation aufzogen und, unter vielem anderen, als erste die Teilzahlung einführten. Dazu brachte der lebhafte Einsatz im Motorsport große Erfolge und ein gutes Echo, zum Beispiel bei den »Reichsfahrten« und bei vielen Rennen. Dann startete DKW, gewissermaßen mit Vorsprung, in die »Steuer- und Führerscheinfreiheit« bis 200 ccm — man hatte sie mit einer geschickten Lobby vorbereitet und vorangetrieben. Die preiswerten Kleinkrafträder wurden ein Riesenerfolg und bald mit stärkeren Modellen ergänzt. Man baute Zweizylindermotoren mit 500 cm^3, deren Kolben förmlich nach der Wasserkühlung »schrieen« — und sie erhielten. Und damit eignete sich der Twin, ohne viel Änderungen, auch für die ersten, in Berlin-Spandau gebauten DKW-Kleinwagen. Mit 0,6 und 0,7 l Hubraum überstanden sie die lähmende Wirtschaftskrise besser als die meisten Konkurrenten im weiten und im engen Umkreis. Zur zweiten Gruppe zählten natürlich die sächsischen Werke Horch, Audi und Wanderer, abgesehen von zahlreichen DKW-Zulieferanten..., zur ersten an die hundert Motorradmarken, die rascher verschwanden, als sie gekommen waren, oft allerdings mehr Werkstätten als Werke.

Der moderne Personenwagen ist leider eine Kreuzung zwischen Maschine, Fußball und Lippenstift, wobei die Maschine vielfach zu kurz gekommen ist.

Prof. P. Kössler, 1896–1987

HORCH – VON ZWEI ZYLINDERN BIS ZU ZWÖLF – UND AUDI

Die »Roaring Twenties« waren merkwürdige, unverwechselbare Jahre — im internationalen Motorsport zwar die anerkannt »Goldenen«, aber in Politik, Gesellschaft und Wirtschaft ausgeprägt hektische, oft dramatische. Manche Ereignisse und Strömungen sind im Rückblick verständlich als große Entspannung und Reaktion nach schlimmen Kriegs- und Inflationsjahren, nach dem Bankrott Deutschlands, den Walter Rathenau, der Sohn des AEG-Gründers, »in eine erträgliche Liquidation« umwandeln wollte, nach politischen Tumulten und Revolten, Putschen und Attentaten in der jungen, anfälligen Republik, nach Ruhrbesetzung, passivem Widerstand und Separatismus. Der Schriftsteller, Philosoph und Außenminister Rathenau fiel 1922 einem Attentat zum Opfer, Mathias Erzberger, der sich zur Unterschrift in Versailles bereitgefunden hatte, schon 1921 ...

Außer Woolworth-Einheitspreisläden, amerikanischen Automobilen und anderen Errungenschaften der Massen- und Fließbandproduktion importierte Europa begierig ausländisches Kapital und Gedankengut, Josefine Baker und den Charleston. Wissenschaft, Forschung und Technik versuchten, den Rückstand auf vielen Gebieten aufzuholen.

Das zivile Nachrichtenwesen verwertet die im Krieg forcierte Entwicklung. Sensationsbeflissene Zeitungen und Zeitschriften erzielen hohe Auflagen und entfalten eine ausgeprägte Meinungsmache. Deutschland steuert auf 3 Millionen Fernsprechanschlüsse zu, neuerdings mit der Selbstwählscheibe statt der Kurbel zum »Fräulein vom Amt«. Auch ein Radiogerät, mindestens ein Detektor, steht in jedem fortschrittlichen Haushalt. Gustav Stresemann erringt für Deutschland einen Sitz im Genfer Völkerbund, der 1926 besonders über die Weltwirtschaft konferiert, und erhält, zusammen mit seinem französischen Kollegen und Verhandlungspartner Briand, den Friedensnobelpreis. Es geht um

XV.10 Der quereingebaute DKW-Zweizylinder, 1931 als erster Großserien-Frontantrieb, war eine unbestrittene Pionierleistung. Die großen Kühlleitungen sind typisch für die (pumpenlose) Thermosiphonkühlung. Bis 1939 entstanden schon über eine Viertelmillion Wagen, mit 0,6 l, 13 kW (18 PS) bei 3500/min als »Reichsklasse«, mit 0,7 l, 15 kW (20 PS) als »Meisterklasse«. Dem störenden Ruckeln des geschobenen Motors begegnete bald ein (ausschaltbarer) Freilauf im Antrieb.

die Korrektur der riesigen Reparationen, um »Versailles« — ein Stichwort, das Nationalisten und Radikalen als Aufhänger und Alibi dient.

Am Dreikönigstag 1926 wird in Berlins »Kaiserhof« die Deutsche Lufthansa aus der Taufe gehoben, aus einer Fusion des Aero-Lloyd mit dem »Junkers-Luftverkehr«, der vorher durch ein russisches »Abenteuer« in eine schwere Krise geraten war — als erster, aber nicht letzter »Fall Junkers«.

Charles Lindbergh fliegt 1927 mit dem »Spirit of St. Louis«, allein und nonstop, in 33 Stunden von New York nach Paris. Im nächsten Frühjahr schaffen Köhl, von Hünefeldt und Fitzmaurice mit der »Ju-W 33« die schwierige Ost-West-Passage — jeden Erfolg bestimmt vor allem ein zuverlässiger Motor. Mit LZ 129, »Graf Zeppelin«, fährt Dr. Eckener 1929 um die Welt, nachdem LZ 126 schon fünf Jahre früher, als Reparationsleistung, mit 5 x 400 Maybach-PS den Atlantik überquerte. Doch nicht alle Projekte gelingen; für eine Expedition zum Nordpol, wo es vielleicht einen Landeplatz, aber keine Piste gibt, bevorzugen Roald Amundsen und Umberto Nobile 1926 das italienische Luftschiff »Norge« — im Gegensatz zum amerikanischen Marineflieger Byrd.

In Italien regieren schon vier Jahre, seit Mussolinis und seiner Schwarzhemden »Marsch auf Rom«, die Faschisten. Eine zweite Expedition endet 1928 tragisch, das Luftschiff »Italia« strandet hinter Spitzbergen und Amundsen kehrt von einem Rettungsflug nicht zurück. General Nobile selbst überlebt, wird aber entlassen — und geht später als Berater der russischen Luftfahrt nach Moskau.

Die Wochenschau vermittelt dem Kinobesucher aktuelle Ereignisse aus der ganzen Welt. In ausverkauften Theatern und Konzertsälen debutieren dreiste und revolutionäre Motive, schockierende Stile drängen in den Künsten nach vorn. Der Stummfilm erklimmt in West und Ost eine glanzvolle Höhe, bevor die Berliner, zu Weihnachten 1929, den ersten Tonfilm bestaunen — »die Nacht gehört uns« mit Hans Albers und Charlotte Ander. Schon fünf Jahre vorher zeigte der junge Physiker Karolus der Öffentlichkeit und seinen Studenten in Leipzig die ersten Fernsehbilder, unabhängig von englischen und amerikanischen Premieren.

In diesen Jahren fungierte im Berliner Verkehrsministerium ein freundlicher Endfünfziger, der die Motoren- und Fahrzeugtechnik bemerkenswert bereichert und selbst zwei Automobilwerke mit großen Namen gegründet hatte. Aber August Horchs kreative Zeit war vorbei, obwohl er den sieben Jahre jüngeren Ferdinand Porsche noch (Anfang 1951, um vier Tage) überleben sollte. Er hatte schon viel gesehen, geschafft und erlebt, seit er 1885 den väterlichen Betrieb in Winningen an der Mosel verließ. Kaum jemand hätte in dem kleinen, fast schmächtigen und kurzsichtigen Sechzehnjährigen einen gelernten Schmied vermutet.

Auf einer dreijährigen Wanderschaft arbeitete er in Heidelberg, in Bayern und kreuz und quer durch die große, völkerschaftenreiche Donaumonarchie, von Salzburg bis Budapest und Belgrad, abwechselnd als Stell- und Uhrmacher, im Brücken- und Eisenbahnbau. Die nächsten drei Jahre studierte er im sächsischen Mittweida — wie später Rasmussen — und wurde nach gutem Examen Betriebsingenieur auf einer Rostocker Werft, dann bei Grob & Co in Leipzig, die große Petroleummotoren bauten. Sie waren

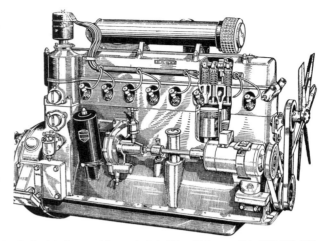

XV.11 Paul Daimlers legendärer Achtzylinder, hier in der Version 1935 schon mit Ölfilter, Solex-Doppelfallstrom-Vergaser und Ansaugdämpferkammer. Die Königswelle vor dem Schwungrad ist mit Schrauben- statt Kegelrädern seitlich versetzt und treibt oben den Verteiler. Nur noch eine Nockenwelle statt zwei. Kurbelwelle mit 9 Lagern und Schwingungsdämpfer. Hinter der Lichtmaschine angekuppelt die große Wasserpumpe (Ablaßhahn unten, Schmierfettbüchse auf Lagerhals). 87 x 104 mm, 5 l, 100 PS (74 kW) bei 3000/min.

eine Konstruktion von Emil Capitaine, einem renommierten Ingenieur, der nach der Jahrhundertwende, zusammen mit drei oder vier Hochschulprofessoren, in den fragwürdigen Ruf eines »Diesel-Gegners« kam...

August Horch indessen faszinierten die für ihn neuen Verbrennungsmotoren und Fahrzeuge, so daß er 1896, kurzentschlossen und willkommen, als Betriebsleiter zu Carl Benz nach Mannheim ging. Nach drei weiteren Jahren fand er in Köln-Ehrenfeld einen Geldgeber und eine kleine Werkstatt, um sich selbständig zu machen. Der erste Wagen, gleich mit vornliegendem Motor, demonstrierte eine Reihe eigenwilliger Ideen, die natürlich ihre Entwicklungszeit beanspruchten. Dazu zählte, nicht zuletzt, der Motor selbst, den er bald aufgab, mit zwei Kolben in einem »Doppelzylinder«, aber nicht in Gestalt der Doppelkolben-Zweitakter, sondern als Viertakter mit einem automatischen Einlaßventil in einem Zylinder — und dem nockengesteuerten Auslaßventil im anderen!

Aber das Geschäft begann erst, nachdem alte Freunde aus Leipzig Horch eine neue Finanzierung boten und in Reichenbach ein echtes Zweizylindermodell entstand. Ihm folgten, binnen Jahresfrist in Zwickau, große Wagen mit wechselgesteuerten Vierzylindern und die Gründung der »Aktiengesellschaft«. Dank der soliden Bauart, mit vielen Kugellagern, hochwertigen Stählen und, von Anfang an, mit Kardanwellenantrieb... dank zugkräftigen Erfolgen in Wettbewerben, namentlich in den Herkomer-Fahrten... florierte der Absatz, bis ein Mißerfolg bei den Prinz-Heinrich-Fahrten die kaufmännische Leitung zu einem handfesten Vorwurf gegen August Horch veranlaßte. Der wiederum zog eine unerwartete Konsequenz und gründete, mit den auf seiner Seite stehenden Partnern, sofort ein Konkurrenzunternehmen, die »August Horch Automobilwerke GmbH Zwickau«.

Freilich untersagte das Reichsgericht

in Leipzig, als letzte Instanz der Klagen und Prozesse, dem neuen Werk die Führung des Namens Horch; doch stand die lateinische Übersetzung »Audi« schon fest, erfunden von einem Gymnasiasten, mit dessen Vater Horch eng befreundet war. Daß der neue Audi ein großer Wurf wurde und Wettbewerbe auf Anhieb gewann, versteht sich; besonders die schon zitierten Wagen und Motoren, mit denen der Konstrukteur selbst und sein Team die internationale Alpenfahrt bestritt — und mit denen er die Nachkriegsproduktion ankurbeln konnte, bevor Audi mit teuren Modellen und Königswellen-Sechszylindern in die Horch- und Mercedes-Klasse vorstieß.

XV.12 W. K. Strobels »verkürzter« V-12 wurde der »kleine« Achtzylinder: 3,25 und 3,52 l, Bohrung 78 mm, Hub 85 oder 92 mm. 70 oder 75 PS (51/55 kW). »Einheitsverdichtung« damals 5,8, Solex-Doppelfallstromvergaser. Die Nockenwelle läuft wie üblich tief unten zwischen den Zylinderreihen, eine Achse darüber trägt große, vertikal stehende Rollenkipphebel, die auf die horizontal und nebeneinander liegenden Ventile wirken. Dadurch entstanden (ohne »Quetschflächen«) lange, keilförmige Brennräume.

Allerdings hatte August Horch selbst schon von der Werksleitung in den Aufsichtsrat gewechselt und in Berlin eine Stellung im neuen Verkehrsministerium angetreten. Das andere Zwickauer Werk, das noch seinen Namen trug, sollte er erst nach der Gründung der Auto Union wieder betreten — Anno 1932, wobei sich seine Begleiter nach einem zeitgenössischen Bericht ebenso diskret wie bewegt zurückzogen; denn der Dr. h. c., inzwischen 64,« stand über eine Drehbank gebeugt und weinte...«

Dort hatte 10 Jahre vorher, wie wir uns erinnern, Paul Daimler die technische Leitung übernommen und eben die aufwendigen Achtzylinder entwickelt, deren Bau er in Untertürkheim nicht durchsetzen konnte. Sein Vorgänger bei Horch war der Kompressorspezialist Arnold Zoller (s. Abb. XI.3), ein hochbegabter Schweizer Ingenieur, der sich bei DKW erfolgreich für die Rennmotoren mit Ladepumpen und Doppelkolben in »U«-Zylindern einsetzte. Danach baute er bei Roehr in Darmstadt sogar einen Kompressor-Renn-Zweitakter dieser Bauart mit sechs Doppelzylindern und zwölf Kolben; doch starb Zoller 1934 plötzlich, bevor die anspruchsvollen Maschinen ihre Kinderkrankheiten überwanden.

Auch den Nachfolger von »P. D.« — so hieß der Baurat in Untertürkheim — kennen wir bereits in Gestalt von Fritz Fiedler, der zusammen mit Rudolf Schleicher die Achtzylinder modernisierte und insofern »entfeinerte«, als er eine der beiden obenliegenden Nockenwellen einsparte. Dann ergänzte er das Programm mit einem 6 l großen V-Zwölf, den W. K. Strobel konstruierte: alle Ventile lagen in einer horizontalen Ebene, die Schäfte nach innen gerichtet, zur zentralen Nockenwelle. Neben vertikalen Kipphebeln beseitigten erstmalig Hydraulik-Kölbchen das Ventilspiel. Das Schmiersystem bekundete ohnehin Sorgfalt und Fortschritt.

Ähnliche Winkel besaßen noch nach dem zweiten Weltkrieg die Auslaßventile von wechselgesteuerten Rover- und Rolls Royce-Reihenmotoren. Ihnen gegenüber waren diese Horch-Motoren, trotz der vom Werk deklarierten »liegenden« Ventile, eindeutig »kopfgesteuert«, wenn man die heute genormten Definition zugrundelegt (S. 27). — Dieser interessante und ökonomische Ventiltrieb hielt sich länger als die schon 1933 aufgegebenen Zwölfzylinder, nämlich in den späteren, auf kleinere Einzelhubräume und nur 8 Zylinder reduzierten Zwickauer V-Motoren. Ihr Gabelwinkel betrug daher nur 60 statt der V-8-typischen 90 Grad. Sie haben auch die Horch-Reihenmotoren nie abgelöst, sondern nur ergänzt, beide notabene mit bescheidenen 21 bis (1939) 24 PS pro Liter. »Sportlich« waren allenfalls die herrlichen Gläser-Karosserien...

WANDERER — VOM MOTORRAD UND »PUPPCHEN« ZUM »4. RING«

Als Horch die Reihen-Acht- und V-Zwölfzylinder produzierte, dienten vier- und achtventilige Wanderer nur noch wenigen anspruchsvollen Motorradfahrern; denn es handelte sich um Kraftradmotoren, ohv-Ein- und Zweizylinder, die Wanderer schon 1926 auf leicht vergrößerte Hubräume mit 200 und 750 ccm, aber normale Zweiventilzylinder umgestellt hatte. Daneben trat zwei Jahre später ein Halbliter-Einzylinder, dessen Form (zumal mit Wellenantrieb und Preßstahlrahmen) stark der BMW R 39 ähnelte, dem ersten Münchener Einzylindertyp. Doch wurde die »Kardan-Block« ausnahmsweise kein Erfolg... und bald mitsamt allen Produktionseinrichtungen an die Prager Firma Janecek verkauft, die sich dann JAWA taufte und zum Glück ihr Motorradprogramm mit rationeller gefertigten, preiswerten Zweitaktern ergänzte.

Bis auf Motorfahrräder und Leichtkrafträder mit Sachs- oder Ilo-Einbaumotoren stellte das traditionsreiche Werk in Siegmar-Schönau, der westlichen Vorstadt von Chemnitz, den Motorradbau damals ein; zwar übergab man ihn formell an NSU, doch zeitigte die Transaktion keine praktischen Auswirkungen — im Gegensatz zur Übernahme der Spandauer D-Rad-Werke 1933, wonach NSU sich »NSU-D-Vereinigte Fahrzeugwerke« nannte. In Neckarsulm ging es zuerst in der Motorentechnik und im Rennsport, dann auch mit der Produktion steil aufwärts. Man hatte den englischen Konstrukteur W. W. Moore engagiert, der den gerade erprobten Norton-Rennmotor noch einmal zeichnete (Abb. II.11) lediglich leicht variiert und mit metrischen statt Zoll-Maßen. Als Serienmotoren folgten ohv-Typen, deren Stoßstangen in einem gemeinsamen Rohr steckten, einer Königswelle zum Verwechseln ähnlich...

Wanderer hatte den Fahrradbau 1886 aufgenommen (ein Jahr vor NSU) und die Motorradproduktion 1902 (ein Jahr nach NSU). Der tüchtige Mechaniker, Kunst- und Rennradfahrer Johann Winklhofer — die große Kettenfabrik IWIS trägt noch heute den Namen — hatte sich liiert (und verschwägert) mit dem Maschinenbauer R. A. Jaenicke, der außer Betriebskapital viel

Erfahrung aus hiesigen und amerikanischen Werkstätten beisteuerte, um Fahrräder zu reparieren und, vor dem eignen Baubeginn, englische Rudge-Räder zu vertreiben. Der blühende, bald in eine AG umgewandelte Betrieb entwickelte 1905 auf Veranlassung des bereits privatisierenden Winklhofer ein eignes Automobil, doch kam erst das zweite, sechs Jahre später, auf den Markt, nachdem man die Zahl der Zylinder auf vier verdoppelte, die der Sitzplätze aber auf zwei halbierte: ein zierlicher Kleinwagen, im Profil dem Ford T-Modell ähnlich, jedoch besonders schmal, weil beide Sitze unkonventionell hintereinander angeordnet waren, wie 15 Jahre vorher in einem Bollée-Dreirad und später in etlichen »Fahrmaschinen« oder »Kabinenrollern«.

Die als historische Parallele zitierten NSU-Daten verbieten es förmlich, einen weiteren Wanderer-Konkurrenten zu übergehen, der hohes Ansehen genoß und buchstäblich »zuletzt« (1934) kapitulieren mußte, weil im norddeutschen Raum keine rettende Union zustandekam. Seine Markenbezeichnung Brennabor, als den alten wendischen Namen für Brandenburg, gaben die Firmengründer, drei Reichstein-Brüder und Korbmacher, noch nicht den Kinderwagen von 1871, aber den Fahrrädern von 1881. Ihnen folgten nach der Jahrhundertwende motorisierte Zwei- und Dreiräder, 1908 ein Kleinwagen mit einem 8 PS-Fafnir-Zweizylindermotor, vermutlich einem Lizenzbau von De Dion. Doch binnen Jahresfrist ersetzte ihn ein eigner beachtlich schneller Vierzylindertyp, den Carl Reichstein jr. bei den Prinz Heinrich-Fahrten selbst lenkte. Mit einem wirkungsvoll frisierten Motor erzielte er 1911 auf der Brooklandsbahn einen Klassenrekord mit 140 km/h, gewann aber auch den russischen Zarenpreis über die Strecke St. Petersburg-Sewastopol.

Die Serienmotoren besaßen schon gekapselte, wenngleich stehende Ventile und einen Kettenantrieb zur Nockenwelle, wie auch die meisten Nachkriegsmodelle. Von denen gab es Sportversionen, etwa die Avus-Klassensieger von 1926 mit einer obenliegenden Nockenwelle und vier schräghängenden Ventilen pro Zylinder. — Die GDA, Gemeinschaft deutscher Automobilfabriken, in der sich nach dem Friedensschluß und zum Wiederanlauf der Produktion die Marken Hansa-Lloyd, Brennabor und Hansa vereinigten, erlitt ebenso Schiffbruch wie der DAK, der deutsche Automobilkonzern, mit Magirus, Vomag, Dux und Presto. In beiden Organisationen mangelte es an praktischer Zusammenarbeit und Typenabstimmung.

Dennoch verliefen die zwanziger Jahre für Brennabor sehr erfolgreich. Der junge Eduard Reichstein war schon 1912 in die USA gereist, um den amerikanischen Automobilbau gründlich zu studieren; er kehrte erst 1920 nach Brandenburg zurück, bereitete dann eine Serienproduktion vor, die gleich nach der Inflation — vor Opels »Laubfrosch« — die höchsten hiesigen Stückzahlen ermöglichte, 120 Wagen täglich. Zuletzt baute Brennabor außer den traditionellen Vierzylindern auch Sechs- und Achtzylinder — der »Juwel 8« war der billigste überhaupt — teilweise mit Frontantrieb und Schwingachsen, aber die Krise war nicht zu überwinden, ein Vergleichsverfahren 1932 vermittelte nur eine Atempause, die Fabrik wurde stillgelegt, bis auf Fahrräder, Motorfahrräder mit Sachsmotoren und — Kinderwagen.

Doch zurück zum kleinen Wanderer, der bald »Puppchen« hieß, wie auch ein zeitgenössischer Opel. Er sammelte beste Referenzen in Wettbewerben, wuchs von 1,15 auf 1,25 l Hubraum, von 12 auf 15 PS und dann auf 3 »kriegswichtige« Sitzplätze. Diesen Trend verfolgte Wanderer in den zwanziger Jahren zielstrebig — bis zum letzten, bemerkenswertesten Wagen und Motor vor der Auto Union-Gründung: einem ohv-Sechszylinder mit 1,7 und 2 l Hubraum, mit 65 und 70 mm Bohrung bei gleichem 85 mm-Hub, mit 35 und 40 PS bei niedrigem Motorgewicht; denn der gesamte Block bestand aus Silumin, die Kolben liefen in Graugußbüchsen und die Kurbelwelle in sieben Hauptlagern, das Ganze als eine Visitenkarte für das von Ferdinand Porsche in Stuttgart gegründete eigne Konstruktionsbüro und mit einer unverkennbaren Verwandtschaft zum Steyr-Typ XXX, Porsches letzter Konstruktion aus seiner Tätigkeit »zwischen« Untertürkheim und Stuttgart.

Ohne Zweifel bedeuteten diese Motoren eine spendable Mitgift, als die Wanderer-Automobilabteilung zusammen mit Horch zur Auto Union stieß. Diese große Fusion, in der allerletzten Minute vor dem wirtschaftlichen Zusammenbruch, entsprang der Initiative und Planung von Richard Bruhn, einem gelernten Elektriker aus einer kinderreichen Ostholsteiner Familie, der sich mit viel Talent und Energie zum Dr. rer. pol. emporgearbeitet hatte. Schon 1930 berief Rasmussen ihn (aus dem Aufsichtsrat!) in den DKW-Vorstand, um das Werk durch die schwere Krise zu lotsen. Zwei Jahre später schaffte Bruhn es, im noch größeren Rahmen, erneut . . . »wobei man nicht verkennen darf, welche Fülle von internen Problemen, organisatorischen und wirtschaftlichen Aufgaben zu lösen waren, um die neue AG zu einem lebensfähigen Gebilde zu gestalten«. So beschrieb es, als Kronzeuge, der »uralte« DKW-Mann Dr. Carl Hahn.

Audi als den zweiten der vier symbolischen Ringe einzustufen, ergibt sich aus der historischen Entwicklung. Um nämlich rasch und fest im Automobilbau Fuß zu fassen, hatte Rasmussen 1928, in einem noch sehr erfolgreichen Jahr, die Audi-Aktienmehrheit erworben und die unrentable Produktion der teuren Wagen umgekrempelt, indem er die Lizenzen und Werkzeugmaschinen der amerikanischen

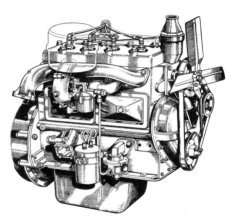

XV.13 Ein typischer sv-Motor der 30er Jahre: »Wanderer W 24«, schon mit einem Nebenstrom-Ölfilter neben der Kraftstoffpumpe. 1,8 l Hubraum (75 × 100 mm Bohrung × Hub), 42 PS (31 kW) bei 3500/min »Dauerleistung«. Mit sechs Zylindern und 2,7 l gab es ihn ebenfalls bei Wanderer und Audi, für damals modern, einfach und robust.
Die im Text erwähnten ohv-»Leichtmetallmotoren« besaßen für 50 PS (37 kW) 2,24 l Hubraum (71 × 95 mm) oder (1936) im Sportcabrio W 35 K einen (ständig mitlaufenden) Rootskompressor: 85 PS (63 kW) und 145–150 km/h standen zu Buch.

Rickenbacker-Motoren kaufte und kurzerhand in Zwickau einrichten ließ. Er wollte große Motoren so rationell herstellen, daß sie mit den bedrohlich vordringenden Amerikanern wieder konkurrieren könnten. Doch die Rickenbacker-Sechs- und Achtzylinder schlugen bei Audi ebensowenig ein wie bei anderen Marken, die sie bezogen, zum Beispiel bei der Remscheider Automobilfabrik Mannesmann. Daß deren (Aachener) Lastwagenbau schon 1927 zu Büssing kam, ist in diesem Zusammenhang weniger interessant als der gleichzeitig eingeführte PKW-Achtzylinder. Er besaß zwar nur 2,4 l Hubraum, aber auf Wunsch einen Zoller-Kompressor!

VON OPEL UND EINER KÜHNEN PROGNOSE, RAKETENFAHRTEN UND MOTORRÄDERN

Der Import von US-Technik war kein Einzelfall, wie neue Sechs- und Achtzylindermotoren bei Stoewer, Brennabor und Adler mit einer ausgeprägten Ähnlichkeit zu Gardner, Chevrolet und Chrysler enthüllten. Aber die wirtschaftlichen Ereignisse übertrafen alle technischen Anleihen, als Opel 1929 in den Besitz von General Motors gelangte und Ford bald darauf den Grundstein für ein großes Werk in Kölns Norden legte. Gleichzeitig entstand zwischen dem südlichen Ende der Domstadt und Bonn die erste deutsche Autobahn – oder war es nach der Avus (S. 304) die zweite?

Nun verlangen die Namen Opel und Avus förmlich einen weiteren Seitenblick; denn der technisch und sportlich engagierte Fritz von Opel, Adams Enkel, ließ kurz vor dem Verkauf des Werks von F. W. Sander an zwei Wagen, einem Motorrad und (unbemannten) Schienenschlitten Raketensätze installieren. Er selbst und Kurt Volkhart fuhren sie, zuletzt mit über 210 km/h, aber auch mit der bemerkenswerten Erkenntnis, die Fritz von Opel 1930 brieflich dem Deutschen Museum berichtete: »Ich bin überzeugt, daß die Rakete das gegebene Antriebsmittel für große Höhen und große Geschwindigkeiten ist, daß aber ihre ökonomische Geschwindigkeit bei 1000 bis 2000 km in der Stunde liegt. Wesentlich darunter, also für den Antrieb langsamer Land- und Wasserfahrzeuge, scheidet die Rakete aus wirtschaftlichen Gründen vollkommen aus... Die alte von uns zuerst verwandte Pulverrakete wird von flüssig kontinuierlich brennenden Raketen ersetzt werden. Ich glaube, daß dies die zukünftige Rakete sein wird.«

Wieweit der Briefautor mit dieser Prognose recht behalten sollte, zeigt inzwischen die großartige Raketen- und Raumfahrtgeschichte, deren Ursprung in dieselbe Zeit fällt. Daß sie von Anfang an Gefahren barg und Opfer kostete, machte bereits Max Valiers Schicksal deutlich; denn der 35jährige Südtiroler Ingenieur-Schriftsteller, der eigentliche Urheber der Opel-Versuche, fand im Mai 1930 beim Hantieren mit einer Flüssigkeitsrakete den Tod.

Volkhart war damals ein bekannter Konstrukteur (u. a. bei Dürkopp) und erfolgreicher Rennfahrer. Er siegte z. B. 1922 beim ersten »Eifelrennen« auf einer langen, schwierigen Rundstrecke um Nideggen mit dem berühmten Steiger. Die Eifelrennen lebten fort auf dem 1927 eröffneten Nürburgring...

Daß zu den Raketenfahrzeugen auch ein Motorrad zählte, ergab sich aus der gerade angelaufenen dritten und letzten Opel-Zweiradperiode. Die erste entstand gleichzeitig mit der kurzen Lutzmann-Produktion um die Jahrhundertwende, die zweite erstreckte sich, vor und nach dem ersten Weltkrieg, auf Fahrradeinbaumotörchen und Leichtkrafträder. Man baute auch ein paar kleine vierventilige und wassergekühlte Bahnrennmaschinen, die Fritz von Opel erfolgreich fuhr — gewiß zur gezielten Erinnerung an die »5 Rüsselheimer« (Radrennfahrer), die 1887 ihren Vater drängten, der gutgehenden Nähmaschinenfabrikation eine Velociped-Herstellung anzugliedern. Das war bedeutend leichter, als nach Adams frühem Tod der »Mutter Opel« das Einverständnis zum Bau von »Motorwagen« abzuringen.

Obgleich der beliebte »Laubfrosch« und seine Nachfolger alle Herstellungskapazitäten beanspruchten, wandte Opel sich 1928 erneut Motorrädern zu. Man erwarb diesmal kurzerhand die Lizenz der ausgefallenen Neumann-Neander-Maschine mit dem bauchigen Benzintank vor dem Muldensattel, der eleganten, aber funktionell fragwürdigen vorderen Pendelgabel, mit dem Preßstahlrahmen aus genieteten Profilen, die ursprünglich aus Duralumin bestanden. Wegen des nahen Dürener Leichtmetallwerkes letzten Endes landete »N²«, der ideenreiche Künstler, Erfinder und Karosseriekonstrukteur, nach seinen Arbeiten für NAG, (Porsches) Austro-Daimler, für Szawe und weitere Firmen... nach seiner »großen« Berliner Zeit, ausgerechnet in Rölsdorf, einem kleinen Ort zwischen Düren und dem Hürtgenwald, den bald andere als geografische Verhältnisse mit dem Ardennenwald verbinden sollten.

Gebaut wurden die Opel-»Motoclub«-Maschinen übrigens in Brand-Erbisdorf bei Freiberg, einem Zweigbetrieb des Elite-Diamant-Werks in Siegmar-Schönau, das 1928 in den Besitz von Opel kam... und damit den Kreis zum Ausgangspunkt unserer Betrachtung schließt, zur dicht angesiedelten sächsischen Fahrzeugindustrie. Hier erhielt Audi, nachdem auch die Rickenbacker-Motoren den erhofften Erfolg schuldig blieben, eine ganz besondere Aufgabe vom Hauptaktionär J. F. Rasmussen.

Er erschien zu diesem Zweck im Herbst 1930 persönlich in Zwickau und ließ in äußerster Eile mit dem wassergekühlten DKW-Zweizylinder und einer ganzen Reihe weiterer vorhandener Bauteile einen kleinen, leichten Frontantriebwagen konstruieren, bauen und erproben. Der stand prompt und planmäßig schon im Frühjahr 1931 auf der Berliner Ausstellung und leitete eine neue Kleinwagenaera ein. (B. XV.10).

DIE SCHNÜRLE-UMKEHRSPÜLUNG: BEI DKW UND AUF DER GANZEN WELT

In der Zweitaktentwicklung markierte das Gründungsjahr der Auto Union einen Meilenstein, indem DKW, für Ottomotoren allein, die Lizenz auf die patentierte Umkehrspülung von Dr. Adolf Schnürle übernahm. Dabei münden zwei Überströmkanäle, symmetrisch an beiden Seiten, neben dem Auslaßkanal. Sie blasen, mehr oder weniger flach, zwei Spülströme auf die gegenüberliegende Zylinderwand; dort treffen diese zusammen, schwenken nach oben und spülen den Zylinder gründlich aus — schleifenförmig, daher englisch als »loop scavenging« bezeichnet. Den Auslaßschlitz erreicht der Spülstrom (theoretisch) erst, wenn der aufwärtsgehende Kolben den Ausgang verschlossen hat.

Der Erfolg kam sofort: das Drehmoment, als direkter Maßstab für den mittleren Arbeitsdruck, stieg um 12 %, die Höchstleistung sogar um 15 %, während der Kraftstoffverbrauch bis zu 20 % sank. Diese Ergebnisse gewannen bis zum Jahr 1940 mindestens um weitere 15 % — der Verbrauch sogar um glatte 25 %, doch scheint der Vergleich fragwürdig, weil eine entsprechende Weiterentwicklung der alten Querspülung gewiß nicht erfolglos verlaufen wäre, wie amerikanische Outboards (bis auf ihren Verbrauch) bestätigten.

Mindestens ebenso wichtig wie die Leistungs- und Verbrauchswerte war der leichtere, merklich kühler bleibende Kolben dank seinem flachen oder schwach gewölbten Boden an Stelle der schweren, heißen und für Koksbildung anfälligen »Nase«. Seine vorteilhaften Auswirkungen reichten vom Einbauspiel über die Laufruhe bis zur Lebensdauer. Die Schnürle-Spülung avancierte, förmlich über Nacht, zum zentralen Problem in der technischen Entwicklung... und in zahlreichen Patentbüros; denn die Konkurrenz mußte irgendwie mitziehen und die DKW-Schutzrechte umgehen — mit unterschiedlichem juristischen und technischen Erfolg. »Zumal die tatsächliche Patentlage auf dem Gebiet der Zweitaktspülungen seit jeher verwickelt war... und schon bei einer früheren Umkehrspülung zu langdauernden Auseinandersetzungen geführt hatte« (Dr. Venediger).

Um den wahren Dschungel der Patente zu durchdringen, ersannen Konstrukteure wie Paul Schauer, Richard Küchen, Otto Reitz, Albert Roder oder Norbert Riedel Dreistromspülungen, Gegen- und Vierstromspülungen, Steig- und Kreuzstromspülungen oder Kolbenböden mit Mulden zur Führung

XV.14 Der in Europa, USA und Japan meistkopierte kleine Zweiradmotor — DKW RT 125, zu Anfang mit 4,7 PS (3,5 kW) bei 4800/min, 1955 in Ingolstadt mit 6,4 (4,7) bei 5600. Die »Diadochen« reichen nicht von A bis Z, aber von B (für BSA) über Harley bis Y (Yamaha).
Hermann Webers unbestrittenes Meisterstück ging 1939 in Serie, wurde 1940 der einmillionste DKW-Motor (davon über 500 000 in Motorrädern, fast 250 000 in Wagen, der Rest als Aggregatmotoren). Von 1949 bis 1958 entstanden noch 519 000 DKW-Zweiräder, von 1950 bis 1965 knapp 1 Mio. DKW-Wagen.

der Gasströme. Erst 1952 liefen die Schnürle-Patente aus — ihr Urheber war ein Jahr vorher gestorben, nachdem er noch beachtliche Konstruktionen bei Klöckner-Humboldt-Deutz geleitet hatte, der Generallizenznehmerin für alle Dieselmotoren mit Schnürle-Umkehrspülung. Von Stund' an wurden die meisten deutschen Ottozweitakter, durchweg »geräuschlos«, darauf umgestellt, weil sie insgesamt doch die besten Ergebnisse und die wenigsten Nachteile lieferte.

Im Ausland freilich erübrigte sich nach dem Krieg, vereinzelt schon nach seinem Ausbruch, die Rücksichtnahme auf deutsche DKW-Patente, so daß die Umkehrspülung ein ähnliches Schicksal erlitt wie seinerzeit die grundlegenden Patente von Otto und Diesel: sie blieben, wenngleich zum Nutzen des allgemeinen Fortschritts, nur wenige Jahre in Kraft.

Nach Veröffentlichung in den 80er Jahren (von H. W. Bönsch, Chr. Bartsch und S. Rauch) ist die Patenterteilung an A. Schnürle erstaunlich, weil Schutzrechte von Paul A. Kind (1908) und Arnold von Schmidt (1911) der Schnürle-Erfindung weitgehend ähnelten.

Ganze Sachen sind immer einfach, wie die Wahrheit selbst. Nur halbe Sachen sind kompliziert.

*H. von Doderer,
Wiener Schriftsteller, 1896–1966*

DIE GLANZVOLLEN SILBERPFEILE AUS ZWICKAU UND UNTERTÜRKHEIM

Mit einem straff organisierten Automobilbau offerierte die Auto Union unterdessen ein breitgefächertes Typenprogramm. Audi bezog die Motoren von Wanderer, fertigte dafür neben den eignen Modellen die »Meisterklasse«-Fahrgestelle und montierte darauf die Karosserien aus dem Werk Spandau, das seinerseits die größeren DKW-Wagen baute. Horch produzierte Aggregate für Wanderer, dazu die eignen Achtzylindertypen — und den legendären, von Porsche und seinem tüchtigen Mitarbeiter Karl Rabe konstruierten Rennwagen mit dem 16 Zylinder-Kompressormotor vor der Hinterachse. Die Überlegenheit der neuen »Silberpfeile« aus Zwickau und Untertürkheim beruhte übrigens zunächst viel weniger auf hohen Literleistungen der Maschinen als auf dem Leistungsgewicht der Wagen, deren aufwendige Technik erstaunlich in das 750 Kilo-Gewichtslimit »eingepaßt« war.

Allerdings entfesselte der »innerdeutsche« Wettbewerb, für den die vielzitierten staatlichen Subventionen kaum 20 % der Selbstkosten deckten, eine beachtliche PS-Zucht: im »P-Wagen« stiegen die Hubräume zügig von 4,4 auf 6,4 Liter, die Drehzahlen von bescheidenen 4500 auf 5000, die Leistungen von 300 auf 550 PS (220 . . . 400 kW). In Stuttgart erreichte der stärkste Achtzylinder 650 PS (470 kW, B. XI.4) und ein V-12-Rekordmotor sogar 730 PS (535 kW). Erst für die rivalisierenden Zwölfzylinder von 1938, mit nur noch 3 l Hubraum, schnellten die Drehzahlen, Ladedrücke und Literleistungen nach oben, am höchsten schließlich für die beiden 1,5 l-V 8, die nur ein einziges Rennen bestritten, den Großen Preis von Tripolis 1939.

Dieses mit einer Lotterie verbundene, hochdotierte und prestigereiche Rennen hatten die Veranstalter, um endlich wieder einen Alfa- oder Maserati-Sieg zu erleben, für die 1,5 l-Klasse ausgeschrieben, in der es keinen deut-

XV.15 Porsches Auto Union-16 Zylinder-Rennmotor mit 1 Nockenwelle, welche 16 Einlaßventile direkt über kurze Schwinghebel steuerte, die Auslaßventile aber über fast horizontal nach außen führende Stoßstangen (und zusätzliche Kipphebel). Hinter dem Mittelmotor das stehende große Rootsgebläse mit dem oben angeflanschten Doppelvergaser! Mit Stromlinien-Karosserien liefen die Wagen (wie im Foto) nur auf Hochgeschwindigkeitskursen (z. B. Avus) oder bei Rekorden. Bei frühen Monza-Testfahrten mit den Zwölfzylindern (1938) hatte man die nach oben ragenden Auspuffrohre mit 2 x 2 »blinden« vermehrt, um Spione der Konkurrenten zu düpieren.

schen Wagen gab. Jedoch machten sie ihre Spekulation ohne Daimler-Benz, wo in der Rekordzeit von acht Monaten streng geheim zwei »M 165« entstanden. Sie verhalfen mit 254 PS (187 kW) bei 8000/min dem Vorjahressieger Hermann Lang und Rudi Caracciola zum Doppelerfolg. Erst 10 Jahre später übertrafen Alfa Romeo und BRM diese Leistung — dann zwar beträchtlich.

Als bewährte Basis für den »M 165« diente der 3-Liter-Grand-Prix-V 12- »M 163«, der im erfolgreichsten Silberpfeil 490 PS (360 kW) bei 7800/min leistete. Neben diesen Wagen und Motoren baute die Untertürkheimer Rennabteilung sogar noch den erstaunlichen »T 80«, um den absoluten Weltrekord — damals mit 595 km/h im Besitz von John Cobb — um glatt 100 km/h zu übertreffen. Die treibende Kraft dieses Projekts war der (Auto Union-!) Rennfahrer Hans Stuck, dem der »Generalluftzeugmeister« Ernst Udet dafür zwei Daimler-Benz-Flugmotoren »603« freistellte. Für die Konstruktion gewann Stuck den ihm befreundeten Ehrendoktor und Professor Porsche, für die Entwicklung der Stromlinienkarosserie das Flugzeugwerk Messerschmitt und für den Bau des Spezialwagens den Daimler-Benz-Vorstand. Bei Kriegsausbruch stand der T 80 kurz vor der Vollendung, mit drei schmalen Achsen, zwei davon unter dem 45 l großen Flugmotor (B. X.7), dessen 12 A-Zylinder auf über 3000 PS (2200 kW) frisiert waren ... Doch landete der Wagen, Jahre später, im Mercedes-Benz-Werksmuseum, notabene ohne Notizen und Kommentare, weil — gemäß einer Anfrage an den gewichtigen Rennleiter Alfred Neubauer — »wir nur über das sprechen, was erfolgreich war«.

Beiläufig bekundet das T 80-Projekt Porsches abgeschwächte Bindungen an Zwickau, wo in diesen (VW-Erprobungs-) Jahren als sein Nachfolger der junge Wiener Dr. Ing. Robert Eberan von Eberhorst wirkte, der diese Aufgabe als den »Lehrmeister Rennsport« mit einer wissenschaftlichen Akribie und Grundlagenforschung löste. Ihr folgten förmlich nahtlos seine Professur an der Dresdner Hochschule, nach dem Krieg leitende Stellungen im englischen Automobilbau und — wieder bei der inzwischen in Düsseldorf vertretenen und verwalteten Auto Union-GmbH. Sein Vorkriegszwölfzylinder erreichte übrigens die Mercedes-Motorleistung mit nur 24 statt 48 Ventilen und schon bei 7000 U/min, also mit höheren Ladedrücken der Kompressoren und stärkeren mittleren Nutzdrücken.

Von Eberans großer Gegenspieler in Untertürkheim, Rudolf Uhlenhaut, erhielt zwar den Doktortitel ehrenhalber erst bei seiner Pensionierung 1972, konnte aber zwei Mercedes-Benz-Rennepochen seinen persönlichen Stempel aufdrücken, wenngleich als Chefkonstrukteure, nach Dr. Hans Nibel, Max Sailer mit Max Wagner verantwortlich zeichneten. Nach dem Krieg war es Fritz Nallinger mit Ludwig Kraus, der später, zusammen mit dem (fast) fertigen »Mitteldruckmotor« von Stuttgart nach Ingolstadt übersiedelte, um die sterbenden Automobilzweitakter mit einem ebenso neuen wie traditionsgerechten Audi-Konzept abzulösen. Natürlich spielte dabei der wechselnde Besitz der Auto Union-Aktienpakete eine entscheidende Rolle, mit den Namen Friedrich Flick und (für VW) Heinrich Nordhoff.

Wenn der Fachwelt vor dem Krieg eine besondere Fähigkeit Uhlenhauts vielleicht verborgen blieb, so erkannte man spätestens 1954, daß er bei persönlichen Testfahrten auf dem Nürburgring und anderen schwierigen Strecken die Rundenrekorde der professionellen Rennfahrer souverän einstellte. Für Daimler und Mercedes-Benz ergaben sich in diesen sechs Jahrzehnten geradezu frappante Termine; denn der Dreifachsieg im »größten Grand Prix« datierte am 4. Juli 1914 (B. V.7), 20 Jahre nach dem Erfolg der Daimler-Motoren in Panhard- und Peugeot-Wagen bei der ersten Wettfahrt für »Wagen ohne Pferde« (s. S. 65). Nach weiteren zwanzig Jahren begann der Siegeszug der neuen Kompressor-Rennwagen, wonach die letzten Untertürkheimer Boliden im 41. Grand Prix von Frankreich debütierten — diesmal bei Reims am 4. Juli 1954 mit Fangios und Karl Klings Doppelsieg. Daß diese Datenduplizität in der deutschen Öffentlichkeit ihr stärkstes Echo verfehlte, lag an der Begeisterung über unsere Fußball-Elf und ihre am gleichen Tag in Bern errungene Weltmeisterschaft!

GASSCHWINGUNGEN ALS SCHLÜSSEL ZU DREISTELLIGEN LITERLEISTUNGEN

Die kompressorlosen Mercedes-Benz-Rennmotoren, im Sport kurz »Saugmotoren« betitelt, enthielten sensationelle Neuerungen, wie in verschiedenen Kapiteln bereits behandelt, namentlich die desmodromische Steuerung der Ventile (ohne Federn) und die Kraftstoffeinspritzung direkt in die Zylinder (B. X.9). Der »Mittelabtrieb«, zwischen den vorderen und hinteren vier Zylindern, von der Kurbelwelle über Zahnräder und eine besondere Welle zur Kupplung, machte den Motor zu einem »Pseudo-Reihenachtzylinder«, der kritische Kurbelwellenschwingungen vermied. Gasschwingungen hingegen spielten eine wichtige positive Rolle: lange »Schwingrohre« fanden über dem geneigt eingebauten Motor Platz, die eine intensive »Atmung« entfachen und den Kreis zum Ausgangspunkt unserer Betrachtung schließen (s. S. 38, f.).

Schwingende Luft- oder Gassäulen vermitteln dabei einen ausgeprägten »Rammeffekt«, eine echte Auflading der Zylinder. Renn- und Hochleistungsmotoren erreichen damit Füllungsgrade, die den Grenzwert von 100 % deutlich übersteigen ... obwohl die Ansaugzeiten enorm kurz sind — 1 Hub bei 6000 U/min nur 0,005 Sekunden = 5 Milli-Sekunden dauert ... obwohl die Einlaßventile erst so spät schließen, daß sie der folgenden Verdichtung kaum zwei Drittel des Hubraums übrig lassen!

Zweitakter sind beim »Gaswechsel« noch bedeutend schlechter dran: für die Entleerung und Neufüllung der Zylinder verbleiben viel kleinere Kurbelwinkel und Kolbenwege, dazu gleichzeitig! Um trotzdem gute Füllungen zu erzielen, wuchsen die Kanäle und Schlitze ständig — in die Breite und in die Höhe ... was erneut den echten Verdichtungs- und Arbeitsweg der Kolben verkürzt! Immerhin lagen die Vorkriegszweitakter mit ihrer Literleistung gut im Rennen, zumal mit der Umkehrspülung. Wassergekühlte PKW-Motoren entfalteten 22 kW/l (30 PS/l), luftgekühlte Zweiradmotoren gute 20 % mehr. Allein kopfgesteuerte Kraftradmodelle kamen auf knapp 37 kW/l (50 PS/l) – allerdings auch Doppelkolben-Zweitakter mit Gleichstromspülung. Die technisch aufwendigen Kompressor-DKW liefen der Viertaktkonkurrenz davon, sofern sie nicht ebenfalls einen Kompressor bekam (Moto Guzzi) ...

Wenn wir jetzt die folgenden 25 Entwicklungsjahre überspringen, finden wir kompressorlose Rennzweitakter mit 150, 190 und – mit den kleinsten Zylindern – über 220 kW/l (300 PS/l)! Ein Ergebnis, das die kühnsten Träume von Zweitaktenthusiasten weit in den Schatten stellt. Freilich verlangen die Literleistungen von 90 und mehr kW in Millionen serienmäßigen und alltagsbrauchbaren europäischen und japanischen Motorrädern keinen geringeren Respekt — wenigstens aus dem technischen Blickwinkel.

Das Prinzip aller modernen Rennmotoren und Hochleistungszweitakter, der unentbehrliche Schlüssel zu solcher Leistungsausbeute, besteht in richtig erzeugten und verwerteten Resonanzschwingungen. Diese Motoren sind, nach einer bemerkenswert frühen Definition von H. W. Bönsch, keine »Verdrängermaschinen« mehr, sondern regelrechte Strömungsmaschinen (mit »gesteuerter« Unterbrechung) — weil die Strömungen stark pulsierend verlaufen. Man kann diese Vorgänge durchaus mit mechanischen Schwingungen vergleichen, mit schwingenden Massen an Federn.

Die Schwingungen der Frischgase beim Einströmen ins Kurbelgehäuse gut abzustimmen, ist bei Hochleistungszweitaktern besonders wichtig, weil der Raum unter dem Kolben erheblich größer ist als der Hubraum im Zylinder. Deshalb erzeugt der Kolben, »unten«, wie eine Luftpumpe mit übermäßigem Totraum, bei seinem Aufwärtsgang nur schwachen Unterdruck — und beim Rückweg entsprechend geringen Überdruck.

Im Schemabild XV.16 entspricht die auseinandergezogene Feder dem Unterdruck, der die Gassäule im Ansaugrohr in Bewegung setzt, wenn der Kolben den Einlaßschlitz öffnet. Mit fortschreitendem Druckausgleich (innen und außen) erreicht das Gas die höchste Geschwindigkeit und Wucht, saust danach weiter bis zum (fast) gleichgroßen Überdruck. Falls aber der Kolben den Einlaßschlitz jetzt nicht verschließt, schwingt die Füllung wieder zurück und entleert das Kurbelgehäuse (abgesehen von den unvermeidlichen Strömungsverlusten). Umgekehrt kommen gute Füllungen zustande, wenn das Ansaugrohr mit Weite und Länge, der Kurbelkammerinhalt und die Steuerzeiten gut zusammenpassen! Das Ganze natürlich abgestimmt auf den gewünschten Drehzahlbereich. Übrigens begannen die ersten wissenschaftlichen Untersuchungen dieser Schwingungsverhältnisse um 1935, aber schon etliche Jahre vorher in der Dieselmotorentwicklung.

Die Überströmkanäle, die das Frischgas aus der Kurbelkammer in den Zylinder schleusen, stellen dem Zweitaktkonstrukteur das nächste Problem. Dabei enthüllt schon das Prinzip der Zweitaktspülung, namentlich der Umkehrspülung, daß die Spülströme mit der richtigen Breite und Höhe, ferner mit der besten Richtung in den Zylinder hineinschießen müssen, um das alte Gas weitgehend zu verdrängen, ohne selbst ungenutzt in den Auspuff zu gelangen. Natürlich spielen auch hier Schwingungen ihre Rolle, doch gelingt ihre Abstimmung durchweg nur beschränkt, weil die Überströmkanäle gemäß der »Motorgeometrie« zu kurz ausfallen und — wie Orgelpfeifen für höchste Töne — echte Resonanzen erst bei Drehzahlen vermitteln, die selbst Rennmotoren nicht erreichen. Überdies vermehren diese Kanäle den schädlichen Raum des Kurbelgehäuses und verlangen auch deshalb eine Kompromißlösung. Früher strebte man besonders kleine und kompakte Spülkanäle an, führte sie gar nicht von ihrer Mündung ins Kurbelgehäuse hinab, sondern henkelförmig gleich wieder in den Zylinder hinein, wobei »Fenster« in den Kolbenschäften dem Gas den Weg öffneten . . .

Schließlich gilt bei allen Maßnahmen auf der Einlaß- und Kurbelkammerseite das Gebot, mit der Pumparbeit des Kolbens und dem Überdruck sparsam zu wirtschaften, weil sie ja der definitiven Motorleistung verlorengehen. Umso wichtiger — und ergiebiger — wurde die Verwertung der Auspuffschwingungen, bei denen von Anfang an weit höhere Gasdrücke herrschen, weil der Kolben die Auslaßschlitze sehr »früh« öffnet.

Tatsächlich bestimmen die Auspuffanlagen an Zweitaktern die Zylinderfüllung, d. h. die Leistung, das Drehmoment und den Kraftstoffverbrauch in einem erstaunlichen Ausmaß! Geborstene oder abgerissene Auspuffrohre

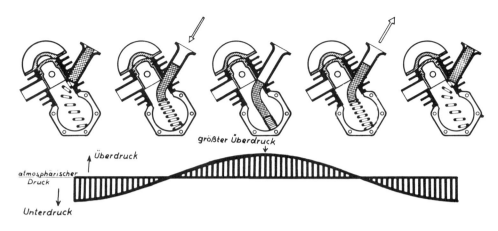

XV.16 Nach der anschaulichen Darstellung des verstorbenen Zweitaktexperten Ernst Ansorg schwingt die Frischgasmasse im Ansaugrohr und Kurbelgehäuse wie über einer Feder! Für gute Füllung und Leistung müssen die Ein- und Auslaßschwingungen gründlich auf jeden Motor abgestimmt sein!

von Rennmotoren rauben dem besten Fahrer seine Chancen, während bei Serienmotoren weder der Lärm noch der vergeudete Kraftstoff den Leistungsverlust verkennen läßt. Anders als im Ansaugrohr, kommt es nicht nur auf die Länge und Weite an, sondern auf das Zusammenspiel von Krümmer und Rohr, dem daran angeschlossenen Diffusor und weiten Rohr, zuletzt der Prallwand und dem Endrohr.

Was in diesen modernen Auspuffleitungen passiert, hat Chr. Christophe ebenso einfach wie anschaulich skizziert (B. XV.17). Wir müssen jedoch zuvor den Fall des glatten und offenen Auspuffrohres betrachten: sobald der Kolben den Auslaßschlitz öffnet, startet stets, zusammen mit dem Abgasstrom, eine ausgeprägte Druckwelle. Sie saust mit Schallgeschwindigkeit (wärme- und zustandsbedingt mit 500 bis 600 m/sec) bis zum Rohrende und wird von dort regelrecht reflektiert, aber nicht als positive Druckwelle — wie beim Aufprall und Zurückfedern an einer festen Wand — sondern als Unterdruckwelle. Diese läuft zum Auslaßschlitz zurück, beschleunigt die Entleerung des Zylinders und reißt sogar Frischgas aus den offenen Überströmkanälen heraus. Druck- und Unterdruckwellen sorgen für eine hochwirksame Spülung — bloß profitiert der Zylinder wenig davon, weil die Frischgase sich bereits im Auspuff befinden!

Nun entsteht eine Unterdruckwelle, die gegen den Abgasstrom läuft, nicht nur am Ende eines offenen Rohrs, sondern ebenso in einem »Diffusor« — einer konischen Erweiterung, die man (etwa seit 1935) schlicht als Renntüte oder Auspufftrompete bezeichnet. In dieser simplen Form ist sie inzwischen sogar hinter Viertaktzylindern überholt und meistens mit einem Gegenkonus verlängert. Er repräsentiert naturgesetzlich eine Prallwand oder »Blende«, an der — ungeachtet des Lochs in der Mitte — eine positive Stoßwelle entsteht. Die Renntüte, jetzt umgekehrt durchlaufen, verstärkt sie noch.

Die am Auslaßschlitz eintreffende

Druckwelle versperrt dem (inzwischen frischen) Gas den unerwünschten Abfluß, ja sie schiebt sogar einen Teil wieder in den Zylinder zurück, und erzielt damit eine gewisse Aufladung (und außerdem Kühlung)! Immer vorausgesetzt, ein Konstrukteur oder Versuchsingenieur hat alle Abmessungen, Steuerwinkel, Schlitzgrößen und

der Vergleich, wie die meisten, doch fördert er die nötige Unterscheidung von strömenden Gasmengen und Druckwellen, die ihnen entgegenlaufen. Jedenfalls zeigt Christophes Skizze, wie die Druckwelle vom Auslaßschlitz am Diffusor eintrifft (1) und eine zurücklaufende Unterdruckwelle auslöst (2). Diese vermindert den Restdruck im Zylinder und unterstützt die Spülung (3). Inzwischen ist die positive Welle gegen die Prallwand gesaust, dort umgekehrt und auf dem Weg zurück zum Auslaßschlitz, wo sie förmlich als »Abschlußventil« wirkt. (Daß der Auspufftopf hinter Alltagsmotoren nicht leer ist, sondern schalldämpfende Bestandteile enthält, ändert am Prinzip nichts — und an der praktischen Wirkung wenig im Vergleich zur gewonnenen Leistung.)

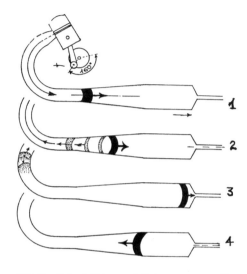

XV.17 Crius' Skizze erklärt, warum »maßgeschneiderte« Zweitakt-Auspuffanlagen für hohe Leistung und angemessenen Kraftstoffverbrauch unentbehrlich sind. Beiden schadet jede Veränderung der Anlage bedenklich!

Motordrehzahlen richtig aufeinander abgestimmt. Sonst erreicht er das Gegenteil der gewünschten Wirkung.
Um die Vorstellung der positiven und negativen Druckwellen zu erleichtern, kann man Strömungsvorgänge und Wellenbewegungen in Wasserbecken und offenen Kanälen studieren ... zumindest an Schallwellen denken, die sich nach allen Seiten ausbreiten, auch gegen den »Wind«. Zwar hinkt

Erfinde stets — doch werde nie Erfinder! In Arbeit such' Dein Heil, sonst darben Deine Kinder! Max v. Eyth, 1836–1906

NEUE 4-, 5- UND 6-KANAL-ZWEITAKTER: KEIN GEHEIMNIS

DKW trug auch nach dem Krieg das Zweitaktbanner, in Motorrädern und Wagen, in vielfältigen Serientypen und erstaunlichen Rennmaschinen. Wer sonst sollte die zunächst so unterschätzten Möglichkeiten dieser Motoren eher erkennen und besser verwirklichen als die versierten Spezialisten?! — Allerdings waren vorerst sämtliche sächsischen Werke, die zuletzt 46 000 Leute beschäftigten, zerstört, demontiert und enteignet, die Auto Union selbst im Handelsregister gelöscht, die Mitarbeiter in alle Welt versprengt.

Jetzt bauen die DKW-Bosse auf ihre bewährte Organisation, auf die zahlreichen Händler und Werkstätten — und auf rund 150 000 Fahrzeuge, die den Krieg überlebt hatten und dringend Ersatzteile brauchten. Zu diesem Zweck entstand schon 1945 ein »Zentraldepot für Auto Union-Ersatzteile« und damit die Keimzelle für ein neues Werk — in Ingolstadt. Drei Jahre später konnten Dr. Bruhn und Dr. Hahn mit einem Dutzend ehemaliger Organisatoren, Ingenieure und Meister die »GmbH« gründen, sofort die erfolgreiche RT 125 und kurz danach schon Schnellieferwagen produzieren. Nach wenigen Wochen waren es 1000, nach einigen Monaten 10 000, dazu stärkere Modelle und schließlich in einem rasch reparierten früheren Rheinmetall-Borsig-Werk in Düsseldorf die beliebten »Meisterklassen« auf einem hochmodernen Fließband. Bei der Einweihung im Mai 1950 toastete Walter Ostwald, als Nestor der Presse, zu seinem Tischnachbarn, einem rüstigen 82jährigen Herrn namens Dr. h. c. August Horch, nach dieser Aufbauleistung sollte man DKW eigentlich in DGW umtaufen, »denn wir erleben hier große Wunder am laufenden Band«...

Das letzte DKW-Kapitel ist zu jung für einen ausführlichen Nachruf. Der drastische Niedergang von Motorrädern und Rollern in den fünfziger Jahren erzwang die Einstellung der Ingolstädter Produktion und ihre Überleitung an die mit Victoria und Express gegründete Nürnberger Zweirad-Union, die ihrerseits schließlich zu Hercules und der Schweinfurter Sachs-Gruppe kam. Bald darauf kündigte sich neue Unbill an — als fatale Krise für den Automobil-Zweitakter und die DKW-Tradition (in der westlichen Hemisphäre). Was Kriegsereignisse, Bomben und Bodenkämpfe 20 Jahre vorher nicht vermochten, erreichte unser »Wirtschaftswunder« mit gewandelten Käuferwünschen gewissermaßen geräuschlos. Flick hatte die große neue Autofabrik in Ingolstadt mit Daimler-Benz liiert, wonach der erwähnte Untertürkheimer Viertakter buchstäblich den Platz des letzten und größten DKW-Dreizylinders einnahm. Indes handelte es sich um eine Übergangslösung, da sämtliche Auto Union-Gesellschaftsanteile nach kurzer Zeit bei VW landeten und 1969, zusammen mit NSU, die neue »Union« bildeten.

In Zschopau selbst entstand kurz nach dem Kriegsende der Volkseigene IFA-Betrieb (Industriezweigvereinigung Fahrzeugbau), bald MZ getauft (Motorradwerk Zschopau). Trotz aller Versorgungslücken und Engpässe kletterten die Produktionszahlen auf das Vorkriegsniveau und noch weit darüber — wenngleich ohne die früheren Wagen- und Aggregatmotoren; denn die »Wartburg«-Zweitaktwagen kommen aus Eisenach, dem alten Dixi- und BMW-Werk, und die beliebten kleinen »Trabant« aus dem ehemaligen Audi-Werk in Zwickau. Bald sorgte MZ mit erheblichem Export für hochgeschätzte Devisen und mit neuen Rennmaschinen für starke internationale Beachtung. Hermann Webers Nachfolger erzielten 1962 Literleistungen von 147 kW (200 PS) — acht Jahre, nachdem die Ingolstädter DKW-Dreizylinder als erste Zweitakter in den dreistelligen PS-Bereich und zu fünfstelligen Drehzahlen vorstießen — »die singenden Sägen«.

Enorme Leistungssprünge demonstrierten japanische Rennzweitakter, wobei Kreidler, auch neue italienische und spanische Firmen gut mithielten. MZ verlor den Anschluß und verlegte sich auf Sportmodelle, mit denen die DDR-Teams zahlreiche Siege bei den Sechstagefahrten errangen, der Geländefahrer-Weltmeisterschaft.

Beim Abschied wird die Zuneigung zu liebgewordenen Dingen immer etwas wärmer.
Mich. de Montaigne,
franz. Philosoph, 1533–1592

EINLASS DURCH DREHSCHIEBER ODER MEMBRANEN

Nicht alle, aber sehr viele Rennzweitakter leiten und steuern die ins Kurbelgehäuse einschwingenden Frischgase durch große Plattendrehschieber, die direkt auf der Kurbelwelle stecken, so daß die Vergaser seitlich daneben stehen. Ob die dadurch ermöglichten »unsymmetrischen Steuerzeiten« bei den entscheidenden Spitzendrehzahlen einen echten Vorzug vermitteln, ist umstritten; doch ersetzt der Schieber einen großen, unerwünschten Schlitz im Zylinder. Ferner verbessert er die Strömungs- und Schmierungsverhältnisse. Schließlich können an die Stelle herkömmlicher Einlaßkanäle in der hinteren Zylinderwand zusätzliche Überströmkanäle treten.
Freilich lassen sich zusätzliche Spülkanäle auch neben dem üblichen Einlaßschlitz anordnen — wie in manchen Rennmotoren und neuen japanischen Serienzweitaktern, die über 100 kW/l entfalten. Denn die Motorenbauer aus dem fernen Osten hatten den Stand der europäischen Technik mit einer unvergleichlichen Akribie studiert und analysiert, bevor sie eigene, enorme Entwicklungen begannen. Ähnlich den ersten, wenig aufregenden Rennvier-

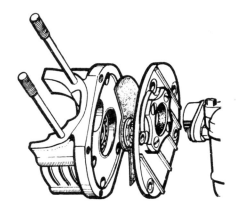

XV.18 Für Rennzweitakter (zu Land und auf dem Wasser) erlangten Plattendrehschieber zur Einlaßsteuerung große Bedeutung und Verbreitung. Gegenüber historischen (meist walzenförmigen) Drehschiebern geht deren moderne Version auf den Bootsmotorenbauer Daniel Zimmermann, Luckenwalde, zurück — und auf MZ-Zschopau. Die Schieberplatte aus etwa 0,4 mm starkem Stahlblech rotiert in einem schmalen Ringraum zwischen der Kurbelhauswand und einem aufgesetzten Deckel (rechts der Vergaserflansch). Große Querschnitte und unsymmetrische Steuerzeiten!
Weil der Schieber eine Kurbelhausseite besetzt, lassen sich (ohne besondere Kunstgriffe) nur zwei Zylinder paaren. Vier Rennmotorenzylinder stehen deshalb mit zwei gekuppelten Kurbelwellen im Karree (z. B. Suzuki).
Vereinzelt laufen Plattenschieber auch rechtwinklig zur Kurbelwelle von Zweitakt-Twin, so daß ein einzelner beide Zylinder steuert (z. B. bei Rotax in Oberösterreich, einem ehemaligen Sachs-Zweigwerk, an Motoren für Rennschlitten). Für zweitaktende Vierzylinderboxer wählten diese Lösung (mit Zahnriemenantrieb, vgl. S. 120) König und der hochkarätige Techniker und Exweltmeister Helmut Fath.

taktern von Honda mit der unverkennbaren NSU-Linie stützten sich die japanischen Zweitakter auf alle Errungenschaften der führenden hiesigen

XV.19 Vereinzelt findet man Plattendrehschieber auch an alltagstauglichen Serienmotoren, hier am wassergekühlten Maico-250-Einzylinder, anders als bei Rennmotoren mit verschaltem Vergaser und Ansaugluftführung vom Filter (oben links, bei abgenommenem Seitendeckel). Eine Gummikappe verbirgt das obere Ende des Vergasers.
Verglichen mit Viertakt-Drehschiebern am heißen Zylinder oder -kopf, arbeiten Zweitaktschieber – früher auch rohr- oder walzenförmig – unter günstigen Betriebsbedingungen: bei niedrigen Temperaturen und Drücken, guten Schmierungsverhältnissen.

Firmen, zu denen ganz besonders Adler zählte.
Yamaha zum Beispiel nennt die verdoppelten Spülkanäle eine »Innovation«. Denn die Erfindung von vier Spülkanälen hatten Serienzweitakter längst vorweggenommen, namentlich die Dürkopp- und Ardiemotoren, die ihrerseits auf einen kleinen Arguszweitakter zurückgingen. Dr. Fritz Gosslau hatte ihn vor dem Krieg für ein Zielfluggerät konstruiert und später in Bielefeld aufgegriffen, bevor Dürkopp das Ardie-Werk übernahm. Danach kultivierten Gosslau und Dr. Paul Noack die (namenlose) Spülung mit den doppelten, paarweise angebrachten Kanälen zu einem Zeitpunkt, als die Konkurrenz in seltener Einigkeit auf die Schnürle-Spülung um-

XV.20 Zum direkten Vergleich eine Schnittzeichnung der Vespa-Rollermotoren, von denen Piaggio binnen 3 Jahrzehnten (ab 1947) über 6 Millionen baute, fast alle mit ausgeprägten Drosselmotoren. Drei Besonderheiten sind der liegende, gebläsegekühlte Zylinder, der einmalig direkte und kompakte Antrieb (Getriebehauptwelle ist gleichzeitig Hinterradwelle) und die Einlaßdrehschiebersteuerung. Dazu ist eine der beiden Kurbelscheiben am Umfang profi-

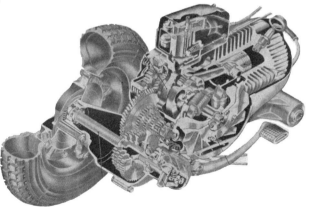

liert und wirkt als (Walzen-)Schieber für den Ansaugstutzen, der oben den Vergaser trägt. Keineswegs zufällig laufen die Motoren seither mit nur 2 % Öl im Kraftstoff (1 : 50). Das Pleuel schwingt an beiden Enden, wie längst üblich, in Nadellagern (vgl. B. VI.19).
Auch im Fahrradmotor FM 38, den A. Roder 1946 bei Victoria konstruierte, wirkte die (einzelne) Hubscheibe der »Stirnkurbelwelle« als Drehschieber, während die historische Lösung von H. Ruppe und späteren Berini-Motoren auf S. 326 erschien.

schwenkte. Ihr gegenüber richten sich Gosslaus Gasströme gesteuert und ohne Mithilfe der gegenüberliegenden Zylinderwand aneinander auf, weil sich die jeweils vorderen und hinteren Kanäle mit ihrer Größe und Richtung unterscheiden. Respektable Leistungs- und Verbrauchsdaten belohnten die Arbeit der beiden unvoreingenommenen Flugmotorenkonstrukteure.

Eine andere Vierstromspülung verdankten Zündapp und der Zweitakterbau dem vielseitigen und einfallsreichen Paul Schauer, der sich (schon für Otto Lilienthal, s. S. 220) mit motorischen Schwingenantrieben beschäftigt hatte, später u. a. Mündungsdämpfer für Schußwaffen und den Auspuffdiffusor erfand, schließlich sogar einen Patentprozeß gegen DKW gewann. Bei seiner Spülung bliesen zwei Hilfsströme von »hinten« in den Zylinder, um ungespülte Zonen zu vermeiden und die zwei Hauptströme aufzurichten. Vor ihrer Teilung sausten die Hilfsströme rund um die Kolbenbolzenpartie und kühlten den flachen Kolbenboden kräftig von unten.

Mehrere hochinteressante Zweitakter mit Drehschiebern und beachtlichen weiteren Einzelheiten baute Albert Roder lange vor seinen »NSU-Jahren«. Allerdings entstehen die Spitzenleistungen von modernen Hochleistungsmotoren leider mit einer starken Drehzahlabhängigkeit: die Leistungs- und Drehmomentkurven verlaufen steil und die ergiebigen Drehzahlspannen werden schmal – bei Zweitaktern noch deutlicher als bei Viertaktern. Als ein Gegenmittel auf der Einlaßseite bewähren sich, von Yamaha seit 1973, danach von vielen fernöstlichen, amerikanischen und italienischen Konkurrenten aufgegriffen, die alten Membransteuerungen in neuer Form (B. XV.7).

Die giebeldachförmige Anordnung und neue Werkstoffe, u. a. glasfaserverstärkte Kunststoffe (GFK), beseitigen die früheren, sogar mit teuerstem Uhrfederstahl kritischen Haltbarkeitsprobleme. Neben dem Einbau vor dem kolbengesteuerten Ansaugschlitz entstand (wie bei Lanz und Solo-Mopeds) die »Nebenschluß«-Variante zur direkten Einströmung in die Kurbelkammer – und sogar Kombinationen beider Varianten.

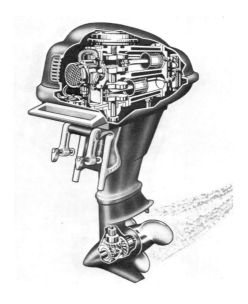

XV.21 Millionen Membranventile flattern in amerikanischen Außenbordmotoren (obgleich membranlose Konkurrenten ihre Zuverlässigkeit manchmal anzweifeln). Sie sind (wie in B. XV.7) V-förmig ausgebildet, so daß ein Vergaser, mitten am Kurbelgehäuse angeflanscht, zwei Kurbelkammern versorgt.
Um Membransteuerungen kennenzulernen, mußten Yamaha und die bald folgenden heimischen Konkurrenten – in Europa kamen Husqvarna u. a. hinzu – weder weit reisen noch ältere Annalen wälzen. Denn es gab sie schon seit etlichen Jahren serienmäßig in einem Mitsubishi-Kleinwagen, dessen Dreizylinder mit 840 cm^3 Hubraum, Schnürle-Spülung und Wasserkühlung 33 kW (45 PS) leistete.

SELBST AUSLASS-STEUERUNG BLIEB NICHT HEIKEL

Vor variablen Auslaßsteuerungen an Zweitaktern, die ihrerseits das brauchbare Drehzahlband verbreitern, schreckten die Konstrukteure jahrzehntelang zurück – und dies wegen der Wärmebelastungen nicht ohne gute Gründe. (Allein bei DKW in Zschopau fuhr man laut S. Rauch praktische Versuche. Lediglich an langsamlaufenden Zweitaktdieseln gab es schon Drehschieber im Auslaßkanal.) Folglich wartete die (Zweitakt-)Welt einmal mehr auf die Innovationsfreude der japanischen Techniker: Yamaha begann in der Tat mit dem abgebildeten »Power Valve« 1978.

Honda konterte mit »ATAC«, d. h. einem zuschaltbaren Auslaßvolumen, bald danach Suzuki. Jawa und Rotax senken die maßgebende Steuerkante des Auslaßschlitzes durch flache statt walzenförmige Steuerschieber, bei Rotax automatisch vom herrschenden Druck im Auslaßkanal betätigt, während Kawasaki die Kantenverschiebung mit einem zugeschalteten Volumen kombiniert. Verständlich verlieren Hochleistungszweitakter mit solchen Finessen, aber auch mit der nötigen Belastbarkeit von Kolben und Lagern, den klassisch-einfachen Aufbau und Preisvorteil.

Im Rennsport, auf Straßen, Motocross- und Geländepisten haben sie in den 60er Jahren die stärksten Viertakter überholt und lassen ihnen, mindestens ab 1975, keinerlei Chance mehr. So konkurrieren z. B. bei einer modernen englischen »TT-Formel« 500er Zweitakter mit 1000 cm³ Viertaktern, 350 mit 600 oder 250 mit 400 cm³. Auch im Alltag begegnen Viertakter, wenn es um Leistungen geht, der klassischen Konkurrenz allein mit größerem Hubraum.

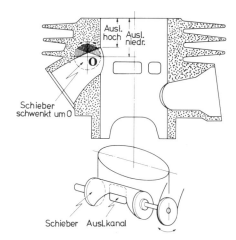

XV.22 Unter dem Wappen der drei gekreuzten Stimmgabeln, als Symbol für den (1987) hundertjährigen Musik-Konzern, erschien 1978 das sensationelle »YPVS«, Yamaha Power Valve System, hier ausnahmsweise an einem luftgekühlten Zylinder dargestellt. Eine schwenkbare Walze steuert, leistungs- bzw. drehzahlabhängig, die Höhe und »Winkelgrade« des Auslaßschlitzes – beide bei niedrigen Drehzahlen und Füllungen geringer, bei hohen größer.

ZWEITAKTER ERNEUT IN PKW?

Mehr als jede Leistungseskalation überraschten 1987 – 21 Jahre, nachdem die letzten DKW-Dreizylinder vom Band rollten – Nachrichten über systematische Untersuchungen von Zweitaktern bei Ford, General Motors, Renault und weiteren europäischen Firmen und Forschungsinstituten. Sollte es etwa möglich sein, mit völlig neuen Konzepten die alten Vorzüge zu pflegen und die überkommenen Mängel zu mildern oder gar zu beseitigen?

Früh und engagiert kommentierte Christian Bartsch (in den VDI-Nachrichten 8, 9/1987) die Problematik: er verwies auf die DKW-Dreizylinder, deren Konzept auf das Jahr 1939 zurückging, und auf die allein in Zschopau vorher betriebene systematische Zweitakt-Forschung. Sie wurde nach dem Krieg weder in Ingolstadt oder in der DDR noch bei Saab oder in Japan aufgegriffen. Zudem dominierte die Leistungsausbeute anstelle der Laufkultur (am ehesten noch abgesehen von Puch-Mopeds und Sachs-»Leichtmofas«, vgl. B. XV.9).

Der Autor erinnerte auch an die beachtlichen Dieselzweitakter: mit einem serienreifen Junkers-Gegenkolbenmotor (vgl. IX.4), der mit Auflademachten 55 kW/l (75 PS/l) erreichte, bevor Ford (1955) vier- und sechszylindrige V-Motoren über Rootslader versorgte – beim 2,8-l-V-4 für immerhin 59 kW (80 PS) bei 2800/min. Daß sie bald wieder verschwanden, lag an individuellen, nicht prinzipiellen Schwächen...

Für PKW-taugliche Ottomotoren besitzen Sonderbauarten keine Chance, wohl aber die Auflademachten anstelle der Kurbelkammerpumpen, zumal die nötigen einteiligen Gleitlager-Kurbelwellen Mischungsschmierung ausschließen und für die Rootslader inzwischen überlegene Alternativen entstanden. Daneben erscheint Kraftstoffeinspritzung unumgänglich, und zwar »direkte« (mit hohem Druck) in die Zylinder, mitsamt der Zündung elektronisch geregelt. Die Direkteinspritzung selbst ging ja bei Gutbrod und Goliath in Serie (s. S. 223), erschien 20 Jahre später kurzzeitig in einem Motobécane-Motorrad und läuft neuerdings bei Vespa im Versuch.

Per saldo müßten neue Zweitakter an erster Stelle auf Laufkultur und Ökonomie zielen, nicht auf Leistung. Mit den angepeilten Ergebnissen und ausgewogenen, »eiskalten« Entscheidungen könnten die gemäß unserer Überschrift »im PKW gestorbenen« Zweitakter zu neuem Leben erwachen. Daß die »Weltanschauung« oft mehr wog als sachliche Argumente, bezeugte H. W. Bönsch, indem er seiner Zweitakt-Bibel das Schiller-Wort aus »Wallensteins Lager« voranstellte:

Von der Parteien Gunst und Haß verwirrt, schwankt sein Charakterbild in der Geschichte.

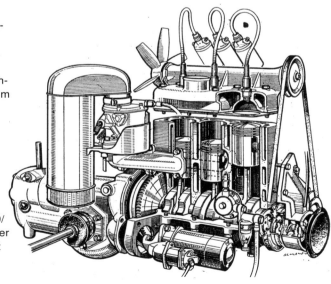

XV.23 Die DKW-Dreizylinder, längs eingebaut nach den quergestellten Twin (B. XV.10), besaßen von 1952 bis 1965 76 mm Hub mit Bohrungen von 71, 74 und 81 mm (900, 1000, 1200 cm^3) für Leistungen von 40 PS bis 60 PS (30 bis 44 kW) bei 4500/min. Die »Junior«-Typen liefen (ab 1959) mit 68 mm Hub bei 68 und 70,5 mm Bohrungen (750 und 800 cm^3) für 34 PS (25 kW) bei 4300 bzw. 4000/min. Saab baute Dreizylinder von 1950 bis 1968, Trabant und Wartburg laufen noch heute in Serie.

Einen Wankelmotor mit Worten zu beschreiben, ähnelt dem Versuch, eine Wendeltreppe zu erklären, wenn man die Hände auf dem Rücken zusammengebunden hat.
Edward Eves, engl. Fachjournalist

Von Schwing- und Drehschiebern zu Wankelmotoren

Die Plattendrehschieber von Hochleistungszweitaktern, die einfachere Einlaßsteuerung durch Aussparungen am Umfang von eng eingebauten Kurbelscheiben wie in den Vespa-Rollermotoren, Membranventile von Hans Grades frühen Zweitaktern bis zu Millionen amerikanischer Outboards ... sie alle zeigen, daß die simple Schlitzsteuerung, mit »symmetrischen Steuerzeiten« von einem Hubkolben keine ideale Lösung darstellt.

Kaum geringere Probleme belasten den Viertaktprozeß: das Hammerwerk der Ventile stört jeden Konstrukteur schon seit den niedrigen Drehzahlen und Füllungsgraden in der Motorfrühzeit, und die sozusagen kostenlose Schlitzsteuerung der Zweitakter bildete einen ständigen Anreiz, auch bei Viertaktern ohne Ventile auszukommen. Zwar hatte der Ersatz von Dampfmaschinen-artigen Schiebern durch Ventile seinerzeit Carl Benz und andere Pioniere ein gutes Stück weiter gebracht, aber vielleicht doch nicht die endgültige Lösung?

FRÜHE ANGELSÄCHSISCHE INVASION: KNIGHT, BURT UND McCOLLUM

Als erster mit nachhaltigem Erfolg ersann der Amerikaner Charles Y. Knight schon 1905 eine viertakttaugliche Schiebersteuerung mit Hülsen, die zwischen jedem Zylinder und Kolben senkrecht auf- und abschwingen. Zwei konzentrische »Rohrschieber« braucht man dabei, um abwechselnd, zur richtigen Zeit die am Umfang eingefrästen Ein- und Auslaßschlitze zu öffnen und wieder zu verschließen. Dem geradlinigen Antrieb der Schieber dient eine besondere Kurbel- oder Exzenterwelle, die den angestammten Platz der (untenliegenden) Nockenwelle einnimmt und, wie diese, mit der halben Motordrehzahl rotiert.

Beim damaligen Leistungsniveau und gegenüber den reichlich unvollkommenen Ventilsteuerungen, vereinzelt noch mit »Schnüffelventilen« zur Einlaßsteuerung, mit geräuschvoll arbeitenden, störungsanfälligen Auslaßventilen, fand Knight für sein Patent bedeutende Lizenznehmer: z. B. Voisin, der sich später wie Rumpler oder etliche Motorenfirmen von der Luft- zur Kraftfahrt wandte, und Panhard-Levassor in Frankreich, vor allem aber die Daimler-Gesellschaften in Coventry, Untertürkheim und Wiener Neustadt. Maßgeblich für deren Reihenfolge war die gründliche Erprobung von Schiebermotoren in England, welche die erfolgreiche Teilnahme an einem 2000 Meilen-Rennen auf der Brooklandsbahn einschloß.

Auch Stoewer- und L. U. C.-Wagen gab es wahlweise mit Schiebermotoren, während Adler die eignen Versuche ad acta legte. (Die Berliner Firma Loeb & Co produzierte später Dinos-Wagen und landete im Stinnes-Konzern).

Paul Daimler kultivierte die Knight-Modelle, neben den Mercedes-Ventilmotoren, bis er von Untertürkheim zu Horch-Zwickau übersiedelte — 1922, als die Berliner die ersten Verkehrsampeln und den berüchtigten Rutschasphalt kennenlernten. Die Schieber ernteten immer wieder herbe Kritik, da ihren Vorzügen unbestreitbar schwere Nachteile gegenüberstanden. Den ruhigen Gang und die relativ gute Füllung dank weiter, widerstandsarmer Steuerschlitze erkauften hohe Herstellungskosten und schlechte Wärmeabfuhr durch die zwei zusätzlichen Hülsen und insgesamt drei Ölfilme. Daß kompakte Brennräume und fehlende heiße Auslaßventile die motorseitige Klopffestigkeit ungemein förderten, würdigte man offenbar damals noch nicht. Umsomehr störten der hohe Ölverbrauch und die besonderen Ansprüche an die Ölqualität, die in den Kriegsjahren kaum zu erfüllen waren. Andererseits entstanden Schwingschieber, welche die Knight-Nachteile vermeiden sollten und nur als schmale vertikale Streifen vorn und hinten in die Zylinderwand eingebettet waren — mit fragwürdiger Dichtwirkung. Neben einer französischen Konstruktion zählte dazu ein Schiebermotor von Martin Fischer — einem von rund 30 mehr oder minder bekannten Schweizer Automobilbauern zwischen 1898 und 1930.

Nun lag es von Anfang an nah, einen der beiden Knight-Rohrschieber einzusparen, weil auch eine einzelne Hülse mit passenden »Fenstern« nacheinander Aus- und Einlaßschlitze öffnen kann. Allerdings bedarf es dazu irgendeiner doppelten Bewegung, entweder mit unterteiltem bzw. doppeltem Hub oder mit einer zweifachen Drehbewegung im eigentlichen Zylinder — auch die Knight-Steuerung ist an sich denkbar mit rein rotierenden statt oszillierenden Schiebern. Ferner bietet sich eine Kombination von Hub- und Drehbewegung an, die man sogar gleichförmig und ruckfrei erzielt, wenn die Schieberhülse gelenkig auf einer kleinen Kurbel steckt, deren Drehachse mitten in den Zylinder hineinzeigt.

Diese Bewegung ist am einfachsten

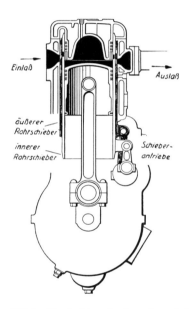

XVI.1 Die beiden ineinander gleitenden Rohrschieber der Knight-Steuerung schwingen senkrecht auf und ab. Den Antrieb bewerkstelligen zwei kleine Pleuel auf Exzentern der Steuerwelle. Die resultierenden Schieberöffnungen erlauben den normalen Viertaktrhythmus.

zu übersehen, wenn man sich die Zylinderwand und das Schieberrohr zu ebenen Flächen »abgewickelt« vorstellt. Wenn man den Schieber jetzt

an einer kleinen Kurbel befestigt, beschreibt er auf seiner Unterlage einen Kreis. Wieder zusammengerollt und mit der Antriebskurbel gelenkig verbunden, plattet die Kreisbahn mehr oder weniger ab — zu einer Ellipse.
Diese dritte Möglichkeit war offenbar die beste. Sie wurde nämlich einem schottischen und einem kanadischen Erfinder zur gleichen frühen Zeit, unabhängig voneinander patentiert. Ausgerechnet der Kanadier hieß James McCollum, aber der Landsmann von James Watt und Robert Stirling, denen die Technik die ersten brauchbaren Dampfmaschinen und die Theorie des Heißluftmotors verdankt, schlicht Peter Burt. Beide einigten sich mit seltenem Glück und Geschick auf die gemeinsame Verwertung ihrer Steuerung, die fortan als Burt-McCollum-Schwingschieber kursiert, nach unserer gerade angestellten Betrachtung eigentlich zu Unrecht: wenn schon nicht Drehschieber, ist es mindestens ein Kreisschieber, vorausgesetzt, die »Abplattung« der Schieberbewegung bleibt im Verhältnis zum Zylinderdurchmesser klein genug. Doch forderte die Praxis hier Kompromisse, die dann beträchtliche Massenkräfte veranlaßten.
Obwohl Burt und McCollum ihre einzelne Steuerhülse schon erfunden hatten, als die Daimler-Gesellschaften Knights doppelte Schieber einführten, stellte sich ihr großer Erfolg erst eine Motorengeneration später ein. Zwar unternahm die schottische Autofabrik Argyll als Patentinhaberin seit 1912 eigne Versuche mit Fahrzeug- und Flugmotoren, doch brach bei einem entscheidenden Vergleichslauf ausgerechnet die Kurbelwelle des Schiebermotors. Vergebene Lizenzen fielen dem Kriegsausbruch zum Opfer — sogar für den Automobilbau der Genfer Wasserturbinenfabrik Piccard & Piccard, weil sie den aufwendigen Schiebermotor von der weltbekannten französischen Flugmotorenfabrik Gnôme & Rhône in Paris-Argenteuil bauen ließ und 1920 in Konkurs ging. Zwei Jahre später produzierte die Glasgower Motorenfabrik Barr & Stroud luftgekühlte Ein- und Zweizylinder mit dem Burt-Schieber, der im Gegensatz zu zahlreichen anderen Schiebersteuerungen gute Kritiken fand. Echte Bedeutung jedoch verschafften der Burt-McCollum-Steuerung erst viele starke Bristol-Stern- und -Doppelsternmotoren für Flugzeuge, die zu einem Teil in Deutschland böse Erinnerungen an ihre nächtlichen Besuche wachrufen.
Den Weg für die Bristol-Schiebermotoren ebnete wirkungsvoll Ricardo, der früh die Vorzüge dieser Bauart erkannte: den glatten und kompakten Verbrennungsraum, klopffest dank zentral sitzender Zündkerzen und fehlender heißer Auslaßventile, ferner die guten Füllungsverhältnisse und (für Flugzeuge) den geringeren Stirnquerschnitt und Luftwiderstand. Ricardo überzeugte das englische Luftfahrtministerium, das 1922 eine großzügige Forschung und umfangreiche Vergleichsläufe finanzierte. Versuchsmotoren entfalteten erstaunliche Nutzdrücke und Leistungen, Verbrauchswerte und Laufzeiten. Zwischendurch entstanden Vauxhall-Sechszylinder und auch Reihenflugmotoren, aber die Grundlagenforschung behielt Vorrang.
Neben vielen in- und ausländischen Wissenschaftlern und Ingenieuren sprach Ricardo bei der ersten Hauptversammlung der Lilienthal-Gesellschaft, in die Hermann Göring die (junge) »Vereinigung für Luftfahrtforschung« und die (uralte) »Wissenschaftliche Gesellschaft für Luftfahrt«

überführt hatte, Ende 1937: »Im Vordergrund unserer derzeitigen Entwicklungen steht wieder einmal der Schiebermotor, an dem wir seit 1920 arbeiten. In verschiedenen flüssigkeitsgekühlten Versuchsmotoren mit der Burt-McCollum-Steuerung beherrschen wir Nutzdrücke bis zu 40 at bei 4 at Aufladung und Drehzahlen bis zu 5000 U/min einwandfrei. Parallel dazu Schiebermotor höhere Leistungen erlaubt als der Ventilmotor, vor allem mit der — leider — noch fehlenden Flüssigkeitskühlung ...«

Übrigens enthüllten die Schiebermotoren einen überraschenden Vorzug durch minimalen Laufbüchsenverschleiß am oberen Totpunkt der Kolbenlaufbahn — bei allen Ventilmotoren eine Achillesferse der Haltbarkeit!

XVI.2 In den 14 Zylindern des Bristol-Hercules-Flugmotors schwingen Burt-McCollum-Hülsenschieber ellipsenförmig hin und her. Er wurde drei Jahrzehnte gebaut und weiterentwickelt — und Ersatzteile für die (Bundeswehr-) »Noratlas« noch länger. Die Kurbelwellen von Sternmotoren besitzen nur einen Hubzapfen, für »Doppelsterne« zwei, und das Hauptpleuel trägt nicht ein Nebenpleuel (wie in B. XV.3), sondern vier, sechs oder acht. Die Stößel, Stoßstangen, Kipphebel und Ventile werden — bei Ventilmotoren natürlich — von großen Scheiben gesteuert; mit jeweils mehreren, gleichmäßig versetzten Nocken rotieren sie, entsprechend untersetzt, langsam.

entwickelte Bristol die luftgekühlten »Perseus«- und »Hercules«-Sternmotoren mit Leichtmetallzylindern und einsatzgehärteten austenitischen Stahlschiebern — einer Materialpaarung, die die schwierige Wärmeabfuhr meistert. Deshalb ist sicher, daß der Dies beruht auf deutlich besserer Schmierung der Kolben und Ringe, weil die Gleitbewegung auch im oberen Totpunkt nicht zum Stillstand kommt, sondern vom schiebenden Rohr fortgesetzt wird. —

Die von Ricardo in den letzten Jahren

entwickelten schiebergesteuerten Zweitakter, Diesel- und Otto-Einspritzmotoren erlangten keine praktische Bedeutung mehr, weil die aufkommenden Strahltriebwerke das Interesse am Kolbenflugmotor (für die »große« Fliegerei) in einer ähnlichen Weise dezimierten wie die neuen Diesel- und E-Lokomotiven gegenüber dem klassischen Schienenantrieb oder die junge Television gegenüber dem alten »Dampfradio«... Für relativ geringe Leistungen aber und den zivilen Bereich allein schien der unvermeidliche Entwicklungsaufwand nicht mehr angemessen.

Wer nicht kann, was er will,
muß wollen, was er kann.
Leonardo da Vinci, Maler,
Baumeister, Naturforscher 1452–1519

DVL-DREHSCHIEBER BEI NSU UND DB – ABER WAS NÜTZEN ERFINDUNGEN HEUTE?

Nun konnten auch die langbewährten, für die großen »Noratlas«–Transportflugzeuge bis Ende der 60er Jahre gebauten Bristol-Schiebermotoren nicht darüber hinwegtäuschen, daß alle schwingenden und auch die schweren, großflächigen und ellipsenförmig kreisenden Rohrschieber das Endziel verfehlen. Dies erreichen nur rein rotierende Steuerorgane: Drehschieber. Natürlich können auch Rohrschieber gleichmäßig umlaufen statt zu schwingen; es gab sogar schon früh konstruktive Lösungen, unter anderem bei Renault-Frères in Billancourt, seit 1908 als der »Société Louis Renault«. Doch der Umstand, daß die Schiebersteuerung in der imposanten Renault-Historie unerwähnt bleibt, schließt einen nennenswerten Erfolg aus — wie er anderen Konstrukteuren ebensowenig vergönnt war.

Hingegen lagen und rotierten die »echten« Drehschieber zur Steuerung von Viertaktmotoren im Zylinderkopf; sie vermittelten definitionsgerechte kopfgesteuerte Motoren (s. S. 27), als Walzen, deren Kanäle oder Ausschnitte in Achsrichtung oder quer dazu durchströmt wurden, als Kegelkörper oder Flachschieber über dem Arbeitszylinder. Sie wurden keineswegs typisch für einzelne Länder und Industriezweige, was die letzten Überschriften (fälschlich) andeuten könnten, sondern kamen vielerorts auf Zeichenpapier und Prüfstände. Wie Martin Stolle in München, alternativ zu seinem Königswellen-Ventilmotor, 1924 einen besonders ausgefallenen Schiebermotor baute — er besaß außer den Knight-ähnlichen Hülsen noch kurzhubige Gegenkolben — so entstanden umgekehrt Drehschieber nicht nur in Deutschland. In der Fachliteratur dominierten englische Walzenschieber (u. a. von Cross) und Kegeldrehschieber (von Aspin). Flachdrehschieber gab es bei Bristol in serienmäßigen Nutzfahrzeugmotoren, deren Zylinder wabenförmig im Kreis standen, mit Kolben und Kolbenstangen, die eine »Taumelscheibe« statt einer Kurbelwelle auf und ab bewegte (XX.9).

Die grundsätzlichen Schwierigkeiten waren und sind stets dieselben: wirksame Abdichtung, Kühlung und Schmierung. Anders als bei Drehschiebern, die an Zweitakter-Kurbelgehäusen nur schwache Drücke und geringe Temperaturen ertragen müssen, anders als bei herkömmlichen Ventilen, die bei allen Beanspruchungen und Nachteilen während der eigentlichen Verbrennung fest auf ihrem Sitz ruhen, rotieren die Viertakt-

Drehschieber gleichmäßig weiter, höchsten Drücken und Temperaturen ausgesetzt. Wenn man dazu berücksichtigt, daß moderne ohv- und ohc-Motoren schwerlich schlechtere Leistungen und Verbrauchswerte produzieren, so sprechen für Schieber allenfalls geringere Bauhöhen und Gewichte, weniger Bauteile, eventuell ein einfacherer Aufbau.

Der letzte und ohne Zweifel am weitesten entwickelte Drehschieber war das krasse Gegenstück zu vielen — nicht allen — Experimenten, die man eher als eine aufwendige Bastelarbeit denn als industrielles Projekt einstuft, ohne damit den Einfallsreichtum und Fleiß der Urheber abzuwerten. Das Beispiel, hier als einziges zitiert, betrifft eine von Professor K. Schnauffer vorgeschlagene Lösung, die ein qualifiziertes Techniker-Team von der DVL (S. 221) und Wankel systematisch verwirklichte, und zwar bis zur Betriebsreife. Der Serienproduktion von starken deutschen Drehschieber-Flugmotoren kam buchstäblich das Kriegsende zuvor — und hinterher, wieder einmal, die parallel entwickelte Strahlturbine.

Am oberen Zylinderende rotierte ein flacher, scheibenförmiger Schieber, gelagert und abgedichtet im Zylinderkopf, der seinerseits mehrere Ein- und Auslaßkanäle besaß. Da diese Öffnungen, wie die Schlitze von Zweitaktern, einen glatten, strömungsgünstigen Gasdurchfluß vermitteln, ergaben sich gute Füllungsgrade. (Ventile dagegen öffnen stets einen Ringspalt mit ausgeprägten Winkeln und Ecken!) Das entscheidende Problem bestand, wie immer, in der zuverlässigen und haltbaren Abdichtung — bei Gleitbewegungen, die immerhin die Größenordnung von Kolbengeschwindigkeiten erreichen.

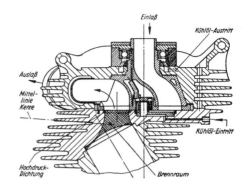

XVI.3 Der NSU-Plandrehschieber — ähnlich der DVL-Entwicklung — lag winklig zur Zylinderachse. Er enthielt einen (auch in der technischen Zeichnung) erkennbaren S-förmigen Einlaßkanal und entsprechend versetzt einen Auslaßkrümmer. Die Öffnungen legten für den Viertaktzyklus den Verbrennungsraum frei. Der Drehschieber war ölgekühlt, kugelgelagert und mit Wankelmotor-artigen Dichtelementen ausgestattet.

Auch bei Daimler-Benz »starb«, wie bei NSU, ein seit 1958 unter W. D. Bensinger verfolgtes Schieberprojekt zugunsten der Wankelentwicklung. Es handelte sich um einen Vierzylinder-Boxer (!) mit je einem großen DVL-Flachschieber über jedem Zylinderpaar, der 53 kW (72 PS) schon bei 3800/min abgab.

Freilich besaß die DVL für die Abdichtung der rotierenden Flachschieber neuartige und hochwirksame Dichtelemente, die ein genialer Autodidakt, Jahrgang 1902, in einer unermüdlichen Dichtungsphilosophie ersonnen und in seinen »WVW« betriebsreif gemacht hatte: in den Wankel-Versuchs-Werkstätten bei Lindau, später in TES umgetauft (Technische Entwicklungs-Stelle). Die ersten praktischen Versuche startete der junge »arbeitslose« Verlagskaufmann in einer Heidelberger Hinterhof-Werkstatt über dem »Feuerloch« — einem durchgebohrten alten Motorrad-Zylinderkopf, an dem seine stillstehenden oder auch bewegten Dichtungen den durchblasenden Verbrennungsgasen standhalten mußten. Nach abenteuerlichen Umwegen und Stationen arbeitete er 1934 mit BMW zusammen, wo man an Drehschiebern (und sogar Rotationskolbenmotoren) Interesse bekundete... und zwei Jahre später bei der DVL in Berlin-Adlershof.

Felix Wankels Dichtelemente wirken nach demselben, damals noch nicht so klar wie heute erkannten Prinzip wie Kolbenringe. Gerade oder auch gebogene Dichtleisten gleiten zwar unter einer gewissen Federspannung entlang ihrer Laufbahn, aber für die wesentliche Abdichtung müssen die herrschenden Gasdrücke sorgen! Nun verlangt jede »Ecke« (die es an kreisrunden Zylinderlaufbahnen nicht gibt) an einem Drehschieber oder Rotationskolben eine fugenlose, gasdichte Verbindung. Während der übliche Kolbenringstoß, von wenigen Zehntel Millimetern, kaum Schwierigkeiten bereitet, stört ein Spalt an Ecken stark, zumal doppelte und dreifache Dichtleisten, im Gegensatz zu Kolbenringen, selten möglich sind.

Nach einem knappen Jahrzehnt, das sogar die schlimmen Nachkriegsjahre einschloß, erreichten die DVL-WVW-Flachschieber, entsprechend modifiziert, wiederum einen hohen Entwicklungsstand, diesmal sogar an luftgekühlten, allerdings erheblich kleineren Zylindern: sie lieferten nahezu auf Anhieb bei NSU die Leistung der serienmäßigen »Max«-ohc-Motoren, also solide 70 Liter-PS. Doch waren die Drehschieber-Experimente keine Aufgabe des »Serienversuchs«, sondern ein Programm der (bald weltbekannten) Abteilung TX — und bereits ad acta gelegt, als Dr. Walter Froede in Fachkreisen darüber referierte.

Für ein reines Motorradwerk bedeutete der TX-Ingenieurstab, mit ausgesprochener Grundlagenforschung und Vorausentwicklung betraut, etwas Einmaliges. Zwar baute die Neckarsulmer Fabrik schon 1906 die ersten »Original NSU-Motorwagen« — die Motorräder waren sechs Jahre älter, Fahrräder 20, die Fahrgestelle für Gottlieb Daimlers »Stahlradwagen« 18... und Strickmaschinen über 30. Dann aber hatte man den Automobilbau trotz beachtlicher Avus-Klassensiege und anderer Sporterfolge eingestellt, seinen Markennamen und die Werkzeuge 1930 der Heilbronner Fiat-Tochter übereignet. Bald darauf schürte dieser Vertrag die Entscheidung, die von Porsche konstruierten, erprobten NSU-Volksauto-Prototypen doch nicht aufs Band zu legen. Überdies hatte der Motorradbau schon wieder einen steilen Aufschwung genommen und NSU auf den zweiten Platz der heimischen Industrie, hinter DKW, gehoben. Auch Sporterfolge erntete das schwäbische Werk reichlich. —

Die Zweiradkonjunktur beim Wiederaufbau stellte die der dreißiger Jahre weit in den Schatten. Statt 60 000 Motorräder rollten 1953 eine dicke Drittelmillion von den Montagebändern der größten Motorradfabrik der Welt. Aber der kurzen Flut folgte eine lange Flaute, viele Millionen Automobile hatten die europäischen Motorräder und Roller förmlich fortgeschwemmt, als japanische Maschinen neue Maßstäbe setzten, als Honda die NSU-Rekordzahlen, zehn Jahre später, noch einmal vervielfachte und sich nach bewährtem Muster im Motorsport engagierte, Rennsiege und Meistertitel nach einem Terminplan kassierte —

ausgenommen die Weltrekordserie, mit der NSU 1956 den Rennbetrieb aufgab (wie ein Jahr vorher Daimler-Benz).

Die Entwicklung von Rotationskolbenmotoren lief zu dieser Zeit schon auf vollen Touren und völlig unabhängig von den kleinen Heckmotorwagen. Diese erschienen 1958 und wurden seit 1963 durch Vierzylindertypen ergänzt, die dem NSU-Motorenbau beste Zensuren zuwiesen: jetzt mit einer ohc-Kette, offerierten die Maschinen höchste Drehzahlen ohne Probleme und dazu eine erstaunliche Elastizität und Geschmeidigkeit. Sie waren, wie der »Prinz«-Twin, bereits quer eingebaut, aber leider im Fahrzeugheck — und luftgekühlt...

Ein angemessener Nachruf gebührt in diesem Zusammenhang dem tüchtigen Albert Roder, einem jovialen Franken mit einem Künstlerkopf ähnlich den Dirigenten Ferenc Fricsay oder Rafael Kubelik. Nach etlichen frühesten (patentierten) Konstruktionen baute er schon 1920 (mit seinem Nürnberger Landsmann Zirkel) »ZIRO«-Drehschieberzweitakter, ab 1924 in seiner Erlanger Motoren-AG die ERMAG mit Stufenkolben und Luftvorlagerung (!), daneben 250er ohv-Viertakter mit Haarnadelfedern (B. II.7), die 9 kW entfalteten, aber ohne kommerziellen Erfolg. Ein neuer Weg führte Roder zu Zündapp, NSU, Victoria – und 1940 endgültig nach Neckarsulm.

Die aussichtsreichen Drehschiebermotoren landeten im Archiv, als Felix Wankel nach vielen Studien 1954 erkannte, daß bei überlagerten Drehbewegungen von einem dreieckigen »Rotor« in einem »Trochoidengehäuse« ein exakter Viertaktprozeß abzuwickeln wäre. Rotationskolbenmotoren waren im Prinzip nichts Neues — schon 1910 gab es an die 2000 Patente, und Wankel selbst hatte am Ende seiner BMW-Epoche, wenngleich in seinem Geburtsort Lahr, eine von hunderten Möglichkeiten gebaut und zum Laufen gebracht. Doch scheiterten alle an einer verwickelten, praktisch unbrauchbaren Mechanik oder an unlösbaren Abdichtungsproblemen. Wenn nun mit dem Wankel-Dichtleistsystem und einem erträglichen Herstellungsaufwand ein Motor ohne jedes hin- und hergehende Bauteil zustandekäme, dann wäre die Endlösung gefunden.

Unbestreitbar beanspruchen die Bewegungsverhältnisse eines dreieckigen Rotationskolbens in seinem Gehäuse — ohne einen Trickfilm oder ein bewegliches Modell — viel Phantasie, zumal beim ersten »Drehkolbenmotor« nicht nur der Dreiecksläufer rotierte, sondern auch das zum Außenläufer gewandelte »Gehäuse« selbst, allerdings in einem stehenden zusätzlichen Gehäuse. Innen- und Außenläufer drehen um (parallel zueinander liegende) verschiedene Achsen als Drehpunkte und außerdem mit verschiedenen Drehzahlen. Solche Relativbewegungen gab es übrigens auch bei Hubkolbenmotoren, nämlich bei den alten Flugmotoren, den »Umlaufmotoren«. Im Gegensatz zu den später üblichen Sternmotoren stand die Kurbelwelle fest, um die das Motorgehäuse mit den Zylindern (und der Luftschraube) rotierte — oder die Kurbelwelle lief ebenfalls, aber mit halber, gleicher oder doppelter Drehzahl rückwärts! Beim Wankel-»DKM« beträgt das Drehzahlverhältnis 2 : 3.

Den Wert heutiger Erfindungen diskutierte NSU selbst bei einer passenden Gelegenheit: »Die Zeiten, da ein einzelner Konstrukteur eine geniale Erfindung machen und in allen Details ausbauen konnte, bis seine Idee in

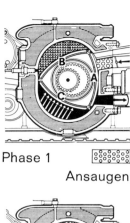

Phase 1 Ansaugen

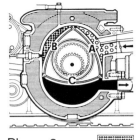

Phase 2 Verdichten

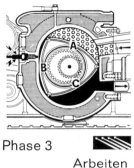

Phase 3 Arbeiten

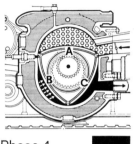

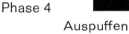

Phase 4 Auspuffen

XVI.4–9 Im Trochoidengehäuse kreist der dreieckige Wankel-Rotor und rotiert zusätzlich auf einer Exzenterwelle. Das kleine mittlere Zahnrad steht fest und erzwingt bei einem vollen Umlauf der Exzenterwelle eine drittel Drehung des Kreiskolbens.

Phase 1 zeigt die Kammer »A« bei der »Überschneidung« von Auslaßende und Ansaugbeginn, während Kammer »B« verdichtet. »C« leistet Arbeit (expandiert), und zwar über ca. 250 (statt 140) Kurbelgrade!
Phase 2 zeigt die Exzenterwelle nach einer viertel, den Kolben nach einer zwölftel Umdrehung. A saugt an, B verdichtet, C pufft aus.
Phase 3 ist die Stellung nach einer halben Exzenterwellendrehung und einer sechstel Kolbenumdrehung. A saugt noch an, in B erfolgt gerade die Zündung, C schiebt aus. In Phase 4 hat die Welle eine dreiviertel Umdrehung hinter sich, der Rotor eine viertel Drehung. A vor dem Einlaßende, B bei der Arbeit, C mitten im Auspufftakt.
Oben rechts ist ein entscheidendes Dichtungsproblem herausgegriffen: das Ineinandergreifen von Scheitel- und Seitenleisten in einem Dichtbolzen, womit man — seit Felix Wankel — räumliche Ecken abzudichten vermag!

der Wirklichkeit funktionierte — diese Zeiten sind lange vorbei. Tausende Patente, darunter vielleicht hundert brauchbare Erfindungen, vermodern in den Patentämtern, weil sie niemand finanziert. Auch die Entwicklung des Kreiskolbenmotors war nur möglich, weil Felix Wankel und NSU sich rechtzeitig zusammenfanden. Trotz eigenen Vermögens und seiner kreditfähigen TES brauchte Wankel ein Industriewerk mit einem starken finanziellen Fundament...«
»Trotz der engen Verbindung zwischen Wankel und NSU-TX dauerte es neun Jahre bis zur ersten Serienproduktion eines Wankelmotor-Wagens. Für die in dieser Zeit angefallenen Entwicklungskosten hätte NSU jedem fahrtüchtigen Einwohner des Landkreises

Heilbronn einen NSU-Prinz ... schenken können!«

»Das Risiko war beträchtlich und bot niemandem die Gewähr, daß aus dem Prüfstandobjekt jemals ein brauchbarer Automobilmotor entstehen würde. Es ist kein Geheimnis, daß auch andere Firmen Wankels Ideen oder weitere Erfindungen kannten, die sich auf Rotationsmotoren erstreckten – daß ihnen aber solche Projekte zu riskant erschienen. Und es ist ebensowenig ein Geheimnis, daß die für die Wankelentwicklung verantwortlichen NSU-Leute jahrelang manche Nacht schlecht schliefen ...«

Diese allgemein gültige Betrachtung (von 1963) beantwortet auch die Frage, warum die zahlreichen, »nach« NSU-Wankel erfundenen Rotationskolbenmotoren – trotz sensationeller Berichte – keine realen Chancen besitzen. Vom Namen und vorhandenen Potential her könnte der Renault-Kreiskolbenmotor eine Sonderstellung einnehmen; doch arbeitet er mit einer kompletten Ventilsteuerung, also mit Nocken, Stößeln, Stoßstangen und Kipphebeln sowie mit kraftschlüssigen Ventilen, welche die Vorteile eines Rotationskolbenmotors stark beeinträchtigen. Außerdem beansprucht er viel Raum. Der oft zitierte Kauertz-Motor arbeitet mit großen unausgeglichenen Massenmomenten und, vor allem, mit einer Abdichtung von drei Körpern zueinander, die einer fundamentalen Regel widerspricht.

Die grundlegenden technischen Voraussetzungen für einen brauchbaren Rotationskolbenmotor faßte W. D. Bensinger in einem 10 Punkte-Programm zusammen, das beim heutigen Stand der Technik unbedingt bestehen muß. Anderenfalls »sind die Mühen und Kosten für eine neue Erfindung von vornherein vergeblich« (1966). Neben der einwandfreien Abdichtung, die auch bei der unvermeidlichen Wärmedehnung, bei elastischer Verformung und bei fortschreitendem Verschleiß funktionieren muß, rangieren eine wohldosierte Schmierung (weil jede »Feinabdichtung« einen gewissen Ölfilm verlangt!), eine klare Trennung von Triebswerks- und Verbrennungsräumen, von Ein- und Auslaßkanälen, ferner ausreichende Kühlung aller ruhenden und bewegten Bauteile, ein geeignetes Arbeitsverfahren (Viertakt!) sowie ökonomische Raum-, Gewichts- und Herstellungsverhältnisse. Diese Bedingungen vermindern die »gewaltige Fülle von möglichen Lösungen« beträchtlich und lassen nur eine kleine Zahl aussichtsreicher Bauarten übrig ...

Was die Legitimation Bensingers zu solchen Thesen betrifft – nun, er war nicht nur der Leiter des DVL-Triebwerkinstituts, das die erwähnten Drehschieber erfolgreich entwickelte, sondern er wurde als Daimler-Benz-Oberingenieur – sogleich der Leiter der gesamten Wankelmotorabteilung in Untertürkheim.

WANKEL-LIZENZEN FÜR DIE GANZE WELT!

Vom ersten Konzept des Drehkolbenmotors dauerte es drei Jahre, bis die NSU-TX-Bremsstände positive »DKM«-Leistungsdaten registrierten. Wie erwähnt, rotierten bei diesem Motor sowohl der dreieckige Kolben wie das Trochoidengehäuse um ihre eignen Achsen ... mit dem bestechenden Vorzug, daß beide absolut gleichförmige Drehbewegungen ausführen, keinerlei freie Massenkräfte verursachen und die Dichtleisten an den drei Kolbenkanten stets mit einer gleichmäßigen Fliehkraft anpressen (abgesehen von den schwankenden Gasdrücken). Nach einer kurzfristig verbesserten Kühlung und Abdichtung — so der lakonisch-nüchterne Bericht — erreichte der Versuchsmotor mit 125 cm^3 »Kammervolumen« die sensationelle Leistung von 29 PS bei 17 000 »äußeren« und 11 300 »inneren« U/min und dem guten spezifischen Verbrauch von 235 Gramm pro PS-Stunde ... wenn auch noch nicht für lange Zeit ...

Diese Eignung zu höchsten Drehzahlen hatte schon ein Jahr vorher ein Wankel-Drehkolbenkompressor bekundet. Er »pumpte« einen biederen 50 cm^3-Zweitakter auf 13 PS, die den Baummschen »Liegestuhl« — ein vollverkleidetes Motorrad mit minimalem Querschnitt und optimaler Aerodynamik — auf die Weltrekordmarke von 196 km/h beschleunigten (Kreidler erzielte 1965, gleichfalls auf dem Salzsee in Utah, mit einem ähnlichen Fahrzeug 210 km/h.) Notabene zählen auch die Zoller- oder Centric-Kompressoren, mit denen u. a. die großen NSU-Renn- und Rekordmotoren arbeiteten, ferner Rootsgebläse — und die meisten Ölpumpen zu »Drehkolbenmaschinen«; sie können jedoch, im Gegensatz zu Wankels Erfindung, keinen Viertaktprozeß abwickeln!

Aber die Nachteile des »DKM« wiegen schwer, weil die Frischgase in das rotierende Gehäuse von dem in der Mitte angeflanschten Vergaser durch eine hohle Welle gelangen, die Zündimpulse zur innen angeordneten Kerze übertragen und auch die Auspuffgase abgeführt werden müssen. Dr. Froede verfolgte deshalb kurz entschlossen die »kinematische Umkehrung« des Drehkolbenmotors, setzte das Trochoidengehäuse »fest« und kam damit zum Kreiskolbenmotor, dessen dreieckiger Kolben nicht nur um die eigene Achse rotiert, sondern auf einer Exzenterwelle (mit dem Drehzahlverhältnis 3 : 1) im Gehäuse kreiselt. Einen prinzipiell ähnlichen Umlauf mit zusätzlichem Rotieren beschreiben die Gondeln mancher Rummelplatz-Karussele. Auch in Planetengetrieben oder im »Differential« von Antriebsachsen findet man kinematische Umkehrungen.

Was das NSU-Resümee der Entwicklungskosten bescheiden verschwieg, war das lebhafte Interesse von großen Motorenfirmen am Wankelmotor, abgesehen von den Borsig-Werken, die von Anfang an mit zur Partie zählten, um Rotationskolbenkompressoren zu verbessern. Die erste Lizenz hingegen nahm der amerikanische Curtiss-Wright-Konzern, dessen Flugmotorenprogramm mehr und mehr unter der Jet-Konjunktur litt, mit dem Ziel großvolumiger Wankelmaschinen. »CW« forcierte, ja überstürzte die Entwicklung, wie sich bald ergab; denn ein knappes Jahr nach dem Abschluß des Lizenzvertrags zwangen amerikanische Veröffentlichungen NSU und Wankel, die bislang geübte Geheimhaltung aufzugeben. Den ersten Meldungen folgte im Januar 1960 eine VDI-ATG-Sondertagung (Automobiltechn. Gesellschaft im VDI vgl. S. 178), bei der Prof. Kössler im Schlußwort feststellte, daß dieses Gremium nach vielen Jahrzehnten zum zweiten Mal eine individuelle, noch firmenmäßig begrenzte Neuerung diskutierte, seit nämlich Diesel 1897 in Kassel seinen Motor vorstellte.

Weit über 1000 Teilnehmer aus der internationalen Forschung und Industrie verfolgten im Deutschen Museum auf der Münchener Isar-Insel die wissenschaftliche Abhandlung der ungewöhnlichen Maschine, und ein bekannter Journalist konstatierte treffend, eine Katastrophe in diesem Saal hätte in Deutschland neue Motor- und Fahrzeugmodelle auf Jahre hinaus verhindert...

Der erste deutsche Lizenznehmer wurde Fichtel & Sachs mit dem »Baubereich« kleiner Industrie- und Bootsmotoren. Deren Kalkulation widersprach freilich einer frühen Froede-Prognose, wonach Kleinmotoren bis zu 10 oder 20 PS ein Reservat der billigeren luftgekühlten Hubkolbenzweitakter bleiben würden. Außer eigenen Konstruktionen produzierte Sachs bald den 150 cm^3-Wankelmotor, als »Flautenschieber« für Segelboote und für ein Wasserskigerät, dessen 18 PS bis zu 45 km/h schafften, vom geschleppten Skiläufer über ein Zuggestänge kontrolliert, aber selbst unbemannt (und deshalb in Deutschland nicht zugelassen).

Gleich sechs Lizenzen vergab NSU 1961: an die Japaner Yanmar und Toyo Kogyo sowie die traditionsreichen heimischen Werke Klöckner-Humboldt-Deutz, Daimler-Benz, MAN und Krupp. Auch der britische Perkins-Motorenkonzern zählte dazu, doch trat er aus dem Wankel-Club wieder aus — wie später der ostdeutsche »VVB Automobilbau«. Eine zweite »Welle«, nach rund drei Jahren, brachte Verträge mit Rheinstahl-Hanomag (inzwischen mit Daimler-Benz liiert), Alfa Romeo, Rolls Royce, Porsche und der amerikanischen Outboard Marine Corporation.

Mit Citroen gründete NSU die später in Luxemburg etablierte Comotor-Gesellschaft, die einen PKW entwickelte. Zwar trennten sich die Partner zu Lasten des Projekts, doch erschien der 100pferdige Motor schließlich in der Miniaturserie des exklusiven Motorrads, das der holländische Kreidler-Importeur (und erfolgreiche Rennstall) van Veen in Duderstadt baute.

Eine mit 50 Millionen Dollar dotierte Lizenz nahm 1970 General Motors (daneben Nissan, Suzuki und Toyota). Dabei zielte GM auf ein Kreiskolbensymptom, das zunächst als wunder Punkt galt, durch die Abgasvorschriften aber ein anderes Bild erhielt: die Abgasqualität.

Naturgemäß stärkten die Lizenzverträge gleichermaßen das Wankel-Prestige wie die finanzielle Kapazität, wenngleich der Höhenflug der NSU-Aktien bei der ersten Präsentation des Kreiskolbenmotors keine Neuauflage erlebte — weder mit den Drei- und Vierscheibenmotoren im sensationellen Mercedes-Benz »C 111«-Prototyp (4 x 600 cm^3, 260 kW bzw. 350 PS bei 5500/min, 180 kg Motorgewicht) noch mit der Übernahme von NSU in die VW-Gruppe.

Es ist das Schicksal des Soldaten, daß man seine Leistungen nach dem Ausgang des Krieges wertet. Es ist das Schicksal des Konstrukteurs, am wirtschaftlichen Erfolg seiner Konstruktion gemessen zu werden.
H. W. Bönsch, zu Norbert Riedels Konkurs 1951.

(Vermutlich kannte Riedel den Rat von Johannes Brahms an einen jungen Künstler nicht: wenn man sich selbst vorstellt, soll man keinen anderen, hier: Komponisten, vorstellen. Riedel hatte ein völlig neues Werk in Immenstadt gebaut und ein revolutionäres, weitgehend »einseitiges«, Leichtmotorrad, zuviel Neues auf einmal.)

Der Wankelmotor beantwortet eine Frage, die nie gestellt wurde. Henry Ford II

»RATTERMARKEN« UND »MÖVENSCHWINGEN«, FERROTIC AUF NIKASIL

Ein frühes Dilemma wurde fast bekannter als das geniale Prinzip der Maschine, indem die Scheitelleisten an den drei Kolbenecken rasch abnutzten und zusätzlich auf der Trochoidenwand »Rattermarken« erzeugten. Massen- und Gaskräfte bewirken in einer bestimmten »heißen« Zone ein periodisches Abheben und Hämmern der Dichtleisten. Dadurch entstanden Verschleißmarken, die man seit jeher an manchen Werkzeugmaschinen findet, gelegentlich auch an Kugellagern, Eisenbahnschienen und anderen kritischen Gleitstellen. Der weltweite Wankel-Club löste das Problem vornehmlich von der Werkstoffseite aus. Nach einer mühsamen Entwicklung brachten Hartkohleleisten und eine Hartchromschicht auf der leichtmetallenen Trochoidenwand gute Laufeigenschaften und Lebensdauer. Mehr als 500 000 »Mazda«-Wankelmotoren von Toyo Kogyo erhielten die »Paarung« Kohle-Chrom — allerdings mit seitlich angeordneten, nicht von Scheitelleisten überschliffenen Einlaßschlitzen. Im Ro 80 erwiesen sich Kohleleisten als empfindlicher gegenüber klopfenden Verbrennungen, die zwar äußerst selten, aber bei extremen Bedingungen eben doch vorkommen. An sich arbeiten nämlich alle Wankelmotoren ungewöhnlich klopffest und begnügen sich mit Normalbenzin.

Für die Dichtleisten fand man »Ferrotic«, eine außerordentlich harte, gesinterte Verbindung von eisernem und keramischem Material. Schräg angesetzte Endglieder aus IKA-Spezialgrauguß gleichen die Wärmedehnung und den Verschleiß an den Seiten aus.

Die Ansprüche, die Ferrotic-Leisten an ihren »Reibungspartner« stellen, werden mit Mahle-»Nikasil« abgedeckt, dessen Verschleißfestigkeit sogar Hartchrom noch vier- bis sechsfach übertrifft. (Mit Mahle und den Goetze-Werken kommt der erhebliche Beitrag zum Ausdruck, den die Zubehörindustrie bei der Wankelentwicklung leistete!)

Nikasil ist ein Produkt moderner Galvanotechnik, eines Zweigs der Elektrizitätslehre. Er geht auf den italienischen Anatomieprofessor Luigi Galvani zurück, der schon 1789 mit seinen Froschschenkelversuchen entdeckte, daß verschiedene Metalle in Salz- oder Säurebädern Strom liefern, ohne »geladen« zu sein. Nach vielen Etappen ermöglicht die Umkehrung, Metalle abzuscheiden und auf anderen niederzuschlagen. Man lernte Verkupfern, Vernickeln, »Zierverchromen« und, nach einem dornenreichen Weg, Hartverchromen...

Den jüngsten Schritt, in Deutschland seit 1964, brachten Dispersions-Überzüge, in denen sich Metall und nichtmetallische Partikel, die allein gegen galvanische Ströme immun wären, zusammen auftragen lassen. Zum Beispiel Sand, Diamantstaub, sehr harte Metalloxyde oder -karbide, unter Umständen auch Kunststoffpulver. Den zuerst sehr groben Körnungen, etwa 0,1 mm dicken Diamant- oder Karbidteilchen für Schleifscheiben oder zahnärztliche Bohrer — besser zu lesen als zu ertragen — folgten Partikel, die zwischen einem Hunderttausendstel und einem Zehntausendstel Millimeter stark sind. Gold- oder Nickelschichten mit Aluminiumoxyd als Dispersionsmittel mit solcher Korngröße dienen in der Raumfahrt als Hitze-

schild, weil sie beim Wiedereintritt in die Erdatmosphäre langsam genug verglühen.
Mahle erprobte, als »Verschleißbremse« für Trochoiden- und Zylinderlaufbahnen, zunächst Siliziumkarbid in Nickel und gewann auf Anhieb eine sagenhafte Haltbarkeit — nur verschlissen die Reibungspartner zu rasch. Dann führte von dieser Nika-Schicht eine wesentlich feinere Körnung der beigemischten Karbide zur Nikasil-Schicht, die auch mit Metalldichtleisten über Rattermarken oder kritischen Verschleiß erhaben ist. Daß Porsche für die stärksten Sportmotoren und sogar Kreidler für seine »heißen« Fünfziger Nikasil-Zylinderlaufbahnen wählte, demonstriert die kurzfristige Verästelung neuer technischer Errungenschaften, förmlich von der Raumkapsel bis zum heutigen Kleinkraftrad, von Kreiskolbenmotoren zu schweigen!
Leider findet an den Kolbenecken nur eine einzelne Dichtleiste Platz — im Vergleich zu mehreren Ringen untereinander an Hubkolben. Das erschwert die wirksame Abdichtung genauso wie das unerläßliche Ineinandergreifen von Scheitel- und Seitenleisten. Doch war dies ja von Anfang an eines der entscheidenden Wankel-Patente! Der Umstand übrigens, daß die Scheitelleisten beim Umlauf des Kreiskolbens ihre Winkelstellung zum Gehäuse hin ständig etwas verändern, um den sogenannten »Schwenkwinkel«, hat sich als ausgesprochen nützlich und verschleißhemmend erwiesen.
Die einzige unvermeidliche Unterbrechung im »Dichtkreis« erfolgt beim Überlaufen des Zündkerzen-Schußkanals, doch bleibt der »Kurzschluß« zur Nachbarkammer sehr begrenzt, weil nicht der ganze Kerzenquerschnitt bis an die Laufbahn heranreicht, sondern lediglich ein schmaler Zündkanal (wie lange vor der Wankelepoche in etlichen Rennmotoren ebenso). — Natürlich bedeutet auch das Überschleifen der Ein- und Auslaßschlitze einen »Nebenschluß« im Gaswechselvorgang, aber durchaus vergleichbar der Überschneidung in üblichen Ventilsteuerungen (vgl. S. 40), ganz abgesehen von allen schlitzgesteuerten Zweitaktzylindern. Last, not least, sind die Gleitgeschwindigkeiten der Dichtleisten in Wankelmotoren um ca. 50% höher als Kolbengeschwindigkeiten in entsprechenden Hubkolbenkonkurrenten, obwohl man nicht ohne weiteres die üblichen »mittleren Kolbengeschwindigkeiten« mit den maximalen Werten an Kreiskolben vergleichen darf. Erstere erreichen heute bekanntlich zwischen 10 und 18 m/sec, bewegen sich aber bei jedem einzelnen Hub zwischen Null und einem Höchstwert, der gute 60% über der mittleren Kolbengeschwindigkeit liegt, und wieder Null ...
Die große Länge der aneinandergereihten Scheitel- und Seitendichtungen ergibt sich zwangsläufig aus den flachen, gestreckten Kammern. Sie bilden am Ende der Verdichtung — oder zu Beginn der Verbrennung, wo es keinerlei »Totpunkt« gibt — einen sichelförmigen Längsschnitt, auch als »Mövenschwingen« tituliert, mit relativ großen Oberflächen. Dieses Verhältnis zwischen den Flächen und dem Inhalt des Verbrennungsraums ist besonders bei kleinen Einheiten (wie auch bei herkömmlichen Zylindern) ungünstig, für einen Motor mit 250 cm^3 Kammervolumen etwa 4,5 : 1, für eine 500 cm^3-»Scheibe« nur noch 3,5 : 1, aber für einen vergleichbaren 1000 cm^3-Viertakt-Twin etwa 1,6 : 1.
Die NSU-Ingenieure erläuterten die-

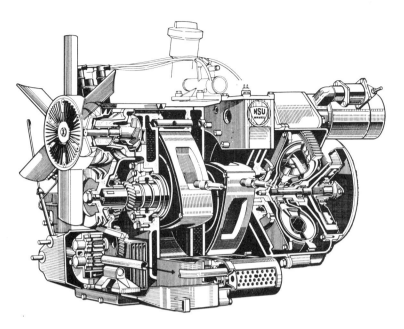

XVI.10 Im durchgeschnittenen Ro 80-Motor die beiden um 180° auf der Exzenterwelle versetzten Kreiskolben, mit einer Brennraummulde in jeder Kammer und die übrigen, konventionellen, aber modernen Bauteile: u.a. Ölpumpe und -filter, Wasserpumpe und Viskolüfter (vgl. B. XII.7), Antrieb über hydraulische plus mechanische Kupplung.
Zwei Scheiben mit je 498 cm³ Kammervolumen, 9 : 1 verdichtet, entfalten 85 kW (115 PS) bei 5500/min.
Zehn Jahre später leistet der Mazda RX-7 mit zwei Scheiben zu 573 cm³, mit 9,4 : 1, 95 kW (130 PS) bei 7000/min. Dessen Nachfolger von 1986, als Mazda RX-7 Turbo II, erreicht mit zweimal 654 cm³ 133 kW (180 PS) bei 6500/min. Der Turbolader arbeitet mit wassergekühlten Lagern und unterteilter Turbine, für niedrige Drehzahlen allein mit dem engeren Teil, mitsamt Zündung und Einspritzung computergeregelt. Dazu noch Ladeluftkühlung.

ses Problem, als man sich für den »Spider« zu einem 500er Einscheibenmotor entschloß. Mit der nötigen Kühlung entstehen zwar größere Wärmeverluste, doch überlagern den Streckenverbrauch andere Faktoren beträchtlich, zumal für Kreiskolbenmotoren geringere Reibungsverluste sprechen.

Zweitrangige Probleme bei der Wankelentwicklung bereitete die ungleichmäßige Wärmebelastung der Gehäuse — mit einer »kalten« und »heißen« Hälfte im Gegensatz zu Hubkolbenzylindern, wo von den rotglühenden Auslaßventilen bis zur Zylinderlaufbahn nur wenig Wärme kriecht — bloß die Auslaßzone in Zweitaktzylindern spielt eine ähnliche Rolle. Das Kühlsystem muß und kann diese Temperaturunterschiede ausgleichen, am besten natürlich mit Flüssigkeitskühlung für das Gehäuse und intensivem »Öl-Shaken« im Kreiskolbeninneren.

Es gibt schon recht lange bemerkenswerte Vergleichsdaten über den Einfluß von Flüssigkeits- und Luftkühlung und auch über die Wirkung von Einlaßschlitzen am Gehäuseumfang ge-

genüber dem »Seiteneinlaß«, der seinerseits eine geringere Überschneidung und eine fülligere Drehmomentkurve vermittelt.
So ergab sich folgende Abstufung:

Gehäuse-kühlung	Rotor-kühlung	Einlaß-schlitze an:	Leistungs-niveau
Wasser	Öl	Umfang	100%
Wasser	Öl	Seiten	85%
Luft	Öl	Umfang	90%
Wasser	Frischgas	Seiten	75%
Luft	Frischgas	Seiten	60%

Diese Verhältnisse betrafen vor allem die luftgekühlten Sachs-Wankel, von denen (bis 1980) für stationäre und tragbare Aggregate, Schneemobile und Motorgleiter weit über 100 000 Stück entstanden. Doch nur 2500 mobilisierten das Hercules-Motorrad »W 2000« (ab 1973), obgleich ein 50 000 km-Vergleichstest mit je einem japanischen Vier- und Zweitakttyp keine schlechte Bilanz lieferte.

Japanische Motorrad-Wankel-Prototypen sowie kurze Serien von Suzuki und Van Veen ernteten keinen Erfolg – allesamt mit dem gleichen Fehler: zu schwer und zu wenig auf Zweiräder zugeschnitten. Ob ein 2×300 cm³-Wankel-Modell, inzwischen wassergekühlt, der ruhmreichen Marke Norton (heute NVT=Norton-Villiers-Triumph), dessen Prototypen seit 1985 gute Kritiken ernten, den Durchbruch schafft, bleibt abzuwarten.

VON RO 80, REINEREN ABGASEN, ROLLS ROYCE UND RÜCKSCHLÄGEN

Unbestritten bereiteten die frühen Motorenserien des Ende 1967 erschienenen NSU RO 80 manchem Kunden Kummer, obgleich die großen finanziellen Verluste den Verkäufer trafen. Die übliche »Garantie«-Strecke war verdreifacht und die »Kulanz«, darüber hinaus, bei Motorstörungen fast unbegrenzt, nicht zuletzt, um die unvermeidlichen Kinderkrankheiten rasch aufzuspüren und in den Griff zu bekommen. Denn die Statistik des Kundenalltags können weder Prüfstände noch Straßenversuche vorwegnehmen. Aber diese Kulanz wurde doppelt-teuer: zeitweilig tauschten die Werkstätten jeden dritten Motor unnötig aus, mit minimalen oder gar keinen echten Schäden – oder mit einem eindeutigen »Mißbrauchschaden« durch rücksichtsloses Überdrehen, durch fahrlässige Schmierungs- oder Kühlungsmängel.

Neben den schon geschilderten neuen Dichtleisten und Laufbahnen traten verbesserte Kühlung mit einem zum Wassereingang verlegten Thermostat (vgl. S. 265), ein erheblich verstärkter Ölstrom für die Exzenterlager und eine »Sicherung« gegen ungenügenden Ölvorrat – einen Ölwechsel beansprucht der RO 80 überhaupt nicht! – und schließlich die Rückkehr von der etwas anfälligen Doppelzündung zur teureren Thyristorzündung (HKZ). Die kritischen Überdrehzahlen verhindert fortan ein Drehzahlbegrenzer in der Zündanlage, der sich bei Rennmaschinen, auch in Porsche- und BMW-Serien als wahrer Schutzengel erwiesen hatte.

Als Felix Wankel den neuen Motor erfand, hatten Ottomotoren drei ausgeprägte Generationen hinter sich. Dieselmotoren, aber auch Zweitakter, benötigten drei Jahrzehnte, um als Fahrzeugantrieb Eingang zu finden. Als klare Vorzüge bieten Wankel rotierende statt oszillierender Bauteile, beträchtlich geringeres Gewicht und Bauvolumen, vor allem aber die hervorragende, mit steigenden Drehzahlen zunehmende Laufruhe.

Manche Zweifel beseitigte ausgerechnet das Abgasproblem, das dem Wankelmotor zunächst ein Handikap aufdrückte! Zwar verursachen die großen gekühlten Wandflächen der Kammern mehr unverbrannte Kohlenwasserstoffe, dazu mindestens gleichviel Kohlenmonoxid, doch beträchtlich weniger Stickoxide als moderne Hubkolbenmotoren. Die Spitzentemperaturen bei der Verbrennung bleiben niedriger, aber die Auspufftemperaturen liegen um 100 bis 200° C höher, überdies strömen die Abgase nur durch ein einziges Rohr (pro Scheibe).

Diese Umstände erleichtern die Nachverbrennung der Abgase in der Auspuffanlage, ohne die kein Hub- oder Kreiskolbenmotor die verschärften amerikanischen Vorschriften erfüllt. Wenn sie aber unvermeidbar ist, ergibt sich für Wankelmotoren eine bedeutend bessere Ausgangsposition: die hohen Abgastemperaturen lassen den Reaktor in der wichtigen Kaltstartphase schneller »anspringen« und der niedrigere Stickoxidgehalt erspart besondere Katalysatoren.

Für frühe Wankel-Diesel ergab sich ein negatives Bild. Einmal entstehen beim Dieselprozeß noch wesentlich höhere Gasdrücke als bei »fremdgezündeten« Verbrennungen, andererseits — und schwerer wiegend — beanspruchen Diesel-taugliche Verdichtungsverhältnisse eine große Exzentrizität von Gehäuse- und Rotorachsen, gleichbedeutend mit ungünstigen Gehäuseformen (Trochoidenkonturen) und besonderen Schwierigkeiten bei der Dimensionierung von Wellen und Lagern. Diese Umstände bremsten den Elan der großen Dieselfirmen und veranlaßten Felix Wankel 1966 zu der Erklärung, der 2 : 3-Rotationskolbenmotor sei für das klassische Dieselverfahren nicht geeignet ... was er übrigens nie behauptete.

Vier Jahre später, bei einer Londoner Tagung der »Institution of Mechanical Engineers«, präsentierten die leitenden Ingenieure der weltberühmten Rolls-Royce Motors Ltd. eine geniale, wenngleich nicht billige Lösung: einen »Verbundmotor« mit je zwei Scheiben (nicht nur neben-, sondern auch übereinander). Der untere Rotor verdichtet Frischluft, die dann durch Überströmkanäle in die darüber liegende »Hochdruckstufe« strömt. Dort wird sie weiter verdichtet, bevor sie mit der üblichen Dieseleinspritzung verbrennt, dann umgekehrt »zweistufig« expandiert und doppelte Arbeit leistet.

Doch schließt der Verbundwankel eine zusätzliche Abgasturboladung keineswegs aus. Noch viel deutlicher als jede Abgasturboladung macht der Verbundmotor mit der doppelten Verdichtung und Arbeitsleistung aus Ottos vier Takten sechs — was man mit Hubkolbenmaschinen oft erprobte, aber stets wieder aufgab. Bei Kompressoren bereitet mehrstufige Verdichtung keine Probleme. Entstehen doch die 200 bar, die man z. B. für die Luftverflüssigung braucht, in großen, aber relativ einfachen vierstufigen Kolbenkompressoren (mit reichlicher Zwischenkühlung). Dabei ergeben sich (vereinfacht) hintereinander 4 : 1 — 16 : 1 — 64 : 1 — und 256 : 1 ... ohne daß »unterwegs« höhere Druckunterschiede als eben 4 : 1 auftreten.

Die Vorstellung eines betriebsfähigen Kreiskolbenmotors im Januar 1960 war unbestreitbar eine »Sternstunde der Motorentechnik«. Bestechende Vorzüge führten zu einer »Euphorie, die dem Hubkolbenmotor einen baldigen Tod voraussagte. Kein Wunder aber, daß der Euphorie eine weltweite Ernüchterung folgte, als die überspannten Erwartungen sich nicht so schnell erfüllten, wie sich das eine sensationshungrige, mit dem Ablauf industrieller Entwicklungen nicht vertraute Öffentlichkeit vorstellte.« (H. W. Bönsch)

»Die folgende Ausreifung des Motors in Deutschland, USA und Japan war eine Ingenieurleistung von großem Format, doch in 15 Jahren die Möglichkeiten soweit auszuschöpfen wie beim sechsmal älteren Hubkolbenmotor, dem Maßstab in jeder Beziehung ... wäre ein unbilliges Verlangen.«

Daß General Motors über größte Wankelserien just entschied, als eine weltweite Ölkrise minimalen Kraftstoffverbrauch verlangte und die Abgasschadstoffe noch drastischer sinken sollten, war ein unglücklicher Zufall; denn gerade damit hielt der Wankel noch nicht Schritt. Hinzu kamen eingestellte Arbeiten bei Daimler-Benz (nach fast 100 investierten DM-Millionen) und ein »Schongang« in Neckarsulm. Statt »Hosianna« rief die Presse plötzlich »Kreuziget ihn« und deklarierte »der Wankelmotor ist tot« ...

Auch Dieter Korps »Protokoll einer Erfindung«, 1975 auf 222 Großformatseiten dargeboten, endete ohne Optimismus ...

Allein Toyo Kogyo blieb engagiert, brachte 1978 den Mazda »RX-7«, garantierte für die Motoren 100 000 km (in den USA sogar 100 000 Meilen), errang neue Motorsporterfolge, darunter Gruppensiege in Monza und Le Mans – dort mit einem zusätzlichen Sparsamkeitspreis. Die Produktionszahlen zogen an (bis 1984 auf insgesamt über 1,3 Millionen). Da kamen »flexible« Einlaßsysteme mit drei Kanälen an den Seiten und am Umfang (Vierventilköpfen vergleichbar), in Neckarsulm Benzineinspritzung am KKM 871 und bei einem 550 kW-Motor (750 PS) von Curtiss-Wright. Dort soll ausgeprägte Schichtladung Vielstoffeignung und geringen Verbrauch vermitteln, ebenso eine »Qualitätsregelung« (wie bei Dieseln). Sie kompensiert die nachteilige Brennraumform und den Wärmeverlust durch den langen »Transport« der Gase. Überhaupt dürfe man Wankelmotoren nicht mit Maßstäben der Hubkolbenmotoren messen (Toyo Kogyo). Die NASA förderte die amerikanische Entwicklung mit dem Blick auf Hubschrauber und Boote, wo es darum geht, daß Wankelmotoren nicht schlagartig ausfallen, wie manchmal Hubkolbenmaschinen, sondern »langsam sterben«. Die Übernahme des gesamten Wankelbaus von Curtiss-Wright durch John Deere (1984) fand vielerorts Beifall.

Der Erfinder persönlich, der seine und seiner Gesellschaft Schutzrechte schon 1971 für »zig«-Millionen dem britischen Lonrho-Konzern verkaufte, forscht in Lindau beharrlich weiter. Fast als Randprodukt entstand ein »Einzahnlader« gegenüber der Rootsbauart mit größerem spezifischem Durchsatz und geringeren Spaltverlusten. Zu seinem 80. Geburtstag präsentierte Wankel den DKM 78: eine 2:1-Zweiläufer-Maschine mit separatem Lader für »völlig neue« Zweitakter. Dabei taucht ein zweiarmiger Läufer (mit Lemniskaten-ähnlichem Profil) in vier Mulden seines Nachbarn ein, das Ganze noch kompakter als im Kreiskolbenmotor, den Wankel als Alternative zum DKM nur widerwillig akzeptierte.

Dreierlei Wege führen zu klugem Handeln: erstens (erfolgreiches) Nachdenken — ein schwieriger Weg, zweitens gute Beispiele nachahmen — der einfachste Weg, drittens eigne Erfahrungen — der bitterste Weg.
Konfuzius, chin. Philosoph, um 500 v. Chr.

Wie schützt man Motoren vor Seuchen und Infarkten?

Noch in den späten dreißiger Jahren waren die Vergaser neuer Wagen und Motorräder grundsätzlich »plombiert«. Die Drosselklappen oder Gasschieber öffneten nur einen Spalt des Ansaugquerschnitts und verhinderten damit eine starke Belastung des Motors, bis die autorisierte Werkstatt nach 2000 oder 3000 Kilometern die Plombe und den Anschlag entfernte. In krassen Fällen geboten Einfahrvorschriften geringe Geschwindigkeiten, verminderte Belastung durch eine beschränkte Zahl von Passagieren, erst den nachträglichen Anbau eines Seitenwagens an Motorrädern, aufgeschobene Fahrten ins Gebirge und derlei mehr.

Nachdem Drosseln und Plomben allgemein fortfielen, tat Opel 1951 den nächsten Schritt, hob alle Beschränkungen auf und erlaubte, die Wagen von Anfang an »auszufahren ... im Rahmen der zulässigen Höchstgeschwindigkeit«. Das waren damals 100 km/h, also eine hintergründige Einschränkung und theoretische Barriere vor längeren Vollgasstrecken; dennoch eine mutige Maßnahme. Als wesentliche Voraussetzungen dienten höhere Präzision bei der Bearbeitung und Montage sowie eine neuartige Spülanlage für den Prüf- und Einlauf, den jeder einzelne Motor absolviert. Dabei strömen hunderte Liter dünnflüssiges, heißes Öl durch alle Kanäle und Schmierstellen, um die letzten Schmutzreste — den »Urdreck« — zusammen mit den ersten, gröbsten Abriebpartikeln zu entfernen. Diese Prozedur am Ende der Montagebänder findet man längst bei jedem namhaften Motorenhersteller.

Mehr oder minder strenge Einfahrvorschriften hingegen verkünden viele Betriebsanleitungen noch heute. Indes muß man dabei berücksichtigen, daß die Motordrehzahlen in den letzten Epochen stark kletterten (s. S. 84, ff.), die Literleistungen glatt den doppelten Wert erreichten, daß die Ansprüche an die Lebensdauer sich mindestens verdreifachten und die deutschen Autobahnen das Kriterium »Vollgasfestigkeit« rigoroser und früher als in anderen Ländern in den Vordergrund stellten. Schließlich soll der Ölverbrauch selbst bei höchsten Temperaturen und Drehzahlen nicht steil ansteigen.

RASCH UND RICHTIG EINFAHREN!

Das Markenprestige spielt ohne Zweifel bei der Formulierung von Einfahrvorschriften (und Ölwechselintervallen) keine geringe Rolle. Dennoch bestätigt der große Querschnitt, daß die Fahrweise den Einlaufvorgang spürbar beeinflußt und der Einlaufvorgang seinerseits die Leistung und Lebensdauer. Im Gegensatz zu allen Lagerschalen und -zapfen, deren Oberfläche (fast!) nicht glatt genug sein kann, besitzen neue Zylinder und Kolbenringe, um rasch oder überhaupt einzulaufen, eine sorgfältig erprobte »Rauhigkeit«. Ein besonderes Problem

Unterbrecher geöffnet: 440 000 mal
Umdrehungen der Nockenwelle: 110 000
Auf und Ab der Kolben: 220 000
Kühlwasser gefördert: 5000 Liter
Umdrehungen der Kurbelwelle: 220 000
Gasgemisch angesaugt: 132 000 Liter
Motoröl durchgepumpt: 1200 Liter

XVII.1 Instruktive Zahlen aus dem Leben eines Mittelklasse-Motors über nur 100 km (im großen Gang). Werden diese z. B. auf freier Autobahn, binnen 45 Minuten zurückgelegt, so pumpt das Herz des Fahrers mit etwa 3300 Schlägen 250 Liter Blut (vgl. S. 274); außerdem atmet er etwa 330 Liter Luft...
Beim Debüt des VW-Diesel-Golfs erklärte ein namhafter Versuchsingenieur, eine um 15 bis 18 % herabgesetzte Nenndrehzahl könne (unter sonst vergleichbaren Verhältnissen) die Lebenserwartung eines Motors verdoppeln.

betrifft manchmal die zu oberst sitzenden verchromten Kolbenringe, falls sie keine zusätzliche Einlaufschicht tragen. Da im Anfang nur die am weitesten vorragenden Kämme und Grate der Laufbahnen aufeinander gleiten, entsteht optimale Abdichtung und Wärmeableitung erst mit fortschreitendem Einlaufverschleiß. Zwar kommen moderne Kolben, und mehr noch die heutigen Vielstofflager, seltener als ehedem zum Klemmen oder gar »Fressen«, doch provoziert ein schlechtes Tragbild häßliche »Brandstellen« an den Kolbenringen. Sie stören progressiv den Wärmeübergang und beeinträchtigen schließlich die Zylinderlaufbahn für längere Zeit oder dauernd.

Aufmerksame und routinierte Motorradfahrer können meistens bemerken, wenn ein (einziger) Kolben ihrer Maschine zu klemmen beginnt. »Der vorsichtige Finger« — stets auf dem Kupplungshebel — kann dann schlimmere Folgen abwenden; ein »vorsichtiger Fuß« auf dem Kupplungspedal aber hat sich nicht eingeführt, zumal er manchem Kupplungsdrucklager schlecht bekäme. Außerdem ist schon bei zwei Zylindern die Chance, noch rechtzeitig Gas wegzunehmen und sofort auszukuppeln, merklich geringer, die Gefahr eines gefressenen und unbrauchbaren Kolbens entsprechend größer — von vier und mehr Zylindern zu schweigen.

Anders als klemmende Kolben oder Lager entstehen die winzigen Brand- und Freßstellen an Kolbenringen ohne jede Vorwarnung, vergleichbar einem unsichtbaren Blitz am heiteren Himmel. Zudem werden die Auswirkungen nur in krassen Fällen rasch deutlich: mit erhöhtem Ölverbrauch, weil die verminderte Dichtwirkung mehr Öl nach oben dringen läßt, und umgekehrt mit vermehrtem Durchblasen nach unten, was man — abgesehen von exakten Messungen — vielleicht mit viel Erfahrung und Vergleichsmöglichkeiten an der Kurbelhausentlüftung bemerkt. Erst starkes Durchblasen verwandelt den Motor in eine »Ölsardine«; die Abdichtung versagt in der Reihenfolge Peilstab, Öleinfüllstutzen, Kurbelwellen- und Flachdichtungen. Kleine Ursachen — große Wirkungen, die gegen die These »alter Praktiker« sprechen, einen neuen oder (mehr noch!) grundüberholten Motor von Anfang an scharf heranzunehmen und unbesorgt auf hohe Drehzahlen zu treiben.

Umgekehrt waren die strengen, alten Einfahrvorschriften nicht nur lästig, sondern grundfalsch, weil der Motor unter unnatürlichen Betriebsbedingungen arbeitete, zu kalt und zu langsam. Später, bei normaler und hoher Belastung, nehmen die Oberflächen von Kolben, Zylindern und weiteren Organen eine andere geometrische Form an als beim Einlaufen — und die glattesten Gleitflächen nützen wenig, wenn sie nicht zueinander »passen«. Die Wärme bewirkt nicht nur eine unterschiedliche Ausdehnung der einzelnen Werkstoffe und Bauteile, folglich veränderte Laufspiele, sondern sie beeinflußt auch die geometrischen Formen in meist unliebsamer Weise. Bei modernen Kolben steuern bekanntlich konstruktive Kunstgriffe die Wärmedehnung (S. 100, f.); luftgekühlte Zylinder wurden vereinzelt sogar konisch gebohrt, um bei Betriebstemperatur ein besserer »Zylinder« zu werden. Heute begegnen sinnvolle Wandstärken und Kühlrippen dem berüchtigten Verzug, der aber wassergekühlte Blöcke ebenfalls bedroht, zumal unter kräftig aufgepreßten Zylinderköpfen.

Das Fazit lautet, neue Motoren in den ersten Stunden zu schonen, viel »Gas« und hohe Drehzahl zu meiden. Doch zu niedrige Drehzahlen strapazieren ebenso, vor allem schweres »Ziehen«. Freilich heizt es den Motor rasch auf (und im Winter auch das Wageninnere), aber eventuell die Kolben zu rasch. »Rund« fahren und die Leistung zügig steigern, ist das beste Rezept.

Humor ist die Fähigkeit, heiter zu bleiben, wenn es ernst wird ... oder »der Knopf«, der verhindert, daß uns der Kragen platzt.
»Joachim Ringelnatz«,
Schriftsteller (Hans Bötticher) 1883–1934

WÄRMESCHOCKS IMMER KRITISCH

Nun leben Kolben, Zylinder, Lager, Ventile und Ventilsitze auch nach dem Einlaufen mit einer starken Bindung zum Wärmehaushalt des Motors. Exzessiver Frühsport, gleich nach dem Aufwachen, und das Hochjagen eines kalten Motors ähneln beide einer bedenklichen Pferdekur. Da wachsen die Leichtmetallkolben schneller als die schweren gußeisernen Zylinder, während das zähfließende Öl nur zögernd die enggepaßten Lagerspalte verläßt oder die letzten Lager von Kipphebeln und obenliegenden Nockenwellen durch lange Leitungen und Bohrungen noch gar nicht erreicht. Folglich wollen alle kalten Motoren mit mäßigen Drehzahlen und Belastungen laufen. Kühlwasserthermometer verraten, so vorhanden, mit Gradskalen oder Farbfeldern, die 40 bis 50° C entsprechen, wann man den Motor ohne Risiko und Reue schärfer herannehmen kann. Ölthermometer sollen noch höhere Werte anzeigen.

Leider umfaßt der Begriff »Betriebsbedingungen« nicht nur absolute oder relative Temperaturen. Rückstände in Verbrennungsräumen, gelegentlich auch Zündkerzen, die bei Kurzstrecken ihre Selbstreinigungstemperatur nicht erreichen, verursachen Zündstörungen, wenn eine freie Autobahn plötzlich die Zügel lockert, wenn langem Zuckeltrab unvermittelt

Galopp folgt, mit anderen Worten, wenn das erneute »Freibrennen« von Kolbenböden, Ventilen und Zündkerzen der abverlangten Leistung nachhinkt. Kolbenfresser sind in solchem Zusammenhang gottlob selten, aber nie auszuschließen. Ähnliches gilt für die zitierte Vollgasfestigkeit, an der es von Haus aus kaum einem Serienmotor mangelt; nur muß er in jeder Beziehung »gesund« sein: eine defekte Zündkerze, eine gestörte Vergasereinstellung, ein undichtes und verbranntes Ventil, ein gebrochener oder nur feststeckender Kolbenring, ein grob verschobener Zündzeitpunkt... können die Motorkondition, die Voraussetzung für Vollgasfestigkeit, fatal beeinträchtigen — ein eigentlich harmloser Mangel einen endgültigen Infarkt auslösen.

Einen Seitenblick verdient auch das sachgemäße Abstellen eines stark belasteten, heißen Motors. Nicht etwa das (immer noch) verbreitete kurze Gasgeben, das den leerlaufenden Motor noch einmal hochdreht, bevor man die Zündung abstellt. Das befördert einen guten Kubikzentimeter Kraftstoff in die Zylinder, der nur noch teilweise verbrennt, vielleicht den Schmierfilm und Rostschutz stört — aber gelegentlich auch die Neigung zum »Nachdieseln« abschwächt... Gemeint ist, demgegenüber, das spontane Stillsetzen nach scharfen Fahrten, das in den sogenannten Wärmenestern einen Temperaturschock auslösen kann. Gewiß ist die vom Thermometer registrierte Temperaturspitze unschädlich, aber ein (gerade offenes) Auslaßventil, eingeschrumpfte Ventilsitze oder die hochbeanspruchte Zylinderkopfdichtung können darunter leiden, sich verziehen und die Wurzel für einen schleichenden Defekt bilden. Deshalb sollte man heiße Motoren an Autobahnraststätten oder -tankstellen, auf beschwerlich erklommenen Paßhöhen im Hochgebirge ein wenig ausrollen und im Leerlauf drehen lassen, um Temperaturspitzen abzubauen. (Wann und warum man im Gebirge ausnahmsweise die Motorhaube öffnet, erläuterte S. 172).

XVII.2 Die Inspektion nach einem Langstreckentest enthüllte tadellose Lager (außer einem unbedeutenden Kratzer im 1. Pleuellager — eigentlich schade, daß sie geöffnet wurden! Alle Kolbenringe erstklassig, aber die Kolbenschäfte nur auf der druckentlasteten Seite — gegenüber (im Bild) die gottlob harmlosen Kaltstartreibstellen. Ölverdünnung im Winter erkennt man oft am steigenden Ölstand — manchmal riecht man sie sogar am Peilstab.

WAS IST NORMALER VERSCHLEISS?

Ein Motorwrack, das nur noch zur Generalüberholung oder Verschrottung taugt, unterscheidet sich vom Neuzustand durch etliche, mehr oder minder deutliche Symptome. Die ausgeleierte Maschine »säuft« Öl, verbraucht auch mehr Kraftstoff, sie läuft rauh, leistet weniger und springt manchmal schlecht an, sie klappert bedenklich, vor allem bei Betriebstemperatur. Nicht alle, aber einige dieser Mängel lassen sich exakt überprüfen und mit Zahlenwerten belegen.

Letzten Endes jedoch besteht der Unterschied zwischen »NEU« und »ALT«, zwischen »GUT« und »SCHLECHT«, in einem simplen Gewichtsverlust, weil der Veteran an entscheidenden Stellen etwa 100 Gramm Material verloren hat. Wiegen kann man das natürlich nur in besonderen Fällen, zum Beispiel im Rahmen der Grundlagenforschung an Kolbenringen oder Lagerschalen, die prozentual viel Eigengewicht verlieren. Für einen kompletten Motor — oder schon Zylinder — sind die Gewichtstoleranzen zehnmal größer und Vergleiche witzlos, weil den Gewichtsverlust an Verschleißteilen angesammelte Verbrennungsrückstände kompensieren.

Wie 100 Gramm Verschleiß zusammenkommen, macht die Vorstellung deutlich, daß eine gußeiserne Zylinderlaufbahn auf ihrem Umfang und über den ganzen Kolbenhub etwa 0,05 mm verliert, im Durchmesser also um 0,1 mm wächst. Nun hätte bei einem 400 cm^3 großen Zylinder ein solches, hauchdünnes »Rohr« ein Gewicht von 12 bis 15 Gramm, vier also 50 bis 60. Dieser Wert ist viel größer, als er auf den ersten Blick vortäuscht, weil Viertaktzylinder äußerst ungleichmäßig verschleißen, mit einem ausgeprägten Zwickel oder »Trichter« in der oberen Totlage des Kolbens, wo die höchsten Drücke und Temperaturen mit der schwächsten Schmierung zusammentreffen. Außerdem findet die berüchtigte Korrosion, während langen Standzeiten und nach jedem Kaltstart, hier empfindliche Angriffsflächen. Mit Vorbehalten und Einschränkungen, die zu allen Faustregeln gehören, resümierte Ricardo einmal, daß Verschleiß bis zu 0,2 % der Zylinderbohrung weder mit stärkerem Durchblasen noch höherem Ölverbrauch in Erscheinung tritt, daß aber 0,3 % bedenklich werden. Sicher stellen die heutigen, schneller laufenden und höher verdichteten Motoren größere Ansprüche und »vertragen« geringere Verschleißraten, sofern sie überhaupt an Altersschwäche sterben.

Für die gesamten Lagerschalen der Kurbelwellen- und Pleuelzapfen mißt man bei kleinen Motoren Verschleißgewichte von 10 bis 15 Gramm, während die Kolbenringe zusammen etwa das Doppelte verlieren. Die vergrößerten Lagerlaufspiele enthüllt (bei gleichen Ölviskositäten und -temperaturen!) der abnehmende Öldruck — bei auffälligen Unterschieden ein Alarmsignal, das gleich zur Sprache kommt. — Bei Kolbenringen wird Abnutzung ohne jedes Meßinstrument deutlich sichtbar, wenn man sie in den zugehörigen Zylinder einschiebt und den »Ringstoß« abschätzt oder mit einer Fühllehre mißt. Auch erkennt man, wie der Spalt in der OT-Stellung des Kolbens zunimmt, in der Zone des größten Verschleißes. Das Stoßspiel — bei neuen Ringen in neuen Otto-Zylindern zwischen 0,2 und 0,5 mm — wächst durch den Zylinder- und Ringverschleiß »doppelt«, aufzuschlüsseln beim Vergleich mit einem neuen Kolbenring.

In welchem Verhältnis der starke Kurzstreckenverschleiß bei mittleren und langen Fahrten zurückgeht, wurde verschiedentlich untersucht. Die Angaben darüber schwanken in weitesten Grenzen, doch stammen extreme Werte aus der Zeit, als es noch keine HD-Öle und keine thermostatisch geregelten Kühlsysteme gab. Immerhin erreichen auch heute noch typische Langstreckenläufer mindestens doppelt soviel Kilometer wie ein »Alltagsmotor«, von ausschließlichem Kurzstreckenbetrieb ganz zu schweigen.

Verletzt ist leicht — heilen schwer!
(über einem Inspektionsstand)

FEINSTFILTER LEBENSWICHTIG!

Neben der verbesserten Schmierung und einem Kühlsystem, das den Motor rasch erwärmt, beruht die heutige Haltbarkeit auf der fortgeschrittenen Konstruktion und Metallurgie (besseren Werkstoffen) sowie auf der gründlichen Filterung von Luft und Öl. Selbst wenn 100 Gramm Metallabrieb erst über 100 000 oder mehr km anfallen — relativ viel davon schon beim Einlaufen, wo sich frühere Öl- und Filterwechsel empfehlen! — so gelangen in jede einzelne Ölfüllung unerwünschte Mengen, falls Ölfilter oder Magnetstopfen fehlen oder versagen. Gewiß richten mikroskopische Partikel wenig Schaden an, solange sie im Ölfilm »schwimmen«, doch arbeiten viele Gleitstellen ohne ausgeprägten Schmierfilm, mit »Mischreibung«, ganz abgesehen von jedem Anlassen und Stillsetzen des Motors.

Luft kann ebenso schaden wie verschmutztes Öl. Ihr Staubgehalt schwankt, je nach Straßen- und Bodenverhältnissen, zwischen 0,5 Milligramm und 1 Gramm je Kubikmeter und liegt im großen Durchschnitt etwa bei 1 mg. Um zu erkennen, daß auch dieser Wert keineswegs harmlos ist, braucht man bloß die vom Motor verarbeiteten Luftmengen zu summieren — am einfachsten über den Kraftstoffverbrauch, weil ein Ottomotor zu je-

XVII.3, 4 Die meisten Ölfeinfilter enthalten gefaltete Sterne aus imprägniertem Papier, die eine große Oberfläche bilden (zwecks niedriger Durchflußgeschwindigkeit). Links im Foto ausgeschnitten ein »Wechselfilter«. Man tauscht ihn, sauber und wartungsfreundlich, mitsamt Gehäuse. Rechts die (wesentlich billigere) Tauschpatrone, zu der stets neue Filterdichtungen gehören! Unten im Gehäuse das Überdruckventil — das zweite im Kreislauf — das bei verstopfter Patrone ungefiltertes Öl durchläßt. Inzwischen besitzen die meisten Luftfilter ähnliche Papierpatronen.

dem Liter Kraftstoff 8 bis 9 Kubikmeter Luft benötigt, ein Diesel noch beträchtlich mehr. Folglich schluckt der Motor bei ungeschütztem Atmen ein ganzes Gramm Staub zusammen mit 100 l Benzin und zwischen zwei Ölwechseln ein Mehrfaches vom normalen Metallabrieb. Dabei wäre die Vermutung, der Staub wirbelte nur durch die Zylinder, eine Illusion.

Außer den direkt betroffenen Kolben, Ringen, Zylindern, Ventilführungen und -sitzen leiden weitere Gleitstellen, weil der Staub teilweise ins Kurbelgehäuse und Öl gelangt. Man braucht nicht durch die Sahara zu pflügen, um ser als typenbedingte Stichworte von fragwürdiger Aktualität. Schwere und häufig katastrophale Folgen verursacht, ganz allgemein, eine versagende Kühlung oder Schmierung. Nur im allerfrühesten Motoren- und Fahr-

XVII.5 Verschleißmessungen über die Filterwirkung brachten folgende Ergebnisse:

Verschleiß von	ohne Filter	Nebenstromfilter	Hauptstromfilter
Zylinder	100 %	44 %	15 %
Hauptlager	100 %	67 %	22 %
Pleuellager	100 %	53 %	7 %
Kolben	100 %	74 %	22 %
Mittelwerte	100 %	59 %	16 %

ohne gute Filter binnen wenigen Stunden einen Motor in Schrott zu verwandeln — Senne-Sand und ähnliche, den Geländefahrern geläufige Reviere genügen durchaus. Doch wirken, glücklicherweise, moderne Feinstfilter nahezu hundertprozentig, solange sie in Ordnung sind. Stark verschmutzte Patronen drosseln den Durchfluß, kosten also (nur) Leistung und Kraftstoff, wogegen ungepflegte Naßluftfilter Schmutz durchlassen – wie übrigens auch gute bei Nässe und starkem Regen. Man verwendet sie, mit Recht, nur noch selten.

HÖCHSTE ALARMSTUFE: FEHLENDE KÜHLUNG ODER SCHMIERUNG!

Ein Querschnitt durch Langstreckentests, Kundenberichte oder statistisch ermittelte Markenreports liefert für manchen Fahrzeugmotor bemerkenswerte Aussagen. Indessen dienen dem allgemeinen Überblick, namentlich einer Nutzanwendung im Alltag, häufige und gefährliche Mängel bes-

zeugbetrieb äußerten sich übermäßige Temperaturen oder mangelhafte Schmierung so, wie die Maschinen ohnehin liefen — langsam und laut. Eine Pause oder (handbetätigte) Spritze Öl waren geboten, bevor es weiterging ...
Mit zehnmal höheren Drehzahlen und Literleistungen reagieren unsere Motoren auf fehlende Kühlung oder Schmierung in der Regel rascher, als der Fahrer den buchstäblich verheerenden Zustand bemerkt. Fehlen dabei anormale Geräusche, so dominieren ausnahmsweise simple Kontrollampen über Instrumente mit (ansonsten aufschlußreicheren) Anzeigeskalen, weil eine gut sichtbare Lichtquelle eher auffällt als ein subtil schwenkender Zeiger.
Die Vorgänge und Folgen sind von Fall zu Fall so vielfältig wie die Ursachen (vgl. S. 257). Ein geplatzter oder losgeschüttelter Kühlschlauch zum Beispiel bewirkt in voller Fahrt totalen Wasserverlust in Sekunden und beendet nach wenigen weiteren das ordentliche Leben der Maschine mit einem Ruck. Frontmotorfahrer haben die Chance, eine Dampfwolke zu registrieren und blitzschnell zu deuten.

Andrerseits bestätigt die allgemeine Erfahrung, daß luftgekühlte Motoren gegen so drastische Kühlungspannen nahezu immun sind, zumal wenn das Kühlgebläse direkt auf der Kurbelwelle sitzt, unabhängig von einem Keilriemen, der rutschen oder, völlig

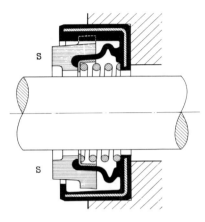

XVII.6 Wasserpumpen stehen und fallen mit ihrer Dichtung — ein Gleitring aus verschleißfestem Kunstharz dichtet mit der »Stirnseite« (S) gegen das Pumpenrad (oder er rotiert mit dem Rad und dichtet gegen das Gehäuse). Zwischen Gleitring und Dichtungsaußenring federt und dichtet ein Gummibalg, den eine geführte Nase des Gleitrings vor einer zusätzlichen Verdrehbelastung bewahrt.

verkommen, reißen kann. Moderne Keilriemen warfen lange Jahre keine Probleme mehr auf; aber starke Drehstromgeneratoren, neue Servoaggregate und ausgedehnte Wartungsintervalle beschränken ihre Immunität deutlich. Vor allem sollte man die »Längung« und Spannung neuer Riemen schon vor der nächstfälligen Inspektion beobachten! Sogar ein Zündkerzenausfall — im Normalfall eine Bagatelle — kann fatal verlaufen, wenn die drei, fünf oder gar sieben anderen Zylinder kräftig weiterarbeiten. Jetzt kondensiert nämlich der Kraftstoff im lahmen Zylinder und wäscht langsam den Schmierfilm ab, bis ein Kolbenfresser den unerfreulichen Schlußstrich zieht. Ein geplatzter Zündkerzenisolator oder nur ein abgefallener Kerzenstecker bestätigt dann wieder einmal die Binsenweisheit von kleinen Ursachen und großen Wirkungen.

Vor Fehlern ist niemand gefeit — man sollte nur denselben nicht zweimal machen!
Edw. Heath, brit. Premier

KÜHLERFROSTSCHUTZ PAUSENLOS VERWENDEN!

Zum Glück treten die meisten Kühlungsschäden nicht spontan auf, sondern nach einer Vorwarnung. Wasserpumpen und Thermostate wurden bei etlichen Marken neuralgische Punkte — und sind es zum Teil noch. Während erstere sich oft mit Geräuschen verraten, bevor Leckverluste kritisch werden, blühen Thermostatdefekte im Verborgenen. Sie können in den Leitungen Druckschläge erzeugen, denen Schläuche und Anschlüsse nicht mehr standhalten. Doch ereignen sich diese Fälle erfahrungsgemäß eher im dichten, ampelgeregelten Verkehr, bei geringen Leistungen und Drehzahlen, als unterwegs bei hohen.
Ein besonderes Kapitel bilden Zylinderkopfdichtungen unter dem Einfluß von Frostschutzmischungen, genau genommen beim Ersatz von Kühlwasser durch sie. (Neue, »nachsetzfreie« Dichtungstypen der 80er Jahre bilden dabei durchweg eine Ausnahme.)
Glykolmischungen besitzen außer dem tiefen Erstarrungsbereich und dem erhöhten Siedepunkt ein ausge-

prägtes Lösevermögen für alle möglichen Ablagerungen sowie eine weit stärkere Kriechfähigkeit als Wasser allein. Nun treten die von Wasser — zumal ohne Enthärter und Korrosionsschutzöl — erzeugten Metalloxyde, Schmutz und Rückstände erst in Erscheinung, wenn eine neue Glykolmischung sie ab- und auflöst. Bei dieser Umstellung kommt die gebotene Überprüfung sämtlicher Verbindungen und Dichtungen häufig zu kurz, weil die Rost- und Frostschutzmischungen generell zwei Jahre zirkulieren können.

Kleine Leckverluste an gelockerten Schlauchschellen — neue Schläuche »setzen sich« beträchtlich! — sind unproblematisch und rasch behoben im Gegensatz zu jedem Defekt an der hochbelasteten Zylinderkopfdichtung. Sie muß nicht nur an den Verbrennungsräumen höchste Temperaturen und Drücke aushalten, sondern (mit geringerer Anpressung) die Öl- und Wasserräume hermetisch trennen. Man kann sie, bei jeder Umstellung von Wasser auf Frostschutz, nicht sorgsam genug kontrollieren: mit dem vorgeschriebenen Drehmoment der Stehbolzen, der richtigen Reihenfolge und eventuellen Gewindeschmierung. Bei einem Defekt der Kopfdichtung kommen die meisten Kuren zu spät, Kühlerdichtungspräparate, die anderenorts erstaunlich funktionieren, müssen hier versagen. Daß sie hinterher die herkömmliche Reparatur, d. h. Kühlerlötung, drastisch erschweren, verliert mit der fortschreitenden Austauschpraxis an Bedeutung.

Defekten Dichtungen am Zylinderkopf oder an »nassen« Laufbüchsen folgen gelegentlich Haupt- und Pleuellagerschäden, die man dann gern dem Öl statt der eingedrungenen Kühlflüssigkeit zur Last legt, weil deren Einbruch ins Öl weniger auffällt als, umgekehrt, »Ölaugen« unter dem geöffneten Kühlerverschluß. Jedenfalls vermeidet man latente Risiken, wenn man Frostschutzfüllung pausenlos verwendet, unabhängig von anderen Argumenten gegen reines Wasser. Daß die spezifische »Wärmeleitfähigkeit« theoretisch höher liegt als bei Glykolmischungen, ist in den praktischen Auswirkungen umstritten und spricht allenfalls gegen (zu) hohe Konzentrationen.

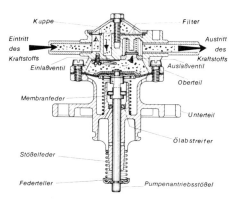

XVII.7 Versagende Kraftstoffpumpen sind (ziemlich) selten, aber kein kleineres Ärgernis, weil Schäden mit Groschen- oder Pfennigartikeln zu beheben wären. Die Pumpenmembrane, das Herz des kleinen Geräts, ist etwas teurer, aber ein verschmutztes oder schadhaftes Ventilplättchen eine Bagatelle — oder ist bloß der Siebfilter verstopft?! (neuerdings manchmal seitlich, kegelig gewickelt, unter einem Stopfen mit 13 mm-Schlüsselweite).

Leckstellen im Kühlsystem, ebenso undichte Kraftstoffleitungen, Pumpen und Vergaser, Ölaustritt als Quelle und Erklärung erhöhten Verbrauchs... treten natürlich an einem sauberen Motor früher und deutlicher in Erscheinung als unter Schmutz und dicker Schmiere. Deren geringere

Wärmeabstrahlung wäre höchstens bei winterlichen Kurzstrecken kein Nachteil, doch wiegen die Bedenken weit schwerer, nicht zuletzt die erhöhte Brandgefahr.

ÜBERDRUCKVENTILE – DIE HERZKLAPPEN DES ÖLKREISLAUFS

Daß der Ölnachschub plötzlich und total ausfällt, passiert in der Praxis noch seltener als ein vergleichbarer Kühlmittelverlust, etwa durch eine gelöste Verschraubung oder eine gesprengte Dichtung am Ölfilter. Schon häufiger werden Öleinfülldeckel »vergessen«, und bei manchen Motoren führt bereits der fehlende Peilstab schnell zu kritischem Ölverlust! Der Gesamterfolg ist zwar einem kompletten Kühlungsmangel ähnlich, doch unterscheiden sich die Ursachen, indem statt der Kopfdichtung und Kolben an erster Stelle die Lager leiden und auslaufen. (Die aktuelle Frage bei Regreßansprüchen, ob den Fahrer eine Mitschuld trifft, weil er den fehlenden Öldruck am Manometer oder die aufleuchtende Warnlampe mißachtete, ist angesichts der heutigen Verkehrsverhältnisse umstritten; selbst einschlägige Gerichtsurteile divergieren).

Ein schwankender oder pulsierender Öldruck, kürzer oder länger nach dem Kaltstart, signalisiert Luftblasen, namentlich im Ölfilter, und verleitet materialschonende Fahrer zur Zurückhaltung vor hohen Drehzahlen und Beanspruchungen der noch zu kalten Maschine. Dagegen ist ein permanenter Öldruckverlust, den gleichfalls nur ein Manometer offenbart, als Warnung nicht zu unterschätzen. Bei Dauervollgas, höchsten Drehzahlen und Öltemperaturen kann es auf starker Schaumbildung im Kurbelgehäuse beruhen und die Schmierfilmstärken dezimieren.

Ganz allgemein ist der Öldruck nichts anderes als ein Indiz für das Gleichgewicht zwischen dem Ölstrom, den die Pumpe liefert, und der Ölmenge, die aus allen Lagerspalten herausspritzt, notabene temperatur- und viskositätsbedingt. Das obligatorische Überdruckventil hinter der Pumpe verhindert höhere Öldrücke als 5 bis 8 bar, die den Pumpenantrieb überlasten und gefährden würden. Das Ventil enthält einen federbelasteten, kleinen Kolben, dessen Formgebung und Passung allerhand Sorgfalt beanspruchten und allerorts erhielten, doch ist eine absolute und lebenslängliche Sicherheit gegen ein Verklemmen dieser Ventile durch Schmutz und Abriebpartikel nicht einfach zu erzielen, zumal wenn sie »vor« den Filtern sitzen.

Tatsächlich erklärt sich mancher mysteriöse Lagerschaden mit einem ungenügend schließenden Überdruckventil – oder mit dem eingesparten Öldruckmesser. Die schon bei schwachem Öldruck verlöschende Kontrollampe verheimlicht den tückischen Fehler und man fährt, solange die Öltemperaturen niedrig bleiben, sogar wochenlang mit dem »geteilten« Ölstrom, ohne die Lager zu gefährden. Erst eine längere Fahrt und entsprechend erhöhte Öltemperatur reduziert den Nachschub fatal, obgleich die Kontrollampe beste Ordnung vortäuscht.

Faktisch sind auch bei der Schmierung schwere, zerstörende Defekte in der Minderzahl – und die Jahre, in denen Öl-, Blei- oder Molybdändisulfidschlamm ein Ölsieb in der Ansaugglocke regelrecht verstopfte, oder ein vibrierendes, schließlich abbrechendes Ölansaugrohr den Nachschub abrupt unterband, (ziemlich) lange vorbei. Dafür tauchen sporadisch Ölverluste an mangelhaft dichtenden Ventildeckeln oder Ölwannen auf oder — mit schon teurerer Montage — versagende Wellendichtungen vor Keilriemenscheiben oder Kupplungen, wo Öl überhaupt nicht hingehört. Geht es lediglich verloren, ist Vorsicht vonnöten bei Langstreckenfahrten — wie stets bei hohem Verbrauch.

Zuweilen tritt ungenügender Ölstand — bei einigen Motoren sogar ausreichender — in schnellen Kurven in Erscheinung, wenn die Fliehkraft den Vorrat nach außen drückt, die Ölpumpe Luft schluckt und die Kontrollampe den unterbrochenen Öldruck meldet. Ihn quittieren die Lager für einen Augenblick ohne Ärgernis, wie sie ja auch den Kaltstart überstehen; doch sollte man ihre Schmierungsreserve nicht überfordern, sondern mit leuchtender Lampe, etwa in langgezogenen Kurven, den Gasfuß zurücknehmen.

Zuviel Öl in der Wanne kann ebenfalls schaden. Wenn es der Motor »herausschmeißt«, landet es durch die Gehäuseentlüftung in den Ansaugwegen und Verbrennungsräumen. Wenn gar die Pleuelfüße eintauchen, gerät das Öl in starkes Schäumen — auf Kosten des Öldrucks und tragenden Schmierfilms. Gelegentlich entsteht eine bedenkliche und progressiv vermehrte Schaumbildung auch bei kritischen Dauerdrehzahlen, Spitzentemperaturen und ungenügender Ölviskosität. Motorleistung und Öldruck sinken gleichzeitig und mahnen zu Mäßigung.

Steigender Ölstand bei winterlichen Kurzstrecken bekundet kondensierten Kraftstoff und Ölverdünnung. Schon 4 % Kraftstoff, ein gängiger Wert, vermindert die Ölviskosität um etwa eine SAE-Klasse. Ein großer Teil des Kondensats dampft bei der ersten längeren und heißeren Fahrt wieder aus und täuscht dann »plötzlich« hohen Ölverbrauch vor, noch viel höheren jedenfalls, als scharfe Beanspruchungen ohnehin verursachen.

Während das Markenprestige auch bei den empfohlenen Ölwechselintervallen zum Ausdruck kommt, herrscht über die schädlichen Auswirkungen von Kaltstarts und Kurzstrecken bei Frost volle Einigkeit. Eingesparte Ölwechsel verkürzen dann das normale Motorleben doppelt. Und die großen amerikanischen Motorenhersteller bestätigen ausdrücklich, daß sich teure Öle bezahlt machen.

Reisen ist tödlich — für Vorurteile
»Mark Twain«, 1835—1910

KAUM KATASTROPHAL, ABER LÄSTIG

Wenn in einem Grand Prix-Rennen um einen 50 000 Dollar-Sieg oder um entscheidende Weltmeisterschaftspunkte der vermeintliche Sieger in der letzten Runde ausfällt, ist die technische Ursache fast nebensächlich; etwa ein Defekt im Kraftstoffsystem oder schlicht Benzinmangel, ein Zündungs- oder Reifenschaden — andererseits zerstörte Kolben, gebrochene Ventile oder Federn oder gar eine spektakuläre »Explosion« der kostspieligen Maschine. Anders im Alltag: ohne verlorene Zeit, geplatzte Termine oder strapazierte Nerven zu unterschätzen, wiegt meistens doch die Wirkung weniger, die Ursache dafür umso schwerer. Ein stotternder, aussetzender oder nicht-anspringender Motor ist ärgerlich, aber nicht zu vergleichen mit einem Defekt, der teure Reparaturen, Werkstattzeiten oder Austauschaggregate erfordert. Folglich ist der hohe Prozentsatz, den die Statistik für Zündungsschäden und gestörte Benzinversorgung ausweist, gleichermaßen verdrießlich wie tröstlich.

An erster Stelle, manchmal gerade bei neuen Motortypen, rangieren nässeempfindliche Verteiler, Zündkabel und Kerzenstecker. In krassen Fällen verursachen Wasserlachen auf Schnellstraßen oder ähnliche Quellen gezielter Duschen einen direkten Kurzschluß. Häufiger aber stören schleichende Nebenschlüsse die Startwilligkeit, wenn der Anlasser die Batteriespannung ohnehin schmälert. Saubere »Hochspannungsseiten«, getrocknet oder mit Kontaktspray behandelt, halten meist eine Weile vor; besser verwertet man nachträglich die neuen Heilmittel gegen klimatisch labile Anlagen (S. 302). Nachdem ADAC-»Werkstatt-Tests« gerade bei Elektrik-Mängeln mit mäßigen Erfolgsquoten endeten, empfehlen sich im Zweifel Spezialbetriebe, wie Bosch-Dienste.

Um dem Anlasser und der Batterie das Durchdrehen eines kalten Motors zu erleichtern, kann man bei manchen Fabrikaten die Kupplung treten. Wenn aber das Drucklager stärker bremst als das pantschende Getriebe, ist das Gegenteil richtig — und beansprucht eine Entscheidung, die der Fahrer von Fall zu Fall nach dem praktischen Vergleich trifft.

Verschmutzte Vergaser, verstopfte Düsen oder Pumpensiebe, Kraftstoffleitungen oder Tankbelüftungen verursachen manchmal Ärger, aber selten Folgeschäden. Die alten Korkdichtungen, die bei längeren Standzeiten austrockneten und die Pumpen Luft saugen ließen, haben fast überall Plastikdichtungen Platz gemacht. Als Zweitakter noch stark verbreitet waren, konnte eine Gemischabmagerung in voller Fahrt einen Kolbenfresser bedeuten, doch reagieren Viertakter durchweg weniger empfindlich; hier fällt die Leistung stärker ab, als das ärmere Gemisch den Motor aufheizt — es sei denn, der Motor produziert, vom Fahrer unbemerkt, Glühzündungen oder Klopfen, wodurch die Kolben in den betroffenen Zylindern — meistens nur in einem oder zweien — überhitzen. Das irrtümliche Zutanken von »Normal« statt »Super« birgt besondere Gefahr, wogegen ein »Super-Motor«, mit reinem Normalbenzin betankt, so deutlich klingelt, daß es auch einem technisch-ungeschulten Fahrer auffallen sollte.

Zuweilen verrotten Vergaser durch Sparsamkeit am falschen Ende. Wie Flugzeuge, die man grundsätzlich gleich nach der Landung auftankt, sind auch volle Fahrzeugtanks sicherer als leere. Sie sammeln, durch das unvermeidliche »Atmen« bei Temperaturschwankungen, weniger Kondenswasser, worauf Benzinpumpen und Vergaser aus Zinkspritzguß buchstäblich »sauer« reagieren. Nachdem den scharfen Kalkulationen bei den Herstellungskosten fast überall besondere Benzinfilter mit großen »Wassersäcken« zum Opfer fielen, empfiehlt sich ein nachträglicher Einbau mindestens für längere Auslandsfahrten!

Allerdings erfordert das empfohlene »Volltanken« sogleich eine Einschränkung, wenn das Fahrzeug anschließend in einer Garage oder gar unter praller Sonne abgestellt wird. Benzin dehnt sich nämlich pro Grad Celsius um 0,11 % aus. Das bedeutet in einem 50-l-Tank, um nur 20° erwärmt, über

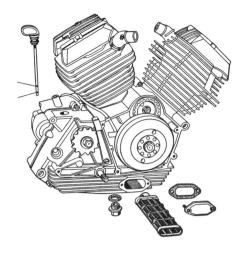

XVII.8 Bei diesem modernen Morini-V-Zweizylinder geht es hier nicht um die herausgezeichneten Teile des Schmiersystems (Peilstab mit oberer und unterer Marke, Ablaßstopfen und das grobe Sieb, das natürlich keinen Feinfilter ersetzt), sondern um den Nockenwellenantrieb, den der abgenommene Seitendeckel hinter dem Schwunglichtgenerator oben erkennen läßt. Dessen Zahnriemen soll nach spätestens 20 000 km ersetzt werden. Diese vergleichsweise kurze Haltbarkeit beruht auf ungünstigen Betriebsbedingungen mit dem sehr kleinen Rad auf der Kurbelwelle. (Auch Kettenräder mit 13 oder noch weniger Zähnen sind schlecht.)

1 Liter, der durch die Belüftung gefährlich nach außen gelangt.
Eine andere Warnung wiederum verdienen Manipulationen »zwischen« der Kraftstoffpumpe und dem Vergaser oder der Einspritzpumpe: der Druck in diesen Leitungen kann gelöste Verbindungen verursachen, z. B. von Plastikschläuchen über Metallstutzen, wonach sich das herausspritzende Benzin am heißen Auspuffkrümmer entzündet (sogar reihenweise einmal bei Neuwagen, als ungeeignete Schläuche eingebaut wurden) . . .

Wenn Luft- und Kraftstoffilter, die sinngemäß »vor« dem Motor wirken, seine Verdauung fördern und möglichen Beschwerden vorbeugen, sollten die Organe »hinter« der Maschine Ärgernisse ihrerseits ausschließen — womit natürlich die Auspuffrohre und Schalldämpfer gemeint sind. Daß Heckmotoren generell bessere Voraussetzungen für deren Haltbarkeit bieten, konnte den starken Trend zum Frontmotor und Frontantrieb kaum bremsen. Folglich müssen die Rezepte gegen frühe und häufige Alterserscheinungen in geeigneten Ausführungen und Werkstoffen bestehen! Sie sind allerdings nicht so simpel, wie es manchmal scheint. Was nützen schließlich Töpfe und Rohre aus Edelstahl, wenn Spannungsrisse eher Ersatz verlangen als das verdrießliche Durchrosten? Dennoch werfen haltbare Auspuffanlagen eher ein Problem für die Kalkulation als für die Konstruktion auf. Der (auch nachträgliche) Rostschutz von außen betrifft leider nur die harmloseren Angriffe, solange die Nässe nicht winterlich-gesalzen dahersprüht.

SPORADISCHE SCHWACHSTELLEN UND AUSPUFFANLAGEN – REPARIEREN ODER TAUSCHEN?

Obwohl die Ventilsteuerung der Viertakter in fast jedem Entwicklungsstadium wunde Punkte offenbarte, überwanden der Motorenbau und eine hochentwickelte Zubehörindustrie alle akuten Schwierigkeiten, die sich bei steigenden Drehzahlen und Leistungen einstellten. Ventile, Federn, Führungen, nicht zuletzt die Nocken und Stößel selbst, halten heute auch in hochtourigen Modellen 100 000 oder

200 000 Kilometer lang... in der Regel, aber eben nicht immer.

Sicher lebte manches verbrannte oder festhängende Ventil länger, hätte man ihm das nötige Ventilspiel gegönnt, wenn auch auf Kosten der optimalen Laufruhe. Aber nicht immer sind Schäden so leicht zu erklären, etwa mit einer ausgeschlagenen Ventilführung, durch einen vorzeitig verschlissenen Nocken oder Stößel, wie sie zum Beispiel aus demontierten Testmotoren zuweilen ans Tageslicht kommen. Stößelschäden entstehen vorwiegend in Form der berüchtigten »Pitting«- oder Grübchenbildung, bei niedrigen Drehzahlen noch eher als in schnellgefahrenen Motoren. Falls die Gleitflächenzerstörung rasch fortschreitet, erkennt man sie mit einem geschulten Ohr oder am wachsenden Ventilspiel. Auch manche Ventilschäden kündigen sich mit pfeifenden Geräuschen an, im Auspuff oder bei abgehobenem Luftfilter zu entdecken, mindestens bei einer Kompressionsprobe oder dem moderneren Druckverlust-Test. Mit Glück hämmern einige Fahrstunden, mäßig langsam, aber mit vergrößertem Ventilspiel, den angekratzten Sitz wieder zurecht!

Natürlich zählen auch Nockenwellenantriebe zur Steuerung. Dabei sind gerissene Steuerketten seltener als gerissene Zahnriemen, aber zerstörte Novotextzahnräder fast Vergangenheit. Zunehmende Geräusche signalisierten Alarm, weil den »Restbruch« meistens häßliche Folgeschäden begleiten (ähnlich einem zerstörten Lager). Selbst wenn Karambolagen zwischen offenen Ventilen und Kolbenböden ausbleiben, sind die Splitter und Bruchstücke aus dem Ölkreislauf, gegebenenfalls auch Ölkühler, nur mit einer völligen Motorzerlegung zu beseitigen – die Kühler

XVII.9 Auch in der Computerära behält der gute alte Kompressionsprüfer oder (wie hier) -schreiber seinen Wert. Mit dem Gummistopfen auf die offene Zündkerzenbohrung gepreßt, mißt er den Verdichtungsdruck in jedem einzelnen Zylinder, am besten bei warmem Motor – oder kalt und warm. Kleine Schwankungen sind meistens unbedenklich, aber größere deuten auf einen Ventilschaden. Rückschlüsse auf Kolbenringe sind unzuverlässig, es sei denn, man füllt durch die Kerzenbohrung 1 bis 2 ccm Öl ein, wonach sich bei einem Ringschaden ein wesentlich besserer Wert einstellt. Natürlich braucht man dazu etwas Geschick und Übung; sonst nämlich kann schon das schiefe Einsetzen einer Zündkerze ein Leichtmetallgewinde »vermurksen« und eine Zylinderkopfdemontage erfordern. (Nur unter besonderen Umständen, bei bester Zugängigkeit mit eingefädelten öligen Stoffstreifen, Fettklumpen am Gewindeschneider etc., gelingt der riskante Versuch, ein »Helicoil« [Stahldrahtgewinde] von außen einzuschneiden.)

Daß Auspuffanlagen nicht nur durch unerfreulichen Verschleiß Interesse verdienen, haben die Ansaugleitungen mit ihrem Einfluß auf den Lauf und die Leistung des Motors angedeutet, die Abgasprobleme in den Vordergrund gerückt und die Schwingungsverhältnisse in Hochleistungszweitaktern bestätigt. Wie ausgeklügelte Ansaugsysteme, so beeinflussen auch die zugehörigen Auspuffanlagen (zwischen 5 und 10 %) Motorleistung, obwohl die gute Schalldämpfung im Prinzip mit der Leistungssteigerung kollidiert. Deshalb gab es früher die vielzitierten »Auspuffklappen« für Fahrten fern bewohnten Gebieten — bis zu ihrem Verbot 1926.

Damit die Auspuffstöße mehrerer Zylinder sich nicht füllungsvermindernd überdecken, blasen die einzelnen Auslaßstutzen gemäß der Zündfolge in verschiedene Krümmer. An einem Vierzylinder sitzen z. B. »Hosenrohre«, die erst nach abgestimmten Längen und Volumen zusammenlaufen. An Sechszylindern erlaubt die Zündfolge meistens die einfachen Kombinationen 1-2-3 und 4-5-6.

Aber die Aufteilung »vorn« genügt nicht, weil ein einzelner (genügend dämpfender) Auspufftopf keine Abstimmung und Leistungserhöhung ermöglicht. Hinzu kommt der chronische Platzmangel unter flachen Fahrzeugböden. Deshalb dominieren Vor- und Nachschalldämpfer: der erste Topf bestimmt mit Bauelementen, die den Gasstrom nicht stören, durchweg die Leistung und den Drehmomentverlauf, der zweite dagegen die Klangfarbe und Lautstärke.

Moderne Schalldämpfer verwerten in mehreren Kammern verschiedene Dämpfungssysteme gleichzeitig — Hoch- und Tiefpaßfilter sowie Reflexionseffekte; reine Drosselwiderstände sind unerwünscht und überholt. Die Kammern enthalten teilweise Stein- oder Stahlwolle als schallabsorbierende Schluckstoffe, wirken zunehmend als Resonatoren ... nach dem Prinzip des vielseitigen Potsdamer Physikprofessors Hermann von Helmholtz, der u. a. Robert Mayers Energiesatz zuerst bekämpfte, dann begründete (— seinem Sohn Richard verdankt der Eisenbahnbetrieb kurvenfreudige Lokomotiven und andere Fortschritte) ...

Eine besondere Rolle spielen Auspuffanlagen mit Abgasturboladern oder mit Nachverbrennung und Katalysatoren zur Abgasentgiftung (S. 150, f.). Ein weiterer Sonderfall betrifft die modernen Auspuffklappen von LKW-Dieseln, die nicht den Schalldämpfer umgehen, sondern dicht verschließen, so daß der Motor bis zu 75 % seiner PS-Leistung aufnimmt (Ötiker-Bremse) und bei Talfahrten mehr Kühlung braucht als normal. Noch höhere Bremsleistungen erzielten (früher) verschiebbare Nockenwellen, mit denen Viertakter zu Zweitaktern wurden und nur als Kompressor arbeiteten — wie Zweitakter ohnehin. Die (zu) aufwendigen verschiebbaren Nockenwellen stammten verständlicherweise aus der Schweiz und Österreich — von Saurer.

Der einwandfreie Zustand der Auspuffanlage, namentlich die zuverlässige Abdichtung vom Motorflansch bis zum letzten Rohrende, ist nicht nur zum nächstfälligen TÜV-Termin von Belang! Sogar anormale und polizeiwidrige Geräusche treten in den Hintergrund, wenn nur ein geringer Teil der giftigen Otto-Auspuffgase bei längeren Fahrten ins Wageninnere gelangt, die Gesundheit der Insassen und die Verkehrssicherheit des Fahrers aufs Spiel setzt. Da im Wagen häufig Unterdruck herrscht (wie auch hinter Windschutzscheiben von Motorrädern oder Seitenwagen!), finden Auspuffgase vielfältige, oft unerwartete Wege zu den Passagieren. Natürlich stören undichte Anlagen auch die Meßergebnisse bei einem Abgastest.

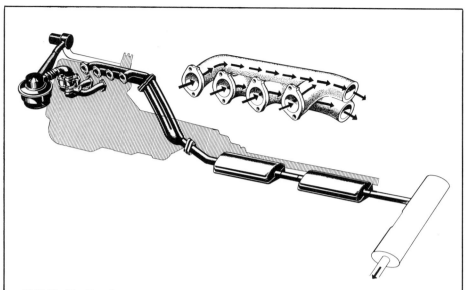

XVII.10, 11 Der Ansaug- und Auspuffweg eines modernen Vierzylinders beginnt mit dem Ansaugrüssel, dessen Mündung ein Thermostat mit Bimetallfeder auf Frischluft oder (im Winter) auf vorgewärmte Luft rund um den Auspuffkrümmer automatisch umschaltet. Der Auslaßkrümmer (rechts separat) besitzt zwei »Stockwerke«, das untere für Zylinder 2 und 3, das obere für 1 und 4. Das Hosenrohr läuft erst vor dem (hier nochmal unterteilten) Vorschalldämpfer zusammen.
Der »quer« angeordnete (von BMW inzwischen längst veränderte) Hauptschalldämpfer hat sich nicht bewährt, da er hinter dem langen Rohrsystem wie ein Hammerkopf wirkte, d. h. den Schwingungen des elastisch aufgehängten Motors nur widerstrebend folgte und die heißen, in ihrer Festigkeit ohnehin beeinträchtigten Rohre auf die Dauer überlastete.

Die Auspuffanlagenfabrik Boysen hat hier verschiedene Schemen für einen Sechszylinder skizziert: a) ist doppelt schlecht — weder eine Aufteilung am Motor noch in Vor- und Nachschalldämpfer, nur für mäßige Leistungen akzeptabel. Die besseren, freilich auch teureren Anlagen b, c, d erfordern keinen Kommentar.
Der Korrosionsbeständigkeit dienen in erster Linie zink- und aluminiumbeschichtete Bleche. Nicht nur Edelstähle, auch Emaillierungen bieten technische und Kostenprobleme! Katalysatoren erschienen mit Anordnung und Aufbau in B. VII.21, 22.

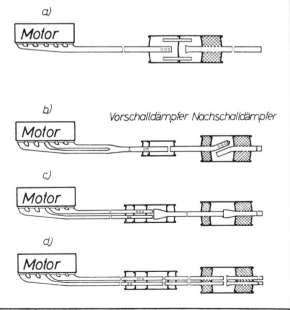

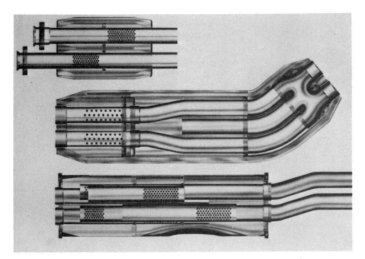

XVII.12 Als Nachtrag zum Auspuff-Brevier auf den vorigen Seiten erscheint hier eine Anlage mit jeweils aufgeschnittenem Vor-, Mittel- und Nachschalldämpfer. Die unvermeidbaren Nachteile der Absorptionsdämpfer (Verstopfen, Korrodieren, Zerbröckeln und Ausgeblasenwerden) vermeiden moderne Systeme mit alleiniger Reflexion. Sie verlangen freilich größeren Aufwand, auch bei der Entwicklung und Abstimmung auf den Motor. – Durchgerostete Auspuffelemente lassen sich nicht reparieren, nur ersetzen. Sie fallen mehr nach der Zeit an (3 bis 4 Jahre) als nach Laufstrecken (30 000 bis 80 000 km). Manche Vorschalldämpfer überdauern zwei Nachschalldämpfer, andere nur wenige Prozent mehr. Hier sind Kunden auf seriöse Werkstätten angewiesen.

Schrott. So stand und fiel die Lebenserwartung mancher ohv-Motoren mit ihrem Nockenwellenrad.

Da Kolben und -ringe, Zylinder und Lager ebensowenig immun sind gegen Schwächen oder Infarkte, gehören zu jeder sechsstelligen km-Zahl von PKW-Motoren günstige Betriebsbedingungen, ein Minimum an Pflege und unweigerlich etwas Glück. Denn auch in größten Serien, auf modernsten Werkzeugmaschinen und Transferstraßen zur Montage, fällt nicht jeder Motor gleich gut aus, und die Streuungen betreffen auch die Haltbarkeit, obwohl Einlaufzustand und Betriebsbedingungen weitaus überwiegen. Jedenfalls liegt die echte statistische Lebenserwartung beträchtlich unter den geläufigen Paradewerten – obwohl als Exitus-Anlaß für die Wagen Blechschäden (Rost!) längst und weit vor der Mechanik rangieren.

Austauschteile empfehlen sich mit wachsendem Motoralter immer dringender als zeitraubende und lohnintensive Instandsetzungen.

Ein Schaden kurz nach dem Ablauf der »Garantie« (oder der daran angeschlossenen Kulanz-Spanne) darf ziemlich teuer werden, bevor er einen Tauschmotor rechtfertigt. Nach 60 000 km oder mehr vermittelt eine weitsichtige Bilanz ein anderes Bild.

Austauschmotoren sind erheblich billiger als neue, aber qualitativ kaum unterlegen. Daneben erhält man einzelne Baugruppen im Tausch, Teilmotoren, Zylinderköpfe. Oft spielen auch die Werkstatt- als Ausfallzeiten eine Rolle, in Mark und Pfennig zu belegen. Mit Tauschteilen fährt man in der Regel rasch weiter, häufig mit voller Garantie. Eine rechtzeitige Information über alle verfügbaren Aggregate empfiehlt sich.

Es gibt Leute, die sich selbst alles erlauben und anderen alles verbieten wollen.
Peter Rosegger,
österreichischer Schriftsteller, 1843–1918

Sparplänen aus allen Richtungen folgten neue Feudalantriebe

Der aktuelle Zwang zur Schonung unserer begrenzten Energievorräte, besonders der wertvollen Erdölprodukte, zieht sich, von der Einleitung dieses Buches an, als roter Faden durch zahlreiche Kapitel. In ihnen erschienen vielfältige Möglichkeiten und Maßnahmen zur Entwicklung sparsamer Motoren. Sie erfordern deshalb nur noch eine kurze Auslese und Ergänzung.

Nun gewinnen bei der Betrachtung von Fahrleistungen und Streckenverbräuchen die angetriebenen Fahrzeuge starken Einfluß und verlangen eine Berücksichtigung. Denn der beste Motor hilft wenig, wenn das Fahrzeug hohe unangemessene Antriebskräfte verschlingt. Gleichzeitig ändern sich einige Dimensionen: verfügbare Kilowatt ermöglichen entsprechende Geschwindigkeiten, folglich kürzere oder längere Fahrzeiten, während spezifische Verbrauchswerte in Gramm pro kW-Stunden sich als handfestere Liter pro 100 km auswirken.

FAHRWIDERSTÄNDE AUFGEREIHT

Einen für Mittelklassewagen repräsentativen Fahrwiderstand auf ebener Strecke und die verbleibenden Reserven zum Beschleunigen oder Bergsteigen zeigte Abbildung VII.7. Den dominierenden Teil der gesamten Widerstände markiert meistens der Luftwiderstand, bei heutigen PKW vielleicht ab 60 km/h, bei Motorrädern schon eher, aber bei schweren Nutzfahrzeugen erst darüber. (Nach der Statistik des VDA, des Verbands der Automobilindustrie, werden 33 % aller Fahrstrecken, am Ende der 70er Jahre, im Ortsverkehr zurückgelegt, 22 % auf Autobahnen und 45 % auf übrigen Straßen. Für schwere PKW verschieben sich diese Quoten auf 25, 35 und 40 %. Die Aufteilung des neuen Normverbrauchs paßt also recht gut dazu!)

Leider wächst der Luftwiderstand mit dem Quadrat der Geschwindigkeit und die erforderliche Motorleistung, ihn zu überwinden, sogar mit der dritten Potenz. Nur bei niedrigen Tempi überwiegt der Rollwiderstand, wiederum mit Unterschieden bei Kategorien und Gewichtsklassen – wodurch u. a. zwei grundverschiedene Omnibustypen entstanden, der »Stadtomnibus« mit optimaler Raum- und Gewichtsökonomie, aber Luftwiderstandsbeiwerten »c_w« über 0,6, daneben der Reisebus mit c_w bis zu 0,4.

Im c_w-Bereich zwischen 0,35 und 0,50 lagen (1980) herkömmliche PKW; dazu kommt jeweils eine »Stirnfläche« zwischen 1,75 und 2 m^2 für kleine und große Karossen. Vergleichsweise liegen Motorräder besonders ungünstig mit c_w- und Stirnflächendaten um je 0,65 bis 0,70; umgekehrt verhalten sich dafür ihre Leistungsgewichte. Über die Auswirkungen des Luftwiderstands auf den Verbrauch findet man widersprüchliche Angaben, die sich mit den unterschiedlichen Betriebsbedingungen er-

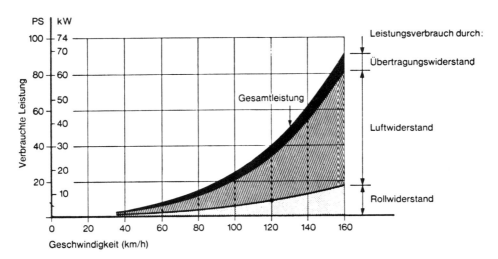

XVIII.1 Die aufgetragenen Fahrwiderstände gelten für einen PKW mit 1500 kg Gesamtgewicht. Sowohl die Übertragungsverluste (der Wirkungsgrad des gesamten Antriebs) wie der Rollwiderstand wachsen mit der Geschwindigkeit relativ wenig. Letzterer liegt allerdings mit Diagonal- statt Radialreifen rund doppelt so hoch, zumindest oberhalb 80 km/h. Dasselbe gilt für Winterreifen, mit Einschränkungen auch für Allradantriebe. Allerdings berücksichtigen die Zahlenwerte (von Veith-Pirelli) ebensowenig wie die in B. VII.7 die Ersparnisse durch c_w-Werte zwischen 0,35 und 0,30.

klären. Nach einem vertrauenerweckenden Mittelwert bringt eine c_w-Verminderung von 10 %, z. B. von 0,40 auf 0,36, eine Verbrauchseinsparung von 3,5 %. Doch lieferte ein exakter Vergleich bei einem Mittelklassevertreter mit 55 kW (75 PS) und 1050 kg bei halber Zuladung, einer Stirnfläche von 1,8 m² bei konstanten Tempi folgende Verbrauchsmengen in l/100 km:

	c_w 0,5	c_w 0,4	c_w 0,3
50 km/h	6,1	5,6	5,1
100 km/h	8,0	7,2	6,2
150 km/h	14,1	11,7	9,4
Spitzentempo 157	15,6	–	–
Spitzentempo 167	–	14,6	–
Spitzentempo 180	–	–	13,7

Noch beeindruckender erscheinen, trotz geringerem Verbrauch, die angestiegenen Höchstgeschwindigkeiten.

Das Fahrzeuggewicht spielt dabei so gut wie keine Rolle, wobei ein Seitenblick der Aufteilung gilt: der Motor, komplett mit allem Zubehör, wiegt bei PKW nur 15 bis 20 % des Leergewichts, bei Nutzfahrzeugen noch bedeutend weniger, aber bei Zweirädern, ansteigend mit den Leistungen, von 20 bis über 35 %.

Dennoch wirkt sich das Fahrzeuggewicht im Alltagsdurchschnitt stärker aus als die c_w-Werte, weil 100 eingesparte Kilogramm den PKW-Verbrauch um 0,6 bis 0,7 l/100 km verbessern – natürlich mit großen Schwankungen bei unterschiedlichen Betriebsbedingungen, mit geringstem Einfluß auf Autobahnen, aber starkem im hektischen Großstadtverkehr ... woraus hervorgeht, daß der Rollwiderstand gegenüber den Beschleunigungsleistungen eine geringe Rolle spielt. Folglich bringt auch seine

Verminderung nur unbedeutenden Gewinn, abgesehen von schweren Nutzfahrzeugen.

Da alle rotierenden Teile, an erster Stelle die Laufräder, »doppelt« beschleunigt werden müssen, verbessern moderne Leichtmetallräder die Bilanz – auch wenn sie pro Stück nur 1 kg einsparen (was allerdings bei Serienmotorrädern nicht der Fall ist, weil Drahtspeichen im Gewichtsvergleich kaum zu übertreffen sind). Weniger den Kunden und »Verbraucher« als die Energie-Gesamtbilanz in der Volkswirtschaft betrifft die Einschränkung, daß die Verarbeitungskosten oft einen ganz anderen Maßstab bedingen, weil jedes einzelne Kilogramm Aluminium etwa 17 Kilowattstunden beansprucht – Stahl dagegen 9 und Gußeisen nur 6,5. Hinzu kommen wichtige Aspekte bei der späteren Wiederverwertung (dem »Recycling«).

Ein 1000-kg-Mittelklassewagen enthält etwa 600 kg Stahl, 150 kg Gußeisen, aber nur 30 kg Aluminium (volumenmäßig natürlich fast dreimal mehr). Der Rest entfällt auf weitere Metalle, Gummi, Glas, Kunststoffe und Lack. Um aber mit extremem »Leichtbau« das Gewicht von 1000 auf etwa 820 kg zu senken, müßte der gesamte Energieaufwand bei der Herstellung von derzeit 12.000 kW-Stunden (9000 für die Werkstoffe, 3000 für die Fertigung im Werk und bei den Zulieferern) auf 19.000 kWh steigen, was die Energiewirtschaft zunächst belastete und erst nach langen Laufstrecken durch eingesparten Kraftstoff aufgewogen würde. (Für 100.000 km verbraucht »unser« Wagen nämlich umgerechnet über 100.000 kW-Stunden!)

VERDICHTUNG UND VERBRAUCH KONKRET

Ohne die theoretischen Zusammenhänge erneut zu begründen, zeigt Grafik XVIII. 2 den Einfluß steigender Verdichtungsverhältnisse auf die Leistung, den Verbrauch und den Oktanzahlanspruch, d. h. die vom Kraftstoff verlangte Klopffestigkeit. Nachdem die Entwicklung der durchschnittlichen Verdichtungsverhältnisse (seit 1950) in Abbildung 35 erschien, parallel zum Anstieg der Kraftstoff-Oktanzahlen von ca. 74 auf ROZ 91 für Normalbenzin und ROZ 98 für Super, erlauben die neuen Normverbrauchsdaten als praktisches Beispiel den direkten Vergleich von je zwei serienmäßigen, weitgehend gleichen Ottomotoren mit 1,2 und 2 Liter Hubraum, jeweils für Normal- und Superbenzin ausgelegt (in l/100 km):

Motortyp	1,2 N	1,2 S	2,0 N	2,0 S
90 km/h	6,2	5,8	8,0	7,0
120 km/h	8,9	8,1	10,7	9,4
Stadtzyklus	9,8	9,4	12,4	11,6
Mischwert	8,3	7,8	10,4	9,3

Ersparnisse zwischen 4 und fast 14 %, im Mischwert mit 6 für den kleinen und über 10 % für den größeren Vierzylinder, machen die »Super-Motoren« für den Kunden attraktiv, seit der Preisunterschied, anders als früher, nur noch wenige Prozent beträgt – abgesehen vom größeren Aktionsradius bei gleichem Tankinhalt.

Gesamtwirtschaftlich gesehen liegen die Verhältnisse nicht so einfach; denn für die Herstellung von Superbenzin mit nur 0,15 Gramm Blei pro Liter entstehen in den Raffinerien größere Verluste, namentlich für Oktanzahlen über ROZ 95. Für unverbleite Kraftstoffe wachsen diese Verluste weiter.

XVIII.2 Mit Verdichtungsverhältnissen, hier von (lang überholten) 6 : 1 aus, steigt die Leistung und sinkt der Verbrauch. Die starken Kurven sind Mittelwerte, während der OZ-Bedarf stärker streut (gemäß S. 42, f. und B. VII.6). Nicht nach der Verdichtung allein, sondern nach allen Parametern stiegen im Gesamtschnitt bei VW und Audi von 1966 bis 1983 Höchstgeschwindigkeiten um 28 %, Nutzräume um 10 %, sanken Verbräuche um 33 %, Beschleunigungszeiten sogar um 50 %, wobei der Wettbewerb gewiß mithielt.

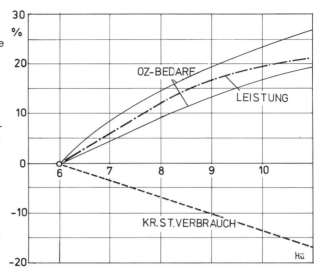

»MAGERKONZEPTE« UND ZYLINDERABSCHALTUNG

Der breite Betriebsbereich von Fahrzeugmotoren – mit Drehzahlspannen von mindestens 1 : 6, einem Lastbereich von 1 : 10 und einem Leistungsband von etwa 1 : 30 – erzeugt letzten Endes das Dilemma der unbefriedigenden Verwertung der kostbaren Klopffestigkeit: bei Teillast sind die effektiven Verdichtungen erheblich geringer als bei Vollast.

Versuche mit veränderlichen Verdichtungsverhältnissen, etwa mit variablen Verbrennungsräumen oder mit Kolben, deren Böden sich (selbsttätig) heben und bei übermäßigen Drücken wieder senken, verfehlten bei Fahrzeugmotoren einen Erfolg. Sie wurden zurückgestellt, um mit einfacheren Mitteln rascher ans Ziel zu gelangen, z. B. mit der »Hochverdichtung« über 10 : 1 hinaus.

Dazu bedarf es geeigneter Brennräume und einer kräftigen Wirbelung der Gase, vor allem aber einer genauen Einhaltung von Mischungsverhältnissen und Zündzeitpunkten dank elektronischer Zündungen (die auch stärkere Funken liefern) und Regelungen mit »Klopfsensoren«. Doch erforscht in den 80er Jahren (mindestens) VW variable Verdichtung intensiv.

Magerkonzepte mit Luftzahlen jenseits von 1,1 schreiben das nächste Stichwort. Ihre zuverlässige Entflammung und ergiebige Verbrennung ermöglichen ähnliche Voraussetzungen wie bei der Hochverdichtung. Ein Beispiel für beide wurde der »Fireball«-Motor, den Michael May (vgl. S. 248) mit Verdichtungsverhältnissen bis 15 : 1 und Luftzahlen bis 1,3 erprobte. Eine ausgeprägte »Schichtladung« fällt auch in diesen Rahmen, kommt aber im letzten Kapitel zur Sprache.

Die auffallend schlechten Verbrauchswerte bei geringer Motorbelastung, im Verbrauchskennfeld mit seinen Folgen ausführlich dargelegt (B. VII.8), werden bei großen und starken Modellen besonders deutlich. Wenn schon »normal« motorisierte Fahrzeuge nur 20 bis 30 % ihrer Leistung verwerten, sind es bei potenten Sechs- und Achtzylindern kaum

10%. Deren Hersteller verlegten sich deshalb auf ein Verfahren, das direkt die hohen Zylinderzahlen betrifft: die Abschaltung einzelner Zylinder, von der Hälfte bei Sechszylindern, von zwei oder vier bei Achtzylindern.

Dazu allein deren Kraftstoffversorgung abzuschalten, bringt nur mäßigen Gewinn. Die »befeuerten« Zylinder arbeiten zwar mit höherer Last und besserem spezifischen Verbrauch, aber die Drosselverluste stören spürbar – und beim Öffnen der zugehörigen Drosselklappen die »Pumpverluste«. Andererseits beansprucht die Abschaltung einzelner Zylinder mit der Ventilsteuerung beträchtlichen mechanischen Aufwand.

Immerhin erschienen die 6-l-Cadillac-V-8 schon 1981 mit serienmäßiger Zylinderabschaltung: sie arbeiten, je nach Leistungsbedarf mit acht, sechs oder nur vier Zylindern. Ein Microprozessor steuert ein elektromagnetisches System, das die Ventile der überflüssigen Zylinder schließt. Das eingeschlossene Gas wirkt als Feder, die Energie aufnimmt und wieder abgibt, überdies die Zylinder auf Temperatur hält.

Doch verschwand die Zylinderabschaltung in der USA-Serie recht bald und geräuschlos – und auch in Europa (mitsamt ihren vielfältigen Möglichkeiten) aus den Schlagzeilen.

XVIII.3 Beim Forschungsprojekt (vgl. »Auto 2000«, S. 252, f.) begrenzte Daimler-Benz durch drastisch verminderte Drehzahlen die Leistung des 3,8-l-Achtzylinders auf ca. 110 kW. Eine Zentralelektronik regelt Zündung, Einspritzung, Zylinderabschaltung (und Getriebeautomatik) auf minimalen Verbrauch.

Die 3,8-l- und 5-l-Serienmotoren für die 80er Jahre züchteten die Untertürkheimer Konstrukteure ohne Leistungseinbußen auf geringes Gewicht und Sparsamkeit. Der komplett 200 kg schwere 3,8-l-V 8 entfaltet 160 kW (220 PS) bei 5500/min, der größere Bruder 177 kW (240 PS) bei 4750. Er wiegt mit 205 kg um 130 kg weniger (!) als der kaum stärkere 6,3-l-»Graugußmotor« von 1963. »Leichtbaukolben« laufen, mit Eisen oder Chrom beschichtet, direkt im Leichtmetallblock. Die mit einer Duplexkette getriebenen Nockenwellen betätigen die Ventile (spiel- und wartungsfrei) über hydraulisch gelagerte Schwinghebel. Der Ölfilter mit thermostatisch gesteuertem Kreislauf zum Kühler ist inzwischen von oben zugänglich. Ende 1985 wuchs der »kleine« Hubraum (mit größeren Bohrungen auf 4,2 l, beim 5-l-V 8 mit größerem Hub (96,5 × 94,8 mm) auf 5,6 l, die Leistung (mit neuem Zylinderkopf) auf 220 kW (300 PS) bei 5000/min. DIN-Verbrauchswerte (bei 90, 120 km/h, Stadtzyklus) 10,6–12,8 und 16,9 l/100 km.

Mit Katalysator verbleiben (1987) 205 kW (279 PS) bei 5200/min, 11,1–13,6 und 17,6 l/100 km.

Konsequent ist nur, wer sich mit den Umständen wandelt.

Sir Winston Churchill, 1874–1965

HUBRÄUME UND ZYLINDERZAHLEN UMSTRITTEN

Nachdem sich vergrößerte Hubräume in drei Jahrzehnten fast überall als ein preiswertes Rezept für höhere Leistungen und Drehmomente bewährten (bei uns trotz Hubraumsteuer, die aber, nie erhöht, inzwischen nur wenig zu Buch schlägt), gilt maßvolle Beschränkung in vielen Programmen als ein ökonomisches Gebot. Wenn leichte und strömungsgünstige Wagen geringere Antriebsleistungen benötigen, wenn bessere Wirkungsgrade zwischen Ansaugkanälen und Antriebsrädern die herkömmlichen Verluste schmälern, soll dieser Gewinn nicht zu erhöhten Fahrleistungen führen, sondern zu sparsamen, leichteren und kleineren Motoren. Konstrukteure in einem anderen »Lager« verfechten zwar dasselbe Ziel, nehmen aber die kleineren Hubräume aus. Dafür bekämpfen sie zwei bekannte Schwachstellen des Ottomotors: die Drosselverluste bei geringer Last, aber relativ hohen Drehzahlen und die bei hohen Drehzahlen stark anwachsenden Reibungsverluste. (Der mechanische Wirkungsgrad – »eta« – liegt bei Kolbengeschwindigkeiten um 10 Meter je Sekunde bei etwa 0,85 und fällt bei 18–20 m/s auf 0,70, d. h. die Verluste verdoppeln sich von 15 auf 30 %.)

An die Stelle hoher Drehzahlen sollen, schon bei niedrigen Drehzahlen, hohe Drehmomente treten – in ausgeprägten »Drehmomentmotoren« (vgl. B. IV.3)

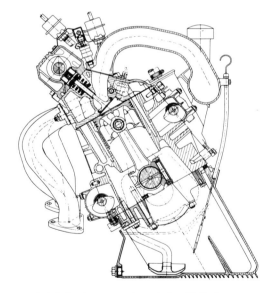

XVIII.4 Mit dem Typ »911« verwies Porsche, 1964 zu Recht, auf die beträchtlichen Vorzüge von sechs statt vier (luftgekühlten) Zylindern für 2 l Hubraum. Die acht (wassergekühlten) Zylinder des »928« verlangte eindeutig der große Hubraum. Ihn konnte man für den »944«-Vierzylinder und 2,5 l »halbieren«, auch im Interesse der wirtschaftlichen Fertigung. Den Ansprüchen der 80er Jahre begegnet der hochverdichtete (10,5) »Top«-Motor (thermodynamisch optimiert, u. a. mit den konzentrierten Brennräumen). Um die Laufkultur nicht zu schmälern, erhielt er »Leichtbaukolben« und zwei gegenläufige Ausgleichswellen, die mit doppelter Kurbelwellendrehzahl rotieren (vgl. B. IV.4). Man erkennt sie in der Schnittzeichnung unten-links und oben-rechts am Leichtmetallblock (»höhenversetzt«), in dessen unbewehrten Zylindern chrom- oder eisenbeschichtete Kolben gleiten. Die obenliegende Nockenwelle treibt ein »normaler« Zahnriemen, während zu den Ausgleichswellen ein doppelt-profilierter führt. Er umschlingt die linke Welle (unter einem nicht eingezeichneten Umlenkrad) mit seinem »Rücken« zwecks umgekehrter Drehrichtung. (Bohrung 100 mm, Hub 79 mm, 2,5 l, 120 kW (163 PS) bei 5800/min.)

und bei deutlich besseren Wirkungsgraden in »eta«-Motoren, bei denen größere Volumen die verminderte Hubraumleistung kompensieren. Einen 2-l-Motor mit 6000/min als Nenn- oder Höchstdrehzahl ersetzen 2,3 l und 5000/min oder gar 2,7 l und 4200/min. Nebenbei wird der Motor elastischer und umweltfreundlicher. Insgesamt verspricht auch dieses Programm Einsparungen bis zu 15 %.

Neben den sinnvollen Hubräumen geriet die Zylinderzahl ins Kreuzfeuer. Daß kleine (Einzel-) Zylinder klar überlegen sind, wenn es um extreme Leistungen geht, ist naturgesetzlich untermauert und allenfalls mit starker Aufladung zweitrangig. Zudem werden die größeren Wärmeverluste durch die mögliche höhere Verdichtung – mindestens – ausgeglichen. Die Drehmomentcharakteristik wiederum spricht für wenige größere Zylinder, aber die Laufkultur leidet darunter, solange nicht bei Reihenvierzylindern aufwendige Ausgleichswellen die Auswuchtung vervollkommnen.

Drastisch (um 20 bis 25 %) erleichterte Kolben hingegen ermöglichen höhere Leistungen (bis + 5 %), geringeren Verbrauch (− 2 %) und bessere Laufruhe (− 2 dB-A) . . . als dankbare Aufgabe für die Motoren- und Teileindustrie.

VON SPARGÄNGEN BIS ZU VERKEHRSPROBLEMEN

Auf weitere Wege zur Ökonomie deuten Themen, die hier nur Stichworte zur Erinnerung erfordern: ausgeklügelte Zündverstellkurven, Vergaser und Einspritzanlagen, die auch den kritischen Kaltstart, Warmlauf und Kurzstreckenbetrieb entschärfen, Schubabschaltung, eventuell auch altbekannte Freiläufe (B. XV.10) oder »Abstellautomatiken«, die in »E-Konzepten« (für Economy oder Energiesparen) bereits verwirklicht sind.

Eine große Rolle spielen dabei knappe (»lange«) Antriebsübersetzungen, die zwar das Temperament bremsen, die Höchstgeschwindigkeit dem vorletzten Gang zuweisen und um fleißiges Schalten ersuchen, aber spürbar Kraftstoff sparen. Sie verschieben die vom Motor abgegebene Leistung – im entscheidenden Verbrauchskennfeld (B. VII.8) – ergiebig zu niedrigen Drehzahlen, aber höherer Belastung, zum »Ziehen« statt zum »Drehen«, für Einsparungen bis zu 10 %.

Last, not least drücken die vom Motor angetriebenen Aggregate auf die Energiebilanz, vor allem wegen der vorherrschenden schwachen Auslastung. Verbesserungen rangieren unter dem Begriff »bedarfsorientierte Antriebe« mit dem elektrischen Ventilatorantrieb als vortrefflichem Beispiel (zum Preis des Elektromotors). Umgekehrt zählen angestiegene Watt von elektrischer Energie dazu, die Verluste in den (ca. 200 m langen) Leitungen der Kabelbäume, die Leistungen für Lenkhilfen oder »Komforthydraulik«, allen voran für Klimaanlagen.

Um eine ganze Potenz gravierender erscheinen allerdings Kraftstoffmengen, die man durch mangelhafte Straßen- und Verkehrsverhältnisse vergeudet, durch Ampelschaltungen, die den Verkehrsfluß hemmen, oder sinnlose Geschwindigkeitsbeschränkungen, von Staus ganz zu schweigen.

Zwei Beispiele (von hunderten) sollen dieses Thema auf das hier gebotene Mindestmaß beschränken: da wurden für einen 38-Tonnen-Lastzug die Geschwindigkeiten und der Kraftstoffverbrauch auf der Strecke von Stuttgart nach Ulm verglichen, einmal auf der Bundesstraße (mit Steigungen bis zu 10 %), dann auf der vorhandenen Autobahn (mit Steigungen bis zu 7 %). Drittens wurden die Daten zuverlässig berechnet für die theoretische Befahrung der Eisenbahntrasse (mit Steigungen unter 3 %). Es ergaben sich folgende Durchschnittsgeschwindigkeiten und Verbrauchswerte:

	km/h ⌀	l/100 km
Bundesstraße	45	68
Autobahn	63	56
Bahn-Trasse	77	51

Die Verbräuche verhalten sich demnach wie 100 : 81,5 : 75, die Durchschnittstempi wie 100 : 140 : 171, mit der notwendigen Anmerkung, daß der Vergleich von Nutzfahrzeugen mit Personenwagen erhebliche Einschränkungen beansprucht (u. a. wegen des Verbauchskennfelds!).

»Grüne Wellen«, von zentralen Computern verkehrsgerecht gesteuert, sind Visitenkarten aller fortschrittlich verwalteten Städte und Gemeinden. Trotzdem stehen vor 40 000 bundesdeutschen Ampeln Tag für Tag Millionen Fahrzeuge viele vermeidbare Minuten – und müssen neu anfahren. Ein Kölner Forschungsinstitut errechnete für 1979 mögliche Kraftstoffeinsparungen im Wert von 560 Mio. DM. Bei 30 km/h Durchschnittsgeschwindigkeit liegt der Verbrauch um 50 % höher als bei gleichmäßigem Rollen mit 50–60 km/h, bei nur 20 km/h um 100 % höher und unter 10 (= verstopfte Straßen) etwa dreimal so hoch.

Realist ist ein Mensch mit dem richtigen Abstand zu seinen Idealen.
Truman Capote,
US-Schriftsteller, 1924–1984

FAHRER BEHALTEN DIE ERSTEN UND LETZTEN ENTSCHEIDUNGEN

Um gleich an der Ampelsteuerung anzuschließen, demonstrieren die Kurvenzüge in B. XVIII.5 zwei verbreitete, unterschiedliche Fahrweisen, deren Auswirkungen einen Kommentar erübrigen. Aber schon lange vorher trifft der Kunde eine gravierende Entscheidung – nämlich bei der Anschaffung eines großen oder kleinen, schweren oder leichten, stärker oder schwächer motorisierten Fahrzeugs. Gewiß mußten sich die Käufer auch in der Vergangenheit nach ihrer Decke strecken; aber daß sie mit dem Kaufantrag ihren Kraftstoffverbrauch programmierten – im Durchschnitt für drei Jahre und entsprechende Strecken – lasen sie allenfalls zwischen den Zeilen, die die fälligen Monats- oder Kilometerkosten aufschlüsseln. (Ob und wann ein kleines Zweitfahrzeug, abgesehen von rein praktischen Vorzügen, rentabel wird, entscheiden von Fall zu Fall verwickelte Kalkulationen!)

Daß die Kondition des Fahrzeugs, von den Zündkerzen bis zu den Reifen, gesichert durch angemessene Behandlung und Wartung, den Verbrauch spürbar beeinflußt, bedarf keiner Betonung, ebensowenig der Hinweis auf latente »Energiediebe« in Gestalt von unnötig transportierten Gewichten aller Art oder von vergrößerten Luftwiderständen durch offene Fenster oder Schiebedächer, Dachaufbauten und Zubehör... bis zu Stabantennen.

Umfangreiche Untersuchungen von ARAL zeigten 1979 den Mehrverbrauch verschiedener Wagen mit Skihaltern (ohne Ski!) und diversem Dachgepäck: er beträgt schon bei 100 km/h 10 bis

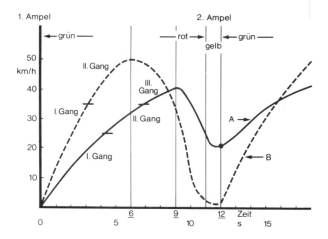

XVIII.5 Die Kurven A und B markieren zwei verschiedene Fahrstile: B beschleunigt scharf im ersten und zweiten Gang und muß vor der zweiten Ampel kräftig bremsen. A schaltet (übrigens spät!) in den zweiten, dann dritten Gang, rollt auf die zweite Ampel zu, ohne vor der Grünphase anhalten zu müssen. Verbrauchsdaten bei einem kleinen Wagen 13,5 und 9,0 l/100 km. Im dichten Verkehrsfluß gebieten sich gewisse Einschränkungen.

21%, bei 120 und 140 km/h bis zu 28%. Sie projizierten mit realistischen Einzelheiten für den gesamten deutschen PKW-Bestand eine Einsparung von 13%, nämlich von 11,4 auf 9,9 l/100 km, wobei sich im Stadt- und Kurzstreckenbetrieb die Schaltdrehzahl als wichtigster Schlüssel bestätigte: Motoren sollen »ziehen«, nicht »drehen«!
Vergleichsfahrten lieferten auch handfeste Zahlen für lange Strecken. Da fuhren zwei versierte Rallyepiloten mit gleichen Wagen von Bonn 525 km zum Schluchsee, der eine zügig, aber sparsam, der andere schnellstmöglich. Der eine verbrauchte nur 7 l/100 km, der andere 12,5. Er sparte, trotz seiner Tankpause, 51 Minuten auf Kosten von 28 Litern Benzin, abgesehen von Reifen, Bremsen (und Streß).
Ähnlichen Aufschluß vermittelten Testfahrten von »Auto, Motor und Sport« über je 150 km Autobahn mit vier grundverschiedenen Wagen, zuerst schnellstmöglich, danach zügig gefahren. Zunächst zeigten sich beachtliche Unterschiede zwischen Verbrauchsdaten bei konstanten Geschwindigkeiten und dem Konsum, den gleichhohe Durchschnittstempi verursachen. Die weiteren Ergebnisse als Tabelle (unten) im Telegrammstil.
Diese vier repräsentativen Vertreter sparten also mit forcierter Autobahnfahrt 12% Zeit, verbrauchten aber 36% mehr. Überdies zeigt sich einmal mehr, daß voll ausgefahrene Selbstzünder ihre Ökonomie weitgehend einbüßen und daß Turbolader – bisher – sie nicht gerade fördern.
Viele Automobilhersteller (aber erst wenige Motorradmarken), Benzinfirmen, große Zubehörlieferanten und Clubs haben ihre Kunden und Mitglieder mit

	zügig km/h ∅	schnell km/h ∅	Verbrauch l/100 km	Fahrzeit %	Mehrverbrauch %
Opel 1,3 S	120	140	10,6/12,8	−14	+21
Volvo 244 D6	125	140	9,9/14,1	−11	+42
Saab 900 Turbo	145	165	14,9/19,9	−12	+33
Porsche 928	165	185	17,6/26,1	−11	+48

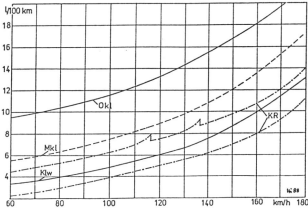

XVIII.6 Kraftstoffverbrauchskurven, über »echten« km/h gemessen (nicht Tacho-Tempi), prägen die genauesten Vergleichswerte (s. B. X.1). Dutzende übereinander bilden Felder zwischen »Hüllkurven« wie hier. Sie basieren für PKW auf Meßwerten der Schweizer »Automobil Revue« von 1986/87, für Motorräder – KR strichpunktiert – auf solchen des Verfassers von 1982–1987: hier leider ohne merklichen Fortschritt gegenüber früheren Epochen, von wenigen Ausnahmen abgesehen, da der Verbrauch von (vorwiegenden) »Freizeitgeräten« kaum Interesse findet.

Die untere Hüllkurve Klw (Kleinwagen) stammt anteilig von Daihatsu-Cuore (0,8 l-Dreizylinder), Citroen AX 14 und oberhalb 160 km/h von einem VW-Scirocco-»Einspritzer«. Knapp darüber rangieren die getesteten Renault-5, Opel-Corsa, VW-Polo u.a.m. – Ein breites, zahlenmäßig dominierendes Mittelklassefeld (Mkl) liegt unter der gestrichelten Kurve, während »Okl« Oberklasse-Kandidaten wie Mercedes-Benz 560 SEL, Maserati-Biturbo und Porsche 928-S4 einschließt, fast ausnahmslos in der Schweiz mit Lambda-geregeltem Katalysator. Einige geländegängige »Allrad«-Vertreter (z. B. Nissan 2,4 l, Mazda 16-Ventil-Turbo) überschreiten bei hohen Geschwindigkeiten die Hüllkurve markant. Andererseits laufen einige »Automatik«-Fahrzeuge im Bereich zwischen 100 und 150 km/h sparsamer als Seriengeschwister mit Schaltgetrieben.

Zur Ergänzung einige Meßwerte bei 200 km/h: Mercedes-Benz 300 CE mit 17,4 l/100 km, Opel-GSi-Cabrio 18,5, Renault-Alpine-V-6-Turbo 19,4, Citroen 2,5 l-Turbo 20,8, Porsche 928-S4 23,6, Nissan 300 ZX-Turbo 25,4. – Die Verbrauchswerte bei vollem Beschleunigen über den »stehenden Kilometer« betragen durchweg das Doppelte und mehr als bei Höchstgeschwindigkeit! (Dabei machen Motorräder infolge schlechtem »c_w«, aber gutem Leistungsgewicht mit 140 bis 180 % eine Ausnahme.)

Keine Kurven lieferte die »AR« u. a. für BMW 750 iL-»Automatik« (Testverbrauch 11,1 bis 17,8 l/100 km), für Bentley 6,75 l-Turbo-R (17 bis 27) oder Rolls Royce 6,75 l (22 bis 28,8). Wenn man sich ein Fahrzeug »an einem Kraftstoffaden gezogen« vorstellt, so wäre dieser beim Verbrauch von 5 l/100 km genau 0,25 mm stark, beim doppelten Verbrauch 0,36 und beim vierfachen 0,5 mm stark, die zugehörigen »Luftsäulen« 23, 33 und 47 mm.

Spartips reichlich versorgt. Daher soll dieses Kapitel mit nur drei Stichworten schließen: dem (meistens leichten) Verzicht auf Kurz- und Ministrecken, mit der Bildung von lukrativen Fahrgemeinschaften und einem Blick auf das eigene Bordnetz. Da Lichtmaschinen, sogar Drehstromgeneratoren, mit einem relativ schlechten Wirkungsgrad arbeiten, verursacht schon das normale Fahrlicht (mit 150 bis 200 Watt) einen Mehrverbrauch bis zu einem Viertelliter auf 100 km, umsomehr geheizte Heckscheiben und ähnliche »Großverbraucher«.

XVIII.7 Der Kraftstoffverbrauch in verschiedenen Gängen (eines normalen Vierganggetriebes) stempelt unnötig-hohe Drehzahlen zu bösen Kraftstoffräubern, denen ein routinierter Fahrer leicht entgeht. Übrigens läßt sich innerorts in vielen modernen Fahrzeugen vom zweiten Gang gleich der vierte einrücken, um ökonomisch zu rollen. Der Verbrauch bei 60 km/h beträgt, als Beispiel, im 4. Gang dieses immerhin 170 km/h schnellen Wagens ca. 7,2/100 km, im dritten schon über 9 und im 2. Gang fast 15.

Wie die vorige Grafik bestätigt, ist auch dieses Beispiel veraltet (um 10 bis 20 % der Verbrauchswerte), doch gelten die Verhältnisse generell, ebenso wie die Ergebnisse eines süddeutschen Werks bei Vergleichsfahrten mit einem sparsamen Kleinwagen. Er verbrauchte auf einer 9 km-Großstadtrundstrecke, dem Verkehrsfluß angepaßt:
im Sommer, Motor warm, trockene Straße 5,7 l/100 km,
im Sommer, Motor kalt, trockene Straße 6,3,
im Winter, Motor warm, glattgefahrener Schnee 6,9,
im Winter, Motor warm, 3 cm Neuschnee 8,4,
im Winter, Motor kalt, trockene Straße 8,8,
im Winter, Motor kalt, 3 cm Neuschnee 10,3.

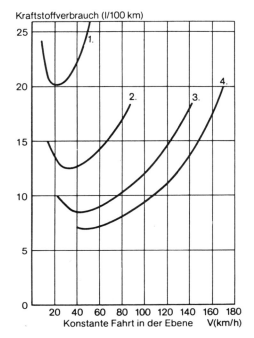

FORSCHUNGSWAGEN PRÄSENTIERT – »HIGH-TECH«-ANTRIEBE IN SERIEN

Forschungsprojekte, von denen vier deutsche in verschiedenen Klassen unter der Überschrift »Auto-2000« erschienen (S. 253, f.), gelangten während der 80er Jahre vielerorts und in extremen Formen ins Licht der Öffentlichkeit – mit angemessener »Phasenverschiebung« zu den »Ölkrisen« von 1973 und 1979. Da gab es zum Beispiel Rekordfahrzeuge wie den Mercedes-Benz »C 111« (s. S. 363), der 1978 mit einem 170 kW- (230 PS-)starken 3-l-Fünfzylinder-Turbodiesel die süditalienische Nardo-Bahn 12 Stunden lang mit über 314 km/h umkreiste und 16 l/100 km verbrauchte. Zwei Jahre danach startete dort der ultraschlanke »ARVW« (Aerodynamic Research-VW) mit einem frisierten 2,4-l-Sechszylinder-Turbodiesel (ex Transporter) und erzielte mit 130 kW (175 PS) über 500 km Distanz 345 km/h und binnen einer Stunde 354 km/h bei nur 13,6 l/100 km Verbrauch. Für runde 280 km/h würden schon 8 l/100 km reichen! Am Rand erwähnt, folgten die neuen Forschungsprojekte einer weltweiten Welle von »Sicherheitsfahrzeugen«, die letzten Endes und anteilig auf mehrere Impulse zurückgingen: auf Unfälle im Motorsport wie auf den Kreuzzug des amerikanischen Anwalts Ralph Nader, der zunächst Chevrolets »Corvair«

XVIII.8 Nachdem ein Prototyp ein Jahrzehnt zuvor »am aktuellen Gebot der Sparsamkeit scheiterte«, erschien 1987 der extravagante BMW 5-l-Zwölfzylinder: 84 × 75 mm, Verdichtung 8,8 für bleifreies Normalbenzin, 220 kW (300 PS) bei 5200/min, 450 Nm bei 5100/min, DIN-Verbrauch 8,8 l/100 km bei 90 km/h, 10,8 bei 120 und 19,8 für Stadtzyklus. – Konstrukteur Adolf Fischer schuf nicht nur optisch perfekte Symmetrie: zwei gleiche Zylinderköpfe mit je einer kettengetriebenen Nockenwelle und hydraulischem Ventilspielausgleich, zwei Motronic-geregelte Zünd- und Einspritzanlagen, zwei Katalysatorbestückte Auspuffstränge, einbaufertig 240 kg. Das sind 30 kg mehr als der Leichtmetall-V 8 von 1954 (der seinerseits nur 28 kg mehr wog als der brave 2,1-l-Sechszylinder). Rund 2500 Bauteile perfekt aufeinander abgestimmt.

Die Historie der Zwölfzylinder begann (nach einigen Einzelstücken und vor wenigen Lancia 7,8-l-ohc 1919) 1915 bei Packard mit 7 l-sv. Als markante Stationen folgten Lincoln (1928–1946), Maybach (1929), Tatra (1930), Horch (vgl. XV.12) und Hispano-Suiza (1931) . . . bis zur Gegenwart: Ferrari (ab 1947), Lamborghini (ab 1963) und Jaguar (ab 1971). Daneben entstanden 12-Zylinder-Rennmotoren bei Delage (1925), Daimler-Benz (1937/38), Auto Union (1938), Maserati (1956 und 1966), Honda (1964 und 1967) und Porsche V-180° (1969 bis 1973).

(1959–1964) als »unsafe at any speed« (bei jedem Tempo unsicher) brandmarkte, dann diesen Vorwurf übertrieb und verallgemeinerte. Immerhin vermittelten zahlreiche Studien dem Karosseriebau inzwischen viele Komponenten für aktive und passive Sicherheit . . .

Seither entstanden »Sparkönige«, zumal in den kleinen Klassen, überall und im Dutzend: bei Ford mit etlichen »Probes« und bei General Motors u. a. als 485 kg schwerer »TPC« (two passenger commuter, Zweiplätzer-»Pendler«). Sein 0,8-l-Dreizylinder soll nur 54 kg wiegen und sich mit 2,5 bis 3,5 l/100 km begnügen. (Übrigens bewertet man in England und den USA, wie schon S. 151 erwähnt, als Maßstab »Meilen pro Gallone«, sinngemäß km/l und erhält für bessere Werte höhere Zahlen!)

Ein weiterer Dreizylinder (nach dem »VW 2000-Diesel«) kam aus England von Leyland mit 1,1 l und 12 Ventilen, 84 kg schwer und 53 kW (72 PS) stark. Die potenten japanischen Firmen entsandten zu großen Ausstellungen eine ganze Reihe von Forschungswagen und FIAT züchtete einen »VSS« (Vettura Sperimentale a Sottosistemi, für Baugruppen-Experimente) auf Leichtbau, während Saab und Volvo programmgerechte größere Wagen konzipierten. Opel präsentierte den »Junior« (mit Corsa-Motor), VW (außer größeren »IRVW«, Integrated Research-VW, und dem späteren temperamentvollen »Scooter«-Dreirad) den kleinen »Student« (mit Polo-Motor), alle natürlich mit dem unerläßlichen Frontantrieb und Quermotor, den Alec Issigonis 1959 (nach dem DKW in B. XV.10) zum zweitenmal erfunden hatte. Peugeot und Citroen leisteten ihre eigenen Beiträge, doch Renault schoß mit einem »Vesta 2« (Véhicule Econome de Systèmes et Technologies Avancés, Ökonomiewagen mit fortschrittlichen Systemen und Techniken) den Vogel ab: er absolvierte im Juni 1987 die 501 km-Strecke Paris–Bordeaux mit 100,4 km/h-Schnitt, einem Sportjournalisten und einer Notarin an Bord, und verbrauchte 1,94 l/100 km Superbenzin, ebenfalls mit einem Dreizylinder, der mit 716 cm^3 Hubraum 20 kW (27 PS) bei 4250/min leistet.

Doch anders als in den 70er Jahren konnten und sollten die Sparkünstler eine neue Blüte von leistungsfähigen und luxuriösen Antrieben nicht einschränken. Sie betreffen nicht allein die Motoren selbst – »sauber« dank Katalysatoren und stärker dank Vierventilköpfen, größeren Hubräumen oder mehr Zylindern – sondern die gesamten Antriebsstränge: mit Vierradantrieben, Doppelkupplungsgetrieben, irgendwann auch stufenlosen Getrieben, bei hohen Leistungen mit ASC (automatischer Stabilitätskontrolle gegen durchdrehende Räder) und MSR (Motorschleppmomentregelung bei abruptem Gaswegnehmen). (Hingegen zählen ABV, automatische Blockierverhinderer beim Bremsen, Vierradlenkungen ebensowenig zum Antriebskomplex wie Reifenprobleme, »aktive« Federungen und Dämpfungen, genau genommen sogar Leichtbau . . .)

Das zitierte Wachstum der Mercedes-Benz-Motoren (in XVIII.3) oder aufgestockte Hubräume der »Europa«-V-Sechszylinder bei Peugeot, Renault und Volvo sind in diesem Zusammenhang nur schwache Indizien. Als handfeste Beispiele dienen dagegen (in alphabetischer Folge) ein neuer Audi-V-Achtzylinder, den im 90°-Winkel zwei Reihen der beliebten 1,8-l-Vierventiler bilden. BMW entwickelte binnen vier Jahren den dargestellten 5-l-Zwölfzylinder, nachdem ein ähnlicher Prototyp aus den 70er Jahren zu sperrig und zu schwer ausfiel, auch zum damaligen Fahrgestell und Aufbau nicht paßte.

Lancia hatte es leicht, übernahm für den größten »Thema« kurzerhand einen vorhandenen Dreiliter-»8.32« (Zylinder, Ventile) von der berühmten Konzernschwester Ferrari. Porsche spendete dem 5-l-V-8 im »928« für 235 kW (320 PS) bei 6000/min dieselbe Ventilzahl.

Da die jetzt auch im VW-»Passat« quergestellten Motoren die seitherigen Fünfzylinder ausschließen (zumal mit dem neuen Fünfganggetriebe), vier Zylinder aber für die Spitzenmodelle kein ausreichendes Potential darstellen, »erfanden« die Wolfsburger Konstrukteure den »V6R«: einen V-Motor mit so geringem (15°-)Gabelwinkel, daß die sechs Zylinder wie bei einem Reihenmotor in einem gemeinsamen Block Unterschlupf finden – als eine Bauart, die bei Lancia Historie schrieb, aber schon vorher bei Schweizer Martini-Vierzylindern praktiziert wurde. Als Basis dient, wie bei Audi, der bewährte Vierzylinder mit acht oder 16 Ventilen für Hubräume von 2,4 bis 2,7 l – als Alternative zu den mit »G-Ladern« beflügelten Vierzylindern (vgl. XI.16).

*Beginne mit den einfachsten Dingen –
damit du stufenweise bis zu den
schwierigsten vordringen kannst!*
*Descartes, im Winterlager
des 1618 begonnenen 30jährigen Krieges*

Riesenschub von Jets und Raketen für die Luft- und Weltraumfahrt

Die vehement vordringenden Strahltriebwerke waren der Anlaß, an (mindestens) zwei Stellen die erfolgreiche Entwicklung von Drehschieber-Flugmotoren abzubrechen. Ein Hochleistungsdieselzweitakter, der mit 32 aufgeladenen H-förmig angeordneten Zylindern 6000 PS entfalten sollte, von Schnürle im KHD-Zweigwerk Oberursel entwickelt, teilte dieses Schicksal. Und mehr als das – fegten die »Jets« den klassischen Kolbenflugmotor, je stärker, umso rascher, von der Bildfläche. Seine Leistungen hatten sich, seit den Wright-Brüdern mit 12 PS der erste Flug glückte (S. 220), binnen zehn Jahren verzehnfacht und dann im Weltkriegswettlauf nochmal verdreifacht.

Danach führte eine relativ ruhige Epoche bis zu 1000 PS (735 kW), als Ende der dreißiger Jahre eine neue internationale Konjunktur einsetzte, die im zweiten Weltkrieg doppelte und dreifache Leistungen mobilisierte. Abgesehen von verschiedenen Projekten und Prototypen in Deutschland und England bildete der amerikanische Pratt & Whitney »Wasp Major« den Gipfel, mit 3500 PS (2600 kW) bei 2700/min in 28 luftgekühlten aufgeladenen Zylindern, die in vier »Sternen«, leicht versetzt, hintereinander standen. Jeder einzelne besaß gut 2,5 l Hubraum (mit den üblichen und LKW-Diesel-ähnlichen Dimensionen von 146 x 152,4 mm für Bohrung und Hub). Während jedoch in der Luftfahrt niemand den Hubraum registrert, bedeuteten die Abmessungen mit 1,35 m Durchmesser und 2,5 m Länge sowie das Gewicht von 1550 kg um so mehr.

Als aber die »Wasp Major« ihre Luftwege orgelten, zuerst an schweren Bombern, danach auch an Verkehrsflugzeugen, waren die großen Kolbenflugmotoren zum langsamen Aussterben verurteilt. Denn an einem August-Morgen 1939, fünf Tage vor dem deutschen Einmarsch in Polen, gelang dem Heinkel-Testpilot Erich Warsitz der erste Start der He 178 vom Werksflugplatz Rostock-Marienehe, mit einem infernalischen Geheul, aber ohne Propeller. Obwohl Ernst Heinkel eigne Motoren nicht zu bauen beabsichtigte, hatte er drei Jahre vorher den jungen Physiker Pabst von Ohain von Göttingen nach Rostock kommen lassen, damit er das von ihm erfundene und gerade patentierte Strahltriebwerk verwirklichen könnte. Man erprobte die ersten, nach vielen Fehlschlägen funktionierenden Jets auf Prüfständen und, zusätzlich zum Kolbenmotor unter dem Flugzeugrumpf angebracht, in der Luft, bis Projektchef Siegfried Günter eine passende eigne »Zelle« fertigstellte, eben die He 178. Sie war mit ihrer aerodynamisch hochkarätigen, dazu glatten ästhetischen Form ein Meisterstück, wie die He 70, 100, 111 und viele andere...

Nicht viel später als in Rostock begann die Entwicklung ähnlicher und stärkerer (zudem vom Reichsluftfahrtministerium sanktionierter) »Rückstoßaggregate« im etablierten Motorenbau von Junkers und BMW. Sogar mit den zugehörigen Flugzeugtypen geriet der eigenwillige Schwabe Ernst Heinkel gegenüber Messerschmitt ins Hintertreffen — er sollte noch größere Flugzeuge als Junkers und Dornier produzieren, die bayrischen Flugzeugwerke hingegen, wie zuletzt auch Focke-Wulf, schnelle Jäger. Doch standen den beachtlichen technischen Leistungen drastische Fehlplanungen der höchsten Instanzen entgegen; der »Führer« selbst verlangte (aggressive) »Blitzbomber« statt (defensiver) Tag- und Nachtjäger. So verzögerte sich die Serienfabrikation der Strahltriebwerke Jumo 004 und BMW 003 immer länger, vor allem aber der Bau der zweistrahligen Me 262. Sie wurde auf Anhieb zu einem Begriff für Freund und Feind, doch für eine Wende im verlorenen Luftkrieg viel zu spät.

Mit dem Strahlantrieb ging es den Kriegsgegnern allerdings nicht besser. Da hatte schon 1930 ein junger englischer Air-Force-Leutnant namens Frank Whittle — später Sir Whittle — ein ähnliches Patent wie Pabst von Ohain angemeldet, aber die Industrie griff es erst 1936 und mit wenig Elan auf. Eine Gloster E 28/29 mit der Whittle W-1-Strahlturbine absolvierte im Mai 1941 den Jungfernflug, die amerikanische Bell P 59-A, gleich mit zwei General Electric-Jets J-16 bestückt, folgte am 1. Oktober 1942. Warum in Italien Caproni-Experimente von 1940 technisch im Sand verliefen, wird noch erläutert. Daß der unbestreitbare deutsche Vorsprung nach dem Krieg sofort auf England überging und nicht mehr einzuholen war, als deutsche Firmen wieder Flugtriebwerke bauen konnten, lag nicht an den beteiligten Ingenieuren.

Die gleichzeitige Entwicklung des Strahlantriebs in den führenden Industrieländern — als Beispiel für viele Neuerungen — war weder ein Zufall noch das Ergebnis einer gezielten Industriespionage, abgesehen vom legitimen Studium jeglicher Patente. Vielmehr lag ein neuer Flugzeugantrieb buchstäblich in der Luft, weil die Geschwindigkeiten mehr und mehr auf die Schallgeschwindigkeit zustrebten (in Bodennähe ca. 330 m/sec, mit wachsender Höhe und abnehmender Luftdichte geringer). Außerdem strömt die Luft an den Blattspitzen rotierender Propeller bedeutend schneller, als das Flugzeug fliegt, und bei der Schallgeschwindigkeit, kurz als »Mach 1« beziffert nach dem aus Mähren stammenden Physikprofessor Ernst Mach, gerät die gesamte Strömung durcheinander, der Propellerwirkungsgrad und Vortriebseffekt fällt steil ab. Die Strahlantriebe hingegen arbeiten mit wachsenden Geschwindigkeiten immer besser und ökonomischer. Die noch folgende Definition der Vortriebsleistungen beweist es.

Ein wesentlicher Bestandteil der Jets sind Gasturbinen. Man kann diese, wie fast alle Dinge, von verschiedenen Seiten betrachten — etwa als eine logische Kombination von Dampfturbinen und Verbrennungsmotoren. Gasturbinen sind nämlich reine Strömungsmaschinen, wie auch Wasser- und Dampfturbinen, aber gleichzeitig Wärmekraftmaschinen mit »innerer Verbrennung« (s. S. 10). Folglich unterscheidet dasselbe Merkmal die Gas- von den Dampfturbinen wie die Verbrennungsmotoren von Dampfmaschinen. Dampf bezieht eben seine Wärmeenergie mit »äußerer Verbrennung«.

ZUM VERGLEICH — TURBINEN ALLGEMEIN (UND DER VERKANNTE DREHSTROM)

Den kürzesten Weg zu Gasturbinen weisen (sprachlich) Wankelmotoren; amputiert man nämlich von »Rotationskolbenmotoren« die Wortmitte, bleiben »Rotationsmotoren«, als Untergruppe von Strömungsmaschinen, übrig. Es gibt, wie in entsprechenden Arbeitsmaschinen, in Schleudergebläsen, -pumpen oder simplen Ventilatoren, abgesehen von feststehenden Leiträdern oder Düsen nur rotierende Teile — dazu bei Gasturbinen eine kontinuierliche (ununterbrochene) Verbrennung statt intermittierenden (taktförmigen oder pulsierenden) Vorgängen. Alle Turbinen verwandeln die Energie strömender Flüssigkeiten oder Gase in mechanische Arbeit, wie in der ältesten und einfachsten Form Windmühlen und Wasserräder.

Der Weg von den frühesten Wasserrädern bis zu den heutigen Turbinen mit 75 000, gelegentlich 150 000 kW, und zu vergleichbaren Pumpen und Schiffsschrauben brachte die entscheidenden Fortschritte erst in den letzten 200 Jahren. Sicher sahen die Wasserräder für mittelalterliche Mühlen, Hammerwerke und Schleifereien anders aus als altägyptische Wasser- oder Schöpfräder. Auch befaßte sich der universelle Künstler, Naturforscher und Ingenieur Leonardo da Vinci mit den Strömungsgesetzen der Luft und des Wassers — in den Jahren, als Albrecht Dürer auf Wanderschaft war und der junge Martin Luther noch nicht an eine Reformation dachte. Aber den Grundstein zur Turbinenentwicklung legten erst 250 Jahre danach der Göttinger Professor Johann Andreas von Segner und der gleichaltrige Leonhard Euler, der in Basel geboren und mit 20 Jahren schon Mathematikprofessor in Petersburg wurde. Mit 35 folgte er dem Ruf Friedrichs des Großen an die Berliner Akademie der Wissenschaften. Dort verfaßte er hervorragende mathematische, physikalische und astronomische Arbeiten, darunter auf Segners Anregung auch »die vollständige Theorie der Maschinen, die durch Wasser bewegt werden.« Das Wort Turbine allerdings verwendete erstmalig der Franzose Burdin für sein senkrecht aufgehängtes, schnellaufendes Wasserrad (aus dem lateinischen turbo, der Wirbel), 50 Jahre nach Eulers Tod.

Obwohl Segner als der Vater des Turbinenbaus gilt — er war Arzt und Physiker, wie hundert Jahre später

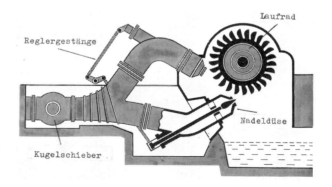

XIX.1 Die Pelton- oder Freistrahlturbine, hier mit zwei Düsen.
Sie verarbeitet relativ geringe Wassermengen, aber mit hohen bis höchsten Drücken.

Robert Mayer (S. 46), tauchen die modernen Turbinenbauarten erst zu dessen Zeit auf, verbunden mit dem Namen von James B. Francis, einem amerikanischen Ingenieur englischer Herkunft. Seine Turbinen mit einem Leit- und Laufrad ähneln in ihrer Form und Wirkung einem »umgekehrten« Schleudergebläse. Nur strömt das Wasser von außen, in einem schnecken- oder spiralförmigen Gehäuse durch die feststehenden Leitschaufeln auf das angetriebene Laufrad... und verläßt die Turbinenmitte in Achsrichtung.

Francis' Hauptpatent fiel im Jahr 1849 genau in die Anfangszeit der Elektroindustrie und bildete die Basis für die gemeinsame Entfaltung; denn Wasserkräfte dienen seither auf der ganzen Welt der Stromerzeugung (heute zu 99%), wenngleich diese »saubere« Energie leider nur ein Zwanzigstel des Gesamtbedarfs deckt, ohne Aussicht auf eine steigende Tendenz. So schlug die große Stunde für den Wasserturbinenbau, als der Münchener Energiepionier Oskar von Miller 1891 Hochspannungsstrom vom Neckarkraftwerk Lauffen nach Frankfurt leitete und damit die Wasserkraftenergie »transportabel« machte. Das »von« hatte ausnahmsweise schon sein Vater Ferdinand verdient, nachdem er Ludwig Schwanthalers 20 Meter hohe »Bavaria« (in sechsjähriger Arbeit seit 1844), und nach der Reichsgründung die »Germania« im Niederwalddenkmal bei Rüdesheim goß. Sohn Oskar wurde am bekanntesten durch das »Deutsche Museum«, das er 1903 anregte und 1925 vollendete — gleichzeitig mit seinem Walchenseekraftwerk, das damals 160 Millionen Kilowattstunden pro Jahr produzierte und inzwischen, mit dem Isarwasser von Krün verstärkt und dem Obernachkraftwerk kombiniert, über das Doppelte.

Zweimal, und zwar nach je drei Jahrzehnten, traten neben die Francis-Turbinen neue Bauarten: zuerst die Freistrahlturbinen des amerikanischen Ingenieurs L. A. Pelton, danach die von Viktor Kaplan in Brünn erfundene Bauart. Die bis zu 6 Meter großen Pelton-Räder entsprechen mit dicht hintereinander sitzenden becherförmigen Schaufeln dem alten (unterschlächtigen) Mühlrad.

Aus einer regelbaren Düse schießt ein Wasserstrahl in die minuziös profilierten Becher oder Doppelbecher; zuweilen sind auch mehrere Düsen am Umfang angebracht. Kaplan-Laufräder hingegen sehen aus wie (riesige) Schiffsschrauben, deren Flügel man auf unterschiedliche Belastung und Leistung einstellen kann — ähnlich modernen Flugzeugpropellern, neuerdings auch Schiffsschrauben. In Kaplanturbinen werden, wie bei Francis, gleichzeitig die Leitradschaufeln verdreht.

Die ältesten Turbinen stehen mit den jüngeren Bauarten manchmal in Konkurrenz — Pelton- und Kaplanturbinen untereinander jedoch nie. Denn die Freistrahlturbinen arbeiten grundsätzlich mit hohen und höchsten Gefällen, von etlichen hundert bis zu 1800 Metern aus Mittel- und Hochgebirgsstaubecken. (Dabei bedeuten bekanntlich je 10 m Wasserhöhe 1 bar mehr). Im Gegensatz dazu verwerten Kaplanturbinen nur geringe Fallhöhen, aber sehr große Wassermengen, namentlich bei Staustufen von Flüssen oder in Gezeitenkraftwerken, wo jede Flut große Wasserbecken füllt, deren Inhalt bei Ebbe zurückfließt. In beiden Richtungen strömt das Wasser durch Tunnel, in denen Rohrturbinen stecken — eine Sonderbauart von Kaplanturbinen, ohne spiralförmiges Einströmgehäuse.

Weil in Wasserturbinen keine Wärmeverluste entstehen, ergeben sich hohe Wirkungsgrade, von denen Motorentechniker nur träumen können. Allein die Kessel- und Schornsteinverluste bei jeder Dampferzeugung übertreffen noch die Wärmeverluste der Motoren. Der gute Wirkungsgrad von Wasserturbinen prädestiniert sie für den Energietransport in »Spitzenstromkraftwerken«, die fast überall aktuell werden. Sie füllen nachts hochliegende Staubecken als Energiespeicher, um über Tag die lästigen Strombedarfsspitzen abzudecken. Obwohl Wasserturbinen, mit Ausnahme der Pelton-Räder, prinzipiell »umkehrbar« sind und auch als Pumpen wirken könnten, ist die Kombination »Pumpenturbine« nicht immer möglich bzw. nicht die beste Lösung; dann beschränkt man die »doppelte« Verwendung auf die mächtigen Generatoren und E-Motoren. Mit Turbinen und Kreiselpumpen zusammen gekuppelt, liefern sie einmal große Strommengen und treiben, umgeschaltet, sobald die Netzbelastung es erlaubt, die Pumpen an.

Doch die Wasserkräfte reichten früher so wenig wie heute. Schon die ersten Errungenschaften der Elektrotechnik machten den Energiebedarf deutlich. Für eine große Dynamomaschine, die Werner Siemens 1867 auf der Pariser Weltausstellung vorführen wollte, gab es keine geeignete Antriebskraft. Dann setzte eine ungeheure Industrialisierung neue Maßstäbe. Viele Fabriken fraßen förmlich Strom, die neue Beleuchtung ermöglichte ausgedehnte Arbeitsverfahren (und Nachtschichten), kleine Motoren dienten Gewerbebetrieben und sogar Haushalten. New York erhielt 1882 das erste Elektrizitätswerk, von Edison gebaut, und das elsässische Mülhausen das erste in Europa.

Zu einem wichtigen Schritt wurde das Drehstromprinzip, das mindestens fünf Erfinder, unabhängig voneinander, entwickelten: der Italiener Ferraris, der Engländer Bradley, der Kroate Tesla in Amerika, der Offenburger F. A. Haselwander, dessen Dieselverfahren die Gasmotorenfabrik Deutz später zugunsten der Brons-Patente (S. 188) fallen ließ, und der aus Petersburg stammende M. Dolivo-Dobrowolsky, der als AEG-Cheftechniker 1889 Edison einlud, sich den von ihm entwickelten Drehstrommotor anzusehen. Und hier irrte der große Amerikaner ganz erstaunlich — mit der Antwort »Wechselstrom sei ein Unding, ohne Zukunft, und er wolle davon nichts sehen und hören«!

Gewiß gab es die alten, bewährten Dampfmaschinen, aber sie litten an hohem Brennstoffverbrauch, schlechtem Wirkungsgrad, während die ihnen sehr ähnlichen Großgasmaschinen das Arbeitsmedium von Zechen und Hüttenbetrieben bezogen, also lokal beschränkt. Den uralten Gedanken, ein Laufrad oder, wie es jetzt hieß, eine Turbine mit Dampf statt mit Wasser anzutreiben, verwirklichte der Stockholmer Ingenieur Gustav de Laval zur gleichen Zeit, als man Peltons neue Wasserturbinen produzierte und Benz seine Zweitaktgasmotoren gut verkaufte, als Daimler und Maybach im Cannstätter Gartenhaus die ersten Otto-Schnelläufer bastelten und der Amerikaner Maxim das Maschinengewehr erfand — ein seltener Fall, er übersiedelte später nach England und gründete eine der Vickers-Gruppen. Lavals erste Dampfturbine leistete 4000 Watt, etwa 5$^1/_2$ PS, bei immerhin 18 000/min.

Die größten modernen Dampfturbinen (an wasserstoffgekühlten Drehstromgeneratoren) liefern 120 000 Kilowatt mit 3000 oder 3600 U/min und bis 180 000 KW — eine runde Viertelmillion PS — mit nur 1800 U/min. Schiffsturbinen entfalten zwischen 4000 und 60 000 Wellen-PS mit Drehzahlen zwischen 7000 und 4000 U/min, mit Dampfdrücken von 60 bis 100 bar und Dampftemperaturen um 500° C. Das ist weitgehend der Leistungsbereich von mittleren bis größten Dieselmaschinen, als Basis für den scharfen Wettbewerb (vgl. B. IX.3).

Die »seit Laval« stark herabgesetzten Turbinendrehzahlen beruhen auf weiterentwickelten Verfahren der Energieumsetzung. Düsen (oder Leitschaufeln) verwandeln den im Kessel erzeugten Dampfdruck in Strahlen, die mit hoher Geschwindigkeit und Wucht auf die Laufradschaufeln prallen. Deren Profil lenkt jeden Strahl um und erhält dabei den stärksten Impuls, wenn die Schaufelgeschwindigkeit etwa halb so groß ist wie die Düsenaustrittsgeschwindigkeit. Daher würden Lavalräder mit ihrer einfachen, einmaligen Druckentspannung für hohe Leistungen Drehzahlen erreichen, die jedes Material überforderten und die Turbinen buchstäblich explodieren ließen. Man muß also den hohen Dampfdruck und die gewaltige Geschwindigkeit anders ausnützen, die Entspannung auf mehrere Stufen verteilen, etliche rotierende Laufräder und (feststehende) Leiträder dicht nebeneinander anordnen. Nun übernimmt jedes einzelne Laufrad von den tosenden Dampfstrahlen soviel Leistung, wie es ertragen kann, und gibt es an die starke gemeinsame Welle weiter.

Für die Aufteilung der Dampfenergie entstanden zahlreiche Möglichkeiten, auch Kombinationen — und entsprechende Turbinenbauarten. Schon ein Jahr nach Laval erfand der junge Charles Parsons in London — später Sir Parsons — das Überdruck- oder Reaktionsprinzip. Damit vermindern nicht nur die Düsen oder Leitschaufeln den Dampfdruck zugunsten der Geschwindigkeit, sondern auch die Laufschaufeln selbst durch geeignete Profile. Folglich herrscht auf der Dampfeintrittseite ein höherer Druck (Überdruck) als am Austritt der Laufschaufeln, was die Bezeichnung »Überdruckstufung« erklärt. Außerdem erteilt der Dampf den Laufschaufeln, nach dem direkten Aufprall, durch seine Umlenkung einen zusätzlichen Impuls — als Reaktion und Schub, wie es die Strahlturbinen und Raketenantriebe am deutlichsten demonstrieren.

Eine weitere, vom Amerikaner Charles G. Curtis erfundene Dampfturbinenbauart arbeitet ohne Überdruck und Reaktion an den Laufrädern — deshalb auch ohne starke Axialkräfte an den Wellenlagern — und dafür mit einer »Geschwindigkeitsstufung«. Sie verwertet die hohe Restgeschwindigkeit, mit der die Dampfstrahlen aus dem ersten Laufrad austreten, in weiteren Umleit- und Laufradpaaren. Das typische Profil aller Dampfturbinen, mit zunehmendem Durchmesser und wachsenden Dampfräumen von benachbarten Laufrädern, entspricht dem jeweiligen Druckabbau, dem gleichzeitig vermehrten Dampfvolumen.

Zu den verschiedenen Arbeitsverfahren, die man in modernen Turbinen oft gleichzeitig und nebeneinander antrifft, kommt die Aufteilung in Hochdruck- und Niederdruckaggregate, gelegentlich noch mit einer Mitteldruckturbine dazwischen. Sie besitzen, wie

Gasturbinen, eine gemeinsame Turbinenwelle oder getrennte mit unterschiedlichen Drehzahlen ... doch können wir weitere Turbinenvarianten unterschlagen, da es um das Rüstzeug ging, das dem Gasturbinenbau zur Verfügung stand.

Man macht sich stets übertriebene Vorstellungen von dem, was man nicht kennt.
Albert Camus, franz. Schriftsteller und Nobelpreisträger, 1913–1960

GASTURBINEN – NUR IN DER PRAXIS JUNG

Wasser- und Dampfturbinen verwerten hohe Drücke (oder viel Wasser) für die Energieumwandlung. Der hochgespannte Dampf entsteht in Kesselanlagen, in die er, zuletzt zu Wasser kondensiert (wie auch hinter Kolbendampfmaschinen), zurückfließt und einen geschlossenen Kreislauf bildet. Ebenso benötigen Gasturbinen ein Arbeitsmedium, das auf dem Umweg über ausreichenden Druck hohe Geschwindigkeit entfaltet. Indessen arbeiten die meisten Gasturbinen, wie unsere Kolbenmotoren, mit einem offenen Kreislauf; sie beziehen die Verbrennungsluft aus der Umgebung und entlassen die Auspuffgase ins Freie. Allerdings gibt es Gasturbinen mit einem geschlossenen Kreislauf nicht nur in der Theorie – sie verarbeiten Luft in einem Kreisprozeß, die hocherhitzt (mit entsprechend vermehrtem Volumen) Druck liefert, bei der Ausdehnung abkühlt und dann in einem Dampfkessel-ähnlichen Erhitzer wieder auf den Ausgangsdruck gebracht wird (vergleichbar einem Heißluftmotor, auf den wir noch zurückkommen).

Die enge Verwandtschaft von Dampf- und Gasturbinen wurde in der Turbinenkonjunktur zur Jahrhundertwende deutlich, als die Franzosen Armengaud und Lemale in der Pariser »Turbomotoren-AG« eine Laval-Turbine auf Gasbetrieb umbauten. Sie kuppelten mit der Turbine einen mehrstufigen Schleuderlader, der Luft auf 6 bar verdichetete; nun verbrannte – wie unverändert heute – ein petroleumartiger Kraftstoff, wobei die Temperatur und das Gasvolumen anstiegen – doch offenbar nicht hoch genug, weil das Aggregat zwar funktionierte, aber keine Nutzleistung übrig blieb.

Eine ähnliche Anlage erprobte zur gleichen Zeit in Berlin Friedrich Stolze, der die Konstruktion mit allen Einzelheiten schon drei Jahrzehnte

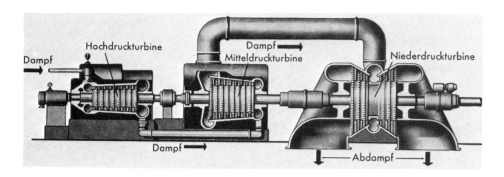

XIX.2 Dampfturbine mit drei Stufen, jede in einem eignen Gehäuse untergebracht.

vorher fertigstellte. Kein Wunder, daß alle noch früheren Patente und Experimente mit Gasturbinen erfolglos verliefen. Als erster Name erscheint in der Chronik der Engländer John Barber — Anno 1791, als London den 59jährigen Besucher Joseph Haydn begeistert feierte und Oxford ihm den Doktortitel verlieh, während W. A. Mozart, erst 35, zuhause die »Zauberflöte« komponierte und schon vor der Vollendung seines Requiems starb...

Der Württemberger Hans Holzwarth wollte ab 1905 den großen Leistungsverlust einsparen, den die Verdichtung der Verbrennungsluft verursacht; er setzte vor die Turbine mehrere Verbrennungskammern mit gesteuerten Ein- und Auslaßventilen, die ihre Ladung elektrisch gezündet schubweise auf die Laufschaufeln pufften. Nach einer 30jährigen Lebensarbeit lieferten die letzten Verpuffungsturbinen 2000 Kilowatt Nutzleistung — aber da befanden sich die ersten Gasturbinen mit kontinuierlicher Verbrennung schon in einem aussichtsreichen Stadium.

Damit sind hier nicht die Flugzeugstrahlantriebe gemeint, sondern große ortsfeste Gasturbinen, die unter der Ägide des gebürtigen Ungarn und Züricher Professors Aurel Stodola, des Dampf- und Gasturbinenpapstes schlechthin, entstanden. Gleich die erste Anlage, von Brown-Boveri dem Neuenburger Elektrizitätswerk geliefert, erzeugte ihre 4000 kW zuverlässig, über Jahre und Jahrzehnte. — Ein großer, mehrstufiger Schleuderverdichter saugt Luft an und drückt sie in Brennkammern, wo der eingespritzte Kraftstoff kontinuierlich und mit »Gleichdruck« verbrennt, wie in einer Ölheizung. Eine elektrische Zündung braucht er, wie dort, nur beim Anlauf der Anlage. Die heißen, stark ausgedehnten Gase strömen durch die Arbeitsturbine, die ebenfalls mehrere Laufräder besitzt. Sie treiben den Verdichter an und liefern gleichzeitig die Nutzleistung.

Der Rückblick auf Stolzes und Armengauds Mißerfolge von 1903 enthüllt die naturgesetzliche Achillesferse aller Gasturbinen in Gestalt der Verdichtungsarbeit, die damals die Turbinenleistung völlig aufzehrte — und heute noch 60 bis 70 % davon! Folglich liegt die indizierte, echt verkraftete Leistung der Gasturbine rund dreimal höher als die verfügbare Nutzleistung. Wenn freilich heiße, unter ausreichendem Druck stehende Gase »kostenlos« anfallen, etwa als Auspuffgase von Hubkolbenmotoren, so ergibt sich mit den Abgasturboladern eine ungemein positive Bilanz.

In der Tat geht die Ähnlichkeit der Gasturbinen und Abgasturbolader sehr weit. Man könnte aus einem Turbolader theoretisch eine Gasturbine basteln, wenn man die vom Schleudergebläse gelieferte Luft, statt in einen Diesel- oder Ottomotor, in eine Brennkammer leitete, dort (einmal, wie den kontinuierlich eingespritzten Brennstoff in der Ölheizung) zündete und die brennenden, sich stark ausdehnenden Gase gleich auf die Turbinenschaufeln lenkte.

VON JET-WIRKUNG UND SCHUBKRÄFTEN

Wie bei Kolbenmotoren gewinnt der Wirkungsgrad der Gasturbinen, d. h. die Leistungsausbeute und der sparsame Kraftstoffverbrauch, mit zunehmendem Verdichtungsverhältnis und **ansteigenden Gaseintrittstemperaturen**. Die vom fortschreitenden Stand

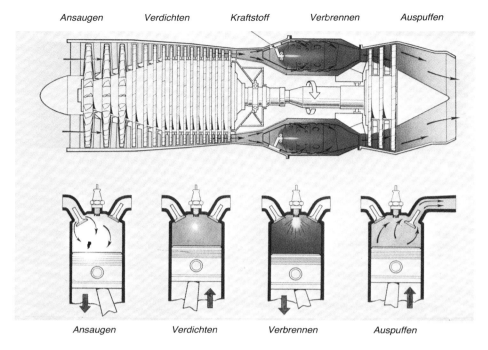

XIX.3 Die Gegenüberstellung von Kolbenmotor und Jet. Beide sind Wärmekraftmaschinen mit innerer Verbrennung und einem »Viertaktprozess« (vgl. B. I.1). Ein grundlegender Unterschied besteht in der ständigen, nur zum Anlaufen fremdgezündeten Verbrennung und der intermittierenden.

der Technik gezogenen Grenzen ergeben sich aus der »Warmfestigkeit« der rotglühenden Turbinenschaufeln und den konstruktiven Kunstgriffen, sie mit Luft zu kühlen, die innen durch Bohrungen strömt oder sie von unten-außen umspült. Bald traten an die Stelle von austenitischen Stählen, wie bei extrem belasteten Auslaßventilen, exotische Werkstoffe auf Nickelbasis, die zuerst Otto-Rennmotoren, zuweilen auch Vielstoff-Dieseln und schließlich der Raumfahrt zugute kamen. So kletterten die Temperaturen am Turbineneintritt von 800 auf runde 1300° C, aber Turbinenbauer und Metallurgen arbeiten emsig weiter.

Die immer noch sehr heißen, aus der Turbine austretenden Gase erzeugen zuletzt, im konischen Düsenaustritt erneut beschleunigt, einen vehementen Rückstoß. Dieser Vortrieb von Jets und Raketen verwertet das dritte Grundgesetz der »Mechanik«, das der große Naturwissenschaftler und Leibniz-Zeitgenosse Isaac Newton (nach dem vorangegangenen Trägheits- und Bewegungsprinzip) fand und 1687 in einem Buch formulierte. Es gab damals zwar schon herrliche Barockbauten in halb Europa und die Knäblein Johann Sebastian Bach und Georg Friedrich Händel in Sachsen, aber noch nicht die berühmten Orgeln von Arpp-Schnittger oder den Brüdern Silbermann — als Indizien einer hochentwickelten Mechanik und »Schwingungserzeugung«, lang vor James Watt und dem Anbruch des technischen Zeitalters...

Die Rückstoßwirkung begegnet uns alltäglich, auch wenn wir nicht gerade einen Rasensprenger in Betrieb setzen, eine Schußwaffe abfeuern oder einen weich aufgehängten Motor beschleunigen, der kräftig entgegen dem Kurbelwellendrehsinn schwenkt. — Es trifft aber nicht zu, daß die aus den Düsen strömenden Gase (oder die von einem Propeller nach hinten geschleuderte Luft) sich gegen die umgebende Atmosphäre »abstützen«! Damit wären Überschalltempi kaum erreichbar — und ein Vortrieb im (luftlosen) Weltraum gar nicht.

XIX.4 Das mit Dampf aus dem beheizten dichten Wasserkessel gespeiste Reaktionsrad demonstriert den reinen Rückstoßeffekt (— wie heute viele Rasensprenger). Es stammt vom griechischen Mathematiker Heron d. J. Er lebte in Alexandria, während Kaiser Vespasian in Rom die Toilettensteuer einführte — mit dem oft imitierten Argument »pecunia non olet« (Geld riecht nicht).

Heinkels »S 3« entfaltete den Schub von 500 Kilopond bei 11 000/min. Die Whittle »W 1« erreichte zwar über 16 000/min, aber nur 400 kp. Drei Jahre später lieferten die 750 kg schweren Jumo 004 B und die BMW 003 schon 900 kp Schub bei Wellendrehzahlen um 9000 je Minute. Dazu verdichteten die (bereits 8stufigen) Axialgebläse 20 kg Luft in jeder Sekunde — allerdings nur im Verhältnis 1 : 3,5. Das nur halb so schwere Heinkel-Triebwerk besaß, wie kleine Gasturbinen vielfach noch heute, ein radiales, den bewährten Flugmotorenladern entlehntes Schleudergebläse.

Wenn wir die zweite Flugturbinengeneration kurzerhand überspringen, so begegnet uns mit der Typenbezeichnung GE — J 79 eines der erfolgreichsten Luftfahrttriebwerke — der Jet 79 des amerikanischen Industriegiganten General Electric. Eine seiner zahlreichen Varianten mobilisiert die Lockheed F 104, den weltbekannten »Starfighter«, und zwar mit 5500 kp Schub bei rund 7500 1/min. Eine dreistufige Gasturbine treibt insgesamt 17 hintereinander angeordnete Verdichterlaufräder, die in jeder Sekunde 75 Kilogramm Luft auf 1 : 12 verdichten. Hinzukommt, für den Start oder kurze Kampfleistung, ein zusätzlicher Schub von 1750 kg durch die »Nachverbrennung«: da die Abgase stets genug Überschußluft enthalten, spritzt man hinter der Turbine erneut Kraftstoff ein und zündet die Nachverbrennung. Auf dem zivilen Sektor jedoch dient sie nur Flugzeugen, welche die Schallmauer überwinden sollen.

Mindestens ebenso bedeutsam wie die Leistung an sich sind das Gewicht und der Durchmesser der J-79 GE 7, mit 1500 Kilo und nur 94 cm. Das Verhältnis von 0,2 Kilo (Triebwerk-) Gewicht für jedes kp Schub gilt zwar schon als aussichtsreiche Basis für einen »Senkrechtstart«, doch liegen die Rekordwerte heute fast doppelt so gut...

Die zitierte Nachverbrennung erfunden zu haben, schreiben manche Berichte fälschlich einer Entwicklung zu, die der Caproni-Konstrukteur Secondo Campini etwa gleichzeitig mit den frühen deutschen und englischen

Düsenantrieben durchführte; ein flüssigkeitsgekühlter 660 kW-Kolbenflugmotor bewegte keinen Propeller, sondern einen dreistufigen Kompressor, in dessen verdichtete Luft Kraftstoff eingespritzt und verbrannt wurde. Die heißen Gase strömten aber nicht in eine Turbine, sondern direkt durch eine einstellbare Düse nach hinten. Zwar glückten, zehn Wochen nach Italiens Kriegseintritt, Probeflüge in Mailand und die Überführung nach Pisa, doch vereitelten die schwachen Flugleistungen weitere Versuche. Überdies ging der »Nachverbrennung« gar keine andere voran.

Die Einsicht in das Mögliche und Unmögliche unterscheidet den Helden vom Abenteurer.
Theodor Mommsen, Historiker und Nobelpreisträger 1817–1903

ZWEISTROM- UND PROPELLER-TL

Dennoch trug Campinis Kalkulation, einen Rückstoß auch ohne Gasturbine zu verwerten, in vielen modernen Flugtriebwerken reiche Früchte. Sogar ohne die Luft durch eine Kraftstoffeinspritzung und Verbrennung stark zu erwärmen und auszudehnen! Freilich bedurfte es dazu anderer Voraussetzungen und eines technischen Umwegs. Reine TL-Triebwerke (Turbinen-Luftstrahltriebwerke) produzieren nämlich bei Fluggeschwindigkeiten bis zu runden 700 km/h einen verhältnismäßig schlechten Vortriebswirkungsgrad, der bald veranlaßte, die starke, leichte und kleine, im Aufbau so einfache, sehr »rund« und schwingungsfrei laufende, billigen Kraftstoff verarbeitende und sofort startbereite Gasturbine ... über ein Getriebe mit der Luftschraube zu kombinieren. Nun bleibt an der Düse ein »Restschub« übrig, der aber zur Gesamtleistung nur 10 bis 20 % beisteuert. Man nennt diese Aggregate PTL-Triebwerke (Propeller-TL) oder kurz Turboprops.

Bei deutlich unter der Schallgrenze liegenden Geschwindigkeiten erzielen moderne TL-Triebwerke einen ähnlichen Effekt auch ohne aufwendige Getriebe und strömungskritische Propeller, wenn sie, außer der Verbrennungsluft für die Turbine, eine zweite Luftmenge verdichten. Diese strömt außen um die Turbine herum, vermischt sich — mehr oder weniger — vor der Düse mit den Abgasen aus der Turbine und vermehrt die Schubkraft beträchtlich. Dem Turbopropeffekt durchaus vergleichbar, steigt der Vortriebswirkungsgrad bei geringeren Gasgeschwindigkeiten, -temperaturen und erfreulich verminderter Lärmentwicklung. Eine der ältesten und bekanntesten dieser »Zweistrom-« oder »Mantelstrom-Strahlturbinen« ist die Rolls Royce »Conway« mit über 8000 Kilopond Schub. Mit SI-Maßen (S. 48) und in zwei neuen Triebwerk-Versionen sind es für die »Conway 508« 78 kN (Kilo-Newton) und »Conway 540« über 90 kN.

Hier ist vom einfachen Aufbau mit nur wenigen Einzelteilen der ersten Turbotriebwerke nicht viel übrig geblieben: die Brennkammern, etwa in der Mitte des 3,4 m langen Gehäuses mit 107 cm Durchmesser, speisen eine einstufige Hochdruck- und eine zweistufige Niederdruckturbine. Erstere treibt den Hochdruckkompressor, der neun Laufräder besitzt, letztere den zu vorderst rotierenden Niederdruckkompressor mit sieben Stufen. Die beiden konzentrischen, d. h. ineinander geschobenen Antriebswellen sind das Merkmal von Zweiwellenturbinen

— es gibt inzwischen auch Dreiwellenturbinen. Etwa 40 % der großen, vom »Conway«-Niederdruckkompressor geförderten Luftmenge — rund 130 Kilogramm in jeder Sekunde — fließen außen um Hochdruckkompressor, Brennkammern und beide Turbinen herum, um sich erst vor der Düse mit den Turbinenabgasen zu mischen. Die innere, vom Hochdruckkompressor mit knapp 10 000/min auf 1 : 15 verdichtete Luftmenge gelangt in zehn kreisförmig angeordnete Brennkammern.

Aber was besagt der Schub von 8000 Kilopond, den eine (2100 kg schwere) »Conway« liefert? — Daraus errechnete PS- oder Kilowatt-Angaben fördern eigentlich nur das Vorstellungsvermögen, da sie keine theoretische oder praktische Verwendung finden und sich außerdem erst aus dem Zusammenhang von Schubkraft und Geschwindigkeit ergeben. Bekanntlich ist 1 PS die Leistung von 75 mkp/sec oder auch 75 kp x m/sec; nun kann man m/sec in km/h ausdrücken und erhält 1 PS = 75 kp x 3,6 km/h = 270 kp x km/h. Demnach entspricht bei 270 km/h jedes Kilopond Schub einer Pferdestärke, bei 540 km/h jedes kp bereits 2 PS — oder allgemein

$$PS = \frac{1}{270} \times kp\ (Schub) \times km/h\ (Geschw.)$$

Wenn nun die vier »Conway« einer Boeing 707 mit, angenommen, 940 km/h und vollem Schub dahinrauschen, müßte jedes Triebwerk 28 400 PS leisten, alle vier zusammen eine sechsstellige Zahl. Aber die »volle Pulle« war eine falsche Annahme, weil die 707 bei gleichmäßigem Reiseflug (in 10 km Höhe) unter 30 % der vollen Leistung beansprucht, »nur« viermal 2300 kp entsprechend viermal 8000 PS. An Kraftstoff verbraucht sie dabei etwa 1 Liter pro »kp-Schub und Stunde«, also stündlich 9200 Liter, in jeder Minute 4 x 38 l oder (den guten Wert von) 230 Gramm je PS-Stunde.

Nur beim Start sind die Triebwerke durstiger, obgleich die PS-Zahlen infolge der geringen Fluggeschwindigkeit ein falsches Bild vermitteln. Man müßte jetzt die Leistung aus der durchgesetzten und beschleunigten Luftmasse errechnen, was wir uns mit der lakonischen Feststellung ersparen, daß eine etwa zwei Minuten lange Startphase über 1200 l Kraftstoff verbrennt. — Der nur 70 statt 135 Tonnen schwere dreistrahlige Europa-Jet, die Boeing 727, macht das sparsamer, mit ca. 700 Litern Jet-Petroleum. Dabei ist, wie erwähnt, stets zu berücksichtigen, daß mindestens das Doppelte der Nutzleistung dem Kompressorantrieb dient.

Bei einem »Conway«-Triebwerk sind das bei vollem Schub über 60 000 PS! Der damit erzeugte gewaltige Luftdurchsatz liegt, auch relativ, weit über dem »Atmungsvermögen« von Hubkolbenmotoren. Um vergleichsweise 250 »Otto-PS« zu mobilisieren, also 1 % von 25 000 »Jet-PS«, benötigt ein üblicher Viertakter mit 5 l Hubraum (und natürlich 8 Zylindern) für 5000 Kurbelwellenumdrehungen etwa 10 000 Liter Luft pro Minute. Das sind rund 13 Kilogramm (zu denen beiläufig 0,9 kg oder 1,2 Liter Kraftstoff gehört) — aber nur 0,22 kg Luft je Sekunde! 250 »Diesel-PS« beanspruchen an die 50 % mehr Luft; der halb so schnell laufende Motor müßte folglich den dreifachen Hubraum aufweisen (oder den doppelten mit Aufladung!) . . .

Der Jet verarbeitet dagegen für die hundertfache Leistung mindestens die 600fache Luftmenge, wenngleich durch die Brenner und die Turbinen

411

davon nur 75 % strömen — der Rest als »Mantelstrom« außen herum. Immerhin beträgt das Mischungsverhältnis von Luft und Kraftstoff nicht 15 : 1, wie mit der Luftzahl 1 im Ottomotor (S. 131,f), oder 21 : 1, wie mit einer Luftzahl von 1,4 in einem vollbelasteten Diesel, sondern 45 : 1 bis 130 : 1. Die Verbrennung erfordert und erhält nur einen geringen Teil dieser Luft, der Rest vermischt sich erst später, durch Eintrittsbohrungen geleitet, mit den Flammen. Eben der große Luftüberschuß ermöglicht die (relativ) einfache Nachverbrennung für kurze, extreme Leistungen. Einen Gewinn bis zu 50 % umwölkt freilich, außer der hohen Wärmebelastung, ein schlechter Wirkungsgrad mit beachtlichem Kraftstoffverbrauch.

Der erwähnte »Europa-Jet« wurde, entgegen etlichen Unkenrufen zu Anfang, für Boeing ein Bombenerfolg, den ein Rundblick auf jedem Flughafen bestätigt. Wenn wir seine drei am Rumpfheck angebrachten Mantelstromstrahlturbinen identifizieren, stoßen wir — nach der »Conway« mit ihrem britischen Traditionswappen »RR« und dem Starfighter-Triebwerk von General Electric — mit dem Typ PW- JT 8 D auf den letzten der »Großen Drei« (Produzenten); denn hinter dem PW verbirgt sich die alte Motorenfabrik Pratt & Whitney. Jede JT-8-D erzeugt bis zu 6350 kp Schub, das 4,6fache ihres Gewichts. Sie verarbeitet dabei 142 kg Luft pro Sekunde, davon mehr als die Hälfte im »Mantelstrom«; den liefert aber nicht mehr der ganze Niederdruckkompressor, sondern lediglich ein doppelter (zweireihiger) riesiger Ventilator.

Ventilatoren (engl.: fans) blasen, ganz allgemein, große Luftmengen, aber nur geringe Drücke. Von Kompressoren spricht man vergleichsweise nur bei Verdichtungsverhältnissen oberhalb 1 : 2, während »Gebläse« dazwischen liegen. Der JT 8-D-Fan ist zwar mit dem vierstufigen Niederdruckkompressor kombiniert, überragt aber rundherum dessen Schaufelkränze um die gesamte Höhe des »Mantels«. Der Niederdruckkompressor erfaßt also nur knapp die halbe Luftmenge und verdichtet sie auf 3 bar. Gleich dahinter, zusammen mit der Hochdruckturbine auf der äußeren Welle, bringen sieben Hochdruckstufen die Luft auf 15 bar und 425° C; sie rotieren mit der Nenndrehzahl von 12 250 1/min, (hier) über doppelt so schnell wie die innere Welle mit den Niederdruckaggregaten, und treiben über Zwischenwellen und Getriebe alle Hilfsgeräte an: etliche hintereinander geschaltete Kraftstoffpumpen, Ölpumpen, Hydraulik- und Luftpumpen (letztere für den nötigen Überdruck in der Kabine), Anlasser und Stromerzeuger...

In den neun benachbarten Brennkammern erreichen die Gase zwar keinen merklich höheren Druck als den von den Kompressoren gelieferten, aber eine Temperatur von 925° C und folglich fast das doppelte Volumen. Es wird von der einstufigen Hochdruckturbine und gleich dahinter von drei Niederdruckstufen verarbeitet, bevor es durch die Schubdüse ausströmt, immer noch 525° heiß und etwa dreimal so groß wie im kalten Ansaugzustand.

Das Mantelstromprinzip hatten bereits Daimler-Benz und Vickers erprobt, etwa gleichzeitig in den letzten Kriegsjahren. Als Rolls Royce es ein Jahrzehnt später aufgriff, waren die Meinungen darüber sehr geteilt, namentlich in Amerika. Doch verlief ihre Entwicklung rasch und erfolgreich — zu immer größeren »Bypass-Verhältnissen«. Nachdem die »Conway« nur 0,4 (oder 40 %) der gesamten geförderten Luftmenge als äußeren Zweitstrom nach hinten bläst, stieg er z. B. in der JT 8-D schon über die an der Verbrennung beteiligte, durch die Turbinen strömende Luftmenge; das Bypass-Verhältnis überstieg den Wert 1... und erreicht für die neuesten und größten ZTL Verhältnisse von 4—6 und noch mehr.

Der große Mantelstromventilator braucht keineswegs vorn, am Niederbau, aber leicht erhöhter Verdichtung und Drehzahl stieg der Luftdurchsatz insgesamt von 75 auf fast 200 kg je Sekunde und der Schub auf 7300 Kilopond, wie sonst mit der Nachverbrennung. Der Heckbläser vergrößert den Triebwerkdurchmesser von 94 auf 135 cm und das Gewicht um 15 %, doch spart er an der Länge von 5,35 m das Drittel ein, das der militärische Nachbrenner beansprucht.

Ein kleineres, (relativ) einfaches, aber ungemein leistungsfähiges GE-Strahl-

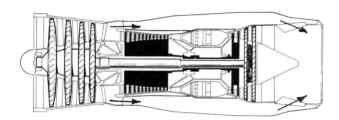 

XIX.5 Der Aufbau des Zwei- oder Mantelstromtriebwerks. Vier große Laufräder bilden den Niederdruckkompressor, den mit der inneren Welle die (zweite) Niederdruckturbine treibt. Die ebenfalls zweistufige Hochdruckturbine, direkt davor, ist über die Hohlwelle mit dem Hochdruckkompressor gekuppelt, der hier zwölfstufig verdichtet. Ein Teil der Niederdruckluft strömt aber außen herum und erst hinter der zweiten Turbine zum Abgasstrahl. Die obere Hälfte rechts zeigt die Anordnung eines »Freifahrheckbläsers«. Ein kombiniertes Turbinenrad (innen) mit den Verdichterschaufeln (außen) rotiert unabhängig und erzeugt einen Mantelstrom erst am Triebwerkheck.

druckkompressor zu sitzen, wie bei der JT 8-D; man hat ihn verschiedentlich ganz hinten angeordnet, als »Freifahrheckbläser«, d. h. mit einer zusätzlichen, völlig unabhängig laufenden und gelagerten Turbine, deren verlängerte Laufradschaufeln »außen« den Mantelstrom erzeugen. Als General Electric z. B. aus dem bewährten militärischen J-79 einen »zivilen« Schwestertyp entwickelte, die GE CJ-805 (civilian jet), trat an die Stelle der großen, glatten Nachverbrennungskammer ein solcher Heckbläserteil. Mit grundsätzlich gleichem Auftriebwerk finden wir an beiden Rumpfseiten des »Hansa-Jet«, der HFB 320 (Hamburger Flugzeugbau), wie auch am »Learjet«, einem vergleichbaren USA-Typ. Im Strahltriebwerk CJ-610 verbindet eine einzelne Welle zwei Turbinenlaufräder mit einem achtstufigen Kompressor. Bei 16 700/min erzeugen 20 kg Luft pro Sekunde knapp 1300 kp Schub, von dem für den Reiseflug, wie üblich, 25 bis 30 % ausreichen. Geradezu erstaunlich erscheinen die Abmessungen und das Gewicht: die Breite von 45 cm, die Höhe von 65 cm — weil die

Hilfsaggregate vorn-unten angebaut sind — die Länge von 1,30 m und das Gewicht von 190 kg, so daß jedes Kilo Gewicht das Siebenfache »schiebt«.

Die Drehzahlen verhalten sich stets umgekehrt wie die Triebwerkgrößen, also die Durchmesser der Turbinen und Kompressoren. Was etwa die Kolbengeschwindigkeit in Otto- oder Dieselmotoren bedeutet — oder die Gleitgeschwindigkeit auf der Trochoidenbahn von Wankelmotoren, besagen bei Strömungsmaschinen Umfangsgeschwindigkeiten (und Fliehkräfte). Gemäß der Umrechnung von Schub in PS leistet jede GE CJ 610 schon bei 270 km/h — bei 145 nautischen Meilen, von denen Flieger vorzugsweise sprechen — rund 1300 PS (950 kW) und bei 800 km/h 3800 PS (2800 kW). In dieser Größenordnung liegen auch viele Hubschraubertriebwerke, die naturgemäß gar keinen Schub oder »Restschub« erzeugen, sondern als »Wellenleistungsturbinen« die herkömmlichen PS-Zahlen. Bei Propellerturbinen, mit gängigen Leistungen bis zu 6000 PS (4400 kW), rechnet man zur Propellerleistung ca. 86 % des »Restschubs« hinzu und bezeichnet die Summe als Äquivalent-PS (äPS).

Nur vorübergehend verloren Propellerturbinen an Aktualität. Denn sie setzten im Lauf der 80er Jahre neue Entwicklungsschwerpunkte und bieten für künftige zivile Verwendung beachtliche Perspektiven. Diese erklären sich mit dem naturgesetzlich schlechten Wirkungsgrad von Jet-Antrieben bei mittleren Geschwindigkeiten, auch wenn die stark angewachsenen Mantelströme diesen Nachteil mildern.

Wie erinnerlich, spart bei Schiffen der Verzicht auf 20 % Geschwindigkeit glatt 50% Antriebsleistung und Brennstoff für die modernen Dieselmaschinen (s. B. IX.3). Ähnliche Verhältnisse kennen (gemäß dem vorigen Kapitel) und verwerten um Sparsamkeit beflissene Lenker von Landfahrzeugen. Strahltriebwerke hingegen verhalten sich nicht so einfach: gewiß kann eine relativ geringe Drosselung (beim folgenden Auftanken) zu Buch schlagen, doch fällt bei weiter herabgesetzter Geschwindigkeit der Gesamtwirkungsgrad merklich ab, so daß jeder einzelne Flugzeugtyp seine »ökonomische«, den Kapitänen sehr wohl bekannte Geschwindigkeit besitzt.

Um aber im scharfen internationalen Wettbewerb, besonders für Kurz- und Mittelstrecken und für kleinere Verkehrsflugzeuge — z. B. mit 50 bis 80 Passagieren — eine neue Trumpfkarte auszuspielen, werden offenbar aktualisierte Turboprops erste Wahl, z. B. an einer »Fokker 50« als Nachfolger der beliebten »Fokker 27«. Schon außen bekunden die Propeller mit sechs und mehr ziemlich kurzen, aber sehr breiten Blättern den Generationswechsel, der außerdem den gewohnten Geräuschpegel dezimiert, den umstrittenen Fluglärm erheblich vermindert. Wir sind aber mit dieser Bestandsaufnahme der Entwicklung weit vorausgeeilt ...

Neue Maßstäbe setzten Großflugzeuge, »Airbus«, »Tri-Star«, die »Galaxy« oder DC 10 mit einem imposanten Leistungsbedarf. Ihn decken überstarke Zweistromtriebwerke mit einem Luftdurchsatz um 700 kg in jeder Sekunde — bei Normaldruck dem umbauten Raum eines veritablen Doppelhauses — und einem Startschub von 20 bis 25 Tonnen! Sie arbeiten dank Verdichtungsverhältnissen bis 1 : 30 angemessen sparsam und mit großem »Bypasswert« relativ leise. Der Durchmesser des Ventilators, der mit fast 4000 /min rotiert, ist auf 2,5 Meter gewachsen und das Triebwerkgewicht auf 3,5 bis 4 Tonnen, etwa ein Sechstel des Startschubs. Jedes verbraucht bei Vollast 11 000 l Kraftstoff pro Stunde, in der Startphase also 460 l, im Reiseflug knapp die Hälfte und im Leerlauf, beim Warten am Rollfeldrand über 1000 l pro Stunde.

Nachdem schon die seinerzeitige Entwicklung der GE-J 79 zwischen 150 und 200 Millionen Dollar kostete, übersteigen solche Projekte leicht die Kapazitäten der größten Konzerne und veranlaßten bereits, nach der europäischen Zusammenarbeit, eine »atlantische« Arbeitsaufteilung. Die deutsche Beteiligung beruht an erster Stelle auf dem Zusammenschluß von Daimler-Benz mit Maybach und der MAN zur fertigungs- und Montageaufträge. MTU z. B. baut in München die GE-J 79 gleich in zwei Ausführungen, weil die beiden für die »Phantom« bestimmten von der »Starfighter«-Version abweichen, auch etwas leichter und schwächer sind.

GASTURBINEN VERLANGEN DEN HÖCHSTEN STAND DER TECHNIK

Um den Wettbewerb mit anderen Wärmekraftmaschinen zu bestehen, müssen Gasturbinen besonders

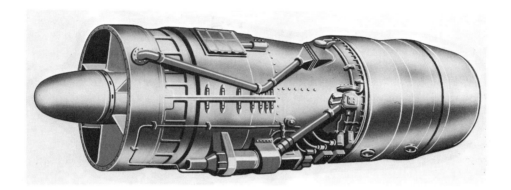

XIX.6 Jedes Düsentriebwerk, das äußerlich relativ einfach und unproblematisch erscheint, steckt voll hochkonzentrierter Technik!
Die radialen Rippen in der Einströmöffnung rotieren nicht, sie stützen das Aggregat und leiten die Luft. Das V-förmig verlegte Rohr bringt erhitzte Druckluft zur Enteisung in die Einströmzone. Darunter eine (gekapselte) Antriebswelle für die zahlreichen Hilfsgeräte.

»Motoren- und Turbinen-Union« (MTU, München). Ältere europäische Triebwerkproduzenten wie Fiat, Volvo und unsere westlichen, von Anfang an stark engagierten Nachbarn mit »Turbomeca« und »SNECMA« (Société Nationale d'Etude et de Construction de Moteurs d'Aviation)... erhielten ebenfalls von den »Großen Drei« (RR, GE, P & W) Lizenzen, Teileschwere Bedingungen erfüllen. Das liegt letzten Endes daran, daß als Nutzleistung nur der verhältnismäßig kleine Überschuß der Turbinenleistung über den großen Leistungsbedarf des Verdichters wirkt. Wenn beide Aggregate und die Brennkammern nicht mit gutem Wirkungsgrad arbeiten, bleibt diese Leistungsdifferenz zu gering; sie liegt, wie bei den frühen Versuchen, bei Null — oder fällt sogar negativ aus. Vergleichsweise hemmt in klassischen Dampfmaschinen, außer der Reibung, nur eine »Pumparbeit« die freigesetzten Nutzdrücke; sie ist unbedenklich klein, weil der geschlossene Kessel das Arbeitsmedium Wasser vom flüssigen Zustand in Dampf verwandelt und die Kolbenmaschine vom umgekehrten, Energie-freisetzenden Vorgang profitiert. »Deshalb konnten diese Maschinen schon frühzeitig bei niedrigem Stand der Technik mit Erfolg gebaut werden« (Prof. H. Friedrich).

In Otto- und Dieselmotoren stellt die große Verdichtungsarbeit schon höhere Ansprüche an den exakten Ablauf des Arbeitsspiels und den Wirkungsgrad, damit eine brauchbare Differenz zwischen »negativen« und »positiven« Arbeitstakten verbleibt. Immerhin ermöglicht die periodische Folge der einzelnen Takte eine wirkungsvolle Kühlung der Verbrennungsräume, dadurch höhere Verdichtungsverhältnisse und Temperaturen bei der Umwandlung von Wärme in Nutzdrücke. In Gasturbinen hingegen erfolgt die Verbrennung ununterbrochen — zu Lasten der ohnehin hochbeanspruchten Turbinenschaufeln. Ihr Erfolg setzte von Anfang an eine hochentwickelte Technik voraus.

Dazu zählen nicht nur Werkstoffprobleme, die Suche nach Metallen und anderen Werkstoffen, die bei immer höheren Temperaturen extreme Festigkeit behalten, sondern auch die Bewältigung von kritischen Schwingungen oder aerodynamischen Hürden. Um bei den schlanken Turbinenschaufeln Schwingungen zu dämpfen, spannt man sie zum Beispiel am Fuß nicht möglichst fest ein, sondern absichtlich locker, mit einem »Tannenbaumprofil«. Den festen Sitz erzwingen erst die enormen Fliehkräfte, während die unvermeidlichen Schwingungen starke Reibung an den Sitzflächen verursachen, die zur Dämpfung genügen. Aerodynamische Schwierigkeiten dagegen bedrohen die Arbeit der Kompressoren; wenn die Luftströmung den Schaufelprofilen nicht mehr folgt, entsteht ein gefährliches »Pumpen«, oder gar ein völliger Strömungsabriß, der das Triebwerk »ausblasen« oder beschädigen kann.

Die Brennräume oder -kammern müssen die kontinuierliche Verbrennung auch unter ungünstigen Betriebsbedingungen aufrechterhalten, etwa beim Landeanflug mit großen Luftmengen, aber stark gedrosseltem Kraftstofffluß, oder bei viel Wasserzutritt in Wolken. Andrerseits steigert eine dosierte Wassermenge die Triebwerkleistung, wie bei aufgeladenen Kolbenmotoren. Das eingespritzte Wasser bewirkt eine Abkühlung und höhere Dichte der Luft — oder dazu, mit Methanol (Methylalkohol) gemischt, einen zusätzlichen Heizwert und Vereisungsschutz. »Nasse Starts« kompensieren in der zivilen Luftfahrt den Leistungsverlust auf hochgelegenen Flughäfen, erzeugen auch gelegentlich maximalen Schub bei hoher Auslastung (und für den über dichtbesiedelten Gebieten erwünschten steilen Steigflug). Wenn aber dazu irrtümlich statt Wasser Turbinenkraftstoff getankt und eingespritzt wird, folgt die Überhitzung und der plötzliche Totalausfall der Triebwerke unausweichlich — wie bei der »BAC Super 1-11« der »Paninternational«, die im September 1971 auf der Autobahn nördlich Hamburg notlanden mußte und an einer Autobahnbrücke schwer havarierte.

Die entsprechende kurzzeitige Einspritzung bei militärischen Triebwerken erhöht die »Kampfleistung«. Die hier längst üblichen Überschalltempi stellen auch zivile Jets vor neue schwierige Aufgaben.

Wieder eine andere, für große Verkehrsflugzeuge unentbehrliche Errungenschaft begegnet uns mit der »Schubumkehr«: gleich nach erfolgter Landung wird der (wieder angefachte) der günstigsten Drehzahlen beim Starten und Steigen erlaubten, wie ein stufenloses Getriebe. Die Übernahme dieser Verstellpropeller für Turboprops ergab sich von selbst. Bei den meisten Militärmaschinen allerdings ersetzen Bremsfallschirme die Schubumkehrung. Unterschiede zu zivilen Jets findet man auch beim Start, wenn deren Strahlturbinen gelegentlich mit Pul-

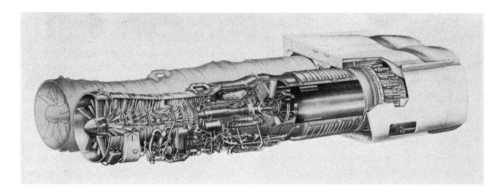

XIX.7 Duplizität der Ereignisse? – So wenig sparsame Serien- und Forschungsfahrzeuge die Entstehung von luxuriösen PKW-Antrieben beeinträchtigten, so wenig verhinderten Ökonomie-Konzepte in der Luftfahrt frischen Aufwind für die englisch-französische Überschall-»Concorde«, die zeitweilig fast vergessen war. Unter ihrer futuristischen Tragfläche hängen an beiden Seiten in »Doppelgondeln« je zwei Rolls Royce-SNECMA »Olympus 593«. Jeder leistet 170 kN (17 400 kp) mit Nachverbrennung. Allerdings wirkt sie zwecks Wirtschaftlichkeit nur schwach, ca. 10%. Für Reiseflug mit »Mach 2« in 16 km Höhe reichen 45 kN Schub bei einem Verbrauch von 120 kg/kNh (1,2 kg/kph). Eine einstufige Niederdruckturbine treibt den siebenstufigen ND-Verdichter, eine einstufige Hochdruckturbine ebenfalls sieben HD-Stufen.

Gasstrom — am Boeing-747-»Jumbo« allein der »Mantelstrom« — mit herausgeschwenkten Leitblechen umgerichtet, um die Landestrecke, nach dem Aufsetzen mit 220 km/h und mehr, zu verkürzen und die hart beanspruchten Räder und Bremsen zu entlasten. Die Propeller der großen Kolbenmotoren erhielten zum gleichen Zweck schon in den dreißiger Jahren verdrehbare Blätter, die außerdem das Einhalten verpatronen (geräuschvoll) angelassen werden, was ansonsten Anlaßturbinen oder Heißgasanlasser mit besonderen kleinen Brennkammern bewirken. Kleinere Triebwerke enthielten vorn in der Lufteinströmkammer ursprünglich leichte Zweitakt-Twin (10 PS-Riedel-Anlasser), die mit einer verschiebbaren Klaue vorn in die Verdichterwelle eingriffen; inzwischen starten sie durchweg elektrisch, wenn möglich von einem Startwagen mit Strom versorgt. So ist bei mehrstrahligen Flugzeugen nur das Anspringen des ersten Triebwerks entscheidend — danach fällt Anlaßenergie für weitere am Rand an...

Die vielen fein ineinander verzahnten Einzelheiten starker Jets wollen wir nur als Stichworte registrieren: den wichtigen Vereisungsschutz, das Feuerlöschsystem, die Lagerung aller Wellen in Spezialkugel- und -rollenlagern, deren sinnvolle Abdichtung und Schmierung mit vollsynthetischen Ölen, die aktuelle Schalldämpfung und Rauchfreiheit oder die Instrumente und Vorrichtungen zur dauernden Überwachung... Jedenfalls beanspruchen und bieten diese starken und kompakten Kraftquellen die am höchsten entwickelte und teuerste Technik, zumal exotische Werkstoffe und die ausgeklügelte Produktion mit eigens ersonnenen Verfahren, Kontrollen und Werkzeugmaschinen gleichrangig neben der großartigen Konstruktion stehen. Jedes einzelne Bauteil muß zur hohen Leistung und lebenswichtigen Zuverlässigkeit einen Beitrag liefern. Nur Weltraumraketen übertreffen diesen technischen Aufwand noch um eine volle Potenz — oder mehrere.

Das merkwürdigste der Zukunft ist die Vorstellung, daß auch unsere Epoche als die gute alte Zeit gelten wird.
Ernest Hemmingway,
Nobelpreisträger 1899–1961

VON FRÜHEN ZUKUNFTSROMANEN UND FRIEDLICHEN FILMRAKETEN ZUR V-2

Schon zwei Jahre, bevor Fritz von Opel über die wesentlichen Erkenntnisse seiner Raketenversuche berichtete und 1930 vorausblickend die Chancen dieses Antriebs umriß (S. 336) hatte ein Pennäler, der aus der Provinz Posen stammte, auf Spiekeroog eine Fleißarbeit über »die Theorie der Fernrakete« geschrieben. Er kannte natürlich das Buch »die Rakete zu den Planetenräumen« in- und auswendig; denn der Lehrer aus Siebenbürgen und spätere Professor Hermann Oberth hatte es 1923 verfaßt — zunächst ohne Kenntnis eines Buchs über die mögliche Raumfahrt, das der Russe Konstantin Ziolkowski schon 1903 schrieb. Es war das erste Raumfahrt-Sachbuch, zwei Jahre vor dem Tod von Jules Verne, der die Mondreisenden in seinem Roman (von 1865) mit dem Riesengeschütz »Columbia« auf den langen Weg brachte. Dessen Namen erhielt die Apollo-Kapsel bei der ersten Mondlandung. Aber bei allem Respekt vor heutigen und zukünftigen Möglichkeiten ist ein Schuß völlig unrealistisch — kein Lebewesen, geschweige ein Passagier würde ihn überstehen. Ziolkowski dagegen erkannte das Rückstoßprinzip klar als den einzig-möglichen Antrieb für die Raumfahrt...

Der in Mathematik brillante Primaner baute ein vorzeitiges Abitur und erlebte in Oberths Team praktische Raketenversuche, für Experimente der Post und den Ufa-Film »Die Frau im Mond«. Er studierte Physik bei Max von Laue und Werner Heisenberg, promovierte mit knapp 22 Jahren über »konstruktive, theoretische und experimentelle Beiträge zum Problem der Flüssigkeitsrakete«. Damit war der (richtige) Weg zum Mond in Umrissen vorgezeichnet, doch führte er seinen Verfechter zunächst nach Peenemünde auf der Insel Usedom — als Zwischenstation, deren beachtlichen technischen Wert allein die antihumanitären, dramatischen Umstände überschatteten. Erst nach dem Inferno in Peenemünde und Mitteleuropa dienten Wernher von Braun, seine A-4-Raketen und deren Nachfolger auch einem friedlichen Zweck. Aus der V-2-Vergeltungswaffe entstanden Raketen für Satelliten und Mondflüge.

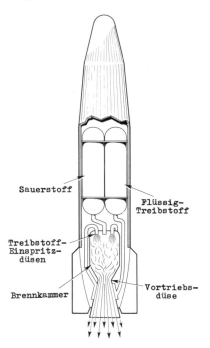

XIX.8 Schema der Flüssigkeitsrakete. Die Treibstoffe werden mit Pumpen oder hochkomprimiertem Gas gefördert und auf dem Weg zu den Einspritzdüsen in einem Kühlmantel um den Ejektor geleitet.

Was den »Raketenmotor« von allen anderen Wärmekraftmaschinen so drastisch unterscheidet, ist der Umstand, daß er ohne Luftsauerstoff arbeitet. Die in der Rakete gespeicherten Treibstoffe enthalten nämlich beide Reaktionspartner für den Energieumsatz, den Brennstoff und den »Verbrennungsstoff«. Sie zählen damit nicht zu den »luft-atmenden« Triebwerken, wie Otto-, Diesel- oder Wankelmotoren — und erst recht Gasturbinen. Selbst die Dampferzeugung bedarf, außer mit Elektrizität oder Atomenergie, einer von Luft abhängigen Verbrennung. Folglich kann nur die Rakete als Antrieb im (luftleeren) Weltraum dienen.

Ob es sich bei den Reaktionspartnern um einen einzigen Stoff handelt oder um zwei, die in der Brennkammer zusammentreffen, spielt prinzipiell keine Rolle. Als uraltes Beispiel für einen einheitlichen Treibstoff bietet sich Schießpulver an, das der Freiburger Benediktinermönch und Alchemist Berthold Schwarz zwar nicht erfand, aber verbesserte... in der gar nicht so guten alten Zeit, in der das Konstanzer Konzil den böhmischen Reformator Johann Hus wegen Ketzerei verbrannte, obwohl ihm der Kaiser freies Geleit zugesichert hatte... in der die Franzosen ihre »Jungfrau von Orleans« den Engländern auslieferten und sie hilflos auf dem Scheiterhaufen sterben ließen. Freilich lebte in Mainz schon Johannes Gutenberg, der den Buchdruck mit »beweglichen Lettern« erfand, den es vorher — wie auch Brandraketen — nur in China gab.

Schießpulver besteht in etwa aus 80% Kaliumnitrat (KNO_3), 10% Schwefel und 10% Kohlenstoff (Holzkohle), läßt sich aber nicht mit einem Druck oder Schlag entzünden, sondern nur mit einer Lunte oder einem Feuersteinschloß. Auch die Brandraketen, die William Congreve auf Kopenhagen und bei Leipzig gegen die napoleonischen Truppen feuerte, die dann durch geringe (Geschossen unterlegene) Reichweite in Vergessenheit gerieten, mußten so angezündet werden (S. 175) – wie alljährlich noch heute Millionen Feuerwerks- und Sylvesterraketen. Nun brachte das vorige Jahrhundert zwei bedeutende Verbesserungen: als erste schon zur Zeit des Wiener Kongresses das Knallquecksilber, das bei einem Stoß brisant verpufft und in benachbartem Pulver die Reaktion auslöst, als zweite das rauchschwache Pulver von gallert-förmiger Nitrozellulose, die ein französischer Chemiker im Geburtsjahr der Automobile erfand.

Nitrozellulose in reiner Form wirkt fast wie Nitroglyzerin, als Sprengstoff, dessen Brisanz die Treib- und Schießstoffe meilenweit überragt. Praktisch brauchbar wurden Sprengstoffe in Form von Dynamit, das der weltberühmte Schwede Alfred Nobel 1867 in seinem bei Hamburg angesiedelten Zweigbetrieb aufmischte. Es enthält 75 % hochempfindliches und gefährliches Nitroglyzerin in einem restlichen »Aufsaugestoff« und verursacht Detonationsgeschwindigkeiten von 6 bis 7 Kilometern pro Sekunde. Diese erklären hinreichend, warum man das Klopfen in Otto- und Dieselmotoren – mit etwa 300 m/sec – schwerlich als Detonation bezeichnen kann (S. 156, f.). In Feuerwaffen von kleinsten bis zu größten Kalibern würden Sprengstoffpatronen keinen Schuß auslösen, sondern den Lauf zertrümmern. Sie kommen als Raketentreibstoffe ebensowenig in Betracht, doch hat die enge Verwandtschaft der Treib- und Sprengstoffe schon viele und schwere Opfer gekostet.

In rohrförmigen Feststoffraketen sind rauchlose Pulver mit unterschiedlichen Bindemitteln als zylindrische Ringe oder mit besonderen Konturen eingegossen, die einen gleichmäßigen »Abbrand« bezwecken. Einmal gezündet brennen sie mit hohem Druck in kurzer Zeit ab, wobei große Gasmengen entstehen, die den gewünschten Rückstoß und gleichgroßen Vortrieb erzeugen. Der besonders einfache Aufbau, ohne Behälter und Fördereinrichtungen, ohne Leitungen und Ventile, stempelte Feststoffraketen im zweiten Weltkrieg zum konkurrenzlosen Antrieb von Nebelwerfern und Stalinorgeln, für Panzerfäuste, Raketenbomben und zur wirkungsvollen »Starthilfe« von hochbelasteten Flugzeugen, egal ob mit klassischen Kolbenmotoren oder den jungen Strahltriebwerken. Die verbreiteten deutschen Startraketen, meist paarweise unter der rechten und linken Tragfläche angebracht, entfalteten je 500 Kilopond Schub mit einer Brenndauer von 6 bis 10 Sekunden; danach warf man sie kurzerhand ab.

Flüssigkeitsraketen benötigen gegenüber den »Ferak« Druckgasbehälter oder Treibstoffpumpen zur Förderung und – sehr willkommen – Regelung. Mit diesem und weiteren Vorzügen begründete Fritz von Opel seine zitierte Prognose. Allerdings hatte nicht sein Team die erste Flüssigkeitsrakete mit Erfolg gestartet, sondern der amerikanische Physiker Robert H. Goddard. Nach langjährigem Experimentieren stieg sie im März 1926 mit Benzin und flüssigem Sauerstoff vom Boden und flog 60 Meter weit – 10 Meter weiter als Orville Wright beim ersten Motorflug. Dennoch gilt Hermann Oberth als der Vater der neuen Raketentechnik, seine Theorie als die Grundlage der wesentlichen Entwicklungen.

Freilich hatten alle drei, auch schon Ziolkowski, das grundlegende Prinzip erkannt, nach dem die theoretische Endgeschwindigkeit einer Rakete vom »Massenverhältnis« abhängt, d. h. vom Gesamtgewicht beim Start und vom Leergewicht nach dem gesamten Ausstoß der Treibstoffe; auch spielen die Ausströmgeschwindigkeit und der Gaszustand eine Rolle. Für hohe Endgeschwindigkeit (am »Brennschluß«) und damit Reichweite muß die leere Rakete möglichst leicht, die Treibstoffmenge aber möglichst schwer sein. Wir werden gleich sehen, zu welchem Kunstgriff diese Erkenntnis führte.

Da die Raketenentwicklung, weit mehr noch als neue Flugzeugantriebe, von Anfang an kostspielig und kommerziell fragwürdig war, konnten die nötigen Mittel nur vom Heereswaffenamt oder anderen militärischen Stellen kommen. Außerdem beschränkten sich die großen Risiken nicht auf die finanzielle Bilanz — zumal sich bald zeigte, daß man die Schwierigkeiten und den Weg zu einem zuverlässigen Raketenantrieb erheblich unterschätzt hatte. Nach etlichen, teils mißglückten, teils gelungenen Vorversuchen entstand 1934 das »A-1« (Aggregat 1), das mit 30 cm Durchmesser und 1,4 m Länge etwa eine viertel Minute lang 300 Kilopond Schub liefern sollte. Der Testflug im Brandenburgischen Kummersdorf, wohin die Gruppe unter Brauns technischer Leitung von Berlin-Reinickendorf umgezogen war, mißlang, doch erreichte die verbesserte A-2-Rakete Ende 1934 auf Borkum eine Höhe von 2200 Metern. Drei Jahre später explodierten bei Probestarts in Greifswald alle vier A-3, die schon 76 cm dick und zehnmal so lang waren, um 1500 Kilopond Schub über 45 Sekunden zu leisten.

Erst im Oktober 42, nach drei inhaltsschweren Kriegsjahren, flog nach dem ersten geglückten Start in Peenemünde eine A-4-Rakete 90 km hoch und 275 km weit. Sie wog mit 14 m Länge und 1,80 m Durchmesser 13 Tonnen und trug als »Vergeltungswaffe« V-2 die »Nutzlast« von 1000 Kilo Sprengstoff. Alkohol und verflüssigter Sauerstoff, zusammen 9 Tonnen, strömten in die Brennkammer und entfalteten mit 20 bar Druck und ungeheuren Gasmengen 25 Tonnen Schub. Nach knapp 70 Sekunden Brenndauer betrug die Geschwindigkeit 5400 km/h — die Leistung gemäß der Jet-Schubformel demnach runde 500 000 PS (370 000 kW). Die sogenannten »Mittelwerke« produzierten ab September 43 noch über 5700 Stück, manchmal 900 monatlich, in unterirdischen Werkstätten und bombensicheren Stollen der Harzberge ... bis eine amerikanische Panzerdivision in den letzten Kriegstagen sie besetzte, tausende Bauzeichnungen und 100 fertige Exemplare sogleich verschiffte.

1000 KM/H MIT »HEISSEM« WALTER-TRIEBWERK IM »KRAFTEI«

Rückstoßaggregate beschäftigten zu dieser Zeit nicht nur Peenemünde und Raketenproduzenten — oder als Turbinenluftstrahltriebwerke das Ohain-Team bei Heinkel, die Junkers-Werke und BMW, sondern auch andere Erfinder und Firmen. Am bekanntesten wurde zweifellos die V-1, ein extrem entfeinertes unbemanntes Flugzeug mit einem pulsierenden Düsenantrieb. Es erreichte fast den gleichen Aktionsradius wie die zehnmal teurere V-2, doch benötigte das im Prinzip genial-einfache Schmidt-Argus-Rohr, so benannt nach seinem Konstrukteur Paul Schmidt und dem Herstellerwerk, weder Schaufelräder zum Verdichten der Verbrennungsluft noch eine Gasturbine. (Zuletzt betrugen die Baukosten für eine V-2 nur noch 40 000 Reichsmark,,, die V-Waffen-Gesamtkosten eine 100 000mal höhere Summe, aber nicht halbsoviel, wie in den USA die Entwicklung der ersten Atombombengeneration verschlang).

Das große Blechrohr des Pulsotriebwerks besitzt vorn einen Boden voller leichter Klappenventile oder Membranen — unter Umständen genügen schon Düsen, um den Durchfluß in einer Richtung kaum, in der entgegengesetzten aber stark zu drosseln. Periodisch pulsierend, wie in einer großen Orgelpfeife, strömt die Luft ins Innere, wo Treibstoff eingespritzt und entzündet wird, beim Start elektrisch, später durch einen Überschalldrucksprung in der Verdichtungswelle. Die Gase dehnen sich vehement aus,

Allerdings muß man das Schmidtrohr »anwerfen«, also den Luftstrom erst einmal in Bewegung setzen. Dazu diente bei der V-1 ein 30 m langes Katapult, das die Flügelbombe (mit 850 kg »Nutzlast«) samt dem darauf sitzenden Triebwerk wie eine Riesenarmbrust fortschnellte. Den militärischen Erfolg dieser ungemein einfachen und billigen, wenn auch nicht sehr sparsamen Maschine schmälerte vor allem die ungenügende Geschwindigkeit; sie lag unter 700 km/h und ließ 4 von 5 Bomben ihr Ziel verfehlen, wobei viele nicht abgeschossen wurden, sondern von schnellen Jägern vorsichtig mit der Tragfläche abgekippt.

»Die V 1 war für den damaligen Stand der Technik ein bahnbrechender Ent-

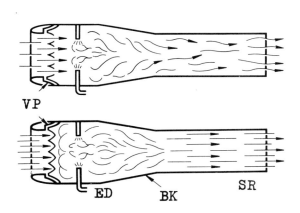

XIX.9 Das Schmidt-Argus-Rohr ist keine Rakete, sondern ein luftatmendes Pulso-Triebwerk. Die Ventilplatte vorn (VP) trägt lauter Membranen (oder Flatterventile), die Luft einströmen lassen — oberes Bild —, bei der intermittierenden Verbrennung sofort schließen, so daß der Gasstrom nach hinten entweicht und mit seinem Rückstoß Vortrieb erzeugt. Die Einspritzdüsen (ED) sitzen vorn in der Brennkammer (BK), der sich das Schubrohr (SR) anschließt.

schließen vorn sofort die Ventile, bilden hinten einen Feuerstrahl und erzeugen kräftigen Schub. Gleichzeitig entsteht vorn ein Unterdruck, der die Ventile öffnet und das nächste Arbeitsspiel einleitet. Nach demselben Prinzip entstanden, ursprünglich zum Anwärmen von Flugmotoren, »Schwingfeuergeräte« für Heizungen und kleinste Antriebe für Fahr- und Flugzeugmodelle.

wicklungsschritt, wenn man bedenkt, daß praktisch mit dem Aufwand eines blechernen Ofenrohrs, eines Mundharmonikaventils und eines Gemischbildungsverfahrens, das einem Rasensprenger sehr ähnelt, immerhin ein Gesamtwirkungsgrad von 4% erreicht wurde« (Dr. G. Diedrich, der die »Düsenblenden-Gemischbildung« bei Argus entwickelte). Nach dem Krieg ermöglichten in den USA haltbarere

Ventilfederklappen die neue Anwendung als Hubschrauber-Drehflügelantrieb, während französische Ingenieure die Thermodynamik verbessern und den spezifischen Schub fast verdoppeln konnten.

Von der Pulsodüse führt in der Theorie schon ein kleiner Schritt zum Staustrahltriebwerk, vom Schmidt-Rohr zum weit älteren Lorin-Rohr; denn ein Franzose dieses Namens erfand es 1913, nachweislich ohne Kenntnis eines noch sechs Jahre älteren amerikanischen Patents, aber als direkten Vorläufer eines von seinem Landsmann René Leduc weiterentwickelten »Ofenrohrs«. Seinen Nachteil bestimmte über Jahrzehnte die Eigenart, daß es erst bei sehr hoher Fluggeschwindigkeit »anspringt«, wenn nämlich der Luftstrom einen kräftigen Stau ausüben kann. Der Aufbau ist noch simpler als im Pulsotriebwerk, weil der vordere »Rohrboden« einschließlich aller Ventile völlig fehlt. Dafür fungiert die Einströmöffnung als Diffusor, d. h. »umgekehrte Düse«: sie verlangsamt die hineinsausende Luft — wie übrigens in fast allen Jets — und erhöht dadurch den statischen Druck. Mit eingespritztem Treibstoff entsteht wieder ein zündfähiges Gemisch und eine Flamme, die jedoch nicht pulsiert, sondern kontinuierlich brennt, wie vor einer Gasturbine. Da die vordere Öffnung kleiner ist als die hintere, außerdem von der gestauten Luft förmlich versperrt, da noch weitere aerodynamische und schwingungstechnische Kunstgriffe wirken, strömen die brennenden Gase hinten aus und erzeugen den gewünschten Vortrieb; je höher die Fluggeschwindigkeit, umso mehr.

Obgleich Leduc und der S.N.E.C.M.A. in den 50er Jahren beeindruckende Demonstrationen gelangen und staatliches Interesse erweckten, obgleich bei »Mistelflüge«, d. h. Huckepack-Starts von einem viermotorigen Trägerflugzeug, Geschwindigkeiten von 2500 km/h und Triebwerkleistungen entsprechend 60 000 PS oder 44 000 kW zustandekamen, findet man Staustrahltriebwerke bisher nur in Ferngeschossen oder anderen unbemannten Flugkörpern.

Wir kehren deshalb zu einem Düsentriebwerk zurück, das als echte Rakete, nicht auf atmosphärische Luft oder Staudrücke angewiesen, ein bemanntes Flugzeug erstmalig über die 1000 km/h-Grenze beschleunigte und, im Herbst 1941 ebenso sensationell, binnen $2^{1/2}$ Minuten auf 9 km Höhe trug — den Raketenjäger »Me 163« mit dem alten Segel- und Testflieger Heini Dittmar.

Die Kennbuchstaben Me und die Werknummer 163 waren eigentlich irreführend, weil das schwanzlose »Kraftei« weder aus Augsburg noch von einem Messerschmitt-Konstrukteur stammte, sondern von Dr. Alexander Lippisch, als das Resultat eines über 20 Jahre beharrlich verfolgten Ziels. An sich ging die Idee eines »Nurflügel-Flugzeugs« mindestens auf ein Junkers-Projekt von 1913 zurück, wenn nicht bis zu Igo Etrich. Doch die unstabilen Flugeigenschaften ließen frühe Versuche nicht weit gedeihen und bewogen Lippisch, der in den 70er Jahren, hochbetagt, auf dem Bodensee frappante Neuerungen testete, damals keine Revolution zu proben, sondern langsam und schrittweise vorzugehen, zumal die Finanzierung mehr als prekär war. Vorsichtig und mit geringen Unkosten zu experimentieren — dazu bot sich die junge, gleich nach dem Weltkrieg-I aufkommende Segelfliegerei an, und so baute er zuerst mit Espenlaub einige

»Gleiter«, nach der Inflation in der »Rhön-Rossitten-Gesellschaft« neue Typen bis zum »Storch V«, der 1929 einen 8 PS-DKW-Motor mit einem Druckpropeller erhielt. Dazwischen gab es immer wieder Bruch und Rückschläge, aber keine kapitalkräftigen Interessenten. Als eine neue Bruchlandung Lippischs Hoffnungen fast auf den Nullpunkt drückte, spendete der Ozeanflieger Hermann Köhl 4200 Mark, mit denen die »Delta I« entstand, mit einem 30 PS-Bristol-Motor und dem Namen »Hans Huckebein«. Weitere Delta-Typen folgten, von Focke-Wulf und Fieseler gebaut, aber auch ein Absturz des bekannten Piloten Wiegmeyer, wonach Professor Walter Georgii seinen ganzen Einfluß aufbieten mußte, um das Verbot abzuwenden.

Georgii war der Leiter der DFS, der Deutschen Forschungsanstalt für Segelflug (die inzwischen von Darmstadt nach München-Riem umzog). Sie erhielt 1937 endlich den Auftrag des Luftfahrtministeriums für das Projekt »X«, weil Rückstoßtriebwerke damals Interesse fanden, Lippisch aber schon 1928 Pulverraketen zum Start von Segelflugzeugen erprobt hatte. Konstruktion und Arbeitsvorbereitung gingen flott voran, doch erwies sich die DFS mit dem Bau eines anspruchsvollen Raketenflugzeugs überfordert, so daß der 12köpfige Lippisch-Stab 1938 zu Messerschmitt übersiedelte. Dort erhielt sein Projekt, dank glänzender Flugeigenschaften eines Prototyps, eine hohe »Dringlichkeitsstufe« (von dem dafür zuständigen Ernst Udet, der ehemals Staffelkapitän im Richthofengeschwader und selber ein glänzender Kunst- und Segelflieger war und das, zum letzten Mal 1936, bei der Winterolympiade in Garmisch demonstriert hatte). Das Me 163-Konzept zielte inzwischen eindeutig auf einen raketengetriebenen »Abfangjäger« mit extremer Geschwindigkeit und Steigleistung, aber auch kürzester Flugdauer und Reichweite, selbst mit der Verwertung der ausgezeichneten Gleiteigenschaften. Naturgemäß stellt der Weg vom (allerdings sturzflugtauglichen) Segelflugzeug zu absoluten Rekordgeschwindigkeiten an die »Zelle« große Aufgaben, die man mit vielen Windkanalversuchen und Testflügen löste. Gleich beim ersten Flug mit dem neuartigen Triebwerk erzielte Dittmar bis zu 550 km/h — und dabei blies die HWK-Rakete »kalt«, allein mit »T-Stoff«, dem Decknamen für hochprozentiges Wasserstoffperoxyd, auch Wasserstoffsuperoxyd genannt.

Von Wasser (H_2O) durch ein zusätzliches Sauerstoffatom im Molekül unterschieden, oxydiert und bleicht das Peroxyd (H_2O_2) stark, womit es ja einen Stammplatz in manchem Haushalt (und Badezimmer) erlangte. Da es unverdünnt sehr instabil ist und zäh wie Sirup fließt, vermischt man es mit Wasser — im T-Stoff mit etwa 15%. Ihn fördert eine Pumpe im HWK-Triebwerk (Hellmuth Walter, Kiel) in die Reaktionskammer, wo ein Katalysator (zum Beispiel »Z-Stoff«, Kaliumpermanganat) die an sich schon ausgeprägte Zerfallneigung enorm schürt. Spontan entstehen große Mengen Sauerstoff und Wasserdampf, die in der Düse den Vortriebsstrahl bilden. Sie können jedoch, genau so gut, eine Turbine in ein »nicht-luftatmendes« Triebwerk verwandeln und beispielsweise U-Boote bei Tauchfahrt antreiben. In der Tat erzielte das Versuchsboot U-V 80 mit dem »kalten« Walter-Triebwerk den Unterwasserrekord von 26,5 Knoten, fast 50 km/h.

Nun ist reiner Sauerstoff, wie ihn die »kalte« Walter-Rakete erzeugt, bekanntlich ein äußerst aktives Element, ein hochwirksamer, oft gefährlicher »Verbrennungsstoff« und ökonomisch betrachtet alles andere als ein Endprodukt. Er fordert förmlich heraus, ihn für eine weitere Reaktion zu verwerten, nämlich für eine echte Verbrennung. Dazu speiste dann eine andere Pumpe den »C-Stoff« ein — eine Treibstoffmischung aus 30 % Hydrazinhydrat, 57 % Methanol und 13 % Wasser. Hydrazin (N_2H_4) ist eine Verbindung von Stickstoff mit dem leichten, kalorienreichen Wasserstoff, dem Ammoniak eng verwandt (NH_3); es wird auch, mit gelöstem Wasser, als Hydrat eingesetzt — oder mit Methanol, als Dimethylhydrazin. Insgesamt ist die Zahl der für Flüssig- oder Feststoffraketen brauchbaren Treibstoffe und Treibstoffpaarungen nur für Spezialisten übersehbar...

Der »heiße« Prozeß steigerte den Schub von 300 kp rasant auf 750 kp, gut für 1003 km/h, die Dittmar etwa beim zehnten Testflug erreichte. Später kamen die nur 165 Kilogramm schweren Walter-Triebwerke sogar auf 1700 kp Schub und erhielten zusätzlich eine »Marschdüse« mit 300 kp, wodurch die Gesamtflugzeit — mit 2000 Litern T-Stoff und 500 l C-Stoff — von 8 auf 12 Minuten anstieg.

Die moralische Wirkung auf feindliche Bomberbesatzungen war groß, als die Raketenjäger, im August 1944 bei Leipzig, erstmalig am Himmel auftauchten; doch blieb der Erfolg fragwürdig, weil wenigen Abschüssen hohe eigne Verluste durch Flugunfälle gegenübertraten, vor allem durch Explosionen der unausgereiften Aggregate bei Starts und Landungen. Ein prominenter alliierter Luftmarschall konstatierte beim Einsatz der TL-getriebenen Me 262, diese rächten sich offenbar für den Mißerfolg der Me 163... Auch Heini Dittmar selbst, der seit Günther Groenhoffs frühem Fliegertod, 1932 in der Rhön, die lange Entwicklung bis zum »Kraft-Ei« aktiv erlebte, erlitt noch einen schweren Unfall. Als U-Boot-Antriebe indessen konnte man auch den »heißen« Walterprozeß hinreichend entschärfen; denn U-V 80 blieb, obwohl Rekordhalter, das einzige Boot mit einem kalten Antrieb.

In der griechischen Mythologie straften die Götter den Menschen, indem sie seine Wünsche allzu vollkommen erfüllten. Dem Atomzeitalter blieb es vorbehalten, die ganze Ironie dieser Strafe zu erfahren.
Henry Kissinger, 1957

3400 TONNEN SCHUB, »GEBÜNDELT« UND MIT STUFEN FÜR DIE MONDFLÜGE

Alan Shepard flog im Mai 1961 als erster Amerikaner ins All — nicht als erster Mensch; denn Juri Gagarin hatte schon drei Wochen vorher die Erde umkreist — Rußland, mit einem ähnlichen personellen und materiellen Peenemünder Erbteil wie die USA gerüstet, den zugespitzten Wettlauf der bemannten Raumfahrt fürs erste gewonnen. Aber John F. Kennedy, der Präsident für 1000 Tage bis zum tragischen Ende, sanktionierte sofort das gewaltige Apollo-Programm. In dessen Verlauf betraten acht Jahre später Neil Armstrong und Edwin Aldrin die Oberfläche des Monds. Wernher Freiherr von Braun, inzwischen knapp 57 Jahre alt, hatte sein fantastisches Ziel erreicht. (Er starb 1977).

Hier geht es nicht um die Sternstunden unserer Epoche, die Merkur-, Gemini- und Apolloflüge, ähnliche russische oder um Mondlandungen, die mit den Fahrten des Christoph Kolumbus, des Vasco da Gama oder den großen Weltumseglungen verglichen und in aktuellen Berichten gewürdigt wurden — zudem von der ganzen zivilisierten Welt miterlebt wie nie ein Ereignis zuvor. Hier geht es allein um die gewaltigen Antriebsleistungen, die das an herkömmlichen Kräften und Leistungen orientierte Vorstellungsvermögen weit übersteigen. Immerhin vermitteln die Schubwerte der stärksten Strahltriebwerke und der (zufällig) gleichstarken Peenemünder »A-4« einen Anhaltspunkt und Maßstab.

Vor allem aber bildete die A-4, mit der wir nach von Brauns Resümee »die Nase zum ersten Mal in den Weltraum stecken konnten«, die Basis für viele weitere, immer größere und stärkere Raketen. Deren Entwicklung schien zeitweilig mehr von Kompetenzen, Dringlichkeiten und Budgets diktiert als vom fortschreitenden Stand der Technik. Natürlich gesellten sich zu den zahlreichen deutschen Spezialisten immer mehr amerikanische Kollegen (und »drüben« russische), die zunächst in militärischen Dienststellen wirkten, dann zusätzlich in der 1958 gegründeten zivilen NASA (National Aeronautics und Space Administration). Den in jeder Beziehung enormen Aufwand für die Raumfahrt bekunden nicht nur die Antriebsleistungen, sondern über 3000 statistisch erfaßte neue Verfahren, spezielle Werkstoffe und Produktionsmethoden, medizinische und organisatorische Erkenntnisse, die zu einem großen Teil Fortschritte auf anderen Gebieten darstellen.

Der A-4 folgte, um nur ein paar Stationen der zwanzigjährigen Entwicklung herauszugreifen, 1953 die 21 Meter lange, 28 Tonnen schwere und beachtlich zuverlässige »Redstone« mit 35 000 Kilopond Schub. Sie dient inzwischen etlichen militärischen Aufgaben, auch in Europa. Den »Explorer«, als ersten westlichen Satelliten, trug 1958 eine »Jupiter-C« mit 38 Schub-Tonnen. Zwei Jahre später entfaltete die »Atlas«-Rakete, 23 m lang und beim Start 10 Tonnen schwer, bereits über 160 Tonnen Schub und beförderte, als »Atlas-Agena«, die Mondsonde »Ranger« auf ihren langen Weg. Von ihren drei nebeneinander angeordneten Triebwerken wurden die beiden äußeren bei einer bestimmten Geschwindigkeit abgeworfen, zu Gunsten der Reichweite. Diese »Bündelung« von mehreren in einer Reihe oder kreisförmig montierten Triebwerken wurde für große Leistungen allgemeiner Brauch, besonders ausgeprägt bei den russischen Raketen.

Auch die Merkur-Kapsel, in der John Glenn im Februar 1962 die Erde binnen fünf Stunden dreimal umkreiste, im Wettbewerb mit den sowjetischen Wostokflügen, startete auf einer Atlas-Rakete. (Die vorangegangenen kurzen »ballistischen« Flüge mit Shepard und Grissom, je 15 Minuten lang, knapp 200 Kilometer hoch und 500 weit, erfolgten mit der »Redstone«). Doch befand sich zu dieser Zeit die »Saturn I« schon in einem fortgeschrittenen Stadium — mit acht Triebwerken für je 85 Tonnen Schub, zusammen 680 000 Kilopond, 58 Meter hoch und über 500 Tonnen schwer. Nach ihr vollzog die »Saturn V« den letzten und weitaus größten Schritt ins Weltall — mit fünf Triebwerken, von denen jedes einzelne soviel leistet wie die acht ihres Vorläufers zusammen: also 5 x 680, zusammen 3400 Tonnen Schub oder das 136fache der alten »A-4«.

Diese fünf Triebwerke vom Typ »F-1« heben die Saturn-V von der Startrampe und beschleunigen sie auf 9650 km/h Geschwindigkeit. Sie wiegt mit ihrer relativ winzigen Nutzlast 2840 Tonnen — soviel wie 75 beladene 38 Tonnen-Lastzüge, ebensoviele Standard-Güterwagen oder 2400 vollbesetzte VW-Käfer. Zwar ergibt sich nach der Schubformel (S. 411) die wahrhaft astronomische Leistung von stung einsetzen und damit 1953 auf Anhieb das dramatisch umkämpfte »blaue Band« nach Amerika holen, dank 36,5 Knoten Reiseschnitt (68 km/h). 40 Millionen kW reichen ferner für 4000 der stärksten elektrischen Fernschnellzuglokomotiven, 20 000 dieselhydraulische »V 200« oder über 100 000 Formel 1-Rennwagen (1980).

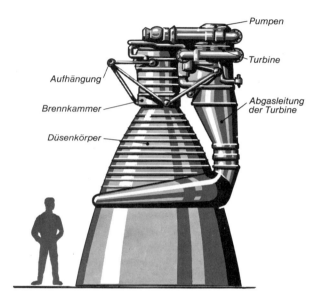

XIX.10 Eine der fünf mächtigen F 1-Raketen, aus der 1. Stufe der Saturn-V. Die Abgase der 40 000 kW-Turbine (nur zum Antrieb der Treibstoffpumpen) sollen den Düsenkörper nicht etwa aufheizen, sondern wirkungsvoll kühlen! Wärmemengen, die mit 11 Millionen PS (8 Mio. kW) freigesetzt werden, sind (bereits am Boden) astronomisch:

121 000 000 PS, doch gilt sie erst für die Höchstgeschwindigkeit am »Brennschluß« und muß wegen des »stehenden Starts« halbiert werden. Auf die ausgestoßenen Gasmengen und Gasgeschwindigkeiten bezogen produziert ein »F-1« Triebwerk »nur« 11 Mio. PS, alle fünf also 55 Mio. PS oder 40 Mio kW.

Damit ein Zahlenspiel der Fantasie nachhilft, reichen solche Leistungen für 500 vierstrahlige Intercontinental-Clipper oder doppelt soviele Ozean-Luxusliner der »Hanseatic«-Klasse — lediglich die 53 000 BRT große »United States« konnte (niemals deklarierte) 175 000 kW (240 000 PS) Turbinenleistung Trotzdem würde die Leistung nicht genügen, um die Apollo-Kapsel in die Mondbahn zu bringen, hätte man nicht zum Kunstgriff der Mehrstufenrakete gegriffen. Sie wurde in Peenemünde schon 1941 geplant, aber erst neun Jahre später in Neu-Mexiko erstmalig eingesetzt. Die ausgebrannte 1. Stufe wird abgeworfen, wonach die zweite, darüber angebrachte zündet, danach eine dritte und eventuell eine vierte Stufe, wobei sich die Endgeschwindigkeiten der einzelnen Stufen ungemein wirkungsvoll addieren.

Wenn wir diesen dreifachen Kraftakt und seinen Ursprung näher betrachten, so zünden am Ende des Countdown die fünf F-1 gleichzeitig innerhalb von Millisekunden, und zwar mit einer »hypergolischen« Hilfsflüssigkeit, wie Chemiker Stoffe bezeichnen, die beim Zutritt von Sauerstoff spontan reagieren. Sie befinden sich an den F-1-Brennkammern in Behältern, deren Deckel durch den Treibstoffdruck sofort bersten. Nun verbrennt jedes einzelne Triebwerk über 1100 l/sec Kerosin (Jet-Petroleum) — alle fünf F-1 also in jeder Sekunde den Heizölbedarf eines mittleren Einfamilienhauses für ein ganzes Jahr. Hinzukommen als Oxydator (»Verbrennungsstoff«) 5 x 1800 Kilogramm Sauerstoff, den riesige Kryotanks (wie schon in der A-4!) in flüssigem Zustand bei −183° C enthalten (das griechische Kryos heißt Eis, als Sinnbild für eine extreme »Wärmeisolation«). Es ist gar

keine einfache Aufgabe, diese Kälte im gesamten Treibstoffsystem zu bewahren und jedes Einfrieren der Ventile zu vermeiden, aber auch jede Ver-

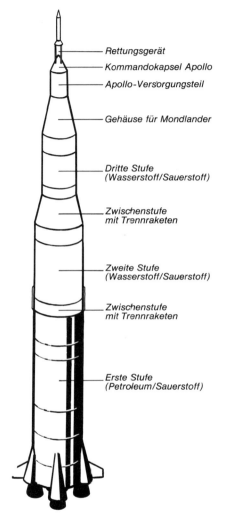

XIX.11 Die Zeichnung der Saturn V-Trägerrakete mit der Nutzlast und dem Rettungsgerät ist 12, 22 oder 32 cm groß – ihre Gesamthöhe von 110,60 m entspricht einem respektablen Kirchturm oder Wolkenkratzer (solange man nicht gerade an das New Yorker Empire State Building denkt, in dem die Raketenspitze nur bis zum 30. von 102 Stockwerken reicht).

Das Startgewicht beträgt 2840 Tonnen, die »Nutzlast« in der Umlaufbahn 113 t und in der Fluchtbahn 43 t. Außer dem beschriebenen Triebwerk im »Apollo-Versorgungsteil« sind die Hauptdaten der drei Stufen folgende:

	1. Stufe	2. Stufe	3. Stufe
Länge (m)	42	25	18
Durchmesser (m)	10	10	6,6
Leergewicht (in Tonnen)	136	43	15,4
Treibstoffgewicht (t)	2035	427	103
Triebwerktypen	5 x F-1	5 x J-2	1 x J-2
Startschub (Schub-t)	3400	460	102
Endgeschwindigkeit (km/h)	9650	24 600	39 400

dampfung der Flüssigkeit, die ebenfalls den Nachschub gefährden würde, wie Dampfblasen im Kraftstoff für einen Ottomotor.

Um die Treibstoffe durch tausende Düsen in die Brennkammer zu fördern, sitzen an jedem Triebwerk etliche Schleuderpumpen. Im Prinzip ähneln sie simplen Kühlwasserpumpen, beanspruchen aber als Antrieb eine (von einem »Gasgenerator« versorgte) Gasturbine, die 55 000 PS (40 000 kW) bei 5500/min leistet, fast die Antriebskapazität des »Europa-Jets«, doch gleichzeitig nur ein halbes Prozent der F-1-Leistung. Auf die Pumpenleistung von luft-atmenden Triebwerken und Kolbenmotoren kann man diesen Vergleich nicht ausdehnen, weil hier ja nur der mengenmäßig kleinere Verbrennungspartner befördert wird; oder man müßte die beträchtliche »Gaswechselarbeit« beziffern...

Abgesehen von der fehlenden Brisanz würde Luft, statt Sauerstoff, fast den fünffachen Tankraum beanspruchen. Da die F-1 mit »reicher« Verbrennung arbeitet, wie alle Raketen, kommen zu insgesamt 680 000 kg Kerosin (840 000 Liter) rund 1 350 000 kg flüssiger Sauerstoff, der in der Brennkammer, bei 3200° C Hitze und 60 bar Druck, fast zeitlos verdampft. Als spezifischen Treibstoffverbrauch weist die Umrechnung etwa 2,5 kg für jede Kilopond-Schubsekunde aus — einen recht guten Wert, da Feststoffraketen vergleichsweise doppelt soviel benötigen. Naturgemäß zählte optimale Treibstoffökonomie auch zu den zahlreichen Voraussetzungen für Mondflüge.

Ziemlich genau nach 150 Sekunden sind die Triebwerke der 1. Saturn V-Stufe ausgebrannt, über 2000 Tonnen Treibstoffe in einen ungeheuren Feuerschweif und Vortrieb umgesetzt und die Beschleunigung auf über 4 »g« angestiegen (bei einem Mittelwert der 1,8-fachen Erdbeschleunigung). Automatisch und elektronisch gesteuert wird die leere Stufe abgetrennt; 136 Tonnen teuerster »Technik« sind ein nutzloses Riesenrohr geworden von 42 Meter Länge und 10 Meter Durchmesser.

Den 670 Tonnen schweren Rest befördern die fünf kleineren »J-2«-Triebwerke der zweiten Stufe. Um 184 km Höhe und fast 25 000 km/h Geschwindigkeit zu gewinnen, sind »nur noch« 460 Schubtonnen aufzubringen. Dazu reichen 427 Tonnen Treibstoffe und 6 Minuten, allerdings mit Wasserstoff anstelle des Kerosin als Energiespender. Um ihn zu verflüssigen, muß die Temperatur auf $-253°$ C sinken — bis auf 20 Grad an den absoluten Nullpunkt. Das beanspruchte pro Tonne mindestens 15 000 Kilowattstunden Strom. (130mal mehr als für 1 Tonne Flüssigsauerstoff).

Obwohl die 2. Stufe der Saturn-V nur 13,5 % der 1. Stufe »schiebt« (allerdings im Vakuum), ergibt sich aus der Schubformel infolge der buchstäblich astronomischen Geschwindigkeit am Brennschluß die theoretische, praktisch belanglose PS-Zahl von 42 000 000 (im Mittel zwischen Zündung und Verlöschen etwa 28 000 000 PS). Doch die Umlaufbahn um unseren Planeten — in 185 km Höhe mit 28 000 km/h, also knapp 8 km je Sekunde — wird erst erreicht, wenn noch die dritte Stufe knapp drei Minuten lang brennt. Mit 18 m Länge und 6,6 m Durchmesser besteht sie aus einer einzelnen J-2-Rakete, die sich abstellen und mehrfach zünden läßt, mit 100 Tonnen Schubkraft. Ihre zweite Zündung und Arbeitsphase, nach beliebig vielen Erdumläufen, bewirkt die

»Fluchtgeschwindigkeit« von rund 40 000 km/h (11 km/s) und befördert das Raumschiff in die Bahn zum Mond.
Jetzt wird auch die ausgediente 3. Stufe abgetrennt. Sie landet aber nicht, wie ihre großen Geschwister, nach einem weiten Bogen im Atlantik, sondern fliegt nach der Verbrennung des restlichen Treibstoffs mitsamt dem »Gerätering« weit ins All, als ein künstlicher Planet der Sonne. Der Gerätering hatte, mit einem komplizierten IBM-Computer als Gehirn, die gesamte Steuerung aller Stufen, die Stabilisierung und Lenkung der Saturn-V (durch minimales Schwenken aller außen angebrachten Triebwerke!) ausgelöst.
An den 45 Tonnen, die jetzt zum Mond fliegen — durch die Erdanziehung ständig verlangsamt, zuletzt von der Mondanziehung wieder beschleunigt — partizipieren die bewohnte Apollo-Kapsel mit knapp 6 Tonnen, deren Haupttriebwerk samt allem Zubehör mit 14,7 und die Mondfähre mit rund 25 Tonnen. Das Haupttriebwerk, 7,5 m lang bei 4 m Durchmesser, entfaltet 9300 Kilopond Schub und erlaubt bei Bedarf bis zu 36 erneute Zündungen. Es wird erst nach der Rückkehr zur Erde abgetrennt, kurz vor dem Wiedereintritt in die Atmosphäre, bei dem es mangels Hitzeschutz verglüht.
Hochkomprimiertes Helium aus kugelförmigen Druckgasbehältern fördert die Treibstoffe aus den Titantanks in die Brennkammer — diesmal wieder eine andere Paarung: Dimethylhydrazin (vgl. S. 425) und Stickstofftetroxyd (N_2O_4), also eine »Verdoppelung« des Stickstoffdioxyd-Moleküls (NO_2), die mit ihrem hohen Sauerstoffgehalt kräftig oxydiert (verbrennt) und sich mit Hydrazin von selbst entzündet.

Beide benötigen keinen Kryotank und viel weniger Raum als Wasserstoff; dessen extremer Energiegehalt bezieht sich nämlich auf die Gewichtsmenge, nicht auf den beanspruchten Raum. Wasserstoff ist nicht nur das leichteste Gas, über 14mal leichter als Luft, sondern wiegt auch flüssig, bei $-253°$ C, nur 70 Gramm pro Liter.
Zehn kleine, in allen möglichen Richtungen am Raumschiff angebrachte »Manövriertriebwerke« und die zwei Raketenmotoren der Mondfähre verarbeiten gleichartige Treibstoffe wie das Haupttriebwerk. Das die Fahrt bremsende Landetriebwerk der Fähre entwickelt einen Schub, den der Pilot zwischen 475 und 4750 Kilopond regeln kann — er gibt regelrecht »Gas«; hinterher bleibt es für alle Zeiten mit dem schweren Untergestell auf dem Erdtrabanten stehen, während das separate Aufstiegstriebwerk für die Annäherung der Fähre an das unentwegt den Mond umkreisende Raumschiff 1600 kp schiebt. Die doppelte Unterteilung demonstriert wieder die konsequente Anwendung des Stufenprinzips!

Oft ähnelt die Konjunktur dem Mond — man kann nicht dahinter sehen.
Dieter Balkhausen, 1977

VON »EXOTISCHEN« BRENNSTOFFEN, KOMMENDEN WELTRAUMANTRIEBEN UND »FERAK«

Nach den Gasen, die bei der Verbrennung von Hydrazin und Stickstofftetroxyd entstehen, darf ein um Umweltschutz beflissener Biologe freilich nicht fragen; denn die Komponenten Wasserstoff (aus Hydrazin), Sauerstoff (vom Oxydator) und Stickstoff (aus beiden) führen geradewegs zu Verbindungen wie HNO$_3$ — Salpetersäure mit ihren verschiedenen äußerst aggressiven Formen und Konzentrationen. Während aber die Spuren der Apollo-Triebwerke unsere Atmosphäre nicht im entferntesten berühren, kann man solches bei den Abgasen »exotischer Brennstoffe« für Strahlturbinen, Staustrahlantriebe und spezielle Nachbrenner keineswegs ausschließen. Da gibt es als Brennstoffe namentlich Borane, zum Beispiel Borwasserstoffverbindungen als Hochenergiestoffe mit Heizwerten, die bis zu 50 % über Benzin und Petroleum liegen. Sie vergrößern die Zündfähigkeit luftatmender Triebwerke in extremen Höhen und die Reichweite von Flugzeugen und Lenkwaffen.

Ungeachtet der diffizilen Handhabung und Aufbewahrung dieser explosiven, giftigen und stark ätzenden Substanzen vernichten ihre Verbrennungsprodukte jede Vegetation — als »Wüstenbildner«. Auf der langen Liste der »Verbrennstoffe« sieht es nicht besser aus, etwa mit Salpetersäure oder Fluorverbindungen, den aktivsten von allen, die mit den meisten anderen Elementen schon bei Raumtemperatur auflodernd reagieren und als Flußsäure sogar Glas angreifen. — General Electric zum Beispiel stellte, angeblich im Gegensatz zu russischen Entwicklungen, Versuche mit Borankraftstoffen ein, nachdem man über 200 Millionen Dollar investiert hatte.

Atomraketen, von der Raumfahrt schon früh und voller Hoffnungen angepeilt, bergen wieder andere große Probleme. Genausowenig, wie man heute (schon) die bei einer Kernreaktion freiwerdende Energie direkt in elektrischen Strom umzuwandeln vermag, können die losgeschleuderten Teilchen nach hinten gerichtet werden und unmittelbar Vortrieb erzeugen. Man braucht in Atomkraftwerken einen Dampfkessel, den das Kühlmittel des Reaktors heizt, und große Dampfturbinen für die Stromerzeuger... und bei Raketen heißes Druckgas als Arbeitsmedium, etwa Wasser oder Wasserstoff, die der Reaktor auf etwa 3000° C bringt und ausstößt.

Beim Strahltriebwerk eines Kernenergieflugzeugs, für dessen Entwicklung die USA schon in den 50er Jahren über 1 Milliarde Dollar ausgaben, ersetzt vergleichsweise ein Reaktor die herkömmlichen Brennkammern und erhitzt die Luft zwischen dem Verdichter und der Turbine. Doch diese Anlagen, die als ortsfeste Großkraftwerke, ferner als Antriebe von U-Booten und Forschungsschiffen tadellos funktionieren, die inzwischen auch — in Miniaturausgabe — unbemannte Satelliten mit Energie versorgen, sind für Flugzeuge bislang durch den unerläßlichen, aufwendigen Strahlenschutz viel zu schwer und unwirtschaftlich.

Einen anderen Weg zu weltraumtauglichen Raketen eröffnen Strombögen, die das Arbeitsmedium erhitzen und durch eine Düse herausdrücken. Einen noch weiteren Schritt weg vom Herkömmlichen präsentiert der Ionenstrahlantrieb, den Hermann Oberth früh ins Gespräch brachte und moderne Lexiken bereits erläutern. Hier werden die Arbeitsmedien selbst einschneidend verändert, nämlich die Atome oder Moleküle irgendwelcher Stoffe von starken, mit einem Reaktor gewonnenen Strömen in »Ionen« verwandelt, in elektrisch geladene Teilchen. (An ionisierte, elektrisch leitende Gase erinnern wir uns aus dem Zündkerzenkapitel, S. 305). Die Ionen stammen vom Dampf eines besonderen Metalls — Cäsium, noch weicher als Natrium, reaktionsfreudiger als Kalium. Sie können in einem elektrischen Feld mit 10 000 bis 30 000 Volt Spannung auf Geschwindigkeiten bis zu 300 Kilometer pro Sekunde beschleunigt und ausgestoßen werden. Allerdings entstehen Ionen (als +-geladene Teilchen) niemals allein, sondern gleichzeitig mit Elektronen (leichteren, minus-geladenen Teilchen). Letztere würden, wenn man sie nicht ebenfalls entfernte, die Rakete statisch aufladen und den Antrieb sozusagen kurzschließen; das verursacht neuen Aufwand ohne Gewinn. Andererseits arbeitet der eigentliche Antrieb »kalt«, folglich ohne Kühlungsproblem, zwar im Vergleich zu chemischen Raketen recht schwach und auch schwer, aber dafür monate- oder ein Jahr lang — als ein aussichtsreiches Verfahren für längste interplanetare Raumfahrten.

Zu weiteren Energiequellen der Zukunft zählen die systematische Verwertung von Sonnenstrahlen für Ionenantriebe, abgesehen von der »gezähmten Wasserstoffbombe«, d. h. der friedlichen Verwendung der Kernverschmelzung im Gegensatz zur technisch gelösten Spaltung der großen Atome von Uran oder »schwerem Wasser«... ferner Plasmabrenner und Magnetohydrodynamische Generatoren (MHD). Unter einem Plasma verstehen Physiker, anders als Biologen oder Mineralogen, einen mit Lichtbögen erzeugten ionisierten Gasstrom, der elektrisch leitfähig ist, aber eine »neutrale« Ladung besitzt. Ein starkes Magnetfeld kann ihn komprimieren, bündeln und beschleunigen, und zwar ohne Wandberührung, die bei »astronomischen« Temperaturen technisch ausscheiden muß.

Die Gastemperaturen in Lichtbögen dienen in Elektroöfen in großem Stil zum Schmelzen von Metallen. Mit 20 000 bis 50 000° C liegen sie haushoch über den Werten von Kokshochöfen (max. 1600° C), Wolframwendeln in Glühlampen (mit Halogengasfüllung 2100° C) und sogar über der Sonnenoberfläche (ca. 5500° C, die im Inneren auf viele Millionen wachsen).

Als Energiespender für Plasma- oder MHD-Raketen kommen sicher nur Kernkraftanlagen in Betracht. Doch kann man für einen MHD-Generator Luft, die mit Sauerstoff angereichert ist, in Heizöl- oder Kohlenstaubbrennkammern auf 3000° C erhitzen und durch eine Düse mit 1000 Meter pro Sekunde in ein Magnetfeld jagen. (Um die Ionisierbarkeit zu verbessern, wird eine Kaliumverbindung hinzugespritzt). Im MHD-Kanal trennt das Magnetfeld wieder die positiv- und negativ-geladenen Teilchen, lenkt sie zu verschiedenen Seiten und erzeugt dadurch eine elektrische Spannung ohne ein einziges mechanisch bewegtes Bauteil! Dabei ist dieser Prozeß der üblichen Stromerzeugung im Dynamo (oder Zündmagnet, vgl. S. 292) durchaus vergleichbar, weil in beiden Fällen ein bewegter Stromleiter die naturgesetzliche Induktion in einem Magnetfeld verwertet. Diese beeinflußt also den gasförmigen Leiter, eben Plasma, wie einen metallischen. Daß die Leitfähigkeit des Plasma 100 000 mal geringer ist als die von Kupfer, berührt nicht das Prinzip, sondern die Menge. Da MHD-Generatoren zur Stromerzeugung in Großkraftwerken mindestens so aktuell sind wie MHD-Raketen, werden sie unverzüglich im nächsten Kapitel auftauchen.

Doch kehren wir nach diesen leisen Anklängen einer imposanten Zukunftsmusik zum Ausgangspunkt unserer Betrachtung zurück, zu den Feststoffraketen, die Sander, von Opel und von Valier so rasch verließen (S. 336). Das sie keineswegs veraltet oder überholt sind, beweist schon ihre Verwendung im Apollo-Programm, noch oberhalb der bemannten Kapsel angebracht. Hoch über den aufgezählten 22 Flüssigkeitstriebwerken und ungeachtet vieler Trennraketen oder »Sprengbolzen«, die das Abwerfen der ausgedienten Stufen bewerkstelligen, befinden sich gleich drei Ferak am Rettungsturm, der mit 10 m Länge und 3,6 Tonnen Gewicht die Spitze der riesigen Mondrakete bildet. Er fliegt nur ein kurzes Stück mit und wurde nie benötigt. (Bei dem tragischen Unfall im Januar 1967, als bei einem Probe-Countdown die Astronauten Grissom, Chaffee und White ums Leben kamen, wütete das Feuer orkanartig im Inneren der Kapsel, ebenso im Januar 1986, als beim 25. Start ein »Space-Shuttle« der Raumfähre »Challenger«, ein landefähiger Nachfolger der Raumkapsel, mit sieben Astronauten in 16 km Höhe explodierte.) Die Rettungsraketen entfalten 67 Tonnen Schub, um die Raumkapsel von der Trägerrakete zu trennen, falls sich während oder gleich nach dem Start ein Unfall oder Triebwerkausfall ereignet. Eine weitere kleine Feststoffrakete erzeugt einen kurzen seitlichen Schub, der die Kapsel über den Atlantik schiebt, für die eingeübte Wasserung an drei Fallschirmen. Ansonsten fällt der Rettungsturm drei Minuten nach dem Start, also kurz nach dem Zünden der 2. Stufe, zur Erde zurück; genauer gesagt, zieht ihn zuerst eine 14 Tonnen-Rakete nach oben weg, gleichzeitig mit den »Sprengbolzen« gezündet.

Gegenüber den komplizierten Flürak ermöglichen feste Treibstoffe einen einfachen Aufbau und eine überlegene Startbereitschaft, wobei als Nachteile geringere Leistungen, Heizwerte und Gasausströmgeschwindigkeiten rangieren. Aber die in den 50er Jahren entwickelten Kunststoffe haben die Mängel gemildert und neue Vorzüge gebracht. Sinnvolle Formen der eingegossenen Füllungen erlauben eine Abstufung und Regelung des Schubs, zum Beispiel einen kräftigen Start und einen reduzierten, verlängerten Reiseschub. Nicht nur »exotische Mischungen«, sondern schon die Zugabe von 20 % Aluminiumpulver oder ähnlichen Metallen steigerte die Leistung und Reichweite, so daß bei Raketenwaffen die Ferak dominieren. »Polaris« und »Minuteman« sind wohl die bekanntesten Vertreter.

Ohne Zweifel hat Theodor von Karman, der aus Budapest stammende Aachener Physikprofessor und Luftfahrtexperte, die Entwicklung schon 1958 richtig vorausgesehen, indem für Raketen »Feststoffe und Flüssigkeiten ihre eigene, und zwar sehr große Zukunft besitzen. Feststoffe sollte man verwenden, wo es um Einfachheit geht, aber Flüssigkeiten dort, wo es auf maximale Leistungen ankommt.« — Eins indessen ist klar: die vielfältigen Probleme bei der kontinuierlichen Verbrennung in Düsentriebwerken und Raketen mußten bei diesem kurzen Spaziergang zurückstehen. Sie sind durchweg andere als in Kolbenmotoren, aber weder qualitativ noch quantitativ geringer; wenn es nämlich drei oder vier Dutzend verschiedene Faktoren gibt, welche die periodische Verbrennung in Otto- oder Dieselmotoren beeinflussen, so kennt die Raketentechnik mindestens tausend.

> *In der gesamten Zivilisation leben wir unter dem naturgesetzlichen Druck der ungewollten Nebenwirkungen unseres Handelns. Bald werden wir mehr als die Hälfte unserer Arbeit darauf verwenden müssen, die unbeabsichtigt entstehenden Schäden zu beseitigen.*
>
> Eduard Spranger, Pädagoge, 1882–1963

Werkstoffe im sinnvollen Wandel
Neue Antriebe – frühestens übermorgen

»Unbestreitbar bildet der Schornsteinauswurf in jeder Beziehung eine Belästigung. Er verunreinigt die Luft mit giftigen und gesundheitsschädlichen Stoffen: mit Kohlenoxyd, Kohlenwasserstoffen, schwefliger Säure, Asche, Ruß, Kohle, die sich in den Atmungsorganen festsetzen und Krankheiten erzeugen...« Der Stenograph, der diese Ansprache an die in Magdeburg versammelten Naturforscher aufzeichnete, kritzelte noch die alten Stolze-Sigel; denn die vervollkommnete Stolze-Schrey-Kurzschrift entstand erst im Geburtsjahr des Dieselmotors – und Edisons Grammophon steckte erst in den Kinderschuhen. Man schrieb das Jahr 1884. Der Ruf nach Umweltschutz ist also ebenso alt wie aktuell.

**DIE FASZINIERENDE ALTERNATIVE –
ENERGIEDIREKTUMWANDLUNG**

Zehn Jahre später beschäftigte den Naturwissenschaftler Wilhelm Ostwald die frappante Frage, wie denn überhaupt die Verbrennung von Kohle, Petroleum, Spiritus oder Gas Wärme erzeugt?! Er fand darauf nicht nur eine Antwort, sondern proklamierte, wie der jüngere, später gleichfalls mit dem Chemie-Nobelpreis belohnte Walther Nernst, die philosophische Forderung, die »Energieverschwendung« in Wärmekraftmaschinen einzustellen und chemische Energie mit bedeutend besseren Wirkungsgraden direkt in Elektrizität umzuwandeln. In der Tat sind die Verluste auf dem Weg von der Energie des Brennstoffs über die Kesselfeuerung in Wärmeenergie, die Umwandlung von Dampf in mechanische Energie, dann in der Dynamomaschine in Elektrizität... weit größer als der Nutzeffekt.

Die direkte Umwandlung von chemischer Energie in Elektrizität wird am ehesten verständlich, wenn man sich jede normale Verbrennung, in Öfen, Brennkammern und Motorzylindern »als einen elektrischen Prozeß vorstellt, bei dem (nach der Formulierung des Kasseler Physikprofessors K. J. Euler) die Außenelektronen der Brennstoffmoleküle im Kurzschluß zu den Sauerstoffatomen übergehen und ihre Energie als Wärmestrahlung abgeben...«

Aber die einzigen Stromspender, die Ostwalds Postulat damals erfüllten, waren als Nachfolger von Galvanis Experimenten und Voltas Säulen die unscheinbaren und (solange sie dicht sind) braven Taschenlampenbatterien. Freilich erzeugen sie Elektrizität mit teurem Zink als Brennstoff und Braunstein (Mangandioxid) als »Verbrennstoff«, in einem Elektrolyt (einer

Ammoniumchloridlösung), der im Gegensatz zur verdünnten Schwefelsäure unserer Bleiakkus fest bzw. eingedickt ist. Nur kann man galvanische Elemente, im Gegensatz zu Bleibatterien und anderen Akkumulatoren, nicht aufladen, also die Reaktion nicht umkehren und den abgegebenen elektrischen Strom wieder zurückpumpen. Wenn man wiederum verbrauchte Brenn- und Verbrennstoffe, von außen ergänzen und störende Endprodukte der Reaktion entfernen kann, wie Abgase aus Wärmekraftmaschinen, so handelt es sich um Brennstoffzellen, die wir als eventuelle Fahrzeugantriebe betrachten und hier zurückstellen.

Einen unmittelbaren Zusammenhang zwischen Wärme und Elektrizität verwerten als Meßinstrumente für hohe und tiefe Temperaturen die »Thermoelemente«. Ihre Wirkung beruht auf dem Effekt, den der mit Goethe befreundete baltische Physiker Thomas J. Seebeck fand: wenn man zwei Leiter mit unterschiedlichem elektrischem Widerstand verbindet, zum Beispiel Drähte aus Kupfer und Konstantan, und nur eine der beiden Kontaktstellen erhitzt, so entsteht ein elektrischer Strom. Ein Milliamperemeter zeigt ihn und, entsprechend geeicht, den Temperaturunterschied an.

Allerdings bedurfte es großer Anstrengungen, um den dürftigen Wirkungsgrad dieser Stromquellen zu verbessern; denn zwei grundlegende Voraussetzungen der verwendeten Metalle — möglichst hohe elektrische Leitfähigkeit zwecks geringer Stromverluste und Wärmeentwicklung einerseits, aber geringe Wärmeleitfähigkeit, um einen direkten Temperaturausgleich einzuschränken, andererseits — widersprechen sich von Natur aus. Die Wärmeleitzahlen der Metalle und ihre elektrische Leitfähigkeit verhalten sich sehr ähnlich.

Immerhin erzeugen zahlreiche zusammengeschaltete Seebeck-Elemente, mit zur Hälfte beheizten, zur Hälfte gekühlten Lötstellen, als Notstromaggregate Leistungen von etlichen hundert Watt. Mit reflektierenden Glasplatten und weiteren Kunstgriffen bewirken Sonnenstrahlen sogar Temperaturunterschiede über 100° C und liefern direkt Energie, die wir bislang nur nach einem Umweg über Millionen Jahre ernten, nämlich über die Entstehung von Kohle, Erdöl und Erdgas (wenn Holzfeuer außer Betracht bleiben).

Der Braunschweiger Physikprofessor E. Justi projizierte die Möglichkeiten eines Sonnenenergie-Großkraftwerks in Nordafrika, das die Bundesrepublik Deutschland vollständig mit Strom versorgen könnte. Für den auf 100 Milliarden Kilowattstunden abgerundeten Jahresbedarf erfordert eine tägliche zehnstündige Sonneneinstrahlung südlich des Atlas-Gebirges (mit einem Mittelwert von 1 kW pro Quadratmeter) 918 Quadratkilometer geschwärzte Bleche als »Empfängerfläche« — also eine durchaus akzeptable Dimension im Verhältnis zum Platzbedarf herkömmlicher Kraftwerke für dieselbe Leistung!

»Weil nach amerikanischen Erfahrungen der Energietransport durch Hochdruckgasleitungen rund achtmal billiger ist als durch Hochspannungsleitungen, sollte die Gleichstromenergie zur Druckelektrolyse von Salzwasser dienen, könnten Wasserstoff und Sauerstoff durch Pipelines in unser Land gelangen, wo sie teils für Haushalt und Industrie, teils auch als Rohstoff für die Chemie genutzt oder bei Strombedarf mit Brennstoffzellen stromliefernd rekombiniert werden. Die Gasleitungen fungieren gleichzeitig als Speicher, und das hier rekombinierte reine Wasser, auch Schwerwasser für Atomreaktoren, ist willkommenes Nebenprodukt. Ich kann nicht finden, daß diese Science Fiction (amerikanisch, für »einen naturwissenschaftlich-technischen utopischen Roman«) phantastischer ist als der erste Schritt von der Uranspaltung im Reagenzglas zum Atomreaktor — und unbestritten ist die Sonnenenergie die einzige Alternative zur Atomenergie.«

Der Autor ging (Anno 1970) noch weiter: verglichen mit der Sonnenwärme von 1,4 kW pro Quadratmeter beträgt der durchschnittliche Leistungsbedarf von 3 Milliarden Menschen je 3 kW — insgesamt nur $1/20000$ der irdischen Sonneneinstrahlung. »Wenn man also nur 1 % der Erdoberfläche, insbesondere in den sonst nutzlosen äquatorialen Wüstengürteln mit »Sonnenwärmefallen« bedeckt, die nur 1 % der absorbierten Wärme verstromen, so hat man noch doppelt soviel elektrische Energie wie eine hochverwöhnte Menschheit benötigt. Sollte dies nicht ein mit verhältnismäßig bescheidenen Anstrengungen erreichbares Ziel sein, statt ein utopisches Hirngespinst, zumal die Sonnenenergie weder mit gefährlichen Nebenwirkungen behaftet ist noch die Möglichkeit eines Mißbrauchs erkennen läßt?!«

Daß man an Stelle der Sonnenwärme auch ihre Lichtstrahlen in Elektrizität umsetzen kann, demonstrieren seit Jahrzehnten viele selbständige oder in Kameras eingebaute Belichtungsmesser. Amerikanische Entwicklungen verbesserten den ursprünglichen Wirkungsgrad von 0,2 % zwar auf über 10 %, doch verbieten die Kosten fast jede andere Verwendung als für die Energieversorgung von Nachrichtensatelliten. Weitere Versuche bezweckten eine wesentliche Verbilligung, wenngleich wieder zu Lasten optimaler Wirkungen; sie brachten in USA, Rußland, Frankreich und Braunschweig beachtliche Teilerfolge, aber noch keine wettbewerbsfähige Ökonomie.

Ein weiteres Verfahren zur direkten Umwandlung von Wärme in Elektrizität ist das »thermionische«. Elektronenröhren enthalten zwei Metallelektroden, eine gekühlt und die andere hoch erhitzt. (Die Wortbildung thermionisch deutet gegenüber thermisch auf eine ähnliche Abwandlung wie elektronisch gegenüber elektrisch!) Schon Edison entdeckte das Prinzip bei seinen umfangreichen Lampenversuchen mit der Beobachtung, daß heiße Glühwendeln elektrische Ströme durch das Vakuum der Birnen aussenden (ungeachtet des magnetischen Felds um jeden elektrischen Leiter). Der zunächst minimale Wirkungsgrad stieg kräftig an, als man das Vakuum durch ein Plasma ersetzte, ein leicht ionisierbares Gas wie Cäsium (s. S. 431).

Zur Erhitzung der thermionischen Wandler, d. h. als Energiespender eignen sich besonders kleine, kompakte Atomreaktoren, beispielsweise mit einem Volumen von 200 l — wie ein gängiges Faß — und einem Gewicht von rund 300 kg. Die spezifisch hohen Leistungen zwischen 10 und 500 Kilowatt könnten direkt Fernsehsatelliten versorgen, kleine U-Boote oder Anlagen treiben, bei denen die »Abwärme«, welche die Nutzleistung rund zehnmal übersteigt, einem wichtigen Nebenzweck dient; denn die hohen Verfahrenstemperaturen beanspruchen sehr teure Werkstoffe und Bauarten, die andere Anwendungen ausschließen. Außerdem benötigen die Atomreaktoren eine mit Raum und Gewicht aufwendige Abschirmung,

wenn sie nicht im Weltraum arbeiten.
Die großen bei der Kernspaltung anfallenden Mengen von radioaktiven Isotopen weisen ihrerseits einen Weg zu elektrischer Energie, indem die Strahlung Wärme und diese wiederum Elektrizität erzeugt. Ausgebrannte Uranstäbe können noch beträchtliche Energiemengen abgeben und radioaktiven »Abfall« nutzbringend verwerten. Die »Radionuklidbatterien« (RNB, treffender RN-Generatoren genannt) enthalten ausgewähltes strahlendes Material in einer Kapsel, rundherum Thermoelemente für Leistungen zwischen 3 und 65 Watt sowie eine Kühleinrichtung. Nach der Bewährung dieser Energiespender in etlichen Satelliten deponierten die Mondbesucher des Apolloprogramms eine 65 Watt-RNB zur langfristigen Versorgung der »Meßwerkstatt« und ihres Radiosenders.
Irdische RN-Generatoren, die mit anderem Strahlungsmaterial eine schwere Abschirmung benötigen, zielen auf Einsätze in automatischen Radar- und Wetterstationen ab. Eine dritte Kategorie dient in modernster Form der Medizin, als Herzschrittmacher, die in England und Frankreich zum ersten Mal 1970 implantiert wurden und ihren Trägern eine bedeutende Erleichterung versprechen, weil der Schrittmacher nicht mehr alle 18 Monate einen operativen Austausch verlangt (wie die hochwertigen, aber herkömmlichen Trockenelemente in etwa 60 000 Patienten jährlich). Die daumengroßen und 50 Gramm schweren Generatoren decken einen Leistungsbedarf unter 0,1 Milliwatt — für 1 Jahr (mit 8800 Stunden) also knapp 1 Wattstunde, annähernd vergleichbar den feinsten elektrischen Uhren.
Wir wollen unseren raschen Rundblick über Energie-Direkt-Umwandlung (EDU) nicht mit Pygmäen, sondern mit Riesen abschließen, die sich schon im Rahmen der futuristischen Raketen ankündigten. Wie in den MHD-Triebwerken jagen in den magnetohydrodynamischen Generatoren elektrischleitende Gase durch ein starkes querliegendes Magnetfeld, das die positiven und negativen Ionen (die Träger der Elektrizität) auseinander und zu gegenüberliegenden Elektroden lenkt. Weil »reine« Flammengase erst oberhalb von 3000° C ionisiert und elektrisch leitend werden, also bei Temperaturen, für deren Beherrschung in absehbarer Zukunft keine haltbaren Werkstoffe in Sicht sind, können Helium oder das nicht ganz so kostspielige Argon an ihre Stelle treten — dann allerdings in einem geschlossenen Kreislauf statt im »offenen« Prozeß. Ferner senken Zusätze von Cäsium oder dem billigeren Kalium die nötigen Temperaturen, aber auch nur auf 2000 bis 2200° C.
Das aus dem MHD-Kanal ausströmende neutrale Gas ist für eine weitere Umwandlung zu kühl, nicht aber zur Lufterhitzung in einem Wärmetauscher oder zur Dampferzeugung für eine herkömmliche Turbogeneratoranlage. Damit entsteht ein interessantes kombiniertes Kraftwerk — falls es gelingt, die enormen Probleme mehr als nur experimentell zu lösen. Zwar lief die erste Anlage mit 1350 Kilowatt (ca. 1850 PS) in den USA schon 1963 im Versuch, für Sekunden, allenfalls Minuten; auch verfolgen namhafte Institute und Firmen in USA, Frankreich, Deutschland, Japan und Polen das hochgesteckte Ziel, während in Rußland seit 1968 eine Anlage mit Kraftwerkdimension läuft ... doch sind die Aussichten aus mehreren Gründen umstritten.

Im russischen MHD-Wandler arbeitet Luft, auf 40 % Sauerstoffgehalt angereichert und auf 1200° C vorgewärmt. Das Gas strömt mit 2600° C, knapp 3 bar und 850 m/sec Geschwindigkeit in den MHD-Kanal und erhitzt anschließend 270 Tonnen Dampf pro Stunde auf 540°C bei 100 bar. Das Kali wird aus dem offenen Kreislauf nur unvollständig zurückgewonnen und verbietet dadurch einen Einsatz der Anlage in dichter besiedelten Ländern. Zur schwierigen Beherrschung der glühenden Gasströme tritt für die erstrebten extremen Magnetkräfte ein neues Materialproblem, weil für hohe elektrische Wirkungsgrade »Supraleiter« sorgen müßten, in denen Ströme ohne jeden Widerstand und Verlust fließen. Diese erstaunliche, 1911 in Holland entdeckte Eigenschaft, mit phantastischen Möglichkeiten auf manchen Gebieten, hat nur einen tiefgründigen Haken: sie stellt sich (in etlichen Metallen) mit einem Sprung erst bei Temperaturen knapp über dem absoluten Nullpunkt ein, d. h. bei -260 bis $-273°$ C, noch unterhalb des Siedepunkts von Wasserstoff.

*Der Mensch ist gut,
aber die Leut' san a Gsindl.*

*Joh. N. Nestroy, Wiener Dichter
und Komiker, 1801–1862*

VON ENERGIEQUELLEN UND -MENGEN

In zivilisierten Ländern steigt der gesellschaftliche und individuelle Energieverbrauch zwangsläufig an. In Deutschland verdoppelte sich der Strombedarf etwa alle 10 Jahre.
Falls Zahlen interessieren: der gesamte Energieverbrauch betrug 1970 weltweit 200 000 Peta-Joule (= 10^{15} Joule oder 10^{12} kJ) oder knapp 50 Billiarden Kilokalorien (50 x 10^{12} Kcal). Umgerechnet auf den Bedarf von 3 kW für drei Milliarden Erdenbürger, wie eben zitiert, war dies zu wenig: jeder Mensch verbrauchte tatsächlich und durchschnittlich nur 2,2 kW. Zwar stieg der erfaßte Energieverbrauch bis 1980 auf 260 000 PJ, also um 30 %, doch die Zahl der Menschen leider noch stärker, auf über 4 Milliarden, und steigt weiter . . .
Über 30 % des Weltverbrauchs konsumieren allein die USA, etwa 17 % Westeuropa, davon die Bundesrepublik Deutschland ca. 4,5 %. Doch rechnet die Energiewirtschaft mit der internationalen für alle Energieträger vergleichbaren Einheit »SKE« (Steinkohleneinheiten, 1 kg entsprechend knapp 30 Mega-Joule oder 7000 Kcal). Die größte bei uns verbrauchte Jahresmenge betrug (1979) 412 Millionen Tonnen SKE. Daran waren beteiligt

Erdöl	mit 51 % (44)
(Tendenz gleichbleibend)	
Stein- und Braunkohle	27 % (32)
(leicht steigend)	
Erdgas (Tendenz steigend)	16 % (21)
Kernenergie (stark steigend)	3,3 % (1)
Wasserkraft	1,4 % (2,5)
(knapp gleichbleibend)	

Die eingeklammerten Zahlen gelten für die weltweiten Prozentsätze. Vergleichsweise betrug der deutsche Energieverbrauch 1950 nur 135 Mio. Tonnen SKE, also ein Drittel. Während aber die Kohlenmenge gleich blieb, fiel sie prozentual von 88 auf 27 %, stieg der Erdölanteil von 5 % auf das Zehnfache, mit absoluten Mengen von 1 : 30. Das Jahr 1980 zeitigte schon beachtliche Einsparungen: der Erdölverbrauch sank (z. T. klimatisch bedingt) um rund 11 % auf 130 Mio. Tonnen, außerdem nach langen Jahren wieder unter die 50 %-Marke.

Aber nur 26 % der Mineralölenergie gehen auf das Konto »Verkehr«, davon wieder 23 % auf Straßenverkehr insgesamt (Rest Schienen-, Wasser- und Luftverkehr) – 17,3 % für »PKW und Kombi«, 5,1 für LKW, 0,7 für Busse und Krafträder zusammen. (Auf die gesamte Primärenergie bezogen, halbieren sich annähernd die Prozentsätze, während weit größere Mengen auf Haushalte, Kleinverbraucher und Industrie entfallen.)
Übrigens führt zur gleichen Größenordnung eine umgekehrte, vom einzelnen Fahrzeug ausgehende Summierung, (PKW, 1986): bei einem Durchschnittsverbrauch von 10 l/100 km und einer jährlichen Fahrleistung von 13 000 km verarbeitet jeder einzelne Motor 1300 Liter – 26 Millionen demnach rund 34 Milliarden Liter oder 25 Millionen Tonnen. Den imaginären Tankraum, um 34 Millionen Kubikmeter zu lagern, verdeutlicht die Vorstellung von 200 großen Fußballfeldern, jedes 23 Meter hoch aufgefüllt.
Der Blick über die Grenzen enthüllt ähnlich respektable Dimensionen. Die EG verbraucht etwa die vierfache Erdölmenge und die USA längst die zehnfache (allerdings mit einer anderen Verteilung auf die einzelnen Verbrauchergruppen von Land zu Land) . . .
Die neuen Automobile hatten zur Folge, daß man außer dem Petroleum auch Benzin aus Erdöl gewann, statt es an Ort und Stelle zu verbrennen. Seither wurden zwei Weltkriege mit Öl geführt und gewonnen; der Konsum stieg ungeheuer . . .
Aber erst »London« in den fünfziger Jahren und »Los Angeles« wenig später rückten bisher kaum beachtete Nebenwirkungen der großen Dampfkraftwerke und Fabriken oder der Millionen Verbrennungsmotoren in den Vordergrund (s. S. 148, f). Dabei galten

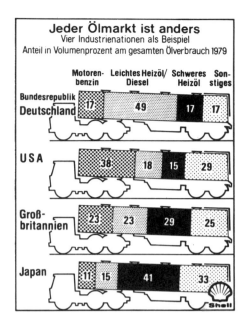

XX.1 Die Aufteilung wichtiger Erdölprodukte unterscheidet sich in den Industrienationen erheblich. Die aufgeführten vier Beispiele (in Volumenprozenten) stammen aus dem Jahr 1979, mit den höchsten Verbrauchswerten in vielen Ländern.

die aufkommenden Automobile, im Rückblick fast paradox, in New York und anderen Riesenstädten förmlich als »Saubermann«, weil sie trotz Lärm und Gestank weniger störten als riesige Mengen fester und flüssiger Rückstände von Pferdefuhrwerken oder gar Ochsengespannen auf den Straßen! So verzeichnet eine New Yorker Chronik um 1900 täglich über 1000 Tonnen Pferdemist und 230 000 Liter flüssige Relikte; doch obliegt die Überprüfung dieser Zahlen mehr einem Biologen oder Veterinär als einem Ingenieur. – Ab »gestern« dagegen muß ein systematischer und verantwortungsbewußter Umweltschutz neben dem Lärm die Luft- und Wasserverschmutzung begrenzen.

Wer die Welt verbessern will, sollte sofort beginnen – bei sich selbst.
Pearl S. Buck, US-Schriftstellerin und Nobelpreisträgerin, 1892–1973

WILHELM MAYBACHS KOMBINATION IN MODERNEN KRAFTWERKEN

Natürlich wurden die Dampfkraftwerke und Dampfantriebe nicht nur äußerlich modernisiert, seit Otto- und Dieselmotoren mit ihnen konkurrieren. Abgesehen von der beachtlichen Kesselentwicklung mit gewissen Parallelen zum Kühlkreislauf moderner Motoren, lösten Dampfturbinen seit der Jahrhundertwende immer mehr die alten Kolbenmaschinen ab. Dann stiegen die Dampfdrücke recht gleichmäßig von 15 auf 250 bis 350 bar und die zugehörigen Dampftemperaturen von 300 auf 550 bis 650° C. Heizöle und Erdgas drängten sich seit 1950 neben die Stein- und Braunkohlen, der Gesamtwirkungsgrad der Anlagen kletterte von knapp 20 % auf mehr als das Doppelte. Größere Werke, stärkere Turbinen und Generatoren erhöhen die Wirtschaftlichkeit bis zu einer schwer überschreitbaren Grenze. Aber steigende Brennstoffkosten und Löhne, verteuerte Maschinen und die schwankenden Belastungen zwischen Spitzenstromzeiten und Nachtstunden drücken auf die Strompreise (von unten) und die Bilanzen (von oben).

Da andere Arbeitsmedien als Luft und Wasser kaum Verbesserungen versprechen, große Gasturbinen aber inzwischen betriebssicher und ziemlich preiswert wurden, kombiniert man sie mit den bewährten Dampfturbinenanlagen. Auch dabei bieten breitgefächerte technische Möglichkeiten eine optimale Ökonomie nur mit abgewogenen Kompromissen. Es hätte wenig Sinn, den absolut höchsten Wirkungsgrad, also den niedrigsten Brennstoffverbrauch anzustreben, wenn er nur mit aufwendigsten Maschinen, hohen Anlage- und Wartungskosten zustandekäme; umgekehrt erweist sich eine billige Anlage bald als zweifelhafte Ersparnis, wenn sie unnötige Betriebs- und Brennstoffkosten verursacht. Ähnliche Entscheidungen verlangen fast alle Einzelheiten der technischen Prozesse.

»Kombiblöcke« für 300 bis 500 Megawatt (1 MW = 1000 Kilowatt) besitzen vor dem Dampferzeuger eine Gasturbine, deren Brennkammern leichtes Heizöl oder Erdgas verarbeiten. Die immer noch heißen Turbinenabgase strömen in den Dampferzeuger und verwerten ihre Wärme zuweilen bis zu 150° C herab. Zwar leistet die Gasturbine mit ihren 50 MW (68 000 PS) nur 12 bis 20 % von dem, was die »vollgefahrenen« Dampfturbinen hergeben, doch steigert sie den Gesamtwirkungsgrad auf nahezu 50 %. Sie läuft übrigens auch dann voll weiter, wenn man die 5- bis 8mal stärkere Dampfseite bei stockendem Stromverkauf drosseln muß. Umgekehrt reichen die Turbinenabgase für hohe Dampfleistungen natürlich nicht aus, die folglich mit zusätzlichem Erdgas oder schwerem Heizöl entstehen. Von Dutzenden Einflüssen auf die Leistung und den Wirkungsgrad des komplizierten Kombiblocks sei als einziges Beispiel die Temperatur der Ansaugluft zitiert: eine Abkühlung um 20° C hebt den Wirkungsgrad um fast 2,5 % und mobilisiert im Winter eine respektable Mehrleistung.

Eine Verbrennungskraftmaschine zur besseren Verwertung der Kraftstoffenergie mit einer Dampfmaschine zu koppeln, mißlang Wilhelm Maybach,

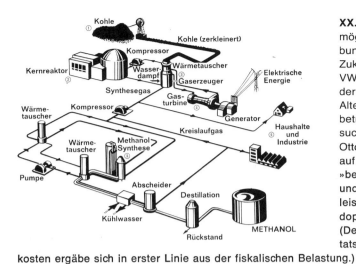

XX.2 Das Schema eines möglichen Energie-Verbundsystems für die Zukunft stammt aus dem VW-Kreis (»autopress«), der neben vielen anderen Alternativen den Methanolbetrieb jahrelang untersuchte.
Ottomotoren könnten, auf Methanol eingestellt, »bessere« Abgase liefern und bis zu 10 % mehr leisten, allerdings mit doppeltem Verbrauch. (Dessen Einfluß auf die tatsächlichen Kraftstoffkosten ergäbe sich in erster Linie aus der fiskalischen Belastung.)
Das Verbundsystem beginnt mit Kohle (1), die mit Kernkraftwärme (2) vergast wird (3). Deren Rest kann über eine Gasturbine (4) und einen Generator elektrische Energie erzeugen. — Das Produkt aus der Kohlevergasung dient einerseits der Methanolgewinnung (5), andrerseits der Versorgung von Industrie und Haushalten (6).
Für die Beheizung von Wohnungen (auch Schwimmbädern) wurde die Verwertung der Sonnenenergie mit großen »Empfängerplatten« aktuell; außerdem können »Wärmepumpen« Energie aus der Luft oder dem Erdboden umformen: sie wirken wie ein Kühlschrank, pumpen eine niedrigsiedende Flüssigkeit um, die »draußen« Wärme aufnimmt und vergast, «innen» stark verdichtet wird, sich wieder verflüssigt und dabei die Wärme abgibt. Mit 1 kW-Strom für die Pumpe werden 2 kW-Wärme gewonnen. Ein drittes Verfahren verwertet einen kleinen Otto- oder Dieselmotor, natürlich optimal gedämpft, für die Strom- und Wärmeversorgung eines Haushalts: die großen Verluste durch Kühlung und Abgaswärme dienen der Raumheizung und ermöglichen einen hervorragenden Gesamtwirkungsgrad.
Natürlich erfordern derartige Anlagen — ob als riesige öffentliche Verbundsysteme oder zur privaten Gewinnung von Erdwärme oder Sonnenenergie — enorme Kapitalmengen. Von deren Verfügbarkeit hängt letzten Endes der weltweit steigende Energiebedarf ab, mit dem Blick auf seine Verteilung und das vorrangige Motto, wertvolles Erdöl progressiv auf den Verkehrssektor zu beschränken (der in Europa 12 bis 15 % der Gesamtmenge verbraucht). Doch kranken alle großen Entwicklungen, von der Energieerkundung bis zum Kernkraftwerk, am »McNamara-Gesetz«: sie kosten dreimal soviel Geld und Zeit wie zunächst geplant! Das 1967 — endlich — gefundene Alaska-Öl sollte 1972 auf den Markt kommen, doch begann die Förderung erst spät 1977, und die zugehörige Pipeline kostete inzwischen 9000 statt 900 Millionen Dollar.

während seine »Mercedes« gerade eine neue Automobilära einleiteten (S. 256). Daß beide Aggregate damals Kolben- und keine Strömungsmaschinen waren, ändert am Prinzip wenig.

Im Übrigen würde den Pionieren nicht nur der technische Fortschritt Freude machen, sondern auch der Werdegang ihrer Werke. Denn ein halbes Jahrhundert, nachdem Maybach seinen Sohn und Schüler Karl mit dem Grafen Zeppelin zusammenführte und den eigenen Motorenbau förderte, verbanden sich Untertürkheim und Friedrichshafen. Bevor Wilhelm Maybach Ende 1929 starb, sah er außer den Luxuswagen noch den imposanten »Graf Zeppelin« mit den Motoren seines Namens. Karl lebte bis 1960, wenige Monate vor der offiziellen Zusammenarbeit. Und noch in derselben Dekade kam es zur MTU, der Motoren- und (Gas)Turbinen-Union, mit der uralten MAN als Drittem im Bund...

Die Energiewirtschaft projektiert inzwischen größere und für höhere Temperaturen geeignete Gasturbinen — und für die übernächste Etappe die Kombination eines gasgekühlten Hochtemperaturreaktors als Heizquelle für die Gasturbine und den angeschlossenen Dampfturbosatz. — Hätte sich die Luftverschmutzung im gleichen Maßstab vermehrt wie die umgesetzten Energiemengen, wäre London sicher nicht der einzige katastrophale (aber bald beseitigte) »Smogfall« geworden. Tatsächlich ging der Staubauswurf der deutschen Kraftwerke erheblich zurück; die spezifischen Werte von 7 Gramm je Kilowattstunde (1950) sanken auf 1,3 (1965) und sogar auf 0,25 (1970).

Mit der fast verfünffachten Stromerzeugung blieben von 4 Millionen Tonnen Staub nur 160 000 kg übrig, von den emittierten Schwefeldioxidmengen freilich noch 2,8 Gramm je kW-Stunde statt 4,4 — und insgesamt noch 15 Millionen Jahrestonnen Schadstoffe. Deshalb verlangt eine wesentliche Verbesserung der Luftqualität neben den Maßnahmen auf dem Transportsektor, d. h. neben der Entgiftung von Millionen Fahrzeugmotoren, gleichzeitige Anstrengungen bei der Stromerzeugung und Industrie, Raumheizung und Müllverbrennung.

Auf der unbestreitbar umweltfreundlichen Atomenergie lastet — außer der latenten Angst vor einem radioaktiven »Unfall« — umsomehr das zweite Problem von freigesetzten großen Energiemengen, die Aufheizung der Umwelt und besonders die kritische Erwärmung von Gewässern. Doch dürften brauchbare Lösungen eigentlich nur eine Zeitfrage sein; denn Wärme, gleich in welcher Form, wird immer und überall gebraucht. Man muß sie nur richtig verteilen, notfalls »einfrieren« können!

GASTURBINEN AUF RÄDERN ODER SCHIFFSSPANTEN

Nach unserer Beschäftigung mit »Jets« geht es bei Fahrzeugturbinen nur um die besonderen Bauarten für den »rollenden« Einsatz. Indessen darf man den »schwimmenden« nicht unterschlagen. In der Kriegsmarine verdrängten sie die Konkurrenz fast auf Anhieb. Hier rangieren höchste Leistungen mit kleinen und leichten Maschinen weit vor der Wirtschaftlichkeit, ebenso die spontane Einsatzbereitschaft im Vergleich zu Dampfanlagen. Außerdem wird die volle Leistung nur selten und für kurze Strecken benötigt. In Handelsschiffen jedoch endeten frühe Versuche unbefriedigend, zum Beispiel in einem Shell-Tanker namens »Auris«. Erst ein neuer Anlauf, mit den Gasturbinen der 60er Jahre, verlief ermutigend. Auch hatten sich die Turbinen in amerikanischen, russischen und französischen Lokomotiven sowie als

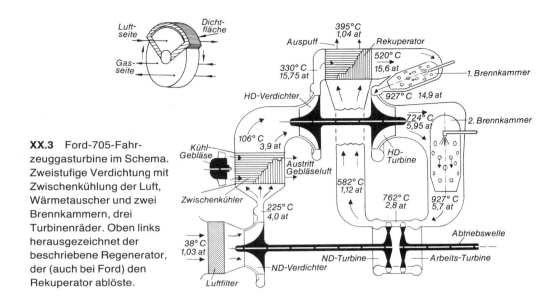

XX.3 Ford-705-Fahrzeuggasturbine im Schema. Zweistufige Verdichtung mit Zwischenkühlung der Luft, Wärmetauscher und zwei Brennkammern, drei Turbinenräder. Oben links herausgezeichnet der beschriebene Regenerator, der (auch bei Ford) den Rekuperator ablöste.

ortsfeste Antriebe inzwischen bewährt.

Die heißen, immer noch energiereichen Abgase, die im Düsentriebwerk den Rückstoß und Vortrieb erzeugen, stellen dem Konstrukteur von Schiffen, Schienen- und Straßenfahrzeugen die Gretchenfrage: der Verzicht auf eine Wärmewiedergewinnung hält die Turbine klassisch-klein und leicht, kostet aber unvermeidbar viel verlorenen Kraftstoff. Strömen die Abgase dagegen durch Wärmetauscher, d. h. Regeneratoren oder Rekuperatoren, um ihre Energie zu verwerten und die Verbrennungsluft vor dem Eintritt in die Brennkammern aufzuheizen, dann sinken die Verluste und Verbrauchswerte, aber mit unerwünschtem Raumbedarf, Gewicht und Preis.

Unabhängig vom Wärmeaustausch gilt für beide Bauarten der naturgesetzliche Grundsatz, daß der Wirkungsgrad mit steigender Gastemperatur (am Turbineneintritt) zunimmt, aber damit auf die ureigenen Gasturbinenprobleme stößt. Für höchste Zuverlässigkeit und längste Laufzeiten sorgen — gemäß dem Stand der Technik — maßvolle Werte. Eine »Einwellenanlage« nach dem primitiven Schema des Abgasturboladers mit »zwischengefügter« Brennkammer liefert als Fahrzeugantrieb einen ungünstigen Drehmomentverlauf, so daß man rasch auf Mehrwellenanlagen überging, wie es der Aufbau der Ford-Gasturbine im Schemabild erläutert.

Der Niederdruckverdichter drückt die Luft durch den Kühler zum Hochdruckverdichter, wobei die Zwischenkühlung der Luft (von 225 auf 106° C) nicht im Widerspruch zu ihrer späteren Erhitzung im Wärmetauscher steht, weil jede vorherige Erwärmung den wichtigen Wirkungsgrad der Verdichter und damit den Luftdurchsatz und die Leistung schmälern würde. Wie stark die beiden Schleudergebläse die Luft ohnehin aufheizen, zeigen die (über den Drücken eingetragenen) Temperaturen für jede einzelne Phase des Prozesses. Der Rekuperator ähnelt, ohne jedes bewegte Bauteil, weitgehend unseren bekannten Kühlern, wogegen bei den bald bevorzugten Regeneratoren die heißen Abgase durch den Ausschnitt eines Zylinders strömen, der tausende feine Kanäle enthält und langsam rotiert, etwa mit 20 U/min. Auf der anderen Seite jagt die Frischluft durch dieselben Kanäle und nimmt die Wärme auf, bevor sie in die Brennkammer eintritt (B. XX.3). Im übrigen dämpfen die Wärmetauscher den Auspuff gut, ähnlich Abgasturbinen.

Um die Gastemperatur vor der Hochdruckturbine zu begrenzen, verbrennt in der ersten Brennkammer relativ wenig Kraftstoff nur mit einem Teil der Luft. Ohne jegliche Drucksteigerung (sogar mit einem geringen Verlust) gelangt das Gas-Luft-Gemisch in die erste Turbine, die 200° C und knapp 9 bar Druck allein zum Antrieb des HD-Verdichters aufnimmt. Die Verbrennung in der zweiten Kammer bringt das Gas wieder auf dieselben 927° C, aber bei weiter abgefallenem Druck. Von ihm »leben« die Arbeitsturbine und das benachbarte, mechanisch ganz unabhängige Laufrad, das den Niederdruckverdichter treibt. Die vielschichtigen Vorgänge zwischen dem Lufteintritt und dem Auspuff machen deutlicher als Jet-Schemen, daß die Nutzleistung von Gasturbinen nur einen (kleineren) Teil der mobilisierten Energie darstellt.

Ein drastisches Beispiel für die Wirkung von Wärmetauschern registrierten Rennfunktionäre, die bei den 24 Stunden von Le Mans jede Betankung überwachen. Da startete nämlich 1963 nach einer zwölfjährigen Entwicklung — der frühesten im Automobil überhaupt — ein Turbinen-Rover, der den 8. Platz belegte, aber 40 Liter Kerosin pro 100 Kilometer verbrauchte. Sein Nachfolger konkurrierte zwei Jahre später mit einem Wärmetauscher; er hielt gleichfalls durch, wurde diesmal Zehnter, aber mit nur 21 l/100 km. Für europäische Verhältnisse, sprich Kraftstoffpreise, gelten Regeneratoren als ein unentbehrliches Zubehör der kommenden Turbinen, obwohl sie den großen Raum- und Gewichtsvorsprung dezimieren und die ohnehin hohen Baukosten noch merklich vermehren.

Weitere PKW-Turbinen-Pioniere waren u. a. General Motors, Ford, Chrysler und Fiat, doch die frühen Versuche verliefen insgesamt unbefriedigend, so daß die meisten Firmen sie abbrachen oder »auf Sparflamme kochten«. Anders der Amerikaner Sam Williams, der sich ganz den Fahrzeugturbinen verschrieb, Chrysler 1954 verließ, im eignen kleinen Kreis unverdrossen weiterbaute und 10 Jahre später bei VW auf Interesse stieß.

Als Schiffs- und Schienenantriebe hingegen kommen, nach dem aktuellen Stand der (MTU-) Entwicklung, wegen der Gewichts- und Raumverhältnisse nur Gasturbinen ohne Wärmetauscher in Betracht. Dabei handelt es sich (immer noch) um direkte Abkömmlinge von Flugtriebwerken, also mit Leistungen bis zu 20 000 kW. Die Herkunft »aus der Luft zu Schiffen und Schienen« bildet eine bemerkenswerte Parallele zu ihren schärfsten Konkurrenten, raschlaufenden Dieseln (oberhalb des Nutzfahrzeugbereichs, s. B. X.8), die in Schnelltriebwagen — wie dem »Fliegenden Hamburger« 1932 — und leichten Kriegsschiffen ihren Platz, aber bald eigne konstruktive Linien fanden. In manchen modernen Schiffen arbeiten sie einträchtig nebenein-

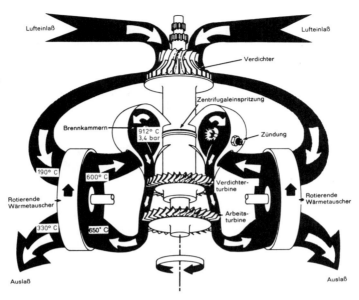

XX.4 Das von VW 1973 enthüllte Schema der kleinen Gasturbine, die S. Williams für einen Transporter-Prototyp entwickelte. Außer den eingetragenen Gastemperaturen und Drücken erfuhr man die Leistung von 55 kW bei ca. 60 000/min der Gaserzeuger-(=Kompressor-)Turbine. Das Leichtmetallrad des Radialverdichters fördert dabei 450 l Luft pro Sekunde, wobei die Umfangsgeschwindigkeit der Schaufeln mit 400 m/sec (für diese Drücke und Temperaturen) etwa Schallgeschwindigkeit bedeutet. Der Kraftstoff gelangt in die ringförmige Brennkammer durch viele winzige Düsen in der Verdichterwelle, wahlweise Benzin, Diesel, Kerosin, Öl oder auch Methanol...

Ein angeflanschtes Getriebe reduziert die Drehzahl der Arbeitsturbine, etwa 50 000, um rund 11 : 1. – Die aktuellen Probleme, zu hoher Teillastverbrauch, etwa gleichviel Stickoxid-Schadstoffe wie bei Kolbenmotoren sowie hohe Herstellungskosten, erfordern nun eine 3- bis 4-jährige Entwicklung, »woran sich eine weitere ausgedehnte Phase zur verbesserten Lebensdauer und verbilligten Fabrikation anschließen müßte...«
– Ein Nachfolger erscheint unter dem Stichwort »Keramik«.
Nach den unter dem folgenden Bild aufgeführten Studien präsentierte Chevrolet zum 75jährigen Firmenjubiläum einen futuristischen »Express« – 1987, also 14 Jahre nach den VW-Veröffentlichungen und 36 Jahre nach der ersten Rover-Turbine: unter einem extrem strömungsgünstigen Fiberkarbon-Aufbau ($c_w = 0{,}195$) sitzt vor der Hinterachse eine AGT-5-Gasturbine mit maximal 80 000/min (aber nicht-genannter Leistung), die dem auf Breitreifen rollenden, 1360 kg schweren Wagen Reisetempi bis 240 km/h ermöglicht, als Alternative zu Kurzstreckenflügen (natürlich ohne die derzeitigen Tempolimits in den USA). Neutrale Berichte wollten die Entscheidung, wieweit damit Zukunftsmusik erklang, um 25 Jahre verschieben.

ander, genauer gesagt nacheinander: der sparsame Diesel für lange, ausdauernde »Märsche«, die Gasturbine, binnen drei Minuten auf Vollast, für Sprintstrecken. Besonders interessant ist die Kombination für Tragflügelboote,

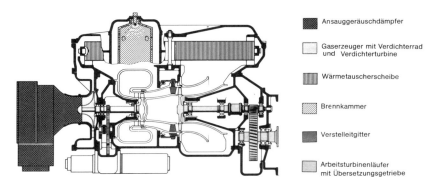

XX.5 Als möglichen Antrieb und »Option für die fernere Zukunft« stellte Daimler-Benz auf der Frankfurter Ausstellung im Herbst 1981 in einem Forschungsprojekt eine Zweiwellen-Gasturbine vor, deren wesentliche Bauteile das Schema zeigt.
Gleichermaßen entscheidend für geringen Verbrauch wie schwierig ist die Entwicklung von hochhitzebeständigen, keramischen Turbinenrädern, bei Testläufen mit 60 000/min und Temperaturen bis zu 1250°C. Als Nutzleistung sind 94, später 110 kW angezielt.
Weitere vergleichbare Gasturbinen entstanden in dieser Epoche bei Renault, Volvo, Toyota, Nissan u. a. Firmen.

die bei geruhsamer »Verdrängerfahrt« mit einem dieselgetriebenen Propeller schwimmen, zum rasanten Gleiten (»aufgetaucht«) aber eine Gasturbine besitzen, die ohne Schraube 35 000 Kilopond Standschub entfaltet. Dazu treibt sie zwei mächtige Wasserstrahlpumpen an, von denen jede rund 200 Kubikmeter Wasser pro Minute ansaugt und durch eine Düse mit 56 m/sec nach hinten stößt. Da Wasser rund 800mal schwerer ist als Luft (bei normaler Temperatur), erzeugen 400 m³ Wasser den gleichen Vortrieb wie 320 000 m³ (allerdings kalte) Luft oder ebenso schweres Gas.

Obwohl es kleine Gasturbinen bis zu 70 kW und noch darunter gibt, sinken die Wirkungsgrade wegen der (relativ) stark ansteigenden Spalt- und Reibungsverluste beträchtlich. Daß Leistungen unter 200 kW, namentlich als PKW-Antrieb, Turbinenbauer abschrecken, deuteten die Rückzüge von Rover und zeitweilig Chrysler an, die sich früh und am stärksten engagiert hatten. Für den Fern- und Schwertransport amerikanischer Prägung dagegen prophezeiten die Turbinenhersteller große (und nach der Leistungsskala spezifizierte) Chancen, denen aber die veränderte Situation auf dem Energiemarkt einen Dämpfer aufsetzte – wie auch auf dem zivilen Marinesektor zugunsten der sparsamen Dieselmotoren.

Turbinen entfalten einen attraktiven Drehmomentverlauf. Er steigt mit fallenden Drehzahlen immer weiter an, um beim Stillstand das Maximum zu erreichen, mindestens die doppelte Zugkraft wie bei der Nenndrehzahl. Vier Gänge reichen für Lastzüge völlig aus – statt zehn, allerdings mit einer Schaltung ohne »Lastunterbrechung« wie bei Automatikgetrieben, um das Durchgehen der Turbine zu verhindern. Klare Vorteile sind der erschütterungsfreie, durchweg auch leise Lauf, die geringen Ansprüche an den Kraftstoff und der niedrige Ölverbrauch, bescheidene Pflegeprogramme bei

hoher Lebensdauer, vor allem aber umweltfreundliche Abgase — wenn auch mengenmäßig recht viel.
Das Handicap bilden die hohen Baukosten und, fahrtechnisch, verzögerte Reaktionen auf das Gaspedal. Die von Natur fehlende Bremswirkung können »rückwärts« gerichtete, ohnehin verdrehbare Leitschaufeln auslösen, während das schwache »innere« Beschleunigungsvermögen der Gasturbinen die Fahrleistungen offenbar wenig beeinflußt; denn bei MAN-Vergleichsversuchen erreichten 16 Tonnen-LKW die 200-, 400- und 1000-Meter-Marken, nach stehendem Start, mit jeweils 200 Diesel- oder Turbinen-kW, in gleichvielen Sekunden Dabei zog dann die Turbine mit blockiertem fünften Gang; wenn man ihr Getriebe vom 2. bis zum 6. Gang durchschaltete, war sie eindeutig schneller als der Diesel mit voll ausgenutztem Zehnganggetriebe. In ihrer ursprünglichen Form als Hubschrauberantrieb leistete sie 260 kW, für den Fahrzeugbetrieb erhielt sie eine zweite »freie« Nutzturbine, die maximal 38 000/min erreicht, gegenüber 42 000 der Verdichteraggregate. Wieviele der verlorenen 63 kW auf das Konto der vorerst, bis zum Wärmetauscheranbau, verwendeten großen Schalldämpfer entfallen, wurde nicht erwähnt.
Die endgültige Anpassung an den Fahrzeugbetrieb verlangt noch eine beträchtliche Entwicklung, da die fundamentalen Anforderungen voneinander abweichen: beim Flugzeugantrieb stehen Sicherheit und Leichtbau weit über den Kosten, während ein eventueller Ausfall »auf festem Boden« nicht mit unvertretbarem Aufwand vermieden werden muß. Sicher nehmen Schiffsantriebe bei dieser Gewichtung eine Mittelstellung ein.

Das Automobil bedeutet die Anarchie des Straßenverkehrs, als Bombe, die das Prozentum in die ungeheure Mehrheit des Volkes schleudert.
Eine Berner Gazette 1905

DAS GESCHEITERTE COMEBACK DES MOBILEN DAMPFANTRIEBS

Bei der verzweifelten Suche nach »sauberen« Antrieben tauchte als Alternative unversehens die Dampfmaschine aus der Versenkung. Natürlich erlebte auch sie eine technische Entwicklung, seit sie historische Lokomotiven und Straßenfahrzeuge mobilisierte — übrigens in England etwa gleichzeitig. Wir erinnern uns an den harten Wettbewerb, den die ersten Daimler-Motoren vor allem in Frankreich gegen die fauchenden Vorläufer bei Rennen und im Alltag bestehen mußten (S. 65). Schließlich gab es Marriotts Weltrekord von 1906, bei dem der Dampf-»Stanley« 196 km/h erreichte — nur ein elektrischer Triebwagen lief schon 1903, zwischen Zossen und Marienfelde, um 14 km/h schneller. Elektrisch kam auch Camille Jenatzy 1899 mit der zigarrenförmigen »Jamais Contente« (niemals Zufriedenen) auf 106 km/h, wie längst schwere Dampflokomotiven...
Bis zum zweiten Weltkrieg schnauften dampfgetriebene Lastwagen in nennenswerten Stückzahlen auf britischen Straßen, durchweg mit kohlegefeuerten Kesseln und von Sentinel als dem größten von 17 heimischen Produzenten gebaut. In Frankreich besaßen Serpollet-Personenwagen eine alte Tradition, aber noch länger hiel-

447

ten sich die amerikanischen Doble mit ölgefeuerten Hochdruckkesseln und vollständiger Dampfkondensation, die das lästige Nachtanken von Wasser erübrigte. Der 2. Weltkrieg vermehrte sogar in England die Bedeutung dieser Transportart, so daß Sentinel zusätzlich einen Kleinlieferwagen entwickelte. Kein Wunder, daß sich Henschel in Kassel als Doble-Lizenznehmer ebenfalls engagierte und die altbekannten Vorzüge von Dampfmotoren bestätigt fand, namentlich die enorme Elastizität und den kräftigen Anzug aus dem Stillstand heraus ohne jedes Schaltgetriebe, dazu die Wirtschaftlichkeit (und Verfügbarkeit überhaupt) der Kohlefeuerung; nur beanspruchte die Bedienung geschultes und aufmerksames Personal. Daß diese Arbeiten keine Früchte mehr trugen, lag kaum an den technischen Umständen.

Die letzten Sentinel ähnelten im Aufbau den Otto- oder Dieselmotoren stark. Ein ventilgesteuerter (natürlich im Zweitakt arbeitender) Vierzylinder mit 9 l Hubraum (140 mm Bohrung, 152 mm Hub) leistete mit einem Kesseldruck von 15 bis 18 bar und 450° C Dampftemperatur 60 kW (80 PS) schon bei 800/min und brachte den 18 Tonnen-LKW mit 1400/min auf 60 km/h.

Der Berliner Butenuth unternahm nach dem Krieg einen neuen »Dampfanlauf«, indem er mehrere 3 l-Ford-Vierzylinder umbaute und die (mit 50 PS mäßige) Benzinleistung egalisierte, mit etwas geringeren Drehzahlen, aber wesentlich höherem Drehmoment »unten«. Schließlich erhielten Butenuths Motoren statt des Auslaßventils kolbengesteuerte Schlitze, wie in herkömmlichen Zweitaktern; sie leiteten den Abdampf direkt in einen Wärmetauscher, der das Speisewasser vorheizte.

Die schon drohenden amerikanischen Abgasgesetze und die Reklame des millionenschweren Industriellen William Lear stempelten das letzte Projekt zum spektakulärsten. Erste Ergebnisse, zumindest Berichte klangen verheißungsvoll. Lear hatte — anders als Williams oder die von Ford mit der Entwicklung eines Dampfmotors beauftragte Thermo Electron Co, die be-

XX.6 Lears Delta-Dampfmotor mit drei Kurbelwellen (1), über Zahnräder (4) gekuppelt, sechs Pleuel (2) und Kolben in einer Ebene. Zwei »Scheiben« enthalten bereits 12 Kolben. Zentral der Drehschieber (3), der den Dampf reihum verteilt.

reits Dampfmaschinen an die US Army lieferte — gleich höchste Leistungen angepeilt, u. a. für Indianapolis-Rennwagen. Nach dem Vorbild eines englischen Napier-Hochleistungsdiesels erhielt der »Delta-Motor« drei im Dreieck angeordnete Kurbelwellen mit je einem langen »Doppelzylinder« dazwischen für zwei gegenläufige Kolben. Jede Motorecke bestand gewissermaßen aus einem V-Kurbeltrieb.

Das moderne Dampfautomobil stand scheinbar schon am Start, ohne schädliche Abgase auch im wechselvollen Fahrbetrieb, stark, ausdauernd und fast geräuschlos. Die Kinderkrankheiten der alten Stanley- und Doble-Steamer wären überwunden, die Kessel explosionssicher, der Start binnen 20 Sekunden garantiert, der Wasserkonsum Null. Doch Lear warf, nach einem Originalbericht, Ende 1969 »die Flinte mit weithin hörbarem Knall ins Korn und erklärte lauthals, er hätte viele Fehler gemacht, die technischen Schwierigkeiten weit unterschätzt und jeden einzelnen von fünf Millionen Dollar in den Sand gesetzt«. Dampfmaschinen wären nach wie vor zu voluminös, weder Fabriken noch Kunden bereit, auf einen Kofferraum zu verzichten; die Maschinen würden viel zu teuer, weil allein die rostfreien Kesselrohre über 1200 Dollar kosteten; sein »Learium«, Fluorkohlenwasserstoff, als Wasserersatz, sei hochgradig gefährlich, da es bei der geringsten Überhitzung Salzsäure und giftiges Phosgen bilde; der Kühler (hier als Kondensator) würde übermäßig groß. Außerdem erzielte man die hervorragenden Prüfstandleistungen des 12 Zylinder-Delta-Motors nicht mit Dampf, sondern mit Preßluft und einem Ölnebelzusatz; denn die Ölindustrie hätte noch kein Schmiermittel gefunden, das dem Angriff von höchstgespanntem und 600 Grad heißem Dampf standhielte. Lear wandte sich unverzüglich (und mit angeblich verdoppeltem Einsatz, 11 Mill. Dollar) einer gleichstarken Automobildampfturbine zu.

Vergleichsweise verwerten neuzeitliche Dampfmotoren, etwa die vom Hamburger Spillingwerk produzierten, Drücke um 32 bar bei 380° C... und mehr. Diese nach dem Baukastensystem mit maximal sechs Zylindern zusammengesetzten Maschinen arbeiten doppeltwirkend, mit vollständiger Kondensation und — mit Schiebern neben den Arbeitszylindern. Eine gegenläufige Steuerwelle, direkt neben der Kurbelwelle, trägt Wuchtgewichte, die jeden einzelnen Kolben hochgradig ausgleichen. Die knapp mannshohen Maschinen, eckig und glatt wie Geldschränke, mit eingebauten Erkenntnissen aus dem Otto- wie Dieselmotorenbau, leisten pro Zylinder 150 kW bei 1000/min, kleine Einheiten 30 kW (40 PS) bei 1500, ausnahmslos für stationäre Antriebe, bei denen der nötige Dampf ohnehin zur Verfügung steht.

Von einem italienischen Versuch mit einem Drehkolbendampfmotor — einige Jahre nach dem Wankel-Debüt — erschien nur ein einziger Bericht. General Motors experimentierte auch mit Williams- und Besler-Dampfmotoren. Deren offene Kreisläufe umgehen zwar den problematisch großen Kondensator, verbrauchen aber außer dem Brennstoff etwa 6 Liter Wasser auf 100 PKW-Kilometer — wenig im Vergleich zu Lokomotiven, die früher 10 Liter pro kW-Stunde verpufften und zuletzt noch mindestens 1,5. Der 37 kW-Besler-Motor besitzt zwei V-förmig stehende Zylinder verschiedener Größe, in denen der Dampf zweistufig expandiert; er wiegt aber das Zweifache des doppelt so starken Ottomotors, den er versuchsweise vertrat. Rund 110 Williams-kW entstehen hingegen in einem einfachwirkenden Reihen-Vier-Zylinder. Unter dem Strich bleiben für Dampfmotoren zum Fahrzeugantrieb geringe Chancen. Während die letzten Dampflokomotiven auf der ganzen Welt in die Museen rollen, errangen Stirlingmotoren mindestens eine halbe Runde Vorsprung.

Eines Tages werden Maschinen vielleicht denken, aber sie werden niemals Phantasie haben.

Theodor Heuss, 1884—1963

STIRLINGMOTOREN, FAST SO ALT WIE »STEAMER«

Das englische Wort »Steam« und der Name Stirling besitzen nicht nur dieselben Anfangsbuchstaben oder die so benannten Maschinen Schotten als Erfinder, sondern eine entscheidende gemeinsame Basis: als Kraftmaschinen mit »äußerer Verbrennung«.

Der hochwürdige Reverend Robert Stirling ersann um 1816, also noch zu James Watts Lebzeiten, einen Heißluftmotor, der ohne die lästigen und gefährlichen Dampfkessel arbeiten sollte. Er erhielt ein Patent darauf und baute auch eine Maschine, die mit einer Pumpe einen Steinbruch entwässerte. Doch war die Wirkungsweise beim damaligen Stand der Technik so schwer verständlich, daß sich rund 30 Jahre lang niemand damit beschäftigte. Zwar entstanden gelegentlich neue Heißluftmotoren, aber ohne nachhaltigen Erfolg, wonach die Gas- und Benzinmotoren sie fast in Vergessenheit brachten, abgesehen von Kleinmotoren für Laborzwecke, Modell- oder Spielzeugantriebe.

Erst nach 120 Jahren durchleuchtete ein großes Industriewerk erneut den Stirlingprozeß — die Philips' Gloeilampenfabrieken im holländischen Eindhoven. Man suchte für Rundfunkanlagen eine unabhängige Stromquelle, d. h. einen extrem geräuscharmen, kraftstoffgleichgültigen und langlebigen Generatorantrieb, und niemand übersah besser als die versierten Elektrotechniker, daß andere Energiequellen, einschließlich der bekannten thermoelektrischen, zu groß und zu schwer würden — oder aber die übrigen Ansprüche nicht erfüllten. Sie bemerkten auf Anhieb, wieweit die technische Entwicklung an den wenigen vorhandenen Heißluftmotoren vorbeigegangen war. Moderne Werkstoffe, wirkungsvolle Wärmeübertragung und günstige Strömungsverhältnisse fehlten völlig. Vor allem hatte man Stirlings Regenerator als entscheidendes Bauelement aufgegeben.

In die Öffentlichkeit drang von der Eindhovener Entwicklung erst spät und zufällig ein Echo: bei der Sturmflutkatastrophe im Frühjahr 1952 bemerkten aufmerksame Beobachter inmitten aller aufgebotenen Aggregate kleine Pumpenmotoren, die frappant leise liefen, auffallend wenig Petroleum verbrauchten und von Philips stammten.

Zur Erläuterung der Idee bieten sich die grundlegenden Gesetze aller Wärmemaschinen an: eine (durch ihr Gewicht) bestimmte Luft- oder Gasmenge läßt sich umso leichter verdichten, je niedriger ihre Ausgangstemperatur liegt. Umgekehrt erzeugt die Ausdehnung von Gasen um so mehr Kraft, Arbeit und Leistung, je wärmer sie sind. Ferner registrieren wir, daß eine dem Gas hinzugefügte Wärmemenge weder Arbeit aufnimmt noch abgibt, solange der Arbeitsraum sich nicht verändert — etwa als Raum über einem Kolben, der sich gerade in der Totpunktstellung befindet. Auf diese Weise liefern Gasturbinen wie letzten Endes unsere Otto- und Dieselmotoren im Arbeitstakt mehr Leistung, als sie zum Ansaugen, Verdichten, Ausschieben (und Laufen) benötigen.

Nun erfüllt Luft bei der »inneren Verbrennung« eine doppelte Aufgabe, indem sie Druck auf den Arbeitskolben ausübt und zusätzlich als »Verbrennstoff« wirkt. Deshalb muß sie für jedes einzelne Arbeitsspiel erneuert werden. Der »offene Kreislauf« ist auf einen Gaswechsel angewiesen, auf Ansaugen wie Auspuffen — und auf eine besondere Steuerung. Falls es gelänge, in einem »geschlossenen Kreislauf« immer dasselbe Arbeitsmedium zu verdichten und auszudehnen, vorher abzukühlen und zwischendurch aufzuheizen, so wäre es von seiner Doppelaufgabe befreit, allerdings auf Kosten einer äußeren Heizquelle (und Kühlung).

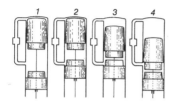

XX.7 Die 4 Phasen des Philips-Stirling-Motors. Der kleine Kasten in der Gasleitung deutet den Wärmetauscher an.

Statt Gas an der gleichen Stelle im Motor zu erhitzen und zu kühlen, empfahl es sich, einen heißen und einen getrennten kalten Raum vorzusehen und das Gas hin- und herzuschieben. Das macht ein simpler Verdrängerkolben, der selbst nennenswerte Drücke weder aufnimmt noch abgibt, sondern lediglich den Gastransport veranlaßt (und geringe Strömungswiderstände überwindet). Das simple Schema zeigt oben im Zylinder den Verdränger und darunter den Arbeitskolben — beide mit einem »Hut«, der die Wärmeaufnahme vermindert. Phase 1 zeigt den Verdränger in der höchsten und den Arbeitskolben in der untersten Stellung, das Gas ganz im kalten Raum zwischen den Kolben, mit geringstem Druck.

In Stellung 2 hat der Kolben das kalte Gas verdichtet, während der Verdränger noch oben steht. Doch gleich danach gleitet er abwärts, schiebt das Gas durch Kanäle in den kastenförmig angedeuteten Wärmetauscher (Regenerator), der es erwärmt, und weiter in den heißen Raum (Stellung 3), wo es etwa 700° C erreicht. Dadurch steigt der Druck kräftig an und schleudert beide Kolben arbeitsleistend nach unten (ohne daß es zu deren gegenseitiger Berührung kommt, weil die Drücke an beiden Verdrängerenden gleichgroß bleiben).

Im geschlossenen Kreislauf kann man die Luft durch bedeutend besser geeignete Gase ersetzen, durch Wasserstoff oder das Edelgas Helium, obgleich gewisse Verluste durch »Diffusion« auftreten und minimale Nachfüllmengen beanspruchen.

Die einzelnen, ziemlich abgehackten Bewegungen von Verdränger und Arbeitskolben kann ein zügiger Rhythmus, wie ihn übliche Kurbeltriebe erzeugen, ohne Einbußen auslösen, aber die nötige Phasenverschiebung zwischen dem Verdränger und Arbeitskolben war kinematisch nicht einfach zu bewerkstelligen ... bis die Philips-Forschung 1953 zwei Neuerungen erfand: einmal den »doppeltwirkenden« Motor mit mehreren Zylindern, deren kalte und untere Räume jeweils mit den heißen Kopfräumen der Nachbarzylinder korrespondieren. Dabei stehen z. B. vier Zylinder im Karree über einer Taumelscheibe statt einer Kurbelwelle, die den Kolbenstangen und Kolben ihren Hub aufzwingt. (Einen solchen Taumelscheibenmotor, sogar mit neun kreisförmig angeordneten Zylindern und einer Steuerung durch einen gemeinsamen, zentralen Flachdrehschieber mit 7 l Gesamthubraum und 110 kW [150 PS] bei 4000/min, baute Bristol vor dem 2. Weltkrieg für Omnibusse!)

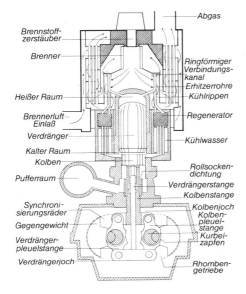

XX.8 Der komplizierte Rhombentrieb enthält zwei (kurzhubige) Kurbelwellen, von Zahnrädern synchronisiert. Kurze, symmetrisch schwingende Pleuel führen das obere Joch für den Arbeitskolben, das untere Joch für den Verdrängerkolben. Die »Verdrängerstange« gleitet in der hohlen Kolbenstange.

Eine zweite Lösung brachte das »Rhombengetriebe« mit einem genau passenden Bewegungsablauf für Verdränger und Arbeitskolben, und zwar wieder in jedem einzelnen Zylinder, wobei im Kurbelgehäuse ebensowenig unerwünschter Überdruck entsteht wie beim doppeltwirkenden Motor (B. oben). Beide Möglichkeiten ebneten den Weg zu großen und leistungsfähigen Einheiten, die über Nacht umso aktueller wurden, als neuartige Transistoren den Strombedarf der Geräte, um die es zunächst ging, und damit den Aufgabenbereich kleiner Stirlingmotoren dezimierten.

Bald übertrafen die Arbeitsdrücke mit 120 bis 200 bar die Spitzendrücke in hochaufgeladenen Dieseln und rückten Hubraumleistungen über 70 kW/l in greifbare Nähe. Daß die Motoren dennoch ihren ruhigen Gang behielten, liegt am sanften Druckwechsel, an der fehlenden Ventilsteuerung und am perfekten Massenausgleich in jedem einzelnen Zylinder. Im übrigen ist der Arbeitsprozeß völlig umkehrbar und macht die fremdangetriebene Stirlingmaschine wahlweise zur »Wärmepumpe«, die (ungekühlt) rotglühende Wände erzeugt, oder zu einer Kältemaschine, die u. a. bei $-196°$ C Luft verflüssigt und 1955 in Serienherstellung ging.

Die Philips-Stirling-Motoren bergen außer dem Rhombengetriebe eine Vielzahl genialer Einzelheiten, wie die Abdichtung zwischen der Kolbenstange und dem Zylinderboden mit einer »Rollsocke« aus Kunststoff (entfernt vergleichbar einer Membrane in der Unterdruckkammer eines Stromberg-Vergasers (B. VII.17). Sie dichtet hermetisch über viele tausend Stunden, verträgt aber keine Kräfte und wird deshalb in ihrem breiten Ringspalt von Schmieröl gestützt, das ein raffinierter »Pumpring« selbsttätig auf den nötigen Druck bringt.

Es gibt zahlreiche Möglichkeiten, um die Leistung eines Heißgasmotors zu regeln, d. h. zu drosseln und wieder zu steigern. Man könnte die Brenner kleiner stellen und damit die Temperaturen im heißen Raum herabsetzen. Am besten reagiert der Motor jedoch auf rasch reduzierte oder vermehrte Gasdrücke. Insgesamt bleibt er aber zu träge, beansprucht zum Lastwechsel ganze Minuten statt Sekunden-Bruchteile. Keine geringen Probleme bedeuten schließlich die Wärmespannungen durch die krassen Temperaturunterschiede zwischen raum-kalten und 700° C heißen Zonen.

General Motors interessierte sich seit 1959 für die Stirling-Technik und rüstete, als bekanntestes Indiz, einen Opel-Kadett damit aus — freilich nicht mit direktem Antrieb, sondern mit einem »Hybrid-Aggregat« (was in Griechisch Zwitter oder Bastard bedeutet). Der Stirlingmotor treibt einen Drehstromgenerator, der Strom, gleichgerichtet, in große Bleiakkus speist; diese versorgen, wieder über einen Umformer, den Drehstrommotor, der über das Differential auf die Hinterachse wirkt. Hybridantriebe sind jedoch nicht nur mit Stirlingmotoren aktuell, sondern seit Porsches frühem Artilleriestraßenzug (S. 63) für einen breiten Anwendungsbereich.

Inzwischen fand der »Stirling-Club« weitere beachtliche Mitglieder, schwedische, holländische und einen Arbeitskreis der deutschen Dieselfirmen MAN und MWM. Doch kommen Stirlingantriebe als Otto-Ersatz für Personenwagen viel weniger in Betracht als — frühestens übermorgen — für Nutzfahrzeuge. Das Anheizen dauert, wie bei jüngsten Dampfmotoren, kaum länger als das herkömmliche Vorwärmen von Wirbel- und Vorkammerdieseln. Indes errichtet der hohe Bauaufwand, sprich Preis, eine schwierige Hürde. Auch die Kühler fallen wesentlich größer und schwerer aus, weil sie rund 45 % der anfallenden Wärme ableiten müssen, etwa das Doppelte von Otto- und das Zweieinhalbfache von Dieselmotoren. Dafür erspart der Stirling zwei Drittel der Abgasverluste. Aber die größten Vorzüge bietet er mit deren Schadstoffarmut, mit seinem ausgezeichneten Drehmomentverlauf und mit der schier unbegrenzten »Vielstoffähigkeit«. Außer allen fossilen und gasförmigen Brennstoffen stehen erstaunliche Wärmequellen zur Diskussion. Sie reichen von Kernenergie bis zum Erstarren geeigneter Metallschmelzen, erübrigen dann jegliche »Luftatmung« und eröffnen interessante Möglichkeiten für Raum- und Unterwasserfahrten.

Sicher bietet das Rhombengetriebe

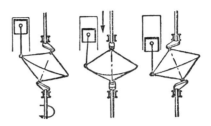

XX.9 Die Taumelscheibe, im einfachen Schema, ist drehbar auf einer Z-förmigen Welle gelagert und schwingt bei deren Umlauf an ihrem Umfang auf und ab. Die kugelig gelagerte Kolbenstange führt den Kolben wie über einer Kurbelwelle, doch können die Zylinder im Karree oder »wabenförmig« nebeneinander stehen. Daneben entstanden auch normale Reihen-Stirlingmotoren (ohne Rhombengetriebe) und bei der schwedischen Stirling-Gruppe sogar V-Vierzylinder.

Einen Axialmotor mit sechs ringförmig angeordneten parallelen Zylindern und von einer Taumelscheibe bewegten Kolben entwickelte U. Rohs an der Aachener Technischen Hochschule. Beim Aufwärtsgang verdichten die Kolben die (im UT-Bereich bezogene) Luftfüllung und drücken sie durch Steuerschlitze in eine einzelne benachbarte Brennkammer. Auf dem »Rückweg« nimmt dann jeder Zylinder die expandierenden Gase auf und entläßt sie kurz vor dem inneren Totpunkt. Die Erfindung kombiniert einen im Zweitakt arbeitenden Kolbenmotor mit einer »kraftstoffgleichgültigen« und abgasgünstigen kontinuierlichen Verbrennung. Naturgemäß sind dabei die Entwicklungsmöglichkeiten ebenso vielfältig wie die unvermeidlichen Probleme.

weniger konstruktiven Spielraum als eine herkömmliche Kurbelwelle; aber der Motor erlaubt eine beachtliche Variation. Bei einem Vierzylinder mit gegenüberliegenden Zylindern (einem Pseudo-Boxer) stecken die Verdränger und Arbeitskolben jeweils auf einer gemeinsamen, durchgehenden Kolbenstange. Zum Brüsseler Autosalon 1971 erschien in einem DAF-Omnibus ein neuer Stirling-Reihenmotor, in dem vier kurzhubige Arbeitskolben in einem schlanken Block ein Volumen von zusammen 940 cm^3 bestrichen und mit 100 bar Gasdruck 70 kW entfalteten – fürs erste; denn der Motor sollte mit den gleichen 3000/min, aber 220 bar nach einer weiteren Entwicklung 150 kW abgeben! Nur 50 % mehr leistete, statt der erhofften 440 kW, anno 1851 eine Heißluftmaschine des schwedisch-amerikanischen Schiffsingenieurs John Ericsson. Von vier Zylindern hatte jeder einen Durchmesser von über 4 Metern bei einem Hub von fast 2 m, aber mit einer maximalen Lufttemperatur von kaum 200° C. Selbst für die zeitgenössischen Dampfmaschinen war er keine Konkurrenz. Erfolgreicher war im amerikanischen Bürgerkrieg sein Panzerschiff »Monitor« und der von ihm »neu-erfundene« Schiffspropeller (denn dessen Vorläufer, 1826 vom böhmischen Forstmeister Josef Ressel erfunden, wurde bei der Erprobung in Triest verboten!).

Ohne Zweifel verlief das Jahr 1971 für Philips verheißungsvoll, obwohl General Motors nach zwölfjährigem, offensichtlich maßvollen Experimentieren den Lizenzvertrag aufgekündigt hatte. Der Schwerpunkt der Vorentwicklung verlagerte sich damals auf leichte Gasturbinen und den Wankelmotor (S. 363). Da erstand der Stirling-Idee mit Ford ein engagierter Mitstreiter.

Dr. Roelof Jan Meijer, der technische Kopf der Eindhovener Motorenentwicklung, vollendete gerade außer dem starken Rhomben-Vierzylinder einen ganz neuen, vermutlich vom »Pseudoboxer« inspirierten Taumelscheibenmotor mit doppeltwirkenden Arbeitskolben und einer rascher ansprechenden Leistungsregelung.

Der hochdotierte Ford-Vertrag sollte ein Programm von 7 Jahren einschließen – solange die Entwicklung positiv verlief...

Theoretisch sind Heißgasmotoren längst nicht mehr patentfähig – ebensowenig wie Rotationskolbenmotoren »neben« Wankel und NSU. Doch decken für beide hunderte Patente inzwischen alle naheliegenden Details ab und machen gleichwertige Lösungen unwahrscheinlich, enorm teuer und zeitraubend.

Nur Illusionisten halten noch die Schiene für den Verkehrsweg der Zukunft. Sie kann es nicht sein, weil sie zu starr und zu teuer ist.
Bosch-Chef Hans L. Merkle, 1977

**ELEKTROANTRIEBE
(OHNE FAHRLEITUNGEN)**

Tausende Schienenfahrzeuge, von der TEE-Lok »103«, die einen Reisezug mit 10 000 (Anfahr-)kW in 160 Sekunden aus dem Stand auf 200 km/h beschleunigt, über U-, Schnell- und Straßenbahnen, Förderanlagen, Seilbahnen und Personenaufzüge... bis zum selbstfahrenden Rummelplatzmobil demonstrieren die Eignung elektrischer Antriebe. Sie laufen mit maximaler Zugkraft an und benötigen weder Kupplungen noch Schaltgetriebe. Sie verbinden sprichwörtliche Laufruhe und Schwingungsfreiheit mit einer oft überlegenen Lebensdauer und Wartungsarmut, mit durchaus brauchbaren Gewichten, Platzansprüchen und Preisen. Vor allem aber hinterlassen sie weder schädliche Abgase noch Ölspuren oder Gerüche. In vielen Fällen freilich verlagern Elektroantriebe die Luftverschmutzung oder eine bedenkliche Wassererwärmung zum E-Werk, das große Mengen gefährliches Schwefeldioxid emittiert — im Gegensatz zu Schadstoffen, die sich in der Atmosphäre bald »abbauen«.

Aber der Elektroantrieb bereitet gewaltige Schwierigkeiten, sobald — für lenkbare Fahrzeuge — Stromschienen oder Fahrdrähte fehlen. Sie rücken unverzüglich den Motor selbst in den Hintergrund und konzentrieren sämtliche Fragezeichen auf die Erzeugung oder Speicherung der Elektrizität. Wilhelm Ostwalds wohlgemeinte Thesen bleiben fragwürdig, wenn Abgründe zwischen Theorie und Praxis klaffen, wenn zwischen dem ersten Brennstoffelement, das William R. Grove 1839 mit der Umwandlung von Wasserstoff und Sauerstoff vorführen konnte, und einem neuen Auftakt exakt 100 Jahre verstrichen. Das war auf einer Züricher Ausstellung, wonach technisch interessante Brennstoffzellen weitere 20 Jahre auf sich warten ließen.

Mit ihrem Prinzip und Aufbau ähneln Brennstoffzellen den bekannten galvanischen Elementen. An die Stelle des knappen und kostspieligen Zinks treten (durchweg) erschwingliche Brennstoffe, die bei der Umwandlung direkt elektrische Energie erzeugen, und zwar (ohne den »thermodynamischen Wärmeverlust«) mit sehr guten Wirkungsgraden. Nur der Umstand, daß große Stromstärken mit sehr geringen Spannungen (Voltzahlen) entstehen, verursacht relativ hohe Übertragungsverluste — wie bereits in langen Leitungen von 6 Volt-Anlagen.

Man kann Brennstoffzellen andererseits mit einem simplen Ofen vergleichen, der Brennstoff und Luftsauerstoff in Wasser und Kohlendioxid verwandelt. Allerdings umfaßt die gesamte Reaktion in der Zelle etliche verwickelte Einzelvorgänge (außer der Oxydation eine Reduktion, Adsorption, Dissoziation, Ionisierung), ferner die Zuführung von Brennstoff und »Verbrennstoff« sowie den Abtransport der Reaktionsprodukte. Man braucht also für die Praxis neben der eigentlichen Batterie Tanks, Pumpen, Wärmetauscher, »Wasserabreicherer« und Kohlendioxidentferner... mit den nötigen Reglern.

In einem Akkumulator sind die Elektroden gleichzeitig die Träger der Energie und der Reaktionsort; daher begrenzen sie die Lebensdauer oder gelieferte Arbeit. Die Elektrode im Brennstoffelement ist nur noch der Reaktionsort, zu dem die Energie nachfließen kann — und muß. Das macht ihren Aufbau kompliziert, weil als Partner feste Elektroden und Katalysatoren, ein flüssiger Elektrolyt und Gas zusammentreffen. Deshalb bestehen die Elektroden aus einem leitfähigen Werkstoff mit unterschiedlich großen Poren, in die von einer Seite Gas und von der anderen die Flüssigkeit eindringt — aber nicht durchfließen darf.

Da chemisch reines Wasser Elektrizität so gut wie gar nicht leitet, muß der Elektrolyt stark »basisch« oder (wie im Bleiakku) eine Säure sein, was beträchtliche Probleme aufwirft. Säuren greifen nämlich fast alle sonst brauchbaren Werkstoffe unerbittlich an, während Basen kein Kohlendioxid vertragen, das bei der Reaktion der preiswertesten Brennstoffe entsteht — wie bei Benzin, Petroleum, Heizöl oder Methanol — außerdem schon den Luftsauerstoff verunreinigt. Die Base bildet mit dem CO_2 ein Karbonat (eine Kohlenstoffverbindung) und vergiftet sich selbst.

Die Auswahl der verfügbaren Brennstoffe ist ebenso groß wie problematisch: die meisten Zellen wurden mit der klassischen Kombination Wasserstoff-Sauerstoff (oder Luft) entwickelt. Da aber Wasserstoff sehr teuer und schwierig zu hantieren ist, drängen sich die billigen Kohlenwasserstoffe auf, die jedoch leider sehr träge reagieren. Arbeitstemperaturen zwischen 500 und 1000° C überwinden diesen Nachteil — wiederum zu Lasten teurer exotischer Materialien, langer Anwärmzeiten und unübersehbarer Risiken für einen Betrieb auf Straßen. Um »saure« Elektrolyten zu vermeiden, kann man Kohlenwasserstoffe in einem besonderen »Reformer« zu CO_2 und Wasserstoff oxydieren und letzteren in einem weiteren chemischen Prozeß abtrennen und reinigen; aber auch der benötigt Temperaturen von 500 bis 850° C, außerdem zusätzliches Gewicht in der gleichen respektablen Größe wie für die Brennstoffzelle allein.

Ein weiteres Stichwort für den Betrieb von Brennstoffzellen sind Katalysatoren, mit Edelmetallen, namentlich Platin an erster, oft einziger Stelle. Selbst bei sparsamsten Einsatz kommt es für Automobilantriebe angeblich nicht in Betracht, weil der Platinvorrat der Welt, ungeachtet der hohen und ständig steigenden Preise, nicht einmal für jedes tausendste jährlich installierte kW ausreicht. Es geht nämlich in Brennstoffzellen, wie in Akkumulatoren, um extrem große Oberflächen, zumal nur wenige Typen Stromstärken um 1 Ampère aus 5 cm² herausholen, vergleichbar der Fläche eines 2 DM-Stückes. Bündelt man jetzt eine 200 A-Batterie, so bewirkt ein Zellenwiderstand von nur 1 Milliohm einen Spannungsabfall von 0,2 Volt je Zelle und eine Wirkungsgradeinbuße von 40 %.

Das von Raketen bekannte Hydrazinhydrat (S. 425) hat sich auch als Energieträger für Brennstoffzellen bei etlichen beeindruckenden Experimenten bewährt. Es ist aber nicht nur hundertmal teurer als Erdölkalorien, sondern auch giftig. Beim Verarbeiten von Kohlenwasserstoffen wiederum beißt sich die Katze in den eignen Schwanz, weil dabei ähnliche schädliche Abgase entstehen wie bei der motorischen Verbrennung. Somit bleiben die ältesten Partner, Wasser- und Sauerstoff, die aussichtsreichsten. Hierbei entstehen für 40 kW-Stunden 15 Liter Wasser aus 25 Kubikmetern Wasserstoff und dem halben Volumen Sauerstoff, außerdem eine Wärmemenge zwischen 50 und 100 % der Nutzleistung.

Erfolgreiche Versuche in amerikanischen Militärlastwagen, im »Elektrovan«-Lieferwagen von General Motors, in schweren Gabelstaplern und Elektrokarren, in 3 kW-Golfplatzwagen oder zur Stromversorgung von Raumkapseln ... und eine nennenswerte Verwendung im Alltag sind zweierlei. Ein DAF 44-PKW, den die Shell-Forschung mit Hydrazin-Luft-Zellen betrieb, lief im Hybridverfahren, d. h. so mit Bleiakkumulatoren gekoppelt, daß letztere die hohen Antriebsleistungen zum Beschleunigen oder Bergsteigen lieferten und umgekehrt bei geringem Kraftbedarf und Stillstand von den Brennstoffelementen nachgeladen wurden. Per saldo jedoch »dürften Brennstoffzellen als Energiequellen für Elektromobile in absehbarer Zeit kaum in Frage kommen«, wie vom Esslinger Forschungslaboratorium der Deutschen Automobil-GmbH (einer VW-DB-Gründung) 1971 verlautete.

Betrachtet man Elektrofahrzeuge auf einer Phantomzeichnung — zuweilen Röntgenbild genannt — so muß man mindestens zweimal hinsehen, um Brennstoffzellen von herkömmlichen Batterien zu unterscheiden. Die beanspruchten Volumen (und auch die Gewichte) liegen in der gleichen unersprießlichen Größenordnung. Dennoch ergibt sich im Gebrauch rasch ein gewaltiger Unterschied: die Brennstoffzellen, welche die Gemini-Raumkapseln mit Strom versorgten, wogen 180 Kilogramm, während die sonst nötigen Akkumulatoren pro Reisetag etwa das fünffache Gewicht mitgebracht hätten. Also kommt gespeicherte Elektrizität schon für Erdumkreisungen nicht infrage, geschweige für Mondfahrten oder interplanetare Reisen. Technisch bedeutet das: Brennstoffzellen besitzen zwar ein schlechtes Leistungsgewicht, aber (auf die Dauer) hohes Arbeitsvermögen, das Batterien ebenfalls fehlt.

Auf unseren festen Boden übertragen spreizt die außerordentlich geringe Kapazität, genauer gesagt die auf das Gewicht bezogene Energiemenge, für jeden Anwendungsfall eine scharfe Schere zwischen Leistung und Nutzlast, Geschwindigkeit und Aktionsradius. Von den 12 Kilowattstunden, die in jedem Kilo Benzin oder Dieselkraftstoff schlummern, verwertet bekanntlich der Ottomotor bestenfalls ein Drittel — im Alltagsdurchschnitt keine 25 %, doch bedeuten diese Werte immer noch 4000 bzw. 3000 Watt-Stunden pro Kilogramm (Wh/kg). Bleibatterien hingegen liefern 20 bis 40 Wh/kg — oder 1 %. Da aber auch die Batterien beim Auf- und Entladen sowie der Elektromotor Verluste erleiden, verschlechtert sich das Gewichtsverhältnis zum flüssigen Kraftstoff von 1 : 100 auf annähernd 1 : 150!

Was »normale« batterieelektrische Antriebe können, zeigte Georg von Opel im Mai 1971 mit einem zum Hochleistungselektrowagen umgebauten »GT 1900«. In Zusammenarbeit mit Bosch und Varta (aber nicht mit dem Werk, das seinen Namen trägt) vervollständigte er auf dem Hockenheimring die Weltrekordliste für Elektrowagen mit Sprintstrecken nach stehendem Start und mit 189 km/h für den »fliegenden Kilometer«. Daß er den absoluten Weltrekord verfehlte, den der Amerikaner Jerry Kugel im vorangegangenen Herbst mit 213 km/h fuhr, lag angeblich nicht an mangelnder Motorleistung.

Als Antrieb dienten zwei leicht veränderte Aggregate aus einem LKW-Prototyp von Messerschmitt-Bölkow-Blohm, Ottobrunn, mit zwei mechanisch gekoppelten, je 95 kg schweren Bosch-Gleichstrommotoren, die im breiten Bereich von 2100 bis 6300/min je 45 kW (60 PS) entfalten und zum Anfahren noch 50 % mehr. Den »Saft« lieferten Nickel-Cadmium-Flugzeugbatterien (Typ FP 40), die den Wagen bis auf den Fahrerplatz weitgehend ausfüllten. Für die kürzeren Strecken reichten 280 Zellen, die das Wagengewicht von 950 auf 1450 kg erhöhten; für die längeren kamen noch 80 Zellen mit 190 kg hinzu. Um 44 km weit zu fahren, mußte Dr. von Opel die Leistung so stark drosseln, daß der schlanke GT nur noch 101 km/h Schnitt erreichte.

Von den Elektrowagen, die jedes Autowerk seit Jahren entwarf und erprobte, wurde ein äußerlich unveränderter BMW 1600 als Begleitwagen

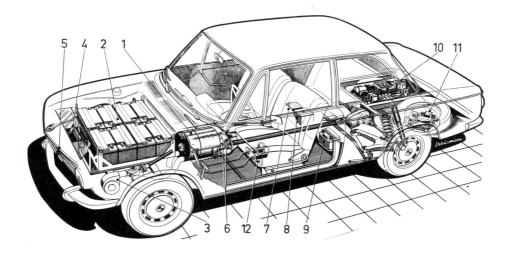

XX.10 Das BMW-Elektro Experiment im Röntgenbild. 1) Fahrmotor, 2) Fahrbatterie, 3) Kühlgebläse, 4) Entlüftungsgebläse, 5) Ladesteckdose, 6) Zwischengetriebe, 7) Sicherungen, 8) Hauptschütz, 9) Bordnetzbatterie, 10) Steuerelektronik, 11) Motordrossel, 12) Sollwertgeber.

General Motors erzielten 1979 einen Durchbruch in der Entwicklung von Zink-Nickel-Batterien und planten für die Mitte der 80er Jahre einen Elektrokleinwagen für den heimischen Markt (max. 80 km/h und 160 km Reichweite). Er würde, nicht zuletzt, dem gesetzlich limitierten »Marken-Durchschnittsverbrauch« dienen, zumal mit 100 000 Stück Jahresproduktion.

Noch erheblich höhere Stückzahlen peilen die New Yorker Gulf + Western Industries an: mit einem Zink-Chlor-»Energiespeicher«, der 545 kg (gegenüber 1800-kg-Bleibatterien) wiegt und einen VW-»Rabbit« (Golf) 240 km weit mit 88 km/h beförderte, als attraktiven Zweitwagen für Arbeits- und Einkaufsfahrten.

bei der Münchner Olympiade am bekanntesten. Der angestammte Motorraum beherbergt 12 in Reihe geschaltete 12 V-88 Ah-Batterien, deren 354 kg Gewicht der BMW-Versuch fahrtechnisch gerade noch als vertretbar ansieht. Daß Lieferwagen unter einem langen Laderaum 1 Tonne Batterien tragen oder Omnibusse 4 Tonnen in einem Anhänger mitführen, steht auf einem anderen Blatt.

Ein fremderregter Bosch-Gleichstrom-Nebenschlußmotor liefert bis 32 kW (44 PS) für begrenzte Zeit, weil die Wicklungen sich höchstens auf 160° C erwärmen dürfen. Zu seinen 85 Kilo kommt noch das notwendige elektronische Steuergerät (56,5 kg) und eine Drossel (19 kg) ... womit der verdrängte, doppelt so starke Vierzylinder mit dem gesamten Antrieb, Kühlsystem und Schalldämpfer nahezu aufgewogen ist. Als Spitze läuft der BMW-Elektro-Viersitzer rund 90 km/h — aber schon mit konstanten 80 sinkt die Reichweite auf 40 km, während das ökonomische halbe Tempo für die doppelte Strecke reicht. Innerstädtisches »Stop-and-Go« verringert den Aktionsradius, trotz der aufwendigen »Nutzbremse« zum Laden der Batterien. Noch mehr würde dies allerdings eine kundentaugliche Lösung, weil BMW normale Starterbatterien verwendet, die ein Mehrfaches von gleichgewichtigen »Traktionsbatterien« hergeben, aber im Dauerbetrieb eine untragbar kurze Lebensdauer aufweisen — gegenüber 1500 bis 2000 Ladezyklen der Traktionsmodelle. (Für einen Elektrobus kosten sie jährlich um 60 000 DM).

So hat der Batterieantrieb, von Ausnahmen abgesehen, einen buchstäblich schweren Stand. Der Sonderfall Mofa (Motorfahrrad) kam 1973 bei Solo-Sindelfingen als erstem von mehreren Produzenten zum Serienbau. Hier sorgen extrem leichte Fahrzeuge, die gesetzliche Höchstgeschwindigkeit von 25 km/h oder die sinnvolle Fortbewegung auf privatem Grund, in großen Werkhallen... für tragbare 30 Kilo von zwei 12 V-44 Ah-Batterien. Mit 24 Volt, 22 Ampère, also 528 Watt (0,72 PS) fährt man 25 bis 40 km weit, wonach das Aufladen der Bleibatterien über Nacht noch nicht die Probleme weckt wie für die fünf- oder zehnfache Anzahl durch die Bildung von explosivem Knallgas oder aggressivem Säuredunst beim Überladen.

Zwar übertreffen Nickel-Cadmium-Batterien mit ihrer Wirkung und Unempfindlichkeit die Bleibatterien merklich; aber sie kosten etwa das Fünffache und würden bei einem nennenswerten Fahrzeugeinsatz die vorhandenen Cadmiumvorräte rasch aufzehren. Erheblich höhere Energiedichten, mit Werten bis zu 120 Wh/kg, bieten Silber-Zink-Akkus, aber zu enormen Preisen. Zudem reichte das gesamte in den USA verfügbare Silber für höchstens 20 000 Automobilantriebe, das heißt für zwei von 10 000 laufenden Wagen — und der Weltsilberbestand für die doppelte Anzahl.

Immerhin mobilisierten zwei Silber-Zink-Batterien das auf den TV-Röhren der ganzen Welt bestaunte Mondauto der Astronauten, das im wahrsten Sinn des Wortes unirdischste Fahrzeug. Jede Batterie wog (auf der Erde!) 26 kg und lieferte 4,3 kW-Stunden, entsprechend 36 Volt und 121 Ah. Sie versorgte (allein, mit der zweiten als Sicherheitsreserve) vier 0,25 PS-Gleichstrommotoren, die zusammen mit einer Stickstoffüllung druckdicht in den Leichtmetallnaben saßen, gut für maximal 16 km/h und Steigungen bis 20°. Das »LRV« (lunar roving vehicle) war ein Gemeinschaftsbau der Boeing-Flugzeugwerke und einer General Motors gehörenden Delco-Gruppe, deren Stammhaus der junge Ch. F. Kettering vor dem ersten Weltkrieg gründete (S. 160).

Noch höhere Kapazität versprechen die im Versuch befindlichen Zink-Luft-Batterien, falls es gelingt, die Entladung (mit Zinkauflösung) und Ladung voll umkehrbar zu gestalten, etwa die Elektroden mit erträglichem Aufwand galvanisch zu regenerieren oder sie mechanisch auszutauschen. — »Hochtemperatur-Batterien« bilden wieder eine andere Gruppe, mit Natrium-Schwefel oder Lithium-Chlor, zum Teil mit festen Elektrolyten und flüssigen Elektroden. Aber die benötigten Temperaturen zwischen 300 und 600° C bereiten erhebliche Schwierigkeiten, Unfallrisiken und bisher etwa 30fache Energiekosten verglichen mit Bleibatterien.

Alle elektrischen Fahrzeugantriebe ohne Fahrleitungen sind folglich ein Gewichtsproblem, auch wenn Leihbatterien, mit Steuergeldern oder Werbefonds finanzierte Versuche ökonomische Fragen verschweigen. Professionelle Elektrizitätsverfechter, wie die Töchter des Rheinisch-Westfälischen Elektrizitätswerks (RWE) SELAK und GES (Stromversorgung elektrisch angetriebener Kraftfahrzeuge und Gesellschaft für den elektrischen Straßenverkehr) rechnen im Jahr 2000 mit 1 Million deutscher Elektromobile, die über 80 % des innerstädtischen Lieferverkehrs abwickeln sollen. Auch das wird allerhand Subventionen erfordern, wenngleich der erste Schritt kaum kräftige Staatshilfe darstellte: die Anfang 1972 verfügte Halbierung der fatalen, 1955 eingeführten Besteuerung der Elektrowagen nach ihrem Gesamtgewicht. Allerdings waren die leisen und langsamen Bergmann-Lastwagen der Post, mit 1000 Akku-Kilo für 10 PS (7,3 kW) schon vorher verschwunden.

Mit dem Auto zu leben, ist schwieriger geworden — doch ohne, schlicht unmöglich.
Obering. Gg. Wanner, ADAC, 1908–1977

ZWEI URALTE THEMEN ZULETZT: GASBETRIEB UND »SCHICHTLADUNG«

Gasförmige Kraftstoffe gingen, wie im ersten Kapitel dargelegt, zum Betrieb von historischen Motoren den flüssigen lange voraus, obwohl erst »Petroleum« (tatsächlich Benzin) die ersten Fahrzeugantriebe ermöglichte. Doch in vielen Epochen blieb der Gasbetrieb aktuell – oder wurde es wieder, wenn besondere Umstände ihn zur Debatte stellten – wie seit »vorgestern« umweltfreundliche Abgase, nicht nur bei Ottomotoren.

Große Schiffsdiesel in modernen Erdgastankern demonstrieren optimale Ökonomie, aber keine Umweltprobleme. Sie begnügen sich fast völlig mit den Verdampfungsverlusten, die trotz der auf − 161° C gekühlten und in Kryotanks (S. 428) befindlichen Fracht nicht zu vermeiden sind, etwa 0,3 % täglich. Das bedeutet dann schon bei einem »kleinen« Gastanker mit 13 000 Tonnen Ladung einen täglichen Anfall (Verlust) von 40 000 kg Gas, womit der sparsame 9000 kW-Diesel rund um die Uhr arbeitet, wenn nur 10 % zusätzliches »Zündöl« jede einzelne Verbrennung einleitet. Für eine gleichstarke Dampfturbine müßten neben dem Erdgas etwa 80 statt 10 % »Bunkeröl« den Kessel heizen und Tankraum auf Kosten der Nutzlast einnehmen. (Nur die Turbine selbst ist bedeutend kleiner und leichter als der Diesel).

Gasförmige Kraftstoffe können auch zu Land preiswerter sein als flüssige, falls der Fiskus sie wohlwollend besteuert. Sie sind hochklopffest, vor allem Propan (C_3H_8), benötigen natürlich kein »Blei«, bilden mit der Verbrennungsluft eine völlig gleichmäßige, gegen Kondensation immune Mischung, bewirken daher eine optimale Verteilung und Füllung der einzelnen Zylinder, eine saubere Verbrennung und meistens (wenn auch nicht unbedingt) wenig Schadstoffe im Abgas. Auf der Kehrseite zeigt die Medaille geringe Volumenheizwerte, folglich höhere »Literverbrauchswerte«; dazu diffiziles Lagern, Tanken und Transportieren in druckfesten, teuren und bei Unfällen eventuell gefährlichen Flaschen. Das betrifft namentlich Methan oder Erdgas, die auf 150 bis 200 bar komprimiert oder in aufwendigen Kryotanks verflüssigt sind. Aus Propan und Butan (C_4H_{10}) gemischtes »Treibgas« wird dagegen schon bei 5 bis 15 bar flüssig. Wie die stark zunehmende Erdgasverschiffung zeigt, gibt es keine unlösbaren technischen

Probleme, doch beschränkt der hohe Aufwand den Erdgasbetrieb auf Linienomnibusse und Sondereinsätze.

Im Gegensatz zu den (nicht nur beim Camping) vielverwendeten Brenngasen unterliegen die gasförmigen Motorenkraftstoffe der Steuer — und starben in der Bundesrepublik praktisch aus, bis die emporgeschnellten Rohölpreise einen (bescheidenen) neuen Anlauf veranlaßten.

Europäische Nachbarländer lieferten ein anderes Bild: hier tankten (1980) schon über 1 Million Personen- und Nutzfahrzeuge Autogas, zwei Drittel davon in Holland und Italien, in der Bundesrepublik vergleichsweise nur jedes 1000. Fahrzeug.

Scharfe Kalkulationen bringen nämlich, vergleichbar dem Dieselbetrieb, erst nach 30 000 bis 60 000 km, je nach Fahrzeugtyp, eine positive Bilanz. Hinzu kommt das bei uns noch lückenhafte Tankstellennetz; es verdreifachte sich (von 1979 bis 1981) auf rund 200 Stationen und soll in den nächsten Jahren auf rund 1000 steigen.

Der Umbau eines Ottomotors auf Gasbetrieb mit den Flaschen, Absperr- und Druckreduzierventilen, einem Filter und Druckregler, der den Gaszutritt ins Ansaugrohr steuert, kostet durchweg über 2000 DM — und die wenigen, schon werkseitig installierten Anlagen sind selten bedeutend billiger.

Das Benzinsystem mit dem Vergaser bleibt erhalten und ermöglicht dann jederzeit eine Umschaltung (und damit einen großen Aktionsradius). Mehrverbrauch und Minderleistung pendeln um je 10 %, zumal der alternative Benzinbetrieb erhöhte Verdichtungsverhältnisse ausschließt.

Die mit (äußerer) Verbrennung von Holz, Holzkohle, Brikett oder Torf erzeugten Generatorgase verdienen höchstens einen historischen Seitenblick. Mit beabsichtigter unvollständiger Verbrennung im Generator entstand hauptsächlich CO, das der Motor mehr schlecht als recht verarbeitete. Eine chronische Notlösung in Krisenzeiten, mit umständlichem, schmutzigem Betrieb, geringer Reichweite und stark gedrosselter Motorleistung, mit verschlammtem Motoröl und kurzlebigen Kolben. Aber trotz dieser schweren Nachteile kam auch diese »Alternative« wieder ins Gespräch (z. B. 1980 in Frankreich).

Wenn aber verbranntes Methan (CH_4), Treib- oder Erdgas soviel weniger Schadstoffe als Benzin hinterläßt, aber die Umrüstung oder eine entsprechende Serienherstellung von PKW-Motoren so fragwürdig bleibt, stellt sich fast von selbst die Frage, ob man nicht flüssige Kraftstoffe »an Bord« verflüchtigen kann — wie dies schon die historischen Oberflächenvergaser taten?! Dazu allerdings benötigen moderne Motoren für die 10- bis 50fache Leistung ihrer Urahnen beträchtliche Wärmemengen zur Verdampfung des Kraftstoffs. Wir erinnern uns an die Vereisungsneigung vieler Vergaser bei feuchtkühlem Wetter, obwohl sie doch nur einen Bruchteil des Benzins wirklich verdampfen.

Tatsächlich war der erste »mixture generator« (Gemischerzeuger), den das Shell-Forschungszentrum Thornton, in der freundlichen flachen Landschaft zwischen Chester und Liverpool gelegen, 1968 bastelte, zwei Tonnen schwer und für jeden Fahrzeugeinbau zu groß. Um genug Abgaswärme aufzufangen, braucht man einen hochwirksamen Wärmetauscher statt der üblichen simplen Kühlleitung um ein Auspuffrohr herum. Immerhin bestätigte der Versuch eine erhebliche Abgasverbesserung. Nun sollte die praktische Problemlösung ein besonderes »Wärmerohr« bringen, das bereits in den letzten Kriegsjahren erfunden wurde und in abgewandelter Form mit geringstem Gewicht und Volumen die Raumanzüge der Apollo-Besatzungen vor Überhitzung schützte. Seine Anpassung an den Motorbetrieb war eine typische Aufgabe für das »National Engineering Labor« mit seiner Zentrale nahe Glasgow.

Nach fünf Jahren konnten prominente Automobilingenieure aus Europa und Amerika dem »Vapipe« (vapour pipe, Dampfrohr) nach Probefahrten in einem Morris-Marina und anderen Serienwagen ein bemerkenswertes Fahrverhalten bescheinigen; denn diese Eigenschaft — international als driveability bezeichnet — muß außer dem gewünschten Komfort die wichtige Fahrsicherheit gewährleisten. Der kontinuierlichen Vergasung des Benzins dient ein besonderer flüssiger Wärmeträger zwischen der Auspuffanlage und dem Spezialvergaser, der eine überreiche Mischung herstellt, die dann ohne Kondensationsgefahr stark verdünnt wird; für eine Direktverdampfung ist die Auspuffwärme ungeeignet und die Regelung zu träge.

Ein mitentscheidender Grund für den »Vapipe«-Erfolg — und für alle übrigen vergleichbaren Verfahren! — bestand in der möglichen Gemischabmagerung, die ansonsten Zündaussetzer und damit wieder eine enorme Abgasverschlechterung verursacht (und gegebenenfalls Abgaskatalysatoren schlagartig zerstört!).

Einen anderen, noch weiter ausholenden Schritt zum reinen Gasbetrieb demonstrierte der Siemens-»Spaltvergaser«. Er verdampft nicht nur (physikalisch) den flüssigen Kraftstoff, sondern zerlegt ihn zusätzlich (chemisch) mit einem edelmetallfreien, erschwinglichen Katalysator in Gase. Während die Verdampfung lediglich einen neuen »Aggregatzustand« erzielt, wie es jeder Wasserkessel auf der Herdplatte vermag, muß man den Spaltvergaser als eine echte Krackanlage betrachten! Mit ausreichendem Katalysatorvolumen und 800° C Temperatur erzeugt er hauptsächlich Methan, Kohlenoxid und Wasserstoff, die vor dem Eintritt in den Motor stark gekühlt werden. Sie liefern ohnehin »gutes« Abgas und vertragen ebenfalls sehr magere Mischungen, dazu dank ihrer Klopffestigkeit, selbst bei schlechten Ausgangswerten des flüssigen Kraftstoffs, hohe Verdichtung.

Freilich wurde der Siemens-Motor (bis 1973) nur stationär betrieben, erfordert großen Regelaufwand und auf Straßen besondere Sicherheitsmaßnahmen. Mindestens fünf Jahre veranschlagte die Motorenindustrie (z. B. Porsche) bis zur Entscheidung, ob das Konzept zukunftsträchtig wäre...

Wieder eine andere Möglichkeit, die eine »Fremdzündung« von kraftstoffarmen Gemischen erlaubt, ergibt sich mit einer geschichteten Ladung des Zylinders. Im Gegensatz zur herkömmlichen »homogenen« Füllung versucht man, in die Zündkerzennähe, wo es darauf ankommt, ein gut zündendes (relativ) reiches Gemisch zu bugsieren, das dann den besonders mageren Rest ohne Schwierigkeiten entflammt. Zwar ist diese Idee nicht so alt wie die historischen Gasmotoren, aber auch nicht jünger als das Viertakt-Verfahren; denn in seinem dramatisch umkämpften Reichspatent Nr. 532 schrieb N. A. Otto wörtlich: »Meine Erfindung, gasarme Gemenge prompt und sicher zu entzünden, ist, die Einleitung der Zündung in einem gasreichen Gemenge mittels kleiner Flamme zu vollführen und mit der dadurch erzeugten Gasflamme das gasärmere Gemenge zu entflammen und zu verbrennen.« Daß diese Vision — abgesehen von der Gemischbildung in Dieselmotoren — jahrzehntelang unverfolgt blieb, hängt wohl auch mit dem für Otto so unglücklichen Prozeßausgang, dem Verlust des Patents, zusammen. Jedenfalls spricht viel für diese Vermutung von Julius E. Witzky, einem modernen Verfechter der attraktiven Schichtladung.

Den Anstoß, auch in Ottomotoren qualitativ geschichtete Füllung künstlich herzustellen, gaben schnellaufende Diesel, deren Weg wiederum erst mit brauchbaren Einspritzanlagen begann. Die Ladungsschichtung sollte stets die Vorzüge der Otto- und Dieselmotoren vereinen, die ottotypische gute Luftausnutzung und Leistung, die trotz niedriger Druckspitzen hohen Nutzdrücke, den ruhigen Lauf und die Eignung für höchste Drehzahlen... mit der Diesel-Sparsamkeit und der Anspruchslosigkeit an den Kraftstoff verbinden. Vielfach bezeichnet man daher diese Kombination als einen Hybridmotor, einen Zwitter (— natürlich nicht zu verwechseln mit einem Hybridantrieb durch mehrere verschiedene Kraftquellen). Daß sie größeren Bauaufwand beanspruchen, durchweg vom Diesel die teure (direkte!) Einspritzung, dazu noch eine Zündanlage, belastete die Bilanz. Es gab vereinzelt Versuche mit Glüh- statt Zündkerzen.

Aus dem Dieselaspekt garantiert der gesteuerte Funken die Zündung »unverzüglich« auch bei einem vorteilhaft verminderten Verdichtungsverhältnis. Es vermeidet hohe Spitzendrücke, der Motor wird leichter, kleiner, billiger. Den Ottokonstrukteur reizen dagegen die sparsame, hochgradig klopffreie Verbrennung von billigeren Kraftstoffen und neuerdings die besseren Abgase, auch mit Gemisch-Luftzahlen über 1,5, die »homogen« überhaupt nicht zünden würden. Freilich liegt mit so armem Gemisch die Leistung bestenfalls in der Mitte zwischen dem Otto- und Dieselbereich. Dies wiederum könnte (wie beim Diesel selbst) die abgasfreundliche Turboladung kompensieren...

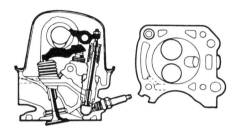

XX.11 Nächst Honda untersuchte Ford CVCC-Verfahren – mit einem dritten, kleinen, hier von einer obenliegenden Nockenwelle gesteuerten Ventil in der »Vorkammer«. Ungewöhnlich umfangreiche Versuche (mit rund 400 Prototypen) führten aber 1980 zu neuen CVH-Motoren.
(Compound Valve-angle, Hemisperical combustion space = Ventile im Querstromkopf zur Hochachse geneigt und zusätzlich quer verschränkt, außerdem abgestimmte Quetschflächen an Kolbenböden und Halbkugelköpfen.)

Etwa seit 1934 erschienen als Stichworte und prominente Namen auf diesem Weg Hesselman — (natürlich) Ricardo — Texaco — MAN-FM — Witzky und andere mehr. Ford experimentierte mit dem »Proco«-System, das einen tiefen Verbrennungsraum im Kolbenboden besitzt. Die Elektroden einer Spezialzündkerze ragen (wie im MAN-FM-Motor) weit in diesen Raum hinein und eine Einspritzdüse richtet den Kraftstoffstrahl so, daß er mit der Luft eine kleine rotierende Gemischwolke bildet. Der Motor erhält, wie ein Diesel, stets eine ungedrosselte Luftfüllung, doch müssen Einspritzmengen, Einspritzzeiten und Zündung offenbar ziemlich kompliziert auf jede Drehzahl und Belastung abgestimmt werden. Man registrierte auf Anhieb gute Abgase und hervorragende Verbrauchswerte, aber auch einen unangenehm beißenden Abgasgeruch, den vermutlich »Aldehyde« veranlaßten (bestimmte »angebrannte« Kohlenwasserstoffverbindungen). Man bekämpfte sie mit gedrosselten Luftmengen und späteren Zündpunkten.

Als in Amerika die Termine der Abgasgesetze bedrohlich anrückten, leistete Honda einen Beitrag zum Thema »Schichtladung« mit dem »CVCC«-System — Compound-Vortex-Controlled Combustion, einer abgestimmten Wirbelung zur Steuerung der Verbrennung, auf die man jeden herkömmlichen Viertakter umstellen könnte. Hinter der amerikanisch anmutenden Bezeichnung verbirgt sich, senkrecht zwischen den V-förmig hängenden Ventilen angeordnet, eine recht normale Vorkammer, die außer der Zündkerze ein zweites kleines Einlaßventil enthält. Der Vergaser, der eine aufwendige Einspritzung erspart, liefert mit einem Hauptsystem sehr kraftstoffarmes Gemisch, mit einem Nebensystem jedoch ein relativ reiches direkt in die Vorkammer. Honda spricht sogar von drei Gemischzonen: der reichen in der Vorkammer, von der Kerze zuverlässig gezündet — der »richtigen« im Umkreis der Vorkammermündung, das die Verbrennung rasch genug weiterleitet — und dem großen mageren Rest, der relativ langsam abbrennt, einen sanften Druckverlauf, aber absichtlich heiße Abgase bewirkt. Auch die Turbulenz im Hauptbrennraum bleibt maßvoll beschränkt.

Die Leistung des CVCC-Motors, der etwa 10% mehr Kraftstoff verbraucht (wie Vorkammerdiesel gegenüber Direkteinspritzern), konnte noch nicht beeindrucken — dies mindestens nach Honda-Maßstäben. »Außerdem ist es zweierlei, wie Edward Eves anmerkte, drei Versuchsmotoren vorzuführen, welche die gewünschten Abgaswerte liefern, oder jährlich 10 Millionen Serienmotoren für gleichhohe Ansprüche zu produzieren«.

Per saldo rückten Schichtlademotoren wieder in weitere Ferne und verloren an Interesse. Daran änderten auch die VW-Grundlagenversuche zu wenig. Sie erstreckten sich gleichfalls auf kleine Vorkammern, in die jedoch zusätzlicher Kraftstoff eingespritzt wird — evtl. auch Methanol oder andere Ersatzkraftstoffe. Daher bezeichnet VW diese Bauart als PCI-Motor (Pre-Chamber-Injection). Lediglich in den USA lief ein Schichtladeprojekt weiter (mit Kraftstoffdirekteinspritzung und zwei Zündkerzen pro Zylinder), das hohe Verdichtung mit niedrigem Oktanzahlbedarf verbindet, geringeren Verbrauch als ein Ottomotor erreicht, aber niedrigere Laufgeräusche, Stickoxid- und Feststoffemissionen als ein Diesel.

Eine besondere Schwierigkeit bereiten in den vorgeschriebenen Abgas-Testzyklen die obligatorischen Kaltstart- und Anwärmzeiten. Ihren starken und schlechten Einfluß auf die gesammelte Schadstoffmenge müssen nochmals bessere »Warmwerte« kompensieren. Somit verblieb in Kalifornien, den USA, in Japan und westlichen Industrieländern keine Alternative zu den teuren Auspuffkatalysatoren (s. S. 151, f.).

Mit ihnen werden die Abgase, nach einem General Motors-Kommentar,

»sauberer noch als die Luft, die durch den Ansaugfilter strömt« — was sicher im Großstadtverkehr zutreffen wird, solange die älteren, »unentgifteten« Modelle nicht ausgestorben sind.
Die beträchtlichen zusätzlichen Kosten kamen mehrfach zum Ausdruck. Sie betreffen preiswerte Gebrauchswagen prozentual viel stärker als die Vertreter der Oberklasse. Doch liegen alle alternativen Antriebe noch sehr weit darüber.

Man streitet oft nicht darum, die Wahrheit zu finden, sondern um sie zu verbergen.
»Maxim Gorki« (Peschkow), 1868–1936

ALTERNATIVE KRAFTSTOFFE UND LATENTE ENERGIEMENGEN

Naturgesetzlich können alternative Kraftstoffe keine Energie einsparen (abgesehen von unbedeutenden mittelbaren Folgen), sondern nur die besonders wertvollen und begrenzten Erdölderivate ersetzen. Da aber unsere Kohlenvorräte auch nicht unbeschränkt reichen, bedeutet die Energiegewinnung auf ihrer Basis lediglich eine Übergangslösung. Insgesamt bieten sich zum Ersatz der heutigen Kraftstoffe fünf Möglichkeiten an:
- synthetische Kraftstoffe,
- Alkohole,
- Flüssiggase,
- Wasserstoff und
- Elektrizität.

Den schon abgehandelten Stichworten bleibt allein anzufügen, daß Elektrizität möglichst nicht in Kohlekraftwerken und erst recht nicht mit Heizöl entstehen sollte. Ähnliches gilt für die bei der Erdölverarbeitung anfallenden Gase Propan und Butan, aus denen »Treibgas« besteht (international übrigens LPG genannt, liquified petroleum gas). Ein Seitenblick auf Methan und Erdgas enthüllt deren schwere »Hantierbarkeit«, weil sie sich erst bei $-162°$ C verflüssigen (oder gasförmig Drücke über 150 bar erfordern). Der Siedepunkt von Wasserstoff liegt um weitere 90 Grad niedriger (fast am absoluten Nullpunkt $= -273°$ C), doch erlaubt Wasserstoff eine Speicherung in Metallhydriden. Sie binden ihn ein, wenn Wärme abgeführt, und geben ihn wieder ab, wenn Wärme zugeführt wird.

Wasserstoff läßt sich aus Erdgas und Kohle gewinnen, leider mit miserabler Ökonomie, oder (in unbegrenzten Mengen) durch die elektrolytische Zerlegung von Wasser, aber mit einem noch schlechteren Wirkungsgrad. Zwar ist die Verarbeitung von Wasserstoff in Motoren erfolgreich erprobt, doch erscheinen die auf den Straßenverkehr zielenden Konzepte als fragwürdig – und die gasförmigen Kraftstoffe insgesamt für den ortsfesten Bedarf bedeutend geeigneter, zumal die Probleme der Verteilung und des Vertriebs – d. h. eines Tankstellennetzes, wie auch für elektrische Batterien – leichter zu lösen wären.

Synthetische Otto- und Dieselkraftstoffe benötigen keine Veränderungen an den Motoren, sondern nur bei ihrer Herstellung – in großen Hydrierwerken. (»Hydrieren« bedeutet nicht etwa eine Verflüssigung der Kohle, sondern eine Anlagerung von Wasserstoffatomen an überschüssige Kohlenstoffatome.)

Heimische Hydrierwerke machten Deutschland in den letzten Vorkriegs- und Kriegsjahren autark, aber mit sehr billiger Kohle (wie heute ähnlich in Südafrika) und mit vergleichsweise geringen Mengen. (Es waren 1939 ca. 3 Mio. Tonnen, davon ein Viertel aus inländischer Erdölförderung. Zwar stieg letztere inzwischen auf ca. 4,6 Mio. Tonnen, doch der Jahresverbrauch an Otto- und Dieselkraftstoffen auf das Achtfache.) Damals zählte zu den heimischen Rohstoffen auch das klopffeste und energiereiche Benzol. Es fällt bei der Koksgewinnung mit einem knappen Prozent an, immerhin mit solchen effektiven Mengen, daß man dem hiesigen Superbenzin in den 50er Jahren 40 und mehr Prozent beimischen konnte. Allerdings zählen Benzol, seine Homologen und »natürliche« Aromaten wegen der Abgasqualität nicht mehr zu erwünschten Kraftstoffkomponenten, abgesehen von der völlig veränderten Mengenfrage.

Neben riesigen, Milliarden-Investitionen erfordernden Anlagen zur Herstellung von Synthesebenzin in nennenswerten Mengen verhindern inzwischen hohe und weiter steigende Kohlepreise eine Rentabilität. Sie erscheinen doppelt: als Einsatzmaterial wie als Lieferant der erheblichen »Prozeßwärme« für die Verarbeitung, wobei erst preiswerte (Kern-)Energie den Wirkungsgrad aufbessern könnte.

Diese Prozeßenergie vermindert sich um ein Drittel, wenn man die Kohleenergie nicht in Benzin, sondern in Methanol verwandelt. Zusammen mit weiteren Möglichkeiten, auf die der alte Name »Holzsprit« hindeutet, und mit der guten Mischbarkeit von Alkoholen und Benzin rückten deshalb Alkohole klar auf den ersten Platz der Alternativen. (Nur Feuchtigkeit, auch Kondenswasser, sowie die eingeschränkte Verträglichkeit mit etlichen Werkstoffen stören gelegentlich.)

Die nächsten Schritte zu Alkoholmotoren sind nicht erst programmiert, sondern eingehend erprobt. Ähnliches gilt für das engverwandte (und sogar ungiftige) Äthanol, das in Südamerika und anderen »Flächenländern« aus »Biomassen« entsteht, teils pur verfahren, teils dem Benzin mit 20 oder mehr % beigemischt wird. Für die Praxis mit alternativen Kraftstoffen bietet sich ein Vergleich der »Speichervolumen« und der Gewichtsverhältnisse an, der auf kürzesten Nenner gebracht einen weiteren Kommentar erspart:

Kraftstoff	Speicher-Volumen	Gewicht
Fahrbenzin	1	1
Dieselöl	0,8	0,9
Äthanol	1,5	1,5
Methanol	2	2
Flüssiggas	1,8	2
Wasserstoff (in Metallhydrid)	5–8	15–20
Bleibatterie	ca. 50	ca. 100

Weitsichtige Konzepte für künftige Lösungen des Energieproblems ragen verständlich über unser Thema weit hinaus, zumal der Verkehrssektor nur einen schmalen Bereich darin bildet. Dennoch gilt auch für ihn, was ein namhafter Wissenschaftler anschaulich formulierte (Prof. E. Pestel, Ende 1977): »Wir müssen unsere energiepolitische Situation etwa so empfinden wie ein Kraftfahrer seine Lage, wenn er auf einer engen, von Bäumen umsäumten Straße in schneller Fahrt auf Eis gerät. Ein Tritt auf die Bremse bringt mit Sicherheit kein gutes Ende. Wenn er beim Abrutschen das Steuer hart herumreißt, endet das ebenso mit einer Katastrophe. Er muß vielmehr zunächst der eingeschlagenen Richtung folgen, um den Kurs bei sinkender Geschwindigkeit behutsam zu korrigieren.«

Als Ersatz oder Konkurrenten von absolut umweltfreundlichen (Elektro-)Motoren bieten sich weitere Energiespeicher an: etwa hochtourige Schwungmassen oder hochverdichtete Gase (mit 300 und mehr bar). Erstere benötigen vor den Antriebsrädern lediglich geeignete Getriebe, während die Druckspeicher über Öl als Arbeitsmedium einen Hydromotor antreiben, der im Prinzip das Gegenstück einer Ölpumpe darstellt.

Beide, der Gyro- oder der Hydroantrieb, blicken auf eine lange Geschichte zurück, von Spielzeugen bis zu Torpedoantrieben. Beide können unterwegs von fremden Quellen aufgeladen werden, doch zielt die aktuelle Entwicklung zunächst auf die Verwertung der beträchtlichen Bremsenergie, wie auch bei neuesten elektrischen Schnellzuglokomotiven. Folglich eignen sich diese Antriebe am ehesten für Stadtomnibusse, für Brems- und Beschleunigungsstrecken in dichter Folge.

Die geringe Reichweite dieser Speicher – aber auch bei Elektroantrieben der Wunsch, mit erträglichen Batteriegewichten auszukommen – legte die Kombination mit einem Dieselmotor nahe. Er bleibt klein und leicht, läuft mit konstanter Last und Drehzahl sparsam und umweltfreundlich, wird sogar in Ballungszentren stillgesetzt. Die ohnehin aufwendige Mechanik erlaubt es, zum kräftigen Beschleunigen die »Speicher« direkt anzuzapfen.

Solche Hybridantriebe (zu deutsch Zwitterantriebe) arbeiten also besonders umweltfreundlich und sparsam. Verschiedene vorliegende Studien beziffern (1980)

- für einen Gyrobus: 2 % Mehrgewicht, 5 % höhere Anschaffungskosten, im Kurzstreckenbetrieb 15 bis 20 % Kraftstoffeinsparung,
- für einen Hydrobus entsprechende Werte von 5, 15 und 20 bis 30 %.

Eine Übertragung dieses Prinzips auf kleinere Fahrzeuge ist höchstens langfristig zu erwarten, für Taxen und ausgeprägten Kurzstreckenbetrieb.

Menschen ohne Bücher sind blind.
H. K. Laxness, isländischer Schriftsteller und Nobelpreisträger, 1902–19...

KOMMEN (MEHR) KUNSTSTOFFE – UND KERAMIK?

Bei Kunststoffen spielen Herstellungsverfahren und Ökonomie eine große Rolle. Der Seitenblick auf Fahrzeuge enthüllt vielfältige und schon beträchtlich vermehrte Kunststoffteile: sie senken Kosten, Gewicht und Kraftstoffverbrauch, sind immun gegen Korrosion und oft leichter zu formen (zwecks guter Aerodynamik und gefälligen Konturen). Nach einer VW-Analyse von 1980 würden die Leergewichte bei extremem Kunststoffeinsatz um 15 % sinken (mit einem Gewichtsanteil von 30 %), vergleichsweise bei extremem Aluminium-Einsatz um 22 % (mit 25 % Gewichtsanteil) und bei extremem Einsatz von hochfesten Stählen um 6 % (bei kaum verändertem Gewichtsanteil von 70 %).

Bei den Motoren könnten, abgesehen von vorhandenen Gehäusen elektrischer und elektronischer Elemente, von Deckeln u. a., hochfeste Kunststoffe das Gewicht von rotierenden und oszillierenden Massen, auch Reibung und Geräusche vermindern, Wärme besser isolieren. Leichtere schwingende Massen erzeugen weniger Vibrationen und erlauben Einsparungen bei deren Ausgleich. Pleuel, Kolbenbolzen, Einzelteile von Kolben und Ventilsteuerungen, derzeit noch zu teuer, befinden sich im Versuch. Auch in diesem Zusammenhang verweisen die Motorenhersteller auf die durchschnittliche Verbrauchssenkung von 25 % binnen sieben Jahren (ab 1979). Sie gelten freilich für das gesamte Fahrzeug – mit Motor, Antrieb, Gewicht und

Aerodynamik und sind bestenfalls in der doppelten Zeit zu wiederholen...

Keramik (aus dem griech. Keramos = gebrannte Erde) kennen wir als Zündkerzenisolatoren (S. 304), auch an Lambdasonden, als Gleitringdichtungen an Wasserpumpen, als Dichtleisten in (verhinderten) Daimler-Benz-Wankelmotoren, als »Monolithen« für Otto-Abgaskatalysatoren und künftige Rußfilter an Dieselmotoren. Auch hier gibt es Hunderte Varianten mit Siliziumnitrid (Si_3N_4), Siliziumkarbid (SiC), Alu-Titanat (Al_2TiO_5), Zirkonoxid (ZrO_2) als bekanntesten. Ihre physikalischen Eigenschaften und Verarbeitungsmöglichkeiten überdecken ein breites Band von extremer Warmfestigkeit, verschiedener Dichte (Gewicht), Wärmedehnung und Wärmeleitung (Isolierfähigkeit).

Wieweit die Wärmeleitzahlen differieren, zeigt ein Vergleich von heißgepreßtem Siliziumnitrid mit normalen Ventilstählen wie 2:1, mit austenitischen Ventilwerkstoffen gar 2,5:1, wobei Keramik-Ventile nur die Hälfte wiegen (aber derzeit ca. 800,– DM pro Stück kosten). Die größten Vorzüge versprechen hochfeste Sorten als Elemente von Gasturbinen, Turboladern und Stirlingmotoren. Keramische Turbinenrotoren sind leichter, sprechen daher beim »Gasgeben« besser an und erlauben beträchtlich höhere Temperaturen – und damit Wirkungsgrade. Nach einem »Portliner« und ausgekleideten Auspuffkrümmer profitieren von heißeren Gasen Abgasturbinen und Katalysatoren. Eine weiterentwickelte VW-Gasturbine (vgl. B. XX.4) GT 150 arbeitet mit einer Turbineneinlaßtemperatur über 1000 °C, leistet 100 kW, wiegt 210 kg und verbraucht, auch dank elektronischer Steuerung, weniger.

Schon 1982 präsentierten Isuzu-Kyoto einen Keramik-Motor – allein zur Demonstration, da viel zu teuer. Aber auch Opel experimentierte (nach einem ausführlichen Bericht des Motorenexperten Dr. Fritz Indra, 1987) mit vielen Keramik-Elementen am 2,3-l-Diesel: mit Portlinern aus Alu-Titanat, Wirbelkammern und Zylinderlaufbüchsen aus Zirkonoxid (ebenfalls mit sehr geringer Wärmeleitung), mit Keramikplatten auf den Kolbenböden und im Zylinderkopf sowie beschichteten Tellern der Ein- und Auslaßventile. Hier tragen die Schlepphebel zwischen Nocken und Ventilschäften aufgelötete Plättchen aus Zirkonoxid oder Siliziumkarbid, die bessere Gleiteigenschaften vermitteln (wie auch in anderen Motoren, oder als Stößel).

Allerdings birgt die zuverlässige Befestigung der hochgradig spröden Keramikteile handfeste Probleme: durch Einschrumpfen, Eingießen oder Löten, erst recht durch Kleben oder Verschrauben. Schon bei der Herstellung droht eine bedenkliche Ausschußquote, während Risse und Brüche im Motor selbst kapitale Schäden veranlassen können. Die nahliegende Hoffnung, Keramik würde sich – wie Kunststoffe – als »Sparbüchse« erweisen, erinnert demnach eisgraue Motorradfahrer an die gefürchteten »Sparbüchsen« in Gestalt von durchgebrannten Kolbenböden (speziell bei luftgekühlten Zweitaktern)!

Vor allem zeigten die Meßergebnisse statt erwarteter Vorzüge klare Nachteile: Rauchverhalten, Leistung und Verbrauchskurven wurden schlechter, weil die heißeren Wandungen den Liefergrad verminderten... und dies sogar im Dieselmotor. Denn in Ottomotoren hatte sich schon längst gezeigt, daß die eingesparten Kühlmengen und heißeren Brennräume die Klopfneigung erheblich vermehren, wonach die herabgesetzte Verdichtung dann mehr Einbußen brachte als die Wärmebewahrung Vorteile. Übrigens würde bei kleinen Motoren recht bald die (heute verlangte) Heizleistung kritisch.

Auch das schlechteste Buch hat eine gute Seite – die letzte.
   John Osborne, engl. Dramatiker, 1929

KEINE REVOLUTION – ALS FAZIT DER KOMMENDEN KONZEPTE

Der Verband der Automobilindustrie (VDA) veröffentlichte schon 1971 ein Memorandum »Verkehr – Sicherheit – Umwelt«, das die Situation und Leistungen der Industrie umriß und sich mit aktuellen Forderungen der Öffentlichkeit auseinandersetzte. Dabei widersprechen dem auf das Antriebsproblem gemünzten Vorwurf, die Fahrzeugfabriken ignorierten neue Ideen und Möglichkeiten, die zahlreichen Experimente, exotischen Kraftquellen und Versuchswagen. Sie lieferten bisher nur das allgemeine Fazit, ein wünschenswerter Endzustand müsse realistisch und volkswirtschaftlich tragbar sein.

Auf der gleichen Linie lag die Zusicherung, die General Motors-Präsident Edward Cole gerade auf dem traditionellen SAE-Kongreß abgegeben hatte: »Wir werden unverzüglich eine andere Energiequelle als den Verbrennungsmotor anbieten, wenn sie die Wünsche des Verbrauchers zu einem annehmbaren Transportpreis erfüllt«.

Fast zur gleichen Zeit las man von Prof. Starkman, er gäbe dem herkömmlichen Benzinmotor nur noch wenige Jahre. »Sein Ende kommt nach meiner Meinung schon 1975 in Sicht. Neben dem Wankelmotor hat die Turbine die größten Aussichten, ihn abzulösen« – und ein Resümee von Dr. Ing. Agnew: »Der konventionelle Motor wird noch während der ganzen siebziger Jahre der Automobilantrieb sein. Nach meiner Meinung gibt es frühestens 1980 viele neue Antriebe, aber neben der Turbine und dem Elektromotor auch weiter den Kolbenmotor. Nur wird er nicht mehr allein sein, und darauf scheint es mir anzukommen.« Die besondere Pointe dieser Prognosen enthüllten die Visitenkarten ihrer Autoren; der erste als Vizepräsident, der zweite als Motorenversuchsleiter – von General Motors.

Zu den eben zitierten Transportpreisen äußerte sich Dr. Scherenberg damals in einem Referat über die Frage, ob Kolbenmotoren für Fahrzeuge am Ende ihrer Entwicklung ständen. Dabei dürfte die »grobe Schätzung« von Daimler-Benz immerhin kompetenter sein als manche Expertisen, die es »ganz genau« wissen. Wichtig ist jedoch für den Raum-, Gewichts- und Kostenvergleich – mit der Basis »1« für den Ottomotor – die angenommene Reichweite von 400 km.

Der mit elektrischen Antrieben kombinierte Ottomotor bildet hinter den

Taf. XX.12	Raum	Gewicht	Kosten
Ottomotor	1	1	1
Dieselmotor	2,5	2,5	2,5
Gasturbine	2	0,8	4
Dampfturbine	2,5	3	5,5
Dampfmotor	3	4	3
Stirlingmotor	3,5	4,5	4,5
Otto- + E-motor + Bleiakku	6,5	2,5	22
Otto- + E-motor + Brennst.zelle	6	10	55
Elektr.motor + Bleiakku	15	80	70
E-motor + Brennst.zelle	5	8	55
E-motor + Zink-Luft-Batt.	8	20	ca. 140

Gruppen mit innerer und äußerer Verbrennung, aber vor den reinen Elektroantrieben die »Hybrid-Kategorie«; daß hier der in Versuchen bereits praktizierte dieselelektrische Antrieb fehlt, überrascht etwas. –
Abgasentgiftung und Umweltschutz beherrschen seit den frühen 60er Jahren die nationalen und internationalen Kongresse der Motoren- und Automobilingenieure, in Amerika von der SAE veranstaltet (s. S. 281), in Europa, Japan und Australien parallel dazu von der FISITA (Fédération Internationale des Sociétés D'Ingenieurs des Techniques de l'Automobile), zuletzt in Tokio, München, Barcelona, Brüssel, London, Budapest, Hamburg, Melbourne, Wien und Belgrad.
Schon 1970 verglich zum Beispiel Prof. Meurer mit üblichen Hubkolbenmotoren die Stirling-, Dampf-, Wankelmotoren und Gasturbinen. Anhand von 12 in Tafel XX.13 aufgeführten Kriterien kam er zu einem bemerkenswerten Ergebnis, freilich mit dem ausdrücklichen Hinweis darauf, daß die Gewichtung der einzelnen Faktoren sich von Land zu Land stark unterscheiden und in unserer schnellebigen Zeit rasch verschieben kann. Immerhin blieben unter dem Strich für jeden Antriebstyp Vorteile (+), Nachteile (–) und gleichwertige bzw. noch ungeklärte Eigenschaften (o) im Vergleich zum Hubkolbenmotor. Die Begründung, warum das große Plus der Gasturbinen für den PKW-Antrieb kaum zur Geltung kommen wird, beansprucht hier keine Wiederholung. Der spezifische Kraftstoffverbrauch, in der ersten Zeile, dient als Maßstab für die allgemeine Wirtschaftlichkeit.
Umfangreiche Versuchsprogramme mit den neuen Antrieben, batteriegespeisten Elektromotoren, mit komprimiertem oder verflüssigtem Gas und Hybridantrieben, laufen vielerorts als Gemeinschaftsarbeit der Motoren- und Fahrzeughersteller mit großen Verkehrsbetrieben. Sie kamen ausnahmslos zum Resümee, daß keiner der alternativen Antriebe den wesentlichen Ansprüchen in absehbarer Zeit gerecht wird und sich die Planungen auf möglichst umweltfreundliche Dieselmotoren stützen müssen.
Noch deutlicher antwortete Generaldirektor Karl Rabus einem Interviewer: »Wer heute ein Ende des Dieselmotors prophezeit, ist ein Phantast. Der Diesel ist in meinen Augen nahezu perfekt. Man kann noch etwas in der Abgasentgiftung tun – aber das ist schon alles. Der Elektromotor ist nur ganz begrenzt im Cityverkehr zu verwenden, und bei der Turbine (für Straßenfahrzeuge!) hat man das Experimentierstadium noch nicht verlassen... Glauben Sie mir: diese neuen Motoren machen eine weit entfernte Zukunftsmusik – und wir (Steyr-Daimler-

XX.13	Stirling	Dampfm.	Wankel	Gasturb.
spezif. Verbrauch	o	–	–	–
Ölverbrauch	+	o	–	+
Baukosten je PS	–	–	o	–
Gewicht und Bauraum	–	–	+	+
Wartungskosten	o	o	–	+
Lebensdauer	o	o	–	+
Drehmomentcharakter	+	+	–	+
Vielstoff-Fähigkeit	+	+	+	+
Regelverhalten und Startzeit	o	–	o	o
Geräusch	+	+	+	+
Abgase	+	+	+	+
Schwingungen, Massenausgleich	o	o	+	+
Vorteile	5	4	5	9
gleichwertig/offen	5	4	2	1
Nachteile	2	4	5	2

Puch) sind für solche Projekte sowieso zu klein«.
Die Hubkolbenmotoren von N. A. Otto und Rudolf Diesel bleiben jedenfalls noch für lange Zeit der klassische Fahrzeugantrieb. Sie werden die neuen, in den Vordergrund getretenen Anforderungen erfüllen, wenngleich durch zusätzlichen Aufwand etwas größer, schwerer und teurer.
Schließlich schloß Prof. von Eberan, nach seiner erneuten langen Hochschultätigkeit über den Verdacht von industriellem Zweckoptimismus erhaben, einen großen FISITA-Bericht (schon 1972) mit fester Zuversicht:
»Der technische Fortschritt braucht seine Zeit. Er sollte durch gesetzliche Richtlinien auf weite Sicht gefördert werden, aber nicht erzwungen mit Gesetzen, die sich unablässig ändern. Es könnte sonst eines Tages passieren, daß wir vom Regen in die Traufe kommen...«

Die Wissenschaft beansprucht für sich, auf den Höhen reiner Gedanken zu weilen. Den Kampf mit der widerstrebenden Materie überläßt sie uns Ingenieuren. Wohlan, wir nehmen ihn auf und wollen weiterhin mit unverdrossener Ausdauer an dem großen Problem arbeiten, das eine Daseinsfrage der Menschheit ist: an der vervollkommneten Energieumwandlung in den Wärmekraftmaschinen.
Aurel Stodola (1859—1942) auf der Düsseldorfer VDI-Hauptversammlung 1902.

	kW-Bereich	Hub-räume	Drehzahlen (1/min)	Mitteldrücke (bar)	spezif. Leistung (kW/l)	spez. Gewicht (kg/kW)	spez. Kraftstoff-verbrauch (g/kWh)
Otto-Zweitakter Kräder, Boote, stationär (Abb. auf S. 269, 348)	2–45	50–500 cm³	5000–8000	4–6,5	35–100	5–1,2	500–380
Otto-Viertakter Kräder (Abb. S. 31, 96, 122, 271)	12–75	250–1100 cm³	7000–10 000	8–11	50–90	2–1,2	400–280
Otto-Viertakter PKW, Kombi, Boote (Abb. S. 234, 283, 391 f.)	20–220	0,6–6 (l)	4500–6500	7–11 A: –15	25–55 –70	4–1,6	350–260
Kolbenflugmotor (Abb. S. 222, 355, doch kleiner)	70–350	3–9 (l)	2500–4000	8–11 A: –14	20–26 A: –40	1,3–0,8	300–260
Diesel-Viertakter PKW, Boot, station. (Abb. S. 189, 199, 203)	20–60	1,5–3 (l)	4500	5–6 A: –9	20–25 –40	6–4	300–250
Diesel-Viertakter LKW, Baumasch., Boote, stationär (Abb. S. 195)	55–250	4–15 (l)	3500–2200	6–9 A: –15	15–25 A: –30	9–5 A: –4	270–220
schnell. Diesel-Viertakter Schiffe, Lokomot., stat. (Abb. S. 244)	300–2500	40–170 (l)	1200–1700	6–8 A: –16	11–19	20–10 A: –3	240–215
mittelschnell. Diesel-4 T Schiffe, Kraftwerke (Abb. S. 182)	3500–13 000	600–2000 (l)	350–450	A: 15–18	6–7,5	ca. 13	200–175
langs. lauf. Diesel-2 T Schiffe, Kraftwerke (Abb. S. 179)	4000–30 000	1000 (l)–20 000	100–180	A: 10–12	1,5–2,2	55–40	200–175
Wankelmotoren stat., (Krad), PKW (Abb. S. 366)	5–100	(0,2–2 l)	5000–6500	6–10	(25–45)	2–1	410–300
kl. Gasturbinen Station., LKW, Prototyp. (Abb. S. 443 ff.)	70–2500	–	60 000–8000	–	–	1,5–0,4	1000–330
gr. Strahltriebwerke milit. und ziv. Luftf. (Abb. S. 413, 416)	8–25 t (Start-schub)	–	8000–6000	–	–	05,–0,27	0,8–0,5 (kg/kph)

XX.14 Hubkolbenmotoren, Wankelmotoren und Gasturbinen in Zahlen

A bedeutet Aufladung, meistens als Abgasturboladung
Zwischen den ausgewählten charakteristischen Vertretern von 2 bis 30 000 kW fehlen andere Gruppen, z. B. Rasenmäher, Baumsägen- oder Modellmotoren, Aggregat-, Schlepper- und Bootsdiesel mit weniger Zylindern – oder nur einem, kleinere TL- oder PTL-Triebwerke mit 2000 bis 5000 Kilopond Schub.
Außenbord-Zweitakter entfalten durchweg 2 bis 40 kW, aber die stärksten amerikanischen (und Rennmotoren) über 100 kW. Allein in den USA liefen in den 70er Jahren ca. 10 Millionen Outboards, während der deutsche Bestand in der Größenordnung von 250 000 durch den Gewässerschutz stark sinkt. In der Welthandelsflotte pendelt die Zahl der Schiffe (seit den 70er Jahren) über 70 000, wobei der Anteil der Dampfturbinenantriebe von 10 000 auf (1987) 2200 abnahm (mit weiter fallender Tendenz) zugunsten sparsamer Dieselmotoren.
Es gab (1987) weltweit über 13 000 zivile Verkehrsflugzeuge, überwiegend mit Strahlantrieb, doch scheint der Tiefpunkt von PTL und Kolbenmotoren für mittlere und kleine Größen (und Strecken) überwunden. Die Bundesrepublik Deutschland verfügt über etwa 200 Verkehrsflugzeuge.
Die USA-Zahlen für mehrsitzige Reise- und ein- bis zweiplätzige Sportflugzeuge dominieren noch deutlicher: genau zwei Drittel von 200 000 fliegen mit amerikanischen Kennzeichen, nur 65 000 über allen anderen Erdteilen (bei uns 4000 Sportmaschinen und 2000 Reiseflugzeuge).
Der PKW-Weltbestand erschien auf S. 10. Von 370 Mio. rollt über ein Drittel in Nordamerika, seit 1988 fast 30 Millionen in der BRD. Otto-Zweitakter mobilisieren die meisten von 75 Mio. Motorzweirädern (davon über 10 in Japan, über 8 in den USA, runde 3 Mio. in der BRD, aber nur ein Drittel davon besitzt mehr als 50 – seit 1981: 80 – cm^3 Hubraum).

Tafel XX.15: MOTORENVERGLEICH

Typ	Vorteile	Nachteile
Ottomotor	bewährt, billig, leicht Verbrauch und Abgasqualität verbesserungsfähig	Verbrauch und Abgasqualität verbesserungsbedürftig [Kat.: teuer, nicht unempfindlich]
Erfolgversprechende Alternativen		
Dieselmotor	bewährt, sparsam	teurer, schwächer, lauter, nicht geruchlos, Feststoff- und Stickoxidemissionen [Rußfilter noch unbefriedigend]
Schichtlademotor	bessere Verbrauchs- und Abgaswerte möglich	teurer, evtl. schwächer
Weniger erfolgversprechende Alternativen		
Wankelmotor	laufruhig, leicht, kompakt	Verbrauch und Abgasqualität unbefriedigend
Gasturbine	sehr laufruhig, Mehrstoffbetrieb möglich, ziemlich kompakt, gute Abgasqualität	teuer, hoher Teillastverbrauch, kleine Einheiten problematisch
Dampfmotor	laufruhig, leise, gute Abgasqualität, mehrstofftauglich	schwer, sperrig, teuer, hoher Verbrauch
Stirlingmotor	sparsam, laufruhig, leise, gute Abgasqualität, mehrstofftauglich	sehr komplex, sperrig, teuer, viele Entwicklungsprobleme
Elektromotor	laufruhig, leise, minimale Emissionen, spontan startend, gut fahrbar	**mit Batterien** teuer, schwer, kurze Reichweite, häufiges Aufladen, schlechter Wirkungsrad. **mit Brennstoffzellen** große Entwicklungsprobleme

Tafel XX.16: KRAFTSTOFFVERGLEICH

Typ	Vorteile	Nachteile
Ottokraftstoff	bekannt, verbreitet, verfügbar Konversionsanlagen in Raffinerien steigern Verfügbarkeit	besserer Umweltschutz nur mit hohen Investitionen Konversionsanlagen vermindern die Gesamtausbeute
Erfolgversprechende Altenativen		
Dieselkraftstoff	bekannt, verbreitet, verfügbar. Liefert mehr km pro Liter	wird teuer, falls Schwefelgehalt bedeutend reduziert werden muß
Flüssiggas	befriedigende Leistung, gute Abgasqualität, wirtschaftlich bei hohen Laufstrecken und geringer Besteuerung.	Tanks und Kraftstoffsysteme schwerer, teurer
Methanol	(langfristig) aus Erdgas und Kohle herstellbar annähernd gleiche Leistung, pur und in Mischung verwendbar	mit etlichen Werkstoffen unverträglich, stark wasserempfindlich (Entmischung), sehr giftig
Äthanol	pur und in Mischung verwendbar, aus Biomasse und Kohle zu gewinnen	Verträglichkeit (weniger als bei Methanol) beeinträchtigt
Weniger erfolgversprechende Alternativen		
verflüssigtes Erdgas	gute Wirkungsgrade und Abgasqualität	größere Schwierigkeiten bei Verteilung und Lagerung, besondere Betankung, nur für Fahrzeugparks mit hohen Laufstrecken interessant
synthetische Kraftstoffe aus Kohle, Ölschiefer, usw.	entsprechen normalem Ottokraftstoff oder schweren Destillaten	sehr teuer und erst bei fehlendem oder weiter stark verteuertem Rohöl praktikabel
Wasserstoff	gute Wirkungsgrade und Abgasqualität in ferner Zukunft mit Kernenergie herstellbar	größere Schwierigkeiten bei Verteilung und Lagerung, nicht vor dem Jahr 2000 zu erwarten

Die Zusammenstellungen XX.15 und 16 stammen (inhaltlich, nicht wörtlich) aus der Shell-Broschüre »Autofahren bis zum Jahr 2000«. Hierbei ist zu bedenken, daß Stichworte (oder gar Schlagworte) leicht ein verzerrtes Bild liefern; es empfiehlt sich daher, nähere Einzelheiten und Begründungen den betroffenen Abschnitten der »MOTOREN« zu entnehmen. Shell erwartet, neben zügig verbesserten Otto- und Dieselmotoren sowie elektronischen Steuerungssystemen, allenfalls einen weiterentwickelten Schichtlademotor, aber – bis 2000 – kaum andere Alternativen.
Für den Karftstoffvergleich gilt ebenfalls die bei den Motoren erwähnte Einschränkung. Es ist wenig wahrscheinlich, »daß unkonventionelle Kraftstoffe bis zum Jahre 2000 den Mineralölverbrauch wesentlich drosseln können«. Immerhin werden Alternativkraftstoffe, namentlich Flüssiggas und Alkohol, »in einigen Teilen der Welt eine gewisse Bedeutung erlangen«.

Bildnachweis

Adler-Werke, Frankfurt – Abb. XIII.7
ALPINA – B. Bovensiepen-KG, Buchloe – Abb. II.8
APG (Pierburg Autogerätebau KG), Neuß/Rh. – Abb. XVII.7
Auto Union GmbH bzw. Audi AG – Abb. I.5, VII.4, VIII.7, XI.11, XV. 5 + 6, 10–15, 23
Behr-Thomson Dehnstoffregler GmbH, Stuttgart-Feuerbach – Abb. XII.6
BMW-AG, München – Abb. II.12, VI. 5–7, 22, VIII.8, X.14, XII.4 + 5, XIII.2, XVII.10, XVIII.8, XX.10
Robert Bosch GmbH, Stuttgart – Abb. I.9, V.10, VII.23, X.2–5, 11–13, XIV.1–26
Friedrich Boysen KG, Altensteig/Schwarzwald – Abb. XVII.11 + 12
Bristol Aeroplane Co., Bristol, England – Abb. XVI.2
Brown-Bovery Co., Baden, Schweiz – Abb. XI.14
Daimler-Benz AG, Stuttgart-Untertürkheim – Abb. I.7, V.1, VI.20, IX.5 + 7, X.7–9, XI.4 + 5, XVI.1, XVIII.3, XX.5
Degussa AG – Abb. VII.21
Deutsche Shell AG, Hamburg (aus Techn. Mitteilungen und Shell-Autobuch) – Abb. I.3 + 6, II.1–6, III.1 + 3, IV.2, 5–7, VI.1, VII.6, VIII.6 + 9, XI.7, XIX.1, XX.1
Deutsche Vergaser (Pierburg) GmbH & Co. KG, Neuß/Rh. – Abb. VII.1 + 2, 10–17, 19 + 20, XVIII.5 + 7
Dürkopp AG, Bielefeld – Abb. VI.19
J. Eberspächer, Esslingen – Abb. VII.22, XI.8
FIAT SA, Turin, Italien – Abb. V.6, IX.9
Fichtel & Sachs AG, Schweinfurt – Abb. XV.9
Filterwerk Mann & Hummel, Ludwigsburg – Abb. XIII.4 + 5, XVII.3
Ford-Werke AG, Köln/Rh. – Abb. IV.4, VI.3, XII.2, XX.3 + 11
Gnadt, W. W. »Vergasertechnik und Kraftstofförderung«, 2. Aufl., Bartsch Verlag, 1979 – Abb. VII.18
Goetze AG, Burscheid – Abb. VI.13, XVII.6
Honda Motor Co., Tokio, Japan – Abb. II.9, VI.4 + 9
Kawasaki M'cycle Div. – Abb. VI.25
Klöckner-Humboldt-Deutz AG, Köln-Deutz – Abb. I.2
Knecht Filterwerke GmbH, Stuttgart – Werte in Tabelle XV.5
Kugelfischer Georg Schäfer & Co., Abt. Einspritzpumpen, München – Abb. X.10
Kühlerfabrik Längerer & Reich – Abb. XII.8
Mahle GmbH, Stuttgart – Abb. VI.12
M.A.N. Maschinenfabrik Augsburg-Nürnberg AG – Abb. I.10, IX.1–3, 8
Motokov, Prag (Jawa) – Abb. XV.18
Moto Meter GmbH, Leonberg – Abb. XVII.9
Moto Morini, Bologna, Italien – Abb. XVII.8
Achiv »Das Motorrad«, Berlin – Abb. XI.3 (Zeichn. O. Senning)
NSU Motorenwerke AG, Neckarsulm – Abb. I.4, II.7 + 11, VI.10, VII.5, XV.8, XVI.3–10
Adam Opel AG, Rüsselsheim – Abb. III.5, V.3, VII.3, IX.6, XIII.3
Outboard Marine Co., USA – Abb. XV.21
Philips N.V., Eindhoven, Holland – Abb. XX.7 + 8
Piaggio & Co., SpA, Pontedera, Italien – Abb. XV.20
Dr. Ing. h.c. F. Porsche KG, Stuttgart-Zuffenhausen – Abb. XI.9, XVIII.4
R. N. Renault, Billancourt, Frankreich – Abb. V.5, IX.10
Rolls Royce Ltd., Derby, England – Abb. I.1, XI.6, XIX.3–9
Karl Schmidt GmbH, Neckarsulm – Abb. VI.11
SKF Kugellagerfabriken, Schweinfurt – Abb. VI.17 + 18
Steyr-Daimler-Puch AG, Wien, Österreich – Abb. XV.3
Süddeutsche Kühlerfabrik J. F. Behr, Stuttgart – Abb. XII.3 + 7
Suzuki Motor Co. – Abb. XII.10
Teves-Thompson GmbH, Barsinghausen/Hann. – Abb. VI.15 + 16
Ullstein-Verlag GmbH, Berlin (aus Heinze-Hütten »Du und der Motor«) – Abb. IV.1, IX.4, XI.2, XIII.1 + 6
Veith-Pirelli AG, Höchst/Odenwald – Abb. XVIII.1
Volkswagenwerk AG, Wolfsburg – Abb. VI.2, VIII.10, X.1 + 6, XI.10, 15, 16, XII.1, XIII.9, XVII.1, XX.2 + 4
Ernst Witschetzky, Hamburg – Abb. VI.1, XI.1, XV.1 + 2, XIX.2, 10, 11, XX.6
Yamaha Motor Co., Japan – Abb. II.10, VI.24, XI.13, XV.7
Zündapp-Werke GmbH, München – Abb. V.11, VI.23, XII.9

Nicht aufgeführte Abbildungen: Verfasser
Die Porträtbilder stellten zur Verfügung: Audi NSU Auto Union AG, BMW, Daimler-Benz, KHD, M.A.N., Opel, Dr. Ing. h.c. F. Porsche KG, Ricardo & Co. Engineers Ltd., Siemens AG.

Stichwort-Verzeichnis

Abbrand (Zündkerzen) 304 f
ABC (Motorrad) 96
Abgas (-entgiftung) 42, 64, 137, 147 f, 154, 201, 204, 234 f, 246, 304 f, 363, 442, 445, 453, 460, 470
Abgasrückführung (AGS) 151, 154, 201
Abgasschwärzung, s. Dieselrauch
Abgastest 146 f, 150 f, 153, 185, 204, 384
Abgasturboladung 40, 87, 198, 203, 241, 244 f, 384, 395, 407
Abgasvergaser 170
Abreißzündung 60, 66, 293
ACF (Autoclub) 68
ACRO (Co) 209, 214
ADAC 70, 381
Additive 162 f, 202
Adler 35, 61, 64 f, 82, 121, 281, 336, 352
AEG 61, 329, 404
AGA 243
Agello, Francesco 270
Agnelli, G., 1866–1945 63 f, 71
Agnew (GM) 469
AIACR 70
AJS 31
Akkumulatoren 64, 294, 435, 453, 458 f, 469
Akroyd-Stuart, H., 1864–1927 180, 188
Aldehyde 147, 464
Alfa Romeo 35 f, 63, 84, 239, 242
Alfin-Verfahren 107
Alkohol(-kraftstoff) 158, 239 f, 415, 441, 466
Alni-Stahl 296
»Alpenfahrten« 33, 68, 332
alternative Kraftstoffe 465 f
Alusilzylinder 104, 391 f
Amilcar 35, 242
A-Motor 222 f, 341
Ampère, A. M., 1775–1836 290
Amundsen, R., 1872–1928 184, 321, 330
analoge Meßtechnik 312
Angele, Konrad 236, 317
Anlaßkraftstoff 201
Ansaugkrümmer 45, 120, 129 f, 167, 326
Ansorg, E., 1919–1967 344
Antoinette 220
Anzani (Motor) 220
API(-Klassen) 286
Apoldania (Motorrad) 326
Apollo (Wagen) 35, 61, 98, 243, 326
Apollo (Programm) 425 f
Äquivalent-PS 411, 414
Aral-AG 394 f
Arbeitsmaschine 10
Arbeitsvermögen 457
Ardie (Motorrad) 348
Argon 437
Argus (Motoren) 221, 421
Argyll (Auto) 354
Ariel (Motorrad) 80
Armengaud 406
Aromaten 166, 466
ASC 399
Aschoff, Gebr. 65
Aspin-Drehschieber 356
Atomreaktor 436 f
Audi 61, 68, 84, 130, 167, 198, 248, 254, 283 f, 332, 346, 369

Auer, C. v., 1858–1929 22, 175
Ausgleichgewicht 52, 91 f
Ausgleichwelle 94 f, 122, 392
Auslaßsteuerung (2 T) 350
Auslaßventil 26 f, 30 f, 109 f
Auslaßvoröffnung 31, 39, 41, 343
Auspuffanlagen 130, 203, 343, 382
Auspuffbremse/-klappe 384
Auspuffschwingungen 342 f
Außenbordmotor 260, 322, 338, 349
Aussetzerzündung 60, 127
Austauschmotor 386
austenitische Stähle 110 f, 408
Austin (Wagen) 36
Austro-Daimler 33 f, 63, 68, 75, 84, 242, 337
Auswuchtung 56, 91, 94 f, 392, 470
»Auto 2000« 247 f, 253 f

Barber, John 407
Barnett, William 124
Barr & Strout 354
Barsanti, Eug., 1821–1864 12
Bartsch, Chr. 339, 350
BASF 164
Batterie, s. Akkumulator
Batteriezündung 160, 298 f
Baukosten 470
Baverey, Franc. 138
Beau de Rochas, Alph., 1815–1893 14, 295, 316
Bekamo (Motor) 328
Bendix (Co.) 153, 228
Bensinger, W. D., 1907–74 357, 361
Bentley (W. O. 1888–1972, -wagen) 84, 242, 396
Benz 19, 59, 61, 66, 77, 84, 118, 184, 189, 236, 256, 304
Benz, Carl, 1844–1929 19 f, 59, 176, 317, 331
Benzin 124, 131, s. a. Ottokraftstoff
Benzol 124, 159 f, 163, 466
Bergmann, Georg 34
Bergmann, Sigm., 1851–1927 64 f, 323
Bergmann-Wagen 460
Berini (Motor) 326, 348
Berna (Wagen) 62
Bernoulli, Dan., 1700–82 127
Besler-Dampfmotor 449
Beschleunigung 109
Beschleunigungspumpe 140 f, 145, 221
Betriebsbedingungen 372, 387
BHP 47
Bimetallprinzip 102 f, 143, 148, 233
Biomasse 466
Biralzylinder 107
Birkigt, M., 1878–1953 241
Blattfeder (Ventil) 29
Bleibronzelager 99
Bleitetraethyl(-fluid) 111, 154, 163 f
Bleitetramethyl 164
Blériot, L., 1872–1936 220, 322
Blowby 105
BMW 29 f, 36 f, 66, 72, 79, 82, 84, 95 f, 120, 212, 221, 234, 239, 242, 250, 314, 333, 346, 358, 396, 401, 421, 458
BMW-Alpina 30, 247
Böhler 36
Boeing 411 f, 459
Bönsch, H. W. 339, 351, 363, 369

Boillot, Georges 72
Bollée-Dreirad 334
Bootsmotoren 260, s. a. Außenbordmotoren
Borane 431
Bordnetz 393, 396
Borgward (C. F. 1890–1963, -wagen) 64, 84 f, 225 s. a. Hansa
Borsig 292, 362
Bosch 22, 81, 121, 185, 202, 207 f, 221, 245
Bosch-Öler 209
Bosch, Rob., 1861–1942 62, 208, 295
Boudeville, L. A. 296
Boxermotor 56, 81, 93 f, 239, 245
Brabham (Wagen) 251
Bradley 404
Bradshaw, Gr., 1887–1969 96
Brandspuren 106, 246, 371
Brasier (Wagen) 70
Braun, W. v., 1912–77 418, 425
Brayton, George, 1830–92 178
Bremsenergie 467
Brennabor 35 f, 61, 63, 334 f
Brenngas 460 f
Brennkammer 408, 412, 419, 443, 453
Brennraum 93 f, 167, 169, 366
Brennstoffzellen 435 f, 455 f
Bristol-Motor 354 f, 424, 452
BRM 239, 241, 247, 306, 340
Brons, J. 188, 404
Brooklandsbahn 334, 352
Brown, Sam. 123
Brown Boveri Co. 245, 255, 407
Brudes, A., 1898–1986 327
Bruhn, R., 1896–1964 335, 346
BSA 82, 327, 338
Buchet, F. 220
Büchi, A., 1879–1959 244 f, 256
Bugatti (Ettore, 1882–1947, -wagen) 31, 34, 64, 84, 241 f
Buick (David D., 1854–1929, -wagen) 76, 209
Bunkerbrennstoff 179, 208
Burckhardtia (Motorrad) 324
Burdin 402
Burman, Rob., 1874–1916 77
Burmeister & Wain 121, 179
Bürstenvergaser 125
Burt-McCollum-Schieber 354 f
Büssing (Heinr., 1843–1929, -wagen) 62, 336
Butan 460, 465
Buthenut-Dampfmotor 448
Buz, H. v., 1833–1918 176, 178
Bypass (Vergaser) 140 f
Bypass (Turbo) 245, 248 f
Bypassverhältnis (Jet) 412 f

Cadillac 83 f, 162, 296, 391
Cäsium 431, 436 f
California-Test 150 f
Campbell, Malc., 1885–1949 118
Campini, Sec. 409
CanAm-Rennen 249
Capitaine, Emil 331
Caproni (Flugmot.) 227, 409
Caracciola, R., 1901–59 242, 340
Carnot, Sadi, 1796–1832 176 f
Castoldi, Mario 269
Caters, Pierre de, 1875–1944 77
CAV-Einspritz. 216, 218

477

CCMC und CEC 286
Centric-Kompressor 362
Cetanzahl 161, 193
Chenard-Walcker 63
Chevrolet (Louis, 1878–1941, -wagen) 64, 76, 102, 104, 247, 249, 336, 445
Choke, s. Starterklappe
Christophoris, L. de, 1796–1862 124
Christophe, Chr. 20, 327, 345
Chrysler (Walter, P., 1875–1940, -wagen) 102, 228, 336, 444, 446
Cisitalia (Motor) 239
Citroen (André, 1878–1934, -motoren) 36, 84, 198, 363, 396, 399
Clerk, Dug., 1854–1932 318
Cobb, John 340
Cole, Edw. 469
Comotor-Ges. 363
Comprex-Lader 252 f
Computer 230, 314
Congreve, William 175, 419
Coulomb, Ch. A. de, 1736–1806 290
cracken 163 f, 462
Cross-Schieber 356
C-Stoff 425
Cudell-Motor 64
Cugnot, Nic. Jos. 11
Cummins-Diesel 217
CUNA (Norm) 47
Curtis (Ch. G., -Dampfturbine) 405
Curtiss, G., 1878–1930 160, 322
Curtiss-Wright 322, 362
CVCC- und CVH-Brennraum 463
Cycle-Car 35
Cyclemaster (Mofa) 327

DAF 253, 454, 456
Daihatsu 95, 396
Daimler (Motor) 18, 59 f, 63, 67, 72, 82, 84, 176, 236, 352, 447
Daimler-Benz 35, 81, 84, 87, 194, 198, 221 f, 236, 239, 246, 254, 357, 363, s. a. Mercedes-Benz
Daimler, Gottlieb, 1834–1900 18 f, 59, 64, 289 f, 404
Daimler, Paul, 1869–1945 18, 33, 61, 238, 241, 331, 353
DAK 334
Dampfblasenbildung 171 f, 223, 229
Dampflokomotive 17, 48, 447
Dampfmaschine 11, 18, 48, 75, 123, 184, 256, 404, 447 f, 469
Dampfturbine 219, 404 f, 440 f, 460
Dampfwagen 11, 67, 76, 126, 325
Darracq (A., 1855–1931, -wagen) 61, 77
»Dashpot« 150
Dauerfestigkeit 110
Decauville 61
Deckel-Einspr. 81, 218, 227, s. a. Kugelfischer
Deere, John (Co) 369
de Dion (Alb., 1856–1946), Bouton (G. 1847–1938), de Dion-Bouton-Wagen 21, 62 f, 334
Dehnstoffregler 148, 263
Delage (Louis, 1874–1947, -motor) 27, 35, 63, 72, 242, 398
DELCO 160, 296, 459
Dekompressionsventil 326 f
desaxierte Kolbenbolzen 320
desaxierte Zylinder 319

Desmodromik (Steuerung) 27, 29 f, 73, 226, 342
Detonation 156, 420, s. a. Klopfen
Deutsche Autom.Ges. 457
Deutsches Museum 403
Deutz (Motorenfabrik) 13 f, 19, 61, 68, 177, 184, 188, 219, 289, 296, 404
DFS 424
Diedrich, G. 422
Diesel, Eugen, 1889–1970 179
Diesel, Rud., 1858–1913 17 f, 64, 175 f, 206, 219, 236, 362
Dieselkraftstoff 161, 192 f, 201 f, 207, 466
Dieselmotor 17 f, 23, 25, 47, 74, 81, 87, 134, 175 f, 284, 368, 395 f, 469
Dieselrauch 192 f, 195 f, s. a. Ruß
Dieselschlag (Klopfen) 192
Dieterle, H. (Flugkap.) 221
Differentialaufladung 253
Diffusion 451
Diffusor 344, 349, 423
digitale Meßverfahren 312
DIN-Leistung 47
Dinos (Motor) 34, 353
Diode 307 f
Direkteinspritzung 190 f, 198, 214
Dittmar, Heinr. 423, 425
Dixi 36 f, 61, 346
DKM (Wankel) 359 f, 362
DKW 37, 64, 121, 185, 221, 224, 236, 324, 327, 338, 424
DLS 312
DMV 70
Doble (Dampfwagen) 448 f
Dolivo-Dobrowolsky, Mich., 1862–1919 404
Doppelkolbenmotor 81, 185, 221, 236, 332, 342
Doppelmotor 222, 271
Doppelnockenmotor 27, 29 f
Doppelport (Auspuff) 34
Doppel-T-Anker 293 f
Doppelvergaser 130, 143, 149
Doppelzündung 98, 222, 245, 297, 367
Doppelzylinder 185, 321, 331, 448
Douglas (Motor) 96
D-Rad 37, 333
Drake, E. L. 124
Drallbremsen 202
Drallkanal 195 f, 202, 243
Drehmoment(-kurve) 51 f, 55, 338
Drehmomentmotor 392
Drehschieber 31, 352 f
Drehschwingung 90 f
Drehstabfeder (Ventil) 29
Drehstrom(-generator) 307, 404
Drehzahlen 18, 38, 51, 68, 80 f
Drehzahlbegrenzer 212, 326, 367
Drehzahlregler 212
Dreikanalzweitakter 325 f
Dreistofflager 99
Dreiventiler 31, 98
Driveability 147, 155, 462
Drosselklappe 138 f
Druckanstieg 43 f, 159, 243
Druckseite (Zyl.) 93, 373
Druckvergaser 240 f, 250
Druckverlauf (Verbr.) 43, 171, 243
Druckwellenlader, s. Comprex
Ducati (Motor) 32
Dufaux, Gebr. 63
Dunlop, J. B., 1840–1921 21
Duralumin 323
Durant, W. C., 1861–1947 76, 160
Dürkopp (Nik., 1842–1918,

-fahrzeuge) B. VI.19, 61, 64, 75, 242, 366
Duryea, J. F., 1869–1967 75
Duesenberg (Motor) 31, 241
Düsennadel 144 f
Dux (Wagen) 334
DVL 221, 356 f
Dyckhoff (Motor) 179
Dynamit 16, 420
Dynamomaschine 290 f

Eberan v. Eberhorst, Rob., 1902–1982 24, 32, 341, 471
ECE 154, 184
Eckener, Hugo, 1868–1954 330
Edison, Th. A., 1847–1931 22, 65, 76, 160, 296, 323, 404, 436
EDR 205
Egersdörfer, Fr. 221
Eifelrennen 336
Einfahrvorschriften 370 f
einlaufen 283, 370 f
Einspritzdruck 179 f, 184 f, 214, 227
Einspritzdüsen 196, 212 f, 226, 324
Einspritzgesetz 210, 214
Einspritzpumpe 200 f, 205 f
Einspritzventil 228 f
»Eintakter« 317
Einzahnlader (Wankel) 369
Eisemann, Ernst, 1864–1941 296
Eisencarbonyl 164
E-Konzepte 253 f, 285 f
Elastizität (Motor) 51 f, 275
Elektroden (Zündkerze) 303 f
Elektrodenüberbrückung 306
Elektrowagen(-motoren) 10, 47, 64, 67, 76, 454 f, 469
Elektron (Metall) 101, 323
Elektronik 230, 235, 307 f, 311 f
Elite-Diamant (M'rad) 337
eloxieren 104
Emanzipationsfahrt 63
»Endgas« 157
Energie (-verbrauch, -verlust) 10, 46 f, 124, 438 f, 466 f
Energiebilanz 49, 256, 438 f
Energieumwandlung 46, 402, 415, 434 f
Engler, Karl, 1842–1925 280 f
EPA 152
Erdgas 460
Erfindungen 22, 175, 329, 359
Ericson, John 454
Ermag (Motorrad) 359
Ermüdung (Werkstoff) 110, 115
Espenlaub, Gottlob 423
Ester 286
Etrich, Ign., 1879–1970 323, 423
Euler, Aug., 1868–1957 322
Euler, K. J. 434
Euler, Leonh., 1707–83 402
Europa-Test 153
Evans, Oliver 11
Eves, Edw. 352, 464
Expreß (Motorrad) 346

FADAG (Wagen) 34, 243
Fafnir 63, 243, 334
»Fahrmaschine« 37, 334
Fahrradmotor 328, 337
Fahrtwindkühlung 258 f
Fahrwiderstand 133, 136, 388 f
Fahrzeugbestand 10, 473
Falkenhausen, Alex v. 31
Fall(strom)kanal 36, 45, 226
Fallstromvergaser 128, 138, 149, 332

Fangio, J. M. 341
Faraday, Mich., 1791–1867 124, 290
Faserverlauf 121
Fath, Helmut 347
Feinabdichtung (Öl) 273, 278, 361
Ferralzylinder 107
Ferrari (Enzo, 1898–1988, -motoren) 31, 84, 239, 245, 247, 252, 276, 398 f
Ferraris, Gal., 1847–97 404
Ferrit-Magnet 297
Ferrocoat-Kolben 104, 392
Ferrotic (Werkstoff) 364
Ferrox-Schicht 106
Feststoffe (Abgas) s. Ruß
Feuersteg (Kolben) 101 f
FIA 70, 240
Fiala, Ernst 253
FIAT 37, 63, 71 f, 84, 200, 270, 276, 414, 444
Fichtel & Sachs, s. Sachs (Motor)
Fiedler, Fritz, 1899–1972 36, 332
Filter 203, 229, 275 f, 373 f, 378
finite Elemente 55
Fireball-Brennraum 390
Fischer, Ad. 398
Fischer, Martin, 1866–1947 63
FISITA 470 f
Flachschieber, s. Schieber
Flachstromkühler 263, 268
Flachstromvergaser 128, 144 f
Flammenwege 44, 156
Flammglühkerze 201
Flammenzündung 14, 288
Fliehkraftregler 212 f, 226, 300
Fluchtgeschwindigkeit (Raumf.) 430
Flugmotor 54, 69, 73, 101, 111, 185, 221 f, 245, 270, 296, 322, 355, 400
Flugzeugbestand 473
FN 31, 62 f, 80, 82
Fokker (Flugz.) 325
Ford 29, 64, 74 f, 84, 102, 149, 155, 251, 261, 334, 336, 398, 443, 463
Ford, Henry, 1863–1947 75 f, 323
Ford, Henry II 364
Ford-Cosworth-Rennm. 227, 251
Formänderungsarbeit 114
Francis (J. B. 1815–92, -turbine) 403
Freifahrheckbläser 413 f
Freilauf 329, 393
Friedrich, H. 415
Frischölschmierung 273, 284
Fritzenwenger, J., 1949–88 96
Friz, Max, 1883–1966 72, 96, 325
Froede, Walter, 1910–84 358, 362
Frostschutzmischung 262, 377
Füllungsgrad 38, 127, 129
Fulton, Rob., 1765–1815 11
Funk, Leo 289
Funkenbrenndauer 310 f
Funkeninduktor 13, 78, 294
Fuscaldo (Caproni) 227

Gabelmotor, s. V-Motor
Gabelwinkel 96 f, 332
Gaggenau (SAF) 61, 181
Galnikal (Zyl.) 96, 104
Galvani (Luigi, 1737–98, -Element) 291, 364, 434
Gardner (Motor) 336
Garelli (Mot.) 321
Garrett-AiResearch 244
»Gas« 12, 19, 123 f, 460 f

Gasdrücke (-kräfte) 11, 22, 43, 50, 91
Gasschwingungen 40, 342 f
Gastemperaturen 257
Gasturbine 246, 254 f, 401, 406 f, 440, 469
Gaswechsel 13, 41, 365, 451
Gaswirbel, s. Turbulenz
GDA 334
Gebläsekühlung 258 f, 268, 348
Gefahrklasse (Brennstoffe) 202
Gegenkolben, s. Doppelkolben
Gemischbildung 23, 123 f, 181 f, 226, 230, 243
Gemischverteilung 94, 127 f, 168 f
Gemischzugängigkeit (Zündk.) 305
General Electric 401, 409, 431
General Motors 76, 149, 160, 203, 218, 227, 336, 363, 444, 449, 453, 469
Generatorgas 461
Georgii, Walter 424
Germania-Werft 186, 321
GES 460
Gezeitenkraftwerk 403
Giacosa, Dante 37, 219
Gittermetall (Lager) 99
G-Lader 255, 399
Glas, Hans, 1890–1969, -mot.) 29
Gleichdruck/-raumverbrennung 177
Gleichdruckvergaser 143 f
Gleichstromspülung 185, 320 f
Gleitlager 97 f
Glühkerze 189, 201, 203
Glühkopfmotor 180, 188, 197
Glührohrzündung 18, 290
Glühzündung 157 f, 381
Glykol 271, 377 f
Gnôme & Rhône 269, 354
Gobron-Brillié 221
Goddard, H. R. 420
Goetze-Werke B. VI.13, 364, B. XVII.6
Goldbeck, G., 1905–77 22, 126
Golfplatzwagen 456
Goliath (Mot.) 225, 351
Gordon-Bennett-Rennen 67 f, 294
Gosslau, Fr., 1898–1965 348
Goux, Jules 72
Grade (H., 1879–1946, -motoren) 37, 220, 243, 322, 324 f
Gräf & Stift 63
Grenzschmierung 277
Grob & Co. 330
Groenhoff, G., 1903–32 425
Großgasmaschine 48, 404
Grove, William 455
Grundöle 284 f
Guericke, O. v., 1602–86 11
Güldner (H., 1866–1926, -motoren) 186 f, 211, 321
Gutbrod (Wilh., 1890–1948, -mot.) 225 f, 351
Gyroantrieb 467

Haarnadelfeder (Ventil) 16, 29, 96, 359
Hahn, C., 1894–1961 335, 346
Hall (Edw. H., 1855–1938, -geber) 308, 310, 313
Halske, Joh. Gg., 1814–90 291
Hanomag 36, 87, 121, 186, 195
Hansa 35, 61, 334
Hansa-Lloyd 334
Harley-Davidson 271, 338
Hartig, G. (Zündung) 313
Haselwander, F. A., 1859–1932 404

Hauk, Franz 248
Hauptpleuel 321, 355
Haynes, Elw. G. 75
Hazard, Ersk. 123
HD-Öl 264, 279 f, 375
Heinkel, Ernst, 1888–1958 322, 400 f, 409, 421
Heisenberg, W., 1901–76 418
Heißluftmotor 406, s. a. Stirlingmot.
Heizöl 439
Helicoil (Gewinde) 383
Helium 146, 437, 451
Helmholtz, H. v., 1821–94 58, 384
Héméry, V., 1876–1950 77
Henschel 211, 448
Henze, Paul 33, 65, 98
Heptan 161
Hercules (M'rad) 63, 346, 367
Herkomer (Hub., 1849–1914, -fahrten) 68, 331
Heron-Rad 409
Heron-Zylinderkopf 45, 167
Hertz, Heinr., 1857–94 22, 113
Herzschrittmacher 437
Hesselman, K. J. 184, 321, 463
HFB 413
Hilborn-Einspritzung 229
Hildebrand & Wolfmüller 20, 63, 82
Hillman 84
Hirth (Alb., 1858–1935, -kurbelwellen) 114, 323
Hirth (Hellm., 1886–1938, -motor) 101, 221, 322
Hispano-Suiza 241, 398
HKZ (Zünd.) 150, 245, 307 f
Hochgeschwindigkeitsklopfen 167, 313 f
Hochleistungsmotor 44, 51 f
Hochleistungszündspule 306, 311
Hock, Julius 124
Hoffmann, Heinz 194
Hoffmann-Werke, Lintorf 80, 121
Holden, H. C. 20
Holzwarth, Hans, 1877–1953 407
Honda 29 f, 80, 82, 95, 98, 245, 250, 347, 358, 398, 463
Honold, Gottlob, 1876–1923 295
Hopkinson, Bertr. 159
Horch 37, 61, 64, 84, 241, 331, 335, 353, 398
Horch, Aug., 1868–1951 32, 68, 330 f, 346
Horex 82
Hosenrohr (Auspuff) 384 f
hot spot 128, 130
Hubraum 23, 50 f, 53, 82 f, 239, 255, 392 f
Hubraumleistung, s. Literleistung
Hubverhältnis 53 f, 59, 86, 88 f, 185, 203
Husqvarna (M'rad) 349
Huygens, Chr., 1629–95 10, 123
HWK-Rakete, s. Walter-Triebwerk
Hybridantrieb 453, 469
Hybridmotor 463
hydraul. Stößel (Ventilspiel) 112, 122, 333, 398
Hydrazin 424, 430 f, 456
hydrieren 465
Hydroantrieb 467
hydrocracken 285
Hypergole 428

IFA 346
IG-Farbenindustrie 102
IG-Prüfmotor 165
IKA-Guß 364

479

Ilo-Motor 224, 327, 333
Imperia (Lüttich) 65
Indianapolis (Rennen, Wagen) 241, 247, 448
Indikator (diagramm) 43, 50
Indra, Fr. 467
Induktion 291 f
Innenkühlung 23, 129, 221, 239 f
Inst. Mech. Eng. 368
Interserie (Rennen) 249
Invarstreifen (Kolben) 102
i.o.e., s. wechselgesteuert
Ionenstrahlantrieb 431
Ionisation 305, 431
Iridium 305
Isomere 161 f, 285
Isotta-Fraschini 61, 63, 270
Issigonis, Al., 1906–88 399
Isuzu-Kyoto 467
Itala (Wagen) 63

Jaguar 84, 227, 283, 398
Jänicke, R. A. 333
JAP-Motor (J. A. Prestwich) 35
JAWA 333
Jellinek, Emil, 1853–1918 65
Jenatzy, C., 1868–1913 67, 77, 447
»Jet-Kühlung« (Strahlpumpe) 268
Jet-Leistung (Rückstoß) 407 f
Joule (J. P., 1818–89, -Maß) 48, 58, 290
Junkers (H., 1859–1935, -motor) 31, 185 f, 214, 221, 236, 330, 351, 401, 421
Justi, E. 435

Kabinenroller 334
KAC (AvD) 70
Kaiserpreis-Rennen 72, 101, 304
Kalium 437
Kalorie 46, 48
Kältemaschine 127, 176, 452
Kaltstart 128, 142, 201, 231, 283, 373, 393
Kammermotoren 189, 205, 214, 463
Kaplan, V., 1876–1934 403
Karman, Th. v., 1881–1963 433
Katalysator 151 f, 368, 384, 456
Kauertz-Motor 361
Kawasaki 82, 122, 250
Keilkopf (Brennraum) 44 f, 168
Kékulé, Aug., 1829–96 124
Kent, Atwater 296
Keramik 467
Kerosin 198, 428
Ketten (-trieb) 117 f, 121, 382
Kettering, Ch. F., 1876–1958 83, 159 f, 296, 459
Kilowatt (SI-Maß) 48
Kind, P. A. 339
Kipphebel 26 f
Kippmoment 92
Kistenmaß 54
K-Jetronic (Bosch) 232 f
KKK (Kühnle, Kopp, Kausch) 249, 255
KKM (Wankel) 360 f
Klappenstutzen 213, 226
Klappenventile 422
Kleyer, Heinr., 1853–1932 64
Kling, Karl 341
KHD 198, 339, 363, 400, s. a. Deutz
Klopfbremsen 164 f
klopfen 43 f, 156 f, 364, 381, 420
Klopffestigkeit 25, 42 f, 156 f
Klopfsensor 250, 390

Knallquecksilber 420
Knight, Ch. Y. 352 f
Köhl, H., 1888–1938 330, 424
Kohlenmonoxid 45, 146 f
Kohlenstaubmotor 22, 187 f
Kohlenwasserstoffe 45, 161 f, 285, 456
Kolbenbeschleunigung 93
Kolbenfenster 343, B. XV.5 und 8
Kolbenfresser 268, 371 f, 381
Kolbengeschwindigkeit 52 f, 67, 73, 80, 88, 88, 365, 392
Kolbenmaschinen 10
Kolbenring 104 f, 358, 371, 376, 383
Kolowrat, A. v. 34 f
Kompressionsfeuerzeug 175, 289
Kompressionshöhe (Kolben) 101, 171
Kompressionsprobe 383
Kompressor (-motor) 22, 51, 73, 178, 236 f, 362, 368
Kondensator (Zünd.) 300 f
Kondenswasser 302, 381
König (D., -motor) 120, 347
Königswelle 29, 32 f, 73, 241, 331
Kontrollampe 376, 379
kopfgesteuert 27 f, 82, 84, 89
Korp, Dieter 8, 369
Korrosion 116, 264, 273
Körting (E., 1842–1921, -mot.) 62, 69, 186
Kössler, Paul, 1896–1987 329, 362
Kraftmaschinen 10, 469 f
Kraftstoffprüfmotor 159, 165
Kraftstoffpumpe 45, 173, 275, 378
Kraftstoffverbrauch 135 f, 152, 206 f, 245, 338, 366 f, 387, 398, 465 f
Kraus, L., 1907–87 341
Kreidler (A., 1897–1980, -mot.) 347, 362
Kreuzkopf (-führung) 48, 179, 184
Kriechweg (Zündkerze) 303 f
Krupp (Friedr., 1787–1826, -motor) 22, 177, 185, 217, 269, 292, 363
Kryotank 428, 460
Küchen (Rich., 1897–1974, -motor) 27, 31, 80, 121, 338
Kugel, Jerry 457
Kugelbrennraum 101, 196 f
Kugelfischer (Einspr.) 113, 218, 227
Kugellager 112 f
Kugelstift (Diesel) 189, 193
Kühlerdichtungspräparat 378
Kühlerjalousie 245
Kühlung 43, 49, 168, 256 f, 366, 376 f
Kunststoffe 467
Kurbelhausentlüftung 147, 279, 371
Kurbelkammerpumpe 236
Kurbelkammerspülung 237, 318, 343 f
Kurbeltrieb 91 f, 452 f
Kurbelverhältnis 53, 93
Kurbelwelle 48, 50, 90 f, 355
Kurzhub 53, 97
Kurzstreckenbetrieb 264, 375 f, 397

Labitte, H. 21
Ladedruck 248, 250 f
Ladeluftkühlung (LLK) 203, 248, 250 f
Ladepumpe 236 f, 317
Lagonda (Wagen) 63, 84
Lambda-Sonde 151 f, 235, 314
Lamborghini (Motor) 398

Lancia (V., 1881–1937, -motor) 63, 71, 84, 255, 398 f
Lanchester (Fr., 1868–1946, -ausgleich) 63, 95, 392
Lang, Franz, 1873–1956 205, 208 f, 218
Lang, Herm., 1909–87 340
Langen, Eugen, 1833–95 13, 25, 177, 219
Langhub 53, 59, 185
Lanova 208 f
Lanz-»Bulldog« 180, 324, 349
Lanz (Heinr., 1838–1905, -preis) 322
Latham, Hub. 220
Lauda, Nik. 251
Laue, Max v., 1879–1960 418
Laufruhe 192 f, 267
Laufspiel (Passung) 102 f, 267
Laurin & Klement 63
Lauster, Im. 176, 178, 184
Lautenschlager, Chr., 1876–1954 72 f
Laval, Gust. de, 1845–1913 404
Lavcisier, A. L., 1743–94 46
Lear, William 448 f
Lebensdauer 382 f
Lebon, Phil., 1750–1804 12, 123
Lecköl (-leitung, -sperre) 214, 223 f
Leduc, René 423
Ledwinka, H., 1879–1967 63 f, 176
Leerlaufabschaltventil 140, 158
Lehmann, E., 1870–1924 35, 65
Leichtbau 389, 469
Leichtbaukolben 391 f
Leichtlauföle 284
Leichtmetallmotor 108, 335
Leissner, Harry 188
Leistungsgewicht 57, 387, 469 f
Leistungsreserve 51, 133
Leland, H. M., 1843–1932 78, 296
Lemale, Chr. 406
Le Mans-Rennen 70 f, 242, 444
Lenoir (J. J. E., 1822–1900, -Motor) 12, 123, 175 f, 294, 316 f
Levassor, E., 1843–97 20, 67
Ley (Wagen) 243
Liberty-Flugmotor 118, 161
Lichtmaschine 311, 346
Liebig, Just. v., 1803–73 124
Lieckfeld, Ernst 186
Lilienthal (O., 1848–96, -ges.) 220, 349, 354
Lincoln (Wagen) 78, 398
Linde, C. v., 1842–1934 176, 187
Lippisch, Alex. 423 f
Literleistung 25, 50, 68, 80 ff
Lockheed (Flugz.) 409
Lohmann (Motor) 290
Lohner, Ludw. 64, 180, 195
Lonrho-Konzern 369
Loof, Ernst, 1907–56 36
L'Orange, Pr., 1876–1939 187 f, 218, 221
Lorin-Rohr 423
Loutzky, Boris 33
LPG 465
L-Ring, s. Winkelring
LSI 314
LUC-Motor 34, 352
Lucas-Einspr. 227
Luftdrall 196 f, s. a. Turbulenz
Lufteinblasung 178
Lüfter, s. Ventilator
Lufthansa 330
Luftkorrekturdüse 138 f
Luftpumpe 11

Luftschraube (Prop.)   410, 414
Luftspeicher (Diesel)   205, 209 f
Lufttrichter (Vergas.)   127 f
Luftverflüssigung   369
Luftverschmutzung   148 f, 442, vgl. Abgasentgiftung
Luftvorwärmung   127 f
Luftwiderstand, s. Fahrwiderstände
Luftzahl   131 f, 190 f, 390, 412 f
Lutzmann   61, 337

Mach (Ernst, 1838–1916, -relat. Geschw.)   401, 417
MAF-Wagen   327
MAG, s. Motosacoche
Magerkonzept   155, 254, 390 f
Magirus   334
Magnet (Motorrad)   63
Magnetfilter   275, 375
Magnetimpulsgeber   308 f
Magnetzündung   21, 69, 208, 293 f
Mahle-Werk   104, 364 f
Maico   82, 348
MAK-Werte   147
Makromischung   191
MAN   22 f, 177 f, 194 f, 245, 247, 363, 442, 447, 453, 463
Mangoletsi, G. A.   27
Mannesmann (Röhren, Wagen)   22, 219, 282, 336
Mantelstrom-TL, s. Zweistrom-TL
Markus, S., 1831–99   125, 318
Marriott, Fred   77, 447
Mars (M'rad)   63
Maserati   31, 35, 227, 242, 339, 396 f
Martini (Wagen)   63, 399
Massenausgleich, s. Auswuchtung
Matchless (M'rad)   35
Mathis (Wagen)   63
Maxim, H. St., 1840–1916   404
May, Mich.   248, 390
Maybach   29, 32,63, 84, 118, 328, 330, 414
Maybach, K., 1879–1960   26, 79, 442
Maybach, Wilh., 1846–1929   14, 18, 32 f, 59, 64, 72, 126, 175, 219, 236, 238, 404, 440
Mayer, Rob., 1814–78   46 f, 134, 272, 384, 403
Mazda-Wankel, s. Toyo Kogyo
MBB   457
McCollum, J. (Schieber)   352 f
McKechnie, J.   184, 188, 206
McLaren (Rennwagen)   249, 251
Megola   82
Mehrbereichöl   280 f
Mehrvergaseranlagen   129 f, 229
Meijer, R. J.   454
Membranventil   250, 324, 349, 422
Menier (Ventilator)   257
Mercedes   24, 60 f, 65, 72 f, 84, 118, 209, 241, 353
Mercedes-Benz   27, 32, 59, 84, 102, 130, 240 f, 254, 339 f, 391, s. a. Daimler-Benz
Messerschmitt (W., 1898–1978, -flugz.)   221, 341, 401, 423 f
Metallhydride   465 f
Métallurgique (Wagen)   65 f
Methan   460, 465
Methanol, s. Alkoholkraftstoff
Methanoleinspritzung   221, 415
Meurer, Siegfr.   196, 200, 470
MG (Wagen)   242
MHD-Generator   432, 437

Midgley, Thomas   162
Mikromischung   191
Mille, B.   124
Mille Miglia-Rennen   36
Miller, O. v., 1855–1934   187, 403
Minerva (Motor)   65
Mischkammer (Vergaser)   126 f
Mischreibung   277, 375
Mischrohr (Vergaser)   138 f
Mischungsschmierung (2 T)   225, 237, 316, 348
Mishima (Prof., -legierung)   296
Mitscherlich, Eilh., 1794–1863   124
Mitsubishi   95, 318, 349
Mittelabtrieb   226, 342
Mittelschnelläufer   182
mittlerer Arbeitsdruck   50, 68, 80
MMV   70
Modellmotor   290
Mofa   327, 459
Moleküle   161 f, 181 f
Mollet, J.   175
Mondauto (LRV)   459
Monomethylanilin   165, 171
Moore, W. W., 1884–1972   333
Moped (Mokick)   327
Morey, Sam.   124
Morini   250, 382
Morris (Wagen)   462
Mors (Wagen)   63, 77
Motobécane   351
Moto Guzzi   27, 35, 82
Motorgewichte   57, 469 f
Motorraumtemperatur   173
Motosacoche   35, 63
Motronic (Bosch)   234, 314 f, 398
MOZ, s. Oktanzahl
MSR   399
MTU   415, 442, 444
Muldenkolben   167, 338
Müller-Cunradi   164
Murdock, William   12, 123
»Muskelmaschine«   47
MV-Agusta   245
MWM   189, 198, 453
MZ (M'rad)   346 f

Nachbrenner (Jet)   409 f
Nachkammer (Diesel)   188
nachlaufen   157 f, 373
Nachverbrennung (Ausp.)   151
Nadeldüse   144 f, 324
Nadellager   115 f, 348
Nader, R.   397
NAG   35, 61, 84, 98, 337
nageln (Diesel)   193
Nallinger, Fr., 1898–1984   208, 341
Napier (Mot.)   63, 118, 448
NASA   369, 426
Nasenkolben   225, 322, 326 f, 338
nasse Laufbüchsen   108, 203, 241, 378
»nasser« Start   415
Nat. Eng. Labor   462
Natrium   432
Natriumfüllung (Ventil)   111, 248
Nebenpleuel, s. Hauptpleuel
Nebenschluß (Zündl.)   310
Nelson-Bohnalite-Kolben   102 f
Nenndrehzahl   51, 80 ff
Nernst, Wa., 1864–1941   434
Neubauer, A., 1891–1980   35, 341
Neumann-Neander, Ernst, 1872–1954   34, 337
Neumeyer, F. sen., 1875–1935   81
Newton (I., 1643–1727, -maß)   48, 408

Nibel, H., 1880–1934   64, 77, 241, 341
Nichols & Chadwick   237, 241
Nikasil   104, 364 f
Nimonic (Werkst.)   110
Nissan (Datsun)   363, 396
Nitroglyzerin   420
Noack, Paul, 1905–80   348
Nobel, Alfr., 1833–96   420
Nocken (-profil, -welle)   15 f, 26 f, 41, 45
Nordhoff, H., 1899–1968   341
Normverbrauch   207, 387, 391 f
Norton (Motor)   35, 82, 333, 367
Novotextrad   29, 383
NSU   25, 29, 34 f, 63, 74, 82, 121, 239, 242 f, 326, 347, 357 f
Nullförderung (Einspr.)   213, 226
Nutzdruck, s. mittl. Arbeitsdruck
Nuvolari, T., 1892–1953   243
NVT, s. Norton

Oberflächenvergaser   18 f, 124, 461
Oberflächenverhältnis   259 f, 365 f
Oberth, Herm., 1894–1979   418, 420, 431
Öchelhäuser, W. v., 1854–1923   185 f
Öffnungswinkel, s. Steuerwinkel
ohc, ohv   26 f, s. a. kopfgesteuert
Oktanzahlen   163, 165
Oktanzahlbedarf   132, 167, 223, 389
Ölabstreifring   101, 105
Oldfield, Barn., 1877–1946   77
Öldruck(messer)   277, 376, 379
Olds, R. E.   76
Oldsmobile   83, 162, 247
Ölfilmstärke   279
Ölfilter   45, 273, 366, 375
Ölkreislauf   272 f, 372
Ölkühlung   268, 280 f, 383
Öllaufzeit   284, 370, 380
Ölpumpe   15, 173, 283, 366
ölschäumen   380
Öltemperatur   281 f
Ölthermometer   372
Ölverbrauch   278 f, 470
Ölzentrifuge (Filter)   276
Opel   36, 61, 64, 66, 84, 129, 149, 189, 198, 275, 327, 334, 336 f, 453, 467
Opel, Adam, 1837–95   64
Opel, Fritz sen., 1875–1938   66
Opel, Fritz jun., 1899–1971   336, 418, 420, 433
Opel, Georg, 1912–1971   457
Opel, Heinr., 1873–1928   66
Opti (Motor)   80
O-Ring   108
Orion (Wagen)   63
Ostwald, Wa., 1886–1958   49, 197, 346
Ostwald, Wilh., 1853–1932   434, 455
Ötikerbremse   384
Otto (Gust., 1883–1926, Flugmasch.-fabrik)   72
Otto, N. A., 1832–91   13 f, 72, 175, 206, 219, 288, 316, 462
Ottokraftstoff   131, 162 f
Ottomotor   13 f, 49, 177, 187, 219, 441, 453, 469
Outboard, s. Außenbordmotor
Outboard-Motor-Co.   363
Oxydation   46, 49, 165
Oxydmagnet   297

Pabst von Ohain 400, 421
Packard 398
Pallas-Vergaser 221
Panhard-Levassor 29, 63, 67, 352
Panther (M'rad) 63
Papin, Denis, 1647–ca. 1712 11
Paraffinausscheidung 201
Parsons (Ch., 1854–1931, -turbine) 405
Partikel, s. Ruß
Pawlikowski, Rud., 1867–1942 187
PCI-Motor 464
Peilstab 274, 373, 382
Pelton (L. A., -turbine) 402
Perkins (Motor) 253, 363
perpetuum mobile 46
Pestel, E. 466
Petroleum 124, 201, 450, 460
Peugeot (Arm., 1849–96, -motor) 27, 30, 63, 67, 72, 82, 84, 227, 257, 341
Pfänder, Otto 65
Philips (Eindhoven) 450 f
Photozelle 310
Piaggio 348
Piccard-Pictet 63, 354
Piccolo (Wagen) 326 f
Pipe (Wagen) 65
Piquet, N. 251 f
Pistor, Gust. 323
Pittingbildung 280, 383
Planetengetriebe 362
Plasmabrenner 432
Platformat 163
Platin-Elektrode 305, 456
Plattendrehschieber 347 f, 356
Pleuellänge 95
plombierter Kühler 262 f
Pollich, Karl, 1897–1972 36
Polyolefine 286
Pomeroy, L., 1879–1935 60, 81
Porsche 68, 79 f, 84, 104, 212, 245, 249, 251, 361, 392, 396 f, 399, 462
Porsche, Ferd., 1875–1951 33 f, 63, 75, 118, 125, 238, 241, 335, 341
Portliner 151, 259, 467
Pratt & Whitney 400, 412 f
Presto (Wagen) 61, 334
Primärstromkreis (Zünd.) 298 f
Prinz Heinrich-Fahrten 68, 331, 334
Propan 460, 465
Propeller (-TL) 401, 410 f
Prost, Al. 251
PTC-Element 130
Puch 63, 82, 153, 321 f, 351
Pulsotriebwerk 422
Pumpe(n)düse 218
Pumpenkühlung 260 f
Pumpenturbine 404
Pumpverluste 391
P-Wagen 81, 339

Qualitäts/Quantitätsregelung 23, 212, 219
Querspülung (2 T) 322 f
Querstromkopf 128
Quetschflächen (-wirkung) 44 f, 147, 167 f, 318

Rabe, Karl, 1895–1968 339
Rabeneick 327
Rabus, Karl 470
Radionukleidbatterie 437
RAF (Wagen) 63
Rakete 336 f, 408, 418, 433
Raketenjäger 425
Rammeffekt 40, 342 f

Rapp-Motorenwerke 72
Rasmussen, J. S., 1878–1964 64, 325 f, 335
Rateau-Turbine 245
Rattermarken 364
Rauch, S. 339, 350
Raumnocken 227 f
RDA (VDA) 70, 81
Reaktionsmoment 91, 96
Recycling 389
Regelkolben 100 f
Regelung (Motoren) 23, 60
Regenerator 443 f, 450
Registervergaser 143 f
Reibung (Verluste) 49, 54, 207, 277 f, 366, 392
Reichstein, Gebr. 64, 334
Reichsfahrten 328
Reihenmotor 54 f, 91 f
Reithmann, Chr., 1818–1909 17
Reitz, Otto, 1899–1982 338
Rekuperator 443
Renault (Louis, 1877–1944, -motor) 63 f, 67, 69 f, 84, 203, 237, 245, 249, 356, 361, 396, 399
Rennformeln 67 f, 239, 245, 252
Rennmotor 45, 71 f, 247 f
»Renntüte«, s. Diffusor
Resonanzaufladung 247
Ressel, Jos., 1793–1857 454
Rheinstahl-Hanomag 363
Rhombengetriebe 452 f
Ricardo (H. R., 1885–1974, -Brennraum, -Motor) 25 – 42, 159 f, 189, 199, 209, 249, 354 f, 374
Rickenbacker-Motor 336
Riecken, Chr., 1880–1950 35, 64
Riedel (Norb., 1913–63, -motor) 338, 363, 416
Rigolly, L. 77
Ringanker (E-Motor) 293
Ringträger (Kolben) 101, 104, 197
Rivaz, I. de, 1752–1829 12, 123, 288
Roder, Alb., 1896–1970 29, 338, 348, 359
Röhr (Gust., 1895–1937, -Motor) 35, 121, 282, 332
Rohrturbine 403
Rohs, U. (Axialmotor) 453
Rollenlager 112 f
Rollenstößel 216
Rolls Royce 63, 84, 270, 276, 333, 363, 368, 396, 415
Rollwiderstand, s. Fahrwiderstände
Roosa-Master (Einspr.) 216
Rootsgebläse 238, 255, 335, 362
Rover 333, 444
Rosemeyer, B., 1910–38 271
Rotationskolben, s. Wankelkolben
Rotax (Motor) 347
Rotorpumpe, s. Ölpumpe
ROZ, s. Oktanzahlen
Rückstände 43, 157, 169
Rudge (Fahr- und M'rad) 334
Ruhmkorff, Dan. 294 f
»rumpeln« 158
Rumpler, Edm., 1872–1940 64, 322, 352
Ruppe, Hugo, 1879–1949, und Berthold 326, 348
Rußbildung 190, 195, 203 f, 470
Rußfilter 205, 468

Saab 245, 252, 254, 318, 351
Sachs, Ernst, 1867–1932 113, 327

Sachs-Motor 324, 327, 333, 347, 351, 363, 367
SAE 47, 281, 286, 469
SAF, s. Gaggenau
Safir (Zürich) 180
Sailer, Max, 1882–1964 341
Salmson 35, 242
Salomon, Th. 272, 285
Salpetersäure 431
Salzer, Otto 1874–1944 72 f
Sander, F. W. 336, 433
Sascha (Wagen) 34 f
Sass, Friedr., 1883–1968 59, 257
Saturn-Rakete 426 f
Sauerstoff 131, 239 f, 428
Saurer, Arbon 63, 180, 384
Schadstoffe 146 f, 434, 455, 460
Schalldämpfer 384 f, 418, 447
Schallgeschwindigkeit 401
Schapiro-Konzern 36
Schauer, P., 1870–1958 338, 349
Schebler-Einspr. 229
Scheitelleisten (Wankel) 360, 364
Scherenberg, Hans 24, 469
Schichtladung 390, 462 f
Schiebersteuerung 14, 19, 48, 81, 316, 352 f
Schiebervergaser 144 f
Schießpulver 419
Schiffsmaschine 54, 179, 182, 284, 442, 445 f
Schiffsschraube 403, 454
Schirmventil 184, 202
Schleicher, Rud. 37, 96, 332
Schleudergebläse 93, 222, 237
Schleuderpumpe 260 f, 377, 429
Schleuderschmierung 66, 272 f
Schließwinkel (Zünd.) 301, 306
Schlitzsteuerung (2 T) 318 f, 352
Schmidt-Argus-Rohr 421 f
Schmidt, A. von 339
Schmidt, Paul 421
Schmierkeil 278 f
Schmiernute 278
Schmierung 272 f, 355, 361, 372 f
Schnauffer, K. 357
Schneiderpokalrennen 270
Schnüffelventil 18, 28, 324, 352
Schnürle, A., 1897–1951 337, 400
Schnürle-Spülung, s. Umkehrspülung
Schröter, Mor., 1851–1925 178
Schubabschaltung 231, 235, 393
Schubformel (Jet) 411, 427
Schubstangensteuerung 29, 242
Schubumkehr (Jet) 415
Schwarzschlamm 285
Schwebebahn 219 f
Schwenkwinkel (Wankel) 365
Schwimmer (-kammer, -nadel, -ventil) 126 f, 137
Schwindmaß 305
Schwingfeuergerät 422
Schwinghebel 26 f, 122
Schwingrohr 40, 120, 342 f
Schwingschieber 352 f
Schwingungen 90, 110, 299, 384
Schwingungsdämpfer 56, 91, 96, 331
Schwunglichtmagnetzünder 297, 326
Scintilla (Einspr.) 218
Scott (M'rad) 321
Sechstagefahrt 347
»Sechstakter« 317, 368
Seebeck, Th. J., 1770–1831 435
Segner, J. A. v., 1704–77 402
Segrave, Henry, 1896–1930 118

Seiffert, Ulr. 253
seitengesteuert 26 f, 44, 66, 80 f
Seitenkraft (Kolben) 93
Sekundärstromkreis 294 f
SELAK (RWE) 460
Selbstentzündungstemperatur 199
Selbstreinigungstemperatur (Kerzen, Kolbenboden) 302, 373
Selbstzündung 22 f, 158, 289, 303
Selden, George B. 75
Selve (Motor) 35, 65, 101, 121
Sensitivity (Kraftst.) 166
Sentinel (Dampfwag.) 447 f
Serpollet (Dampfwag.) 77, 447 f
Shell (-Forschung) 456, 461, 472
Shell-Tanker »Auris« 442
»siames.« Zylinder 54
Sichelpumpe 283
SI-Einheiten 48
Siemens, W. v., 1816–92 17, 22, 290 f, 404
Siemens & Halske (Motor) 125, 221, 323
Siemens-Spaltvergaser 462
Siemens-Zündkerzen 121
Sikorsky, Igor Iw., 1889–1972 161
Silber (-lager, -elektroden) 99, 304
»Silberpfeile« 239 f
Silikonöl 266
Siliziumlegierung 102
Silumin (-Gamma) 223, 335
Simca 276
Simmerring 121
Simms, Fr. R., 1863–1944 63, 218
Simson-Supra 33 f, 84
Sintalkolben 104
Sizaire-Naudin 63
SKF 113
Skoda 63
Slevogt, K., 1876–1951 35, 65, 98, 327
Smog-Bildung 148, 434, 442
SNECMA 414, 423
Söhnlein, Jul., 1856–1941 317 f
Solex-Vergaser 137 f, 331
Solo (Motor) 349
Solvent-Raffinat 286
Sonnenenergie (-kraftwerk) 435 f
SOZ, s. Oktanzahlen
Spaltmaß 194
Speichereinspritzpumpe 218
Spezifikationen 286
spezif. Verbrauch 134 f, 182
spezif. Wärme 270
Spilling-Dampfmotor 449
Sprengstoff 420
Spritzversteller 212 f
Spyker (Wagen) 79
Stanley (Dampfwag.) 77, 449
Starkman (GM) 469
Startanhebung (Zündspule) 307
Startautomatik (Vergas.) 142
Starteinrichtung 134
Starterbatterie 459, s. a. Akkum.
Startkatalysator 152
Starterklappe 142 f, 149
Startrakete 420
Staubgehalt (Luft) 375
Staustrahltriebwerk 423
Steiger (Wagen) 33, 243, 336
Steigstromvergaser 66, 126
Steinlein, Gust., 1897–1967 327
Stellit (Ventil) 111
Stephenson, G., 1781–1848 11, 175
Sternmotor 81, 227, 268, 355, 400
Steuergerät (Einspr.) 230 f
Steuerkette 28 f, 117, 120 f, 170

Steuerstrom 307
Steuerzeiten (besser: Steuerwinkel) 39 f, 319 f, 345, 347 f
Steyr 79, 276, 335
Steyr-Daimler-Puch 75, 470
St. Georgen (Masch.fabrik) 180
Stinnes-Konzern 35, 37, 353
Stirling (Rob.-Motor) 354, 450, 469
stöchiometrisches Gemisch 132
Stodola, A., 1859–1942 407, 471
Stokes, G. G., 1819–1903 282
Stolle, M., 1886–1982 37, 356
Stolze, Friedr. 406
Stößel 26 f
Stößelverschleiß 279 f, 383
Stoßstangen (ohv) 26 f, 36, 340
Stoewer 35 f, 61, 64, 121, 209, 282, 336, 352
Strahltriebwerk 356 f, 407 f
Strahlung 49
Street, Rob. 123
Stribeck, Rich., 1861–1950 113, 210
Strobel, W. K. 271, 332
Stromberg-Vergaser 145, 221
Stromerzeugung 403, 431 f, 440
Strömungsmaschine 10, 402
Stuck, H, sen., 1900–78 242, 340
Stufenkolben 359
Stufenprinzip (Rak.) 425 f
Süddeutsche Motoren AG 210
Sulzer (Winterthur) 180, 246, 321
Summer-Zündung 19, 78, 294
Sunbeam (Wagen) 118, 242
Supraleitung 438
SU-Vergaser 145
Suzuki (M'rad) 250, 271, 347, 367
sv, s. seitengesteuert
Synchrotester 233
synthet. Benzin/Öl 284 f, 418, 465
Szawe (Wagen) 34, 337
Szisz, Ferenc, ca. 1872–1970 70

T-80 (MB-Rekordwagen) 340 f
Taglioni, Fabio 32
Tandembauart 48, 270
Targa Florio-Rennen 33 f
Tatra 31, 63, 84, 259, 282
Tauchkolben (-motor) 184
Tauchschmierung 78, 272
Taumelscheibenmotor 356, 451 f
Tecalemit-Jackson (Einspr.) 229
TEE-Lok. 427, 454, 467
Teegen, Herm. 289
Teillastverbrauch 135 f, 392 f
TEL, s. Bleitetraethyl
Temperaturgeber 22, 225
TES (Wankel) 360
Tesla, Nic., 1856–1943 404
Texaco-Verfahren 463
thermionischer Wandler 436
Thermodur-Lager 99
thermodyn. Grundgesetz 49
Thermoelement 435 f
Thermosyphonkühlung 78, 260, 329
Thermostat 128, 148, 232, 263 f
Théry, Luc., 1879–1909 70
Thomas, P., 1895–1927 118, 161
Thyristor (Zünd.) 307 f, 367
Titan (-Bauteile) 323
T-Kopf 26, 60
TL-Triebwerk 410 f
Toluolzahl 159, 162
Topfstößel (Tassenst.) 27 f
»TOP«-Motor 392
Tornax (M'rad) 80
Torricelli, Ev., 1600–47 11

Toyo Kogyo 363, 366, 369
Toyota 84, 155, 203, 363, 446
Trabant (Wagen) 318, 346, 351
Tragflügelboot 445 f
Traktionsbatterie 459
Transformator (-öl) 294 f, 299
Transistor 307 f
Transportleistung 58
Trapezkolbenring 105, 197
Treibgas 460 f
Treibstoffverbrauch 414, sonst Kraftstoffverbrauch
Trevithick, R., 1771–1833 11, 175
Tripolis-Rennen 339
Triumph (M'rad, auch TEC) 82 f, 321
Triumph (Wagen) 227
Trochoidengehäuse 360 f
Trockenbatterie 434
Trockensumpfschmierung 16, 182, 248, 274
Trommelanker (E-Motor) 293
T-Stoff 424
TSZ (Zünd.) 307 f
TT (Rennen, Formel) 68, 321, 350
Tunnelgehäuse 96
Tupfer (Vergaser) 142
Turbinenschaufel 415
Turbolader, s. Abgas-TL
Turbomeca 414
Turboprop 414
Turbulenz 44 f, 167, 184, 200
Turicum (Wagen) 63
TÜV 384

Überdrehen (Motor) 109
Überdruckventil 262, 275 f, 375, 379
Überschneidung (Steuerzeiten) 31, 39, 150, 194, 365
Überströmkanal, s. Spülkanal
Udet, E., 1896–1941 340, 424
Uhlenhaut, Rud. 341 f
Umkehrspülung 179, 225, 321, 337 f, 342
Umlaufmotor 269, 359
Umlaufschmierung 272 f
Umwälzzahl (Öl) 274
Umweltschutz 434, 439, 470, s. a. Abgasentgiftung
»Uni-Car« 198, 254
Unterbrecher (-kontakte) 298, 306
U-Zylinder 321, 332

Valier, M., 1895–1930 336, 433
Vanderbilt, W. K., 1849–1920 77
Van Veen (Wankel) 367
Vapipe (Verdampf.rohr) 462
Varta AG 457
Vauxhall 63, 354
VDA (VDMI) 70, 155, 387, 469
VDI 178, 362
Velocette (M'rad) 35
Venediger, H. J., 1901–88 317, 325, 338
Ventil 16, 25 f, 39, 45, 109 f
Ventilator 257, 263 f, 393, 412
Ventildrehvorrichtung 111, 182
Ventilerhebungskurve 40 f, 280
Ventilfeder 29 f, 109, 111
Ventilflattern 109
Ventilschaden 382 f
Ventilspiel 26, 32, 333
Ventilsteuerung 26 f
Ventilzeiten, s. Steuerzeiten
Venturi-Rohr 127, 213
Verbrauchsformel (Rennen) 69, 252

483

Verbrauchskennfeld 135 f
Verbrauchskurven 132 f, 207, 390, 396
Verbrennung 13, 38, 42, 156, 165, 187 f, 368, 408, 434
Verbr.geschwindigkeit 43, 156 f
Verbrennungsraum, s. Brennraum
Verbrennungswasser 264
Verdampfungskühlung 19, 257, 269
Verdichtungsverhältnis 42 f, 68, 80, 84, 87, 168, 389 f
Verdrängerkolben (Stirling) 451
Verdunstungskälte 451
Vergaser 66, 123 f, 370
Vergaserkraftstoff, s. Ottokraftstoff
Vergaservereisung 173, 223, 461
Verkehrsfluß 394 f
Verschleiß 374 f
Verteiler, s. Zündverteiler
Verteilereinspritzpumpe 203, 217 f
Vespa (Motor) 326, 348, 352
V-förmig hängende Ventile 27 f
Vickers-Konzern 184, 269, 404, 412
Victoria (M'rad) 80, 82, 327, 359
Vielstofflager 99 f
Viertaktverfahren 13 f, 316
Vierventilbauweise 30, 33, 73 f, 222, 254, 267, 333
Viskolüfter 234, 266, 366
Viskosität (Öl, -Klasse) 280 f, 376
Viskositätsindex 282, 285
V-Motor 56, 94 f, 222, 332
»Vogelmotor« 184
Voisin (Flugzeug-Motor) 322, 352
Volkhardt, C. C., 1890–1962 336
Vollagerung (Kurbelwelle) 97
Vollastanreicherung 140, 231 f
Vollgasfestigkeit 370
Vollmer, Jos., 1871–1955 61
Volta (A., 1745–1827, -pistole) 12, 290
Volvo 217, 253, 399, 415
Vomag (LKW) 334
Vorglühen 201
Vorkammer 181, 187 f, 463
Vorreaktion (Verbrenn.) 165
Vorverdichtung 318 f
Vorwärmung 189, 193, 201
Vorzündung, s. Zündzeitpunkt
Vulkan-Werft 245
VVB Automobilbau 363
VW 78, 81, 84, 93, 198, 207, 217, 229, 237, 246, 253, 259, 265, 282, 441, 445, 457, 464, 467
V-Waffen 421 f

Wagner, Max, 1882–1951 73, 341
Wagnerscher Hammer 294
Walter (H., 1900–80, -Triebwerk) 421, 424

Wälzkammer (Diesel) 190
Wälzlager 112 f
Wanderer 63, 82, 84, 333 f
Wankel, Fel., 1802–88 19, 357 f
Wankelmotor 10, 31, 255, 357 f, 402, 454, 467, 470
Wärmeableitung 256 f, 281, 376 f
»Wärmeakku« 271
Wärmedehnung 32, 352
Wärmekraftmaschine 10, 49, 414 f
Wärmenest 268, 373
Wärmepumpe 452
Wärmetauscher 281, 448, 451
Wärmeübergang 259, 268
Wärmeverluste 49, 366
Wärmewert (Zündkerze) 158, 302 f
Warmfestigkeit 110, 408, 467
Warmlauf 231, 393
Warnleuchten 376
Warsitz, Erich 400
Wartburg (Wagen) 61, 318, 346, 351
Wassereinspritzung 415
Wasserkühlung 256 f, 260
Wasserpumpe 50, 60, 66, 73, 261, 377
Wasserstoff 429, 451, 456
Wasserturbine 10, 17, 47, 402
Watt, James, 1736–1819 11, 17, 113, 123, 208, 291, 354
Weber, Herm., 1897–1948 328, 338, 346
Weber-Vergaser 138
wechselgesteuert 27, 69, 74, 327, 331
Wechselstrom (-generator) 77, 292 f, 404
Weißmetallager 99
Wellendichtung 29, 377, 380
Wellenleistungsturbine 414
Wendel, Fritz 221
Werner (Gebr., -Motor) 21, 82
Whittle, Frank 401, 409
Wiebicke, P., 1886–1951 196
Wild Ping 158
Wilke, W., 1882–1972 164
Williams (Dampfmot.) 444, 448
Williams (Rennwag.) 252
Wilm, Alfr., 1869–1937 323
Winand, Paul 296
Winkelring (Kolben) 105
Winklhofer, J. B., 1859–1949 333
Wirbelkammer 187 f, 199, 217, 464
Wirbelkopf (Ricardo) 25, 162
Wirbelwanne (Brennraum) 169
Wirkungsgrad 47 f, 134 f, 207, 392
Wittig-Kompressor 238, 241
Witzky, J. E. 463
W-Motor 220, 323
Wöhler (Aug. Fr., 1819–1914, -kurven) 110

Wölfert, Karl, gest. 1897 19
Wolseley (Wagen) 63
Wright, Gebr. 220, 322, 400, 420

Yamaha 32, 76, 82, 95, 122, 250, 324, 338, 349
Yanmar 363
Y-Guß 102

Zahnkette 120, 122
Zahnriemen 29, 120, 170, 199, 203, 217, 234, 255, 283
Zborowsky, A., 1895–1924 118
Zeitquerschnitte (Steuerung) 30, 41
Zener-Diode 308
Zenith (Vergas., Einspr.) 138, 232
Zeppelin (Graf F., 1838–1917, -Luftschiff) 79, 146, 223, 322, 330, 442
Zimmermann, Dan. 347
Zinkdithiophosphat 280
Ziolkowski, K., 1857–1935 418, 420
Ziro (M'rad) 359
Zoller (A., 1882–1934, -verdicht.) 237 f, 332, 362
Z-Stoff 424
Zuccarelli, P. 72
Zündapp 80 f, 269, 359
Zündaussetzer 310 f
Zündfolge 56, 94 f, 130, 302, 316
Zündfunken 305 f
Zündgrenzen (Misch.verh.) 131, 390
Zündkerzen 15, 45, 158, 169 f, 305 f, 373, 377, 383
Zündspule 299, 306
Zündtransformator 310
Zündungsschaden 306 f, 377, 381
Zündverteiler 15, 45, 170, 299, 381
Zündverzug 23, 181, 243
Zündwilligkeit 161, 192 f
Zündzeitpunkt 43, 171, 301 f, 313, 373, 390
Zwangskühlung, s. Gebläsekühlung
Zweistrom-TL 410 f
Zweitakter 56, 81 f, 105, 158, 223, 304, 310, 316 f, 366, 381, 390 f
Zweitaktspülung 318 f, 326, 337, 348
Zylinderabschaltung 254, 390 f
Zylinderbauart 107 f
Zylinderkopfdichtung 157, 170, 246 f, 258, 373, 377
Zylinderlaufbüchse 107 f, 122, 197, 267
Zylinderverzug 107, 267, 372
Zylinderzahl 53 f, 252, 392

Nicht „draufgesehen", sondern gründlich durchleuchtet

Teil I:
allgemeine Entwicklungen und aktuelle Themen mit acht Kapiteln (einschließlich der Renntechnik aus fünf Jahrzehnten) bis zu Problemen, die über die „Motorrad-Zukunft" entscheiden.

Teil II:
Tests, Fahrberichte und weitere Historien in 33 Kapiteln.

Teil III:
Technische Daten, Fahrleistungen und Verbräuche von vier Generationen, 50 Typen aus hundert Jahren, Literaturverzeichnis, Namen- und Sachregister.

Mit der zweiten, zeitgerecht revidierten und stark erweiterten Auflage liefert der Verfasser zum Verständnis der modernen Motorradtechnik einen soliden Beitrag. Die Tests und Vergleichstests im Teil II umfassen das (kleingewordene) heimische und (enorme) importierte Typenprogramm mit ausführlichen Beschreibungen, aufschlußreichen Illustrationen, Drehzahldiagrammen, exakt ermittelten Beschleunigungs- und Verbrauchskurven sowie kritisch beurteilten Fahreigenschaften.

Die Beiträge und Tests aus dem „Radmarkt", der als Industrie- und Verbandsorgan kaum in die breite Öffentlichkeit (und in Kioske) gelangt, sind für das Buch angemessen überarbeitet, gekürzt oder ergänzt. So verbindet das Werk die ausgewogenen Thesen und Ansichten des passionierten Ingenieurs mit dem gereiften Enthusiasmus eines „eisgrauen", über Jahrzehnte sportbeflissenen Fahrers und der gepflegten Sprache eines engagierten Journalisten. Es spricht weite am Motorrad interessierte Kreise an: Hersteller und ihre Zulieferanten zur sinnvollen Weiterentwicklung ihrer Produkte, Werkstätten und Kundendienstleute zur sicherheitsbewußten und preiswerten Instandhaltung ihrer Fahrzeuge, auch jüngere Kollegen des Autors in Motor-Redaktionen als sachdienliche Interpreten ihrer Leser, vor allem aber gegenwärtige und künftige Fahrer, um sie vor falschen Zielen und Vorstellungen, vor risikoreichen Entscheidungen zu bewahren – ohne jedoch ihre Freude am Motorrad zu schmälern.

Helmut Hütten
**Motorrad-Technik:
Analysen – Historien – Tests**
340 Seiten, 320 Abbildungen, gebunden
DM 56,–

Der Verlag für Motorradbücher
Postfach 10 37 43 · 7000 Stuttgart 10

Das altbekannte Standardwerk erneut aktualisiert

Teil I:
Konstruktive Grundlagen, Versuchsergebnisse und historische Lehren.

Teil II:
Marksteine und Marken der jüngeren Epoche (ab 1950).

Teil III:
Tabellen, Kennwerte, Formeln, Rekorde und Meisterschaften, umfangreiches Literaturverzeichnis, Personen- und Sachregister.

Dieses Buch fand mit jeder Auflage weltweite Verbreitung. Es entstand direkt aus der Praxis, nach 25 Renn- und Sportfahrerjahren des Autors, seiner Tätigkeit als Motoreningenieur und Tuner, Renndienstleiter, Fahrzeugtester und Fachjournalist. Berufene Kritiker beschrieben die „schnellen Motoren"
- *als ein Buch ohne Pannen,*
- *zu dem es keine Parallele gibt,*
- *das komplizierte technische Vorgänge präzis und anschaulich darstellt,*
- *das in der Motorentechnik eine breite Lücke füllt,*
- *als Fundgrube für Fachleute und Fans aus dem Vollen schöpft,*
- *auch einem interessierten Laien Genuß bereitet.*

Nicht vergessen stehen hinter der faszinierenden Technik Menschen und Schicksale, geniale Konstrukteure und tüchtige Versuchsleute – und die großen Fahrer: von den Helden der „Saurier"-Epoche bis zu den jüngsten Weltmeistern, dazwischen Rosemeyer, Nuvolari oder Caracciola, Fangio und Stirling Moss, die beide „30 PS aufwogen", Jim Clark, Jackie Stewart und Nicki Lauda – auf 2 Rädern Stanley Woods und Tom Bullus, Heiner Fleischmann und Schorsch Meier, Geoff Duke, Mike Hailwood und Giacomo Agostini, Kenny Roberts, „fast Freddy" Spencer und Toni Mang, last but not least, berühmte Gespann-, Gelände-, Sandbahn- und Moto-Cross-Fahrer.

Helmut Hütten
**Schnelle Motoren –
seziert und frisiert**
580 Seiten, 450 Fotos, Zeichnungen, Diagramme, gebunden **DM 54,–**

***Der Verlag
für Motorradbücher***
Postfach 10 37 43 · 7000 Stuttgart 10

Ferdinand Porsche, 1875–1951

Prosper L'Orange, 1876–1939

Sir Harry R. Ricardo, 1885–1974

Albert Roder, 1896–1970